MECÂNICA CLÁSSICA

John R. Taylor é professor de física e *Presidential Teaching Scholar* na University of Colorado, em Boulder. Recebeu o grau de bacharel em matemática pela Cambridge University e de Ph.D. em física pela University of California, em Berkeley. Em 1966, ingressou como docente na University of Colorado, onde seus interesses de pesquisa incluíam a teoria de espalhamento quântica e os fundamentos da teoria quântica. O professor Taylor recebeu inúmeros prêmios por sua docência, atuou como editor associado do *American Journal of Physics*, recebeu um Emmy Award por sua série de televisão, "Physics 4 Fun", e ministrou a palestra "Mr. Wizard" para 40 mil crianças em todo o Colorado. Também é autor de *Introdução à Análise de Erros: O Estudo de Incertezas em Medições Físicas*, 2.ed, publicado pela Bookman Editora.

```
T243m    Taylor, John R.
            Mecânica clássica / John R. Taylor ; tradução: Waldir
         Leite Roque ; [revisão técnica: Waldir Leite Roque]. – Porto
         Alegre : Bookman, 2013.
            xiv, 790 p. : il. ; 25 cm.

            ISBN 978-85-8260-087-0

            1. Física. 2. Mecânica. I. Título.

                                                    CDU 531/534
```

Catalogação na publicação: Ana Paula M. Magnus – CRB 10/2052

John R. Taylor

MECÂNICA CLÁSSICA

Tradução

Waldir Leite Roque

Doutor em Matemática Aplicada pela University of Cape Town
Pós-doutor em Ciência da Computação pela Universität Karlsruhe
Professor do Instituto de Matemática da UFRGS

bookman

Obra originalmente publicada sob o título *Classical Mechanics*
ISBN 9781891389221

Copyright©2005 by University Science Books

Gerente editorial: *Arysinha Jacques Affonso*

Colaboraram nesta edição:

Editora: *Maria Eduarda Fett Tabajara*

Capa: *Maurício Pamplona (arte sobre capa original)*

Imagem da capa: tirada em 1918 ou 1919 em uma rodovia na França, perto do fronte da Primeira Guerra Mundial, a fotografia mostra um clássico automóvel (Modelo T) tendo dificuldades mecânicas. Uma antiga música chamada de "Get Out and Get Under" imortalizou o dilema deste motorista, que investiga abaixo do estribo. Reproduzida com permissão de C P Cushing/Retrofile.com.

Imagem de quarta capa: *J. Martin Natvig/University of Colorado, Boulder, Colorado, EUA*

Leitura final: *Gabriela Barboza*

Editoração: *Techbooks*

Reservados todos os direitos de publicação, em língua portuguesa, à
BOOKMAN EDITORA LTDA., uma empresa do GRUPO A EDUCAÇÃO S.A.
Av. Jerônimo de Ornelas, 670 – Santana
90040-340 – Porto Alegre – RS
Fone: (51) 3027-7000   Fax: (51) 3027-7070

É proibida a duplicação ou reprodução deste volume, no todo ou em parte, sob quaisquer formas ou por quaisquer meios (eletrônico, mecânico, gravação, fotocópia, distribuição na Web e outros), sem permissão expressa da Editora.

Unidade São Paulo
Av. Embaixador Macedo Soares, 10.735 – Pavilhão 5 – Cond. Espace Center
Vila Anastácio – 05095-035 – São Paulo – SP
Fone: (11) 3665-1100   Fax: (11) 3667-1333

SAC 0800 703-3444 – www.grupoa.com.br

IMPRESSO NO BRASIL
PRINTED IN BRAZIL
Impresso sob demanda na Meta Brasil a pedido de Grupo A Educação.

Prefácio

Este livro é direcionado a estudantes de ciências físicas, especialmente física, que já tenham estudado um pouco sobre mecânica como parte de um curso introdutório de física e que estejam agora aptos a um estudo mais profundo sobre a matéria. O livro surgiu de um curso de mecânica do nível introdutório que é oferecido pelo Departamento de Física da University of Colorado e frequentado principalmente por alunos de física, mas também por alunos de matemática, química e das engenharias. A maioria desses estudantes cursou um ano de física básica e assim adquiriu pelo menos certa familiaridade com as leis de Newton, a energia e o momento, o movimento harmônico simples e assim por diante. Neste livro, procurei aprofundar essas ideias e então partir para o desenvolvimento de tópicos mais avançados, como as formulações Lagrangiana e Hamiltoniana, a mecânica de referenciais não inerciais, o movimento de corpos rígidos, osciladores acoplados, a teoria do caos, etc.

Mecânica é, naturalmente, o estudo de como as coisas se movem – como um elétron se move dentro de um tubo de TV, como uma bola de beisebol voa no ar, como um cometa se move ao redor do Sol. Mecânica clássica é a forma da mecânica desenvolvida por Galileu e Newton no século XVII e reformulada por Lagrange e Hamilton nos séculos XVIII e XIX. Por mais de 200 anos, pareceu que a mecânica clássica era a *única* forma de mecânica, que ela podia explicar o movimento de todos os sistemas concebidos.

Entretanto, em duas grandes revoluções no início do século XX, mostrou-se que a mecânica clássica não podia descrever o movimento de objetos viajando com velocidades próximas à velocidade da luz, nem de partículas subatômicas movendo-se dentro dos átomos. Entre os anos de 1900 e 1930, houve o desenvolvimento da mecânica relativista, que descreveu os corpos que se movem com alta velocidade, e da mecânica quântica, que descreveu os sistemas subatômicos. Frente a esta competição, esperava-se que a mecânica clássica perdesse muito de seu interesse e importância. Na realidade, porém, hoje a mecânica clássica é tão importante e glamorosa quanto antes. Esta resiliência deve-se a três fatores. Em primeiro lugar, existem tantos problemas interessantes de sistemas físicos quanto antes, inclusive mais bem-descritos em termos clássicos. Para entender as órbitas de veículos espaciais e de partículas carregadas nos aceleradores modernos, você precisa entender mecânica clássica. Em segundo lugar, desenvolvimentos recentes da mecânica clássica, principalmente os associados à evolução da teoria do caos, criaram novos ramos da física e da matemática, e modificaram nossa compreensão da noção de causalidade. São essas novas ideias que têm atraído muitas das melhores mentes da física de volta ao estudo da mecânica clássica. Por último, hoje é tão evidente quanto nunca que uma boa compreensão da mecânica clássica é um pré-requisito para o estudo da relatividade e da mecânica quântica.

Os físicos tendem a usar o termo "mecânica clássica" de forma um tanto livre. Muitos o utilizam para a mecânica de Newton, Lagrange e Hamilton; para essas pessoas, "mecânica clássica" exclui a relatividade e a mecânica quântica. Por outro lado, em algumas áreas da física, há uma tendência a incluir a relatividade como parte da "mecânica clássica"; para as pessoas com esse ponto de vista, "mecânica clássica" significa "não mecânica quântica". Talvez como um reflexo desse segundo uso, alguns cursos chamados de "mecânica clássica" incluem uma introdução à relatividade e, por essa mesma razão, incluí um capítulo sobre mecânica relativista, o qual você pode usar ou não.

Um aspecto atraente de um livro sobre mecânica clássica é que ele é uma maravilhosa oportunidade para aprender a usar muitas das técnicas matemáticas necessárias em tantos outros ramos da física – vetores, cálculo vetorial, equações diferenciais, números complexos, série de Taylor, série de Fourier, cálculos das variações e matrizes. Tentei proporcionar pelo menos uma revisão mínima ou introdução a cada um desses tópicos (com referências para leituras adicionais) e ensinar seus usos em um contexto simples da mecânica clássica. Espero que você termine a leitura deste livro confiante de que realmente sabe usar essas ferramentas tão importantes.

Inevitavelmente, há mais material no livro do que se pode cobrir em um semestre. Tentei aliviar o sofrimento da escolha sobre o que omitir. O livro está dividido em duas partes: a Parte I contém 11 capítulos com material "essencial", os quais devem ser lidos sequencialmente, enquanto a Parte II contém cinco capítulos sobre "tópicos adicionais", que são independentes, ou seja, qualquer um deles pode ser lido sem referência aos demais. Naturalmente, essa divisão é relativa; como você os usará depende de sua preparação (ou da de seus estudantes). Em nosso curso de um semestre na University of Colorado, trabalhei com o máximo da Parte I e solicitei que os estudantes escolhessem um dos capítulos da Parte II para estudarem como um projeto da disciplina. (Uma atividade da qual eles pareciam gostar.) Alguns dos professores que lecionaram com uma versão preliminar do livro acharam que seus estudantes estavam suficientemente bem-preparados; então fizeram apenas uma rápida revisão dos primeiros quatro ou cinco capítulos, deixando mais tempo para cobrir alguns capítulos da Parte II. Em instituições onde os cursos de mecânica têm duração de dois trimestres, foi possível cobrir toda a Parte I e a maioria da Parte II.

Como os capítulos da Parte II são independentes, é possível cobrir alguns deles antes de concluir a Parte I. Por exemplo, o Capítulo 12, sobre caos, pode ser visto imediatamente após o Capítulo 5, sobre oscilações; e o Capítulo 13, sobre mecânica Hamiltoniana, pode ser visto imediatamente após o Capítulo 7, sobre mecânica Lagrangiana. Várias seções estão marcadas com um asterisco para indicar que podem ser omitidas sem perda de continuidade. (Isso não significa que este material não seja importante. Espero que você o leia posteriormente!)

Como sempre, em um texto de física, é crucial que você resolva muitos exercícios ao final de cada capítulo. Incluí uma grande quantidade de exercícios para propiciar tanto ao professor quanto ao estudante inúmeras opções. Alguns deles são aplicações simples das ideias do capítulo e alguns são extensões dessas ideias. Listei os problemas por seção, de modo que, tão logo você tenha lido uma dada seção, possa (provavelmente deva) tentar resolver alguns problemas relacionados a ela. (Naturalmente, os problemas para uma determinada seção frequentemente requerem conhecimentos das seções anteriores.) Tentei graduar os problemas para indicar seus níveis de dificuldade, variando de uma estrela (★), significando um problema simples que envolve normalmente apenas um conceito principal, até três estrelas (★★★), significando um problema mais desafiador que envolve vários conceitos e que provavelmente irá requerer mais tempo e esforço. Esse tipo de classificação é muito subjetivo e surpreendentemente difícil de elaborar; sugestões são bem-vindas para qualquer modificação que você considere necessária.

Muitos dos problemas requerem a utilização de computadores para desenhar gráficos, resolver equações diferenciais e assim por diante. Nenhum deles requer qualquer software específico; alguns podem ser resolvidos com um sistema relativamente simples como o MathCad ou mesmo com apenas uma planilha eletrônica como Excel; alguns requerem sistemas mais sofisticados, como Mathematica, Maple ou Matlab. (A propósito, minha experiência no curso para o qual este livro foi escrito revelou que é uma grande oportunidade para os estudantes aprenderem a utilizar um desses fabulosos e úteis sistemas.) Problemas que requerem o uso de computadores são indicados com [Computador]. Classifiquei-os como ★★★ ou no mínimo ★★, uma vez que demandam bastante tempo para escrever o código necessário. Naturalmente, esses problemas serão mais fáceis para os estudantes que conhecem os softwares necessários.

Cada capítulo termina com um resumo chamado de "Principais Definições e Equações". Espero que seja útil para checar seus conhecimentos do capítulo ao final da leitura e como uma referência quando você tentar encontrar uma fórmula cujos detalhes tenham sido esquecidos.

Desejo agradecer a muitas pessoas por suas ajudas e sugestões. Da University of Colorado, aos professores Larry Baggett, John Cary, Mike Dubson, Anatoli Levshin, Scott Parker, Steve Pollock e Mike Ritzwoller. De outras instituições, aos seguintes professores, que revisaram o manuscrito ou o utilizaram como uma edição preliminar em suas aulas:

> Meagan Aronson, U of Michigan
> Dan Bloom, Kalamazoo College
> Peter Blunden, U of Manitoba
> Andrew Cleland, UC Santa Barbara
> Gayle Cook, Cal Poly, San Luis Obispo
> Joel Fajans, UC Berkeley
> Richard Fell, Brandeis University
> Gayanath Fernando, U of Connecticut
> Jonathan Friedman, Amherst College
> David Goldhaber-Gordon, Stanford
> Thomas Griffy, U of Texas
> Elisabeth Gwinn, UC Santa Barbara
> Richard Hilt, Colorado College
> George Horton, Rutgers
> Lynn Knutson, U of Wisconsin
> Jonathan Maps, U of Minnesota, Duluth
> John Markert, U of Texas
> Michael Moloney, Rose-Hulman Institute
> Colin Morningstar, Carnegie Mellon
> Declan Mulhall, Cal Poly, San Luis Obispo
> Carl Mungan, US Naval Academy
> Robert Pompi, SUNY Binghamton

Mark Semon, Bates College
James Shepard, U of Colorado
Richard Sonnenfeld, New Mexico Tech
Edward Stern, U of Washington
Michael Weinert, U of Wisconsin, Milwaukee
Alma Zook, Pomona College

Sou muito grato a todos eles e a seus estudantes pelos muitos comentários úteis. Gostaria de agradecer especialmente a Carl Mungan, pelos sua grandiosa acurária em fisgar erros tipográficos, obscuridades e ambiguidades, e a Jonathan Friedman e seu estudante, Ben Heidenreich, que me livraram de um erro desagradável no Capítulo 10. Estou especialmente agradecido aos meus dois amigos e colegas, Mark Semon, do Bates College, e Dave Goodmanson, da Boeing Aircraft Company; ambos revisaram o manuscrito com um pente-fino e me deram literalmente centenas de sugestões. Da mesma forma, a Christopher Taylor, da University of Wisconsin, por sua ajuda paciente com o Mathematica e os mistérios do LaTeX. O professor Manuel Fernando Ferreira da Silva, da Universidade da Beira Interior, Portugal, leu a primeira impressão com uma extraordinária atenção e me deu inúmeras sugestões, muitas pequenas, porém várias cruciais e todas de grande valor. Meu editor, Lee Young, é de fato uma raridade, um especialista no uso do inglês *e* em física; ele sugeriu muitas melhorias significativas. Finalmente, e acima de tudo, desejo agradecer a minha esposa, Debby. Ser casada com um autor pode ser muito árduo, e ela lida com isso com muita graciosidade. Como uma professora de inglês do maior gabarito possível, ela me ensinou a maioria do que sei sobre escrever e editar. Estou eternamente agradecido.

John R. Taylor
Departamento de Física
University of Colorado
Boulder, Colorado 80309, USA
John.Taylor@Colorado.edu

Sumário

PARTE I	Essenciais	1
CAPÍTULO 1	**Leis de Newton do Movimento**	**3**

    1.1   Mecânica Clássica   3
    1.2   Espaço e Tempo   4
    1.3   Massa e Força   9
    1.4   Primeira e Segunda Leis de Newton: Referenciais Inerciais   13
    1.5   A Terceira Lei e a Conservação do Momento   17
    1.6   A Segunda Lei de Newton em Coordenadas Cartesianas   23
    1.7   Coordenadas Polares Bidimensionais   26
           Principais Definições e Equações   33
           Problemas   34

CAPÍTULO 2	**Projéteis e Partículas Carregadas**	**43**

    2.1   Resistência do Ar   43
    2.2   Resistência do Ar Linear   46
    2.3   Trajetória e Alcance em um Meio Linear   54
    2.4   Resistência do Ar Quadrática   57
    2.5   Movimento de uma Carga em um Campo Magnético Uniforme   65
    2.6   Exponenciais Complexas   68
    2.7   Solução para uma Carga em um Campo B   70
           Principais Definições e Equações   71
           Problemas   72

CAPÍTULO 3	**Momento e Momento Angular**	**83**

    3.1   Conservação do Momento   83
    3.2   Foguetes   85
    3.3   O Centro de Massa   87
    3.4   Momento Angular de uma Única Partícula   90

	3.5	Momento Angular de Várias Partículas	93
		Principais Definições e Equações	98
		Problemas	99

CAPÍTULO 4 Energia 105

	4.1	Energia Cinética e Trabalho	105
	4.2	Energia Potencial e Forças Conservativas	109
	4.3	Força como o Gradiente da Energia Potencial	116
	4.4	A Segunda Condição para que F seja Conservativa	118
	4.5	Energia Potencial Dependente do Tempo	121
	4.6	Energia para Sistemas Lineares Unidimensionais	123
	4.7	Sistemas Unidimensionais Curvilíneos	129
	4.8	Forças Centrais	133
	4.9	Energia de Interação de Duas Partículas	138
	4.10	Energia de um Sistema de Várias Partículas	144
		Principais Definições e Equações	148
		Problemas	150

CAPÍTULO 5 Oscilações 161

	5.1	Lei de Hooke	161
	5.2	Movimento Harmônico Simples	163
	5.3	Osciladores Bidimensionais	170
	5.4	Oscilações Amortecidas	173
	5.5	Oscilações Amortecidas Forçadas	179
	5.6	Ressonância	187
	5.7	Séries de Fourier*	192
	5.8	Solução por Série de Fourier para o Oscilador Forçado*	197
	5.9	O Deslocamento RMQ: Teorema de Parseval*	203
		Principais Definições e Equações	205
		Problemas	207

CAPÍTULO 6 Cálculo das Variações 215

	6.1	Dois Exemplos	216
	6.2	A Equação de Euler-Lagrange	218
	6.3	Aplicações da Equação de Euler-Lagrange	221
	6.4	Mais de Duas Variáveis	226

---

* As seções marcadas com um asterisco podem ser omitidas em uma primeira leitura.

		Principais Definições e Equações	230
		Problemas	230

CAPÍTULO 7 Equações de Lagrange   237

7.1	Equações de Lagrange para Movimentos sem Vínculos	238
7.2	Sistemas com Vínculos: um Exemplo	245
7.3	Sistemas com Vínculos em Geral	247
7.4	Demonstração das Equações de Lagrange com Vínculos	250
7.5	Exemplos das Equações de Lagrange	254
7.6	Momento Generalizado e Coordenadas Ignoráveis	266
7.7	Conclusão	267
7.8	Mais sobre Leis de Conservação*	268
7.9	Equações de Lagrange para Forças Magnéticas*	272
7.10	Multiplicadores de Lagrange e Forças de Vínculos*	275
	Principais Definições e Equações	280
	Problemas	281

CAPÍTULO 8 Problemas de Força Central para Dois Corpos   293

8.1	O Problema	293
8.2	CM e Coordenadas Relativas: Massa Reduzida	295
8.3	As Equações de Movimento	297
8.4	O Problema Unidimensional Equivalente	299
8.5	A Equação da Órbita	305
8.6	As Órbitas de Kepler	307
8.7	As Órbitas de Kepler Ilimitadas	313
8.8	Mudanças de Órbitas	315
	Principais Definições e Equações	319
	Problemas	320

CAPÍTULO 9 Mecânica em Referenciais Não Inerciais   327

9.1	Aceleração sem Rotação	327
9.2	As Marés	330
9.3	O Vetor Velocidade Angular	336
9.4	Derivadas Temporais em um Referencial em Rotação	339
9.5	Segunda Lei de Newton em um Referencial em Rotação	342
9.6	A Força Centrífuga	344
9.7	A Força de Coriolis	348
9.8	Queda Livre e a Força de Coriolis	351

9.9	Pêndulo de Foucault	354
9.10	Força e Aceleração de Coriolis	358
	Principais Definições e Equações	359
	Problemas	360

CAPÍTULO 10 Movimento de Rotação de Corpos Rígidos 367

10.1	Propriedades do Centro de Massa	367
10.2	Rotação em Torno de um Eixo Fixo	372
10.3	Rotação em Torno de Qualquer Eixo: o Tensor de Inércia	378
10.4	Eixos Principais de Inércia	387
10.5	Determinando os Eixos Principais: Equações de Autovalor	389
10.6	Precessão de um Pião devido a um Torque Fraco	392
10.7	Equações de Euler	395
10.8	Equações de Euler com Torque Zero	397
10.9	Ângulos de Euler*	401
10.10	Movimento de um Pião*	403
	Principais Definições e Equações	407
	Problemas	408

CAPÍTULO 11 Osciladores Acoplados e Modos Normais 417

11.1	Duas Massas e Três Molas	417
11.2	Molas Idênticas e Massas Iguais	421
11.3	Dois Osciladores Fracamente Acoplados	426
11.4	Abordagem Lagrangiana: o Pêndulo Duplo	430
11.5	O Caso Geral	435
11.6	Três Pêndulos Acoplados	440
11.7	Coordenadas Normais*	444
	Principais Definições e Equações	446
	Problemas	447

PARTE II Tópicos Adicionais 455

CAPÍTULO 12 Mecânica Não Linear e Caos 457

12.1	Linearidade e Não Linearidade	458
12.2	O Pêndulo Amortecido Forçado (PAF)	462
12.3	Algumas Características Esperadas do PAF	463
12.4	PAF: Abordagem para Caos	467
12.5	Caos e Sensibilidade às Condições Iniciais	476
12.6	Diagramas de Bifurcação	483

12.7	Órbitas no Espaço de Estados	487
12.8	Seções de Poincaré	494
12.9	Mapa Logístico	498
	Principais Definições e Equações	513
	Problemas	514

CAPÍTULO 13 Mecânica Hamiltoniana 521

13.1	Variáveis Básicas	522
13.2	Equações de Hamilton para Sistemas Unidimensionais	524
13.3	Equações de Hamilton em Várias Dimensões	528
13.4	Coordenadas Ignoráveis	535
13.5	Equações de Lagrange *versus* Equações de Hamilton	536
13.6	Órbitas no Espaço de Fase	538
13.7	Teorema de Liouville*	543
	Principais Definições e Equações	550
	Problemas	550

CAPÍTULO 14 Teoria das Colisões 557

14.1	Ângulo de Espalhamento e Parâmetro de Impacto	558
14.2	Seção de Choque de Colisão	560
14.3	Generalizações da Seção de Choque	563
14.4	Seção de Choque Diferencial do Espalhamento	568
14.5	Cálculo da Seção de Choque Diferencial	572
14.6	O Espalhamento de Rutherford	574
14.7	Seções de Choque em Vários Sistemas de Referência*	579
14.8	Relação dos Ângulos de Espalhamentos no CM e no lab*	582
	Principais Definições e Equações	586
	Problemas	587

CAPÍTULO 15 Relatividade Especial 595

15.1	Relatividade	596
15.2	Relatividade Galileana	596
15.3	Os Postulados da Relatividade Especial	601
15.4	A Relatividade do Tempo: Dilatação do Tempo	603
15.5	Contração do Comprimento	608
15.6	A Transformação de Lorentz	611
15.7	Fórmula da Adição de Velocidades Relativísticas	615
15.8	Espaço-Tempo Quadrimensional: Quadrivetores	617
15.9	Produto Escalar Invariante	623

15.10	O Cone de Luz	625
15.11	A Regra do Quociente e o Efeito Doppler	629
15.12	Massa, Quadrivelocidade e Quadrimomento	632
15.13	Energia: a Quarta Componente do Momento	637
15.14	Colisões	644
15.15	Força na Relatividade	649
15.16	Partículas sem Massa: o Fóton	652
15.17	Tensores*	656
15.18	Eletrodinâmica e Relatividade	659
	Principais Definições e Equações	663
	Problemas	665

CAPÍTULO 16 Mecânica do Contínuo   681

16.1	Movimento Transversal de uma Corda Esticada	682
16.2	A Equação de Onda	685
16.3	Condições de Contorno: Ondas sobre uma Corda Finita*	688
16.4	A Equação da Onda Tridimensional	694
16.5	Forças de Superfície e de Volume	697
16.6	Tensão e Deformação: os Módulos de Elasticidade	701
16.7	O Tensor de Tensão	704
16.8	O Tensor de Deformação para um Sólido	709
16.9	Relação entre Tensão e Deformação: Lei de Hooke	715
16.10	A Equação de Movimento para um Sólido Elástico	718
16.11	Ondas Longitudinais e Transversais em um Sólido	721
16.12	Fluidos: Descrição do Movimento*	723
16.13	Ondas em um Fluido*	727
	Principais Definições e Equações	730
	Problemas	732

APÊNDICE Diagonalização de Matrizes Reais Simétricas   739

A.1	Diagonalização de uma Única Matriz	739
A.2	Diagonalização Simultânea de Duas Matrizes	743

LEITURA ADICIONAL   747

RESPOSTAS DOS PROBLEMAS ÍMPARES   749

ÍNDICE   777

Parte I

Essenciais

Capítulo 1	Leis de Newton do Movimento
Capítulo 2	Projéteis e Partículas Carregadas
Capítulo 3	Momento e Momento Angular
Capítulo 4	Energia
Capítulo 5	Oscilações
Capítulo 6	Cálculo das Variações
Capítulo 7	Equações de Lagrange
Capítulo 8	Problemas de Força Central para Dois Corpos
Capítulo 9	Mecânica em Referenciais Não Inerciais
Capítulo 10	Movimento de Rotação de Corpos Rígidos
Capítulo 11	Osciladores Acoplados e Modos Normais

A Parte I deste livro trata de tópicos que quase todos considerariam essenciais para um curso de graduação em física. A Parte II contém tópicos opcionais: você pode escolhê-los de acordo com sua preferência ou disponibilidade. A distinção entre "essencial" e "opcional" é, certamente, discutível, e o impacto disso sobre você, o leitor, depende muito do seu estágio de formação. Por exemplo, se você está bem preparado, pode decidir que os primeiros cinco capítulos da Parte I podem ser lidos rapidamente, ou mesmo omitidos completamente. De forma prática, a distinção é esta: os onze capítulos da Parte I foram preparados para serem lidos em sequência. Quando escrevi cada um desses capítulos, assumi que você estivesse familiarizado com a maioria das ideias dos capítulos precedentes – ou por já tê-los lido ou porque já estudou seus conteúdos em outra ocasião. Ao contrário, tentei fazer os capítulos da Parte II independentes uns dos outros, de forma que você possa ler qualquer um deles na ordem de sua preferência, uma vez que domine os conteúdos da maioria dos capítulos da Parte I.

1

Leis de Newton do Movimento

1.1 MECÂNICA CLÁSSICA

Mecânica é o estudo de como as coisas se movem: como os planetas se movem ao redor do Sol, como um esquiador se move encosta abaixo, ou como um elétron se move em torno do núcleo de um átomo. Pelo que sabemos, os gregos foram os primeiros a pensar seriamente sobre a mecânica, há mais de dois mil anos, e a mecânica grega representa um tremendo passo na evolução da ciência moderna. Entretanto, as ideias gregas eram, de acordo com os padrões modernos, seriamente falhas e, portanto, não serão o foco de nosso estudo. O desenvolvimento da mecânica como a conhecemos hoje teve início com o trabalho de Galileu (1564-1642) e Newton (1642-1727), e é a formulação de Newton, com suas três leis do movimento, que será nosso ponto de partida neste livro.

No final do século XVIII e início do século XIX, duas formulações alternativas da mecânica foram desenvolvidas, batizadas com os nomes de seus inventores, o matemático francês e astrônomo Lagrange (1736-1813) e o matemático irlandês Hamilton (1805-1865). As formulações Lagrangiana e Hamiltoniana da mecânica são completamente equivalentes às de Newton, mas fornecem soluções drasticamente mais simples para muitos problemas complicados e são também o ponto de partida para muitos dos desenvolvimentos modernos. O termo *mecânica clássica* é um tanto vago, mas geralmente é entendido como significando essas três formulações equivalentes da mecânica: é por isso que o material deste livro é chamado de mecânica clássica.

Até o início do século XX, parecia que a mecânica clássica era o *único* tipo de mecânica a descrever corretamente todos os tipos possíveis de movimento. Porém, entre os anos de 1905 e 1925, ficou claro que a mecânica clássica não descrevia corretamente o movimento dos objetos que se moviam com velocidade próxima à velocidade da luz, nem o movimento das partículas microscópicas dentro dos átomos e moléculas. O resultado foi o desenvolvimento de duas novas formas, completamente distintas, de mecânica: a mecânica relativista, para descrever movimentos com velocidades muito elevadas, e a mecânica quântica, para descrever o movimento de partículas microscópicas. Incluí uma introdução à relatividade no "opcional" Capítulo 15. A mecânica quântica, requer um livro completamente distinto (ou vários livros); portanto, sequer tentei introduzí-la.

Embora a mecânica clássica tenha sido substituída pela mecânica relativista e pela mecânica quântica em seus respectivos domínios, há ainda uma vasta gama de problemas e tópicos interessantes nos quais a mecânica clássica produz uma descrição completa e acurada dos possíveis movimentos. Na verdade, particularmente com o advento da teoria do caos nas duas últimas décadas, a pesquisa na mecânica clássica se intensificou e a matéria tornou-se uma das mais modernas áreas da física. O propósito deste livro é dar uma base sólida à excitante área da mecânica clássica. Quando apropriado, irei discutir problemas dentro do formalismo Newtoniano, mas também tentarei enfatizar aquelas situações em que as novas formulações de Lagrange e Hamilton são preferíveis, e as utilizarei, se este for o caso. No nível deste livro, a abordagem Lagrangiana tem muitas vantagens sobre a Newtoniana, e utilizaremos a formulação Lagrangiana repetidamente, a partir do Capítulo 7. Por outro lado, as vantagens da formulação Hamiltoniana apresentam-se apenas em um nível mais avançado, e portanto, adiei a introdução da mecânica Hamiltoniana para o Capítulo 13 (embora ela possa ser lida a qualquer momento depois do Capítulo 7).

Ao escrever este livro, assumi que você teve uma introdução à mecânica Newtoniana assim como ela é apresentada nas disciplinas introdutórias de física. Este capítulo, então, contém uma breve revisão de ideias que assumi que você ainda não tivesse visto.

1.2 ESPAÇO E TEMPO

As três leis de Newton são formuladas de acordo com quatros conceitos cruciais: as noções de espaço, tempo, massa e força. Esta seção revisa as duas primeiras, espaço e tempo. Além de uma breve descrição da visão clássica de espaço e tempo, faço uma pequena revisão da manipulação com vetores, com os quais especificamos pontos no espaço.

Espaço

Cada ponto P do espaço tridimensional no qual vivemos pode ser rotulado por um vetor posição $\mathbf{r}$ que especifica a distância e direção de P a partir de uma escolha de origem O, como na Figura 1.1. Existem diversas formas de identificar um vetor, dentre as quais uma das mais naturais é informando suas componentes (x, y, z) nas direções de três eixos perpendiculares escolhidos. Uma forma popular de se expressar isso é introduzindo três vetores unitários, $\hat{\mathbf{x}}, \hat{\mathbf{y}}, \hat{\mathbf{z}}$, apontando nas direções dos três eixos e escrevendo

$$\mathbf{r} = x\hat{\mathbf{x}} + y\hat{\mathbf{y}} + z\hat{\mathbf{z}}. \qquad (1.1)$$

Em trabalhos elementares, é recomendável que escolhamos uma única notação adequada, como (1.1) e sigamos com ela. Em trabalhos mais avançados, é praticamente impossível evitar o uso de várias notações diferentes. Autores distintos têm diferentes preferências (outra escolha popular é usar $\mathbf{i}, \mathbf{j}, \mathbf{k}$ para o que estou denominando $\hat{\mathbf{x}}, \hat{\mathbf{y}}, \hat{\mathbf{z}}$) e você deve se acostumar com a leitura de todas elas. Além disso, quase todas as notações têm suas desvantagens, o que as faz não utilizáveis em algumas circunstâncias. Portanto, enquanto

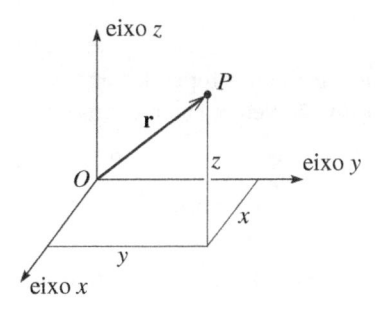

Figura 1.1 O ponto P é identificado por seu vetor posição **r**, que dá a posição de P relativa a uma origem escolhida O. O vetor **r** pode ser especificado por suas componentes (x, y, z) relativas aos eixos $Oxyz$.

escolhe seu esquema preferido, você necessita desenvolver uma tolerância para vários outros esquemas.

É, muitas vezes, conveniente abreviar (1.1), escrevendo simplesmente

$$\mathbf{r} = (x, y, z). \tag{1.2}$$

Essa notação obviamente não é muito consistente com (1.1), mas é, em geral, completamente inequívoca, assegurando simplesmente que **r** é o vetor cujas componentes são x, y, z. Quando a notação de (1.2) for a mais conveniente, eu não hesitarei em usá-la. Para a maioria dos vetores, indicamos as componentes com subscritos x, y, z. Logo, o vetor velocidade **v** tem componentes v_x, v_y, v_z e a aceleração **a** tem componentes a_x, a_y, a_z.

À medida que as equações ficarem mais complicadas, será algumas vezes conveniente escrever os três termos como uma soma, a exemplo de (1.1); é preferível ainda utilizar o símbolo de somatório $\sum$ seguido por um único termo. A notação (1.1) não serve para essa notação compacta e por essa razão denotarei novamente as três componentes x, y, z de **r** como r_1, r_2, r_3, e os três vetores unitários $\hat{\mathbf{x}}, \hat{\mathbf{y}}, \hat{\mathbf{z}}$ como $\mathbf{e}_1, \mathbf{e}_2, \mathbf{e}_3$. Isto é, definimos

$$r_1 = x, \qquad r_2 = y, \qquad r_3 = z,$$

e

$$\mathbf{e}_1 = \hat{\mathbf{x}}, \qquad \mathbf{e}_2 = \hat{\mathbf{y}}, \qquad \mathbf{e}_3 = \hat{\mathbf{z}}.$$

(O símbolo **e** é comumente usado para vetores unitários, já que e, em alemão, significa "eins" ou "um".) Com essas notações, (1.1) torna-se

$$\mathbf{r} = r_1 \mathbf{e}_1 + r_2 \mathbf{e}_2 + r_3 \mathbf{e}_3 = \sum_{i=1}^{3} r_i \mathbf{e}_i. \tag{1.3}$$

Para uma equação simples como essa, a forma (1.3) não apresenta uma vantagem real sobre (1.1), mas, para equações mais complicadas, (1.3) é significativamente mais conveniente, e irei utilizá-la quando apropriado.

Operações vetoriais

Em nosso estudo da mecânica, usaremos repetidamente várias operações que podem ser realizadas com vetores. Se **r** e **s** são vetores com componentes

$$\mathbf{r} = (r_1, r_2, r_3) \quad \text{e} \quad \mathbf{s} = (s_1, s_2, s_3),$$

então sua **soma** (ou resultante) **r** + **s** é determinada pela soma das componentes correspondentes, de forma que

$$\mathbf{r} + \mathbf{s} = (r_1 + s_1,\ r_2 + s_2,\ r_3 + s_3). \tag{1.4}$$

(Você pode se convencer de que essa regra é equivalente às regras familiares do triângulo ou paralelogramo para a adição de vetores.) Um exemplo importante de uma soma vetorial é a resultante da força sobre um objeto: quando duas forças $\mathbf{F}_a$ e $\mathbf{F}_b$ agem sobre um objeto, o efeito é semelhante à ação de uma única força, a força resultante, que é exatamente o vetor soma

$$\mathbf{F} = \mathbf{F}_a + \mathbf{F}_b$$

como dado pela lei de adição de vetores (1.4).

Se c é um escalar (isto é, um número ordinário) e **r** é um vetor, o *produto* $c\mathbf{r}$ é determinado por

$$c\mathbf{r} = (cr_1, cr_2, cr_3). \tag{1.5}$$

Isso significa que $c\mathbf{r}$ é um vetor na mesma direção[1] e sentido de **r** com magnitude igual a c vezes a magnitude de **r**. Por exemplo, se um objeto de massa m (um escalar) tem uma aceleração **a** (um vetor), a segunda lei de Newton afirma que a força resultante **F** sobre o objeto será sempre igual ao produto $m\mathbf{a}$ como determinado por (1.5).

Existem dois importantes tipos de produtos que podem ser formados a partir de qualquer par de vetores. Primeiro, o **produto escalar** (ou **produto interno**) de dois vetores **r** e **s** é determinado por qualquer uma das fórmulas equivalentes

$$\mathbf{r} \cdot \mathbf{s} = rs \cos\theta \tag{1.6}$$

$$= r_1 s_1 + r_2 s_2 + r_3 s_3 = \sum_{n=1}^{3} r_n s_n, \tag{1.7}$$

onde r e s denotam as magnitudes dos vetores **r** e **s**, e θ é o ângulo entre eles. (Para uma demonstração de que essas duas definições são equivalentes, veja o Problema 1.7.) Por exemplo, se a força **F** age sobre um objeto que se move por um pequeno deslocamento $d\mathbf{r}$, o trabalho realizado pela força é o produto escalar $\mathbf{F} \cdot d\mathbf{r}$, como definido em (1.6) ou (1.7). Outro importante uso do produto escalar é para definir a magnitude de um vetor: a magnitude (ou comprimento) de qualquer vetor **r** é denotada por $|\mathbf{r}|$ ou r e, pelo teorema de Pitágoras, ela é igual a $\sqrt{r_1^2 + r_2^2 + r_3^2}$. Por (1.7), isso é o mesmo que

$$r = |\mathbf{r}| = \sqrt{\mathbf{r} \cdot \mathbf{r}}. \tag{1.8}$$

O produto escalar $\mathbf{r} \cdot \mathbf{r}$ é frequentemente abreviado como $\mathbf{r}^2$.

---

[1] Embora isso seja o que as pessoas normalmente dizem, devemos, na verdade, ter cuidado: se c é negativo, $c\mathbf{r}$ está no sentido *oposto* da direção de **r**.

O segundo tipo de produto de dois vetores **r** e **s** é o **produto vetorial** (ou **produto cruzado**), que é definido como o vetor **p** = **r** × **s** com componentes

$$\left.\begin{array}{l} p_x = r_y s_z - r_z s_y \\ p_y = r_z s_x - r_x s_z \\ p_z = r_x s_y - r_y s_x \end{array}\right\} \quad (1.9)$$

ou, de forma equivalente,

$$\mathbf{r} \times \mathbf{s} = \det \begin{bmatrix} \hat{\mathbf{x}} & \hat{\mathbf{y}} & \hat{\mathbf{z}} \\ r_x & r_y & r_z \\ s_x & s_y & s_z \end{bmatrix},$$

onde "det" significa determinante da matriz. Qualquer uma dessas definições significa que **r** × **s** é um vetor perpendicular a ambos os vetores **r** e **s**, com direção dada pela regra familiar da mão direita e magnitude rs sen θ (Problema 1.15). O produto vetorial desempenha um papel importante na discussão do movimento de rotação. Por exemplo, a tendência de uma força **F** (agindo sobre um ponto **r**) é causar a rotação do corpo em torno da origem, o que é determinado pelo torque de **F** em torno de O, definido como sendo o produto vetorial $\mathbf{\Gamma} = \mathbf{r} \times \mathbf{F}$.

Derivação de vetores

Muitas (talvez a maioria) das leis da física envolvem vetores e a maioria delas envolve *derivadas* de vetores. Existem muitas maneiras de derivar um vetor, de modo que há uma disciplina chamada de cálculo vetorial, que, em grande parte, desenvolveremos ao longo deste livro. Por enquanto, mencionarei o caso mais simples de derivação de vetores, a derivada temporal de um vetor que depende do tempo. Por exemplo, a velocidade **v**(t) de uma partícula é a derivada temporal do vetor posição **r**(t) da partícula, ou seja, $\mathbf{v} = d\mathbf{r}/dt$. Similarmente, a aceleração é a derivada temporal da velocidade, $\mathbf{a} = d\mathbf{v}/dt$.

A definição da derivada de um vetor é muito semelhante àquela de um escalar. Lembre-se de que, se $x(t)$ é uma função escalar de t, então definimos sua derivada como

$$\frac{dx}{dt} = \lim_{\Delta t \to 0} \frac{\Delta x}{\Delta t},$$

onde $\Delta x = x(t + \Delta t) - x(t)$ é a variação de x à medida que o tempo avança de t para $t + \Delta t$. Exatamente da mesma forma, se **r**(t) é um vetor qualquer que depende de t, definimos sua derivada como

$$\frac{d\mathbf{r}}{dt} = \lim_{\Delta t \to 0} \frac{\Delta \mathbf{r}}{\Delta t}, \quad (1.10)$$

onde

$$\Delta \mathbf{r} = \mathbf{r}(t + \Delta t) - \mathbf{r}(t) \quad (1.11)$$

é a variação correspondente em **r**(t). Há, naturalmente, muitas questões delicadas sobre a existência desse limite. Felizmente, nada disso deve nos preocupar aqui: todos os vetores que encontraremos serão deriváveis e você pode assumir que o limite necessário existe. A partir da definição (1.10), podemos demonstrar que a derivada tem todas as propriedades que podemos esperar. Por exemplo, se **r**(*t*) e **s**(*t*) são dois vetores que dependem de *t*, então a derivada de suas somas é exatamente o que esperamos:

$$\frac{d}{dt}(\mathbf{r} + \mathbf{s}) = \frac{d\mathbf{r}}{dt} + \frac{d\mathbf{s}}{dt}. \tag{1.12}$$

Analogamente, se **r**(*t*) é um vetor e *f*(*t*) é um escalar, então a derivada do produto *f*(*t*)**r**(*t*) é dada pela versão apropriada da regra do produto

$$\frac{d}{dt}(f\mathbf{r}) = f\frac{d\mathbf{r}}{dt} + \frac{df}{dt}\mathbf{r}. \tag{1.13}$$

Se você for o tipo de pessoa que gosta de demonstrar esses tipos de proposições, possivelmente desejará mostrar que elas seguem a definição (1.10). Felizmente, se você não gosta desse tipo de atividade, não se preocupe, pois pode assumir esses resultados como verdadeiros.

Um resultado a mais que merece ser mencionado diz respeito às componentes da derivada de um vetor. Suponha que **r**, com componentes x, y, z, é a posição de uma partícula que se move e que desejamos conhecer a velocidade da partícula $\mathbf{v} = d\mathbf{r}/dt$. Quando derivamos a soma

$$\mathbf{r} = x\hat{\mathbf{x}} + y\hat{\mathbf{y}} + z\hat{\mathbf{z}}, \tag{1.14}$$

a regra (1.12) nos dá a soma de três derivadas separadas e, pela regra do produto (1.13), cada uma dessas contém dois termos. Logo, em princípio, a derivada de (1.14) envolve seis termos ao todo. Entretanto, os vetores unitários $\hat{\mathbf{x}}$, $\hat{\mathbf{y}}$ e $\hat{\mathbf{z}}$ não dependem do tempo; assim, suas derivadas são zero. Portanto, três dos seis termos são zero e estão com apenas três termos restantes:

$$\frac{d\mathbf{r}}{dt} = \frac{dx}{dt}\hat{\mathbf{x}} + \frac{dy}{dt}\hat{\mathbf{y}} + \frac{dz}{dt}\hat{\mathbf{z}}. \tag{1.15}$$

Comparando-a com a expressão padrão

$$\mathbf{v} = v_x\hat{\mathbf{x}} + v_y\hat{\mathbf{y}} + v_z\hat{\mathbf{z}}$$

vemos que

$$v_x = \frac{dx}{dt}, \qquad v_y = \frac{dy}{dt} \qquad \text{e} \qquad v_z = \frac{dz}{dt}. \tag{1.16}$$

Em palavras, as componentes retangulares de **v** são exatamente as derivadas das componentes correspondentes de **r**. Este é um resultado que usaremos o tempo todo (em geral, sem nunca pensarmos sobre ele) na resolução de problemas elementares de mecânica. O que o torna especialmente atraente é: ele é verdadeiro apenas porque os vetores $\hat{\mathbf{x}}$, $\hat{\mathbf{y}}$ e $\hat{\mathbf{z}}$ são constantes, de modo que suas derivadas estão ausentes de (1.15). Devemos notar que, na maioria dos sistemas de coordenadas, como coordenadas polares, os vetores unitários básicos *não* são constantes, e o resultado correspondente a (1.16) é definitivamente bem menos transparente. Nos problemas em que precisamos trabalhar com sistemas de coordenadas não retangulares, é consideravelmente mais difícil escrever as velocidades e acelerações em termos das coordenadas de **r**, como veremos mais adiante.

Tempo

A visão clássica sobre tempo é a de que ele é um parâmetro universal único t no qual todos os observadores estão de acordo. Dito de outro modo, se todos os observadores estão equipados com relógios acurados, todos perfeitamente sincronizados, então todos eles irão concordar com o tempo em que um dado evento ocorreu. Sabemos, no entanto, que essa visão não é exatamente verdadeira: de acordo com a teoria da relatividade, dois observadores em movimento relativo *não* concordam com todos os tempos. Entretanto, no domínio da mecânica clássica, com todas as velocidades muito menores do que a velocidade da luz, as diferenças entre as medições do tempo são inteiramente desprezíveis, e adotarei a suposição clássica de um tempo universal único (exceto, naturalmente, no Capítulo 15, que trata da relatividade). Excluindo a ambiguidade óbvia na escolha da origem do tempo (o tempo que escolhemos como $t = 0$), todos os observadores concordam com os tempos de todos os eventos.

Sistemas de referências

Quase todos os problemas em mecânica clássica envolvem uma escolha (explícita ou implícita) de um *sistema de referência*, isto é, a escolha de uma origem espacial e eixos para especificar as posições, como na Figura 1.1, e uma escolha da origem temporal para medições do tempo. A diferença entre dois sistemas pode ser muito sutil. Por exemplo, eles podem diferir apenas em suas escolhas de origens do tempo – que um sistema assume como $t = 0$ e o outro como $t' = t_o \neq 0$. Ou os dois sistemas podem ter as mesmas origens de tempo e espaço, mas ter diferentes orientações dos três eixos espaciais. Através de uma cuidadosa escolha do sistema de coordenadas, tirando proveito dessas diferentes possibilidades, você pode, algumas vezes, simplificar seu trabalho. Por exemplo, em problemas envolvendo blocos deslizando sobre declividades, frequentemente, auxilia escolher um dos eixos apontando no sentido e na direção da inclinação.

Uma diferença mais importante surge quando dois sistemas estão em movimento relativo, ou seja, quando a origem de um se move relativa à origem do outro. Na Seção 1.4, veremos que nem todos os sistemas são fisicamente equivalentes.[2] Em certos sistemas especiais, chamados de **sistemas inerciais**, as leis básicas são válidas em sua forma simples, padrão. (Isso ocorre porque uma dessas leis básicas é a primeira lei de Newton, a lei da inércia, e esses sistemas são chamados de inerciais.) Se um segundo sistema está *acelerando ou girando* relativamente a um sistema inercial, então o segundo sistema é não inercial e as leis básicas – em particular, as leis de Newton – não são válidas na sua forma padrão no segundo sistema. Veremos que a distinção entre os sistemas inerciais e não inerciais é central para as nossas discussões da mecânica clássica. Ela é ainda mais importante na teoria da relatividade.

1.3 MASSA E FORÇA

Os conceitos de massa e força são centrais na formulação da mecânica clássica. As definições próprias desses conceitos ocuparam muitos filósofos da ciência e são matérias de renomados tratados. Felizmente, você não precisa se preocupar muito sobre essas

---

[2] Esta afirmação é correta mesmo na teoria da relatividade.

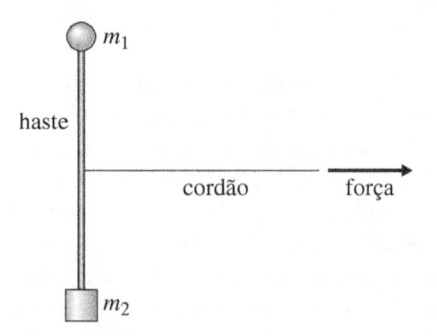

Figura 1.2 Uma balança inercial compara as massas m_1 e m_2 de dois objetos que estão presos nas extremidades de uma haste rígida. As massas são iguais se e somente se a força aplicada no ponto médio da haste causar uma aceleração deles a uma mesma taxa, de modo que a haste não gire.

questões delicadas. Baseado no seu curso introdutório de física geral, você tem uma ideia razoável do que significam massa e força e é fácil descrever como esses parâmetros são definidos e mensurados em muitas situações realísticas.

Massa

A massa de um objeto caracteriza sua inércia – sua resistência para ser acelerado: um bloco grande é difícil de ser acelerado e sua massa é grande. Um pequeno bloco é fácil de ser acelerado e sua massa é pequena. Para tornar essas ideias naturais de forma quantitativa, temos que definir uma unidade de massa e então dar uma prescrição para medirmos a quantidade de massa de um objeto em termos da unidade escolhida. A unidade adotada internacionalmente para a massa é o quilograma, que é definido arbitrariamente como sendo a massa de um bloco de platina-irídio guardado no Escritório Internacional de Pesos e Medidas próximo a Paris. Para a medição da massa de outro objeto, precisamos de um mecanismo para comparar as massas. Em princípio, isso pode ser feito com uma balança inercial como apresentado na Figura 1.2. Os dois objetos a ser comparados são presos às extremidades de uma haste rígida e leve, que é então submetida a um forte puxão em seu ponto médio. Se as massas forem iguais, elas acelerarão igualmente e a haste se moverá sem girar; se as massas forem diferentes, a com maior massa acelerará menos e a haste girará à medida que ela se mover.

A vantagem da balança inercial é que ela fornece um método para comparação de massas que é diretamente baseado na noção da massa como uma resistência à aceleração. Na prática, uma balança inercial será bastante complicada de ser utilizada e é uma sorte que existam maneiras bem mais fáceis de comparar massas, das quais a mais simples é pesar os objetos. Como você certamente se lembra do seu curso introdutório de física, a massa de um objeto é determinada como sendo exatamente proporcional ao seu peso[3]

---

[3] Essa observação remonta aos famosos experimentos de Galileu que mostraram que todos os objetos são acelerados a uma mesma taxa pela gravidade. Os primeiros experimentos modernos foram conduzidos pelo físico húngaro Eötvös (1848-1919), que mostrou que o peso é proporcional à massa dentro de uma margem de poucas partes em 10^9. Experimentos nas últimas décadas diminuíram esse valor para aproximadamente uma parte em 10^{12}.

(a força gravitacional sobre um objeto) desde que todas as medições sejam realizadas no mesmo local. Portanto, dois objetos têm a mesma massa se e somente se tiverem o mesmo peso (quando pesados no mesmo local), e uma forma simples e prática de verificar se as duas massas são iguais é simplesmente pesá-las e observar se seus pesos são iguais.

Munidos com métodos de comparação de massas, podemos facilmente estabelecer um esquema para mensurar massas arbitrárias. Primeiramente, podemos construir um grande número de quilogramas padrão, cada um checado com relação à massa original de 1 kg usando a balança inercial ou gravitacional. Em seguida, podemos construir múltiplos e frações do quilograma, novamente verificando com a nossa balança. (Checamos uma massa de 2 kg em uma extremidade da balança contra duas massas de 1 kg colocadas no outro extremo; checamos duas massas de meio quilo verificando que elas são iguais a uma massa de 1 kg e assim por diante.) Finalmente, podemos medir uma massa desconhecida colocando-a na extremidade de uma balança e carregando massas conhecidas na outra extremidade até que elas se equilibrem dentro de uma precisão desejada.

Força

A noção informal de força como um puxão ou um empurrão é um ponto de partida surpreendentemente bom para a discussão de forças. Estamos certamente conscientes da força que exercemos. Quando levanto um saco de cimento, estou muito ciente de que estou exercendo uma força para cima sobre o saco; quando puxo um engradado ao longo do chão, estou ciente da força horizontal que tenho de exercer na direção do movimento. Forças exercidas por corpos inanimados são um pouco mais complicadas de estimar e devemos, na verdade, entender um pouco sobre as leis de Newton para identificá-las. Se eu deixar o saco de cimento cair, ele acelera na direção do solo, portanto, concluo que deve haver outra força – o peso do saco, a força gravitacional da Terra – puxando-o para baixo. À medida que empurro o engradado ao longo do chão, observo que ele não acelera e concluo que deve haver outra força – atrito – empurrando o engradado no sentido oposto. Uma das mais importantes habilidades para um estudante de mecânica elementar é aprender a examinar o ambiente do objeto e identificar todas as forças que estão agindo sobre ele: quais são as coisas que estão encostadas no objeto e possivelmente exercendo forças de contato, como atrito ou resistência do ar? Quais são os objetos próximos que possivelmente estão exercendo uma força com ação de longa distância, como a atração gravitacional da Terra ou a força eletrostática de um corpo com carga elétrica?

Se considerarmos que sabemos quais são as forças, resta decidir como medi-las. Como unidade de força, adotamos, naturalmente, o newton (abreviada N), que é definida como a magnitude de uma força qualquer que acelere um quilograma de massa padrão a uma aceleração de 1 m/s^2. Concordando com o que significa um newton, podemos proceder de diversas formas, todas essas chegam à mesma conclusão, naturalmente. O caminho que provavelmente é preferido pela maioria dos filósofos da ciência é usar a segunda lei de Newton para definir uma força geral: uma dada força é 2 N se, ela mesma, acelerar um quilograma padrão a uma aceleração de 2 m/s^2 e assim por diante. Esse procedimento não é bem o que geralmente utilizamos para medir forças na

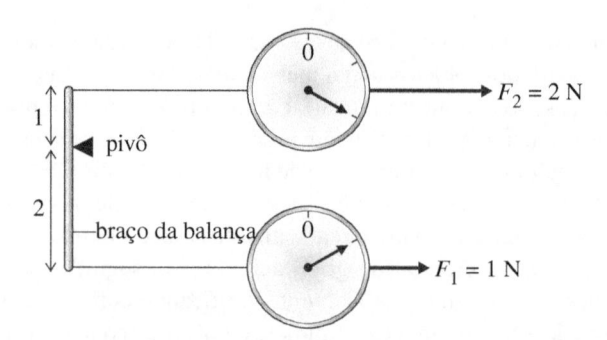

Figura 1.3 Uma dentre muitas possibilidades de se definir forças de qualquer magnitude. A balança de mola que está embaixo foi calibrada para ler 1 N. Se o braço da balança à esquerda for ajustado de modo que a parte do braço acima e abaixo do pivô esteja na razão 1 : 2, e, se a força F_1 é de 1 N, então a força F_2 necessária para equilibrar a balança é 2 N. Isso nos permite calibrar a balança de mola que está em cima para 2 N. Pelo reajustamento das duas partes do braço, podemos, em princípio, calibrar a segunda balança de mola para ler qualquer força.

prática,[4] e, para nossa atual discussão, um procedimento mais simples é usar balanças de mola. Usando nossa definição de newton, podemos calibrar a primeira balança de mola para ler 1 N. Então, comparando uma segunda balança de mola à primeira, usando o braço da balança, como apresentado na Figura 1.3, podemos definir múltiplos e frações do newton. Uma vez que tenhamos calibrado completamente a balança de mola podemos, em princípio, medir qualquer força desconhecida pela comparação dela com respeito à balança calibrada e lendo o seu valor.

Até o momento, definimos apenas a magnitude da força. Como você está certamente atento, forças são vetores e devemos também definir suas direções e sentidos. Isso é facilmente feito, pois, se aplicarmos uma dada força **F** (e nenhuma outra força) a qualquer objeto em repouso, a direção e sentido da força resultante de **F** são definidos como a direção e o sentido da aceleração resultante, ou seja, a direção e o sentido em que o corpo se movimenta.

Agora que sabemos, pelo menos em princípio, o que queremos dizer com posições, tempos, massas, e forças, podemos prosseguir para discutirmos o cerne de nossa disciplina – as três leis de Newton.

---

[4] O procedimento também cria uma confusão aparente de que a segunda lei de Newton é apenas uma consequência da definição de força. Isso não é de fato verdade: qualquer que seja a definição que escolhamos para força, uma grande parcela da segunda lei é experimental. Uma vantagem de definirmos força com balanças de mola é que ela separa a definição de força da base experimental da segunda lei. Todas as definições comumente aceitas fornecem o mesmo resultado final para o valor de qualquer força dada.

1.4 PRIMEIRA E SEGUNDA LEIS DE NEWTON: REFERENCIAIS INERCIAIS

Neste capítulo, discutirei como as leis de Newton se aplicam a uma **massa pontual**. Uma massa pontual, ou **partícula**, é uma ficção conveniente, um objeto com massa, porém sem dimensão, que pode se mover através do espaço, mas que não possui graus de liberdade internos. Ela pode ter energia cinética "translacional" (energia de seu movimento através do espaço), mas sem energia devido à rotação ou devido a vibrações ou deformações internas. Naturalmente, as leis do movimento são mais simples para partículas pontuais do que para corpos extensos e essa é a principal razão pela qual iniciamos com as primeiras. Mais adiante, construiremos a mecânica dos corpos extensos a partir da nossa mecânica de partículas pontuais, considerando corpos extensos como uma coleção de muitas partículas separadas.

Entretanto, é importante reconhecer que há muitos problemas importantes em que os objetos de interesse podem ser realisticamente aproximados por massas pontuais. Partículas atômicas e subatômicas podem frequentemente ser consideradas massas pontuais e mesmo objetos macroscópicos podem, muitas vezes, ser aproximados dessa forma. Uma pedra atirada de cima de uma encosta é, para todos os efeitos, uma partícula pontual. Mesmo um planeta orbitando em torno do Sol pode muitas vezes ser aproximado da mesma forma. Portanto, a mecânica de massas pontuais é mais do que apenas o ponto de partida para a mecânica dos corpos extensos; ela é um tópico com larga aplicabilidade.

As duas primeiras leis de Newton são bem conhecidas e facilmente expressas:

> **Primeira lei de Newton (a Lei da Inércia)**
>
> Na ausência de forças, uma partícula se move com velocidade constante **v**.

e

> **Segunda lei de Newton**
>
> Para uma partícula qualquer de massa m, a força resultante **F** sobre a partícula é sempre igual à massa m vezes a aceleração da partícula:
>
> $$\mathbf{F} = m\mathbf{a}. \qquad (1.17)$$

Nessa equação, **F** denota o vetor soma de todas as forças que agem sobre a partícula e **a** é a aceleração da partícula,

$$\mathbf{a} = \frac{d\mathbf{v}}{dt} \equiv \dot{\mathbf{v}}$$

$$= \frac{d^2\mathbf{r}}{dt^2} \equiv \ddot{\mathbf{r}}.$$

Aqui, **v** denota a velocidade da partícula, e introduzi a notação conveniente de pontos para denotar a derivada com respeito a t, como em $\mathbf{v} = \dot{\mathbf{r}}$ e $\mathbf{a} = \dot{\mathbf{v}} = \ddot{\mathbf{r}}$.

Ambas as leis podem ser expressas de várias formas equivalentes. Por exemplo, a primeira lei: na ausência de forças, uma partícula estacionária permanece estacionária e uma partícula que se move permanece se movendo sem variação na sua velocidade na mesma direção. Isto é, de fato, exatamente o mesmo que declararmos que a velocidade é sempre constante. Novamente, **v** é constante se e somente se a aceleração **a** é zero, assim uma declaração ainda mais compacta é esta: na ausência de forças, uma partícula tem aceleração nula.

A segunda lei pode ser parafraseada em termos do **momento** da partícula, definido como

$$\mathbf{p} = m\mathbf{v}. \tag{1.18}$$

Na mecânica clássica, assumimos que a massa de uma partícula nunca varia, de modo que

$$\dot{\mathbf{p}} = m\dot{\mathbf{v}} = m\mathbf{a}.$$

Logo, a segunda lei (1.17) pode ser reorganizada para dizer que

$$\mathbf{F} = \dot{\mathbf{p}}. \tag{1.19}$$

Na mecânica clássica, as duas formas, (1.17) e (1.19), da segunda lei são completamente equivalentes.[5]

Equações diferenciais

Quando escrita sob a forma $m\ddot{\mathbf{r}} = \mathbf{F}$, a segunda lei de Newton é uma **equação diferencial** para a posição $\mathbf{r}(t)$ da partícula, ou seja, é uma equação para a função desconhecida $\mathbf{r}(t)$ que envolve *derivadas* da função desconhecida. Quase todas as leis da física são, ou podem ser postas, como equações diferenciais e uma grande parte do tempo dos físicos é gasta resolvendo essas equações. Em particular, a maioria dos problemas neste livro envolve equações diferenciais – ou a segunda lei de Newton ou a sua forma correspondente no formalismo Lagrangiano ou Hamiltoniano da mecânica. Estas diferem amplamente em seus graus de dificuldade. Algumas são tão fáceis de resolver que praticamente não as observamos. Por exemplo, considere a segunda lei de Newton para uma partícula confinada ao movimento ao longo do eixo x e sujeita a uma força constante F_o,

$$\ddot{x}(t) = \frac{F_o}{m}.$$

Isso corresponde a uma equação diferencial de segunda ordem para $x(t)$ como função de t. (Segunda ordem porque ela envolve derivada de segunda ordem, mas nenhuma de ordem superior.) Para resolvê-la, temos que apenas integrá-la duas vezes. A primeira integração fornece a velocidade

---

[5] Na relatividade, as duas formas *não* são equivalentes, como veremos no Capítulo 15. Qual das formas é a correta depende da definição que usamos para força, massa e momento na relatividade. Se adotarmos a definição mais popular sobre essas grandezas, então a forma (1.19) é a válida na relatividade.

$$\dot{x}(t) = \int \ddot{x}(t)\,dt = v_{\text{o}} + \frac{F_{\text{o}}}{m}t,$$

onde a constante de integração é a velocidade inicial da partícula e a segunda integração fornece a posição

$$x(t) = \int \dot{x}(t)\,dt = x_{\text{o}} + v_{\text{o}}t + \frac{F_{\text{o}}}{2m}t^2,$$

onde a segunda constante de integração é a posição inicial da partícula. Resolver essa equação diferencial foi tão fácil que certamente não precisamos de qualquer conhecimento sobre equações diferenciais. Por outro lado, encontraremos muitas equações diferenciais que requerem conhecimento dessa teoria e eu apresentarei a teoria necessária à medida que precisarmos. Obviamente, será uma vantagem se já tiver estudado um pouco sobre a teoria das equações diferenciais, mas você não terá problema em aprendê-la à medida que avançamos. Na verdade, muitos de nós entendemos que a melhor maneira de aprender esse tipo de teoria matemática é no contexto da sua aplicação física.

Referenciais inerciais

Pelo visto, a segunda lei de Newton inclui a primeira: se não há forças sobre um objeto, então $\mathbf{F} = 0$ e a segunda lei (1.17) implica que $\mathbf{a} = 0$, que é a primeira lei. No entanto, há uma importante sutileza, e a primeira lei tem um importante papel a desempenhar. As leis de Newton podem não ser válidas em todos os referenciais concebíveis. Para vermos isso, considere apenas a primeira lei e imagine um sistema de referências – vamos chamá-lo de $\mathcal{S}$ – no qual a primeira lei é válida. Por exemplo, se o referencial $\mathcal{S}$ tem sua origem e eixos fixos relativo à superfície da Terra, então, dentro de uma excelente aproximação, a primeira lei (a lei da inércia) é válida com respeito ao referencial $\mathcal{S}$: um objeto desprovido de atrito colocado sobre uma superfície horizontal suave está sujeito a uma força nula e, de acordo com a primeira lei, ele se move com velocidade constante. Como a lei da inércia é válida, chamamos $\mathcal{S}$ de **referencial inercial**. Se considerarmos um segundo referencial $\mathcal{S}'$ que está se movendo em relação a $\mathcal{S}$ com velocidade constante e não está em rotação, então, o mesmo objeto será também observado movendo-se com velocidade constante relativa a $\mathcal{S}'$. Isto é, o referencial $\mathcal{S}'$ é também inercial.

Entretanto, se considerarmos um terceiro referencial $\mathcal{S}''$ que está acelerando relativo à $\mathcal{S}$, então, como visto de $\mathcal{S}''$, o objeto irá ser visto como acelerando (no sentido oposto). Relativamente ao referencial acelerando $\mathcal{S}''$ a lei da inércia não é válida, e dizemos que o referencial $\mathcal{S}''$ é **não inercial**. Devo enfatizar que não há nada de misterioso sobre esse resultado. Na verdade, é uma questão de experiência. O referencial $\mathcal{S}'$ poderia ser um referencial atrelado a um trem de alta velocidade viajando suavemente ao longo de trilhos retos, e o objeto sem atrito, um cubo de gelo posto no chão do trem, como na Figura 1.4. Como visto a partir do trem (referencial $\mathcal{S}'$), o cubo de gelo está se movendo com a mesma velocidade do trem e continua assim, novamente em obediência à primeira lei. Mas, agora, considere realizando o mesmo experimento sobre um segundo trem (referencial $\mathcal{S}''$) que está acelerando para frente. À medida que esse trem acelera para frente, o cubo de gelo é deixado para trás e, relativo à $\mathcal{S}''$, o cubo de gelo acelera para trás, mesmo que ele não esteja sujeito a nenhuma força resultante. Claramente, o referencial $\mathcal{S}''$ é não inercial e nenhuma das duas leis é válida em $\mathcal{S}''$. Uma conclusão semelhante valeria se o

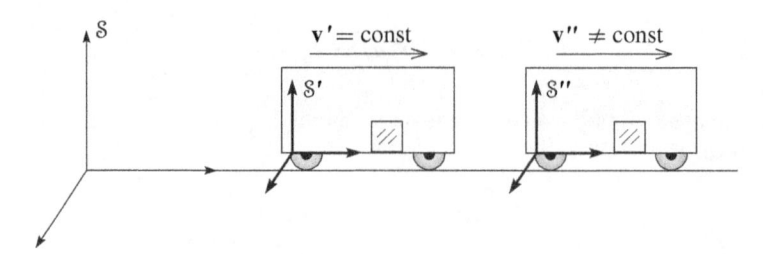

Figura 1.4 O referencial S está fixo no chão enquanto S' está fixo a um trem movendo-se com velocidade constante $\mathbf{v}'$ relativa a S. Um cubo de gelo colocado sobre o chão do trem obedece à primeira lei de Newton quando visto a partir de ambos, S e S'. Se o trem no qual S'' está atrelado está acelerando para frente, então, quando visto em S'', o cubo de gelo colocado no chão irá acelerar para trás e a primeira lei não é válida em S''.

referencial S'' tivesse sido atrelado a um carrossel. Um objeto sem atrito, sujeito a uma força resultante nula, não se moveria em uma linha reta como visto em S'' e as leis de Newton não seriam válidas.

Eventualmente, as duas leis de Newton são válidas apenas no caso especial de referenciais inerciais (não acelerando e sem rotação). A maioria dos filósofos da ciência considera o ponto de vista de que a primeira lei deve ser usada para identificar esses referenciais inerciais – um referencial S é inercial se objetos que não estão claramente sujeitos a forças são vistos movendo-se com velocidade constante relativamente à S.[6] Tendo identificado os referenciais inerciais por meio da primeira lei de Newton, podemos então alegar como um fato experimental que a segunda lei é válida nestes mesmos referenciais.[7]

Como as leis do movimento são válidas apenas em referenciais inerciais, você pode imaginar que vamos confinar a nossa atenção exclusivamente para referenciais inerciais, e, por enquanto, faremos apenas isso. Entretanto, você dever estar ciente de que há situações em que é necessário, ou pelo menos muito conveniente, trabalhar em referenciais não inerciais. O mais importante exemplo de um referencial não inercial é na verdade a própria Terra. Com uma excelente aproximação, um referencial fixo à Terra é inercial – uma circunstância muito feliz para estudantes de física! No entanto, a Terra gira sob o seu próprio eixo uma vez por dia e circula ao redor do Sol em um ano, e o Sol orbita lentamente ao redor da via Láctea. Por todas essas razões, um sistema de referência fixo à Terra não é exatamente inercial. Embora esses efeitos sejam muito pequenos, há vários

---

[6] Como sabemos que um objeto não está sujeito a nenhuma força? Seria melhor não responder "Porque ele está movendo-se com velocidade constante!". Felizmente, podemos argumentar que é possível identificar todas as fontes de forças, como pessoas puxando ou empurrando ou corpos maciços muito próximos exercendo forças gravitacionais. Se não há tais coisas ao redor, podemos facilmente dizer que o objeto está livre de forças.

[7] Como mencionado anteriormente, o alcance no qual a segunda lei é uma manifestação experimental depende de como escolhemos definir força. Se definirmos força por meio da segunda lei, então, em certo sentido (embora com certeza não completamente), a lei torna-se uma questão de definição. Se definirmos força por meio de balanças de mola, então a segunda lei é uma proposição experimentalmente testável.

fenômenos – as marés e as trajetórias de projéteis de longo alcance são exemplos – que são explicados de forma mais simples considerando o caráter não inercial do referencial fixo à Terra. No Capítulo 9, iremos examinar como as leis do movimento devem ser modificadas para uso em referenciais não inerciais. Por enquanto, restringiremos a nossa discussão aos referenciais inerciais.

Validade das primeiras duas leis

Desde o advento da relatividade e da mecânica quântica, tivemos conhecimento de que as leis de Newton não são universalmente válidas. Entretanto, há um conjunto imenso de fenômenos – os fenômenos da física clássica – em que as primeiras duas leis são, para todos os propósitos práticos, exatas. Mesmo quando as velocidades de interesse se aproximam de c, a velocidade da luz, e a relatividade se torna importante, a primeira lei permanece exatamente válida. (Na relatividade, da mesma forma que na mecânica clássica, um referencial inercial é *definido* como um onde a primeira lei é válida.)[8] Como veremos no Capítulo 15, as duas formas da segunda lei, $\mathbf{F} = m\mathbf{a}$ e $\mathbf{F} = \dot{\mathbf{p}}$, não são mais válidas na relatividade, embora com $\mathbf{F}$ e $\mathbf{p}$ definidas adequadamente a segunda lei na forma $\mathbf{F} = \dot{\mathbf{p}}$ é ainda válida. Neste caso, o ponto importante é o seguinte: no domínio clássico, devemos e podemos assumir que as primeiras duas leis (a segunda em qualquer de suas formas) são universalmente e precisamente válidas. Caso deseje, você pode considerar esta suposição como definindo um modelo – o modelo clássico – do mundo natural. O modelo é logicamente consistente e é uma boa representação de muitos fenômenos que são amplamente merecedores do nosso estudo.

1.5 A TERCEIRA LEI E A CONSERVAÇÃO DO MOMENTO

As duas primeiras leis de Newton dizem respeito a um único objeto sujeito a forças. A terceira lei, por sua vez, diz respeito a um aspecto bastante diferente: cada força sobre um objeto envolve inevitavelmente um segundo objeto – *o objeto que exerce a força*. O prego é batido *pelo martelo*, a carroça é puxada *pelo cavalo* e assim por diante. Enquanto esses são uma questão de bom senso, a terceira lei vai consideravelmente além da nossa experiência do dia a dia. Newton observou que, se o objeto 1 exerce uma força sobre outro objeto 2, então 2 sempre exerce uma força (a força de "reação") de volta sobre o objeto 1. Isso parece bastante natural: se você empurra com força contra uma parede, é muito simples se convencer de que a parede está exercendo uma força de volta sobre você, sem a qual você indubitavelmente cairia sobre ela. O aspecto da terceira lei que certamente vai além da nossa percepção natural é: de acordo com a terceira lei, a força de reação do objeto 2 sobre o 1 é sempre igual e oposta à força original de 1 sobre 2. Se introduzirmos a notação $\mathbf{F}_{21}$ para representar a força exercida sobre o objeto 2 pelo objeto 1, a terceira lei de Newton pode ser colocada de forma bastante compacta:

---

[8] No entanto, na relatividade, a relação entre diferentes referenciais inerciais – a chamada transformação de Lorentz – é diferente daquela da mecânica clássica. Veja a Seção 15.6.

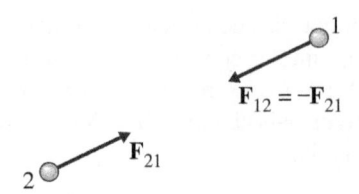

Figura 1.5 A terceira lei de Newton assegura que a força de reação exercida sobre o objeto 1 pelo objeto 2 é igual e oposta à força exercida sobre 2 por 1, isto é, $\mathbf{F}_{12} = -\mathbf{F}_{21}$.

Terceira lei de Newton

Se o objeto 1 exerce uma força $\mathbf{F}_{21}$ sobre o objeto 2, então o objeto 2 sempre exerce uma força de reação $\mathbf{F}_{12}$ sobre o objeto 1 dada por

$$\mathbf{F}_{12} = -\mathbf{F}_{21}. \tag{1.20}$$

Essa afirmação está ilustrada na Figura 1.5, que você pode pensar como se fosse a força da Terra sobre a Lua e a força de reação da Lua sobre a Terra (ou de um próton sobre um elétron e do elétron sobre o próton). Observe que essa figura na realidade vai um pouco além da afirmação usual (1.20) da terceira lei: não apenas mostrei as duas forças como iguais e opostas; também mostrei que elas agem ao longo da reta que liga 1 e 2. Forças com essa propriedade extra são chamadas de **forças centrais**. (Elas agem ao longo da reta sobre os centros.) A terceira lei, na realidade, não requer que as forças sejam centrais, mas, como irei discutir mais adiante, a maioria das forças que encontraremos (gravidade, força eletrostática entre duas cargas, etc.) tem essa propriedade.

Como o próprio Newton estava muito bem ciente, a terceira lei está intimamente relacionada à conservação do momento. Vamos focar, primeiro, sobre dois objetos, como os apresentados na Figura 1.6, que podem representar a Terra e a Lua ou dois patinadores no gelo. Além da força de cada objeto sobre o outro, pode haver forças "externas" exercidas por outros corpos. A Terra e a Lua experimentam forças externas devido ao Sol e ambos os patinadores podem experimentar forças externas devido ao vento. Ilustrei as forças externas resultantes sobre os dois objetos como $\mathbf{F}_1^{ext}$ e $\mathbf{F}_2^{ext}$. A força total sobre o objeto 1 é, então,

$$(\text{força resultante sobre 1}) \equiv \mathbf{F}_1 = \mathbf{F}_{12} + \mathbf{F}_1^{ext},$$

e, analogamente,

$$(\text{força resultante sobre 2}) \equiv \mathbf{F}_2 = \mathbf{F}_{21} + \mathbf{F}_2^{ext}.$$

Podemos calcular as taxas de variação dos momentos das partículas usando a segunda lei de Newton:

$$\dot{\mathbf{p}}_1 = \mathbf{F}_1 = \mathbf{F}_{12} + \mathbf{F}_1^{ext}, \tag{1.21}$$

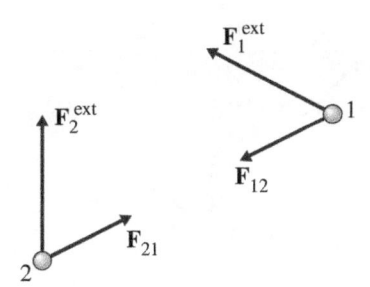

Figura 1.6 Dois objetos exercem forças um sobre o outro e podem também estar sujeitos a forças "externas" a partir de outros objetos não ilustrados.

e
$$\dot{\mathbf{p}}_2 = \mathbf{F}_2 = \mathbf{F}_{21} + \mathbf{F}_2^{\text{ext}}. \qquad (1.22)$$

Se definirmos agora o momento total de nossos dois objetos como
$$\mathbf{P} = \mathbf{p}_1 + \mathbf{p}_2,$$
então a taxa de variação do momento total é
$$\dot{\mathbf{P}} = \dot{\mathbf{p}}_1 + \dot{\mathbf{p}}_2.$$

Para calcular essa equação, temos apenas que adicionar as Equações (1.21) e (1.22). Quando fazemos isso, as duas forças internas, $\mathbf{F}_{12}$ e $\mathbf{F}_{21}$, se cancelam devido à terceira lei de Newton, e obtemos
$$\dot{\mathbf{P}} = \mathbf{F}_1^{\text{ext}} + \mathbf{F}_2^{\text{ext}} \equiv \mathbf{F}^{\text{ext}}, \qquad (1.23)$$
onde introduzi a notação $\mathbf{F}^{\text{ext}}$ para denotar a força externa total sobre nosso sistema de duas partículas.

O resultado (1.23) é o primeiro de uma série de resultados importantes que nos permite construir a teoria do sistema de muitas partículas a partir das leis básicas para uma única partícula. Ele assegura que, em relação ao momento de um sistema, as forças internas não têm qualquer efeito. Um caso especial desse resultado é que, se não há forças externas ($\mathbf{F}^{\text{ext}} = 0$), então $\dot{\mathbf{P}} = 0$. Assim, temos o importante resultado:
$$\text{Se} \quad \mathbf{F}^{\text{ext}} = 0, \quad \text{então} \quad \mathbf{P} = \text{const.} \qquad (1.24)$$
Na ausência de forças externas, o momento total do sistema de duas partículas é constante – um resultado chamado de princípio da conservação do momento.

Sistema de múltiplas partículas

Apresentamos a conservação de momento, Equação (1.24), para um sistema de duas partículas. A extensão do resultado para um número qualquer de partículas é, em princípio, bastante simples, mas desejo explicá-la em detalhes porque ela me permite introduzir

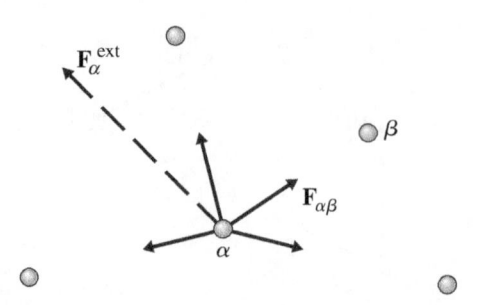

Figura 1.7 Um sistema de cinco partículas com as partículas denotadas por α ou $\beta = 1, 2, \cdots, 5$. A partícula α está sujeita a quatro forças internas, representadas por setas sólidas e denotadas por $\mathbf{F}_{\alpha\beta}$ (a força de β sobre α). Além disso, a partícula α pode estar sujeita a uma força externa resultante, representada pela seta tracejada e denotada por $\mathbf{F}_\alpha^{\text{ext}}$.

algumas notações importantes e proporcionará aos leitores alguma prática no uso da notação de somatório. Vamos considerar então um sistema de N partículas. Denotarei uma partícula típica com um índice de letras gregas α ou β, qualquer uma delas pode assumir qualquer um dos valores $1, 2, \cdots, N$. A massa de uma partícula é m_α e seu momento é $\mathbf{p}_\alpha$. A força sobre a partícula α é bem complicada: cada uma das $(N-1)$ partículas pode exercer uma força que denotarei por $\mathbf{F}_{\alpha\beta}$, a força sobre α exercida por β, como ilustrado na Figura 1.7. Além disso, pode haver uma força resultante externa sobre a partícula α, que denotarei por $\mathbf{F}_\alpha^{\text{ext}}$. Portanto, a força resultante sobre a partícula α é

$$\text{(força resultante sobre a partícula }\alpha) = \mathbf{F}_\alpha = \sum_{\beta \neq \alpha} \mathbf{F}_{\alpha\beta} + \mathbf{F}_\alpha^{\text{ext}}. \quad (1.25)$$

Aqui, a soma corre sobre todos os valores de β diferentes de α. (Lembre-se de que não há força $\mathbf{F}_{\alpha\alpha}$ porque a partícula α não pode exercer uma força sobre si mesma.) De acordo com a segunda lei de Newton, isso é o mesmo que a taxa de variação de $\mathbf{p}_\alpha$:

$$\dot{\mathbf{p}}_\alpha = \sum_{\beta \neq \alpha} \mathbf{F}_{\alpha\beta} + \mathbf{F}_\alpha^{\text{ext}}. \quad (1.26)$$

Esse resultado vale para cada $\alpha = 1, \cdots, N$.

Vamos considerar o momento total do nosso sistema de N partículas,

$$\mathbf{P} = \sum_\alpha \mathbf{p}_\alpha,$$

onde, naturalmente, essa soma corre sobre todas as N partículas, $\alpha = 1, 2, \cdots, N$. Se derivarmos essa equação com respeito ao tempo, obtemos

$$\dot{\mathbf{P}} = \sum_\alpha \dot{\mathbf{p}}_\alpha$$

ou, substituindo para $\dot{\mathbf{p}}_\alpha$ a expressão (1.26),

$$\dot{\mathbf{P}} = \sum_\alpha \sum_{\beta \neq \alpha} \mathbf{F}_{\alpha\beta} + \sum_\alpha \mathbf{F}_\alpha^{\text{ext}}. \quad (1.27)$$

O somatório duplo aqui contém $N(N-1)$ termos ao todo. Cada termo $\mathbf{F}_{\alpha\beta}$ nesse somatório pode ser agrupado com o segundo termo $\mathbf{F}_{\beta\alpha}$ (isto é, $\mathbf{F}_{12}$ agrupado com $\mathbf{F}_{21}$, e assim por diante), de modo que

$$\sum_\alpha \sum_{\beta \neq \alpha} \mathbf{F}_{\alpha\beta} = \sum_\alpha \sum_{\beta > \alpha} (\mathbf{F}_{\alpha\beta} + \mathbf{F}_{\beta\alpha}). \tag{1.28}$$

O somatório duplo à direita inclui apenas valores de α e β com $\alpha < \beta$ e tem a metade dos termos do somatório à esquerda. Mas cada termo é a soma de duas forças, $(\mathbf{F}_{\alpha\beta} + \mathbf{F}_{\beta\alpha})$, e, pela terceira lei de Newton, cada uma dessas somas é zero. Portanto, o somatório completo em (1.28) é zero, e, retornando a (1.27), concluímos que

$$\dot{\mathbf{P}} = \sum_\alpha \mathbf{F}_\alpha^{\text{ext}} \equiv \mathbf{F}^{\text{ext}}. \tag{1.29}$$

O resultado (1.29) corresponde exatamente ao resultado para duas partículas (1.23). Da mesma forma, ele diz que as forças internas não têm efeito sobre a evolução do momento total $\mathbf{P}$ – a taxa de variação de $\mathbf{P}$ é determinada pela resultante das forças *externas* sobre o sistema. Em particular, se a resultante das forças externas for nula, teremos

> **Princípio da conservação do momento**
>
> Se a resultante das forças externas $\mathbf{F}^{\text{ext}}$ sobre um sistema de N partículas é zero, o momento $\mathbf{P}$ total do sistema é constante.

Como você já deve estar ciente, esse é um dos mais importantes resultados da física clássica e é, na verdade, válido também na relatividade e na mecânica quântica. Se você não está familiarizado com os tipos de manipulações de somatórios que estamos utilizando, seria uma boa ideia retornar aos argumentos que conduzem (1.25) a (1.29) para o caso de três ou quatro partículas, escrevendo todos os somatórios explicitamente (Problemas 1.28 ou 1.29). Você deve também se convencer de que, se o princípio da conservação do momento é válido para todos os sistemas de múltiplas partículas, a terceira lei de Newton deve ser verdadeira (Problema 1.31). Em outras palavras, a conservação do momento e a terceira lei de Newton são equivalentes.

Validade da terceira lei de Newton

Dentro do domínio da física clássica, a terceira lei, como a segunda, é válida com tal acurácia que ela pode ser considerada exata. À medida que as velocidades se aproximam da velocidade da luz, é fácil perceber que a terceira lei não pode ser válida: o ponto é que a lei diz que a ação e a reação de forças, $\mathbf{F}_{12}(t)$ e $\mathbf{F}_{21}(t)$, *mensuradas no mesmo tempo t*, são iguais e opostas. Como você certamente sabe, logo que a relatividade torna-se relevante, o conceito de um único tempo universal tem que ser abandonado – dois eventos que são vistos como simultâneos por um observador, em geral, *não* são simultâneos quando visto por um segundo observador. Logo, mesmo se a igualdade $\mathbf{F}_{12}(t) = -\mathbf{F}_{21}(t)$ (com ambos os tempos iguais) fosse verdade para um observador, ela geralmente seria falsa para outro. Portanto, a terceira lei não pode ser válida no instante em que a relatividade se torne relevante.

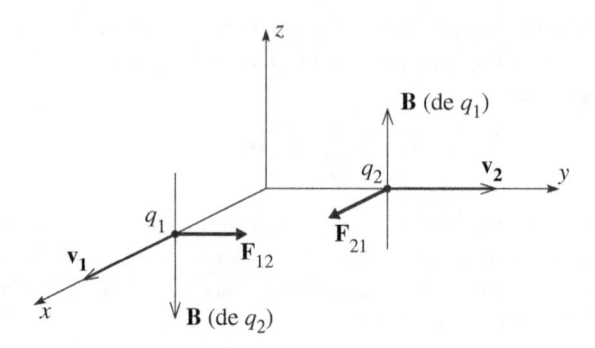

Figura 1.8 Cada uma das cargas opostas q_1 e q_2 produz um campo magnético que exerce uma força sobre a outra carga. As forças magnéticas resultantes $\mathbf{F}_{12}$ e $\mathbf{F}_{21}$ não obedecem à terceira lei de Newton.

Surpreendentemente, há um exemplo simples de uma força bastante conhecida – a força magnética entre duas cargas em movimento – para a qual a terceira lei não é exatamente válida, mesmo a baixas velocidades. Para vermos isso, considere as duas cargas positivas da Figura 1.8, com q_1 se movendo na direção x e q_2 se movendo na direção y, conforme ilustrado. O cálculo exato dos campos magnéticos produzidos por cada uma das partículas carregadas é complicado, mas um simples argumento dá a direção correta dos dois campos, e isso é tudo que precisamos. A carga em movimento q_1 é equivalente a uma corrente no sentido positivo da direção x. Pela regra da mão direita para campos, isso produz um campo magnético que aponta no sentido positivo da direção z na vizinhança de q_2. Pela regra da mão direita para forças, este campo produz uma força $\mathbf{F}_{21}$ sobre q_2 que está na direção positiva de x. Um argumento exatamente análogo (verifique você mesmo) mostra que a força $\mathbf{F}_{12}$ sobre q_1 está na direção positiva de y, conforme ilustrado. Claramente, essas duas forças não obedecem à terceira lei de Newton!

Esta conclusão é especialmente surpreendente já que acabamos de ver que a terceira lei de Newton é equivalente à conservação do momento. Aparentemente, o momento total $m_1\mathbf{v}_1 + m_2\mathbf{v}_2$ das duas cargas na Figura 1.8 não é conservado. Essa conclusão, que está correta, serve para nos lembrar de que o momento "mecânico" $m\mathbf{v}$ das partículas não é a única forma de momento. Campos eletromagnéticos podem também transportar momento e, na solução da Figura 1.8, o momento mecânico perdido pelas duas partículas está indo para o momento eletromagnético dos campos.

Felizmente, se ambas as velocidades na Figura 1.8 são muito menores que a velocidade da luz ($v \ll c$), a perda do momento mecânico e a falha concomitante da terceira lei são completamente negligenciáveis. Para vermos isso, observe que, além da força eletromagnética entre q_1 e q_2, há uma força[9] eletrostática de Coulomb kq_1q_2/r^2, que *não* obedece à terceira lei de Newton. É um exercício muito simples (Problema 1.32) mostrar que a força eletromagnética é da ordem de v^2/c^2 vezes a força de Coulomb. Logo, apenas quando v se aproxima de c – e a mecânica clássica deve dar lugar à relatividade –, a

---

[9] Aqui, k é a constante da força de Coulomb, geralmente considerada como $k = 1/(4\pi\epsilon_0)$.

violação da terceira lei pela força magnética se torna importante.[10] Vemos que a situação inesperada da Figura 1.8 não contradiz nosso argumento de que, no domínio clássico, a terceira lei de Newton é válida, e isso é o que vamos assumir nas nossas discussões de mecânica não relativista.

1.6 A SEGUNDA LEI DE NEWTON EM COORDENADAS CARTESIANAS

Das três leis de Newton, a que realmente mais utilizamos é a segunda, que é em geral descrita como a *equação do movimento*. Como já vimos, a primeira é teoricamente importante para definir o que significa um referencial inercial, mas quase não tem outra utilidade além dessa. A terceira lei é crucialmente importante na eliminação das forças internas de um sistema de múltiplas partículas, mas, uma vez que conhecemos as forças envolvidas, a segunda lei é a que realmente usamos para calcular o movimento de um objeto ou objetos de interesse. Em particular, em muitos problemas simples, as forças são conhecidas ou facilmente determinadas e, nesse caso, a segunda lei é tudo do que precisamos para a resolução do problema.

Como você já deve ter observado, a segunda lei,

$$\mathbf{F} = m\ddot{\mathbf{r}}, \qquad (1.30)$$

é uma equação diferencial[11] de segunda ordem para o vetor posição $\mathbf{r}$ como uma função do tempo t. Em um problema típico, as forças que compõem $\mathbf{F}$ são dadas, e nosso trabalho é resolver a equação diferencial (1.30) para $\mathbf{r}(t)$. Algumas vezes, temos conhecimento de $\mathbf{r}(t)$ e temos que usar (1.30) para determinar algumas das forças. De qualquer forma, a Equação (1.30) é uma equação diferencial *vetorial*. O caminho mais simples para resolver tal equação é quase sempre decompor os vetores em suas componentes relativas a um sistema de coordenadas escolhido.

Conceitualmente, o sistema de coordenadas mais simples é o Cartesiano (ou retangular), com vetores unitários $\hat{\mathbf{x}}$, $\hat{\mathbf{y}}$, e $\hat{\mathbf{z}}$, em termos dos quais a força resultante $\mathbf{F}$ pode então ser escrita como

$$\mathbf{F} = F_x \hat{\mathbf{x}} + F_y \hat{\mathbf{y}} + F_z \hat{\mathbf{z}}, \qquad (1.31)$$

e o vetor posição $\mathbf{r}$ como

$$\mathbf{r} = x\hat{\mathbf{x}} + y\hat{\mathbf{y}} + z\hat{\mathbf{z}}. \qquad (1.32)$$

Como observamos na Seção 1.2, a expansão de $\mathbf{r}$ em termos de suas componentes Cartesianas é especialmente fácil de derivar porque os vetores unitários $\hat{\mathbf{x}}$, $\hat{\mathbf{y}}$, $\hat{\mathbf{z}}$, são constantes. Logo, podemos derivar (1.32) duas vezes para obter o resultado simples

$$\ddot{\mathbf{r}} = \ddot{x}\hat{\mathbf{x}} + \ddot{y}\hat{\mathbf{y}} + \ddot{z}\hat{\mathbf{z}}. \qquad (1.33)$$

---

[10] A força magnética entre duas correntes uniformes não é necessariamente pequena, mesmo no domínio clássico, mas pode ser demonstrado que essa força *não* obedece à terceira lei. Veja o Problema 1.33.

[11] A força $\mathbf{F}$ pode, algumas vezes, envolver derivadas de $\mathbf{r}$. (Por exemplo, a força magnética sobre uma carga em movimento envolve a velocidade $\mathbf{v} = \dot{\mathbf{r}}$.) Muito ocasionalmente, a força $\mathbf{F}$ envolve derivadas de $\mathbf{r}$ superiores, de ordem $n > 2$, em cujos casos a segunda lei é uma equação diferencial de ordem n.

Ou seja, as três componentes Cartesianas de $\ddot{\mathbf{r}}$ são exatamente as derivadas correspondentes das três coordenadas x, y e z de $\mathbf{r}$, e a segunda lei (1.30) torna-se

$$F_x\,\hat{\mathbf{x}} + F_y\,\hat{\mathbf{y}} + F_z\,\hat{\mathbf{z}} = m\ddot{x}\,\hat{\mathbf{x}} + m\ddot{y}\,\hat{\mathbf{y}} + m\ddot{z}\,\hat{\mathbf{z}}. \tag{1.34}$$

Separando essa equação em suas três componentes, vemos que F_x tem que se igualar a $m\ddot{x}$ e analogamente para as componentes y e z, ou seja, em coordenadas Cartesianas, uma única equação vetorial (1.30) é equivalente às três equações separadas:

$$\mathbf{F} = m\ddot{\mathbf{r}} \quad \Longleftrightarrow \quad \begin{cases} F_x = m\ddot{x} \\ F_y = m\ddot{y} \\ F_z = m\ddot{z}. \end{cases} \tag{1.35}$$

Esse belo resultado, que, em coordenadas Cartesianas, diz que a segunda lei de Newton em três dimensões é equivalente a três versões unidimensionais da mesma lei, é a base da solução de quase todos os problemas simples da mecânica nas coordenadas Cartesianas. Aqui está um exemplo para lembrá-lo de como são tais problemas.

Exemplo 1.1 Bloco deslizando sobre um plano inclinado

Um bloco de massa m acelera a partir do repouso em um plano inclinado que possui coeficiente de atrito μ e ângulo de inclinação θ com a horizontal. Qual é a distância que esse bloco irá percorrer em um tempo t?

Nossa primeira tarefa é escolher nosso sistema de referência. Naturalmente, escolhemos a origem espacial no ponto em que o bloco está posicionado no início e a origem do tempo como ($t = 0$) no instante em que ele é largado. Você deve se lembrar de que a melhor escolha dos eixos é ter um eixo (digamos x) apontando na direção da descida da inclinação, um (y) normal à inclinação e o terceiro (z) transversal à inclinação, como ilustrado na Figura 1.9. Essa escolha tem duas vantagens: em primeiro lugar, como o bloco desliza direto para baixo na inclinação, o movimento está completamente na direção positiva do eixo x e apenas x varia. (Se tivéssemos escolhido o eixo x horizontal e o eixo y vertical, então x e y variariam.) Em segundo lugar, duas das três forças sobre o bloco são desconhecidas (a normal $\mathbf{N}$ e o atrito $\mathbf{f}$; o peso, $\mathbf{w} = m\mathbf{g}$, tratamos como conhecido) e, com nossa escolha dos eixos, cada uma das forças desconhecidas tem uma componente não nula, já que $\mathbf{N}$ está na direção y e $\mathbf{f}$ na direção (negativa) do eixo x.

Estamos agora prontos para aplicar a segunda lei de Newton. O resultado (1.35) significa que podemos analisar as três componentes separadamente, como a seguir.

Não há forças na direção z, assim $F_z = 0$. Como $F_z = m\ddot{z}$, segue que $\ddot{z} = 0$, que implica que $\dot{z}$ (ou v_z) é constante. Como o bloco parte do repouso, isso significa que $\dot{z}$ é na verdade zero para todo t. Com $\ddot{z} = 0$, segue que z é constante e, como ela também parte do repouso, concluímos que $z = 0$ para todo t. Como já devíamos ter suposto, o movimento permanece no plano xy.

Como o bloco não pula para fora do plano inclinado, sabemos que não existe movimento na direção y. Em particular, $\ddot{y} = 0$. Portanto, a segunda lei de Newton implica que a componente y da força resultante é zero; ou seja, $F_y = 0$. Da Figura 1.9, vemos que isso implica que

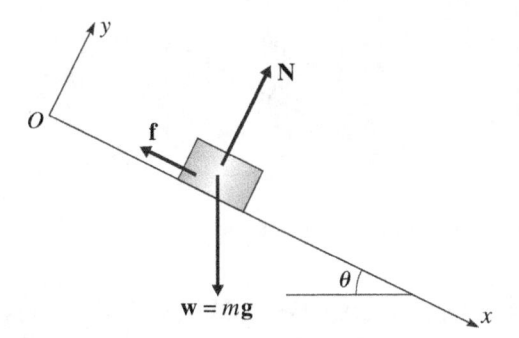

Figura 1.9 Um bloco desliza para baixo sobre um plano inclinado com ângulo θ. As três forças sobre o bloco são seu peso, $\mathbf{w} = m\mathbf{g}$, a força normal provocada pelo plano inclinado, $\mathbf{N}$, e a força de atrito $\mathbf{f}$, cuja magnitude é $f = \mu N$. O eixo z não é mostrado na figura, mas aponta para fora da página, isto é, é transversal à inclinação.

$$F_y = N - mg\cos\theta = 0.$$

Logo, a componente y da segunda lei nos diz que a força normal desconhecida é $N = mg\cos\theta$. Como $f = \mu N$, isso nos leva à força de atrito $f = \mu mg\cos\theta$ e todas as forças são agora conhecidas. Tudo o que resta é usar as componentes restantes (a componente x) da segunda lei para determinar o movimento de fato.

A componente x da segunda lei, $F_x = m\ddot{x}$, implica (veja a Figura 1.9) que

$$w_x - f = m\ddot{x}$$

ou

$$mg\,\text{sen}\,\theta - \mu mg\cos\theta = m\ddot{x}.$$

Os m's se cancelam e determinamos a aceleração do bloco plano abaixo

$$\ddot{x} = g(\text{sen}\,\theta - \mu\cos\theta). \tag{1.36}$$

Tendo determinado $\ddot{x}$ e encontrado que é uma constante, temos apenas que integrar duas vezes para determinar x como uma função do tempo t. Primeiro,

$$\dot{x} = g(\text{sen}\,\theta - \mu\cos\theta)t.$$

(Lembre-se de que $\dot{x} = 0$ inicialmente, assim a constante de integração é zero.) Finalmente,

$$x(t) = \tfrac{1}{2}g(\text{sen}\,\theta - \mu\cos\theta)t^2$$

(novamente, a constante de integração é zero) e a solução está completa.

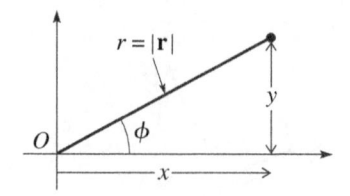

Figura 1.10 Definição das coordenadas polares r e ϕ.

1.7 COORDENADAS POLARES BIDIMENSIONAIS

Enquanto as coordenadas Cartesianas têm seu mérito de simplicidade, veremos que é quase impossível resolver certos problemas sem a utilização de vários sistemas de coordenadas não Cartesianas. Para ilustrar as estruturas de coordenadas não Cartesianas, consideramos a forma da segunda lei de Newton em um sistema bidimensional usando coordenadas polares. Essas coordenadas estão definidas na Figura 1.10. Em vez de usar as duas coordenadas retangulares x e y, rotulamos a posição de uma partícula com sua distância r a partir da origem O e o ângulo ϕ a partir do eixo x para cima. Dadas as coordenadas retangulares x e y, você pode calcular as coordenadas polares r e ϕ, ou vice-versa, usando as seguintes relações (assegure-se de que você entendeu as quatro equações[12]):

$$\left.\begin{array}{l} x = r\cos\phi \\ y = r\,\text{sen}\,\phi \end{array}\right\} \longleftrightarrow \left\{\begin{array}{l} r = \sqrt{x^2 + y^2} \\ \phi = \arctan(y/x). \end{array}\right. \tag{1.37}$$

Da mesma forma que com as coordenadas retangulares, é conveniente introduzir dois vetores unitários, os quais denotarei por $\hat{\mathbf{r}}$ e $\hat{\boldsymbol{\phi}}$. Para entender suas definições, observe que podemos definir o vetor unitário $\hat{\mathbf{x}}$ como o vetor unitário que aponta na direção crescente de x quando y é mantido fixo, como ilustrado na Figura 1.11(a). Da mesma forma, definimos $\hat{\mathbf{r}}$ como o vetor unitário que aponta na direção em que nos movemos quando r cresce com ϕ fixo; da mesma forma, $\hat{\boldsymbol{\phi}}$ é o vetor unitário que aponta na direção em que nos movemos quando ϕ cresce com r fixo. A Figura 1.11 torna clara a diferença mais importante entre os vetores unitários $\hat{\mathbf{x}}$ e $\hat{\mathbf{y}}$ nas coordenadas retangulares e os novos vetores unitários $\hat{\mathbf{r}}$ e $\hat{\boldsymbol{\phi}}$. Os vetores $\hat{\mathbf{x}}$ e $\hat{\mathbf{y}}$ são os mesmos em qualquer ponto do plano, enquanto os novos vetores $\hat{\mathbf{r}}$ e $\hat{\boldsymbol{\phi}}$ variam suas direções à medida que o vetor posição $\mathbf{r}$ se move. Veremos que isso complica o uso da segunda lei de Newton em coordenadas polares.

A Figura 1.11 sugere outro caminho para se escrever o vetor unitário $\hat{\mathbf{r}}$. Como $\hat{\mathbf{r}}$ está na mesma direção de $\mathbf{r}$, mas tem magnitude 1, podemos ver que

$$\hat{\mathbf{r}} = \frac{\mathbf{r}}{|\mathbf{r}|}. \tag{1.38}$$

Esse resultado sugere um segundo significado para a notação "chapéu". Para *qualquer* vetor $\mathbf{a}$, podemos definir $\hat{\mathbf{a}}$ como um vetor unitário na direção de $\mathbf{a}$, a saber, $\hat{\mathbf{a}} = \mathbf{a}/|\mathbf{a}|$.

---

[12] Há uma pequena sutileza relativa à equação para ϕ: você precisa certificar-se de que ϕ está no quadrante apropriado, já que o primeiro e quarto quadrantes fornecem os valores para y/x (e da mesma forma o segundo e quarto). Veja o Problema 1.42.

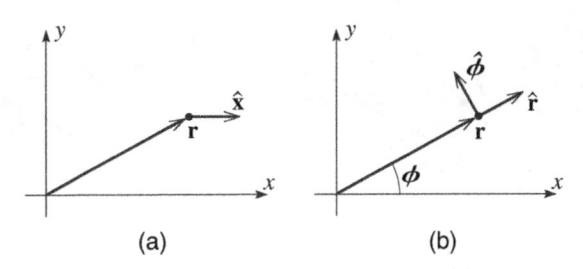

Figura 1.11 (a) O vetor unitário $\hat{\mathbf{x}}$ aponta na direção de crescimento de x com y fixo. (b) O vetor unitário $\hat{\mathbf{r}}$ aponta na direção de crescimento de r com ϕ fixo; $\hat{\boldsymbol{\phi}}$ aponta na direção de crescimento de ϕ com r fixo. Ao contrário de $\hat{\mathbf{x}}$, os vetores $\hat{\mathbf{r}}$ e $\hat{\boldsymbol{\phi}}$ variam à medida que o vetor posição $\mathbf{r}$ se move.

Como os dois vetores unitários $\hat{\mathbf{r}}$ e $\hat{\boldsymbol{\phi}}$ são perpendiculares em nosso espaço bidimensional, qualquer vetor pode ser expresso em termos deles. Nesse caso, a força resultante $\mathbf{F}$ sobre um objeto pode ser escrita

$$\mathbf{F} = F_r \hat{\mathbf{r}} + F_\phi \hat{\boldsymbol{\phi}}. \tag{1.39}$$

Se, por exemplo, o objeto em questão for uma pedra que estou girando em círculo presa no final de um cordão (com minha mão na origem), então F_r será a tensão na corda e F_ϕ a força da resistência do ar retardando o movimento da pedra na direção tangencial. A expressão do vetor posição é especialmente simples nas coordenadas polares. Da Figura 1.11(b), está claro que

$$\mathbf{r} = r\hat{\mathbf{r}}. \tag{1.40}$$

Estamos agora prontos para perguntar sobre a forma da segunda lei de Newton, $\mathbf{F} = m\ddot{\mathbf{r}}$, em coordenadas polares. Em coordenadas retangulares, vimos que a componente x de $\ddot{\mathbf{r}}$ é propriamente $\ddot{x}$ e foi o que nos levou ao resultado bastante simples (1.35). Devemos, agora, determinar as componentes de $\ddot{\mathbf{r}}$ em coordenadas polares, ou seja, precisamos derivar (1.40) com respeito à t. Embora (1.40) seja muito simples, o vetor $\hat{\mathbf{r}}$ varia quando $\mathbf{r}$ se move. Logo, quando derivamos (1.40), devemos considerar um termo envolvendo a derivada de $\hat{\mathbf{r}}$. Nossa primeira tarefa é determinar a derivada de $\hat{\mathbf{r}}$.

A Figura 1.12(a) mostra a posição de uma partícula de interesse em dois tempos sucessivos, t_1 e $t_2 = t_1 + \Delta t$. Se os ângulos correspondentes $\phi(t_1)$ e $\phi(t_2)$ são diferentes, então os dois vetores unitários $\hat{\mathbf{r}}(t_1)$ e $\hat{\mathbf{r}}(t_2)$ apontam em diferentes direções. A variação em $\hat{\mathbf{r}}$ é ilustrada na Figura 1.12(b) e (desde que Δt seja pequeno) é aproximadamente

$$\Delta \hat{\mathbf{r}} \approx \Delta \phi \, \hat{\boldsymbol{\phi}}$$

$$\approx \dot{\phi} \, \Delta t \, \hat{\boldsymbol{\phi}}. \tag{1.41}$$

(Observe que a direção de $\Delta \hat{\mathbf{r}}$ é perpendicular a $\hat{\mathbf{r}}$, a saber, a direção de $\hat{\boldsymbol{\phi}}$.) Se dividirmos ambos os lados por Δt e tomarmos o limite $\Delta t \to 0$, então $\Delta \hat{\mathbf{r}}/\Delta t \to d\hat{\mathbf{r}}/dt$ e encontramos

$$\frac{d\hat{\mathbf{r}}}{dt} = \dot{\phi} \, \hat{\boldsymbol{\phi}}. \tag{1.42}$$

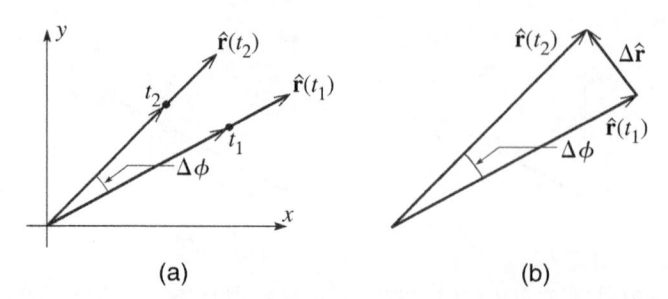

Figura 1.12 (a) As posições de uma partícula em dois instantes de tempo sucessivos t_1 e t_2. A menos que a partícula esteja se movendo exatamente radialmente, os vetores unitários correspondentes $\hat{\mathbf{r}}(t_1)$ e $\hat{\mathbf{r}}(t_2)$ apontam em direções diferentes. (b) A variação $\Delta\hat{\mathbf{r}}$ em $\hat{\mathbf{r}}$ é dada pelo triângulo apresentado.

(Para uma demonstração alternativa desse importante resultado, veja o Problema 1.43.) Observe que $d\hat{\mathbf{r}}/dt$ está na direção de $\hat{\boldsymbol{\phi}}$ e é proporcional à taxa de variação do ângulo ϕ – esperaríamos ambas as propriedades com base na Figura 1.12.

Agora que conhecemos a derivada de $\hat{\mathbf{r}}$, estamos prontos para derivar a Equação (1.40). Usando a regra do produto, obtemos dois termos:

$$\dot{\mathbf{r}} = \dot{r}\hat{\mathbf{r}} + r\frac{d\hat{\mathbf{r}}}{dt},$$

e, substituindo (1.42), encontramos a velocidade $\dot{\mathbf{r}}$ ou $\mathbf{v}$,

$$\mathbf{v} \equiv \dot{\mathbf{r}} = \dot{r}\hat{\mathbf{r}} + r\dot{\phi}\hat{\boldsymbol{\phi}}. \tag{1.43}$$

A partir dessa equação, podemos obter as componentes da velocidade em coordenadas polares:

$$v_r = \dot{r} \quad \text{e} \quad v_\phi = r\dot{\phi} = r\omega, \tag{1.44}$$

onde, na segunda equação, introduzi a notação tradicional ω para a velocidade angular $\dot{\phi}$. Enquanto os resultados em (1.44) parecem familiares com seu curso de introdução à física, eles são inegavelmente mais complicados do que os resultados correspondentes nas coordenadas Cartesianas ($v_x = \dot{x}$ e $v_y = \dot{y}$).

Antes de escrevermos a segunda lei de Newton, temos que derivar uma segunda vez para determinar a aceleração:

$$\mathbf{a} \equiv \ddot{\mathbf{r}} = \frac{d}{dt}\dot{\mathbf{r}} = \frac{d}{dt}(\dot{r}\hat{\mathbf{r}} + r\dot{\phi}\hat{\boldsymbol{\phi}}), \tag{1.45}$$

onde a expressão final vem da substituição de (1.43) por $\dot{\mathbf{r}}$. Para completar a derivação em (1.45), devemos calcular a derivada de $\hat{\boldsymbol{\phi}}$. Esse cálculo é completamente análogo ao argumento que conduziu a (1.42) e está ilustrado na Figura 1.13. Olhando a figura, você deve se convencer de que

$$\frac{d\hat{\boldsymbol{\phi}}}{dt} = -\dot{\phi}\hat{\mathbf{r}}. \tag{1.46}$$

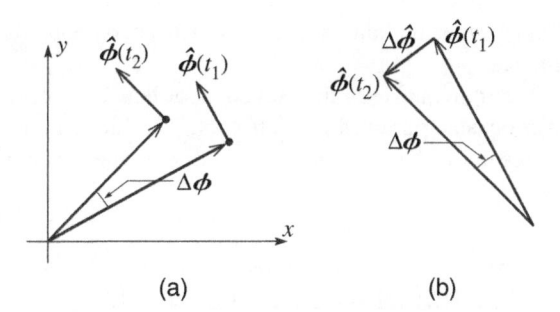

Figura 1.13 (a) Vetor unitário $\hat{\boldsymbol{\phi}}$ em dois instantes de tempo sucessivos t_1 e t_2. (b) Variação $\Delta\hat{\boldsymbol{\phi}}$.

Retornando à Equação (1.45), podemos derivar para obter os cinco termos seguintes:

$$\mathbf{a} = \left(\ddot{r}\hat{\mathbf{r}} + \dot{r}\frac{d\hat{\mathbf{r}}}{dt}\right) + \left((\dot{r}\dot{\phi} + r\ddot{\phi})\hat{\boldsymbol{\phi}} + r\dot{\phi}\frac{d\hat{\boldsymbol{\phi}}}{dt}\right)$$

ou, se usarmos (1.42) e (1.46) para substituir as derivadas dos dois vetores unitários,

$$\mathbf{a} = \left(\ddot{r} - r\dot{\phi}^2\right)\hat{\mathbf{r}} + \left(r\ddot{\phi} + 2\dot{r}\dot{\phi}\right)\hat{\boldsymbol{\phi}}. \tag{1.47}$$

Esse resultado horroroso é um pouco mais fácil de se entender se considerarmos o caso especial em que r é constante, como é o caso da pedra girando presa a um cordão de comprimento fixo. Com r constante, ambas as derivadas de r são zero e (1.47) tem apenas dois termos:

$$\mathbf{a} = -r\dot{\phi}^2\hat{\mathbf{r}} + r\ddot{\phi}\hat{\boldsymbol{\phi}}$$

ou

$$\mathbf{a} = -r\omega^2\hat{\mathbf{r}} + r\alpha\hat{\boldsymbol{\phi}},$$

onde $\omega = \dot{\phi}$ denota a velocidade angular e $\alpha = \ddot{\phi}$ é a aceleração angular. Este é um resultado familiar da física elementar: quando uma partícula se move em torno de um círculo fixo, ela possui uma aceleração "centrípeta" para dentro, $r\omega^2$ (ou v^2/r), e uma aceleração tangencial, $r\alpha$. Entretanto, quando r não é constante, a aceleração inclui os quatro termos de (1.47). O primeiro termo, $\ddot{r}$ na direção radial, é o que você provavelmente esperaria quando r varia, mas o termo final, $2\dot{r}\dot{\phi}$ na direção ϕ, é o mais difícil de entender. Ele é chamado de aceleração de Coriolis e discutirei sobre isso em detalhes no Capítulo 9.

Tendo calculado a aceleração como em (1.47), podemos finalmente escrever a segunda lei de Newton em termos de coordenadas polares:

$$\mathbf{F} = m\mathbf{a} \quad \Longleftrightarrow \quad \begin{cases} F_r = m(\ddot{r} - r\dot{\phi}^2) \\ F_\phi = m(r\ddot{\phi} + 2\dot{r}\dot{\phi}). \end{cases} \tag{1.48}$$

Essas equações nas coordenadas polares estão bem longe das simples e belas equações (1.35) em coordenadas retangulares. Na verdade, uma das principais razões para ter os problemas de remodelar a mecânica Newtoniana no formalismo Lagrangiano (Capítulo 7) é que este último é capaz de lidar com coordenadas não retangulares tão facilmente quanto com retangulares.

Você deve estar sentindo que a segunda lei em coordenadas polares é tão complicada que poderá não haver ocasião para usá-la. Entretanto, de fato, há muitos problemas que são mais facilmente resolvidos usando as coordenadas polares e concluo esta seção com um exemplo elementar.

Exemplo 1.2   Uma prancha de skate oscilante

Uma minirrampa em um parque para a prática de skate é uma construção em concreto com formato de um semicírculo de raio $R = 5$ m, como mostra a Figura 1.14. Uma prancha de skate sem atrito é presa de um lado da rampa apontando na direção da base e é largada. Discuta o movimento subsequente usando a segunda lei de Newton. Em particular, se largamos a prancha a pouca distância da base, quanto tempo ela levará para retornar ao ponto em que foi largada?

Como a prancha de skate está limitada ao movimento sobre o caminho circular, esse problema é mais facilmente resolvido usando coordenadas polares com origem O no centro da rampa, conforme ilustrado. (No mesmo ponto nos cálculos a seguir, tente escrever a segunda lei em coordenadas retangulares e observe a confusão que você obterá.) Com essa escolha de coordenadas polares, a coordenada r da prancha de skate é constante, $r = R$, e a posição da prancha é completamente especificada pelo ângulo ϕ. Com r constante, a segunda lei (1.48) toma uma forma relativamente simples

$$F_r = -mR\dot{\phi}^2 \qquad (1.49)$$

e

$$F_\phi = mR\ddot{\phi}. \qquad (1.50)$$

As duas forças sobre a prancha de skate são o seu peso $\mathbf{w} = m\mathbf{g}$ e a força normal $\mathbf{N}$ da parede, como apresentado na Figura 1.14. As componentes da força resultante $\mathbf{F} = \mathbf{w} + \mathbf{N}$ são facilmente vistas como sendo

$$F_r = mg \cos \phi - N \quad \text{e} \quad F_\phi = -mg \operatorname{sen} \phi.$$

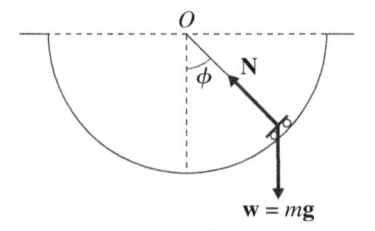

Figura 1.14 Uma prancha de skate em uma minirrampa semicircular de raio R. A posição da prancha é especificada pelo ângulo ϕ medido a partir da base para cima. As duas forças sobre a prancha de skate são o seu peso $\mathbf{w} = m\mathbf{g}$ e a força normal $\mathbf{N}$.

Substituindo F_r em (1.49), obtemos uma equação envolvendo N, ϕ e $\dot{\phi}$. Felizmente, não estamos realmente interessados em N, e – mais felizmente ainda –, quando substituímos F_ϕ em (1.50), obtemos uma equação que não envolve N de forma alguma:

$$-mg\,\text{sen}\,\phi = mR\ddot{\phi}$$

ou, cancelando os m's e rearranjando os termos

$$\ddot{\phi} = -\frac{g}{R}\,\text{sen}\,\phi. \qquad (1.51)$$

A Equação (1.51) é uma equação diferencial para $\phi(t)$ que determina o movimento da prancha de skate. De forma qualitativa, podemos ver facilmente o tipo de movimento que ela implica. Primeiro, se $\phi = 0$, (151) diz que $\ddot{\phi} = 0$. Portanto, se pusermos a prancha em repouso ($\dot{\phi} = 0$) no ponto $\phi = 0$, a prancha nunca se moverá (a menos que alguém a empurre); ou seja, $\phi = 0$ está em uma posição de equilíbrio, o que você deve ter deduzido. A seguir, suponha que, em algum instante, ϕ seja diferente de zero e, para ser definido, suponha que $\phi > 0$, isto é, a prancha de skate está no lado direito da minirrampa. Nesse caso, (1.51) implica que $\ddot{\phi} < 0$, assim, a aceleração está dirigida para a esquerda. Se a prancha se move para a direita, ela deve diminuir a sua velocidade e eventualmente iniciar seu movimento para a esquerda.[13] Enquanto está se movendo para a esquerda, ela aumenta a velocidade e retorna ao ponto mais baixo, onde ela passa a mover-se à esquerda para cima. Tão logo a prancha esteja na esquerda, o argumento é invertido ($\phi < 0$, logo $\ddot{\phi} > 0$) e a prancha deve eventualmente retornar ao ponto mais baixo e mover-se à direita para cima novamente. Em outras palavras, a equação diferencial (1.51) implica que a prancha oscila para um lado e para o outro, da direita para esquerda e vice-versa.

A equação do movimento (1.51) não pode ser resolvida em termos de funções elementares, como polinômios, funções trigonométricas, ou logaritmos e exponenciais.[14] Logo, se desejarmos informações mais quantitativas sobre o movimento, o caminho mais simples é usar um computador para resolver a equação numericamente (veja o Problema 1.50). No entanto, se o ângulo inicial ϕ_0 for *pequeno*, podemos usar a aproximação de pequeno ângulo

$$\text{sen}\,\phi \approx \phi \qquad (1.52)$$

e, dentro dessa aproximação, (1.51) torna-se

$$\ddot{\phi} = -\frac{g}{R}\phi, \qquad (1.53)$$

---

[13] Estou assumindo que ela não alcança o topo e cai fora da pista. Como foi solta a partir do repouso de um ponto dentro da rampa, isto é correto. O caminho mais fácil para demonstrar esse argumento é por meio da conservação da energia, o que não iremos discutir por enquanto. Talvez, neste momento, você concorde em aceitar esse argumento por uma questão de bom senso.

[14] Na verdade, a solução de (1.51) é uma função elíptica de Jacobi. Entretanto, considerarei o ponto de vista de que, para a maioria, a função de Jacobi não é "elementar".

que *pode* ser resolvida usando funções elementares. [Neste estágio, você, muito possivelmente, reconhece que a nossa discussão do problema da prancha de skate faz um paralelo muito próximo com o problema do pêndulo simples. Em particular, a aproximação do pequeno ângulo (1.52) é o que permite que você resolva o pêndulo simples no curso introdutório de física. Este paralelo não é um acidente. Matematicamente, os dois problemas são exatamente equivalentes.] Se definirmos o parâmetro

$$\omega = \sqrt{\frac{g}{R}}, \qquad (1.54)$$

então, (1.53) torna-se

$$\ddot{\phi} = -\omega^2 \phi. \qquad (1.55)$$

Essa é a equação do movimento da nossa prancha de skate na aproximação de pequeno ângulo. Gostaria de discutir a solução, com certo detalhe, visando a introduzir algumas ideias que utilizaremos repetidas vezes no que segue. (Se você já estudou equações diferenciais, encare os três parágrafos que seguem como uma pequena revisão.)

Primeiramente, observe que é fácil determinar duas soluções da Equação (1.55) por inspeção (ou seja, por uma inspiração sugestiva). A função $\phi(t) = A \, \text{sen}(\omega t)$ é claramente uma solução para qualquer valor da constante A. [Derivando $\text{sen}(\omega t)$, surge um fator ω e modifica de seno para cosseno; derivando novamente, surge outra vez ω e modifica o cosseno retornando para −seno. Logo, a solução proposta satisfaz $\ddot{\phi} = -\omega^2 \phi$.] Analogamente, a função $\phi(t) = B \cos(\omega t)$ é outra solução para qualquer valor de B. Além disso, como você pode facilmente verificar, a soma dessas duas soluções é também uma solução. Portanto, encontramos uma família completa de soluções:

$$\phi(t) = A \, \text{sen}(\omega t) + B \cos(\omega t) \qquad (1.56)$$

é uma solução para quaisquer valores das duas constantes A e B.

Desejo agora argumentar que *todas* as soluções da equação de movimento (1.55) têm a forma (1.56). Em outras palavras, (1.56) é a *solução geral* – determinamos *todas* as soluções – e não precisamos procurar outra. Para termos uma ideia do motivo pelo qual é assim, observe que a equação diferencial (1.55) é uma expressão para a derivada segunda $\ddot{\phi}$ da incógnita ϕ. Agora, se tivéssemos dito o que $\ddot{\phi}$ é, então sabemos do cálculo elementar que poderíamos determinar ϕ por meio de duas integrações, e o resultado conteria duas constantes desconhecidas – as duas constantes de integração – que teriam de ser determinadas observando-se (por exemplo) as condições iniciais de ϕ e $\dot{\phi}$. Em outras palavras, o conhecimento de $\ddot{\phi}$ nos diria que a própria ϕ é uma entre uma família de funções contendo duas constantes indeterminadas. Claramente, a equação diferencial (1.55) não nos dá $\ddot{\phi}$ – ela é uma equação para $\ddot{\phi}$ em termos de ϕ. Entretanto, é plausível que tal equação implique que ϕ é uma entre uma família de funções que contém precisamente duas constantes indeterminadas. Se você estudou equações diferenciais, sabe que este é o caso; se você não as estudou, devo solicitar que aceite-a como um fato plausível: para qualquer equação diferencial de segunda ordem [para uma ampla classe de equações "razoáveis", incluindo (1.55) e todas as equações que iremos encontrar neste livro], todas as soluções pertencem a uma família de funções contendo exatamente duas constantes independentes – como as constantes A e B em (1.56). (Generalizando, as soluções de uma equação diferencial de ordem n contêm exatamente n constantes independentes.)

Esse teorema coloca uma nova luz sobre nossa solução (1.56). Já sabíamos que qualquer função da forma (1.56) é uma solução da equação de movimento. O teorema agora garante que *toda* solução da equação de movimento tem essa forma. Esse mesmo argumento se aplica para todas as equações diferenciais de segunda ordem que encontrarmos. Se, de um jeito ou de outro, pudermos determinar uma solução do tipo (1.56) envolvendo duas constantes arbitrárias, então temos garantia de que determinamos a solução geral da equação.

Tudo que nos resta é identificar as duas constantes A e B para nosso skate. Para isso, vamos olhar para as condições iniciais. Em $t = 0$, a Equação (1.56) implica $\phi = B$. Portanto, B é justamente o valor inicial de ϕ, que estamos chamando de ϕ_0, assim $B = \phi_0$. Em $t = 0$, a Equação (1.56) implica que $\dot{\phi} = \omega A$. Como largamos a prancha do repouso, isso significa que $A = 0$, e a solução é

$$\phi(t) = \phi_0 \cos(\omega t). \tag{1.57}$$

A primeira coisa a observar sobre essa solução é que, como havíamos antecipado com base em um princípio geral, $\phi(t)$ oscila, movendo-se de positivo para negativo e de volta para positivo periódica e indefinidamente. Em particular, primeiro a prancha retorna à sua posição inicial ϕ_0 quando $\omega t = 2\pi$. O tempo que ela leva é chamado de período do movimento e é denotado por τ. Portanto, nossa conclusão é que o período de oscilação da prancha é

$$\tau = \frac{2\pi}{\omega} = 2\pi \sqrt{\frac{R}{g}}. \tag{1.58}$$

Sabemos que $R = 5$ m e $g = 9.8$ m/s^2. Substituindo esses valores, concluímos que a prancha de skate retorna à sua posição inicial em um tempo $\tau = 4.5$ segundos.

PRINCIPAIS DEFINIÇÕES E EQUAÇÕES

Produtos escalar e vetorial

$$\mathbf{r} \cdot \mathbf{s} = rs \cos\theta = r_x s_x + r_y s_y + r_z s_z \quad \text{[Eqs. (1.6) e (1.7)]}$$

$$\mathbf{r} \times \mathbf{s} = (r_y s_z - r_z s_y, \, r_z s_x - r_x s_z, \, r_x s_y - r_y s_x) = \det \begin{bmatrix} \hat{\mathbf{x}} & \hat{\mathbf{y}} & \hat{\mathbf{z}} \\ r_x & r_y & r_z \\ s_x & s_y & s_z \end{bmatrix} \quad \text{[Eq. (1.9)]}$$

Referenciais inerciais

Um referencial inercial é qualquer referencial no qual a primeira lei de Newton é válida, isto é, um referencial sem aceleração e sem rotação.

Vetores unitários de um sistema de coordenadas

Se (ξ, η, ζ) formam um sistema de coordenadas ortogonais, então

$$\hat{\xi} = \text{vetor unitário na direção crescente de } \xi \text{ com } \eta \text{ e } \zeta \text{ fixos}$$

e assim por diante, e qualquer vetor $\mathbf{s}$ pode ser escrito como $\mathbf{s} = s_\xi \hat{\xi} + s_\eta \hat{\eta} + s_\zeta \hat{\zeta}$.

Segunda lei de Newton em vários sistemas de coordenadas

Forma vetorial	Cartesiana (x, y, z)	Polar 2D (r, ϕ)	Polar cilíndrica (ρ, ϕ, z)
$\mathbf{F} = m\ddot{\mathbf{r}}$	$\begin{cases} F_x = m\ddot{x} \\ F_y = m\ddot{y} \\ F_z = m\ddot{z} \end{cases}$	$\begin{cases} F_r = m(\ddot{r} - r\dot{\phi}^2) \\ F_\phi = m(r\ddot{\phi} + 2\dot{r}\dot{\phi}) \end{cases}$	$\begin{cases} F_r = m(\ddot{\rho} - \rho\dot{\phi}^2) \\ F_\phi = m(\rho\ddot{\phi} + 2\dot{\rho}\dot{\phi}) \\ F_z = m\ddot{z} \end{cases}$
	Eq. (1.35)	Eq. (1.48)	Problema 1.47 ou 1.48

PROBLEMAS

Os problemas estão organizados de acordo com o número da seção. Um problema específico para uma dada seção requer o conhecimento daquela seção e de seções anteriores, mas não necessariamente de todas as seções anteriores. Dentro de cada seção, os problemas estão listados pelo grau de dificuldade. Uma estrela (★) indica problemas simples envolvendo apenas um conceito fundamental. Duas estrelas (★★) indicam que são um pouco mais desafiadores e normalmente envolvem mais de um conceito. Três estrelas (★★★) indicam problemas que são claramente bem mais desafiadores, ou porque são intrinsecamente difíceis ou por envolverem cálculos longos. É importante ressaltar que essas distinções são difíceis de estabelecer e são apenas aproximadas.

Problemas que necessitam do uso de um computador estão indicados com [Computador]. A maioria desses problemas está classificada como ★★★, visto que seus códigos frequentemente tomam bastante tempo para serem preparados – especialmente se você ainda está aprendendo a linguagem.

SEÇÃO 1.2 Espaço e tempo

1.1★ Dados dois vetores $\mathbf{b} = \hat{\mathbf{x}} + \hat{\mathbf{y}}$ e $\mathbf{c} = \hat{\mathbf{x}} + \hat{\mathbf{z}}$, determine $\mathbf{b} + \mathbf{c}$, $5\mathbf{b} + 2\mathbf{c}$, $\mathbf{b} \cdot \mathbf{c}$ e $\mathbf{b} \times \mathbf{c}$.

1.2★ Dois vetores são dados como $\mathbf{b} = (1, 2, 3)$ e $\mathbf{c} = (3, 2, 1)$. (Lembre-se de que essas declarações são uma forma compacta de fornecer as componentes dos vetores.) Determine $\mathbf{b} + \mathbf{c}$, $5\mathbf{b} - 2\mathbf{c}$, $\mathbf{b} \cdot \mathbf{c}$ e $\mathbf{b} \times \mathbf{c}$.

1.3★ Aplicando o teorema de Pitágoras (a versão comum bidimensional) duas vezes, mostre que o comprimento r de um vetor tridimensional $\mathbf{r} = (x, y, z)$ satisfaz $r^2 = x^2 + y^2 + z^2$.

1.4★ Um dos muitos usos do produto escalar é na determinação do ângulo entre dois vetores dados. Determine o ângulo entre os vetores $\mathbf{b} = (1, 2, 4)$ e $\mathbf{c} = (4, 2, 1)$ através do cálculo do produto escalar entre eles.

1.5★ Determine o ângulo entre a diagonal do corpo de um cubo e qualquer uma das diagonais de suas faces. [*Sugestão:* escolha um cubo de lado 1 e com um dos vértices em O e o vértice oposto no ponto $(1, 1, 1)$. Escreva o vetor que representa uma diagonal do corpo e o outro que represente a diagonal de uma face, e então determine o ângulo entre elas conforme o Problema 1.4.]

1.6★ Utilizando o produto escalar, determine os valores do escalar s para os quais os vetores $\mathbf{b} = \hat{\mathbf{x}} + s\hat{\mathbf{y}}$ e $\mathbf{c} = \hat{\mathbf{x}} - s\hat{\mathbf{y}}$ são ortogonais. (Lembre-se de que dois vetores são ortogonais se e somente se o produto escalar entre eles é zero.) Explique sua resposta esboçando um gráfico.

1.7★ Mostre que as duas definições do produto escalar $\mathbf{r} \cdot \mathbf{s}$ como $rs \cos \theta$ (1.6) e $\sum r_i s_i$ (1.7) são iguais. Uma maneira de mostrar é escolher o eixo x ao longo da direção $\mathbf{r}$. [Estritamente falando, você deve primeiro se assegurar de que a definição (1.7) é independente da escolha dos eixos. Se você gosta de dar atenção a essas sutilezas, veja o Problema 1.16.]

1.8★ (a) Use a definição (1.7) para mostrar que o produto escalar é distributivo, isto é, $\mathbf{r} \cdot (\mathbf{u} + \mathbf{v}) = \mathbf{r} \cdot \mathbf{u} + \mathbf{r} \cdot \mathbf{v}$. (b) Se $\mathbf{r}$ e $\mathbf{s}$ são vetores que dependem do tempo, mostre que a regra do produto para derivação de produtos se aplica a $\mathbf{r} \cdot \mathbf{s}$, ou seja, que

$$\frac{d}{dt}(\mathbf{r} \cdot \mathbf{s}) = \mathbf{r} \cdot \frac{d\mathbf{s}}{dt} + \frac{d\mathbf{r}}{dt} \cdot \mathbf{s}.$$

1.9★ Em trigonometria elementar, você provavelmente aprendeu a lei dos cossenos para um triângulo de lados a, b e c, tal que $c^2 = a^2 + b^2 - 2ab \cos \theta$, onde θ é o ângulo entre os lados a e b. Mostre que a lei dos cossenos é uma consequência imediata da identidade $(\mathbf{a} + \mathbf{b})^2 = a^2 + b^2 + 2\mathbf{a} \cdot \mathbf{b}$.

1.10★ Uma partícula se move em um círculo (cento O e raio R) com velocidade angular constante ω, no sentido contrário aos ponteiros de um relógio. O círculo está sobre o plano xy e a partícula está sobre o eixo x no instante $t = 0$. Mostre que a posição da partícula é dada por

$$\mathbf{r}(t) = \hat{\mathbf{x}} R \cos(\omega t) + \hat{\mathbf{y}} R \, \text{sen}(\omega t).$$

Determine a velocidade e a aceleração da partícula. Quais são a magnitude e a direção da aceleração? Relacione seu resultado com as propriedades bem conhecidas do movimento circular uniforme.

1.11★ A posição de uma partícula em movimento é dada como uma função do tempo por

$$\mathbf{r}(t) = \hat{\mathbf{x}} b \cos(\omega t) + \hat{\mathbf{y}} c \, \text{sen}(\omega t),$$

onde b, c e ω são constantes. Descreva a órbita da partícula.

1.12★ A posição de uma partícula em movimento é dada como uma função do tempo por

$$\mathbf{r}(t) = \hat{\mathbf{x}} b \cos(\omega t) + \hat{\mathbf{y}} c \, \text{sen}(\omega t) + \hat{\mathbf{z}} v_o t,$$

onde b, c, v_o e ω são constantes. Descreva a órbita da partícula.

1.13★ Seja $\mathbf{u}$ um vetor unitário fixo arbitrário e mostre que qualquer vetor $\mathbf{b}$ satisfaz

$$b^2 = (\mathbf{u} \cdot \mathbf{b})^2 + (\mathbf{u} \times \mathbf{b})^2.$$

Explique esse resultado em palavras, com o auxílio de uma figura.

1.14★ Mostre que para quaisquer dois vetores **a** e **b**

$$|\mathbf{a}+\mathbf{b}| \leq (a+b).$$

[*Sugestão:* expanda $|\mathbf{a}+\mathbf{b}|^2$ e compare o resultado com $(a+b)^2$.] Explique por que isso é chamado de desigualdade triangular.

1.15★ Mostre que a definição (1.9) do produto vetorial é equivalente à definição elementar em que $\mathbf{r} \times \mathbf{s}$ é perpendicular a ambos, com magnitude $r\,s\,\text{sen}\,\theta$ e direção dada pela regra da mão direita. [*Sugestão:* é fato que (embora bastante difícil de provar) a definição (1.9) é independente da nossa escolha de eixos. Portanto, você pode escolher eixos de forma que **r** aponte ao longo do eixo x e **s** esteja sobre o plano xy.]

1.16★★ (a) Definindo o produto escalar $\mathbf{r} \cdot \mathbf{s}$ pela Equação (1.7), $\mathbf{r} \cdot \mathbf{s} = \sum r_i s_i$, mostre que o teorema de Pitágoras implica que a magnitude de qualquer vetor **r** é $r = \sqrt{\mathbf{r} \cdot \mathbf{r}}$. (b) Está claro que o comprimento de um vetor não depende da escolha dos eixos coordenados. Logo, o resultado do item (a) garante que o produto escalar $\mathbf{r} \cdot \mathbf{r}$, como definido em (1.7), é o mesmo para qualquer escolha de eixos ortogonais. Use isso para mostrar que $\mathbf{r} \cdot \mathbf{s}$, como definido em (1.7), é o mesmo para qualquer escolha de eixos ortogonais. [*Sugestão:* considere o comprimento do vetor $\mathbf{r}+\mathbf{s}$.]

1.17★★ (a) Mostre que o produto vetorial $\mathbf{r} \times \mathbf{s}$, como definido em (1.9), é distributivo, isto é, que $\mathbf{r} \times (\mathbf{u}+\mathbf{v}) = (\mathbf{r} \times \mathbf{u}) + (\mathbf{r} \times \mathbf{v})$. (b) Mostre a regra do produto

$$\frac{d}{dt}(\mathbf{r} \times \mathbf{s}) = \mathbf{r} \times \frac{d\mathbf{s}}{dt} + \frac{d\mathbf{r}}{dt} \times \mathbf{s}.$$

Tenha cuidado com a ordem dos fatores.

1.18★★ Os três vetores **a, b, c** são os três lados de um triângulo ABC com ângulos α, β, γ como apresentado na Figura 1.15. (a) Mostre que a área do triângulo é dada por qualquer uma destas três expressões:

$$\text{área} = \tfrac{1}{2}|\mathbf{a} \times \mathbf{b}| = \tfrac{1}{2}|\mathbf{b} \times \mathbf{c}| = \tfrac{1}{2}|\mathbf{c} \times \mathbf{a}|.$$

(b) Use a igualdade dessas três expressões para mostrar a chamada lei dos senos,

$$\frac{a}{\text{sen}\,\alpha} = \frac{b}{\text{sen}\,\beta} = \frac{c}{\text{sen}\,\gamma}.$$

1.19★★ Se **r, v, a** denotam posição, velocidade e aceleração de uma partícula, mostre que

$$\frac{d}{dt}[\mathbf{a} \cdot (\mathbf{v} \times \mathbf{r})] = \dot{\mathbf{a}} \cdot (\mathbf{v} \times \mathbf{r}).$$

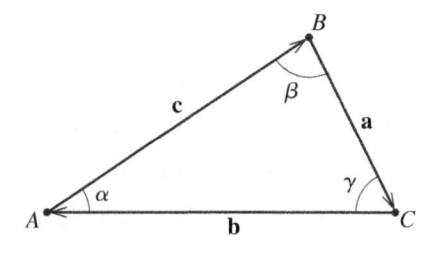

Figura 1.15 Triângulo para o Problema 1.18.

1.20★★ Os três vetores **A**, **B**, **C** apontam da origem O para os três vértices de um triângulo. Use o resultado do Problema 1.18 para mostrar que a área do triângulo é dada por

$$(\text{área do triângulo}) = \tfrac{1}{2}|(\mathbf{B} \times \mathbf{C}) + (\mathbf{C} \times \mathbf{A}) + (\mathbf{A} \times \mathbf{B})|.$$

1.21★★ Um paralelepípedo (um sólido de seis faces com as faces opostas paralelas) tem um vértice na origem O e as três arestas que partem de O definidas pelos vetores **a**, **b**, **c**. Mostre que o volume do paralelepípedo é $|\mathbf{a} \cdot (\mathbf{b} \times \mathbf{c})|$.

1.22★★ Os dois vetores **a** e **b** estão sobre o plano xy e fazem ângulos α e β com o eixo x. **(a)** Calculando $\mathbf{a} \cdot \mathbf{b}$ de duas formas [a saber, usando (1.6) e (1.7)], mostre a identidade trigonométrica bem conhecida

$$\cos(\alpha - \beta) = \cos\alpha\cos\beta + \text{sen}\,\alpha\,\text{sen}\,\beta.$$

(b) Calculando similarmente $\mathbf{a} \times \mathbf{b}$, mostre que

$$\text{sen}(\alpha - \beta) = \text{sen}\,\alpha\cos\beta - \cos\alpha\,\text{sen}\,\beta.$$

1.23★★ O vetor desconhecido **v** satisfaz $\mathbf{b} \cdot \mathbf{v} = \lambda$ e $\mathbf{b} \times \mathbf{v} = \mathbf{c}$, onde λ, **b** e **c** são fixos e conhecidos. Determine **v** em termos de λ, **b** e **c**.

SEÇÃO 1.4 Primeira e segunda leis de Newton: referenciais inerciais

1.24★ Caso você não tenha estudado nada sobre equações diferenciais anteriormente, introduzirei as ideias necessárias à medida das necessidades. Aqui, temos um simples exercício para você iniciar: determine a solução geral da equação diferencial de primeira ordem $df/dt = f$ para uma função desconhecida $f(t)$. [Há várias formas de se fazer isso. Uma é reescrever a equação como $df/f = dt$ e então integrar ambos os lados.] Quantas constantes arbitrárias a solução geral contém? [Sua resposta deve ilustrar o importante teorema de que a solução para qualquer equação diferencial de ordem n (para uma classe muita ampla de equações "razoáveis") contém n constantes arbitrárias.]

1.25★ Responda a mesma questão como no Problema 1.24, mas para a equação diferencial $df/dt = -3f$.

1.26★★ A marca de um referencial inercial é que qualquer objeto que esteja sujeito a uma força resultante nula irá percorrer uma trajetória retilínea com velocidade constante. Para ilustrar isso, considere o seguinte: estou em pé no plano da origem de um referencial inercial $\mathcal{S}$ e chuto um bloco sem atrito na direção norte ao longo do plano. **(a)** Escreva as coordenadas x e y do bloco como função do tempo de acordo com o referencial inercial. (Use os eixos x e y apontando para leste e norte, respectivamente.) Agora, considere dois observadores, o primeiro em repouso no sistema $\mathcal{S}'$ que se desloca com velocidade constante v na direção leste com respeito a $\mathcal{S}$, o segundo em repouso no sistema $\mathcal{S}''$ que se desloca com *aceleração* constante na direção leste com respeito a $\mathcal{S}$. (Os três sistemas coincidem no momento em que eu chuto o bloco e $\mathcal{S}''$ está em repouso relativo a $\mathcal{S}$ naquele exato momento.) **(b)** Determine as coordenadas x', y' do bloco e descreva a trajetória do bloco conforme visto de $\mathcal{S}'$. **(c)** Faça o mesmo para $\mathcal{S}''$. Qual dos referenciais é inercial?

1.27★★ A marca de um referencial inercial é que qualquer objeto que esteja sujeito a uma força resultante nula irá percorrer uma trajetória retilínea com velocidade constante. Para ilustrar isso, considere o seguinte experimento: estou em pé no chão (que devemos considerar como sendo um referencial inercial) ao lado de uma mesa giratória horizontal perfeitamente plana, girando com uma velocidade angular constante ω. Eu me inclino e atiro um bloco sem atrito de modo que ele desliza direto através do centro sobre a mesa giratória. O bloco está sujeito a uma força resultante nula e, como visto de um referencial inercial, desloca-se em uma reta. Descreva a trajetória do bloco quando observada por alguém que esteja sentado em repouso sobre a mesa. Isso requer pensar com atenção, mas você deve ser capaz de obter uma visão qualitativa. Para uma visão quantitativa, auxilia usar coordenadas polares; veja o Problema 1.46.

SEÇÃO 1.5 A terceira lei e a conservação do momento

1.28★ Repita os passos da Equação (1.25) a (1.29) na demonstração da conservação do momento, mas trate do caso $N = 3$ e escreva todos os somatórios explicitamente para se assegurar de que você entendeu as várias manipulações.

1.29★ Faça as mesmas tarefas do Problema 1.28, mas para o caso de quatro partículas ($N = 4$).

1.30★ Leis de conservação, como a conservação do momento, frequentemente fornecem uma quantidade surpreendente de informações sobre o possível resultado de um experimento. Aqui, talvez esteja o mais simples exemplo: dois objetos de massas m_1 e m_2 não estão submetidos a forças externas. O objeto 1 está se deslocando com velocidade $\mathbf{v}$ quando colide com o objeto estacionário 2. Os dois objetos se juntam e se movem com uma velocidade comum $\mathbf{v}'$. Use a conservação do momento para determinar $\mathbf{v}'$ em termos de $\mathbf{v}$, m_1 e m_2.

1.31★ Na Seção 1.5, mostramos que a terceira lei de Newton implica a conservação do momento. Mostre o contrário, que, se a lei da conservação do momento se aplica para todos os grupos de partículas, então as forças interpartículas devem obedecer à terceira lei. [*Sugestão:* embora seu sistema contenha muitas partículas, você pode dirigir sua atenção sobre apenas duas delas. (Denomine-as 1 e 2.) A lei de conservação do momento diz que, se não há forças externas sobre este par de partículas, então o momento total delas deve ser constante. Use isso para mostrar que $\mathbf{F}_{12} = -\mathbf{F}_{21}$.]

1.32★★ Se você tem alguma experiência com o eletromagnetismo, pode resolver o seguinte problema relativo à situação curiosa ilustrada na Figura 1.8. Os campos elétrico e magnético em um ponto $\mathbf{r}_1$, devido a uma carga q_2 em $\mathbf{r}_2$ movendo-se com velocidade constante $\mathbf{v}_2$ (com $v_2 \ll c$), são[15]

$$\mathbf{E}(\mathbf{r}_1) = \frac{1}{4\pi\epsilon_o} \frac{q_2}{s^2} \hat{\mathbf{s}} \quad \text{e} \quad \mathbf{B}(\mathbf{r}_1) = \frac{\mu_o}{4\pi} \frac{q_2}{s^2} \mathbf{v}_2 \times \hat{\mathbf{s}},$$

onde $\mathbf{s} = \mathbf{r}_1 - \mathbf{r}_2$ é o vetor apontando de $\mathbf{r}_2$ para $\mathbf{r}_1$. (A primeira dessas você deve reconhecer como a lei de Coulomb.) Se $\mathbf{F}_{12}^{el}$ e $\mathbf{F}_{12}^{mag}$ denotam as forças elétrica e magnética sobre uma carga q_1 em $\mathbf{r}_1$ com velocidade $\mathbf{v}_1$, mostre que $F_{12}^{mag} \leq (v_1 v_2/c^2) F_{12}^{el}$. Isso mostra que, no domínio não relativístico, é legítimo ignorar a força magnética entre duas cargas que se movem.

1.33★★★ Se você tem alguma experiência com eletromagnetismo e com cálculo vetorial, mostre que as forças, $\mathbf{F}_{12}$ e $\mathbf{F}_{21}$ entre duas correntes circulares estacionárias obedecem à terceira lei de Newton. [*Sugestão:* sejam as duas correntes I_1 e I_2 e sejam $\mathbf{r}_1$ e $\mathbf{r}_2$ dois pontos típicos sobre os círculos. Se $d\mathbf{r}_1$ e $d\mathbf{r}_2$ são pequenos segmentos do círculo, então, de acordo com a lei de Biot-Savart, a força sobre $d\mathbf{r}_1$ devido a $d\mathbf{r}_2$ é

$$\frac{\mu_o}{4\pi} \frac{I_1 I_2}{s^2} d\mathbf{r}_1 \times (d\mathbf{r}_2 \times \hat{\mathbf{s}}),$$

---

[15] Veja, por exemplo, David J. Griffiths, *Introduction to Electrodynamics*, 3rd ed., Prentice Hall, (1999), p. 440.

onde $\mathbf{s} = \mathbf{r}_1 - \mathbf{r}_2$. A força $\mathbf{F}_{12}$ é determinada integrando-a em torno de ambos os círculos. Você precisará utilizar a regra "*BAC − CAB*" para simplificar o produto triplo.]

1.34★★★ Mostre que, na ausência de forças externas, o momento angular total (definido como $\mathbf{L} = \sum_\alpha \mathbf{r}_\alpha \times \mathbf{p}_\alpha$) de uma sistema com N partículas é conservado. [*Sugestões:* você necessitará replicar o argumento de (1.25) a (1.29). Nesse caso, você necessitará mais do que da terceira lei de Newton: você precisa assumir que as forças interpartículas são *centrais*, isto é, $\mathbf{F}_{\alpha\beta}$ age ao longo da linha que une as partículas α e β. Uma discussão completa do momento angular é dada no Capítulo 3.]

SEÇÃO 1.6 A segunda lei de Newton em coordenadas Cartesianas

1.35★ Uma bola de golfe é atirada do nível do solo com uma velocidade v_o na direção leste e com um ângulo θ acima da horizontal. Desprezando a resistência do ar, use a segunda lei de Newton (1.35) para determinar a posição como uma função do tempo, usando coordenadas onde x mede na direção leste, y, na direção norte e z, verticalmente para cima. Determine o tempo para a bola de golfe retornar ao solo e qual o alcance da bola para esse tempo.

1.36★ Um avião, que está voando horizontalmente a uma velocidade constante v_o e a uma altitude h, deve deixar cair um pacote de suprimentos para um náufrago em um pequeno barco. **(a)** Escreva a segunda lei de Newton para o pacote à medida que ele cai do avião, assumindo que você pode desprezar a resistência do ar. Resolva suas equações para determinar a posição do pacote no ar como uma função do tempo t. **(b)** A que distância antes do barco (medida horizontalmente) o piloto deve largar o pacote se este deve acertar o barco? Qual é essa distância se $v_o = 50$ m/s, $h = 100$ m e $g \approx 10$ m/s²? **(c)** Dentro de que intervalo de tempo ($\pm \Delta t$) o piloto deve largar o pacote se este deve atingir o solo a aproximadamente ± 10 m do barco?

1.37★ Um estudante chuta um bloco sem atrito com uma velocidade inicial v_o, de modo que ele desliza reto para cima ao longo de um plano que está inclinado com um ângulo θ acima da horizontal. **(a)** Escreva a segunda lei de Newton para o bloco e resolva-a para obter a posição do bloco como uma função do tempo. **(b)** Quanto tempo o bloco levará até retornar à sua posição original?

1.38★ Você deita uma caixa retangular sobre um piso horizontal e em seguida inclina-a sobre uma das arestas até que esta forme um ângulo θ com a horizontal. Escolha a origem em um dos dois vértices que está em contato com o piso, o eixo x apontando ao longo da aresta da caixa que está em contato com o piso, o eixo y apontando para cima na direção da inclinação e o eixo z normal à caixa. Agora, você chuta um objeto sem atrito que está em repouso em O de modo que ele navega sobre a caixa com velocidade inicial (v_{ox}, v_{oy}, 0). Escreva a segunda lei de Newton usando as coordenadas dadas e, em seguida, determine quanto tempo o objeto leva para retornar ao nível do piso e qual a distância que ele está de O quando retorna.

1.39★★ Uma bola é atirada para cima em um plano inclinado com velocidade inicial v_o. O plano está inclinado com um ângulo ϕ com a horizontal e a velocidade inicial da bola tem um ângulo θ acima do plano. Escolha eixos com x medido na direção para cima da inclinação, y normal à inclinação e z transversal à inclinação. Escreva a segunda lei de Newton usando estes eixos e determine a posição da bola como função do tempo. Mostre que a bola aterrissa a uma distância $R = 2v_o^2 \operatorname{sen}\theta \cos(\theta + \phi)/(g \cos^2 \phi)$ do ponto em que ela foi lançada. Mostre que, para dados v_o e ϕ, o alcance máximo da bola acima da inclinação é $R_{\text{máx}} = v_o^2/[g(1 + \operatorname{sen}\phi)]$.

1.40★★★ Um canhão atira uma bola com um ângulo θ acima do solo horizontal. **(a)** Desprezando a resistência do ar, use a segunda lei de Newton para determinar a posição da bola como função do tempo. (Use os eixos com x medido horizontalmente e y verticalmente.) **(b)** Seja

$r(t)$ a distância da bola a partir do canhão. Qual é o maior valor possível de θ se $r(t)$ cresce durante o voo da bola? [*Sugestão:* usando a solução do item (a), você pode escrever r^2 como $x^2 + y^2$ e então determinar a condição de que r^2 esteja sempre crescendo.]

Seção 1.7   Coordenadas polares bidimensionais

1.41★ Um astronauta no espaço livre de gravidade está girando circularmente uma massa presa ao final de um cordão de comprimento R, com velocidade angular constante ω. Escreva a segunda lei de Newton (1.48) em coordenadas polares e determine a tensão sobre o cordão.

1.42★ Mostre que as transformações de coordenadas retangulares para coordenadas polares, e vice-versa, são dadas pelas quatro equações (1.37). Explique por que a equação para ϕ não está completa e forneça uma versão completa.

1.43★ **(a)** Mostre que o vetor unitário $\hat{\mathbf{r}}$ das coordenadas polares bidimensionais é igual a

$$\hat{\mathbf{r}} = \hat{\mathbf{x}} \cos\phi + \hat{\mathbf{y}} \operatorname{sen}\phi \tag{1.59}$$

e determine uma expressão correspondente para $\hat{\boldsymbol{\phi}}$. **(b)** Assumindo que ϕ depende do tempo t, derive as suas respostas do item (a) para gerar uma demonstração alternativa dos resultados (1.42) e (1.46) para as derivadas temporais de $\hat{\mathbf{r}}$ e $\hat{\boldsymbol{\phi}}$.

1.44★ Verifique por substituição direta que a função $\phi(t) = A\operatorname{sen}(\omega t) + B\cos(\omega t)$ de (1.56) é uma solução da equação diferencial de segunda ordem (1.55), $\ddot{\phi} = -\omega^2\phi$. (Como essa solução envolve duas constantes arbitrárias – os coeficientes das funções seno e cosseno –, ela é, na verdade, a solução geral.)

1.45★★ Mostre que, se $\mathbf{v}(t)$ é um vetor qualquer que depende do tempo (por exemplo, a velocidade de uma partícula) mas que possui *magnitude constante*, então $\dot{\mathbf{v}}(t)$ é ortogonal a $\mathbf{v}(t)$. Mostre o inverso, se $\dot{\mathbf{v}}(t)$ é ortogonal a $\mathbf{v}(t)$, então $|\mathbf{v}(t)|$ é constante. [*Sugestão:* considere a derivada de $\mathbf{v}^2$.] Esse é um resultado muito útil. Ele explica por que, em coordenadas polares bidimensionais, $d\hat{\mathbf{r}}/dt$ deve estar na direção de $\hat{\boldsymbol{\phi}}$ e vice-versa. Ele também mostra que a velocidade de uma partícula carregada em um campo magnético é constante, desde que a aceleração seja perpendicular à velocidade.

1.46★★ Considere o experimento do Problema 1.27, no qual um bloco sem atrito é atirado através de uma mesa giratória passando pelo centro O. **(a)** Escreva as coordenadas polares r, ϕ do bloco como funções do tempo, conforme observado pelo referencial inercial $\mathcal{S}$ de um observador sobre o solo. (Assuma que o bloco foi lançado ao longo do eixo $\phi = 0$ no instante $t = 0$.) **(b)** Agora, escreva as coordenadas polares r' e ϕ' do bloco medidas por um observador (referencial $\mathcal{S}'$) em repouso sobre a mesa giratória. (Escolha essas coordenadas de modo que ϕ e ϕ' coincidam em $t = 0$.) Descreva e esboce a trajetória vista pelo segundo observador. O referencial $\mathcal{S}'$ é inercial?

1.47★★ Seja a posição de um ponto P em três dimensões dada pelo vetor $\mathbf{r} = (x, y, z)$ em coordenadas retangulares (Cartesianas). A mesma posição pode ser especificada em **coordenadas polares cilíndricas**, ρ, ϕ, z, as quais são definidas assim: seja P' a projeção de P sobre o plano xy; isto é, P' tem coordenadas Cartesianas $(x, y, 0)$. Então, ρ e ϕ são definidas como as duas coordenadas polares bidimensionais de P' no plano xy, enquanto z é a terceira coordenada Cartesiana, não modificada. **(a)** Faça um esboço para ilustrar as três coordenadas cilíndricas. Forneça as expressões para ρ, ϕ, z, em termos das três coordenadas Cartesianas x, y, z. Explique o que é ρ ("ρ é a distância de P a partir de..."). Há muitas variações em notação. Por exemplo, algumas pessoas usam r em vez de ρ. Explique por que este uso de r não é apropriado. **(b)** Descreva os três vetores unitários $\hat{\boldsymbol{\rho}}, \hat{\boldsymbol{\phi}}, \hat{\mathbf{z}}$ e escreva a expressão do vetor posição **r** em termos desses vetores unitários. **(c)** Derive sua última resposta duas vezes em relação a t para determinar as componentes cilíndricas da aceleração $\mathbf{a} = \ddot{\mathbf{r}}$ de uma partícula. Para fazê-lo, você precisará conhecer as derivadas temporais de $\hat{\rho}$ e $\hat{\phi}$. Você poderá obtê-las a partir dos resultados correspondentes bidimensionais (1.42) e (1.46), ou você pode deduzi-las diretamente, como no Problema (1.48).

1.48★★ Determine expressões para os vetores unitários $\hat{\rho}$, $\hat{\phi}$ e $\hat{z}$ das coordenadas polares cilíndricas (Problema 1.47) em termos dos Cartesianos $\hat{x}$, $\hat{y}$, $\hat{z}$. Derive essas expressões com respeito ao tempo para determinar $d\hat{\rho}/dt$, $d\hat{\phi}/dt$ e $d\hat{z}/dt$.

1.49★★ Imagine dois cilindros concêntricos, centrados sobre o eixo vertical z, com raios $R \pm \epsilon$, onde ϵ é muito pequeno. Um bloco pequeno, sem atrito, de largura 2ϵ é inserido entre os dois cilindros, de modo que ele pode ser considerado uma massa pontual que pode se mover livremente por uma distância fixa a partir do eixo vertical. Se usarmos coordenadas polares cilíndricas (ρ, ϕ, z) para a sua posição (Problema 1.47), então ρ é fixo para $\rho = R$, enquanto ϕ e z podem variar livremente. Escreva e resolva a segunda lei de Newton para o movimento geral do bloco, incluindo os efeitos da gravitação. Descreva o movimento do bloco.

1.50★★★ [Computador] A equação diferencial (1.51) para o skate do Exemplo 1.2 não pode ser resolvida em termos de funções elementares, mas é facilmente resolvida numericamente. **(a)** Se você tem acesso a um software, como o Mathematica, Maple ou Matlab, que pode resolver equações diferenciais numericamente, resolva a equação diferencial para o caso em que a prancha é largada de $\phi_0 = 20°$, usando os valores $R = 5$ m e $g = 9.8$ m/s². Faça um gráfico de ϕ contra t para dois ou três períodos. **(b)** Sobre o mesmo gráfico, desenhe a solução aproximada (1.57) com o mesmo ângulo $\phi_0 = 20°$. Comente sobre seus dois gráficos. Observe: se você nunca utilizou um sistema de resolução numérica anteriormente, será necessário aprender sua sintaxe. Por exemplo, no Mathematica, você precisará aprender a sintaxe do "NDSolve" e como desenhar a solução que este sistema fornece. Isso leva um pouco de tempo, mas é algo que vale muito a pena aprender.

1.51★★★ [Computador] Repita tudo referente ao Problema 1.50, mas usando o valor inicial $\phi_0 = \pi/2$.

2

Projéteis e Partículas Carregadas

Neste capítulo, apresento dois tópicos: o movimento de projéteis sujeitos às forças da gravidade e da resistência do ar, e o movimento de partículas carregadas em campos magnéticos uniformes. Os dois problemas são resolvidos usando as leis de Newton em coordenadas Cartesianas e ambos nos permitem revisar e introduzir alguns conceitos matemáticos importantes. Além disso, ambos são de grande interesse prático.

2.1 RESISTÊNCIA DO AR

A maioria das disciplinas introdutórias de física dedica algum tempo ao estudo de projéteis, mas, quase sempre, ignoram a resistência do ar. Em muitos problemas, isso é uma excelente aproximação; em outros, a resistência do ar é obviamente importante e precisamos saber como levá-la em consideração. De maneira geral, independentemente da resistência do ar ser ou não significativa, precisamos, de alguma maneira, estimar o quão importante ela realmente é.

Comecemos examinando algumas das propriedades básicas da força de resistência, ou **arrasto**, f do ar, ou outro meio, através do qual um objeto está se movendo. (Em geral, deverei me referir à "resistência do ar", visto que o ar é um meio no qual a maioria dos projéteis se move, mas as mesmas considerações se aplicam a outros gases e frequentemente a líquidos também.) O fato mais óbvio sobre a resistência do ar, bastante conhecido por quem anda de bicicleta, é que ela depende da velocidade, v, do objeto em questão. Além disso, para muitos objetos, a direção da força devido ao movimento através do ar é oposta à velocidade **v**. Para certos objetos, como uma esfera sem rotação, isso é verdadeiro, e para muitos isso é uma boa aproximação. Entretanto, você deve ter cuidado, pois há situações em que isso certamente não é verdade: a força do ar sobre a asa de um avião tem uma componente lateral muito grande, chamada de **sustentação**, sem a qual nenhum avião poderia voar. No entanto, assumirei que **f** e **v** apontam em direções opostas, isto é, considerarei apenas objetos

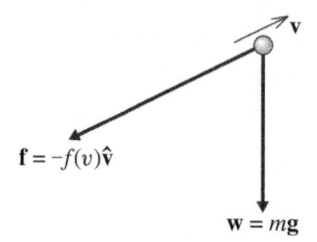

Figura 2.1 Um projétil está sujeito a duas forças, a força da gravidade, $\mathbf{w} = m\mathbf{g}$, e a força de arrasto devido à resistência do ar, $\mathbf{f} = -f(v)\,\hat{\mathbf{v}}$.

para os quais as forças laterais são zero, ou pelo menos pequenas o bastante para serem desprezadas. A situação está ilustrada na Figura 2.1 e resumida na equação

$$\mathbf{f} = -f(v)\hat{\mathbf{v}}, \tag{2.1}$$

onde $\hat{\mathbf{v}} = \mathbf{v}/|\mathbf{v}|$ denota um vetor unitário na direção de $\mathbf{v}$, e $f(v)$ é a magnitude de $\mathbf{f}$.

A função $f(v)$ que fornece a magnitude da resistência do ar varia com v de forma complicada, especialmente quando a velocidade do objeto se aproxima da velocidade do som. Entretanto, para velocidades baixas, geralmente é uma boa aproximação considerar[1]

$$f(v) = bv + cv^2 = f_{\text{lin}} + f_{\text{quad}}, \tag{2.2}$$

onde f_{lin} e f_{quad}, significam os termos linear e quadrático, respectivamente,

$$f_{\text{lin}} = bv \quad \text{e} \quad f_{\text{quad}} = cv^2. \tag{2.3}$$

As origens físicas desses dois termos são completamente diferentes: o termo linear, f_{lin}, surge a partir do arrasto viscoso do meio e é geralmente proporcional à viscosidade do meio e do comprimento linear do projétil (Problema 2.2). O termo quadrático, f_{quad}, surge do fato de que o projétil tem que acelerar a massa de ar com a qual ele está continuamente colidindo; f_{quad} é proporcional à densidade do meio e à área da seção transversal do projétil (Problema 2.4). Em particular, para um projétil esférico (uma bala de canhão, uma bola de beisebol ou uma gota de chuva), os coeficientes b e c, em (2.2), possuem a mesma forma

$$b = \beta D \quad \text{e} \quad c = \gamma D^2, \tag{2.4}$$

onde D denota o diâmetro da esfera e os coeficientes β e α dependem da natureza do meio. Para um projétil esférico no ar sob condições normais de temperatura e pressão (CNTP), elas têm os valores aproximados

$$\beta = 1{,}6 \times 10^{-4} \text{ N·s/m}^2 \tag{2.5}$$

---

[1] Matematicamente, a Equação (2.2) é, em certo sentido, óbvia. Qualquer função razoável pode ser expandida em uma série de Taylor, $f = a + bv + cv^2 + \cdots$. Para um v bastante pequeno, os três primeiros termos fornecem uma boa aproximação, e, desde que $f = 0$ quando $v = 0$, o termo constante a tem que ser zero.

e
$$\gamma = 0,25 \text{ N·s}^2/\text{m}^4. \tag{2.6}$$

(Para o cálculo dessas constantes, veja os Problemas 2.2 e 2.4.) Você precisa se lembrar de que esses valores são válidos apenas para a esfera movendo-se através do ar em CNTP. No entanto, elas fornecem pelo menos uma ideia aproximada da importância da força de arrasto mesmo para corpos não esféricos movendo-se através de diferentes gases para qualquer temperatura e pressão normais.

Acontece, frequentemente, que podemos desprezar um dos termos em (2.2) quando comparado ao outro e isso simplifica a tarefa de resolução da segunda lei de Newton. Para decidir se isso acontece em um dado problema, e qual o termo que podemos desprezar, precisamos comparar as magnitudes desses dois termos

$$\frac{f_{\text{quad}}}{f_{\text{lin}}} = \frac{cv^2}{bv} = \frac{\gamma D}{\beta}v = \left(1,6 \times 10^3 \frac{\text{s}}{\text{m}^2}\right) Dv, \tag{2.7}$$

se usarmos os valores (2.5) e (2.6) para uma esfera no ar. Em um dado problema, temos apenas que substituir os valores D e v nessa equação para determinar se um dos termos pode ser desprezado, como o seguinte exemplo ilustra.

Exemplo 2.1 Uma bola de beisebol e algumas gotas de líquido

Calcule a importância relativa aos arrastos, linear e quadrático, sobre uma bola de beisebol de diâmetro $D = 7$ cm, movendo-se a uma modesta velocidade de $v = 5$ m/s. Faça o mesmo para uma gota de chuva ($D = 1$mm e $v = 0,6$ m/s) e para uma gotícula de óleo usada no experimento de Millikan ($D = 1,5$ μm e $v = 5 \times 10^{-5}$ m/s).

Quando substituímos os números para a bola de beisebol em (2.7) (lembrando de converter o diâmetro para metros), obtemos

$$\frac{f_{\text{quad}}}{f_{\text{lin}}} \approx 600 \qquad [\text{beisebol}]. \tag{2.8}$$

Para essa bola de beisebol, o termo linear é claramente desprezível e precisamos considerar apenas o arrasto quadrático. Se a bola está se movendo mais rapidamente, a razão $f_{\text{quad}}/f_{\text{lin}}$ é ainda maior. Para baixas velocidades, a razão é menos dramática, mas, mesmo a 1 m/s, a razão é 100. Na verdade, se v for bastante pequena, tal que o termo linear seja equiparável ao termo quadrático, ambos os termos serão tão pequenos que poderão ser desprezados. Logo, para bolas de beisebol e objetos similares, é quase sempre mais seguro desprezar f_{lin} e tomar a força de arrasto como sendo

$$\mathbf{f} = -cv^2\hat{\mathbf{v}}. \tag{2.9}$$

Para a gota de chuva, os números resultam

$$\frac{f_{\text{quad}}}{f_{\text{lin}}} \approx 1 \qquad [\text{gota de chuva}]. \tag{2.10}$$

Portanto, para essa gota de chuva, os dois termos são comparáveis e nenhum deles pode ser desprezado – o que torna a resolução para o movimento mais difícil. Se a gota fosse bem maior ou estivesse se movendo muito mais rapidamente, então o termo linear seria desprezível; se a gota fosse muito menor ou estivesse se movendo mais lentamente, então o termo quadrático poderia ser desprezado. Mas, em geral, com gotas de chuva e objetos similares, levaremos ambos, f_{lin} e f_{quad}, em consideração.

Para a gota de óleo do experimento de Millikan, os números resultam em

$$\frac{f_{\text{quad}}}{f_{\text{lin}}} \approx 10^{-7} \qquad \text{[gota de óleo de Millikan]}. \qquad (2.11)$$

Nesse caso, o termo quadrático é totalmente desprezível e podemos considerar

$$\mathbf{f} = -bv\hat{\mathbf{v}} = -b\mathbf{v}, \qquad (2.12)$$

onde o segundo termo fica muito compacto, pois $v\hat{\mathbf{v}} = \mathbf{v}$.

A moral desse exemplo está clara: primeiro, há objetos para os quais a força de arrasto é dominantemente linear, e a força quadrática pode ser desprezada – notadamente, pequenas gotas de líquidos no ar, mas também objetos um pouco maiores em um fluido muito viscoso, como uma bola movendo-se através do melaço. Por outro lado, para a maioria dos projéteis, como bolas de golfe, balas de canhão e mesmo uma pessoa em queda livre, a força de arrasto dominante é quadrática e o termo linear pode ser desprezado. Esta situação é um pouco mais desconfortável, porque o problema linear é muito mais fácil de ser resolvido do que o quadrático. Nas duas seções a seguir, discutirei o caso linear, especificamente por se tratar do caso mais fácil. Entretanto, ele *tem* aplicações práticas e a matemática usada para resolvê-lo é amplamente utilizada em muitas áreas. Na Seção 2.4, considerarei a mais difícil, mas o caso mais corriqueiro do arrasto quadrático.

Para concluir esta seção introdutória, devo mencionar o número de Reynolds, um importante parâmetro que é proeminente no tratamento mais avançado do movimento de fluidos. Como mencionado anteriormente, o arrasto linear f_{lin} pode ser relacionado à viscosidade do fluido através do qual o projétil está se movendo, e o termo quadrático f_{quad} está simplesmente relacionado à inércia (e, portanto, à densidade) do fluido. Portanto, podemos relacionar a razão $f_{\text{quad}}/f_{\text{lin}}$ ao parâmetro fundamental η, a viscosidade, e ϱ, a densidade, do fluido (veja o Problema 2.3). O resultado é que a razão $f_{\text{quad}}/f_{\text{lin}}$ é aproximadamente da mesma ordem de magnitude do número adimensional $R = Dv\varrho/\eta$, chamado de **número de Reynolds**. Portanto, uma forma geral e compacta de resumir a discussão precedente é dizer que a força quadrática f_{quad} é dominante quando o número de Reynolds R é grande, enquanto o arrasto linear domina quando R é pequeno.

2.2 RESISTÊNCIA DO AR LINEAR

Vamos considerar a princípio um projétil para o qual a força de arrasto quadrática é desprezível, de modo que a força de resistência do ar é dada por (2.12). Veremos diretamente que, como a força de arrasto é linear em **v**, as equações do movimento são muito simples

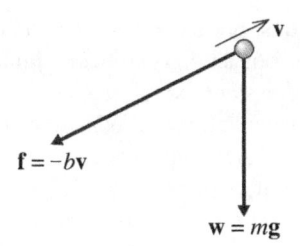

Figura 2.2 As duas forças sobre o projétil, no qual a força da resistência do ar é linear na velocidade, $\mathbf{f} = -b\mathbf{v}$.

de ser resolvidas. As duas forças sobre o projétil são o peso $\mathbf{w} = m\mathbf{g}$ e a força de arrasto $\mathbf{f} = -b\mathbf{v}$, como apresentado na Figura 2.2. Logo, a segunda lei, $m\ddot{\mathbf{r}} = \mathbf{F}$, fica

$$m\ddot{\mathbf{r}} = m\mathbf{g} - b\mathbf{v}. \tag{2.13}$$

Como nenhuma das forças depende de $\mathbf{r}$, uma característica interessante dessa relação é que a equação do movimento não envolve o próprio $\mathbf{r}$ (apenas a primeira e a segunda derivada de $\mathbf{r}$). Na verdade, podemos escrever $\ddot{\mathbf{r}}$ como $\dot{\mathbf{v}}$ e (2.13) torna-se

$$m\dot{\mathbf{v}} = m\mathbf{g} - b\mathbf{v}, \tag{2.14}$$

uma equação diferencial de primeira ordem para $\mathbf{v}$. Essa simplificação surge porque as forças dependem apenas de $\mathbf{v}$ e não de $\mathbf{r}$. Isso significa que temos que resolver apenas a equação diferencial de primeira ordem para $\mathbf{v}$ e em seguida integrar $\mathbf{v}$ para determinar $\mathbf{r}$.

Talvez a mais importante simplicidade do arrasto linear é que a equação do movimento se separa em componentes especialmente fáceis. Por exemplo, com x medido à direita e y verticalmente para baixo, (2.14) simplifica para

$$m\dot{v}_x = -bv_x \tag{2.15}$$

e

$$m\dot{v}_y = mg - bv_y. \tag{2.16}$$

Isto é, temos duas equações separadas, uma para v_x e a outra para v_y; a equação para v_x não envolve v_y e vice-versa. É importante reconhecer que isso aconteceu apenas porque a força de arrasto é linear em $\mathbf{v}$. Por exemplo, se a força de arrasto fosse quadrática,

$$\mathbf{f} = -cv^2\hat{\mathbf{v}} = -cv\mathbf{v} = -c\sqrt{v_x^2 + v_y^2}\,\mathbf{v}, \tag{2.17}$$

então, em (2.14), teríamos que substituir o termo $-b\mathbf{v}$ por (2.17). No lugar das duas equações (2.15) e (2.16), teríamos

$$\left.\begin{array}{l} m\dot{v}_x = -c\sqrt{v_x^2 + v_y^2}\,v_x \\ m\dot{v}_y = mg - c\sqrt{v_x^2 + v_y^2}\,v_y. \end{array}\right\} \tag{2.18}$$

Aqui, cada equação envolve *ambas* as variáveis v_x e v_y. Essas duas equações diferenciais *acopladas* são muito mais difíceis de serem resolvidas do que as equações desacopladas do caso linear.

Como elas são desacopladas, podemos resolver cada equação para o arrasto linear separadamente e, em seguida, por as duas soluções juntas. Além disso, cada equação define um problema que é interessante por si mesmo. A Equação (2.15) é a equação do movimento para um objeto (um carrinho com rodas sem atrito, por exemplo) movendo-se horizontalmente em um meio que cause um arrasto linear. A Equação (2.16) descreve um objeto (uma minúscula gota de óleo, por exemplo) que está caindo verticalmente com a resistência do ar linear. Resolverei esses dois problemas separadamente.

Movimento horizontal com arrasto linear

Considere um objeto, como o carrinho da Figura 2.3, movendo-se horizontalmente em um meio com resistência linear. Assumirei que, no instante $t = 0$, o carrinho está em $x = 0$ com velocidade $v_x = v_{xo}$. A única força sobre o carrinho é o arrasto $\mathbf{f} = -b\mathbf{v}$, logo, o carrinho inevitavelmente irá perder velocidade. A taxa com que diminuirá a velocidade é determinada por (2.15), que tem a forma geral

$$\dot{v}_x = -kv_x, \tag{2.19}$$

onde k é a minha abreviação temporária para $k = b/m$. Essa é uma equação diferencial de primeira ordem para v_x, cuja solução geral deve conter exatamente uma constante arbitrária. A equação indica que a derivada de v_x é igual a $-k$ vezes v_x, e a única função com essa propriedade é a função exponencial

$$v_x(t) = Ae^{-kt}, \tag{2.20}$$

que satisfaz (2.19) para qualquer valor da constante A (Problemas 1.24 e 1.25). Como essa solução contém uma constante arbitrária, ela é a solução *geral* da equação de primeira ordem, ou seja, *qualquer* solução deve ter essa forma. Em nosso caso, sabemos que $v_x(0) = v_{xo}$, de modo que $A = v_{xo}$, e concluímos que

$$v_x(t) = v_{xo}e^{-kt} = v_{xo}e^{-t/\tau}, \tag{2.21}$$

onde introduzi o parâmetro conveniente

$$\tau = 1/k = m/b \quad \text{[para o arrasto linear]}. \tag{2.22}$$

Vemos que nosso carrinho diminui a velocidade exponencialmente, como apresentado na Figura 2.4(a). O parâmetro τ tem a dimensão de tempo (como você pode verificar), e você pode verificar de (2.21) que, quando $t = \tau$, a velocidade é $1/e$ do seu valor inicial, isto é, τ é o tempo "$1/e$" para a velocidade decrescendo exponencialmente. Quando $t \to \infty$, a velocidade tende a zero.

Para determinar a posição como uma função do tempo, temos apenas que integrar a velocidade (2.21). Integrações desse tipo podem ser resolvidas usando a integral definida

Figura 2.3 Um carrinho se move sobre um trilho horizontal sem atrito em um meio que produz uma força de arrasto linear.

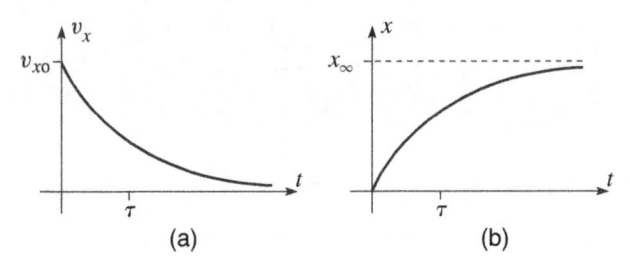

Figura 2.4 (a) A velocidade v_x como uma função do tempo, t, para um carrinho movendo-se horizontalmente com uma força de resistência linear. Quando $t \to \infty$, v_x tende a zero exponencialmente. (b) A posição x como uma função de t para o mesmo carrinho. Quando $t \to \infty$, $x \to x_\infty = v_{x0}\tau$.

ou indefinida. A integral definida tem a vantagem de que ela automaticamente leva em consideração a constante de integração: como $v_x = dx/dt$,

$$\int_0^t v_x(t')\,dt' = x(t) - x(0).$$

(Observe que nomeei a variável "muda" de integração t' para evitar confusão com o limite superior t.) Portanto,

$$x(t) = x(0) + \int_0^t v_{x0} e^{-t'/\tau}\,dt'$$

$$= 0 + \left[-v_{x0}\tau e^{-t'/\tau}\right]_0^t$$

$$= x_\infty \left(1 - e^{-t/\tau}\right). \tag{2.23}$$

Na segunda linha, usei nossa suposição de que $x = 0$ quando $t = 0$. E, na última linha, introduzi o parâmetro

$$x_\infty = v_{x0}\tau, \tag{2.24}$$

que é o limite de $x(t)$ quando $t \to \infty$. Concluímos que, à medida que o carrinho diminui a velocidade, sua posição tende a x_∞ assintoticamente, como apresentado na Figura 2.4(b).

Movimento vertical com arrasto linear

A seguir, vamos considerar um projétil que está sujeito à resistência do ar linear e que é lançado verticalmente para baixo. As duas forças sobre o projétil são a gravidade e a resistência do ar, como ilustrado na Figura 2.5. Se medirmos y verticalmente para baixo, a única componente interessante da equação de movimento é a componente y, que é dada por

$$m\dot{v}_y = mg - bv_y. \tag{2.25}$$

Com a velocidade para baixo ($v_y > 0$), a força de retardo é para cima, enquanto a força da gravidade é para baixo. Se v_y é pequena, a força da gravidade é mais importante do que a força de arrasto e o objeto que cai acelera seu movimento para baixo. Isso continuará

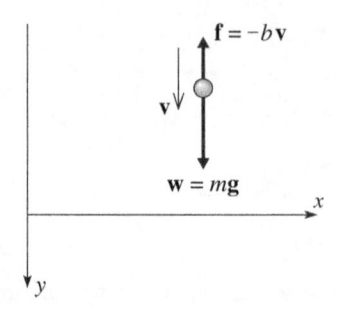

Figura 2.5 As forças sobre um projétil que é lançado verticalmente para baixo, sujeito à resistência do ar linear.

até que a força de arrasto se iguale ao peso. A velocidade na qual essa igualdade ocorre é facilmente determinada tomando (2.25) igual a zero, para obter $v_y = mg/b$ ou

$$v_y = v_{\lim}$$

onde defini a **velocidade limite**

$$v_{\lim} = \frac{mg}{b} \qquad \text{[para o arrasto linear]}. \qquad (2.26)$$

A velocidade limite é a velocidade com que o projétil irá eventualmente cair, se tiver tempo para que atinja essa velocidade. Como depende de m e b, ela é diferente para diferentes corpos. Por exemplo, se dois objetos têm a mesma forma e tamanho (b é o mesmo para ambos), o objeto mais pesado (maior m) terá maior velocidade limite, exatamente como você esperaria que fosse. Como $v_{\lim}$ é inversamente proporcional ao coeficiente b da resistência do ar, podemos imaginar $v_{\lim}$ como a medida inversa da importância da resistência do ar – quanto maior a resistência do ar, menor $v_{\lim}$, novamente, como você esperaria que fosse.

Exemplo 2.2 Velocidade limite de pequenas gotas líquidas

Determine a velocidade limite de uma gotícula de óleo no experimento de Millikan para queda de gotas (diâmetro $D = 1,5$ μm e densidade $\varrho = 840$ kg/m^3). Faça o mesmo para uma gotícula de neblina com diâmetro $D = 0,2$ mm.

Do Exemplo 2.1, sabemos que o arrasto linear é dominante para esses objetos, logo, a velocidade limite é dada por (2.26). De acordo com (2.24), $b = \beta D$, onde $\beta = 1,6 \times 10^{-4}$ (no SI de unidades). A massa da gota é $m = \varrho \pi D^3/6$. Logo, (2.26) torna-se

$$v_{\lim} = \frac{\varrho \pi D^2 g}{6\beta} \qquad \text{[para o arrasto linear]}. \qquad (2.27)$$

Esse resultado interessante mostra que, para uma dada densidade, a velocidade limite é proporcional a D^2. Isso siginifica que, uma vez que a resistência do ar se torna importante, uma esfera grande cairá mais rapidamente do que uma esfera pequena da mesma densidade.[2]

Colocando em números, encontramos, para a gota de óleo,

$$v_{\text{lim}} = \frac{(840) \times \pi \times (1{,}5 \times 10^{-6})^2 \times (9{,}8)}{6 \times (1{,}6 \times 10^{-4})} = 6{,}1 \times 10^{-5}\,\text{m/s} \quad \text{[gota de óleo]}.$$

No experimento da gota de óleo de Millikan, as gotas de óleo caem muito lentamente, então suas velocidades podem ser medidas simplesmente olhando-as através de um microscópio.

Colocando os números para as gotas de neblina, encontramos similarmente que

$$v_{\text{lim}} = 1{,}3\,\text{m/s} \quad \text{[gota de neblina]}. \tag{2.28}$$

Essa velocidade é representativa de uma garoa fina. Para uma gota de chuva maior, a velocidade limite seria significativamente maior, mas, com uma gota maior (e, portanto, também mais rápida), seria necessário incluir nos cálculos o arrasto quadrático para se obter um valor confiável de v_{lim}.

Até o momento, discutimos a velocidade limite de um projétil (movendo-se verticalmente), mas devemos discutir agora como o projétil se aproxima dessa velocidade. Isso é determinado pela equação do movimento (2.25), a qual pode ser reescrita como

$$m\dot{v}_y = -b(v_y - v_{\text{lim}}). \tag{2.29}$$

(Lembre-se de que $v_{\text{lim}} = mg/b$.) Essa equação diferencial pode ser resolvida de várias formas. (Para uma alternativa, veja o Problema 2.9.) Talvez a mais simples seja observar que ela é quase a mesma que a Equação (2.15) para o movimento horizontal, exceto pelo fato de que, no lado direito, temos agora $(v_y - v_{\text{lim}})$ em lugar de v_x. A solução para o caso horizontal foi a função exponencial (2.20). O artifício para a resolução da nova equação vertical (2.29) é introduzir a nova variável $u = (v_y - v_{\text{lim}})$, que satisfaz $m\dot{u} = -bu$ (já que v_{lim} é constante). Como essa é *exatamente* a mesma equação que (2.15) para o movimento horizontal, a solução para u é a mesma exponencial, $u = Ae^{-t/\tau}$. [Lembre-se de que a constante k em (2.20) torna-se $k = 1/\tau$.] Portanto,

$$v_y - v_{\text{lim}} = Ae^{-t/\tau}.$$

Quando $t = 0$, $v_y = v_{yo}$, assim, $A = v_{yo} - v_{\text{lim}}$ e a nossa solução final para v_y, como uma função de t, é

$$v_y(t) = v_{\text{lim}} + (v_{yo} - v_{\text{lim}})e^{-t/\tau} \tag{2.30}$$

$$= v_{yo}e^{-t/\tau} + v_{\text{lim}}\left(1 - e^{-t/\tau}\right). \tag{2.31}$$

---

[2] Estamos assumindo que a força de arrasto é linear, mas a mesma conclusão qualitativa resulta para o caso da força de arrasto quadrática. (Problema 2.24.)

Essa segunda expressão fornece $v_y(t)$ como a soma de dois termos: o primeiro é igual a v_{yo} quando $t = 0$, mas vai para zero à medida que t cresce; o segundo é igual a zero quando $t = 0$, mas se aproxima de $v_{\lim}$ quando $t \to \infty$. Em particular, quando $t \to \infty$,

$$v_y(t) \to v_{\lim}, \tag{2.32}$$

exatamente como antecipamos.

Vamos examinar o resultado (2.31) com um pouco mais de detalhes para o caso em que $v_{yo} = 0$, isto é, quando o projétil é largado a partir do repouso. Nesse caso, (2.31) torna-se

$$v_y(t) = v_{\lim}\left(1 - e^{-t/\tau}\right). \tag{2.33}$$

Esse resultado está desenhado na Figura 2.6, onde vemos que v_y parte do 0 e se aproxima da velocidade limite, $v_y \to v_{\lim}$, assintoticamente quando $t \to \infty$. O significado do tempo τ para um corpo em queda é facilmente obtido a partir de (2.33). Quando $t = \tau$, vemos que

$$v_y = v_{\lim}(1 - e^{-1}) = 0{,}63\, v_{\lim}.$$

Ou seja, em um tempo τ, o objeto alcança 63% de sua velocidade limite. Cálculos análogos resultam em:

tempo t	percentagem de $v_{\lim}$
0	0
τ	63%
2τ	86%
3τ	95%

Claramente, a velocidade do objeto realmente nunca atinge $v_{\lim}$, mas τ é uma boa medida de quão rapidamente a velocidade se aproxima de $v_{\lim}$. Em particular, quando $t = 3\tau$, a velocidade é 95% de $v_{\lim}$, e, para muitos propósitos, podemos dizer que, após um tempo 3τ, a velocidade é essencialmente igual a $v_{\lim}$.

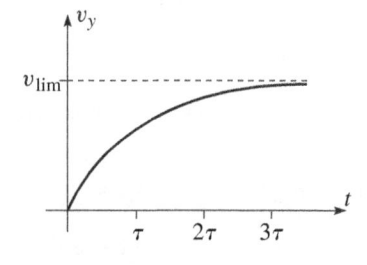

Figura 2.6 Quando um objeto cai em um meio com resistência linear, v_y tende ao seu valor $v_{\lim}$, como ilustrado.

Exemplo 2.3 Tempo característico para duas gotas líquidas

Determine o tempo característico, τ, para a gota de óleo e para a gota de neblina do Exemplo 2.2.

O tempo característico τ foi definido em (2.22) como $\tau = m/b$ e $v_{\lim}$ foi definido em (2.26) como $v_{\lim} = mg/b$. Logo, temos uma relação útil

$$v_{\lim} = g\tau. \tag{2.34}$$

Observe que essa relação nos permite interpretar $v_{\lim}$ como a velocidade que um objeto em queda *irá* adquirir em um tempo τ, *se ele tivesse uma aceleração constante igual a g*. Observe também que, da mesma forma que $v_{\lim}$, o tempo τ é um indicador inverso da importância da resistência do ar: quando o coeficiente b da resistência do ar é pequeno, ambos $v_{\lim}$ e τ são grandes; quando b é grande, ambos $v_{\lim}$ e τ são pequenos.

Para nossos propósitos atuais, a importância de (2.34) é a de que, como já determinamos as velocidades limites das duas gotas, podemos imediatamente determinar os valores de τ. Para a gota de óleo de Millikan, encontramos que $v_{\lim} = 6,1 \times 10^{-5}$ m/s, portanto,

$$\tau = \frac{v_{\lim}}{g} = \frac{6,1 \times 10^{-5}}{9,8} = 6,2 \times 10^{-6} \text{ s} \qquad \text{[gota de óleo]}.$$

Após uma queda de apenas 20 microssegundos, essa gota de óleo terá adquirido 95% da velocidade limite. Para quase todos os propósitos, a gota de óleo *sempre* se move com sua velocidade limite.

Para a gota de neblina do Exemplo 2.2, a velocidade limite foi $v_{\lim} = 1,3$ m/s e assim $\tau = v_{\lim}/g \approx 0,13$ s. Após cerca de 0,4 s, a gota terá adquirido 95% de sua velocidade limite.

Se o objeto parte ou não do repouso, podemos determinar sua posição y como uma função do tempo integrando a fórmula conhecida (2.30) de v_y,

$$v_y(t) = v_{\lim} + (v_{yo} - v_{\lim})e^{-t/\tau}.$$

Assumindo que a posição inicial do projétil é $y = 0$, segue imediatamente que

$$y(t) = \int_0^t v_y(t')\, dt'$$

$$= v_{\lim} t + (v_{yo} - v_{\lim})\tau \left(1 - e^{-t/\tau}\right). \tag{2.35}$$

Essa equação para $y(t)$ pode agora ser combinada com a Equação (2.23) para $x(t)$ para nos fornecer a órbita de qualquer projétil, movendo-se horizontalmente ou verticalmente, em um meio linear.

2.3 TRAJETÓRIA E ALCANCE EM UM MEIO LINEAR

Vimos, no início da última seção, que a equação do movimento para um projétil movendo-se em qualquer direção é decomposta em duas equações separadas, uma para o movimento horizontal e outra para o movimento vertical [Equações (2.15) e (2.16)]. Resolvemos cada uma dessas equações separadamente em (2.23) e (2.35), e podemos agora colocar essas soluções juntas para fornecer a trajetória de um projétil arbitrário movendo-se em qualquer direção. Nesta discussão, é mais conveniente medir y verticalmente *para cima*, e neste caso devemos inverter o sinal de $v_{\lim}$. (Assegure-se de que você entendeu essa colocação.) Logo, as duas equações da órbita são

$$\left. \begin{array}{rcl} x(t) &=& v_{xo}\tau \left(1 - e^{-t/\tau}\right) \\ y(t) &=& (v_{yo} + v_{\lim})\tau \left(1 - e^{-t/\tau}\right) - v_{\lim}t. \end{array} \right\} \quad (2.36)$$

Você pode eliminar t dessas duas equações resolvendo a primeira para t e então substituindo na segunda. (Veja o Problema 2.17.) O resultado é a equação para a trajetória:

$$y = \frac{v_{yo} + v_{\lim}}{v_{xo}} x + v_{\lim}\tau \ln\left(1 - \frac{x}{v_{xo}\tau}\right). \quad (2.37)$$

Essa equação é provavelmente muito complicada para ser esclarecedora, mas desenhei-a como a curva cheia na Figura 2.7. Com o auxílio dela você pode compreender algumas das características de (2.37). Por exemplo, se você olhar para o segundo termo da direita de (2.37), verá que, quando $x \to v_{xo}\tau$ o argumento da função logaritmo tende a zero, portanto, o termo logaritmo e, consequentemente y, ambos tendem a $-\infty$. Ou seja, a trajetória tem uma assíntota vertical em $x = v_{xo}\tau$, como você pode observar na figura. Deixo como exercício (Problema 2.19) para você verificar que, se a resistência do ar for eliminada ($v_{\lim}$ e τ ambos tendem a infinito), a trajetória definida em (2.37) de fato se aproxima da trajetória tracejada correspondendo à resistência do ar igual a zero.

Alcance horizontal

Um típico (e bastante interessante) problema nos cursos de física elementar é mostrar que o alcance horizontal R de um projétil (sujeito naturalmente à ausência da resistência do ar) é dado por

$$R_{vac} = \frac{2v_{xo}v_{yo}}{g}, \quad \text{[sem resistência do ar]} \quad (2.38)$$

onde R_{vac} significa o alcance no vácuo. Vejamos como isso é modificado pela resistência do ar.

O alcance R é o valor de x quando y, dado por (2.37), é zero. Logo, R é a solução da equação

$$\frac{v_{yo} + v_{\lim}}{v_{xo}} R + v_{\lim}\tau \ln\left(1 - \frac{R}{v_{xo}\tau}\right) = 0. \quad (2.39)$$

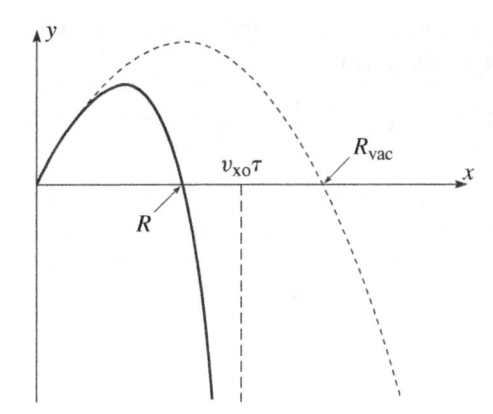

Figura 2.7 A trajetória de um projétil sujeito a uma força de arrasto linear (curva cheia) e a correspondente trajetória no vácuo (curva tracejada). A princípio, as duas curvas são bastante semelhantes, mas, à medida que t cresce, a resistência do ar diminui a velocidade do projétil e puxa sua trajetória para baixo, com uma assíntota vertical $x = v_{xo}\tau$. O alcance horizontal do projétil é denominado R e o alcance correspondente no vácuo é R_{vac}.

Essa é uma equação transcendental e não pode ser resolvida analiticamente, isto é, em termos de funções elementares bem conhecidas, como logaritmos ou senos e cossenos. Para uma dada escolha dos parâmetros, ela pode ser resolvida numericamente com um computador (Problema 2.22), mas essa metodologia oferece pouco discernimento sobre como a solução depende dos parâmetros. Geralmente, uma boa alternativa é determinar alguma relação que permita *aproximar* a solução analítica. (Antes do advento dos computadores, esse era o único caminho para se determinar o que acontece.) No presente caso, geralmente assumimos que a resistência do ar é *pequena*. Isso significa que ambos, v_{lim} e τ, são grandes e que o segundo termo no argumento da função logaritmo é pequeno (já que ele tem τ no seu denominador). Isso sugere expandirmos o logaritmo em uma série de Taylor (veja o Problema 2.18):

$$\ln(1 - \epsilon) = -\left(\epsilon + \tfrac{1}{2}\epsilon^2 + \tfrac{1}{3}\epsilon^3 + \cdots\right). \qquad (2.40)$$

Podemos usar essa expansão para o termo do logaritmo em (2.39) e, desde que τ seja bastante grande, podemos certamente desprezar os termos além de ϵ^3. Isso leva à equação

$$\left[\frac{v_{yo} + v_{lim}}{v_{xo}}\right] R - v_{lim}\tau \left[\frac{R}{v_{xo}\tau} + \frac{1}{2}\left(\frac{R}{v_{xo}\tau}\right)^2 + \frac{1}{3}\left(\frac{R}{v_{xo}\tau}\right)^3\right] = 0. \qquad (2.41)$$

Essa equação pode ser simplificada. Primeiramente, o segundo termo no primeiro colchete é cancelado pelo primeiro termo do segundo colchete. Em seguida, cada termo contém o fator R. Isso significa que uma solução é $R = 0$, o que é correto – a altura y é zero quando $x = 0$. No entanto, não estamos interessados nessa solução e podemos dividir a equação pelo fator comum R. Um pequeno rearranjo (e substituição de $v_{\lim}/\tau$ por g) permite-nos escrever a equação da forma

$$R = \frac{2v_{xo}v_{yo}}{g} - \frac{2}{3v_{xo}\tau}R^2. \qquad (2.42)$$

Isso pode parecer uma maneira simplória de escrever uma equação quadrática para R, mas ela nos leva diretamente à solução aproximada desejada. O ponto é que o segundo termo à direita é muito pequeno. (No numerador R, é certamente não maior do que R_{vac} e estamos assumindo que τ no denominador é muito grande.) Portanto, como uma primeira aproximação, temos

$$R \approx \frac{2v_{xo}v_{yo}}{g} = R_{\text{vac}}. \qquad (2.43)$$

Isso é exatamente o que esperávamos: para baixa resistência do ar, o alcance é próximo a R_{vac}. Mas, com o auxílio de (2.42), podemos agora obter uma segunda e melhor aproximação. O último termo de (2.42) é a correção necessária para R_{vac}; como ele já é pequeno, certamente ficaremos satisfeitos com um valor aproximado como correção. Logo, na avaliação do último termo de (2.42), podemos substituir R pelo valor aproximado $R \approx R_{\text{vac}}$, e determinamos como nossa segunda aproximação [lembre-se de que o primeiro termo em (2.42) é precisamente R_{vac}]

$$R \approx R_{\text{vac}} - \frac{2}{3v_{xo}\tau}(R_{\text{vac}})^2$$

$$= R_{\text{vac}}\left(1 - \frac{4}{3}\frac{v_{yo}}{v_{\lim}}\right). \qquad (2.44)$$

(Para obter a segunda linha, substituí o segundo R_{vac} na linha anterior por $2v_{xo}v_{yo}/g$ e τg por $v_{\lim}$.) Observe que a correção para a resistência do ar sempre torna R menor do que R_{vac}, como esperávamos. Note também que a correção depende apenas da razão $v_{yo}/v_{\lim}$. Generalizando, é fácil vermos (Problema 2.32) que a importância da resistência do ar é indicada pela razão $v/v_{\lim}$ da velocidade do projétil pela velocidade limite. Se $v/v_{\lim} \ll 1$ ao longo do voo, o efeito da resistência do ar é muito pequeno; se $v/v_{\lim}$ está próximo de 1 ou mais, a resistência do ar torna-se certamente importante [e a aproximação (2.44) certamente não é boa].

Exemplo 2.4 Alcance de grânulos de metal

Eu impulsiono um grânulo de metal com diâmetro $D = 0,2$ mm e $v = 1$ m/s com ângulo de 45°. Determine o alcance horizontal assumindo que o grânulo é de ouro (densidade $\varrho \approx 16$ g/cm^3). O que acontece se ele for de alumínio (densidade $\varrho \approx 2,7$ g/cm^3)?

Na ausência da resistência do ar, ambos os grânulos teriam o mesmo alcance,

$$R_{\text{vac}} = \frac{2v_{xo}v_{yo}}{g} = 10,2 \text{ cm}.$$

Para o ouro, a Equação (2.27) resulta em (como você pode verificar) $v_{\lim} \approx 21$ m/s. Logo, o termo de correção em (2.44) é

$$\frac{4}{3}\frac{v_{yo}}{v_{\lim}} = \frac{4}{3} \times \frac{0{,}71}{21} \approx 0{,}05.$$

Ou seja, a resistência do ar reduz o alcance em 5%, resultando em 9,7 cm. A densidade do alumínio é de cerca de 1/6 vezes a do ouro. Portanto, a velocidade limite é um sexto maior e a correção para o alumínio é 6 vezes maior ou cerca de 30%, resultando em um alcance de aproximadamente 7 cm. Para o grânulo de ouro, a correção devido a resistência do ar é bastante pequena e pode talvez ser desprezada; para o grânulo de alumínio, a correção é ainda pequena, mas, certamente, não desprezível.

2.4 RESISTÊNCIA DO AR QUADRÁTICA

Nas duas últimas seções, desenvolvemos uma teoria bem completa sobre projéteis sujeitos a uma força de arrasto linear, $\mathbf{f} = -b\mathbf{v}$. Embora *possamos* encontrar exemplos de projéteis para os quais o arrasto é linear (notadamente para objetos muito pequenos, como a gota de óleo de Millikan), para a maioria dos exemplos mais reais de projéteis (bolas de beisebol, de futebol, de canhão e semelhantes) será uma aproximação muito melhor se considerarmos o arrasto puramente quadrático, $\mathbf{f} = -cv^2\hat{\mathbf{v}}$. Devemos, portanto, desenvolver a teoria correspondente para uma força de arrasto quadrática. Em vista disso, as duas teorias não são muito diferentes. Em qualquer uma delas, temos que resolver a equação diferencial

$$m\dot{\mathbf{v}} = m\mathbf{g} + \mathbf{f}, \tag{2.45}$$

e em ambos os casos essa é uma equação diferencial de primeira ordem para a velocidade $\mathbf{v}$, com $\mathbf{f}$ dependendo de $\mathbf{v}$ de uma forma relativamente simples. No entanto, há uma diferença importante. No caso linear ($\mathbf{f} = -b\mathbf{v}$), a Equação (2.45) é uma equação diferencial *linear*, além disso, os termos que envolvem $\mathbf{v}$ são todos lineares em $\mathbf{v}$ ou em suas derivadas. No caso quadrático, a Equação (2.25) é, obviamente, não linear. Decorre que a teoria matemática para equações diferenciais não lineares é significativamente mais complicada do que a teoria linear. Em termos práticos, vemos que, para o caso de um projétil qualquer, movendo-se em ambas as direções x e y, a Equação (2.45) não pode ser resolvida em termos de funções elementares quando o arrasto é quadrático. Ainda mais geral, veremos no Capítulo 12 que, para sistemas mais complicados, a não linearidade pode levar ao surpreendente fenômeno do caos, embora isso não aconteça no presente caso.

Nesta seção, iniciarei com os mesmos dois casos especiais discutidos na Seção 2.2, um corpo que está compelido a mover-se na horizontal, como um vagão nos trilhos horizontais, e um corpo que se move verticalmente, como uma pedra caindo de uma janela (ambos agora com a força de arrasto quadrática). Veremos que, nesses dois casos, a equação diferencial (2.45) *pode* ser resolvida por métodos elementares e as soluções introduzem algumas técnicas importantes e resultados interessantes. Deverei discutir brevemente os casos gerais (movimento em ambas as direções horizontal e vertical), que podem ser resolvidos apenas numericamente.

Movimento horizontal com arrasto quadrático

Vamos considerar um corpo movendo-se horizontalmente (na direção positiva do eixo x), sujeito a um arrasto quadrático e nenhuma outra força. Por exemplo, você pode imaginar um atleta em uma corrida ciclística, após ter chegado à linha final movendo-se até parar sob influência da resistência do ar. Considerando que a bicicleta está lubrificada e os pneus bem calibrados, podemos ignorar o atrito ordinário[3] e, exceto para velocidades muito pequenas, a resistência do ar é puramente quadrática. A componente x da equação do movimento é, portanto (abreviarei v_x por v),

$$m\frac{dv}{dt} = -cv^2. \tag{2.46}$$

Se dividirmos por v^2 e multiplicarmos por dt, obtemos uma equação na qual a variável v aparece apenas no lado esquerdo e t apenas no lado direito:[4]

$$m\frac{dv}{v^2} = -c\,dt. \tag{2.47}$$

Este truque – rearranjar a equação diferencial de modo que apenas uma das variáveis apareça à esquerda e a outra apenas à direita – é chamado de **separação de variáveis**. Quando é possível, a separação de variáveis é geralmente a maneira mais simples de resolver uma equação diferencial de primeira ordem, já que a solução pode ser obtida por uma simples integração de ambos os lados.

Integrando a Equação (2.47), encontramos

$$m\int_{v_o}^{v}\frac{dv'}{v'^2} = -c\int_{0}^{t}dt',$$

onde v_o é a velocidade inicial em $t = 0$. Observe que escrevi ambos os lados como integrais definidas, com os limites apropriados, de modo a não me preocupar com quaisquer constantes de integração. Também renomeei as variáveis de integração v' e t' para evitar

---

[3] Como discutirei em breve, quando o ciclista diminui a velocidade até parar, a resistência do ar torna-se menor e, eventualmente, o atrito torna-se a força dominante. Entretanto, para uma velocidade de cerca de 10 mph ou mais, é uma aproximação razoável ignorar tudo menos a resistência do ar quadrática.

[4] Na passagem de (2.46) para (2.47), tratei a derivada dv/dt como se ela fosse o quociente de dois números separados, dv e dt. Esse procedimento camarada não é estritamente correto, mas pode ser justificado de duas formas. Primeiro, na teoria dos *diferenciais*, é de fato verdade que dv e dt são definidos como números separados (diferenciais), tais que seu quociente é a derivada dv/dt. Felizmente, é desnecessário se conhecer essa teoria. Como físicos, sabemos que dv/dt é o limite de $\Delta v/\Delta t$, quando ambos Δv e Δt tornam-se pequenos, e considerarei que dv é uma forma compacta para Δv (e da mesma forma dt para Δt), *com o entendimento de que ele foi considerado tão pequeno que o quociente dv/dt está dentro da acurácia desejada da verdadeira derivada.* Com esse entendimento, (2.47), com dv de um lado e dt do outro, faz sentido.

confusão com os limites superiores v e t. Ambas as integrais podem ser facilmente calculadas, resultando em

$$m\left(\frac{1}{v_o} - \frac{1}{v}\right) = -ct \qquad (2.48)$$

ou, resolvendo para v,

$$v(t) = \frac{v_o}{1 + cv_o t/m} = \frac{v_o}{1 + t/\tau}, \qquad (2.49)$$

onde introduzi a abreviação τ para a combinação de constantes

$$\tau = \frac{m}{cv_o} \qquad \text{[para arrasto quadrático]}. \qquad (2.50)$$

Como você pode facilmente verificar, τ é tempo, com o significado de que, quando $t = \tau$, a velocidade é $v = v_o/2$. Observe que esse parâmetro τ é diferente do τ introduzido em (2.22) para o movimento sujeito à resistência do ar linear; no entanto, ambos os parâmetros têm o mesmo significado geral como indicadores do tempo para a resistência do ar diminuir apreciavelmente a velocidade do movimento.

Para determinar a posição x da bicicleta, temos apenas que integrar v para obter (como você poderá verificar)

$$x(t) = x_o + \int_0^t v(t')\, dt'$$
$$= v_o \tau \ln(1 + t/\tau), \qquad (2.51)$$

se considerarmos a posição inicial x_o como sendo zero. A Figura 2.8 mostra os resultados para v e x como funções de t. É interessante comparar esses gráficos com os gráficos correspondentes da Figura 2.4 para um corpo movendo-se horizontalmente mas sujeito à resistência linear. Superficialmente, para as velocidades, os dois gráficos parecem similares. Em particular, ambos vão para zero quando $t \to \infty$. Mas, no caso linear, v vai para zero *exponencialmente*, enquanto no caso quadrático isso acontece apenas muito lentamente, com $1/t$. Essa diferença no comportamento de v se manifesta drasticamente no comportamento de x. No caso linear, vimos que x tende a um limite finito quando $t \to \infty$, mas fica claro de (2.51) que, no caso quadrático, x cresce sem limite quando $t \to \infty$.

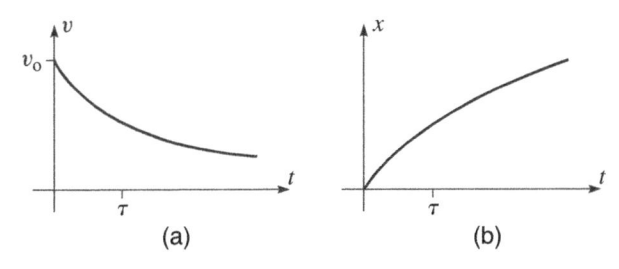

Figura 2.8 Movimento de um corpo, como uma bicicleta, movendo-se horizontalmente e sujeito à resistência do ar quadrática. (a) A velocidade é dada por (2.49) e vai para zero como $1/t$ quando $t \to \infty$. (b) A posição é dada por (2.51) e vai para infinito quando $t \to \infty$.

A diferença marcante no comportamento de x para o arrasto linear e quadrático é fácil de ser entendida qualitativamente. No caso quadrático, o arrasto é proporcional a v^2. Portanto, à medida que v se torna pequena, o arrasto se torna *muito* pequeno – tão pequeno que ele é incapaz de levar a bicicleta ao repouso para um valor finito de x. Esse comportamento inesperado serve para chamar a atenção para o fato de que uma força de arrasto que é proporcional a v^2 para *todas* as velocidades é irreal. Embora o arrasto linear e o atrito ordinário sejam muito pequenos, em todo caso quando $v \to 0$ eles devem eventualmente se tornar mais importante do que o termo v^2 e não podem ser ignorados. Em especial, um desses dois termos (atrito no caso da bicicleta) assegura que nenhum corpo real pode se mover até o infinito.

Movimento vertical com arrasto quadrático

O caso de um corpo movendo-se verticalmente com uma força de arrasto quadrática pode ser resolvido de forma semelhante ao caso horizontal. Considere uma bola de beisebol que é largada de uma janela de uma torre alta. Se medirmos a coordenada y verticalmente para baixo, a equação do movimento é (abreviarei v_y por v agora)

$$m\dot{v} = mg - cv^2. \qquad (2.52)$$

Antes de resolvermos essa equação, vamos considerar a velocidade limite da bola, a velocidade na qual os dois termos à direita de (2.52) se igualam. Evidentemente, isso deve satisfazer $cv^2 = mg$, cuja solução é

$$v_{\lim} = \sqrt{\frac{mg}{c}}. \qquad (2.53)$$

Para um objeto qualquer (dados m, g e c), essa equação nos permite calcular a velocidade limite. Por exemplo, para a bola de beisebol, ela fornece (como veremos em seguida) $v_{\lim} \approx 35$ m/s, ou quase 80 milhas por hora.

Podemos compactar um pouco a equação de movimento (2.52) usando (2.53) para substituir c por $mg/v_{\lim}^2$ e cancelando os fatores m:

$$\dot{v} = g\left(1 - \frac{v^2}{v_{\lim}^2}\right). \qquad (2.54)$$

Essa pode ser resolvida por separação de variáveis, da mesma forma que no caso do movimento horizontal: primeiro, podemos reescrevê-la como

$$\frac{dv}{1 - v^2/v_{\lim}^2} = g\,dt. \qquad (2.55)$$

Esta é a forma separada desejada (apenas v na esquerda e apenas t na direita) e podemos simplesmente integrar de ambos os lados.[5] Assumindo que a bola parte do repouso, os

---

[5] Observe que, na realidade, qualquer problema unidimensional, onde a força resultante depende apenas da velocidade, pode ser resolvido por separação de variáveis, desde que a equação $m\dot{v} = F(v)$ possa sempre ser escrita como $m\,dv/F(v) = dt$. Claro que não há garantia de que essa possa ser integrada analiticamente se $F(v)$ for muito complicada, mas ela garante uma solução numérica imediata, na pior das hipóteses. Veja o Problema 2.7.

limites de integração são 0 e v, à esquerda, e 0 e t, à direita, e encontramos (como você pode verificar – Problema 2.35)

$$\frac{v_{\text{lim}}}{g} \operatorname{arctanh}\left(\frac{v}{v_{\text{lim}}}\right) = t, \qquad (2.56)$$

onde "arctanh" denota a inversa da tangente hiperbólica. Essa integral particular pode ser calculada alternativamente em termos da função logaritmo natural (Problema 2.37). No entanto, as funções hiperbólicas, senh, cosh e tanh, e suas inversas arcsenh, arccosh e arctanh surgem tão frequentemente em todos os ramos da física que você deve realmente aprender a utilizá-las. Se você não teve muita exposição a elas, pode dar uma olhada nos Problemas 2.33 e 2.34, e estudar os gráficos dessas funções.

A Equação (2.56) pode ser resolvida para v, resultando em

$$v = v_{\text{lim}} \tanh\left(\frac{gt}{v_{\text{lim}}}\right). \qquad (2.57)$$

Para determinar a posição y, apenas integramos v, obtendo

$$y = \frac{(v_{\text{lim}})^2}{g} \ln\left[\cosh\left(\frac{gt}{v_{\text{lim}}}\right)\right]. \qquad (2.58)$$

Embora essas duas fórmulas possam ser melhoradas um pouco (veja o Problema 2.35), elas já são suficientes para estudarmos o seguinte exemplo.

Exemplo 2.5 Uma bola de beisebol largada de uma torre alta

Determine a velocidade limite de uma bola de beisebol (massa $m = 0{,}15$ kg e diâmetro $D = 7$ cm). Faça os gráficos da sua velocidade e posição para os seis primeiros segundos após ela ter sido largada da torre.

A velocidade limite é dada por (2.53), com o coeficiente da resistência do ar c dado por (2.4) como $c = \gamma D^2$, onde $\gamma = 0{,}25$ N·s^2/m^4. Portanto,

$$v_{\text{lim}} = \sqrt{\frac{mg}{\gamma D^2}} = \sqrt{\frac{(0{,}15\,\text{kg}) \times (9{,}8\,\text{m/s}^2)}{(0{,}25\,\text{N·s}^2/\text{m}^4) \times (0{,}07\,\text{m})^2}} = 35\,\text{m/s} \qquad (2.59)$$

ou aproximadamente 80 milhas por hora. É interessante observar que jogadores de beisebol rápidos podem arremessar uma bola consideravelmente mais rapidamente que v_{lim}. Sob tais condições, a força de arrasto é realmente *maior* do que o peso da bola.

Os gráficos de v e c podem ser desenhandos com a mão, mas tornam-se, claro, muito mais fáceis se desenhados com o auxílio de um software como Mathcad ou Mathematica, que podem fazer os gráficos para você. Qualquer que seja o método de sua escolha, os resultados estão exibidos na Figura 2.9, onde as curvas cheias mostram a velocidade e posição reais e as curvas tracejadas correspondem aos valores no vácuo. A velocidade real sobe se aproximando da velocidade limite $v_{\text{lim}} = 35$ m/s quando $t \to \infty$, enquanto a velocidade no vácuo irá crescer sem limites. Inicialmente, a posição cresce como se estivesse no vácuo (isto é, $y = \frac{1}{2}gt^2$), mas decai à medida

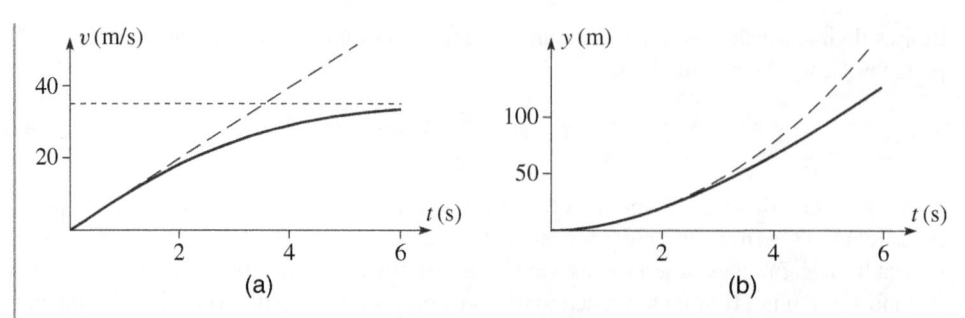

Figura 2.9 Movimento de uma bola de beisebol largada do topo de uma torre alta (curvas cheias). O movimento correspondente no vácuo é ilustrado com tracejados longos. **(a)** A velocidade real se aproxima da velocidade limite da bola $v_{\text{lim}} = 35$ m/s quando $t \to \infty$. **(b)** O gráfico da posição pelo tempo cai mais e muito abaixo do correspondente gráfico no vácuo. Quando $t = 6$ s, a bola de beisebol já caiu cerca de 130 m; no vácuo, ela teria caído aproximadamente 180 m.

que v cresce e a resistência do ar se torna mais importante. Finalmente, y se aproxima de uma linha reta da forma $y = v_{\text{lim}}t +$ const. (Veja o Problema 2.35.)

Arrasto quadrático com movimento horizontal e vertical

A equação do movimento para um projétil sujeito ao arrasto quadrático,

$$m\ddot{\mathbf{r}} = m\mathbf{g} - cv^2\hat{\mathbf{v}}$$
$$= m\mathbf{g} - cv\mathbf{v}, \tag{2.60}$$

é separável em suas componentes horizontal e vertical (com y medido verticalmente para cima), resultando em

$$\left.\begin{array}{l} m\dot{v}_x = -c\sqrt{v_x^2 + v_y^2}\, v_x \\ m\dot{v}_y = -mg - c\sqrt{v_x^2 + v_y^2}\, v_y. \end{array}\right\} \tag{2.61}$$

Essas são duas equações diferenciais para as duas funções incógnitas $v_x(t)$ e $v_y(t)$, mas cada equação envolve *ambas*, v_x e v_y. Em particular, nenhuma das equações é a mesma para um objeto que se move apenas na direção x ou apenas na direção y. Isso significa que não podemos resolver essas duas equações simplesmente superpondo as duas soluções separadas do movimento horizontal e vertical. Pior ainda, resulta que as duas equações (2.61) não podem, sob hipótese alguma, ser resolvidas analiticamente. A única forma de resolvê-las é numericamente, o que podemos apenas fazer com condições iniciais especificadas numericamente (isto é, valores específicos da posição e velocidade iniciais). Isso significa que não podemos determinar a solução *geral*; tudo o que podemos fazer numericamente é determinar a solução particular correspondendo a uma escolha qualquer das condições iniciais. Antes de discutirmos algumas propriedades gerais da solução de (2.61), vamos elaborar uma dessas soluções numéricas.

Exemplo 2.6 Trajetória de uma bola de beisebol

A bola de beisebol do Exemplo 2.5 é agora lançada de cima de um despenhadeiro com velocidade de 30 m/s (108 km/h), formando um ângulo de 50° acima da horizontal. Determine sua trajetória para os primeiros oito segundos de voo e compare com a trajetória correspondente no vácuo. Se a mesma bola tivesse sido lançada com a mesma velocidade inicial na horizontal, quão longe ela viajaria antes de aterrissar? Ou seja, qual é seu alcance horizontal?

Temos que resolver as duas equações diferenciais acopladas (2.61) com as condições iniciais

$$v_{xo} = v_o \cos\theta = 19{,}3 \text{ m/s} \quad \text{e} \quad v_{yo} = v_o \operatorname{sen}\theta = 23{,}0 \text{ m/s}$$

e $x_o = y_o = 0$ (se colocarmos a origem no ponto de onde a bola é lançada). Isso pode ser resolvido com sistemas como Mathematica, Matlab ou Maple, ou com linguagens de programação como "C" ou Fortran. A Figura 2.10 ilustra a trajetória resultante, determinada usando a função "NDSolve" do Mathematica.

Várias características da Figura 2.10 merecem ser comentadas. Obviamente, o efeito da resistência do ar é no sentido de baixar a trajetória, quando comparada à trajetória no vácuo (curva tracejada). Por exemplo, vemos que, no vácuo, o ponto mais elevado da trajetória ocorre para $t \approx 2{,}3$ s e é cerca de 27 m acima do ponto inicial; com a resistência do ar, o ponto mais alto é alcançado um pouco antes de

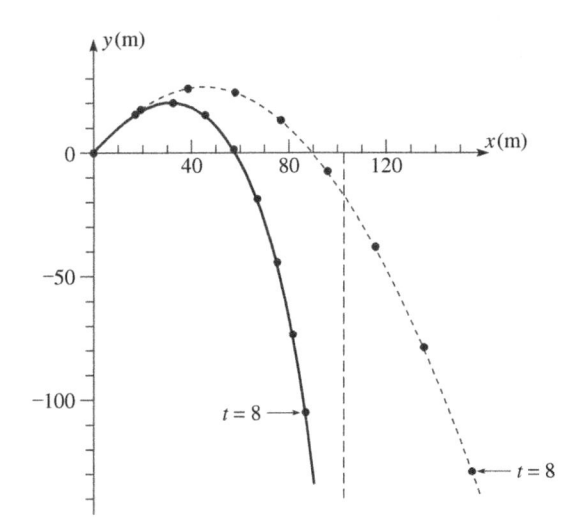

Figura 2.10 Trajetória de uma bola de beisebol lançada de um despenhadeiro e sujeita à força do ar quadrática (curva cheia). A velocidade inicial é 30 m/s a 50° acima da horizontal; a velocidade limite é 35 m/s. A curva tracejada ilustra a trajetória correspondente no vácuo. Os pontos ilustram a posição da bola a cada intervalo de um segundo. A resistência do ar reduz o movimento horizontal de modo que a bola se aproxima de uma assíntota vertical um pouco além de $x = 100$ m.

$t = 2,0$ s e é cerca de 21 m. No vácuo, a bola continuaria a mover-se na direção x. O efeito da resistência do ar é reduzir o movimento horizontal de modo que x nunca se mova à direita de uma assíntota vertical próxima de $x = 100$ m.

O alcance horizontal da bola é facilmente lido da figura como o valor de x quando y retorna a zero. Vemos que $R \approx 59$ m, em oposição ao alcance no vácuo, $R_{vac} \approx 90$ m. O efeito da resistência do ar é bem grande neste exemplo, como devemos ter previsto: a bola foi arremessada com uma velocidade apenas um pouco menor do que a velocidade limite (30 *versus* 35 m/s), e isso significa que a força da resistência do ar é apenas um pouquinho menor do que a da gravidade. Sendo esse o caso, devemos esperar que a resistência do ar modifique consideravelmente a trajetória.

Esse exemplo ilustra várias das características gerais do movimento de um projétil sujeito a uma força de arrasto quadrática. Embora não possamos resolver as equações de movimento analiticamente (2.61), *podemos* usar as equações para mostrar várias propriedades gerais da trajetória. Por exemplo, observamos que a bola alcançou uma altura máxima menor, e fez isso muito mais rapidamente do que teria sido feito se fosse no vácuo. É fácil mostrar que este será sempre o caso: desde que o projétil esteja movendo-se para cima ($v_y > 0$), a força da resistência do ar tem uma componente y *para baixo*. Logo, a aceleração para baixo é maior que g (seu valor no vácuo). Portanto, um gráfico de v_y por t inclina-se para baixo a partir de v_{yo} mais rapidamente do que no vácuo, como ilustrado na Figura 2.11. Isso garante que v_y alcance o zero mais rapidamente do que no vácuo e que a bola se mova a uma distância menor (na direção y) antes de alcançar o ponto mais alto. Ou seja, o ponto mais alto da bola ocorre mais rapidamente e é mais baixo do que se ela estivesse no vácuo.

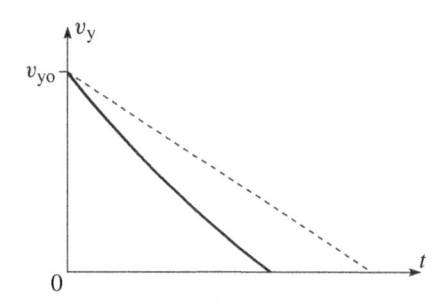

Figura 2.11 Gráfico de v_y por t para um projétil que é lançado para cima ($v_{yo} > 0$) e está sujeito a uma resistência quadrática (curva sólida). A linha tracejada (inclinação $= -g$) é o gráfico correspondente quando não há resistência do ar. O projétil se move para cima até alcançar sua altura máxima quando $v_y = 0$. Durante esse tempo, a força de arrasto é para baixo e a aceleração para baixo é sempre maior do que g. Portanto, a curva se inclina mais acentuadamente do que a linha tracejada e o projétil alcança seu ponto máximo mais rapidamente do que se estivesse no vácuo. Como a área sob a curva é menor do que aquela sob a linha tracejada, a altura máxima do projétil é menor do que seria caso fosse no vácuo.

Argumentei que a bola de beisebol do Exemplo 2.6 se aproxima de uma assíntota vertical quando $t \to \infty$, e podemos provar que esse é sempre o caso. Primeiro, é fácil se convencer de que, uma vez que a bola iniciou o seu movimento para baixo, ela continua a acelerar para baixo, com velocidade v_y tendendo a $-v_{\lim}$ quando $t \to \infty$. Ao mesmo tempo, v_x continua decrescendo e se aproxima do zero. Assim, a raiz quadrada em ambas as Equações (2.61) tende a $v_{\lim}$. Em particular, quando t é grande, a equação para v_x pode ser aproximada, digamos, por

$$\dot{v}_x \approx -\frac{cv_{\lim}}{m} v_x = -kv_x.$$

A solução dessa equação é, uma função exponencial, $v_x = Ae^{-kt}$, e vemos que v_x tende a zero muito rapidamente (exponencialmente) quando $t \to \infty$. Isso garante que x, que é a integral de v_x,

$$x(t) = \int_0^t v_x(t')\, dt',$$

tende a um limite finito quando $t \to \infty$, e a trajetória tem uma assíntota vertical, como argumentado.

2.5 MOVIMENTO DE UMA CARGA EM UM CAMPO MAGNÉTICO UNIFORME

Outra aplicação interessante das leis de Newton, e (como no movimento do projétil) uma aplicação que permite introduzir alguns métodos matemáticos importantes, é o movimento de uma partícula carregada em um campo magnético. Considerarei aqui uma partícula de carga q (que normalmente assumo ser positiva) movendo-se em um campo magnético uniforme **B** que aponta na direção z, conforme ilustrado na Figura 2.12. A força resultante sobre a partícula é propriamente a força magnética

$$\mathbf{F} = q\mathbf{v} \times \mathbf{B}, \tag{2.62}$$

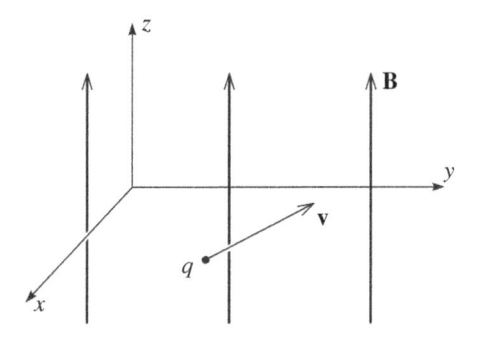

Figura 2.12 Partícula carregada movendo-se em um campo magnético uniforme que aponta na direção z.

assim, a equação do movimento pode ser escrita como

$$m\dot{\mathbf{v}} = q\mathbf{v} \times \mathbf{B}. \tag{2.63}$$

[Como com os projéteis, a força depende apenas da velocidade (não da posição), assim a segunda lei reduz-se a uma equação diferencial de primeira ordem para **v**.]

Como é frequentemente o caso, o caminho mais simples para resolver a equação do movimento é separar a equação em suas componentes. As componentes de **v** e **B** são

$$\mathbf{v} = (v_x, v_y, v_z)$$

e

$$\mathbf{B} = (0, 0, B),$$

das quais podemos obter as componentes de $\mathbf{v} \times \mathbf{B}$:

$$\mathbf{v} \times \mathbf{B} = (v_y B, -v_x B, 0).$$

Logo, as três componentes de (2.63) são

$$m\dot{v}_x = qBv_y \tag{2.64}$$

$$m\dot{v}_y = -qBv_x \tag{2.65}$$

$$m\dot{v}_z = 0. \tag{2.66}$$

A última diz simplesmente que v_z, a componente da velocidade da partícula na direção de **B**, é constante:

$$v_z = \text{const},$$

um resultado que poderíamos ter antecipado já que a força magnética é sempre perpendicular a **B**. Como v_z é constante, devemos focar a nossa atenção para v_x e v_y. Na verdade, podemos mesmo pensar nelas como formando um vetor bidimensional (v_x, v_y), o qual é exatamente a projeção de **v** sobre o plano xy e que pode ser chamado de *velocidade transversal*,

$$(v_x, v_y) = \text{velocidade transversal}.$$

Para simplificar as Equações (2.64) e (2.65) para v_x e v_y, definirei o parâmetro

$$\omega = \frac{qB}{m}, \tag{2.67}$$

o qual tem dimensão inversa de tempo e é chamado de **frequência ciclotron**. Com essa notação, as Equações (2.64) e (2.65) tornam-se

$$\left.\begin{array}{l} \dot{v}_x = \omega v_y \\ \dot{v}_y = -\omega v_x \end{array}\right\} \tag{2.68}$$

Essas duas equações diferenciais acopladas podem se resolvidas de várias formas distintas. Gostaria de descrever uma que utiliza números complexos. Embora talvez não seja a solução mais fácil, esse método tem surpreendentemente muitas aplicações em muitas áreas da física. (Para uma solução alternativa que evita números complexos, veja o Problema 2.54.)

As duas variáveis v_x e v_y são, é claro, números reais. Entretanto, não há nada que nos impeça de definir um número complexo

$$\eta = v_x + iv_y, \tag{2.69}$$

onde i denota a raiz quadrada de -1 (chamada de j por muitos engenheiros), $i = \sqrt{-1}$ (e η é a letra grega eta). Se desenharmos o número complexo η no plano complexo, ou diagrama de Argand, então as suas duas componentes são v_x e v_y, como ilustrado na Figura 2.13; em outras palavras, a representação de η no plano complexo é uma representação da velocidade transversal bidimensional (v_x, v_y).

A vantagem de introduzir o número complexo η aparece quando calculamos sua derivada. Usando (2.68), temos

$$\dot{\eta} = \dot{v}_x + i\dot{v}_y = \omega v_y - i\omega v_x = -i\omega(v_x + iv_y)$$

ou

$$\dot{\eta} = -i\omega\eta. \tag{2.70}$$

Vemos que as duas equações acopladas para v_x e v_y tornaram-se uma única equação para o número complexo η. Além disso, ela é uma equação agora na forma familiar $\dot{u} = ku$, cuja solução sabe-se que é exponencial $u = Ae^{kt}$. Assim, podemos imediatamente escrever a solução para η:

$$\eta = Ae^{-i\omega t}. \tag{2.71}$$

Antes de discutirmos o significado dessa solução, gostaria de revisar algumas propriedades de exponenciais complexas na próxima seção. Se você está familiarizado com essas noções, pule esta parte.

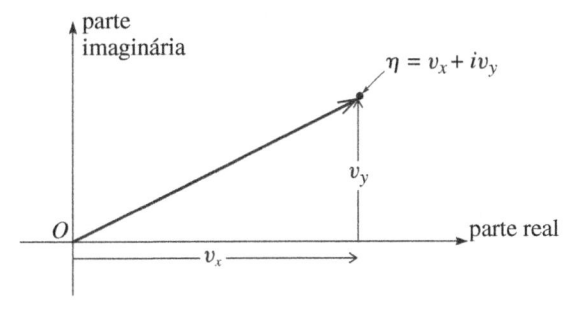

Figura 2.13 O número complexo $\eta = v_x + iv_y$ é representado como um ponto no plano complexo. A seta apontando de O para η é literalmente uma representação do vetor velocidade transversal (v_x, v_y).

2.6 EXPONENCIAIS COMPLEXAS

Embora certamente esteja familiarizado com a função exponencial e^x para uma variável real x, você pode não se sentir familiarizado com relação a e^z, quando z é complexo.[6] Para o caso real, há várias possibilidades de se definir e^x (por exemplo, como uma função que é igual à sua própria derivada). A definição que surge mais naturalmente para o caso complexo é a série de Taylor (veja o Problema 2.18)

$$e^z = 1 + z + \frac{z^2}{2!} + \frac{z^3}{3!} + \cdots. \tag{2.72}$$

Para qualquer valor de z, real ou complexo, grande ou pequeno, essa série converge para gerar um valor bem definido para e^z. Derivando-a, você pode facilmente se convencer de que ela tem a propriedade esperada de que é igual à sua derivada. Podemos mostrar (nem sempre tão facilmente) que ela tem todas as propriedades familiares da função exponencial – por exemplo, que $e^z e^w = e^{(z+w)}$. (Veja os Problemas 2.50 e 2.51.) Em particular, a função Ae^{kz} (com quaisquer A e k constantes, reais ou complexas) tem a propriedade

$$\frac{d}{dz}\left(Ae^{kz}\right) = k\left(Ae^{kz}\right). \tag{2.73}$$

Como satisfaz essa mesma equação qualquer que seja o valor de A, ela é, de fato, a solução geral para a equação diferencial de primeira ordem $df/dz = kf$. No final da última seção, introduzi o número complexo $\eta(t)$ e mostrei que ele satisfaz a equação $\dot{\eta} = -i\omega\eta$. Estamos agora corretos em dizer que esta garante que η deve ser a função exponencial antecipada em (2.71).

Devemos estar particularmente interessados na exponencial de um número puramente imaginário, isto é, $e^{i\theta}$, onde θ é um número real. A série de Taylor (2.72) para essa função é

$$e^{i\theta} = 1 + i\theta + \frac{(i\theta)^2}{2!} + \frac{(i\theta)^3}{3!} + \frac{(i\theta)^4}{4!} + \cdots. \tag{2.74}$$

Observando que $i^2 = -1$, $i^3 = -i$ e assim por diante, você pode ver que todas as potências pares nesta série são reais, enquanto todas as potências ímpares são puramente imaginárias. Reagrupando apropriadamente, podemos reescrever (2.74) da forma

$$e^{i\theta} = \left[1 - \frac{\theta^2}{2!} + \frac{\theta^4}{4!} + \cdots\right] + i\left[\theta - \frac{\theta^3}{3!} + \cdots\right]. \tag{2.75}$$

A série no primeiro colchete é a série de Taylor para $\cos\theta$, e a do segundo colchete é $\text{sen}\,\theta$ (Problema 2.18). Logo, provamos a importante relação:

$$e^{i\theta} = \cos\theta + i\,\text{sen}\,\theta. \tag{2.76}$$

---

[6] Para uma revisão de algumas propriedades elementares de números complexos, veja os Problemas de 2.45 a 2.49.

Esse resultado, conhecido como **fórmula de Euler**, está ilustrado na Figura 2.14(a). Observe especialmente que o número complexo $e^{i\theta}$ tem ângulo polar θ e, como $\cos^2\theta + \text{sen}^2\theta = 1$, a magnitude de $e^{i\theta}$ é 1; isto é, $e^{i\theta}$ está sobre o *círculo unitário*, o círculo de raio 1 com centro na origem O.

Nossa principal atenção é com o número complexo da forma $\eta = Ae^{-i\omega t}$. O coeficiente A é um número complexo fixo, que pode ser expresso como $A = ae^{i\delta}$, onde $a = |A|$ é a magnitude e δ é o ângulo polar de A, como ilustrado na Figura 2.14(b). (Veja o Problema 2.45.) O número η pode, portanto, ser escrito da forma

$$\eta = Ae^{-i\omega t} = ae^{i\delta}e^{-i\omega t} = ae^{i(\delta-\omega t)}. \tag{2.77}$$

Logo, η tem a mesma magnitude de A (a saber, a), mas tem um ângulo polar igual a $(\delta - \omega t)$, como ilustrado na Figura 2.14(b). Como uma função de t, o número η se move no sentido horário em torno do círculo de raio a com velocidade angular ω.

É importante que você obtenha um bom conhecimento do papel da constante complexa $A = ae^{i\delta}$ em (2.77): se A é igual a 1, então η será exatamente $\eta = e^{-i\omega t}$, que está sobre o círculo unitário, movendo-se no sentido horário com velocidade angular ω iniciando a partir do eixo real ($\eta = 1$) quando $t = 0$. Se $A = a$ é real, mas não igual a 1, então ele simplesmente amplia o círculo para um círculo de raio a, em torno do qual η se move com a mesma velocidade angular iniciando a partir do eixo real, em $\eta = a$ quando $t = 0$. Finalmente, se $A = ae^{i\delta}$, então o efeito do ângulo δ é girar η através de um ângulo fixo δ, de forma que η inicia em $t = 0$ com ângulo polar δ.

Munidos desses resultados matemáticos, podemos agora retornar ao caso da partícula carregada em um campo magnético.

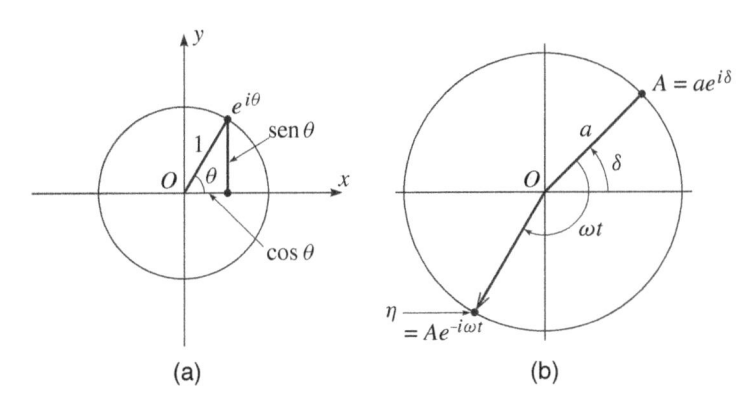

Figura 2.14 (a) A fórmula de Euler, (2.76), implica que o número complexo $e^{i\theta}$ está sobre um círculo unitário (o círculo de raio 1, centrado na origem O) com ângulo polar θ. (b) A constante complexa $A = ae^{i\delta}$ está sobre o círculo de raio a com ângulo polar δ. A função $\eta(t) = Ae^{-i\omega t}$ está sobre o mesmo círculo mas com ângulo polar $(\delta - \omega t)$ e se move no sentido horário, em torno do círculo, à medida que t avança.

2.7 SOLUÇÃO PARA UMA CARGA EM UM CAMPO B

Matematicamente, a solução para a velocidade **v** da partícula carregada em um campo **B** está completa e tudo o que resta é interpretá-la fisicamente. Já sabemos que v_x, a componente ao longo de **B**, é constante. Representamos as componentes (v_x, v_y) transversais a **B** pelo número complexo $\eta = v_x + iv_y$ e vimos que a segunda lei de Newton indica que η tem a dependência no tempo dada por $\eta = Ae^{-i\omega t}$, movendo-se uniformemente ao redor do círculo da Figura 2.14(b). Agora, a seta ilustrada na figura, apontando de O para η, é de fato uma representação pictórica da velocidade transversal (v_x, v_y). Portanto, essa velocidade transversal muda de direção, girando no sentido horário, com velocidade angular[7] $\omega = qB/m$ e com magnitude constante. Como v_x é constante, isso sugere que a partícula siga uma espiral, um movimento helicoidal. Para verificar isso, temos apenas que integrar **v** para determinar **r** como função de t.

Como v_z é constante,

$$z(t) = z_0 + v_{z0}t. \tag{2.78}$$

O movimento de x e y é mais facilmente encontrado introduzindo-se um novo número complexo

$$\xi = x + iy,$$

onde ξ é a letra grega ksi. No plano complexo, ξ é uma representação da posição transversal (x, y). Claramente, a derivada de ξ é η, isto é, $\dot\xi = \eta$. Portanto,

$$\xi = \int \eta \, dt = \int A e^{-i\omega t} \, dt$$

$$= \frac{iA}{\omega} e^{-i\omega t} + \text{constante}. \tag{2.79}$$

Se renomearmos o coeficiente iA/ω como C e a constante de integração como $X + iY$, isso significa que

$$x + iy = Ce^{-i\omega t} + (X + iY).$$

Redefinindo a origem de forma que o eixo z passe pelo ponto (X, Y), podemos eliminar o termo constante da direita para obter

$$x + iy = Ce^{-i\omega t}, \tag{2.80}$$

e, tomando $t = 0$, podemos identificar a constante remanescente C como

$$C = x_0 + iy_0.$$

Esse resultado está ilustrado na Figura 2.15. Vemos nela que a posição transversal (x, y) move-se no sentido horário em torno do círculo com velocidade angular $\omega = qB/m$. Enquanto isso, z dada por (2.78) aumenta constantemente, assim, a partícula na realidade descreve uma espiral uniforme, cujo eixo é paralelo ao campo magnético.

---

[7] Estou assumindo que a carga q é positiva; se q for negativa, então $\omega = qB/m$ é negativo, significando que a velocidade transversal gira no sentido anti-horário.

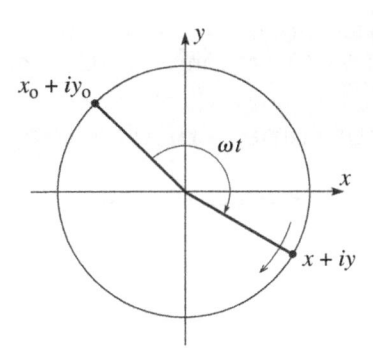

Figura 2.15 Movimento de uma carga em um campo magnético uniforme na direção z. A posição transversal (x, y) move-se em torno de um círculo conforme ilustrado, enquanto a coordenada z move-se com velocidade constante para dentro ou para fora da página.

Há muitos exemplos de movimentos helicoidais de uma partícula carregada ao longo de um campo magnético; por exemplo, partículas de raios cósmicos (partículas carregadas provenientes do espaço que atingem a Terra) podem ser represadas pelo campo magnético da Terra e espiralar para o norte ou para o sul ao longo das linhas de campo. Se a componente z da velocidade tornar-se zero, então a espiral reduz-se a um círculo. Em um cíclotron, um aparelho para acelerar partículas carregadas a altas velocidades, as partículas são mantidas em órbitas circulares dessa forma. Elas são lentamente aceleradas pela aplicação criteriosa de um campo elétrico. A frequência angular da órbita é, claro, $\omega = qB/m$ (por isso, é chamada de frequência de cíclotron). O raio da órbita é

$$r = \frac{v}{\omega} = \frac{mv}{qB} = \frac{p}{qB}. \qquad (2.81)$$

Esse raio cresce à medida que a partícula acelera, de modo que ela eventualmente emerge para fora dos magnetos circulares que produzem o campo magnético.

O mesmo método que utilizamos aqui para uma carga em um campo magnético pode também ser usado para uma partícula em um campo magnético *e elétrico*, mas, como essa complicação não agrega nada ao método de resolução, deixarei que você mesmo tente a solução por meio dos Problemas 2.53 e 2.55.

PRINCIPAIS DEFINIÇÕES E EQUAÇÕES

Arrasto linear e quadrático

Desde que a velocidade v seja bem abaixo da velocidade do som, a magnitude da força de arrasto $\mathbf{f} = -f(v)\hat{\mathbf{v}}$ sobre um objeto movendo-se através de um fluido é normalmente aproximada por

$$f(v) = f_{\text{lin}} + f_{\text{quad}}$$

onde

$$f_{\text{lin}} = bv = \beta Dv \quad \text{e} \quad f_{\text{quad}} = cv^2 = \gamma D^2 v^2. \quad \text{[Eqs. (2.2) a (2.6)]}$$

Aqui, D denota o tamanho linear do objeto. Para uma esfera, D é o diâmetro e, para uma esfera no ar a CNTP, $\beta = 1,6 \times 10^{-4}$ N·s/m² e $\gamma = 0,25$ N·s²/m⁴.

Força de Lorentz sobre uma partícula carregada

$$\mathbf{F} = q(\mathbf{E} + \mathbf{v} \times \mathbf{B}). \qquad \text{[Eq. (2.62) e Problema 2.53]}$$

PROBLEMAS

Estrelas indicam o nível de dificuldade, do mais fácil (★) ao mais difícil (★★★).

SEÇÃO 2.1 Resistência do ar

2.1★ Quando uma bola de beisebol voa através do ar, a razão $f_{\text{quad}}/f_{\text{lin}}$ da força de arrasto quadrática pela linear é dada por (2.7). Dado que essa bola tem diâmetro 7 cm, determine a velocidade aproximada v na qual as duas forças de arrasto são igualmente importantes. Para qual intervalo de velocidades é seguro tratar a força de arrasto como sendo puramente quadrática? Sob condições normais, é uma boa aproximação ignorar o termo linear? Responda às mesmas questões para uma bola de praia de diâmetro 70 cm.

2.2★ A origem da força de arrasto linear sobre uma esfera em um fluido é a viscosidade do fluido. De acordo com a lei de Stokes, o arrasto viscoso sobre uma esfera é

$$f_{\text{lin}} = 3\pi\eta D v, \tag{2.82}$$

onde η é a viscosidade[8] do fluido, D o diâmetro da esfera e v a sua velocidade. Mostre que essa expressão reproduz a Fórmula (2.3) para f_{lin}, com b dado em (2.4) como $b = \beta D$. Sabendo que a viscosidade do ar a CNTP é $\eta = 1,7 \times 10^{-5}$ N·s/m², verifique o valor de β dado em (2.5).

2.3★ (a) As forças de arrasto linear e quadrática sobre uma esfera movendo-se em um fluido são dadas por (2.82) e (2.84) (Problemas 2.2 e 2.4). Mostre que a razão entre essas duas forças de arrasto pode ser escrita da forma $f_{\text{quad}}/f_{\text{lin}} = R/48$,[9] onde o dimensional **número de Reynolds** R é

$$R = \frac{Dv\varrho}{\eta} \tag{2.83}$$

e onde D é o diâmetro da esfera, v sua velocidade, e ϱ e η são a densidade e a viscosidade do fluido. Claramente, o número de Reynolds é uma medida da importância relativa dos dois

---

[8] A viscosidade η de um fluido é definida da seguinte forma: imagine um canal largo ao longo do qual um fluido está escoando (direção x) tal que a velocidade v é zero no fundo ($y = 0$) e cresce na direção do topo ($y = h$); assim, as camadas sucessivas do fluido deslizam umas sobre as outras com gradiente de velocidades dv/dy. A força F com a qual uma área A de qualquer uma das camadas arrasta o fluido acima dela é proporcional a A e a dv/dy, e η é definida como a constante de proporcionalidade, isto é, $F = \eta A \, dv/dy$.

[9] O fator numérico 48 é para uma esfera. Um resultado similar é válido para outros objetos, mas o fator numérico é diferente para formas diferentes.

tipos de arrasto.[10] Quando R é muito grande, o arrasto quadrático é dominante e o arrasto linear pode ser desprezado e vice-versa quando R é muito pequeno. **(b)** Determine o número de Reynolds para uma bola de aço (diâmetro de 2 mm) movendo-se a 5 cm/s através de glicerina (densidade 1,3 g/cm³ e viscosidade 12 N·s/m² a CNTP).

2.4★★ A origem da força de arrasto quadrática sobre qualquer partícula em um fluido é a inércia do fluido que o projétil impulsiona. **(a)** Considerando que o projétil tem uma área de seção transversal A (normal à sua velocidade) e velocidade v, e que a densidade do fluido é ϱ, mostre que a taxa na qual o projétil enfrenta o fluido (massa/tempo) é $\varrho A v$. **(b)** Fazendo a suposição simplificadora de que todo o fluido é acelerado a uma velocidade v do projétil, mostre que a força de arrasto resultante sobre o projétil é $\varrho A v^2$. Certamente, não é verdade que todo o fluido que o projétil encontra é acelerado até a velocidade total v, mas devemos estimar que a força deveria, na realidade, ter a forma

$$f_{\text{quad}} = \kappa \varrho A v^2, \qquad (2.84)$$

onde κ é um número menor do que 1, que depende da forma do projétil, com κ pequeno para um corpo longilíneo e grande para um corpo longo com frente planar. Isso se mostra verdadeiro e, para uma esfera, o fator κ é determinado como sendo $\kappa = 1/4$. **(c)** Mostre que (2.84) reproduz a forma (2.3) para f_{quad}, com c dado em (2.4) da forma $c = \gamma D^2$. Sabendo-se que a densidade do ar em CNTP é $\varrho = 1{,}29$ kg/m³ e que $\kappa = 1/4$ para a esfera, verifique o valor de γ dado em (2.6).

SEÇÃO 2.2 Resistência do ar linear

2.5★ Suponha que um projétil que está sujeito a uma força de resistência linear seja lançado verticalmente para cima com uma velocidade v_{yo}, que é *maior* do que a velocidade limite v_{lim}. Descreva e explique como a velocidade varia com o tempo e faça um gráfico de v_y por t para o caso em que $v_{yo} = 2\, v_{\text{lim}}$.

2.6★ (a) A Equação (2.33) fornece a velocidade de um objeto largado do repouso. No inicio, quando v_y é pequeno, a resistência do ar deve ser pouco importante e (2.33) deve concordar com o resultado $v_y = gt$ para um objeto em queda livre no vácuo. Mostre que esse é o caso. [*Sugestão*: lembre-se da série de Taylor para $e^x = 1 + x + x^2/2! + x^3/3! + \cdots$, para a qual os primeiros dois ou três termos são certamente uma boa aproximação quando x é pequeno.] **(b)** A posição do objeto é dada por (2.35) com $v_{yo} = 0$. Mostre analogamente que esta se reduz ao resultado familiar $y = \tfrac{1}{2} g t^2$ quando t é pequeno.

2.7★ Há alguns problemas unidimensionais simples para os quais a equação de movimento (segunda lei de Newton) pode ser sempre resolvida, ou pelo menos reduzida a um problema envolvendo a resolução de uma integral. Um desses (que nós encontramos algumas vezes neste capítulo) é o movimento unidimensional de uma partícula sujeita a uma força que depende apenas da velocidade v, ou seja, $F = F(v)$. Escreva a segunda lei de Newton e separe as

---

[10] O número de Reynolds é normalmente definido por (2.83) para escoamentos envolvendo um objeto qualquer, com D definido como sendo uma dimensão linear típica. Algumas vezes, ouvimos o argumento de que R é a razão $f_{\text{quad}}/f_{\text{lin}}$. Como $f_{\text{quad}}/f_{\text{lin}} = R/48$ para a esfera, esse argumento seria mais bem expresso como "R é aproximadamente da ordem de $f_{\text{quad}}/f_{\text{lin}}$".

variáveis reescrevendo-a como $m\,dv/F(v) = dt$. Agora, integre ambos os lados dessa equação e mostre que

$$t = m \int_{v_o}^{v} \frac{dv'}{F(v')}.$$

Desde que você consiga resolver a integral, essa fornece t como uma função de v. Você pode, então, resolver para obter v como função de t. Use esse método para resolver o caso especial em que $F(v) = F_o$, uma constante, e comente o resultado. Esse método de *separação de variáveis* será usado novamente nos Problemas 2.8 e 2.9.

2.8★ Uma massa m tem velocidade v_o no instante $t = 0$ e move-se ao longo do eixo x em um meio onde a força de arrasto é $F(v) - cv^{3/2}$. Use o método do Problema 2.7 para determinar v em termos do tempo t e dos demais parâmetros. Para que valor de t (se algum) a massa irá alcançar o repouso?

2.9★ Resolvemos, por inspeção, a equação diferencial (2.29), $m\dot{v}_y = -b(v_y - v_{\lim})$, para a velocidade de um objeto em queda através do ar – um caminho muito favorável de resolução de equações diferenciais. Entretanto, gostaríamos algumas vezes de um método mais sistemático e aqui apresentamos um. Reescreva a equação na forma "separada"

$$\frac{m\,dv_y}{v_y - v_{\lim}} = -b\,dt$$

e integre ambos os lados do tempo de 0 a t para determinar v_y como uma função de t. Compare com (2.30)

2.10★★ Para uma bola de aço (diâmetro 2 mm e densidade 7,8 g/cm³) deixada cair em glicerina (densidade 1,3 g/cm³ e viscosidade 12 N·s/m² a CNTP), a força dominante é o arrasto linear dado por (2.82) do Problema 2.2. **(a)** Determine o tempo característico τ e a velocidade limite $v_{\lim}$. [Na determinação da última, você deve incluir a força de empuxo de Arquimedes. Isso apenas adiciona uma terceira força no lado direito da Equação (2.25).] Quanto tempo após ter sido largada a partir do repouso a bola terá alcançado 95% da sua velocidade limite? **(b)** Use (2.82) e (2.84) (com $\kappa = 1/4$ já que a bola em queda é uma esfera) para calcular a razão $f_{\text{quad}}/f_{\text{lin}}$ para a velocidade limite. Qual será uma boa aproximação para se desprezar f_{quad}?

2.11★★ Considere um objeto que é arremessado verticalmente para cima com velocidade inicial v_o em um meio linear. **(a)** Medindo y *para cima* a partir do ponto do arremesso, escreva expressões para a velocidade $v_y(t)$ e posição $y(t)$ do objeto. **(b)** Determine o tempo para que o objeto atinja o seu ponto máximo e a sua posição $y_{\text{máx}}$ nesse ponto. **(c)** Mostre que, à medida que o coeficiente de arrasto se aproxima de zero, sua última resposta reduz-se ao resultado bem conhecido $y_{\text{máx}} = \frac{1}{2}v_o^2/g$ para um objeto no vácuo. [*Sugestão*: se a força de arrasto for muito pequena, a velocidade limite será muito grande e, assim, $v_o/v_{\lim}$ será muito pequena. Use a série de Taylor para a função logaritmo para aproximar $\ln(1 + \delta)$ por $\delta - \frac{1}{2}\delta^2$. (Para conhecer um pouco mais sobre a série de Taylor, veja o Problema 2.18.)]

2.12★★ O Problema 2.7 diz respeito a uma classe de problemas unidimensionais que podem ser sempre reduzidos à resolução de uma integral. Aqui temos outro. Mostre que, se a força resultante sobre uma partícula movendo-se unidimensionalmente depende apenas da posição, $F = F(x)$, então, a segunda lei de Newton pode ser resolvida para determinar v como uma função de x dada por

$$v^2 = v_0^2 + \frac{2}{m} \int_{x_0}^{x} F(x')\,dx'. \tag{2.85}$$

[*Sugestão*: use a regra da cadeia para mostrar a seguinte e prática relação, que podemos chamar a "regra $v\,dv/dx$": se você considerar v como uma função de x, então,

$$\dot{v} = v\frac{dv}{dx} = \frac{1}{2}\frac{dv^2}{dx}. \tag{2.86}$$

Use esta equação para reescrever a segunda lei de Newton na forma separada $m\,d(v^2) = 2F(x)\,dx$ e, em seguida, integre-a de x_0 a x.] Comente seu resultado para o caso em que $F(x)$ seja de fato uma constante. (Você pode reconhecer a sua solução como uma declaração sobre a energia cinética e o trabalho, que discutiremos no Capítulo 4.)

2.13★★ Considere uma massa m forçada a mover-se sobre o eixo x e sujeita a uma força resultante $F = -kx$, onde k é uma constante positiva. A massa é largada a partir do repouso em $x = x_0$ no instante $t = 0$. Use o resultado (2.85) no Problema 2.12 para determinar a velocidade da massa como uma função de x, isto é, $dx/dt = g(x)$ para alguma função $g(x)$. Separe isso como $dx/g(x) = dt$ e integre do tempo 0 até t para determinar x como uma função de t. (Você pode reconhecer essa como uma forma – não tão fácil – de resolver o oscilador harmônico simples.)

2.14★★★ Use o método do Problema 2.7 para resolver o seguinte: uma massa m está submetida a mover-se ao longo do eixo x sujeita a uma força $F(v) = -F_0 e^{v/V}$, onde F_0 e V são constantes. **(a)** Determine $v(t)$ se a velocidade inicial for $v_0 > 0$ no instante $t = 0$. **(b)** Em que tempo ela atinge instantaneamente o repouso? **(c)** Pela integração de $v(t)$, você pode determinar $x(t)$. Faça isso e determine o quão distante a massa viaja antes de atingir instantaneamente o repouso.

SEÇÃO 2.3 Trajetória e alcance em um meio linear

2.15★ Considere um projétil lançado com velocidade (v_{xo}, v_{yo}) a partir do solo horizontal (com x medido horizontalmente e y verticalmente para cima). Assumindo a ausência de resistência do ar, determine por quanto tempo o projétil está no ar e mostre que a distância percorrida por ele antes de aterrissar (o alcance horizontal) é $2v_{xo}v_{yo}/g$.

2.16★ Um jogador de golfe atinge uma bola com velocidade v_0 com um ângulo θ acima do solo horizontal. Assumindo que o ângulo θ é fixo e que a resistência do ar pode ser desprezada, qual é a menor velocidade v_0 (min) para a qual a bola irá sobrepor uma parede de altura h, afastada a uma distância d. Sua solução deve ter problemas se o ângulo θ for tal que $\theta < h/d$. Explique. Qual é o valor de v_0 (min) se $\theta = 25°$, $d = 50$ m e $h = 2$ m?

2.17★ As duas Equações (2.36) fornecem a posição (x, y) de um projétil como função do tempo t. Elimine t para obter y como função de x. Verifique a Equação (2.37).

2.18★ O teorema de Taylor afirma que, para qualquer função razoável *f(x)*, o valor de *f* em um ponto (*x* + δ) pode ser expresso como uma série infinita envolvendo *f* e suas derivadas no ponto *x*:

$$f(x + \delta) = f(x) + f'(x)\delta + \frac{1}{2!}f''(x)\delta^2 + \frac{1}{3!}f'''(x)\delta^3 + \cdots \quad (2.87)$$

onde as plicas denotam derivadas sucessivas de *f(x)*. (Dependendo da função, essa série pode convergir para *qualquer* incremento δ ou apenas para valores de δ menores que algum "raio de convergência" não nulo.) Esse teorema é extremamente útil, especialmente para valores pequenos de δ, quando o primeiro ou os dois primeiros termos da série dão geralmente uma excelente aproximação.[11] **(a)** Determine a série de Taylor para ln(1 + δ). **(b)** Faça o mesmo para cos δ. **(c)** Da mesma forma, para sen δ e **(d)** para e^δ.

2.19★ Considere o projétil da Seção 2.3. **(a)** Assumindo que não há resistência do ar, escreva a posição (*x, y*) como função de *t* e elimine *t* para obter a trajetória *y* como função de *x*. **(b)** A trajetória correta, incluindo a força de arrasto linear, é dada por (2.37). Mostre que isso se reduz a nossa resposta para o item (a) quando a resistência do ar é desprezada (τ e $v_{\text{lim}} = g\tau$ ambos tendem a infinito). [*Sugestão*: lembre-se da série de Taylor (2.40) para ln(1 − ϵ).]

2.20★★ [Computador] Use um software apropriado para gerar os gráficos da trajetória (2.36) de um projétil arremessado, com um ângulo de 45° acima da horizontal e sujeito à força de resistência do ar linear para quatro valores diferentes do coeficiente de arrasto, variando a partir de uma quantidade significativa de arrasto até nenhum arrasto. Ponha as quatro trajetórias sobre o mesmo gráfico. [*Sugestão*: na ausência de números dados, você pode escolher valores convenientes. Por exemplo, por que não considerar $v_{xo} = v_{yo} = 1$ e $g = 1$. (Isso leva à escolha das unidades de comprimento e tempo de modo que esses parâmetros tenham valores 1.) Com essas escolhas, a magnitude da força de arrasto é dada pelo parâmetro $v_{\text{lim}} = \tau$ e você pode escolher desenhar as trajetórias para $v_{\text{lim}} = 0{,}3; 1, 3$ e ∞ (ou seja, nenhum arrasto), e para tempos de $t = 0$ a 3. Para o caso em que $v_{\text{lim}} = \infty$, você provavelmente desejará escrever a trajetória separadamente.]

2.21★★★ Um revólver pode acertar estruturas em qualquer direção com a mesma velocidade v_o. Ignorando a resistência do ar e usando coordenadas polares cilíndricas com o revólver na origem e *z* medido verticalmente para cima, mostre que a arma pode atingir qualquer objeto dentro da superfície

$$z = \frac{v_o^2}{2g} - \frac{g}{2v_o^2}\rho^2.$$

Descreva essa superfície e comente suas dimensões.

2.22★★★ [Computador] A Equação (2.39) sobre o alcance de um projétil em um meio linear não pode ser resolvida analiticamente em termos de funções elementares. Se você puser números para os vários parâmetros, então ela *pode* ser resolvida numericamente usando algum dos vários sistemas computacionais como Mathematica, Maple e MatLab. Para praticar, faça o

---

[11] Para mais detalhes sobre séries de Taylor, veja, por exemplo, Mary Boas, *Mathematical Methods in the Physical Sciences* (Wiley, 1983), p. 22 ou Donald McQuarrie, *Mathematical Methods for Scientists and Engineers* (University Science Books, 2003), p. 94.

seguinte: considere um projétil lançado com um ângulo θ acima do solo horizontal, com velocidade inicial v_o em um meio linear. Escolha unidades tais que $v_o = 1$ e $g = 1$. Suponha também que a velocidade limite seja $v_{\lim} = 1$. (Com $v_o = v_{\lim}$, a resistência do ar deve ser razoavelmente importante.) Sabemos que, no vácuo, o alcance máximo ocorre para $\theta = \pi/4 \approx 0{,}75$. **(a)** Qual é o alcance máximo no vácuo? **(b)** Resolva agora (2.39) para o alcance no meio dado para o mesmo ângulo $\theta = 0{,}75$. **(c)** Tão logo você tenha a sua calculadora funcionando, repita isso para uma coleção de valores de θ dentro da qual o alcance máximo provavelmente se encontre. (Você pode tentar $\theta = 0{,}4; 0{,}5; \cdots, 0{,}8$.) **(d)** Baseando-se nesses resultados, escolha um intervalo menor para θ, onde você tem certeza de que o máximo se encontra, e repita o processo. Repita-o novamente, se necessário, até você obter o alcance máximo e o ângulo correspondente com dois algarismos significativos. Compare com os valores do vácuo.

SEÇÃO 2.4 Resistência do ar quadrática

2.23★ Determine a velocidade limite no ar para **(a)** uma bola de aço de diâmetro 3 mm, **(b)** um tiro de 16 libras e **(c)** um paraquedista de 200 libras em queda livre na posição fetal. Em todos os casos, você pode seguramente assumir que a força de arrasto é puramente quadrática. A densidade do aço é 8 g/cm³ e pode-se considerar o paraquedista como uma esfera de densidade 1 g/cm³.

2.24★ Considere uma esfera (diâmetro D, densidade ϱ_{esf} caindo no ar (densidade ϱ_{ar})) e assuma que a força de arrasto é puramente quadrática. **(a)** Use a Equação (2.84) do Problema 2.4 (com $\kappa = 1/4$ para a esfera) para mostrar que a velocidade limite é

$$v_{\lim} = \sqrt{\frac{8}{3} Dg \frac{\varrho_{esf}}{\varrho_{ar}}}. \tag{2.88}$$

(b) Use esse resultado para mostrar que em duas esferas do mesmo tamanho, a mais densa irá eventualmente cair mais rápido. **(c)** Para duas esferas do mesmo material, mostre que a maior irá eventualmente cair mais rapidamente.

2.25★ Considere o ciclista da Seção 2.4, movendo-se para uma ponto de parada sob a influência de uma força de arrasto quadrática. Deduza em detalhes os resultados (2.49) e (2.51) para a velocidade e posição dele e verifique que a constante $\tau = m/cv_o$ é de fato tempo.

2.26★ Um valor típico para o coeficiente da resistência do ar quadrática sobre um ciclista é de cerca de $c = 0{,}20$ N/(m/s)². Assumindo que a massa total (ciclista mais bicicleta) é $m = 80$ kg e que, no instante $t = 0$, o ciclista tem uma velocidade inicial $v_o = 20$ m/s (72 km/h) e inicia o movimento até parar sob a influência da resistência do ar, determine o tempo característico $\tau = m/cv_o$. Quanto tempo ele irá levar para reduzir a 15 m/s? Quanto tempo para 10 m/s e para 5 m/s? (Abaixo de 5 m/s, certamente, não é razoável ignorar o atrito, assim, não há sentido considerar esse cálculo para velocidades ainda menores.)

2.27★ Chuto um disco de massa m para cima sobre uma declividade (ângulo de inclinação = θ) com velocidade inicial v_o. Não há atrito entre o disco e a declividade, mas há resistência do ar com magnitude $f(v) = cv^2$. Escreva e resolva a segunda lei de Newton para a velocidade do disco em função do tempo t durante seu movimento para cima. Quanto tempo dura o percurso para cima?

2.28★ Uma massa m tem velocidade v_o na origem e move-se ao longo do eixo x em um meio onde a força de arrasto é $F(v) = -cv^{3/2}$. Use a "regra $v\,dv/dx$" (2.86) do Problema 2.12 para escrever a equação do movimento na forma separada $m\,v\,dv/F(v) = dx$, e em seguida integre ambos os lados para obter x em termos de v (ou vice-versa). Mostre que ela eventualmente percorrerá uma distância $2m\sqrt{v_0}/c$.

2.29★ A velocidade limite de um paraquedista de 70 kg na posição *spread-eagle* (braços e pernas abertos) é de aproximadamente 50 m/s (180 km/h). Determine sua velocidade nos instantes $t = 1, 5, 10, 20, 30$ segundos após ele ter saltado de um balão estacionário. Compare com as velocidades correspondentes se não houve resistência do ar.

2.30★ Suponha que desejemos aproximar o paraquedista do Problema 2.29 a uma esfera (uma aproximação não muito apropriada, mas, de qualquer forma, é uma aproximação que os físicos gostam de fazer algumas vezes). Dados a massa e a velocidade limite, o que devemos usar para o diâmetro da esfera? Sua resposta parece razoável?

2.31★★ Uma bola de basquete tem massa $m = 600$ g e diâmetro $D = 24$ cm. **(a)** Qual é sua velocidade limite? **(b)** Se ela for largada de uma torre de 30 m, quanto tempo ela leva para atingir o solo e qual a velocidade com que ela o atinge? Compare com os valores correspondentes no caso do vácuo.

2.32★★ Considere a seguinte declaração: se, durante todo o tempo de voo de um projétil, a sua velocidade for menor do que a velocidade limite, os efeitos da resistência do ar serão geralmente muito pequenos. **(a)** Sem fazer referência explícita às equações para a magnitude de $v_{\lim}$, explique claramente por que isso acontece. **(b)** Examinando as fórmulas (2.26) e (2.53), explique por que a declaração acima é ainda mais útil para o caso do arrasto quadrático do que para o caso linear. [*Sugestão*: expresse a razão do arrasto pelo peso, f/mg, em termos da razão $v/v_{\lim}$.]

2.33★★ As funções hiperbólicas $\cosh z$ e $\operatorname{senh} z$ são definidas da forma

$$\cosh z = \frac{e^z + e^{-z}}{2} \quad \text{e} \quad \operatorname{senh} z = \frac{e^z - e^{-z}}{2}$$

para todo z, real ou complexo. **(a)** Esboce o comportamento de ambas as funções sobre um domínio apropriado de valores reais de z. **(b)** Mostre que $\cosh z = \cos(iz)$. Qual é a relação correspondente para $\operatorname{senh} z$? **(c)** Quais são as derivadas de $\cosh z$ e $\operatorname{senh} z$? O que dizer sobre as suas integrais? **(d)** Mostre que $\cosh^2 z - \operatorname{senh}^2 z = 1$. **(e)** Mostre que $\int dx/\sqrt{1 + x^2} = \operatorname{arcsenh} x$. [*Sugestão*: uma maneira de se mostrar isso é fazendo a substituição $x = \operatorname{senh} z$.]

2.34★★ A função hiperbólica $\tanh z$ é definida como $\tanh z = \operatorname{senh} z/\cosh z$, com $\cosh z$ e $\operatorname{senh} z$ definidas no Problema 2.33. **(a)** Mostre que $\tanh z = -i \tan(iz)$. **(b)** Qual é a derivada de $\tanh z$? **(c)** Mostre que $\int \tanh z\, dz = \ln \cosh z$. **(d)** Mostre que $1 - \tanh^2 z = \operatorname{sech}^2 z$, onde $\operatorname{sech} z = 1/\cosh z$. **(e)** Mostre que $\int dx/(1 - x^2) = \operatorname{arctanh} x$.

2.35★★ **(a)** Obtenha os detalhes dos argumentos que levam da equação do movimento (2.52) às Equações (2.57) e (2.58) para a velocidade e posição de um objeto em queda sujeito à resistência do ar quadrática. Não deixe de resolver as duas integrais que estão presentes. (Os resultados do Problema 2.34 irão ajudá-lo.) **(b)** Junte as duas equações introduzindo o parâmetro $\tau = v_{\lim}/g$. Mostre que, quando $t = \tau$, v alcançou 76% de sua velocidade limite. Quais são os percentuais correspondentes quando $t = 2\tau$ e $t = 3\tau$? **(c)** Mostre que, quando $t \gg \tau$, a posição é aproximadamente $y \approx v_{\lim}t + \text{const.}$ [*Sugestão*: a definição de $\cosh x$ (Problema 2.33) fornece uma aproximação simples quando x é grande.] **(d)** Mostre que, para t pequeno, a Equação (2.58) para a posição fornece $y \approx \frac{1}{2}gt^2$. [Use a série de Taylor para $\cosh x$ e para $\ln(1 + \delta)$.]

2.36★★ Considere a seguinte citação de Galileu em *Dialogues Concerning Two New Sciences*:

> Aristóteles diz que "uma bola de ferro de 100 libras caindo de uma altura de cem cubits* atinge o solo antes de uma bola de uma libra ter caído um único cubit". Eu digo que elas chegam ao mesmo tempo. Você encontrará, fazendo o experimento, que, quanto mais alto, menor será por dois dedos, isto é, quando a maior tiver atingido o solo, a outra estará um pouco atrás dela por dois dedos.

Sabemos que a declaração atribuída a Aristóteles é totalmente errada, mas o quão próximo está a alegação de Galileu de que a diferença é apenas "por dois dedos"? **(a)** Dado que a densidade do ferro é de cerca de 8 g/cm³, determine a velocidade limite das duas bolas de ferro. **(b)** Dado que um cubit é de cerca de 3 pés, use a Equação (2.58) para determinar o tempo para a bola mais pesada aterrissar e a posição da bola mais leve nesse instante. Qual é a separação entre as duas bolas?

2.37★★ O resultado (2.57) para a velocidade de um objeto em queda foi encontrado pela integração da Equação (2.55) e o caminho mais rápido para se fazer isso é usar a integral $\int du/(1 - u^2) = \text{arctanh } u$. Temos, agora, outra forma de fazer isso: integrar (2.55) usando o método das "frações parciais", escrevendo

$$\frac{1}{1-u^2} = \frac{1}{2}\left(\frac{1}{1+u} + \frac{1}{1-u}\right),$$

o que permite que você resolva a integral em termos do logaritmo natural. Resolva a equação restante para obter v como uma função de t e mostre que sua resposta está de acordo com (2.57).

2.38★★ Um projétil que está sujeito à resistência do ar quadrática é arremessado verticalmente *para cima* com velocidade inicial v_o. **(a)** Escreva a equação para o movimento para cima e resolva-a para obter v como função de t. **(b)** Mostre que o tempo até alcançar a altura máxima da trajetória é

$$t_{\text{topo}} = (v_{\text{lim}}/g)\arctan(v_o/v_{\text{lim}}).$$

(c) Para a bola de beisebol do Exemplo 2.5 (com $v_{\text{lim}} = 35$ m/s), determine t_{topo} para os casos de $v_o = 1, 10, 20, 30$ e 40 m/s e compare com os valores correspondentes no vácuo.

2.39★★ Quando um ciclista locomove-se até parar, ele está na realidade sujeito a duas forças, a força da resistência do ar quadrática, $f = -cv^2$ (com c dada no Problema 2.26), e a força constante de fricção (atrito) f_{fr} de cerca de 3 N. A primeira é dominante para altas e médias velocidades; a última é dominante para baixas velocidades. (A força de atrito é uma combinação do atrito ordinário devido aos rolamentos e a rolagem dos pneus sobre a estrada.) **(a)** Escreva a equação do movimento enquanto o ciclista está locomovendo-se até parar. Resolva essa equação por separação de variáveis para obter t como uma função de v. **(b)** Usando os números do Problema 2.26 (e o valor $f_{\text{fr}} = 3$ N dado acima), determine quanto tempo o ciclista leva para diminuir de 20 m/s para 15 m/s. Quanto tempo leva para diminuir para 10 e 5 m/s?

---

* N. de T.: Cubit é uma unidade de comprimento cujo valor de uma unidade equivale a aproximadamente 46 cm.

Quanto tempo até a parada total? Se você resolveu o Problema 2.26, compare com as respostas que você obteve lá quando ignorou completamente o atrito.

2.40★★ Considere um objeto que está se movendo horizontalmente (direção positiva de x) sujeito a uma força de arrasto $f = -bv - cv^2$. Escreva a segunda lei de Newton para esse objeto e resolva para v por separação de variáveis. Esboce o comportamento de v como função de t. Explique a dependência temporal para t grande. (Que termo da força é dominante quando t é grande?)

2.41★★ Uma bola de beisebol é arremessada verticalmente para cima com velocidade v_o e está sujeita a um arrasto quadrático com magnitude $f(v) = cv^2$. Escreva a equação do movimento para a trajetória de subida (medindo y verticalmente *para cima*) e mostre que ela pode ser escrita como $\dot{v} = -g[1 + (v/v_{\text{lim}})^2]$. Use a "regra $v\, dv/dx$" (2.86) para escrever $\dot{v}$ como $v\, dv/dy$ e, em seguida, resolva a equação do movimento por separação de variáveis (ponha todos os termos envolvendo v de um lado e todos os termos envolvendo y do outro). Integre ambos os lados para obter y em termos de v e, finalmente, v como uma função de y. Mostre que a altura máxima atingida pela bola de beisebol é

$$y_{\text{máx}} = \frac{v_{\text{lim}}^2}{2g} \ln\left(\frac{v_{\text{lim}}^2 + v_o^2}{v_{\text{lim}}^2}\right). \quad (2.89)$$

Se $v_o = 20$ m/s (72 km/h) e a bola tem os parâmetros dados no Exemplo 2.5, qual é $y_{\text{máx}}$? Compare com o valor no vácuo.

2.42★★ Considere novamente a bolsa de beisebol do Problema 2.41 e escreva a equação do movimento para a trajetória de descida. (Observe que, com o arrasto quadrático, a equação de descida é diferente da equação de subida e deve ser tratada separadamente.) Determine v como função de y e, dado que a trajetória de descida começa em $y_{\text{máx}}$, como dado em (2.89), mostre que a velocidade quando a bola retorna ao solo é $v_{\text{lim}}v_o/\sqrt{v_{\text{lim}}^2 + v_o^2}$. Discuta esse resultado para os casos em que há muita e pouca resistência do ar. Qual é o valor numérico dessa velocidade para a bola de beisebol do Problema 2.41? Compare com o valor no vácuo.

2.43★★★ [Computador] A bola de basquete do Problema 2.31 é lançada de uma altura de 2 m com velocidade inicial $v_o = 15$ m/s com um ângulo de 45° acima da horizontal. **(a)** Use um software apropriado para resolver a equação do movimento (2.61) para a posição da bola (x, y) e desenhe a trajetória. Mostre a trajetória correspondente na ausência da resistência do ar. **(b)** Use seu gráfico para determinar qual é a distância que a bola percorre antes de ela atingir o solo. Compare com o alcance correspondente no caso do vácuo.

2.44★★★ [Computador] Para obter uma trajetória acurada para um projétil, devemos, geralmente, levar em consideração várias complicações. Por exemplo, se um projétil vai muito alto, então devemos considerar a redução da resistência do ar à medida que a densidade atmosférica diminui. Para ilustrar essa situação, considere uma bala de canhão (diâmetro 15 cm, densidade 7,8 g/cm³) que é atirada com velocidade inicial de 300 m/s com um ângulo de 50° acima da horizontal. A força de arrasto é aproximadamente quadrática, mas, como o arrasto é proporcional à densidade atmosférica e a densidade diminui exponencialmente com a altitude, a força de arrasto é $f = c(y)v^2$, onde $c(y) = \gamma D^2 \exp(-y/\lambda)$ com γ dado por (2.6) e $\lambda \approx 10.000$ m. **(a)** Escreva as equações do movimento para a bala de canhão e use um software apropriado para resolver numericamente para $x(t)$ e $y(t)$ com $0 \leq t \leq 35$ s. Desenhe o gráfico da trajetória da bala e determine seu alcance horizontal. **(b)** Faça o mesmo cálculo ignorando a variação da densidade atmosférica [ou seja, pondo $c(y) = c(0)$], e ainda ignorando completamente a resistência do ar. Desenhe as três trajetórias, para intervalos de tempo apropriados, sobre um mesmo gráfico. Você verificará que, nesse caso, a resistência do ar faz uma enorme diferença e que a variação da resistência do ar faz uma pequena, porém uma diferença não desprezível.

SEÇÃO 2.6 Exponenciais complexas

2.45★ (a) Usando a relação de Euler (2.76), mostre que qualquer número complexo $z = x + iy$ pode ser escrito da forma $z = r\,e^{i\theta}$, onde r e θ são reais. Descreva o significado de r e θ com relação ao plano complexo. (b) Escreva $z = 3 + 4i$ na forma $z = r\,e^{i\theta}$. (c) Escreva $z = 2e^{-i\pi/3}$ na forma $x + iy$.

2.46★ Para um número complexo qualquer $z = x + iy$, as **partes reais** e **imaginárias** são definidas como o número real $\text{Re}(z) = x$ e $\text{Im}(z) = y$. O **módulo** ou **valor absoluto** é $|z| = \sqrt{x^2 + y^2}$ e a **fase** ou **ângulo** é o valor de θ quando z é expresso como $z = re^{i\theta}$. O **complexo conjugado** é $z^* = x - iy$. (Essa última é a notação utilizada pela maioria dos físicos; a maioria dos matemáticos utiliza $\bar{z}$.) Para cada um dos números complexos a seguir, determine as partes reais e imaginárias, o módulo e a fase e o complexo conjugado, em seguida, esboce z e z^* no plano complexo:

(a) $z = 1 + i$ (b) $z = 1 - i\sqrt{3}$
(c) $z = \sqrt{2}e^{-i\pi/4}$ (d) $z = 5e^{i\omega t}$.

No item (d), ω é constante e t é o tempo.

2.47★ Para cada par de números complexos, calcule $z + w$, $z - w$, zw e z/w.

(a) $z = 6 + 8i$ e $w = 3 - 4i$ (b) $z = 8e^{i\pi/3}$ e $w = 4e^{i\pi/6}$.

Observe que, para adicionar ou subtrair números complexos, a forma $x + iy$ é mais conveniente, mas, para multiplicar e especialmente dividir, a forma $re^{i\theta}$ é a mais aconselhável. No item (a), uma sugestão inteligente para determinar z/w sem converter na forma $re^{i\theta}$ é multiplicar o numerador e o denominador por w^*; tente as duas formas.

2.48★ Mostre que $|z| = \sqrt{z^*z}$ para qualquer número complexo z.

2.49★ Considere o número complexo $z = e^{i\theta} = \cos\theta + i\,\text{sen}\theta$. (a) Calculando z^2 por dois caminhos diferentes, mostre que as identidades trigonométricas $\cos 2\theta = \cos^2\theta - \text{sen}^2\theta$ e $\text{sen}\,2\theta = 2\,\text{sen}\,\theta\cos\theta$. (b) Use a mesma técnica para determinar identidades correspondentes para $\cos 3\theta$ e $\text{sen}\,3\theta$.

2.50★ Use a definição da série (2.72) de e^z para mostrar que[12] $d\,e^z/dz = e^z$.

2.51★★ Use a definição da série (2.72) de e^z para mostrar que $e^z e^w = e^{z+w}$. [*Sugestão*: se escrever o lado esquerdo como o produto de duas séries, terá uma longa soma de termos como $z^n w^m$. Se agrupar todos os termos para os quais $n + m$ é o mesmo (chame esse de p) e usar o teorema binomial, você irá perceber que tem o lado direito da série.]

---

[12] Se você se preocupa com as sutilezas matemáticas, deve estar se perguntando se é permitido derivar uma série infinita. Felizmente, no caso de séries de potências (como esta), existe um teorema que garante que a série pode ser derivada para qualquer z dentro de um "raio de convergência". Como o raio de convergência da série para e^z é infinito, podemos derivá-la para *qualquer* valor de z.

SEÇÃO 2.7 Solução para uma carga em um campo B

2.52★ A velocidade transversal de uma partícula nas Seções 2.5 e 2.7 está contida em (2.77), já que $\eta = v_x + iv_y$. Tomando a parte real e a imaginária, determine expressões para v_x e v_y separadamente. Baseado nessas expressões, descreva a dependência temporal da velocidade transversal.

2.53★ Uma partícula carregada de massa m e carga positiva q move-se em um campo elétrico e magnético uniforme, **E** e **B**, ambos apontando na direção z. A força resultante sobre a partícula é $\mathbf{F} = q(\mathbf{E} + \mathbf{v} \times \mathbf{B})$. Escreva a equação do movimento para a partícula e resolva-a nas suas três componentes. Resolva as equações e descreva o movimento da partícula.

2.54★★ Na Seção 2.5, resolvemos as equações do movimento (2.68) para a velocidade transversal de uma carga em um campo magnético usando o artifício do número complexo $\eta = v_x + iv_y$. Como você pode imaginar, as Equações podem certamente ser resolvidas sem esse artifício. Aqui está um caminho: **(a)** Derive a primeira das Equações (2.68) com respeito a t e use a segunda para obter uma equação diferencial de segunda ordem para v_x. Essa é uma equação que você deve reconhecer [se não, veja a Equação (1.55)] e pode obter sua solução geral. Uma vez que tenha obtido v_x, (2.68) fornece v_y. **(b)** Mostre que a solução geral que você obtém aqui é a mesma que a solução geral contida em (2.77), como deduzida no Problema 2.52.

2.55★★★ Uma partícula carregada de massa m e carga positiva q se move em um campo elétrico e magnético, **E** apontando na direção y e **B** na direção z (um arranjo chamado de "campos cruzados E e B"). Suponha que a partícula esteja inicialmente na origem e seja dado um impluso no instante $t = 0$ ao longo do eixo x com $v_x = v_{xo}$ (positiva ou negativa). **(a)** Escreva a equação do movimento da partícula e resolva-a nas suas três componentes. Mostre que o movimento é restrito ao plano $z = 0$. **(b)** Mostre que há um único valor de v_{xo}, chamado de velocidade de deriva v_d, para a qual a partícula se move sem deflexão através dos campos. (Isso é a base da seleção de velocidades, que seleciona partículas navegando a uma velocidade específica em um feixe com muitas velocidades diferentes.) **(c)** Resolva as equações do movimento para obter a velocidade da partícula como função de t, para valores arbitrários de v_{xo}. [*Sugestão*: as equações para (v_x, v_y) devem se parecer muito com as Equações (2.68), exceto por um valor constante relativo a $\dot{v}_x$. Se você fez uma mudança de variáveis da forma $u_x = v_x - v_d$ e $u_y = v_y$, as equações para (u_x, u_y) terão exatamente a forma (2.68), cuja solução geral você conhece.] **(d)** Integre a velocidade para determinar a posição como função de t e esboce as trajetórias para vários valores de v_{xo}.

3

Momento e Momento Angular

Neste capítulo e no próximo, descreverei as importantes leis de conservação do momento, do momento angular e da energia. Essas três leis estão intimamente relacionadas entre si e são talvez as mais importantes dentre o pequeno número de leis de conservação que são consideradas como as fundamentais de toda a física moderna. Curiosamente, na mecânica clássica, as duas primeiras leis (momento e momento angular) são bem diferentes da última (energia). É relativamente simples demonstrar as duas primeiras a partir das leis de Newton (na realidade, já demonstramos a conservação do momento), enquanto a demonstração da conservação da energia é surpreendentemente delicada. Neste capítulo, discutirei momento e momento angular e, no Capítulo 4, a energia.

3.1 CONSERVAÇÃO DO MOMENTO

No Capítulo 1, examinamos um sistema de N partículas rotuladas $\alpha = 1, \cdots, N$. Vimos que, desde que todas as forças internas obedeçam à terceira lei de Newton, a taxa de variação do momento linear total do sistema $\mathbf{P} = \mathbf{p}_1 + \cdots + \mathbf{p}_N = \sum \mathbf{p}_\alpha$ é completamente determinada pelas forças *externas* sobre o sistema:

$$\dot{\mathbf{P}} = \mathbf{F}^{\text{ext}} \tag{3.1}$$

onde $\mathbf{F}^{\text{ext}}$ denota a força externa total sobre o sistema. Devido à terceira lei, todas as forças internas se cancelam na taxa de variação do momento *total*. Em particular, se o sistema é isolado, de modo que a força total externa seja zero, temos

> **Princípio da conservação do momento**
>
> Se a resultante das forças externas $\mathbf{F}^{\text{ext}}$ sobre o sistema de N partículas for zero, o momento mecânico total do sistema $\mathbf{P} = \sum m_\alpha \mathbf{v}_\alpha$ é constante.

Se o sistema contém apenas uma partícula ($N = 1$), todas as forças sobre a partícula são externas e a conservação do momento reduz-se à assertiva não muito interessante de que, na ausência de quaisquer forças, o momento de uma única partícula é constante, o que é simplesmente a primeira lei de Newton. Entretanto, se o sistema possui duas ou mais partículas ($N \geq 2$), então a conservação do momento é uma propriedade não trivial e frequentemente útil, como o exemplo simples a seguir irá relembrá-lo.

Exemplo 3.1 Colisão inelástica de dois corpos

Dois corpos (por exemplo, dois discos ou dois carros em um cruzamento) têm massas m_1 e m_2 e velocidades $\mathbf{v}_1$ e $\mathbf{v}_2$. Os corpos colidem e se prendem juntos, de modo que passam a se mover como um único bloco, conforme ilustrado na Figura 3.1. (Uma colisão na qual os corpos se grudam um no outro, como neste caso, é dita *perfeitamente inelástica*.) Assumindo que quaisquer forças externas são desprezíveis durante o rápido instante da colisão, determine a velocidade $\mathbf{v}$ logo após a colisão.

O momento total inicial, imediatamente antes da colisão, é

$$\mathbf{P}_{in} = m_1 \mathbf{v}_1 + m_2 \mathbf{v}_2,$$

e o momento final, imediatamente após a colisão, é

$$\mathbf{P}_{fin} = m_1 \mathbf{v} + m_2 \mathbf{v} = (m_1 + m_2)\mathbf{v}.$$

(Observe que essa última equação ilustra o resultado útil de que, uma vez que os dois corpos se grudaram, podemos determinar seus momentos considerando-os como se fossem um único corpo de massa $m_1 + m_2$.) Pela conservação do momento, esses dois momentos devem ser iguais, $\mathbf{P}_{fin} = \mathbf{P}_{in}$, e podemos facilmente resolver para obter a velocidade final,

$$\mathbf{v} = \frac{m_1 \mathbf{v}_1 + m_2 \mathbf{v}_2}{m_1 + m_2}. \tag{3.2}$$

Vemos que a velocidade final é exatamente a velocidade média ponderada das velocidades originais $\mathbf{v}_1$ e $\mathbf{v}_2$, ponderadas pelas massas correspondentes m_1 e m_2.

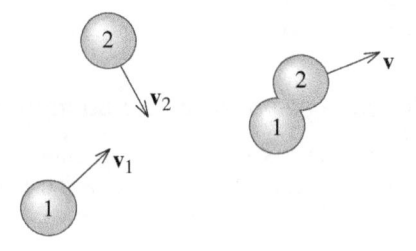

Figura 3.1 Colisão perfeitamente inelástica entre dois discos.

Um caso especialmente importante é quando um dos corpos está inicialmente em repouso, como quando um carro com velocidade se choca com um carro que está parado em um semáforo. Com $\mathbf{v}_2 = 0$, a Equação (3.2) reduz-se a

$$\mathbf{v} = \frac{m_1}{m_1 + m_2}\mathbf{v}_1. \tag{3.3}$$

Nesse caso, a velocidade final é sempre na mesma direção de $\mathbf{v}_1$, mas é reduzida por um fator $m_1/(m_1 + m_2)$. O resultado (3.3) é usado pela polícia na investigação de colisões de automóveis, uma vez que isso permite que ela determine a velocidade desconhecida $\mathbf{v}_1$ do carro que colidiu na traseira do carro que estava parado, em termos das quantidades que podem ser medidas após o evento. (A velocidade final $\mathbf{v}$ pode ser determinada a partir das marcas deixadas nas ferragens.)

Esse tipo de análise de colisões, usando a conservação do momento, é uma ferramenta importante na resolução de muitos problemas, desde reações nucleares e colisões de automóveis até colisões entre galáxias.

3.2 FOGUETES

Um belo exemplo do uso da conservação do momento é a análise da propulsão de um foguete. O problema básico que é resolvido pelo foguete é este: sem um agente externo para empurrar ou ser empurrado, como um objeto pode se mover? Você pode se colocar nessa difícil situação imaginando-se encalhado em um lago congelado e sem atrito. A maneira mais simples de conseguir alcançar a margem é tirando alguma coisa que seja dispensável, como uma bota, e arremessando-a tão forte quanto possível na direção para longe da margem. Pela terceira lei de Newton, quando você empurra a bota para longe de si, ela lhe empurra na direção oposta. Logo, quando você arremessa a bota, a força de reação da bota irá causar um recuo sobre você na direção oposta e então deslizar sobre o gelo na direção da margem. Um foguete faz essencialmente a mesma coisa. Seu motor é desenvolvido para lançar o combustível gasto para fora por trás do foguete e, pela terceira lei, o combustível empurra o foguete para frente.

Para analisar o movimento de um foguete quantitativamente, devemos examinar o momento total. Considere o foguete ilustrado na Figura 3.2 com massa m, viajando na direção positiva x (assim, posso representar v_x apenas por v) e ejetando o combustível gasto com uma velocidade de expulsão v_{ex} relativa ao foguete. Como o foguete está ejetando massa, a massa m do foguete está decrescendo constantemente. No instante t, o momento é $P(t) = mv$. Um breve tempo depois no instante[1] $t + dt$, a massa do foguete é $(m + dm)$, onde dm é negativo e o seu momento é $(m + dm)(v + dv)$. O combustível expelido duran-

---

[1] Em relação ao uso de quantidades pequenas como dt e dm, sugiro novamente imaginar que elas são pequenos incrementos, porém *não nulos*, com dt escolhido suficientemente pequeno de modo que dm dividido por dt seja (dentro da acurácia que tenhamos escolhido como a desejada) igual à derivada dm/dt. Para mais detalhes, veja a nota de rodapé 4 do capítulo 2.

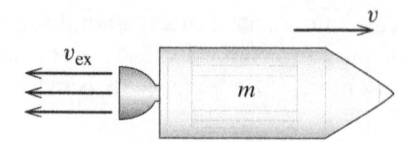

Figura 3.2 Um foguete de massa m viajando para a direita com velocidade v e expelindo o combustível gasto com velocidade de expulsão v_{ex} relativa ao foguete.

te o tempo dt tem massa $(-dm)$ e velocidade $v - v_{ex}$ relativa ao solo. Logo, o momento total (foguete mais o combustível recém expelido) em $t + dt$ é

$$P(t + dt) = (m + dm)(v + dv) - dm(v - v_{ex}) = mv + m\,dv + dm\,v_{ex},$$

onde desprezei o produto duplamente pequeno $dm\,dv$. Portanto, a mudança no momento total é

$$dP = P(t + dt) - P(t) = m\,dv + dm\,v_{ex}. \qquad (3.4)$$

Se houver uma força externa resultante F^{ext} (por exemplo, a gravidade), essa mudança no momento é $F^{ext}\,dt$. (Veja o Problema 3.11.) Aqui, assumi que não há forças externas, de modo que P é constante e $dP = 0$. Logo,

$$m\,dv = -dm\,v_{ex}. \qquad (3.5)$$

Dividindo ambos os lados por dt, podemos reescrever essa equação como

$$m\dot{v} = -\dot{m}v_{ex}, \qquad (3.6)$$

onde $-\dot{m}$ é a taxa com que o motor do foguete expele massa. Essa equação se parece com a segunda lei de Newton ($m\dot{v} = F$) para uma partícula ordinária, exceto pelo fato de que o produto $-\dot{m}v_{ex}$ à direita desempenha o papel da força. Por essa razão, este produto é frequentemente chamado de **propulsão**:

$$\text{propulsão} = -\dot{m}v_{ex}. \qquad (3.7)$$

(Como $\dot{m}$ é negativo, isso define a propulsão como sendo positiva.)

A Equação (3.5) pode ser resolvida por separação de variáveis. Dividindo ambos os lados por m, obtém-se

$$dv = -v_{ex}\frac{dm}{m}.$$

Se a velocidade de expulsão v_{ex} for constante, essa equação pode ser integrada para obter-se

$$v - v_o = v_{ex}\ln(m_o/m), \qquad (3.8)$$

onde v_o é a velocidade inicial e m_o é a massa inicial do foguete (incluindo o combustível e a carga). Este resultado põe uma restrição significativa sobre a velocidade máxima do foguete. A razão m_o/m é grande quando todo o combustível é queimado e m é exatamente a massa do foguete mais a sua carga. Mesmo se, por exemplo, a massa original for 90% de combustível, essa razão é apenas 10, e, como $\ln 10 = 2,3$, isso significa que o ganho na velocidade, $v - v_0$, não pode ser mais do que 2,3 vezes v_{ex}. Isso significa que os engenheiros do foguete tentam fazer v_{ex} tão grande quanto possível e também projetam múltiplos estágios para o foguete, o que pode descartar os tanques pesados de combustível nos primeiros estágios para reduzir a massa total para os estágios posteriores.[2]

3.3 O CENTRO DE MASSA

Várias das ideias da Seção 3.1 podem ser recolocadas em termos da importante noção do centro de massa do sistema. Vamos considerar um conjunto de N partículas, $\alpha = 1, \cdots, N$, com massas m_α e posições $\mathbf{r}_\alpha$ medidas em relação a uma origem O. O **centro de massa** (ou **CM**) desse sistema é definido como a posição (relativa à mesma origem O)

$$\mathbf{R} = \frac{1}{M} \sum_{\alpha=1}^{N} m_\alpha \mathbf{r}_\alpha = \frac{m_1 \mathbf{r}_1 + \cdots + m_N \mathbf{r}_N}{M}, \quad (3.9)$$

onde M denota a massa total de todas as partículas, $M = \sum m_\alpha$. A primeira coisa a observar sobre essa definição é que ela é uma equação vetorial. A posição do CM é um vetor $\mathbf{R}$ com três componentes (X, Y, Z) e a Equação (3.9) é equivalente a três equações fornecendo essas três componentes

$$X = \frac{1}{M} \sum_{\alpha=1}^{N} m_\alpha x_\alpha, \qquad Y = \frac{1}{M} \sum_{\alpha=1}^{N} m_\alpha y_\alpha, \qquad Z = \frac{1}{M} \sum_{\alpha=1}^{N} m_\alpha z_\alpha.$$

De qualquer forma, a posição $\mathbf{R}$ do CM é uma média ponderada das posições $\mathbf{r}_1, \cdots, \mathbf{r}_N$, na qual cada posição $\mathbf{r}_\alpha$ é ponderada pela massa correspondente m_α. (Equivalentemente, ela é a soma dos $\mathbf{r}_\alpha$, cada um multiplicado pela *fração* da massa total em $\mathbf{r}_\alpha$.)

Para obter uma noção do CM, facilita considerarmos o caso com apenas duas partículas ($N = 2$). Neste caso, a definição (3.9) torna-se

$$\mathbf{R} = \frac{m_1 \mathbf{r}_1 + m_2 \mathbf{r}_2}{m_1 + m_2}. \quad (3.10)$$

É fácil verificar que a posição do CM possui várias propriedades que são familiares. Por exemplo, você pode mostrar (Problema 3.18) que o CM definido por (3.10) está sobre a reta que liga as duas partículas, como ilustrado na Figura 3.3. É também fácil mostrar que as distâncias de m_1 e m_2 ao CM estão para a razão m_2/m_1, de modo que o CM está mais próximo da partícula mais maciça. (Na Figura 3.3, esta razão é $1/3$.) Em particular, se m_1 for muito maior do que m_2, o CM estará muito próximo de $\mathbf{r}_1$. Generalizando, retornando à Equação (3.9) para o CM de N partículas, vemos que, se m_1 for muito maior do que qualquer uma das outras massas (como é o caso do Sol, quando comparado a todos os planetas), então $m_1 \approx M$ para todas as outras partículas, o que significa que $\mathbf{R}$ está muito próximo de $\mathbf{r}_1$. Logo, por exemplo, o CM do sistema solar está muito próximo do Sol.

---

[2] Descartando os tanques de combustível do estágio 1, reduz-se as massas inicial e final do estágio 2 por uma certa quantidade. Isso *cresce* a razão m_0/m quando aplicada (3.8) para o estágio 2. Veja o Problema 3.12.

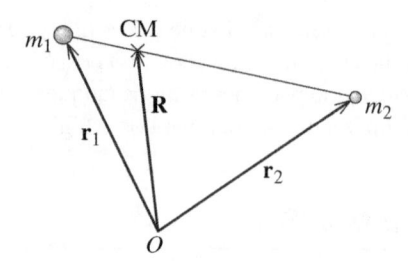

Figura 3.3 O CM de duas partículas está na posição $\mathbf{R} = (m_1\mathbf{r}_1 + m_2\mathbf{r}_2)/M$. Você pode mostrar que isso está sobre a reta que liga m_1 a m_2, como ilustrado, e que as distâncias de m_1 e m_2 ao CM estão na razão m_2/m_1.

Podemos agora escrever o momento total **P** para um sistema qualquer de N partículas em termos do CM do sistema como segue:

$$\mathbf{P} = \sum_\alpha \mathbf{p}_\alpha = \sum_\alpha m_\alpha \dot{\mathbf{r}}_\alpha = M\dot{\mathbf{R}}, \tag{3.11}$$

onde a última igualdade é justamente a derivada da definição (3.9) de **R** (multiplicada por M). Esse resultado surpreendente diz que o momento total de N partículas é exatamente o mesmo como é aquele de uma única partícula de massa M e velocidade igual à do seu CM.

Obtemos um resultado ainda mais notável quando derivamos (3.11). De acordo com (3.1), a derivada de **P** é $\mathbf{F}^{\text{ext}}$. Portanto, (3.11) implicam

$$\mathbf{F}^{\text{ext}} = M\ddot{\mathbf{R}}. \tag{3.12}$$

Ou seja, o centro de massa **R** se move exatamente como se fosse uma única partícula de massa M, sujeita às forças externas agindo sobre o sistema. Esse resultado é a principal razão para podermos, geralmente, tratar corpos extensos, como bolas de beisebol e planetas, como se eles fossem partículas pontuais. Desde que um corpo seja pequeno quando comparado à escala de sua trajetória, a posição **R** do seu CM será uma boa representação de sua localização, e (3.12) implica que **R** se move justamente como uma partícula pontual.

Conhecida a importância do CM, você precisa se sentir confiante para calcular sua posição para vários sistemas. Você pode ter adquirido uma enorme prática em um curso introdutório de física ou em um curso de cálculo, mas, no caso de não tê-la adquirido, há vários exercícios no final deste capítulo. Um aspecto importante para ter em mente é que, quando a massa em um corpo está distribuída continuamente, o somatório na definição (3.9) se transforma em uma integral

$$\mathbf{R} = \frac{1}{M} \int \mathbf{r}\, dm = \frac{1}{M} \int \varrho\, \mathbf{r}\, dV, \tag{3.13}$$

onde ϱ é a densidade da massa do corpo, dV denota um elemento de volume e a integral é tomada sobre o corpo inteiro (isto é, onde $\varrho \neq 0$). Usaremos integrais similares para calcular o tensor de momento de inércia no Capítulo 10. Por enquanto, eis um exemplo.

Exemplo 3.2 CM de um cone sólido

Determine a posição do CM para o cone sólido uniforme apresentado na Figura 3.4.

É possivelmente óbvio, por simetria, que o CM esteja sobre o eixo de simetria (o eixo z), mas isso também seguirá da integral (3.13). Por exemplo, se você considerar a componente x daquela integral, é fácil ver que a contribuição de qualquer ponto (x, y, z) é exatamente cancelada pela do ponto $(-x, y, z)$. Ou seja, a integral para X é zero. Como o mesmo argumento é válido para Y, o CM está sobre o eixo z. Para determinar a altura z do CM, devemos calcular a integral

$$Z = \frac{1}{M} \int \varrho z \, dV = \frac{\varrho}{M} \int z \, dx \, dy \, dz,$$

onde é possível pôr a densidade ϱ fora da integral, visto que ϱ é constante em toda a extensão do cone (desde que consideremos que a integral está limitada ao interior do cone), e fiz a mudança do elemento de volume dV para $dx\, dy\, dz$. Para um dado z, a integral sobre x e y varia sobre o círculo de raio $r = Rz/h$, gerando um fator de $\pi r^2 = \pi R^2 z^2 / h^2$, de modo que

$$Z = \frac{\varrho \pi R^2}{M h^2} \int_0^h z^3 dz = \frac{\varrho \pi R^2}{M h^2} \frac{h^4}{4} = \frac{3}{4} h,$$

onde no último passo substitui a massa M por ϱ vezes o volume ou $M = \frac{1}{3} \varrho \pi R^2 h$. Concluímos que o CM está sobre o eixo do cone a uma distância $\frac{3}{4}h$ do vértice (ou $\frac{1}{4}h$ da base).

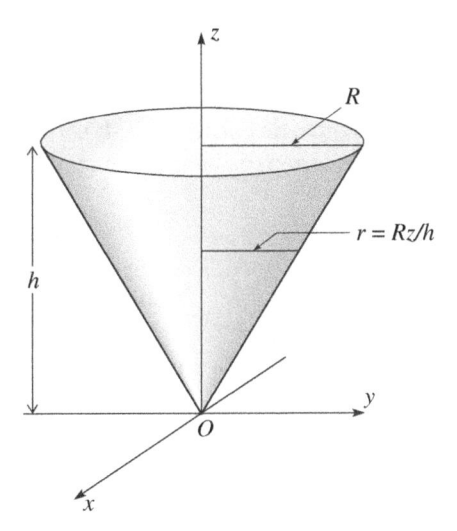

Figura 3.4 Cone sólido, centrado sobre o eixo z, com vértice na origem e uma densidade de massa uniforme ϱ. Sua altura é h e o raio da sua base é R.

3.4 MOMENTO ANGULAR DE UMA ÚNICA PARTÍCULA

De certa forma, a conservação do momento angular faz um paralelo à conservação do momento ordinário (ou "linear"). Entretanto, gostaria de revisar o formalismo em detalhes, primeiro para uma única partícula e em seguida para um sistema de várias partículas. Isso irá introduzir importantes ideias e algumas noções úteis de matemática.

O **momento angular** $\boldsymbol{\ell}$ de uma partícula é definido como o vetor

$$\boldsymbol{\ell} = \mathbf{r} \times \mathbf{p}. \tag{3.14}$$

Aqui, $\mathbf{r} \times \mathbf{p}$ é o produto vetorial do vetor posição $\mathbf{r}$ da partícula, relativo à escolha da origem, e seu momento $\mathbf{p}$, como ilustrado na Figura 3.5. Observe que, devido ao fato de $\mathbf{r}$ depender da escolha da origem, o mesmo é verdade para $\boldsymbol{\ell}$: o momento angular $\boldsymbol{\ell}$ (ao contrário do momento linear $\mathbf{p}$) depende da escolha da origem e devemos, estritamente falando, referirmo-nos a $\boldsymbol{\ell}$ como o momento angular *relativo a O*.

A taxa de variação de $\boldsymbol{\ell}$ com o tempo é facilmente obtida:

$$\dot{\boldsymbol{\ell}} = \frac{d}{dt}(\mathbf{r} \times \mathbf{p}) = (\dot{\mathbf{r}} \times \mathbf{p}) + (\mathbf{r} \times \dot{\mathbf{p}}). \tag{3.15}$$

(Você pode verificar que a regra do produto pode ser usada para derivar produtos vetoriais, desde que seja cuidadoso para manter os vetores na ordem correta. Veja o Problema 1.17.) No primeiro termo da direita, podemos substituir $\mathbf{p}$ por $m\dot{\mathbf{r}}$ e, como o produto vetorial de quaisquer dois vetores paralelos é zero, o primeiro termo é zero. No segundo termo, podemos substituir $\dot{\mathbf{p}}$ pela força resultante $\mathbf{F}$ sobre a partícula e obter

$$\dot{\boldsymbol{\ell}} = \mathbf{r} \times \mathbf{F} \equiv \boldsymbol{\Gamma}. \tag{3.16}$$

Aqui, $\boldsymbol{\Gamma}$ (letra grega maiúscula gama) denota o torque resultante sobre a partícula em torno da origem O, definido como $\mathbf{r} \times \mathbf{F}$. (Outros símbolos populares para o torque são $\boldsymbol{\tau}$ e $\mathbf{N}$.) Em palavras, (3.16) diz que a taxa de variação do momento angular da partícula com relação à origem O é igual à resultante do torque aplicado em relação à origem O. A Equação (3.16) é o análogo rotacional da equação $\dot{\mathbf{p}} = \mathbf{F}$ para o momento linear e (3.16) é frequentemente descrito como a forma rotacional da segunda lei de Newton.

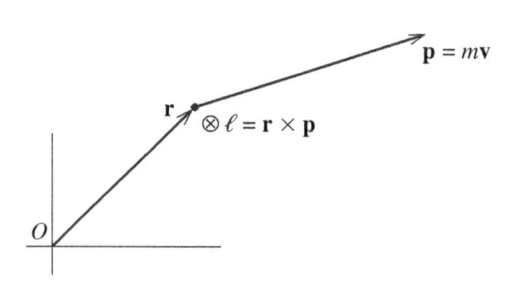

Figura 3.5 Para qualquer partícula com posição $\mathbf{r}$ relativa a uma origem O e momento $\mathbf{p}$, o momento angular em torno de O é definido como o vetor $\boldsymbol{\ell} = \mathbf{r} \times \mathbf{p}$. Para o caso ilustrado, $\boldsymbol{\ell}$ aponta para dentro da página.

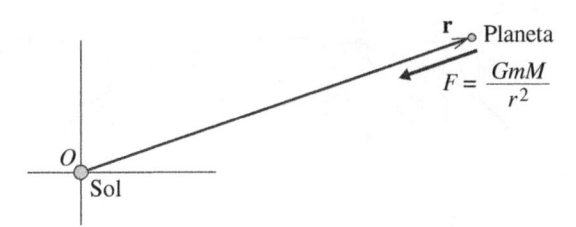

Figura 3.6 Um planeta (massa m) está sujeito à força central do Sol (massa M). Se escolhermos a origem no Sol, então $\mathbf{r} \times \mathbf{F} = 0$ e o momento angular do planeta em torno de O é constante.

Em muitos problemas de uma única partícula, podemos escolher a origem O de modo que o torque resultante $\boldsymbol{\Gamma}$ (em relação à origem escolhida O) é zero. Nesses casos, o momento angular da partícula em torno de O é constante. Considere, por exemplo, um único planeta (ou cometa) orbitando em torno do Sol. A única força sobre o planeta é a atração gravitacional GmM/r^2 do Sol, como ilustrado na Figura 3.6. Uma propriedade crucial da força gravitacional é que ela é **central**, isto é, é dirigida ao longo da reta que liga os dois centros. Isso significa que $\mathbf{F}$ é paralela (na verdade, antiparalela) ao vetor posição $\mathbf{r}$ medido a partir do Sol e, portanto, que $\mathbf{r} \times \mathbf{F} = 0$. Logo, se escolhermos a origem no Sol, o momento angular do planeta em relação à origem O é constante, um fato que simplifica enormemente a análise do movimento planetário. Por exemplo, como $\mathbf{r} \times \mathbf{p}$ é constante, $\mathbf{r}$ e $\mathbf{p}$ devem permanecer em um mesmo plano fixo; em outras palavras, a órbita do planeta está confinada a um único plano contendo o Sol e o problema é reduzido a duas dimensões, um resultado que iremos explorar no Capítulo 8.

Segunda lei de Kepler

Um dos primeiros triunfos da mecânica Newtoniana foi o fato de que ela pode explicar a segunda lei de Kepler como uma simples consequência da conservação do momento angular. As leis de Newton do movimento foram publicadas em 1687 no seu famoso livro *Principia*. Quase oito anos antes, o astrônomo alemão Johannes Kepler (1571-1630) tinha publicado as suas três leis do movimento planetário.[3] Essas leis são bem diferentes das leis de Newton no sentido de que elas são simples descrições matemáticas das observações dos movimentos dos planetas. Por exemplo, a primeira lei afirma que os planetas se movem em torno do Sol formando elipses com o Sol em um dos focos. As leis de Kepler não fazem qualquer tentativa de *explicar* o movimento planetário em termos de ideias mais fundamentais; elas são apenas resumos – resumos brilhantes, requerendo um grande discernimento, mas apenas resumos – de observações dos movimentos dos planetas. As três leis de Kepler resultaram ser uma consequência das leis de Newton do movimento. Deduzirei a primeira e a terceira leis de Kepler no Capítulo 8. Agora, discutiremos a segunda.

---

[3] A primeira lei de Kepler apareceu em seu livro *Astronomia Nova*, em 1609, e a terceira em *Harmonices Mundi*, publicado em 1619.

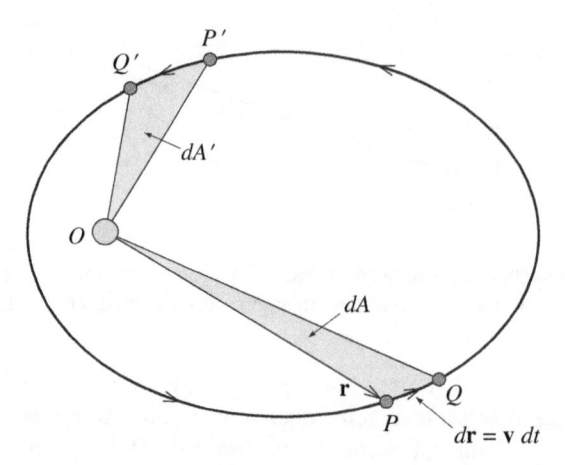

Figura 3.7 Órbita de um planeta com o Sol fixo em O. A segunda lei de Kepler afirma que, se os dois pares de pontos P, Q e P', Q' estiverem separados por intervalos de tempos iguais, $dt = dt'$, as duas áreas dA e dA' serão iguais.

A segunda lei de Kepler é geralmente posta desta forma:

Segunda lei de Kepler

À medida que se move em torno do Sol, uma reta traçada do planeta até o Sol varre áreas iguais em intervalos de tempos iguais.

Essa declaração um tanto curiosa está ilustrada na Figura 3.7, que mostra a trajetória de um planeta ou cometa – a lei se aplica também a cometas – orbitando em torno do Sol, que está na origem O. (Ao longo dessa discussão, assumirei a aproximação de que o Sol está fixo; veremos como permitir uma pequena variação no movimento do Sol no Capítulo 8.) A área "varrida" pelo planeta movendo-se entre quaisquer dois pontos P e Q é exatamente a área do triângulo OPQ. (Estritamente falando, o "triângulo" é a área entre os dois segmentos de retas OP e OQ e o *arco* PQ. No entanto, é suficiente considerarmos pares de pontos P e Q que estão muito próximos, em cujo caso a diferença entre o arco PQ e o segmento de reta PQ é desprezível.) Denotarei o intervalo de tempo decorrido pelo planeta entre P e Q por dt e a área correspondente de OPQ por dA. A segunda lei de Kepler afirma que, se escolhermos qualquer par de pontos P' e Q' separados pelo mesmo intervalo de tempo ($dt = dt'$), então a área $OP'Q'$ será a mesma que a de OPQ, ou $dA = dA'$. Equivalentemente, podemos dividir ambos os lados dessa igualdade por dt e afirmar que a *taxa* com que o planeta varre a área, dA/dt, é a mesma em todos os pontos sobre a órbita, isto é, dA/dt é constante.

Para demonstrar esse resultado, observe primeiro que o segmento OP corresponde ao vetor posição $\mathbf{r}$, e PQ corresponde ao deslocamento $d\mathbf{r} = \mathbf{v}dt$. Agora, como é uma propriedade conhecida do produto vetorial que, se dois lados de um triângulo forem vistos como vetores **a** e **b**, então a área do triângulo é dada por $\frac{1}{2}|\mathbf{a} \times \mathbf{b}|$. (Veja o Problema 3.24.) Logo, a área do triângulo OPQ é

$$dA = \tfrac{1}{2}|\mathbf{r} \times \mathbf{v}\,dt|.$$

Substituindo **v** por **p**/m e dividindo ambos os lados por dt, obtemos

$$\frac{dA}{dt} = \frac{1}{2m}|\mathbf{r} \times \mathbf{p}| = \frac{1}{2m}\ell, \tag{3.17}$$

onde ℓ denota a magnitude do momento angular $\boldsymbol{\ell} = \mathbf{r} \times \mathbf{p}$. Como o momento angular do planeta em torno do Sol é conservado, isso estabelece que dA/dt é constante, que, como vimos, é o que diz a segunda lei de Kepler.

Uma demonstração alternativa do mesmo resultado permite uma visão adicional: é um exercício simples e direto mostrar que (Problema 3.27)

$$\ell = mr^2\omega, \tag{3.18}$$

onde $\omega = \dot{\phi}$ é a velocidade angular do planeta em torno do Sol. É igualmente um simples exercício geométrico mostrar que a taxa de varredura da área é

$$dA/dt = \tfrac{1}{2}r^2\omega. \tag{3.19}$$

A comparação de (3.18) com (3.19) mostra que ℓ é constante se e somente se dA/dt for constante, ou seja, a conservação do momento angular é exatamente a segunda lei de Kepler. Além disso, vemos que, à medida que o planeta (ou cometa) se aproxima do Sol (r decrescendo), sua velocidade angular ω necessariamente cresce. Especificamente, ω é inversamente proporcional a r^2; por exemplo, se o valor de r no ponto P' for a metade do valor em P, então a velocidade angular ω em P' é quatro vezes aquela em P.

É interessante observar que a demonstração da segunda lei de Kepler depende apenas do fato de que a força gravitacional é central e por isso o momento angular do planeta em torno do Sol é constante. Portanto, a segunda lei de Kepler é verdadeira para um objeto que se move sob a influência de *qualquer* força central. Em contrapartida, veremos, no Capítulo 8, que a primeira e a terceira leis (em particular, a primeira, que diz que as órbitas são elipses com o Sol em um dos focos) dependem do inverso do quadrado da força gravitacional e não são verdadeiras para outras formas de força.

3.5 MOMENTO ANGULAR DE VÁRIAS PARTÍCULAS

Vamos, a seguir, discutir um sistema de N partículas $\alpha = 1, 2, \cdots, N$, cada uma com seu momento angular $\boldsymbol{\ell}_\alpha = \mathbf{r}_\alpha \times \mathbf{p}_\alpha$ (naturalmente, com todos os $\mathbf{r}_\alpha$ medidos a partir da mesma origem O). Definimos o **momento angular total L** como

$$\mathbf{L} = \sum_{\alpha=1}^{N} \boldsymbol{\ell}_\alpha = \sum_{\alpha=1}^{N} \mathbf{r}_\alpha \times \mathbf{p}_\alpha. \tag{3.20}$$

Derivando com respeito a t e usando o resultado (3.16), obtemos

$$\dot{\mathbf{L}} = \sum_\alpha \dot{\boldsymbol{\ell}}_\alpha = \sum_\alpha \mathbf{r}_\alpha \times \mathbf{F}_\alpha, \qquad (3.21)$$

onde, como de costume, $\mathbf{F}_\alpha$ denota a resultante das forças sobre a partícula α. Esse resultado, de que a taxa de variação de $\mathbf{L}$ é exatamente o torque resultante sobre todo o sistema, é importante por si próprio. Entretanto, meu interesse é separar os efeitos das forças internas e externas. Como na Equação (1.25), escrevemos $\mathbf{F}_\alpha$ como

$$\text{(força resultante sobre a partícula } \alpha\text{)} = \mathbf{F}_\alpha = \sum_{\beta \neq \alpha} \mathbf{F}_{\alpha\beta} + \mathbf{F}_\alpha^{\text{ext}}, \qquad (3.22)$$

onde, como antes, $\mathbf{F}_{\alpha\beta}$ denota a força exercida pela partícula β(beta) sobre a partícula α(alfa), e $\mathbf{F}_\alpha^{\text{ext}}$ é a força resultante exercida por todos os agentes externos ao sistema de N partículas sobre a partícula α(alfa). Substituindo em (3.21), obtemos

$$\dot{\mathbf{L}} = \sum_\alpha \sum_{\beta \neq \alpha} \mathbf{r}_\alpha \times \mathbf{F}_{\alpha\beta} + \sum_\alpha \mathbf{r}_\alpha \times \mathbf{F}_\alpha^{\text{ext}}. \qquad (3.23)$$

A Equação (3.23) corresponde à Equação (1.27) na nossa discussão do momento linear no Capítulo 1 e podemos reorganizá-la como anteriormente, com uma mudança adicional interessante. Podemos reorganizar os termos do duplo somatório, agrupando cada termo $\alpha\beta$ com o termo correspondente $\beta\alpha$, para obter[4]

$$\sum_\alpha \sum_{\beta \neq \alpha} \mathbf{r}_\alpha \times \mathbf{F}_{\alpha\beta} = \sum_\alpha \sum_{\beta > \alpha} (\mathbf{r}_\alpha \times \mathbf{F}_{\alpha\beta} + \mathbf{r}_\beta \times \mathbf{F}_{\beta\alpha}). \qquad (3.24)$$

Se assumirmos que todas as forças internas obedecem à terceira lei ($\mathbf{F}_{\alpha\beta} = -\mathbf{F}_{\beta\alpha}$), podemos reescrever o somatório da direita como

$$\sum_\alpha \sum_{\beta > \alpha} (\mathbf{r}_\alpha - \mathbf{r}_\beta) \times \mathbf{F}_{\alpha\beta}. \qquad (3.25)$$

Para entender esse somatório, devemos examinar o vetor $(\mathbf{r}_\alpha - \mathbf{r}_\beta) = \mathbf{r}_{\alpha\beta}$. Isso está ilustrado na Figura 3.8, onde vemos que $\mathbf{r}_{\alpha\beta}$ é o vetor apontando na direção de α a partir de β. Se, além de satisfazer a terceira lei, as forças $\mathbf{F}_{\alpha\beta}$ forem todas *centrais*, então os dois vetores $\mathbf{r}_{\alpha\beta}$ e $\mathbf{F}_{\alpha\beta}$ apontam ao longo da mesma reta e seus produtos vetoriais são zero.

Retornando à Equação (3.23), concluímos que, desde que as várias suposições sejam válidas, o somatório duplo em (3.23) é zero. O somatório simples que permanece é exatamente o torque resultante externo e concluímos que

$$\dot{\mathbf{L}} = \boldsymbol{\Gamma}^{\text{ext}}. \qquad (3.26)$$

Em particular, se o torque resultante externo for zero, temos

---

[4] Certifique-se de que você entendeu o que aconteceu aqui. Por exemplo, agrupei o termo $\mathbf{r}_1 \times \mathbf{F}_{12}$ com o termo $\mathbf{r}_2 \times \mathbf{F}_{21}$.

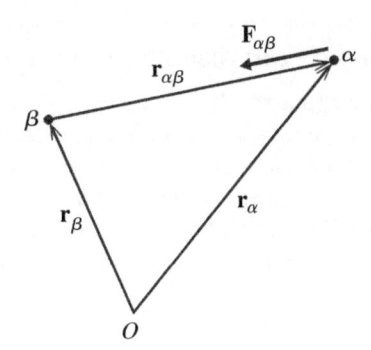

Figura 3.8 O vetor $\mathbf{r}_{\alpha\beta} = (\mathbf{r}_\alpha - \mathbf{r}_\beta)$ aponta para a partícula α a partir da partícula β. Se a força $\mathbf{F}_{\alpha\beta}$ for central (apontando ao longo da reta que liga α a β), então $\mathbf{r}_{\alpha\beta}$ e $\mathbf{F}_{\alpha\beta}$ são colineares e seus produtos vetoriais são zero.

Princípio da conservação do momento angular

Se o torque resultante externo sobre um sistema de N partículas for zero, o momento angular total do sistema $\mathbf{L} = \sum \mathbf{r}_\alpha \times \mathbf{p}_\alpha$ é constante.

A validade desse princípio depende de nossas duas suposições de que todas as forças internas $\mathbf{F}_{\alpha\beta}$ são centrais e satisfazem a terceira lei. Como tais suposições são quase sempre válidas, o princípio (como declarado) também o é. É de grande utilidade na resolução de muitos problemas, como ilustrarei em breve com uma série de exemplos simples.

Momento de inércia

Antes de discutirmos um exemplo, convém mencionar que o cálculo do momento angular nem sempre requer que retornemos à definição básica (3.20). Para um corpo rígido girando em torno de um eixo fixo (por exemplo, uma roda girando sobre seu eixo), o complicado somatório (3.20) pode ser expresso em termos do momento de inércia e da velocidade angular de rotação. Especificamente, se considerarmos o eixo de rotação como sendo o eixo z, então L_z, a componente z do momento angular, é justamente $L_z = I\omega$, onde I é o **momento de inércia** do corpo para o eixo dado e ω é a velocidade angular da rotação. Demonstraremos e generalizaremos esse resultado no Capítulo 10, ou você mesmo pode demonstrá-lo com o auxílio do Problema 3.30. Por enquanto, solicito que siga adiante com a física introdutória. Em particular, como você pode lembrar, os momentos de inércia de vários corpos padrões são conhecidos. Temos, por exemplo, um disco uniforme (massa M, raio R) girando em torno de seu eixo, $I = \frac{1}{2}MR^2$. Para uma esfera sólida uniforme girando em torno do diâmetro, $I = \frac{2}{5}MR^2$. Em geral, para qualquer sistema de várias partículas, $I = \sum m_\alpha \rho_\alpha^2$, onde ρ_α é a distância da massa m_α até o eixo de rotação.

Exemplo 3.3 Colisão de um disco com uma mesa giratória

Uma mesa giratória circular (massa M, raio R, centro O) está em repouso no plano xy e está montada sobre um eixo sem atrito, o qual está ao longo do eixo vertical z. Arremesso um disco (de massa m) com velocidade v em direção à borda de uma mesa giratória, de modo que ela se aproxima de uma reta que passa a uma distância[5] b de O, conforme ilustra a Figura 3.9. Quando o disco atinge a mesa giratória, ele se afasta para a borda e as duas massas giram juntas com velocidade angular ω. Determine ω.

Este problema é facilmente resolvido usando a conservação do momento angular. Como a mesa giratória está montada sobre um eixo sem atrito, não há torque sobre a mesa na direção z. Portanto, a componente z do torque externo sobre o sistema é zero e L_z é conservado. (Isso é verdade mesmo se incluirmos a gravidade, que atua na direção z e não contribui em nada para o torque na direção z.) Antes da colisão, a mesa giratória tem zero momento angular, enquanto a massa do disco tem $\boldsymbol{\ell} = \mathbf{r} \times \mathbf{p}$, que aponta na direção z. Logo, o momento angular total no início tem a componente z

$$L_z^{\text{in}} = \ell_z = r(mv)\operatorname{sen}\theta = mvb.$$

Após a colisão, o disco e a mesa giratória giram juntos em torno do eixo z com momento de inércia[6] total $I = (m + M/2)R^2$, e a componente z do momento angular final é $L_z^{\text{fin}} = I\omega$. Portanto, a conservação do momento angular na forma $L_z^{\text{in}} = L_z^{\text{fin}}$ nos diz que

$$mvb = (m + M/2)R^2\omega,$$

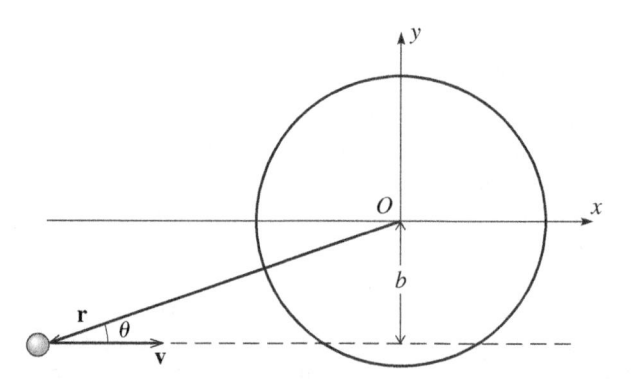

Figura 3.9 Um disco, com massa m, é arremessado com velocidade $\mathbf{v}$ para uma mesa giratória estacionária. A reta de aproximação do disco passa a uma distância b do centro da mesa O.

---

[5] Na teoria de colisão – a colisão normalmente entre partículas atômicas e subatômicas –, a distância b é chamada de *parâmetro de impacto*.

[6] Isso corresponde a mR^2 para o disco preso com um raio R, mais $\frac{1}{2}MR^2$ para a mesa giratória homogênea.

ou, resolvendo para ω,

$$\omega = \frac{m}{(m + M/2)} \cdot \frac{vb}{R^2}. \tag{3.27}$$

Essa resposta não é interessante. O que *é* interessante é o fato de que fomos capazes de obtê-la com um esforço relativamente pequeno. Isso é típico das leis de conservação, pois elas podem responder muitas questões de modo bem simples. O tipo de análise usado aqui pode ser empregado em muitas situações (como reações nucleares) em que um projétil incidente é absorvido por um alvo estacionário e seu momento angular é compartilhado entre os dois corpos.

Momento angular em torno do CM

A conservação do momento angular e o resultado mais geral (3.26), $\dot{\mathbf{L}} = \mathbf{\Gamma}^{\text{ext}}$ foram deduzidos sob a suposição de que todas as quantidades foram medidas em um referencial inercial, de forma a segunda lei de Newton poderia ser admitida. Isso exigiu que ambos, $\mathbf{L}$ e $\mathbf{\Gamma}^{\text{ext}}$, fossem medidos em torno de uma origem O fixa em algum referencial inercial. Vale observar que os mesmos dois resultados também valem se $\mathbf{L}$ e $\mathbf{\Gamma}^{\text{ext}}$ forem medidos em torno do centro de massa – mesmo se o CM estiver sendo acelerado e assim não estiver fixo a um referencial inercial. Ou seja,

$$\frac{d}{dt}\mathbf{L}(\text{em torno do CM}) = \mathbf{\Gamma}^{\text{ext}}(\text{em torno do CM}) \tag{3.28}$$

e, por isso, se $\mathbf{\Gamma}^{\text{ext}}$(em torno do CM) $= 0$, então, $\mathbf{L}$(em torno do CM) é conservado. Demonstraremos esse resultado no Capítulo 10, ou você mesmo pode demonstrar com o auxílio do Problema 3.37. Refiro-me a ele agora, pois permite uma solução muito simples para vários problemas, como ilustra o exemplo a seguir.

Exemplo 3.4 Um haltere escorregando e girando

Um haltere consistindo em duas massas iguais fixas nas extremidades de uma haste rígida, haste de massa desprezível, de comprimento $2b$, está em repouso sobre uma mesa horizontal sem atrito, deitado ao longo do eixo e centrado na origem, conforme ilustra a Figura 3.10. No instante $t = 0$, a massa da esquerda recebe uma pancada firme como se fosse uma força horizontal $\mathbf{F}$ na direção de y, durante um certo intervalo de tempo Δt. Descreva o movimento subsequente.

Há, na realidade, duas partes para este problema: devemos determinar o movimento inicial imediatamente após o impulso e, em seguida, o movimento livre da força. O movimento inicial não é difícil de imaginar, mas vamos deduzi-lo usando as ferramentas deste capítulo. A única força externa é a força $\mathbf{F}$ atuando na direção y durante o breve intervalo de tempo Δt. Como $\dot{\mathbf{P}} = \mathbf{F}^{\text{ext}}$, o momento total logo após o impulso é $\mathbf{P} = \mathbf{F}\,\Delta t$. Como $\mathbf{P} = M\dot{\mathbf{R}}$ (com $M = 2m$), concluímos que o CM começa a mover-se diretamente para cima no eixo y com velocidade

$$\mathbf{v}_{\text{cm}} = \dot{\mathbf{R}} = \mathbf{F}\Delta t/2m.$$

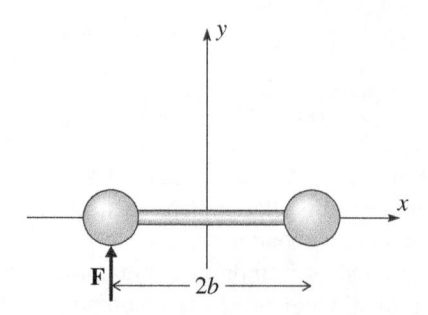

Figura 3.10   A massa da esquerda do haltere recebe uma pancada firme na direção y.

Enquanto a força **F** está agindo, há um torque $\Gamma^{\text{ext}} = Fb$ em torno do CM e, assim, de acordo com (3.28), o momento angular inicial (logo após o impulso ter cessado) é $L = Fb\,\Delta t$. Como $L = I\,\omega$, com $I = 2mb^2$, concluímos que o haltere está girando no sentido horário, com velocidade angular inicial

$$\omega = F\,\Delta t/2mb.$$

A rotação horária do haltere significa que a massa da esquerda está se movendo para cima em relação ao CM com velocidade ωb, e sua velocidade inicial total é

$$v_{\text{esquerda}} = v_{\text{cm}} + \omega b = F\,\Delta t/m.$$

Pelo mesmo argumento, a massa da direita está se movendo para baixo em relação ao CM e sua velocidade inicial total é

$$v_{\text{direita}} = v_{\text{cm}} - \omega b = 0.$$

Ou seja, a massa da direita está inicialmente parada, enquanto a da esquerda transporta todo o momento $F\,\Delta t$ do sistema.

O movimento subsequente é muito simples. Tão logo o impulso tenha cessado, não há forças externas ou torques. Logo, o CM continua a mover-se reto para cima na direção do eixo y com velocidade constante e o haltere continua a girar com momento angular constante em torno do CM e, por consequência, velocidade angular constante.

PRINCIPAIS DEFINIÇÕES E EQUAÇÕES

Equação do movimento para um foguete

$$m\dot{v} = -\dot{m}v_{\text{ex}} + F^{\text{ext}}. \qquad \text{[Eqs. (3.6) e (3.29)]}$$

Centro de massa de várias partículas

$$\mathbf{R} = \frac{1}{M}\sum_{\alpha=1}^{N} m_\alpha \mathbf{r}_\alpha = \frac{m_1\mathbf{r}_1 + \cdots + m_N\mathbf{r}_N}{M} \qquad \text{[Eq. (3.9)]}$$

onde M é a massa total das partículas, $M = \sum m_\alpha$.

Momento angular

Para uma única partícula com posição **r** (relativa a uma origem O) e momento **p**, o momento angular em torno de O é

$$\boldsymbol{\ell} = \mathbf{r} \times \mathbf{p}. \qquad \text{[Eq. (3.14)]}$$

Para várias partículas, o momento angular total é

$$\mathbf{L} = \sum_{\alpha=1}^{N} \boldsymbol{\ell}_\alpha = \sum_{\alpha=1}^{N} \mathbf{r}_\alpha \times \mathbf{p}_\alpha. \qquad \text{[Eq. (3.20)]}$$

Desde que todas as forças internas sejam forças centrais,

$$\dot{\mathbf{L}} = \boldsymbol{\Gamma}^{\text{ext}}, \qquad \text{[Eq. (3.26)]}$$

onde $\boldsymbol{\Gamma}^{\text{ext}}$ é o torque resultante externo.

PROBLEMAS

Estrelas indicam o nível de dificuldade, do mais fácil (*) ao mais difícil (***).

SEÇÃO 3.1   Conservação do momento

3.1* Considere uma arma com massa M (quando descarregada), que atira em uma bala de massa m com velocidade de disparo v. (Isto é, a velocidade da bala relativa à arma é v.) Assumindo que a arma está completamente livre para recuar (nenhuma força externa sobre a arma ou sobre a bala), use a conservação do momento para mostrar que a velocidade da bala relativa ao solo é $v/(1 + m/M)$.

3.2* Uma bomba, movendo-se com velocidade v_o exatamente horizontal e na direção norte, explode em dois fragmentos de massas iguais. Observa-se, logo após a explosão, que um dos fragmentos se move verticalmente para cima com velocidade v_o. Qual é a velocidade do outro fragmento?

3.3* Uma bomba movendo-se com velocidade $\mathbf{v}_o$ explode em três pedaços de massas iguais. Logo após a explosão, um dos pedaços tem velocidade $\mathbf{v}_1 = \mathbf{v}_o$ e os outros dois têm velocidades $\mathbf{v}_2$ e $\mathbf{v}_3$ que são iguais em magnitude ($v_2 = v_3$), mas são mutuamente perpendiculares. Determine $\mathbf{v}_2$ e $\mathbf{v}_3$ e esboce os gráficos das três velocidades.

3.4** Duas pessoas, cada uma de massa m_h, estão em pé em uma das extremidades de um vagão de massa m_v, com rodas sem atrito, em uma estrada de ferro. Elas podem correr para a outra extremidade do vagão e saltar para fora dele com velocidade u (relativa ao vagão). **(a)** Use a conservação do momento para determinar a velocidade de recuo do vagão se as duas pessoas correrem e pularem simultaneamente. **(b)** O que acontece se uma delas começar a correr apenas depois que a outra tiver saltado? Qual dos procedimentos gera a maior velocidade para o vagão? [*Sugestão*: a velocidade u é a velocidade de cada uma das pessoas, *relativa ao vagão*, logo após ele ter saltado; ela tem o mesmo valor para qualquer uma das pessoas e é a mesma nos itens (a) e (b).]

3.5** Muitas aplicações da conservação do momento envolvem também a conservação de energia, porém, ainda não iniciamos nossa discussão sobre energia. No entanto, você conhece o bastante sobre energia a partir de seu curso introdutório de física e, por isso, é capaz de lidar com esse tipo de problema. Eis um exemplo: uma *colisão elástica* entre dois corpos é definida como uma colisão na qual a energia cinética total dos dois corpos, após a colisão, é a mesma que antes. (Um exemplo familiar é a colisão entre duas bolas de bilhar, que geralmente perdem extremamente pouco de sua energia cinética total.) Considere uma colisão elástica entre dois corpos de massas iguais, um dos quais está inicialmente em repouso. Sejam as suas velocidades $\mathbf{v}_1$ e $\mathbf{v}_2 = 0$ antes da colisão, e $\mathbf{v}'_1$ e $\mathbf{v}'_2$ depois da colisão. Escreva a equação vetorial representando a conservação do momento e a equação escalar que expressa que a colisão é elástica. Use esses resultados para mostrar que o ângulo entre $\mathbf{v}'_1$ e $\mathbf{v}'_2$ é 90°. Esse resultado foi importante na história da física atômica e nuclear: dois corpos que sofreram uma colisão movendo-se com trajetórias perpendiculares era uma forte sugestão de que eles tinham a mesma massa e tinham sofrido uma colisão elástica.

SEÇÃO 3.2   Foguetes

3.6★ Logo no princípio dos lançamentos dos foguetes Saturno V, a massa era expelida a aproximadamente 15.000 kg/s, a uma velocidade $v_{ex} \approx 2500$ m/s relativa ao foguete. Qual era a propulsão do foguete? Converta isso em toneladas (1 T $\approx$ 9000 newtons) e compare com o peso inicial do foguete (cerca de 3000 T).

3.7★ Os primeiros minutos do lançamento do ônibus espacial podem ser descritos, muito genericamente, da seguinte forma: a massa inicial é 2×10^6 kg, a massa final (após 2 minutos) é de aproximadamente 1×10^6 kg, a velocidade média de expulsão v_{ex} é de cerca de 3000 m/s e a velocidade inicial, claramente, é zero. Se tudo isso estiver acontecendo no espaço, com gravidade desprezível, qual será a velocidade do ônibus espacial ao final desse estágio? Qual é a propulsão durante o mesmo período e como ela se compara ao peso total inicial do ônibus (na Terra)?

3.8★ Um foguete (com massa inicial m_o) precisa usar seus motores para pairar estático, um pouco acima do solo. **(a)** Se ele pode desprender no máximo uma quantidade de massa λm_o de seu combustível inicial, por quanto tempo pode ele pairar? [*Sugestão*: escreva a condição para que a propulsão apenas se equipare à força da gravidade. Você pode integrar a equação resultante por separação de variáveis t e m. Considere v_{ex} como sendo constante.] **(b)** Se $v_{ex} \approx 3000$ m/s e $\lambda \approx 10\%$, por quanto tempo o foguete poderá pairar um pouco acima da superfície da Terra?

3.9★ A partir dos dados do Problema 3.7, você pode determinar a massa inicial do ônibus espacial e a taxa de ejeção de massa $-\dot{m}$ (que você pode assumir como sendo constante). Qual é a velocidade mínima de expulsão v_{ex} para a qual o ônibus apenas iniciaria a subida tão logo a combustão estivesse completamente ativa? [*Sugestão*: a propulsão deve pelo menos contrabalançar o peso do ônibus.]

3.10★ Considere um foguete (com massa inicial m_o) acelerando a partir do repouso no espaço livre. Primeiro, à medida que ele aumenta a velocidade, seu momento p cresce, mas, à medida que sua massa diminui, p eventualmente começa a decrescer. Para que valor de m o momento p é máximo?

3.11★★ **(a)** Considere um foguete movendo-se em uma linha reta sujeito a uma força externa F^{ext} agindo ao longo da mesma reta. Mostre que a equação do movimento é

$$m\dot{v} = -\dot{m}v_{ex} + F^{ext}. \qquad (3.29)$$

[Revise a dedução da Equação (3.6), mas mantenha o termo da força externa.] **(b)** Particularize para o caso de o foguete ser lançado verticalmente (a partir do repouso) em um campo gravitacional g, de modo que a equação do movimento se torne

$$m\dot{v} = -\dot{m}v_{ex} - mg. \qquad (3.30)$$

Assuma que o foguete expele massa a uma taxa constante, $\dot{m} = -k$ (onde k é uma constante positiva), de modo que $m = m_o - kt$. Resolva a Equação (3.30) para v como uma função de t, usando separação de variáveis (isto é, reescreva a equação de forma que os termos envolvendo v estejam à esquerda e todos os termos envolvendo t estejam à direita). **(c)** Usando os dados aproximados do Problema 3.7, determine a velocidade do ônibus espacial com dois minutos de voo, assumindo (o que é praticamente verdade) que ele se move verticalmente para cima durante esse período e que g não se modifica de forma significativa. Compare com o resultado correspondente na ausência de gravidade. **(d)** Descreva o que aconteceria ao foguete se ele tivesse sido projetado de modo que o primeiro termo da direita da Equação (3.30) fosse menor do que o valor inicial do segundo.

3.12★★ Para ilustrar o uso de um foguete com múltiplos estágios, considere o seguinte: **(a)** Um certo foguete transporta 60% de sua massa inicial como sendo combustível (ou seja, a massa do combustível é $0,6m_o$). Qual é a velocidade final do foguete acelerando a partir do repouso no espaço livre, se ele consome todo o seu combustível em um único estágio? Expresse sua resposta como um múltiplo de v_{ex}. **(b)** Suponha, em vez disso, que ele consuma o combustível em dois estágios, conforme segue: No primeiro estágio, ele consome uma massa de $0,3m_o$ de combustível. Ele, então, descarta o tanque de combustível do primeiro estágio, que tem uma massa de $0,1m_o$ e, em seguida consome os $0,3m_o$ de combustível restante. Determine a velocidade final nesse caso, assumindo o mesmo valor de v_{ex} durante todo o tempo, e compare.

3.13★★ Se você ainda não o resolveu, resolva o Problema 3.11(b) e determine a velocidade $v(t)$ de um foguete acelerando verticalmente, a partir do repouso, em um campo gravitacional g. Agora, integre $v(t)$ e mostre que a altura do foguete como função do tempo t é

$$y(t) = v_{ex}t - \frac{1}{2}gt^2 - \frac{mv_{ex}}{k}\ln\left(\frac{m_o}{m}\right).$$

Usando os números dados no Problema 3.7, estime a altura do ônibus espacial após dois minutos.

3.14★★ Considere um foguete sujeito a uma força de resistência linear, $\mathbf{f} = -b\mathbf{v}$ e mais nenhuma outra força externa. Use a Equação (3.29) do Problema 3.11 para mostrar que, se o foguete parte do repouso e expele massa a uma taxa constante $k = -\dot{m}$, então, a sua velocidade é dada por

$$v = \frac{k}{b}v_{ex}\left[1 - \left(\frac{m}{m_o}\right)^{b/k}\right].$$

SEÇÃO 3.3 O centro de massa

3.15★ Determine a posição do centro de massa de três partículas sobre o plano xy com $\mathbf{r}_1 = (1, 1, 0)$, $\mathbf{r}_2 = (1, -1, 0)$ e $\mathbf{r}_3 = (0, 0, 0)$, se $m_1 = m_2$ e $m_3 = 10m_1$. Ilustre sua solução com o esboço de um gráfico e comente-a.

3.16★ As massas da Terra e do Sol são $M_t \approx 6,0 \times 10^{24}$ e $M_s \approx 2,0 \times 10^{30}$ (ambas em kg) e a distância entre os seus centros de massa é $1,5 \times 10^8$ km. Determine a posição do CM e comente. (O raio do Sol é $R_s \approx 7,0 \times 10^5$ km.)

3.17★ As massas da Terra e da Lua são $M_t \approx 6,0 \times 10^{24}$ e $M_l \approx 7,4 \times 10^{22}$ (ambas em kg) e a distância entre seus centros de massa é $3,8 \times 10^5$ km. Determine a posição do CM e comente. (O raio da Terra é $R_t \approx 6,4 \times 10^3$ km.)

3.18★★ **(a)** Mostre que o CM de duas partículas quaisquer sempre está sobre a reta que as liga, como ilustrado na Figura 3.3. [Escreva o vetor que aponta de m_1 para o CM e mostre que ele tem a mesma direção que o vetor de m_1 a m_2.] **(b)** Mostre que as distâncias do CM a m_1 e m_2 estão na razão m_2/m_1. Explique por que se m_1 for muito maior do que m_2, o CM se encontra muito próximo da posição de m_1.

3.19★★ **(a)** Sabemos que a trajetória de um projétil arremessado do solo é uma parábola (se ignorarmos a resistência do ar). À luz do resultado (3.12), qual seria a trajetória subsequente do CM dos pedaços do projétil se este explodisse no ar? **(b)** Uma bomba é disparada do nível do solo de modo que ela atinja um alvo a 100 m de distância. Infelizmente, a bomba explode prematuramente e se parte em dois pedaços iguais. Os dois pedaços atingem o solo ao mesmo tempo e um deles atinge o solo a 100 m adiante do outro. A que distância o outro pedaço atingiu o solo? **(c)** O mesmo resultado será verdadeiro se eles atingirem o solo em instantes diferentes (com um pedaço atingindo o solo 100 m adiante do alvo)?

3.20★★ Considere um sistema composto por dois corpos extensos, os quais possuem massas M_1 e M_2 e centros de massa em $\mathbf{R}_1$ e $\mathbf{R}_2$. Mostre que o CM do sistema é dado por

$$\mathbf{R} = \frac{M_1\mathbf{R}_1 + M_2\mathbf{R}_2}{M_1 + M_2}.$$

Esse belo resultado significa que, ao determinar o CM de um sistema complicado, você pode tratar as suas componentes como se fossem massas pontuais posicionadas em seus centros de massa separadamente – mesmo quando as partes componentes são elas próprias corpos extensos.

3.21★★ Uma placa fina e uniforme de metal é cortada no formato de um semicírculo de raio R e repousa sobre o plano xy com seu centro na origem e com o diâmetro estendido ao longo do eixo x. Determine a posição do CM usando coordenadas polares. [Neste caso, o somatório (3.9), que define a posição do CM, torna-se uma integral bidimensional da forma $\int \mathbf{r}\, \sigma\, dA$, onde σ denota a densidade de massa da superfície (massa/área) da placa de metal e dA é o elemento de área $dA = r\, dr\, d\phi$.]

3.22★★ Use coordenadas polares esféricas r, θ, ϕ para determinar o CM de um sólido hemisférico uniforme de raio R, cuja face plana repousa sobre o plano xy com seu centro sobre a origem. Antes de resolver isso, você necessitará se convencer de que o elemento de volume, em coordenadas polares esféricas, é $dV = r^2\, dr$ sen $\theta\, d\theta\, d\phi$. (Coordenadas polares esféricas estão definidas na Seção 4.8. Se você não está familiarizado com essas coordenadas, possivelmente, não deve tentar resolver este problema ainda.)

3.23★★★ [Computador] Uma granada é arremessada com velocidade inicial $\mathbf{v}_o$ a partir da origem no topo de um precipício alto, sem resistência do ar. **(a)** Utilizando um programa apropriado para geração de gráficos, desenhe o gráfico da órbita, com os seguintes parâmetros: $\mathbf{v}_o = (4, 4)$, $g = 1$ e $0 \leq t \leq 4$ (e com x medido horizontalmente e y verticalmente para cima). Inclua no seu gráfico marcas apropriadas (pontos ou cruzes, por exemplo) para mostrar a posição da granada para $t = 1, 2, 3, 4$. **(b)** Para $t = 4$, quando a velocidade da granada é $\mathbf{v}$, ela explode em duas partes iguais, uma das quais se move com velocidade $\mathbf{v} + \Delta\mathbf{v}$. Qual é a velocidade da outra parte? **(c)** Assumindo que $\Delta\mathbf{v} = (1, 3)$, inclua no seu gráfico original as trajetórias das duas partes para $4 \leq t \leq 9$. Insira marcas para mostrar as suas posições quando $t = 5, 6, 7, 8, 9$. Determine alguma estratégia para ilustrar com clareza que o CM das duas partes continua seguindo a trajetória parabólica original.

SEÇÃO 3.4 Momento angular de uma única partícula

3.24★ Se os vetores $\mathbf{a}$ e $\mathbf{b}$ formam os dois lados de um triângulo, mostre que $\frac{1}{2}|\mathbf{a} \times \mathbf{b}|$ é igual à área do triângulo.

3.25★ Uma partícula de massa m está se movendo sobre uma mesa sem atrito e está presa a uma mola de massa desprezível, cujo lado oposto passa através de um orifício sobre a mesa, onde ela é fixada. Inicialmente, a partícula está se movendo em um círculo de raio r_0 com velocidade angular ω_0, mas agora puxamos a mola na direção do orifício até um comprimento r ser formado entre o orifício e a partícula. Qual é a velocidade angular da partícula nesse momento?

3.26★ Uma partícula se move sob a influência de uma força central dirigida para uma origem fixa O. **(a)** Explique por que o momento angular da partícula em torno de O é constante. **(b)** Cite em detalhes o argumento de que a órbita da partícula deve estar sobre um único plano contendo O.

3.27★★ Considere um planeta orbitando em torno do Sol considerado fixo. Tome o plano da órbita do planeta como sendo o plano xy, com o Sol na origem e considere a posição do planeta em coordenadas polares (r, ϕ). **(a)** Mostre que o momento angular do planeta tem magnitude $\ell = mr^2\omega$, onde $\omega = \dot{\phi}$ é a velocidade angular do planeta em torno do Sol. **(b)** Mostre que a taxa com a qual o planeta "varre a área" (como na segunda lei de Kepler) é $dA/dt = \frac{1}{2}r^2\omega$ e, por conseguinte, $dA/dt = \ell/2m$. Deduza a segunda lei de Kepler.

SEÇÃO 3.5 Momento angular de várias partículas

3.28★ Para um sistema de apenas três partículas, elabore em detalhe o argumento que conduz de (3.20) a (3.26), $\dot{\mathbf{L}} = \mathbf{\Gamma}^{\text{ext}}$, escrevendo todas as somas explicitamente.

3.29★ Um asteroide esférico de raio R_0 está girando com velocidade angular ω_0. À medida que o tempo passa, ele atrai mais matéria até que seu raio torna-se R. Assumindo que sua densidade permanece a mesma e que a matéria adicional estava originalmente em repouso relativo ao asteroide (que seja na média), determine a nova velocidade angular do asteroide. (Você sabe, com base na física elementar, que o momento de inércia é $\frac{2}{5}MR^2$.) Qual será a velocidade angular final se o raio duplicar?

3.30★★ Considere um corpo girando com velocidade angular ω em torno de eixo fixo. (Você pode pensar em uma porta girando em torno do eixo definido pelas suas dobradiças.) Considere o eixo de rotação como sendo o eixo z e use coordenadas polares cilíndricas $\rho_\alpha, \phi_\alpha, z_\alpha$ para especificar as posições das partículas $\alpha = 1, \cdots, N$ que formam o corpo. **(a)** Mostre que a velocidade da partícula α é $\rho_\alpha\omega$ na direção ϕ. **(b)** Como consequência, mostre que a componente z do momento angular ℓ_α da partícula α é $m_\alpha\rho_\alpha^2\omega$. **(c)** Mostre que a componente L_z do momento angular total pode ser escrita como $L_z = I\omega$, onde I é o momento de inércia (para o eixo em questão),

$$I = \sum_{\alpha=1}^{N} m_\alpha \rho_\alpha^2. \tag{3.31}$$

3.31★★ Determine o momento de inércia de um disco uniforme de massa M e raio R, girando em torno do seu eixo, pela substituição do somatório (3.31) pela integral apropriada e resolva a integral em coordenadas polares.

3.32★★ Mostre que o momento de inércia de uma esfera sólida uniforme girando em torno de um diâmetro é $\frac{2}{5}MR^2$. O somatório (3.31) deve ser substituído por uma integral, que é bem mais fácil quando em coordenadas esféricas polares, com o eixo de rotação considerado como sendo o eixo z. O elemento de volume é $dV = r^2 dr \operatorname{sen}\theta\, d\theta\, d\phi$. (As coordenadas esféricas polares estão definidas na Seção 4.8. Se você não está familiarizado com elas, possivelmente, não deve tentar resolver este problema ainda.)

3.33★★ Iniciando pelo somatório (3.31) e substituindo-o pela integral apropriada, determine o momento de inércia de uma chapa quadrada fina de lado $2b$, girando em torno de um eixo perpendicular à chapa e passando pelo seu centro.

3.34★★ Um malabarista está jogando malabares com uma chama em uma das extremidades. Ele segura o malabar pela extremidade sem chama e arremessa-o para cima de modo que, no momento da liberação, ele está horizontal, e seu CM move-se verticalmente para cima com uma velocidade v_o e ele está girando com velocidade angular ω_o. Para agarrá-lo, o malabarista deseja uma configuração de modo que, ao retornar para sua mão, o malabar tenha realizado um número inteiro de rotações completas. Qual deve ser v_o, se o malabar tiver que realizar n rotações ao retornar à sua mão?

3.35★★ Considere um disco sólido uniforme de massa M e raio R, girando sem deslizar para baixo em um declive, o qual forma um ângulo γ com a horizontal. O ponto de contato instantâneo entre o disco e a superfície do declive é chamado P. **(a)** Desenhe o diagrama de forças do corpo, mostrando todas as forças sobre o disco. **(b)** Determine a aceleração linear $\dot{v}$ do disco aplicando o resultado $\dot{\mathbf{L}} = \mathbf{\Gamma}^{\text{ext}}$ para rotação em torno de P. (Lembre-se que $L = I\omega$ e o momento de inércia para rotação em torno de um ponto sobre uma circunferência é $\frac{3}{2}MR^2$. A condição para que o disco não deslize é $v = R\omega$ e, por isso, $\dot{v} = R\dot{\omega}$.) **(c)** Deduza o mesmo resultado aplicando $\dot{\mathbf{L}} = \mathbf{\Gamma}^{\text{ext}}$ para a rotação em torno do CM. (Neste caso, você irá verificar que existe uma nova incógnita, a força de atrito. Você pode eliminá-la aplicando a segunda lei de Newton para o movimento do CM. O momento de inércia para a rotação em torno do CM é $\frac{1}{2}MR^2$.)

3.36★★ Repita os cálculos do Exemplo 3.4 para o caso em que a força **F** age na direção nordeste, com um ângulo γ a partir do eixo x. Quais são as velocidades das duas massas logo após o impulso ter sido aplicado? Cheque as suas respostas para os casos em que $\gamma = 0$ e $\gamma = 90°$.

3.37★★★ Um sistema consiste em N massas m_α nas posições $\mathbf{r}_\alpha$ relativas a uma origem fixa O. Seja $\mathbf{r}'_\alpha$ denotando a posição de m_α relativa ao CM, isto é, $\mathbf{r}'_\alpha = \mathbf{r}_\alpha - \mathbf{R}$. **(a)** Faça um esboço para ilustrar esta última equação. **(b)** Mostre a relação útil $\sum m_\alpha \mathbf{r}'_\alpha = 0$. Você é capaz de explicar por que essa relação é praticamente óbvia? **(c)** Use essa relação para mostrar o resultado (3.28) de que a taxa de variação do momento angular *em torno do CM* é igual ao torque externo total em torno de CM. (Esse resultado surpreende, já que o CM pode estar acelerando, de modo que ele não é necessariamente um ponto fixo em um referencial inercial.)

4

Energia

Este capítulo versa sobre a conservação da energia. Você verá que a análise da conservação da energia é surpreendentemente mais complicada do que a correspondente discussão para o momento linear e momento angular no Capítulo 3. Esta é a principal razão: em quase todos os problemas da mecânica clássica, há apenas um tipo de momento linear ($\mathbf{p} = m\mathbf{v}$ para cada partícula) e um tipo de momento angular ($\boldsymbol{\ell} = \mathbf{r} \times \mathbf{p}$ para cada partícula). Em contrapartida, a energia surge de várias formas diferentes e importantes: cinética, diversos tipos de potencial, térmica e outras. É o processo que transforma a energia de um tipo para outro que complica o uso de sua conservação. Veremos que a conservação da energia é um processo bem sutil, mesmo para um sistema consistindo em apenas uma única partícula.

4.1 ENERGIA CINÉTICA E TRABALHO

Como disse, há muitas formas de energia. Talvez, a forma mais básica de energia seja a **energia cinética** (ou EC), a qual, para uma única partícula de massa m, movendo-se com velocidade v, é definida como

$$T = \tfrac{1}{2}mv^2. \tag{4.1}$$

Imaginemos a partícula movendo-se através do espaço e examinemos a variação em sua energia cinética à medida que ela se move entre dois pontos vizinhos $\mathbf{r}_1$ e $\mathbf{r}_1 + d\mathbf{r}$ sobre a sua trajetória, conforme ilustrado na Figura 4.1. A derivada temporal de T é facilmente calculada se observarmos que $v^2 = \mathbf{v} \cdot \mathbf{v}$, ou seja,

$$\frac{dT}{dt} = \tfrac{1}{2}m\frac{d}{dt}(\mathbf{v} \cdot \mathbf{v}) = \tfrac{1}{2}m(\dot{\mathbf{v}} \cdot \mathbf{v} + \mathbf{v} \cdot \dot{\mathbf{v}}) = m\dot{\mathbf{v}} \cdot \mathbf{v}. \tag{4.2}$$

Pela segunda lei, o fator $m\dot{\mathbf{v}}$ é igual à resultante da força $\mathbf{F}$ sobre a partícula, de modo que

$$\frac{dT}{dt} = \mathbf{F} \cdot \mathbf{v}. \tag{4.3}$$

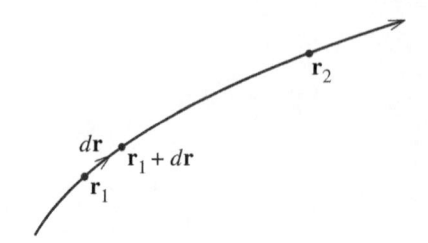

Figura 4.1 Três pontos sobre a trajetória de uma partícula: r_1, $r_1 + dr$ (com dr infinitesimal) e r_2.

Se multiplicarmos ambos os lados por dt, então, como $v\, dt$ é o deslocamento dr, obtemos

$$dT = \mathbf{F} \cdot d\mathbf{r}. \qquad (4.4)$$

A expressão à direita, $\mathbf{F} \cdot d\mathbf{r}$, é definida como o **trabalho realizado pela força** $\mathbf{F}$ durante o deslocamento $d\mathbf{r}$. Logo, demonstramos o **teorema Trabalho-EC**, que diz que a variação na energia cinética da partícula entre dois pontos vizinhos sobre a sua trajetória é igual ao trabalho realizado pela força resultante quando a partícula move-se entre esses dois pontos.[1]

Até o momento, demonstramos o teorema Trabalho-EC para um deslocamento infinitesimal $d\mathbf{r}$, mas ele pode ser generalizado facilmente para grandes deslocamentos. Considere os dois pontos ilustrados como r_1 e r_2 na Figura 4.1. Podemos dividir o caminho entre esses dois pontos 1 e 2 em um grande número de segmentos bastante pequenos, para cada um deles, podemos aplicar o resultado infinitesimal (4.4). Somando todos esses resultados, determinamos a variação total em T ao passar de 1 para 2 como o somatório $\sum \mathbf{F} \cdot d\mathbf{r}$ de todos os trabalhos infinitesimais realizados em todos os deslocamentos infinitesimais entre os pontos 1 e 2:

$$\Delta T \equiv T_2 - T_1 = \sum \mathbf{F} \cdot d\mathbf{r}. \qquad (4.5)$$

No limite em que todos os deslocamentos $d\mathbf{r}$ vão para zero, esse somatório torna-se uma integral:

$$\sum \mathbf{F} \cdot d\mathbf{r} \rightarrow \int_1^2 \mathbf{F} \cdot d\mathbf{r}. \qquad (4.6)$$

Essa integral, chamada de **integral de linha**[2], é uma generalização da integral $\int f(x)\, dx$ sobre uma única variável x, e a sua definição como o limite do somatório de muitas contribuições pequenas é análoga. Se você tem alguma dificuldade com o símbolo $\int_1^2 \mathbf{F} \cdot d\mathbf{r}$ à direita

---

[1] Dois pontos podem parecer confusos em um primeiro momento: o trabalho $\mathbf{F} \cdot d\mathbf{r}$ pode ser *negativo* se, por exemplo, $\mathbf{F}$ e $d\mathbf{r}$ apontarem para direções opostas. Embora a noção de uma força realizando um trabalho negativo conflitue com a nossa noção comum de trabalho, ela é perfeitamente consistente com a definição física: uma força na direção oposta ao deslocamento *reduz* a energia cinética, logo, pelo teorema Trabalho-EC, o trabalho correspondente tem que ser negativo. Segundo, se $\mathbf{F}$ e $d\mathbf{r}$ são perpendiculares, então, o trabalho $\mathbf{F} \cdot d\mathbf{r}$ é zero. Novamente, isso conflitua com nosso senso comum de trabalho, mas é consistente com o emprego na física: a força que é perpendicular ao deslocamento não altera a EC.

[2] Não é um nome especialmente agradável para aqueles que imaginam uma linha como algo reto. Entretanto, há linhas curvas tanto quanto linhas retas e, em geral, uma integral de linha pode envolver uma linha curva, assim como a trajetória ilustrada na Figura 4.1.

de (4.6), pense nele como sendo apenas a soma que está à esquerda (considerando todos os deslocamentos infinitesimalmente pequenos). No cálculo de uma integral de linha, é frequentemente possível convertê-la em uma integral ordinária para uma única variável como o exemplo a seguir ilustra. Observe que, como o nome sugere, a integral de linha depende (em geral) do caminho que a partícula percorreu do ponto 1 ao ponto 2. Para uma força **F** qualquer, a integral de linha à direita de (4.6) é chamada de **trabalho realizado pela força F** movendo-se entre os pontos 1 e 2 ao longo do caminho considerado.

Exemplo 4.1 Três integrais de linha

Cálcule a integral de linha para o trabalho realizado pela força bidimensional $\mathbf{F} = (y, 2x)$ partindo da origem O até o ponto $P = (1,1)$ ao longo de cada um dos três caminhos apresentados na Figura 4.2. O caminho a vai de O até $Q = (1, 0)$ ao longo do eixo x e em seguida de Q reto para cima até P, o caminho b vai reto de O a P ao longo da reta $y = x$ e o caminho c vai ao longo do arco do círculo com centro em O.

A integral ao longo do caminho a é facilmente calculada em duas partes, se observarmos que sobre OQ os deslocamentos têm a forma $d\mathbf{r} = (dx, 0)$, enquanto sobre QP eles são $d\mathbf{r} = (0, dy)$. Logo,

$$W_a = \int_a \mathbf{F} \cdot d\mathbf{r} = \int_O^Q \mathbf{F} \cdot d\mathbf{r} + \int_Q^P \mathbf{F} \cdot d\mathbf{r} = \int_0^1 F_x(x, 0)\, dx + \int_0^1 F_y(1, y)\, dy$$

$$= 0 + 2\int_0^1 dy = 2.$$

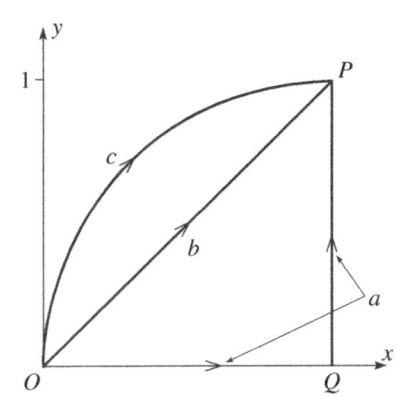

Figura 4.2 Três caminhos diferentes, a, b e c, da origem até o ponto $P = (1, 1)$.

Sobre o caminho b, $x = y$, logo, $dx = dy$ e

$$W_b = \int_b \mathbf{F} \cdot d\mathbf{r} = \int_b (F_x\, dx + F_y\, dy) = \int_0^1 (x + 2x) dx = 1{,}5.$$

O caminho c é expresso parametricamente por

$$\mathbf{r} = (x, y) = (1 - \cos\theta, \operatorname{sen}\theta),$$

onde θ é o ângulo entre OQ e a reta de Q ao ponto (x, y), com $0 \leq \theta \leq \pi/2$. Logo, sobre o caminho c,

$$d\mathbf{r} = (dx, dy) = (\operatorname{sen}\theta, \cos\theta)\, d\theta$$

e

$$W_c = \int_c \mathbf{F} \cdot d\mathbf{r} = \int_c (F_x\, dx + F_y\, dy)$$

$$= \int_0^{\pi/2} \left[\operatorname{sen}^2\theta + 2(1 - \cos\theta)\cos\theta\right] d\theta = 2 - \pi/4 = 1{,}21.$$

Alguns outros exemplos podem ser encontrados nos Problemas 4.2 e 4.3. Se você nunca estudou integrais de linha, deve tentar resolver algum desses problemas.

Com a notação da integral de linha, podemos reescrever o resultado (4.5) como

$$\Delta T \equiv T_2 - T_1 = \int_1^2 \mathbf{F} \cdot d\mathbf{r} \equiv W(1 \to 2), \tag{4.7}$$

onde introduzi a notação $W(1 \to 2)$ para o trabalho realizado por $\mathbf{F}$ indo do ponto 1 ao ponto 2. O resultado é o **teorema Trabalho-EC** para deslocamentos arbitrários, grandes ou pequenos: a variação na EC da partícula, à medida que ela se move entre os pontos 1 e 2, é o trabalho realizado pela força resultante.

É importante lembrar que o trabalho que aparece à direita de (4.7) é o trabalho realizado pela *força resultante* $\mathbf{F}$ sobre a partícula. Em geral, $\mathbf{F}$ é soma de vários vetores força separados

$$\mathbf{F} = \mathbf{F}_1 + \cdots + \mathbf{F}_n \equiv \sum_{i=1}^n \mathbf{F}_i.$$

(Por exemplo, a força resultante sobre um projétil é a soma de duas forças, o peso e a resistência do ar.) É um fato muito conveniente que, ao calcular o trabalho realizado pela força resultante $\mathbf{F}$, podemos simplesmente somar os trabalhos realizados pela forças separadamente $\mathbf{F}_1, \cdots, \mathbf{F}_n$. Essa declaração é facilmente demonstrada da seguinte forma:

$$W(1 \to 2) = \int_1^2 \mathbf{F} \cdot d\mathbf{r} = \int_1^2 \sum_i \mathbf{F}_i \cdot d\mathbf{r}$$

$$= \sum_i \int_1^2 \mathbf{F}_i \cdot d\mathbf{r} = \sum_i W_i(1 \to 2). \tag{4.8}$$

O passo crucial, da primeira linha para a segunda, é justificado porque a integral do somatório de *n* termos é a mesma que o somatório de *n* integrais individuais. O teorema do Trabalho-EC pode, portanto, ser reescrito como

$$T_2 - T_1 = \sum_{i=1}^{n} W_i(1 \to 2). \tag{4.9}$$

Na prática, usa-se sempre o teorema desta forma: calcule o trabalho W_i realizado por cada uma das *n* forças separadamente sobre a partícula e então tome ΔT igual à soma de todos os W_i.

Se a força resultante sobre a partícula for zero, então o teorema Trabalho-EC nos diz que a energia cinética da partícula é constante. Isso simplesmente afirma que a velocidade v é constante, que, embora seja verdade, não é muito interessante, uma vez que isso segue diretamente da primeira lei de Newton.

4.2 ENERGIA POTENCIAL E FORÇAS CONSERVATIVAS

O próximo passo no desenvolvimento do formalismo da energia é introduzir a noção de energia potencial (ou EP) correspondendo às forças sobre um objeto. Nem toda força permite a definição de uma energia potencial correspondente. Essas forças especiais que têm uma energia potencial correspondente (com as propriedades necessárias) são chamadas de *forças conservativas* e devemos discutir as propriedades que distinguem forças conservativas das não conservativas. Especialmente, veremos que há duas condições a que uma força deve satisfazer para ser considerada conservativa.

Para simplificar nossa discussão, vamos assumir, em primeiro lugar, que há apenas uma força agindo sobre um objeto de interesse – a força gravitacional exercida pelo Sol sobre um planeta, ou a força elétrica $q\mathbf{E}$ sobre uma carga em um campo elétrico (com nenhuma outra força presente). A força **F** pode depender das mais diversas variáveis: ela pode depender da posição **r** do objeto. (Quanto mais afastado estiver um planeta do Sol, mais fraca será a atração gravitacional.) Ela pode depender também da velocidade do objeto, como é o caso da resistência do ar; ela pode depender ainda do tempo t, como seria o caso para uma carga em um campo elétrico variando com o tempo. Finalmente, se a força for exercida por humanos, ela pode depender de coisas imponderáveis – o quão cansados eles estão, o quão convenientemente posicionados eles estão para empurrar e assim por diante.

A primeira condição para uma força **F** ser conservativa é que **F** dependa apenas da posição **r** do objeto sobre o qual ela age, ou seja, ela não pode depender da velocidade, do tempo ou de qualquer outra variável, exceto de **r**. Isso parece, e o é, bastante restritivo, mas há muitas forças que têm essa propriedade: a força gravitacional do Sol sobre um planeta (posição **r** relativa ao Sol) pode ser reescrita como

$$\mathbf{F(r)} = -\frac{GmM}{r^2}\hat{\mathbf{r}},$$

que, evidentemente, depende apenas da variável **r**. (Os parâmetros m e M – e, naturalmente, a constante gravitacional G – são constantes para um dado planeta e dado Sol.) Similarmente, a força eletrostática $\mathbf{F(r)} = q\mathbf{E(r)}$, agindo sobre uma carga q, por um campo elétrico estático $\mathbf{E(r)}$, tem essa propriedade. Forças que não satisfazem essa condição

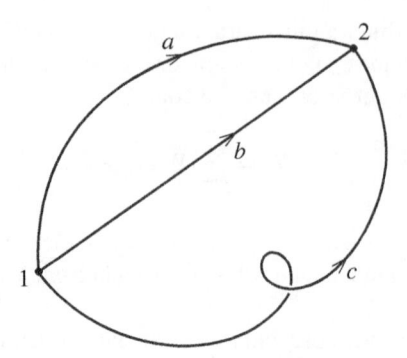

Figura 4.3 Três caminhos diferentes, *a*, *b* e *c*, ligando os mesmos dois pontos 1 e 2.

incluem a resistência do ar (que depende da velocidade), o atrito (que depende da direção do movimento), a força magnética (que depende da velocidade) e a força de um campo elétrico dependente do tempo $\mathbf{E}(\mathbf{r}, t)$ (que obviamente depende do tempo).

A segunda condição a que uma força deve satisfazer para ser considerada conservativa diz respeito ao trabalho realizado pela força, quando o objeto sobre o qual ela atua move-o entre dois pontos $\mathbf{r}_1$ e $\mathbf{r}_2$ (ou apenas 1 e 2),

$$W(1 \to 2) = \int_1^2 \mathbf{F} \cdot d\mathbf{r}. \tag{4.10}$$

A Figura 4.3 apresenta dois pontos, 1 e 2, e três caminhos distintos que os ligam. É perfeitamente possível que o trabalho realizado entre os pontos 1 e 2, conforme definido pela integral de linha (4.10), tenha valores diferentes dependendo de qual dos três caminhos, *a*, *b* ou *c* a partícula siga. Por exemplo, considere a força de atrito (fricção) quando empurro um engradado pesado ao longo do piso. Essa força tem magnitude constante, F_{fric} digamos, e é sempre contrária à direção do movimento. Portanto, o trabalho realizado pelo atrito enquanto o engradado se move de 1 para 2 é dado por (4.10) como

$$W_{\text{fric}}(1 \to 2) = -F_{\text{fric}} L,$$

onde L denota o comprimento do caminho percorrido. Os três caminhos da Figura 4.3 possuem comprimentos distintos e $W_{\text{fric}}(1 \to 2)$ terá valor diferente para cada um deles.

Por outro lado, há forças com a propriedade de que o trabalho $W(1 \to 2)$ é o mesmo para *qualquer* caminho ligando os mesmos dois pontos 1 e 2. Um exemplo de uma força com essa propriedade é a força gravitacional da Terra, $\mathbf{F}_{\text{grav}} = m\mathbf{g}$ sobre um objeto próximo à superfície. É facilmente demonstrável (Problema 4.5) que, como $\mathbf{g}$ é um vetor constante apontando verticalmente para baixo, o trabalho realizado nesse caso é

$$W_{\text{grav}}(1 \to 2) = -mgh, \tag{4.11}$$

onde h é a altura vertical adquirida entre os pontos 1 e 2. Esse trabalho é o mesmo para *quaisquer* dois caminhos entre os pontos dados 1 e 2. Essa propriedade, de que o trabalho é independente do caminho, é a segunda condição à qual uma força deve satisfazer para ser conservativa e agora estamos prontos para enunciar as duas condições.

> **Condições para uma força ser conservativa**
>
> Uma força **F** agindo sobre uma partícula é **conservativa** se e somente se ela satisfizer duas condições:
>
> (i) **F** depende apenas da posição **r** da partícula (e não da velocidade **v** ou do tempo t, ou de qualquer outra variável), ou seja, **F** = **F(r)**.
> (ii) Para quaisquer dois pontos 1 e 2, o trabalho $W(1 \to 2)$ realizado por **F** é o mesmo para todos os caminhos entre 1 e 2.

A razão para o nome "conservativa" e para a importância do conceito é a seguinte: se todas as forças sobre um objeto são conservativas, podemos definir uma grandeza chamada de energia potencial (ou apenas EP), denotada $U(\mathbf{r})$, uma função apenas da posição, com a propriedade de que a energia mecânica total

$$E = \text{EC} + \text{EP} = T + U(\mathbf{r}) \tag{4.12}$$

é constante, isto é, E é *conservada*.

Para definir a energia potencial $U(\mathbf{r})$ correspondente a uma dada força conservativa, primeiramente, escolha um ponto de referência $\mathbf{r}_0$ no qual U é definida como zero. (Por exemplo, no caso da gravidade próxima da superfície da Terra, frequentemente, define-se U como zero no nível do solo.) Definimos então $U(\mathbf{r})$, a **energia potencial** em um ponto arbitrário **r**, como[3]

$$U(\mathbf{r}) = -W(\mathbf{r}_0 \to \mathbf{r}) \equiv -\int_{\mathbf{r}_0}^{\mathbf{r}} \mathbf{F}(\mathbf{r}') \cdot d\mathbf{r}'. \tag{4.13}$$

Transformando números em palavras, $U(\mathbf{r})$ é o negativo do trabalho realizado por **F** quando a partícula se move do ponto de referência $\mathbf{r}_0$ até o ponto de interesse **r**, como na Figura 4.4. (Veremos em seguida a razão de termos o sinal negativo.) Observe que a definição (4.13) faz sentido apenas em virtude da propriedade (ii) de forças conservativas. Se a integral do trabalho em (4.13) fosse diferente para caminhos diferentes, então (4.13) não definiria a função[4] $U(\mathbf{r})$ univocamente.

---

[3] Observe que chamei a variável de integração de **r**' para evitar confusão com o limite superior **r**.

[4] A definição (4.13) depende também da propriedade (i) de forças conservativas, mas de uma forma mais sutil. Se **F** depende de outra variável além de **r** (por exemplo, t ou **v**), o lado direito de (4.13) dependeria de quando ou de como a partícula se move de $\mathbf{r}_0$ para **r** e novamente não haveria $U(\mathbf{r})$ definido univocamente.

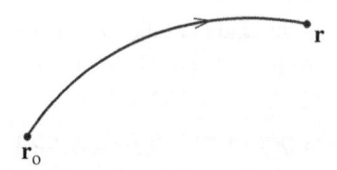

Figura 4.4 A energia potencial $U(\mathbf{r})$ em um ponto qualquer $\mathbf{r}$ é definida como o negativo do trabalho realizado por $\mathbf{F}$ quando a partícula se move de um ponto de referência $\mathbf{r}_o$ até $\mathbf{r}$. Isso gera uma função bem definida $U(\mathbf{r})$ apenas se o trabalho for independente do caminho escolhido – isto é, se a força for conservativa.

Exemplo 4.2 Energia potencial de uma carga em um campo elétrico uniforme

Uma carga q é colocada em um campo elétrico uniforme, apontando na direção x, com intensidade E_o, de forma que a força sobre q é $\mathbf{F} = q\mathbf{E} = qE_o\,\hat{\mathbf{x}}$. Mostre que essa força é conservativa e determine a energia potencial correspondente.

O trabalho realizado por $\mathbf{F}$ entre dois pontos 1 e 2 ao longo de qualquer caminho é

$$W(1 \to 2) = \int_1^2 \mathbf{F} \cdot d\mathbf{r} = qE_o \int_1^2 \hat{\mathbf{x}} \cdot d\mathbf{r} = qE_o \int_1^2 dx = qE_o(x_2 - x_1). \quad (4.14)$$

Isso depende apenas dos dois pontos extremos 1 e 2. (Na verdade, depende apenas de suas coordenadas x_1 e x_2.) Certamente, ela é independente do caminho e a força é conservativa. Para definir a energia potencial $U(\mathbf{r})$, devemos primeiro escolher um ponto de referência $\mathbf{r}_o$ no qual U será zero. Uma escolha natural é a origem, $\mathbf{r}_o = 0$, em cujo caso a energia potencial é $U(\mathbf{r}) = -W(0 \to \mathbf{r})$ ou, de acordo com (4.14),

$$U(\mathbf{r}) = -qE_o x.$$

Podemos agora deduzir a expressão crucial para o trabalho realizado por $\mathbf{F}$ em termos da energia potencial $U(\mathbf{r})$. Sejam $\mathbf{r}_1$ e $\mathbf{r}_2$ quaisquer dois pontos como na Figura 4.5. Se $\mathbf{r}_o$ é o ponto de referência no qual U é zero, então está claro, da Figura 4.5, que

$$W(\mathbf{r}_o \to \mathbf{r}_2) = W(\mathbf{r}_o \to \mathbf{r}_1) + W(\mathbf{r}_1 \to \mathbf{r}_2)$$

e, por isso,

$$W(\mathbf{r}_1 \to \mathbf{r}_2) = W(\mathbf{r}_o \to \mathbf{r}_2) - W(\mathbf{r}_o \to \mathbf{r}_1). \quad (4.15)$$

Cada um dos dois termos à esquerda é (menos) a energia potencial no ponto correspondente. Logo, demonstramos que o trabalho à esquerda é exatamente a diferença dessas duas energias potenciais:

$$W(\mathbf{r}_1 \to \mathbf{r}_2) = -[U(\mathbf{r}_2) - U(\mathbf{r}_1)] = -\Delta U. \quad (4.16)$$

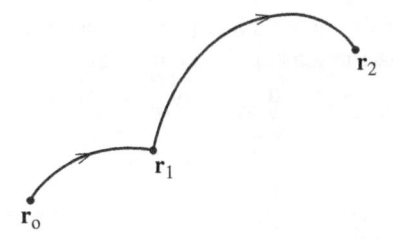

Figura 4.5 O trabalho $W(\mathbf{r}_1 \to \mathbf{r}_2)$ partindo de $\mathbf{r}_1$ a $\mathbf{r}_2$ é o mesmo que $W(\mathbf{r}_o \to \mathbf{r}_2)$ menos $W(\mathbf{r}_o \to \mathbf{r}_1)$. Esse resultado independe de qual caminho é usado para qualquer trajeto da jornada, desde que a força em questão seja conservativa.

A utilidade desse resultado emerge quando o combinamos com o teorema Trabalho-EC (4.7):

$$\Delta T = W(\mathbf{r}_1 \to \mathbf{r}_2). \tag{4.17}$$

Comparando-o com (4.16), vemos que

$$\Delta T = -\Delta U \tag{4.18}$$

ou, movendo o lado direito para o esquerdo,[5]

$$\Delta(T + U) = 0. \tag{4.19}$$

Ou seja, a **energia mecânica**

$$E = T + U \tag{4.20}$$

não varia à medida que a partícula se move de $\mathbf{r}_1$ a $\mathbf{r}_2$. Desde que os pontos $\mathbf{r}_1$ e $\mathbf{r}_2$ sejam *quaisquer* dois pontos sobre a trajetória da partícula, temos uma importante conclusão: se a força sobre a partícula é conservativa, então a energia mecânica da partícula nunca varia, isto é, a energia da partícula é conservada, o que explica o uso do adjetivo "conservativa".

Várias forças

Até o momento, estabelecemos a conservação de energia para uma partícula sujeita a uma única força conservativa. Se a partícula está sujeita a várias forças, todas elas conservativas, nosso resultado é facilmente generalizado. Por exemplo, imagine uma massa suspensa no teto por uma mola. Essa massa está sujeita a duas forças, as forças da gravidade ($\mathbf{F}_{grav}$) e da mola ($\mathbf{F}_{mola}$). A força da gravidade é conservativa (como já argumentei) e, desde que a mola obedeça à lei de Hooke, $\mathbf{F}_{mola}$ também o é (veja o Problema 4.42). Podemos definir energias potenciais separadas para cada força, U_{grav} para $\mathbf{F}_{grav}$ e U_{mola} para $\mathbf{F}_{mola}$, cada uma com a importante propriedade (4.16) de que a variação em U for-

---

[5] Vemos agora a razão do sinal negativo na definição de U. Isso gera o sinal negativo à direita em (4.18), que, por sua vez, gera o sinal positivo desejado à esquerda em (4.19).

nece (menos) o trabalho realizado pela força correspondente. De acordo com o teorema Trabalho-EC, a variação da energia cinética da massa é

$$\Delta T = W_{\text{grav}} + W_{\text{mola}}$$
$$= -\left(\Delta U_{\text{grav}} + \Delta U_{\text{mola}}\right), \qquad (4.21)$$

onde a segunda linha segue das propriedades de duas energias potenciais. Reorganizando essa equação, vemos que $\Delta(T + U_{\text{grav}} + U_{\text{mola}}) = 0$, ou seja, a energia mecânica total, definida como $E = T + U_{\text{grav}} + U_{\text{mola}}$, é conservada.

O argumento recém dado é imediatamente estendido para o caso de n forças sobre a partícula, desde que todas elas sejam conservativas. Se para cada força $\mathbf{F}_i$ definirmos uma energia potencial U_i, então temos o

---

Princípio da conservação da energia para uma partícula

Se todas as n forças $\mathbf{F}_i$ ($i = 1, \cdots, n$) agindo sobre uma partícula forem conservativas, cada uma com a correspondente energia potencial $U_i(\mathbf{r})$, a **energia mecânica total**, definida como

$$E \equiv T + U \equiv T + U_1(\mathbf{r}) + \cdots + U_n(\mathbf{r}), \qquad (4.22)$$

é constante no tempo.

Forças não conservativas

Se algumas das forças sobre uma partícula não são conservativas, então não podemos definir as correspondentes energias potenciais, nem podemos definir uma energia mecânica conservada. Entretanto, podemos definir energias potenciais para todas as forças que *são* conservativas e então reformular o teorema do Trabalho-EC de forma que mostre como as forças não conservativas alteram a energia mecânica da partícula. Primeiramente, dividimos a força resultante sobre a partícula em duas partes: a parte das conservativas $\mathbf{F}_{\text{cons}}$ e a parte das não conservativas $\mathbf{F}_{\text{nc}}$. Para $\mathbf{F}_{\text{cons}}$, podemos definir a energia potencial, que iremos simplesmente chamar de U. Pelo teorema do Trabalho-EC, a variação na energia cinética entre quaisquer dois instantes de tempo é

$$\Delta T = W = W_{\text{cons}} + W_{\text{nc}}. \qquad (4.23)$$

O primeiro termo à direita é exatamente $-\Delta U$ e pode ser movido para o lado esquerdo resultando em $\Delta(T + U) = W_{\text{nc}}$. Se definirmos a energia mecânica como $E = T + U$, então vemos que

$$\Delta E \equiv \Delta(T + U) = W_{\text{nc}}. \qquad (4.24)$$

A energia mecânica não é mais conservada, mas temos algo bom em consequência. A variação da energia mecânica corresponde exatamente à quantidade equivalente ao trabalho realizado pelas forças não conservativas sobre a partícula. Em muitos problemas, a única força não conservativa é a força de atrito superficial, que usualmente realiza um trabalho negativo. (A força de atrito **f** é na direção oposta ao movimento, assim o trabalho **f** · d**r** é negativo.) Nesse caso, W_{nc} é negativo e (4.24) nos informa que o objeto perde energia mecânica na mesma quantidade que é "roubada" pelo atrito. Todas essas ideias estão ilustradas no simples exemplo a seguir.

Exemplo 4.3 Bloco deslizando sobre uma rampa

Considere novamente o bloco do Exemplo 1.1 e determine sua velocidade v quando ele alcançar a base da rampa, a uma distância d de seu ponto de partida.

A disposição e as forças sobre o bloco estão ilustradas na Figura 4.6. As três forças são o peso, **w** = m**g**, a força normal à declividade, **N**, e a força devida ao atrito **f**, cuja magnitude determinamos no Exemplo 1.1 como sendo $f = \mu mg \cos \theta$. O peso m**g** é conservativo e a energia potencial correspondente é (veja o Problema 4.5)

$$U = mgy,$$

onde y é a altura vertical do bloco acima da base da rampa (quando escolhemos o zero da EP na base). A força normal não realiza trabalho, uma vez que é perpendicular à direção do movimento, e, assim, não contribuirá para o balanço de energia. A força de atrito realiza o trabalho $W_{fric} = -fd = -\mu mgd \cos \theta$. A variação na energia cinética é $\Delta T = T_f - T_i = \frac{1}{2}mv^2$ e a variação na energia potencial é $\Delta U = U_f - U_i = -mgh = -mgd \text{ sen } \theta$. Portanto, (4.24) resulta em

$$\Delta T + \Delta U = W_{fric}$$

ou

$$\tfrac{1}{2}mv^2 - mgd \text{ sen } \theta = -\mu mgd \cos \theta.$$

Resolvendo para v, obtemos

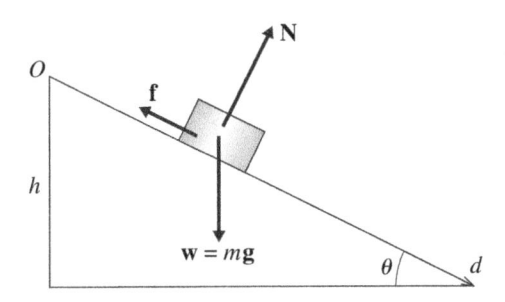

$$v = \sqrt{2gd(\text{sen } \theta - \mu \cos \theta)}.$$

Figura 4.6 Bloco sobre uma rampa de ângulo θ. O comprimento da rampa é d e a altura é $h = d \text{ sen } \theta$.

> Como sempre, você deve verificar se essa resposta está de acordo com o senso comum. Por exemplo, ela fornece a resposta esperada quando $\theta = 90°$? E o que dizer para $\theta = 0$? (O caso $\theta = 0$ é um pouco mais sutil.)

4.3 FORÇA COMO O GRADIENTE DA ENERGIA POTENCIAL

Vimos que a energia potencial $U(\mathbf{r})$ correspondente à força $\mathbf{F}(\mathbf{r})$ pode ser expressa como uma integral de $\mathbf{F}(\mathbf{r})$, conforme (4.13). Isso sugere que podemos escrever $\mathbf{F}(\mathbf{r})$ como alguma forma de derivada do potencial $U(\mathbf{r})$. Isso é de fato verdade, embora para sua realização seja necessária alguma matemática que você pode não ter tido contato ainda. Especificamente, como $\mathbf{F}(\mathbf{r})$ é um vetor [enquanto $U(\mathbf{r})$ é um escalar], estaremos envolvidos com o *cálculo vetorial*.

Vamos considerar que uma partícula tenha sido submetida a uma força conservativa $\mathbf{F}(\mathbf{r})$, com a correspondente energia potencial $U(\mathbf{r})$, e examinemos o trabalho realizado por $\mathbf{F}(\mathbf{r})$ para um pequeno deslocamento de $\mathbf{r}$ para $\mathbf{r} + d\mathbf{r}$. Podemos calcular esse trabalho de duas formas. Por um lado, ele é, por definição,

$$W(\mathbf{r} \to \mathbf{r}+d\mathbf{r}) = \mathbf{F}(\mathbf{r}) \cdot d\mathbf{r}$$
$$= F_x\,dx + F_y\,dy + F_z\,dz, \quad (4.25)$$

para qualquer pequeno deslocamento $d\mathbf{r}$ com componentes (dx, dy, dz).

Por outro, vimos que o trabalho $W(\mathbf{r} \to \mathbf{r} + d\mathbf{r})$ é o mesmo que (menos) a variação da EP para aquele deslocamento:

$$W(\mathbf{r} \to \mathbf{r}+d\mathbf{r}) = -dU = -[U(\mathbf{r}+d\mathbf{r}) - U(\mathbf{r})]$$
$$= -[U(x+dx, y+dy, z+dz) - U(x,y,z)]. \quad (4.26)$$

Na segunda linha, substituí o vetor posição $\mathbf{r}$ por suas componentes para enfatizar que U é realmente uma função das três variáveis (x, y, z). Agora, para funções de uma única variável, uma diferença como essa em (4.26) pode ser expressa em termos da derivada:

$$df = f(x+dx) - f(x) = \frac{df}{dx}dx. \quad (4.27)$$

Na verdade, isso não é nada mais do que a definição da derivada.[6] Para uma função de três variáveis, como $U(x, y, z)$, o respectivo resultado é

$$dU = U(x+dx, y+dy, z+dz) - U(x,y,z)$$
$$= \frac{\partial U}{\partial x}dx + \frac{\partial U}{\partial y}dy + \frac{\partial U}{\partial z}dz, \quad (4.28)$$

onde as três são *derivadas parciais* com respeito às três variáveis independentes (x, y, z). [Por exemplo, $\partial U/\partial x$ é a taxa de variação de U quando x varia, mantendo y e z fixos, e é

---

[6] Estritamente falando, essa equação é exata apenas no limite em que $dx \to 0$. Como sempre, considero a noção de que dx é tão pequeno (mas não zero) que os dois lados são iguais dentro de nossa escolha do nível de acurácia.

determinada pela derivação de $U(x, y, z)$ com respeito a x tratando y e z como constantes. Veja os Problemas 4.10 e 4.11 para alguns exemplos.] Substituindo (4.28) em (4.26), determinamos que o trabalho realizado em um pequeno deslocamento de $\mathbf{r}$ para $\mathbf{r} + d\mathbf{r}$ é

$$W(\mathbf{r} \to \mathbf{r}+d\mathbf{r}) = -\left[\frac{\partial U}{\partial x}dx + \frac{\partial U}{\partial y}dy + \frac{\partial U}{\partial z}dz\right]. \quad (4.29)$$

As duas expressões em (4.25) e (4.29) são ambas válidas para qualquer deslocamento $d\mathbf{r}$. Em particular, podemos escolher $d\mathbf{r}$ apontando na direção x, em cujo caso temos $dy = dz = 0$ e os dois últimos termos em (4.25) e (4.19) são zero. Igualando os termos restantes, vemos que $F_x = -\partial U/\partial x$. Escolhendo $d\mathbf{r}$ apontando nas direções y e z, obteremos os resultados correspondentes para F_y e F_z, e concluímos que

$$F_x = -\frac{\partial U}{\partial x}, \qquad F_y = -\frac{\partial U}{\partial y}, \qquad F_z = -\frac{\partial U}{\partial z}. \quad (4.30)$$

Ou seja, $\mathbf{F}$ é o vetor cujas três componentes são o negativo das três derivadas parciais de U com respeito a x, y e z. Uma forma um pouco mais compacta desse resultado é:

$$\mathbf{F} = -\hat{\mathbf{x}}\frac{\partial U}{\partial x} - \hat{\mathbf{y}}\frac{\partial U}{\partial y} - \hat{\mathbf{z}}\frac{\partial U}{\partial z}. \quad (4.31)$$

Relações como (4.31) entre um vetor ($\mathbf{F}$) e um escalar (U) surgem muitas vezes na física. Por exemplo, o campo elétrico $\mathbf{E}$ está relacionado ao potencial eletrostático V exatamente da mesma forma. Generalizando, dado qualquer escalar $f(\mathbf{r})$, o vetor cujas três componentes são as derivadas parciais de $f(\mathbf{r})$ é chamado de **gradiente** de f, denotado por ∇f:

$$\nabla f = \hat{\mathbf{x}}\frac{\partial f}{\partial x} + \hat{\mathbf{y}}\frac{\partial f}{\partial y} + \hat{\mathbf{z}}\frac{\partial f}{\partial z}. \quad (4.32)$$

O símbolo ∇f é pronunciado "grad f". Apenas o símbolo ∇ é chamado de "grad", "del" ou "nabla". Com essa notação, (4.31) é resumida em

$$\mathbf{F} = -\nabla U. \quad (4.33)$$

Essa importante relação fornece a força $\mathbf{F}$ em termos de derivadas do potencial U, da mesma forma como a definição (4.13) fornece U como a integral de $\mathbf{F}$. Quando uma força $\mathbf{F}$ pode ser expressa na forma (4.33), dizemos que $\mathbf{F}$ **provém de uma energia potencial**. Portanto, mostramos que qualquer força conservativa é proveniente de uma energia potencial.[7]

---

[7] Estou seguindo uma terminologia padrão. Observe que definimos "conservativa" de forma que uma força conservativa preserva a energia *e* é proveniente de uma energia potencial. Isso causa, ocasionalmente, confusão, uma vez que há forças (como a força magnética sobre uma carga ou a força normal sobre um objeto deslizando) que não realizam trabalho e por isso conservam a energia, mas não são "conservativas" no sentido definido aqui, pois não são provenientes de uma energia potencial. Essa confusão raramente causa problemas, mas aconselho você a registrar esse fato para evitar equívocos.

> **Exemplo 4.4** Determinando **F** a partir de U
>
> A energia potencial de uma certa partícula é $U = Axy^2 + B \operatorname{sen} Cz$, onde A, B e C são constantes. Qual é a força correspondente a esse potencial?
>
> Para determinar a força **F**, temos apenas que calcular as três derivadas parciais em (4.31). Fazendo isso, você deve lembrar que $\partial U/\partial x$ é determinada pela derivação com respeito a x, mantendo y e z como constantes, e assim por diante. Logo, $\partial U/\partial x = Ay^2$ e assim por diante, e obtemos o resultado final
>
> $$\mathbf{F} = -(\hat{\mathbf{x}} Ay^2 + \hat{\mathbf{y}} 2Axy + \hat{\mathbf{z}} BC \cos Cz).$$

Muitas vezes, é conveniente remover f de (4.32) e escrever

$$\nabla = \hat{\mathbf{x}} \frac{\partial}{\partial x} + \hat{\mathbf{y}} \frac{\partial}{\partial y} + \hat{\mathbf{z}} \frac{\partial}{\partial z}. \tag{4.34}$$

Nessa notação, ∇ é um vetor operador diferencial que pode ser aplicado a qualquer escalar f e produz o vetor dado em (4.32).

Uma aplicação muito útil do gradiente é dada por (4.28), cujo lado direito você reconhecerá como $\nabla U \cdot d\mathbf{r}$. Portanto, se substituirmos U por um escalar arbitrário f, vemos que a variação em f resultante de um pequeno deslocamento $d\mathbf{r}$ é exatamente

$$df = \nabla f \cdot d\mathbf{r}. \tag{4.35}$$

Essa relação útil é a análoga tridimensional da Equação (4.27) para uma função de uma variável. Ela mostra o sentido no qual o gradiente é o equivalente tridimensional da derivada ordinária em uma dimensão.

Se você nunca viu a notação ∇ anteriormente, levará algum tempo para se familiarizar com ela. Enquanto isso, você pode pensar em (4.33) como uma notação curta conveniente para as três equações (4.30). Para praticar o uso do gradiente, você pode utilizar os Problemas de 4.12 a 4.19.

4.4 A SEGUNDA CONDIÇÃO PARA QUE F SEJA CONSERVATIVA

Vimos que uma das duas condições para a uma força **F** ser conservativa é que o trabalho, $\int_1^2 \mathbf{F} \cdot d\mathbf{r}$, que ela realiza entre os pontos 1 e 2 deve ser independente do caminho percorrido. Você será certamente perdoado por não perceber como podemos testar se uma dada força possui essa propriedade. Verificar o valor da integral para qualquer par de pontos e qualquer caminho ligando esses pontos é, de fato, uma proposta formidável! Felizmente, nunca precisamos fazê-lo. Há um teste simples, que pode ser rapidamente aplicado a qualquer força que é dada de uma forma analítica. O teste envolve outro conceito básico do cálculo vetorial, desta vez o chamado *rotacional* de um vetor.

É possível mostrar (embora não faça isso aqui[8]) que uma força **F** tem a propriedade desejada, que o trabalho realizado por ela é independente do caminho se e somente se

$$\nabla \times \mathbf{F} = 0 \tag{4.36}$$

em todos os pontos. A quantidade $\nabla \times \mathbf{F}$ é chamada de **rotacional** de **F**, ou apenas "rotacional **F**", ou "del vetor **F**". Ele é definido tomando o produto vetorial de ∇ por **F**, exatamente como se as componentes de ∇, a saber $(\partial/\partial x, \partial/\partial y, \partial/\partial z)$, fossem simplesmente números. Para ver o que isso significa, considere primeiro o produto vetorial de dois vetores **A** e **B**. Na tabela abaixo, listei as componentes de **A**, **B** e **A** × **B**:

vetor	componente x	componente y	componente z
A	A_x	A_y	A_z
B	B_x	B_y	B_z
A × **B**	$A_y B_z - A_z B_y$	$A_z B_x - A_x B_z$	$A_x B_y - A_y B_x$

(4.37)

As componentes de $\nabla \times \mathbf{F}$ são determinadas exatamente da mesma forma, exceto pelo fato de que as entradas na primeira linha são operadores diferenciais. Portanto,

vetor	componente x	componente y	componente z
∇	$\partial/\partial x$	$\partial/\partial y$	$\partial/\partial z$
F	F_x	F_y	F_z
$\nabla \times \mathbf{F}$	$\frac{\partial}{\partial y}F_z - \frac{\partial}{\partial z}F_y$	$\frac{\partial}{\partial z}F_x - \frac{\partial}{\partial x}F_z$	$\frac{\partial}{\partial x}F_y - \frac{\partial}{\partial y}F_x$

(4.38)

Ninguém pode alegar que (4.36) é *obviamente* equivalente à condição de que $\int_1^2 \mathbf{F} \cdot d\mathbf{r}$ é independente do caminho, mas ele o é e prove um teste facilmente aplicável à propriedade de independência do caminho, como o exemplo a seguir ilustra.

Exemplo 4.5 A força de Coulomb é conservativa?

Considere a força **F** agindo sobre uma carga q devido à presença de uma carga fixa Q na origem. Mostre que ela é conservativa e determine a respectiva energia potencial U. Verifique que $-\nabla U = \mathbf{F}$.

A força em questão é a força de Coulomb, como ilustra a Figura 4.7(a),

$$\mathbf{F} = \frac{kqQ}{r^2}\hat{\mathbf{r}} = \frac{\gamma}{r^3}\mathbf{r}, \tag{4.39}$$

onde k denota a constante da força de Coulomb, frequentemente escrita como $1/(4\pi\epsilon_0)$ e γ é uma abreviação para a constante kqQ. A partir da última expressão, podemos extrair as componentes de **F** e, usando (4.38), podemos calcular as componentes de $\nabla \times \mathbf{F}$. Por exemplo, a componente x é

$$(\nabla \times \mathbf{F})_x = \frac{\partial}{\partial y}F_z - \frac{\partial}{\partial z}F_y = \frac{\partial}{\partial y}\left(\frac{\gamma z}{r^3}\right) - \frac{\partial}{\partial z}\left(\frac{\gamma y}{r^3}\right). \tag{4.40}$$

---

[8] A condição (4.36) deriva de um resultado chamado de teorema de Stokes. Se você desejar explorar isso um pouco mais, veja o Problema 4.25. Para mais detalhes, veja um texto sobre cálculo vetorial ou sobre métodos matemáticos. Eu, particularmente, gosto do *Mathematical Methods in the Physical Sciences*, de Mary Boas (Wiley, 1983), p. 260.

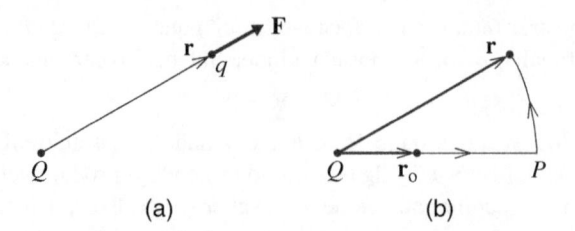

Figura 4.7 (a) Força de Coulomb $\mathbf{F} = \gamma\,\hat{\mathbf{r}}/r^2$ de uma carga fixa Q sobre uma carga q. (b) O trabalho realizado por $\mathbf{F}$ quando q se move de $\mathbf{r}_o$ até $\mathbf{r}$ pode ser calculado ao longo de um caminho que segue radialmente na direção de P e então em torno de um arco de círculo até $\mathbf{r}$.

As duas derivadas aqui são facilmente calculadas: primeiro, uma vez que $\partial z/\partial y = \partial y/\partial z = 0$, podemos reescrever (4.40) como

$$(\nabla \times \mathbf{F})_x = \gamma z \left(\frac{\partial}{\partial y} r^{-3}\right) - \gamma y \left(\frac{\partial}{\partial z} r^{-3}\right). \quad (4.41)$$

Em seguida, lembre-se de que

$$r = (x^2 + y^2 + z^2)^{1/2},$$

de forma que, por exemplo,

$$\frac{\partial r}{\partial y} = \frac{y}{r}. \quad (4.42)$$

(Verifique essa expressão usando a regra da cadeia.) Podemos agora calcular as duas derivadas restantes em (4.41) para obter (lembre-se novamente da regra da cadeia)

$$(\nabla \times \mathbf{F})_x = \gamma z \left(\frac{-3}{r^4} \cdot \frac{y}{r}\right) - \gamma y \left(\frac{-3}{r^4} \cdot \frac{z}{r}\right) = 0.$$

As outras duas componentes são trabalhadas exatamente da mesma forma (verifique isso, se você não acreditar) e concluímos que $\nabla \times \mathbf{F} = 0$. De acordo com o resultado (4.36), isso garante que $\mathbf{F}$ satisfaz a segunda condição para ser conservativa. Como ela certamente satisfaz a primeira condição (ela depende apenas da variável $\mathbf{r}$), provamos que $\mathbf{F}$ é conservativa. (A demonstração de que $\nabla \times \mathbf{F} = 0$ é consideravelmente mais rápida quando em coordenadas esféricas. Veja o Problema 4.22.)

A energia potencial é definida pela integral do trabalho (4.13),

$$U(\mathbf{r}) = -\int_{\mathbf{r}_o}^{\mathbf{r}} \mathbf{F}(\mathbf{r}') \cdot d\mathbf{r}', \quad (4.43)$$

onde $\mathbf{r}_o$ é o ponto de referência (ainda não especificado), em que $U(\mathbf{r}_o) = 0$. Felizmente, sabemos que essa integral é independente do caminho, assim podemos escolher qualquer caminho que seja mais conveniente. Uma possibilidade está ilustrada na Figura 4.7(b), onde escolhi um caminho que segue radialmente para fora na direção do ponto rotulado por P e a seguir em torno do círculo (com centro em Q) até $\mathbf{r}$.

No primeiro segmento, $\mathbf{F}(\mathbf{r}')$ e $d\mathbf{r}'$ são colineares e $\mathbf{F}(\mathbf{r}') \cdot d\mathbf{r}' = (\gamma/r'^2)dr'$. No segundo, $\mathbf{F}(\mathbf{r}')$ e $d\mathbf{r}'$ são perpendiculares; logo, nenhum trabalho é realizado ao longo desse segmento e o trabalho total é justamente o correspondente ao primeiro segmento,

$$U(\mathbf{r}) = -\int_{r_o}^{r} \frac{\gamma}{r'^2} dr' = \frac{\gamma}{r} - \frac{\gamma}{r_o}. \tag{4.44}$$

Finalmente, é frequente neste problema escolhermos o ponto de referência $\mathbf{r}_o$ no infinito, de modo que o segundo termo da expressão é zero. Com essa escolha (e substituindo γ por kqQ), chegamos a uma fórmula bem conhecida para a energia potencial da carga q devido a Q,

$$U(\mathbf{r}) = U(r) = \frac{kqQ}{r}. \tag{4.45}$$

Observe que a resposta depende apenas da magnitude r do vetor posição $\mathbf{r}$ e não da sua direção.

Para verificar ∇U, vamos calcular a componente x:

$$(\nabla U)_x = \frac{\partial}{\partial x}\left(\frac{kqQ}{r}\right) = -\frac{kqQ}{r^2} \cdot \frac{\partial r}{\partial x} \tag{4.46}$$

onde a última expressão resulta da regra da cadeia. A derivada $\partial r/\partial x$ é x/r [compare com a Equação (4.42)], assim

$$(\nabla U)_x = -kqQ\frac{x}{r^3} = -F_x,$$

como obtido de (4.39). As outras duas componentes são obtidas da mesma forma e mostramos que

$$\nabla U = -\mathbf{F}, \tag{4.47}$$

conforme exigido.

4.5 ENERGIA POTENCIAL DEPENDENTE DO TEMPO

Algumas vezes, temos oportunidade de estudar uma força $\mathbf{F}(\mathbf{r}, t)$ que satisfaz a segunda condição para ser conservativa ($\nabla \times \mathbf{F} = 0$), mas, tendo em vista que é *dependente do tempo*, ela não satisfaz a primeira condição. Nesse caso, podemos ainda definir uma energia potencial $U(\mathbf{r}, t)$ com a propriedade que $\mathbf{F} = -\nabla U$, mas não é mais o caso de a energia mecânica total, $E = T + U$, ser conservada. Antes de justificar tal afirmação, deixe-me ilustrar com um exemplo essa situação. A Figura 4.8 apresenta uma pequena carga q na vizinhança de uma esfera condutora de carga (por exemplo, um gerador de Van de Graaff) com uma carga $Q(t)$ que está sendo lentamente transferida para a Terra através da unidade do ar. Como $Q(t)$ varia com o tempo, a força que ela exerce sobre a pequena carga q é explicitamente dependente do tempo. Entretanto, a dependência espacial da força é a mesma que a força de Coulomb, independentemente do tempo do Exemplo 4.5. Exatamente a mesma análise apresentada naquele exemplo mostra que $\nabla \times \mathbf{F} = 0$.

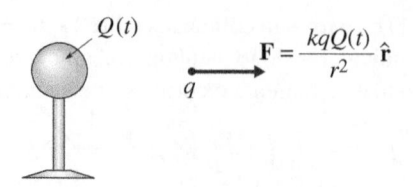

Figura 4.8 A carga $Q(t)$ sobre a esfera condutora é lentamente transferida para fora, de modo que a força sobre a pequena carga q varia com o tempo, mesmo se sua posição $\mathbf{r}$ for constante.

Deixe-me justificar a afirmação feita acima. Primeiro, como $\nabla \times \mathbf{F}(\mathbf{r}, t) = 0$, o mesmo teorema matemático citado em conexão com a Equação (4.36) garante que a integral do trabalho $\int_1^2 \mathbf{F}(\mathbf{r}, t) \cdot d\mathbf{r}$ (calculada para qualquer instante de tempo t) é independente do tempo. Isso significa que podemos definir uma função $U(\mathbf{r}, t)$ por meio de uma integral exatamente análoga a (4.13),

$$U(\mathbf{r}, t) = -\int_{\mathbf{r}_o}^{\mathbf{r}} \mathbf{F}(\mathbf{r}', t) \cdot d\mathbf{r}', \qquad (4.48)$$

e, pela mesma razão que antes, $\mathbf{F}(\mathbf{r}, t) = -\nabla U(\mathbf{r}, t)$. (Veja o Problema 4.27.) Nesse caso, podemos dizer que a força $\mathbf{F}$ é obtida de uma energia potencial $U(\mathbf{r}, t)$ dependente do tempo.

Até aqui, tudo tem sido igual ao que era antes, mas agora a história muda. Podemos definir a energia mecânica como $E = T + U$, mas não é mais verdade que E é conservada. Se revisar cuidadosamente o argumento que leva à Equação (4.19), você será capaz de ver o que está errado, mas podemos, de qualquer forma, mostrar diretamente que $E = T + U$ varia à medida que a partícula se move sobre sua trajetória. Considere, como anteriormente, dois pontos vizinhos sobre a trajetória da partícula em instantes t e $t + dt$. Exatamente como em (4.4), a variação na energia cinética é

$$dT = \frac{dT}{dt}dt = (m\dot{\mathbf{v}} \cdot \mathbf{v})dt = \mathbf{F} \cdot d\mathbf{r}. \qquad (4.49)$$

Enquanto isso, $U(\mathbf{r}, t) = U(x, y, z, t)$ é uma função de quatro variáveis (x, y, z, t) e

$$dU = \frac{\partial U}{\partial x}dx + \frac{\partial U}{\partial y}dy + \frac{\partial U}{\partial z}dz + \frac{\partial U}{\partial t}dt. \qquad (4.50)$$

Você irá reconhecer os três primeiros termos à direita como $\nabla U \cdot d\mathbf{r} = -\mathbf{F} \cdot d\mathbf{r}$. Logo,

$$dU = -\mathbf{F} \cdot d\mathbf{r} + \frac{\partial U}{\partial t}dt. \qquad (4.51)$$

Quando somamos esta expressão à Equação (4.49), os dois primeiros termos se cancelam e ficamos com

$$d(T + U) = \frac{\partial U}{\partial t}dt. \qquad (4.52)$$

Claramente, apenas quando U é independe de t (isto é, $\partial U/\partial t = 0$) que a energia mecânica $E = T + U$ é conservada.

Retornando ao exemplo da Figura 4.8, podemos compreender essa conclusão e ver o que aconteceu com a conservação da energia. Imagine que coloque a carga q estacionária na posição da Figura 4.8, enquanto a carga sobre a esfera é transferida. Sob essas condições, a EC de q não varia, mas a energia potencial $kq\,Q(t)/r$ diminui lentamente até zero. Claramente, $T + U$ não é constante. No entanto, enquanto a energia mecânica não é conservada, a energia *total* o é: a perda da energia mecânica é exatamente contrabalançada pelo ganho de energia térmica, uma vez que a corrente da descarga aquece o ar ao redor. Esse exemplo sugere, o que é verdade, que a energia potencial depende explicitamente do tempo, precisamente naquelas situações em que a energia mecânica se transforma em outra forma de energia ou na energia mecânica de outros corpos externos ao sistema de interesse.

4.6 ENERGIA PARA SISTEMAS LINEARES UNIDIMENSIONAIS

Até agora, discutimos a energia de uma partícula que está livre para se mover nas três dimensões. Muitos problemas interessantes envolvem um objeto que está compelido a mover-se em apenas uma dimensão e a análise de tais problemas é mais simples do que o caso geral. Estranhamente, há uma certa ambiguidade no que os físicos querem dizer por um "sistema unidimensional". Muitos textos introdutórios de física começam discutindo o movimento de um sistema unidimensional, o que para eles significa um objeto (um vagão de trem, por exemplo) que está compelido a mover-se sobre um trilho reto perfeito ou linear. Na discussão de tais sistemas lineares, naturalmente consideramos o eixo x coincidindo com o trilho, e a posição do objeto é então especificada simplesmente pela coordenada x. Nesta seção, abordarei sobre sistemas lineares unidimensionais. Entretanto, há muitos outros sistemas mais complicados, como uma montanha-russa com seus trilhos curvos, que são também unidimensionais, além do mais como a posição pode ser especificada por apenas um simples parâmetro (como a distância do carro ao longo dos trilhos). Como discutirei na próxima seção, a conservação da energia para tais sistemas curvilíneos unidimensionais é tão imediata quanto para um trilho perfeitamente reto.

Para iniciarmos, vamos considerar um objeto restrito movendo-se ao longo de um caminho perfeitamente reto. A única componente de qualquer força **F** que pode realizar trabalho é a componente x e, então, podemos simplesmente ignorar as outras duas componentes. Portanto, o trabalho realizado por **F** é a integral unidimensional

$$W(x_1 \to x_2) = \int_{x_1}^{x_2} F_x(x)\,dx. \qquad (4.53)$$

Se a força é conservativa, F_x deve satisfazer as duas condições usuais: (i) ela deve depender apenas da posição x [como já está explícito ao escrever a integral (4.53)]; (ii) o trabalho (4.53) deve ser independente do caminho. Uma característica notável de sistemas unidimensionais é que a primeira condição já garante a segunda e, assim, a segunda é supérflua. Para entender essa propriedade, você precisa apenas reconhecer que em uma dimensão há apenas uma pequena escolha de caminhos conectando dois pontos quaisquer. Considere, por exemplo, os dois pontos A e B ilustrados na Figura 4.9. O caminho óbvio

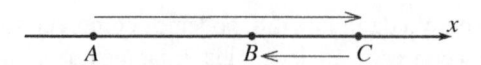

Figura 4.9 O caminho chamado de $ABCB$ vai de A, passa por B indo até C e então retorna à B.

entre os pontos A e B é o que vai de A para B (vamos chamar esse caminho de "AB"). Outra possibilidade, ilustrada na figura, é a que vai de A, para B até C e depois retorna a B (vamos chamar esse caminho de "$ABCB$"). O trabalho realizado ao longo desse caminho pode ser decomposto da seguinte forma:

$$W(ABCB) = W(AB) + W(BC) + W(CB).$$

Agora, desde que a força dependa apenas da posição x [condição (i)], cada incremento de trabalho indo de B a C é exatamente igual (mas de sinal oposto) à contribuição correspondente indo de C a B. Ou seja, os dois últimos termos à direita se cancelam e concluímos que

$$W(ABCB) = W(AB),$$

como exigido. Podemos, naturalmente, planejar um caminho de A a B que vai e volta muitas vezes, mas, com um pequena elaboração, você deve se convencer de que qualquer caminho como esse pode ser decomposto em um número de segmentos alguns dos quais atravessam em conjunto o caminho direto AB exatamente uma vez, e todos os demais se cancelam aos pares. Logo, o trabalho realizado sobre *qualquer* caminho entre A e B é o mesmo que aquele sobre o caminho direto AB e assim demonstramos que, em uma dimensão, a primeira condição para que uma força seja conservativa garante a segunda.

Gráficos da energia potencial

Uma segunda característica importante de sistemas unidimensionais é que, com apenas uma variável independente (x), podemos desenhar o gráfico da energia potencial $U(x)$ e, como veremos, isso torna mais fácil a visualização do comportamento do sistema. Assumindo que todas as forças sobre o objeto são conservativas, definimos a energia potencial como

$$U(x) = -\int_{x_0}^{x} F_x(x')\, dx', \tag{4.54}$$

onde F_x é a componente x da força resultante sobre a partícula. Por exemplo, para uma massa presa no final de uma mola obedecendo à lei de Hooke, a força é $F_x = -kx$ e, se escolhermos o ponto de referência $x_0 = 0$, a Equação (4.54) fornece o resultado conhecido

$$U = \tfrac{1}{2}kx^2$$

para qualquer mola obedecendo à lei de Hooke.

Em correspondência ao resultado tridimensional, $\mathbf{F} = -\nabla U$, temos um resultado mais simples em uma dimensão

$$F_x = -\frac{dU}{dx}. \tag{4.55}$$

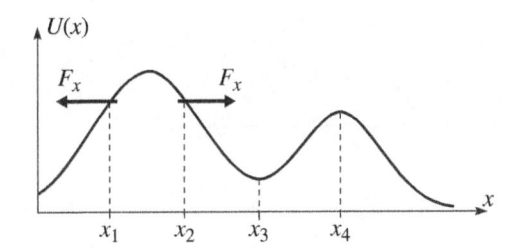

Figura 4.10 O gráfico da energia potencial $U(x)$ *versus* x para qualquer sistema unidimensional pode ser pensado como um trilho de uma montanha-russa. A força $F_x = -dU/dx$ tende a impulsionar o objeto "montanha abaixo" como em x_1 e x_2. Nos pontos x_3 e x_4, onde $U(x)$ é mínimo ou máximo, $dU/dx = 0$ e a força é zero; tais pontos são, portanto, pontos de equilíbrio.

Se desenharmos o gráfico da energia potencial *versus* x como na Figura 4.10, podemos ver como o objeto deve que se comportar qualitativamente. A direção da força resultante é dada por (4.55) como sendo "montanha abaixo" no gráfico de $U(x)$ – à esquerda em x_1 e à direita em x_2. Segue que o objeto sempre acelera na direção "montanha abaixo" – uma propriedade que se assemelha a uma montanha-russa, que também sempre acelera nas descidas. Essa analogia não é acidental: para uma montanha-russa, $U(x)$ é mgh (onde h é a altura acima do solo) e o gráfico de $U(x)$ *versus* x tem a mesma forma que o gráfico de h *versus* x, que é uma *ilustração* do trilho. Para qualquer sistema unidimensional, podemos sempre *pensar* no gráfico de $U(x)$ como a ilustração de uma montanha-russa, e o senso comum irá geralmente nos dizer o tipo de movimento que é possível em diferentes locais, como descreverei agora.

Nos pontos, como x_3 e x_4, onde $dU/dx = 0$ e $U(x)$ é mínimo ou máximo, a força resultante é zero, e o objeto pode permanecer em equilíbrio. Isto é, a condição $dU/dx = 0$ caracteriza pontos de equilíbrio. Em x_3, onde $d^2U/dx^2 > 0$ e $U(x)$ é mínimo, um pequeno deslocamento da posição de equilíbrio causa uma força que empurra o objeto de volta ao equilíbrio (de volta para a esquerda quando à direita de x_3, de volta para a direita quando à esquerda de x_3). Em outras palavras, os pontos de equilíbrio onde $d^2U/dx^2 > 0$ e $U(x)$ é mínimo são pontos de equilíbrio *estáveis*. Nos pontos de equilíbrio, como em x_4, onde $d^2U/dx^2 < 0$ e $U(x)$ é máximo, um pequeno deslocamento leva a uma força *afastando* da posição de equilíbrio e, nesse caso, o equilíbrio é dito *instável*.

Se o objeto estiver se *movendo*, então a energia cinética é positiva e sua energia total é necessariamente maior do que a energia potencial $U(x)$. Por exemplo, suponha que o objeto está se movendo na vizinhança do ponto de equilíbrio $x = b$ na Figura 4.11. Sua energia total deve ser maior do que $U(b)$ e pode, por exemplo, igualar ao valor E na figura. Se acontecer de o objeto estar à direita de b e mover-se na direção para a direita, sua EP irá crescer e sua EC deve, portanto, decrescer até que o objeto alcance o **ponto de retorno** denotado por c, onde $U(c) = E$ e a EC é zero. Em $x = c$, o objeto para e, com a força na direção da esquerda, ele acelera de volta a $x = b$. Ele não pode parar até que a EC seja novamente zero e isso ocorre no ponto de retorno a, onde $U(a) = E$ e o objeto acelera de volta para a direita. Como o ciclo completo se repete, vemos que, se o objeto iniciar entre duas colinas e sua energia for menor do que o pico de ambas, então

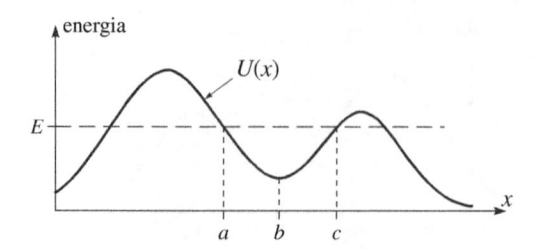

Figura 4.11 Se um objeto inicia o movimento próximo de $x = b$ com a energia E apresentada, ele estará preso no vale ou "poço" entre as duas colinas e oscilará entre os pontos de retorno em $x = a$ e $x = c$, onde $U(x) = E$ e a energia cinética é nula.

o objeto está preso no vale ou "poço" e oscilará indefinidamente entre dois pontos de retorno onde $U(x) = E$.

Suponha que o objeto inicie novamente seu movimento entre as duas colinas, mas com energia maior do que o pico da colina da direita, embora abaixo do pico da esquerda. Nesse caso, ele irá escapar para a direita uma vez que $E > U(x)$ em todos os pontos à direita e ele nunca será parado uma vez que esteja se movendo naquela direção. Finalmente, se a energia for maior do que ambas as colinas, o objeto pode escapar em qualquer uma das direções.

Essas considerações desempenham um papel importante em muitos campos. Um exemplo vindo da física molecular é ilustrado na Figura 4.12, que apresenta a energia potencial de uma molécula diatômica típica, como HCl, como uma função da distância entre os dois átomos. Essa função energia potencial governa o movimento radial do átomo de hidrogênio (no caso do HCl) quando ele vibra para dentro e para fora em relação a um átomo de cloro mais pesado. O zero da energia foi escolhido onde os dois átomos estão com o máximo afastamento (no infinito) e em repouso. Observe que a variável independente é a distância interatômica r que, por definição, é sempre positiva, $0 \leq r < \infty$. Quando $r \to 0$, a energia potencial torna-se muito grande, indicando que os dois átomos se repelem quando estão muito próximos um do outro (devido à repulsão de Coulomb proveniente dos núcleos). Se a energia for positiva ($E > 0$), o átomo H pode escapar para infinito, uma vez que não há uma "colina" para prendê-lo; o átomo H pode vir do infinito, mas irá parar no ponto de retorno $r = a$ e (na ausência de qualquer mecanismo para compensar alguma quantidade de sua energia) ele irá mover-se para o infinito novamente. Por outro lado, se $E < 0$, o átomo H estará preso e oscilará para dentro e para fora entre os dois pontos de retorno apresentados em $r = b$ e $r = d$. A separação do equilíbrio da molécula é no ponto ilustrado por $r = c$. São os estados com $E < 0$ que correspondem ao que normalmente nos referimos como a molécula HCl. Para formar tal molécula, dois átomos separados (com $E > 0$) devem ser postos juntos com uma separação em torno de $r = c$ e algum processo, tal como a emissão de luz, deve remover energia suficiente para deixar os dois átomos presos com $E < 0$.

Solução completa do movimento

Uma terceira característica notável de sistemas conservativos unidimensionais é que podemos – pelo menos em princípio – usar a conservação da energia para obter uma

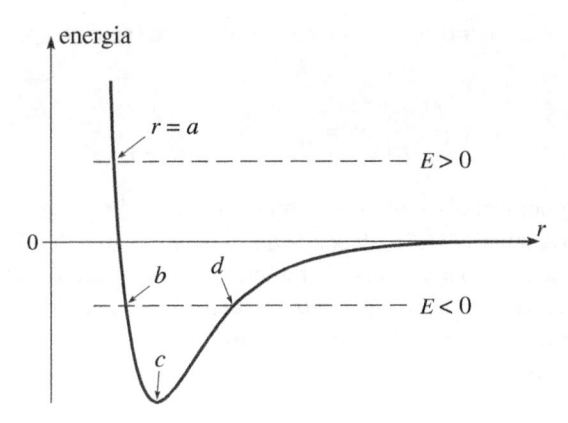

Figura 4.12 Energia potencial para uma molécula diatômica típica, como HCl, representada pelo gráfico de uma função da distância r entre os dois átomos. Se $E > 0$, os dois átomos não podem se aproximar além do ponto de retorno $r = a$, mas eles podem se mover distanciando-se um do outro até infinito. Se $E < 0$, eles estão presos entre os pontos de retorno em b e d e formam uma ligação molecular. A separação de equilíbrio é $r = c$.

solução completa do movimento, isto é, para determinar a posição x como uma função do tempo t. Como $E = T + U(x)$ é conservada, com $U(x)$ uma função conhecida (no contexto de um dado problema) e E determinada pelas condições iniciais, podemos resolver para $T = \frac{1}{2}m\dot{x}^2 = E - U(x)$ e assim para a velocidade $\dot{x}$ como uma função de x:

$$\dot{x}(x) = \pm\sqrt{\frac{2}{m}}\sqrt{E - U(x)}. \tag{4.56}$$

(Observe que há uma ambiguidade no sinal, já que considerações sobre a energia não podem determinar a *direção* da velocidade. Por essa razão, o método descrito aqui usualmente não funciona para um problema verdadeiramente tridimensional. Em uma dimensão, você quase sempre pode decidir o sinal de $\dot{x}$ por inspeção, ainda que você tenha que se lembrar disso.)

Conhecendo a velocidade como uma função de x, podemos agora determinar x como uma função de t, usando separação de variáveis, como segue: primeiro, reescrevemos a definição $\dot{x} = dx/dt$ como

$$dt = \frac{dx}{\dot{x}}.$$

[Como $\dot{x} = \dot{x}(x)$, isso separa as variáveis t e x.] Em seguida, podemos integrar entre o ponto inicial e final para obter

$$t_f - t_i = \int_{x_i}^{x_f} \frac{dx}{\dot{x}}. \tag{4.57}$$

Isso fornece o tempo para percorrer entre qualquer posição inicial e final de interesse. Se substituirmos $\dot{x}$ dado em (4.56) (e assumirmos, por definição, que $\dot{x}$ é positivo), então, o tempo para ir da posição inicial x_0 no instante 0 até um ponto arbitrário x no instante t é

$$t = \int_{x_0}^{x} \frac{dx'}{\dot{x}(x')} = \sqrt{\frac{m}{2}} \int_{x_0}^{x} \frac{dx'}{\sqrt{E - U(x')}}. \tag{4.58}$$

(Como sempre, renomeei a variável de integração com x' para evitar confusão com o limite superior x.) A integral (4.58) depende da forma particular de $U(x)$ no problema em questão. Assumindo que podemos resolver a integral [que podemos resolver, pelo menos de forma numérica, para um dado $U(x)$], ela fornece t como uma função de x. Finalmente, podemos resolver para obtermos x como uma função de t e a solução estará completa, como o simples exemplo a seguir ilustra.

Exemplo 4.6 Queda livre

Uma pedra é largada do topo de uma torre no instante $t = 0$. Use a conservação da energia para determinar a posição x da pedra (medida para baixo a partir do topo da torre, onde $x = 0$) como uma função de t. Despreze a resistência do ar.

A única força atuando sobre a pedra é a gravidade, que é, obviamente, conservativa. A energia potencial correspondente é

$$U(x) = -mgx.$$

(Lembre-se de que x é medido no sentido para baixo.) Como a pedra está em repouso quando $x = 0$, a energia total é $E = 0$ e, de acordo com (4.56), a velocidade é

$$\dot{x}(x) = \sqrt{\frac{2}{m}} \sqrt{E - U(x)} = \sqrt{2gx}$$

(um resultado que é bem conhecido da cinemática elementar). Logo,

$$t = \int_0^x \frac{dx'}{\dot{x}(x')} = \int_0^x \frac{dx'}{\sqrt{2gx'}} = \sqrt{\frac{2x}{g}}.$$

Como antecipado, isso fornece t como uma função de x e podemos resolver para obter o resultado familiar

$$x = \tfrac{1}{2}gt^2.$$

Esse exemplo simples, envolvendo a energia potencial gravitacional $U(x) = -mgx$, pode ser resolvido de muitas formas (e algumas mais simples), mas o método da energia usado aqui pode ser usado para *qualquer* energia potencial $U(x)$. Em alguns casos, a integral (4.58) pode ser calculada em termos de funções elementares e é possível obter uma solução analítica do problema; por exemplo, se $U(x) = \tfrac{1}{2}kx^2$ (como no caso de uma massa presa a uma mola), a integral resulta na função inversa do seno, o que implica que x oscila senoidalmente com o tempo, como deveríamos esperar (veja o Problema 4.28). Para algumas energias potenciais, a integral não pode ser resolvida em termos de funções elementares, mas, de qualquer forma, pode ser relacionada em termos de funções que são tabeladas (veja o Problema 4.38). Para alguns problemas, a única forma de resolução da integral (4.58) é resolvendo-a numericamente.

4.7 SISTEMAS UNIDIMENSIONAIS CURVILÍNEOS

Até o momento, o único sistema unidimensional que discutimos foi o de um objeto compelido a mover-se ao longo de um caminho linear, com a posição especificada pela coordenada x. Há outros sistemas, mais gerais, que podem, da mesma forma, ser ditos unidimensionais, visto que suas posições são especificadas por uma única variável. Um exemplo de tal sistema unidimensional é uma conta de colar perfurada no centro e presa a um fio rígido curvo, como ilustrado na Figura 4.13. (Outro exemplo é o de um carro em uma montanha-russa, o qual está confinado a mover-se sobre um trilho curvo.) A posição da conta pode ser especificada por um único parâmetro, que podemos escolher como sendo a distância s, medida ao longo do fio, a partir de uma dada origem O. Com essa escolha de coordenada, a discussão sobre o trilho curvo unidimensional se assemelha ao de um trilho retilíneo, como mostrarei a seguir.

A coordenada s da conta corresponde, claro, a x para um carro sobre um trilho retilíneo. A velocidade da conta é facilmente vista como sendo $\dot{s}$ e a energia cinética é, portanto,

$$T = \tfrac{1}{2}m\dot{s}^2,$$

que se compara ao familiar $\tfrac{1}{2}m\dot{x}^2$ para um trilho retilíneo. A força é um pouco mais complicada, pois, à medida que a conta se move sobre o fio curvo, a força normal resultante não é zero; pelo contrário, a força normal é o que compele a conta a seguir sua trajetória curva. (Por essa razão, a força normal é chamada de *força de vínculo*.) Por outro lado, a força normal não realiza trabalho e é a componente *tangencial* F_{tan} da força resultante que é a nossa maior preocupação. Em particular, é bastante simples mostrar (Problema 4.32) que

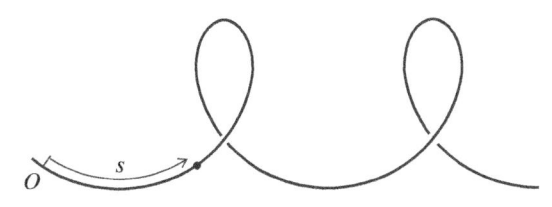

$$F_{\text{tan}} = m\ddot{s},$$

Figura 4.13 Um objeto compelido movendo-se sobre um trilho curvo pode ser considerado um sistema unidimensional, com a posição especificada pela distância s (medida ao longo do trilho) do objeto a partir de uma origem O. O sistema ilustrado é uma conta presa a um fio rígido formando duas voltas.

(do mesmo modo que $F_x = m\ddot{x}$ sobre um trilho retilíneo). Além disso, se todas as forças agindo sobre a conta que possuem uma componente tangencial forem conservativas, podemos definir a energia potencial correspondente $U(s)$ tal que $F_{\tan} = -dU/ds$ e a energia mecânica total $E = T + U(s)$ é constante. A discussão completa da Seção 4.6 pode agora ser aplicada à conta sobre um fio curvo (ou qualquer outro objeto compelido a mover-se sobre um caminho unidimensional). Em particular, aqueles pontos onde $U(s)$ é mínimo são pontos de equilíbrio estável e os pontos onde $U(s)$ é máximo são pontos de equilíbrio instável.

Há muitos sistemas que parecem ser muito mais complicados do que uma conta em um fio, entretanto, são unidimensionais e podem ser tratados da mesma maneira. Segue um exemplo.

Exemplo 4.7 Estabilidade do equilíbrio de um cubo sobre um cilindro

Um cilindro rígido de borracha de raio r é mantido fixo tendo seu eixo na horizontal e um cubo de madeira de massa m e lados $2b$ está em equilíbrio sobre o cilindro, com seu centro verticalmente acima do eixo do cilindro e quatro dos seus lados paralelos ao eixo. O cubo não pode deslizar sobre a borracha do cilindro, mas ele pode, naturalmente, pender de um lado para outro, conforme ilustrado na Figura 4.14. Examinando a energia potencial do cubo, determine se o equilíbrio, para o cubo centrado acima do cilindro, é estável ou instável.

Vamos, primeiro, observar que o sistema é unidimensional, uma vez que sua posição, quando ele pende de um lado a outro, pode ser especificada por uma única coordenada, por exemplo, o ângulo θ pelo qual ele pendeu. (Poderíamos também especificá-la pela distância s do centro do cubo com respeito à posição de equilíbrio, mas o ângulo é um pouco mais conveniente. Em qualquer um dos casos, a posição do sistema

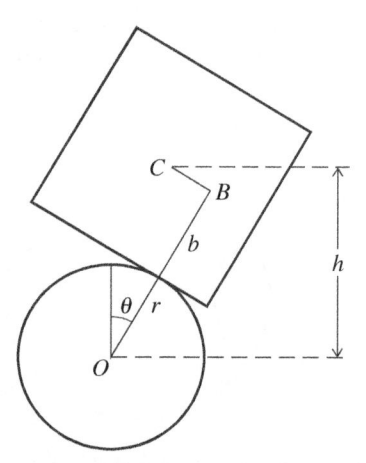

Figura 4.14 Um cubo, de lados $2b$ e cento C, é posto sobre um cilindro horizontal fixo de raio r e centro O. Ele é originalmente colocado de modo que C está centrado acima de O, mas ele pode pender de um lado para o outro sem deslizar.

é especificada por uma única coordenada e o problema é identificado como sendo unidimensional.) As forças de vínculo são a normal e a de atrito do cilindro sobre o cubo, isto é, essas duas forças restringem o movimento do cubo ao que é apresentado na Figura 4.14. Como nenhuma dessas realiza trabalho, não precisamos considerá-las explicitamente. A outra força sobre o cubo é a gravidade e sabemos, da física elementar, que ela é conservativa e a energia potencial gravitacional é a mesma que para uma massa pontual no centro do cubo, ou seja, $U = mgh$, onde h é a altura de C acima da origem, como ilustra a Figura 4.14. (Veja o Problema 4.6.) O comprimento do segmento OB é $r + b$, enquanto o comprimento de BC é a distância que o cubo pendeu em torno do cilindro, isto é, $r\theta$. Portanto, $h = (r + b)\cos\theta + r\theta \operatorname{sen}\theta$ e a energia potencial é

$$U(\theta) = mgh = mg[(r + b) \cos \theta + r\theta \operatorname{sen} \theta]. \qquad (4.59)$$

Para determinar a posição de equilíbrio (ou posições), devemos determinar os pontos onde $dU/d\theta$ se anula. (Estritamente falando, não demonstrei esse argumento plausível ainda para esse tipo de sistema com vínculo, mas discutirei sobre isso em breve.) A derivada é facilmente obtida (cheque você mesmo)

$$\frac{dU}{d\theta} = mg[r\theta \cos \theta - b \operatorname{sen} \theta].$$

Essa se anula para $\theta = 0$, confirmando o óbvio – que $\theta = 0$ é um ponto de equilíbrio. Para decidirmos se esse equilíbrio é estável, temos apenas que derivar outra vez e determinar o valor de $d^2U/d\theta^2$ na posição de equilíbrio. Isso resulta em (como você pode verificar)

$$\frac{d^2U}{d\theta^2} = mg(r - b) \qquad (4.60)$$

(em $\theta = 0$). Se o cubo for menor do que o cilindro (isto é, $b < r$), a derivada segunda é positiva, o que significa que $U(\theta)$ tem um mínimo em $\theta = 0$ e o equilíbrio é estável; se o cubo está estabilizado sobre o cilindro, ele permanecerá lá indefinidamente. Por outro lado, se o cubo for maior que o cilindro ($b > r$), a derivada segunda (4.60) é negativa, o equilíbrio é instável, e o menor distúrbio irá fazer o cubo pender e cair do cilindro.

Generalizações adicionais

Há muitos outros sistemas mais complicados que são legitimamente descritos como sendo unidimensionais. Tais sistemas podem ser compostos por vários corpos, porém os corpos estão ligados por hastes ou fios de tal forma que apenas um parâmetro é necessário para descrever a posição do sistema. Um exemplo de tal sistema é a máquina de Atwood, ilustrada na Figura 4.15, que consiste em duas massas, m_1 e m_2, suspensas nos lados opostos de um fio inextensível de massa desprezível que passa por uma roldana sem atrito. (Para simplificar a discussão, assumirei que a roldana é de massa desprezível.) As duas massas podem mover-se para cima e para baixo, mas as forças da roldana sobre o fio e do fio sobre as massas restringem o movimento de forma que a massa m_2 pode

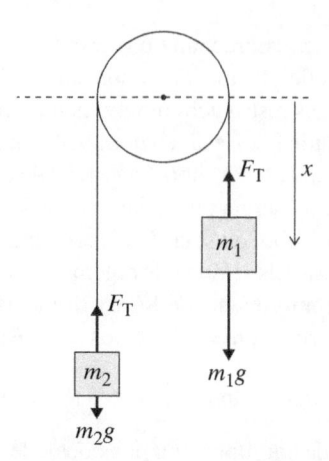

Figura 4.15 Uma máquina de Atwood consiste em duas massas, m_1 e m_2, suspensas por um fio inextensível e de massa desprezível, que passa sobre uma roldana de massa desprezível e sem atrito. Como o comprimento do fio é fixo, a posição do sistema como um todo é especificada pela distância x de m_1 abaixo de um referencial fixo conveniente. As forças sobre as massas são os seus pesos $m_1 g$ e $m_2 g$, e as forças de tração F_T (que são iguais já que a roldana e o fio são de massas desprezíveis).

mover-se para cima a uma distância exatamente igual àquela que a massa m_1 é capaz de mover-se para baixo.

Logo, a posição do sistema como um todo pode ser especificada por um único parâmetro, por exemplo, a altura x de m_1 abaixo do centro da roldana, conforme ilustrado, e o sistema é, novamente, considerado unidimensional.[9]

Vamos considerar as energias das massas m_1 e m_2. As forças agindo sobre elas são a gravidade e a tração do fio. Como a gravidade é conservativa, podemos introduzir energias potenciais U_1 e U_2 para as forças gravitacionais, e as nossas considerações anteriores implicam que, para qualquer deslocamento do sistema,

$$\Delta T_1 + \Delta U_1 = W_1^{\text{tra}} \tag{4.61}$$

e

$$\Delta T_2 + \Delta U_2 = W_1^{\text{tra}}, \tag{4.62}$$

onde os termos W^{tra} denotam o trabalho realizado pela tração sobre m_1 e m_2. Agora, na ausência de atrito, a tração é a mesma sobre toda a extensão do fio. Logo, embora a tração certamente não realize trabalho sobre as massas individuais, o trabalho realizado sobre m_1 é igual e oposto ao trabalho realizado sobre m_2, quando m_1 se move para baixo e m_2 se move a uma distância igual para cima (ou vice-versa). Ou seja,

$$W_1^{\text{tra}} = -W_2^{\text{tra}}. \tag{4.63}$$

---

[9] Você pode argumentar, corretamente, que as massas também podem mover-se lateralmente. Se isso o incomoda, podemos tratar cada massa inserida em canaletas verticais sem atrito, mas essas canaletas são de fato desnecessárias: desde que você evite empurrar as massas lateralmente, cada uma delas permanecerá sobre a sua própria linha vertical.

Portanto, se adicionarmos as duas equações das energias (4.61) e (4.62), os termos envolvendo a tração no fio se cancelam e ficamos com

$$\Delta(T_1 + U_1 + T_2 + U_2) = 0.$$

Isto é, a energia mecânica total

$$E = T_1 + U_1 + T_2 + U_2 \tag{4.64}$$

é conservada. A beleza desse resultado é que todas as referências às forças de vínculo do fio e da roldana desapareceram.

Isso resulta que muitos sistemas que contêm várias partículas vinculadas de alguma forma (por meio de fios, de hastes, ou de um trilho sobre o qual devem mover-se, etc.) podem ser tratados da mesma maneira: as forças de vínculo são crucialmente importantes na determinação de como o sistema se move, mas elas não realizam trabalho sobre o sistema como um todo. Portanto, ao considerarmos a energia total do sistema, podemos simplesmente ignorar as forças de vínculo. Em particular, se todas as outras forças forem conservativas (como no exemplo da máquina de Atwood), podemos definir a energia potencial U_α para cada partícula α e a energia total

$$E = \sum_{\alpha=1}^{N}(T_\alpha + U_\alpha)$$

é constante. Se o sistema for também unidimensional (a posição é especificada apenas por um parâmetro, como na máquina de Atwood), então todas as considerações da Seção 4.6 podem ser aplicadas.

Uma discussão cuidadosa de sistemas com vínculos é muito mais fácil com a formulação Lagrangiana da mecânica do que a Newtoniana. Desse modo, postergarei qualquer nova discussão para o Capítulo 7. Em particular, a demonstração de que um equilíbrio estável normalmente corresponde a um mínimo da energia potencial (para uma ampla classe de sistemas com vínculos) será esboçada no Problema 7.47.

4.8 FORÇAS CENTRAIS

Uma situação tridimensional que possui algumas das simplicidades dos problemas unidimensionais é o caso de uma partícula que está sujeita a uma força central, isto é, uma força que em qualquer ponto é sempre direcionada no sentido para dentro ou para fora de um "centro de força" fixo. Se considerarmos o centro de força como sendo a origem, uma força central tem a forma

$$\mathbf{F}(\mathbf{r}) = f(\mathbf{r})\hat{\mathbf{r}}, \tag{4.65}$$

onde a função $f(\mathbf{r})$ fornece a magnitude da força (e é positiva se a força é para dentro e negativa se a mesma é para fora). Um exemplo de força central é a força de Coulomb sobre uma carga q devido a uma segunda carga Q na origem; essa tem a forma familiar

$$\mathbf{F}(\mathbf{r}) = \frac{kqQ}{r^2}\hat{\mathbf{r}}, \tag{4.66}$$

que é um exemplo de (4.65), com a função magnitude dada por $f(\mathbf{r}) = kqQ/r^2$. A força de Coulomb tem outras duas propriedades que não são compartilhadas por todas as forças centrais: primeiro, como já demonstramos, ela é conservativa. Segundo, ela é **esfericamente simétrica** ou **invariante por rotações**, isto é, possui o mesmo valor para todos os pontos a uma mesma distância da origem. Uma forma compacta de expressar essa segunda propriedade da simetria esférica é observar que a função magnitude $f(\mathbf{r})$ depende apenas da magnitude do vetor $\mathbf{r}$ e não da sua direção ou sentido, o que pode ser escrito da forma

$$f(\mathbf{r}) = f(r). \tag{4.67}$$

Uma característica marcante das forças centrais é que as duas propriedades recém-mencionadas estão sempre juntas: uma força central que é conservativa é automaticamente esfericamente simétrica, e uma força central que é esfericamente simétrica é automaticamente conservativa. Esses dois resultados podem ser demonstrados de várias formas, mas o mais direto envolve o uso de coordenadas polares esféricas. Portanto, antes de apresentar uma demonstração, vou revisar brevemente a definição de tais coordenadas.

Coordenadas polares esféricas

A posição de qualquer ponto é identificada pelo vetor $\mathbf{r}$ que aponta da origem O ao ponto P. O vetor $\mathbf{r}$ pode ser especificado pelas suas coordenadas Cartesianas (x, y, z), mas, em problemas envolvendo simetria esférica, quase sempre é mais conveniente especificar $\mathbf{r}$ através de suas coordenadas polares esféricas (r, θ, ϕ), conforme definidas na Figura 4.16. A primeira coordenada r é exatamente a distância de P à origem, ou seja, $r = |\mathbf{r}|$, como de costume. O ângulo θ é o ângulo entre $\mathbf{r}$ e o eixo z. O ângulo ϕ, frequentemente chamado de **azimute**, é o ângulo medido a partir do eixo x em relação à projeção do vetor $\mathbf{r}$ sobre o plano xy, conforme ilustrado.[10] É um exercício simples (Problema 4.40) relacionar as coordenadas Cartesianas (x, y, z) às coordenadas esféricas (r, θ, ϕ) e vice-versa. Por exemplo, por inspeção, na Figura 4.16, você deve ser capaz de se convencer de que

$$x = r\,\mathrm{sen}\,\theta \cos\phi, \qquad y = r\,\mathrm{sen}\,\theta\,\mathrm{sen}\,\phi \qquad \text{e} \qquad z = r\cos\theta. \tag{4.68}$$

Um belo exemplo de uso das coordenadas esféricas é a especificação das posições sobre a superfície da Terra. Se escolhermos a origem como o centro da Terra, então todos os pontos sobre a superfície terão o mesmo valor de r, a saber, o raio da Terra.[11] Logo, posições sobre a superfície podem ser especificadas fornecendo apenas os dois ângulos (θ, ϕ). Se escolhermos o eixo z coincidindo com o eixo do polo norte, então é fácil ver, da Figura 4.16, que θ fornece a *latitude* do ponto P, medido a partir do polo norte. (Como a latitude é tradicionalmente medida a partir do equador para cima, nosso ângulo θ costuma ser chamado de *colatitude*.) Similarmente, ϕ é a *longitude* medida a leste a partir do meridiano do eixo x.

---

[10] Você deve estar alerta quanto às definições utilizadas aqui, pois são as normalmente empregadas pelos físicos; já a maioria dos textos matemáticos troca os significados de θ e ϕ.

[11] Na realidade, a superfície da Terra não é perfeitamente esférica, então r não é exatamente constante, mas isso não altera a conclusão de que a posição sobre a superfície pode ser especificada dando θ e ϕ.

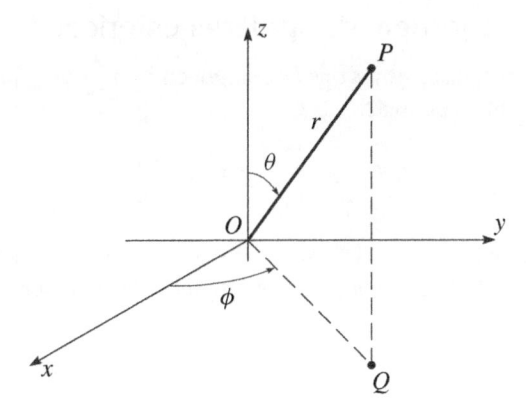

Figura 4.16 As coordenadas polares esféricas (r, θ, ϕ) de um ponto P são definidas de modo que r é a distância de P à origem, θ é o ângulo entre a reta OP e o eixo z e ϕ é o ângulo entre a reta OQ e o eixo x, onde Q é a projeção de P sobre o plano xy.

O argumento de que a função $f(\mathbf{r})$ é esfericamente simétrica é o argumento que, com $\mathbf{r}$ expresso em coordenadas esféricas, f é independente de θ e ϕ. Isso é o que queremos dizer quando escrevemos $f(\mathbf{r}) = f(r)$, e o teste para simetria esférica é simplesmente que as duas derivadas parciais $\partial f/\partial \theta$ e $\partial f/\partial \phi$ são ambas zero em qualquer ponto.

Os vetores unitários $\hat{\mathbf{r}}$, $\hat{\boldsymbol{\theta}}$ e $\hat{\boldsymbol{\phi}}$ são definidos de maneira usual: primeiro, $\hat{\mathbf{r}}$ é o vetor unitário na direção do movimento quando r cresce com θ e ϕ fixos. Logo, como ilustrado na Figura 4.17, o vetor $\hat{\mathbf{r}}$ aponta radialmente para fora e é o vetor unitário na direção de $\mathbf{r}$, com de costume. (Na superfície da Terra, $\hat{\mathbf{r}}$ aponta para cima, na direção vertical local.) Similarmente, $\hat{\boldsymbol{\theta}}$ aponta na direção de crescimento de θ com r e ϕ fixos, isto é, na direção para o sul ao longo de uma linha de longitude. Finalmente, $\hat{\boldsymbol{\phi}}$ aponta na direção de crescimento de ϕ com r e θ fixos, isto é, na direção no sentido leste ao longo do círculo de latitude.

Como os três vetores unitários $\hat{\mathbf{r}}$, $\hat{\boldsymbol{\theta}}$ e $\hat{\boldsymbol{\phi}}$ são mutuamente perpendiculares, podemos calcular os produtos internos em coordenadas esféricas da mesma forma que em coordenadas Cartesianas. Logo, se

$$\mathbf{a} = a_r \hat{\mathbf{r}} + a_\theta \hat{\boldsymbol{\theta}} + a_\phi \hat{\boldsymbol{\phi}}$$

e

$$\mathbf{b} = b_r \hat{\mathbf{r}} + b_\theta \hat{\boldsymbol{\theta}} + b_\phi \hat{\boldsymbol{\phi}}$$

então (certifique-se de que é capaz de perceber isso)

$$\mathbf{a} \cdot \mathbf{b} = a_r b_r + a_\theta b_\theta + a_\phi b_\phi. \tag{4.69}$$

Da mesma forma que os vetores em coordenadas polares bidimensionais, os vetores unitários $\hat{\mathbf{r}}$, $\hat{\boldsymbol{\theta}}$ e $\hat{\boldsymbol{\phi}}$ variam conforme a posição e, como foi o caso em duas dimensões, essa variação complica muitos cálculos envolvendo diferenciação, como veremos a seguir.

O gradiente em coordenadas polares esféricas

Em coordenadas Cartesianas, vimos que as componentes de ∇f são precisamente as derivadas parciais de f com respeito a x, y e z,

$$\nabla f = \hat{\mathbf{x}} \frac{\partial f}{\partial x} + \hat{\mathbf{y}} \frac{\partial f}{\partial y} + \hat{\mathbf{z}} \frac{\partial f}{\partial z}. \tag{4.70}$$

A expressão correspondente para ∇f em coordenadas polares não é tão direta. Para determiná-la, lembre-se de (4.35) que, em um pequeno deslocamento $d\mathbf{r}$, a variação em qualquer função $f(\mathbf{r})$ é

$$df = \nabla f \cdot d\mathbf{r}. \tag{4.71}$$

Para calcular o vetor $d\mathbf{r}$ em coordenadas polares, devemos examinar cuidadosamente o que acontece com o ponto $\mathbf{r}$ quando variamos r, θ e ϕ: Uma pequena variação dr em r move o ponto a uma distância dr radialmente para fora, na direção de $\hat{\mathbf{r}}$. Como podemos ver da Figura 4.17, uma pequena variação $d\theta$ na direção θ move o ponto em torno do círculo de longitude (raio r) por uma distância $r\,d\theta$ na direção de $\hat{\boldsymbol{\theta}}$. (Note bem o fator r – a distância não é apenas $d\theta$.) Similarmente, uma pequena variação $d\phi$ em ϕ move o ponto em torno do círculo de latitude (raio $r\,\text{sen}\theta$) através de uma distância $r\,\text{sen}\,\theta\,d\phi$. Colocando tudo isso junto, vemos que

$$d\mathbf{r} = dr\,\hat{\mathbf{r}} + r\,d\theta\,\hat{\boldsymbol{\theta}} + r\,\text{sen}\,\theta\,d\phi\,\hat{\boldsymbol{\phi}}.$$

Conhecendo as componentes de $d\mathbf{r}$, podemos agora calcular o produto escalar em (4.71) em termos das componentes desconhecidas de ∇f,

$$df = (\nabla f)_r\,dr + (\nabla f)_\theta\,r\,d\theta + (\nabla f)_\phi\,r\,\text{sen}\,\theta\,d\phi. \tag{4.72}$$

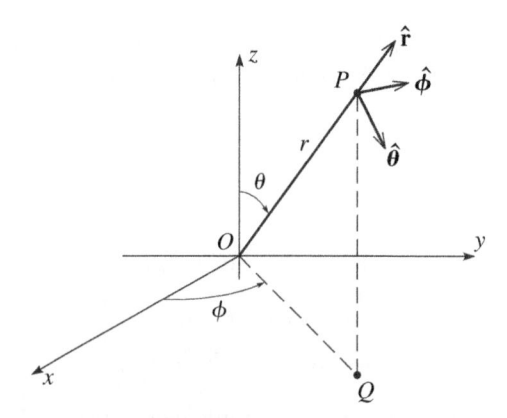

Figura 4.17 Três vetores unitários, definidos em coordenadas polares esféricas, no ponto P. O vetor $\hat{\mathbf{r}}$ aponta radialmente para fora, $\hat{\boldsymbol{\theta}}$ aponta para o "sul" ao longo da linha de longitude e $\hat{\boldsymbol{\phi}}$ aponta para "leste" em torno de um círculo de latitude.

Enquanto isso, como f é uma função das três variáveis r, θ e ϕ, a variação em f é,

$$df = \frac{\partial f}{\partial r}dr + \frac{\partial f}{\partial \theta}d\theta + \frac{\partial f}{\partial \phi}d\phi. \tag{4.73}$$

Comparando (4.72) com (4.73), concluímos que as componentes de ∇f em coordenadas polares esféricas são

$$(\nabla f)_r = \frac{\partial f}{\partial r}, \qquad (\nabla f)_\theta = \frac{1}{r}\frac{\partial f}{\partial \theta}, \qquad \text{e} \qquad (\nabla f)_\phi = \frac{1}{r\operatorname{sen}\theta}\frac{\partial f}{\partial \phi} \tag{4.74}$$

ou, um pouco mais compacta,

$$\nabla f = \hat{\mathbf{r}}\frac{\partial f}{\partial r} + \hat{\boldsymbol{\theta}}\frac{1}{r}\frac{\partial f}{\partial \theta} + \hat{\boldsymbol{\phi}}\frac{1}{r\operatorname{sen}\theta}\frac{\partial f}{\partial \phi}. \tag{4.75}$$

Considerações semelhantes se aplicam para o rotacional e para outros operadores do cálculo vetorial: todos eles são acentuadamente mais complicados em coordenadas esféricas (e em todas as coordenadas não Cartesianas) que nas coordenadas Cartesianas. Como as fórmulas para esses operadores são muito difíceis de ser lembradas, listei as mais importantes ao final do livro. Demonstrações podem ser obtidas em qualquer livro sobre cálculo vetorial.[12] Munidos dessas ideias, vamos retornar às forças centrais.

Forças centrais conservativas e esfericamente simétricas

Afirmei anteriormente que uma força central é conservativa se e somente se ela é esfericamente simétrica. Essa afirmação pode ser demonstrada de várias maneiras diferentes. As demonstrações mais rápidas (embora não necessariamente as mais inspiradoras) usam coordenadas polares esféricas. Vamos assumir primeiro que a força central $\mathbf{F}(\mathbf{r})$ é conservativa e tentar mostrar que ela deve ser esfericamente simétrica. Como ele é conservativa, pode ser expressa da forma $-\nabla U$, o que, de acordo com (4.75), tem a forma

$$\mathbf{F}(\mathbf{r}) = -\nabla U = -\hat{\mathbf{r}}\frac{\partial U}{\partial r} - \hat{\boldsymbol{\theta}}\frac{1}{r}\frac{\partial U}{\partial \theta} - \hat{\boldsymbol{\phi}}\frac{1}{r\operatorname{sen}\theta}\frac{\partial U}{\partial \phi}. \tag{4.76}$$

Como $\mathbf{F}(\mathbf{r})$ é central, apenas sua componente radial pode ser diferente de zero, e os dois últimos termos em (4.76) devem ser zero. Isso requer que $\partial U/\partial \theta = \partial U/\partial \phi = 0$, ou seja, $U(\mathbf{r})$ é esfericamente simétrico e (4.76) reduz-se a

$$\mathbf{F}(\mathbf{r}) = -\hat{\mathbf{r}}\frac{\partial U}{\partial r}.$$

Como U é esfericamente simétrico (depende apenas de r), o mesmo é verdade para $\partial U/\partial r$, e vemos que a força central $\mathbf{F}(\mathbf{r})$ é de fato esfericamente simétrica. Deixarei a demonstração do resultado no sentido inverso, de que uma força central que é esfericamen-

---

[12] Veja, por exemplo, Mary L. Boas, *Mathematical Methods in the Physical Sciences*, John Wiley, 1983, p. 431.

te simétrica é necessariamente conservativa, para os problemas no final desse capítulo. (Veja os Problemas 4.43 e 4.44, mas a demonstração mais simples se assemelha quase que exatamente à análise da força de Coulomb no Exemplo 4.5.)

A importância desses resultados é a seguinte: primeiro, como uma força $\mathbf{F}(\mathbf{r})$, que é central e esfericamente simétrica, tem uma magnitude que depende apenas de r, ela é praticamente tão simples quanto uma força unidimensional. Segundo, embora $\mathbf{F}(\mathbf{r})$ seja na realidade uma força não unidimensional (sua *direção* ainda depende de θ e ϕ), veremos no Capítulo 8 que qualquer problema envolvendo esse tipo de força é matematicamente equivalente a um certo problema equivalente unidimensional.

4.9 ENERGIA DE INTERAÇÃO DE DUAS PARTÍCULAS

Quase toda a nossa discussão sobre energia focou-se sobre a energia de uma única partícula (ou de um objeto maior que pode ser aproximado por uma partícula). Agora, é o momento de estender a discussão para sistemas de várias partículas e, naturalmente, iniciarei com apenas duas partículas. Nesta seção, suporei que as duas partículas interajam via forças $\mathbf{F}_{12}$ (da partícula 2 sobre a 1) e $\mathbf{F}_{21}$ (da partícula 1 sobre a 2), mas que não há outras forças externas. Em geral, a força $\mathbf{F}_{12}$ pode depender da posição de ambas as partículas, assim, podemos escrevê-la como

$$\mathbf{F}_{12} = \mathbf{F}_{12}(\mathbf{r}_1, \mathbf{r}_2),$$

e, pela terceira lei de Newton,

$$\mathbf{F}_{12} = -\mathbf{F}_{21}.$$

Como exemplo de tal sistema de duas partículas, podemos considerar uma estrela binária isolada, em cujo caso as únicas duas forças são a atração gravitacional de cada estrela sobre a outra. Se denotarmos o vetor apontando da estrela 2 para a estrela 1 como sendo $\mathbf{r}$, conforme a Figura 4.18, a força $\mathbf{F}_{12}$ corresponde ao resultado familiar

$$\mathbf{F}_{12} = -\frac{Gm_1m_2}{r^2}\hat{\mathbf{r}} = -\frac{Gm_1m_2}{r^3}\mathbf{r}.$$

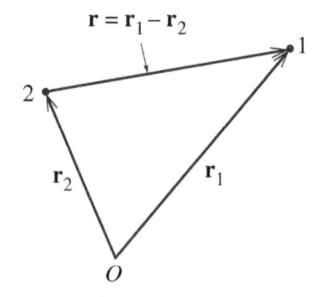

Figura 4.18 O vetor $\mathbf{r}$ apontando do ponto 2 para o ponto 1 é dado por $\mathbf{r} = (\mathbf{r}_1 - \mathbf{r}_2)$.

O vetor **r** pode ser escrito em termos das duas posições $\mathbf{r}_1$ e $\mathbf{r}_2$. De fato, como pode ser visto na Figura 4.18,

$$\mathbf{r} = \mathbf{r}_1 - \mathbf{r}_2.$$

Logo, a força $\mathbf{F}_{12}$, expressa como uma função de $\mathbf{r}_1$ e $\mathbf{r}_2$, é

$$\mathbf{F}_{12} = -\frac{Gm_1m_2}{|\mathbf{r}_1 - \mathbf{r}_2|^3}(\mathbf{r}_1 - \mathbf{r}_2). \tag{4.77}$$

Uma propriedade inesperada da força (4.77) é que ela depende das duas posições $\mathbf{r}_1$ e $\mathbf{r}_2$ apenas através da combinação particular $\mathbf{r}_1 - \mathbf{r}_2$. Essa propriedade não é acidental, é de fato verdadeira para qualquer sistema isolado de duas partículas. A razão para tal é que qualquer sistema isolado deve ser **invariante sob translação**: se transladamos o sistema como um corpo para uma nova posição, sem modificar a posição relativa das partículas, as forças interpartículas devem permanecer as mesmas. Isso está ilustrado na Figura 4.19, que apresenta um par de pontos $\mathbf{r}_1$ e $\mathbf{r}_2$ e um segundo par de pontos $\mathbf{s}_1$ e $\mathbf{s}_2$, com $\mathbf{s}_1 - \mathbf{s}_2 = \mathbf{r}_1 - \mathbf{r}_2$. Como os dois pontos $\mathbf{r}_1$ e $\mathbf{r}_2$ podem ser simultaneamente transladados para $\mathbf{s}_1$ e $\mathbf{s}_2$, a força $\mathbf{F}_{12}(\mathbf{r}_1, \mathbf{r}_2)$ deve ser a mesma que $\mathbf{F}_{12}(\mathbf{s}_1, \mathbf{s}_2)$ para *quaisquer* pontos satisfazendo $\mathbf{r}_1 - \mathbf{r}_2 = \mathbf{s}_1 - \mathbf{s}_2$. Em outras palavras, $\mathbf{F}_{12}(\mathbf{r}_1, \mathbf{r}_2)$ depende apenas de $\mathbf{r}_1 - \mathbf{r}_2$, como argumentado, e podemos escrever

$$\mathbf{F}_{12} = \mathbf{F}_{12}(\mathbf{r}_1 - \mathbf{r}_2). \tag{4.78}$$

O resultado (4.78) simplifica enormemente nossa discussão. Podemos conhecer quase tudo sobre a força $\mathbf{F}_{12}$ fixando $\mathbf{r}_2$ em um ponto conveniente qualquer. Em particular, vamos temporariamente fixar $\mathbf{r}_2$ na origem, em cujo caso (4.78) reduz-se a apenas $\mathbf{F}_{12}(\mathbf{r}_1)$. (Essa manobra corresponde a transladar ambas as partículas até que a partícula 2 esteja sobre a origem e sabemos que a força não é afetada por tal translação.) Com $\mathbf{r}_2$ fixo, a discussão da força sobre uma única partícula pode ser aplicada. Por exemplo, se a força $\mathbf{F}_{12}$ sobre a partícula 1 for conservativa, então ela deve satisfazer

$$\nabla_1 \times \mathbf{F}_{12} = 0, \tag{4.79}$$

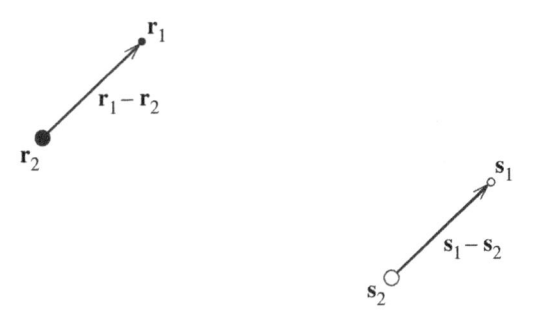

Figura 4.19 Se $\mathbf{r}_1 - \mathbf{r}_2 = \mathbf{s}_1 - \mathbf{s}_2$, então duas partículas em $\mathbf{r}_1$ e $\mathbf{r}_2$ podem ser transladadas como um corpo para $\mathbf{s}_1$ e $\mathbf{s}_2$ sem afetar suas posições relativas. Isso significa que a força entre as partículas em $\mathbf{r}_1$ e $\mathbf{r}_2$ devem ser as mesmas que as em $\mathbf{s}_1$ e $\mathbf{s}_2$.

onde ∇_1 é o operador diferencial

$$\nabla_1 = \hat{\mathbf{x}}\frac{\partial}{\partial x_1} + \hat{\mathbf{y}}\frac{\partial}{\partial y_1} + \hat{\mathbf{z}}\frac{\partial}{\partial z_1}$$

com respeito às coordenadas (x_1, y_1, z_1) da partícula 1. Se (4.79) for satisfeita, podemos definir uma energia potencial $U(\mathbf{r}_1)$ tal que a força sobre a partícula 1 é

$$\mathbf{F}_{12} = -\nabla_1 U(\mathbf{r}_1).$$

Isso fornece a força $\mathbf{F}_{12}$ para o caso em que a partícula 2 está na origem. Para determinar o mesmo para a partícula 2 em qualquer posição, temos apenas que transladar de volta para uma posição arbitrária pela substituição de $\mathbf{r}_1$ por $\mathbf{r}_1 - \mathbf{r}_2$ para obtermos

$$\mathbf{F}_{12} = -\nabla_1 U(\mathbf{r}_1 - \mathbf{r}_2). \tag{4.80}$$

Observe que não tive que mudar o operador ∇_1, uma vez que um operador como $\partial/\partial x_1$ não é alterado pela adição de uma constante a x_1.

Para determinar a força de reação $\mathbf{F}_{21}$ sobre a partícula 2, temos apenas que usar a terceira lei de Newton, que diz que $\mathbf{F}_{21} = -\mathbf{F}_{12}$. Isto é, é necessário apenas mudar o sinal de (4.80). Podemos reexpressar essa equação observando que

$$\nabla_1 U(\mathbf{r}_1 - \mathbf{r}_2) = -\nabla_2 U(\mathbf{r}_1 - \mathbf{r}_2), \tag{4.81}$$

onde ∇_2 denota o gradiente com respeito às coordenadas da partícula 2. (Para demonstrar isso, use a regra da cadeia. Veja o Problema 4.50.) Assim, em vez de modificar o sinal de (4.80) para determinar $\mathbf{F}_{21}$, podemos simplesmente substituir ∇_1 por ∇_2 para obter

$$\mathbf{F}_{21} = -\nabla_2 U(\mathbf{r}_1 - \mathbf{r}_2). \tag{4.82}$$

As Equações (4.80) e (4.82) são um belo resultado que pode ser generalizado para um sistema de várias partículas. Para enfatizar o que ele quer dizer, deixe escrevê-las como

$$\left.\begin{array}{l}\text{(Força sobre a partícula 1)} = -\nabla_1 U \\ \text{(Força sobre a partícula 2)} = -\nabla_2 U.\end{array}\right\} \tag{4.83}$$

Há uma *única* função energia potencial U, a partir da qual *ambas* as forças podem ser obtidas. Para determinar a força sobre a partícula 1, apenas consideramos o gradiente de U com respeito às coordenadas da partícula 1; para determinar a força sobre a partícula 2, fazemos o gradiente com respeito às coordenadas da partícula 2.

Antes de generalizar este resultado para um sistema de várias partículas, vamos considerar a energia para o nosso sistema de duas partículas. A Figura 4.20 ilustra as órbitas das duas partículas. Durante um pequeno intervalo de tempo dt, a partícula 1 se desloca $d\mathbf{r}_1$ e a partícula 2 se desloca $d\mathbf{r}_2$, e o trabalho é realizado sobre ambas as partículas pelas suas respectivas forças. Pelo teorema Trabalho-EC

$$dT_1 = \text{(trabalho sobre 1)} = d\mathbf{r}_1 \cdot \mathbf{F}_{12}$$

e, similarmente,

$$dT_2 = \text{(trabalho sobre 2)} = dr_2 \cdot \mathbf{F}_{21}.$$

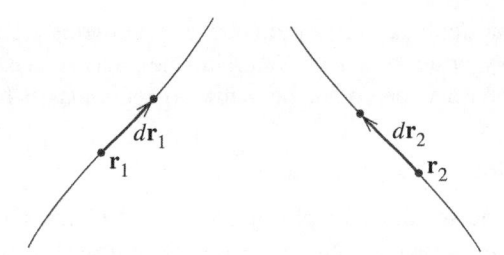

Figura 4.20 Movimento de duas partículas interagindo. Durante um pequeno intervalo de tempo dt, a partícula 1 se desloca de $\mathbf{r}_1$ a $\mathbf{r}_1 + d\mathbf{r}_1$ e a partícula 2 de $\mathbf{r}_2$ a $\mathbf{r}_2 + d\mathbf{r}_2$.

Somando essas relações, determinamos a variação na energia cinética *total* $T = T_1 + T_2$,

$$dT = dT_1 + dT_2 = (\text{trabalho sobre 1}) + (\text{trabalho sobre 2})$$
$$= W_{\text{tot}}, \tag{4.84}$$

onde

$$W_{\text{tot}} = d\mathbf{r}_1 \cdot \mathbf{F}_{12} + d\mathbf{r}_2 \cdot \mathbf{F}_{21}$$

denota o trabalho total realizado sobre ambas as partículas. Substituindo $\mathbf{F}_{21}$ por $-\mathbf{F}_{12}$ e em seguida substituindo $\mathbf{F}_{12}$ por (4.80), podemos escrever W_{tot} da forma

$$W_{\text{tot}} = (d\mathbf{r}_1 - d\mathbf{r}_2) \cdot \mathbf{F}_{12} = d(\mathbf{r}_1 - \mathbf{r}_2) \cdot [-\nabla_1 U(\mathbf{r}_1 - \mathbf{r}_2)]. \tag{4.85}$$

Se renomearmos $(\mathbf{r}_1 - \mathbf{r}_2)$ por $\mathbf{r}$, então o lado direito dessa equação pode ser visto como sendo (menos) a variação na energia potencial, e encontramos que[13]

$$W_{\text{tot}} = -d\mathbf{r} \cdot \nabla U(\mathbf{r}) = -dU, \tag{4.86}$$

onde o último passo é resultado da propriedade (4.35) do operador gradiente. Vale a pena darmos uma parada para apreciarmos este importante resultado. O trabalho total W_{tot} é a soma de dois termos, o trabalho realizado por $\mathbf{F}_{12}$ quando a partícula 1 se desloca $d\mathbf{r}_1$ *mais* o trabalho realizado por $\mathbf{F}_{21}$, quando a partícula 2 desloca $d\mathbf{r}_2$. De acordo com (4.86), a energia potencial U leva ambos os termos em consideração e W_{tot} é simplesmente $-dU$.

Retornando à energia total do sistema, vemos agora que, de acordo com (4.84) a variação dT é exatamente $-dU$. Movendo o termo dU para o outro lado, concluímos que

$$d(T + U) = 0.$$

Ou seja, a energia total,

$$E = T + U = T_1 + T_2 + U, \tag{4.87}$$

---

[13] Se você usar a regra da cadeia para a derivação, verá que não faz diferença se escrevemos $\nabla_1 U(\mathbf{r})$ ou $\nabla U(\mathbf{r})$.

do sistema de duas partículas é conservado. Observe bem que a energia total das duas partículas contém *dois* termos cinéticos (naturalmente), mas apenas *um* termo potencial, uma vez que U é responsável pelo trabalho realizado por ambas as forças $\mathbf{F}_{12}$ e $\mathbf{F}_{21}$.

Colisões elásticas

Colisões elásticas fornecem um exemplo simples dessas ideias. Uma colisão elástica é uma colisão entre duas partículas (ou corpos que podem ser tratados como partículas) que interagem via uma força conservativa que vai a zero à medida que sua separação $\mathbf{r}_1 - \mathbf{r}_2$ cresce. Como a força vai a zero quando $|\mathbf{r}_1 - \mathbf{r}_2| \to \infty$, a energia potencial $U(\mathbf{r}_1 - \mathbf{r}_2)$ tende a uma constante, que podemos muito bem considerar como sendo zero. Por exemplo, as duas partículas poderiam ser um elétron e um próton ou poderiam ser duas bolas de bilhar. Não é obvio que a força entre as duas bolas de bilhar é conservativa, mas é um fato que as bolas de bilhar são fabricadas de modo que se comportem quase que perfeitamente (isto é, conservativa) como molas quando se chocam. Certamente, é fácil pensar outros objetos (tais como discos) para os quais a força entre os objetos não é conservativa e as colisões de tais objetos não são elásticas.

Em uma colisão, as duas partículas iniciam afastadas uma da outra, se aproximam e então se movem afastando-se uma da outra. Como a força é conservativa, a energia total é conservada, ou seja, $T + U =$ constante (onde, claramente, $T = T_1 + T_2$). Mas, quando as partículas estão bem afastadas, U é zero. Logo, se usarmos os subscritos "in" e "fin" para denominar as situações bem antes e bem depois da colisão, então a conservação da energia implica

$$T_{\text{in}} = T_{\text{fin}}. \tag{4.88}$$

Em outras palavras, uma colisão elástica pode ser caracterizada como uma colisão na qual duas partículas se chocam e re-emergem com suas energias cinéticas inalteradas. Entretanto, é importante lembrar que não há o princípio de conservação da energia cinética. Pelo contrário, enquanto as partículas estão juntas, suas EP são diferentes de zero e suas EC estão certamente variando. É apenas quando elas estão bem separadas que a EP é desprezível e a conservação da energia leva ao resultado (4.88).

A discussão anterior sugere que colisões elásticas devem ocorrer muito comumente. Tudo que é necessário são duas partículas cuja interação seja conservativa. Na prática, colisões elásticas não são tão corriqueiras como parecem ser. O problema surge da necessidade de que sejam duas *partículas* que entrem e partam da colisão. Por exemplo, se atirarmos uma bola de bilhar em direção a uma outra com energia suficiente, ambas as bolas podem dispersar. Similarmente, se atirarmos um elétron com energia suficiente em direção a um átomo, o átomo pode se separar ou, pelo menos, mudar o movimento interno de seus constituintes. Mesmo na colisão de duas partículas genuínas, como um elétron e um próton com energia suficiente, teremos a possibilidade de que novas partículas sejam criadas. Claramente, para energias muito elevadas, a suposição de que dois objetos entrando em choque possam ser aproximados como sendo partículas indivisíveis, eventualmente falha, e não podemos assumir que a colisão é elástica, mesmo que todas as forças subjacentes sejam conservativas. No entanto, para energias razoavelmente baixas, há muitas situações em que colisões são perfeitamente elásticas: para energia suficientemente baixa, colisões de um elétron com um átomo sempre são elásticas e, dentro de uma boa aproximação, o mesmo é verdade para bolas de bilhar.

Colisões elásticas fornecem muitas ilustrações simples da utilização da conservação da energia e momento, onde o exemplo a seguir é um caso.

Exemplo 4.8 Colisão elástica com massas iguais

Considere uma colisão elástica entre duas partículas de massas iguais, $m_1 = m_2 = m$ (por exemplo, dois elétrons ou duas bolas de bilhar), como ilustrado na Figura 4.21. Mostre que, se a partícula 2 está inicialmente em repouso, então o ângulo entre as duas velocidades finais é $\theta = 90°$.

A conservação do momento implica $m\mathbf{v}_1 = m\mathbf{v}'_1 + m\mathbf{v}'_2$ ou

$$\mathbf{v}_1 = \mathbf{v}'_1 + \mathbf{v}'_2. \qquad (4.89)$$

Como a colisão é elástica, $\frac{1}{2}m\mathbf{v}_1^2 = \frac{1}{2}m\mathbf{v}'^2_1 + \frac{1}{2}m\mathbf{v}'^2_2$ ou

$$\mathbf{v}_1^2 = \mathbf{v}'^2_1 + \mathbf{v}'^2_2.$$

Elevando ao quadrado (4.89), obtemos

$$\mathbf{v}_1^2 = \mathbf{v}'^2_1 + 2\mathbf{v}'_1 \cdot \mathbf{v}'_2 + \mathbf{v}'^2_2,$$

e, comparando as duas últimas equações, vemos que

$$\mathbf{v}'_1 \cdot \mathbf{v}'_2 = 0,$$

isto é, $\mathbf{v}'_1$ e $\mathbf{v}'_2$ são perpendiculares (a menos que uma delas seja zero, em cujo caso o ângulo entre elas é indefinido). Esse resultado foi útil para a física atômica e nuclear; quando um projétil desconhecido atinge uma partícula alvo estacionária, o fato de que as duas emergem movendo-se a 90° foi considerado uma evidência de que a colisão foi elástica e de que as duas partículas tinham massas iguais.

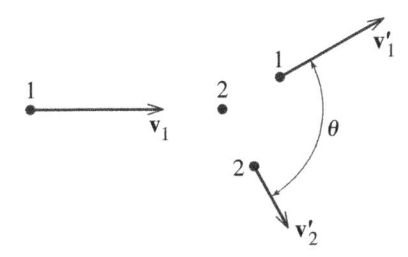

Figura 4.21 Colisão elástica entre duas partículas de massas iguais. A partícula 1 inicia com velocidade $\mathbf{v}_1$ e colide com uma partícula 2 estacionária. O ângulo entre as duas velocidades finais $\mathbf{v}'_1$ e $\mathbf{v}'_2$ é θ.

4.10 ENERGIA DE UM SISTEMA DE VÁRIAS PARTÍCULAS

Podemos facilmente estender nossa discussão de duas partículas para o caso de N partículas. A principal complicação é de notação: o grande número de sinais de $\sum$ pode tornar mais difícil de ver claramente o que está acontecendo. Por essa razão, iniciarei considerando o caso para quatro partículas ($N = 4$) e escreverei todos os somatórios explicitamente.

Quatro partículas

Vamos considerar, então, quatro partículas, como ilustrado na Figura 4.22. As partículas podem interagir umas com as outras (por exemplo, elas podem ter cargas, de modo que cada partícula sofre a força de Coulomb proveniente das outras três) e elas podem estar sujeitas a forças externas, tais como a gravidade ou a força de Coulomb de um corpo carregado na vizinhança. Na definição da energia do sistema, a parte mais fácil é a energia cinética T, que é, naturalmente, a soma dos quatro termos

$$T = T_1 + T_2 + T_3 + T_4, \qquad (4.90)$$

com um termo $T_\alpha = \frac{1}{2} m_\alpha v_\alpha^2$ para cada partícula.

Para definir a energia potencial, devemos examinar as forças sobre as partículas. Primeiro, há as forças internas das quatro partículas interagindo umas com as outras. Para cada par de partículas, há um par de forças de ação-reação; por exemplo, as partículas 3 e 4 produzem as forças $\mathbf{F}_{34}$ e $\mathbf{F}_{43}$ ilustradas na Figura 4.22. Assumirei *a priori* que cada uma dessas forças interpartículas $\mathbf{F}_{\alpha\beta}$ não é afetada pela presença de outras partículas e por qualquer corpo externo. Por exemplo, $\mathbf{F}_{34}$ é exatamente a mesma que se as partículas 1 e 2 e todos os corpos externos tivessem sido removidos.[14] Logo, podemos tratar as duas

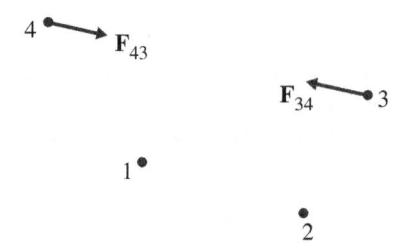

Figura 4.22 Sistema de quatro partículas $\alpha = 1, 2, 3, 4$. Para cada par de partículas, $\alpha\beta$, há um par de forças ação-reação, $\mathbf{F}_{\alpha\beta}$ e $\mathbf{F}_{\beta\alpha}$, como o par $\mathbf{F}_{34}$ e $\mathbf{F}_{43}$ são ilustrados. Além disso, cada partícula α pode estar sujeita a uma força externa resultante $\mathbf{F}_\alpha^{\text{ext}}$. As quatro partículas podem ser grãos de poeira carregados flutuando no ar, com as forças $\mathbf{F}_{\alpha\beta}$ sendo eletrostática e $\mathbf{F}_\alpha^{\text{ext}}$ sendo a gravidade mais outras partículas no ar.

---

[14] Esse é um ponto muito sutil. Não estou negando que as partículas extras exerçam forças extras sobre a partícula 3. Argumento apenas que a força da partícula 4 sobre a partícula 3 é independente da presença ou da ausência das partículas 1 e 2 e de quaisquer corpos externos. Podemos imaginar um mundo onde esse argumento fosse falso (a presença da partícula 1 poderia de algum modo alterar a força de 4 sobre 3), mas experimentos parecem de fato confirmar que meu argumento é verdadeiro.

forças $\mathbf{F}_{34}$ e $\mathbf{F}_{43}$ exatamente como na Seção 4.9. Desde que as forças sejam conservativas, podemos definir uma energia potencial

$$U_{34} = U_{34}(\mathbf{r}_3 - \mathbf{r}_4) \tag{4.91}$$

e as forças correspondentes são os gradientes apropriados, como em (4.83)

$$\mathbf{F}_{34} = -\nabla_3 U_{34} \quad \text{e} \quad \mathbf{F}_{43} = -\nabla_4 U_{34}. \tag{4.92}$$

Há ao todo seis pares distintos de partículas, 12, 13, 14, 23, 24, 34, e, para cada par, podemos definir uma energia potencial correspondente, $U_{12}, \cdots, U_{34}$, a partir das quais as respectivas forças são obtidas da mesma forma.

Cada uma das forças externas $\mathbf{F}_\alpha^{\text{ext}}$ depende apenas da sua respectiva posição $\mathbf{r}_\alpha$. (A força $\mathbf{F}_1^{\text{ext}}$, por exemplo, depende da posição $\mathbf{r}_1$, mas não de $\mathbf{r}_2, \mathbf{r}_3, \mathbf{r}_4$.) Portanto, podemos manipular $\mathbf{F}_\alpha^{\text{ext}}$ exatamente como fizemos com a força sobre uma única partícula. Em particular, se $\mathbf{F}_\alpha^{\text{ext}}$ for conservativa, podemos introduzir uma energia potencial $U_\alpha^{\text{ext}}(\mathbf{r}_\alpha)$ e a força correspondente é dada por

$$\mathbf{F}_\alpha^{\text{ext}} = -\nabla_\alpha U_\alpha^{\text{ext}}(\mathbf{r}_\alpha), \tag{4.93}$$

onde, naturalmente, ∇_α denota derivação com respeito às coordenadas das partículas α.

Podemos agora por todas as energias potenciais juntas e definir a energia potencial total como a soma

$$U = U^{\text{int}} + U^{\text{ext}} = (U_{12} + U_{13} + U_{14} + U_{23} + U_{24} + U_{34})$$
$$+ (U_1^{\text{ext}} + U_2^{\text{ext}} + U_3^{\text{ext}} + U_4^{\text{ext}}). \tag{4.94}$$

Nessa definição, U^{int} é a soma dos seis pares de partículas com energias potenciais pareadas, $U_{12}, \cdots, U_{34}$, e U^{ext} é a soma das quatro energias potencias $U_1^{\text{ext}}, \cdots, U_4^{\text{ext}}$ provenientes das forças externas.

É algo bastante simples mostrar (veja o Problema 4.51 para mais detalhes) que a força sobre a partícula α é (menos) o gradiente de U com respeito às coordenadas (x_α, y_α, z_α). Considere, por exemplo, o gradiente $-\nabla_1 U$. Quando $-\nabla_1$ atua sobre a primeira linha de (4.94), sua ação sobre os três primeiros termos, $U_{12} + U_{13} + U_{14}$, resulta precisamente nas três forças internas, $\mathbf{F}_{12} + \mathbf{F}_{13} + \mathbf{F}_{14}$. Agindo sobre os três últimos termos, $U_{23} + U_{24} + U_{34}$, ele resulta em zero, uma vez que nenhum desses termos depende de $\mathbf{r}_1$. Quando $-\nabla_1$ age sobre a segunda linha de (4.94), sua ação sobre o primeiro termo, U_1^{ext}, resulta na força externa $\mathbf{F}_1^{\text{ext}}$. Agindo sobre os três últimos termos, resulta em zero, uma vez que nenhum deles depende de $\mathbf{r}_1$. Portanto,

$$-\nabla_1 U = \mathbf{F}_{12} + \mathbf{F}_{13} + \mathbf{F}_{14} + \mathbf{F}_1^{\text{ext}}$$
$$= \text{(força resultante sobre a partícula 1)}. \tag{4.95}$$

Exatamente da mesma forma, podemos mostrar que, em geral,

$$-\nabla_\alpha U = \text{(força resultante sobre a partícula } \alpha\text{)}, \qquad (4.96)$$

como esperado.

A segunda propriedade crucial de nossa definição de energia potencial U é que (desde que todas as forças em questão sejam conservativas, assim podemos definir U), a energia total, definida como $E = T + U$, é conservada. Demonstraremos isso agora da forma conhecida (para maiores detalhes, veja o Problema 4.52): aplique o teorema Trabalho-EC para cada uma das quatro partículas e some o resultado para mostrar que, em um pequeno intervalo de tempo, $dT = W_{\text{tot}}$, onde W_{tot} denota o trabalho total realizado por todas as forças sobre todas as partículas. Em seguida, mostre que $W_{\text{tot}} = -dU$ e conclua que $dT = -dU$ e, portanto,

$$dE = dT + dU = 0.$$

Ou seja, a energia é conservada.

N Partículas

A extensão dessas ideias para um número arbitrário de partículas se dá de imediato e escreverei as principais fórmulas. Para N partículas, denotadas $\alpha = 1, \cdots, N$, a energia cinética total é a soma das N energias cinéticas separadamente,

$$T = \sum_\alpha T_\alpha = \sum_\alpha \tfrac{1}{2} m_\alpha v_\alpha^2.$$

Assumindo que todas as forças são conservativas, para cada par de partículas, $\alpha\beta$, introduzimos a energia potencial $U_{\alpha\beta}$ que descreve as respectivas interações e, para cada partícula α, introduzimos a energia potencial U_α^{ext} que descreve a força resultante externa sobre a partícula. A energia potencial total é então

$$U = U^{\text{int}} + U^{\text{ext}} = \sum_\alpha \sum_{\beta > \alpha} U_{\alpha\beta} + \sum_\alpha U_\alpha^{\text{ext}}. \qquad (4.97)$$

(Aqui, a condição $\beta > \alpha$ no somatório duplo permite evitar que você conte duplamente as interações internas $U_{\alpha\beta}$. Por exemplo, incluímos U_{12}, mas não U_{21}.)

Com a energia potencial U definida dessa forma, a força resultante sobre qualquer partícula α é dada por $-\nabla_\alpha U$, como na Equação (4.96), e a energia total $E = T + U$ é conservada. Finalmente, se uma força qualquer for não conservativa, podemos definir U como a energia potencial pertinente às forças conservativas e, em seguida, mostrar que, neste caso, $dE = W_{\text{nc}}$, onde W_{nc} é o trabalho realizado pelas forças não conservativas.

Corpos rígidos

Enquanto o formalismo das duas últimas seções é bastante geral e complicado, talvez você possa sentir-se melhor sabendo que a maioria das aplicações do formalismo é muito mais simples do que o próprio formalismo. Como um exemplo simples, considere um corpo rígido, tal como uma bola de golfe ou um meteorito, composto por N átomos. O número N é tipicamente muito grande, mas o formalismo da energia recém desenvolvido, em geral, torna-se bastante simples. Como você provavelmente se lembra do curso de física elementar, a energia cinética total de N partículas ligadas rigidamente corresponde à energia cinética do movimento do centro de massa mais a energia cinética de rotação. (Demonstrarei isso no Capítulo 10 e espero que, por enquanto, você aceite esse resultado.) A energia potencial das forças internas interatômicas, como dada por (4.97) é

$$U^{\text{int}} = \sum_\alpha \sum_{\beta > \alpha} U_{\alpha\beta}(\mathbf{r}_\alpha - \mathbf{r}_\beta). \qquad (4.98)$$

Se as forças interatômicas forem centrais (como, em geral, é o caso), então, como vimos na Seção 4.8, a energia potencial $U_{\alpha\beta}$ depende de fato apenas da magnitude de $\mathbf{r}_\alpha - \mathbf{r}_\beta$ (não de sua direção). Portanto, podemos escrever (4.98) como

$$U^{\text{int}} = \sum_\alpha \sum_{\beta > \alpha} U_{\alpha\beta}(|\mathbf{r}_\alpha - \mathbf{r}_\beta|). \qquad (4.99)$$

Agora, à medida que o corpo rígido se move, a posição $\mathbf{r}_\alpha$ dos átomos que o constituem pode, naturalmente, modificar, mas a distância $|\mathbf{r}_\alpha - \mathbf{r}_\beta|$ entre quaisquer dois átomos não pode variar. (Essa é, na verdade, a definição de corpo rígido.) Logo, se o corpo em questão for realmente rígido, nenhum dos termos em (4.99) pode variar, ou seja, a energia potencial U^{int} das forças internas é constante e pode, portanto, ser desprezada. Assim, ao aplicarmos as considerações de energia a um corpo rígido, podemos ignorar completamente U^{int} e nos preocuparmos apenas com a energia U^{ext}, correspondente às forças externas. Como essa última energia é frequentemente uma função muito simples (veja o problema a seguir), as considerações de energia aplicadas a um corpo rígido são geralmente muito imediatas.

Exemplo 4.9 Cilindro rolando para baixo em uma rampa

Um cilindro rígido uniforme de raio R rola para baixo, sem deslizar, sobre uma rampa conforme ilustrado na Figura 4.23. Use a conservação da energia para determinar a velocidade v do cilindro quando ele alcança uma altura vertical h abaixo do seu ponto de largada.

De acordo com a discussão anterior, podemos ignorar as forças internas que mantêm o próprio cilindro íntegro. As forças externas sobre o cilindro são a força normal e a de atrito, geradas pela rampa, e a força da gravidade. As duas primeiras não realizam trabalho e a gravidade é conservativa. Como você certamente se lembra do curso introdutório de física, a energia potencial gravitacional de um corpo extenso é a mesma que se considerarmos toda a massa concentrada no centro de massa. (Veja o Problema 4.6.) Portanto,

$$U^{\text{ext}} = MgY,$$

onde Y é a altura do CM do cilindro medido a partir de qualquer referencial conveniente. A energia cinética do cilindro é $T = \tfrac{1}{2}Mv^2 + \tfrac{1}{2}I\omega^2$, onde I é o momento

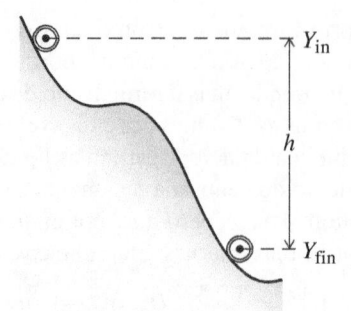

Figura 4.23 Um cilindro uniforme começa a rolar para baixo, partindo do repouso e sem atrito, sobre uma rampa percorrendo uma queda vertical total $h = Y_{in} - Y_{fin}$ (com a coordenada Y do CM sendo medida verticalmente para cima).

de inércia, $I = \frac{1}{2}MR^2$, e ω é a sua velocidade angular de rotação, $\omega = v/R$. Logo, a energia cinética total é

$$T = \tfrac{3}{4}Mv^2$$

e a EC inicial é zero. Portanto, a conservação da energia na forma $\Delta T = -\Delta U^{ext}$ implica

$$\tfrac{3}{4}Mv^2 = -Mg(Y_{fin} - Y_{in}) = Mgh$$

e, por conseguinte, a velocidade final é

$$v = \sqrt{\frac{4gh}{3}}.$$

PRINCIPAIS DEFINIÇÕES E EQUAÇÕES

Teorema Trabalho-EC

A variação na EC de uma partícula quando se move do ponto 1 ao ponto 2 é

$$\Delta T \equiv T_2 - T_1 = \int_1^2 \mathbf{F} \cdot d\mathbf{r} \equiv W(1 \to 2), \qquad \text{[Eq. (4.7)]}$$

onde $T = \tfrac{1}{2}mv^2$ e $W(1 \to 2)$ é o trabalho realizado pela força total $\mathbf{F}$ sobre a partícula e é definida pela integral acima.

Energia potencial e forças conservativas

Uma força **F** sobre uma partícula é **conservativa** se (i) ela depende apenas da posição da partícula, $\mathbf{F} = \mathbf{F}(\mathbf{r})$; (ii) para quaisquer dois pontos 1 e 2, o trabalho $W(1 \to 2)$ realizado por **F** é o mesmo para todos os caminhos que ligam 1 a 2 (ou, equivalentemente, $\nabla \times \mathbf{F} = 0$). [Seções 4.2 e 4.4]

Se **F** é conservativa, podemos definir uma **energia potencial** correspondente tal que

$$U(\mathbf{r}) = -W(\mathbf{r}_o \to \mathbf{r}) \equiv -\int_{\mathbf{r}_o}^{\mathbf{r}} \mathbf{F}(\mathbf{r}') \cdot d\mathbf{r}' \qquad \text{[Eq. (4.13)]}$$

e

$$\mathbf{F} = -\nabla U. \qquad \text{[Eq. (4.33)]}$$

Se todas as forças sobre a partícula forem conservativas com as respectivas energias potenciais $U_1, \cdots, U_n$, então a **energia mecânica total**

$$E = T + U_1 + \cdots + U_n \qquad \text{[Eq. (4.22)]}$$

será constante. Generalizando, se há forças não conservativas, $\Delta E = W_{nc}$, o trabalho realizado pelas forças não conservativas.

Forças centrais

Uma força $\mathbf{F}(\mathbf{r})$ é **central** se ela é, em qualquer ponto, dirigida sempre na direção apontando para dentro ou para fora de um "centro de força". Se considerarmos esse centro de força como sendo a origem,

$$\mathbf{F}(\mathbf{r}) = f(\mathbf{r})\hat{\mathbf{r}}. \qquad \text{[Eq. (4.65)]}$$

Uma força central é esfericamente simétrica [$f(\mathbf{r}) = f(r)$] se e somente se ela é conservativa. [Sec. (4.8)]

Energia de um sistema de várias partículas

Se todas as forças (internas e externas) em um sistema de várias partículas forem conservativas, a energia potencial total,

$$U = U^{int} + U^{ext} = \sum_\alpha \sum_{\beta > \alpha} U_{\alpha\beta} + \sum_\alpha U_\alpha^{ext} \qquad \text{[Eq. (4.97)]}$$

satisfaz

$$(\text{força resultante sobre a partícula}) = -\nabla_\alpha U \qquad \text{[Eq. (4.96)]}$$

e

$$T + U = \text{constante} \qquad \text{[Problema 4.52]}$$

PROBLEMAS

Estrelas indicam o nível de dificuldade, do mais fácil (★) ao mais difícil (★★★).

SEÇÃO 4.1 Energia cinética e trabalho

4.1★ Escrevendo **a · b** em termos de componentes, mostre que a regra do produto para derivação se aplica ao produto escalar de dois vetores, isto é,

$$\frac{d}{dt}(\mathbf{a} \cdot \mathbf{b}) = \frac{d\mathbf{a}}{dt} \cdot \mathbf{b} + \mathbf{a} \cdot \frac{d\mathbf{b}}{dt}.$$

4.2★★ Calcule o trabalho realizado

$$W = \int_O^P \mathbf{F} \cdot d\mathbf{r} = \int_O^P (F_x\, dx + F_y\, dy) \tag{4.100}$$

pela força bidimensional $\mathbf{F} = (x^2, 2xy)$ ao longo de três caminhos ligando a origem ao ponto $P = (1, 1)$, conforme ilustrado na Figura 4.24(a) e definidos como segue. **(a)** Este caminho segue ao longo do eixo x até $Q = (1, 0)$ e depois reto até P. (Separe a integral em duas partes, $\int_O^P = \int_O^Q + \int_Q^P$.) **(b)** Sobre este caminho, $y = x^2$, você pode substituir o termo dy em (4.100) por $dy = 2x\, dx$ e converter a integral para uma integração em x. **(c)** Este caminho é dado parametricamente por $x = t^3$, $y = t^2$. Nesse caso, reescreva x, y, dx e dy em (4.100) em termos de t e dt, e converta a integral em uma integração em t.

4.3★★ Faça o mesmo que no Problema 4.2, mas para uma força $\mathbf{F} = (-y, x)$ e para os três caminhos ligando P a Q ilustrados na Figura 4.24(b) e definidos a seguir. **(a)** Este caminho segue reto de $P = (1, 0)$ até a origem e depois reto até $Q = (0, 1)$. **(b)** Este é um caminho reto de P a Q. (Escreva y como uma função de x e reescreva a integral como uma integração em x.) **(c)** Este é um caminho sobre um arco de um quarto do círculo com centro na origem. (Escreva x e y em coordenadas polares e reescreva a integral como uma integração em ϕ.)

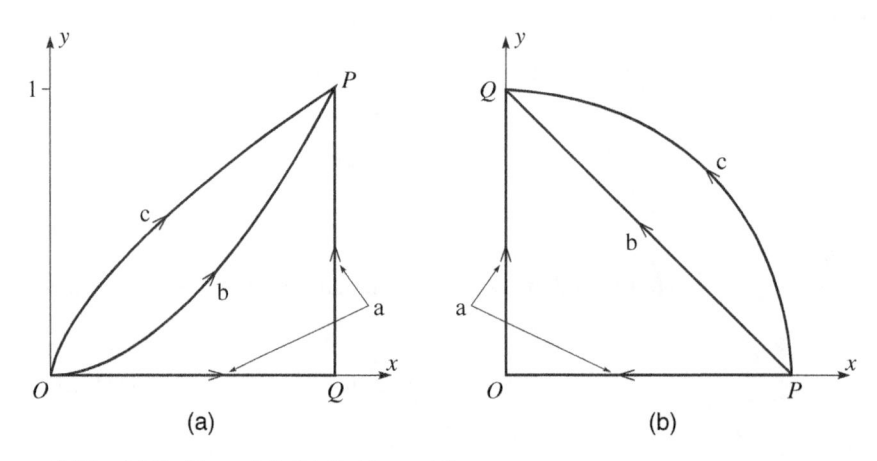

Figura 4.24 (a) Problema 4.2. (b) Problema 4.3.

4.4★★ Uma partícula de massa m está se movendo sobre uma mesa horizontal sem atrito e está ligada a um fio de massa desprezível, cujo lado oposto passa através de um orifício na mesa, por onde a estou segurando. Inicialmente, a partícula está se movendo em um círculo de raio r_o com velocidade angular ω_o, mas agora puxo o fio para baixo através do orifício até que um comprimento r permaneça entre o orifício e a partícula. **(a)** Qual é a velocidade angular da partícula nesse instante? **(b)** Assumindo que eu puxo o fio tão vagarosamente que podemos aproximar o caminho da partícula por um círculo com um raio diminuindo lentamente, calcule o trabalho que eu realizei ao puxar o fio. **(c)** Compare sua resposta com o item (b) com o ganho de energia cinética da partícula.

SEÇÃO 4.2 Energia potencial e forças conservativas

4.5★ **(a)** Considere uma massa m em um campo gravitacional $\mathbf{g}$, de modo que a força sobre m é $m\mathbf{g}$, onde $\mathbf{g}$ é um vetor constante apontando na direção vertical para baixo. Se a massa se move por um caminho arbitrário do ponto 1 ao ponto 2, mostre que o trabalho realizado pela gravidade é $W_{grav}(1 \to 2) = -mgh$, onde h é a altura vertical entre os pontos 1 e 2. Use esse resultado para mostrar que a força da gravidade é conservativa (pelo menos, em uma região suficientemente pequena onde $\mathbf{g}$ pode ser considerada constante). **(b)** Mostre que, se escolhermos eixos com y medido verticalmente para cima, a energia potencial gravitacional é $U = mgy$ (se escolhermos $U = 0$ na origem).

4.6★ Para um sistema de N partículas sujeitas a um campo gravitacional uniforme $\mathbf{g}$ agindo verticalmente para baixo, mostre que a energia potencial gravitacional total é equivalente ao caso em que todas as massas estivessem concentradas no centro de massa do sistema, isto é,

$$U = \sum_\alpha U_\alpha = MgY,$$

onde $M = \sum m_\alpha$ é a massa total do sistema e $\mathbf{R} = (X, Y, Z)$ é a posição do CM, com a coordenada y medida verticalmente para cima. [*Sugestão*: sabemos, do Problema 4.5, que $U_\alpha = m_\alpha g y_\alpha$.]

4.7★ Na vizinhança do ponto onde estou em pé sobre a superfície de um planeta X, a força gravitacional sobre uma massa m é verticalmente para baixo, mas possui magnitude $m\gamma y^2$, onde γ é uma constante e y é a altura da massa acima da horizontal correspondente ao solo. **(a)** Determine o trabalho realizado pela gravidade sobre a massa m movendo-se de $\mathbf{r}_1$ a $\mathbf{r}_2$ e use sua resposta para mostrar que a gravidade no planeta X, embora muito rara, é ainda conservativa. Determine a energia potencial correspondente. **(b)** Ainda no mesmo planeta, impulsiono uma conta em um fio rígido curvo e sem atrito, que se estende desde o nível do solo até uma altura h acima do solo. Mostre claramente em um gráfico as forças sobre a conta quando ela está em qualquer posição no fio. (Identifique as forças de modo que esteja claro o que são elas, não se preocupe com suas magnitudes.) Quais das forças são conservativas e quais não o são? **(c)** Se largamos a conta do repouso a uma altura h, qual é sua velocidade ao atingir o solo?

4.8★★ Considere um pequeno disco, sem atrito, posto no topo de uma esfera fixa de raio R. Se o disco recebe um pequeno impulso de modo que ele escorregue para baixo, até que altura vertical ele irá descer antes de deixar a superfície da esfera? [*Sugestão*: use a conservação da energia para determinar a velocidade do disco em função da sua altura, em seguida, use a segunda lei de Newton para determinar a força normal da esfera sobre o disco. Para que valor da força normal o disco deixa a superfície da esfera?]

4.9★★ (a) A força exercida por uma mola unidimensional, fixa por uma de suas extremidades, é $F = -kx$, onde x é o deslocamento da outra extremidade com relação ao seu ponto de equilíbrio. Assumindo que esta força é conservativa (o que de fato é), mostre que a energia potencial correspondente é $U = \frac{1}{2}kx^2$ se escolhermos U como sendo zero na posição de equilíbrio. (b) Suponha que essa mola esteja presa no teto e que tenha uma massa m pendurada na outra extremidade, e esteja compelida a mover-se apenas na direção vertical. Determine a distensão x_0 do novo ponto de equilíbrio com a massa suspensa. Mostre que a energia potencial total (mola mais gravidade) tem a mesma forma $\frac{1}{2}ky^2$ se usarmos a coordenada y igual ao deslocamento medido a partir da posição de equilíbrio em $x = x_0$ (e redefina o ponto de referência de modo que $U = 0$ em $y = 0$).

SEÇÃO 4.3 Força como o gradiente da energia potencial

4.10★ Determine as derivadas parciais com respeito a x, y e z das seguintes funções: (a) $f(x, y, z) = ax^2 + bxy + cy^2$, (b) $g(x, y, z) = \text{sen}(axyz^2)$, (c) $h(x, y, z) = ae^{xy/z^2}$, onde a, b e c são constantes. Lembre-se de que, para calcular $\partial f/\partial x$, você deriva com respeito a x mantendo y e z constantes.

4.11★ Determine as derivadas parciais com respeito a x, y e z das seguintes funções: (a) $f(x, y, z) = ay^2 + 2byz + cz^2$, (b) $g(x, y, z) = \cos(axy^2z^3)$, (c) $h(x, y, z) = ar$, onde a, b e c são constantes e $r = \sqrt{x^2 + y^2 + z^2}$. Lembre-se de que, para calcular $\partial f/\partial x$, você deriva com respeito a x mantendo y e z constantes.

4.12★ Calcule o gradiente ∇f das seguintes funções, $f(x, y, z)$: (a) $f = x^2 + z^3$. (b) $f = ky$, com k constante. (c) $f = r \equiv \sqrt{x^2 + y^2 + z^2}$. [*Sugestão*: use a regra da cadeia.] (d) $f = 1/r$.

4.13★ Calcule o gradiente ∇f das seguintes funções, $f(x, y, z)$: (a) $f = \ln(r)$. (b) $f = r^n$, (c) $f = g(r)$, onde $r = \sqrt{x^2 + y^2 + z^2}$ e $g(r)$ é uma função não especificada de r. [*Sugestão*: use a regra da cadeia.]

4.14★ Mostre que, se $f(\mathbf{r})$ e $g(\mathbf{r})$ são duas funções escalares quaisquer de $\mathbf{r}$, então

$$\nabla(fg) = f\nabla g + g\nabla f.$$

4.15★ Para $f(\mathbf{r}) = x^2 + 2y^2 + 3z^2$, use a aproximação (4.35) para estimar a variação em f ao mover do ponto $\mathbf{r} = (1, 1, 1)$ a $(1{,}01; 1{,}03; 1{,}05)$. Compare com o resultado exato.

4.16★ Se a energia potencial de uma partícula é $U(r) = k(x^2 + y^2 + z^2)$, onde k é uma constante, qual é a força sobre a partícula?

4.17★ Uma carga q em um campo elétrico uniforme $\mathbf{E}_o$ experimenta uma força $\mathbf{F} = q\mathbf{E}_o$. (a) Mostre que essa força é conservativa e verifique se a energia potencial da carga na posição $\mathbf{r}$ é $U(\mathbf{r}) = -q\mathbf{E}_o \cdot \mathbf{r}$. (b) Fazendo as derivações necessárias, cheque se $\mathbf{F} = -\nabla U$.

4.18★★ Use a propriedade (4.35) do gradiente para mostrar os importantes resultados: (a) O vetor ∇f em um ponto qualquer $\mathbf{r}$ é perpendicular à superfície com f constante em $\mathbf{r}$. (Escolha um pequeno deslocamento $d\mathbf{r}$ que esteja sobre a superfície com f constante. O que é df para tal deslocamento?) (b) A direção do ∇f em qualquer ponto $\mathbf{r}$ é a direção em que f cresce mais rapidamente quando nos afastamos de $\mathbf{r}$. (Escolha um pequeno deslocamento $d\mathbf{r} = \epsilon\mathbf{u}$, onde $\mathbf{u}$ é um vetor unitário e ϵ fixo e pequeno. Determine a direção de $\mathbf{u}$ para a qual o df correspondente é máximo, tendo em mente que $\mathbf{a} \cdot \mathbf{b} = ab\cos\theta$.)

4.19★★ (a) Descreva as superfícies definidas pela equação $f = \text{const}$, onde $f = x^2 + 4y^2$. (b) Usando os resultados do Problema 4.18, determine um vetor unitário normal à superfície $f = 5$ no ponto $(1, 1, 1)$. Em que direção se deve mover a partir desse ponto para maximizar a taxa de variação de f?

SEÇÃO 4.4 A segunda condição para que F seja conservativa

4.20★ Determine o rotacional, $\nabla \times \mathbf{F}$, para as seguintes forças: **(a)** $\mathbf{F} = k\mathbf{r}$; **(b)** $\mathbf{F} = (Ax, By^2, Cz^3)$; **(c)** $\mathbf{F} = (Ay^2, Bx, Cz)$, onde A, B, C e k são constantes.

4.21★ Verifique se a força gravitacional $-GMm\,\hat{\mathbf{r}}/r^2$ sobre uma massa pontual m em $\mathbf{r}$, devido a um massa pontual fixa M na origem, é conservativa e calcule a energia potencial correspondente.

4.22★ A demonstração no Exemplo 4.5 de que a força de Coulomb é conservativa é consideravelmente facilitada se calcularmos $\nabla \times \mathbf{F}$ usando coordenadas esféricas. Infelizmente, a expressão para $\nabla \times \mathbf{F}$ em coordenadas polares esféricas é bastante complicada e difícil de deduzir. Entretanto, a resposta está ao final do livro e a demonstração pode ser encontrada em qualquer livro de cálculo vetorial ou de métodos matemáticos.[15] Considerando a expressão ao final do livro como verdadeira, mostre que a força de Coulomb $\mathbf{F} = \gamma\,\hat{\mathbf{r}}/r^2$ é conservativa.

4.23★★ Quais das seguintes forças são conservativas? **(a)** $\mathbf{F} = k(x, 2y, 3z)$, onde k é uma constante. **(b)** $\mathbf{F} = k(y, x, 0)$. **(c)** $\mathbf{F} = k(-y, x, 0)$. Para aquelas que são conservativas, determine a energia potencial U correspondente e verifique por derivação direta que $\mathbf{F} = -\nabla U$.

4.24★★★ Uma haste infinitamente longa e de massa uniforme μ por unidade de comprimento, está situada sobre o eixo z. **(a)** Calcule a força gravitacional $\mathbf{F}$ sobre uma massa pontual m a uma distância ρ do eixo z. (A força gravitacional entre duas massas pontuais está dada no Problema 4.21.) **(b)** Reescreva $\mathbf{F}$ em termos das coordenadas retangulares (x, y, z) do ponto e verifique que $\nabla \times \mathbf{F} = 0$. **(c)** Mostre que $\nabla \times \mathbf{F} = 0$ usando a expressão para $\nabla \times \mathbf{F}$ em coordenadas cilíndricas que estão ao final do livro. **(d)** Determine a energia potencial correspondente U.

4.25★★★ A demonstração de que a condição $\nabla \times \mathbf{F} = 0$, garantindo que o trabalho $\int_1^2 \mathbf{F} \cdot d\mathbf{r}$ realizado por $\mathbf{F}$ é independente do caminho, é, infelizmente, muito longa para ser incluída aqui. Entretanto, os três exercícios a seguir exploram os pontos principais:[16] **(a)** Mostre que a independência do caminho para $\int_1^2 \mathbf{F} \cdot d\mathbf{r}$ é equivalente à afirmação de que a integral $\oint_\Gamma \mathbf{F} \cdot d\mathbf{r}$ em torno de qualquer caminho fechado Γ é zero. (Por tradição, o símbolo $\oint$ é usado para integrais em torno de um caminho fechado – um caminho que começa e termina no mesmo ponto.) [*Sugestão*: para quaisquer dois pontos 1 e 2 e quaisquer caminhos de 1 a 2, considere o trabalho realizado por $\mathbf{F}$ indo de 1 a 2 ao longo do primeiro caminho e depois de volta para 1 ao longo do segundo na direção inversa.] **(b)** O teorema de Stokes assegura que $\oint_\Gamma \mathbf{F} \cdot d\mathbf{r} = \int (\nabla \times \mathbf{F}) \cdot \hat{\mathbf{n}}\, dA$, onde a integral da direita é uma integral de superfície sobre a superfície na qual o caminho Γ é a fronteira, e $\hat{\mathbf{n}}$ e dA são o vetor normal à superfície e o elemento de área. Mostre que o teorema de Stokes implica que, se $\nabla \times \mathbf{F} = 0$ em todo ponto, então $\oint_\Gamma \mathbf{F} \cdot d\mathbf{r} = 0$. **(c)** Enquanto a demonstração geral do teorema de Stokes está além do escopo deste livro, o caso especial a seguir é bastante fácil de demonstrar (e é um importante passo na direção da demonstração geral): seja Γ denotando um caminho retangular fechado contido sobre um plano perpendicular à direção z e limitado pelas retas $x = B, x = B + b, y = C$ e $y = C + c$. Para este caminho simples (percorrido no sentido anti-horário, quando visto de cima), mostre o teorema de Stokes

$$\oint_\Gamma \mathbf{F} \cdot d\mathbf{r} = \int (\nabla \times \mathbf{F}) \cdot \hat{\mathbf{n}}\, dA,$$

---

[15] Veja, por exemplo, *Mathematical Methods in the Physical Sciences*, de Mary Boas (Wiley, 1983), p. 435.

[16] Para uma discussão completa, veja, por exemplo, *Mathematical Methods*, Boas, Cap. 6, Seções 8-11.

onde $\hat{\mathbf{n}} = \hat{\mathbf{z}}$ e a integral da direita atua sobre a área plana retangular interior a Γ. [*Sugestão*: a integral da esquerda contém quatro termos, dois dos quais são integrais sobre x e dois sobre y. Se agrupá-los dessa forma, você pode combinar cada par em uma única integral com um integrando da forma $F_x(x, C + c, z) - F_x(x, C, z)$ (ou um termo similar com os significados de x e y permutados). Você pode escrever essa integração como uma integral de $\partial F_x(x, y, z)/\partial y$ sobre y (e da mesma forma com o outro termo), o que você reconhece.]

SEÇÃO 4.5 Energia potencial dependente do tempo

4.26★ Uma massa m está sob um campo gravitacional uniforme, o qual exerce a força usual $F = mg$ verticalmente para baixo, mas com g variando no tempo, $g = g(t)$. Escolhendo os eixos com y medido verticalmente para cima e definindo $U = mgy$ como usualmente, mostre que $\mathbf{F} = -\nabla U$ como conhecido, mas, derivando $E = \frac{1}{2}mv^2 + U$ com respeito a t, mostre que E não é conservada.

4.27★★ Suponha que a força $\mathbf{F}(\mathbf{r}, t)$ dependa do tempo t, mas ainda satisfaça $\nabla \times \mathbf{F} = 0$. É um fato matemático (relativo ao teorema de Stokes, como discutido no Problema 4.25) que a integral do trabalho $\int_1^2 \mathbf{F}(\mathbf{r}, t) \cdot d\mathbf{r}$ (calculada em qualquer instante t) é independente do caminho considerado entre os pontos 1 e 2. Use isso para mostrar que a EP dependente do tempo definida em (4.48), para um tempo t fixo qualquer, possui a propriedade conhecida $\mathbf{F}(\mathbf{r}, t) = -\nabla U(\mathbf{r}, t)$. Você consegue observar o que está errado com o argumento de leva à Equação (4.19), isto é, a conservação da energia?

SEÇÃO 4.6 Energia para sistemas lineares unidimensionais

4.28★★ Considere uma massa m presa na extremidade de uma mola com constante de elasticidade k e impelida a mover-se ao longo do eixo horizontal x. Se considerarmos a origem na posição de equilíbrio da mola, a energia potencial é $\frac{1}{2}kx^2$. No instante $t = 0$ a massa está parada na origem e é dado um impulso para a direita de modo que ela se move até um deslocamento máximo $x_{máx} = A$ e, a seguir, ela começa a oscilar em torno da origem. **(a)** Escreva a equação para a conservação da energia e resolva-a para obter a velocidade $\dot{x}$ da massa em termos da posição x e da energia total E. **(b)** Mostre que $E = \frac{1}{2}kA^2$ e use este resultado para eliminar E da sua expressão para $\dot{x}$. Use o resultado (4.58), $t = \int dx'/\dot{x}(x')$ para determinar o tempo para a massa deslocar-se da origem até a posição x. **(c)** Resolva a expressão do item (b) para obter x como uma função de t e mostre que a massa executa o movimento do oscilador harmônico simples com período $2\pi\sqrt{m/k}$.

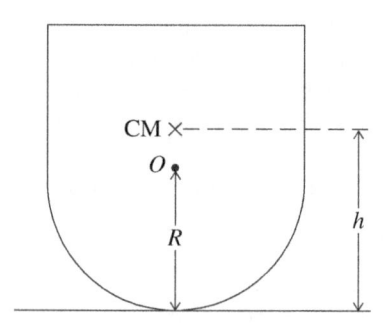

Figura 4.25 Problema 4.30.

4.29★★ [Computador] Uma massa confinada ao eixo x tem energia potencial $U = kx^4$, com $k > 0$. **(a)** Esboce o gráfico dessa energia potencial e descreva qualitativamente o movimento se a massa estiver inicialmente parada em $x = 0$ e se, no instante $t = 0$, for dado a ela um impulso para a direita. **(b)** Use (4.58) para determinar o tempo para a massa alcançar o seu deslocamento máximo $x_{máx} = A$. Forneça sua resposta como uma integral sobre x em termos de m, A e k. Em seguida, determine o período τ de oscilação de amplitude A como uma integral. **(c)** Fazendo uma mudança de variável apropriada na integral, mostre que o período τ é inversamente proporcional à amplitude A. **(d)** A integral do item (b) não pode ser calculada em termos de funções elementares, mas ela pode ser resolvida numericamente. Determine o período para o caso em que $m = k = A = 1$.

SEÇÃO 4.7 Sistemas unidimensionais curvilíneos

4.30★ A Figura 4.25 ilustra um brinquedo de criança que tem um formato de um cilindro montado sobre um hemisfério. O raio do hemisfério é R e o CM do brinquedo como um todo está a uma altura h acima do solo. **(a)** Escreva a expressão da energia potencial gravitacional quando o brinquedo está inclinado formando um ângulo θ com a vertical. [Você precisa encontrar a altura do CM como uma função de θ. Ela ajuda a pensar primeiro sobre a altura do centro do hemisfério O à medida que o brinquedo se inclina.] **(b)** Para quais valores de R e h o equilíbrio para $\theta = 0$ é estável?

4.31★ **(a)** Escreva a expressão para a energia total E das duas massas da máquina de Atwood da Figura 4.15 em termos das coordenadas x e $\dot{x}$. **(b)** Mostre que (o que é verdade para qualquer sistema conservativo unidimensional) você pode obter a equação do movimento para a coordenada x derivando a equação $E = $ const. Verifique que a equação do movimento é a mesma que você obteria aplicando a segunda lei de Newton para cada massa e eliminando as trações desconhecidas das duas equações resultantes.

4.32★★ Considere a conta da Figura 4.13 presa a um fio rígido e curvo. A posição da conta é especificada por s, medida ao longo do fio desde a origem. **(a)** Mostre que a velocidade v da conta é exatamente $v = \dot{s}$. (Escreva **v** em termos de suas componentes, dx/dt, etc, e determine a sua magnitude usando o teorema de Pitágoras.) **(b)** Mostre que $m\ddot{s} = F_{tan}$ é a componente tangencial da resultante da força sobre a conta. (Uma maneira de mostrar isso é fazendo a derivada da equação $v^2 = \mathbf{v} \cdot \mathbf{v}$. O lado esquerdo deve conduzi-lo a $\ddot{s}$ e o direito a F_{tan}.) **(c)** Uma força sobre a conta é a força normal **N** exercida pelo fio (o qual restringe a conta a permanecer no fio). Se assumirmos que todas as outras forças (gravidade, etc) são conservativas, então a resultante dessas forças pode ser obtida a partir de uma energia potencial U. Mostre que $F_{tan} = -dU/ds$. Isso mostra que sistemas unidimensionais desse tipo podem ser tratados como sistemas lineares, com x substituído por s e F_x por F_{tan}.

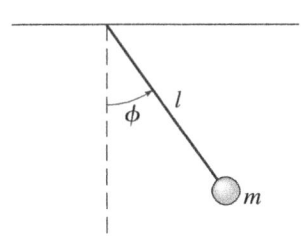

Figura 4.26 Problema 4.34.

4.33★★ [Computador] **(a)** Verifique a Expressão (4.59) para a energia potencial do cubo em equilíbrio sobre o cilindro do Exercício 4.7. **(b)** Faça os gráficos de $U(\theta)$ para $b = 0,9r$ e $b = 1,1r$. (Você pode muito bem escolher unidades tais que r, m e g sejam todas iguais a 1.) **(c)** Use seus gráficos para confirmar os resultados do Exemplo 4.7 com relação à estabilidade do equilíbrio em $\theta = 0$. Existem outros pontos de equilíbrio e eles são estáveis?

4.34★★ Um sistema unidimensional interessante é o pêndulo simples, que consiste em uma massa m, presa a uma extremidade de uma haste de massa desprezível (comprimento l), cujo lado oposto está preso ao teto permitindo o balanço livremente no plano vertical, conforme ilustrado na Figura 4.26. A posição do pêndulo pode ser especificada pelo ângulo ϕ a partir de sua posição de equilíbrio. (Ela poderia ser igualmente especificada por sua distância s a partir do equilíbrio – na verdade $s = l\phi$ – mas o ângulo é um pouco mais conveniente.) **(a)** Mostre que a energia potencial do pêndulo (medida a partir da posição de equilíbrio) é

$$U(\phi) = mgl(1 - \cos\phi). \tag{4.101}$$

Escreva a expressão para a energia total E como uma função de ϕ e $\dot{\phi}$. **(b)** Mostre que, derivando a expressão para E com respeito a t, você pode obter a equação do movimento para ϕ e que a equação do movimento é a expressão familiar $\Gamma = I\alpha$ (onde Γ é o torque, I é o momento de inércia e α é a aceleração angular $\ddot{\phi}$). **(c)** Assumindo que o ângulo ϕ permanece pequeno durante o movimento, obtenha $\phi(t)$ e mostre que o movimento é periódico com período

$$\tau_o = 2\pi\sqrt{l/g}. \tag{4.102}$$

(O subscrito "o" é para enfatizar que esse é o período para pequenas oscilações.)

4.35★★ Considere a máquina de Atwood da Figura 4.15, mas suponha que a roldana tenha um raio R e momento de inércia I. **(a)** Escreva a expressão da energia total das duas massas e da roldana em termos das coordenadas x e $\dot{x}$. (Lembre-se de que a energia cinética de uma roda girando é $\frac{1}{2}I\omega^2$.) **(b)** Mostre que você pode obter a equação do movimento para a coordenada x derivando a equação $E = $ const (o que é verdade para qualquer sistema conservativo unidimensional). Verifique se a equação de movimento é a mesma que seria obtida aplicando-se a segunda lei de Newton separadamente para as duas massas e para a roldana e, em seguida, eliminando as duas trações desconhecidas das três equações resultantes.

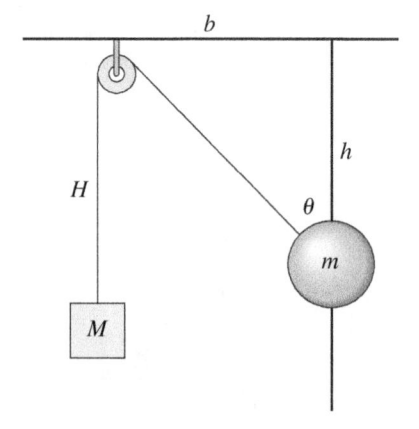

Figura 4.27 Problema 4.36.

4.36★★ Uma esfera de metal (massa *m*) com um furo através dela está compelida a mover-se verticalmente em uma haste sem atrito. Um fio de massa desprezível (comprimento *l*) preso à esfera passa sobre uma roldana de massa desprezível e sem atrito, e suporta um bloco de massa *M*, como ilustrado na Figura 4.27. As posições das duas massas podem ser especificadas pelo ângulo θ. **(a)** Escreva a expressão da energia potencial $U(\theta)$. (A EP é facilmente obtida em termos das alturas *h* e *H*. Elimine essas duas variáveis em favor de θ e das constantes *b* e *l*. Assuma que a roldana e a esfera têm tamanhos desprezíveis.) **(b)** Derivando $U(\theta)$, determine se o sistema tem uma posição de equilíbrio e para quais valores de *m* e *M* o equilíbrio pode ocorrer. Discuta a estabilidade dos pontos de equilíbrio.

4.37★★★ [Computador] A Figura 4.28 ilustra uma roda de massa desprezível e raio *R*, encaixada sobre um eixo horizontal sem atrito. Uma massa pontual *M* é grudada na borda da roda e a massa *m* está pendurada por um fio enrolado em torno do perímetro da roda. **(a)** Escreva a expressão da EP total das duas massas como uma função do ângulo ϕ. **(b)** Use esse resultado para determinar os valores de *m* e *M* para os quais existe alguma posição de equilíbrio. Descreva as posições de equilíbrio, discuta suas estabilidades e explique as respostas em termos dos torques. **(c)** Desenhe o gráfico de $U(\phi)$ para os casos em que $m = 0{,}7M$ e $m = 0{,}8M$ e use os gráficos para descrever o comportamento do sistema se largarmos o mesmo a partir do repouso com ângulo $\phi = 0$. **(d)** Determine o valor crítico de m/M no caso em que o sistema oscila e no caso em que o sistema não oscila (quando largado a partir do repouso com $\phi = 0$).

4.38★★★ [Computador] Considere o pêndulo simples do Problema 4.34. Você pode obter uma expressão para o período do pêndulo (que é boa tanto para grandes como para pequenas oscilações) usando o método discutido em conexão com (4.57), da forma: **(a)** Usando (4.101) para a EP, determine $\dot{\phi}$ como uma função de ϕ. Em seguida, use (4.57), sob a forma $t = \int d\phi/\dot{\phi}$, para expressar o tempo que o pêndulo leva para mover-se de $\phi = 0$ a seu valor máximo (a amplitude) Φ. Como esse tempo é um quarto do período τ, você pode agora expressar o período. Mostre que

$$\tau = \tau_o \frac{1}{\pi} \int_0^\Phi \frac{d\phi}{\sqrt{\text{sen}^2(\Phi/2) - \text{sen}^2(\phi/2)}} = \tau_o \frac{2}{\pi} \int_0^1 \frac{du}{\sqrt{1-u^2}\sqrt{1-A^2u^2}}, \quad (4.103)$$

onde τ_o é o período (4.102) (Problema 4.34) para pequenas oscilações e $A = \text{sen}(\Phi/2)$. [Para obter a primeira expressão, você precisará usar a identidade trigonométrica para $1 - \cos\phi$ em

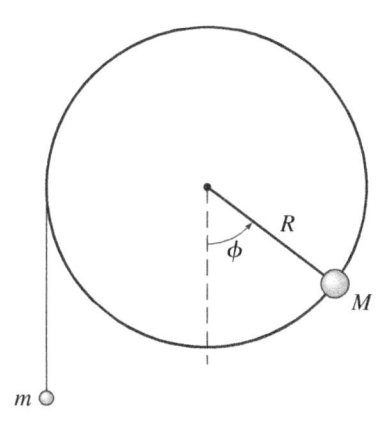

Figura 4.28 Problema 4.37.

termos de sen²($\phi/2$). Para obter a segunda, você precisará fazer a substituição sen($\phi/2$) = Au.] Essas integrais não podem ser calculadas em termos de funções elementares. Entretanto, a segunda integral é a integral padrão chamada de *integral elíptica completa de primeira espécie*, algumas vezes denotada por $K(A^2)$, cujos valores são tabelados,[17] e são conhecidas em sistemas computacionais como Mathematica [que a chama por EllipticK(A^2)]. **(b)** Se você tiver acesso a um software que conheça essa função, gere o gráfico de τ/τ_o para amplitudes $0 \leq \Phi \leq 3$ radianos e comente-o. O que acontece com τ à medida que a amplitude de oscilação se aproxima de π? Explique.

4.39★★★ **(a)** Se você ainda não o resolveu, resolva o Problema 4.38(a). **(b)** Se a amplitude Φ for pequena, da mesma forma será $A = $ sen($\Phi/2$). Se a amplitude for muito pequena, podemos simplesmente ignorar a última raiz quadrada em (4.103). Mostre que isso leva ao resultado familiar para o período de pequenas amplitudes, $\tau = \tau_o = 2\pi\sqrt{l/g}$. **(c)** Se a amplitude for pequena, mas não muito pequena, podemos melhorar a aproximação do item (b). Use a expansão binomial para obter a aproximação $1/\sqrt{1 - A^2u^2} \approx 1 + \frac{1}{2}A^2u^2$ e mostre que, nesta aproximação, (4.103) fornece

$$\tau = \tau_o[1 + \tfrac{1}{4}\text{sen}^2(\Phi/2)].$$

Que percentual de correção o segundo termo representa para a amplitude de 45°? (A resposta exata para $\Phi = 45°$ é 1,040 τ_o com quatro dígitos significativos.)

SEÇÃO 4.8 Forças centrais

4.40★ **(a)** Verifique as três Equações (4.68) que fornecem x, y e z em termos das coordenadas polares esféricas r, θ, ϕ. **(b)** Determine expressões para r, θ, ϕ em termos de x, y, z.

4.41★ Uma massa m se move em uma órbita circular (com centro na origem) em um campo de uma força central atrativa com energia potencial $U = kr^n$. Mostre o **teorema do virial**, em que T = $nU/2$.

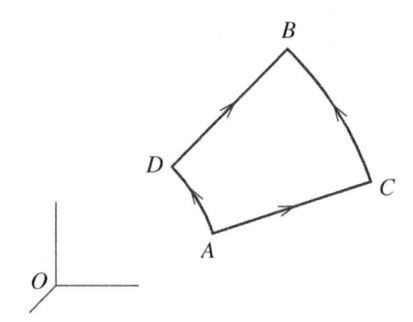

Figura 4.29   Problema 4.44.

---

[17] Veja, por exemplo, M. Abramowitz e I. Stegun, *Handbook of Mathematical Functions*, Dover, New York, 1965. Fique atento, pois diferentes autores usam diferentes notações. Em particular, alguns autores chamam exatamente a mesma integral de $K(A)$.

4.42★ Em uma dimensão, é óbvio que a força obedecendo à lei de Hooke é conservativa (já que $F = -kx$ depende apenas da posição x, e isso é suficiente para garantir que F é conservativa em uma dimensão). Considere, em vez disso, uma mola obedecendo à lei de Hooke e que tem uma extremidade fixa na origem, mas que a outra extremidade está livre para mover-se nas três dimensões. (A mola poderia estar presa a um ponto no teto e suportando uma bola de massa m saltitando na outra extremidade, por exemplo.) Escreva a expressão para a força $\mathbf{F}(\mathbf{r})$ exercida pela mola em termos de seu comprimento r e de seu comprimento de equilíbrio r_o. Mostre que essa força é conservativa. [*Sugestão*: é a força central? Assuma que a mola não se encurva.]

4.43★★ Na Seção 4.8, assegurei que uma força $\mathbf{F}(\mathbf{r})$, que é central e esfericamente simétrica, é automaticamente conservativa. Aqui, temos duas maneiras de demonstrar isso: **(a)** Como $\mathbf{F}(\mathbf{r})$ é central e esfericamente simétrica, ela deve ter a forma $\mathbf{F}(\mathbf{r}) = f(r)\,\hat{\mathbf{r}}$. Usando coordenadas Cartesianas, mostre que isso implica que $\nabla \times \mathbf{F} = 0$. **(b)** Ainda mais rápido, usando a expressão dada ao final do livro para $\nabla \times \mathbf{F}$ em coordenadas polares esféricas, mostre que $\nabla \times \mathbf{F} = 0$.

4.44★★ O Problema 4.43 sugere duas demonstrações de que uma força central e esfericamente simétrica é automaticamente conservativa, mas nenhuma das demonstrações torna realmente claro *por que* isso acontece. Aqui está uma demonstração que é menos completa, porém com mais discernimento: considere dois pontos quaisquer A e B e dois caminhos diferentes ACB e ADB conectando-os conforme ilustra a Figura 4.29. O caminho ACB segue radialmente para fora de A até alcançar o raio r_B de B e então segue em torno de uma esfera (com centro O) até B. O caminho ADB segue em torno da esfera de raio r_A até alcançar a reta OB e em seguida radialmente para fora até B. Explique claramente por que o trabalho realizado por uma força $\mathbf{F}$, central e esfericamente simétrica, é o mesmo ao longo do dois caminhos. (Isso não prova que o trabalho é o mesmo ao longo de *quaisquer* dois caminhos de A a B. Se você desejar, pode completar a demonstração verificando que qualquer caminho pode ser aproximado por uma série de caminhos movendo-se radialmente para dentro ou para fora e caminhos com r constante.)

4.45★★ Na Seção 4.8, demonstrei que uma força $\mathbf{F}(\mathbf{r}) = f(\mathbf{r})\,\hat{\mathbf{r}}$, que é central e conservativa, é automaticamente esfericamente simétrica. Aqui está uma demonstração alternativa: considere os dois caminhos ACB e ADB da Figura 4.29, mas com $r_B = r_A + dr$, onde dr é infinitesimal. Escreva a expressão para o trabalho realizado por $\mathbf{F}(\mathbf{r})$ seguindo ao longo de ambos os caminhos e use o fato de que eles devem ser iguais para demonstrar que a função magnitude $f(\mathbf{r})$ deve ser a mesma nos ponto A e D, ou seja, $f(\mathbf{r}) = f(r)$ e a força é esfericamente simétrica.

SEÇÃO 4.9 Energia de interação de duas partículas

4.46★ Considere uma colisão elástica de duas partículas como no Exemplo 4.8, mas com massas distintas, $m_1 \neq m_2$. Mostre que o ângulo θ entre as duas velocidades de saída após a colisão satisfaz $\theta < \pi/2$ se $m_1 > m_2$, mas $\theta > \pi/2$ se $m_1 < m_2$.

4.47★ Considere uma colisão frontal elástica entre duas partículas. (Como a colisão é frontal, o movimento está confinado a uma única linha reta e é, portanto, unidimensional.) Mostre que a velocidade relativa após a colisão é igual e oposta à anterior. Isto é, $v_1 - v_2 = -(v'_1 - v'_2)$, onde v_1 e v_2 são as velocidades iniciais e v'_1 e v'_2 são as respectivas velocidades finais.

4.48★ Uma partícula de massa m_1 com velocidade v_1 colide com uma segunda partícula de massa m_2 em repouso. Se a colisão é perfeitamente inelástica (as duas partículas se prendem juntas e se movem como se fossem apenas uma) qual fração da energia cinética é perdida na colisão? Comente sua resposta para os casos em que $m_1 \ll m_2$ e $m_2 \ll m_1$.

4.49★★ Ambas as forças de Coulomb e gravitacional levam a energias potenciais da forma $U = \gamma/|\mathbf{r}_1 - \mathbf{r}_2|$, onde γ denota kq_1q_2 no caso da força de Coulomb e $-Gm_1m_2$ para a gravitação, e $\mathbf{r}_1$ e $\mathbf{r}_2$ são as posições das duas partículas. Mostre em detalhes que $-\nabla_1 U$ é a força sobre a partícula 1 e $-\nabla_2 U$ é a força sobre a partícula 2.

4.50★★ O formalismo da energia potencial de duas partículas depende do argumento em (4.81) que

$$\nabla_1 U(\mathbf{r}_1 - \mathbf{r}_2) = -\nabla_2 U(\mathbf{r}_1 - \mathbf{r}_2).$$

Mostre isso. (Use a regra da cadeia para derivação. A demonstração em três dimensões tem uma notação complicada, assim, demonstre o caso unidimensional resultando em

$$\frac{\partial}{\partial x_1} f(x_1 - x_2) = -\frac{\partial}{\partial x_2} f(x_1 - x_2)$$

e então se convença de que ele se estende para as três dimensões.)

SEÇÃO 4.10 Energia de um sistema de várias partículas

4.51★★ Escreva os argumentos para todas as energias potenciais para o sistema de quatro partículas em (4.94). Por exemplo, $U = U(\mathbf{r}_1, \mathbf{r}_2, \cdots, \mathbf{r}_4)$, enquanto $U_{34} = U_{34}(\mathbf{r}_3 - \mathbf{r}_4)$. Mostre em detalhes que a força resultante sobre a partícula 3 (por exemplo) é dada por $-\nabla_3 U$. [Você sabe que as forças separadas, internas e externas, são dadas por (4.92) e (4.93).]

4.52★★ Considere o sistema de quatro partículas da Seção 4.10. **(a)** Escreva a expressão do teorema Trabalho-EC para cada uma das quatro partículas individualmente e, somando essas quatro equações, mostre que a variação total na EC em um pequeno intervalo de tempo dt é $dT = W_{\text{tot}}$, onde W_{tot} é o trabalho total realizado sobre todas as partículas por todas as forças. [Isso não deve tomar mais do que duas ou três linhas.] **(b)** Em seguida, mostre que $W_{\text{tot}} = -dU$, onde dU é a variação na EP total durante o mesmo intervalo de tempo. Deduza que a energia mecânica total $E = T + U$ é conservada.

4.53★★ **(a)** Considere um elétron (carga $-e$ e massa m) em um órbita circular de raio r em torno de um próton fixo (carga $+e$). Lembrando que a força atrativa de Coulomb ke^2/r^2 é o que dá ao elétron a sua aceleração centrípeta, mostre que a EC do elétron é igual a $-\frac{1}{2}$ vezes a sua EP, ou seja, $T = -\frac{1}{2}U$ e, por conseguinte, $E = \frac{1}{2}U$. (Esse resultado é uma consequência do chamado *teorema do virial*. Veja o Problema 4.41.) Agora, considere a seguinte colisão inelástica de um elétron com um átomo de hidrogênio: elétron número 1 está em uma órbita circular de raio r em torno de um próton fixo. (Isso corresponde ao átomo de hidrogênio.) Elétron 2 vem se aproximando de longe com energia cinética T_2. Quando o segundo elétron atinge o átomo, o primeiro é jogado fora livre e o segundo é capturado em uma órbita circular de raio r'. **(b)** Escreva uma expressão para a energia total do sistema de três partículas em geral. (Sua resposta deve conter cinco termos, três EPs mas apenas duas ECs, uma vez que o próton está sendo considerado fixo.) **(c)** Identifique os valores dos cinco termos e a energia total E bem antes de a colisão ocorrer e novamente bem depois de ela ter ocorrido. Qual é a EC do elétron 1 que se desprende quando este estiver bem afastado? Forneça suas repostas em termos das variáveis T_2, r e r'.

5

Oscilações

Quase todos os sistemas que são deslocados de uma posição de equilíbrio estável exibem *oscilações*. Se o deslocamento for *pequeno*, as oscilações são quase sempre do tipo chamado de harmônica simples. Oscilações, e principalmente as oscilações harmônicas simples, são, portanto, extremamente difundidas. Elas são, também, extremamente úteis. Por exemplo, todos os bons relógios dependem de um oscilador para regular a uniformidade do tempo: os primeiros relógios confiáveis utilizavam um pêndulo; os primeiros relógios portáteis (historicamente cruciais na navegação) utilizavam uma roda reguladora oscilante; relógios de pulso modernos usam a oscilação de cristais de quartzo; hoje, os relógios mais acurados, como o relógio atômico no National Institute for Standards and Technology, em Boulder, Colorado, usam a oscilação de um átomo. Neste capítulo, exploraremos a física e a matemática das oscilações. Iniciarei com o oscilador harmônico simples e em seguida passarei para oscilações amortecidas (oscilações que cessam devido a forças de atrito) e oscilações forçadas (oscilações que são mantidas devido a uma força motriz externa, como em todos os relógios). As três últimas seções do capítulo descrevem o uso da série de Fourier para determinar o movimento de um oscilador forçado devido a uma força motriz externa periódica arbitrária.

5.1 LEI DE HOOKE

Como é certamente de seu conhecimento, uma massa presa a uma extremidade de uma mola, que obedece à lei de Hooke, executa um movimento oscilatório do tipo que vamos chamar de harmônico simples. Antes de vermos a demonstração dessa afirmação, vamos primeiro explicar por que a lei de Hooke é tão importante e surge tão frequentemente. A lei de Hooke afirma que a força exercida por uma mola tem a forma (por ora, iremos nos restringir a uma mola confinada ao eixo x)

$$F_x(x) = -kx, \tag{5.1}$$

onde x é o deslocamento da mola a partir do seu comprimento de equilíbrio e k é um número positivo chamado de constante da força (constante elástica da mola). O fato de k ser positivo significa que o equilíbrio em $x = 0$ é estável: quando $x = 0$ não há força, quando $x > 0$ (deslocamento à direita) a força é negativa (puxa de volta para a esquerda) e quando $x < 0$ (deslocamento à esquerda), a força é positiva (puxa de volta para a direita); em qualquer um dos casos, a força é uma força de *restauração* e o equilíbrio é estável. (Se k fosse negativo, a força apontaria para fora do ponto de origem e o equilíbrio seria instável, nesse caso, não esperaríamos ter oscilações.) Uma forma exatamente equivalente para expressar a lei de Hooke é dada pela energia potencial

$$U(x) = \tfrac{1}{2}kx^2.$$

Considere agora um sistema conservativo unidimensional arbitrário que é especificado pela coordenada x e tem uma energia potencial $U(x)$. Suponha que o sistema tenha um equilíbrio estável na posição $x = x_o$, a qual podemos muito bem considerar como sendo a origem ($x_o = 0$). Considere agora o comportamento de $U(x)$ na vizinhança da posição de equilíbrio. Como qualquer função razoável pode ser expandida em termos de uma série de Taylor, podemos seguramente escrever

$$U(x) = U(0) + U'(0)x + \tfrac{1}{2}U''(0)x^2 + \cdots. \tag{5.2}$$

Desde que x permaneça pequeno, os três primeiros termos dessa série devem oferecer uma boa aproximação. O primeiro termo é uma constante e, como podemos sempre subtrair uma constante de $U(x)$ sem alterar a física, podemos redefinir $U(0)$ para ser zero. Como $x = 0$ é um ponto de equilíbrio, $U'(0) = 0$, e o segundo termo da série (5.2) é automaticamente zero. Como o equilíbrio é estável, $U''(0)$ é positivo. Renomeando $U''(0)$ como k, concluímos que para pequenos deslocamentos é sempre uma boa aproximação considerarmos[1]

$$U(x) = \tfrac{1}{2}kx^2. \tag{5.3}$$

Isto é, para deslocamentos suficientemente pequenos a partir da posição de equilíbrio, a lei de Hooke é sempre válida. Observe que, se $U''(0)$ fosse negativo, então k seria também negativo e o equilíbrio seria instável – um caso que não nos interessa neste momento. A lei de Hooke na forma (5.3) surge em muitas situações, embora não seja necessário que a coordenada seja a coordenada retangular x, como ilustra o exemplo a seguir.

Exemplo 5.1 Cubo em equilíbrio sobre um cilindro

Considere novamente o cubo do Exemplo 4.7 e mostre que, para pequenos ângulos θ, a energia potencial assume a forma a lei de Hooke $U(\theta) = \tfrac{1}{2}k\theta^2$.

Vimos naquele exemplo que

$$U(\theta) = mg[(r + b)\cos\theta + r\theta \operatorname{sen}\theta].$$

Se θ for pequeno, podemos considerar a aproximação $\cos\theta \approx 1 - \theta^2/2$ e $\operatorname{sen}\theta \approx \theta$, de forma que

$$U(\theta) \approx mg[(r + b)(1 - \tfrac{1}{2}\theta^2) + r\theta^2] = mg(r + b) + \tfrac{1}{2}mg(r - b)\theta^2,$$

---

[1] A única exceção é se $U''(0)$ for zero, mas não me preocuparei com este caso excepcional.

que, à exceção da constante sem interesse, tem a forma $\frac{1}{2}k\theta^2$ com a "constante da mola" $k = mg(r - b)$. Observe que o equilíbrio é estável (k positivo) apenas quando $r > b$, condição que já havíamos encontrado no Exemplo 4.7.

Como discutido na Seção 4.6, as características principais do movimento de qualquer sistema unidimensional podem ser compreendidas a partir de um gráfico de $U(x)$ versus x. Para a energia potencial da lei de Hooke (5.3), esse gráfico é uma parábola, como ilustrado na Figura 5.1. Se a massa m tem uma energia potencial dessa forma e tem uma energia total $E > 0$, ela está presa e oscila entre os dois pontos de retorno onde $U(x) = E$, com a energia cinética zero, e a massa está instantaneamente em repouso. Como $U(x)$ é simétrico em torno de $x = 0$, os dois pontos de retorno são equidistantes em lados opostos à origem e são tradicionalmente denotados como $x = \pm A$, onde A é chamado de amplitude das oscilações.

5.2 MOVIMENTO HARMÔNICO SIMPLES

Estamos agora prontos para examinar a equação de movimento (isto é, a segunda lei de Newton) para uma massa m que é deslocada de uma posição de equilíbrio estável. Para ser objetivo, vamos considerar um carrinho, sobre um trilho sem atrito, que está preso a uma mola conforme esboça a Figura 5.2. Vimos que podemos aproximar a energia potencial por (5.3) ou, equivalentemente, a força por $F_x(x) = -kx$. Logo, a equação de movimento é $m\ddot{x} = F_x = -kx$ ou

$$\ddot{x} = -\frac{k}{m}x = -\omega^2 x \tag{5.4}$$

onde introduzi a constante

$$\omega = \sqrt{\frac{k}{m}},$$

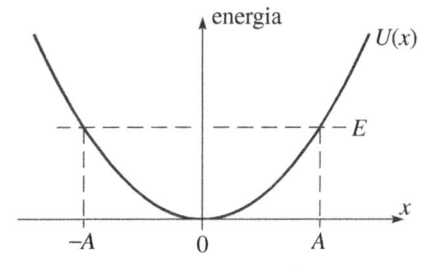

Figura 5.1 Massa m com energia potencial $U(x) = \frac{1}{2}kx^2$ e energia total E oscilando entre os dois pontos de retorno em $x = \pm A$, onde $U(x) = E$ e a energia cinética é zero.

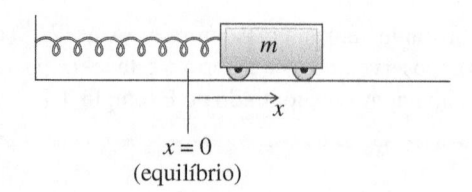

Figura 5.2 Carrinho de massa m oscilando preso à extremidade de uma mola.

que veremos é a frequência angular com a qual o carrinho irá oscilar. Embora tenhamos chegado à Equação (5.4) no contexto de um carrinho preso a uma mola movendo-se ao longo do eixo x, veremos que, eventualmente, isso se aplica a muitos sistemas oscilatórios diferentes em muitos sistemas de coordenadas distintos. Por exemplo, já vimos que, na Equação (1.55), o ângulo ϕ que determina a posição do pêndulo (ou de uma prancha de skate em um semi-hemisfério) é dado pela mesma equação, $\ddot{\phi} = -\omega^2\phi$, pelo menos para pequenos valores de ϕ. Nesta seção, revisarei as propriedades da solução de (5.4). Infelizmente, existem muitos caminhos distintos para se escrever a mesma solução, todos eles têm suas vantagens e você se sentirá confortável com todos.

Soluções exponenciais

A Equação (5.4) é uma equação diferencial linear, homogênea, de segunda ordem[2] e assim tem duas soluções independentes. Essas duas soluções independentes podem ser escolhidas de várias formas distintas, porém, talvez, a mais conveniente seja a seguinte:

$$x(t) = e^{i\omega t} \quad \text{e} \quad x(t) = e^{-i\omega t}.$$

Como você pode facilmente verificar, ambas as funções satisfazem (5.4). Além disso, qualquer constante multiplicada por qualquer uma das soluções é também uma solução; da mesma forma, a soma de qualquer uma dessas novas soluções é também uma solução. Logo, a função

$$x(t) = C_1 e^{i\omega t} + C_2 e^{-i\omega t} \tag{5.5}$$

é também uma solução para quaisquer que sejam as constantes C_1 e C_2. (O fato de que qualquer combinação linear de soluções como essa é também uma solução é chamado de **princípio da superposição** e desempenha um papel crucial em muitos ramos da física.) Como a solução (5.5) contém duas constantes arbitrárias, ela é a solução geral da equação diferencial de segunda ordem (5.4).[3] Portanto, *qualquer* solução pode ser expressa na forma (5.5) com uma escolha apropriada dos coeficientes C_1 e C_2.

---

[2] Linear porque não contém potências mais altas de x ou suas derivadas, além da primeira potência, e homogênea porque *cada* termo é uma potência de primeira ordem (ou seja, não há termos independentes de x e de suas derivadas).

[3] Levando-se em consideração o resultado discutido abaixo da Equação (1.56), de que a solução geral de uma equação diferencial de segunda ordem contém exatamente duas constantes arbitrárias.

As soluções seno e cosseno

As funções exponenciais em (5.5) são tão convenientes de serem manipuladas que (5.5) é geralmente a melhor forma da solução. Entretanto, essa forma tem uma desvantagem. Sabemos claramente que $x(t)$ é real, enquanto as duas exponenciais em (5.5) são complexas. Isso significa que os coeficientes C_1 e C_2 devem ser escolhidos cuidadosamente de forma a garantir que $x(t)$ seja real. Retornarei a esse ponto em breve, mas primeiro devo reescrever (5.5) de outra forma muito útil. A partir da fórmula de Euler (2.76), sabemos que as duas exponenciais em (5.5) podem ser escritas como

$$e^{\pm i\omega t} = \cos(\omega t) \pm i\,\text{sen}(\omega t).$$

Substituindo em (5.5) e reagrupando os termos, encontramos que

$$\begin{aligned}x(t) &= (C_1 + C_2)\cos(\omega t) + i(C_1 - C_2)\text{sen}(\omega t) \\ &= B_1 \cos(\omega t) + B_2 \text{sen}(\omega t),\end{aligned} \qquad (5.6)$$

onde B_1 e B_2 são simplesmente novos nomes para os coeficientes da linha anterior,

$$B_1 = C_1 + C_2 \quad \text{e} \quad B_2 = i(C_1 - C_2). \qquad (5.7)$$

A forma (5.6) pode ser considerada como a definição do **movimento harmônico simples** (ou **MHS**): qualquer movimento que seja uma combinação de senos e cossenos dessa maneira é chamado de harmônico simples. Como as funções $\cos(\omega t)$ e $\text{sen}(\omega t)$ são reais, o requisito para $x(t)$ ser real significa simplesmente que os coeficientes B_1 e B_2 devem ser reais.

Podemos facilmente determinar os coeficientes B_1 e B_2 a partir das condições iniciais do problema. Claramente, em $t = 0$, (5.6) implica que $x(0) = B_1$. Ou seja, B_1 é justamente a posição inicial $x(0) = x_0$. Similarmente, derivando (5.6), identificamos ωB_2 como a velocidade inicial v_0.

Se iniciarmos as oscilações puxando o carrinho para além de $x = x_0$ e largando-o a partir do repouso ($v_0 = 0$), então $B_2 = 0$ em (5.6) e apenas o termo cosseno permanece, de modo que

$$x(t) = x_0 \cos(\omega t). \qquad (5.8)$$

Se lançarmos o carrinho a partir da origem ($x_0 = 0$), dando a ele um impulso no instante $t = 0$, apenas o termo seno permanece, e

$$x(t) = \frac{v_0}{\omega}\text{sen}(\omega t).$$

Esses dois casos simples estão ilustrados na Figura 5.3. Observe que ambas as soluções, como a solução geral (5.6), são periódicas uma vez que o seno e o cosseno são periódicos. Como o argumento do seno e do cosseno é ωt, a função $x(t)$ repete-se após um tempo τ para o qual $\omega \tau = 2\pi$. Isto é, o período é

$$\tau = \frac{2\pi}{\omega} = 2\pi\sqrt{\frac{m}{k}}. \qquad (5.9)$$

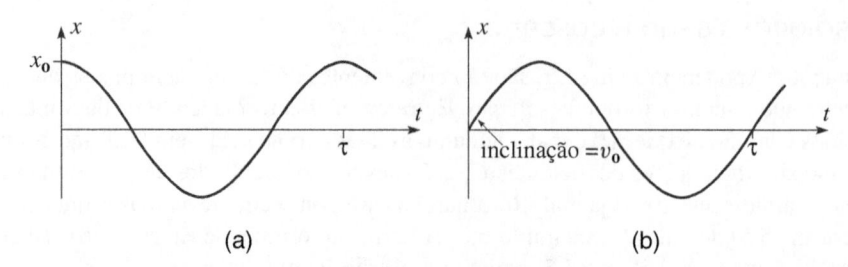

Figura 5.3 (a) Oscilações para as quais o carrinho é largado a partir de x_o em $t = 0$ são curvas do tipo cosseno. (b) Se o carrinho for empurrado a partir da origem em $t = 0$, as oscilações são curvas do tipo seno com inclinação inicial v_o. Em qualquer um dos casos, o período de oscilação é $\tau = 2\pi/\omega = 2\pi \sqrt{m/k}$ e é o mesmo quaisquer que sejam os valores de x_o e v_o.

A solução cosseno com diferença de fase

A solução geral (5.6) é mais difícil de visualizar do que os dois casos especiais da Figura 5.3 e pode ser útil reescrevê-la como segue: primeiro, definimos uma nova constante

$$A = \sqrt{B_1^2 + B_2^2}. \tag{5.10}$$

Observe que A é a hipotenusa de um triângulo-retângulo cujos outros dois lados são B_1 e B_2. Isso está indicado na Figura 5.4, onde defini δ como sendo o ângulo inferior do triângulo. Podemos agora reescrever (5.6) da forma

$$\begin{aligned} x(t) &= A \left[\frac{B_1}{A} \cos(\omega t) + \frac{B_2}{A} \operatorname{sen}(\omega t) \right] \\ &= A[\cos \delta \cos(\omega t) + \operatorname{sen} \delta \operatorname{sen}(\omega t)] \\ &= A \cos(\omega t - \delta). \end{aligned} \tag{5.11}$$

A partir dessa fórmula, está claro que o carrinho está oscilando com amplitude de oscilação A, mas, em vez de ser um simples cosseno como em (5.8), ela corresponde a um cosseno que está deslocado de sua fase: quando $t = 0$, o argumento da função cosseno é $-\delta$ e as oscilações ficam defasadas da função cosseno por uma *diferença de fase* δ. Deduzimos o resultado (5.11) a partir da segunda lei de Newton, mas, como frequentemente acontece, podemos deduzir o mesmo resultado de mais de uma maneira. Em particular,

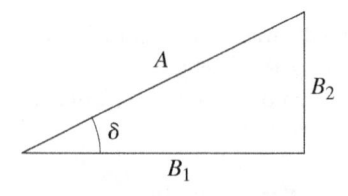

Figura 5.4 As constantes A e δ são definidas em termos de B_1 e B_2, conforme ilustrado.

(5.11) pode também ser deduzida usando a abordagem discutida na Seção 4.6. (Veja o Problema 4.28.)

Solução como a parte real de uma exponencial complexa

Há ainda outra maneira conveniente de se escrever a solução em termos das exponenciais complexas de (5.5). Os coeficientes C_1 e C_2 estão relacionados aos coeficientes B_1 e B_2 da forma seno-cosseno pela Equação (5.7), que podemos resolver para obter

$$C_1 = \tfrac{1}{2}(B_1 - iB_2) \quad \text{e} \quad C_2 = \tfrac{1}{2}(B_1 + iB_2). \tag{5.12}$$

Como B_1 e B_2 são reais, isso mostra que C_1 e C_2 são geralmente complexos e que C_2 é o complexo conjugado de C_1,

$$C_2 = C_1^*.$$

(Lembre-se de que, para qualquer número complexo $z = x + iy$, o complexo conjugado z^* é definido como[4] $z^* = x - iy$.) Então, a solução (5.5) pode ser escrita como

$$x(t) = C_1 e^{i\omega t} + C_1^* e^{-i\omega t}, \tag{5.13}$$

onde o segundo termo à direita é justamente o complexo conjugado do primeiro termo. (Veja o Problema 5.35 se isso não estiver claro para você.) Agora, para qualquer número complexo $z = x + iy$,

$$z + z^* = (x + iy) + (x - iy) = 2x = 2\,\mathrm{Re}\,z$$

onde Re z denota a parte real de z (a saber x). Logo, (5.13) pode ser escrita como

$$x(t) = 2\,\mathrm{Re}\,C_1 e^{i\omega t}.$$

Se definirmos uma constante final $C = 2C_1$, vemos, da Equação (5.12) e da Figura 5.4, que

$$C = B_1 - iB_2 = Ae^{-i\delta} \tag{5.14}$$

e

$$x(t) = \mathrm{Re}\,C e^{i\omega t} = \mathrm{Re}\,A e^{i(\omega t - \delta)}.$$

Esse belo resultado está ilustrado na Figura 5.5. O número complexo $Ae^{i(\omega t - \delta)}$ se move no sentido anti-horário com velocidade angular ω em torno de um círculo de raio A. Sua parte real [a saber, $x(t)$] é a projeção do número complexo sobre o eixo real. Enquanto o número complexo segue em torno do círculo, essa projeção oscila para frente e para trás sobre o eixo x, com frequência angular ω e amplitude A. Especificamente, $x(t) = A\cos(\omega t - \delta)$, em concordância com (5.11).

---

[4] Enquanto a maioria dos físicos usa a notação z^*, os matemáticos quase sempre usam $\bar{z}$ para o complexo conjugado de z.

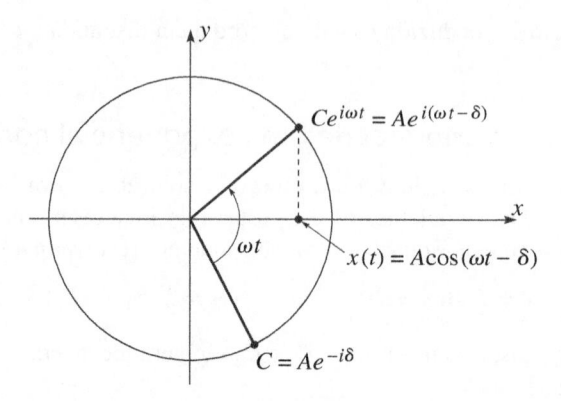

Figura 5.5 A posição $x(t)$ de um carrinho oscilando corresponde à parte real do número complexo $Ae^{i(\omega t-\delta)}$. Enquanto o número complexo move-se em torno do círculo de raio A, o carrinho oscila para frente e para trás sobre o eixo x com amplitude A.

Exemplo 5.2 Uma garrafa em um balde

Uma garrafa está boiando, com o gargalo para cima, em um balde grande contendo água, conforme ilustrado na Figura 5.6. Na posição de equilíbrio, ela está submersa com uma profundidade d_o a partir do nível da superfície da água. Mostre que, se ela for empurrada para baixo até uma profundidade d e depois largada, irá executar um movimento harmônico e determine a frequência de sua oscilação. Se $d_o = 20$ cm, qual é o período das oscilações?

As duas forças sobre a garrafa são o seu peso mg, apontando para baixo, e a força de empuxo ϱgAd, onde ϱ é a densidade da água e A é a área da seção transversal da garrafa. (Lembre-se de que o princípio de Arquimedes diz que o empuxo é ϱg vezes o volume submerso, que é justamente Ad.) A profundidade de equilíbrio d_o é determinada através da condição

$$mg = \varrho gAd_o. \tag{5.15}$$

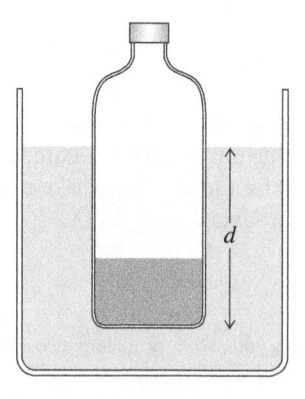

Figura 5.6 A garrafa da ilustração foi preenchida com areia de modo que ela flutue verticalmente em um balde contendo água. Sua profundidade de equilíbrio é $d = d_o$.

Suponha agora que a garrafa esteja a uma profundidade $d = d_o + x$. (Isso define x como sendo a distância *a partir do equilíbrio*, sempre a melhor coordenada a ser usada.) A segunda lei de Newton pode ser escrita da forma

$$m\ddot{x} = mg - \varrho g A(d_o + x).$$

De (5.15), o primeiro e o segundo termo à direita se cancelam e ficamos com $\ddot{x} = -\varrho g A x/m$. Mas, novamente, de (5.15), $\varrho g A/m = g/d_o$, logo, a equação do movimento torna-se

$$\ddot{x} = -\frac{g}{d_o}x,$$

que é exatamente a equação para o movimento de um oscilador harmônico simples. Concluímos que a garrafa se move para cima e para baixo em um MHS com frequência $\omega = \sqrt{g/d_o}$. Uma característica importante desse resultado é a de que a frequência de oscilação não envolve m, ϱ ou A explicitamente; também, a frequência é a mesma daquela de um pêndulo simples de comprimento $l = d_o$. Se $d_o = 20$ cm, então o período é

$$\tau = \frac{2\pi}{\omega} = 2\pi\sqrt{\frac{d_o}{g}} = 2\pi\sqrt{\frac{0{,}20 \text{ m}}{9{,}8 \text{ m/s}^2}} = 0{,}9 \text{ s}.$$

Tente esse experimento você mesmo! Mas fique atento, porque os detalhes do fluxo de água em torno da garrafa complicam consideravelmente a situação. O cálculo aqui corresponde a uma versão simplificada da situação verdadeira.

Considerações sobre a energia

Para concluir esta seção sobre o movimento harmônico simples, vamos considerar brevemente a energia do oscilador (o carrinho preso à mola ou qualquer outro) à medida que oscila para frente e para trás. Como $x(t) = A\cos(\omega t - \delta)$, a energia potencial é

$$U = \tfrac{1}{2}kx^2 = \tfrac{1}{2}kA^2\cos^2(\omega t - \delta).$$

Derivando $x(t)$ para obter a velocidade, encontramos a energia cinética

$$T = \tfrac{1}{2}m\dot{x}^2 = \tfrac{1}{2}m\omega^2 A^2 \text{sen}^2(\omega t - \delta)$$

$$= \tfrac{1}{2}kA^2 \text{sen}^2(\omega t - \delta)$$

onde a segunda linha resulta da substituição de ω^2 por k/m. Vemos que ambos U e T oscilam entre 0 e $\tfrac{1}{2}kA^2$, com suas oscilações perfeitamente fora de sintonia – quando U é máximo, T é zero e vice-versa. Em particular, como $\text{sen}^2\theta + \cos^2\theta = 1$, a energia total é constante,

$$E = T + U = \tfrac{1}{2}kA^2, \tag{5.16}$$

como deve ser para qualquer força conservativa.

5.3 OSCILADORES BIDIMENSIONAIS

Em duas ou três dimensões, as possibilidades para oscilações são consideravelmente mais ricas do que em uma. A situação mais simples é o chamado **oscilador harmônico isotrópico**, para o qual a força de restauração é proporcional ao deslocamento a partir da posição de equilíbrio, com a mesma constante de proporcionalidade em todas as direções:

$$\mathbf{F} = -k\mathbf{r}. \tag{5.17}$$

Ou seja, $F_x = -kx$, $F_y = -ky$ (e $F_z = -kz$ em três dimensões), todas com a mesma constante k. Essa força é uma força central na direção da posição de equilíbrio, que podemos muito bem considerar como sendo a origem, como esboçado na Figura 5.7(a). A Figura 5.7(b) mostra um arranjo de quatro molas idênticas que produzirão uma força dessa forma; é fácil ver que, se a massa no centro for deslocada para fora da posição de equilíbrio, ela irá experimentar uma força resultante para dentro e não é muito difícil de mostrar (Problema 5.19) que, essa força para dentro tem a forma (5.17) para pequenos deslocamentos de $\mathbf{r}$.[5] Outro exemplo de um oscilador isotrópico bidimensional é (pelo menos, aproximadamente) uma esfera rolando próxima do fundo de uma grande tigela esférica. Dois exemplos importantes tridimensionais são um átomo vibrando na vizinhança de sua posição de equilíbrio em um cristal simétrico e um próton (ou nêutron) quando ele se move no interior do núcleo.

Vamos considerar uma partícula que está sujeita a esse tipo de força e suponhamos, por simplicidade, que ela esteja confinada a duas dimensões. A equação de movimento, $\ddot{\mathbf{r}} = \mathbf{F}/m$, se divide em duas equações independentes:

$$\left. \begin{array}{l} \ddot{x} = -\omega^2 x \\ \ddot{y} = -\omega^2 y \end{array} \right\}, \tag{5.18}$$

onde introduzi a frequência angular $\omega = \sqrt{k/m}$ (que é a mesma em ambas equações para x e y, porque o mesmo é verdade para as constantes da força). Cada uma dessas duas

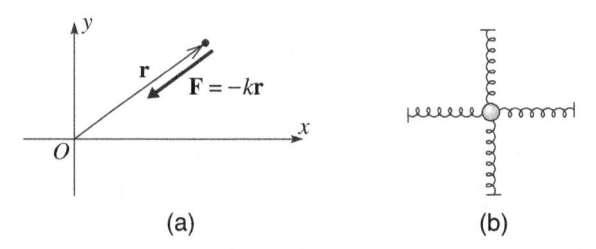

Figura 5.7 (a) Uma força de restauração que é proporcional a $\mathbf{r}$ define um oscilador harmônico isotrópico. (b) A massa no centro desse arranjo de molas experimentará uma força resultante da forma $\mathbf{F} = -k\mathbf{r}$ à medida que ela se move no plano das quatro molas.

---

[5] É importante chamar a atenção de que *não* se obtém uma força da forma (5.17) simplesmente prendendo a massa a uma mola cujo outro lado está fixo à origem.

equações tem exatamente a mesma forma da equação unidimensional discutida na seção anterior e as soluções são [como em (5.11)]

$$\left. \begin{array}{l} x(t) = A_x \cos(\omega t - \delta_x) \\ y(t) = A_y \cos(\omega t - \delta_y) \end{array} \right\}, \quad (5.19)$$

onde as quatro constantes A_x, A_y, δ_x e δ_y são determinadas a partir das condições iniciais do problema. Redefinindo a origem do tempo, podemos ajustar o fator de fase δ_x, mas, em geral, não podemos ajustar também o fator de fase correspondente na solução para y. Logo, a forma mais simples para a solução geral é

$$\left. \begin{array}{l} x(t) = A_x \cos(\omega t) \\ y(t) = A_y \cos(\omega t - \delta) \end{array} \right\}, \quad (5.20)$$

onde $\delta = \delta_y - \delta_x$ é a fase *relativa* entre as oscilações de y e x. (Veja o Problema 5.15.)

O comportamento da solução (5.20) depende dos valores das três constantes A_x, A_y e δ. Se A_x ou A_y for zero, a partícula executa um movimento harmônico simples ao longo de um dos eixos. (A bola na tigela rola para frente e para trás passando pela origem, movendo-se apenas na direção x ou y.) Se A_x e A_y não forem zero, o movimento depende criticamente da fase relativa δ. Se $\delta = 0$, então $x(t)$ e $y(t)$ crescem e entram em sintonia, e o ponto (x, y) se move para frente e para trás sobre a linha inclinada que liga (A_x, A_y) a $(-A_x, -A_y)$, conforme está ilustrado na Figura 5.8(a). Se $\delta = \pi/2$, então x e y oscilam fora de sintonia, com x em um extremo quando y for zero e vice-versa; o ponto (x, y) descreve uma elipse com eixo maior A_x e eixo menor A_y, como na Figura 5.8(b). Para outros valores de δ, o ponto (x, y) se move em torno de uma elipse inclinada, conforme ilustra o caso para $\delta = \pi/4$ na Figura 5.8(c). (Para uma demonstração de que a trajetória é realmente uma elipse, veja o Problema 8.11.)

Em um **oscilador anisotrópico**, as componentes da força de restauração são proporcionais às componentes do deslocamento, mas com constantes de proporcionalidade distintas:

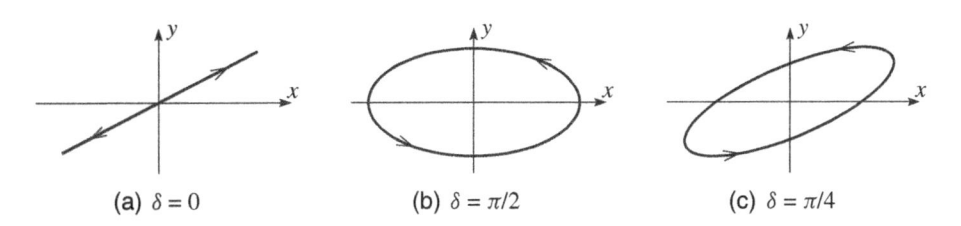

$$F_x = -k_x x, \quad F_y = -k_y y \quad \text{e} \quad F_z = -k_z z. \quad (5.21)$$

(a) $\delta = 0$ (b) $\delta = \pi/2$ (c) $\delta = \pi/4$

Figura 5.8 Movimento de um oscilador bidimensional isotrópico de acordo com (5.20). **(a)** Se $\delta = 0$, então x e y executam um movimento harmônico simples em sintonia e o ponto (x, y) se move para frente e para trás ao longo de uma linha inclinada, conforme ilustrado. **(b)** Se $\delta = \pi/2$, então (x, y) se movem em torno de uma elipse com eixos ao longo dos eixos x e y. **(c)** Em geral (por exemplo, $\delta = \pi/4$), o ponto (x, y) se move em torno de uma elipse inclinada, conforme ilustrado.

Um exemplo de tal força é a força sentida por um átomo quando deslocado de sua posição de equilíbrio, em um cristal de baixa simetria, onde ele experimenta diferentes constantes da força ao longo de diferentes eixos. Por simplicidade, considerarei novamente uma partícula bidimensional, para a qual a segunda lei de Newton se separa em duas equações da mesma forma que em (5.18):

$$\left.\begin{array}{l}\ddot{x} = -\omega_x^2 x \\ \ddot{y} = -\omega_y^2 y.\end{array}\right\} \quad (5.22)$$

A única diferença entre essa e (5.18) é que há agora diferentes frequências para diferentes eixos, $\omega_x = \sqrt{k_x/m}$ e assim por diante. As soluções dessas duas equações são semelhantes a (5.20):

$$\left.\begin{array}{l}x(t) = A_x \cos(\omega_x t) \\ y(t) = A_y \cos(\omega_y t - \delta).\end{array}\right\} \quad (5.23)$$

Devido ao fato de as duas frequências serem diferentes, há uma variedade muito mais rica de possíveis movimentos. Se ω_x/ω_y for um número racional, é muito fácil de ver que (Problema 5.17) o movimento é periódico e a trajetória resultante é chamada de figura de Lissajous (em referência ao físico francês Jules Lissajous, 1822-1880). Por exemplo, a Figura 5.9(a) mostra uma órbita de uma partícula para a qual $\omega_x/\omega_y = 2$ e o movimento x se repete duas vezes tanto quanto o movimento y. No caso ilustrado, o resultado é uma figura semelhante ao número oito. Se ω_x/ω_y for irracional, o movimento será mais complicado e nunca se repetirá. Esse caso está ilustrado, para $\omega_x/\omega_y = \sqrt{2}$, na Figura 5.9(b). Esse tipo de movimento é chamado de **quasiperiódico**: o movimento das coordenadas x e y separadamente é periódico, mas, como os dois períodos são imcompatíveis, o movimento de $\mathbf{r} = (x, y)$ não o é.

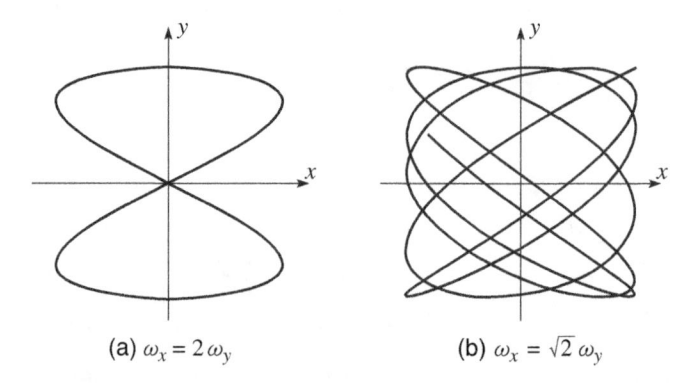

(a) $\omega_x = 2\omega_y$ (b) $\omega_x = \sqrt{2}\,\omega_y$

Figura 5.9 (a) Uma possível trajetória para um oscilador anisotrópico com $\omega_x = 2$ e $\omega_y = 1$. Você pode ver que x se move para frente e para trás por duas vezes no intervalo de tempo em que y se move apenas uma única vez e o movimento então se repete exatamente. (b) Trajetória para o caso $\omega_x = \sqrt{2}$ e $\omega_y = 1$ de $t = 0$ a $t = 24$. Nesse caso, a trajetória nunca se repete, embora, se esperarmos um tempo bastante longo, ela chegará arbitrariamente próxima a qualquer ponto no retângulo delimitado por $x = \pm A_x$ e $y = \pm A_y$.

5.4 OSCILAÇÕES AMORTECIDAS

Retornemos agora ao oscilador unidimensional e consideremos a possibilidade de que há forças de atrito que irão amortecer a oscilação. Há várias possibilidades para as forças de atrito. A força de atrito ordinário é de magnitude aproximadamente constante, mas sempre dirigida no sentido contrário ao da velocidade. A resistência oferecida por um fluido, como o ar ou a água, depende da velocidade de uma forma complicada. Entretanto, como vimos como Capítulo 2, em certas ocasiões, é uma aproximação razoável assumir que a força resistiva é proporcional a v ou (em outras circunstâncias) a v^2. Aqui, assumirei que a força resistiva é proporcional a v; especificamente, $\mathbf{f} = -b\mathbf{v}$. Uma das principais razões é que esse caso leva a uma equação especialmente simples de se resolver e a equação é ela própria uma equação muito importante que surge em vários outros contextos e, por isso, merece ser estudada.[6]

Considere, então, um objeto unidimensional, como um carrinho preso a uma mola, que está sujeita a uma força que obedece a lei de Hooke, $-kx$, e uma força de atrito, $-b\dot{x}$. A força resultante sobre o objeto é $-b\dot{x} - kx$ e a segunda lei de Newton nos dá (se eu movo os dois termos da força para o lado esquerdo)

$$m\ddot{x} + b\dot{x} + kx = 0. \qquad (5.24)$$

Uma das belezas da física é a forma como a mesma equação matemática surge em contextos totalmente diferentes da física, de modo que nosso conhecimento sobre a equação em uma situação é transportado imediatamente para outra. Antes de resolvermos a Equação (5.24), gostaria de mostrar como a mesma equação aparece no estudo de circuitos LRC. Um circuito LRC é um circuito elétrico contendo um indutor (indutância L), um capacitor (capacitância C) e um resistor (resistência R), conforme esboçado na Figura 5.10. Escolhi o sentido positivo para a corrente como sendo anti-horário e a carga $q(t)$ como sendo a carga na placa esquerda do capacitor [com $-q(t)$ na origem], de forma que $I(t) = \dot{q}(t)$. Se seguirmos o circuito no sentido positivo, o potencial elétrico cai para $L\dot{I} = L\ddot{q}$ através do indutor, por $RI = R\dot{q}$ através do resistor e por q/C através do capacitor. Aplicada a segunda lei de Kirchoff para circuitos elétricos, concluímos que

$$L\ddot{q} + R\dot{q} + \frac{1}{C}q = 0. \qquad (5.25)$$

Essa é exatamente a forma da Equação (5.24) para o oscilador amortecido e o que aprendermos sobre a equação para o oscilador irá imediatamente ser aplicável ao circuito LRC. Observe que a indutância L do circuito elétrico exerce o papel da massa do oscilador, o termo da resistência $R\dot{q}$ corresponde à força resistiva e $1/C$ à constante da mola.

---

[6] No entanto, você deve estar ciente de que, embora o caso que estou considerando – o da força resistiva $\mathbf{f}$ é linear em $\mathbf{v}$ – seja muito importante, é um caso *muito* especial. No Capítulo 12, sobre mecânica não linear e caos, descreverei algumas complicações iniciais que podem ocorrer quando $\mathbf{f}$ não é linear em $\mathbf{v}$.

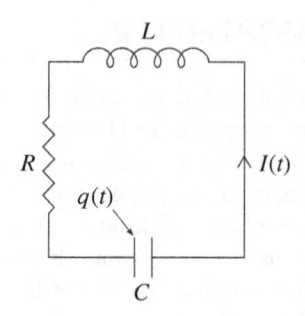

Figura 5.10 Circuito LRC.

Vamos agora retornar à mecânica e à equação diferencial (5.24). Para resolver essa equação, é conveniente dividi-la por m e introduzir outras duas constantes. Renomearei a constante b/m como 2β,

$$\frac{b}{m} = 2\beta. \tag{5.26}$$

Esse parâmetro β, que pode ser chamado de **constante de amortecimento**, é simplesmente uma maneira conveniente para caracterizar a magnitude da força de amortecimento – como acontece com b, um valor grande de β corresponde a uma força de amortecimento grande e reciprocamente. Renomearei a constante k/m como ω_o^2, ou seja,

$$\omega_o = \sqrt{\frac{k}{m}}. \tag{5.27}$$

Observe que ω_o é exatamente o que estavámos chamando de ω nas duas seções anteriores. Introduzi o subscrito porque, uma vez que admitimos forças de atrito, muitas outras frequências se tornam importantes. A partir de agora, usarei a notação ω_o para denotar a **frequência natural** do sistema, a *frequência na qual ele oscilaria se não houvesse forças de atrito presentes*, com base em (5.27). Com essas notações, a equação do movimento (5.24) para o oscilador amortecido torna-se

$$\ddot{x} + 2\beta\dot{x} + \omega_o^2 x = 0. \tag{5.28}$$

Observe que os parâmetros β e ω_o possuem dimensões equivalentes ao inverso do tempo, isto é, frequência.

A Equação (5.28) é outra equação linear homogênea de segunda ordem [a última foi (5.4)]. Portanto, se por algum mecanismo pudermos conseguir duas soluções independentes[7], digamos $x_1(t)$ e $x_2(t)$, então qualquer solução deve ter a forma $C_1 x_1(t) + C_2 x_2(t)$.

---

[7] A definição "independente" refere-se ao tempo. Em geral, isso é um pouco mais complicado, mas para duas funções, é fácil: duas funções são independentes se nenhuma delas é um múltiplo constante da outra. Logo, as duas funções sen(x) e cos(x) são independentes; da mesma forma, as duas funções x e x^2; mas as duas funções x e $3x$ não são independentes.

Isso significa que estamos livres para jogar o jogo de sugestões para encontrarmos duas soluções independentes; se, de um jeito ou de outro, pudermos encontrar duas soluções, então teremos a solução geral.

Em particular, não há nada que nos detenha de *tentarmos* determinar a solução da forma

$$x(t) = e^{rt} \qquad (5.29)$$

para a qual

$$\dot{x} = re^{rt}$$

e

$$\ddot{x} = r^2 e^{rt}.$$

Substituindo em (5.28), vemos que a sugestão (5.29) satisfaz (5.28) se e somente se

$$r^2 + 2\beta r + \omega_o^2 = 0 \qquad (5.30)$$

[uma equação chamada algumas vezes de **equação auxiliar** da equação diferencial (5.28)]. As soluções dessa equação são, naturalmente, $r = -\beta \pm \sqrt{\beta^2 - \omega_o^2}$. Logo, se definimos as duas constantes

$$\begin{aligned} r_1 &= -\beta + \sqrt{\beta^2 - \omega_o^2} \\ r_2 &= -\beta - \sqrt{\beta^2 - \omega_o^2}, \end{aligned} \qquad (5.31)$$

as duas funções $e^{r_1 t}$ e $e^{r_2 t}$ *são* duas soluções independentes de (5.28) e a solução geral é

$$x(t) = C_1 e^{r_1 t} + C_2 e^{r_2 t} \qquad (5.32)$$

$$= e^{-\beta t} \left(C_1 e^{\sqrt{\beta^2 - \omega_o^2}\, t} + C_2 e^{-\sqrt{\beta^2 - \omega_o^2}\, t} \right). \qquad (5.33)$$

Essa solução é um tanto confusa para ser elucidativa, mas, examinando vários intervalos da constante de amortecimento β, podemos começar a ver o que a Equação (5.33) significa.

Oscilação não amortecida

Se não há amortecimento, então a constante de amortecimento β é zero, a raiz quadrada no expoente de (5.33) torna-se apenas $i\omega_o$ e a solução reduz-se a

$$x(t) = C_1 e^{i\omega_o t} + C_2 e^{-i\omega_o t}, \qquad (5.34)$$

que é a solução familiar para o oscilador harmônico não amortecido.

Amortecimento fraco

A seguir, suponhamos que a constante de amortecimento β seja pequena. Especificamente, suponhamos que

$$\beta < \omega_o, \qquad (5.35)$$

condição algumas vezes chamada de **subamortecimento**. Nesse caso, a raiz quadrada no expoente de (5.33) é novamente imaginária e podemos escrever

$$\sqrt{\beta^2 - \omega_0^2} = i\sqrt{\omega_0^2 - \beta^2} = i\omega_1,$$

onde

$$\omega_1 = \sqrt{\omega_0^2 - \beta^2}. \qquad (5.36)$$

O parâmetro ω_1 é uma frequência, que é menor do que a frequência natural ω_0. No importante caso de amortecimento muito fraco ($\beta \ll \omega_0$), ω_1 é muito próximo de ω_0. Com essa notação, a solução (5.33) torna-se

$$x(t) = e^{-\beta t}\left(C_1 e^{i\omega_1 t} + C_2 e^{-i\omega_1 t}\right). \qquad (5.37)$$

Essa solução é o produto de dois fatores: o primeiro, $e^{-\beta t}$, é um decaimento exponencial, que decresce uniformemente até zero. O segundo fator tem exatamente a forma (5.34) das oscilações amortecidas, exceto pelo fato de que a frequência natural ω_0 está substituida por uma frequência menor ω_1. Podemos reexpressar o segundo fator, como na Equação (5.11), na forma $A\cos(\omega_1 t - \delta)$, e a solução torna-se

$$x(t) = Ae^{-\beta t}\cos(\omega_1 t - \delta). \qquad (5.38)$$

Essa solução descreve claramente um movimento harmônico simples de frequência ω_1 com uma amplitude decrescendo exponencialmente $Ae^{-\beta t}$, conforme ilustra a Figura 5.11. O resultado (5.38) sugere outra interpretação da constante de amortecimento β. Como β tem dimensão inversa do tempo, $1/\beta$ é tempo, e agora vemos que ela é o tempo para o qual a função amplitude $Ae^{-\beta t}$ cai para $1/e$ do seu valor inicial. Logo, pelo menos para oscilações não amortecidas, β pode ser visto como o parâmetro de decaimento, uma medida da taxa na qual o movimento amortece,

(parâmetro de decaimento) $= \beta$ [movimento não amortecido].

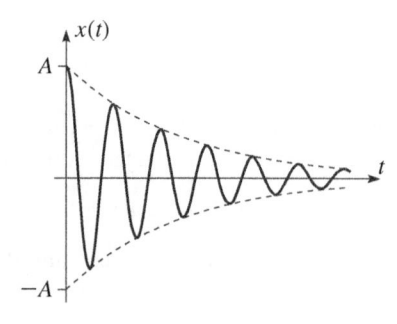

Figura 5.11 Oscilações não amortecidas podem ser consideradas oscilações harmônicas simples com uma amplitude decrescendo exponencialmente $Ae^{-\beta t}$. As curvas tracejadas são os envelopes, $\pm Ae^{-\beta t}$.

Quanto maior for β, mais rapidamente a oscilação morrerá, pelo menos para o caso $\beta < \omega_o$ que estamos discutindo aqui.

Amortecimento forte

Suponha agora que a constante de amortecimento β seja grande. Especificamente, suponha que

$$\beta > \omega_o, \qquad (5.39)$$

condição algumas vezes chamada de **superamortecimento**. Nesse caso, a raiz quadrada na exponencial (5.33) é real e nossa solução é

$$x(t) = C_1 e^{-\left(\beta - \sqrt{\beta^2 - \omega_o^2}\right)t} + C_2 e^{-\left(\beta + \sqrt{\beta^2 - \omega_o^2}\right)t}. \qquad (5.40)$$

Aqui, temos duas funções reais, ambas decrescem à medida que o tempo passa (desde que os coeficientes de t em ambos os expoentes sejam negativos). Nesse caso, o movimento é tão amortecido que ele não permite uma oscilação de fato. A Figura 5.12 ilustra um caso típico no qual foi dado um impulso ao oscilador a partir de O no instante $t = 0$; ele desliza até um deslocamento máximo e então desliza lentamente de volta, retornando à origem apenas no limite quando $t \to \infty$. O primeiro termo à direita de (5.40) decresce mais lentamente do que o segundo, uma vez que o coeficiente no seu expoente é o menor entre os dois. Logo, o movimento de longo prazo é dominado pelo primeiro termo. Em particular, a taxa na qual o movimento deprecia pode ser caracterizada pelo coeficiente no primeiro expoente,

$$(\text{parâmetro de decaimento}) = \beta - \sqrt{\beta^2 - \omega_o^2} \quad [\text{movimento superamortecido}]. \quad (5.41)$$

Uma inspeção cuidadosa de (5.41) mostra que – ao contrário do que podemos esperar – a taxa de decaimento do movimento superamortecido se torna menor se a constante de amortecimento β é aumentada. (Veja o Problema 5.20.)

Amortecimento crítico

A fronteira entre o movimento subamortecido e o superamortecido é chamada de **amortecimento crítico** e ocorre quando a constante de amortecimento é igual à frequência natural, $\beta = \omega_o$. Esse caso tem algumas características interessantes, especialmente do

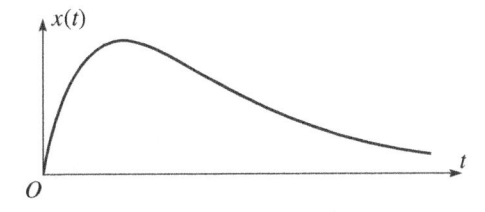

Figura 5.12 Movimento superamortecido no qual o oscilador é impulsionado a partir da origem no instante $t = 0$. Ele se move até um deslocamento máximo e então retorna na direção de O assintoticamente quando $t \to \infty$.

ponto de vista matemático. Quando $\beta = \omega_0$, as duas soluções que encontramos em (5.33) são a mesma:

$$x(t) = e^{-\beta t}. \tag{5.42}$$

[Isso acontece porque as duas soluções da equação auxiliar (5.30) coincidem quando $\beta = \omega_0$.] Esse é um caso em que a nossa sugestão na procura de uma solução da forma $x(t) = e^{rt}$ falha para encontrar duas soluções da equação de movimento e temos que determinar uma segunda solução por outro método. Felizmente, neste caso, não é difícil descobrir uma segunda solução: como você pode facilmente verificar, a função

$$x(t) = t e^{-\beta t} \tag{5.43}$$

é também uma solução da equação de movimento (5.28) no caso especial em que $\beta = \omega_0$. (Veja os Problemas 5.21 e 5.24.) Portanto, a solução geral para o caso do amortecimento crítico é

$$x(t) = C_1 e^{-\beta t} + C_2 t e^{-\beta t}. \tag{5.44}$$

Observe que ambos os termos contêm o mesmo fator exponencial $e^{-\beta t}$. Como esse fator é o que domina o decaimento da oscilação quando $t \to \infty$, podemos dizer que ambos os termos decaem com a mesma taxa, com parâmetro de decaimento

(parâmetro de decaimento) $= \beta = \omega_0$ [amortecimento crítico].

É interessante comparar as taxas com as quais os vários tipos de oscilações amortecidas desaparecem. Vimos que, em cada caso, essa taxa é determinada por um "parâmetro de decaimento", que é exatamente (menos) o coeficiente de t no expoente do fator exponencial dominante em $x(t)$. Os resultados podem ser resumidos da forma:

Amortecimento	β	Parâmetro de decaimento
nenhum	$\beta = 0$	0
sub	$\beta < \omega_0$	β
crítico	$\beta = \omega_0$	β
super	$\beta > \omega_0$	$\beta - \sqrt{\beta^2 - \omega_0^2}$

A Figura 5.13 mostra o gráfico do parâmetro de decaimento como função de β e apresenta claramente que o movimento desaparece mais rapidamente quando $\beta = \omega_0$, ou seja, quando o amortecimento é crítico. Há situações em que desejamos que qualquer oscilação desapareça tão rapidamente quanto possível. Por exemplo, desejamos que a agulha de um medidor analógico (um voltímetro ou um aferidor de pressão, por exemplo) se estabilize rapidamente para a medição em questão. Similarmente, em um carro, desejamos que as oscilações causadas por uma estrada esburacada decaiam rapidamente. Em tais casos, devemos planejar para que as oscilações sejam amortecidas (pelos dispositivos de absorção de choques do carro) e para os resultados mais rápidos, o amortecimento deve ser razoavelmente próximo do crítico.

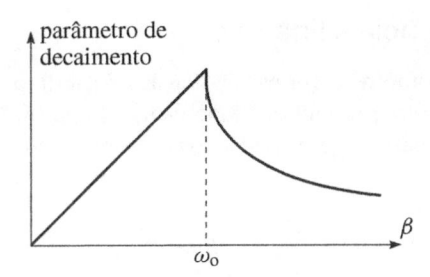

Figura 5.13 Parâmetro de decaimento para oscilações amortecidas como função da constante de decaimento β. Para o amortecimento crítico, $\beta = \omega_0$, o parâmetro de decaimento é o maior e o movimento desaparece mais rapidamente.

5.5 OSCILAÇÕES AMORTECIDAS FORÇADAS

Qualquer oscilador natural, por si próprio, irá eventualmente parar, uma vez que as inevitáveis forças de amortecimento dissiparão toda sua energia. Por isso, se desejarmos que as oscilações continuem, devemos dispor de alguma força "motriz" externa para mantê-las. Por exemplo, o movimento do pêndulo do relógio de parede do vovô é acionado por empurrões periódicos causados pelo peso do pêndulo; o movimento de uma criança em um balanço é mantido por pulsos periódicos realizados pelos pais. Se denotarmos a força motriz externa por $F(t)$ e, se assumirmos como antes que a força de amortecimento tem a forma $-bv$, então a força resultante sobre o oscilador é $-bv - kx + F(t)$ e a equação do movimento pode ser escrita como

$$m\ddot{x} + b\dot{x} + kx = F(t). \tag{5.45}$$

Analogamente à sua contraparte para oscilações não forçadas, essa equação diferencial se observa em várias outras áreas da física. Um exemplo proeminente é o circuito LRC da Figura 5.10. Se desejarmos que a corrente oscilatória desse circuito persista, devemos aplicar uma força eletromotriz, $\mathcal{E}(t)$, em cujo caso a equação de movimento para o circuito torna-se

$$L\ddot{q} + R\dot{q} + \frac{1}{C}q = \mathcal{E}(t) \tag{5.46}$$

em perfeita correspondência com (5.45).

Como antes, podemos organizar a Equação (5.45) se dividirmos esta por m e substituir b/m por 2β e k/m por ω_0^2. Além disso, denotarei $F(t)/m$ por

$$f(t) = \frac{F(t)}{m}, \tag{5.47}$$

a força por unidade de massa. Com essa notação, (5.45) torna-se

$$\ddot{x} + 2\beta\dot{x} + \omega_0^2 x = f(t). \tag{5.48}$$

Operadores diferenciais lineares

Antes de discutirmos como resolver essa equação, gostaria de apresentar a nossa notação. Resulta que é muito útil pensar o lado esquerdo de (5.48) como o resultado de um certo operador atuando sobre a função $x(t)$. Propriamente, definimos o *operador diferencial*

$$D = \frac{d^2}{dt^2} + 2\beta \frac{d}{dt} + \omega_o^2. \tag{5.49}$$

O significado dessa definição é simplesmente que quando D age sobre x, ele fornece o lado esquerdo de (5.48):

$$Dx \equiv \ddot{x} + 2\beta \dot{x} + \omega_o^2 x.$$

Essa definição é obviamente uma conveniência notacional – a Equação (5.48) se torna apenas em

$$Dx = f \tag{5.50}$$

– mas ela é muito mais: a noção de um operador como (5.49) se mostra útil como uma ferramenta matemática, com aplicações em toda a física. No momento, o importante é que o operador é *linear*: sabemos do cálculo elementar que a derivada de ax (onde a é uma constante) é exatamente $a\dot{x}$ e que a derivada de $x_1 + x_2$ é exatamente $\dot{x}_1 + \dot{x}_2$. Como isso também se aplica à derivada segunda, isso se aplica ao operador D:

$$D(ax) = aDx \quad \text{e} \quad D(x_1 + x_2) = Dx_1 + Dx_2.$$

(Procure ter certeza de que entendeu o que essas duas equações significam.) Podemos combinar essas equações em uma única:

$$D(ax_1 + bx_2) = aDx_1 + bDx_2 \tag{5.51}$$

para quaisquer duas constantes a e b e para quaisquer duas funções $x_1(t)$ e $x_2(t)$. Qualquer operador que satisfaz essa equação é chamado de um **operador linear**.

Na verdade, usamos anteriormente a propriedade (5.51) do operador linear. A Equação (5.28) para o oscilador amortecido (não forçado) pode ser escrita como

$$Dx = 0. \tag{5.52}$$

O princípio da superposição assegura que, se x_1 e x_2 são soluções dessa equação, então $ax_1 + bx_2$ também é solução para quaisquer que sejam as constantes a e b. Na nossa nova notação com operadores, a demonstração é muito simples: temos que $Dx_1 = 0$ e $Dx_2 = 0$, e, usando (5.51), segue imediatamente que

$$D(ax_1 + bx_2) = aDx_1 + bDx_2 = 0 + 0 = 0;$$

isto é, $ax_1 + bx_2$ é também uma solução.

A Equação (5.52), $Dx = 0$, para o oscilador não forçado é chamada de equação **homogênea**, uma vez que cada termo envolve ou x ou uma de suas derivadas exatamente uma única vez. A Equação (5.50), $Dx = f$, é chamada de equação **inomogênea**, uma vez que ela contém o termo inomogêneo f, que não envolve x de forma alguma. Nosso trabalho agora é resolver essa equação inomogênea.

Soluções particulares e soluções homogêneas

Usando a nova notação do operador, podemos determinar a solução geral da Equação (5.48) de forma surpreendentemente fácil; na verdade, já fizemos a maior parte do trabalho. Suponha primeiro que, de alguma forma, obtivemos uma solução, isto é, determinamos uma função $x_p(t)$ que satisfaz

$$Dx_p = f. \tag{5.53}$$

Chamaremos essa função $x_p(t)$ de **solução particular** da equação e o subscrito "p" subentende "particular". Agora, vamos considerar por um momento a equação homogênea $Dx = 0$ e supor que temos uma solução $x_h(t)$, satisfazendo

$$Dx_h = 0. \tag{5.54}$$

Chamaremos essa função de **solução homogênea**[8]. Já sabemos tudo sobre as soluções de uma equação homogênea e sabemos de (5.32) que $x_h(t)$ deve ter a forma

$$x_h(t) = C_1 e^{r_1 t} + C_2 e^{r_2 t}, \tag{5.55}$$

onde ambas as exponenciais desaparecem quando $t \to \infty$.

Estamos agora prontos para demonstrar o resultado crucial. Primeiro, se x_p é uma solução particular satisfazendo (5.53), então $x_p + x_h$ é outra solução, pois

$$D(x_p + x_h) = Dx_p + Dx_h = f + 0 = f.$$

Dada uma solução particular x_p, isso nos fornece um grande número de outras soluções $x_p + x_h$. Assim, encontramos, de fato, todas as soluções uma vez que a função x_h contém duas constantes arbitrárias e sabemos que a solução geral de qualquer equação de segunda ordem contém exatamente duas constantes arbitrárias. Portanto, $x_p + x_h$, com x_h dada por (5.55), é a solução geral.

Esse resultado significa que tudo que devemos fazer é, de algum modo, determinar uma solução particular $x_p(t)$ da equação do movimento (5.48) e teremos *todas* as soluções da forma $x(t) = x_p(t) + x_h(t)$.

Soluções complexas para forças motrizes senoidais

Vamos nos deter agora ao caso em que a força motriz $f(t)$ é uma função senoidal no tempo,

$$f(t) = f_o \cos(\omega t), \tag{5.56}$$

onde f_o denota a amplitude da força motriz [na verdade a amplitude divida pela massa do oscilador, já que $f(t) = F(t)/m$] e ω é a frequência angular da força motriz. (Tenha cuidado para distinguir apropriadamente entre a *frequência motriz* ω e a *frequência natural*

---

[8] Outro nome comum é *função complementar*. Esse, no entanto, tem a desvantagem de que é difícil lembrarmos qual é a "particular" e qual é a "complementar".

ω_0 do oscilador. Essas são frequências completamente independentes, embora veremos que o oscilador responde melhor quando $\omega \approx \omega_0$.) A força motriz para muitos osciladores forçados é pelo menos aproximadamente senoidal. Por exemplo, mesmo o caso dos pais empurrando o balanço da criança pode ser grosseiramente aproximado por (5.56); a FEM induzida no circuito de seu rádio por um sinal de transmissão é quase perfeitamente dessa forma. Provavelmente, a importância fundamental de forças motrizes senoidais é que, de acordo com o teorema de Fourier[9], essencialmente *qualquer* força motriz pode ser contruída como uma série de forças senoidais.

Portanto, vamos assumir que a força motriz é dada por (5.56), de modo que a equação do movimento (5.48) assume a forma

$$\ddot{x} + 2\beta\dot{x} + \omega_0^2 x = f_0 \cos(\omega t). \tag{5.57}$$

A resolução dessa equação é facilitada seguindo a seguinte sugestão: para qualquer solução de (5.57), deve haver uma solução da mesma equação, mas com o cosseno que está à direita substituído por uma função seno. (Afinal, essas duas diferem apenas por uma fase na origem do tempo.) Dessa forma, deve haver também uma função $y(t)$ que satisfaz

$$\ddot{y} + 2\beta\dot{y} + \omega_0^2 y = f_0 \operatorname{sen}(\omega t). \tag{5.58}$$

Suponha agora que definimos a função complexa

$$z(t) = x(t) + iy(t), \tag{5.59}$$

com $x(t)$ a sua parte real e $y(t)$ a sua parte imaginária. Se multiplicarmos (5.58) por i e somarmos essa com (5.57), obtemos que

$$\ddot{z} + 2\beta\dot{z} + \omega_0^2 z = f_0 e^{i\omega t}. \tag{5.60}$$

Embora ainda não esteja aparente, a Equação (5.60) apresenta uma grande vantagem. Em virtude das propriedades simples da função exponencial, (5.60) é muito mais fácil de ser resolvida do que (5.57) ou (5.58). Tão logo encontremos a solução $z(t)$ de (5.60), temos apenas que tomar sua parte real para obtermos uma solução da equação (5.57), cujas soluções são o que de fato desejamos.

Na busca da solução de (5.60), estamos, obviamente, livres para *tentar* qualquer função que desejemos. Em particular, vamos ver se há uma solução da forma

$$z(t) = Ce^{i\omega t}, \tag{5.61}$$

onde C é ainda uma constante indeterminada. Se substituirmos essa sugestão no lado esquerdo de (5.60), obtemos

$$(-\omega^2 + 2i\beta\omega + \omega_0^2)Ce^{i\omega t} = f_0 e^{i\omega t}.$$

Em outras palavras, a sugestão (5.61) é uma solução de (5.60) se e somente se

$$C = \frac{f_0}{\omega_0^2 - \omega^2 + 2i\beta\omega}, \tag{5.62}$$

---

[9] Assim chamado em homenagem ao matemático francês Barão Jean Baptiste Joseph Fourier, 1768-1830. Veja as Seções 5.7-5.9.

e se tivermos conseguido obter uma solução particular da equação do movimento.

Antes de considerar a parte real de $z(t) = Ce^{i\omega t}$, é conveniente escrever o coeficiente complexo C da forma

$$C = Ae^{-i\delta}, \qquad (5.63)$$

onde A e δ são reais. [Qualquer número complexo pode ser escrito nessa forma; a notação particular foi escolhida para ficar de acordo com (5.14).] Para identificar A e δ, devemos comparar (5.62) com (5.63). Primeiro, tomando o valor absoluto ao quadrado em ambas as equações, obtemos

$$A^2 = CC^* = \frac{f_o}{\omega_o^2 - \omega^2 + 2i\beta\omega} \cdot \frac{f_o}{\omega_o^2 - \omega^2 - 2i\beta\omega}$$

ou

$$A^2 = \frac{f_o^2}{(\omega_o^2 - \omega^2)^2 + 4\beta^2\omega^2}. \qquad (5.64)$$

(Certifique-se de que você entendeu essa dedução. Veja o Problema 5.35 para obter um auxílio.) Veremos em breve que A é justamente a amplitude das oscilações causadas pela força motriz $f(t)$. Portanto, o resultado (5.64) é o mais importante dessa discussão. Ele mostra como a amplitude das oscilações depende dos vários parâmetros. Particularmente, vemos que a amplitude é máxima quando $\omega_o \approx \omega$, de modo que o denominador é pequeno; em outras palavras, o oscilador responde melhor quando forçado com uma frequência ω que é próxima da sua frequência natural ω_o, como você provavelmente já esperava.

Antes de continuarmos a discussão das propriedades da solução, precisamos identificar o ângulo de fase δ em (5.63). Comparando (5.63) com (5.62) e rearranjando os termos, vemos que

$$f_o e^{i\delta} = A(\omega_o^2 - \omega^2 + 2i\beta\omega).$$

Como f_o e A são reais, isso significa que o ângulo de fase δ é o mesmo que o ângulo de fase do número complexo $(\omega_o^2 - \omega^2) + 2i\beta\omega$. Essa relação está ilustrada na Figura 5.14, da qual concluímos que

$$\delta = \arctan\left(\frac{2\beta\omega}{\omega_o^2 - \omega^2}\right). \qquad (5.65)$$

Nossa busca por uma solução particular está agora completa. A solução complexa "fictícia" introduzida em (5.59) é

$$z(t) = Ce^{i\omega t} = Ae^{i(\omega t - \delta)}$$

e a parte real dessa solução é a solução que estamos procurando,

$$x(t) = A\cos(\omega t - \delta) \qquad (5.66)$$

onde as constantes reais A e δ são dadas por (5.64) e (5.65).

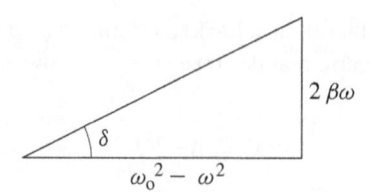

Figura 5.14 O ângulo de fase δ é o ângulo desse triângulo.

A solução (5.66) é apenas uma solução particular da equação de movimento. A solução geral é determinada somando qualquer solução da equação homogênea correspondente, como dado por (5.55); isto é, a solução geral é

$$x(t) = A\cos(\omega t - \delta) + C_1 e^{r_1 t} + C_2 e^{r_2 t}. \qquad (5.67)$$

Como ambos os termos extras nessa solução geral caem exponencialmente à medida que o tempo passa, eles são chamados de **transientes**. Eles dependem das condições iniciais do problema, mas são eventualmente irrelevantes: o comportamento de longo prazo da solução é dominado pelo termo do cosseno. Logo, a solução particular (5.66) é a solução pela qual estamos interessados e exploraremos suas propriedades na próxima seção.

Antes de discutirmos um exemplo do movimento (5.67), é importante que você esteja muito ciente do tipo de sistema em que (5.67) se aplica, a saber, qualquer oscilador para os quais ambas as forças de restauração (-kx) e resistiva (-$b\dot{x}$) são *lineares* – um oscilador amortecido forçado *linear*, cuja equação de movimento (5.45) é uma equação diferencial *linear*. Como equações diferenciais não lineares são frequentemente difíceis de ser resolvidas, a maioria dos textos sobre mecânica, até recentemente, trata apenas das equações lineares. Isso criou uma falsa impressão de que equações lineares eram de certa forma a regra e que a solução (5.67) era a única forma (ou, pelo menos, a única importante) de comportamento de um oscilador. Como veremos no Capítulo 12, sobre mecânica não linear e caos, um oscilador cuja equação do movimento é não linear pode se comportar de forma completamente surpreendente em relação a (5.67). Uma importante razão para se estudar o oscilador linear aqui é que este oferece uma base para o estudo posterior de osciladores não lineares.

Os detalhes do movimento (5.67) dependem da magnitude do parâmetro de amortecimento β. Para ser específico, vamos assumir que o nosso oscilador seja fracamente amortecido, com β menor do que a frequência natural ω_0 (subamortecido). Nesse caso, sabemos que os dois termos transientes de (5.67) podem ser reescritos como em (5.38), ou seja,

$$x(t) = A\cos(\omega t - \delta) + A_{tr} e^{-\beta t} \cos(\omega_1 t - \delta_{tr}). \qquad (5.68)$$

Você precisa pensar muito cuidadosamente sobre essa fórmula bastante confusa. O segundo termo à direita é o termo homogêneo ou transiente e inclui o subscrito "tr" para distinguir as constantes A_{tr} e δ_{tr} de A e δ do primeiro termo. As duas constantes A_{tr} e δ_{tr} são *constantes arbitrárias*; (5.68) é um possível movimento do nosso sistema para *quaisquer* valores de A_{tr} e δ_{tr}, os quais são determinados a partir das condições iniciais.

O fator $e^{-\beta t}$ torna claro que o termo transiente decai exponencialmente e é de fato irrelevante para o comportamento de longo prazo. À medida que ele decai, o termo transiente oscila com frequência angular ω_1 do oscilador não forçado (mas ainda amortecido), como em (5.36). O primeiro termo na solução particular e suas duas constantes A e δ são certamente não arbitrários; eles são determinados por (5.64) e (5.65) em termos dos parâmetros do sistema. Esse termo oscila com a frequência ω do oscilador forçado e com amplitude inalterada, enquanto a força motriz for mantida.

Exemplo 5.3 Gráfico de um oscilador amortecido forçado linear

Faça o gráfico de $x(t)$ dado por (5.68) para um oscilador amortecido forçado linear que é largado do repouso a partir da origem no instante $t = 0$, com os seguintes parâmetros: frequência motriz $\omega = 2\pi$, frequência natural $\omega_o = 5\omega$, constante de decaimento $\beta = \omega_o/20$ e amplitude motriz $f_o = 1000$. Apresente os primeiros cinco ciclos forçados.

A escolha da frequência motriz igual a 2π significa que o período motriz é $\tau = 2\pi/\omega = 1$, o que simplesmente diz que escolhemos medir o tempo em unidades do período motriz – uma escolha frequentemente conveniente. Que $\omega_o = 5\omega$ significa que o oscilador tem uma frequência natural cinco vezes maior que a frequência motriz; isso permitir distinguirmos facilmente entre as duas em um gráfico. Que $\beta = \omega_o/20$ significa que o oscilador é amortecido fracamente. Finalmente, a escolha de $f_o = 1000$ é apenas uma escolha para a nossa unidade de força; a razão para essa escolha aparentemente estranha é que ela conduz a uma magnitude conveinete da amplitude da oscilação (a saber, A próximo de 1).

Nossa primeira tarefa é determinar as várias constantes de (5.68) em termos dos parâmetros dados. Na verdade, isso é mais fácil se reescrevermos o termo transiente de (5.68) na forma "cosseno mais seno", de modo que

$$x(t) = A\cos(\omega t - \delta) + e^{-\beta t}[B_1 \cos(\omega_1 t) + B_2 \sen(\omega_1 t)]. \quad (5.69)$$

As constantes A e δ são determinadas por (5.64) e (5.65), que, para os parâmetos dados, obtemos

$$A = 1,06 \quad \text{e} \quad \delta = 0,0208.$$

A frequência ω_1 é

$$\omega_1 = \sqrt{\omega_o^2 - \beta^2} = 9,987\pi,$$

que é muito próxima de ω_o, como esperaríamos para uma oscilador fracamente amortecido. Para determinar B_1 e B_2, devemos igualar $x(0)$ dado em (5.69) ao seu valor inicial x_o e da mesma forma a correspondente expressão para $\dot{x}_o$ ao valor inicial v_o. Isso fornece duas equações simulatâneas para B_1 e B_2, que são fáceis de se resolver (Problema 5.33) para obter

$$B_1 = x_o - A\cos\delta \quad \text{e} \quad B_2 = \frac{1}{\omega_1}(v_o - \omega A \sen\delta + \beta B_1) \quad (5.70)$$

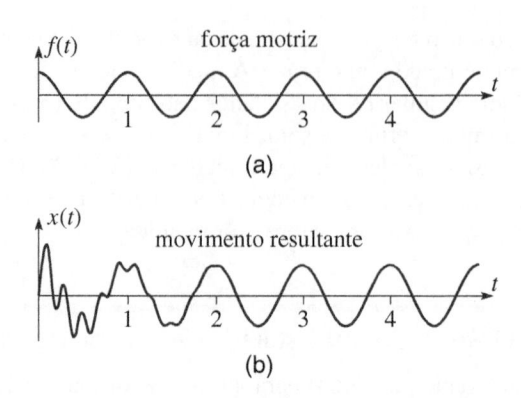

Figura 5.15 Resposta de um oscilador amortecido linear devido a uma força motriz senoidal, com o tempo apresentado em unidades do período motriz. (a) A força motriz é um cosseno puro como função do tempo. (b) O movimento resultante para as condições iniciais $x_0 = v_0 = 0$. Para os primeiros dois ou três ciclos motrizes, o movimento transiente pode ser visto claramente, mas depois disso apenas o movimento de longo prazo permanece, oscilando senoidalmente com exatamente a frequência motriz. Como explicado no texto, o movimento senoidal após $t \approx 3$ é chamado de *atrator*.

ou, com os números, incluindo as condições iniciais $x_0 = v_0 = 0$,

$$B_1 = -1{,}05 \quad \text{e} \quad B_2 = -0{,}0572.$$

Colocando todos esses números em (5.69), podemos agora desenhar o gráfico do movimento, como ilustrado na Figura 5.15, onde a parte (a) mostra a força motriz $f(t) = f_0 \cos(\omega t)$ e a parte (b), o movimento resultante $x(t)$ do oscilador. A força motriz é, naturalmente, perfeitamente senoidal com período igual a 1. O movimento resultante é muito mais interessante. Após cerca de três ciclos motrizes ($t \gtrsim 3$), o movimento é indistinguível de um cosseno puro, oscilando com exatamente a frequência motriz, ou seja, os transientes já desapareceram e apenas o movimento de longo prazo permaneceu. Entretanto, antes de $t \approx 3$, os efeitos dos transientes são claramente visíveis. Como oscilam a uma frequência natural ω_0 maior, eles se apresentam como uma rápida sucessão de ondulações. Na verdade, você pode observar facilmente que há cinco ondulações dentro do primeiro ciclo motriz, indicando que $\omega_0 = 5\omega$.

Como o movimento transiente depende dos valores iniciais x_0 e v_0, valores diferentes de x_0 e v_0 levarão a movimentos iniciais completamente distintos. (Veja o Problema 5.36.) Entretanto, após um pequeno período (um par de ciclos nesse exemplo), as diferenças iniciais desaparecem e o movimento estabiliza para o mesmo movimento senoidal da solução particular (5.66), *independentemente das condições iniciais*. Por essa razão, o movimento (5.66) é algumas vezes chamado de **atrator** – os movimentos correspondentes a várias condições iniciais são "atraídos" ao movimento particular (5.66). Para o oscilador linear discutido aqui, há um único atrator (para uma dada força motriz): cada movimento possível do sistema, quaisquer que sejam as condições iniciais, é atraído para o mesmo movimento (5.66). Veremos no Capítulo 12 que, para osciladores não lineares, pode haver vários atratores diferentes e que, para alguns valores dos parâmetros, o movimento de um atrator pode ser muito mais complicado do que um oscilador harmônico simples com a frequência motriz.

A amplitude e a fase do atrator vistos na Figura 5.15(b) dependem dos parâmetros da força motriz (mas, certamente, não dependem das condições iniciais). A dependência da amplitude e da fase desses parâmetros será o conteúdo da próxima seção.

5.6 RESSONÂNCIA

Na seção anterior, consideramos um oscilador amortecido que está sendo impulsionado por uma força motriz senoidal (na verdade, força dividida por massa) $f(t) = f_o \cos(\omega t)$ com frequência angular ω. Vimos que, à exceção dos movimentos transientes que desaparecem rapidamente, a resposta do sistema é oscilar senoidalmente com a mesma frequência, ω:

$$x(t) = A\cos(\omega t - \delta),$$

com amplitude A dada por (5.64),

$$A^2 = \frac{f_o^2}{(\omega_0^2 - \omega^2)^2 + 4\beta^2 \omega^2}, \tag{5.71}$$

e diferença de fase δ dada por (5.65).

A propriedade mais óbvia de (5.71) é que a amplitude A da resposta é proporcional à amplitude da força motriz, $A \propto f_o$, um resultado que você deve ter esperado. Mais interessante é a dependência de A sobre as frequências ω_0 (a frequência natural do oscilador) e ω (a frequência da motriz), e da constante de amortecimento β. O caso mais interessante é quando a constante de amortecimento β é muito pequena, e este é o caso que discutirei agora. Com β pequeno, o segundo termo no denominador de (5.71) é pequeno. Se ω_0 e ω são muito diferentes, então o primeiro termo no denominador de (5.71) é grande e a amplitude da oscilação forçada é pequena. Por outro lado, se ω_0 é muito próxima de ω, ambos os termos no denominador são pequenos e a amplitude é grande. Isso significa que, se variarmos ω_0 ou ω, pode haver mudanças completamente drásticas na amplitude do movimento oscilatório. Isso é ilustrado na Figura 5.16, que mostra A^2 como uma função de ω_0 e ω fixas, para um sistema fracamente amortecido ($\beta = 0{,}1\,\omega$). (Observe que, como a energia do sistema é proporcional a A^2, é comum desenhar gráficos de A^2 em vez de A.)

Embora o comportamento ilustrado na Figura 5.16 seja surpreendentemente dramático, as características qualitativas são o que você deve ter esperado. Sobre a ação de seus próprios dispositivos, o oscilador vibra com sua frequência natural ω_0 (ou com uma frequência ligeiramente menor ω_1 se permitirmos um amortecimento). Se tentarmos forçá-lo a vibrar com uma frequência ω, então, para valores de ω próximos de ω_0, o oscilador responderá muito bem, mas se ω estiver afastada de ω_0, ele dificilmente responderá. Referimo-nos a esse fenômeno – a grande resposta de um oscilador quando forçado à frequência correta – como **ressonância**.

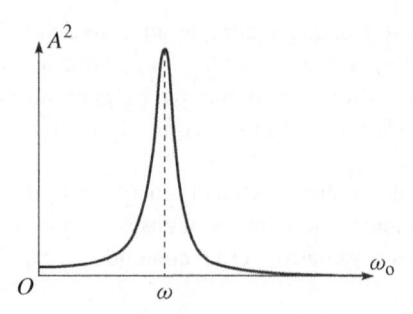

Figura 5.16 O quadrado da amplitude, A^2, de um oscilador forçado visto como uma função da frequência natural ω_0, com a frequência motriz ω_0 fixa. A resposta é drasticamente grande quando ω_0 e ω são próximas.

Uma aplicação bastante comum da ressonância é a recepção de ondas de rádio por um circuito LRC em seu rádio. Como vimos, a equação do movimento de um circuito LRC é exatamente a mesma que a de um oscilador forçado, e o circuito LRC apresenta o mesmo fenômeno da ressonância. Quando sintoniza o seu rádio para receber uma estação a 90,1 MHz, você está ajustando o circuito LRC do rádio de modo que sua frequência natural seja 90,1 MHz. As várias estações de rádio na vizinhança estão enviando sinal, cada uma com a sua prórpia frequência e cada qual induzindo uma pequena FEM no circuito de seu rádio, mas apenas o sinal com a frequência correta consegue de fato forçar uma corrente apreciável, que imite o sinal enviado pela rádio favorita e reproduza o som transmitido.

Um exemplo da ressonância mecânica do tipo discutido aqui é o comportamento de um carro trafegando em uma estrada com "costeletas" que foram formadas por uma série de ondulações regularmente espaçadas. Cada vez que uma roda atravessa uma ondulação, ela gera um impluso para cima e a frequência desses implusos depende da velocidade do carro. Há uma certa velocidade na qual a frequência desses impulsos se iguala à frequência natural da vibração da roda sobre os amortecedores[10] e as rodas entram em ressonância, causando uma viagem desconfortável. Se o motorista do carro diminui ou aumenta essa velocidade, ele "sai da ressonância" e a viagem se torna mais suave.

Outro exemplo ocorre quando um pelotão de soldados marcha sobre uma ponte. Uma ponte, como quase todos os sistemas mecânicos, tem certas frequências naturais de vibração e, se coincidir de os soldados marcharem com a mesma frequência de uma dessas frequências naturais, a ponte pode entrar em uma ressonância suficientemente violenta de modo a danificá-la. Por essa razão, os soldados andam em descompasso quando marcham sobre uma ponte.

Os detalhes do fenômeno de ressonância são um tanto complicados. Por exemplo, o local exato da resposta máxima depende de se variamos ω_0 com ω fixo ou vice-versa. A amplitude A é máxima quando o denominador,

$$\text{denominador} = (\omega_0^2 - \omega^2)^2 + 4\beta^2\omega^2, \tag{5.72}$$

---

[10] São as rodas (mais os eixos) que exibem as oscilações ressonantes; quanto mais pesado for o corpo do carro, relativamente menores serão os efeitos.

de (5.71) é mínimo. Se variarmos ω_o com ω fixo (semelhante a sintonizarmos um rádio para ouvir a estação favorita), esse mínimo obviamente ocorre quando $\omega_o = \omega$, tornando o primeiro termo igual a zero. Por outro lado, se variarmos ω com ω_o fixo (que é o que acontece em muitas aplicações), então, o segundo termo em (5.72) também varia e uma dedução simples mostra que o máximo ocorre quando

$$\omega = \omega_2 = \sqrt{\omega_o^2 - 2\beta^2}. \tag{5.73}$$

Entretanto, quando $\beta \ll \omega_o$ (como em geral é o caso mais interessante), a diferença entre (5.73) e $\omega = \omega_o$ é desprezível.

Encontramos tantas frequências diferentes neste capítulo que vale a pena fazer uma pausa e revisá-las. Primeiro, há a frequência natural ω_o do oscilador (na ausência de amortecimento). Em seguida, quando incluímos um pequeno amortecimento, encontramos que o mesmo sistema oscila senoidalmente com frequência $\omega_1 = \sqrt{\omega_o^2 - \beta^2}$ sob um envelope com decaimento exponencial. Após, incluímos uma força motriz com frequência ω, que pode, em princípio, assumir qualquer valor independentemente das duas anteriores. No entanto, a resposta do oscilador forçado é máxima quando $\omega \approx \omega_o$; especificamente, se variarmos ω com ω_o fixa, a resposta máxima ocorre quando $\omega = \omega_2$, como definido por (5.73). Resumindo:

$\omega_o = \sqrt{k/m} =$ frequência natural do oscilador não amortecido,

$\omega_1 = \sqrt{\omega_o^2 - \beta^2} =$ frequência do oscilador amortecido,

$\omega =$ frequência da força motriz,

$\omega_2 = \sqrt{\omega_o^2 - 2\beta^2} =$ valor de ω para a qual a resposta é máxima.

De qualquer forma, a amplitude máxima das oscilações forçadas é determinada tomando-se $\omega_o \approx \omega$ em (5.71), o que resulta em

$$A_{máx} \approx \frac{f_o}{2\beta\omega_o}. \tag{5.74}$$

Isso mostra que valores menores da constante de amortecimento levam a valores maiores da amplitude máxima da oscilação, conforme ilustrado na Figura 5.17.[11]

Largura da ressonância: o fator Q

Você pode ver claramente da Figura 5.17 que, se diminuírmos a constante de amortecimento β, o pico de ressonância não apenas aumenta, como também se torna mais estreito. Podemos tornar essa ideia mais precisa definindo uma **largura** (ou **largura completa na metade do máximo – LCMM**) como o intervalo entre os dois picos onde A^2 é igual à metade da altura máxima. É um exercício simples (Problema 5.41) mostrar que os dois

---

[11] Nesta figura, escolhi desenhar o gráfico de A^2 *versus* ω, com ω_o fixo, em vez de o contrário, como na Figura 5.16. Observe que as curvas têm formatos muito semelhantes para qualquer um dos casos.

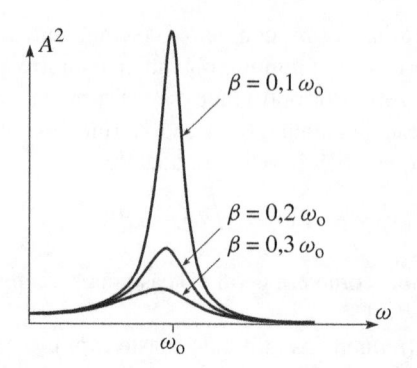

Figura 5.17 Amplitude das oscilações forçadas como uma função da frequência da força motriz ω para três valores diferentes da constante de amortecimento β. Observe que, quando β decresce, os picos de ressonância se tornam maiores e mais pontiagudos.

pontos na metade do máximo são $\omega \approx \omega_0 \pm \beta$, conforme a Figura 5.18. Logo, a largura completa na metade do máximo é

$$\text{LCMM} \approx 2\beta \tag{5.75}$$

ou, equivalentemente, a **meia largura na metade do máximo** é

$$\text{MLMM} \approx \beta. \tag{5.76}$$

A agudeza do pico de ressonância é obtida pela razão de sua largura 2β pela sua posição, ω_0. Para muitos propósitos, desejamos uma ressonância muito aguda, de modo que é uma prática comum definir um **fator de qualidade** Q como sendo o recíproco dessa razão:

$$Q = \frac{\omega_0}{2\beta}. \tag{5.77}$$

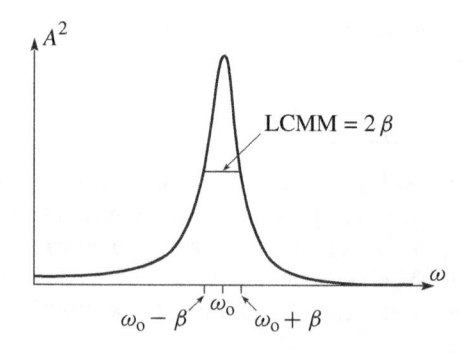

Figura 5.18 A largura completa na metade do máximo (LCMM) é a distância entre os pontos, onde A^2 é a metade do seu valor máximo.

Um Q grande indica uma ressonância estreita e vice-versa. Por exemplo, relógios dependem da ressonância de um oscilador (por exemplo, um pêndulo ou um cristal de quartzo) para regular o mecanismo de modo a mover-se com uma frequência muito bem definida. Isso requer que a largura 2β seja muito pequena se comparada com a frequência natural ω_0. Em outras palavras, um bom relógio precisa de um alto Q (um Q para um pêndulo típico e em torno de 100). O para uma cristal de quartzo é em torno de 10.000. Portanto, relógios de quartzo mantêm um tempo muito melhor do que um relógio simples como o do vovô.[12]

Há outra forma para se olhar o fator de qualidade Q. Vimos que, na ausência de uma força motriz, as oscilaçãoes desaparecem em um intervalo de tempo da ordem de $1/\beta$,

$$(\text{tempo de decaimento}) = 1/\beta.$$

(Esse foi de fato o tempo para a amplitude cair para $1/e$ de seu valor inicial.) O período de uma simples oscilação é, naturalmente,

$$\text{período} = 2\pi / \omega_0.$$

(Lembre-se de que estamos assumindo $\beta \ll \omega_0$, de modo que não precisamos distinguir entre ω_0 e ω_1.) Portanto, podemos reescrever a definição de Q como

$$Q = \frac{\omega_0}{2\beta} = \pi \frac{1/\beta}{2\pi/\omega_0} = \pi \frac{\text{tempo de decaimento}}{\text{período}}. \tag{5.78}$$

A razão do lado direito é justamente o número de períodos no intervalo de decaimento. Logo, o fator de qualidade Q é π vezes o número de ciclos que o oscilador realiza em um intervalo de decaimento.[13]

A fase na ressonância

A diferença de fase δ, na qual o movimento do oscilador está defasado da força motriz, é dada por (5.65) como

$$\delta = \arctan\left(\frac{2\beta\omega}{\omega_0^2 - \omega^2}\right). \tag{5.79}$$

Vamos verificar esta fase quando variamos ω, iniciando bem abaixo de uma ressonância estreita (β pequeno). Com $\omega \ll \omega_0$, (5.79) implica que δ é muito pequeno, isto é, enquanto $\omega \ll \omega_0$, as oscilações estão quase perfeitamente em fase com a força motriz. (Esse foi o caso na Figura 5.15.) À medida que ω cresce na direção de ω_0, temos δ crescendo lentamente. Na ressonância, onde $\omega = \omega_0$, o argumento do arcotangente em (5.79) é

---

[12] Na verdade, ambos os relógios, o de quartzo e o do vovô, mantêm um tempo muito melhor do que o que essa simples dicussão sugere. Um bom cronômetro mantém uma frequência muito próxima ao *centro* da ressonância. Portanto, a variabilidade da frequência é de fato muito menor do que a largura da ressonância. Entretanto, a conclusão que foi posta é correta.

[13] Ainda, outra definição (e talvez a mais fundamental) é que $Q = 2\pi$ vezes a razão da energia armazenada no oscilador pela energia dissipada em um ciclo. Veja o Problema 5.44.

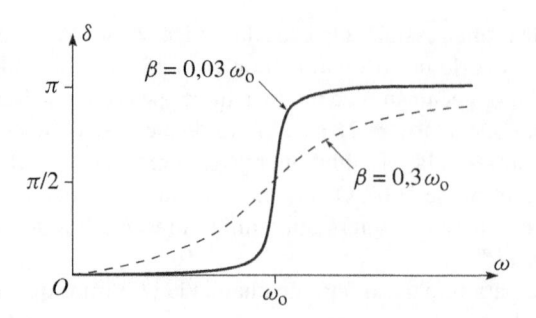

Figura 5.19 A diferença de fase δ cresce de 0 passando por $\pi/2$ até π à medida que a frequência motriz ω passa pela ressonância. Quanto mais estreita for a ressonância, mais abruptamente ocorrerá esse crescimento. A curva cheia é para uma ressonância razoavelmente estreita ($\beta = 0{,}03\omega_0$ ou $Q = 16{,}7$) e a curva pontilhada é para uma ressonância mais larga ($\beta = 0{,}3\,\omega_0$ ou $Q = 1{,}67$).

infinito, assim $\delta = \pi/2$ e as oscilações estão defasadas a 90° atrás da força motriz. Uma vez que $\omega > \omega_0$, o argumento do arcotangente é negativo e se aproxima de 0 quando ω cresce; logo, δ decresce além de $\pi/2$ e eventualmente se aproxima de π. Em particular, uma vez que $\omega \gg \omega_0$, as oscilações estão quase perfeitamente defasadas em relação à força motriz. Todos esses comportamentos estão ilustrados para dois valores diferentes de β na Figura 5.19. Observe, em particular, que, quanto mais estreita a ressonância, mais rapidamente δ pula de 0 para π.

Na ressonância da mecânica clássica, o comportamento da fase (como na Figura 5.19) é normalmente menos importante do que a amplitude (como na Figura 5.18).[14] Em colisões atômicas e nucleares, a diferença de fase é frequentemente a quantidade de principal interesse. Tais colisões são governadas pela mecânica quântica, mas há um fenômeno de ressonância equivalente. Um feixe de nêutrons, por exemplo, pode "forçar" um núcleo alvo. Quando a energia do feixe se iguala à energia ressonante do sistema (na mecânica quântica, a energia desempenha o papel da frequência), a ressonância ocorre e a diferença de fase cresce rapidamente de 0 a π.

5.7 SÉRIES DE FOURIER*

As Séries de Fourier são amplamente aplicadas em quase todas as áreas da física moderna. Entretanto, não vamos utilizá-las novamente antes do Capítulo 16. Por isso, você pode omitir as três últimas seções deste capítulo em uma primeira leitura.

Nas duas últimas seções, discutimos um oscilador que é forçado por uma força motriz senoidal $f(t) = f_0 \cos(\omega t)$. Há duas razões principais para a importância de forças motrizes senoidais: a primeira é simplesmente que há muitos sistemas importantes nos quais a

---

[14] O comportamento de δ pode, entretanto, ser observado. Construa um pêndulo a partir de um pedaço de barbante e de uma esfera de metal e movimente-o prendendo-o na ponta, movendo sua mão de um lado para o outro. A coisa mais óbvia é que você será bem-sucedido em forçá-lo quando a sua frequência se igualar à frequência natural, mas você pode também verificar que, quando você força mais lentamente, o pêndulo se move em compasso com sua mão, mas quando você move mais rapidamente, o pêndulo se move opostamente à sua mão.

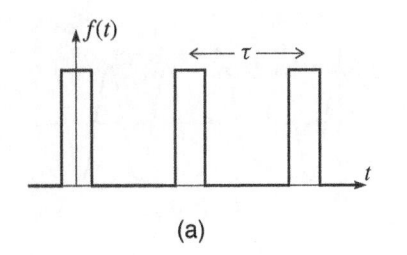

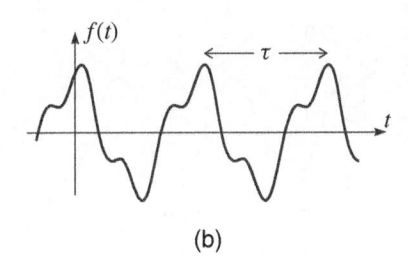

Figura 5.20 Dois exemplos de funções periódicas com período τ. **(a)** Um pulso retangular, que pode representar um martelo batendo sobre um prego com uma força constante a intervalos τ, ou um sinal digital em uma linha telefônica. **(b)** Um sinal periódico suave, que pode ser a variação da pressão de um instrumento musical.

força motriz *é* senoidal – o circuito elétrico de um rádio é um bom exemplo. A segunda é um tanto sutil. Resulta que *qualquer* força motriz periódica pode ser construída a partir de uma força senoidal usando a poderosa técnica da série de Fourier. Portanto, em certo sentido, que tentarei descrever, resolvendo o movimento com uma força motriz senoidal, teremos já solucionado o movimento com qualquer força motriz periódica. Antes de apreciarmos esse maravilhoso resultado, precisamos rever alguns aspectos da série de Fourier. Nesta seção, apresentarei apenas as propriedades das séries de Fourier[15] que serão necessárias; a seguir, podemos aplicá-las ao oscilador forçado.

Vamos considerar a função $f(t)$ que é periódica com período τ, isto é, a função se repete a cada vez que t avança um período τ:

$$f(t + \tau) = f(t)$$

qualquer que seja o valor de t. Podemos descrever uma função com essa propriedade como sendo τ-periódica. Um simples exemplo de uma função τ-periódica é a força exercida sobre um prego por um martelo que está martelando a intervalos de τ, conforme ilustrado na Figura 5.20(a). Outro pode ser a pressão exercida sobre o seu tímpano por uma nota tocada por um instrumento musical, conforme ilustrado na Figura 5.20(b). É fácil pensar em muitos exemplos de outras funções periódicas. Em particular, há muitas funções senoidais que são periódicas com um dado período: as funções

$$\cos(2\pi t/\tau), \quad \cos(4\pi t/\tau), \quad \cos(6\pi t/\tau), \quad \cdots \qquad (5.80)$$

são todas τ-periódicas, como o são as correspondentes funções seno. (Se t crescer por um valor τ, cada uma dessas funções retorna ao seu valor original – veja a Figura 5.21.) Podemos escrever essas funções senoidais um pouco mais compactas se introduzirmos a frequência angular $\omega = 2\pi/\tau$, em cujos casos todas as funções de (5.80) e os senos correspondentes podem ser escritos como

$$\cos(n\omega t) \quad \text{e} \quad \text{sen}(n\omega t) \qquad [n = 0, 1, 2, \cdots]. \qquad (5.81)$$

(Se $n = 0$, a função cosseno é a constante 1 – que é certamente periódica – enquanto o seno é 0 e não é de forma alguma interessante.)

---

[15] Como sempre, tentarei descrever toda a teoria que seja necessária. Para mais detalhes, veja, por exemplo, *Mathematical Methods in the Physical Sciences*, de Mary Boas (Wiley, 1983), Cap. 7.

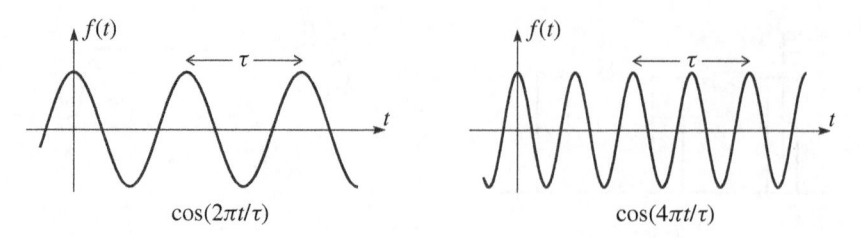

Figura 5.21 Qualquer função da forma $\cos(2n\pi t/\tau)$ (ou o seno correspondente) é periódica com período τ se n for um número inteiro. Observe que $\cos(4\pi t/\tau)$ também tem o menor período $\tau/2$, mas isso não muda o fato de que ele tem da mesma forma um período τ.

É óbvio que as funções seno e cosseno (5.81) são todas τ-periódicas. (Certifique-se de que você consegue perceber isso.) É verdadeiramente surpreeendente, em certo sentido, que essas funções seno e cosseno definam *todas as possíveis* funções τ-periódicas: em 1807, o matemático francês Jean Baptiste Fourier (1768-1830) observou que toda função τ-periódica pode ser escrita como uma combinação linear dos senos e cossenos de (5.81), ou seja, se $f(t)$ for qualquer[16] função periódica com período τ, então ela pode ser expressa como a soma

$$f(t) = \sum_{n=0}^{\infty} [a_n \cos(n\omega t) + b_n \text{sen}(n\omega t)], \quad (5.82)$$

onde as constantes a_n e b_n dependem da função $f(t)$. Esse resultado extraordinariamente útil é chamado de teorema de Fourier e a soma (5.82) é chamada de **série de Fourier** para $f(t)$.

Não é dificil de ver por que o teorema de Fourier apresentou uma considerável surpresa, e mesmo um ceticismo, quando foi publicado pela primeira vez. Ele argumenta que uma função descontínua, como o pulso retangular da Figura 5.20(a), pode ser construída a partir de funções seno e cosseno que são contínuas e perfeitamente suaves. Surpreendente ou não, isso se mostrou verdade, como veremos brevemente através de um exemplo. Talvez ainda mais surpreendente seja o fato de que, com frequência, obtém-se uma excelente aproximação mantendo apenas poucos termos da série de Fourier. Portanto, em vez de manipularmos uma função tediosa e possivelmente descontínua, temos apenas que manipular um pequeno número de funções seno e cosseno. Antes de discutirmos a aplicação do teorema de Fourier para o oscilador forçado, precisamos verificar algumas propriedades da série de Fourier.

A demonstração do teorema de Fourier é complicada – na verdade, foram muitos anos depois da descoberta de Fourier que uma demonstração satisfatória foi encontrada – e simplesmente solicito-o a aceitá-la. Entretanto, uma vez que o resultado está aceito,

---

[16] Como sempre com teoremas desse tipo, há certas restrições sobre a "razoabilidade" da função $f(t)$, mas com certeza o teorema de Fourier é válido para todas as funções que teremos de usar.

é fácil aprender como usá-lo. Em particular, para uma dada função periódica $f(t)$, é fácil determinar os coeficientes a_n e b_n. O Problema 5.48 oferece uma oportunidade para mostrar que esses coeficientes são dados por

$$a_n = \frac{2}{\tau} \int_{-\tau/2}^{\tau/2} f(t) \cos(n\omega t)\, dt \quad [n \geq 1] \qquad (5.83)$$

e

$$b_n = \frac{2}{\tau} \int_{-\tau/2}^{\tau/2} f(t) \sen(n\omega t)\, dt \quad [n \geq 1]. \qquad (5.84)$$

Infelizmente, os coeficientes para $n = 0$ requerem uma atenção em separado. Como o termo sen $n\omega t$ em (5.82) é identicamente zero para $n = 0$, o coeficiente b_0 é irrelevante e podemos defini-lo como zero. É muito fácil mostrar (Problema 5.46) que

$$a_0 = \frac{1}{\tau} \int_{-\tau/2}^{\tau/2} f(t)\, dt. \qquad (5.85)$$

Munido dessas fórmulas dos coeficientes de Fourier, é fácil determinar a série de Fourier para qualquer função periódica dada. No exemplo a seguir, faremos isso para os pulsos retangulares da Figura 5.20(a).

Exemplo 5.4 Série de Fourier para pulso retangular

Determine a série de Fourier para o pulso retangular periódico $f(t)$ apresentado na Figura 5.22 em termos do período τ, da altura do pulso $f_{\text{máx}}$ e da duração do pulso $\Delta \tau$. Usando os valores $\tau = 1, f_{\text{máx}} = 1$ e $\Delta \tau = 0{,}25$, desenhe o gráfico de $f(t)$, como também a soma dos três primeiros termos da sua série de Fourier e a soma dos onze primeiros termos.

Nossa primeira tarefa é calcular os coeficientes de Fourier a_n e b_n para a função dada. Primeiro, de acordo com (5.85), o termo constante a_0 é

$$a_0 = \frac{1}{\tau} \int_{-\tau/2}^{\tau/2} f(t)\, dt$$

$$= \frac{1}{\tau} \int_{-\Delta\tau/2}^{\Delta\tau/2} f_{\text{máx}}\, dt = \frac{f_{\text{máx}} \Delta \tau}{\tau}, \qquad (5.86)$$

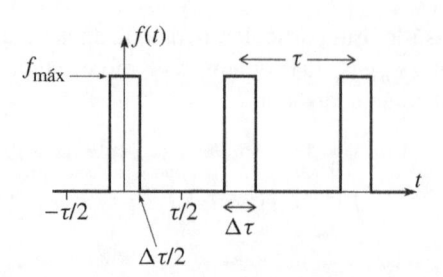

Figura 5.22 Pulso retangular periódico. O período é τ, a duração do período é $\Delta\tau$ e a altura do pulso é $f_{máx}$.

onde a mudança nos limites de integração foi permitida devido ao fato de o integrando $f(t)$ ser zero fora de $\pm\Delta\tau/2$. Em seguida, de acordo com (5.83), todos os demais coeficientes a ($n \geq 1$) são obtidos por

$$a_n = \frac{2}{\tau} \int_{-\tau/2}^{\tau/2} f(t) \cos(n\omega t)\, dt$$

$$= \frac{2 f_{máx}}{\tau} \int_{-\Delta\tau/2}^{\Delta\tau/2} \cos(n\omega t)\, dt$$

$$= \frac{4 f_{máx}}{\tau} \int_{0}^{\Delta\tau/2} \cos\left(\frac{2\pi n t}{\tau}\right) dt = \frac{2 f_{máx}}{\pi n} \operatorname{sen}\left(\frac{\pi n \Delta\tau}{\tau}\right). \quad (5.87)$$

Observe que, na passagem da segunda para a terceira linha, usei um truque que é frequentemente útil no cálculo dos coeficientes de Fourier. O integrando na segunda linha, $\cos(n\omega t)$, é uma função *par*, isto é, ele tem o mesmo valor em qualquer ponto t e $-t$. Portanto, podemos substituir qualquer integral de $-T$ a T por duas vezes a integral de 0 a T.

Finalmente, os coeficientes b são todos exatamente zero, pois, se examinarmos a integral (5.84), veremos que (nesse caso) o integrando é uma função *ímpar*, isto é, seu valor para qualquer ponto t é o negativo do seu valor em $-t$. [Movendo-se de $-t$ a t deixamos a $f(t)$ inalterada, mas invertemos o sinal de $\operatorname{sen}(n\omega t)$.] Portanto, qualquer integral de $-T$ a T é zero, já que a metade da esquerda se cancela com a da direita.

A série de Fourier procurada é, portanto,

$$f(t) = a_0 + \sum_{n=1}^{\infty} a_n \cos(n\omega t) \quad (5.88)$$

com o termo constante a_0 dado por (5.86) e todos os coeficientes a restantes ($n \geq 1$) por (5.87). Se substituirmos os números dados, os coeficientes podem todos ser calculados e a série de Fourier resultante é

$$f(t) = f_{máx}\big[0{,}25 + 0{,}45\cos(2\pi t) + 0{,}32\cos(4\pi t) + 0{,}15\cos(6\pi t)$$
$$+ 0\cos(8\pi t) - 0{,}09\cos(10\pi t) - 0{,}11\cos(12\pi t) + \cdots\big]. \quad (5.89)$$

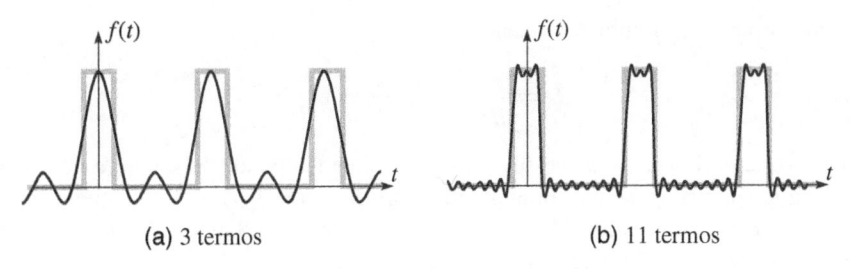

Figura 5.23 (a) Soma dos três primeiros termos da série de Fourier para o pulso retangular da Figura 5.22. (b) A soma dos onze primeiros termos.

O sentido prático da série de Fourier é, em geral, maior se a série convergir rapidamente, de modo a obtermos uma aproximação confiável mantendo apenas poucos termos iniciais da série. A Figura 5.23(a) mostra a soma dos três primeiros termos da série (5.89) e o próprio pulso retangular. Como você esperava, apenas com termos suaves, não obtemos uma aproximação com uma acurácia sensacional se comparada à função descontínua original. Entretanto, os três termos fazem um bom trabalho de imitação da forma geral. Mas, quando incluímos onze termos, como na Figura 5.23(b), o ajuste é extraordinário.[17] Na próxima seção, usaremos o método da série de Fourier para resolver o movimento de um oscilador forçado com os pulsos periódicos desse exemplo. Encontraremos uma solução como uma série de Fourier que converge tão rapidamente que apenas os três ou quatro primeiros termos forcem a maioria do que devemos saber.

5.8 SOLUÇÃO POR SÉRIE DE FOURIER PARA O OSCILADOR FORÇADO*

Esta seção contém uma bela aplicação do método da série de Fourier. Ela é importante para entender esse método; no entanto, você pode omiti-la sem perda de continuidade.

Nesta seção, combinaremos o conhecimento sobre a série de Fourier (Seção 5.7) com a solução do oscilador forçado senoidal (Seção 5.5) para solucionar o movimento de um oscilador que é forçado por uma força motriz periódica arbitrária. Para ver como isso funciona, vamos retornar à equação do movimento (5.48)

$$\ddot{x} + 2\beta\dot{x} + \omega_o^2 x = f,$$

onde $x = x(t)$ é a posição do oscilador, β é a constante de amortecimento, ω_o é a frequência natural e $f = f(t)$ é qualquer força motriz periódica (na verdade, força/massa) com período τ. Como antes, é conveniente escrever essa equação na forma compacta

$$Dx = f$$

---

[17] No entanto, observe que a série de Fourier ainda tem uma pequena dificuldade na vizinhança das descontinuidades de $f(t)$. Essa tendência da série de Fourier a se exceder próximo da descontinuidade é chamada de fenômeno de Gibbs.

onde D é o operador diferencial linear

$$D = \frac{d^2}{dt^2} + 2\beta\frac{d}{dt} + \omega_o^2.$$

O uso da série de Fourier para resolver esse problema depende da seguinte observação: suponha que a força $f(t)$ seja a soma de duas forças, $f(t) = f_1(t) + f_2(t)$, e que, para cada uma delas, já tenhamos resolvido a equação do movimento. Ou seja, já conhecemos as funções $x_1(t)$ e $x_2(t)$ que satisfazem

$$Dx_1 = f_1 \quad \text{e} \quad Dx_2 = f_2.$$

Então, a solução[18] do problema de interesse é justamente a soma $x(t) = x_1(t) + x_2(t)$, como podemos facilmente mostrar:

$$Dx = D(x_1 + x_2) = Dx_1 + Dx_2 = f_1 + f_2 = f,$$

onde o segundo passo crucial é válido por que D é linear. Esse argumento funcionaria igualmente bem, no entanto, muitos termos estavam na soma de $f(t)$, logo, chegamos à conclusão: se a força motriz $f(t)$ puder ser escrita como a soma de qualquer número de termos

$$f(t) = \sum_n f_n(t)$$

e se conhecemos a solução $x_n(t)$ para cada uma das forças individuais $f_n(t)$, então a solução para a força motriz total $f(t)$ é justamente a soma

$$x(t) = \sum_n x_n(t).$$

Esse resultado é especialmente apropriado para uso em combinação com o teorema de Fourier. Qualquer força motriz periódica $f(t)$ pode ser expandida em uma série de Fourier de senos e cossenos, e já sabemos as soluções para forças motrizes senoidais. Portanto, somando essas soluções senoidais, podemos determinar a solução para qualquer força motriz periódica. Para simplificar o que dissemos, vamos supor que a força motriz $f(t)$ contenha apenas os termos em cossenos na sua série de Fourier. [Esse foi o caso para o pulso retangular do Exemplo 5.4 e é verdade para qualquer função par – satisfazendo $f(-t) = f(t)$ – pois essa condição garante que os coeficientes dos termos em senos sejam todos zero.] Nesse caso, a força motriz pode ser escrita como

$$f(t) = \sum_{n=0}^{\infty} f_n \cos(n\omega t), \tag{5.90}$$

---

[18] Estritamente falando, não devemos nos referir como *a* solução, uma vez que a equação diferencial de segunda ordem possui muitas soluções. Entretanto, sabemos que a diferença entre duas soluções é transiente – decai para zero –, e nosso principal interesse é no comportamento de longo prazo, que é, portanto, essencialmente único.

onde f_n denota o n-ésimo coeficiente de Fourier de $f(t)$ e $\omega = 2\pi/\tau$, como de costume. Agora, cada termo individual $f_n \cos(n\,\omega t)$ tem a mesma forma (5.56) que assumimos para a força motriz senoidal na Seção 5.5 (exceto que a amplitude f_0 tornou-se f_n e a frequência ω tornou-se $n\omega$). A solução correspondente foi dada por (5.66),[19]

$$x_n(t) = A_n \cos(n\omega t - \delta_n) \qquad (5.91)$$

onde

$$A_n = \frac{f_n}{\sqrt{(\omega_0^2 - n^2\omega^2)^2 + 4\beta^2 n^2 \omega^2}} \qquad (5.92)$$

de (5.64), e

$$\delta_n = \arctan\left(\frac{2\beta n\omega}{\omega_0^2 - n^2\omega^2}\right) \qquad (5.93)$$

de (5.65). Como (5.91) é a solução para a força motriz $f_n\cos(n\omega t)$, a solução para a força completa (5.90) é a soma

$$x(t) = \sum_{n=0}^{\infty} A_n \cos(n\omega t - \delta_n). \qquad (5.94)$$

Isso completa a solução do movimento de longo prazo de um oscilador forçado por uma força motriz $f(t)$. Resumindo, os passos são:

1. Determine os coeficientes f_n da série de Fourier (5.90) para a força motriz dada $f(t)$.
2. Calcule as quantidades A_n e δ_n de acordo com (5.92) e (5.93).
3. Escreva a solução $x(t)$ como a série de Fourier (5.94).

Na prática, surpreendentemente precisamos incluir apenas poucos termos da solução (5.94) para obtermos uma aproximação satisfatória, como o exemplo a seguir ilustra.[20]

Exemplo 5.5 Oscilador forçado por um pulso retangular

Considere um oscilador fracamente amortecido que está sendo forçado pelos pulsos retangulares periódicos do Exemplo 5.4 (Figura 5.22). Seja o período do oscilador $\tau_0 = 1$, de modo que a frequência natural é $\omega_0 = 2\pi$, e seja a constante de amortecimento $\beta = 0{,}2$. Assuma que o pulso dure um intervalo de tempo $\Delta\tau = 0{,}25$ e tenha uma altura $f_{máx} = 1$. Calcule os seis primenros coeficientes de Fourier A_n para o movi-

---

[19] O termo constante, $n=0$, precisa de uma consideração em separado. É fácil ver que para a força constante f_0 a solução é $x_0 = f_0/\omega_0^2$. Isso é de fato o que você obtém se considerar $n=0$ em (5.92) e (5.93).

[20] A solução contida nas Equações (5.92) a (5.94) pode ser escrita de forma mais compacta se você não se importar em usar a notação complexa. Veja o Problema 5.51.

mento de longo prazo $x(t)$ do oscilador, assumindo primeiro que o período motriz é o mesmo que o período natural, $\tau = \tau_o = 1$. Desenhe o gráfico do movimento resultante para várias oscilações completas e repita o exercício para $\tau = 1,5\tau_o$; $2,0\tau_o$ e $2,5\tau_o$.

Antes de nos debruçarmos sobre qualquer um desses exercícios, é importante pensarmos sobre que sistema real pode ser representado por esse problema. Uma possibilidade simples é a de uma massa pendurada na extremidade de um cordão, no qual um professor está aplicando impulsos espaçados regularmente a intervalos τ. Um exemplo ainda mais familiar é o de uma criança em um balanço, no qual o pai está dando impulsos regularmente espaçados – embora nesse caso precisemos ter o cuidado de manter uma pequena amplitude para justificar o uso da lei de Hooke. Fomos informados de que devemos iniciar considerando $\tau = \tau_o = 1$, ou seja, o pai está impulsionando a criança exatamente com a frequência natural.

Os coeficientes de Fourier f_n da força motriz já foram calculados nas Equações (5.86) e (5.87) do Exemplo 5.4 (onde eles foram chamados de a_n). Se substituirmos esses em (5.92) para os coeficientes A_n e colocarmos os dados numéricos (incluindo $\tau = \tau_o = 1$), obtemos para os seis primeiros coeficientes de Fourier $A_o, \cdots, A_5$:

A_o	A_1	A_2	A_3	A_4	A_5
63	1791	27	5	0	-1

(Como os números são bastante pequenos, expressei os valores multiplicados por 10^4, isto é, $A_o = 63 \times 10^{-4}$, $A_1 = 1791 \times 10^{-4}$ e assim por diante.) Duas coisas se sobressaem nesses números: primeiro, após A_1, eles tornam-se pequenos rapidamente e para quase todos os propósitos será uma excelente aproximação ignorar todos os termos além dos três primeiros da série de Fourier para $x(t)$. Segundo, o coeficiente A_1 é bem maior do que todos os demais. Isso é fácil de entender se você prestar atenção no coeficiente A_1 em (5.92): como $\omega = \omega_o$ (lembre-se do pai impulsionando a criança com a frequência natural) e $n = 1$, o primeiro termo no denominador é exatamente zero, o denominador é anomalamente pequeno e A_1 é anomalamente grande se comparado com todos os outros coeficientes. Em outras palavras, quando a frequência motriz é a mesma que a frequência natural, o termo $n = 1$ na série de Fourier para $x(t)$ está em *ressonância*, e o oscilador responde de forma especialmente forte com a frequência ω_o.

Antes de desenharmos o gráfico de $x(t)$ conforme (5.94), precisamos calcular a diferença de fase δ_n usando (5.93). Isso é facilmente obtido, embora não devamos perder tempo apresentando os resultados. Não podemos desenhar o gráfico da série infinita (5.94); em vez disso, devemos considerar um número finito de termos com os quais aproximamos $x(t)$. No presente caso, parece claro que três termos serão suficientes, mas, para ficarmos garantidos, consideremos seis. A Figura 5.24 mostra $x(t)$ como uma aproximação da soma dos seis primeiros termos de (5.94). Para a escala apresentada, o gráfico aproximado é completamente indistinguível do resultado exato, que por sua vez é indistinguível de um cosseno[21] puro com frequência

---

[21] Na realidade, ele é um *seno* puro, mas isso é de fato $\cos(\omega t - \delta_1)$ com $\delta_1 = \pi/2$, como deveríamos ter esperado, já que estamos exatamente na ressonância.

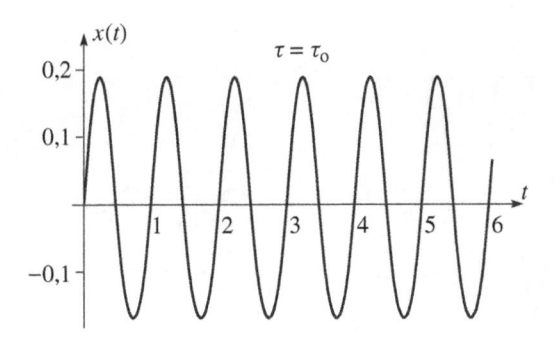

Figura 5.24 Movimento de um oscilador linear, forçado por pulsos retangulares periódicos, com período motriz τ igual ao período natural τ_o do oscilador (e por isso $\omega = \omega_o$). O eixo horizontal mostra o tempo em unidades do período natural τ_o. Como esperado, o movimento é quase perfeitamente senoidal, com período igual ao período natural.

igual à frequência natural do oscilador. A forte resposta na frequência natural é de fato o que esperávamos. Por exemplo, qualquer pessoa que tenha impulsionado uma criança em um balanço sabe que a maneira mais eficiente para mantê-la balançando alto é administrando impulsos espaçados regularmente a intervalos do período natural – ou seja, $\tau = \tau_o$ – e que o balanço irá então oscilar vigorosamente na sua frequência natural.

Uma força motriz com qualquer outro período τ pode ser tratada exatamente da mesma forma. Os coeficientes de Fourier $A_o, \cdots, A_5$ para todos os valores de τ indicados acima estão apresentados na Tabela 5.1

Tabela 5.1 Os seis primeiros coeficientes de Fourier A_n para o movimento $x(t)$ de um oscilador linear forçado por pulsos periódicos retangulares, para quatro períodos motrizes $\tau = \tau_o$; $1,5\tau_o$; $2,0\tau_o$ e $2,5\tau_o$. Todos os valores foram multiplicados por 10^4

	A_o	A_1	A_2	A_3	A_4	A_5
$\tau = 1,0\,\tau_o$	63	1791	27	5	0	-1
$\tau = 1,5\,\tau_o$	42	145	89	18	6	2
$\tau = 2,0\,\tau_o$	32	82	896	40	13	6
$\tau = 2,5\,\tau_o$	25	59	130	97	25	11

As entradas nas quatro linhas dessa tabela merecem um exame cuidadoso. A primeira linha ($\tau = \tau_o$) mostra os coeficientes já discutidos, a característica mais proeminente dela é que o coeficiente $n = 1$ é de longe o maior, porque ele está exatamente em ressonância. Na linha seguinte ($\tau = 1,5\tau_o$), então a componente $n = 1$ de Fourier afastou-se bastante da ressonância e A_1 caiu por um fator de 12 ou próximo. Alguns dos demais coeficientes cresceram um pouco, mas o efeito resultante é que o oscilador se move mais lentamente do que quando $\tau = \tau_o$. Isso está visivelmente claro na Figura 5.25(a) e (b), que mostra $x(t)$ (de acordo com a aproximação pelos seis primeiros termos da sua série de Fourier) para esses dois valores do período motriz.

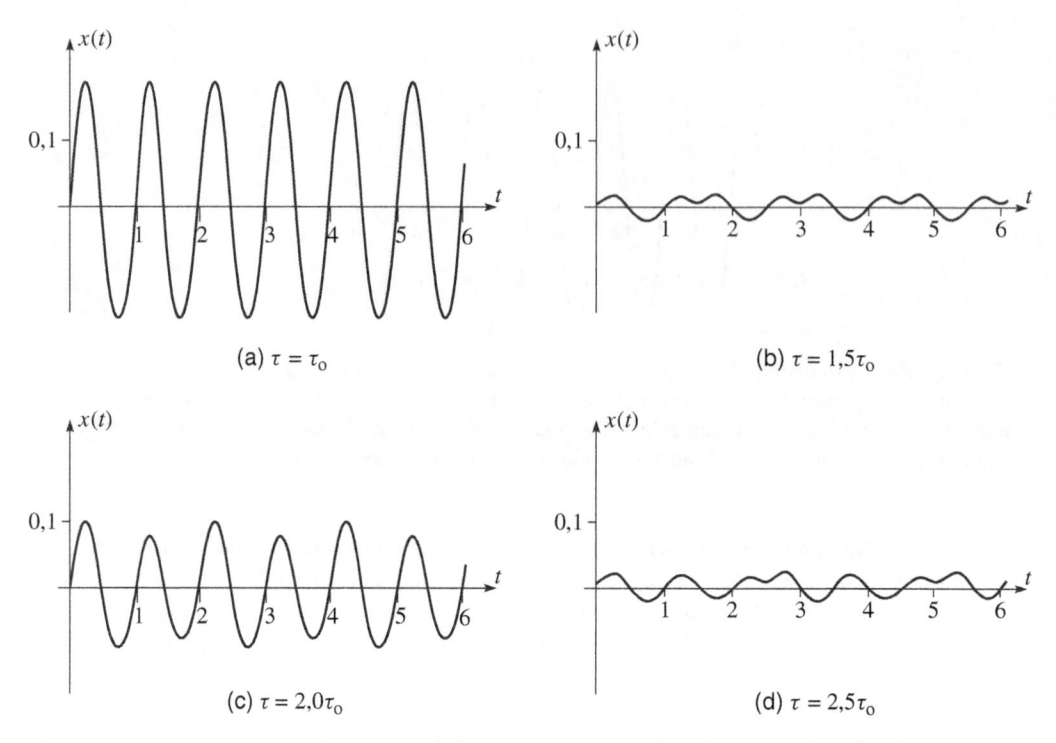

Figura 5.25 Movimento de um oscilador linear, forçado por um pulso retangular periódico, apresentando quatro diferentes valores do período motriz τ. **(a)** Quando o oscilador está forçado na frequência natural ($\tau = \tau_o$), o termo $n = 1$ da série de Fourier está em ressonância e o oscilador responde fortemente. **(b)** Quando $\tau = 1,5\tau_o$, a resposta é tênue. **(c)** Quando $\tau = 2,0\tau_o$, o termo $n = 2$ está em ressonância e a resposta é forte novamente. **(d)** Quando $\tau = 2,5\tau_o$, a resposta é fraca outra vez.

A terceira linha da Tabela 5.1 mostra os coeficientes de Fourier para um período motriz igual a duas vezes o período natural – o pai está impulsionando apenas uma vez a cada duas oscilações do balanço da criança. Agora, com $\tau = 2,0\tau_o$, a frequência motriz é metade da frequência natural ($\omega = \frac{1}{2}\omega_o$). Isso significa que a componente $n = 2$ de Fourier, com frequência $2\omega = \omega_o$, está exatamente em ressonância e o coeficiente A_2 é anomalamente grande. Mais uma vez, obtemos uma resposta grande, como visto na Figura 5.25(c).

Vamos observar um pouco mais com cuidado o caso da Figura 5.25(c). É, naturalmente, uma questão de experiência que uma maneira perfeitamente satisfatória de obter uma criança balançando é impulsionando uma vez a cada *duas* oscilações, embora isso não obtenha completamente o mesmo resultado de impulsioná-la uma vez a *cada* oscilação. Se olharmos cuidadosamente a Figura 5.25(c), notaremos que os balanços (oscilações) alternam em tamanho – os balanços pares são um pouco maior do que os balanços ímpares. Isto também era esperado: como o oscilador é amortecido, a segunda oscilação depois de cada impulso é compelida a ser um pouco menor do que a anterior.

Finalmente, quando $\tau = 2,5\tau_o$, então a compenente $n = 2$ de Fourier já está bem afastada da ressonância e A_2 é muito menor outra vez. Por outro lado, a componente

$n = 3$ se aproxima da ressonância de modo que A_3 está aumentando. Na verdade, A_2 e A_3 são basicamente da mesma ordem, de forma que $x(t)$ contém duas componentes de Fourier dominantes e mostram um comportamento um tanto irregular, como visto na Figura 5.25(d). (Considerações semelhantes se aplicam ao caso $\tau = 1,5\,\tau_0$, onde os coeficientes A_1 e A_2 são ambos razoavelmente grandes.)

5.9 O DESLOCAMENTO RMQ: TEOREMA DE PARSEVAL*

*A relação de Parseval, que introduziremos e aplicaremos nesta seção, é uma das propriedades mais úteis da série de Fourier. No entanto, você pode omitir esta seção em uma primeira leitura.

Na última seção, estudamos como a resposta de um oscilador varia de acordo com a frequência da força motriz periódica que é aplicada. Fizemos isso resolvendo a equação de movimento $x(t)$, usando o método da série de Fourier para várias frequências interessantes que foram aplicadas. Seria conveniente se pudéssemos determinar uma única grandeza para medir a resposta de um oscilador e assim desenhar o gráfico dessa grandeza *versus* a frequência motriz (ou o período motriz). Na verdade, há várias formas de se fazer isso. Talvez a ideia mais óbvia a ser tentada seja o deslocamento médio do oscilador relativo à posição de equilíbrio, $\langle x \rangle$. (Estou usando colchetes com ângulo $\langle\,\rangle$ para indicar a média em relação ao tempo.) Infelizmente, como o oscilador gasta tanto tempo em qualquer região onde x é positivo quanto na região correspondente a x negativo, a média $\langle x \rangle$ é zero.[22] Para superarmos essa dificuldade, a grandeza mais conveniente a ser usada é o deslocamento *médio quadrático* $\langle x^2 \rangle$, e, para obtermos uma grandeza com dimensões de comprimento, utilizamos geralmente a **raiz da média quadrática** ou a **RMQ** do deslocamento

$$x_{\text{rmq}} = \sqrt{\langle x^2 \rangle}. \tag{5.95}$$

A definição da média temporal precisa de um pouco de cuidado. A prática usual é definir $\langle\,\rangle$ como a média *sobre um período* τ. Logo,

$$\langle x^2 \rangle = \frac{1}{\tau} \int_{-\tau/2}^{\tau/2} x^2 \, dt. \tag{5.96}$$

Devido ao fato de o movimento ser periódico, isso é o mesmo que a média sobre qualquer número inteiro de períodos e por isso também a média sobre qualquer intervalo grande de tempo. (Se isso não estiver claro para você, veja o Problema 5.54.)

Para calcular a média $\langle x^2 \rangle$, usamos a expansão de Fourier (5.94) para $x(t)$

$$x(t) = \sum_{n=0}^{\infty} A_n \cos(n\omega t - \delta_n). \tag{5.97}$$

---

[22] Isso não é completamente verdade. O termo constante e pequeno A_0 em (5.94) contribui com uma média não nula $\langle x \rangle = A_0$, mas isso não provoca qualquer *oscilação*, que é o que estamos tentando caracterizar.

(Em geral, essa série irá conter tanto senos quanto cossenos, mas, no Exemplo 5.5, a força motriz continha apenas cossenos e, por simplicidade, vamos continuar assumindo que esse é o caso. Para o caso geral, veja o Problema 5.56.) Substituindo para cada um dos fatores x em (5.96), obtemos o espantoso somatório duplo

$$\langle x^2 \rangle = \frac{1}{\tau} \int_{-\tau/2}^{\tau/2} \sum_n \sum_m A_n \cos(n\omega t - \delta_n) A_m \cos(m\omega t - \delta_m) \, dt. \qquad (5.98)$$

Esse somatório simplifica drasticamente. É bastante fácil mostrar (Problema 5.55) que a integral é

$$\int_{-\tau/2}^{\tau/2} \cos(n\omega t - \delta_n) \cos(m\omega t - \delta_m) \, dt = \begin{cases} \tau & \text{se } m = n = 0 \\ \tau/2 & \text{se } m = n \neq 0 \\ 0 & \text{se } m \neq n. \end{cases} \qquad (5.99)$$

Portanto, no somatório duplo (5.98), apenas os termos com $m = n$ precisam ser mantidos obtendo o resultado surpreendentemente simples

$$\langle x^2 \rangle = A_0^2 + \frac{1}{2} \sum_{n=1}^{\infty} A_n^2. \qquad (5.100)$$

Essa relação é chamada de **teorema de Parseval**.[23] Ele tem muitos usos teóricos importantes, mas, para nosso propósito, a sua principal aplicação é esta: como sabemos como calcular os coeficientes A_n, o teorema de Parseval permite que determinemos a resposta $\langle x^2 \rangle$ do nosso oscilador. Além disso, mantendo um número finito pequeno de termos e descartando os demais na soma (5.100), obtemos uma aproximação excelente e facilmente calculada para $\langle x^2 \rangle$, como ilustra o exemplo a seguir.

EXEMPLO 5.6 O deslocamento RMQ para um oscilador forçado

Considere novamente o oscilador forçado do Exemplo 5.5, com os pulsos retangulares periódicos do Exemplo 5.4 (Figura 5.22). Determine o deslocamento RMQ $x_{\text{rmq}} = \sqrt{\langle x^2 \rangle}$ conforme dado por (5.100) para esse oscilador. Usando os mesmos valores numéricos que antes ($\tau_0 = 1$, $\beta = 0{,}2$; $f_{\text{máx}} = 1$, $\Delta \tau = 0{,}25$) e aproximando (5.100) pelos seus seis primeiros termos, desenhe o gráfico de x_{rmq} como uma função do período motriz τ para $0{,}25 < \tau < 5{,}5$.

Já fizemos anteriormente todos os cálculos necessários para escrever a fórmula $x_{\text{rmq}} = \sqrt{\langle x^2 \rangle}$. Primeiro, $\langle x^2 \rangle$ é obtido por (5.100), onde os coeficientes de Fourier A_n são obtidos de (5.92) como

$$A_n = \frac{f_n}{\sqrt{(\omega_0^2 - n^2 \omega^2)^2 + 4\beta^2 n^2 \omega^2}} \qquad (5.101)$$

---

[23] Lembre-se de que fizemos a suposição simplificadora de que a série de Fourier continha apenas termos em cossenos. Em geral, a soma em (5.100) deve incluir também contribuições B_n^2 dos termos em senos. Veja o Problema 5.56.

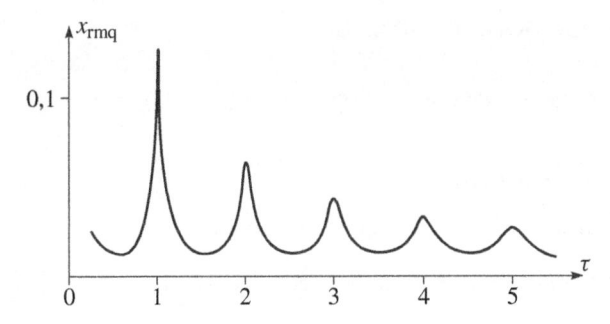

Figura 5.26 Deslocamento RMQ de um oscilador linear, forçado por pulsos retangulares periódicos, como uma função do período motriz τ – calculado usando os seis primeiros termos da expressão de Parseval (5.100). O eixo horizontal mostra τ em unidades da frequência natural τ_o. Quando τ é um múltiplo inteiro de τ_o, a resposta é particularmente grande.

e os coeficientes de Fourier f_n da força motriz são obtidos de (5.87) e (5.86) como

$$f_n = \frac{2f_{\text{máx}}}{\pi n} \text{sen}\left(\frac{\pi n \Delta \tau}{\tau}\right), \qquad [\text{para } n \geq 1] \qquad (5.102)$$

enquanto $f_o = f_{\text{máx}} \Delta\tau/\tau$. Colocando tudo isso junto, obtemos a fórmula desejada para x_{rmq} (que deixarei para você escrever se desejar vê-la).

Se agora pusermos os valores numéricos dados, ficamos com apenas uma variável independente, o período da força motriz τ. (Lembre-se de que $\omega = 2\pi/\tau$.) Truncando a série infinita (5.100) após o sexto termo, chegamos a uma expressão que é facilmente estimada com um software apropriado (ou mesmo com uma calculadora programável) e seu gráfico é obtido conforme ilustrado na Figura 5.26. Esse gráfico mostra clara e suscintamente o que obtivemos no exemplo precedente. À medida que aumentamos o período motriz τ, a resposta do oscilador varia dramaticamente. Cada vez que τ passa por um múltiplo inteiro do período natural τ_o (isto é, $\tau = n\tau_o$), a resposta exibe um máximo pontiagudo, porque a n-ésima componente de Fourier está em ressonância. Por outro lado, cada pico sucessivo é menor do que o anterior, uma vez que fixamos a largura $\Delta\tau$ e a altura $f_{\text{máx}}$ dos pulsos; portanto, à medida que os períodos motrizes tornam-se maiores, espera-se que o efeito resultante da força torne-se menor.

PRINCIPAIS DEFINIÇÕES E EQUAÇÕES

Lei de Hooke

$$F = -kx \iff U = \tfrac{1}{2}kx^2 \qquad [\text{Seção 5.1}]$$

Movimento harmônico simples

$$\ddot{x} = -\omega^2 x \iff x(t) = A\cos(\omega t - \delta), \text{ etc.} \qquad [\text{Seção 5.2}]$$

Oscilações amortecidas

Se a oscilação está sujeita a uma força de amortecimento $-bv$, então,

$$\ddot{x} + 2\beta\dot{x} + \omega_o^2 x = 0 \iff x(t) = Ae^{-\beta t}\cos(\omega_1 t - \delta), \qquad [\text{Eqs. (5.28) e (5.38)}]$$

onde $\beta = b/2m$, $\omega_o = \sqrt{k/m}$, $\omega_1 = \sqrt{\omega_o^2 - \beta^2}$, e a solução apresentada aqui é para "amortecimento fraco" ($\beta < \omega_o$).

Oscilações amortecidas forçadas e ressonância

Se o oscilador está também sujeito a uma força motriz senoidal $F(t) = mf_o\cos(\omega t)$, o movimento de longo prazo tem a forma

$$x(t) = A\cos(\omega t - \delta), \qquad [\text{Eq. (5.66)}]$$

onde

$$A^2 = \frac{f_o^2}{(\omega_o^2 - \omega^2)^2 + 4\beta^2\omega^2} \qquad [\text{Eq. (5.64)}]$$

e a diferença de fase δ é dada por (5.65). Para essa solução, podemos adicionar uma solução "transiente" da equação homogênea correspondente, mas isso desaparece à medida que o tempo passa. A solução de longo prazo é "ressonante" (tem um máximo pontiagudo) quando ω é próximo de ω_o.

Série de Fourier

Se a força motriz não é senoidal, mas ainda periódica, ela pode ser escrita como uma série de Fourier de termos senoidais, como em (5.90), e o movimento resultante é a respectiva série de soluções senoidais, como em (5.94):

$$x(t) = \sum_{n=0}^{\infty} A_n \cos(n\omega t - \delta_n). \qquad [\text{Eq. (5.94)}]$$

O deslocamento RMQ

O deslocamento pela raiz da média quadrática

$$x_{\text{rmq}} = \sqrt{\frac{1}{\tau}\int_0^\tau x^2 dt} \qquad [\text{Eqs. (5.95) e (5.96)}]$$

é uma boa medida da resposta média do oscilador e é obtida pelo teorema de Parseval

$$x_{\text{rmq}} = \sqrt{A_0^2 + \tfrac{1}{2}\sum_{n=1}^{\infty} A_n^2}.$$ [Eq. (5.100)]

PROBLEMAS

Estrelas indicam o nível de dificuldade, do mais fácil (★) ao mais difícil (★★★).

SEÇÃO 5.1 Lei de Hooke

5.1★ Uma mola de massa desprezível tem um comprimento l_0, quando não distendida, e constante de força k. Um extremo está agora preso ao teto e uma massa m está pendurada na outra extremidade. O comprimento de equilíbrio da mola é agora l_1. **(a)** Escreva a condição que determina l_1. Suponha agora que a mola esteja distendida por uma distância x além do seu comprimento de equilíbrio. Mostre que a força resultante (mola mais gravidade) sobre a massa é $F = -kx$. Ou seja, a força resultante obedece à lei de Hooke, quando x é a distância a partir da posição de equilíbrio – um resultado bastante útil que nos permite tratar a massa em uma mola vertical exatamente como se estivesse na horizontal. **(b)** Demonstre o mesmo resultado mostrando que a energia potencial resultante (mola mais gravidade) tem a forma $U(x) = \text{const} + \tfrac{1}{2}kx^2$.

5.2★ A energia potencial de dois átomos em uma molécula pode, algumas vezes, ser aproximada pela função de Morse,

$$U(r) = A\left[\left(e^{(R-r)/S} - 1\right)^2 - 1\right],$$

onde r é a distância entre os dois átomos e A, R e S são constantes positivas, com $S \ll R$. Esboce o gráfico dessa função para $0 < r < \infty$. Determine a separação de equilíbrio r_0 na qual $U(r)$ é mínimo. Agora escreva $r = r_0 + x$ de modo que x seja o deslocamento a partir da posição de equilíbrio e mostre que, para pequenos deslocamentos, U tem a forma aproximada $U = \text{const} + \tfrac{1}{2}kx^2$. Ou seja, a lei de Hooke se aplica. Qual é a constante k da força?

5.3★ Escreva a expressão da energia potencial $U(\phi)$ de um pêndulo simples (massa m, comprimento l) em termos do ângulo ϕ entre o pêndulo e a vertical. (Escolha o zero de U no ponto mais baixo.) Mostre que, para ângulos pequenos, U assume a forma da lei de Hooke $U(\phi) = \tfrac{1}{2}k\phi^2$, em termos da coordenada ϕ. O que significa k?

5.4★★ Um pêndulo não muito comum é feito predendo um cordão a um cilindro horizontal de raio R, enrrolando o cordão várias vezes ao redor do cilindro e em seguida predendo uma massa m na extremidade solta. Em equilíbrio, a massa fica pendurada a uma distância l_0 verticalmente abaixo da aresta do cilindro. Determine a energia potencial se o pêndulo girou até um ângulo ϕ com a vertical. Mostre que, para ângulos pequenos, ela pode ser escrita na forma da lei de Hooke $U(\phi) = \tfrac{1}{2}k\phi^2$. Comente o valor de k.

SEÇÃO 5.2 Movimento harmônico simples

5.5★ Na Seção 5.2, discutimos quatro maneiras distintas de representar o movimento de um oscilador hamônico simples unidimensional:

$$x(t) = C_1 e^{i\omega t} + C_2 e^{-i\omega t}, \qquad \text{(I)}$$
$$= B_1 \cos(\omega t) + B_2 \operatorname{sen}(\omega t), \quad \text{(II)}$$
$$= A \cos(\omega t - \delta), \qquad \text{(III)}$$
$$= \operatorname{Re} C e^{i\omega t}. \qquad \text{(IV)}$$

Para ter certeza de que você entendeu tudo isso, mostre que elas são equivalentes demonstrando as seguintes implicações: I ⇒ II ⇒ III ⇒ IV ⇒ I. Para cada fórmula, forneça uma expressão para as constantes (C_1, C_2, etc.) em termos das constantes da fórmula anterior.

5.6★ Uma massa, pendurada em uma das extremidades de um cordão, está oscilando com frequência angular ω. Em $t = 0$, sua posição é $x_0 > 0$ e damos a ela um impulso de modo que ela se move de volta na direção da origem e executa um movimento harmônico simples com amplitude $2x_0$. Determine sua posição como uma função do tempo de acordo com a fórmula (III) do Problema 5.5.

5.7★ (a) Obtenha os coeficientes B_1 e B_2 da fórmula (II) do Problema 5.5 em termos da posição inicial x_0 e da velocidade inicial v_0 em $t = 0$. (b) Se a massa do oscilador for $m = 0,5$ kg e a constante da força for $k = 50$ N/m, qual é a frequência angular ω? Se $x_0 = 3,0$ m e $v_0 = 50$ m/s, quais são os valores de B_1 e B_2? Esboce o gráfico de $x(t)$ para um pequeno número de ciclos. (c) Qual é o menor tempo para o qual $x = 0$ e para o qual $\dot{x} = 0$?

5.8★ (a) Se uma massa, $m = 0,2$ kg, está presa a uma das extremidades de uma mola, cuja constante da força é $k = 80$ N/m, e a outra extremidade é mantida fixa, quais são a frequência angular ω, a frequência f e o período τ de suas oscilações? (b) Se a posição e velocidade iniciais forem $x_0 = 0$ e $v_0 = 40$ m/s, quais são os valores das constantes A e δ na expressão $x(t) = A\cos(\omega t - \delta)$?

5.9★ O deslocamento máximo de uma massa oscilando em torno de sua posição de equilíbrio é 0,2 m e sua velocidade máxima é 1,2 m/s. Qual é o período τ de suas oscilações?

5.10★ A força sobre uma massa m na posição x sobre o eixo x é $F = -F_0 \operatorname{senh}(\alpha x)$, onde F_0 e α são constantes positivas. Determine a energia potencial $U(x)$ e obtenha uma aproximação para $U(x)$ que seja apropriada para pequenas oscilações. Qual é a frequência angular de tais oscilações?

5.11★ É dito a você que, nas posições x_1 e x_2, uma massa oscilando tem velocidades v_1 e v_2. Quais são a amplitude e a frequência angular das oscilações?

5.12★★ Considere um oscilador harmônico simples com período τ. Seja $\langle f \rangle$ o valor médio de uma variável qualquer $f(t)$, cuja média sobre um ciclo é:

$$\langle f \rangle = \frac{1}{\tau} \int_0^\tau f(t)\, dt. \qquad (5.103)$$

Mostre que $\langle T \rangle = \langle U \rangle = \tfrac{1}{2} E$, onde E é a energia total do oscilador. [*Sugestão*: comece mostrando os resultados gerais e extremamente úteis $\langle \operatorname{sen}^2(\omega t - \delta) \rangle = \langle \cos^2(\omega t - \delta) \rangle = \tfrac{1}{2}$. Explique por que esses dois resultados são quase óbvios, em seguida, mostre-os usando identidades trigonométricas para escrever $\operatorname{sen}^2\theta$ e $\cos^2\theta$ em termos de $\cos(2\theta)$.]

5.13★★ A energia potencial de uma massa m a uma distância r da origem é

$$U(r) = U_0 \left(\frac{r}{R} + \lambda^2 \frac{R}{r} \right)$$

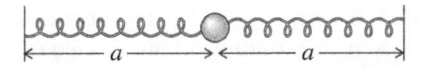

Figura 5.27 Problema 5.18.

para $0 < r < \infty$, com U_o, R e λ todas constantes positivas. Determine a posição de equilíbrio r_0. Seja x a distância a partir da posição de equilíbrio, mostre que, para x pequeno, a EP tem a forma $U = \text{const} + \frac{1}{2}kx^2$. Qual é a frequência angular para pequenas oscilações?

SEÇÃO 5.3 Osciladores bidimensionais

5.14★ Considere uma partícula bidimensional, sujeita a uma força de restauração da forma (5.21). (As duas constantes k_x e k_y podem ou não ser iguais; se elas forem, o oscilador é isotrópico.) Mostre que a energia potencial do sistema é (com $U = 0$ na origem)

$$U = \tfrac{1}{2}(k_x x^2 + k_y y^2). \tag{5.104}$$

5.15★ A solução geral para um oscilador bidimensional isotrópico é dada por (5.19). Mostre que, modificando a origem do tempo, você pode transformá-la na forma mais simples (5.20) com $\delta = \delta_y - \delta_x$. [*Sugestão*: uma mudança de origem do tempo é uma mudança de variável de t para $t' = t + t_0$. Faça essa mudança e escolha a constante t_0 apropriadamente, depois renomeie t' por t.]

5.16★ Considere um oscilador bidimensional isotrópico movendo-se de acordo com a Equação (5.20). Mostre que se, a fase relativa é $\delta = \pi/2$, a partícula move-se em uma elipse com eixos maior e menor A_x e A_y.

5.17★★ Considere o oscilador bidimensional anisotrópico com movimento dado pela Equação (5.23). (a) Mostre que, se a razão das frequências for um número racional (isto é, $\omega_x/\omega_x = p/q$, onde p e q são inteiros) então, o movimento é periódico. Qual é o período? (b) Mostre que, se a mesma razão for irracional, o movimento nunca se repete.

5.18★★★ A massa ilustrada na Figura 5.27 está em repouso sobre uma mesa horizontal sem atrito. As molas são idênticas com constante da força k e comprimento l_0 quando sem distensão. No equilíbrio, a massa está na origem e as distâncias a não são necessariamente iguais a l_0. (Ou seja, as molas já podem estar esticadas ou comprimidas.) Mostre que, quando a massa se move para a posição (x, y), com x e y pequeno, a energia potencial tem a forma (5.104) (Problema 5.14) para um oscilador anisotrópico. Mostre que, se $a < l_0$, o equilíbrio na origem é instável; explique por quê.

5.19★★★ Considere uma massa presa a quatro molas idênticas, como ilustra a Figura 5.7(b). Cada mola tem constante da força k e comprimento l_0 sem distensão, e o comprimento de cada mola quando a massa está na posição de equilíbrio na origem é a (não necessariamente o mesmo que l_0). Quando a massa é deslocada uma pequena distância para o ponto (x, y), mostre que a sua energia potencial tem a forma $\frac{1}{2}k'r^2$ que é própria do oscilador harmônico isotrópico. Qual é a constante k' em termos de k? Forneça uma expressão para a força correspondente.

SEÇÃO 5.4 Oscilações amortecidas

5.20★ Verifique se o parâmetro de decaimento $\beta - \sqrt{\beta^2 - \omega_0^2}$ para um oscilador superamortecido ($\beta > \omega_0$) *decresce* quando β cresce. Esboce o gráfico do comportamento do decaimento para $\omega_0 < \beta < \infty$.

5.21★ Verifique se a função (5.43), $x(t) = te^{-\beta t}$, é de fato uma segunda solução da equação do movimento (5.28) para uma oscilador criticamente amortecido ($\beta = \omega_0$).

5.22★ (a) Considere um carrinho preso a uma mola que é criticamente amortecida. No instante $t = 0$, o carrinho está parado na posição de equilíbrio e é impulsionado na direção positiva com velocidade v_0. Determine a posição $x(t)$ para todos os tempos subsequentes e esboce o gráfico de sua resposta. (b) Faça o mesmo para o caso em que ela é largada do repouso em $x = x_0$. Nesse último caso, quão distante está o carrinho do equilíbrio depois de um intervalo de tempo igual a $\tau_0 = 2\pi/\omega_0$, que corresponde ao período na ausência de qualquer amortecimento?

5.23★ Um oscilador amortecido satisfaz a equação (5.24), onde $F_{am} = -b\dot{x}$ é a força de amortecimento. Determine a taxa de variação da energia $E = \frac{1}{2}m\dot{x} + \frac{1}{2}kx^2$ (por derivação direta) e, com auxílio de (5.24), mostre que dE/dt é (menos) a taxa pela qual a energia é dissipada por F_{am}.

5.24★ Na nossa discussão sobre amortecimento crítico ($\beta = \omega_0$), a segunda solução de (5.43) foi praticamente tirada do chapéu. Podemos chegar a ela de forma razoavelmente sistemática observando as soluções para $\beta < \omega_0$ e cuidadosamente fazendo $\beta \to \omega_0$, como a seguir: Para $\beta < \omega_0$, podemos escrever as duas soluções como $x_1(t) = e^{-\beta t}\cos(\omega_1 t)$ e $x_2(t) = e^{-\beta t}\text{sen}(\omega_1 t)$. Mostre que, quando $\beta \to \omega_0$, a primeira se aproxima da primeira solução para o amortecimento crítico, $x_1(t) = e^{-\beta t}$. Infelizmente, quando $\beta \to \omega_0$, a segunda vai para zero. (Verifique isso.) Entretanto, desde que $\beta \neq \omega_0$, você pode dividir $x_2(t)$ por ω_1 e ainda terá uma segunda solução perfeitamente aceitável. Mostre que, quando $\beta \to \omega_0$, essa nova segunda solução se aproxima da informada $te^{-\beta t}$.

5.25★★ Considere um oscilador amortecido com $\beta < \omega_0$. Há uma pequena dificuldade em definir o "período" τ_1, uma vez que o movimento (5.38) não é periódico. No entanto, a definição que faz sentido é que τ_1 é o tempo entre máximos sucessivos de $x(t)$. (a) Esboce o gráfico de $x(t)$ versus t e indique a definição de τ sobre o gráfico. Mostre que $\tau_1 = 2\pi/\omega_1$. (b) Mostre que uma definição equivalente é que τ_1 seja duas vezes o tempo entre sucessivos zeros de $x(t)$. Mostre isso no seu gráfico. (c) Se $\beta = \omega_0/2$, por qual fator a amplitude diminui no intervalo de um período?

5.26★★ Um oscilador não amortecido tem período $\tau_0 = 1,000$ s, mas agora adicionamos um pequeno amortecimento de modo que o seu período modifica para $\tau_1 = 1,001$ s. Qual é o fator de amortecimento β? Por qual fator irá decrescer a amplitude da oscilação após 10 ciclos? Que efeito de amortecimento será mais expressivo, a mudança de período ou o decréscimo na amplitude?

5.27★★ À medida que o amortecimento vai crescendo em um oscilador, chega a um ponto em que o nome "oscilador" se torna pouco apropriado. (a) Para ilustramos isso, mostre que um oscilador criticamente amortecido nunca pode passar mais de uma vez pela origem $x = 0$. (b) Mostre o mesmo para o caso de um oscilador superamortecido.

5.28★★ Uma mola de massa desprezível está presa verticalmente no teto e sem carga. Uma massa é colocada na parte inferior da mola e, em seguida, é largada. Quão próxima da sua posição final de repouso a massa estará após o intervalo de 1 s, dado que ela alcança o repouso a 0,5 m abaixo do ponto em que foi largada e que o movimento é criticamente amortecido?

5.29★★ Um oscilador não amortecido tem período $\tau_0 = 1$ s. Quando um pequeno amortecimento é introduzido, observa-se que a amplitude da oscilação cai 50% em um período τ_1. (O período das oscilações amortecidas é definido como o tempo entre máximos sucessivos, $\tau_1 = 2\pi/\omega_1$. Veja o Problema 5.25.) O quão grande é β comparado a ω_0? Qual é o valor de τ_1?

5.30★★ A posição $x(t)$ de um oscilador superamortecido é dada por (5.40). (a) Determine as constantes C_1 e C_2 em termos da posição inicial x_0 e da velocidade inicial v_0. (b) Esboce o gráfico do comportamento de $x(t)$ para os dois casos quando $v_o = 0$ e quando $x_o = 0$. **(c)** Para ilustrar novamente como a matemática é algumas vezes mais esperta do que nós (e verifique a sua resposta), mostre que, se você tomar $\beta \to 0$, a solução para $x(t)$ do item (a) se aproxima da solução correta para o movimento sem amortecimento.

5.31★★ [Computador] Considere um carrinho, preso a uma mola com frequência natural $\omega_o = 2\pi$, o qual é largado a partir do repouso em $x_o = 1$ e $t = 0$. Usando uma software gráfico apropriado, desenhe o gráfico da posição $x(t)$ para $0 < t < 2$ e para constantes de amortecimento $\beta = 0, 1, 2, 4, 6, 2\pi, 10$ e 20. [Lembre-se que $x(t)$ é dado por diferentes fórmulas para $\beta < \omega_o$, $\beta = \omega_o$ e $\beta > \omega_o$.]

5.32★★ [Computador] Considere um oscilador não amortecido (tal como uma massa presa a uma das extremidades de uma mola) que é largado a partir do repouso em x_o no instante $t = 0$. **(a)** Determine a posição $x(t)$ na forma

$$x(t) = e^{-\beta t}[B_1 \cos(\omega_1 t) + B_2 \sen(\omega_1 t)].$$

Ou seja, determine B_1 e B_2 em termos de x_o. **(b)** Agora, mostre que, se considerarmos β se aproximando do valor crítico ω_o, a solução automaticamente resulta na solução crítica. **(c)** Usando um software gráfico apropriado, desenhe o gráfico da solução para $0 \le t \le 20$, com $x_o = 1$, $\omega_o = 1$ e $\beta = 0; 0{,}02; 0{,}1; 0{,}3$ e 1.

SEÇÃO 5.5 Oscilações amortecidas forçadas

5.33★ A solução $x(t)$ para um oscilador subamortecido forçado está convenientemente dada por (5.69). Resolva a equação e a expressão correspondente para $\dot{x}$, para obter os coeficientes B_1 e B_2 em termos de A, δ e da posição x_o e velocidade v_o iniciais. Verifique as expressões dadas em (5.70).

5.34★ Imagine que você encontrou uma solução particular $x_p(t)$ da equação inomogênea (5.48) para um oscilador amortecido forçado, de modo que $Dx_p = f$ na notação com operador (5.49). Suponha também que $x(t)$ seja uma outra solução qualquer, de modo que $Dx = f$. Mostre que a diferença $x - x_p$ deve satisfazer a equação homogênea, $D(x - x_p) = 0$. Essa é uma demonstração alternativa de que *qualquer* solução x da equação inomogênea pode ser escrita como a soma da solução particular mais a solução da homogênea, isto é, $x = x_p + x_h$.

5.35★★ Este problema é para reativar na sua memória algumas propriedades dos números complexos apresentados ao longo do capítulo, mas especialmente na dedução da fórmula da ressonância (5.64). **(a)** Mostre que qualquer número complexo $z = x + iy$ (com x e y reais) pode ser escrito como $z = r e^{i\theta}$, onde r e θ são as coordenadas polares de z no plano complexo. (Lembre-se da fórmula de Euler.) **(b)** Mostre que o valor absoluto de z, definido como $|z| = r$, é também obtido por $|z|^2 = zz^*$, onde z^* denota o *complexo conjugado* de z, definido como $z^* = x - iy$. **(c)** Mostre que $z^* = r e^{-i\theta}$. **(d)** Mostre que $(zw)^* = z^* w^*$ e que $(1/z)^* = 1/z^*$. **(e)** Deduza que se $z = a/(b + ic)$, com a, b e c reais, então $|z|^2 = a^2/(b^2 + c^2)$.

5.36★★ [Computador] Repita os cálculos do Exemplo 5.3 com os mesmos parâmetros, mas com condições iniciais $x_o = 2$ e $v_o = 0$. Desenhe o gráfico de $x(t)$ para $0 \le t \le 4$ e compare-o com o gráfico do Exemplo 5.3. Explique as similaridades e diferenças.

5.37★★ [Computador] Repita os cálculos do Exemplo 5.3, mas com os seguintes parâmetros

$$\omega = 2\pi, \qquad \omega_o = 0{,}25\omega, \qquad \beta = 0{,}2\omega_o, \qquad f_o = 1000$$

e com as condições iniciais $x_0 = 0$ e $v_0 = 0$. Desenhe o gráfico para $0 \leq t \leq 12$ e compare-o com o gráfico do Exemplo 5.3. Explique as similaridades e diferenças. (Irá ajudá-lo a explicar se você desenhar o gráfico da solução homogênea e também da solução completa – homogênea mais particular.)

5.38★★ [Computador] Repita os cálculos do Exemplo 5.3, mas considere os parâmetros do sistema como sendo $\omega = \omega_0 = 1$, $\beta = 0,1$ e $f_0 = 0,4$; com as consições iniciais $x_0 = 0$ e $v_0 = 6$ (todas em unidades apropriadas). Determine A e δ e, em seguida, B_1 e B_2, e desenhe o gráfico de $x(t)$ para os dez primeiros períodos ou algo parecido.

5.39★★ [Computador] Para obter prática na resolução de equações diferenciais numericamente, repita os cálculos do Exemplo 5.3, mas, em vez de determinar os vários coeficientes, apenas utilize um software apropriado (por exemplo, o comando NDSolve do Mathematica) para resolver a equação diferencial (5.48) com as condições iniciais $x_0 = v_0 = 0$. Certifique-se de que seu gráfico está de acordo com a Figura 5.15.

SEÇÃO 5.6 Ressonância

5.40★ Considere um oscilador amortecido com frequência natural ω_0 e constante de amortecimento β, ambas fixas (não muito grandes), que é forçado por uma força senoidal com frequência ω. Mostre que a amplitude da resposta, conforme (5.71), é máxima quando $\omega = \sqrt{\omega_0^2 - 2\beta^2}$. (Observe que desde que a ressonância seja pequena isso implica $\omega \approx \omega_0$.)

5.41★ Sabemos que, se variarmos frequência motriz ω, a resposta máxima (A^2) para um oscilador amortecido forçado ocorre quando $\omega \approx \omega_0$ (se a frequência natural for ω_0 e a constante de amortecimento for $\beta \ll \omega_0$). Mostre que A^2 é igual à metade do seu valor quando $\omega \approx \omega_0 \pm \beta$, de modo que a largura completa na metade do máximo é justamente 2β. [*Sugestão*: seja cuidadoso com as aproximações. Por exemplo, é correto dizer que $\omega + \omega_0 \approx 2\omega_0$, mas você certamente não pode dizer que $\omega - \omega_0 \approx 0$.]

5.42★ Um pêndulo de Foucault grande, como o que está em muitos museus de ciências, pode oscilar por muitas horas antes que amorteça completamente. Considerando o tempo de decaimento como 8 horas e o comprimento de 30 metros, determine o fator de qualidade Q.

5.43★★ Quando um carro trafega sobre uma estrada com "costeletas", as ondulações regulares faz as rodas oscilarem com as molas. (O que de fato oscila é cada conjunto de eixos e suas rodas também.) Determine a velocidade do carro na qual essa oscilação é ressonante, dadas as seguintes informações: **(a)** Quando quatro pessoas de 80 kg sobem no carro, o corpo do carro desce por alguns centímetros. Use isso para estimar a constante da mola k para cada uma das quatro molas. **(b)** Se um bloco de eixo (eixo mais as duas rodas) tem uma massa total de 50 kg, qual é a frequência natural f sobre o bloco oscilando em suas duas molas? **(c)** Se as ondulações sobre a estrada estão espaçadas por 80 cm, em que velocidade aproximada essas oscilações entrarão em ressonância?

5.44★★ Outra interpretação de Q em uma ressonância vem do seguinte: considere o movimento de um oscilador amortecido forçado depois de alguns transientes terem desaparecido e suponha que ele esteja sendo forçado próximo do valor de ressonância, assim você pode considerar $\omega = \omega_0$. **(a)** Mostre que a energia total do oscilador (cinética mais potencial) é $E = \frac{1}{2} m \omega^2 A^2$. **(b)** Mostre que a energia ΔE_{dis} dissipada durante um ciclo por uma força de amortecimento F_{am} é $2\pi m \beta \omega A^2$. (Lembre-se de que a taxa na qual a força realiza trabalho é Fv.) **(c)** Em seguida, mostre que Q é 2π vezes a razão $E/\Delta E_{\text{dis}}$.

5.45★★★ Considere um oscilador amortecido, com frequência natural ω_0 e constante de amortecimento β, ambas fixas, que é forçado por uma força $F(t) = F_0\cos(\omega t)$. **(a)** Determine a taxa $P(t)$ com que $F(t)$ realiza trabalho e mostre que a taxa média $\langle P \rangle$ para qualquer número de ciclos completos é $m\beta\omega^2 A^2$. **(b)** Verifique se isso é o mesmo que a taxa média na qual energia é perdida devido à força resistiva. **(c)** Mostre que, à medida que ω varia, $\langle P \rangle$ é máximo quando $\omega = \omega_0$, isto é, a ressonância da potência ocorre (exatamente) quando $\omega = \omega_0$.

SEÇÃO 5.7 Séries de Fourier*

5.46★ O termo constante a_0 em uma série de Fourier é um pouco incômodo, sempre requerendo um tratamento especial. Pelo menos ele tem uma interpretação bastante simples: mostre que, se $f(t)$ tem uma série de Fourier padrão como (5.82), então a_0 é igual à média $\langle f \rangle$ de $f(t)$ tomada sobre um ciclo completo.

5.47★★ Com a finalidade de demonstrar as fórmulas cruciais (5.83)-(5.85) para os coeficientes de Fourier a_n e b_n, você deve primeiro demonstrar o seguinte:

$$\int_{-\tau/2}^{\tau/2} \cos(n\omega t)\cos(m\omega t)\, dt = \begin{cases} \tau/2 & \text{se } m = n \neq 0 \\ 0 & \text{se } m \neq n. \end{cases} \quad (5.105)$$

(Essa integral é obviamente τ se $m = n = 0$.) Há um resultado idêntico quando todos os cossenos são substituídos por senos e, finalmente,

$$\int_{-\tau/2}^{\tau/2} \cos(n\omega t)\,\text{sen}(m\omega t)\, dt = 0 \quad \text{para todos os inteiros } n \text{ e } m, \quad (5.106)$$

onde, como normalmente, $\omega = 2\pi/\tau$. Demonstre isso. [*Sugestão*: use identidades trigonométricas para substituir $\cos(\theta)\cos(\phi)$ por termos como $\cos(\theta + \phi)$ e assim por diante.]

5.48★★ Use os resultados (5.105) e (5.106) para demosntrar as Fórmulas (5.83)–(5.85) para os coeficientes de Fourier a_n e b_n. [*Sugestão*: multiplique ambos os lados da expansão de Fourier (5.82) por $\cos(m\omega t)$ ou $\text{sen}(n\omega t)$ e então integre de $-\tau/2$ a $\tau/2$.]

5.49★★★ [Computador] Determine os coeficientes a_n e b_n para as funções dadas na Figura 5.28(a). Faça um gráfico similar ao da Figura (5.23), comparando a própria função com alguns dos primeiros termos da série de Fourier e outro para os seis primeiros termos ou algo parecido. Considere $f_{\text{máx}} = 1$.

5.50★★★ [Computador] Determine os coeficientes de Fourier a_n e b_n para as funções apresentadas na Figura 5.28(b). Faça um gráfico similar ao da Figura 5.23, comparando a própria função com alguns dos primeiros termos da série de Fourier e outro para os dez primeiros termos ou algo parecido. Considere $f_{\text{máx}} = 1$.

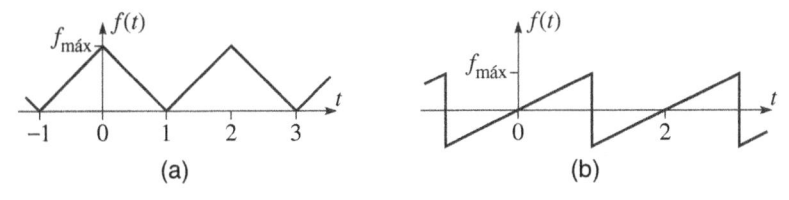

Figura 5.28 (a) Problema 5.49. (b) Problema 5.50.

SEÇÃO 5.8 Solução por série de Fourier para o oscilador forçado

5.51★★ Você pode tornar a solução por série de Fourier para um oscilador forçado periódico um pouco mais compacta se usar números complexos. Obviamente, o período da força da Equação (5.90) pode ser escrito como $f = \text{Re}(g)$, onde a função complexa g é dada por

$$g(t) = \sum_{n=0}^{\infty} f_n e^{in\omega t}.$$

Mostre que a solução real para o movimento do oscilador pode da mesma forma ser escrita como $x = \text{Re}(z)$, onde

$$z(t) = \sum_{n=0}^{\infty} C_n e^{in\omega t}$$

e

$$C_n = \frac{f_n}{\omega_0^2 - n^2\omega^2 + 2i\beta n\omega}.$$

Essa solução evita nossa preocupação com a amplitude real A_n e a diferença de fase δ_n separadamente. (Claro que A_n e δ_n estão escondidos dentro do número complexo C_n.)

5.52★★★ [Computador] Repita todos os cálculos e gráficos do Exemplo 5.5 considerando os mesmo parâmetros, exceto $\beta = 0,1$. Compare seus resultados com os do exemplo.

5.53★★★ [Computador] Um oscilador é forçado pela força periódica do Problema 5.49 [Figura 5.28(a)], a qual tem período $\tau = 2$. **(a)** Determine o movimento de longo prazo $x(t)$, assumindo os seguintes parâmetros: período natural $\tau_0 = 2$ (isto é, $\omega_0 = \pi$), constante de amortecimento $\beta = 0,1$ e valor máximo da força motriz $f_{\text{máx}} = 1$. Determine os coeficientes da série de Fourier para $x(t)$ e desenhe o gráfico da soma dos quatro primeiros termos da série para $0 \leq t \leq 6$. **(b)** Repita, agora considerando o período natural igual a 3.

SEÇÃO 5.9 O deslocamento RMQ: teorema de Parseval*

5.54★ Seja $f(t)$ uma função periódica com período τ. Explique claramente por que a média de f sobre um período não é necessariamente a mesma que a média sobre outro intervalo de tempo. Por outro lado, explique por que a média sobre um *longo* intervalo de tempo T se aproxima da média sobre um período, quando $T \to \infty$.

5.55★ Para demonstrar a relação de Parseval (5.100), devemos primeiro demonstrar o resultado (5.99) para a integral de um produto de cossenos. Demonstre essa relação e em seguida use-a para demonstrar a relação de Parseval.

5.56★★ A relação de Parseval, como posta em (5.100), se aplica a funções cuja série de Fourier contém apenas cossenos. Escreva a relação e demonstre-a para a função

$$x(t) = \sum_{n=0}^{\infty} [A_n \cos(n\omega t - \delta_n) + B_n \text{sen}(n\omega t - \delta_n)].$$

5.57★★ [Computador] Repita os cálculos que levaram à Figura 5.26, usando os mesmos parâmetros, exceto a consideração de $\beta = 0,1$. Desenhe o gráfico de seus resultados e compare-o com o gráfico da Figura 5.26.

Cálculo das Variações

Em muitos problemas, precisamos usar coordenadas não Cartesianas. Grosseiramente falando, há duas classes de tais problemas. Primeiro, certas simetrias tornam o uso de coordenadas especiais mais vantajoso: problemas com simetria esférica convidam ao uso de coordenadas esféricas polares; similarmente, problemas com simetria axial são mais bem tratados com coordenadas cilíndricas polares. Segundo, quando partículas estão conectadas de alguma forma entre si, geralmente é mais apropriado escolher um sistema de coordenadas que não é Cartesiano. Por exemplo, um objeto que está compelido a mover-se sobre uma superfície de uma esfera será, provavelmente, mais bem tratado se usarmos coordenadas polares esféricas; se uma conta desliza por um fio curvo, a melhor escolha pode ser justamente a distância ao longo do fio curvo relativa a uma origem conveniente.

Infelizmente, temos visto que as expressões para as componentes da aceleração em coordenadas não Cartesianas são muito complicadas, e a situação torna-se muito pior à medida que passamos para outros sistemas ainda mais complicados. Isso torna a segunda lei de Newton difícil de ser usada em coordenadas não Cartesianas. Precisamos de uma equação de movimento alternativa (embora, em última análise, sejam equivalentes) que funcione igualmente bem em qualquer sistema de coordenadas, e a alternativa requerida é suprida pelas equações de Lagrange.

A melhor forma de mostrar – e para entender a grande flexibilidade – das equações de Lagrange é usando o "princípio variacional". Esse princípio é importante em muitas áreas da matemática e da física. Ele se mostrou apropriado ao formular quase todos os ramos da física – mecânica clássica, mecânica quântica, ótica, eletromagnetismo e assim por diante – em termos variacionais. Para o estudante iniciante, acostumado com as leis de Newton, a reformulação da mecânica clássica em termos do princípio variacional não parece necessariamente um avanço. Mas, como ele permite uma formulação similar de tantos tópicos diferentes, os métodos variacionais deram uma unidade à física e desempenharam um papel crucial na história recente da física teórica. Por essa razão, desejo introduzir os métodos variacionais de forma geral. Portanto, este pequeno capítulo é uma breve introdução aos problemas variacionais. No próximo capítulo, aplicarei o que aprendermos aqui para estabelecer o formalismo Lagrangiano da mecânica. Se você já estiver familiarizado com o "cálculo das variações", poderá passar diretamente para o Capítulo 7.

6.1 DOIS EXEMPLOS

O cálculo das variações envolve a determinação de mínimos e máximos de uma quantidade que é expressa como uma integral. Para ver como isso pode surgir, gostaria de iniciar com dois exemplos simples e concretos.

O menor caminho entre dois pontos

Meu primeiro exemplo é o seguinte problema: dados dois pontos sobre um plano, qual é o menor caminho entre eles? Embora você certamente já saiba a resposta – uma linha reta – você provavelmente não tenha visto a demonstração, a menos que tenha estudado cálculo das variações. O problema está ilustrado na Figura 6.1, que apresenta os dois pontos dados, (x_1, y_1) e (x_2, y_2), e um caminho, $y = y(x)$, conectando-os. Nossa tarefa é determinar o caminho $y(x)$ que tem o menor comprimento e mostrar que esse é, de fato, a reta.

O comprimento de um pequeno segmento do caminho é $ds = \sqrt{dx^2 + dy^2}$ e, como

$$dy = \frac{dy}{dx} dx \equiv y'(x)\, dx,$$

podemos reescrevê-lo como

$$ds = \sqrt{dx^2 + dy^2} = \sqrt{1 + y'(x)^2}\, dx. \tag{6.1}$$

Logo, o comprimento total do caminho entre os pontos 1 e 2 é

$$L = \int_1^2 ds = \int_{x_1}^{x_2} \sqrt{1 + y'(x)^2}\, dx. \tag{6.2}$$

Essa equação coloca o nosso problema em termos matemáticos: a incógnita é a *função* $y = y(x)$ que define o caminho entre os pontos 1 e 2. O problema é determinar a função $y(x)$ para a qual a integral (6.2) seja um mínimo. É interessante compararmos isso com o problema da minimização usual do cálculo elementar, em que a incógnita é o valor da variável x para o qual uma função conhecida $f(x)$ é mínima. Obviamente, nosso novo problema é um pouco mais complicado do que o antigo.

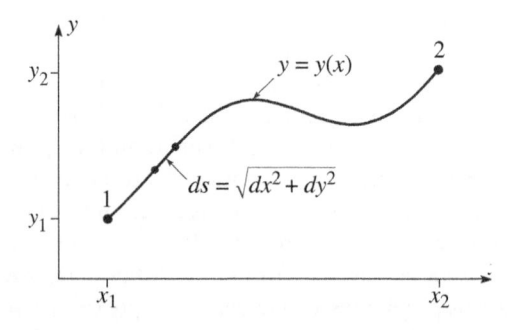

Figura 6.1 Um caminho conectando os dois pontos 1 e 2. O comprimento de um pequeno segmento é $ds = \sqrt{dx^2 + dy^2}$ e o comprimento total do caminho é $L = \int_1^2 ds$.

Antes de estabelecermos o mecanismo para a resolução desse novo problema, vamos considerar outro exemplo.

Princípio de Fermat

Um problema semelhante é determinar o caminho que a luz percorre entre dois pontos. Se o índice de refração de um meio é constante, então o caminho é, claramente, uma reta, mas, se o índice refrativo variar, ou se interpusermos um espelho ou uma lente, o caminho não será tão óbvio. O matemático francês Fermat (1601-1665) descobriu que o caminho realizado pela luz é o caminho no qual o intervalo de tempo para percorrer o trajeto é mínimo. Podemos ilustrar o princípio de Fermat usando a Figura 6.1. O tempo para a luz percorrer uma pequena distância ds é ds/v, onde v é a velocidade da luz no meio, $v = c/n$, com n sendo o índice de refração. Portanto, o princípio de Fermat diz que o caminho correto entre os pontos 1 e 2 é o caminho para o qual o tempo

$$(\text{tempo de percurso}) = \int_1^2 dt = \int_1^2 \frac{ds}{v} = \frac{1}{c} \int_1^2 n \, ds$$

é um mínimo. Se n for constante, então ele pode ser posto fora da integral e o problema reduz-se a determinar o caminho mais curto entre os pontos 1 e 2 (e a resposta é, claro, a reta). Em geral, o índice refrativo pode variar, $n = n(x, y)$, e o problema é então determinar o caminho $y(x)$ para o qual a integral

$$\int_1^2 n(x, y) \, ds = \int_{x_1}^{x_2} n(x, y) \sqrt{1 + y'(x)^2} \, dx \tag{6.3}$$

é mínima. [Quando escrevendo a última expressão, substituí ds por (6.1).]

A integral que tem que ser minimizada em conexão com o princípio de Fermat é muito similar à integral (6.2) dando o comprimento do caminho; ela é apenas um pouco mais complicada, já que o termo $n(x, y)$ introduz uma dependência extra entre x e y. Integrais semelhantes surgem em muitos outros problemas. Algumas vezes, desejamos o caminho para o qual a integral é um *máximo* e, em outras ocasiões, estamos interessados em ambos, máximo e mínimo. Para se ter uma ideia dessas possibilidades, ajuda pensarmos novamente no problema de encontrarmos máximos e o mínimos de funções no cálculo elementar. Já sabemos que a condição necessária para um máximo ou um mínimo de uma função $f(x)$ é que a sua deriva se anule, $df/dx = 0$. Infelizmente, essa condição não é suficiente para garantir um máximo e um mínimo. Como você certamente se lembra do cálculo elementar, há essencialmente três possibilidades, como ilustradas na Figura 6.2. Um ponto x_o onde df/dx é zero, pode ser um máximo ou um mínimo ou, se d^2f/dx^2 for também zero, ele pode não ser *nenhum nem outro*, como indicado na Figura 6.2(c). Quando $df/dx = 0$ em um ponto x_o, mas não sabemos qual das três possibilidades ocorre, dizemos que x_o é um **ponto estacionário** da função $f(x)$, já que um deslocamento infinitesimal de x a partir de x_o deixa $f(x)$ inalterada (porque a inclinação é zero).

A situação para os problemas deste capítulo é muito semelhante. O método que descreverei na próxima seção na realidade determina o caminho que torna uma integral, como (6.2) ou (6.3) **estacionária**, no sentido de que uma variação infinitesimal do ca-

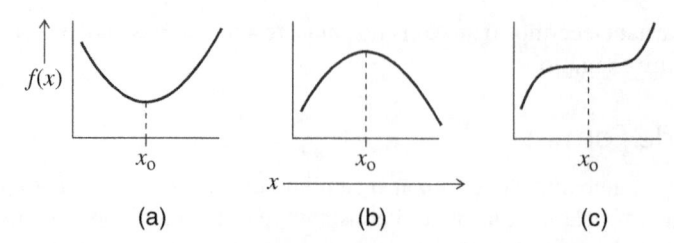

Figura 6.2 Se $df/dx = 0$ em x_o, há três possibilidades: **(a)** Se a derivada segunda é positiva, então $f(x)$ tem um mínimo em x_o. **(b)** Se a derivada segunda for negativa, então $f(x)$ tem um máximo. **(c)** Se a derivada segunda for zero, então pode haver um mínimo, um máximo ou nenhum deles (como ilustrado).

minho a partir de seu curso próprio não altera o valor da integral em consideração. Se você precisar saber se a integral é definitivamente um mínimo (ou definitivamente um máximo, ou talvez nenhum deles), você terá que se certificar disso separadamente. A propósito, estamos agora prontos para explicar o título deste capítulo: como nossa preocupação é como variações infinitesimais de um caminho alteram uma integral, o tópico é chamado de **cálculo das variações**. Pela mesma razão, os métodos que iremos desenvolver são chamados de métodos variacionais e um princípio, como o princípio de Fermat, é um princípio variacional.

6.2 A EQUAÇÃO DE EULER-LAGRANGE

Os dois exemplos da última seção ilustram a forma geral do chamado problema variacional. Temos uma integral da forma

$$S = \int_{x_1}^{x_2} f[y(x), y'(x), x] dx, \qquad (6.4)$$

onde $y(x)$ é ainda uma curva desconhecida ligando os pontos (x_1, y_1) e (x_2, y_2) como na Figura 6.1, isto é,

$$y(x_1) = y_1 \quad \text{e} \quad y(x_2) = y_2. \qquad (6.5)$$

Dentre todas as curvas possíveis satisfazendo (6.5) (ou seja, ligando os pontos 1 e 2), devemos determinar aquela que torna a integral S um mínimo (ou um máximo ou pelo menos estacionária). Para ser específico, suporei que desejamos determinar um mínimo. Observe que a função f em (6.4) é uma função de três variáveis $f = f(y, y', x)$, mas, como a integral segue o caminho $y = y(x)$, o integrando $f[y(x), y'(x), x]$ é na verdade uma função de apenas uma variável x.

Vamos denotar a solução correta para o problema como $y = y(x)$. Então, a integral S em (6.4) calculada para $y = y(x)$ é menor do que para qualquer outra curva na vizinhança

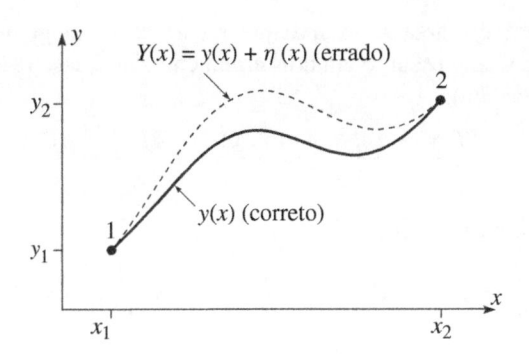

Figura 6.3 O caminho $y = y(x)$ entre os pontos 1 e 2 é o caminho "correto", aquele para o qual a integral S de (6.4) é um mínimo. Qualquer outro caminho $Y(x)$ está "errado", no sentido que ele fornece um valor maior para S.

$y = Y(x)$, conforme ilustrado na Figura 6.3. É conveniente escrever a curva "errada" $Y(x)$ como

$$Y(x) = y(x) + \eta(x) \tag{6.6}$$

onde $\eta(x)$ (letra grega "eta") é justamente a diferença entre a curva errada $Y(x)$ e a correta $y(x)$. Como $Y(x)$ deve passar através dos pontos extremos 1 e 2, $\eta(x)$ deve satisfazer

$$\eta(x_1) = \eta(x_2) = 0. \tag{6.7}$$

Há infinitas escolhas para a diferença $\eta(x)$; por exemplo, podemos escolher $\eta = (x - x_1)(x_2 - x)$ ou $\eta(x) = \text{sen}[\pi(x - x_1)/(x_2 - x_1)]$.

A integral S tomada ao longo da curva errada $Y(x)$ deve ser maior do que aquela ao longo da curva correta $y(x)$, independentemente que quão próxima a errada esteja da correta. Para mostrar essa condição, introduzirei um parâmetro α e redefinirei $Y(x)$ como sendo

$$Y(x) = y(x) + \alpha\eta(x). \tag{6.8}$$

A integral S tomada ao longo da curva $Y(x)$ agora depende do parâmetro α, assim a chamarei de $S(\alpha)$. A curva correta $y(x)$ é obtida de (6.8) pondo $\alpha = 0$. Logo, a condição para que S seja um mínimo para a curva correta $y(x)$ implica que $S(\alpha)$ é um mínimo em $\alpha = 0$. Com esse resultado, convertemos o nosso problema para o tradicional problema do cálculo elementar de assegurarmos que uma função ordinária [a saber, $S(\alpha)$] tem um mínimo em um ponto específico ($\alpha = 0$). Para assegurarmos isso, devemos apenas verificar que a derivada $dS/d\alpha$ é zero quando $\alpha = 0$.

Se escrevermos a integral $S(\alpha)$ em detalhes, ela resultará em:

$$S(\alpha) = \int_{x_1}^{x_2} f(Y, Y', x)\, dx$$

$$= \int_{x_1}^{x_2} f(y + \alpha\eta, y' + \alpha\eta', x)\, dx. \tag{6.9}$$

Para derivar (6.9) em relação a α, observe que α aparece no integrando f, assim, precisamos calcular $\partial f/\partial \alpha$. Como α surge em dois argumentos de f, isso resulta em dois termos (usando a regra da cadeia):

$$\frac{\partial f(y + \alpha\eta, y' + \alpha\eta', x)}{\partial \alpha} = \eta \frac{\partial f}{\partial y} + \eta' \frac{\partial f}{\partial y'}$$

e, para $dS/d\alpha$ (que deve ser zero),

$$\frac{dS}{d\alpha} = \int_{x_1}^{x_2} \frac{\partial f}{\partial \alpha} dx = \int_{x_1}^{x_2} \left(\eta \frac{\partial f}{\partial y} + \eta' \frac{\partial f}{\partial y'} \right) dx = 0. \qquad (6.10)$$

Essa condição deve ser verdadeira para qualquer $\eta(x)$ satisfazendo (6.7), ou seja, para qualquer escolha do caminho "errado", $Y(x) = y(x) + \alpha\eta(x)$.

Para tirarmos vantagem da condição (6.10), precisamos escrever o segundo termo da direita usando integração por partes[1] (lembre-se de que η' significa $d\eta/dx$):

$$\int_{x_1}^{x_2} \eta'(x) \frac{\partial f}{\partial y'} dx = \left[\eta(x) \frac{\partial f}{\partial y'} \right]_{x_1}^{x_2} - \int_{x_1}^{x_2} \eta(x) \frac{d}{dx} \left(\frac{\partial f}{\partial y'} \right) dx.$$

Devido à condição (6.7), o primeiro termo da direita (o "termo dos extremos") é zero. Logo,[2]

$$\int_{x_1}^{x_2} \eta'(x) \frac{\partial f}{\partial y'} dx = - \int_{x_1}^{x_2} \eta(x) \frac{d}{dx} \left(\frac{\partial f}{\partial y'} \right) dx. \qquad (6.11)$$

Substituindo essa identidade em (6.10), obtemos

$$\int_{x_1}^{x_2} \eta(x) \left(\frac{\partial f}{\partial y} - \frac{d}{dx} \frac{\partial f}{\partial y'} \right) dx = 0. \qquad (6.12)$$

Essa condição deve ser satisfeita para qualquer escolha da função $\eta(x)$. Portanto, como discutirei em breve, o fator dentro dos parênteses deve ser zero:

$$\frac{\partial f}{\partial y} - \frac{d}{dx} \frac{\partial f}{\partial y'} = 0 \qquad \text{(Equação de Euler-Lagrange)} \qquad (6.13)$$

para todo x (no intervalo relevante $x_1 \leq x \leq x_2$). Essa é a chamada **equação de Euler--Lagrange** (em homenagem ao matemático suíço Leonhard Euler, 1707-1783, e ao físico e matemático franco-italiano Joseph Lagrange, 1736-1813), que permite determinarmos

---

[1] Se você está acostumado a pensar a integração por partes da forma $\int v\, du = [uv] - \int u\, dv$, achará útil reconhecer outra maneira de dizer a mesma coisa: $\int u'v\, dx = [uv] - \int uv'\, dx$. Em outras palavras: na integral $\int u'v\, dx$, você pode mudar a plica do u para o v se você mudar o sinal e adicionar a contribuição nos extremos $[uv]$.

[2] Esta é a forma simples com que a integração por partes sempre surge na física: assumindo que o termo extremo $[uv]$ seja zero (como frequentemente acontece), a integração por partes permite que você mova a derivada do u para o v desde que você mude o sinal, isto é, $\int u'v\, dx = - \int uv'\, dx$.

o caminho para o qual a integral S é um extremo. Antes de ilustrar seu uso, preciso discutir a passagem de (6.12) a (6.13), que não é, de forma alguma, óbvia.

A Equação (6.12) tem a forma $\int \eta(x)g(x)\,dx = 0$. Eu certamente não asseguraria que essa condição sozinha implica que $g(x) = 0$ para todo x. Entretanto, (6.12) é válida para qualquer escolha da função $\eta(x)$ e, se $\int \eta(x)g(x)\,dx = 0$ para *qualquer* $\eta(x)$, então, *podemos* concluir que $g(x) = 0$ para todo x. Para demonstrar isso, devemos assumir que todas as funções em questão são contínuas, mas, como físicos, assumimos como verdadeiro que esse é o caso.[3] Agora, para demonstrar essa assertiva, vamos assumir o contrário, que $g(x)$ é não nula em algum intervalo entre x_1 e x_2. Em seguida, escolhemos uma função $\eta(x)$ que tenha o mesmo sinal de $g(x)$ (isto é, η é positivo onde g é positivo e η é negativo onde g é negativo). Logo, o integrando é contínuo, satisfaz $\eta(x)g(x) \geq 0$, e é diferente de zero em pelo menos algum intervalo. Sob essas condições, $\int \eta(x)g(x)\,dx$ não pode ser zero. Essa contradição implica que $g(x)$ é zero para todo x.

Isso completa a demonstração da equação de Euler-Lagrange. O procedimento para usá-la é este: (1) Estabeleça o problema de modo que a quantidade, cujo caminho estacionário está sendo procurado, seja expressa como uma integral na forma padrão

$$S = \int_{x_1}^{x_2} f[y(x), y'(x), x]\,dx, \qquad (6.14)$$

onde $f[y(x), y'(x), x]$ é a função apropriada para o problema. (2) Escreva a equação de Euler-Lagrange (6.13) em termos da função $f[y(x), y'(x), x]$. (3) Finalmente, resolva (se possível) a equação diferencial (6.13) para a função $y(x)$ que define o caminho estacionário procurado. Na próxima seção, ilustrarei esse procedimento com alguns exemplos.

6.3 APLICAÇÕES DA EQUAÇÃO DE EULER-LAGRANGE

Vamos iniciar com o problema do começo deste capítulo, determinando o caminho mais curto entre dois pontos sobre um plano.

Exemplo 6.1 Menor caminho entre dois pontos

Vimos que o comprimento do caminho entre os pontos 1 e 2 é dado pela integral (6.2)

$$L = \int_1^2 ds = \int_{x_1}^{x_2} \sqrt{1 + y'^2}\,dx.$$

Essa tem a forma padrão (6.14), com a função f dada por

$$f(y, y', x) = (1 + y'^2)^{1/2}. \qquad (6.15)$$

---

[3] O resultado assumido é claramente falso se funções não contínuas forem admitidas. Por exemplo, se fizermos $g(x)$ não nula em apenas um ponto, então $\int \eta(x)g(x)\,dx$ ainda seria zero.

Para usar a equação de Euler-Lagrange (6.13), devemos calcular as duas derivadas parciais,

$$\frac{\partial f}{\partial y} = 0 \quad \text{e} \quad \frac{\partial f}{\partial y'} = \frac{y'}{(1+y'^2)^{1/2}}. \tag{6.16}$$

Como $\partial f/\partial y = 0$, (6.13) implica simplesmente que

$$\frac{d}{dx}\frac{\partial f}{\partial y'} = 0.$$

Em outras palavras, $\partial f/\partial y'$ é uma constante, C. De acordo com (6.16), isso implica que

$$y'^2 = C^2(1+y'^2)$$

ou, com uma pequena reorganização, $y'^2 =$ constante. Isso implica que $y'(x)$ é uma constante, que chamaremos de m. Integrando a equação $y'(x) = m$, encontramos $y(x) = mx + b$ e assim mostramos que o menor caminho entre dois pontos é uma reta!

Uma observação sobre variáveis

Até o momento, temos considerado problemas com duas variáveis, que chamamos de x e y. Dessas, x tem sido considerada a variável independente e y a dependente, através de uma relação $y = y(x)$. Infelizmente, somos frequentemente forçados – por conveniência ou tradição – a nomear as variáveis de forma diferente. Por exemplo, em um problema unidimensional de mecânica, a variável independente é o tempo t e a variável depedente é a posição $x = x(t)$. Isso significa que você deve se acostumar a ver a equação de Euler--Lagrange com as variáveis x e y substituídas por outras variáveis, tais como t e x. Neste exemplo, as variáveis são x e y, mas a variável independente é y, e os papéis de x e y em (6.13) e (6.14) serão permutados.

Exemplo 6.2 Braquistócrona

Um famoso problema no cálculo das variações é o seguinte: dados dois pontos 1 e 2, com 1 a uma certa altura acima do solo, qual será a forma que devemos construir os trilhos de uma montanha-russa, sem atrito, de modo que um carro largado do ponto 1 alcance o ponto 2 no menor tempo possível? Esse problema é conhecido como *braquistócrona*, proveniente das palavras gregas *brachistos* significando "mínimo" e *chronos* significando "tempo". A geometria do problema está esboçada na Figura 6.4, onde considerei o ponto 1 na origem e escolhi medir y verticalmente para baixo.

O tempo de percurso de 1 a 2 é

$$\text{tempo}(1 \to 2) = \int_1^2 \frac{ds}{v} \tag{6.17}$$

onde a velocidade a qualquer altura y é determinada pela conservação de energia como sendo $v = \sqrt{2gy}$. (Problema 6.8.) Como isso fornece v como função de y, é

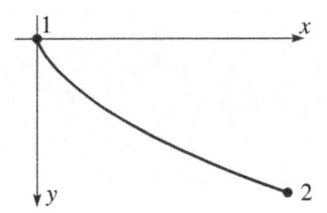

Figura 6.4 O problema da braquistócrona é determinar a forma da trajetória sobre a qual o carro de uma montanha-russa, quando largado do ponto 1, irá alcançar o ponto 2 no menor tempo possível.

conveniente considerarmos y como a variável independente. Ou seja, escreveremos o caminho desconhecido como $x = x(y)$. Isso significa que a distância ds entre pontos vizinhos sobre o caminho pode ser escrita como

$$ds = \sqrt{dx^2 + dy^2} = \sqrt{x'(y)^2 + 1}\, dy \qquad (6.18)$$

onde a plica agora denota a derivada com respeito a y, isto é, $x'(y) = dx/dy$. Portanto, de acordo com (6.17), o tempo de interesse é

$$\text{tempo}(1 \to 2) = \frac{1}{\sqrt{2g}} \int_0^{y_2} \frac{\sqrt{x'(y)^2 + 1}}{\sqrt{y}}\, dy. \qquad (6.19)$$

A Equação (6.19) fornece a integral cujo mínimo temos que determinar. Ela é da forma padrão de (6.14), exceto pelo fato de que os papéis de x e y foram permutados, com o integrando

$$f(x, x', y) = \frac{\sqrt{x'^2 + 1}}{\sqrt{y}}. \qquad (6.20)$$

Para determinar o caminho que torna o tempo tão pequeno quanto possível, temos apenas que aplicar a equação de Euler-Lagrange (novamente com x e y permutados) para essa função,

$$\frac{\partial f}{\partial x} = \frac{d}{dy} \frac{\partial f}{\partial x'}. \qquad (6.21)$$

A função em (6.20) é independente de x, assim, a derivada $\partial f/\partial x$ é zero e (6.21) nos diz que $\partial f/\partial x'$ é uma constante. Calculando essa derivada (e elevando-a ao quadrado, por conveniência), concluímos que

$$\frac{x'^2}{y(1 + x'^2)} = \text{const} = \frac{1}{2a} \qquad (6.22)$$

onde chamei a constante de $1/2a$ por conveniência futura. Essa equação é facilmente resolvida para x', resultando

$$x' = \sqrt{\frac{y}{2a - y}},$$

e, assim,

$$x = \int \sqrt{\frac{y}{2a-y}}\, dy. \tag{6.23}$$

Essa integral pode ser calculada pela substituição

$$y = a(1 - \cos\theta), \tag{6.24}$$

que resulta (como você pode verificar)

$$x = a \int (1 - \cos\theta)\, d\theta$$

$$= a(\theta - \operatorname{sen}\theta) + \text{const}. \tag{6.25}$$

As duas Equações (6.25) e (6.24) são equações paramétricas para o caminho em questão, dando x e y como funções do parâmetro θ. Escolhemos o ponto inicial 1 tendo $x = y = 0$, assim vemos de (6.24) que o valor inicial de θ é zero. Isso, por sua vez, implica que a constante de integração em (6.25) é zero. Logo, a equação paramétrica final para o caminho é

$$x = a(\theta - \operatorname{sen}\theta) \quad \text{e} \quad y = a(1 - \cos\theta) \tag{6.26}$$

com a constante a escolhida de modo que a curva passe pelo ponto dado (x_2, y_2).

A curva (6.26) está desenhada na Figura 6.5. Nessa figura, estendi a curva (tracejada) além do ponto 2 para mostrar que a curva solução do problema da braquistócrona é uma cicloide – a curva traçada por um ponto que está na borda de uma roda de raio a, girando ao longo do eixo x (Problema 6.14). Outra característica marcante dessa curva a seguinte: se largarmos o carro a partir do repouso no ponto 2 e deixá-lo rolar até a parte mais baixa da curva (ponto 3 na figura), o tempo gasto para rolar de 2 até 3 é o mesmo qualquer que seja a posição 2, entre 1 e 3. Isso significa que as oscilações do carro rolando para frente e para trás sobre um trilho em forma de cicloide são exatamente *isócronas* (período perfeitamente independente da amplitude), ao contrário das de um pêndulo simples, que são apenas aproximadamente isócronas, desde que a amplitude seja pequena. (Veja o Problema 6.25.) A propriedade isócrona da cicloide foi, na verdade, utilizada no

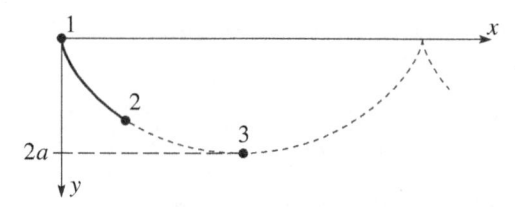

Figura 6.5 O caminho da montanha-russa que tem o menor tempo entre os pontos 1 e 2 é parte da cicloide com um vértice em 1 e passando por 2. A cicloide é a curva traçada por um ponto sobre a borda de uma roda de raio a girando ao longo do eixo x. O ponto 3 é o ponto mais baixo sobre a curva.

design de alguns relógios, um dos quais pode ser visto no Museu Victoria e Albert em Londres.

Máximo e mínimo *versus* estacionário

Possivelmente, você observou que, em nenhum dos exemplos da seção anterior, verifiquei se as curvas que foram encontradas geravam um valor mínimo para a integral de interesse – que a reta entre os pontos na verdade torna o comprimento do caminho um *mínimo*, não um máximo ou apenas estacionário. A equação de Euler-Lagrange garante apenas produzir um caminho para o qual a integral original é estacionária. O problema de decidir se temos um máximo ou mínimo (ou uma curva estacionária, que não é nem um nem outro) é, em geral, muito difícil. Em alguns poucos casos, é fácil ver qual é a situação. Por exemplo, é realmente óbvio que uma reta forneça a distância *mínima* entre dois pontos no plano. No caso da braquistócrona, não é de forma alguma óbvio que o caminho que determinamos conduza a um tempo mínimo, embora isso seja de fato verdade.

Para ilustrar a variedade de possibilidades, considere o problema de determinação do menor caminho, ou **geodésica**, entre dois pontos 1 e 2 sobre a superfície do globo. Como você provavelmente sabe, a resposta é o grande círculo ligando os dois pontos.[4] Usando o cálculo das variações, você pode mostrar com relativa facilidade que um grande círculo de fato torna a distância estacionária: usando coordenadas esféricas polares, cada ponto sobre o globo pode ser identificado pelos ângulos θ e ϕ. Se caracterizar o caminho por $\phi = \phi(\theta)$ e considerar a integral que fornece a distância entre 1 e 2 ao longo do caminho, você pode mostrar que a equação de Euler-Lagrange para $\phi(\theta)$ requer que o caminho siga um grande círculo. (Veja o Problema 6.16 para detalhes.) Mas você deve pensar com um pouco de cuidado antes de decidir que isso necessariamente fornece uma distância mínima, já que há *dois grandes círculos diferentes* ligando o caminho entre quaisquer dois pontos, 1 e 2, sobre o globo: por simplicidade, considere duas cidades sobre a linha do equador, Quito (próxima da costa do Pacífico, no Equador) e Macapá (na foz do Amazonas, na costa do Atlântico, no Brasil). O menor caminho "correto" entre essas duas cidades é, claramente, o grande círculo seguindo o equador por cerca de 2000 milhas, cruzando a América do Sul. Mas uma segunda possibilidade, que satisfaz a equação de Euler-Lagrange da mesma forma, é seguir para oeste a partir de Quito ao longo do equador, cruzando o Pacífico, o continente Africano e o Atlântico, chegando em Macapá depois de percorrer cerca de 23.000 milhas. Você certamente percebe que esse caminho seria um máximo, mas ele não é de fato nem máximo nem mínimo: é fácil construir caminhos próximos que são menores, mas é também fácil encontrar outros que são mais longos. Em outras palavras, esse segundo caminho no grande círculo não fornece nem um máximo nem um mínimo. Ele é, claramente, análogo ao ponto horizontal de inflexão no cálculo elementar. Neste problema, por sorte, é óbvio que o primeiro caminho fornece o mínimo verdadeiro. Entretanto, deve ficar claro que, em geral, decidir qual o tipo de caminho que a equação de Euler-Lagrange nos dá como estacionário pode ser bem complicado.

---

[4] Um grande círculo é um círculo sobre o globo cujo plano que o contém passa pela origem do globo e divide-o em dois hemisférios.

Felizmente, para os nossos propósitos, essas questões são irrelevantes. Veremos que, para as aplicações em mecânica, tudo que interessa é que tenhamos um caminho que torne uma certa integral *estacionária*. Simplesmente não importa se ela é um máximo, um mínimo ou nenhum.

6.4 MAIS DE DUAS VARIÁVEIS

Até o momento, consideramos apenas problemas com duas variáveis, a variável independente (normalmente x) e a dependente (normalmente y). Para a maioria das aplicações em mecânica, veremos que há diversas variáveis dependentes, mas felizmente apenas uma única variável independente, que usualmente é o tempo t. Como um exemplo simples onde há duas variáveis dependente, podemos retornar ao problema do menor caminho entre dois pontos. Quando determinamos o menor caminho entre dois pontos, 1 e 2, assumimos que o caminho especificado pode ser escrito da forma $y = y(x)$. Como parece razoável, é fácil pensar os caminhos que não podem ser escritos dessa forma, tal como o caminho ilustrado na Figura 6.6. Se desejarmos estar totalmente seguros de que determinamos o menor caminho dentre *todos* os possíveis, devemos encontrar um método que inclua esses casos. A forma de fazê-lo é escrever o caminho de forma paramétrica como

$$x = x(u) \quad \text{e} \quad y = y(u), \tag{6.27}$$

onde u é qualquer variável conveniente em termos da qual a curva pode ser parametrizada (por exemplo, a distância ao longo do caminho). A forma paramétrica (6.27) inclui todas as curvas consideradas anteriormente. [Se $y = y(x)$, use x para o parâmetro u.] Ela também inclui curvas como a da Figura 6.6, na verdade, todas as curvas de interesse.[5]

O comprimento de um pequeno segmento do caminho (6.27) é

$$ds = \sqrt{dx^2 + dy^2} = \sqrt{x'(u)^2 + y'(u)^2}\, du, \tag{6.28}$$

onde, normalmente, a plica denota derivação com respeito ao argumento da função, isto é, $x'(u) = dx/du$ e $y'(u) = dy/du$. Logo, o comprimento total do caminho é

$$L = \int_{u_1}^{u_2} \sqrt{x'(u)^2 + y'(u)^2}\, du, \tag{6.29}$$

e nosso trabalho é determinar as duas funções $x(u)$ e $y(u)$ para a qual essa integral é mínima.

---

[5] Caso você esteja interessado nas maravilhas da matemática, devo dizer que a seguir assumirei que todas as funções em questão são contínuas e têm derivadas segundas contínuas. Essa suposição pode ser um pouco atenuada, por exemplo, permitindo algumas descontinuidades nas derivadas.

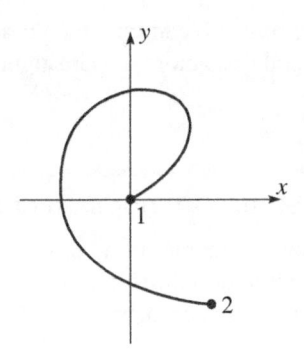

Figura 6.6 Este caminho entre os pontos 1 e 2 não pode ser escrito como $y = y(x)$ nem como $x = x(y)$, mas *pode* ser escrito na forma paramétrica (6.27).

Esse problema é mais complicado do que qualquer um dos que consideramos anteriormente, porque há duas funções desconhecidas $x(u)$ e $y(u)$. O problema geral desse tipo é o seguinte: dada uma integral da forma

$$S = \int_{u_1}^{u_2} f[x(u), y(u), x'(u), y'(u), u] \, du \qquad (6.30)$$

entre dois pontos fixos $[x(u_1), y(u_1)]$ e $[x(u_2), y(u_2)]$, determine o caminho $[x(u), y(u)]$ para o qual a integral S é estacionária. A solução para esse problema é muito similar ao caso de uma variável e o esboçarei, deixando para você verificar os detalhes. O resultado é que, com duas variáveis dependentes, obtemos duas equações de Euler-Lagrange. Para demonstrar isso, procedemos de modo semelhante ao que fizemos anteriormente. Seja o caminho correto dado por

$$x = x(u) \quad \text{e} \quad y = y(u), \qquad (6.31)$$

e então considere um caminho vizinho "errado" da forma

$$x = x(u) + \alpha \xi(u) \quad \text{e} \quad y = y(u) + \beta \eta(u) \qquad (6.32)$$

(onde ξ é a letra grega "xi"). A exigência de que a integral S seja estacionária para o caminho correto (6.31) é equivalente à exigência de que a integral $S(\alpha, \beta)$, considerada ao longo do caminho errado (6.32), satisfaça

$$\frac{\partial S}{\partial \alpha} = 0 \quad \text{e} \quad \frac{\partial S}{\partial \beta} = 0 \qquad (6.33)$$

quando $\alpha = \beta = 0$. Essas duas condições são generalizações naturais da condição (6.10) para o caso de uma variável. Com um argumento que se assemelha ao que leva (6.10) a (6.13), você pode mostrar que essas duas condições são equivalentes às *duas* equações de Euler-Lagrange (veja o Problema 6.26):

$$\frac{\partial f}{\partial x} = \frac{d}{du} \frac{\partial f}{\partial x'} \quad \text{e} \quad \frac{\partial f}{\partial y} = \frac{d}{du} \frac{\partial f}{\partial y'}. \qquad (6.34)$$

Essas duas equações determinam o caminho para o qual a integral (6.30) é estacionária, e, ao contrário, se a integral é estacionária para algum caminho, esse caminho deve satisfazer essas duas equações.

Exemplo 6.3 Novamente, o menor caminho entre dois pontos

Podemos agora resolver completamente o problema do menor caminho entre dois pontos. (Isto é, resolvê-lo incluindo *todos* os possíveis caminhos, como na Figura 6.6.) De (6.29), vemos que, para esse problema, o integrando f é

$$f(x, x', y, y', u) = \sqrt{x'^2 + y'^2}. \qquad (6.35)$$

Como esse é independente de x e y, as duas derivadas $\partial f/\partial x$ e $\partial f/\partial y$ do lado esquerdo em (6.34) são zero. Portanto, as duas equações de Euler-Lagrange implicam simplesmente que as duas derivadas $\partial f/\partial x'$ e $\partial f/\partial y'$ são constantes

$$\frac{\partial f}{\partial x'} = \frac{x'}{\sqrt{x'^2 + y'^2}} = C_1 \quad \text{e} \quad \frac{\partial f}{\partial y'} = \frac{y'}{\sqrt{x'^2 + y'^2}} = C_2. \qquad (6.36)$$

Se devidirmos a segunda equação pela primeira e reconhecermos que y'/x' é justamente a derivada dy/dx, concluímos que

$$\frac{dy}{dx} = \frac{y'}{x'} = \frac{C_2}{C_1} = m. \qquad (6.37)$$

Segue que o caminho exigido é a reta, $y = mx + b$. É interessante que a demonstração usando uma equação paramétrica não é apenas melhor do que a nossa demonstração anterior (no sentido de que a nova demonstração inclui todos os caminhos possíveis), mas é também marginalmente mais fácil.

A generalização da equação de Euler-Lagrange para um número arbitrário de variáveis dependentes é imediato e não necessita ser explicitada em detalhes. Gostaria, aqui, apenas de esboçar o processo como a equação de Euler-Lagrange irá surgir na formulação Lagrangiana da mecânica.

A variável independente na mecânica Lagrangiana é o tempo, t. As variáveis dependentes são as coordenadas que especificam a posição, ou "configuração", de um sistema e são normalmente denotadas por $q_1, q_2, \ldots, q_n$. O número n de coordenadas dependente da natureza do sistema. Para uma única partícula movendo-se sem vínculo em um espaço tridimensional, n é 3, e as três coordenadas q_1, q_2, q_3 podem ser justamente as três coordenadas Cartesianas x, y, z, ou elas podem ser as coordenadas esféricas polares r, θ, ϕ. Para N partículas movendo-se livremente em três dimensões, n é $3N$, e as coordenadas $q_1, \ldots, q_n$ podem ser as $3N$ coordenadas Cartesianas $x_1, y_1, z_1, \ldots, x_N, y_N, z_N$. Para um pêndulo duplo (dois pêndulos simples, com o segundo suspenso a partir do lóbulo do primeiro, conforme a Figura 6.7), duas coordenadas, q_1, q_2, poderiam ser escolhidas como os dois ângulos ilustrados na Figura 6.7. Como as coordenadas $q_1, \ldots, q_n$ podem ser escolhidas

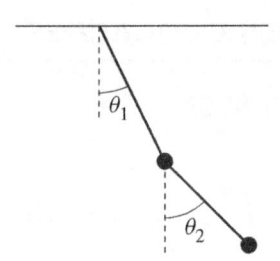

Figura 6.7 Uma boa escolha de coordenadas generalizadas para identificar a posição de um pêndulo duplo é o par de ângulos θ_1 e θ_2 entre os pêndulos e o eixo vertical.

dentre tantas possibilidades, elas são frequentemente chamadas de **coordenadas generalizadas**. Em geral, é útil pensar nas n coordenadas generalizadas como definindo um ponto em um **espaço de configurações** n-dimensional, onde cada um dos seus pontos especifica uma única posição ou configuração do sistema.

O objetivo final na maioria dos problemas da mecânica Lagrangiana é o de determinar como as coordenadas variam com o tempo, isto é, determinar as n funções $q_1(t), \cdots, q_n(t)$. Podemos considerar essas n funções como definindo um caminho no espaço das configurações n-dimensional. Esse caminho é, naturalmente, determinado pela segunda lei de Newton, mas iremos verificar que ele pode, equivalentemente, ser caracterizado como o caminho para o qual uma certa integral é estacionária. Isso significa que ela deve satisfazer as equações de Euler-Lagrange correspondentes (chamadas de equações de Lagrange nesse contexto), e resulta que essas equações de Lagrange são geralmente muito mais fáceis de obter-se e usar do que a segunda lei de Newton. Em particular, ao contrário da segunda lei de Newton, a equação de Lagrange assume a mesma forma simples em todos os sistemas de coordenadas.

A integral S cujo valor estacionário determina a evolução do sistema mecânico é chamada de integral de ação. Seu integrando é chamado de Lagrangiano $\mathcal{L}$ e depende das n coordenadas $q_1, q_2, \cdots, q_n$, de suas derivadas $\dot{q}_1, \dot{q}_2, \cdots, \dot{q}_n$ e do tempo t,

$$\mathcal{L} = \mathcal{L}(q_1, \dot{q}_1, \cdots, q_n, \dot{q}_n, t). \tag{6.38}$$

Observe que, como a variável dependente é t, as derivadas das coordenadas q_i são derivadas temporais e são denotadas, como usualmente, com pontos sobre elas como $\dot{q}_i$. A exigência de que a integral de ação

$$S = \int_{t_1}^{t_2} \mathcal{L}(q_1, \dot{q}_1, \cdots, q_n, \dot{q}_n, t)\, dt \tag{6.39}$$

seja estacionária implica n equações de Euler-Lagrange

$$\frac{\partial \mathcal{L}}{\partial q_1} = \frac{d}{dt}\frac{\partial \mathcal{L}}{\partial \dot{q}_1}, \quad \frac{\partial \mathcal{L}}{\partial q_2} = \frac{d}{dt}\frac{\partial \mathcal{L}}{\partial \dot{q}_2}, \quad \cdots \quad \text{e} \quad \frac{\partial \mathcal{L}}{\partial q_n} = \frac{d}{dt}\frac{\partial \mathcal{L}}{\partial \dot{q}_n}. \tag{6.40}$$

Essas n equações correspondem precisamente às duas equações de Euler-Lagrange em (6.34) e são demonstradas exatamente do mesmo modo. Se essas n equações forem satisfeitas, então a integral de ação (6.39) é estacionária; se a integral de ação for estacionária, então essas n equações serão satisfeitas. No próximo capítulo, você verá de onde essas equações se originam e como utilizá-las.

PRINCIPAIS DEFINIÇÕES E EQUAÇÕES

A equação de Euler-Lagrange

Uma integral da forma

$$S = \int_{x_1}^{x_2} f[y(x), y'(x), x]\,dx \qquad \text{[Eq. (6.4)]}$$

considerada ao longo de um caminho, $y = y(x)$, é estacionária com respeito às variações do caminho se e somente se $y(x)$ satisfizer a **equação de Euler-Lagrange**

$$\frac{\partial f}{\partial y} - \frac{d}{dx}\frac{\partial f}{\partial y'} = 0. \qquad \text{[Eq. (6.13)]}$$

Muitas variáveis

Se houver n variáveis dependentes na integral original, haverá n equações de Euler-Lagrange. Por exemplo, uma integral da forma

$$S = \int_{u_1}^{u_2} f[x(u), y(u), x'(u), y'(u), u]\,du,$$

com duas variáveis dependentes [$x(u)$ e $y(u)$], é estacionária com respeito às variações de $x(u)$ e $y(u)$ se e somente se essas duas funções satisfizerem as duas equações

$$\frac{\partial f}{\partial x} = \frac{d}{du}\frac{\partial f}{\partial x'} \qquad \text{e} \qquad \frac{\partial f}{\partial y} = \frac{d}{du}\frac{\partial f}{\partial y'}. \qquad \text{[Eq. (6.34)]}$$

PROBLEMAS

Estrelas indicam o nível de dificuldade, do mais fácil (*) ao mais difícil (***).

SEÇÃO 6.1   Dois exemplos

6.1* O menor caminho entre dois pontos sobre uma *superfície curva*, como a superfície de uma esfera, é chamado de **geodésica**. Para determinar uma geodésica, temos primeiro que estabelecer uma integral que forneça o comprimento de um caminho sobre a superfície em questão. Isso será sempre análogo à integral (6.2), mas pode ser mais complicado (dependendo da natureza da superfície), podendo envolver coordenadas diferentes de x e y. Para ilustrar isso, use coordenadas esféricas polares (r, θ, ϕ) para mostrar que o comprimento de um caminho ligando dois pontos sobre a esfera de raio R é

$$L = R \int_{\theta_1}^{\theta_2} \sqrt{1 + \text{sen}^2\theta\, \phi'(\theta)^2}\, d\theta \qquad (6.41)$$

se (θ_1, ϕ) e (θ_2, ϕ) especifica os dois pontos e assumimos que o caminho é expresso como $\phi = \phi(\theta)$. (Você determinará como minimizar esse caminho no Problema 6.16.)

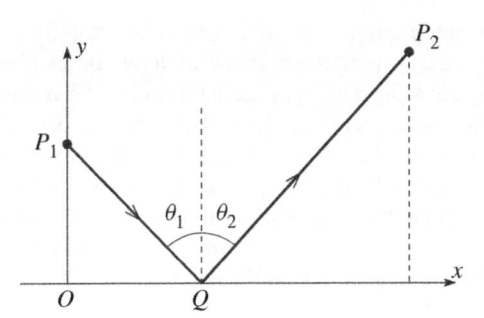

Figura 6.8 Problema 6.3.

6.2★ Faça o mesmo que no Problema 6.1, mas determine o comprimento L de um caminho sobre um cilindro de raio R usando coordenadas cilíndricas polares (ρ, ϕ, z). Assuma que o caminho é especificado da forma $\phi = \phi(z)$.

6.3★★ Considere um raio de luz no vácuo, percorrendo do ponto P_1 a P_2 através de um ponto Q sobre um espelho, conforme ilustrado na Figura 6.8. Mostre que o princípio de Fermat implica que, sobre o caminho real seguido, Q está sobre o mesmo plano vertical de P_1 e P_2 e obedece à lei de refração, em que $\theta_1 = \theta_2$. [*Sugestões*: considere o espelho sobre o plano xz e considere P_1 sobre o eixo y em $(0, y_1, 0)$ e P_2 sobre o plano xy em $(x_2, y_2, 0)$. Finalmente, seja $Q = (x, 0, z)$. Calcule o tempo gasto pela luz para percorrer o caminho P_1QP_2 e mostre que ele é mínimo quando Q tem $z = 0$ e satisfaz a lei da refração.]

6.4★★ Um raio de luz percorre do ponto P_1, em um meio com índice de refração n_1, até um ponto P_2, em um meio com índice n_2, passando pelo ponto Q sobre o plano de interface entre os dois meios, conforme a Figura 6.9. Mostre que o princípio de Fermat implica que, sobre o caminho real seguido, Q encontra-se sobre o mesmo plano vertical de P_1 e P_2 e obedece à lei de Snell, $n_1 \operatorname{sen} \theta_1 = n_2 \operatorname{sen} \theta_2$. [*Sugestões*: considere xy o plano de interface e considere P_1 sobre o eixo y em $(0, h_1, 0)$ e P_2 sobre o plano xy em $(x_2, -h_2, 0)$. Finalmente, considere $Q = (x, 0, z)$. Calcule o tempo para a luz percorrer o caminho P_1QP_2 e mostre que ele é mínimo quando Q tem $z = 0$ e satisfaz à lei de Snell.]

6.5★★ O princípio de Fermat é frequentemente posto como "o tempo de percurso de um raio de luz, movendo-se de um ponto A a B, é mínimo ao longo do caminho real". Estritamente

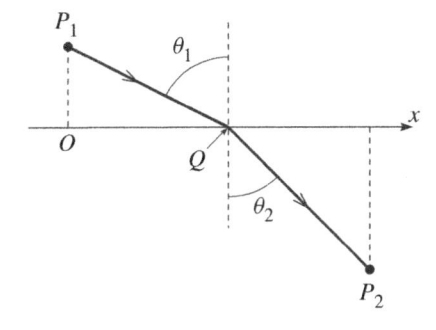

Figura 6.9 Problema 6.4.

falando, isso significa que o tempo é *estacionário*, não um mínimo. Na verdade, pode-se construir situações nas quais o tempo é máximo ao longo do caminho. Aqui está um caso: Considere o espelho côncavo ilustrado na Figura 6.10, com A e B nos pontos opostos do diâmetro. Considere um raio de luz percorrendo de A a B, no vácuo, com uma refração no ponto P, sobre o mesmo plano vertical de A e B. De acordo com a lei de refração, o caminho real segue via ponto P_0 no fundo do hemisfério ($\theta = 0$). Determine o tempo de percurso ao longo do caminho $A\,P\,B$ como uma função de θ e mostre que ele é um *máximo* em $P = P_0$. É fácil ver que ele é *mínimo* para outros tipos de caminho, por isso, a declaração geral correta é que ele é *estacionário* para variações arbitrárias do caminho.

6.6★★ Em muitos problemas no cálculo das variações, você precisa conhecer o comprimento ds de um pequeno segmento de uma curva sobre uma superfície, como na Expressão (6.1). Crie uma tabela mostrando as expressões apropriadas para ds para as oito situações a seguir: **(a)** Uma curva dada por $y = y(x)$ sobre um plano, **(b)** o mesmo, mas com $x = x(y)$, **(c)** o mesmo, mas com $r = r(\phi)$, **(d)** o mesmo, mas com $\phi = \phi(r)$, **(e)** curva dada por $\phi = \phi(z)$ sobre um cilindro de raio R, **(f)** o mesmo, mas com $z = z(\phi)$, **(g)** curva dada por $\theta = \theta(\phi)$ sobre uma esfera de raio R, **(h)** o mesmo, mas com $\phi = \phi(\theta)$.

SEÇÃO 6.3 Aplicações da equação de Euler-Lagrange

6.7★ Considere um cilindro reto circular de raio R centrado sobre o eixo z. Determine a equação para ϕ como uma função de z para a geodésica (menor caminho) entre dois pontos com coordenadas cilíndricas polares (R, ϕ_1, z_1) e (R, ϕ_2, z_2). Descreva a geodésica. Ela é única? Imaginando a superfície do cilindro quando aberto no plano, explique por que a geodésica tem essa forma.

6.8★ Verifique se a velocidade do carro da montanha-russa do Exemplo 6.2 é $\sqrt{2gy}$. (Assuma que as rodas têm massa desprezível e despreze o atrito.)

6.9★ Determine a equação do caminho que liga a origem O ao ponto $P(1, 1)$ sobre plano xy, o qual torna a integral $\int_O^P (y'^2 + yy' + y^2)\,dx$ estacionária.

6.10★ Em geral, o integrando $f(y, y', x)$, cujo integral desejamos minimizar, depende de y, y' e x. Há uma simplificação considerável se f for independente de y, isto é, $f = f(y', x)$. (Isso aconteceu nos Exemplos 6.1 e 6.2, embora, no último, os papéis de x e y tenham sido trocados.) Mostre que, quando isso acontece, a equação de Euler-Lagrange (6.13) reduz-se à relação

$$\partial f/\partial y' = \text{const.} \tag{6.42}$$

Como essa é uma equação diferencial de primeira ordem para $y(x)$, enquanto a equação de Euler-Lagrange é geralmente de segunda ordem, essa é uma simplificação importante e o resultado (6.42) é chamado de **primeira integral** da equação de Euler-Lagrange. Na mecânica

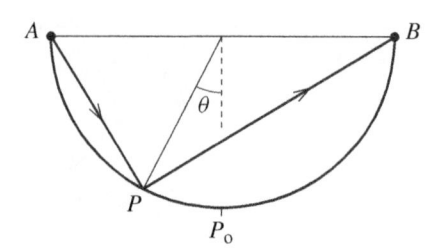

Figura 6.10 Problema 6.5.

Lagrangiana, veremos que essa simplificação surge quando uma componente do momento é conservada.

6.11★★ Determine e descreva o caminho $y = y(x)$ para o qual a integral $\int_{x_1}^{x_2} \sqrt{x}\sqrt{1 + y'^2}\, dx$ é estacionária.

6.12★★ Mostre que o caminho $y = y(x)$ para o qual a integral $\int_{x_1}^{x_2} x\sqrt{1 - y'^2}$ é estacionária é uma função arcsenh.

6.13★★ Na teoria da relatividade, velocidades podem ser representadas por pontos em um certo "espaço de rapidez", no qual a distância entre dois pontos vizinhos é $ds = [2/(1 - r^2)]\sqrt{dr^2 + r^2 d\phi^2}$, onde r e ϕ são coordenadas polares, considerando apenas o espaço bidimensional. (Uma expressão como essa para a distância em um espaço não Euclidiano é geralmente chamada de *métrica* do espaço.) Use a equação de Euler-Lagrange para mostrar que o caminho mais curto entre a origem e um ponto qualquer é uma reta.

6.14★★ (a) Mostre que a curva braquistócrona (6.26) é na verdade uma cicloide, isto é, uma curva gerada por um ponto sobre a circunferência de uma roda de raio a girando ao longo do eixo x. (b) Embora a cicloide se repita indefinidamente em uma sucessão de voltas, apenas uma volta é relevante para o problema da braquistócrona. Esboce uma única volta para três valores diferentes do raio a (todos com o mesmo ponto inicial 1) e se convença de que qualquer que seja o ponto 2 (com coordenadas positivas x_2, y_2) há exatamente um valor de a para o qual o círculo passa pelo ponto 2. (c) Para determinar o valor de a para um dado ponto x_2, y_2, em geral, é necessário resolver uma equação transcendental. Aqui, há dois casos em que se pode obtê-las de uma maneira mais simples: para $x_2 = \pi b$, $y_2 = 2b$ e, novamente, para $x_2 = 2\pi b$, $y_2 = 0$, determine o valor de a para o qual a cicloide passa pelo ponto 2 e determine os tempos mínimos correspondentes.

6.15★★ Considere agora o problema da braquistócrona do Exemplo 6.2, mas suponha que o carro seja lançado do ponto 1 com velocidade inicial v_o. Mostre que o caminho de tempo mínimo até o ponto fixo 2 é ainda uma cicloide, mas com sua cúspide (o ponto mais alto da curva) a uma altura $v_o^2/2g$ acima do ponto 1.

6.16★★ Use o resultado (6.41) do Problema 6.1 para mostrar que a geodésica (menor caminho) entre dois pontos dados sobre uma esfera é um grande círculo. [*Sugestão*: o integrando $f(\phi, \phi', \theta)$ em (6.41) é independente de ϕ, logo, a equação de Euler-Lagrange reduz-se a $\partial f/\partial \phi' = c$, uma constante. Isso resulta em ϕ' como uma função de θ. Você pode evitar resolver a integração final usando a seguinte estratégia: não há perda de generalidade ao escolher o eixo z passando através do ponto 1. Mostre que, com essa escolha, a constante c é necessariamente zero e descreva a geodésica correspondente.]

6.17★★ Determine a geodésica sobre o cone cuja equação em coordenadas cilíndricas é $z = \lambda \rho$. [Considere a curva tendo a forma $\phi = \phi(\rho)$.] Verifique o seu resultado para o caso em que $\lambda \to 0$.

6.18★★ Mostre que o menor caminho entre dois pontos dados sobre o plano é uma reta, usando coordenadas polares no plano.

6.19★★ Uma superfície de revolução é gerada da seguinte forma: dois pontos fixos (x_1, y_1) e (x_2, y_2) no plano xy estão conectados por uma curva $y = y(x)$. [Na verdade, as coisas podem se tornar mais simples escrevendo a curva como $x = x(y)$.] A curva completa para a qual a área da superfície é estacionária tem forma $y = y_o \cosh[(x - x_o)/y_o]$, onde x_o e y_o são constantes. (Isso é comumente chamado problema da bolha de sabão, uma vez que a superfície em geral assume a forma de uma bolha de sabão presa por dois anéis coaxiais de raios y_1 e y_2.)

6.20★★ Se você ainda não o fez, resolva o Problema 6.10. Aqui, está uma segunda situação na qual você pode determinar a "primeira integral" da equação de Euler-Lagrange: verifique que, se acontecer de o integrando $f(y, y', x)$ não depender explicitamente de x, isto é, $f = f(y, y')$, então

$$\frac{df}{dx} = \frac{\partial f}{\partial y} y' + \frac{\partial f}{\partial y'} y''.$$

Use a equação de Euler-Lagrange para substituir $\partial f/\partial y$ à direita e então mostrar que

$$\frac{df}{dx} = \frac{d}{dx}\left(y' \frac{\partial f}{\partial y'}\right).$$

Isso fornece a primeira integral

$$f - y' \frac{\partial f}{\partial y'} = \text{const.} \tag{6.43}$$

Essa equação pode simplificar muitos cálculos. (Veja os Problemas 6.21 e 6.22, por exemplo.) Na mecânica Lagrangiana, em que a variável independente é t, o resultado correspondente é que, se a função Lagrangiana for independente do tempo t, a energia é conservada. (Veja a Seção 7.8.)

6.21★★ No Exemplo 6.2, encontramos a braquistócrona intercambiando as variáveis x e y. Aqui está um método que evita essa troca: escreva o tempo como na Equação (6.19), mas use x como a variável de integração. Seu integrando deve ter a forma $f(y, y', x) = \sqrt{(y'^2 + 1)/y}$. Como esta é independente de x, você pode invocar a "primeira integral" (6.43) do Problema 6.20. Mostre que essa equação diferencial leva à mesma integral para x como na Equação (6.23) e então à mesma curva que antes.

6.22★★★ Seja um cordão de comprimento fixo l com uma extremidade presa na origem O e disposto no plano xy, com sua outra extremidade sobre o eixo x, de tal forma que cubra a maior área entre o cordão e o eixo x. Mostre que a forma obtida é um semicírculo. A área coberta é, naturalente, $\int y\, dx$, mas mostre que você pode reescrever essa expressão da forma $\int_0^l f\, ds$, onde s denota a distância medida ao longo do cordão a partir da origem, onde $f = \sqrt{1 - y'^2}$ e y' denota dy/ds. Como f não envolve explicitamente a variável independente s, você pode explorar a "primeira integral" (6.43) do Problema 6.20.

6.23★★★ Um avião, cuja velocidade é v_o, deve viajar da cidade O (na origem) até a cidade P, a qual está a uma distância D em direção ao leste. Há um vento ameno e constante de tal forma que $\mathbf{v}_{\text{vento}} = V y\, \hat{\mathbf{x}}$, onde x e y são medidos a leste e a norte, respectivamente. Determine o caminho, $y = y(x)$, no qual o avião deve seguir para minimizar seu tempo de voo, da seguinte forma: **(a)** Determine a velocidade relativa ao solo em termos de v_o, V e ϕ (o ângulo no qual o avião aponta para o nordeste) e a posição do avião. **(b)** Expresse o tempo de voo como uma integral da forma $\int_O^P f\, dx$. Mostre que, se assumirmos que y' e ϕ permanecem pequenos (como é razoável se a velocidade do vento não for muito grande), então o integrando f assumirá a forma aproximada $f = (1 + \frac{1}{2}y'^2)/(1 + ky)$ (vezes uma constante sem interesse) onde $k = V/v_o$. **(c)** Escreva a equação de Euler-Lagrange que determine o melhor caminho. Para resolvê-la, assuma a suposição inteligente de que $y(x) = \lambda x(D - x)$, que claramente passa através das duas cidades. Mostre que ele satisfaz a equação de Euler-Lagrange desde que $\lambda = (\sqrt{4 + 2k^2D^2} - 2)/(kD^2)$. Quão distante ao norte o avião percorre este caminho, se $D = 2000$ milhas, $v_o = 500$ mph (milhas por hora) e o vento $V = 0{,}5$ mph/mi? Quanto tempo o avião economizará seguindo esse caminho? [Você provavelmente irá usar um computador para resolver essa integral.]

6.24* Considere um meio no qual o índice de refração n é inversamente proporcional a r^2, ou seja, $n = a/r^2$, onde r é a distância a partir da origem. Use o princípio em Fermat, em que a integral (6.3) é estacionária, para determinar o caminho de um raio de luz navegando sobre um plano contendo a origem. [*Sugestão*: use coordenadas polares bidimensionais e escreva o caminho como $\phi = \phi(r)$. A integral de Fermat deve ter a forma $\int f(\phi, \phi', r)\, dr$, onde $f(\phi, \phi', r)$ é na verdade independente de ϕ. Portanto, a equação de Euler-Lagrange reduz-se a $\partial f/\partial \phi' = $ const. Você pode resolver essa equação para ϕ' e, em seguida, integrar para obter ϕ como uma função de r. Reescreva essa equação para obter r como uma função de ϕ e mostre que o caminho resultante é um círculo através da origem. Discuta a jornada da luz ao redor do círculo.]

6.25* Considere um único laço de uma cicloide (6.26) com um valor fixo a, conforme apresentado na Figura 6.11. Um carro é largado do repouso a partir de um ponto P_0, em qualquer lugar de um trilho entre O e o ponto mais baixo P (isto é, P_0 tem parâmetro $0 < \theta_0 < \pi$). Mostre que o tempo para um carro rolar de P_0 a P é dado pela integral

$$\text{tempo}(P_0 \to P) = \sqrt{\frac{a}{g}} \int_{\theta_0}^{\pi} \sqrt{\frac{1 - \cos\theta}{\cos\theta_0 - \cos\theta}}\, d\theta$$

e mostre que esse tempo é igual a $\pi\sqrt{a/g}$. Como esse é *independente da posição de* P_0, o carro leva o mesmo tempo para rolar de P_0 a P, onde P_0 está em O, ou em qualquer lugar entre O e P, mesmo que infinitesimalmente próximo a P. Explique qualitativamente como esse surpreendente resultado pode ser verdadeiro. [*Sugestão*: para elaborar o cálculo, você deve fazer algumas mudanças habilidosas de coordenadas. Uma sugestão de roteiro é: escreva $\theta = \pi - 2\alpha$ e então use a identidade trigonométrica adequada para substituir os cossenos de θ por senos de α. Agora, substitua sen $\alpha = u$ e resolva a integral restante.]

SEÇÃO 6.4 Mais de duas variáveis

6.26** Obtenha em detalhes o argumento que levou da propriedade estacionária da integral (6.30) às equações de Euler-Lagrange em duas dimensões (6.34).

6.27** Mostre que o caminho mais curto entre dois pontos em três dimensões é a reta. Escreva o caminho na forma paramétrica

$$x = x(u), \quad y = y(u) \quad \text{e} \quad z = z(u)$$

e use as três equações de Euler-Lagrange correspondentes a (6.34).

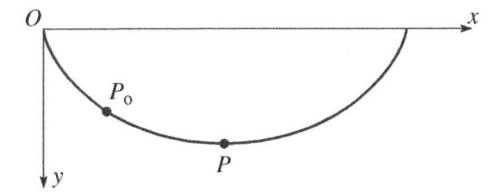

Figura 6.11 Problema 6.25.

7

Equações de Lagrange

O desenvolvimento teórico das leis de movimento dos corpos é um problema de tamanho interesse e importância que envolveu a atenção da maioria dos eminentes matemáticos desde a invenção da dinâmica, como uma ciência matemática, por Galileu e, especialmente, desde a maravilhosa extensão que foi apresentada por Newton. Dentre os sucessores daqueles homens ilustres, Lagrange fez, talvez, mais do que qualquer outro analista para dar amplitude e harmonia a tais deduções científicas, mostrando que as mais variadas consequências, em relação ao movimento de sistemas de corpos, podem ser deduzidas a partir de uma fórmula fundamental; a beleza dos métodos se ajustando à dignidade dos resultados tornam seu grande trabalho uma espécie de poema científico.
—*William Rowan Hamilton, 1834*

Munido das ideias do cálculo das variações, estamos prontos para estabelecer a versão da mecânica publicada em 1788 pelo astrônomo e matemático franco-italiano Lagrange (1736 – 1813). A formulação Lagrangiana possui duas importantes vantagens sobre a formulação Newtoniana antecedente. Primeiro, as equações de Lagrange, ao contrário das de Newton, assumem a mesma forma em qualquer sistema de coordenadas. Segundo, no tratamento de sistemas com vínculos, como uma conta deslizando em um fio, o método de Lagrange elimina as forças de vínculo (como a força normal do fio, que restringe o movimento da conta a permanecer ao longo dele). Isso simplifica muito a maioria dos problemas, uma vez que as forças de vínculo são geralmente desconhecidas e essa simplificação surge quase sem custo, já que em geral não desejamos conhecer tais forças.

Na Seção 7.1, mostrarei que as equações de Lagrange são equivalentes à segunda lei de Newton para uma partícula movendo-se livremente em três dimensões. A extensão desse resultado para N partículas é surpreendentemente direta (Problema 7.7). Nas seções seguintes, considero o caso mais difícil e mais interessante de sistemas com vínculos. Iniciarei com alguns exemplos simples e definições importantes (como graus de liberdade). Em seguida, na Seção 7.4, demonstro as equações de Lagrange para uma partícula forçada a mover-se sobre uma superfície curva (deixando o caso geral para o Problema 7.13). A Seção 7.5 fornece vários exemplos, alguns dos quais são decididamente mais fáceis de serem descritos na formulação Lagrangiana do que na Newtoniana. Na Seção 7.6, introduzo a curiosa terminologia das "coordenadas ignoráveis". Finalmente, depois de resumir alguns pontos na Seção 7.7, finalizo o capítulo com três seções sobre tópicos que, embora sejam muito importantes, podem ser omitidos em uma primeira leitura. Na

Seção 7.8, discuto como as leis de conservação da energia e do momento surgem na mecânica Lagrangiana. A Seção 7.9, por sua vez, descreve como as equações de Lagrange podem ser estendidas para incluir forças magnéticas, e a Seção 7.10, finalmente, introduz a ideia dos multiplicadores de Lagrange.

Ao longo deste capítulo, exceto na Seção 7.9, trato apenas do caso em que todas as forças que não são de vínculo, são conservativas ou podem, pelo menos, ser derivadas de uma função energia potencial. Essa restrição pode ser relaxada, mas mesmo assim já inclui a maioria das aplicações que você provavelmente encontrará na prática.

7.1 EQUAÇÕES DE LAGRANGE PARA MOVIMENTOS SEM VÍNCULOS

Considere uma partícula movendo-se livremente em três dimensões, sujeita a uma força resultante conservativa $\mathbf{F}(\mathbf{r})$. A energia cinética da partícula é, naturalmente,

$$T = \tfrac{1}{2}mv^2 = \tfrac{1}{2}m\dot{\mathbf{r}}^2 = \tfrac{1}{2}m(\dot{x}^2 + \dot{y}^2 + \dot{z}^2), \qquad (7.1)$$

e a sua energia potencial é

$$U = U(\mathbf{r}) = U(x, y, z). \qquad (7.2)$$

A **função Lagrangiana**, ou apenas **Lagrangiana**, é definida como

$$\mathcal{L} = T - U. \qquad (7.3)$$

Observe, primeiramente, que a Lagrangiana é a EC *menos* a EP. Ela *não* é o mesmo que a energia total. Você está, certamente, autorizado a perguntar por que a quantidade $T - U$ deve ter algum interesse. Parace que não há uma resposta simples para essa questão, exceto que ela é de interesse, como veremos diretamente. Observe também que estou usando a letra $\mathcal{L}$ para a Lagrangiana[1] (para distingui-la do momento angular $\mathbf{L}$ e de um comprimento L) e que $\mathcal{L}$ depende da posição da partícula (x, y, z) e de suas derivadas $(\dot{x}, \dot{y}, \dot{z})$, ou seja, $\mathcal{L} = \mathcal{L}(x, y, z, \dot{x}, \dot{y}, \dot{z})$.

Vamos considerar as duas derivadas,

$$\frac{\partial \mathcal{L}}{\partial x} = -\frac{\partial U}{\partial x} = F_x \qquad (7.4)$$

e

$$\frac{\partial \mathcal{L}}{\partial \dot{x}} = \frac{\partial T}{\partial \dot{x}} = m\dot{x} = p_x. \qquad (7.5)$$

Derivando a segunda equação em relação ao tempo e lembrando a segunda lei de Newton, $F_x = \dot{p}_x$ (assumi que o sistema é inercial), vemos que

$$\frac{\partial \mathcal{L}}{\partial x} = \frac{d}{dt}\frac{\partial \mathcal{L}}{\partial \dot{x}}. \qquad (7.6)$$

---

[1] Essa notação apresenta alguma dificuldade na teoria de campos, onde a Lagrangiana é geralmente denotada por L e $\mathcal{L}$ é usado para a *densidade* Lagrangiana, mas isso não será um problema para nós.

Exatamente da mesma forma, podemos mostrar as equações correspondentes às coordenadas y e z. Portanto, demonstramos que a segunda lei de Newton implica as três *equações de Lagrange* (ainda em coordenadas Cartesianas):

$$\frac{\partial \mathcal{L}}{\partial x} = \frac{d}{dt}\frac{\partial \mathcal{L}}{\partial \dot{x}}, \qquad \frac{\partial \mathcal{L}}{\partial y} = \frac{d}{dt}\frac{\partial \mathcal{L}}{\partial \dot{y}} \quad \text{e} \quad \frac{\partial \mathcal{L}}{\partial z} = \frac{d}{dt}\frac{\partial \mathcal{L}}{\partial \dot{z}}. \qquad (7.7)$$

Você pode verificar facilmente que a argumentação anterior funciona tão bem quanto no sentido inverso, de modo que (pelo menos, para uma única partícula em coordenadas Cartesianas) a segunda lei de Newton é exatamente equivalente às três equações de Lagrange (7.7). A trajetória da partícula obtida de acordo com a segunda lei de Newton é a mesma que a trajetória determinada pelas três equações de Lagrange.

Nosso próximo passo é reconhecer que as três equações em (7.7) têm exatamente a forma das equações de Euler-Lagrange (6.40). Portanto, elas implicam que a integral $S = \int \mathcal{L}\, dt$ é estacionária para o caminho percorrido pela partícula. O fato de essa integral, chamada de integral de ação, ser estacionária para o caminho da partícula é conhecido como princípio de Hamilton[2] (em memória ao seu criador, o matemático irlandês, Hamilton, 1805 – 1865) e pode ser reformulado como segue:

Princípio de Hamilton

O caminho real que uma partícula percorre entre dois pontos 1 e 2 em um dado intervalo de tempo, de t_1 a t_2, é tal que a integral de ação

$$S = \int_{t_1}^{t_2} \mathcal{L}\, dt \qquad (7.8)$$

é estacionária, quando considerada ao longo do caminho real.

Embora tenhamos até o momento demonstrado esse princípio apenas para uma única partícula e em coordenadas Cartesianas, veremos que ele é válido para uma ampla classe de sistemas mecânicos e para quase todas as escolhas de coordenadas.

Até o momento, demonstramos que, para uma única partícula, as três declarações a seguir são completamente equivalentes:

1. Um caminho de uma partícula é determinado pela segunda lei de Newton $\mathbf{F} = m\mathbf{a}$.
2. O caminho é determinado pelas três equações de Lagrange (7.7), pelo menos em coordenadas Cartesianas.
3. O caminho é determinado pelo princípio de Hamilton.

O princípio de Hamilton foi generalizado em muitas áreas além da mecânica clássica (por exemplo, teorias de campo) e proveu uma unificação para várias áreas distintas da física. No século vinte ele desempenhou um importante papel na formulação das teorias quânticas. Entretanto, para o nosso propósito atual, a sua grande importância é que ele

---

[2] Tente não ser confundido pela desafortunada circunstância de que o princípio de Hamilton é uma possível declaração da formulação Lagrangiana da mecânica clássica (como oposição à formulação de Hamilton).

nos permite demonstrar que as equações de Lagrange são válidas para quase todos os sistemas de coordenadas.

Em vez de coordenadas Cartesianas $\mathbf{r} = (x, y, z)$, suponha que desejemos usar outras coordenadas. Essas podem ser coordenadas esféricas polares (r, θ, ϕ) ou cilíndricas polares (ρ, ϕ, z), ou qualquer conjunto de "coordenadas generalizadas" q_1, q_2, q_3, com a propriedade de que cada posição $\mathbf{r}$ especifica um único valor de (q_1, q_2, q_3) e vice-versa, ou seja,

$$q_i = q_i(\mathbf{r}) \qquad \text{para } i = 1, 2 \text{ e } 3 \tag{7.9}$$

e

$$\mathbf{r} = \mathbf{r}(q_1, q_2, q_3). \tag{7.10}$$

Essas duas equações garantem que, para qualquer valor de $\mathbf{r} = (x, y, z)$, há um único ponto (q_1, q_2, q_3) e vice-versa. Usando (7.10), podemos reescrever (x, y, z) e $(\dot{x}, \dot{y}, \dot{z})$ em termos de (q_1, q_2, q_3) e $(\dot{q}_1, \dot{q}_2, \dot{q}_3)$. A seguir, podemos reescrever a Lagrangiana $\mathcal{L} = \frac{1}{2} m\dot{\mathbf{r}}^2 - U(\mathbf{r})$ em termos dessas novas variáveis como

$$\mathcal{L} = \mathcal{L}(q_1, q_2, q_3, \dot{q}_1, \dot{q}_2, \dot{q}_3)$$

e a integral de ação como

$$S = \int_{t_1}^{t_2} \mathcal{L}(q_1, q_2, q_3, \dot{q}_1, \dot{q}_2, \dot{q}_3) \, dt.$$

Agora, o valor da integral S é inalterado por essa mudança de variáveis. Portanto, a afirmação de que S é estacionária para variações do caminho, na vizinhança do caminho correto, deve ainda ser verdadeira em nosso novo sistema de coordenadas, e, pelos resultados do Capítulo 6, isso significa que o caminho correto deve satisfazer as três equações de Euler-Lagrange,

$$\frac{\partial \mathcal{L}}{\partial q_1} = \frac{d}{dt} \frac{\partial \mathcal{L}}{\partial \dot{q}_1}, \qquad \frac{\partial \mathcal{L}}{\partial q_2} = \frac{d}{dt} \frac{\partial \mathcal{L}}{\partial \dot{q}_2} \qquad \text{e} \qquad \frac{\partial \mathcal{L}}{\partial q_3} = \frac{d}{dt} \frac{\partial \mathcal{L}}{\partial \dot{q}_3}, \tag{7.11}$$

com respeito às novas coordenadas q_1, q_2 e q_3. Como essas novas coordenadas são *qualquer* conjunto de coordenadas generalizadas, a qualificação "em coordenadas Cartesianas" pode ser omitida da declaração (2) acima. Esse resultado – de que as equações de Lagrange têm a mesma forma em qualquer sistema de coordenadas generalizadas – é um dos dois principais motivos por que o formalismo Lagrangiano é tão útil.

Há um ponto sobre a dedução das equações de Lagrange que é recomendado manter no fundo de sua mente. Um passo crucial na demonstração foi a observação de que (7.6) era equivalente à segunda lei de Newton $F_x = \dot{p}_x$, que, por sua vez, é verdade apenas se o referencial original, no qual escrevemos $\mathcal{L} = T - U$, é inercial. Logo, embora as equações de Lagrange sejam verdadeiras para qualquer escolha de coordenadas generalizadas q_1, q_2 e q_3 – e essas coordenadas generalizadas podem, de fato, ser as coordenadas de um referencial não inercial – devemos, entretanto, ter cuidado que, quando deduzimos inicialmente o Lagrangiano $\mathcal{L} = T - U$, fizemos isso para um referencial inercial.

Podemos facilmente generalizar as equações de Lagrange para sistemas de várias partículas, mas vejamos primeiro alguns exemplos simples.

Exemplo 7.1 Uma partícula bidimensional: coordenadas Cartesianas

Deduza as equações de Lagrange em coodenadas Cartesianas para uma partícula movendo-se em um campo de força conservativo bidimensional e mostre que elas implicam a segunda lei de Newton. (Certamente já demonstramos isso, mas é útil ver como funciona.)

A Lagrangiana para uma única partícula bidimensional é

$$\mathcal{L} = \mathcal{L}(x, y, \dot{x}, \dot{y}) = T - U = \tfrac{1}{2}m(\dot{x}^2 + \dot{y}^2) - U(x, y). \tag{7.12}$$

Para obter as equações de Lagrange, precisamos das derivadas

$$\frac{\partial \mathcal{L}}{\partial x} = -\frac{\partial U}{\partial x} = F_x \quad \text{e} \quad \frac{\partial \mathcal{L}}{\partial \dot{x}} = \frac{\partial T}{\partial \dot{x}} = m\dot{x}, \tag{7.13}$$

com as correspondentes expressões para as derivadas de y. Logo, as duas equações de Lagrange podem ser escritas da forma:

$$\left. \begin{array}{l} \dfrac{\partial \mathcal{L}}{\partial x} = \dfrac{d}{dt} \dfrac{\partial \mathcal{L}}{\partial \dot{x}} \iff F_x = m\ddot{x} \\[1em] \dfrac{\partial \mathcal{L}}{\partial y} = \dfrac{d}{dt} \dfrac{\partial \mathcal{L}}{\partial \dot{y}} \iff F_y = m\ddot{y} \end{array} \right\} \iff \mathbf{F} = m\mathbf{a}. \tag{7.14}$$

Observe como em (7.13) a derivada $\partial \mathcal{L}/\partial x$ é a componente x da força e $\partial \mathcal{L}/\partial \dot{x}$ é a componente x do momento (e similarmente para as componentes de y). Quando usamos coordenadas generalizadas $q_1, q_2, \cdots, q_n$, encontramos que $\partial \mathcal{L}/\partial q_i$, embora não necessariamente seja a componente de uma força, desempenha um papel muito semelhante a uma força. De forma similar, $\partial \mathcal{L}/\partial \dot{q}_i$, embora não necessariamente seja a componente de um momento, atua de forma muito parecida a um momento. Por essa razão, chamaremos essas derivadas de **força generalizada** e **momento generalizado**, respectivamente, isto é,

$$\frac{\partial \mathcal{L}}{\partial q_i} = (i\text{-ésima componente da força generalizada}) \tag{7.15}$$

e

$$\frac{\partial \mathcal{L}}{\partial \dot{q}_i} = (i\text{-ésima componente do momento generalizado}) \tag{7.16}$$

Com essas notações, cada uma das equações de Lagrange (7.11)

$$\frac{\partial \mathcal{L}}{\partial q_i} = \frac{d}{dt} \frac{\partial \mathcal{L}}{\partial \dot{q}_i}$$

assume a forma

(força generalizada) = (taxa de variação do momento generalizado). (7.17)

Ilustrarei essas ideias no exemplo a seguir.

Exemplo 7.2 Uma partícula bidimensional: coordenadas polares

Determine as equações de Lagrange para o mesmo sistema, uma partícula movendo-se em duas dimensões, usando coordenadas polares.

Como em todos os problemas na mecânica Lagrangiana, nossa primeira tarefa é obter a Lagrangiana $\mathcal{L} = T - U$ em termos das coordenadas escolhidas. Nesse caso, devemos usar as coordenadas polares, como esboçado na Figura 7.1. Isso significa que as componentes da velocidade são $v_r = \dot{r}$ e $v_\phi = r\dot{\phi}$, e a energia cinética é $T = \frac{1}{2}mv^2 = \frac{1}{2}m(\dot{r}^2 + r^2\dot{\phi}^2)$. Portanto, a Lagrangiana é

$$\mathcal{L} = \mathcal{L}(r, \phi, \dot{r}, \dot{\phi}) = T - U = \frac{1}{2}m\left(\dot{r}^2 + r^2\dot{\phi}^2\right) - U(r, \phi). \quad (7.18)$$

Obtida a Lagrangiana, temos agora apenas que obter as duas equações de Lagrange, uma envolvendo derivadas com respeito a r e as outras derivadas com respeito a ϕ.

Equação r

A equação envolvendo derivadas com respeito a r (a equação r) é

$$\frac{\partial \mathcal{L}}{\partial r} = \frac{d}{dt}\frac{\partial \mathcal{L}}{\partial \dot{r}}$$

ou

$$mr\dot{\phi}^2 - \frac{\partial U}{\partial r} = \frac{d}{dt}(m\dot{r}) = m\ddot{r}. \quad (7.19)$$

Como $-\partial U/\partial r$ é justamente F_r, a componente radial de **F**, podemos escrever a equação r como

$$F_r = m(\ddot{r} - r\dot{\phi}^2), \quad (7.20)$$

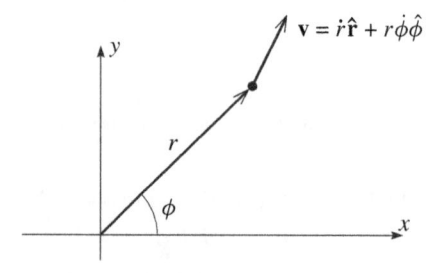

Figura 7.1 A velocidade de uma partícula expressa em coordenadas polares em duas dimensões.

que você deve reconhecer como $F_r = ma_r$, a componente r de $\mathbf{F} = m\mathbf{a}$, deduzida primeiramente na Equação (1.48). (O termo $-r\dot{\phi}^2$ é a famosa aceleração centrípeta.) Isto é, quando usamos coordenadas polares, (r, ϕ), a equação de Lagrange para r é justamente a componente radial da segunda lei de Newton. (Observe, entretanto, que a dedução Lagrangiana evitou o cálculo tedioso das componentes da aceleração.) Como veremos, a equação ϕ funciona de forma um pouco diferente e ilustra uma característica notável do método Lagrangiano.

A Equação ϕ

A equação de Lagrange para a coordenada ϕ é

$$\frac{\partial \mathcal{L}}{\partial \phi} = \frac{d}{dt}\frac{\partial \mathcal{L}}{\partial \dot{\phi}} \tag{7.21}$$

ou, substituindo $\mathcal{L}$ por (7.18),

$$-\frac{\partial U}{\partial \phi} = \frac{d}{dt}(mr^2\dot{\phi}). \tag{7.22}$$

Para interpretar essa equação, precisamos relacionar o lado esquerdo à componente apropriada da força $\mathbf{F} = -\nabla U$. Isso requer que conheçamos as componentes de ∇U em coordenadas polares:

$$\nabla U = \frac{\partial U}{\partial r}\hat{\mathbf{r}} + \frac{1}{r}\frac{\partial U}{\partial \phi}\hat{\boldsymbol{\phi}}. \tag{7.23}$$

(Se você não se lembra disso, veja o Problema 7.5.) A componente ϕ da força é exatamente o coeficiente de $\hat{\boldsymbol{\phi}}$ em $\mathbf{F} = -\nabla U$, ou seja,

$$F_\phi = -\frac{1}{r}\frac{\partial U}{\partial \phi}.$$

Logo, o lado esquerdo de (7.22) é rF_ϕ, que é simplesmente o *torque* Γ sobre a partícula em torno da origem. Por outro lado, a equação $mr^2\dot{\phi}$ à direita pode ser reconhecida como o momento angular L em torno da origem. Portanto, a equação ϕ (7.22) expressa que

$$\Gamma = \frac{dL}{dt}, \tag{7.24}$$

a condição familiar da mecânica elementar, que o torque é igual à taxa de variação do momento angular.

O resultado (7.24) ilustra um aspecto maravilhoso das equações de Lagrange, que, ao escolhermos um conjunto de coordenadas generalizadas apropriado, as equações de Lagrange correspondentes aparecem automaticamente de forma natural. Quando escolhemos r e ϕ para as nossas coordenadas, a equação ϕ se torna a equação para o momento angular. Na verdade, a situação é ainda melhor do que isso. Lembre-se de que introduzi a noção de força generalizada e momento generalizado em (7.15) e (7.16). No presente caso, a componente ϕ da força generalizada é justamente o torque,

$$\text{(componente da força generalizada } \phi) = \frac{\partial \mathcal{L}}{\partial \phi} = \Gamma \text{ (torque)}, \tag{7.25}$$

e a componente correspondente do momento generalizado é

$$\text{(componente do momento generalizado } \phi) = \frac{\partial \mathcal{L}}{\partial \dot{\phi}} = L \text{ (momento angular)}. \tag{7.26}$$

Com a escolha "natural" para as coordenadas (r e ϕ), as componentes ϕ da força e do momento generalizados se tornam as quantidades "naturais" correspondentes, o torque e o momento angular.

Observe que a "força" generalizada não tem necessariamente dimensão de força, nem o "momento" generalizado, a dimensão de momento. No presente caso, a força generalizada (componente ϕ) é um torque (isto é, força × distância) e o momento generalizado é um momento angular (momento × distância).

Esses exemplos ilustram outra característica das equações de Lagrange: a componente ϕ, $\partial \mathcal{L}/\partial \phi$ da força generalizada tornou-se o torque sobre a partícula. Se acontecer de o torque ser zero, então o momento generalizado correspondente $\partial \mathcal{L}/\partial \dot{\phi}$ (o momento angular, neste caso) é conservado. Claramente, esse é um resultado geral: a i-ésima componente da força generalizada é $\partial \mathcal{L}/\partial q_i$. Se acontecer de ela ser zero, então a equação de Lagrange

$$\frac{\partial \mathcal{L}}{\partial q_i} = \frac{d}{dt} \frac{\partial \mathcal{L}}{\partial \dot{q}_i}$$

indica simplesmente que a i-ésima componente $\partial \mathcal{L}/\partial \dot{q}_i$ do momento generalizado é constante. Ou seja, se $\mathcal{L}$ for independente de q_i, a i-ésima componente da força generalizada é zero e a componente correspondente ao momento generalizado é conservada. Na prática, é geralmente bastante fácil reconhecer que uma Lagrangiana é independente da coordenada q_i, e, se você conseguir, então imediatamente conhecerá a lei de conservação correspondente. Devemos retornar a esse ponto na Seção 7.8.

Várias partículas sem vínculos

A extensão das ideias acima para um sistema de N partículas sem vínculos (livres, como um gás de N moléculas, por exemplo) é bastante direta e deixarei para o leitor trabalhar seus detalhes (Problemas 7.6 e 7.7). Aqui, apenas esboçarei o argumento para o caso de duas partículas, principalmente, para mostrar a forma das equações de Lagrange para $N > 1$. Para duas partículas, a Lagrangiana é definida (exatamente como antes) por $\mathcal{L} = T - U$, mas isso agora significa que

$$\mathcal{L}(\mathbf{r}_1, \mathbf{r}_2, \dot{\mathbf{r}}_1, \dot{\mathbf{r}}_2) = \tfrac{1}{2} m_1 \dot{\mathbf{r}}_1^2 + \tfrac{1}{2} m_2 \dot{\mathbf{r}}_2^2 - U(\mathbf{r}_1, \mathbf{r}_2). \tag{7.27}$$

Como sempre, as forças sobre as duas partículas são $\mathbf{F}_1 = -\nabla_1 U$ e $\mathbf{F}_2 = -\nabla_2 U$. A segunda lei de Newton pode ser aplicada para cada partícula e resulta nas seis equações,

$$F_{1x} = \dot{p}_{1x}, \qquad F_{1y} = \dot{p}_{1y}, \qquad \cdots, \qquad F_{2z} = \dot{p}_{2z}.$$

Exatamente como na Equação (7.7), cada uma das seis equações é equivalente a uma equação de Lagrange correspondente

$$\frac{\partial \mathcal{L}}{\partial x_1} = \frac{d}{dt}\frac{\partial \mathcal{L}}{\partial \dot{x}_1}, \qquad \frac{\partial \mathcal{L}}{\partial y_1} = \frac{d}{dt}\frac{\partial \mathcal{L}}{\partial \dot{y}_1}, \qquad \cdots, \qquad \frac{\partial \mathcal{L}}{\partial z_2} = \frac{d}{dt}\frac{\partial \mathcal{L}}{\partial \dot{z}_2}. \qquad (7.28)$$

As seis equações implicam que a integral $S = \int_{t_1}^{t_2} \mathcal{L}\, dt$ é estacionária. Finalmente, podemos mudar para qualquer outro conjunto de seis coordenadas $q_1, q_2, \cdots, q_6$. A afirmação de que S é estacionária deve também ser verdadeira nesse novo sistema de coordenadas, e isso implica, por sua vez, que as equações de Lagrange devem ser verdadeiras com respeito às novas coordenadas:

$$\frac{\partial \mathcal{L}}{\partial q_1} = \frac{d}{dt}\frac{\partial \mathcal{L}}{\partial \dot{q}_1}, \qquad \frac{\partial \mathcal{L}}{\partial q_2} = \frac{d}{dt}\frac{\partial \mathcal{L}}{\partial \dot{q}_2}, \qquad \cdots, \qquad \frac{\partial \mathcal{L}}{\partial q_6} = \frac{d}{dt}\frac{\partial \mathcal{L}}{\partial \dot{q}_6}. \qquad (7.29)$$

Um exemplo de um conjunto de seis coordenadas generalizadas, que deveremos usar repetidas vezes no Capítulo 8, é este: em lugar das seis coordenadas de $\mathbf{r}_1$ e $\mathbf{r}_2$, podemos usar as três coordenadas da posição do CM, $\mathbf{R} = (m_1\mathbf{r}_1 + m_2\mathbf{r}_2)/(m_1 + m_2)$ e as três coordendas da posição relativa $\mathbf{r} = \mathbf{r}_1 - \mathbf{r}_2$. Veremos que essa escolha de coordenadas conduz a uma brilhante simplificação. Por enquanto, o ponto principal é que as equações de Lagrange são automaticamente verdadeiras nas suas formas padrão (7.29) com respeito a essas novas coordenadas generalizadas.

A extensão dessas ideias para o caso de N partículas livres é totalmente direta e deixarei isso para você verificar. (Veja o Problema 7.7.) O desfecho é que há $3N$ equações de Lagrange

$$\frac{\partial \mathcal{L}}{\partial q_i} = \frac{d}{dt}\frac{\partial \mathcal{L}}{\partial \dot{q}_i}, \qquad [i = 1, 2, \cdots, 3N]$$

válidas para qualquer escolha de $3N$ coordenadas $q_1, \cdots, q_{3N}$ necessárias para descrever as N partículas.

7.2 SISTEMAS COM VÍNCULOS: UM EXEMPLO

Talvez a maior vantagem do formalismo Lagrangiano é que ele pode lidar com sistemas com vínculos de modo que eles não podem se mover arbitrariamente no espaço em que se encontram. Um exemplo familiar de um sistema com vínculo é uma conta que está restrita a mover-se ao longo de um fio ou arame – a conta pode mover-se ao longo do fio, mas em nenhum outro lugar. Outro exemplo de sistema com vínculo é um corpo rígido, cujos átomos individuais podem apenas mover-se de tal forma que a distância entre dois átomos qualquer se mantém fixa. Antes de discutir a natureza dos vínculos em geral, discutirei outro exemplo simples, o pêndulo plano.

Considere o pêndulo simples apresentado na Figura 7.2. Um lóbulo de massa m está fixo a uma haste de massa desprezível, a qual está presa em O e livre para balançar, sem atrito, no plano xy. O lóbulo se move em ambas as direções x e y, mas ele está restrito pela haste de modo que $\sqrt{x^2 + y^2} = l$ permanece constante. Obviamente, apenas uma das coordendas é independente (como x varia, a variação de y é predeterminada pela equação de vínculo); dizemos que o sistema tem apenas um grau de liberdade. Uma maneira de expressar isso é eliminando uma das coordenadas, por exemplo, escrevendo

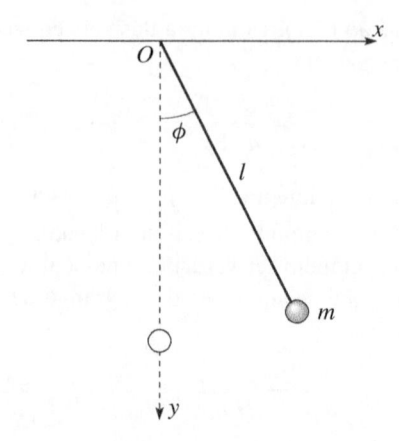

Figura 7.2 Um pêndulo simples. O lóbulo de massa m está compelido pela haste a permanecer a uma distância l a partir da origem O.

$y = \sqrt{l^2 - x^2}$ e expressando tudo em termos da única variável x. Embora isso seja uma maneira perfeitamente ligítima de proceder, uma maneira mais simples de expressar x e y é em termos de um único parâmetro ϕ, o ângulo entre o pêndulo e sua posição de equilíbrio, como ilustrado na Figura 7.2.

Podemos expressar todas as quantidades de interesse em termos de ϕ. A energia cinética é $T = \frac{1}{2}mv^2 = \frac{1}{2}ml^2\dot{\phi}^2$. A energia potencial é $U = mgh$, onde h denota a altura do lóbulo acima da posição de equilíbrio e é (como você pode verificar) $h = l(1 - \cos \phi)$. Logo, a energia potencial é $U = mgl(1 - \cos \phi)$ e a Lagrangiana é

$$\mathcal{L} = T - U = \tfrac{1}{2}ml^2\dot{\phi}^2 - mgl(1 - \cos \phi). \tag{7.30}$$

Qualquer que seja o caminho que escolhamos para prosseguir – para escrever tudo em termos de x (ou y) ou ϕ –, a Lagrangiana é expressa em termos de uma única coordenada generalizada q e sua derivada temporal $\dot{q}$, da forma $\mathcal{L} = \mathcal{L}(q, \dot{q})$. Agora, é um fato (que não demonstrarei ainda) que, uma vez a Lagrangiana seja escrita em termos dessa variável única (para um sistema com um grau de liberdade), a evolução do sistema novamente satisfaz a equação de Lagrange (da mesma forma que mostramos para o caso de uma partícula livre na seção anterior). Isto é,

$$\frac{\partial \mathcal{L}}{\partial q} = \frac{d}{dt}\frac{\partial \mathcal{L}}{\partial \dot{q}}. \tag{7.31}$$

Se escolhermos o ângulo ϕ como a nossa coordenada generalizada, então a equação de Lagrange torna-se

$$\frac{\partial \mathcal{L}}{\partial \phi} = \frac{d}{dt}\frac{\partial \mathcal{L}}{\partial \dot{\phi}}. \tag{7.32}$$

A Lagrangiana $\mathcal{L}$ é obtida por (7.30) e as derivadas necessárias são facilmente calculadas, resultando em

$$-mgl \operatorname{sen} \phi = \frac{d}{dt}(ml^2\dot{\phi}) = ml^2\ddot{\phi}. \tag{7.33}$$

Observando a Figura 7.2, podemos ver que o lado esquerdo dessa equação é justamente o torque Γ exercido pela gravidade sobre o pêndulo, enquanto o termo ml^2 é o momento de inércia I. Como $\ddot{\phi}$ é a aceleração angular α, vemos que a equação de Lagrange para o pêndulo simples reproduz o resultado familiar $\Gamma = I\alpha$.

7.3 SISTEMAS COM VÍNCULOS EM GERAL

Coordendas generalizadas

Considere agora um sistema arbitrário de N partículas, $\alpha = 1, \cdots, N$ com posições $\mathbf{r}_\alpha$. Dizemos que os parâmetros $q_1, \cdots, q_n$ formam um conjunto de **coordenadas generalizadas** para o sistema se cada posição $\mathbf{r}_\alpha$ puder ser expressa com uma função de $q_1, \cdots, q_n$, e, possivelmente, de t,

$$\mathbf{r}_\alpha = \mathbf{r}_\alpha(q_1, \cdots, q_n, t) \quad [\alpha = 1, \cdots, N], \quad (7.34)$$

e, reciprocamente, se cada q_i puder ser expressa em termos de $\mathbf{r}\alpha$ e, possivelmente, de t,

$$q_i = q_i(\mathbf{r}_1, \cdots, \mathbf{r}_N, t) \quad [i = 1, \cdots, n]. \quad (7.35)$$

Além disso, exigimos que o número de coordenadas generalizadas (n) seja o menor número que permita que o sistema seja parametrizado dessa forma. No nosso mundo tridimensional, o número n de coordenadas generalizadas para N partículas certamente não é maior do que $3N$ e, para um sistema com vínculos, é certamente menor – algumas vezes, muito menor. Por exemplo, para um corpo rígido, o número de partículas N pode ser da ordem de 10^{23}, enquanto o número de coordenadas generalizadas n é 6 (três coordenadas para identificar a posição do centro de massa e três para obter a orientação do corpo).

Para ilustrar a relação (7.34), considere novamente o pêndulo simples da Figura 7.2. Há uma única partícula (o lóbulo) e duas coordenadas Cartesianas (uma vez que o pêndulo está compelido a duas dimensões). Como vimos, há apenas uma coordenada generalizada, que consideramos como sendo o ângulo ϕ. O análogo de (7.34) é

$$\mathbf{r} \equiv (x, y) = (l\,\text{sen}\,\phi, l\cos\phi) \quad (7.36)$$

e expressa as duas coodenadas Cartesianas x e y em termos da única coordenada generalizada ϕ.

O pêndulo duplo apresentado na Figura 7.3 tem dois lóbulos, ambos confinados ao plano, de modo que ele tem quatro coordenadas Cartesianas, todas elas podem ser expressas em termos de duas coordenadas generalizadas ϕ_1 e ϕ_2. Especificamente, se considerarmos a origem no ponto de sustentação no topo do pêndulo,

$$\mathbf{r}_1 = (l_1\,\text{sen}\,\phi_1, l_1\cos\phi_1) = \mathbf{r}_1(\phi_1) \quad (7.37)$$

e

$$\mathbf{r}_2 = (l_1\,\text{sen}\,\phi_1 + l_2\,\text{sen}\,\phi_2, l_1\cos\phi_1 + l_2\cos\phi_2) = \mathbf{r}_2(\phi_1, \phi_2). \quad (7.38)$$

Observe que as componentes de $\mathbf{r}_2$ dependem de ϕ_1 e ϕ_2.

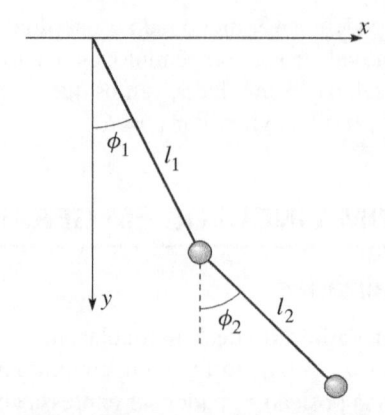

Figura 7.3 A posição de ambas as massas em um pêndulo duplo são especificadas por duas coordenadas generalizadas ϕ_1 e ϕ_2, que podem variar de forma independente.

Nesses dois exemplos, a transfomação entre coordenadas Cartesianas e generalizadas não dependeu do tempo, mas é facil pensar em exemplos que dependem. Considere o vagão ilustrado na Figura 7.4, o qual tem um pêndulo suspenso a partir do teto e está forçado[3] a acelerar com uma aceleração fixa a. É natural especificar a posição do pêndulo pelo ângulo ϕ, mas devemos reconhecer que, em primeira instância, ele fornece a posição do pêndulo relativa à aceleração e consequentemente ao referencial não inercial do vagão. Se desejarmos especificar a posição do lóbulo relativa a um referencial inercial, podemos escolher um referencial fixo relativo ao solo e podemos facilmente expressar a posição relativa a este referencial inercial em termos do ângulo ϕ. A posição de um ponto suspenso, relativa ao solo, é (se escolhermos os eixos e a origem apropriadamente) $x_s = \frac{1}{2}at^2$, e a posição do lóbulo é então facilmente obtida como

$$\mathbf{r} \equiv (x, y) = (l\,\text{sen}\,\phi + \tfrac{1}{2}at^2, l\cos\phi) = \mathbf{r}(\phi, t). \qquad (7.39)$$

A relação entre $\mathbf{r}$ e a coordenada generalizada ϕ depende do tempo t, uma possibilidade que foi permitida quando escrevi (7.34).

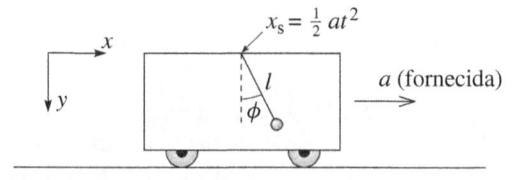

Figura 7.4 Um pêndulo está suspenso a partir do teto de um vagão que é forçado a acelerar com uma aceleração conhecida e fixa a.

---

[3] A palavra "forçado" é frequentemente usada para descrever um movimento que é imposto por algum agente externo e não é afetado pelos movimentos internos do sistema. Neste exemplo, a aceleração "forçada" do vagão é assumida como sendo a mesma, quaisquer que sejam as oscilações do pêndulo.

Algumas vezes, descrevemos um conjunto $q_1, \cdots, q_n$ como **natural** se a relação (7.34) entre as coordenadas Cartesianas $\mathbf{r}_\alpha$ e as coordenadas generalizadas *não* envolve o tempo *t*. Encontraremos algumas propriedades convenientes das coordenadas naturais, que em geral não se aplicam às coordenadas em que (7.34) *envolve* o tempo. Felizmente, como o nome indica, há muitos problemas para os quais a escolha mais conveniente de coordenadas também *é* natural.[4]

Graus de liberdade

O número de graus de liberdade de um sistema é o número de coordenadas que podem variar independentemente em um pequeno deslocamento – o número de "direções" independentes nas quais o sistema pode mover-se a partir de qualquer configuração inicial dada. Por exemplo, o pêndulo simples da Figura 7.2 possui apenas um grau de liberdade, enquanto o pêndulo duplo da Figura 7.3 possui dois. Uma partícula que está livre para mover-se para qualquer lugar no espaço tridimensional possui três graus de liberdade, enquanto um gás composto de *N* partículas possui 3*N* graus de liberdade.

Quando o número de graus de liberdade de um sistema de *N* partículas em três dimensões é menor do que 3*N*, dizemos que é um sistema com *vínculo*. (Em duas dimensões, o número correspondente é 2*N*, naturalmente.) O lóbulo do pêndulo simples, com um grau de liberdade, possui vínculo. As duas massas do pêndulo duplo, com dois graus de liberdade, possuem vínculos. Os *N* átomos de um corpo rígido têm apenas seis graus de liberdade e possuem certamente vínculos. Outros exemplos são a conta compelida a deslizar sobre um fio fixo e uma partícula compelida a mover-se sobre uma superfície fixa em três dimensões.

Em todos esses exemplos mencionados até agora, o número de graus de liberdade foi igual ao número de coordenadas generalizadas necessárias para descrever as configurações do sistema. (O pêndulo duplo possui dois graus de liberdade e necessita de duas coordenadas generalizadas, e assim por diante.) Um sistema com essa propriedade aparente é dito **holonômico**,[5] isto é, um sistema holonômico possui *n* graus de liberdade e pode ser descrito por *n* coordenadas generalizadas, $q_1, \cdots, q_n$. Sistemas holonômicos são mais fáceis de tratar do que sistemas não holonômicos e, neste livro, me restringirei aos sistemas holonômicos.

Você pode pensar que todos os sistemas seriam holonômicos, ou pelo menos que os sistemas não holonômicos seriam raros e bizarramente complicados. Na verdade, há alguns exemplos muito simples de sistemas não holonômicos. Considere, por exemplo, uma bola sólida de borracha que está livre para rolar (mas não para deslizar nem para girar em torno de um eixo vertical) sobre uma mesa horizontal. Iniciando a partir de qualquer posição (*x*, *y*), ela pode se mover em apenas dois sentidos independentes. Portanto, a bola tem

---

[4] Coordenadas naturais também são conhecidas como *escleronomas*, e as que não são naturais, *reonomas*. Não utilizarei esses nomes, fáceis de esquecer. Coordenadas não naturais são algumas vezes denominadas *forçadas*, uma vez que a dependência no tempo na relação (7.34) está geralmente associada a um movimento forçado, como a aceleração forçada do vagão na Figura 7.4.

[5] Inúmeras definições distintas de "holonômico" podem ser encontradas; nem todas elas são exatamente equivalentes.

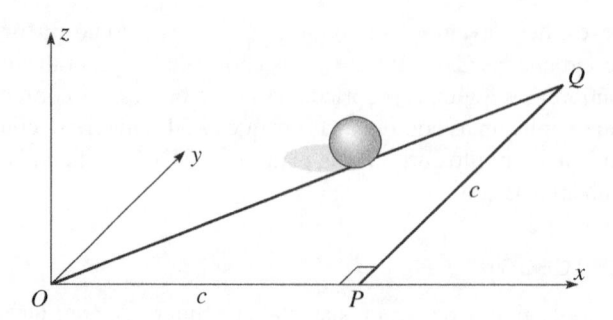

Figura 7.5 O triângulo retângulo OPQ repousa no plano xy com lados OP e PQ de comprimentos c. Se você rolar uma bola de circunferência c ao longo de OPQ, ela irá retornar ao ponto inicial com a orientação modificada.

dois graus de liberdade e você pode muito bem imaginar que sua configuração poderia ser univocamente especificada pelas duas coordenadas, x e y, de seu centro. Mas considere o seguinte: vamos pôr a bola na origem O e fazer uma marca sobre o seu ponto mais alto. Agora, realize os três movimentos a seguir. (Veja o Problema 7.5.) Role a bola ao longo do eixo x por uma distância igual à circunferência c, até um ponto P, onde a marca estará novamente no topo da bola. Agora, role a bola pela mesma distância c na direção y até Q, onde a marca ficará no topo outra vez. Finalmente, role a bola diretamente de volta à origem ao longo da hipotenusa do triângulo OPQ. Como este último movimento tem comprimento $\sqrt{2}c$, ele traz a bola de volta ao ponto inicial, mas com a marca não mais no topo. A posição (x, y) retornou ao seu valor inicial, mas, agora, a bola tem uma nova orientação. Evidentemente, as duas coordenadas (x, y) não são suficientes para especificar a configuração de forma unívoca. Na verdade, mais três números são necessários para especificar a orientação da bola, e precisamos de cinco coordenadas ao todo para especificar a configuração completamente. A bola tem dois graus de liberdade, mas precisa de cinco coordenadas generalizadas. Claramente, esse é um sistema não holonômico.

Embora sistemas não holonômicos certamente existam, eles são mais complicados de analisar do que sistemas holonômicos e não irei mais discuti-los. Para qualquer sistema com coordenadas generalizadas $q_1, \cdots, q_n$ e energia potencial $U(q_1, \cdots, q_n, t)$ (que pode depender do tempo t, conforme descrito na Seção 4.5), a evolução temporal é determinada pelas n equações de Lagrange

$$\frac{\partial \mathcal{L}}{\partial q_i} = \frac{d}{dt}\frac{\partial \mathcal{L}}{\partial \dot{q}_i} \qquad [i = 1, \cdots, n], \tag{7.40}$$

onde a Lagrangiana $\mathcal{L}$ é definida, como sempre, $\mathcal{L} = T - U$. Demonstrarei esse resultado na Seção 7.4.

7.4 DEMONSTRAÇÃO DAS EQUAÇÕES DE LAGRANGE COM VÍNCULOS

Estamos agora prontos para demonstrar as equações de Lagrange para qualquer sistema holonômico. Para simplificar, tratarei explicitamente do caso que tem apenas uma partícula. (A generalização para um número arbitrário de partículas é bastante direto – veja o Problema 7.13.) Para ser preciso, suporei que a partícula esteja compelida a mover-se sobre uma superfície.[6] Isso significa que ela tem dois graus de liberdade e pode ser descrita por duas coordenadas generalizadas q_1 e q_2 que podem variar independentemente.

Devemos reconhecer que há dois tipos de forças sobre a partícula (ou partículas, no caso geral). Primeiro, há forças de vínculo: para a conta em um fio, a força de vínculo é a força normal gerada pelo fio sobre a conta; para nossa partícula, restrita a mover-se sobre uma superfície, a força é a força normal gerada pela superfície. Para os átomos em um corpo rígido, as forças de vínculo são as interações interatômicas que mantêm os átomos em seus lugares no interior do corpo. Em geral, as forças de vínculos não são necessariamente conservativas, mas isso não importa. Um dos objetivos do formalismo Lagrangiano é determinar equações que não envolvam forças de vínculos que, em geral, não desejamos conhecer. (Entretanto, observe que, se a forças de vínculos forem não conservativas, as equações de Lagrange, na forma simples sem vínculos da Seção 7.1 certamente *não* se aplicarão.) Denotarei a força de vínculo resultante sobre uma partícula por $\mathbf{F}_{vínc}$, que, em nosso caso, é justamente a força normal da superfície para a qual a partícula está confinada.

Segundo, há todas as outras forças que "não são de vínculos" agindo sobre a partícula, como a gravidade. Essas são as forças pelas quais estamos normalmente interessados na prática e denotarei sua resultante por $\mathbf{F}$. Assumirei que todas as forças que não são de vínculo satisfazem a segunda condição de conservação, de modo que elas são deduzidas a partir de uma energia potencial, $U(\mathbf{r}, t)$, e

$$\mathbf{F} = -\nabla U(\mathbf{r}, t). \tag{7.41}$$

(Se todas as forças que não são de vínculo forem de fato conservativas, então U será independente de t, mas não precisamos assumir isso.) A força total sobre nossa partícula é $\mathbf{F}_{tot} = \mathbf{F}_{vínc} + \mathbf{F}$.

Finalmente, definirei a Lagrangiana, como de costume,

$$\mathcal{L} = T - U. \tag{7.42}$$

Como U é a energia potencial apenas para as forças que não são de vínculos, essa definição de $\mathcal{L}$ exclui as forças de vínculo. Isso corretamente indica que as equações de Lagrange, para um sistema com vínculos, elimina as forças de vínculo, como verificaremos a seguir.

A integral de ação é estacionária para o caminho correto

Considere quaisquer dois pontos $\mathbf{r}_1$ e $\mathbf{r}_2$ através dos quais a partícula passa nos instantes t_1 e t_2. Denotarei por $\mathbf{r}(t)$ o caminho "correto", o caminho que de fato a partícula percorre entre dois pontos e $\mathbf{R}(t)$ qualquer caminho "errado" na vizinhança entre os mesmos dois pontos. É conveniente escrever

$$\mathbf{R}(t) = \mathbf{r}(t) + \boldsymbol{\epsilon}(t), \tag{7.43}$$

---

[6] Na realidade, é um pouco difícil imaginar como restringir uma partícula a uma superfície de modo que ela não possa saltar. Se isso o preocupa, você pode imaginar a partícula prensada entre duas superfícies paralelas com apenas um pequeno espaço entre elas para permitir que a partícula deslize livremente.

que define $\epsilon(t)$ como vetor infinitesimal apontando de $\mathbf{r}(t)$ sobre o caminho correto até o ponto correspondente $\mathbf{R}(t)$ sobre o caminho errado. Como assumirei que ambos os pontos, $\mathbf{r}(t)$ e $\mathbf{R}(t)$, repousam sobre a superfície na qual a partícula está confinada, o vetor $\epsilon(t)$ está contido sobre a mesma superfície. Como $\mathbf{r}(t)$ e $\mathbf{R}(t)$ passam pelos mesmos pontos extremos, $\epsilon(t) = 0$ em t_1 e t_2.

Vamos denotar por S a integral de ação

$$S = \int_{t_1}^{t_2} \mathcal{L}(\mathbf{R}, \dot{\mathbf{R}}, t) \, dt, \qquad (7.44)$$

tomada ao longo de qualquer caminho $\mathbf{R}(t)$ que está sobre a superfície vínculo, e por S_o a integral correspondente tomada ao longo do caminho correto $\mathbf{r}(t)$. Como mostrarei agora, a integral S é estacionária para variações do caminho $\mathbf{R}(t)$, quando $\mathbf{R}(t) = \mathbf{r}(t)$ ou, equivalentemente, quando a diferença ϵ é zero. Uma outra forma de dizer isso é que a diferença entre as integrais de ação

$$\delta S = S - S_o \qquad (7.45)$$

é zero em primeira ordem na distância ϵ entre os caminhos e isso é o que irei demonstrar.

A diferença (7.45) é a integral da diferença entre as Lagrangianas sobre os dois caminhos,

$$\delta \mathcal{L} = \mathcal{L}(\mathbf{R}, \dot{\mathbf{R}}, t) - \mathcal{L}(\mathbf{r}, \dot{\mathbf{r}}, t). \qquad (7.46)$$

Se substituirmos $\mathbf{R}(t) = \mathbf{r}(t) + \epsilon(t)$ e

$$\mathcal{L}(\mathbf{r}, \dot{\mathbf{r}}, t) = T - U = \tfrac{1}{2} m \dot{\mathbf{r}}^2 - U(\mathbf{r}, t),$$

essa torna-se[7]

$$\delta \mathcal{L} = \tfrac{1}{2} m \left[(\dot{\mathbf{r}} + \dot{\epsilon})^2 - \dot{\mathbf{r}}^2 \right] - [U(\mathbf{r} + \epsilon, t) - U(\mathbf{r}, t)]$$

$$= m \dot{\mathbf{r}} \cdot \dot{\epsilon} - \epsilon \cdot \nabla U + O(\epsilon^2),$$

onde $O(\epsilon^2)$ denota os termos envolvendo quadrados e potências mais elevadas de ϵ e $\dot{\epsilon}$. Retornando à diferença (7.45) das duas integrais de ação, obtemos que, para primeira ordem em ϵ,

$$\delta S = \int_{t_1}^{t_2} \delta \mathcal{L} \, dt = \int_{t_1}^{t_2} [m \dot{\mathbf{r}} \cdot \dot{\epsilon} - \epsilon \cdot \nabla U] \, dt. \qquad (7.47)$$

O primeiro termo na integral de ação pode ser integrado por partes. (Lembre-se de que isso apenas significa mover a derivada no tempo de um fator para outro e alterar o sinal.) A diferença ϵ é zero nos pontos extremos, dessa forma, a contribuição dos pontos extremos é zero e obtemos

$$\delta S = -\int_{t_1}^{t_2} \epsilon \cdot [m \ddot{\mathbf{r}} + \nabla U] \, dt. \qquad (7.48)$$

---

[7] Para compreender o segundo termo na segunda linha, lembre-se de que $f(\mathbf{r} + \epsilon) - f(\mathbf{r}) \approx \epsilon \cdot \nabla f$, para qualquer função escalar $f(\mathbf{r})$. Veja a Seção 4.3.

Agora, o caminho **r**(t) é o caminho "correto" e satisfaz a segunda lei de Newton. Portanto, o termo $m\ddot{\mathbf{r}}$ é a força total sobre a partícula, $\mathbf{F}_{tot} = \mathbf{F}_{vínc} + \mathbf{F}$. Entretanto, $\nabla U = -\mathbf{F}$ e, por isso, o segundo termo em (7.48) cancela a segunda parte do primeiro e ficamos com

$$\delta S = -\int_{t_1}^{t_2} \boldsymbol{\epsilon} \cdot \mathbf{F}_{vínc} dt. \tag{7.49}$$

Mas a força de vínculo $\mathbf{F}_{vínc}$ é normal à superfície na qual a partícula se move, enquanto $\boldsymbol{\epsilon}$ está sobre a superfície. Portanto, $\boldsymbol{\epsilon} \cdot \mathbf{F}_{vínc} = 0$, e concluímos a demonstração que $\delta S = 0$. Ou seja, a integral de ação é estacionária para o caminho correto, como afirmamos.[8]

Demonstração final

Demonstramos o princípio de Hamilton, em que a integral de ação é estacionária ao longo do caminho que a partícula realmente percorre. No entanto, a demonstração do princípio *não* foi realizada para variações arbitrárias do caminho, mas sim para aquelas variações de caminho que são *consistentes com os vínculos* – isto é, caminhos que estão sobre a superfície na qual a partícula está compelida a mover-se. Isso significa que não podemos demonstrar as equações de Lagrange com respeito às três coordenadas Cartesianas. Por outro lado, *podemos* demonstrá-las em relação a coordenadas generalizadas apropriadas. Estamos assumindo que a partícula está confinada, devido a vínculos holonômicos, a mover-se sobre a superfície, ou seja, em um subconjunto bidimensional do mundo tridimensional completo. Isso significa que a partícula tem dois graus de liberdade e pode ser descrita por duas coordendas generalizadas, q_1 e q_2, que podem ser variadas independentemente. *Qualquer* variação de q_1 ou q_2 é consistente com os vínculos.[9] Em conformidade, podemos escrever a integral de ação em termos de q_1 e q_2 da forma

$$S = \int_{t_1}^{t_2} \mathcal{L}(q_1, q_2, \dot{q}_1, \dot{q}_2, t) \, dt \tag{7.50}$$

e essa integral é estacionária para *quaisquer* variações de q_1 e q_2 com respeito ao caminho correto $[q_1(t), q_2(t)]$. Portanto, de acordo com o argumento do Capítulo 6, o caminho correto deve satisfazer as duas equações de Lagrange

$$\frac{\partial \mathcal{L}}{\partial q_1} = \frac{d}{dt}\frac{\partial \mathcal{L}}{\partial \dot{q}_1} \quad \text{e} \quad \frac{\partial \mathcal{L}}{\partial q_2} = \frac{d}{dt}\frac{\partial \mathcal{L}}{\partial \dot{q}_2}. \tag{7.51}$$

A demonstração que realizei aqui se aplica diretamente a apenas uma única partícula em três dimensões, compelida a mover-se sobre uma superfície bidimensional, mas as principais ideias do caso geral estão todas presentes. A generalização é, na maior parte, bastante direta (veja o Problema 7.13), e espero ter dito o bastante para convencê-lo da

---

[8] A observação de que o integrando em (7.49) é zero é realmente o passo crucial de nossa demonstração. Quando consideramos a generalização da demonstração para qualquer sistema arbitrário com vínculos (por exemplo, veja o Problema 7.13), encontramos que há um passo correspondente e que o termo equivalente é zero pela mesma razão: as forças de vínculo não agiriam em um deslocamento que fosse consistente com os vínculos. Certamente, essa é uma possível definição de uma força de vínculo.

[9] Por exemplo, se sua superfície for uma esfera, com centro na origem, então as coordenadas generalizadas q_1, q_2 podem ser os ângulos θ, ϕ das coordenadas esféricas polares. Qualquer variação de θ ou ϕ é consistente com o vínculo que mantém a partícula sobre a esfera.

veracidade do resultado geral: para qualquer sistema holonômico, com n graus de liberdade e n coodenadas generalizadas, e com a forças que não são de vínculos deduzidas a partir de uma energia potencial $U(q_1, \cdots, q_n, t)$, o caminho percorrido pelo sistema é determinado pelas n equações de Lagrange

$$\frac{\partial \mathcal{L}}{\partial q_i} = \frac{d}{dt} \frac{\partial \mathcal{L}}{\partial \dot{q}_i} \quad [i = 1, \cdots, n], \qquad (7.52)$$

onde $\mathcal{L}$ é a Lagrangiana $\mathcal{L} = T - U$ e $U = U(q_1, \cdots, q_n, t)$ é a energia potencial total correspondente a todas as forças, exceto às forças de vínculo.

Foi essencial, em nossa demonstração das equações de Lagrange, que as forças que não são de vínculos fossem conservativas (ou, no mínimo, que elas satisfizessem a segunda condição para a conservação) de modo que elas pudessem ser deduzidas a partir de uma energia potencial, $\mathbf{F} = -\nabla U$. Se isso não for verdade, então as equações de Lagrange podem não ser válidas, pelo menos sob a forma (7.52). Um exemplo óbvio de uma força que não satisfaz essa condição é o atrito por deslizamento. O atrito por deslizamento não pode ser considerado como uma força de vínculo (ele não é normal à superfície) e não pode ser deduzido a partir de uma energia potencial. Logo, quando a força de atrito por deslizamento está presente, as equações de Lagrange não são válidas na forma (7.52). As equações de Lagrange podem ser modificadas para incluir forças como o atrito (veja o Problema 7.12), mas o resultando é complicado e me restringirei a situações em que as Equações (7.52) são válidas.

7.5 EXEMPLOS DAS EQUAÇÕES DE LAGRANGE

Nesta seção, apresentarei cinco exemplos da aplicação das equações de Lagrange. Os dois primeiros são suficientemente simples de modo que elas podem ser resolvidas com o formalismo Newtoniano. Meu principal objetivo para incluí-las é apenas para oferecer experiência ao leitor com o uso do formalismo Lagrangiano. Entretanto, mesmo os casos simples mostram algumas vantagens do formalismo Lagrangiano frente ao Newtoniano; em particular, veremos como o formalismo Lagrangiano remove qualquer necessidade de considerar forças de vínculos. Os três últimos exemplos são suficientemente complexos de forma que a utilização do formalismo Newtoniano requer um conhecimento considerável; porém, ao contrário, o formalismo Lagrangiano permite-nos deduzir as equações do movimento quase sem pensarmos.

Os exemplos dados aqui ilustram um ponto importante sobre as equações de Lagrange: o formalismo Lagrangiano sempre (ou quase sempre) fornece uma forma direta de expressar as equações de movimento. Por outro lado, ele não pode garantir que as equações resultantes sejam facilmente resolvidas. Se você for muito sortudo, as equações do movimento podem ter soluções analíticas, mas, mesmo quando não têm, elas correspondem aos primeiros passos essenciais na compreensão das soluções e elas geralmente sugerem um começo para uma solução aproximada. As equações de movimento podem fornecer respostas simples para certas equações subsidiárias. (Por exemplo, uma vez que tenhamos as equações de movimento, podemos geralmente determinar muito facilmente as posições de equilíbrio de um sistema.) *Podemos* sempre resolver as equações de movimento numericamente para dadas condições iniciais.

O método Lagrangiano é tão importante que ele certamente merece mais do que apenas cinco exemplos. No entanto, o ponto crucial é que *você* mesmo estude vários exemplos; por isso, disponibilizei muitos problemas ao final do capítulo e é essencial que você resolva vários deles, tão logo quanto possível, após a leitura desta seção.

Exemplo 7.3   Máquina de Atwood

Considere a máquina de Atwood, que foi apresentada pela primeira vez na Figura 4.15 e que ilustramos novamente na Figura 7.6, na qual as duas massas m_1 e m_2 estão suspensas por um fio inextensível (de comprimento l) que passa por duas roldanas de massas desprezíveis e sem atrito, de raios R. Deduza a Lagrangiana $\mathcal{L}$, usando a distância x como coordenada generalizada; determine a equação de Lagrange para o movimento e resolva essa equação para a aceleração $\ddot{x}$. Compare seus resultados com a solução Newtoniana.

Como o fio possui um comprimento fixo, as alturas x e y das duas massas não podem variar independentemente. Pelo contrário, $x + y + \pi R = l$, o comprimento do fio, de modo que y pode ser expresso em termos de x da forma

$$y = -x + \text{const.} \tag{7.53}$$

Portanto, vemos que podemos usar x como a coordenada generalizada. De (7.53), vemos que $\dot{y} = -\dot{x}$, e assim a energia cinética do sistema é

$$T = \tfrac{1}{2}m_1\dot{x}^2 + \tfrac{1}{2}m_2\dot{y}^2 = \tfrac{1}{2}(m_1 + m_2)\dot{x}^2,$$

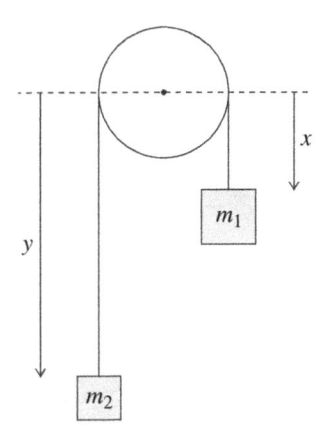

Figura 7.6   Uma máquina de Atwood consiste em duas massas, m_1 e m_2, suspensas por um fio inextensível de massa desprezível, o qual passa por uma roldana de raio R com massa desprezível e sem atrito. Como o comprimento do fio é fixo, a posição do sistema como um todo pode ser especificada por uma única variável, que podemos considerar como sendo a distância x.

enquanto a energia potencial é

$$U = -m_1 g x - m_2 g y = -(m_1 - m_2) g x + \text{const.}$$

Combinando essas quantidades, determinanos a Lagrangiana

$$\mathcal{L} = T - U = \tfrac{1}{2}(m_1 + m_2)\dot{x}^2 + (m_1 - m_2)gx, \qquad (7.54)$$

onde desprezei uma constante sem interesse.

A equação de Lagrange para o movimento é

$$\frac{\partial \mathcal{L}}{\partial x} = \frac{d}{dt}\frac{\partial \mathcal{L}}{\partial \dot{x}}$$

ou, substituindo $\mathcal{L}$ por (7.54),

$$(m_1 - m_2)g = (m_1 + m_2)\ddot{x}, \qquad (7.55)$$

que podemos resolver prontamente para obter a aceleração desejada

$$\ddot{x} = \frac{m_1 - m_2}{m_1 + m_2} g. \qquad (7.56)$$

Escolhendo-se os valores de m_1 e m_2 bastante próximos, podemos tornar essa aceleração muito menor do que g, e então é muito mais fácil de estimá-las. Portanto, a máquina de Atwood foi um dos primeiros métodos razoavelmente precisos para se estimar g.

A solução Newtoniana correspondente requer a dedução da segunda lei de Newton para cada uma das massas separadamente. A força resultante sobre m_1 é $m_1 g - F_t$, onde F_t é a tração sobre o fio. (Essa é a força de vínculo e não precisou ser considerada na solução Lagrangiana.) Logo, a segunda lei de Newton para m_1 é

$$m_1 g - F_t = m_1 \ddot{x}.$$

Da mesma forma, a segunda lei de Newton para m_2 é

$$F_t - m_2 g = m_2 \ddot{x}.$$

(Lembre-se de que a aceleração para cima em m_2 é a mesma que a aceleração *para baixo* em m_1.) Vemos que o método de Newton nos deu duas equações com duas incógnitas, a aceleração $\ddot{x}$ e a força de vínculo F_t. Ao adicionarmos essas duas equações, podemos eliminar F_t e chegarmos exatamente na Equação (7.55) do método Lagrangiano e, portanto, ao mesmo valor (7.56) para $\ddot{x}$.

A solução Newtoniana da máquina de Atwood é muito simples para que possamos ficar admirados com a solução alternativa. Entretanto, esse exemplo ilustra como o método Lagrangiano permite-nos ignorar a força desconhecida de vínculo (e normalmente desinteressante) e eliminar pelo menos um passo da solução Newtoniana.

Exemplo 7.4 Uma partícula compelida a mover-se sobre um cilindro

Considere uma partícula de massa m compelida a mover-se, sem atrito, sobre um cilindro de raio R, dado pela equação $\rho = R$ em coordenadas cilíndricas polares (ρ, ϕ, z), conforme ilustra a Figura 7.7. Além da força de vínculo (a força normal produzida pelo cilindro), a única força que age sobre a massa é a força $\mathbf{F} = -k\mathbf{r}$ dirigida em direção à origem. (Essa é uma versão tridimensional da força da lei de Hooke.) Usando z e ϕ como coordenadas generalizadas, determine a Lagrangiana $\mathcal{L}$. Obtenha e resolva as equações de Lagrange e descreva o movimento.

Como a coordenada ρ da partícula está fixada em $\rho = R$, podemos especificar sua posição informando apenas z e ϕ e, como essas duas coordenadas podem variar independentemente, o sistema possui dois graus de liberdade e podemos usar (z, ϕ) como coordenadas generalizadas. A velocidade tem $v_\rho = 0$, $v_\phi = R\dot\phi$ e $v_z = \dot z$. Portanto, a energia cinética é

$$T = \tfrac{1}{2}mv^2 = \tfrac{1}{2}m(R^2\dot\phi^2 + \dot z^2).$$

A energia potencial para a força $\mathbf{F} = -k\mathbf{r}$ é (Problema 7.25) $U = \tfrac{1}{2}kr^2$, onde r é a distância da origem até a partícula, dada por $r^2 = R^2 + z^2$ (veja a Figura 7.7). Portanto,

$$U = \tfrac{1}{2}k(R^2 + z^2),$$

e a Lagrangiana é

$$\mathcal{L} = \tfrac{1}{2}m(R^2\dot\phi^2 + \dot z^2) - \tfrac{1}{2}k(R^2 + z^2). \tag{7.57}$$

Como o sistema tem dois graus de liberdade, há duas equações de movimento. A equação z é

$$\frac{\partial \mathcal{L}}{\partial z} = \frac{d}{dt}\frac{\partial \mathcal{L}}{\partial \dot z} \quad \text{ou} \quad -kz = m\ddot z. \tag{7.58}$$

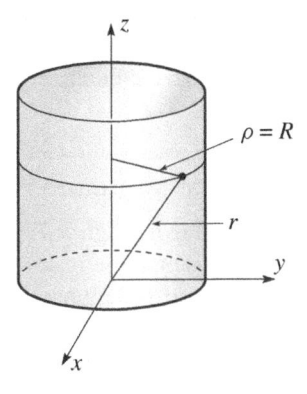

Figura 7.7 Uma massa m está compelida a mover-se sobre a superfície de um cilindro $\rho = R$ e sujeita à força da lei de Hooke $\mathbf{F} = -k\mathbf{r}$.

A equação ϕ é ainda mais simples. Como $\mathcal{L}$ não depende de ϕ, segue que $\partial\mathcal{L}/\partial\phi = 0$ e a equação ϕ é então

$$\frac{\partial\mathcal{L}}{\partial\phi} = \frac{d}{dt}\frac{\partial\mathcal{L}}{\partial\dot{\phi}} \quad \text{ou} \quad 0 = \frac{d}{dt}mR^2\dot{\phi}. \tag{7.59}$$

A Equação z (7.58) informa que a massa executa o movimento de um oscilador harmônico simples na direção z, com $z = A\cos(\omega t - \delta)$. A Equação ϕ (7.59) informa que a quantidade $mR^2\dot{\phi}$ é constante, isto é, que a componente z do momento angular é conservada – um resultado que poderíamos ter antecipado já que não há torque nessa direção. Como ρ é fixo, isso implica simplesmente que $\dot{\phi}$ é constante e que a massa se move em torno do cilindro com velocidade angular constante $\dot{\phi}$, ao mesmo tempo que ela se move para cima e para baixo na direção z, em um movimento harmônico simples.

Esses dois exemplos ilustram as etapas a serem seguidas na resolução de qualquer problema pelo método Lagrangiano (desde que todos os vínculos sejam holonômicos e que as forças que não são de vínculo sejam obtidas a partir de uma energia potencial, como estamos assumindo):

1. Obtenha as energias cinética e potencial e, a seguir, a Lagrangiana, $\mathcal{L} = T - U$, usando qualquer sistema de referências conveniente.
2. Escolha um conjunto conveniente de coordenadas generalizadas $q_1, \cdots, q_n$ e determine as expressões para as coordenadas do passo 1 em termos das coordenadas generalizadas. (Passos 1 e 2 podem ser efetuados em qualquer ordem.)
3. Reescreva $\mathcal{L}$ em termos de $q_1, \cdots, q_n$ e $\dot{q}_1, \cdots, \dot{q}_n$.
4. Obtenha as n equações de Lagrange (7.52).

Como veremos, esses quatro passos fornecem uma rotina quase infalível para obtenção das equações do movimento de qualquer sistema, independentemente do quão complexo ele seja. Se as equações resultantes podem ser resolvidas facilmente, é outra questão, mas mesmo quando não o possam, apenas obtê-las já é um enorme passo na direção da compreensão do sistema e um passo essencial para determinar soluções aproximadas ou numéricas.

Os dois próximos exemplos ilustram como o formalismo Lagrangiano pode gerar as equações de movimento, quase sem esforço, para problemas que necessitariam de um cuidado considerável e engenhosidade se o método de Newton fosse utilizado.

Exemplo 7.5   Bloco deslizando sobre uma rampa

Considere o bloco e a rampa ilustrados na Figura 7.8. O bloco (de massa m) está livre para deslizar sobre a rampa e a rampa (de massa M) pode deslizar sobre uma mesa horizontal, ambos com atrito desprezível. O bloco é largado a partir do topo da rampa, com ambos inicialmente em repouso. Se a rampa forma um ângulo α com a horizontal e o comprimento da sua face de deslizamento é l, quanto tempo o bloco leva até atingir a base?

O sistema possui dois graus de liberdade e uma boa escolha das duas coordenadas generalizadas é, como ilustrado, a distância q_1 do bloco a partir do topo da

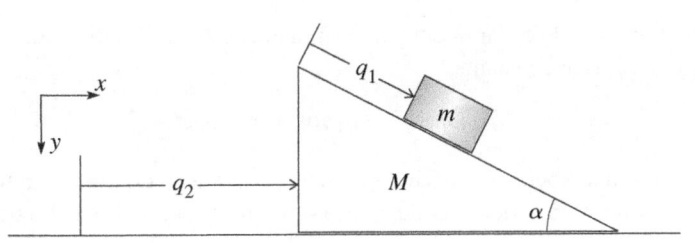

Figura 7.8 Um bloco de massa m desliza sobre uma rampa de massa M, a qual está livre para deslizar sobre uma mesa horizontal.

rampa e a distância q_2 da rampa a partir de qualquer ponto fixo conveniente sobre a mesa. A quantidade que precisamos determinar é a aceleração $\ddot{q}_1$ do bloco relativa à rampa, já que com ela podemos determinar rapidamente o tempo necessário para que deslize ao longo do comprimento da rampa. Nossa primeira tarefa é deduzir a Lagrangiana, e é, geralmente, mais seguro fazer isso em coordenadas Cartesianas, e então reescrevê-la em termos das coordenadas generalizadas escolhidas.

A energia cinética da rampa é $T_M = \frac{1}{2}M\dot{q}_2^2$, mas a do bloco é mais complicada. A velocidade do bloco *relativa à rampa* é $\dot{q}_1$, para baixo na declividade, mas a própria rampa tem uma velocidade horizontal $\dot{q}_2$ relativa à mesa. A velocidade do bloco relativa ao referencial inercial da mesa é o vetor soma dessas duas velocidades. Decompondo em componentes retangulares (x para a direita, y para baixo), obtemos a velocidade do bloco relativa à mesa como

$$\mathbf{v} = (v_x, v_y) = (\dot{q}_1 \cos\alpha + \dot{q}_2, \dot{q}_1 \operatorname{sen}\alpha).$$

Logo, a energia cinética do bloco é

$$T_m = \tfrac{1}{2}m(v_x^2 + v_y^2) = \tfrac{1}{2}m(\dot{q}_1^2 + \dot{q}_2^2 + 2\dot{q}_1\dot{q}_2 \cos\alpha).$$

(Utilizei a identidade $\cos^2\alpha + \operatorname{sen}^2\alpha = 1$ para simplificar.) A energia cinética total do sistema é

$$T = T_M + T_m = \tfrac{1}{2}(M+m)\dot{q}_2^2 + \tfrac{1}{2}m(\dot{q}_1^2 + 2\dot{q}_1\dot{q}_2\cos\alpha). \tag{7.60}$$

A energia potencial da rampa é uma constante, que podemos muito bem considerar como sendo zero. A do bloco é $-mgy$, onde $y = q_1 \operatorname{sen}\alpha$ é a altura do bloco medida para baixo a partir do topo da rampa. Portanto,

$$U = -mgq_1 \operatorname{sen}\alpha$$

e a Lagrangiana é

$$\mathcal{L} = T - U = \tfrac{1}{2}(M+m)\dot{q}_2^2 + \tfrac{1}{2}m(\dot{q}_1^2 + 2\dot{q}_1\dot{q}_2\cos\alpha) + mgq_1\operatorname{sen}\alpha. \tag{7.61}$$

Uma vez que determinanos a Lagrangiana em termos das coordenadas generalizadas q_1 e q_2, o que temos que fazer é obter as duas equações de Lagrange, uma para q_1 e a outra para q_2 e, em seguida, resolvê-las. A equação para q_2 (que é um pouco mais simples) é

$$\frac{\partial \mathcal{L}}{\partial q_2} = \frac{d}{dt}\frac{\partial \mathcal{L}}{\partial \dot{q}_2} \tag{7.62}$$

mas, como $\mathcal{L}$ em (7.61) é claramente independente de q_2, essa indica que o momento generalizado $\partial \mathcal{L}/\partial \dot{q}$ é constante,

$$M\dot{q}_2 + m(\dot{q}_2 + \dot{q}_1 \cos\alpha) = \text{const} \tag{7.63}$$

– um resultado que você reconhecerá como a conservação do momento total na direção x (algo que você poderia ter deduzido sem qualquer auxílio da Lagrangiana). A equação q_1

$$\frac{\partial \mathcal{L}}{\partial q_1} = \frac{d}{dt}\frac{\partial \mathcal{L}}{\partial \dot{q}_1} \tag{7.64}$$

é mais complicada, já que nenhuma das derivadas é zero. Substituindo $\mathcal{L}$ por (7.61), podemos escrever essa equação como

$$mg \operatorname{sen}\alpha = \frac{d}{dt}m(\dot{q}_1 + \dot{q}_2 \cos\alpha)$$
$$= m(\ddot{q}_1 + \ddot{q}_2 \cos\alpha). \tag{7.65}$$

Derivando (7.63), vemos que

$$\ddot{q}_2 = -\frac{m}{M+m}\ddot{q}_1 \cos\alpha, \tag{7.66}$$

que permite eliminar $\ddot{q}_2$ de (7.65) e resolver para $\ddot{q}_1$:

$$\ddot{q}_1 = \frac{g \operatorname{sen}\alpha}{1 - \dfrac{m \cos^2\alpha}{M+m}}. \tag{7.67}$$

Munido desse valor de $\ddot{q}_1$, podemos rapidamente responder à questão original: como a aceleração para baixo, ao longo da rampa, é constante, a distância percorrida para baixo ao longo da rampa no tempo t é $\frac{1}{2}\ddot{q}_1 t^2$, e o tempo para percorrer o comprimento l é $\sqrt{2l/\ddot{q}_1}$, com $\ddot{q}_1$ dado por (7.67). Mais interessante do que essa resposta é verificar que a Fórmula (7.67), para $\ddot{q}_1$, está de acordo com o senso comum em várias situações especiais. Por exemplo, se $\alpha = 90°$, (7.67) implica que $\ddot{q}_1 = g$, o que é claramente verdade; se $M \to \infty$, (7.67) implica $\ddot{q}_1 \to g \operatorname{sen}\alpha$, que é a conhecida aceleração do bloco sobre uma declividade e isso claramente faz sentido. Deixarei como exercício (Problema 7.19) verificar que, no limite $M \to 0$, a resposta está de acordo com o que você poderia ter previsto.

Exemplo 7.6 Conta em uma argola giratória

Uma conta de massa m está enfiada em uma argola circular de raio R e com atrito desprezível. A argola está sobre um plano vertical que está forçado a girar em torno do diâmetro vertical da argola com uma velocidade angular $\dot{\phi} = \omega$, conforme ilustrado na Figura 7.9. A posição da conta na argola é especificada pelo ângulo θ medido

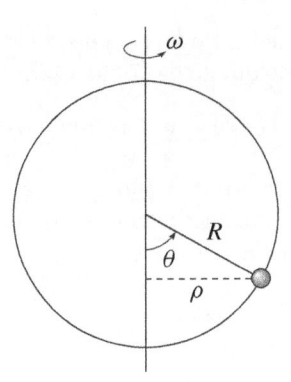

Figura 7.9 Uma conta está livre para se mover em torno de uma argola, com atrito desprezível, a qual está girando a uma taxa fixa ω em torno do seu eixo vertical. A posição da conta é especificada pelo ângulo θ, sua distância a partir do eixo de rotação é $\rho = R\,\text{sen}\theta$.

acima da vertical. Obtenha a Lagrangiana para esse sistema em termos da coordenada generalizada θ e determine a equação de movimento para a conta. Determine possíveis posições de equilíbrio nas quais a conta permanece com θ constante e explique as suas localizações em termos da estática e da "força centrífuga" $m\omega^2\rho$ (onde ρ é a distância da conta a partir do eixo). Use a equação de movimento para discutir a estabilidade das posições de equilíbrio.

Nossa primeira tarefa é obter a Lagrangiana. Em relação a um referencial em repouso, a conta tem velocidade $R\dot\theta$ tangente à argola e $\rho\omega = (R\,\text{sen}\theta)\omega$ normal à argola (esta última devido à rotação da argola com velocidade angular ω). Logo, a energia cinética é $T = \frac{1}{2}mv^2 = \frac{1}{2}mR^2(\dot\theta^2 + \omega^2\text{sen}^2\theta)$. A energia potencial gravitacional é facilmente obtida, sendo $U = mgR(1 - \cos\theta)$, medida a partir da base da argola. Portanto, a Lagrangiana é

$$\mathcal{L} = \tfrac{1}{2}mR^2(\dot\theta^2 + \omega^2\,\text{sen}^2\theta) - mgR(1 - \cos\theta), \tag{7.68}$$

e a equação de Lagrange é

$$\frac{\partial\mathcal{L}}{\partial\theta} = \frac{d}{dt}\frac{\partial\mathcal{L}}{\partial\dot\theta} \quad \text{ou} \quad mR^2\omega^2\,\text{sen}\theta\cos\theta - mgR\,\text{sen}\theta = mR^2\ddot\theta.$$

Dividindo por mR^2, chegamos à equação de movimento desejada:

$$\ddot\theta = (\omega^2\cos\theta - g/R)\,\text{sen}\theta. \tag{7.69}$$

Embora essa equação não possa ser resolvida analiticamente em termos de funções elementares, ela pode nos informar bastante sobre o comportamento do sistema. Para ilustrar isso, vamos usar (7.69) para determinar as posições de equilíbrio da conta. Um ponto de equilíbrio é qualquer valor de θ – denotemos por θ_0 – satisfazendo à seguinte condição: se a conta estiver posta em repouso ($\dot\theta = 0$) em $\theta = \theta_0$, então ela permanecerá em repouso em θ_0. Essa condição é garantida se $\ddot\theta = 0$. (Para ver isso, observe que se $\ddot\theta = 0$, então $\dot\theta$ não varia e permanece zero, o que significa que θ

não varia e permanece igual a θ_o.) Logo, para determinar as posições de equilíbrio, temos apenas que igular o lado direito de (7.69) a zero:

$$(\omega^2 \cos\theta - g/R)\,\text{sen}\,\theta = 0. \quad (7.70)$$

Essa equação é satisfeita se um dos dois fatores for igual a zero. O fator senθ é zero se $\theta = 0$ ou π. Logo, a conta permanece em respouso na base e no topo da argola. O primeiro fator em (7.70) se anula quando

$$\cos\theta = \frac{g}{\omega^2 R}.$$

Como $|\cos\theta|$ deve ser menor ou igual a 1, o primeiro fator pode se anular apenas quando $\omega^2 \geq g/R$. Quando essa condição é satisfeita, há mais duas posições de equilíbrio em

$$\theta_o = \pm \arccos\left(\frac{g}{\omega^2 R}\right). \quad (7.71)$$

Concluímos que, quando a argola gira lentamente ($\omega^2 < g/R$), há apenas duas posições de equilíbrio, uma na base e outra no topo da argola, mas, quando ela gira de forma bastante rápida ($\omega^2 > g/R$), existem mais dois pontos de equilíbrio, posicionados simetricamente em qualquer um dos lados da base, como dado por (7.71).[10]

Talvez a maneira mais simples de entender as várias posições de equilíbrio seja em termos da "força centrífuga". Na maioria dos livros introdutórios de física, a força centrífuga é descartada como abominável, devendo ser evitada por todos os físicos que pensam corretamente. Desde que restrinjamos nossa atenção aos referenciais inerciais, esse é um ponto de vista correto (e certamente seguro). Entretanto, como veremos no Capítulo 9, do ponto de vista de um referencial não inercial girando, há uma força centrífuga perfeitamente real $m\omega^2\rho$ (talvez mais familiar como mv^2/ρ), onde ρ é a distância do objeto até o eixo de rotação. Logo, considerando o ponto de vista de uma mosca empoleirada sobre uma argola em rotação, podemos entender as posições de equilíbrio da seguite maneira: na base ou no topo da argola, a conta está no eixo de rotação e $\rho = 0$; portanto, a força centrífuga $m\omega^2\rho$ é zero. Além do mais, a força gravitacional é normal em relação à argola, assim não há força tendendo a mover a conta ao longo do fio e ela permanece em repouso. Os outros dois pontos de equilíbrio são um pouco mais sutis. Em qualquer posição fora dos eixos (como ilustrado na Figura 7.9), a força centrífuga é não nula e tem uma componente empurrando a conta *para fora* ao longo do fio; por outro lado, a força da gravidade tem uma componente puxando a conta *para dentro* ao longo do fio (desde que a conta esteja abaixo da metade das marcas, $\theta = \pm\pi/2$). Em qualquer desses pontos dados por (7.71), essas duas componentes são contrabalançadas (verifique isso você mesmo – Problema 7.28) e a conta permanece em repouso.

Um ponto de equilíbrio θ_o não é especialmente interessante a menos que seja *estável* – isto é, a conta, se empurrada um pouquinho para fora de θ_o, move-se de volta na direção de θ_o. Usando a equação do movimento (7.69), podemos facilmente

---

[10] Observe que, quando $\omega^2 = g/R$, as duas posições extras dadas por (7.71) começam a existir e coincidem com o primeiro ponto de equilíbrio na base quando $\theta = \pm 0$.

tratar dessa questão, e iniciarei com a posição de equilíbrio na base, $\theta = 0$. Desde que θ permaneça próximo de 0, podemos considerar $\cos\theta \approx 1$ e $\sin\theta \approx 0$ e aproximarmos a equação por

$$\ddot{\theta} = (\omega^2 - g/R)\theta \qquad [\theta \text{ próximo de } 0]. \tag{7.72}$$

Se a argola está girando lentamente ($\omega^2 < g/R$), a equação tem a seguinte forma

$$\ddot{\theta} = (\text{número negativo})\theta.$$

Se empurrarmos a conta para a direita ($\theta > 0$), então, uma vez que θ é positivo, $\ddot{\theta}$ é negativo e a conta acelera para esquerda, ou seja, de volta na direção da base. Se empurrarmos a conta para a esquerda, ($\theta < 0$), então $\ddot{\theta}$ torna-se positivo e a conta acelera para a direita, que é outra vez na direção da base. Qualquer que seja o caso, a conta retorna em direção à posição de equilíbrio, que é, portanto, *estável*.

Se aumentarmos a velocidade de rotação da argola, de modo que $\omega^2 > g/R$, então a equação aproximada do movimento (7.72) assume a forma

$$\ddot{\theta} = (\text{número positivo})\theta.$$

Agora, um pequeno deslocamento à direita torna $\ddot{\theta}$ positivo e a conta acelera para fora da base. Analogamente, um deslocamento à esquerda torna $\ddot{\theta}$ negativo, e outra vez a conta acelera para fora da base. Logo, quando aumentamos ω além do valor crítico onde $\omega^2 = g/R$, o equilíbrio na base modifica de estável para instável.

O equilíbrio no topo ($\theta = \pi$) é sempre instável (veja o Problema 7.28). Isso é fácil de entender a partir da discussão da força centrífuga. Próximo do topo da argola, ambas as forças centrífuga e gravitacional tendem a empurrar a conta para fora do topo, logo, há chances de uma força compensar puxando-a de volta para a posição de equilíbrio.

As outras duas posições de equilíbrio apenas existem quando $\omega^2 > g/R$ e são facilmente percebidas como estáveis: a equação de movimento (7.69) é

$$\ddot{\theta} = (\omega^2 \cos\theta - g/R)\sin\theta. \tag{7.73}$$

Para ser claro, vamos considerar o equilíbrio à direita com $0 < \theta < \pi/2$. No ponto de equilíbrio, o termo entre parênteses à direita de (7.73) é zero, enquanto $\sin\theta$ é positivo. Se aumentarmos θ um pouco (a conta se move para direita e para cima), $\sin\theta$ permanece positivo, mas o termo entre parentêses torna-se negativo. (Lembre-se: $\cos\theta$ é uma função decrescente no primeiro quadrante.) Logo, $\ddot{\theta}$ torna-se negativo e a conta acelera de volta para a sua posição de equilíbrio. Se diminuirmos θ um pouco da posição de equilíbrio, então $\ddot{\theta}$ torna-se positivo e, novamente, a conta acelera de volta para a posição de equilíbrio. Portanto, o equilíbrio à direita é estável. Como você espera, uma análise similar mostra que o mesmo é verdade para a posição de equilíbrio à esquerda.

Chegamos a um fato interessante: quando a argola está girando lentamente ($\omega^2 < g/R$), há apenas um equilíbrio estável, em $\theta = 0$. Se aumentarmos a velocidade de rotação, então, quando ω passa o valor crítico em que $\omega^2 = g/R$, esse equilíbrio original torna-se instável, surgem mais dois novos pontos de equilíbrio estáveis, emergindo de $\theta = 0$ e movendo-se para a direita e esquerda à medida que aumentamos ω um pouco mais. Esse fenômeno – o desaparecimento de um equilíbrio estável e o surgimento simultâneo de dois outros derivando do mesmo ponto – é chamado de *bifurcação* e será um dos nossos principais tópicos no Capítulo 12, sobre a teoria do caos.

É interessante observar que o dispositivo desse exemplo foi usado por James Watt (1736-1829) como o pai da máquina a vapor. O dispositivo girava com a máquina e, à medida que a máquina aumentava a velocidade, uma conta subia na argola. Quando a velocidade angular ω alcançava um certo valor máximo predeterminado permitido, a conta, atingindo uma certa altura, causava a interrupção de suprimento à caldeira.

Esse exemplo ilustra outra grandiosidade do método Lagrangiano que foi mencionada anteriormente na Seção 7.1: as coordenadas generalizadas podem mesmo ser relacionadas a um referencial não inercial, desde que o referencial no qual a Lagrangiana $\mathcal{L} = T - U$ foi originalmente escrita seja inercial. Neste exemplo, o ângulo θ era o ângulo polar da conta, medido no referencial não inercial em rotação da argola, mas a Lagrangiana (7.68) foi definida como $\mathcal{L} = T - U$, com T e U calculados no referencial inercial em relação ao qual a argola rotacionava.[11]

No próximo e último exemplo desta seção, prosseguiremos com o exemplo anterior da conta em uma argola giratória e obteremos soluções da equação de movimento em uma vizinhança dos pontos de equilíbrio estável.

Exemplo 7.7 Oscilações da conta na vizinhança do equilíbrio

Considere novamente a conta do exemplo anterior e use a equação de movimento para determinar o comportamento aproximado da conta na vizinhança das posições de equilíbrio estável.

Quando $\omega^2 < g/R$, o único equilíbrio estável está na base da argola, onde $\theta = 0$. Desde que θ permaneça pequeno, podemos aproximar a equação de movimento (7.73) considerando sen $\theta \approx \theta$ e cos $\theta \approx 1$, obtendo

$$\ddot{\theta} = -(g/R - \omega^2)\theta \quad [\theta \text{ na vizinhança de 0}]$$
$$= -\Omega^2 \theta \quad (7.74)$$

onde a segunda linha introduz a frequência

$$\Omega = \sqrt{g/R - \omega^2}.$$

Desde que $\omega^2 < g/R$, isso define Ω como um número real e reconhecemos (7.74) como a equação de movimento de um oscilador harmônico simples com frequência

---

[11] O Exemplo 7.5 é outro caso: a coordenada q_1 deu a posição do bloco relativa ao referencial em aceleração da rampa, mas a energia cinética T foi calculada no referencial inercial da mesa. Para outro exemplo, veja o Problema 7.30.

Ω. Concluímos que a conta, que está deslocada um pouco do equilíbrio estável em $\theta = 0$, executa um movimento harmônico com frequência Ω,

$$\theta(t) = A\cos(\Omega t - \delta). \tag{7.75}$$

Se aumentarmos a taxa de rotação da argola até que $\omega^2 > g/R$, então Ω torna-se um imaginário puro, e, como $\cos i\alpha = \cosh \alpha$, a Solução (7.75) torna-se um cosseno hiperbólico, que cresce com o tempo, refletindo corretamente o fato de que o equilíbrio em $\theta = 0$ tornou-se estável.

Uma vez que $\omega^2 > g/R$, há duas posições de equilíbrio dadas por (7.71) e localizadas simetricamente à direita e à esquerda da base da argola. Como você deve esperar, estes se comportam da mesma forma e, para ser claro, me concentrarei no da direita. Vamos denotar sua posição por $\theta = \theta_o$, onde, de acordo com (7.70), θ_o satisfaz

$$\omega^2 \cos\theta_o - g/R = 0. \tag{7.76}$$

Vamos agora imaginar a conta colocada próximo de θ_o com

$$\theta = \theta_o + \epsilon$$

e investigar a dependência temporal do pequeno parâmetro ϵ. Novamente, podemos aproximar a equação de movimento (7.73), embora isso exija mais cuidado. Se aproximarmos os fatores $\cos(\theta_o + \epsilon)$ e $\text{sen}(\theta_o + \epsilon)$ pelos dois primeiros termos das séries de Taylor,

$$\cos(\theta_o + \epsilon) \approx \cos\theta_o - \epsilon\,\text{sen}\,\theta_o \quad \text{e} \quad \text{sen}(\theta_o + \epsilon) \approx \text{sen}\,\theta_o + \epsilon\cos\theta_o \tag{7.77}$$

e a equação de movimento (7.73) torna-se

$$\ddot{\theta} = [\omega^2 \cos(\theta_o + \epsilon) - g/R]\,\text{sen}(\theta_o + \epsilon) \qquad [\theta \text{ na vizinhança de } \theta_o]$$
$$= [\omega^2 \cos\theta_o - \epsilon\,\omega^2\,\text{sen}\,\theta_o - g/R][\text{sen}\,\theta_o + \epsilon\cos\theta_o]. \tag{7.78}$$

Com base em (7.76), o primeiro e terceiro termos no primeiro colchetes se cancelam, deixando apenas o termo do meio $-\epsilon\,\omega^2\,\text{sen}\,\theta_o$. Para ordem inferior a ϵ, podemos desprezar o segundo termo do segundo colchete, e, como $\ddot{\theta}$ é o mesmo que $\ddot{\epsilon}$, ficamos com

$$\ddot{\epsilon} = -\epsilon\,\omega^2\,\text{sen}^2\,\theta_o = -\Omega'^2\epsilon. \tag{7.79}$$

Aqui, a segunda igualdade define a frequência $\Omega' = \omega\,\text{sen}\,\theta_o$ ou, usando (7.76),

$$\Omega' = \sqrt{\omega^2 - \left(\frac{g}{\omega R}\right)^2} \tag{7.80}$$

(veja o Problema 7.26). A Equação (7.79) é a equação de movimento de um oscilador harmônico simples. Portanto, o parâmetro ϵ oscila em torno do zero e a própria conta oscila em torno da posição de equilíbrio θ_o com frequência Ω'.

7.6 MOMENTO GENERALIZADO E COORDENADAS IGNORÁVEIS

Como mencionei anteriormente, para qualquer sistema com n coordenadas generalizadas q_i ($i = 1, \cdots, n$), referimo-nos às n quantidades $\partial \mathcal{L}/\partial q_i = F_i$ como *forças generalizadas* e a $\partial \mathcal{L}/\partial \dot{q}_i = p_i$ como *momentos generalizados*. Com essa terminologia, a equação de Lagrange,

$$\frac{\partial \mathcal{L}}{\partial q_i} = \frac{d}{dt}\frac{\partial \mathcal{L}}{\partial \dot{q}_i}, \qquad (7.81)$$

pode ser reescrita como

$$F_i = \frac{d}{dt} p_i. \qquad (7.82)$$

Ou seja, "força generalizada = taxa de variação do momento generalizado". Em particular, se a Lagrangiana for independente de uma certa coordenada q_i, então $F_i = \partial \mathcal{L}/\partial q_i = 0$ e o momento generalizado correspondente p_i é constante.

Considere, por exemplo, um único projétil sujeito apenas à força da gravidade. A energia potencial é $U = mgz$ (se usarmos coordenadas Cartesianas com z medido verticalmente para cima) e a Lagrangiana é

$$\mathcal{L} = \mathcal{L}(x, y, z, \dot{x}, \dot{y}, \dot{z}) = \tfrac{1}{2}m(\dot{x}^2 + \dot{y}^2 + \dot{z}^2) - mgz. \qquad (7.83)$$

Em relação às coordenadas Cartesianas, a força generalizada é exatamente a força conhecida ($\partial \mathcal{L}/\partial x = -\partial U/\partial x = F_x$, etc.) e o momento generalizado é exatamente o momento conhecido ($\partial \mathcal{L}/\partial \dot{x} = m\dot{x} = p_x$, etc.) Como $\mathcal{L}$ é independente de x e y, segue imediatamente que as componentes p_x e p_y são constantes, como já sabíamos.

Em geral, as forças e os momentos generalizados não são os mesmos que as forças e momentos usuais. Por exemplo, vimos nas Equações (7.25) e (7.26) que, em coordenadas polares bidimensionais, a componente ϕ da força generalizada é o torque e que o momento generalizado é na verdade o momento angular. De qualquer forma, quando a Langrangiana é independente de uma coordenada q_i, o momento generalizado correspondente é conservado. Logo, se a Lagrangiana de uma partícula em duas dimensões for independente de ϕ, então o momento angular da partícula é conservado – outro importante resultado (e que é claro também do ponto de vista Newtoniano). Quando a Lagrangiana é independente de uma coordenada q_i, essa coordenada é conhecida como **ignorável** ou **cíclica**. Obviamente, é uma boa ideia, sempre que possível, escolher coordenadas de modo que muitas delas sejam cíclicas e seus respectivos momentos sejam constantes. Na realidade, isso é, talvez, o principal critério na escolha de coordenadas generalizadas para qualquer problema dado: tentar encontrar tantas coordenadas quanto possível que sejam cíclicas.

Podemos reformular o resultado dos três últimos parágrafos observando que a sentença "$\mathcal{L}$ é independente da coordenada q_i" é equivalente a dizer "$\mathcal{L}$ é imutável, ou *invariante*, quando q_i varia (com todas as outras q_j mantidas fixas)". Logo, podemos dizer que, se $\mathcal{L}$ é invariante sob variações de uma constante q_i, então o momento generalizado p_i correspondente é conservado. Essa conexão entre invariância de $\mathcal{L}$ e certas leis de conservação é o primeiro de vários resultados relacionando invariância sobre transformações (translações, rotações, e assim por diante) a leis de conservação. Esses resultados são conhecidos coletivamente como **teorema de Noether**, em reconhecimento ao matemático alemão Emmy Noether (1882-1935). Retornarei a este importante teorema na Seção 7.8.

7.7 CONCLUSÃO

A versão Lagrangiana da mecânica clássica tem duas grandes vantagens que, ao contrário da versão Newoniana, funciona igualmente bem para todos os sistemas de coordenadas e pode lidar facilmente com sistemas com vínculos, evitando qualquer necessidade de discutir as forças de vínculos. Se o sistema possui vínculos, devemos escolher um conjunto adequado de coordenadas generalizadas independentes. Havendo ou não vínculos, a próxima tarefa é obter a Lagrangiana $\mathcal{L}$ em termos das coordenadas escolhidas. As equações de movimento seguem automaticamente na forma padrão

$$\frac{\partial \mathcal{L}}{\partial q_i} = \frac{d}{dt}\frac{\partial \mathcal{L}}{\partial \dot{q}_i} \qquad [i = 1, \cdots, n].$$

Não há garantia de que as equações serão facilmente resolvidas, e, na maioria dos problemas reais, elas não o são, requerendo soluções numéricas ou pelo menos aproximações preliminares antes de serem resolvidas analiticamente.

Mesmo nos problemas em que são moderadamente complicadas, como os exemplos da Seção 7.5, determinar as equações de movimento pelo método de Lagrange é mais fácil do que se fosse usada a segunda lei de Newton. De fato, alguns puristas objetam que o formalismo Lagrangiano torna a vida *muito* fácil, removendo a necessidade de pensar sobre a física.

O formalismo Lagrangiano pode ser estendido para incluir sistemas mais gerais do que os considerados até agora. Um caso importante é o da força magnética, que considerarei na Seção 7.9. Forças dissipativas, como o atrito ou a resistência do ar, podem ser incluídas, mas deve ser reconhecido que o formalismo Lagrangiano é primeiramente apropriado para problemas em que as forças dissipativas estão ausentes ou, pelo menos, são desprezíveis.

As três últimas seções deste capítulo tratarão de três tópicos avançados, todos eles desempenham uma importância central na mecânica Lagrangiana, mas todos podem ser omitidos em uma primeira leitura. Na Seção 7.8, disponibilizarei mais dois exemplos da conexão notável entre invariância sob certas transformações e leis de conservação. Essa conexão, conhecida como teorema de Noether, é importante para toda a física moderna, em especial, para a mecânica quântica. A Seção 7.9 discutirá como incluir forças magnéticas no mecanismo Lagrangiano, outro tópico de grande importância na teoria quântica. Finalmente, a Seção 7.10 introduzirá o método dos multiplicadores de Lagrange. Essa técnica surge de várias formas em muitas áreas da física, mas me restringirei a alguns exemplos simples na mecânica Lagrangiana. As três últimas seções estão organizadas de modo a serem autossuficientes e independentes. Você pode estudar todas, nenhuma ou qualquer uma.

7.8 MAIS SOBRE LEIS DE CONSERVAÇÃO*

*O material desta seção é mais avançado do que os das seções anteriores; portanto, você pode omiti-la em uma primeira leitura. Entretanto, esteja ciente de que o material discutido aqui é necessário para que você possa ler a Seção 11.5 e o Capítulo 13.

Nesta seção, discutirei como as leis de conservação do momento e da energia se ajustam ao formalismo da mecânica Lagrangiana. Como deduzimos a formulação Lagrangiana a partir da mecânica Newtoniana, tudo que já sabíamos sobre leis de conservação, baseados na mecânica Newtoniana, será ainda naturalmente verdadeiro no mecanismo Lagrangiano. Entretanto, podemos adquirir alguns novos discernimentos examinando as leis de conservação a partir da perspectiva Lagrangiana. Além disso, muitos trabalhos modernos consideram o formalismo Lagrangiano (por exemplo, baseados no princípio de Hamilton) como o seu ponto de partida. Nesse contexto, é importante conhecer o que pode ser dito sobre leis de conservação estritamente dentro do formalismo Lagrangiano.

Conservação do momento total

Já sabemos da mecânica Newtoniana que o momento total de um sistema isolado de N partículas é conservado, mas vamos examinar essa propriedade importante a partir do ponto de vista Lagrangiano. Uma das mais proeminentes características de um sistema isolado é que ele é *invariante translacionalmente*, isto é, se transportarmos N partículas como um bloco, através do mesmo deslocamento ϵ, nada fisicamente significante com relação ao sistema irá mudar. Isso é ilustrado na Figura 7.10, onde vemos que o efeito de mover o sistema como um todo, por um deslocamento fixo ϵ corresponde a substituir cada posição $\mathbf{r}_\alpha$ por $\mathbf{r}_\alpha + \epsilon$,

$$\mathbf{r}_1 \to \mathbf{r}_1 + \epsilon, \qquad \mathbf{r}_2 \to \mathbf{r}_2 + \epsilon, \qquad \cdots, \qquad \mathbf{r}_N \to \mathbf{r}_N + \epsilon. \tag{7.84}$$

Em particular, a energia potencial não deve ser alterada por esse deslocamento, assim

$$U(\mathbf{r}_1 + \epsilon, \cdots, \mathbf{r}_N + \epsilon, t) = U(\mathbf{r}_1, \cdots, \mathbf{r}_N, t) \tag{7.85}$$

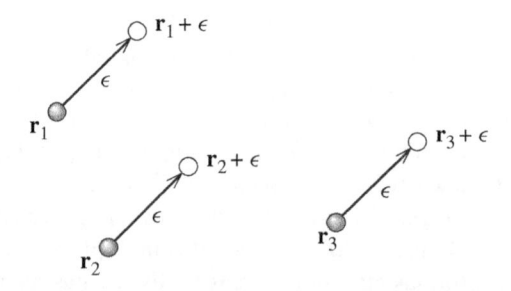

Figura 7.10 Um sistema isolado de N partículas é translacionalmente invariante, o que significa que, quando cada partícula é transladada por um mesmo deslocamento ϵ, nada fisicamente significante se altera.

ou, mais resumidamente,

$$\delta U = 0$$

onde δU denota a variação de U sob a translação (7.84). As velocidades são inalteradas pela translação (7.84). (Somar a constante ϵ para todos os $\mathbf{r}_\alpha$ não muda $\dot{\mathbf{r}}_\alpha$.) Portanto, $\delta T = 0$, e assim

$$\delta \mathcal{L} = 0 \tag{7.86}$$

sob a translação (7.84). Esse resultado é verdadeiro para qualquer deslocamento ϵ. Se escolhermos ϵ como sendo um deslocamento infinitesimal na direção x, então todas as componentes $x_1, \cdots, x_N$ crescem ϵ, enquanto as coordenadas y e z são inalteradas. Para essa translação, a variação em $\mathcal{L}$ é

$$\delta \mathcal{L} = \epsilon \frac{\partial \mathcal{L}}{\partial x_1} + \cdots + \epsilon \frac{\partial \mathcal{L}}{\partial x_N} = 0.$$

Isso implica

$$\sum_{\alpha=1}^{N} \frac{\partial \mathcal{L}}{\partial x_\alpha} = 0. \tag{7.87}$$

Agora, usando as equações de Lagrange, podemos escrever cada derivada como

$$\frac{\partial \mathcal{L}}{\partial x_\alpha} = \frac{d}{dt}\frac{\partial \mathcal{L}}{\partial \dot{x}_\alpha} = \frac{d}{dt} p_{\alpha x}$$

onde $p_{\alpha y}$ é a componente x do momento da partícula α. Logo, (7.87), torna-se

$$\sum_{\alpha=1}^{N} \frac{d}{dt} p_{\alpha x} = \frac{d}{dt} P_x = 0$$

onde P_x é a componente x do momento total $\mathbf{P} = \sum_\alpha \mathbf{p}_\alpha$. Escolhendo pequenos deslocamentos sucessivos ϵ nas direções y e z, podemos mostrar o mesmo resultado para as componentes y e z, e chegamos à conclusão que, desde que a Lagrangiana seja invariante por translação (7.84), o momento total do sistema de N partículas será conservado. Essa conexão entre a invariância translacional de $\mathcal{L}$ e a conservação do momento total é outro exemplo do teorema de Noether.

Conservação de energia

Finalmente, gostaria de discutir a conservação de energia do ponto de vista do formalismo Lagrangiano. A análise se mostra um tanto complicada, mas introduz um conjunto de ideias que são importantes em trabalhos mais avançados, particularmente no formalismo Hamiltoniano da mecânica (Capítulo 13).

Com o passar do tempo, a função $\mathcal{L}(q_1, \cdots, q_n, \dot{q}, \cdots, \dot{q}_n, t)$ varia, porque t está variando e porque os q's e $\dot{q}$'s variam com a evolução do sistema. Logo, pela regra da cadeia,

$$\frac{d}{dt}\mathcal{L}(q_1,\cdots,q_n,\dot{q}_1,\cdots,\dot{q}_n,t) = \sum_i \frac{\partial \mathcal{L}}{\partial q_i}\dot{q}_i + \sum_i \frac{\partial \mathcal{L}}{\partial \dot{q}_i}\ddot{q}_i + \frac{\partial \mathcal{L}}{\partial t}. \quad (7.88)$$

Agora, pela equação de Lagrange, podemos substituir a derivada no primeiro somatório à direita por

$$\frac{\partial \mathcal{L}}{\partial q_i} = \frac{d}{dt}\frac{\partial \mathcal{L}}{\partial \dot{q}_i} = \frac{d}{dt}p_i = \dot{p}_i.$$

Por outro lado, a derivada no segundo somatório à direita de (7.88) é exatamente o momento generalizado p_i. Logo, podemos escrever (7.88) como

$$\frac{d}{dt}\mathcal{L} = \sum_i \left(\dot{p}_i \dot{q}_i + p_i \ddot{q}_i\right) + \frac{\partial \mathcal{L}}{\partial t}$$

$$= \frac{d}{dt}\sum_i \left(p_i \dot{q}_i\right) + \frac{\partial \mathcal{L}}{\partial t}. \quad (7.89)$$

Agora, para muitos sistemas interessantes, a Lagrangiana não depende explicitamente do tempo, isto é, $\partial \mathcal{L}/\partial t = 0$. Quando esse é o caso, o segundo termo à direita de (7.89) se anula. Se movermos o lado esquerdo de (7.89) para o lado direito, veremos que a derivada temporal da quantidade $\sum p_i \dot{q}_i - \mathcal{L}$ é zero. Essa grandeza é tão importante que possui seu próprio símbolo,

$$\mathcal{H} = \sum_{i=1}^n p_i \dot{q}_i - \mathcal{L} \quad (7.90)$$

e é chamada de **Hamiltoniana** do sistema. Com essa terminologia, podemos expressar a importante conclusão a seguir.

> Se a Lagrangiana $\mathcal{L}$ não depender explicitamente do tempo (isto é, $\partial \mathcal{L}/\partial t = 0$), então a Hamiltoniana $\mathcal{H}$ é conservada.

A descoberta de qualquer lei de conservação é um grande evento e é suficiente para justificar a declaração de que a Hamiltoniana é uma grandeza importante. Na verdade, ela vai além disso. Como veremos no Capítulo 13, a Hamiltoniana $\mathcal{H}$ é a base do formalismo Hamiltoniano da mecânica, da mesma forma que $\mathcal{L}$ é a base da mecânica Lagrangiana.

Por enquanto, a importância fundamental da recém-descoberta Hamiltoniana é que, em muitas situações, ela é de fato a energia total do sistema. Em especial, demonstraremos que, *desde que a relação entre coordenadas generalizadas e Cartesianas seja dependente do tempo*,

$$\mathbf{r}_\alpha = \mathbf{r}_\alpha(q_1,\cdots,q_n), \quad (7.91)$$

a Hamiltoniana $\mathcal{H}$ é justamente a energia total,

$$\mathcal{H} = T + U. \quad (7.92)$$

Capítulo 7 Equações de Lagrange 271

Você pode se lembrar de que, na Seção 7.3, concordamos em descrever as coordenadas generalizadas que satisfazem (7.91) como *natural*, logo, podemos parafrasear o resultado (7.92) para dizer que, desde que as coordenadas generalizadas sejam naturais, $\mathcal{H}$ é justamente a energia total $T + U$. Para demonstrar isso, vamos expressar a energia cinética total $T = \frac{1}{2}\sum_\alpha m_\alpha \dot{\mathbf{r}}^2_\alpha$ em termos das coordenadas generalizadas $q_1, \cdots, q_n$. Primeiro, derivando (7.91) com respeito a t e usando a regra da cadeia, encontramos que[12]

$$\dot{\mathbf{r}}_\alpha = \sum_{i=1}^{n} \frac{\partial \mathbf{r}_\alpha}{\partial q_i} \dot{q}_i. \qquad (7.93)$$

Se agora formarmos o produto escalar dessa equação com ela mesma, obtemos

$$\dot{\mathbf{r}}^2_\alpha = \sum_j \left(\frac{\partial \mathbf{r}_\alpha}{\partial q_j}\dot{q}_j\right) \cdot \sum_k \left(\frac{\partial \mathbf{r}_\alpha}{\partial q_k}\dot{q}_k\right),$$

onde renomeei os índices do somatório como j e k para evitar confusões posteriores. A energia cinética é agora dada por um somatório triplo, que podemos reconhecer e escrever da forma[13]

$$T = \tfrac{1}{2}\sum_\alpha m_\alpha \dot{\mathbf{r}}^2_\alpha = \tfrac{1}{2}\sum_{j,k} A_{jk}\dot{q}_j\dot{q}_k \qquad (7.94)$$

onde A_{jk} é uma notação resumida para a soma

$$A_{jk} = A_{jk}(q_1,\cdots,q_n) = \sum_\alpha m_\alpha \left(\frac{\partial \mathbf{r}_\alpha}{\partial q_j}\right) \cdot \left(\frac{\partial \mathbf{r}_\alpha}{\partial q_k}\right). \qquad (7.95)$$

Podemos agora calcular o momento generalizado p_i derivando (7.94) com respeito a $\dot{q}_i$ (Problema 7.45),

$$p_i = \frac{\partial \mathcal{L}}{\partial \dot{q}_i} = \frac{\partial T}{\partial \dot{q}_i} = \sum_j A_{ij}\dot{q}_j. \qquad (7.96)$$

Retornando à Equação (7.90) para a Hamiltoniana, podemos reescrever o somatório à direita como

$$\sum_i p_i \dot{q}_i = \sum_i \left(\sum_j A_{ij}\dot{q}_j\right)\dot{q}_i = \sum_{i,j} A_{ij}\dot{q}_i\dot{q}_j = 2T, \qquad (7.97)$$

---

[12] Se a relação (7.91) fosse explicitamente dependente do tempo, haveria um termo extra nessa expressão para $\dot{\mathbf{r}}_\alpha$, a saber $\partial \mathbf{r}_\alpha/\partial t$. Tal termo invalidaria a conclusão (7.98) a seguir, de que $\mathcal{H} = T + U$.

[13] Podemos reanunciar o resultado (7.94) para dizer que, desde que as coordenadas generalizadas sejam naturais, a energia cinética T será uma função quadrática homogênea das velocidades generalizadas $\dot{q}_i$. Esse resultado desempenha um papel importante em vários desenvolvimentos posteriores. Veja, por exemplo, a Seção 11.5.

onde o último passo segue de (7.94). Portanto,

$$\mathcal{H} = \sum_i p_i \dot{q}_i - \mathcal{L} = 2T - (T - U) = T + U. \qquad (7.98)$$

Ou seja, desde que a transformação entre as coordenadas Cartesianas e generalizadas seja independente do tempo, como em (7.91), a Hamiltoniana $\mathcal{H}$ é exatamente a energia total do sistema.

Já demonstrei que, para uma Lagrangiana independente do tempo, a Hamiltoniana é conservada. Logo, podemos observar agora que a independência no tempo da Lagrangiana [juntamente com a condição (7.91)] implica a conservação da energia. Podemos reexpressar a independência no tempo de $\mathcal{L}$ dizendo que $\mathcal{L}$ não varia por translação temporal, $t \to t + \epsilon$. Portanto, o resultado que acabamos de demonstrar é que a invariância de $\mathcal{L}$ sob translações temporais está relacionado à conservação da energia, da mesma forma que a invariância de $\mathcal{L}$ sob translações espaciais ($\mathbf{r} \to \mathbf{r} + \boldsymbol{\epsilon}$) está relacionada à conservação do momento. Ambos os resultados são manifestações do famoso teorema de Noether.

7.9 EQUAÇÕES DE LAGRANGE PARA FORÇAS MAGNÉTICAS*

*Esta seção requer o conhecimento dos potenciais escalar e vetorial do eletromagnetismo. Embora as ideias descritas aqui desempenhem um papel importante no tratamento de campos magnéticos pela mecânica quântica, elas não serão usadas novamente ao longo deste livro.

Embora tenhamos até o momento definido consistentemente a Lagrangiana como $\mathcal{L} = T - U$, há sistemas, como uma partícula carregada em um campo magnético, que podem ser tratados pelo método Lagrangiano, mas para os quais $\mathcal{L}$ *não* é apenas $T - U$. A pergunta natural a ser feita é então: qual é a definição da Lagrangiana para tais sistemas? Essa é a primeira questão a ser tratada.

Definição e não unicidade da Lagrangiana

Provavelmente, a definição mais satisfatória da Lagrangiana para um sistema mecânico seja:

Definição geral da Lagrangiana

Para um dado sistema mecânico com coordenadas generalizadas $q = (q_1, \cdots, q_n)$, uma **Lagrangiana** $\mathcal{L}$ é uma função $\mathcal{L}(q_1, \cdots, q_n, \dot{q}_1, \cdots, \dot{q}_n, t)$ de coordenadas e velocidades, tal que as equações de movimento corretas do sistema são as equações de Lagrange

$$\frac{\partial \mathcal{L}}{\partial q_i} = \frac{d}{dt}\frac{\partial \mathcal{L}}{\partial \dot{q}_i} \qquad [i = 1, \cdots, n].$$

Em outras palavras, a Lagrangiana é qualquer função $\mathcal{L}$ para a qual as equações de Lagrange são verdadeiras para o sistema em consideração.

Obviamente, para os sistemas que discutimos até aqui, a antiga definição $\mathcal{L} = T - U$ satisfaz a essa definição. Mas a nova definição é muito mais geral. Em particular, é fácil ver que a nova definição não define uma única função Lagrangiana. Por exemplo, considere uma única partícula unidimensional e suponha que tenhamos encontrado uma Lagrangiana $\mathcal{L}$ para esta partícula. Ou seja, a equação do movimento da partícula é

$$\frac{\partial \mathcal{L}}{\partial x} = \frac{d}{dt}\frac{\partial \mathcal{L}}{\partial \dot{x}}. \tag{7.99}$$

Agora, seja $f(x, \dot{x})$ qualquer função para a qual

$$\frac{\partial f}{\partial x} \equiv \frac{d}{dt}\frac{\partial f}{\partial \dot{x}}. \tag{7.100}$$

(É fácil pensar em tal função, por exemplo, $f = x\dot{x}$.) Se substituirmos $\mathcal{L}$ em (7.99) por

$$\mathcal{L}' = \mathcal{L} + f,$$

então, devido a (7.100), a Lagrangiana $\mathcal{L}'$ fornece exatamente a mesma equação de movimento que $\mathcal{L}$.

A falta de unicidade da Lagrangiana é semelhante, mas mais radical do que, à familiar falta de unicidade na energia potencial (para a qual podemos adicionar qualquer constante sem alterar qualquer uma das predições físicas). O ponto crucial é que *qualquer* função $\mathcal{L}$ que gere as equações do movimento corretamente possui todas as características de que necessitamos de uma Lagrangiana (por exemplo, que a integral $\int \mathcal{L}\, dt$ é estacionária para o caminho correto) e assim é perfeitamente aceitável como o é qualquer outra função $\mathcal{L}$. Se, para um dado sistema, podemos obter uma função $\mathcal{L}$ que conduza à correta equação de movimento, então não precisamos argumentar se ela corresponde a Lagrangiana "correta" – se ela fornece a equação correta de movimento, então ela é tão apropriada quanto qualquer outra Lagrangiana concebível.

Lagrangiana para uma carga em um campo magnético

Considere agora uma partícula (massa m e carga q) movendo-se em um campo elétrico e magnético, $\mathbf{E}$ e $\mathbf{B}$. A força sobre a partícula é a conhecida força de Lorentz $\mathbf{F} = q(\mathbf{E} + \mathbf{v} \times \mathbf{B})$, de forma que a segunda lei de Newton é

$$m\ddot{\mathbf{r}} = q(\mathbf{E} + \dot{\mathbf{r}} \times \mathbf{B}). \tag{7.101}$$

Para expressar (7.101) na forma Lagrangiana, temos apenas que encontrar a função $\mathcal{L}$ para a qual as três equações de Lagrange sejam as mesmas que as de (7.101). Isso pode ser feito usando os potenciais escalar e vetorial, $V(\mathbf{r}, t)$ e $\mathbf{A}(\mathbf{r}, t)$, em termos dos quais as duas equações de campo podem ser escritas[14]

$$\mathbf{E} = -\nabla V - \frac{\partial \mathbf{A}}{\partial t} \quad \text{e} \quad \mathbf{B} = \nabla \times \mathbf{A}. \tag{7.102}$$

---

[14] Veja, por exemplo, David J. Graffiths, *Introduction to Electrodynamics*, (Prentice-Hall, 1999), p. 416-417.

Argumento agora que a função[15] Lagrangiana

$$\mathcal{L}(\mathbf{r}, \dot{\mathbf{r}}, t) = \tfrac{1}{2}m\dot{\mathbf{r}}^2 - q(V - \dot{\mathbf{r}} \cdot \mathbf{A}) \tag{7.103}$$

$$= \tfrac{1}{2}m(\dot{x}^2 + \dot{y}^2 + \dot{z}^2) - q(V - \dot{x}A_x - \dot{y}A_y - \dot{z}A_z) \tag{7.104}$$

possui a propriedade desejada, que reproduz a segunda lei de Newton (7.101). Para verificar isso, vamos examinar a primeira das três equações de Lagrange,

$$\frac{\partial \mathcal{L}}{\partial x} = \frac{d}{dt}\frac{\partial \mathcal{L}}{\partial \dot{x}}. \tag{7.105}$$

Para ver o que isso implica, temos que calcular as duas derivadas da Lagrangiana proposta (7.104):

$$\frac{\partial \mathcal{L}}{\partial x} = -q\left(\frac{\partial V}{\partial x} - \dot{x}\frac{\partial A_x}{\partial x} - \dot{y}\frac{\partial A_y}{\partial x} - \dot{z}\frac{\partial A_z}{\partial x}\right) \tag{7.106}$$

e

$$\frac{\partial \mathcal{L}}{\partial \dot{x}} = m\dot{x} + qA_x.$$

Quando derivamos com relação a t, devemos lembrar que $A_x = A_x(x, y, z, t)$. À medida que t varia, x, y e z se movem com a partícula e, pela regra da cadeia, obtemos

$$\frac{d}{dt}\frac{\partial \mathcal{L}}{\partial \dot{x}} = m\ddot{x} + q\left(\dot{x}\frac{\partial A_x}{\partial x} + \dot{y}\frac{\partial A_x}{\partial y} + \dot{z}\frac{\partial A_x}{\partial z} + \frac{\partial A_x}{\partial t}\right). \tag{7.107}$$

Substituindo (7.106) e (7.107) em (7.105), cancelando os dois termos em $\dot{x}$ e reorganizando-os, encontramos que a equação de Lagrange (a componente x, a partir da Lagrangiana proposta) é a mesma que

$$m\ddot{x} = -q\left(\frac{\partial V}{\partial x} + \frac{\partial A_x}{\partial t}\right) + q\dot{y}\left(\frac{\partial A_y}{\partial x} - \frac{\partial A_x}{\partial y}\right) - q\dot{z}\left(\frac{\partial A_x}{\partial z} - \frac{\partial A_z}{\partial x}\right) \tag{7.108}$$

ou, de acordo com (7.102),

$$m\ddot{x} = q\left(E_x + \dot{y}B_z - \dot{z}B_y\right) \tag{7.109}$$

que você reconhecerá como a componente x da segunda lei de Newton (7.101). Como as componentes y e z funcionam da mesma forma, concluímos que as equações de Lagrange, como propostas pela Lagrangiana em (7.104), são exatamente equivalentes à segunda lei de Newton para uma partícula carregada. Isto é, remodelamos com sucesso a segunda lei de Newton para uma partícula carregada no formalismo Lagrangiano a partir da Lagrangiana dada em (7.104).

Usando a Lagrangiana (7.104), podemos resolver vários problemas envolvendo partículas carregadas em campos elétricos e magnéticos. (Veja o Problema 7.49 como exem-

---

[15] Observe que você pode, se desejar, escrevê-la como $\mathcal{L} = T - U$, mas U certamente não é a EP usual, uma vez que ela depende da velocidade $\dot{\mathbf{r}}$; U é algumas vezes denominado "EP dependente da velocidade", mas note que não é verdade que a força se origina de $-\nabla U$.

plo.) Teoricamente, a conclusão mais importante dessa análise surge quando calculamos o momento generalizado. Por exemplo,

$$p_x = \frac{\partial \mathcal{L}}{\partial \dot{x}} = m\dot{x} + qA_x.$$

Como as componentes y e z funcionam da mesma forma, concluímos que

(momento generalizado, $\mathbf{p}$) $= m\mathbf{v} + q\mathbf{A}$. (7.110)

Ou seja, o momento generalizado é o momento mecânico $m\mathbf{v}$ *mais* um termo magnético $q\mathbf{A}$. Esse resultado é o coração da teoria quântica de uma partícula carregada em um campo magnético, onde esse se torna o momento generalizado correspondente ao operador diferencial $-i\hbar\nabla$ (onde $\hbar$ é a constante de Planck divida por 2π), de modo que o análogo quântico do momento mecânico $m\mathbf{v}$ é o operador $-i\hbar\nabla - q\mathbf{A}$.

7.10 MULTIPLICADORES DE LAGRANGE E FORÇAS DE VÍNCULOS*

O método dos multiplicadores de Lagrange é usado em muitas áreas da física. Entretanto, não usaremos esse método novamente neste livro, então você pode omitir esta seção sem qualquer perda de continuidade.

Nesta seção, discutiremos o método dos multiplicadores de Lagrange. Esse poderoso método tem aplicações em várias áreas da física e assume aspectos bem diversos em diferentes contextos. Aqui, tratarei apenas da sua aplicação à mecânica Lagrangiana,[16] e, para manter a análise bem simples, limitarei a discussão aos sistemas bidimensionais com apenas um grau de liberdade.

Vimos que um dos poderes da mecânica Lagrangiana é que ela pode circundar todas as forças de vínculo. Entretanto, há situações em que realmente é preciso conhecer tais forças. Por exemplo, o desenvolvedor de uma montanha-russa precisa conhecer a força normal do trilho sobre o carro para conhecer quão resistente deve construir o trilho. Nesse caso, podemos ainda usar uma forma modificada das equações de Lagrange, mas o procedimento é algo diferente: não escolhemos coordenadas generalizadas $q_1, \cdots, q_n$ com todas elas podendo variar independentemente. (Lembre-se de que foi a independência de $q_1, \cdots, q_n$ que nos levou a usar as equações de Lagrange comuns sem nos preocuparmos com os vínculos.) Em vez disso, usaremos um número maior de coordenadas e os multiplicadores de Lagrange para tratar dos vínculos.

Para ilustrar esse procedimento, considerarei um sistema com apenas duas coordenadas retangulares x e y, as quais estão limitadas por uma **equação de vínculo** da forma[17]

$$f(x, y) = \text{const.} \quad (7.111)$$

---

[16] Para aplicações em outros tipos de problemas, veja, por exemplo, *Mathematical Methods in the Physical Sciences*, de Mary Boas (Wiley, 1983), Cap. 4, Seção 9, e Cap. 9, Seção 6.

[17] Veremos diretamente por meio de exemplos que alguns vínculos típicos podem ser colocados dessa forma. Na verdade, é muito fácil mostrar que qualquer vínculo holonômico pode ser colocado.

Por exemplo, podemos considerar um pêndulo simples com apenas um grau de liberdade (como na Figura 7.2). Tratando-o com o método Lagrangiano comum, usaremos a coordenada generalizada ϕ, o ângulo entre o pêndulo e a vertical, que evita qualquer discussão sobre os vínculos. Se, ao contrário, escolhermos usar as coordenadas retangulares originais x e y, então deveremos reconhecer que essas coordenadas não são independentes, uma vez que elas satisfazem a equação de vínculo

$$f(x, y) = \sqrt{x^2 + y^2} = l$$

onde l é o comprimento do pêndulo. Veremos que o método dos multiplicadores de Lagrange permite-nos acomodar este vínculo, determinar a dependência temporal de x e y e obter a tração na haste. Como um segundo exemplo, considere a máquina de Atwood da Figura 7.6. No tratamento anterior, usamos a coordenada generalizada x, a posição da massa m_1, mas podemos usar ambas as coordenadas x e y (a posição de ambas as massas), desde que lembremos que a permanência do comprimento do fio impõe o vínculo

$$f(x, y) = x + y = \text{const.}$$

Aqui, também, os multiplicadores de Lagrange permitirão acomodar essa constante, obter a dependência temporal de x e y e determinar a força de vínculo, que é aqui a tração do fio.

Para estabelecer o novo método, iniciaremos com o princípio de Hamilton. A Lagrangiana tem a forma $\mathcal{L}(x, \dot{x}, y, \dot{y})$. (Poderíamos permitir também uma dependência explícita de t, mas, para simplificar a notação, não assumirei isso.) A demonstração do princípio de Hamilton, dada na Seção 7.4, se aplica mesmo quando as coordenadas estão vinculadas. (Na verdade, ele foi desenvolvido para permitir vínculos.) Logo, podemos concluir, como antes, que a integral de ação

$$S = \int_{t_1}^{t_2} \mathcal{L}(x, \dot{x}, y, \dot{y}) \, dt \tag{7.112}$$

é estacionária quando considerada ao longo do caminho real percorrido. Se denotarmos esse caminho "correto" por $x(t)$, $y(t)$ e imaginarmos um pequeno deslocamento para a vizinhança de um caminho "errado",

$$\left. \begin{array}{l} x(t) \to x(t) + \delta x(t) \\ y(t) \to y(t) + \delta y(t) \end{array} \right\} \tag{7.113}$$

então, desde que o deslocamento seja consistente com a equação de vínculo, a integral de ação (7.112) será inalterada, $\delta S = 0$. Para explorar isso, devemos escrever δS em termos de pequenos deslocamentos δx e δy:

$$\delta S = \int \left(\frac{\partial \mathcal{L}}{\partial x} \delta x + \frac{\partial \mathcal{L}}{\partial \dot{x}} \delta \dot{x} + \frac{\partial \mathcal{L}}{\partial y} \delta y + \frac{\partial \mathcal{L}}{\partial \dot{y}} \delta \dot{y} \right) dt. \tag{7.114}$$

O segundo e terceiro termos podem ser integrados por partes e concluimos que

$$\delta S = \int \left(\frac{\partial \mathcal{L}}{\partial x} - \frac{d}{dt} \frac{\partial \mathcal{L}}{\partial \dot{x}} \right) \delta x \, dt + \int \left(\frac{\partial \mathcal{L}}{\partial y} - \frac{d}{dt} \frac{\partial \mathcal{L}}{\partial \dot{y}} \right) \delta y \, dt = 0 \tag{7.115}$$

para quaisquer deslocamentos δx e δy consistentes com os vínculos.

Se (7.115) for verdade para *quaisquer* deslocamentos, podemos demonstrar duas equações de Lagrange, separadamente, uma para x e outra para y. (Escolhendo $\delta y = 0$, ficaríamos com apenas a primeira integral; como essa deve se anular para qualquer escolha de δx, o termo entre parentêses teria que ser zero, o que implica a equação de Lagrange usual com respeito a x. O mesmo aconteceria para y.) Essa é exatamente a conclusão correta para o caso em que não há vínculos.

Entretanto, *há* vínculos, e (7.115) é verdadeira somente para deslocamentos δx e δy consistentes com os vínculos. Portanto, procedemos da seguinte forma: como todos os pontos com os quais estamos lidando satisfazem $f(x, y) = $ const, o deslocamento (7.113) deixa $f(x, y)$ inalterada, logo,

$$\delta f = \frac{\partial f}{\partial x}\delta x + \frac{\partial f}{\partial y}\delta y = 0 \qquad (7.116)$$

para qualquer deslocamento consistente com os vínclulos. Como isso é zero, podemos multiplicá-lo por uma função arbitrária $\lambda(t)$ – este é o **multiplicador de Lagrange** – e adicioná-lo ao integrando em (7.115) sem mudar o valor da integral (ou seja, zero). Portanto,

$$\delta S = \int \left(\frac{\partial \mathcal{L}}{\partial x} + \lambda(t)\frac{\partial f}{\partial x} - \frac{d}{dt}\frac{\partial \mathcal{L}}{\partial \dot{x}} \right) \delta x \, dt$$

$$+ \int \left(\frac{\partial \mathcal{L}}{\partial y} + \lambda(t)\frac{\partial f}{\partial y} - \frac{d}{dt}\frac{\partial \mathcal{L}}{\partial \dot{y}} \right) \delta y \, dt = 0 \qquad (7.117)$$

para qualquer deslocamento consistente com os vínculos. Agora, vem a suprema esperteza: até então, $\lambda(t)$ é uma função arbitrária de t, mas podemos escolhê-la de modo que o coeficiente de δx, na primeira integral, seja zero. Isto é, com a escolha do multiplicador $\lambda(t)$, podemos obter

$$\frac{\partial \mathcal{L}}{\partial x} + \lambda \frac{\partial f}{\partial x} = \frac{d}{dt}\frac{\partial \mathcal{L}}{\partial \dot{x}} \qquad (7.118)$$

ao longo do caminho real do sistema. Essa é uma das duas equações de Lagrange modificada e difere da equação usual apenas pela inclusão do termo extra, envolvendo λ à esquerda. Com o multiplicador escolhido dessa maneira, a primeira integral de (7.117) é zero. Portanto, a segunda integral é também zero (já que suas somas o são) e isso é verdade para *qualquer* escolha de δy. (O vínculo não põe restrição em δx ou δy separadamente – apenas fixa δx uma vez que δy seja escolhido ou vice-versa.) Portanto, o coeficiente de δy nessa segunda integral deve também ser zero, e temos a segunda equação de Lagrange modificada

$$\frac{\partial \mathcal{L}}{\partial y} + \lambda \frac{\partial f}{\partial y} = \frac{d}{dt}\frac{\partial \mathcal{L}}{\partial \dot{y}}. \qquad (7.119)$$

Temos agora duas equações de Lagrange modificadas para as duas funções desconhecidas $x(t)$ e $y(t)$. Esse resultado elegante foi obtido à custa da introdução de uma terceira função desconhecida, o multiplicador de Lagrange $\lambda(t)$. Para determinarmos três funções desconhecidas, precisamos de três equações, mas felizmente a terceira equação já está posta, a equação de vínculo

$$f(x, y) = \text{const.} \tag{7.120}$$

As Equações (7.118), (7.119) e (7.120) são suficientes para, pelo menos em princípio, determinar as coordenadas $x(t)$ e $y(t)$ e o multiplicador $\lambda(t)$. Antes de ilustramos isso com um exemplo, resta ainda fazer um breve desenvolvimento da teoria.

Até o momento, o multiplicador de Lagrange $\lambda(t)$ é apenas um artefato matemático, introduzido para auxiliar-nos a resolver o problema. Entretanto, ele se mostrará intimamente relacionado às forças de vínculo. Para vermos isso, temos apenas que olhar mais detalhadamente as equações de Lagrange modificadas (7.118) e (7.119). A Lagrangiana da nossa discussão atual possui a forma

$$\mathcal{L} = \tfrac{1}{2}m_1\dot{x}^2 + \tfrac{1}{2}m_2\dot{y}^2 - U(x, y).$$

(No problema como o do pêndulo simples, x e y são as duas coordendas de uma única massa e $m_1 = m_2$. No problema como o da máquina de Atwood, há duas massas separadas e m_1 e m_2 não são necessariamente iguais.) Inserindo esta Lagrangiana em (7.118), obtemos

$$-\frac{\partial U}{\partial x} + \lambda \frac{\partial f}{\partial x} = m_1 \ddot{x}. \tag{7.121}$$

Agora, do lado esquerdo $-\partial U/\partial x$ é a componente x da força que não é de vínculo. (Lembre que U foi definido como a energia potencial das forças que não são de vínculos.) Do lado direito, $m_1\ddot{x}$ é a componente x da força total, igual à soma das forças de vínculo com as que não o são. Logo, $m_1\ddot{x} = -\partial U/\partial x + F_x^{\text{vínc}}$. Cancelando o termo $-\partial U/\partial x$ em ambos os lados de (7.121), chegamos à importante conclusão que

$$\lambda \frac{\partial f}{\partial x} = F_x^{\text{vínc}} \tag{7.122}$$

com um resultado correspondente para a componente y. Este é, então, o significado do multiplicador de Lagrange: multiplicado pelas derivadas parciais apropriadas da função de vínculo $f(x, y)$, o multiplicador de Lagrange $\lambda(t)$ fornece as componentes correspondentes da força de vínculo.

Vamos agora ver como essas ideias funcionam na prática, usando o formalismo para analisar o exemplo da máquina de Atwood.

EXEMPLO 7.8 Máquina de Atwood usando um multiplicador de Lagrange

Analise a máquina de Atwood da Figura 7.6 (apresentada novamente aqui como Figura 7.11) pelo método dos multiplicadores de Lagrange e use as coordenadas x e y das duas massas.

Em termos das coordenadas dadas, a Lagrangiana é

$$\mathcal{L} = T - U = \tfrac{1}{2}m_1\dot{x}^2 + \tfrac{1}{2}m_2\dot{y}^2 + m_1 g x + m_2 g y \tag{7.123}$$

e a equação de vínculo é

$$f(x, y) = x + y = \text{const.} \tag{7.124}$$

A equação de Lagrange modificada (7.118) para x é

$$\frac{\partial \mathcal{L}}{\partial x} + \lambda \frac{\partial f}{\partial x} = \frac{d}{dt}\frac{\partial \mathcal{L}}{\partial \dot{x}} \quad \text{ou} \quad m_1 g + \lambda = m_1 \ddot{x} \tag{7.125}$$

e a para y é

$$\frac{\partial \mathcal{L}}{\partial y} + \lambda \frac{\partial f}{\partial y} = \frac{d}{dt}\frac{\partial \mathcal{L}}{\partial \dot{y}} \quad \text{ou} \quad m_2 g + \lambda = m_2 \ddot{y}. \tag{7.126}$$

Essas duas equações, juntamente com a equação de vínculo (7.124), são facilmente resolvidas para as incógnitas $x(t)$, $y(t)$ e $\lambda(t)$. De (7.124), vemos que $\ddot{y} = -\ddot{x}$, e subtraindo (7.126) de (7.125) podemos eliminar λ e chegarmos ao mesmo resultado anterior,

$$\ddot{x} = (m_1 - m_2)g/(m_1 + m_2).$$

Para entendermos melhor as duas equações de Lagrange modificadas (7.125) e (7.126), é útil compará-las com as duas equações obtidas pelo método de Newton. A segunda lei de Newton para m_1 é

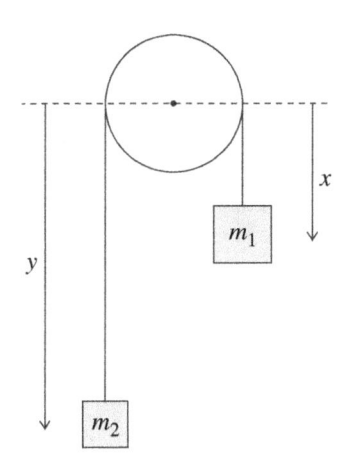

$$m_1 g - F_t = m_1 \ddot{x},$$

Figura 7.11 Máquina de Atwood.

onde F_t é a tração no fio, e para a massa m_2 é

$$m_2 g - F_t = m_2 \ddot{y}.$$

Essas são precisamente as duas equações de Lagrange (7.125) e (7.126), com o multiplicador de Lagrange identificado como a força de vínculo

$$\lambda = -F_t.$$

[Dois breves comentários: o sinal negativo ocorre porque ambas as coordenadas x e y foram medidas no sentido para baixo, enquanto ambas as forças de tração foram para cima. Em geral, de acordo com (7.122), a força de vínculo é $\lambda \, \partial f/\partial x$, mas, neste caso simples, $\partial f/\partial x = 1$.]

Você pode encontrar mais exemplos do uso dos multiplicadores de Lagrange nos Problemas de 7.50 a 7.52.

PRINCIPAIS DEFINIÇÕES E EQUAÇÕES

A Lagrangiana

A **Lagrangiana** $\mathcal{L}$ de um sistema conservativo é definida como

$$\mathcal{L} = T - U, \qquad \text{[Eq. (7.3)]}$$

onde T e U são, respectivamente, as energias cinética e potencial.

Coordenadas generalizadas

Os n parâmetros $q_1, \cdots, q_n$ são **coordenadas generalizadas** para um sistema de N partículas se cada posição $\mathbf{r}_\alpha$ da partícula puder ser expressa com uma função de $q_1, \cdots, q_n$ (e possivelmente do tempo t) e vice-versa, e se n é o menor número que permite o sistema ser descrito dessa forma. [Eqs. (7.34) e (7.35)]

Se $n < 3N$ (em três dimensões), o sistema é dito com **vínculos**. As coordenadas $q_1, \cdots, q_n$ são ditas **naturais** se as relações funcionais de $\mathbf{r}_\alpha$ com $q_1, \cdots, q_n$ são independentes do tempo. O número de **graus de liberdade** de um sistema é o número de coordenadas que podem ser variadas independentemente umas das outras. Se o número de graus de liberdade for igual ao número de coordenadas generalizadas (de certo modo, este é o caso "normalmente" encontrado), o sistema é dito **holonômico**. [Seção 7.3]

Equações de Lagrange

Para qualquer sistema holonômico, a segunda lei de Newton é equivalente a n **equações de Lagrange**

$$\frac{\partial \mathcal{L}}{\partial q_i} = \frac{d}{dt} \frac{\partial \mathcal{L}}{\partial \dot{q}_i} \qquad [i = 1, \cdots, n] \qquad \text{[Seções 7.3 e 7.4]}$$

e as equações de Lagrange são, por sua vez, equivalentes ao princípio de Hamilton – um fato que usamos apenas para demonstrar as equações de Lagrange. [Eq. (7.8)]

Momento generalizado e coordenadas ignoráveis ou cíclicas

O i-ésimo **momento generalizado** p_i é definido pela derivada

$$p_i = \frac{\partial \mathcal{L}}{\partial \dot{q}_i}.$$

Se $\partial \mathcal{L}/\partial q_i = 0$, então dizemos que a coordenada q_i é **ignorável** ou **cíclica** e o momento generalizado correspondente é constante [Seção 7.6]

A Hamiltoniana

A **Hamiltoniana** é definida como

$$\mathcal{H} = \sum_{i=1}^{n} p_i \dot{q}_i - \mathcal{L}. \qquad [\text{Eq. (7.90)}]$$

Se $\partial \mathcal{L}/\partial t = 0$, então $\mathcal{H}$ é conservado, se as coordenadas $q_1, \cdots, q_n$ forem naturais, $\mathcal{H}$ é exatamente a energia do sistema.

Lagrangiana para uma carga em um campo eletromagnético

A Lagrangiana para uma carga q em um campo eletromagnético é

$$\mathcal{L}(\mathbf{r}, \dot{\mathbf{r}}, t) = \tfrac{1}{2} m \dot{\mathbf{r}}^2 - q(V - \dot{\mathbf{r}} \cdot \mathbf{A}). \qquad [\text{Eq. (7.103)}]$$

PROBLEMAS

Estrelas indicam o nível de dificuldade, do mais fácil (★) ao mais difícil (★★★).

SEÇÃO 7.1 Equações de Lagrange para movimentos sem vínculos

7.1★ Obtenha a Lagrangiana para um projétil (livre da resistência do ar) em termos de suas coordenadas Cartesianas (x, y, z), com z medido verticalmente para cima. Determine as três equações de Lagrange e mostre que elas são exatamente o que você esperava para as equações de movimento.

7.2★ Obtenha a Lagrangiana para uma partícula movendo-se em uma dimensão ao longo do eixo x e sujeita à força $F = -kx$ (com k positivo). Determine a equação de Lagrange do movimento e resolva-a.

7.3★ Considere uma massa m movendo-se em duas dimensões com energia potencial $U(x, y) = \tfrac{1}{2} k r^2$, onde $r^2 = x^2 + y^2$. Obtenha a Lagrangiana, usando coordenadas x e y, e determine as duas equações de movimento de Lagrange. Descreva as suas soluções. [Essa é a energia potencial de um íon em uma "armadilha iônica", a qual pode ser usada para estudar as propriedades dos íons atômicos.]

7.4★ Considere uma massa m movendo-se em uma rampa, sem atrito, que tem uma declividade com ângulo α com a horizontal. Obtenha a Lagrangiana em termos da coordenada x, medida horizontalmente através da rampa, e da coordenada y, medida para baixo da rampa. (Trate o sistema como bidimensional, mas inclua a energia potencial gravitacional.) Determine as duas equações de Lagrange e mostre que elas são o que você esperava.

7.5★ Determine as componentes de $\nabla f(r, \phi)$ em coordenadas polares bidimensionais. [*Sugestão*: lembre-se de que a variação do escalar f como resultado de um deslocamento infinitesimal $d\mathbf{r}$ é $df = \nabla f \cdot d\mathbf{r}$.]

7.6★ Considere duas partículas movendo-se sem vínculos em três dimensões, com energia potencial $U(\mathbf{r}_1, \mathbf{r}_2)$. **(a)** Obtenha as seis equações de movimento a partir da aplicação da segunda lei de Newton para cada partícula. **(b)** Obtenha a Lagrangiana $\mathcal{L}(\mathbf{r}_1, \mathbf{r}_2, \dot{\mathbf{r}}_1, \dot{\mathbf{r}}_2) = T - U$ e mostre que as seis equações de Lagrange são as mesmas que as seis equações de Newton do item (a). Isso estabelece a validade das equações de Lagrange em coordenadas retangulares, que, por sua vez, estabelecem o princípio de Hamilton. Como o último é independente das coordenadas, isso demonstra as equações de Lagrange em qualquer sistema de coordenadas.

7.7★ Resolva o Problema 7.6, mas para N partículas movendo-se sem vínculo em três dimensões (neste caso, há $3N$ equações de movimento).

7.8★★ **(a)** Obtenha a Lagrangiana $\mathcal{L}(x_1, x_2, \dot{x}_1, \dot{x}_2)$ para duas partículas de massas iguais, $m_1 = m_2 = m$, confinadas no eixo x e conectadas por uma mola com energia potencial $U = \frac{1}{2}kx^2$. [Aqui x é a distensão da mola, $x = (x_1 - x_2 - l)$, onde l é o comprimento da mola não distendida, e assumi que a massa 1 permanece à direita da massa 2 durante todo o tempo.] **(b)** Reescreva $\mathcal{L}$ em termos das duas novas variáveis $X = \frac{1}{2}(x_1 + x_2)$ (a posição do CM) e x (a distensão) e obtenha as duas equações para X e x. **(c)** Resolva para $X(t)$ e $x(t)$ e descreva o movimento.

SEÇÃO 7.3 Sistemas com vínculos em geral

7.9★ Considere uma conta que está confinada em uma argola circular rígida, de raio R, apoiada no plano xy com o seu centro em O, e use o ângulo ϕ, a coordenada polar em duas dimensões, como uma coordenada generalizada para descrever a posição da conta. Obtenha as equações que fornecem as coordenadas Cartesianas (x, y) em termos de ϕ e a equação que fornece a coordenada generalizada ϕ em termos de (x, y).

7.10★ Uma partícula está confinada a mover-se sobre a superfície de um cone circular, com seu eixo sobre o eixo z, vértice na origem (apontando para baixo) e ângulo de abertura α. A posição da partícula pode ser especificada por duas coordenadas generalizadas que você pode escolher como sendo as coordenadas polares (ρ, ϕ) do cilindro. Obtenha as equações que fornecem as três coordenadas Cartesianas da partícula em termos das coordenadas generalizadas (ρ, ϕ) e vice-versa.

7.11★ Considere o pêndulo da Figura 7.4, suspenso dentro de um vagão de trem, e suponha que o vagão esteja oscilando para frente e para trás, de modo que o ponto de sustentação do pêndulo tem posição $x_s = A\cos(\omega t)$, $y_s = 0$. Use o ângulo ϕ como a coordenada generalizada e obtenha as equações que fornecem as coordenadas Cartesianas do lóbulo em termos de ϕ e vice-versa.

SEÇÃO 7.4 Demonstração das equações de Lagrange com vínculos

7.12★ As equações de Lagrange na forma que foram discutidas neste capítulo são válidas apenas quando as forças (pelo menos das que não são de vínculos) forem deduzidas a partir de uma energia potencial. Par obter uma ideia de como elas podem ser modificadas para incluir as forças de atrito, considere o seguinte: uma única partícula, em uma dimensão, está sujeita a várias forças conservativas (força conservativa resultante $= F = -\partial U/\partial x$) e uma força não conservativa (que chamaremos de F_{atr}). Defina a Lagragiana como $\mathcal{L} = T - U$ e mostre que a modificação apropriada é

$$\frac{\partial \mathcal{L}}{\partial x} + F_{atr} = \frac{d}{dt}\frac{\partial \mathcal{L}}{\partial \dot{x}}.$$

7.13★★ Na Seção 7.4 [Equações de (7.41) a (7.51)], demonstrei as equações de Lagrange para uma única partícula compelida a mover-se sobre uma superfície bidimensional. Percorra os mesmos passos para demonstrar as equações de Lagrange para um sistema consistindo em duas partículas sujeitas a vários vínculos não especificados. [*Sugestão*: a força resultante sobre a partícula 1 é a soma de todas as forças de vínculo $\mathbf{F}_1^{vínc}$ e de todas as forças que não são de vínculo $\mathbf{F}_1$, da mesma forma para a partícula 2. As forças de vínculo surgem de várias formas (a força normal de uma superfície, a força de tração de um fio atado entre as partículas, etc.), mas é sempre verdade que o trabalho realizado por todas as forças de vínculo, em qualquer deslocamento consistente com os vínculos, é zero – essa é a propriedade que define as forças de vínculo. Entretanto, assumimos com verdadeiro que as forças que não são de vínculos são obtidas a partir de uma energia potencial $U(\mathbf{r}_1, \mathbf{r}_2, t)$, ou seja, $\mathbf{F}_1 = -\nabla_1 U$ e da mesma forma para a partícula 2. Obtenha a diferença δS entre a integral de ação para o caminho correto dado por $\mathbf{r}_1(t)$ e $\mathbf{r}_2(t)$ e qualquer caminho errado na vizinhança dado por $\mathbf{r}_1(t) + \epsilon_1(t)$ e $\mathbf{r}_2(t) + \epsilon_2(t)$. Reproduzindo os passos da Seção 7.4, você pode mostrar que δS é dado por uma integral análoga a (7.49) e esta é zero pela propriedade que define as forças de vínculo.]

SEÇÃO 7.5 Exemplos das equações de Lagrange

7.14★ A Figura 7.12 mostra o modelo rudimentar de um ioiô. Um fio, de massa desprezível, é preso verticalmente a partir de um ponto fixo e a outra extremidade é enrolada várias vezes em torno de um cilindro uniforme de massa m e de raio R. Quando o cilindro é largado, move-se verticalmente para baixo, girando à medida que o fio desenrola. Deduza a Lagrangiana, usando a distância x como sua coordenada generalizada. Determine a equação de movimento de Lagrange e mostre que o cilindro acelera para baixo com $\ddot{x} = 2g/3$. [*Sugestão*: você precisa se lembrar, do seu curso introdutório de física, que a energia cinética total de um corpo como o ioiô é $T = \frac{1}{2}mv^2 + \frac{1}{2}I\omega^2$, onde v é a velocidade do centro de massa, I é o momento de inércia (para um cilindro uniforme, $I = \frac{1}{2}mR^2$) e ω é a velocidade angular em torno do CM. Voce pode expressar ω em termos de $\dot{x}$.]

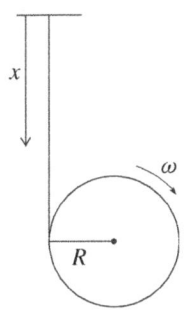

Figura 7.12 Problema 7.14.

7.15★ Uma massa m_1 repousa sobre uma mesa horizontal sem atrito e está atada a um fio de massa desprezível. O fio segue horizontalmente até a borda da mesa, onde passa por uma roldana de massa desprezível, sem atrito, e a seguir é pendurado verticalmente. Uma segunda massa m_2 é agora atada a outra extremidade do fio. Obtenha a Lagrangiana para esse sistema. Determine a equação de movimento de Lagrange e resolva-a para a aceleração dos blocos. Como sua coordenada generalizada, use a distância x da segunda massa abaixo do topo da mesa.

7.16★ Obtenha a Lagrangiana para um cilindro (massa m, raio R e momento de inércia I) que rola, sem deslizar, para baixo em uma rampa plana que tem um ângulo α com a horizontal. Use como suas coordenadas generalizadas a distância x do cilindro medida para baixo ao longo da rampa a partir de sua posição inicial. Escreva a equação de Lagrange e resolva-a para a aceleração $\ddot{x}$. Lembre-se de que $T = \frac{1}{2}mv^2 + \frac{1}{2}I\omega^2$, onde v é a velocidade do centro de massa e ω a velocidade angular.

7.17★ Use o método Lagrangiano para determinar a aceleração da máquina de Atwood do Exemplo 7.3, incluindo o efeito da roldana com momento de inércia I. (A energia cinética da roldana é $\frac{1}{2}I\omega^2$, onde ω é a velocidade angular.)

7.18★ Uma massa m está suspensa por um fio de massa desprezível, a outra extremidade do fio está enrolada várias vezes em torno de um cilindro horizontal de raio R e momento de inércia I, o qual está livre para girar em torno de um eixo horizontal fixo. Usando coordenadas apropriadas, especifique a Lagrangiana e a equação de movimento de Lagrange e determine a acelerção da massa m. [A energia cinética do cilindro girando é $\frac{1}{2}I\omega^2$.]

7.19★ No Exemplo 7.5, as duas acelerações são dadas pelas Equações (7.66) e (7.67). Verifique que a aceleração do bloco está dada corretamente no limite $M \to 0$. [Você precisa determinar as componentes dessa aceleração *relativas à mesa*.]

7.20★ Um arame suave é enrolado na forma de uma espiral, com coordenadas cilíndricas polares $\rho = R$ e $z = \lambda\phi$, onde R e λ são constantes e o eixo z é verticalmente para cima (e a gravidade, verticalmente para baixo). Usando z como a coordenada generalizada, obtenha a Lagrangiana para uma conta de massa m presa ao arame. Determine a equação de Lagrange e em seguida a aceleração vertical da conta $\ddot{z}$. No limite $R \to 0$, o que é $\ddot{z}$? Isso faz sentido?

7.21★ O centro de uma haste longa, sem atrito, está preso na origem e a haste é forçada a girar no plano horizontal com velocidade angular constante ω. Obtenha a Lagrangiana de uma conta de massa m presa à haste, usando r como coordenada generalizada, onde r e ϕ são as coordenada polares da conta. (Observe que ϕ não é uma variável independente, uma vez que ela é fixada pela rotação da haste, como sendo $\phi = \omega t$.) Resolva a equação de Lagrange para $r(t)$. O que acontece se a conta está inicialmente em repouso na origem? Se ela for largada a partir de qualquer ponto $r_o > 0$, mostre que $r(t)$ eventualmente crescerá exponencialmente. Explique os seus resultados em termos da força centrífuga $m\omega^2 r$.

7.22★ Usando o ângulo usual ϕ como a coordenada generalizada, obtenha a Lagrangiana para um pêndulo simples de comprimento l, suspenso a partir do teto de um elevador, que está acelerando para cima com aceleração constante a. (Seja cuidadoso quando escrever T; é provavelmente mais seguro escrever a velocidade do lóbulo em suas componenetes.) Determine a equação de Lagrange para o movimento e mostre que ela é a mesma que aquela para um pêndulo normal, não acelerando, exceto pelo fato de que g deve ser substituido por $g + a$. Em particular, a frequência angular para pequenas oscilações é $\sqrt{(g+a)/l}$.

7.23★ Um carrinho (massa m) está montado sobre um trilho dentro de um carro grande. Os dois estão presos por uma mola (constante da força k) de tal forma que o carrinho está em

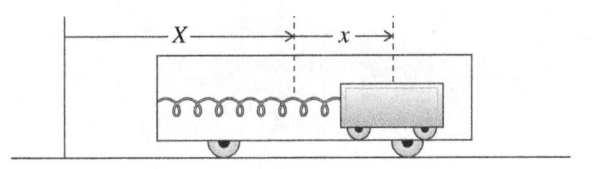

Figura 7.13 Problema 7.23.

equilíbrio no centro do carro maior. A distância do carrinho a partir de sua posição de equilíbrio é denoata por x e a do carro maior a partir de um ponto fixo no solo é X, conforme ilustra a Figura 7.13. O carro é agora forçado a oscilar tal que $X = A \cos\omega t$, com A e ω fixos. Escreva a Lagrangiana para o movimento do carro e mostre que a equação de Lagrange tem a forma

$$\ddot{x} + \omega_0^2 x = B \cos \omega t,$$

onde ω_0 é a frequência natural $\omega_0 = \sqrt{k/m}$ e B é uma constante. Esta é a forma assumida na Seção 5.5, Equação (5.57), para oscilações forçadas (exceto pelo fato de que estamos ignorando o amortecimento). Logo, o sistema descrito aqui seria uma maneira de pensar o movimento discutido naquela ocasião. (Poderíamos encher o carro grande com melaço para torná-lo um pouco forçado.)

7.24★ Vimos, no Exemplo (7.3), que a aceleração da máquina de Atwood é $\ddot{x} = (m_1 - m_2)g/(m_1 + m_2)$. Algumas vezes, é argumentado que esse resultado é "óbvio" porque, como dizem, a força efetiva sobre o sistema é $(m_1 - m_2)g$ e a massa efetiva é $(m_1 + m_2)$. Isso não seja, talvez, tão óbvio assim, pois ele não emerge muito naturalmente do formalismo Lagrangiano. Lembre-se de que a equação de Lagrange pode ser pensada como [Equação (7.17)]

(força generalizada) = (taxa de variação do momento generalizado).

Mostre que, para a máquina de Atwood, a força generalizada é $(m_1 - m_2)g$ e o momento generalizado é $(m_1 + m_2)\dot{x}$. Comente.

7.25★ Mostre que a energia potencial de uma força central $\mathbf{F} = -kr^n \hat{\mathbf{r}}$ (com $n \neq -1$) é $U = kr^{n+1}/(n+1)$ se escolhermos o zero de U apropriadamente. Em particular, se $n = 1$, então $\mathbf{F} = -k\mathbf{r}$ e $U = \frac{1}{2}kr^2$.

7.26★ No Exemplo 7.7, vimos que a conta na argola em rotação pode sofrer pequenas oscilações em torno de qualquer um dos seus pontos de equilíbrio. Verifique que a frequência da oscilação Ω', definida em (7.79), é igual a $\sqrt{\omega^2 - (g/\omega R)^2}$, como argumentado em (7.80).

7.27★★ Considere uma máquina de Atwood dupla construída da seguinte forma: uma massa $4m$ está suspensa por um fio que passa sobre uma roldana sem atrito. A outra extremidade desse fio suporta a segunda roldana similar à primeira, sobre a qual passa o segundo fio suportando a massa $3m$ em uma extremidade e m na outra. Usando duas coordenadas generalizadas apropriadas, obtenha a Lagrangiana e use as equações de Lagrange para determinar a aceleração da massa $4m$ quando o sistema é largado. Explique por que a roldana do topo, embora suporte pesos iguais de cada lado, gira.

7.28★★ Alguns pontos precisam de esclarecimentos no Exemplo 7.6. **(a)** Do ponto de vista de um sistema não inercial girando com a argola, a conta está sujeita à força da gravidade e a uma força centrífuga $m\omega^2 \rho$ (além da força de vínculo, que é a força normal produzida pelo arame). Verifique que, nos pontos de equilíbrio dados por (7.71), as componentes tangenciais dessas duas forças se contrabalançam. (O gráfico de um corpo livre irá auxiliar.) **(b)** Verifique

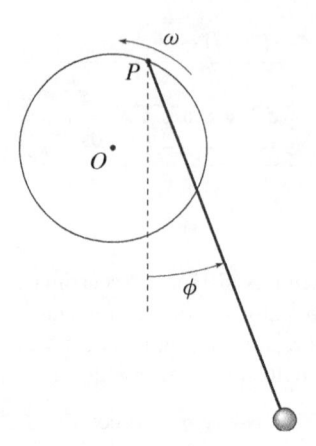

Figura 7.14 Problema 7.29.

que o ponto de equilíbrio no topo ($\theta = \pi$) é instável. **(c)** Verifique que o equilíbrio no segundo ponto dado por (7.71) (aquele à esquerda, com θ negativo) é estável.

7.29★★ A Figura 7.14 mostra um pêndulo simples (massa m, comprimento l) cujo ponto de suporte P está preso à borda de uma roda (centro O, raio R) que está forçada a girar com uma velocidade angular ω fixa. Em $t = 0$, o ponto P é nivelado com O à direita. Escreva a Lagrangiana e determine a equação de movimento para o ângulo ϕ. [*Sugestão*: tenha cuidado ao obter a energia cinética T. Um caminho seguro para obter a velocidade corretamente é deduzir a posição do lóbulo no instante t e, então, derivar.] Verifique se sua resposta faz sentido no caso especial em que $\omega = 0$.

7.30★★ Considere o pêndulo da Figura 7.4, suspenso dentro de um vagão de trem que está sendo forçado a acelerar com uma aceleração constante a. **(a)** Obtenha a Lagrangiana para o sistema e a equação de movimento para o ângulo ϕ. Use um artifício similar àquele usado na Equação (5.11) para escrever a combinação de sen ϕ e cos ϕ como um múltiplo de sen ($\phi + \beta$). **(b)** Determine o ângulo de equilíbrio ϕ para o qual o pêndulo pode permanecer fixo (relativo ao vagão) à medida que o carro acelera. Use a equação de movimento para mostrar que este equilíbrio é estável. Qual é a frequência de pequenas oscilações em torno da posição de equilíbrio? (Encontraremos, no Capítulo 9, uma maneira muito mais cheia de truques para resolver este problema, porém o método Lagrangiano permite uma rota direta para a solução.)

7.31★★ Um pêndulo simples (massa M e comprimento L) está suspenso a partir de um carro (massa m) que pode oscilar preso a uma mola com constante de elasticidade k, conforme ilustra a Figura 7.15. **(a)** Escreva a Lagrangiana em termos das duas coordenadas generalizadas x

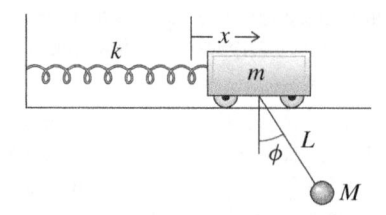

Figura 7.15 Problema 7.31.

e ϕ, onde x é a distensão da mola a partir do seu comprimento de equilíbrio. (Leia a sugestão do Problema 7.29.) Determine as duas equações de Lagrange. (Atenção: elas são muito feias!) **(b)** Simplifique as equações para o caso em que x e ϕ são pequenas. (Observe, em particular, que elas estão ainda *acopladas*, isto é, cada equação envolve ambas as variáveis. No entanto, veremos como resolver essas equações no Capítulo 11 – veja o Problema 11.19.)

7.32★★ Considere um cubo em equilíbrio sobre um cilindro, como descrito no Exemplo 4.7. Assumindo que $b < r$, use o formalismo Lagrangiano para determinar a frequência angular para pequenas oscilações em torno do topo. O procedimento mais simples é fazer uma aproximação de pequeno ângulo para $\mathcal{L}$, antes de você derivar, para obter a equação de Lagrange. Como sempre, tenha cuidado para obter a energia cinética, isto é, $\frac{1}{2}(mv^2 + I\dot{\theta}^2)$, onde v é a velocidade do CM e I é o momento de inércia em torno do CM ($2mb^2/3$). A maneira mais segura para determinar v é obtendo as coordenadas do CM e depois derivando.

7.33★★ Uma barra de sabão (massa m) está em repouso sobre uma placa retangular sem atrito, a qual está em repouso sobre uma mesa horizontal. No instante $t = 0$, começo a subir uma aresta da placa, com velocidade angular ω, de modo que ela prende na aresta oposta e o sabão começa a deslizar em direção à aresta que está abaixo. Mostre que a equação do movimento do sabão tem a forma $\ddot{x} - \omega^2 x = -g\,\text{sen}\,\omega t$, onde x é a distância do sabão até a aresta inferior. Resolva essa equação para $x(t)$, sabendo que $x(0) = x_0$. [Você precisará se valer do método usado para resolver a Equação (5.48). Você pode facilmente resolver a equação homogênea; para uma solução particular, tente $x = A\,\text{sen}\,\omega t$ e resolva para A.]

7.34★★ Considere o problema bem conhecido de um carrinho de massa m, preso a uma mola (constante da força k), movendo-se ao longo do eixo x, cuja outra extremidade é mantida fixa (Figura 5.2). Se ignoramos a massa da mola (como quase sempre fazemos), sabemos que o carrinho executa um movimento harmônico simples com frequência angular $\omega = \sqrt{k/m}$. Usando o formalismo Lagrangiano, você pode determinar o efeito da massa da mola M, da seguinte forma: **(a)** assumindo que a mola é uniforme e se distende uniformemente, mostre que a sua energia cinética é $\frac{1}{6}M\dot{x}^2$. (Como sempre, x é a distensão da mola a partir de seu comprimento de equilíbrio. Obtenha a Lagrangiana para o sistema do carrinho mais mola. (*Observação*: a energia potencial é ainda $\frac{1}{2}kx^2$.) **(b)** Obtenha a equação de Lagrange e mostre que o carrinho ainda executa um movimento harmônico simples, mas com frequência angular $\omega = \sqrt{k/(m + M/3)}$, isto é, o efeito da massa da mola M corresponde a adicionar $M/3$ à massa do carrinho.

7.35★★ A Figura 7.16 é uma visão panorâmica de uma argola de arame suave e horizontal que está forçada a girar, com uma velocidade angular fixa ω, em torno de um eixo vertical que passa pelo ponto A. Uma conta de massa m está presa à argola e livre para mover-se em torno dela, com sua posição especificada pelo ângulo ϕ que ela faz no centro com o diâmetro AB.

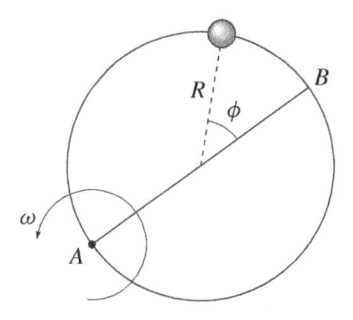

Figura 7.16 Problema 7.35.

Determine a Lagrangiana para este sistema usando ϕ como a coordenada generalizada. (Leia a sugestão do Problema 7.29.) Use a equação de Lagrange para mostrar que a conta oscila em torno do ponto B exatamente como um pêndulo simples. Qual será a frequência dessas oscilações se suas amplitudes forem pequenas?

7.36★★★ Um pêndulo é feito a partir de uma mola de massa desprezível (constante da força k e comprimento natural l_o) que está suspensa em uma extremidade fixa O e tem uma massa m presa a sua outra extremidade. A mola pode distender e comprimir, mas não flambar, e o sistema como um todo está confinado a um único plano vertical. **(a)** Obtenha a Lagrangiana para o pêndulo, usando como coordenadas generalizadas o ângulo usual ϕ e o comprimento r da mola. **(b)** Determine as duas equações de Lagrange para o sistema e interprete-as em termos da segunda lei de Newton, conforme a Equação (1.48). **(c)** As equações do item (b) não podem ser resolvidas analiticamente, em geral. No entanto, elas *podem* ser resolvidas para pequenas oscilações. Faça isso e descreva o movimento. [*Sugestão*: seja l, denotando o comprimento de equilíbrio da mola, com a massa pendurada a partir dela e escreva $r = l + \epsilon$. "Pequenas oscilações" envolvem apenas pequenos valores de ϵ e ϕ, assim você pode usar a aproximação por pequenos ângulos e eliminar de suas equações todos os termos que envolvem potências de ϵ e ϕ (ou suas derivadas) mais elevadas do que a primeira potência (também produtos de ϵ e ϕ ou suas derivadas). Isso simplifica dramaticamente e desacopla as equações.]

7.37★★★ Duas massas iguais, $m_1 = m_2 = m$, estão conectadas por uma mola, de massa desprezível, de comprimento L, que passa através de um orifício, em uma mesa horizontal sem atrito. A primeira massa desliza sobre a mesa, enquanto a segunda está pendurada abaixo da mesa e se move para cima e para baixo em uma linha vertical. **(a)** Assumindo que a mola permanece esticada, escreva a Lagrangiana para o sistema em termos de coordenadas polares (r, ϕ) da massa sobre a mesa. **(b)** Determine as duas equações de Lagrange e interprete a equação ϕ em termos do momento angular ℓ da primeira massa. **(c)** Expresse $\dot{\phi}$ em termos de ℓ e elimine $\dot{\phi}$ a partir da equação de r. Agora, use a equação de r para determinar o valor $r = r_o$ no qual a primeira massa pode mover-se em uma trajetória circular. Interprete sua resposta em termos Newtonianos. **(d)** Suponha que a primeira massa esteja movendo-se nessa trajetória circular e forneça um pequeno impulso radial. Escreva $r(t) = r_o + \epsilon(t)$ e reescreva a equação de r em termos de $\epsilon(t)$, eliminando todas as potências de $\epsilon(t)$ mais altas do que a linear. Mostre que a trajetória circular é estável e que $r(t)$ oscila senoidalmente em torno de r_o. Qual é a frequência de suas oscilações?

7.38★★★ Uma partícula está confinada a mover-se sobre uma superfície de um cone circular, com seu eixo sobre o eixo vertical z, o vértice na origem (apontando para baixo), e ângulo de abertura α. **(a)** Obtenha a Lagrangiana $\mathcal{L}$ em termos de coordenadas esféricas polares r e ϕ. **(b)** Determine as duas equações de movimento. Interprete a equação ϕ em termos do momento angular ℓ_z e use-a para eliminar $\dot{\phi}$ da equação r em prol da constante ℓ_z. Sua equação de r faz sentido no caso em que $\ell_z = 0$? Determine o valor r_o de r para o qual a partícula pode permanecer em uma trajetória circular horizontal. **(c)** Suponha que seja dado um pequeno impulso radial à partícula, de modo que $r(t) = r_o + \epsilon(t)$, onde $\epsilon(t)$ é pequeno. Use a equação r para decidir se a trajetória circular é estável. Se sim, com que frequência r oscila em torno de r_o?

7.39★★★ **(a)** Obtenha a Lagrangiana para uma partícula movendo-se em três dimensões sob a infuência de uma força central conservativa com energia potencial $U(r)$, usando coordenadas esféricas polares (r, θ, ϕ). **(b)** Obtenha as três equações de Lagrange e explique os seus significados em termos da aceleração radial, momento angular e assim por diante. (A equação para θ é a mais cheia de truques, uma vez que você irá ver que ela implica a variação da componente ϕ de ℓ com o tempo, o que parece contradizer a conservação do momento angular. No entanto, lembre-se que ℓ_ϕ é a componente de ℓ em uma direção *variável*.) **(c)** Suponha que inicialmente o movimento esteja no plano equatorial (isto é, $\theta_o = \pi/2$ e $\dot\theta_o = 0$). Descreva o movimento subsequente. **(d)** Suponha, em vez disso, que o movimento inicial seja ao longo de uma linha de longitude (isto é, $\dot\phi_o = 0$). Descreva o movimento subsequente.

7.40★★★ O "pêndulo esférico" é um pêndulo simples que está livre para mover-se em qualquer direção. (Ao contrário, um "pêndulo simples" – absolutamente – está confinado a um único plano vertical.) O lóbulo de um pêndulo esférico move-se sobre uma esfera, com centro no ponto de suporte, com raio $r = R$, o comprimento do pêndulo. Uma escolha conveniente de coordenadas é polares esféricas, r, θ, ϕ, com a origem no ponto de suporte e os eixos polares apontando direto para baixo. As duas variáveis θ e ϕ são uma boa escolha para coordenadas generalizadas. **(a)** Determine a Lagrangiana e as duas equações de Lagrange. **(b)** Explique o que a equação ϕ nos diz a respeito da componente z do momento angular ℓ_z. **(c)** Para o caso especial ϕ = const, descreva o que a equação θ nos diz. **(d)** Use a equação ϕ para substituir $\dot\phi$ em ℓ_z na equação θ e discuta a existência de um ângulo θ_o, para o qual θ pode permanecer constante. Por que este movimento é chamado de pêndulo canônico? **(e)** Mostre que, se $\theta = \theta_o + \epsilon$, com ϵ pequeno, então θ oscila em torno de θ_o com movimento harmônico. Descreva o movimento do lóbulo do pêndulo.

7.41★★★ Considere uma conta de massa m deslizando, sem atrito, em um fio que está moldado na forma de uma parábola e sendo girado com velocidade angular ω em torno de seu eixo vertical, conforme a Figura 7.17. Use coordenadas cilíndricas polares e seja a equação da parábola $z = k\rho^2$. Obtenha a Lagrangiana em termos de ρ como coordenada generalizada. Determine a equação de movimento da conta e determine se há posições de equilíbrio, isto é, valores de ρ para os quais a conta pode permanecer fixa, sem deslizar para cima ou para baixo, no fio que a gira. Discuta a estabilidade de quaisquer posições de equilíbrio que você encontre.

7.42★★★ [Computador] No Exemplo 7.7, vimos que a conta em uma argola que gira pode ter pequenas oscilações em torno dos pontos de equilíbrio estáveis, não nulos, que são aproximadamente senoidais, com frequência $\Omega' = \sqrt{\omega^2 - (g/\omega R)^2}$ como em (7.80). Investigue quão boa é essa aproximação resolvendo a equação de movimento (7.73) numericamente e, em seguida, desenhando sobre o mesmo gráfico a solução numérica e a solução aproximada $\theta(t) = \theta_o + A\cos(\Omega't - \delta)$. Use os seguintes números: $g = R = 1$ e $\omega^2 = 2$ e condições iniciais $\dot\theta(0) = 0$ e $\theta(0) = \theta_o + \epsilon_o$, onde $\epsilon_o = 1°$. Repita para $\epsilon_o = 10°$. Comente seus resultados.

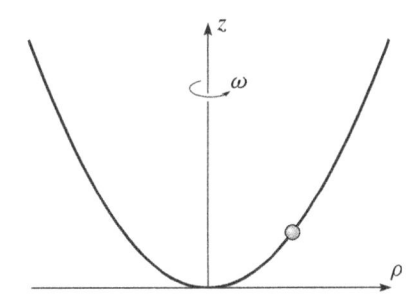

Figura 7.17 Problema 7.41.

7.43★★★ [Computador] Considere uma roda de raio R e massa desprezível, montada sobre um eixo horizontal sem atrito. Um ponto de massa M é grudado à borda e um fio de massa desprezível é enrolado várias vezes em torno do perímetro e está pendurado verticalmente para baixo com uma massa m suspensa no seu ponto final. (Veja a Figura 4.28.) A princípio, estou segurando a roda com M verticalmente abaixo do eixo. Em $t = 0$, largo a roda e m começa a cair verticalmente para baixo. (a) Obtenha a Lagrangiana $\mathcal{L} = T - U$, como uma função do ângulo ϕ, no qual a roda gira. Determine a equação de movimento e mostre que, desde que $m < M$, há uma posição de equilíbrio estável. (b) Assumindo $m < M$, esboce a energia potencial $U(\phi)$ para $-\pi \leq \phi \leq 4\pi$ e use seu gráfico para explicar as posições de equilíbrio encontradas. (c) Como a equação de movimento não pode ser resolvida em termos de funções elementares, você deve resolvê-la numericamente. Isso requer que você escolha valores numéricos para os vários parâmetros. Considere $M = g = R = 1$ (isso leva a uma escolha conveniente de unidades) e $m = 0{,}7$. Antes de resolver a equação, faça um gráfico cuidadoso de $U(\phi)$ versus ϕ e preveja que tipo de movimento é esperado quando M é largada do repouso em $\phi = 0$. Agora, resolva a equação de movimento para $0 \leq t \leq 20$ e verifique sua previsão. (d) Repita o item (c), mas com $m = 0{,}8$.

7.44★★★ [Computador] Se você ainda não o resolveu, resolva o Problema 7.29. Devemos esperar que a rotação da roda tenha pouco efeito sobre o pêndulo, desde que a roda seja pequena e gire lentamente. (a) Verifique essa expectativa resolvendo a equação de movimento numericamente, com os seguintes valores: considere g e l como sendo 1. (Isso significa que a frequência natural $\sqrt{g/l}$ do pêndulo é também 1.) Considere $\omega = 0{,}2$, de modo que a frequência de rotação seja pequena se comparada à frequência natural do pêndulo, e considere o raio $R = 0{,}2$, significativamente menor que o comprimento do pêndulo. Como condições iniciais, considere $\phi = 0{,}2$ e $\dot{\phi} = 0$ em $t = 0$ e faça um gráfico da sua solução para $\phi(t)$ no intervalo $0 < t < 20$. Seu gráfico deve se parecer muito com as oscilações senoidais de um pêndulo simples. O período parece correto? (b) Agora, desenhe $\phi(t)$ para $0 < t < 100$ e observe que o suporte da rotação não faz a menor diferença, fazendo a amplitude das oscilações crescer e diminuir periodicamente. Comente o período dessas pequenas flutuações.

SEÇÃO 7.8 Mais sobre leis de conservação*

7.45★★ (a) Verifique se os coeficientes A_{ij}, na importante Equação (7.94) para a energia cinética de qualquer sistema "natural", são simétricos, ou seja, $A_{ij} = A_{ji}$. (b) Mostre que, para quaisquer n variáveis $v_1, \cdots, v_n$,

$$\frac{\partial}{\partial v_i} \sum_{j,k} A_{jk} v_j v_k = 2 \sum_j A_{ij} v_j.$$

[*Sugestão*: comece com o caso $n = 2$, para o qual você pode escrever as somas completamente. Observe que você precisa do resultado do item (a).] Essa identidade é útil em muitas áreas da física; precisamos demonstrar a expressão (7.96) para o momento generalizado p_i.

7.46★★ O teorema de Noether afirma uma conexão entre princípios de invariância e leis de conservação. Na Seção 7.8, vimos que a invariância translacional da Lagrangiana implica a conservação do momento linear total. Aqui, você demonstrará que a invariância rotacional de $\mathcal{L}$ implica a conservação do momento angular total. Suponha que a Lagrangiana de um sistema de N partículas seja inalterada por rotações em torno de um certo eixo de simetria. (a) Sem perda de generalidade, considere esse eixo como sendo o eixo z e mostre que a Lagrangiana é inalterada quando todas as partículas são simultaneamente movidas de $(r_\alpha, \theta_\alpha, \phi_\alpha)$ para $(r_\alpha, \theta_\alpha, \phi_\alpha + \epsilon)$ (o mesmo ϵ para todas as partículas). Portanto, mostre que

$$\sum_{\alpha=1}^{N} \frac{\partial \mathcal{L}}{\partial \phi_\alpha} = 0.$$

(b) Use as equações de Lagrange para mostrar que isso implica a constância do momento angular total L_z em torno do eixo de simetria. Em particular, se a Lagrangiana é invariante sob rotações em torno de todos os eixos, então todas as componentes de **L** são constantes.

7.47★★★ No Capítulo 4 (no final da Seção 4.7), afirmei que, para um sistema com um grau de liberdade, posições de equilíbrio estável "normalmente" correspondem a um mínimo da energia potencial $U(q)$. Usando o formalismo Lagrangiano, você pode agora demonstrar este resultado. **(a)** Considere um sistema de N partículas, de um grau de liberdade, com posições $\mathbf{r}_\alpha = \mathbf{r}_\alpha(q)$, onde q é a coordenada generalizada e a transformação entre **r** e q não depende do tempo, isto é, q é o que concordamos chamar "natural". (Este é o significado da qualificação "normalmente" na frase da afirmação. Se a transformação depender do tempo, então a afirmação não é necessariamente verdade.) Mostre que a EC tem a forma $T = \frac{1}{2} A \dot{q}^2$, onde $A = A(q) > 0$ pode depender de q, mas não de $\dot{q}$. [Esta corresponde exatamente ao resultado (7.94) para n graus de liberdade. Se você tem problemas com a demonstração dada aqui, revise a demonstração anterior.] Mostre que a equação de movimento de Lagrange tem a forma

$$A(q)\ddot{q} = -\frac{dU}{dq} - \frac{1}{2}\frac{dA}{dq}\dot{q}^2.$$

(b) Um ponto q_0 é um ponto de equilíbrio se, quando o sistema está posto em q_0 com $\dot{q} = 0$, ele permanece neste ponto. Mostre que q_0 é um ponto de equilíbrio se e somente se $dU/dq = 0$. **(c)** Mostre que o equilíbrio é estável se e somente se U é um mínimo em q_0. **(d)** Se você resolveu o Problema 7.30, mostre que o pêndulo daquele problema não satisfaz as condições desse problema e que o resultado demonstrado aqui é falso para aquele sistema.

SEÇÃO 7.9 Equações de Lagrange para forças magnéticas*

7.48★★ Seja $F = F(q_1, \cdots, q_n)$ uma função qualquer das coordenadas generalizadas $(q_1, \cdots, q_n)$ de um sistema com Lagrangiana $\mathcal{L}(q_1, \cdots, q_n, \dot{q}_1, \cdots, \dot{q}_n, t)$. Mostre que as duas Lagrangianas $\mathcal{L}$ e $\mathcal{L}' = \mathcal{L} + dF/dt$ fornecem exatamente as mesmas equações de movimento.

7.49★★ Considere uma partícula de massa m e carga q movendo-se em um campo magnético uniforme constante **B** apontando na direção z. **(a)** Mostre que **B** pode ser escrito como $\mathbf{B} = \nabla \times \mathbf{A}$ com $\mathbf{A} = \frac{1}{2}\mathbf{B} \times \mathbf{r}$. Mostre, equivalentemente, que, em coordenadas cilíndricas polares, $\mathbf{A} = \frac{1}{2}B\rho\hat{\boldsymbol{\phi}}$. **(b)** Escreva a Lagrangiana (7.103) em coordenadas cilíndricas polares e determine as três equações de Lagrange correspondentes. **(c)** Descreva em detalhes as soluções das equações de Lagrange nas quais ρ é uma constante.

SEÇÃO 7.10 Multiplicadores de Lagrange e forças de vínculos*

7.50★ Uma massa m_1 repousa sobre uma mesa horizontal sem atrito. Um fio está preso a ela, o qual segue horizontalmente até a borda da mesa, onde ele passa sobre uma pequena roldana, sem atrito, indo um pouco abaixo de onde está presa uma massa m_2. Use as coordenadas x e y, as distâncias de m_1 e m_2 a partir da roldana. Estas satisfazem a equação de vínculo $f(x, y) = x + y = $ const. Obtenha as duas equações de Lagrange modificadas e resolva-as (juntamente com a equação de vínculo) para $\ddot{x}$ e $\ddot{y}$ e para o multiplicador de Lagrange λ. Use (7.122) (e a equação correspondente y) para determinar se as forças de tração são sobre as duas massas. Verifique suas soluções resolvendo o problema pelo método elementar de Newton.

7.51★ Obtenha a Lagrangiana para o pêndulo simples da Figura 7.2 em termos das coordenadas retangulares x e y. Essas coordenadas estão forçadas a satisfazer a equação de vínculo $f(x, y) = \sqrt{x^2 + y^2} = l$. **(a)** Escreva as duas equações de Lagrange (7.118) e (7.119). Comparando-as com as duas componentes da segunda lei de Newton, mostre que o multiplicador de Lagrange é (menos) a tração na haste. Verifique a Equação (7.122) e a correspondente equação y. **(b)** A equação de vínculo pode ser escrita em muitas formas diferentes. Por exemplo, poderíamos ter escrito $f'(x, y) = x^2 + y^2 = l^2$. Verifique se teríamos os mesmos resultados físicos usando essa função.

7.52★ O método dos multiplicadores de Lagrange funciona perfeitamente bem com coordenadas não Cartesianas. Considere uma massa m presa a um fio, a outra extremidade está enrolada várias vezes em torno de uma roda (raio R, momento de inércia I) montada sobre um eixo horizontal sem atrito. Use as coordenadas para a massa e para a roda x, a distância de queda da massa e ϕ, o ângulo através do qual a roda girou (ambos medidos a partir de alguma posição conveniente como referência). Obtenha as equações de Lagrange modificadas para essas duas variáveis e resolva-as (juntamente com a equação de vínculo) para $\ddot{x}$ e $\ddot{\phi}$ e o multiplicador de Lagrange. Escreva a segunda lei de Newton para a massa e para a roda e use-as para verificar suas respostas para $\ddot{x}$ e $\ddot{\phi}$. Mostre que $\lambda \partial f/\partial x$ é, de fato, a força de tração sobre a massa. Comente a grandeza $\lambda \partial f/\partial \phi$.

Problemas de Força Central para Dois Corpos

Neste capítulo, discutirei o movimento de dois corpos: cada um exerce uma força central conservativa sobre o outro, mas não estão sujeitos a qualquer outra força "externa". Há muitos exemplos desse tipo de problema: as duas estrelas em um sistema de estrelas binárias, um planeta orbitando em torno do Sol, o movimento da Lua orbitando em torno da Terra, o elétron e o próton em um átomo de hidrogênio, os dois átomos de uma molécula diatômica. Na maioria dos casos, a situação verdadeira é mais complicada. Por exemplo, mesmo se estivermos interessados em apenas um planeta orbitando em torno do Sol, não podemos desprezar, completamente, os efeitos de todos os outros planetas; da mesma forma, o sistema Terra-Lua está sujeito à força externa do Sol. Entretanto, em todos os casos, é uma excelente aproximação inicial tratarmos os dois corpos de interesse como se estivessem isolados de todas as influências externas.

Você também pode argumentar que os exemplos do átomo de hidrogênio e da molécula diatômica não pertencem à mecânica clássica, uma vez que todos os sistemas em escala atômica devem, na realidade, ser tratados pela mecânica quântica. Entretanto, muitas das ideias que desenvolverei neste capítulo (a importante ideia da redução de massa, por exemplo) desempenham um papel crucial no problema de dois corpos na mecânica quântica, e provavelmente é justo dizer que o material apresentado aqui é um pré-requisito para o material quântico correspondente.

8.1 O PROBLEMA

Vamos considerar dois objetos, com massas m_1 e m_2. Para os propósitos deste capítulo, assumirei que os objetos são pequenos o bastante para serem considerados partículas pontuais, cujas posições (relativa à origem O de algum referencial inercial) denotarei como $\mathbf{r}_1$ e $\mathbf{r}_2$. As únicas forças são as forças $\mathbf{F}_{12}$ e $\mathbf{F}_{21}$ de suas próprias integrações, que assumirei como sendo centrais e conservativas. Logo, as forças podem ser obtidas a partir de uma energia potencial $U(\mathbf{r}_1, \mathbf{r}_2)$. No caso de objetos astronômicos (a Terra e o Sol, por exemplo) a força é a gravitacional $Gm_1m_2/|\mathbf{r}_1 - \mathbf{r}_2|^2$, com a correspondente energia potencial (como vimos no Capítulo 4)

$$U(\mathbf{r}_1, \mathbf{r}_2) = -\frac{Gm_1m_2}{|\mathbf{r}_1 - \mathbf{r}_2|}. \tag{8.1}$$

Para o elétron e o próton em um átomo de hidrogênio, a energia potencial é a EP de Coulomb das duas cargas (e para o próton e $-e$ para o elétron),

$$U(\mathbf{r}_1, \mathbf{r}_2) = -\frac{ke^2}{|\mathbf{r}_1 - \mathbf{r}_2|}, \tag{8.2}$$

onde k denota a constante da força de Coulomb, $k = 1/4\pi\epsilon_0$.

Em ambos os exemplos, U depende apenas da diferença $(\mathbf{r}_1 - \mathbf{r}_2)$ e não depende de $\mathbf{r}_1$ e $\mathbf{r}_2$ separadamente. Como vimos na Seção 4.9, isso não é um acidente: qualquer sistema isolado é invariante por translação e, se $U(\mathbf{r}_1, \mathbf{r}_2)$ é invariante por translação, ela só pode depender de $(\mathbf{r}_1 - \mathbf{r}_2)$. No presente caso, há uma simplificação adicional: como vimos na Seção 4.8, se uma força conservativa é central, então U é independente da direção de $(\mathbf{r}_1 - \mathbf{r}_2)$. Isto é, ela depende apenas da *magnitude* $|\mathbf{r}_1 - \mathbf{r}_2|$ e podemos escrever

$$U(\mathbf{r}_1, \mathbf{r}_2) = U(|\mathbf{r}_1 - \mathbf{r}_2|), \tag{8.3}$$

como é o caso nos exemplos (8.1) e (8.2).

Para tirarmos vantagem da propriedade (8.3), é conveniente introduzir a nova variável

$$\mathbf{r} = \mathbf{r}_1 - \mathbf{r}_2. \tag{8.4}$$

Como ilustrado na Figura 8.1, isso corresponde à posição do corpo 1 relativa ao corpo 2, e me referirei a $\mathbf{r}$ como a **posição relativa**. O resultado do parágrafo anterior pode ser reexpresso para dizer que a energia potencial U depende apenas da magnitude, r, da posição relativa $\mathbf{r}$,

$$U = U(r). \tag{8.5}$$

Podemos agora expressar o problema matemático que temos para resolver: desejamos determinar os possíveis movimentos de dois corpos (a Lua e a Terra, ou um elétron e um próton), cuja Lagrangiana é

$$\mathcal{L} = \tfrac{1}{2}m_1\dot{\mathbf{r}}_1^2 + \tfrac{1}{2}m_2\dot{\mathbf{r}}_2^2 - U(r). \tag{8.6}$$

Poderia igualmente ter posto o problema em termos Newtonianos e, de fato, sinto-me livre para migrar do formalismo Lagrangiano para o Newtoniano, de acordo com o que parecer mais conveniente. No momento, o formalismo Lagrangiano é o mais transparente.

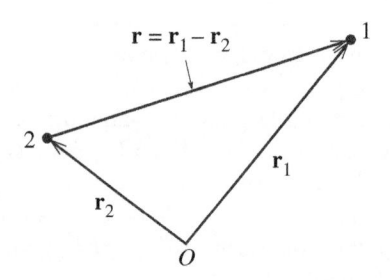

Figura 8.1 A posição relativa $\mathbf{r} = \mathbf{r}_1 - \mathbf{r}_2$ é a posição do corpo 1 relativa ao corpo 2.

8.2 CM E COORDENADAS RELATIVAS: MASSA REDUZIDA

Nossa primeira tarefa é decidir quais coordenadas generalizadas usar para resolver o problema. Já há uma forte sugestão de que devemos usar a posição relativa **r** como uma delas (ou como três delas, dependendo de como você conta as coordenadas), uma vez que a energia potencial $U(r)$ assume uma forma muito simples em termos de **r**. A pergunta é então, o que escolher como a outra variável (vetorial)? A melhor escolha mostrou-se como a posição familiar do *centro de massa* (ou CM), **R**, dos dois corpos, definida no Capítulo 3 como

$$\mathbf{R} = \frac{m_1\mathbf{r}_1 + m_2\mathbf{r}_2}{m_1 + m_2} = \frac{m_1\mathbf{r}_1 + m_2\mathbf{r}_2}{M}, \tag{8.7}$$

onde, como antes, M denota a massa total dos dois corpos:

$$M = m_1 + m_2.$$

Como vimos no Capítulo 3, o CM de duas partículas recai sobre a reta que liga as duas partículas, como ilustrado na Figura 8.2. As distâncias do centro de massa, a partir das duas massas m_2 e m_1, estão na razão m_1/m_2. Em partícular, se m_2 for bem maior do que m_1, então o CM é muito próximo do corpo 2. (Na Figura 8.2, a razão m_1/m_2 é cerca de 1/3, assim, o CM está a um quarto da distância de m_2 a m_1.)

Vimos na Seção 3.3 que o momento total de dois corpos é o mesmo que se a massa total $M = m_1 + m_2$ estivesse concentrada no CM e se estivesse seguindo o CM à medida que ele se move:

$$\mathbf{P} = M\dot{\mathbf{R}}. \tag{8.8}$$

Esse resultado tem um significado importante para simplificação: sabemos, claramente, que o momento total é constante. Portanto, de acordo com (8.8), $\dot{\mathbf{R}}$ é constante, e isso significa que podemos escolher um referencial inercial no qual o CM está em repouso. O **referencial CM** é um referencial especialmente conveniente para analisar o movimento, como veremos.

Usarei a posição **R** do CM e a posição relativa **r** como coordenadas generalizadas na discussão do movimento de dois corpos. Em termos dessas coordenadas, já sabemos que a energia potencial assume a forma $U = U(r)$. Para expressar a energia cinética nestes

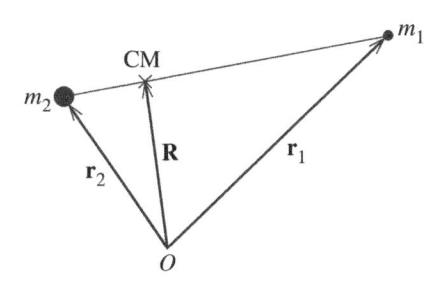

Figura 8.2 O centro de massa dos dois corpos está na posição $\mathbf{R} = (m_1\mathbf{r}_1 + m_2\mathbf{r}_2)/M$ sobre a reta que liga os dois corpos.

termos, precisamos escrever as antigas variáveis $\mathbf{r}_1$ e $\mathbf{r}_2$ em termos das novas $\mathbf{R}$ e $\mathbf{r}$. É um exercício direto mostrar que (veja a Figura 8.2)

$$\mathbf{r}_1 = \mathbf{R} + \frac{m_2}{M}\mathbf{r} \quad \text{e} \quad \mathbf{r}_2 = \mathbf{R} - \frac{m_1}{M}\mathbf{r}. \tag{8.9}$$

Logo, a energia cinética é

$$\begin{aligned} T &= \tfrac{1}{2}\left(m_1\dot{\mathbf{r}}_1^2 + m_2\dot{\mathbf{r}}_2^2\right) \\ &= \tfrac{1}{2}\left(m_1\left[\dot{\mathbf{R}} + \frac{m_2}{M}\dot{\mathbf{r}}\right]^2 + m_2\left[\dot{\mathbf{R}} - \frac{m_1}{M}\dot{\mathbf{r}}\right]^2\right) \\ &= \tfrac{1}{2}\left(M\dot{\mathbf{R}}^2 + \frac{m_1m_2}{M}\dot{\mathbf{r}}^2\right). \end{aligned} \tag{8.10}$$

O resultado (8.10) ainda pode ser simplificado se introduzirmos o parâmetro

$$\mu = \frac{m_1 m_2}{M} \equiv \frac{m_1 m_2}{m_1 + m_2} \quad \text{[massa reduzida]} \tag{8.11}$$

que tem a dimensão de massa e é chamado de **massa reduzida**. Você pode facilmente verificar que μ é sempre menor do que m_1 e m_2 (por isso o nome). Se $m_1 \ll m_2$, então μ é muito próximo de m_1. Logo, a massa reduzida para o sistema Terra-Lua é quase exatamente a massa da Terra; a massa reduzida do elétron e próton no hidrogênio é quase que exatamente a massa do elétron. Por outro lado, se $m_1 = m_2$, então obviamente $\mu = \tfrac{1}{2}m_1$.

Retornando a (8.10), podemos escrever a energia cinética em termos de μ como

$$T = \tfrac{1}{2}M\dot{\mathbf{R}}^2 + \tfrac{1}{2}\mu\dot{\mathbf{r}}^2. \tag{8.12}$$

Esse resultado surpreendente mostra que a energia cinética é a mesma que a de duas partículas "fictícias", uma de massa M movendo-se com a velocidade do CM e a outra de massa μ (a massa reduzida) movendo-se com a velocidade da posição relativa $\mathbf{r}$. Ainda mais significativo é o resultado correspondente para a Lagrangiana:

$$\begin{aligned} \mathcal{L} = T - U &= \tfrac{1}{2}M\dot{\mathbf{R}}^2 + \left(\tfrac{1}{2}\mu\dot{\mathbf{r}}^2 - U(r)\right) \\ &= \mathcal{L}_{\text{cm}} + \mathcal{L}_{\text{rel}}. \end{aligned} \tag{8.13}$$

Vemos que, usando o CM e a posição relativa como as coordenadas generalizadas, repartimos a Lagrangiana em dois pedaços, um dos quais envolve apenas a coordenada $\mathbf{R}$ do CM, e o outro apenas a coordenada relativa $\mathbf{r}$. Isso significará que poderemos resolver os movimentos de $\mathbf{R}$ e $\mathbf{r}$ como sendo dois problemas separados, o que irá simplificar muito o trabalho.

8.3 AS EQUAÇÕES DE MOVIMENTO

Com a Lagrangiana (8.13), podemos deduzir as equações de movimento do sistema de dois corpos. Como $\mathcal{L}$ é independente de **R**, a equação **R** (na verdade, três equações, uma para cada um, X, Y e Z) é especialmente simples,

$$M\ddot{\mathbf{R}} = 0 \quad \text{ou} \quad \dot{\mathbf{R}} = \text{const.} \tag{8.14}$$

Podemos explicar esse resultado de várias formas: primeiro (como já conhecemos), ele é uma consequência direta da conservação do momento total. Alternativamente, podemos vê-lo como refletindo o fato de que $\mathcal{L}$ é independente de **R**, ou, na terminologia introduzida na Seção 7.6, a coordenada **R** do CM é "cíclica". Mais especificamente, $\mathcal{L}_{cm} = \frac{1}{2}M\dot{\mathbf{R}}^2$ (que é a única parte de $\mathcal{L}$ que envolve **R**) tem a forma da Lagrangiana de uma partícula *livre* de massa M e posição **R**. Naturalmente, portanto (primeira lei de Newton), **R** se move com velocidade constante.

A equação de Lagrange para a coordenada relativa **r** não é tão simples, mas é igualmente elegante: $\mathcal{L}_{rel}$, a única parte de $\mathcal{L}$ que envolve **r**, é matematicamente indistinguível da Lagrangiana para uma única partícula de massa μ e posição **r**, com energia potencial $U(r)$. Logo, a equação Lagrangiana correspondente a **r** é (verifique isso e veja!)

$$\mu\ddot{\mathbf{r}} = -\nabla U(\mathbf{r}). \tag{8.15}$$

Para resolver para o movimento relativo, temos apenas que resolver a segunda lei de Newton para uma única partícula de massa igual à massa reduzida μ e posição **r**, com energia potencial $U(r)$.

O referencial do CM

Nosso problema torna-se ainda mais fácil de imaginar se fizermos uma escolha inteligente do sistema de referência. Especificamente, como $\dot{\mathbf{R}} = \text{const}$, podemos escolher um referencial inercial, o assim chamado **referencial do CM**, no qual o CM está em repouso e o momento total é zero. Nesse referencial, $\dot{\mathbf{R}} = 0$, e a parte da Lagrangiana correspondente ao CM é zero ($\mathcal{L}_{cm} = 0$). Logo, no referencial do CM,

$$\mathcal{L} = \mathcal{L}_{rel} = \frac{1}{2}\mu\dot{\mathbf{r}}^2 - U(r) \tag{8.16}$$

e o problema é realmente reduzido ao problema de um único corpo. Essa dramática simplificação ilustra a curiosa terminologia da "coordenada ignorável". Lembre-se de que a coordenada q_i é dita ignorável (ou cíclica) se $\partial\mathcal{L}/\partial q_i = 0$. Vemos que, pelo menos nesse caso, o movimento associado à coordenada ignorável **R** é algo que realmente pode ser ignorado.

É importante darmos uma pausa para considerarmos como é o movimento no referencial do CM, conforme ilustrado na Figura 8.3. O CM está estacionário e consideramos naturalmente como estando na origem. Ambas as partículas estão se movendo, mas com momentos iguais e em sentidos opostos. Se m_2 for muito maior do que m_1 (como frequentemente é o caso), o CM está próximo de m_2 e a partícula 2 tem uma velocidade pequena. (Na figura, $m_2 = 3m_1$ e então $v_2 = \frac{1}{3}v_1$.) É importante observar que a posição re-

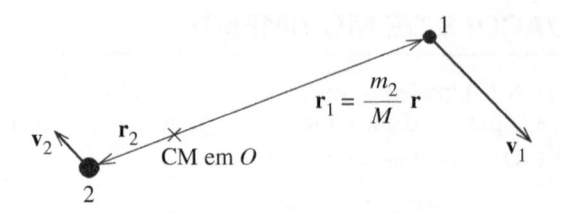

Figura 8.3 No referencial do CM, o centro de massa está estacionário na origem. A posição relativa **r** é a posição da partícula 1 relativa à partícula 2; portanto, a posição da partícula 1 relativa à origem é $\mathbf{r}_1 = (m_2/M)\mathbf{r}$.

lativa **r** é a posição da partícula 1 relativa à partícula 2, e não é a posição real de nenhuma das duas partículas. Conforme ilustrado na figura, a posição da partícula 1 é de fato $\mathbf{r}_1 = (m_2/M)\mathbf{r}$. Entretanto, se $m_2 \gg m_1$, então o CM está muito próximo da partícula 2, que está quase estacionária e $\mathbf{r}_1 \approx \mathbf{r}$; ou seja, **r** é quase a mesma coisa que $\mathbf{r}_1$.

A equação de movimento no referencial do CM é obtida da Lagrangiana $\mathcal{L}_{\text{rel}}$ de (8.16) e é a Equação (8.15). Isso é precisamente a mesma equação para uma única partícula de massa igual à massa reduzida μ, no campo de força central fixo com energia potencial $U(r)$. Nas equações deste capítulo, o surgimento repetido da massa μ servirá para lembrá-lo de que as equações se aplicam ao movimento relativo de dois corpos. No entanto, você pode achar mais fácil *visualizar* uma única partícula (de massa μ) orbitando em torno de uma força central fixa. Em particular, se $m_2 \gg m_1$, esses dois problemas são, para todos os termos práticos, exatamente os mesmos. Além disso, se seu interesse for, de fato, em um único corpo, de massa m, orbitando em torno do centro de uma força fixa, então você poderá usar as mesmas equações simplesmente substituindo μ por m. Em qualquer situação, qualquer solução para a cordenada relativa $\mathbf{r}(t)$ sempre fornecerá o movimento da partícula 1 relativa à partícula 2. Equivalentemente, usando as relações da Figura 8.3, o conhecimento de $\mathbf{r}(t)$ nos fornece o movimento da partícula 1 (ou partícula 2) relativa ao CM.

Conservação do momento angular

Já sabemos que o momento angular total do sistema de duas partículas é conservado. Da mesma forma que muitas outras coisas, essa condição assume uma forma muito simples no referencial do CM. Em qualquer referencial, o momento angular total é

$$\mathbf{L} = \mathbf{r}_1 \times \mathbf{p}_1 + \mathbf{r}_2 \times \mathbf{p}_2$$
$$= m_1 \mathbf{r}_1 \times \dot{\mathbf{r}}_1 + m_2 \mathbf{r}_2 \times \dot{\mathbf{r}}_2. \tag{8.17}$$

No referencial do CM, vemos de (8.9) (com $\mathbf{R} = 0$) que

$$\mathbf{r}_1 = \frac{m_2}{M}\mathbf{r} \quad \text{e} \quad \mathbf{r}_2 = -\frac{m_1}{M}\mathbf{r}. \tag{8.18}$$

Substituindo em (8.17), vemos que o momento angular no referencial do CM é

$$\mathbf{L} = \frac{m_1 m_2}{M^2}(m_2 \mathbf{r} \times \dot{\mathbf{r}} + m_1 \mathbf{r} \times \dot{\mathbf{r}})$$
$$= \mathbf{r} \times \mu \dot{\mathbf{r}}, \tag{8.19}$$

onde substituí $m_1 m_2/M$ pela massa reduzida μ.

A coisa mais notável sobre esse resultado é que o momento angular total no referencial do CM é exatamente o mesmo que o momento angular de uma única partícula com massa μ e posição **r**. Para os nossos propósitos atuais, o ponto importante é que, como o momento angular é conservado, vemos que o vetor $\mathbf{r} \times \dot{\mathbf{r}}$ é constante. Em particular, a *direção* de $\mathbf{r} \times \dot{\mathbf{r}}$ é constante, o que implica que os dois vetores **r** e $\dot{\mathbf{r}}$ permanecem em um plano fixo. Isto é, no referencial do CM, o movimento completo permanece em um plano fixo, que podemos considerar como sendo o plano xy. Em outras palavras, no referencial do CM, o problema de dois corpos com forças centrais conservativas é reduzido a um problema em duas dimensões.

As duas equações de movimento

Para estabelecer as equações de movimento para o problema bidimensional que permanece, precisamos escolher coordenadas no plano de movimento. A escolha óbvia é usar as coordenadas polares r e ϕ, em termos das quais a Lagrangiana (8.16) é

$$\mathcal{L} = \tfrac{1}{2}\mu(\dot{r}^2 + r^2\dot{\phi}^2) - U(r). \tag{8.20}$$

Como a Lagrangiana é independente de ϕ, a coordenada ϕ é cíclica e a equação de Lagrange correspondente para ϕ é

$$\frac{\partial \mathcal{L}}{\partial \dot{\phi}} = \mu r^2 \dot{\phi} = \text{const} = \ell \qquad [\text{equação } \phi]. \tag{8.21}$$

Como $\mu r^2 \dot{\phi}$ é o momento angular ℓ (estritamente, a componente ℓ_z), a equação ϕ é uma afirmação da conservação do momento angular.

A equação de Lagrange correspondente a r (frequentemente chamada de **equação radial**) é

$$\frac{\partial \mathcal{L}}{\partial r} = \frac{d}{dt}\frac{\partial \mathcal{L}}{\partial \dot{r}}$$

ou

$$\mu r \dot{\phi}^2 - \frac{dU}{dr} = \mu \ddot{r} \qquad [\text{equação } r]. \tag{8.22}$$

Como já vimos no Exemplo 7.2 [Equações (7.19) e (7.20)], se movemos o termo da força centrípeta $\mu r \dot{\phi}^2$ para a direita, isto é justamente a componente radial de $\mathbf{F} = m\mathbf{a}$ (ou melhor, $\mathbf{F} = \mu \mathbf{a}$, já que μ substituiu m.)

8.4 O PROBLEMA UNIDIMENSIONAL EQUIVALENTE

As duas equações de movimento que temos de resolver são a equação ϕ (8.21) e a equação radial (8.22). A constante ℓ (o momento angular) na equação ϕ é determinada pelas condições iniciais e nosso principal uso para a equação ϕ é resolvê-la para $\dot{\phi}$

$$\dot{\phi} = \frac{\ell}{\mu r^2}, \tag{8.23}$$

que irá permitir eliminar $\dot\phi$ da equação radial em favor da constante ℓ. A equação radial pode ser reescrita como

$$\mu\ddot r = -\frac{dU}{dr} + \mu r\dot\phi^2 = -\frac{dU}{dr} + F_{cf} \qquad (8.24)$$

que tem a forma da segunda lei de Newton para uma partícula em *uma* dimensão com massa μ e posição r, sujeita à força real $-dU/dr$ mais uma força[1] centrífuga "fictícia" para fora

$$F_{cf} = \mu r\dot\phi^2. \qquad (8.25)$$

Em outras palavras, o movimento radial da partícula é exatamente o mesmo que se a partícula estivesse se movendo em uma dimensão, sujeita à força real $-dU/dr$ *mais* a força centrífuga F_{cf}.

Reduzimos agora o problema do movimento relativo de dois corpos a um único problema em uma dimensão, conforme expresso em (8.24). Antes de discutirmos quais serão as soluções, é útil reescrever a força centrífuga, usando a equação $\dot\phi$ (8.23) para eliminar $\dot\phi$ em favor da constante ℓ,

$$F_{cf} = \frac{\ell^2}{\mu r^3}. \qquad (8.26)$$

Ainda melhor, podemos agora expressar a força centrífuga em termos de uma energia potencial centrífuga,

$$F_{cf} = -\frac{d}{dr}\left(\frac{\ell^2}{2\mu r^2}\right) = -\frac{dU_{cf}}{dr}, \qquad (8.27)$$

onde a energia potencial centrífuga U_{cf} é definida como

$$U_{cf}(r) = \frac{\ell^2}{2\mu r^2}. \qquad (8.28)$$

Retornando a (8.24), podemos agora reescrever a equação radial em termos de U_{cf} da forma

$$\mu\ddot r = -\frac{d}{dr}[U(r) + U_{cf}(r)] = -\frac{d}{dr}U_{ef}(r), \qquad (8.29)$$

onde a **energia potencial efetiva** U_{ef} é a soma da energia potencial real $U(r)$ e a centrífuga $U_{cf}(r)$:

$$U_{ef}(r) = U(r) + U_{cf}(r) = U(r) + \frac{\ell^2}{2\mu r^2}. \qquad (8.30)$$

---

[1] Esta força central pode ser um pouco mais familiar se eu escrevê-la em termos da velocidade azimutal $v_\phi = r\dot\phi$ com $F_{cf} = \mu v_\phi^2/r$.

Capítulo 8 Problemas de Força Central para Dois Corpos

De acordo com (8.29), o movimento radial da partícula é exatamente o mesmo que seria se a partícula estivesse se movendo em uma dimensão com uma energia potencial efetiva $U_{ef} = U + U_{cf}$.

Exemplo 8.1 Energia potencial efetiva de um cometa

Obtenha as energias potenciais real e efetiva para um cometa (ou planeta) movendo-se no campo gravitacional do Sol. Esboce as três energias potenciais envolvidas e use o gráfico de $U_{ef}(r)$ para descrever o movimento de r. Como o movimento planetário foi primeiramente descrito, matematicamente, pelo astrônomo alemão Johannes Kepler, 1571-1630, o problema do movimento de um planeta ou cometa ao redor do Sol (ou quaisquer dois corpos interagindo via uma força proporcional ao inverso do quadrado) é frequentemente chamado de *problema de Kepler*.

A energia potencial gravitacional real de um cometa é dada pela fórmula bastante conhecida

$$U(r) = -\frac{Gm_1m_2}{r} \qquad (8.31)$$

onde G é a constante gravitacional universal e m_1 e m_2 são as massas do cometa e do Sol, respectivamente. A energia potencial centrífuga é dada por (8.28), assim, a energia potencial total efetiva é

$$U_{ef}(r) = -\frac{Gm_1m_2}{r} + \frac{\ell^2}{2\mu r^2}. \qquad (8.32)$$

O comportamento geral dessa energia potencial efetiva é facilmente visto (Figura 8.4). Quando r é grande, o termo centrífugo $\ell^2/2\mu r^2$ é desprezível quando comparado ao termo gravitacional $-Gm_1m_2/r$, e a EP efetiva, $U_{ef}(r)$, é negativa e subindo

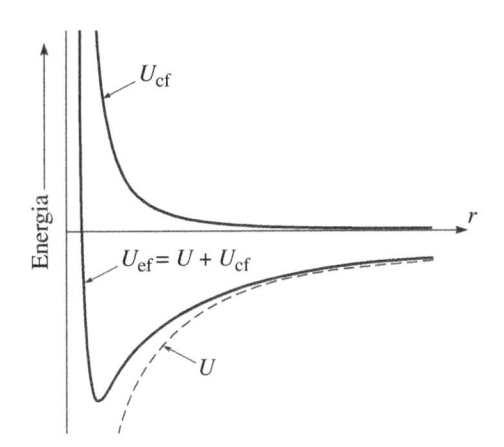

Figura 8.4 A energia potencial efetiva $U_{ef}(r)$ que governa o movimento radial de um cometa é a soma da energia potencial gravitacional $U(r) = -Gm_1m_2/r$ e do termo centrífugo $U_{cf} = \ell^2/2\mu r^2$. Para r grande, o efeito dominante é da força gravitacional; para r pequeno, é da força centrífuga repulsiva.

quando r cresce. De acordo com (8.29), a aceleração de r é para baixo. [O carro da montanha-russa acelera para baixo no trilho de acordo com $U_{ef}(r)$.] Logo, quando um cometa está longe do Sol, $\ddot{r}$ é sempre para dentro.

Quando r é pequeno, o termo centrífugo $\ell^2/2\mu r^2$ domina o termo gravitacional $-Gm_1m_2/r$ (a menos que $\ell = 0$) e, próximo de $r = 0$, $U_{ef}(r)$ é positivo e declina para baixo. Logo, à medida que o cometa se aproxima do Sol, $\ddot{r}$ eventualmente se torna para fora e o cometa começa a distanciar-se do Sol outra vez. A única exceção a essa afirmativa é quando o momento angular é exatamente zero, $\ell = 0$, em cujo caso (8.23) implica $\dot{\phi} = 0$, ou seja, o cometa está se movendo exatamente na direção radial, ao longo da reta com ϕ constante, e deve, em algum momento, colidir com o Sol.

Conservação de energia

Para determinar os detalhes da órbita, devemos olhar mais profundamente para a equação radial (8.29). Se multiplicarmos ambos os lados dessa equação por $\dot{r}$, obtemos

$$\frac{d}{dt}\left(\tfrac{1}{2}\mu\dot{r}^2\right) = -\frac{d}{dt}U_{ef}(r). \qquad (8.33)$$

Em outras palavras,

$$\tfrac{1}{2}\mu\dot{r}^2 + U_{ef}(r) = \text{const}. \qquad (8.34)$$

Esse resultado é, na verdade, nada mais do que a conservação da energia: se escrevermos $U_{ef}(r)$ como $U + \ell^2/2\mu r^2$ e substituirmos ℓ por $\mu r^2 \dot{\phi}$, vemos que

$$\tfrac{1}{2}\mu\dot{r}^2 + U_{ef}(r) = \tfrac{1}{2}\mu\dot{r}^2 + \tfrac{1}{2}\mu r^2\dot{\phi}^2 + U(r)$$
$$= E. \qquad (8.35)$$

Isso completa a reescrita do problema bidimensional do movimento relativo como sendo equivalente ao problema unidimensional, envolvendo apenas o movimento radial. Vemos que a energia total (que já sabíamos que era constante) pode ser pensada como uma energia cinética unidimensional do movimento radial mais a energia potencial efetiva unidimensional U_{ef}, uma vez que esta última inclui a energia potencial real U e a energia cinética $\tfrac{1}{2}\mu r^2\dot{\phi}^2$ do movimento angular. Isso significa que toda a nossa experiência com problemas unidimensionais, ambas em termos de forças e em termos de energia, pode ser imediatamente transferida ao problema de dois corpos com força central.

Exemplo 8.2 Considerações sobre a energia de um cometa ou planeta

Examine novamente o cometa (ou planeta) do Exemplo 8.1 e, considerando sua energia total E, obtenha a equação que determina a distância máxima e a mínima do cometa até o Sol, se $E > 0$ e, outra vez, se $E < 0$.

Na equação da energia (8.35), o termo $\frac{1}{2}\mu\dot{r}^2$ à esquerda é sempre maior que ou igual a zero. Portanto, o movimento do cometa está confinado àquelas regiões onde $E \geq U_{ef}$. Para ver o que isso implica, redesenhei na Figura 8.5 o gráfico de U_{ef} da Figura 8.4. Vamos considerar primeiro o caso em que a energia do cometa é maior do que zero. Na figura, desenhei uma linha horizontal pontilhada na altura E, rotulada $E > 0$. Um cometa com essa energia pode se mover para qualquer lugar, pois esta linha está acima da curva de $U_{ef}(r)$, mas em lugar nenhum abaixo dessa curva. Isso simplesmente significa que o cometa não pode se mover em qualquer lugar no interior do ponto de retorno rotulado $r_{mín}$, determinado pela condição

$$U_{ef}(r_{mín}) = E. \qquad (8.36)$$

Se o cometa está inicialmente movendo-se para dentro na direção do Sol, então ele continuará a fazê-lo até alcançar $r_{mín}$, onde $\dot{r} = 0$ instantaneamente. Ele então se move para fora e, como não há outros pontos nos quais $\dot{r}$ pode se anular, ele eventualmente escapa indo para infinito e a órbita é **ilimitada (aberta)**.

Se, por outro lado, $E < 0$, então a linha desenhada na altura E (rotulada $E < 0$) encontra a curva de $U_{ef}(r)$ em dois pontos de retorno rotulados por $r_{mín}$ e $r_{máx}$, e um cometa com $E < 0$ está preso entre estes dois valores de r. Se estiver se movendo para longe do Sol ($\dot{r} > 0$), ele continuará a fazê-lo até que alcance $r_{máx}$, onde $\dot{r}$ se anula e troca de sinal. O cometa, então, se move para o interior até alcançar $r_{mín}$, onde $\dot{r}$ troca de sinal outra vez. Portanto, o cometa oscila para dentro e para fora entre $r_{mín}$ e $r_{máx}$. Por razões óbvias, esse tipo de órbita é chamado de **órbita limitada**[2] **(fechada)**.

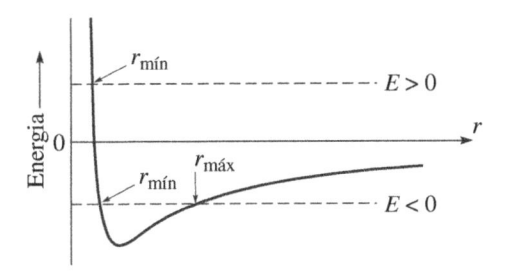

Figura 8.5 Gráfico da energia potencial efetiva $U_{ef}(r)$ *versus* r para um cometa. Para uma dada energia E, o cometa pode apenas ir onde $E \geq U_{ef}(r)$. Para $E > 0$, isso significa que ele não pode ir além do ponto de retorno em $r_{mín}$, onde $U_{ef} = E$. Para $E < 0$, ele está confinado entre os dois pontos de retorno denotados $r_{mín}$ e $r_{máx}$.

---

[2] Se considerarmos apenas um cometa na órbita do Sol, então a conservação da energia indica que uma órbita limitada ($E < 0$) nunca muda para uma órbita ilimitada ($E > 0$), nem vice-versa. Na realidade, um cometa pode, ocasionalmente, chegar bastante próximo de outro cometa ou planeta para mudar E, e a órbita pode, portanto, mudar de limitada para ilimitada ou ao contrário.

> Finalmente, se E é igual ao valor mínimo de $U_{ef}(r)$ (para um dado valor do momento angular ℓ), os dois pontos de retorno $r_{mín}$ e $r_{máx}$ se fundem e o cometa está preso com um raio fixo e move-se em uma órbita circular.

Nesse exemplo, considerei apenas o caso de uma força do tipo inverso do quadrado, mas muitos problemas de dois corpos têm as mesmas características qualitativas. Por exemplo, o movimento de dois átomos em uma molécula diatômica é governado por um potencial efetivo que foi esboçado na Figura 4.12 e se assemelha muito à curva gravitacional da Figura 8.5. Logo, todas as nossas conclusões qualitativas se aplicam à molécula diatômica e a muitos outros problemas de dois corpos.

Refletindo sobre o movimento radial do problema de dois corpos, você não deve absolutamente esquecer o momento angular. De acordo com (8.23), $\dot{\phi} = \ell / \mu r^2$, e ϕ está sempre mudando, sempre com o mesmo sinal (continuamente crescendo ou continuamente decrescendo). Por exemplo, quando um cometa com energia positiva se aproxima do Sol, o ângulo ϕ modifica-se a uma taxa que cresce à medida que r se torna menor; quando o cometa se move para longe do Sol, ϕ continua a mudar na mesma direção, mas a uma taxa que decresce à medida que r se torna maior. Logo, a órbita real de um cometa com energia positiva se assemelha à Figura 8.6. Para o caso de uma força do tipo inverso do quadrado (como a gravidade), a órbita da Figura 8.6 é na realidade uma hipérbole, como demonstraremos em seguida, mas as órbitas ilimitadas (isto é, órbitas com $E > 0$) são qualitativamente similares para muitos tipos diferentes de forças.

Para as órbitas limitadas ($E < 0$), vimos que r oscila entre os dois valores extremos $r_{mín}$ e $r_{máx}$, enquanto ϕ continua crescendo (ou decrescendo, mas vamos supor que o cometa esteja orbitando no sentido anti-horário, de modo que ϕ está crescendo). Neste caso da força do tipo inverso do quadrado, veremos que o período das oscilações radiais acontece para igualar o tempo para que ϕ faça exatamente uma volta completa. Portanto,

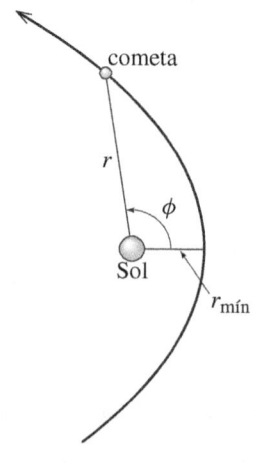

Figura 8.6 Órbita ilimitada típica para um cometa com energia positiva. Inicialmente, r decresce do infinito até $r_{mín}$ e em seguida retorna ao infinito. Durante isso, o ângulo ϕ está continuamente crescendo.

o movimento se repete exatamente uma vez por volta, como na Figura 8.7(a). (Veremos também que, para qualquer força do tipo inverso do quadrado, as órbitas limitadas são na verdade elipses.) Para todos os outros tipos de forças, o período do movimento radial é diferente do tempo para completar uma volta e, na maioria dos casos, a órbita não é nem mesmo fechada (isto é, ele nunca retorna a sua condição inicial)[3]. A Figura 8.7(b) ilustra uma órbita para a qual r vai de $r_{mín}$ a $r_{máx}$ e retorna para $r_{mín}$ no intervalo de tempo em que o ângulo ϕ avança por cerca de 330° e a órbita certamente não fecha sobre si mesma após um ciclo.

8.5 A EQUAÇÃO DA ÓRBITA

A equação radial (8.29) determina r como uma função de t, mas, para muitos propósitos, gostaríamos de conhecer r como uma função de ϕ. Por exemplo, a função $r = r(\phi)$ irá, mais diretamente, nos informar a forma da órbita. Logo, gostaríamos de reexpressar a equação radial como uma equação diferencial para r em termos de ϕ. Há dois artifícios para se fazer isso, mas vamos primeiro escrever a equação radial em termos das forças:

$$\mu\ddot{r} = F(r) + \frac{\ell^2}{\mu r^3}, \qquad (8.37)$$

onde $F(r)$ é a força central real, $F = -dU/dr$, e o segundo termo é a força centrífuga.

O primeiro artifício para reexpressar esta equação em termos de ϕ é fazer a substituição

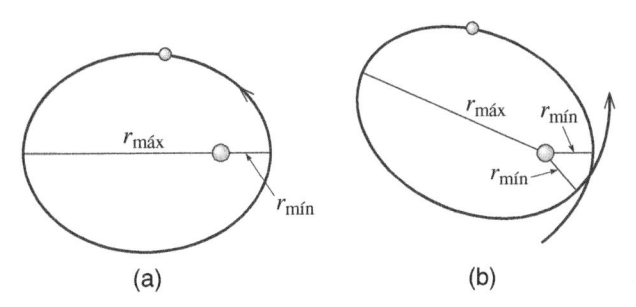

$$u = \frac{1}{r} \quad \text{ou} \quad r = \frac{1}{u} \qquad (8.38)$$

Figura 8.7 (a) As órbitas limitadas, para qualquer força do tipo inverso do quadrado, têm a propriedade incomum de que r vai de $r_{mín}$ a $r_{máx}$ e retorna a $r_{mín}$ exatamente no intervalo de tempo que ϕ vai de 0 a 360°. Portanto, a órbita se repete a cada ciclo. (b) Para a maioria das demais forças, o período de oscilação de r é diferente do intervalo de tempo no qual ϕ avança 360° e a órbita não se fecha após um ciclo. Neste exemplo, r completa um ciclo de $r_{mín}$ a $r_{máx}$ e retornando a $r_{mín}$, enquanto ϕ avança por cerca de 330°.

---

[3] Além da força do tipo inverso do quadrado, a única exceção importante é o oscilador harmônico isotrópico, para o qual as órbitas são também elipses, conforme discutido na Seção 5.3.

e o segundo é reescrever o operador diferencial d/dt em termos de $d/d\phi$, usando a regra da cadeia:

$$\frac{d}{dt} = \frac{d\phi}{dt}\frac{d}{d\phi} = \dot{\phi}\frac{d}{d\phi} = \frac{\ell}{\mu r^2}\frac{d}{d\phi} = \frac{\ell u^2}{\mu}\frac{d}{d\phi}. \tag{8.39}$$

(A terceira igualdade segue em virtude de $\ell = \mu r^2 \dot{\phi}$ e a última resulta da mudança de variável $u = 1/r$.)

Usando a identidade (8.39), podemos reescrever $\ddot{r}$ à esquerda da equação radial. Primeiro,

$$\dot{r} = \frac{d}{dt}(r) = \frac{\ell u^2}{\mu}\frac{d}{d\phi}\left(\frac{1}{u}\right) = -\frac{\ell}{\mu}\frac{du}{d\phi}$$

e assim

$$\ddot{r} = \frac{d}{dt}(\dot{r}) = \frac{\ell u^2}{\mu}\frac{d}{d\phi}\left(-\frac{\ell}{\mu}\frac{du}{d\phi}\right) = -\frac{\ell^2 u^2}{\mu^2}\frac{d^2 u}{d\phi^2}. \tag{8.40}$$

Substituindo de volta na equação radial (8.37), obtemos

$$-\frac{\ell^2 u^2}{\mu}\frac{d^2 u}{d\phi^2} = F + \frac{\ell^2 u^3}{\mu}$$

ou

$$u''(\phi) = -u(\phi) - \frac{\mu}{\ell^2 u(\phi)^2}F. \tag{8.41}$$

Para qualquer força central F, essa equação radial transformada é uma equação diferencial para a nova variável $u(\phi)$. Se a resolvermos, então podemos imediatamente obter r como $r = 1/u$. Na próxima seção, resolveremos essa equação para o caso de uma força do tipo inverso do quadrado e mostraremos que as órbitas resultantes são seções cônicas, isto é, elipses, parábolas ou hipérboles. Primeiramente, aqui está um exemplo simples.

Exemplo 8.3 Equação radial para uma partícula livre

Resolva a equação radial transformada (8.41) para uma partícula *livre* (isto é, uma partícula que não está sujeita a forças) e confirme que a órbita resultante é a reta, conforme esperado.

Este exemplo é provavelmente um dos caminhos mais difíceis para mostrar que uma partícula livre se move ao longo de uma reta. Entretanto, é uma maneira interessante de verificar que a equação radial transformada faz sentido. Na ausência de forças, (8.41) é

$$u''(\phi) = -u(\phi)$$

cuja solução geral sabemos que é

$$u(\phi) = A\cos(\phi - \delta), \quad (8.42)$$

onde A e δ são constantes arbitrárias. Portanto, (renomeando a constante $A = 1/r_o$)

$$r(\phi) = \frac{1}{u(\phi)} = \frac{r_o}{\cos(\phi - \delta)}. \quad (8.43)$$

Essa equação com aparência pouco promissora é, de fato, a equação de uma reta em coordenadas polares, como você pode ver na Figura 8.8. Nessa figura, Q é um ponto fixo com coordenadas polares (r_o, δ) e a reta em questão é a reta através de Q perpendicular a OQ. É fácil ver que o ponto P com coordenadas polares (r, ϕ) está sobre a reta se e somente se $r\cos(\phi - \delta) = r_o$. Em outras palavras, a Equação (8.43) é a equação dessa reta.

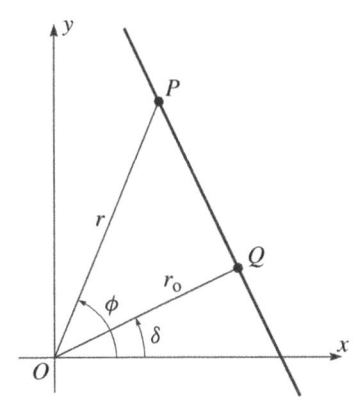

Figura 8.8 O ponto fixo Q tem coordenadas polares (r_o, δ) relativa à origem O. O ponto P com coordenadas polares está sobre a reta através de Q perpendicular a OQ se e somente se $r\cos(\phi - \delta) = r_o$. Isto é, a equação dessa reta é (8.43).

Na próxima seção, usarei a mesma equação radial transformada (8.41) para resolver um problema bem menos trivial, determinar o caminho de um cometa ou qualquer outro objeto preso em uma órbita por uma força do tipo inverso do quadrado.

8.6 AS ÓRBITAS DE KEPLER

Vamos agora retornar ao problema de Kepler, encontrar as possíveis órbitas de um cometa ou de qualquer outro objeto sujeito a uma força do tipo inverso do quadrado. Os dois exemplos importantes desse problema são o movimento de cometas ou planetas em torno do Sol (ou satélites em torno da Terra), em cujo caso a força é a força gravitacional

$-Gm_1m_2/r^2$, e o movimento orbital de duas cargas opostas q_1 e q_2, em cujo caso a força é a força de Coulomb kq_1q_2/r^2. Para incluir ambos os casos e para simplificar as equações, escreverei a força como (lembre-se que $u = 1/r$)

$$F(r) = -\frac{\gamma}{r^2} = -\gamma u^2, \qquad (8.44)$$

onde γ é a "constante da força", igual a Gm_1m_2 no caso gravitacional.[4]

Graças à elaboração dos preparativos, podemos agora resolver o principal problema bem facilmente. Inserindo a força (8.44) na equação radial transformada (8.41), obtemos que $u(\phi)$ deve satisfazer

$$u''(\phi) = -u(\phi) + \gamma\mu/\ell^2. \qquad (8.45)$$

Observe que é uma característica única das forças do tipo inverso do quadrado que o último termo nesta equação seja uma constante, posto que apenas neste caso o termo u^2 da força cancela o termo $1/u^2$ em (8.41). Como este último termo é constante, podemos resolver (8.45) muito facilmente: se substituirmos

$$w(\phi) = u(\phi) - \gamma\mu/\ell^2,$$

a equação se torna

$$w''(\phi) = -w(\phi),$$

que possui a solução geral

$$w(\phi) = A\cos(\phi - \delta), \qquad (8.46)$$

onde A é uma constante positiva e δ é uma constante que podemos considerar igual a zero, fazendo uma escolha apropriada da direção $\phi = 0$. Logo, a solução geral para $u(\phi)$ pode ser escrita como

$$u(\phi) = \frac{\gamma\mu}{\ell^2} + A\cos\phi = \frac{\gamma\mu}{\ell^2}(1 + \epsilon\cos\phi), \qquad (8.47)$$

onde ϵ é apenas outro nome para a constante positiva adimensional $A\ell^2/\gamma\mu$. Como $u = 1/r$, a constante $\gamma\mu/\ell^2$ à direita tem dimensão [1/comprimento] e introduzindo o comprimento

$$c = \frac{\ell^2}{\gamma\mu}, \qquad (8.48)$$

a solução torna-se

$$\frac{1}{r(\phi)} = \frac{1}{c}(1 + \epsilon\cos\phi)$$

---

[4] A constante γ é positiva para a força gravitacional e para a força entre duas cargas postivas. Como discutido no Problema 8.31, para duas cargas do mesmo sinal, γ é negativo. Por enquanto, assumiremos que é positiva.

ou

$$r(\phi) = \frac{c}{1 + \epsilon \cos \phi}. \tag{8.49}$$

Essa é a solução para r como uma função de ϕ, em termos da constante positiva indeterminada ϵ e do comprimento $c = \ell^2/\gamma\mu$ (que é $\ell^2/Gm_1m_2\mu$ no problema gravitacional). Explorarei agora suas propriedades, primeiro para as órbitas limitadas e em seguida para as ilimitadas.

As órbitas limitadas

O comportamento da órbita $r(\phi)$ em (8.49) é controlado pela constante positiva ainda indeterminada ϵ. Uma visada em (8.49) evidencia que esse comportamento é muito diferente dependendo se $\epsilon < 1$ ou $\epsilon \geq 1$. Se $\epsilon < 1$, o denominador de (8.49) nunca se anula e $r(\phi)$ permanece limitado para todo ϕ. Se $\epsilon \geq 1$, o denominador se anula para algum ângulo e $r(\phi)$ tende a infinito à medida que ϕ se aproxima desse ângulo. Evidentemente, o valor de $\epsilon = 1$ é a fronteira entre as órbitas limitadas e ilimitadas. Mostrarei em breve que essa fronteira corresponde exatamente à fronteira entre $E < 0$ e $E \geq 0$ discutida anteriormente. Vamos iniciar com o caso em que a constante ϵ é menor do que 1. Com $\epsilon < 1$, o denominador de $r(\phi)$ em (8.49) oscila, conforme ilustrado na Figura 8.9, entre os valores $1 \pm \epsilon$. Portanto, $r(\phi)$ oscila entre

$$r_{\text{mín}} = \frac{c}{1 + \epsilon} \quad \text{e} \quad r_{\text{máx}} = \frac{c}{1 - \epsilon} \tag{8.5}$$

com $r = r_{\text{mín}}$ no assim chamado **periélio** quando $\phi = 0$, e $r = r_{\text{máx}}$ no **afélio** quando $\phi = \pi$. Como $r(\phi)$ é obviamente periódica em ϕ com período 2π, segue que $r(2\pi) = r(0)$ e a órbita se fecha sobre si mesma após um ciclo. Logo, a aparência geral da órbita é como na Figura 8.10.

Embora a órbita apresentada na Figura 8.10 certamente se *assemelhe* a uma elipse, ainda não cheguei a demonstrar isso de fato. Entretanto, é um exercício razoavelmente

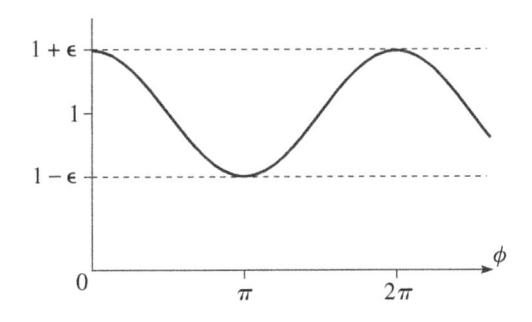

Figura 8.9 O denominador $1 + \epsilon \cos \phi$ na Equação (8.49) para $r(\phi)$ oscila entre $1 + \epsilon$ e $1 - \epsilon$ e é periódico com período 2π.

simples (veja o Problema 8.16) obter (8.49) em coordenadas Cartesianas e colocá-la sob a forma

$$\frac{(x+d)^2}{a^2} + \frac{y^2}{b^2} = 1 \qquad (8.51)$$

onde (como você pode facilmente verificar)

$$a = \frac{c}{1-\epsilon^2}, \qquad b = \frac{c}{\sqrt{1-\epsilon^2}} \qquad \text{e} \qquad d = a\epsilon. \qquad (8.52)$$

A Equação (8.51) é a equação padrão de uma elipse com semieixo maior e semieixo menor a e b, respectivamente, exceto que, onde esperamos ver x, temos $x + d$. Essa diferença indica que a origem, o Sol, não está no centro da elipse, mas a uma distância d do centro, conforme ilustrado na Figura 8.10.

Podemos agora identificar a constante ϵ, que surgiu como uma constante de integração indeterminada em (8.47). De acordo com (8.52), a razão entre os eixos maior e menor é

$$\frac{b}{a} = \sqrt{1-\epsilon^2}. \qquad (8.53)$$

Embora certamente você quase não se lembre disso, essa equação é a definição (ou uma possível definição) da excentricidade de uma elipse. Isto é, essa equação nos informa que a constante ϵ é a excentricidade. Observe que, se $\epsilon = 0$, então $b = a$ e a elipse é um círculo; se $\epsilon \to 1$, então $b/a \to 0$ e a elipse torna-se muito fina e alongada.

Tendo indentificado a constante ϵ como a excentricidade, podemos agora identificar a posição do Sol em relação à elipse. De acordo com (8.52), a distância do centro O até o Sol é $d = a\epsilon$, e (embora você possa não se lembrar) $a\epsilon$ é a distância do centro para qualquer um dos focos da elipse. Logo, a posição do Sol corresponde a um dos dois focos da elipse e demonstramos a **primeira lei de Kepler**, em que os planetas (e cometas cujas órbitas são limitadas) seguem órbitas que são elipses com o Sol em um dos focos.

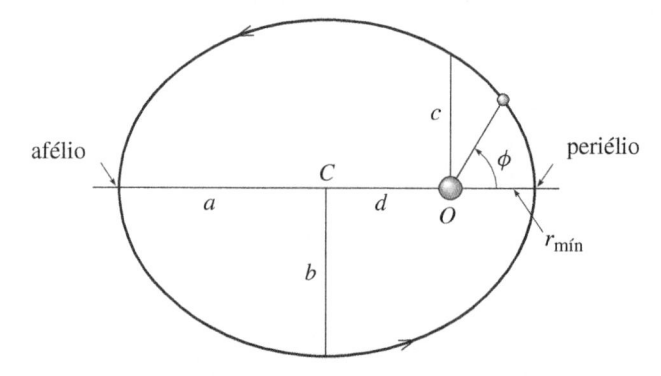

Figura 8.10 As órbitas limitadas de um cometa ou planeta, de acordo com a Equação (8.49), são elipses. O Sol está na origem O, que é um dos focos da elipse (*não* seu centro). As distâncias a e b são chamadas de semieixo maior e de semieixo menor, respectivamente. O parâmetro $c = \ell^2/\gamma\mu$ introduzido em (8.48) é o valor de r quando $\phi = 90°$. Os pontos onde o cometa está mais próximo ou mais afastado do Sol são chamados de periélio e afélio, respectivamente.

Capítulo 8 Problemas de Força Central para Dois Corpos

Exemplo 8.4 Cometa Halley

O cometa Halley, assim chamado em homenagem ao astrônomo inglês Edmund Halley (1656-1742), segue uma órbita muito excêntrica com $\epsilon = 0{,}967$. Na maior proximidade (o periélio), o cometa está a 0,59 UA (Unidade Astronômica) do Sol, bem próximo da órbita de Mercúrio. (A UA é a distância média da Terra ao Sol, cerca de $1{,}5 \times 10^8$ km.) Qual é a maior distância do cometa ao Sol, isto é, a distância do afélio?

A distância dada é $r_{\text{mín}} = 0{,}59$ UA e, de acordo com (8.50), $r_{\text{máx}}/r_{\text{mín}} = (1+\epsilon)/(1-\epsilon)$. Portanto,

$$r_{\text{máx}} = \frac{1+\epsilon}{1-\epsilon} r_{\text{mín}} = \frac{1.967}{0.033} r_{\text{mín}} = 60\, r_{\text{mín}} = 35\, \text{UA}.$$

Isso significa que, a essa grande distância, o cometa Halley está além da órbita de Netuno.

O período orbital: terceira lei de Kepler

Podemos agora determinar as órbitas elípticas de cometas e planetas. De acordo com a segunda lei de Kepler (Seção 3.4), a taxa na qual uma reta, a partir do Sol até um cometa ou planeta, varre uma área é

$$\frac{dA}{dt} = \frac{\ell}{2\mu}.$$

Como a área total de uma elipse é $A = \pi ab$, o período é

$$\tau = \frac{A}{dA/dt} = \frac{2\pi ab\mu}{\ell}.$$

Se elevarmos ao quadrado ambos os lados e usarmos (8.53) para substituir b^2 por $a^2(1-\epsilon^2)$, essa se torna

$$\tau^2 = 4\pi^2 \frac{a^4(1-\epsilon^2)\mu^2}{\ell^2} = 4\pi^2 \frac{a^3 c\mu^2}{\ell^2},$$

onde, na última igualdade, usei (8.52) para substituir $a(1-\epsilon^2)$ por c. Como o comprimento c foi definido em (8.48) como sendo $\ell^2/\gamma\mu$, isso implica

$$\tau^2 = 4\pi^2 \frac{a^3 \mu}{\gamma}. \qquad (8.54)$$

Finalmente, γ é a constante na lei da força inverso do quadrado $F = -\gamma/r^2$, e, para o caso gravitacional, $\gamma = Gm_1 m_2 = G\mu M$, onde M é a massa total, $M = m_1 + m_2$. (Observe a identidade prática $m_1 m_2 = \mu M$.) No nosso caso $m_2 = M_s$, a massa do Sol, que é muito maior do que m_1, a massa do cometa ou planeta. Logo, com uma excelente aproximação, $M \approx M_s$, e

$$\gamma = Gm_1m_2 \approx G\mu M_s.$$

Portanto, o fator de μ em (8.54) se cancela e obtemos

$$\tau^2 = \frac{4\pi^2}{GM_s} a^3. \tag{8.55}$$

Esta é a **terceira lei de Kepler**: como a massa do cometa (ou planeta) foi cancelada, a lei diz que, para todos os corpos orbitando o Sol, o quadrado do período é proporcional ao cubo do semieixo maior. (Para órbitas circulares, podemos substituir a^3 por r^3.) A lei se aplica da mesma forma aos satélites de qualquer objeto grande. Por exemplo, todos os satélites da Terra, incluindo a Lua, obedecem à mesma lei [com M_s substituído pela massa da Terra M_t em (8.55)] e o mesmo se aplica a todas as luas de Júpiter.

Exemplo 8.5   Período de um satélite terrestre de baixa órbita

Use a terceira lei de Kepler para estimar o período de um satélite em uma órbita circular a poucas dezenas de milhas acima da superfície da Terra.
O período é dado por (8.55) com M_s substituída por M_t. Como a órbita é circular, podemos substituir a por r e, como a órbita está próxima da superfície da Terra, $r \approx R_t$, o raio da Terra. Portanto,

$$\tau^2 = \frac{4\pi^2}{GM_e} R_e^3.$$

Isso simplifica se lembrarmos que $GM_t/R_t^2 = g$, a aceleração da gravidade na superfície da Terra, e obtemos

$$\tau = 2\pi \sqrt{\frac{R_t}{g}} = 2\pi \sqrt{\frac{6{,}38 \times 10^6 \text{ m}}{9{,}8 \text{ m/s}^2}} = 5070 \text{ s} \approx 85 \text{ min}, \tag{8.56}$$

em concordância com a observação bem conhecida de que satélites de baixa órbita circulam a Terra em aproximadamente uma hora e meia.

Ralação entre energia e excentricidade

Finalmente, podemos relacionar a excentricidade ϵ de uma órbita com a energia E do cometa ou de outro corpo orbitando. A maneira mais simples de fazê-lo é lembrando que, na sua menor distância de aproximação $r_{\text{mín}}$, a energia do cometa é igual à energia potencial efetiva U_{ef} [Equação (8.36)],

$$E = U_{\text{ef}}(r_{\text{mín}}) = -\frac{\gamma}{r_{\text{mín}}} + \frac{\ell^2}{2\mu r_{\text{mín}}^2}$$

$$= \frac{1}{2r_{\text{mín}}}\left(\frac{\ell^2}{\mu r_{\text{mín}}} - 2\gamma\right). \qquad (8.57)$$

Agora, sabemos de (8.50) que $r_{\text{mín}} = c/(1 + \epsilon)$ e de sua definição (8.48) que $c = \ell^2/\gamma\mu$. Portanto,

$$r_{\text{mín}} = \frac{\ell^2}{\gamma\mu(1 + \epsilon)}$$

e, substituindo em (8.57),

$$E = \frac{\gamma\mu(1+\epsilon)}{2\ell^2}[\gamma(1+\epsilon) - 2\gamma]$$

$$= \frac{\gamma^2\mu}{2\ell^2}(\epsilon^2 - 1). \qquad (8.58)$$

Os cálculos que levam a (8.58) são igualmente válidos para órbitas limitadas e ilimitadas, e implicam as seguintes correlações, como esperado: energias negativas ($E < 0$) correspondem a excentricidades $\epsilon < 1$, o que, por sua vez, corresponde a órbitas limitadas. Energias positivas ($E > 0$) correspondem a excentricidades $\epsilon > 1$, o que por sua vez corresponde a órbitas ilimitadas. A Equação (8.58) é uma relação útil entre as propriedades mecânicas E e ℓ e a propriedade geométrica ϵ. Isso implica algumas conexões interessantes. Por exemplo, para um dado valor do momento angular ℓ, a órbita de menor energia possível é a órbita circular com $\epsilon = 0$ (uma conexão que tem uma contraparte na mecânica quântica.)

8.7 AS ÓRBITAS DE KEPLER ILIMITADAS

Na seção anterior, determinamos a órbita geral de Kepler, como está dada em (8.49),

$$r(\phi) = \frac{c}{1 + \epsilon \cos\phi}, \qquad (8.59)$$

e examinamos em detalhes as órbitas limitadas – aquelas para as quais $\epsilon < 1$ ou, equivalentemente, como vimos, $E < 0$. Nesta seção, esboçarei a análise correspondente às órbitas ilimitadas, com $\epsilon \geq 1$ e $E \geq 0$.

A fronteira entre as órbitas limitadas e as ilimitadas surge quando $\epsilon = 1$ ou $E = 0$. Com $\epsilon = 1$, o denominador de (8.59) se anula quando $\phi = \pm \pi$. Portanto, $r(\phi) \to \infty$ quando $\phi \to \pm \pi$. Ou seja, se $\epsilon = 1$, a órbita é ilimitada e vai para infinito à medida que o cometa se aproxima de $\phi = \pm \pi$. Com alguma álgebra elementar, parecida com o que conduziu a (8.51), se mostra que, com $\epsilon = 1$, a versão Cartesiana de (8.59) é

$$y^2 = c^2 - 2cx \qquad (8.60)$$

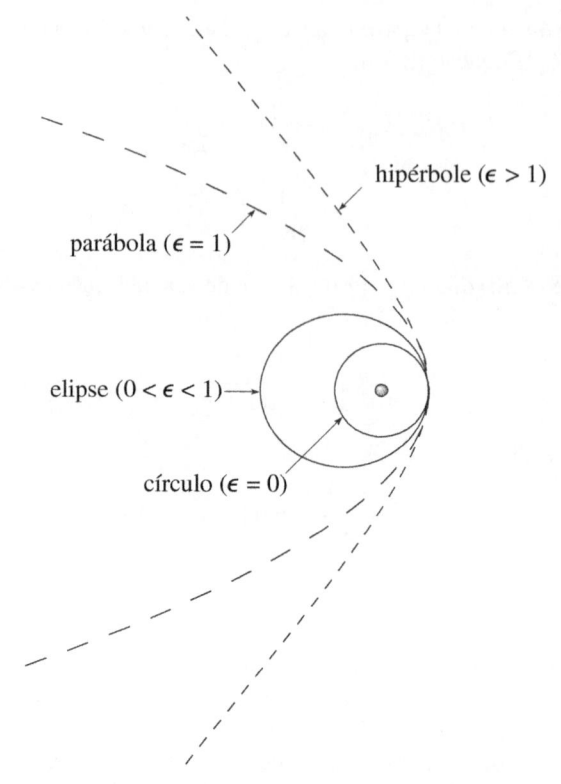

Figura 8.11 Quatro diferentes órbitas de Kepler para um cometa: um círculo, uma elipse, uma parábola e uma hipérbole. Para torná-las mais claras, as quatro órbitas foram escolhidas com os mesmos valores de $r_{\text{mín}}$ e com todas as menores aproximações na mesma direção.

que é a equação de uma parábola. Esta órbita está ilustrada (com um tracejado longo) na Figura 8.11.

Se $\epsilon > 1$ (ou $E > 0$), o denominador de (8.59) se anula no valor $\phi_{\text{máx}}$ determinado pela condição

$$\epsilon \cos(\phi_{\text{máx}}) = -1.$$

Logo, $r(\phi) \to \infty$ quando $\phi \to \pm \phi_{\text{máx}}$ e a órbita está confinada ao intervalo dos ângulos $-\phi_{\text{máx}} < \phi < \phi_{\text{máx}}$. Isso fornece à órbita a aparência esboçada na Figura 8.6. Com $\epsilon > 1$, a forma Cartesiana de (8.59) é (Problema 8.30)

$$\frac{(x-\delta)^2}{\alpha^2} - \frac{y^2}{\beta^2} = 1, \tag{8.61}$$

onde você pode facilmente indentificar as constantes α, β e δ (Problema 8.30). Essa é a equação de uma hipérbole e demonstramos que, conforme antecipado, as órbitas de Kepler com energia positiva são hipérboles. Uma de tais órbitas está ilustrada (com um tracejado pequeno) na Figura 8.11.

Resumo das órbitas de Kepler

Os resultados para as órbitas de Kepler podem ser resumidos da seguinte forma: todas as órbitas possíveis são obtidas a partir da Equação (8.59),

$$r(\phi) = \frac{c}{1 + \epsilon \cos \phi}, \tag{8.62}$$

e são caracterizadas por duas constantes de integração[5] ϵ e c. A constante adimensional ϵ está relacionada à energia do cometa por (8.58),

$$E = \frac{\gamma^2 \mu}{2\ell^2}(\epsilon^2 - 1). \tag{8.63}$$

É, como já vimos, a excentricidade da órbita que determina a forma da órbita, conforme segue:

excentricidade	energia	órbita
$\epsilon = 0$	$E < 0$	círculo
$0 < \epsilon < 1$	$E < 0$	elipse
$\epsilon = 1$	$E = 0$	parábola
$\epsilon > 1$	$E > 0$	hipérbole

Você pode observar de (8.62) que a constante c é um fator de escala que determina o tamanho da órbita. Ele tem a dimensão de comprimento e corresponde à distância do Sol ao cometa quando $\phi = \pi/2$. Ele é igual a $\ell^2/\gamma\mu$ ou, como γ é a constante da força Gm_1m_2,

$$c = \frac{\ell^2}{Gm_1m_2\mu}, \tag{8.64}$$

onde m_1 é a massa do cometa, m_2 é a massa do Sol e μ é a massa reduzida $\mu = m_1m_2/(m_1 + m_2)$, que é extremamente próxima de m_1 dado que m_2 é bastante grande.

8.8 MUDANÇAS DE ÓRBITAS

Nesta seção final, discutirei como um satélite pode mudar de uma órbita para outra. Por exemplo, uma nave espacial desejando visitar Vênus pode querer se transferir de uma órbita circular próxima da Terra e com o centro no Sol, para uma órbita elíptica que irá levá-lo à órbita de Vênus. Outro exemplo que iremos discutir aqui é o de um satélite da Terra desejando mudar de uma órbira em torno dela para outra, talvez de uma órbita circular para uma elíptica que irá levá-lo a uma maior altitude. A análise das órbitas da

---

[5] Como a segunda lei de Newton é uma equação diferencial de segunda ordem e o movimento está em duas dimensões, na verdade existem quatro constantes de integração ao todo. A terceira é a constante δ em (8.46) que escolhemos como sendo zero, forçando o eixo da órbita a ser o eixo x. A quarta é a posição do cometa na órbita no instante de tempo $t = 0$.

Terra é a mesma daquelas em torno do Sol, exceto pelo fato de que a massa M_s do Sol deve ser substituida pela massa da Terra M_t, e os pontos mais próximo e mais distante da Terra são chamados de **perigeu** e **apogeu**, respectivamente (em vez de periélio e afélio para o Sol). Dirigiremos nossa atenção às orbitas elípticas limitadas para as quais a forma mais geral é

$$r(\phi) = \frac{c}{1 + \epsilon \cos(\phi - \delta)}. \tag{8.65}$$

(Como estávamos interessados em apenas uma órbita, podemos escolher nosso eixo x de modo que o ângulo δ seja zero. Se estamos interessados em duas órbitas arbitrárias, não podemos desprezar δ neste caso – pelo menos não para ambas.)

Vamos supor que nossa nave espacial esteja inicialmente em uma órbita da forma (8.65) com energia E_1, momento angular ℓ_1 e parâmetros orbitais c_1, ϵ_1 e δ_1. Uma maneira comum de mudar a órbita é fazendo a nave espacial acionar seus propulsores vigorosamente por um breve intervalo de tempo. Dentro de uma boa aproximação, podemos tratar este procedimento como um impulso que ocorre para um certo ângulo ϕ_o e que causa uma mudança instantânea da velocidade por um valor conhecido. A partir da variação conhecida na velocidade, podemos calcular a nova energia E_2 e o momento angular ℓ_2. De (8.48), podemos calcular o novo valor de c_2, e de (8.58), a nova excentricidade ϵ_2. Finalmente, como a nova órbita deve se juntar à antiga no ângulo ϕ_o, isto é, $r_1(\phi_o) = r_2(\phi_o)$, podemos determinar δ_2 a partir da equação

$$\frac{c_1}{1 + \epsilon_1 \cos(\phi_o - \delta_1)} = \frac{c_2}{1 + \epsilon_2 \cos(\phi_o - \delta_2)}. \tag{8.66}$$

Esse cálculo, embora em princípio seja direto, é tedioso e especialmente pouco esclarecedor na prática. Para simplificar os cálculos e para revelar melhor as caracteríticas importantes, tratarei apenas de um caso especial importante.

Propulsão tangencial no perigeu

Vamos considerar um satélite que se transfere de uma órbita para outra acionando os propulsores na direção tangencial, para frente e para trás, quando ele está no perigeu de sua órbita inicial. Como escolha do eixo x, podemos fazer uma escolha de modo que esse ocorra na direção $\phi = 0$, de forma que $\phi_o = 0$ e $\delta_1 = 0$. Além disso, como os propulsores são acionados na direção tengencial, a velocidade logo após o acionamento está ainda na mesma direção, que é perpendicular ao raio a partir da Terra até o satélite. Portanto, a posição na qual os propulsores são acionados está também no perigeu da órbita final[6] e $\delta_2 = 0$ também. Logo, a Equação (8.66), que assume a continuidade da órbita, reduz-se a

$$\frac{c_1}{1 + \epsilon_1} = \frac{c_2}{1 + \epsilon_2}. \tag{8.67}$$

---

[6] Na verdade, ele pode estar no perigeu da órbita final *ou no apogeu*, mas podemos tratar ambos os casos de uma única vez, como veremos.

Vamos denotar por λ a razão da velocidade do satélite imediatamente antes e imediatamente depois do acionamento dos propulsores, $v_2 = \lambda v_1$. Chamaremos λ de **fator de propulsão**; se $\lambda > 1$, então a propulsão foi para frente e o satélite aumentou a velocidade; se $0 < \lambda < 1$, então a propulsão foi para trás e o satélite diminuiu a velocidade. (Em princípio, λ poderia ser negativo, mas isso representaria uma inversão no sentido da direção, uma manobra improvável que não consideraremos.)

No perigeu, o momento angular é $\ell = \mu r v$. O valor de r não varia durante o impulso e assumirei que o acionamento dos propulsores varia a massa do satélite por uma quantidade desprezível. Sob tais suposições, o momento angular varia pelo mesmo fator que a velocidade:

$$\ell_2 = \lambda \ell_1. \tag{8.68}$$

De acordo com (8.48), o parâmetro c é proporcional a ℓ^2. Portanto, o novo valor de c é

$$c_2 = \lambda^2 c_1. \tag{8.69}$$

Substituindo em (8.67) e resolvendo para ϵ_2, obtemos a nova excentricidade

$$\epsilon_2 = \lambda^2 \epsilon_1 + (\lambda^2 - 1). \tag{8.70}$$

A Equação (8.70) contém quase todas as informações de interesse sobre a nova órbita. Por exemplo, se $\lambda > 1$ (uma propulsão para frente), é fácil ver que a nova órbita tem $\epsilon_2 > \epsilon_1$. Logo, a nova órbita tem o mesmo perigeu da antiga, mas uma maior excentricidade e assim recai além da antiga órbita, como ilustrado pela curva tracejada externa na Figura 8.12(a). Se tomarmos λ grande o bastante, então a nova excentricidade torna-se maior do que 1; nesse caso, a nova órbita é de fato uma hipérbole e a nave espacial escapa da Terra.

Se escolhermos o fator de propulsão $\lambda < 1$ (uma propulsão para trás), então a nova excentricidade será menor do que a antiga, $\epsilon_2 < \epsilon_1$, e a nova órbita cairá dentro da antiga, conforme ilustrado pela curva tracejada interna na Figura 8.12(b). À medida que fazemos λ gradualmente menor, ϵ_2 se anula; isto é, se acionarmos os propulsores para trás com o impulso correto, podemos mover o satélite para uma órbita circular. Se escolhermos λ ainda menor, então ϵ_2 torna-se negativo. O que isso significa? O parâmetro ϵ iniciou

(a) Propulsão para frente   (b) Propulsão para trás

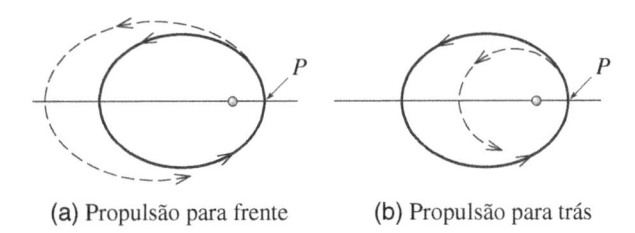

Figura 8.12 Mudança de órbita. A órbita original do satélite está ilustrada com uma curva cheia e os propulsores são acionados quando o satélite está no apogeu P. (a) Um impulso para frente move o satélite para a órbita tracejada elíptica maior. (b) Um impulso para trás move o satélite para a órbita tracejada elíptica menor.

como uma constante positiva, mas a equação orbital $r = c/(1 + \epsilon \cos\phi)$ faz sentido perfeitamente bem com $\epsilon < 0$. A única diferença é que a direção $\phi = 0$ é agora a direção de r máximo e $\phi = \pi$ é aquela em que r é mínimo, isto é, o apogeu e o perigeu trocaram de posição. Controlando uma propulsão bastante grande para trás em P (o perigeu da antiga órbita), transferimos o satélite para uma órbita menor na qual P é agora o apogeu.

Exemplo 8.6 Mudando entre órbitas circulares

Os controladores de um satélite, que está em uma órbita circular de raio R_1, desejam transferi-lo para uma órbita de raio $2R_1$. Eles realizam isso usando dois impulsos sucessivos, como ilustrado na Figura 8.13. Primeiro, o impulso é realizado no ponto P para transferência a uma órbita 2 elíptica, sendo apenas grande o suficiente para levá-lo ao raio desejado. Segundo, ao alcançar o raio desejado (em P', o apogeu da órbita transferida) o satélite é impulsionado para a órbita circular desejada 3. Por qual fator o satélite deve aumentar a sua velocidade nesses dois impulsos? Ou seja, quais são os fatores de propulsão necessários λ e λ'? Por qual fator a velocidade do satélite cresce como resultado da manobra completa?

A órbita circular inicial tem $c_1 = R_1$ e excentricidade $\epsilon_1 = 0$. A órbita final deve ter o raio $R_3 = 2R_1$. De acordo com (8.69), a órbita de transferência tem $c_2 = \lambda^2 R_1$ e, de acordo com (8.70), $\epsilon_2 = (\lambda^2 - 1)$, onde λ é o fator de propulsão do primeiro impulso em P. No instante em que o satélite alcança o ponto P', desejamos que ele esteja no raio R_3. Como P' é o apogeu da órbita a ser transferida, isso requer que

$$R_3 = \frac{c_2}{1 - \epsilon_2} = \frac{\lambda^2 R_1}{1 - (\lambda^2 - 1)} = \frac{\lambda^2 R_1}{2 - \lambda^2}, \quad (8.71)$$

que é facilmente resolvida para λ, obtendo

$$\lambda = \sqrt{\frac{2R_3}{R_1 + R_3}} = \sqrt{\frac{4}{3}} \approx 1{,}15. \quad (8.72)$$

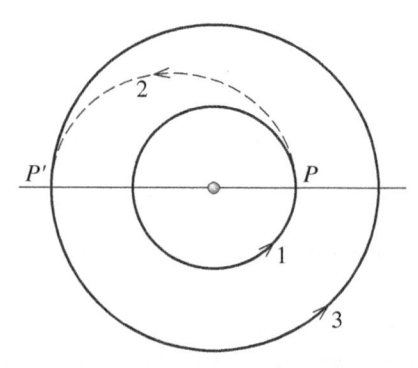

Figura 8.13 Dois impulsos sucessivos, um em P e o outro em P', transferem um satélite de uma órbita circular pequena 1 para uma órbita de transferência 2 e desta para a órbita circular final 3.

O satélite deve ampliar sua velocidade em cerca de 15% para se mover para a órbita requerida.

A segunda transferência ocorre em P', o apogeu da órbita de transferência. No Problema 8.33, você pode mostrar que o segundo fator de propulsão é

$$\lambda' = \sqrt{\frac{R_1 + R_3}{2R_1}} = \sqrt{\frac{3}{2}} \approx 1.22, \qquad (8.73)$$

ou seja, precisamos ampliar a velocidade em 22% para movê-lo da órbita de transferência para a órbita circular final.

É tentador pensar que a mudança completa na velocidade, movendo o satélite de sua órbita inicial para a final, seja justamente o produto $\lambda\lambda'$ dos dois fatores de propulsão, mas isso negligencia que a velocidade do satélite também varia à medida que ele se move ao longo da órbita de transferência. Pela conservação do momento angular, é fácil ver que as velocidades nos dois pontos finais da órbita de transferência satisfazem $v_2(\text{apo})R_3 = v_2(\text{per})R_1$. Portanto, o ganho total na velocidade é dado por

$$v_3 = \lambda' \cdot \frac{v_2(\text{apo})}{v_2(\text{per})} \cdot \lambda \cdot v_1$$

$$= \sqrt{\frac{R_1 + R_3}{2R_1}} \cdot \frac{R_1}{R_3} \cdot \sqrt{\frac{2R_3}{R_1 + R_3}} \cdot v_1 = \sqrt{\frac{R_1}{R_3}} \cdot v_1. \qquad (8.74)$$

No presente caso, $R_3 = 2R_1$ e, portanto, $v_3 = v_1/\sqrt{2}$. Ou seja, a velocidade final é na verdade menor do que a inicial por um fator $\sqrt{2}$. Esse resultado [e mais geral o resultado (8.74)] poderia ter sido antecipado. É fácil mostrar (Problema 8.32) que, para órbitas circulares, v, α $1/\sqrt{R}$. Logo, duplicar o raio, necessariamente requer que a velocidade seja reduzida por um fator $\sqrt{2}$.

PRINCIPAIS DEFINIÇÕES E EQUAÇÕES

Coordenada relativa e massa reduzida

Quando reescrita em termos da **coordenada relativa**

$$\mathbf{r} = \mathbf{r}_1 - \mathbf{r}_2 \qquad \text{[Eq. (8.4)]}$$

e da coordenada $\mathbf{R}$ do CM, o problema de dois corpos é reduzido ao problema de duas partículas independentes, uma partícula com massa $M = m_1 + m_2$ e a posição $\mathbf{R}$, e uma partícula com massa igual à **massa reduzida**

$$\mu = \frac{m_1 m_2}{m_1 + m_2}, \qquad \text{[Eq. (8.11)]}$$

posição $\mathbf{r}$ e energia potencial $U(r)$.

O problema unidimensional equivalente

O movimento da coordenada relativa, com um dado momento angular ℓ, é equivalente ao movimento de uma partícula em uma dimensão (radial), como massa μ, posição r (com $0 < r < \infty$) e **energia potencial efetiva**

$$U_{\text{ef}}(r) = U(r) + U_{\text{cf}}(r) = U(r) + \frac{\ell^2}{2\mu r^2} \qquad \text{[Eq. (8.30)]}$$

onde U_{cf} é chamado de **energia potencial centrífuga**.

A equação radial transformada

Com a mudança de variável de r para $u = 1/r$ e a eliminação de t em favor de ϕ, a equação de movimento radial unidimensional torna-se

$$u''(\phi) = -u(\phi) - \frac{\mu}{\ell^2 u(\phi)^2} F. \qquad \text{[Eq. (8.41)]}$$

As órbitas de Kepler

Para um planeta ou cometa, a força é $F = Gm_1 m_2/r^2 = \gamma/r^2$ e a solução de (8.41) é

$$r(\phi) = \frac{c}{1 + \epsilon \cos \phi}, \qquad \text{[Eq. (8.49)]}$$

onde $c = \ell^2/\gamma\mu$ e ϵ está relacionado à energia por meio de

$$E = \frac{\gamma^2 \mu}{2\ell^2}(\epsilon^2 - 1). \qquad \text{[Eq. (8.58)]}$$

Essa **órbita de Kepler** é uma elipse, parábola ou hipérbole, de acordo com o valor da excentricidade ϵ se menor, igual ou maior do que 1.

PROBLEMAS

Estrelas indicam o nível de dificuldade, do mais fácil (★) ao mais difícil (★★★).

SEÇÃO 8.2   CM e coordenadas relativas: massa reduzida

8.1★ Verifique se as posições de duas partículas podem ser escritas em termos do CM e posições relativas como $\mathbf{r}_1 = \mathbf{R} + m_2 \mathbf{r}/M$ e $\mathbf{r}_2 = \mathbf{R} - m_1 \mathbf{r}/M$. Portanto, confirme que a EC total de duas partículas pode ser expressa como $T = \frac{1}{2} M \dot{\mathbf{R}}^2 + \frac{1}{2} \mu \dot{\mathbf{r}}^2$, onde μ denota a massa reduzida $\mu = m_1 m_2 / M$.

8.2★★ Embora o tópico principal deste capítulo seja o movimento de duas partículas que não estão sujeitas a forças externas, muitas das ideias [por exemplo, a separação da Lagrangiana $\mathcal{L}$ em duas partes independentes $\mathcal{L} = \mathcal{L}_{\text{cm}} + \mathcal{L}_{\text{rel}}$, como na Equação (8.31)] se estendem facilmente para situações mais gerais. Para ilustrar isso, considere o seguinte: duas massas m_1 e m_2 se movem em um campo gravitacional uniforme $\mathbf{g}$ e interagindo via energia potencial $U(r)$.

(a) Mostre que a Lagrangiana pode ser decomposta como em (8.13). (b) Deduza as equações de Lagrange para as três coordenadas do CM, X, Y e Z, e descreva o movimento do CM. Obtenha as três equações de Lagrange para as coordenadas relativas e mostre claramente que o movimento de **r** é o mesmo que o de uma única partícula de massa igual à massa reduzida μ, com posição **r** e a energia potencial $U(r)$.

8.3★★ Duas partículas de massas m_1 e m_2 estão conectadas por uma mola, de massa desprezível, e comprimento natural L e com constante da força k. Inicialmente, m_2 está em repouso sobre a mesa e estou segurando m_1 verticalmente acima de m_2 a uma altura L. No instante $t = 0$, projeto m_1 verticalmente para cima com velocidade inicial v_0. Determine a posição das duas massas para qualquer instante de tempo t subsequente (antes de qualquer uma das massas retornar à mesa) e descreva o movimento. [*Sugestões*: veja o Problema 8.2. Assuma que v_0 é bastante pequena de modo que as duas massas nunca colidem.]

SEÇÃO 8.3 As equações de movimento

8.4★ Usando a Lagrangiana (8.13), obtenha as três equações de movimento para as coordenadas relativas x, y, e z e mostre claramente que o movimento da posição relativa **r** é o mesmo que o de uma única partícula com posição **r**, energia potencial $U(r)$ e massa igual à massa reduzida μ.

8.5★ O momento **p** conjugado à posição relativa **r** está definido com as componentes $p_x = \partial \mathcal{L}/\partial \dot{x}$ e assim por diante. Demonstre que $\mathbf{p} = \mu \dot{\mathbf{r}}$. Demonstre também que, no referencial do CM, **p** é o mesmo que $\mathbf{p}_1$, o momento da partícula 1 (e também $-\mathbf{p}_2$).

8.6★ Mostre que, no referencial do CM, o momento angular ℓ_1 da partícula 1 está relacionado ao momento angular total **L** por $\ell_1 = (m_2/M)\mathbf{L}$ e da mesma forma $\ell_2 = (m_1/M)\mathbf{L}$. Como **L** é conservado, isso mostra que o mesmo é verdade para ℓ_1 e ℓ_2 separadamente no referencial do CM.

8.7★★ (a) Usando a mecânica Newtoniana elementar, determine o período da massa m_1 em uma órbita circular de raio r em torno de uma massa m_2 *fixa*. (b) Usando a separação em CM e movimento relativo, determine o período correspondente para o caso em que m_2 não está fixa e as massas circundam uma a outra a uma distância constante de separação r. Discuta o limite desse resultado se $m_2 \to \infty$. (c) Qual seria o período orbital se a Terra fosse substituída por uma estrela de massa igual à massa do Sol, em uma órbita circular, com a distância entre o Sol e a estrela igual à distância do Sol à Terra? (A massa do Sol é mais de 300.000 vezes a massa da Terra.)

8.8★★ Duas massas m_1 e m_2 se movem em um plano e interagem por uma energia potencial $U(r) = \frac{1}{2}kr^2$. Obtenha a Lagrangiana em termos do CM e posições relativas **R** e **r** e determine as equações de movimento para as coordenadas X, Y e x, y. Descreva o movimento e determine a frequência do movimento relativo.

8.9★★ Considere duas partículas de massas iguais, $m_1 = m_2$, ligadas uma a outra por uma mola leve (constante da força k, comprimento natural L) e livre para deslizar sobre uma mesa horizontal sem atrito. (a) Obtenha a Lagrangiana em termos das coordenadas $\mathbf{r}_1$ e $\mathbf{r}_2$ e reexpresse-a em termos do CM e posições relativas, **R** e **r**, usando coordenadas polares (r, ϕ) para **r**. (b) Obtenha e resolva as equações de Lagrange para as coordenadas X e Y do CM. (c) Obtenha as equações de Lagrange para r e ϕ. Resolva essas equações para os dois casos especiais, quando r permanece constante e quando ϕ permanece constante. Descreva os movimentos correspondentes. Em particular, mostre que a frequência das oscilações no segundo caso é $\omega = \sqrt{2k/m_1}$.

8.10★★ Duas partículas de massas iguais, $m_1 = m_2$, se movem sobre uma mesa horizontal, sem atrito, na vizinhança de uma força central fixa, com energia potencial $U_1 = \frac{1}{2}kr_1^2$ e $U_2 = \frac{1}{2}kr_2^2$. Além disso, elas interagem entre si via energia potencial $U_{12} = \frac{1}{2}\alpha\, kr^2$, onde r é a distância entre elas e α e k são constantes positivas. **(a)** Determine a Lagrangiana em termos da posição **R** do CM e da posição relativa $\mathbf{r} = \mathbf{r}_1 - \mathbf{r}_2$. **(b)** Obtenha e resolva as equações de Lagrange do CM e para as coordenadas relativas X, Y e x, y. Descreva o movimento.

8.11★★ Considere duas partículas interagindo através da energia potencial da lei de Hooke, $U = \frac{1}{2}kr^2$, onde **r** é a posição relativa entre elas, $\mathbf{r} = \mathbf{r}_1 - \mathbf{r}_2$, e não estão sujeitas a qualquer força externa. Mostre que $\mathbf{r}(t)$ descreve uma elipse. Com isso, mostre que ambas as partículas se movem sobre elipses similares em torno do CM comum a ambas. [Isso é surpreendentemente estranho. Talvez o procedimento mais simples seja escolher o plano xy como o plano da órbita e então resolver a equação de movimento (8.15) para x e y. Sua solução terá a forma $x = A \cos \omega t + B \sin \omega t$, com uma expressão semelhante para y. Se você resolver essas equações para sen ωt e cos ωt e lembrar-se de que $\sin^2 + \cos^2 = 1$, pode colocar a equação orbital na forma $ax^2 + 2bxy + cy^2 = k$, onde k é uma constante positiva. Agora, invocando o resultado padrão que se a e c são positivos e $ac > b^2$, essa equação define uma elipse.]

SEÇÃO 8.4 O problema unidimensional equivalente

8.12★★ **(a)** Examinando a energia potencial efetiva (8.32), determine o raio para o qual um planeta (ou cometa), com momento angular ℓ, pode orbitar em torno do Sol em uma órbita circular com um raio fixo. [Olhe para dU_{ef}/dr.] **(b)** Mostre que esta órbita circular é estável, no sentido de que um pequeno empurrão radial causará apenas uma pequena oscilação radial. [Olhe para d^2U_{ef}/dr^2.] Mostre que o período dessas oscilações é igual ao período orbital do planeta.

8.13★★★ Duas partículas cuja massa reduzida é μ interagem via uma energia potencial $U = \frac{1}{2}kr^2$, onde r é a distância entre elas. **(a)** Faça um esboço ilustrando $U(r)$, a energia potencial centrífuga $U_{cf}(r)$ e a energia potencial efetiva $U_{ef}(r)$. (Trate o momento angular ℓ como uma constante fixa conhecida.) **(b)** Determine a separação de "equilíbrio" r_o, a distância que as duas partículas podem circular uma a outra com constante r. [*Sugestão*: isso requer que dU_{ef}/dr seja zero.] **(c)** Fazendo uma expansão em série de Taylor de $U_{ef}(r)$ em torno do ponto de equilíbrio r_o e negligenciando todos os termos em $(r - r_o)^3$ e mais elevados, determine a frequência das pequenas oscilações próximas da órbita circular se as partículas forem perturbadas um pouco da separação r_o.

8.14★★★ Considere uma partícula de massa reduzida μ orbitando em uma força central com $U = kr^n$, onde $kn > 0$. **(a)** Explique o que a condição $kn > 0$ nos diz sobre a força. Esboce a energia potencial efetiva U_{ef} para os casos $n = 2$, -1 e -3. **(b)** Determine o raio para o qual a partícula (com certo momento angular ℓ) pode orbitar com raio fixo. Para quais valores de n a órbita circular é estável? Os seus esboços confirmam essa condição? **(c)** Para o caso estável, mostre que o período de pequenas oscilações nas proximidades de órbitas circulares é $\tau_{osc} = \tau_{orb}/\sqrt{n+2}$. Discuta o fato de que, se $\sqrt{n+2}$ é um número racional, estas órbitas são fechadas. Esboce-as para os casos em que $n = 2$, -1 e 7.

SEÇÃO 8.6 As órbitas de Kepler

8.15★ Na dedução da terceira lei de Kepler (8.55), fizemos uma aproximação baseada no fato de que a massa do Sol M_s era muito maior do que a massa m do planeta. Mostre que a lei deve, na verdade, ser expressa por $\tau^2 = [4\pi^2/G(M_s + m)]a^3$ e, portanto, que a "constante" de proporcionalidade é na verdade um pouco diferente para diferentes planetas. Sabendo que a massa do planeta mais pesado (Júpiter) é cerca de 2×10^{27} kg, enquanto M_s é cerca de 2×10^{30} kg (e alguns planetas têm massas de várias ordens de magnitude menor do que a de Júpiter), por qual porcentagem você espera que a "constante" na terceira lei de Kepler varie dentre os vários planetas?

8.16★★ Demonstramos em (8.49) que qualquer órbita de Kepler pode ser escrita na forma $r(\phi) = c/(1 + \epsilon \cos \phi)$, onde $c > 0$ e $\epsilon \geq 0$. Para o caso em que $0 \leq \epsilon < 1$, reexpresse essa equação nas coordenadas retangulares (x, y) e mostre que a equação pode ser posta na forma (8.51), que é a equação de uma elipse. Verfique os valores das constantes dadas em (8.52).

8.17★★ Se você resolveu o Problema 4.41, deparou-se com o **teorema de virial** para uma órbita circular de uma partícula em uma força central com $U = kr^n$. Aqui, está uma forma mais geral do teorema que se aplica para qualquer órbita periódica de uma partícula. (a) Determine a derivada temporal da grandeza $G = \mathbf{r} \cdot \mathbf{p}$ e, integrando-a de um tempo $t = 0$ até um instante t, mostre que

$$\frac{G(t) - G(0)}{t} = 2\langle T \rangle + \langle \mathbf{F} \cdot \mathbf{r} \rangle$$

onde $\mathbf{F}$ é a força resultante sobre a partícula e $\langle f \rangle$ denota a média sobre o tempo de qualquer grandeza f. (b) Explique por que, se a órbita da partícula é periódica e se fizermos t suficientemente grande, podemos fazer o lado esquerdo dessa equação tão pequeno quanto desejamos. Isto é, o lado esquerdo tende a zero quando $t \to \infty$. (c) Use este resultado para demonstrar que, se $\mathbf{F}$ vem de uma energia potencial $U = kr^n$, então $\langle T \rangle = n \langle U \rangle / 2$, se agora $\langle f \rangle$ denota a média temporal sobre um intervalo de tempo muito grande.

8.18★★ Um satélite da Terra é observado no perigeu a 250 km acima da sua superfíce e viajando a cerca de 8500 m/s. Determine a excentricidade de sua órbita e sua altitude acima da Terra no apogeu. [*Sugestão*: o raio da Terra é $R_t \approx 6,4 \times 10^6$ m. Você necessitará também saber GM_t, mas você pode determinar isso se lembrar que $GM_t/R_t^2 = g$.]

8.19★★ A altitude de um satélite no perigeu é 300 km acima da superfície da Terra e ele está a 3000 km no apogeu. Determine a excentricidade da órbita. Se considerarmos a órbita para definir o plano xy e o semieixo maior na direção x com a Terra na origem, qual será a altitude do satélite quando ele cruza o eixo y? [Veja a sugestão para o Problema 8.18.]

8.20★★ Considere um cometa que passa através de seu afélio com uma distância $r_{máx}$ do Sol. Imagine que, mantendo $r_{máx}$ fixo, de alguma forma, fazemos o momento angular ℓ cada vez menor, embora não exatamente zero; ou seja, fazemos $\ell \to 0$. Use as Equações (8.48) e (8.50) para mostrar que nesse limite a excentricidade ϵ da órbita elíptica tende a 1 e que a distância de maior aproximação $r_{mín}$ tende a zero. Descreva a órbita com $r_{máx}$ fixo, mas ℓ muito pequeno. Qual é o semieixo maior a?

8.21★★★ (a) Se você ainda não o resolveu, resolva o Problema 8.20. (b) Use a terceira lei de Kepler (8.55) para determinar o período dessa órbita em termos de $r_{máx}$ (e G e M_s). (c) Agora, considere o caso extremo em que o cometa é largado do *repouso* a uma distância $r_{máx}$

do Sol. (Nesse caso, ℓ é realmente zero.) Use a técnica descrita em conexão com (4.58) para determinar quanto tempo o cometa leva para alcançar o Sol. (Considere o raio do Sol como sendo zero.) **(d)** Assumindo que o cometa pode, de alguma forma, passar livremente pelo Sol, descreva seu movimento completamente e determine seu período. **(e)** Compare suas respostas para os itens (b) e (d).

8.22★★★ Uma partícula de massa m se move com momento angular ℓ em torno do ponto central fixo de uma força $F(r) = k/r^3$, onde k pode ser positivo ou negativo. **(a)** Esboce a energia potencial efetiva U_{ef} para vários valores de k e descreva os vários tipos possíveis de órbitas. **(b)** Obtenha e resolva a equação radial transformada (8.41) e use sua solução para confirmar suas previsões no item (a).

8.23★★★ Uma partícula de massa m se move com momento angular ℓ em um campo de uma força central fixa com

$$F(r) = -\frac{k}{r^2} + \frac{\lambda}{r^3},$$

onde k e λ são positivos. **(a)** Obtenha a equação radial transformada (8.41) e mostre que a órbita possui a forma

$$r(\phi) = \frac{c}{1 + \epsilon \cos(\beta\phi)},$$

onde c, β e ϵ são constantes positivas. **(b)** Determine c e β em termos dos parâmetros dados e descreva a órbita para o caso em que $0 < \epsilon < 1$. **(c)** Para quais valores de β a órbita é fechada? O que acontece com os resultados quando $\lambda \to 0$?

8.24★★★ Considere a partícula do Problema 8.23, mas suponha que a constante λ seja negativa. Obtenha a equação radial transformada (8.41) e descreva as órbitas com pequenos momentos angulares (especificamente, $\ell^2 < -\lambda m$).

8.25★★★ [Computador] Considere uma partícula com massa m e momento angular ℓ sob um campo de força central $F = -k/r^{5/2}$. Para simplificar suas equações, escolha unidades para as quais $m = \ell = k = 1$. **(a)** Determine o valor r_o de r para o qual U_{ef} é mínimo e faça o gráfico de $U_{ef}(r)$ para $0 < r \leq 5r_o$. (Escolha a escala de modo que seu gráfico mostre a parte interessante da curva.) **(b)** Assumindo agora que a partícula tem energia $E = -0,1$, determine um valor acurado de $r_{mín}$, a menor distância da partícula ao centro de força. (Isso requererá o uso de um programa de computador para resolver numericamente a equação relevante.) **(c)** Assumindo que a partícula está em $r = r_{mín}$ quando $\phi = 0$, use um programa de computador (como "NDSolve" do Mathematica) para resolver a equação radial transformada (8.41) e determine a órbita na forma $r = r(\phi)$ para $0 \leq \phi \leq 7\pi$. Desenhe o gráfico da órbita. Ela parece ser fechada?

8.26★★★ Mostre que a validade das duas primeiras leis de Kepler, para qualquer corpo orbitando o Sol, requer que a força (assumida como conservativa) do Sol sobre qualquer corpo seja central e proporcional a $1/r^2$.

8.27★★★ No instante t_o um cometa é observado a um raio r_o e viajando com velocidade v_o, formando um ângulo agudo α com a reta entre o cometa e Sol. Considere o Sol na origem O, com o cometa sobre o eixo x (em t_o) e sua órbita sobre o plano xy. Mostre como você pode calcular os parâmetros da equação orbital na forma $r = c/[1 + \epsilon \cos(\phi - \delta)]$. Faça isso para o caso em que $r_o = 1,0 \times 10^{11}$ m, $v_o = 45$ km/s e $\alpha = 50°$. [A massa do Sol é cerca de $2,0 \times 10^{30}$ kg e $G = 6,7 \times 10^{-11}$ N · m^2/s^2.]

SEÇÃO 8.7 As órbitas de Kepler ilimitadas

8.28★ Para um dado satélite da Terra com certo momento angular ℓ, mostre que a distância de menor aproximação $r_{mín}$ em uma órbita parabólica é a metade do raio da órbita circular.

8.29★★ O que se tornaria a órbita da Terra (que você pode considerar como um círculo) se a metade da massa do Sol desaparecesse repentinamente? A Terra iria permanecer ligada ao Sol? [*Sugestões*: considere o que aconteceria a EC e EP da Terra no momento do grande desaparecimento da massa. O teorema virial para a órbita circular (Problema 4.41) auxiliará na resolução.] Trate o Sol (ou o que permanecer dele) como fixo.

8.30★★ A órbita geral de Kepler está dada em coordenadas polares em (8.49). Reescreva essa equação em coordenadas Cartesianas para os casos em que $\epsilon = 1$ e $\epsilon > 1$. Mostre que, se $\epsilon = 1$, você obtém a parábola (8.60) e se $\epsilon > 1$, obtém a hipérbole (8.61). Para esta última, identifique as constantes α, β e δ em termos de c e ϵ.

8.31★★★ Considere o movimento de duas partículas sujeitas a uma força *repulsiva* do tipo inverso do quadrado (por exemplo, duas cargas positivas). Mostre que esse sistema não tem estados com $E < 0$ (quando medido com relação ao referencial do CM) e que todos os estados com $E > 0$, o movimento relativo segue uma hipérbole. Esboce uma órbita típica. [*Sugestão*: você pode seguir muito de perto as análises das Seções 8.6 e 8.7, exceto pelo fato de que você deve reverter o sinal da força; provavelmente, a maneira mais simples de fazer isso é mudando o sinal de γ em (8.44) e de todas as equações subsequentes (de modo que $F(r) = +\gamma/r^2$) e então mantenha o próprio γ positivo. Assuma $\ell \neq 0$.]

SEÇÃO 8.8 Mudanças de órbitas

8.32★ Mostre que, para órbitas circulares em torno de uma dada força gravitacional central (como o Sol), a velocidade do corpo orbitando é inversamente proporcional à raiz quadrada do raio orbital.

8.33★★ A Figura 8.13 ilustra um veículo espacial impulsionando de uma órbita circular 1 em P para uma órbita de transferência 2 e, em seguida, da órbita de transferência em P' para a órbital final circular 3. O Exemplo 8.6 deduziu em detalhes o fator de propulsão necessário para o impulso em P. Mostre analogamente que o fator de propulsão necessário em P' é $\lambda' = \sqrt{(R_1 + R_3)/2R_1}$. [Seu argumento deve seguir paralelamente os passos do Exemplo 8.6, mas você deve levar em conta que o fator P' é o apogeu (não o perigeu) na órbita de transferência. Por exemplo, os sinais positivos em (8.67) devem ser aqui sinais negativos.]

8.34★★ Suponha que decidamos enviar uma nave espacial a Netuno, usando a transferência simples descrita no Exemplo 8.6. A nave começa com uma órbita circular relativa à Terra (raio 1 UA) e é para terminar em uma órbita circular próxima a Netuno (raio de aproximadamente 30 UA). Use a terceira lei de Kepler para mostrar que a transferência levará aproximadamente 31 anos. (Na prática, podemos fazer muito melhor do que isso programando a nave para obter um impulso gravitacional quando ela passar por Júpiter.)

8.35★★★ Uma nave espacial em uma órbita circular deseja se transferir para outra órbita circular com um quarto do raio, por meio de um impulso tangencial para mover-se para uma órbita elíptica e um segundo impulso tangencial quando na outra extremidade da elipse para mover-se à órbita circular desejada. (Essa noção é similar à Figura 8.13, mas funciona na ordem reversa.) Determine os fatores de propulsão necessários e mostre que a velocidade na órbita final é duas vezes *maior* que a velocidade inicial.

Mecânica em Referenciais Não Inerciais

No Capítulo 1, vimos que as leis de Newton são válidas apenas na classe especial de referenciais *inerciais* – referenciais que não estão acelerando nem girando. A reação natural nesse caso é tratar todos os problemas mecânicos usando somente referenciais inerciais, e isso foi de fato o que fizemos até agora. Entretanto, há situações em que é muito desejável considerar um referencial não inercial. Por exemplo, se você está sentado em um carro que está acelerando e deseja descrever o comportamento de uma moeda que é arremessada no ar, é muito natural que queira descrevê-lo *como visto por você*, isto é, em relação à aceleração do carro no qual você está viajando. No entanto, a Terra está girando sobre seu eixo e acelerando em sua órbita, e, por ambas as razões, um referencial fixo à Terra não é completamente inercial. Na maioria dos problemas, o caráter não inercial de um referencial fixo à Terra é totalmente negligenciável, mas há situações, como, por exemplo, o lançamento de um foguete de longo alcance, nas quais a rotação da Terra tem consequências importantes. Naturalmente, gostaríamos de descrever o movimento relativo ao referencial preso à Terra, mas, para fazê-lo, devemos aprender a trabalhar com a mecânica em referenciais não inerciais.

Nas duas primeiras seções deste capítulo, descreverei o caso simples de um referencial que está acelerando, mas sem rotação. No restante do capítulo, discutirei o caso de um referencial em rotação.

9.1 ACELERAÇÃO SEM ROTAÇÃO

Vamos considerar um referencial inercial S_0 e um segundo referencial S que está acelerando em relação a S_0 com aceleração $\mathbf{A}$, a qual não precisa ser necessariamente constante. Observe que, como o referencial não inercial é aquele em que estamos realmente interessados, é ele a quem chamamos de S. Também estou usando letra maiúscula para a aceleração (e velocidade) do referencial S relativa ao referencial S_0. O referencial inercial S_0 poderia ser o referencial preso ao solo. (Por enquanto, ignoraremos a pequena aceleração de qualquer referencial ligado à Terra.) O referencial S pode ser um referencial fixo a um vagão de trem que está se movendo relativo a S_0, com velocidade $\mathbf{V}$ e aceleração $\mathbf{A} = \dot{\mathbf{V}}$. Suponha agora que um passageiro no vagão esteja jogando uma bola de tênis, de massa m, para cima e agarrando-a em seguida, e vamos considerar o movimento da bola, primeiro como vista relativa a S_0. Como S_0 é inercial, sabemos que a segunda lei de Newton se aplica, assim,

$$m\ddot{\mathbf{r}}_o = \mathbf{F}, \qquad (9.1)$$

onde $\mathbf{r}_o$ é a posição da bola relativa a S_0 e $\mathbf{F}$ é a força resultante sobre a bola, o vetor soma de todas as forças que agem sobre a bola (gravidade, resistência do ar, impulso dado pela mão do passageiro à bola, etc).

Considere agora o mesmo movimento da bola, porém visto com relação ao referencial em aceleração S. A posição da bola relativa a S é $\mathbf{r}$ e, pela adição dos vetores velocidades, sua velocidade $\dot{\mathbf{r}}$ relativa a S está relacionada a $\dot{\mathbf{r}}_o$ pela fórmula[1] de adição de velocidades:

$$\dot{\mathbf{r}}_o = \dot{\mathbf{r}} + \mathbf{V}, \qquad (9.2)$$

isto é,

(velocidade da bola relativa ao solo)

= (velocidade da bola relativa ao vagão) + (velocidade do vagão relativa ao solo).

Derivando e rearrajando os termos, encontramos

$$\ddot{\mathbf{r}} = \ddot{\mathbf{r}}_o - \mathbf{A}. \qquad (9.3)$$

Se multiplicarmos essa equação por m e usarmos (9.1) para substituir $m\ddot{\mathbf{r}}_o$ por $\mathbf{F}$, obtemos

$$m\ddot{\mathbf{r}} = \mathbf{F} - m\mathbf{A}. \qquad (9.4)$$

Essa equação tem exatamente a forma da segunda lei de Newton, *exceto* pelo fato de que, além de $\mathbf{F}$, a soma de todas as forças identificadas no referencial inercial, há um termo extra à direita igual a $-m\mathbf{A}$. Isso significa que podemos continuar usando a segunda lei de Newton no referencial não inercial S *desde que* aceitemos que no referencial não inercial devemos incluir um termo extra do tipo de uma força, frequentemente chamado de **força inercial**:

$$\mathbf{F}_{\text{inercial}} = -m\mathbf{A}. \qquad (9.5)$$

Essa força inercial sentida em referenciais não inerciais é familiar em várias situações do dia a dia: se você se sentar em uma poltrona de um avião acelerando rapidamente na direção da decolagem, então, do seu ponto de vista, há uma força que empurra você para trás em seu assento. Se você estiver em pé em um ônibus que freie abruptamente ($\mathbf{A}$ no sentido para trás), a força inercial $-m\mathbf{A}$ é para frente e pode fazer você cair sobre

---

[1] Uma importante descoberta da relatividade foi, naturalmente, que velocidades não se combinam de acordo com a simples adição de vetores (9.2); entretanto, no formalismo da mecânica clássica, (9.2) é correto. Da mesma forma, assumirei que os tempos medidos em S e S_0 são os mesmos, o que é correto na mecânica clássica, mas não na mecânica relativista.

sua face caso você não esteja bem seguro. À medida que um carro anda rapidamente ao longo de uma curva acentuada, a força inercial sentida pelos passageiros é a chamada força centrífuga que os empurra para fora. Pode-se considerar a opinião de que a força inercial é uma força "fictícia", introduzida apenas para preservar a forma da segunda lei de Newton. Entretanto, para um observador em um referencial acelerando, ela é completamente real.

Em muitos problemas envolvendo objetos em referenciais acelerados, o procedimento mais simples é ir adiante e usar a segunda lei de Newton no referencial não inercial, sempre lembrando que deve incluir a força inercial extra como em (9.4). Aqui está um exemplo simples:

Exemplo 9.1 Um pêndulo em um vagão acelerando

Considere um pêndulo simples (massa m e comprimento L) montado dentro de um vagão de trem que está acelerando para a direita, com uma aceleração constante **A**, conforme ilustra a Figura 9.1. Determine o ângulo ϕ_{eq} para o qual o pêndulo irá permanecer em repouso relativo ao vagão em aceleração e determine a frequência de pequenas oscilações em torno deste ângulo de equilíbrio.

Como observado em qualquer referencial inercial, há apenas duas forças sobre o lóbulo, a tração no fio **T** e o peso $m\mathbf{g}$; logo, a força resultante (em qualquer referencial inercial) é $\mathbf{F} = \mathbf{T} + m\mathbf{g}$. Se escolhermos trabalhar no referencial não inercial do vagão acelerando, há também a força inercial $-m\mathbf{A}$, e a equação de movimento (9.4) é

$$m\ddot{\mathbf{r}} = \mathbf{T} + m\mathbf{g} - m\mathbf{A}. \tag{9.6}$$

Uma simplificação notável neste problema é, como o peso $m\mathbf{g}$ e a força inercial $-m\mathbf{A}$ são ambas proporcionais à massa m, podemos combinar esses termos e escrever

$$m\ddot{\mathbf{r}} = \mathbf{T} + m(\mathbf{g} - \mathbf{A})$$
$$= \mathbf{T} + m\mathbf{g}_{ef}, \tag{9.7}$$

onde $\mathbf{g}_{ef} = \mathbf{g} - \mathbf{A}$. Vemos que a equação de movimento do pêndulo no referencial do vagão em aceleração é exatamente a mesma que em um referencial inercial, *exceto*

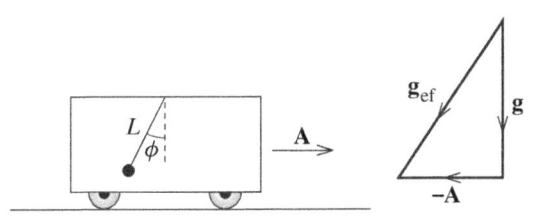

Figura 9.1 Um pêndulo está suspenso no teto de um vagão que está acelerando com uma aceleração constante **A**. No referencial não inercial do vagão, a aceleração se manifesta por meio da força inercial $-m\mathbf{A}$, que, por sua vez, é equivalente à substituição de **g** pelo efetivo, $\mathbf{g}_{ef} = \mathbf{g} - \mathbf{A}$.

pelo fato de *que* **g** *foi substituída por um efetivo*, $\mathbf{g}_{\text{ef}} = \mathbf{g} - \mathbf{A}$, conforme ilustrado na Figura 9.1.[2] Isso torna a solução do problema quase que trivialmente simples.

Se o pêndulo é para permanecer em repouso (conforme visto no vagão), então $\ddot{\mathbf{r}}$ deve ser zero e, de acordo com (9.7), **T** deve ser exatamente oposto a $m\mathbf{g}_{\text{ef}}$. Em particular, vemos da Figura 9.1 que a direção de **T** (e, portanto, a do pêndulo) deve ser

$$\phi_{\text{eq}} = \arctan(A/g). \tag{9.8}$$

A frequência de pequenas oscilações do pêndulo no referencial inercial é a já conhecida $\omega = \sqrt{g/L}$. Logo, a frequência do pêndulo é obtida substituindo g por $g_{\text{ef}} = \sqrt{g^2 + A^2}$. Isto é,

$$\omega = \sqrt{\frac{g_{\text{ef}}}{L}} = \sqrt{\frac{\sqrt{g^2 + A^2}}{L}}. \tag{9.9}$$

É importante comparar essa solução com outra, obtida por métodos mais diretos. Primeiro, poderíamos ter determinado o ângulo de equilíbrio (9.8) trabalhando em um referencial inercial preso ao solo. Nesse referencial, há apenas duas forças sobre o lóbulo (**T** e $m\mathbf{g}$). Se o pêndulo deve permanecer em repouso no vagão, então (conforme visto do solo) ele deve acelerar com exatamente **A**. Portanto, a força resultante $\mathbf{T} + m\mathbf{g}$ deve igualar-se a $m\mathbf{A}$, e desenhando um triângulo de forças você pode facilmente se convencer de que isso requer **T** tendo a direção (9.8). Por outro lado, para determinar a frequência de oscilações (9.9) diretamente no referencial baseado no solo requer uma ingenuidade considerável e não conduz às ideias de nossa dedução não inercial.

Poderíamos também ter deduzido ambos os resultados usando o método Lagrangiano. Isso tem a distinta vantagem de que você não precisa pensar sobre referenciais inerciais e não inerciais – apenas obter a Lagrangiana $\mathcal{L}$ em termos da coordenada generalizada ϕ e então seguir adiante. No entanto, determinar a frequência (9.9) por esse caminho é muito confuso, como você deve ter notado caso tenha resolvido o Problema 7.30.

9.2 AS MARÉS

Uma bela aplicação do resultado (9.4) é a explicação das marés. As marés são os resultados das variações dos oceanos causadas pela atração gravitacional da Lua e do Sol. À medida que a Terra gira, as pessoas sobre sua superfície percebem essas variações e notam uma elevação e retração do nível do mar. Resulta que a contribuição mais importante para esse efeito é decorrente da Lua e, para simplificar a nossa discussão, irei, primeiramente,

---

[2] Este resultado, de que o efeito de estar em um referencial acelerando é o mesmo que tendo uma força gravitacional adicional, é a pedra fundamental da relatividade geral, em que ele é chamado de *princípio da equivalência*.

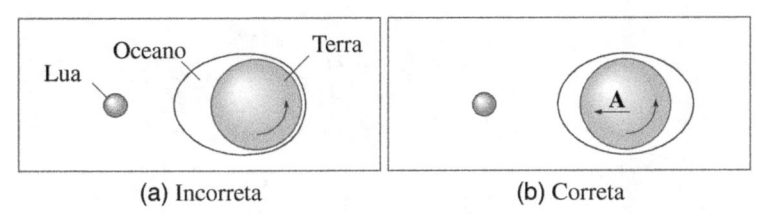

Capítulo 9 Mecânica em Referenciais Não Inerciais

(a) Incorreta   (b) Correta

Figura 9.2 Ilustrações da Terra e da Lua bem na posição do Polo Norte, com a Terra girando no sentido anti-horário em torno do eixo polar. **(a)** Uma explicação aparentemente plausível porém incorreta, sobre as marés, argumenta que a atração da Lua causa a variação dos oceanos em sua direção. Como a Terra gira uma vez por dia, uma pessoa presa a ela experimenta uma maré alta por dia, não as duas que são observadas. **(b)** A explicação correta: o principal efeito da atração da Lua é fornecer à Terra, como um todo (incluindo os oceanos), uma pequena aceleração **A** na direção da Lua. Como explicado no texto, o efeito residual é que os oceanos variam em ambos os sentidos, se aproximando e se afastando da Lua, como ilustrado. Como a Terra gira uma vez por dia, essas duas variações causam as duas marés que são observadas por dia.

ignorar completamente a contribuição do Sol. Assumirei, também, que os oceanos cobrem toda a superfície do globo.

Uma explicação aparentemente plausível, porém incorreta, das marés está ilustrada na Figura 9.2(a). De acordo com este argumento incorreto, a atração da Lua puxa os oceanos em sua direção, produzindo uma elevação no sentido da Lua. O problema com esse argumento (além de estar incorreto) é que uma única elevação causaria apenas uma única maré bastante alta por dia, em vez das duas que são observadas.

A explicação correta, ilustrada na Figura 9.2(b), é mais complicada. O efeito dominante da Lua é o de gerar em toda a Terra, incluindo os oceanos, uma aceleração **A** em direção à Lua. Esta aceleração é a aceleração centrípeta da Terra em virtude de a Lua e Terra estarem girando em torno do centro de massa e é (quase exatamente) o mesmo que se toda a massa que compõe a Terra estivesse concentrada em seu centro. Essa aceleração centrípeta de qualquer objeto sobre a Terra, à medida que ele orbita com ela, corresponde ao puxão da Lua que o objeto sentiria no centro da Terra. Agora, qualquer objeto na Terra exposto para o lado da Lua é puxado pela Lua com uma força que é ligeiramente *maior* do que seria se estivesse no centro. Portanto, conforme visto da Terra, objetos do lado mais próximo da Lua se comportam como se eles sentissem uma atração adicional em direção à Lua. Em particular, a superfície dos oceanos se eleva na direção da Lua. Por outro lado, objetos do lado mais distante da Lua são puxados por ela com uma força que é ligeiramente *menor* do que se estivesse no centro, o que significa que eles se movem (em relação à Terra) como se estivessem sendo levemente repelidos pela Lua. Essa leve repulsão faz com que os oceanos se elevem no lado que está afastado da Lua e é responsável pela segunda maré de cada dia.

Podemos tornar esse argumento quantitativo (e provavelmente mais convincente) se retornarmos à Equação (9.4). As forças sobre uma massa qualquer m, que esteja próxima da superfície da Terra são **(1)** a atração gravitacional, $m\mathbf{g}$, da Terra, **(2)** a atração gravitacional, $-GM_m m\hat{\mathbf{d}}/d^2$, da Lua (onde M_m é a massa da Lua e **d** é a posição do objeto relativo à Lua, como visto na Figura 9.3) e **(3)** a força não gravitacional resultante $\mathbf{F}_{ng}$ (por

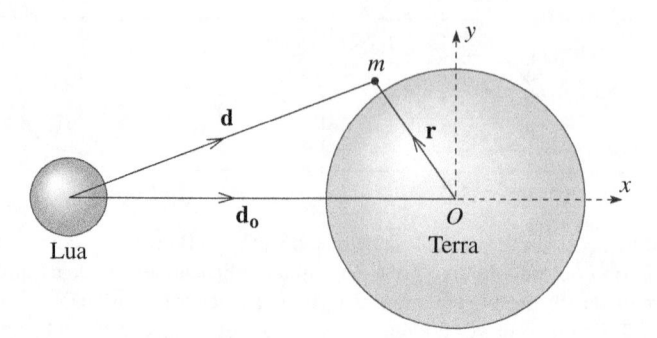

Figura 9.3 Uma massa m próxima da superfície da Terra tem posição $\mathbf{r}$ relativa ao centro da Terra e $\mathbf{d}$ relativa à Lua. O vetor $\mathbf{d}_o$ é a posição do centro da Terra relativo ao centro da Lua.

exemplo, a força de empuxo sobre uma gota de água do oceano). Portanto, a aceleração do centro da Terra na origem O é

$$\mathbf{A} = -GM_m \frac{\hat{\mathbf{d}}_o}{d_o^2},$$

onde $\mathbf{d}_o$ é a posição do centro da Terra relativa à Lua. Colocando tudo isso junto, obtemos de (9.4)

$$m\ddot{\mathbf{r}} = \mathbf{F} - m\mathbf{A} \tag{9.10}$$

$$= \left(m\mathbf{g} - GM_m m \frac{\hat{\mathbf{d}}}{d^2} + \mathbf{F}_{ng} \right) + GM_m m \frac{\hat{\mathbf{d}}_o}{d_o^2} \tag{9.11}$$

ou, se combinarmos os dois termos que envolvem M_m,

$$m\ddot{\mathbf{r}} = m\mathbf{g} + \mathbf{F}_{maré} + \mathbf{F}_{ng},$$

onde a **força da maré**

$$\mathbf{F}_{maré} = -GM_m m \left(\frac{\hat{\mathbf{d}}}{d^2} - \frac{\hat{\mathbf{d}}_o}{d_o^2} \right) \tag{9.12}$$

é a diferença entre a força real da Lua sobre m e a força correspondente se m estivesse no centro da Terra.

O efeito completo da Lua sobre o movimento (relativo à Terra) de um objeto próximo da Terra está contido na força da maré $\mathbf{F}_{maré}$ em (9.12). No ponto diretamente de frente para a Lua, o ponto P na Figura 9.4, os vetores $\mathbf{d} = \overrightarrow{MP}$ e $\mathbf{d}_o = \overrightarrow{MO}$ apontam no mesmo sentido, mas $d < d_o$. Logo, o primeiro termo em (9.12) domina e a força da maré é em direção à Lua. No ponto R, que está no lado oposto ao da Lua, outra vez $\mathbf{d}$ (igual a $\overrightarrow{MR}$) e $\mathbf{d}_o$ apontam no mesmo sentido, mas aqui $d > d_o$ e a força da maré é em direção à Lua. No ponto Q, os vetores $\mathbf{d} = \overrightarrow{MQ}$ e $\mathbf{d}_o = \overrightarrow{MO}$ apontam em diferentes sentidos; as componentes x dos dois termos em (9.12) se cancelam quase que exatamente, mas apenas o primeiro termo possui componente y. Dessa forma, em Q (e da mesma forma em S), a

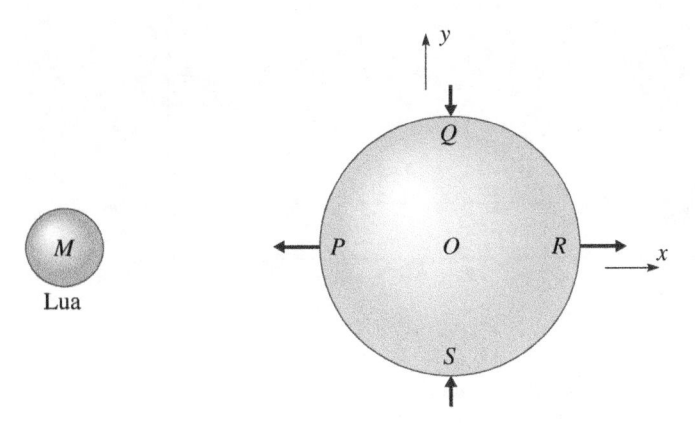

Figura 9.4 A força da maré $\mathbf{F}_{\text{maré}}$ expressa em (9.12) é para fora (distanciando do centro da Terra) nos pontos P e R, mas para dentro (em direção ao centro da Terra) nos pontos Q e S.

força da maré é para dentro, em direção ao centro da Terra, como ilustrado na Figura 9.4. Em particular, o efeito da força da maré é distorcer o oceano dando a forma ilustrada na Figura 9.2(b), com as elevações centradas sobre os pontos P e R, gerando as duas marés altas observadas diariamente.

Magnitude das marés

A maneira mais simples de determinar a diferença entre a maré alta e a maré baixa é observar que a superfície do oceano é uma superfície equipotencial – uma superfície com energia potencial constante. Para demonstrar isso, considere uma gota de água do mar sobre a superfície do oceano. A gota está em equilíbrio (relativa ao referencial da Terra) sob a influência de três forças: a atração gravitacional da Terra, $m\mathbf{g}$, a força da maré $\mathbf{F}_{\text{maré}}$ e a força de pressão $\mathbf{F}_p$ da água em sua volta. Como um fluido estático não exerce qualquer força de cisalhamento, a força de pressão $\mathbf{F}_p$ deve ser normal à superfície do oceano. (Na verdade, ela é justamente a força de empuxo do princípio de Arquimedes). Como a gota de água está em equilíbrio, segue que $m\mathbf{g} + \mathbf{F}_{\text{maré}}$ deve, da mesma forma, ser normal à superfície.

Agora, $m\mathbf{g}$ e $\mathbf{F}_{\text{maré}}$ são conservativas, então cada uma delas pode ser escrita como o gradiente de uma energia potencial:

$$m\mathbf{g} = -\nabla U_{\text{gt}} \quad \text{e} \quad \mathbf{F}_{\text{maré}} = -\nabla U_{\text{maré}},$$

onde U_{gt} é a energia potencial devido à gravidade da Terra e $U_{\text{maré}}$ é a correspondente a da força da maré, que é, por inspeção de (9.12),[3]

$$U_{\text{maré}} = -GM_m m \left(\frac{1}{d} + \frac{x}{d_o^2} \right). \tag{9.13}$$

---

[3] De acordo com (9.12), $\mathbf{F}_{\text{maré}}$ é a soma de dois termos. O primeiro é apenas a força inverso do quadrado conhecida com energia potencial $-GM_m m/d$ e o segundo é um vetor constante apontando na direção x, que gera o termo $-GM_m mx/d_o^2$.

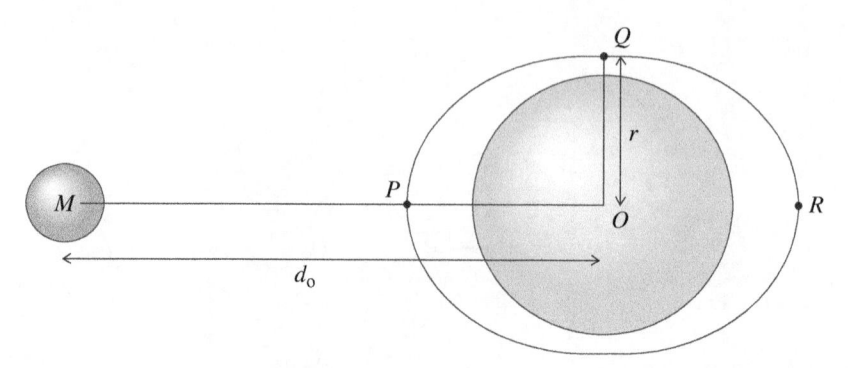

Figura 9.5 A diferença h entre a maré alta e a maré baixa é a diferença entre os comprimentos OP e OQ. Essa diferença está muito exagerada aqui (uma vez que h é da ordem de 1 metro), e os comprimentos OP e OQ são muito próximos do raio da Terra, $R_t \approx 6400$ km. Também, $r \approx R_t$ é, na verdade, cerca de 60 vezes menor do que a distância Terra-Lua $OM = d_o$.

Logo, a afirmação de que $m\mathbf{g} + \mathbf{F}_{\text{maré}}$ é normal à superfície do oceano pode ser reexpressa para dizer que $\nabla(U_{\text{gt}} + U_{\text{maré}})$ é normal à superfície, o que, por sua vez, implica a constância de $U = (U_{\text{gt}} + U_{\text{maré}})$ sobre a superfície. Em outros termos, a superfície do oceano é uma superfície equipotencial.

Como U é constante sobre a superfície, segue que

$$U(P) = U(Q)$$

(veja a Figura 9.5) ou

$$U_{\text{gt}}(P) - U_{\text{gt}}(Q) = U_{\text{maré}}(Q) - U_{\text{maré}}(P). \tag{9.14}$$

Aqui, o lado esquerdo é justamente

$$U_{\text{gt}}(P) - U_{\text{gt}}(Q) = mgh, \tag{9.15}$$

onde h é a diferença observada entre as marés altas e baixas (a diferença entre os comprimentos OP e OQ na Figura 9.5). Para determinar o lado direito de (9.14), devemos calcular as duas energias potenciais da maré, $U_{\text{maré}}(Q)$ e $U_{\text{maré}}(P)$ a partir da definição (9.13). No ponto Q, vemos que $d = \sqrt{d_o^2 + r^2}$ (com $r \approx R_t$) e $x = 0$. Portanto, de (9.13),

$$U_{\text{maré}}(Q) = -GM_m m \frac{1}{\sqrt{d_o^2 + R_e^2}}.$$

Podemos reexpressar a raiz quadrada como $\sqrt{d_o^2 + R_e^2} = d_o\sqrt{1 + (R_e/d_o)^2}$. Assim, como $R_t/d_o \ll 1$, podemos usar a aproximação binomial $(1 + \epsilon)^{-1/2} \approx 1 - \frac{1}{2}\epsilon$ para obter

$$U_{\text{maré}}(Q) \approx -\frac{GM_m m}{d_o}\left(1 - \frac{R_e^2}{2d_o^2}\right). \tag{9.16}$$

No ponto P, vemos que $d = d_o - R_t$ e $x = -R_t$, e um cálculo semelhante leva (Problema 9.5) a

$$U_{maré}(P) \approx -\frac{GM_m m}{d_o}\left(1 + \frac{R_e^2}{d_o^2}\right). \qquad (9.17)$$

(Como você poderá verificar, obtém-se a mesma resposta no ponto R na face que está virada para longe da Lua, de modo que, nessa aproximação, as alturas das duas marés diárias devem ser as mesmas.)

Substituindo (9.15), (9.16) e (9.17) em (9.14), obtemos

$$mgh = \frac{GM_m m}{d_o}\frac{3R_e^2}{2d_o^2}.$$

Se nos lembrarmos de que $g = GM_t/R_t^2$, isso implica

$$h = \frac{3\,M_m\,R_t^4}{2\,M_e\,d_o^3}. \qquad (9.18)$$

Substituindo os valores ($M_m = 7{,}35 \times 10^{22}$ kg, $M_t = 5{,}98 \times 10^{24}$ kg, $R_t = 6{,}37 \times 10^6$ m e $d_o = 3{,}84 \times 10^8$ m), obtemos para a altura das marés, devido apenas à Lua,

$$h = 54 \text{ cm} \qquad \text{[apenas da Lua]}. \qquad (9.19)$$

A altura das marés causadas apenas pelo Sol é também obtida por (9.18), mas com M_m substituído pela massa do Sol, $M_s = 1{,}99 \times 10^{30}$ kg, e d_o substituída pela distância da Sol à Terra, $1{,}495 \times 10^{11}$ m. Isso resulta em

$$h = 25 \text{ cm} \qquad \text{[apenas do Sol]}. \qquad (9.20)$$

Embora a contribuição do Sol para as marés seja menor do que a da Lua, ela certamente não é desprezível, e os dois efeitos se combinam de forma interessante. Primeiro, considere a ocasião em que a Terra, o Sol e a Lua estejam aproximadamente alinhados – em qualquer situação, com a Terra no centro como durante a Lua cheia, ou com a Lua no centro como durante a Lua nova. (Veja o Problema 9.6.) Nesse caso, as forças das marés devido à Lua e ao Sol reforçam uma a outra (de modo que as duas elevações causadas pela Lua coincidem com as duas causadas pelo Sol); logo, prevemos marés bem altas (conhecidas como *marés de sizígia*) com h dado pela soma de (9.19) e (9.20), isto é, $h = 54 + 25 = 79$ cm. Por outro lado, se o Sol, a Terra e a Lua formam um triângulo, então as duas forças das marés se cancelam e prevemos marés bem baixas (conhecidas como *marés de quadratura* ou *marés mortas*) com altura $h = 54 - 25 = 29$ cm.

Embora a teoria recém apresentada esteja basicamente correta, especialmente no meio dos grande oceanos, a situação real envolve muitas complicações intrigantes. Talvez a mais importante complicação seja o efeito das massas continentais de terra. Até o momento, considerei que os oceanos cobriam todo o planeta, permitindo as forças das marés da Lua e do Sol combinar as duas elevações da Figura 9.5. Mas a presença dos continentes pode afetar nossa conclusão, levando algumas vezes a marés menores ou maiores. Um mar pequeno, como o Mar Negro ou mesmo o Mediterrâneo, que é isolado

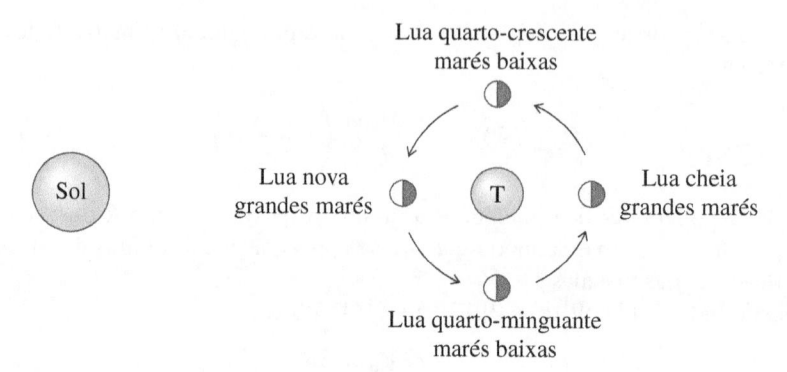

Figura 9.6 Quatro posições sucessivas da Lua em sua órbita mensal em torno da Terra. Na Lua nova e na Lua cheia, os efeitos das marés da Lua e do Sol se reforçam e as marés são grandes (marés de "sizígia"). Nas Luas quarto-crescente e quarto-minguante, os dois efeitos se cancelam e as marés são menores (marés de "quadratura ou mortas").

dos principais oceanos por terra, obviamente, exibirá marés muito menores do que as que calculamos aqui. Por outro lado, as marés se movendo ao longo dos grandes oceanos podem ser bloqueadas pelas bordas dos continentes e podem criar marés com alturas muito maiores. Marés que penetram por estuários muito estreitos podem causar "pororocas" bem drásticas.

9.3 O VETOR VELOCIDADE ANGULAR

No restante deste capítulo, discutirei o movimento de objetos vistos em sistemas de referência que estão em *rotação* (relativo a referenciais inerciais). Antes de iniciarmos essa discussão, devo introduzir alguns conceitos e notações para lidarmos com rotações. Um estudo detalhado sobre rotações é, de fato, surpreendentemente complicado. Felizmente, não precisamos de muitos detalhes e algumas das propriedades que são bastante complicadas de se demonstrar são plausíveis e podem ser colocadas sem demonstração.

Os eixos de rotação pelos quais estaremos interessados são quase sempre eixos fixos em um corpo rígido. O exemplo mais importante é um conjunto de eixos fixos na Terra em rotação, mas veremos vários outros exemplos no Capítulo 10. Quando discutindo a rotação de um corpo rígido, há realmente apenas duas situações que nos interessam: algumas vezes, o corpo está girando em torno de um ponto que está *fixo* (em algum referêncial inercial); por exemplo, uma roda que está girando em torno de um eixo fixo ou um pêndulo balançando em torno de um pivô. Se o corpo em rotação não tem um ponto fixo (por exemplo, uma bola de beisebol que esteja girando enquanto ela navega pelo ar), então procederemos geralmente em duas etapas: primeiramente, obtemos o movimento do centro de massa e em seguida analisaremos o movimento de rotação do corpo relativo ao seu CM. Tão logo a atenção esteja restrita ao movimento relativo ao CM, estamos, de fato, examinando o movimento em um referencial no qual o CM está fixo. Logo, qualquer que seja o caso, a discussão de um corpo em rotação diz respeito a um corpo com um ponto efetivamente fixo.

O resultado crucial com respeito ao corpo em rotação em torno de um ponto fixo é o chamado **teorema de Euler** e afirma que o movimento mais geral de qualquer corpo relativo a um ponto fixo O é uma rotação em torno de algum eixo através de O. Embora esse teorema seja muito complicado de se demonstrar, o resultado dele parece muito natural e espero que você possa aceitar isso sem demonstração.[4] Ele requer que, para especificar uma rotação em torno de um dado ponto O, precisamos apenas indicar a direção do eixo em torno do qual a rotação ocorreu e o ângulo através do qual o corpo girou. Aqui, nossa preocupação é mais com a *taxa* de rotação, ou *velocidade angular*, e o teorema de Euler implica que isso pode ser especificado dando-se a direção do eixo de rotação e a taxa de rotação em torno desse eixo. A direção do eixo de rotação pode ser especificada por um vetor unitário **u** e a taxa por uma grandeza $\omega = d\theta/dt$. Por exemplo, um carrossel pode estar girando em torno de um eixo vertical (**u** aponta verticalmente) a uma taxa de 10 rad/min ($\omega = 10$ rad/min).

É frequentemente conveniente combinar o vetor unitário **u** com ω para formar o **vetor velocidade angular**

$$\boldsymbol{\omega} = \omega \mathbf{u}. \tag{9.21}$$

Um simples vetor $\boldsymbol{\omega}$ especifica ambos, a direção do eixo de rotação (a saber, **u**, a direção de $\boldsymbol{\omega}$) e a taxa de rotação (a saber, ω, a magnitude de $\boldsymbol{\omega}$). Na verdade, ainda não definimos completamente um único vetor $\boldsymbol{\omega}$. Por exemplo, para o carrossel que está girando em torno do eixo vertical, o vetor $\boldsymbol{\omega}$ aponta verticalmente, mas ele aponta para cima ou para baixo? Removemos essa ambiguidade usando a regra da mão direita: escolhemos o sentido de $\boldsymbol{\omega}$ de modo que, quando nosso dedo polegar apontar ao longo de $\boldsymbol{\omega}$, os dedos da mão direita se curvem na direção da rotação. Outra forma de dizer isso é como se você olhasse ao longo do sentido do vetor $\boldsymbol{\omega}$ como se estivesse entrando na página e visse o corpo (a página) girando no sentido horário.

É importante reconhecer que a velocidade angular pode variar com o tempo. Se a velocidade de rotação está mudando, então $\boldsymbol{\omega}$ estará mudando sua magnitude e, se o eixo de rotação está mudando, então $\boldsymbol{\omega}$ estará mudando sua direção. Por exemplo, a velocidade angular de uma nave espacial que está em queda fora de controle, geralmente, mudará tanto magnitude quanto direção. Nesse caso, $\boldsymbol{\omega} = \boldsymbol{\omega}(t)$ é a velocidade angular instantânea no instante t. Por outro lado, há muitas situações interessantes, em que $\boldsymbol{\omega}$ é constante (em magnitude e direção); por exemplo, isso é verdade (dentro de uma certa aproximação) para a velocidade angular da Terra girando sobre seu eixo.

Uma relação útil

Há uma relação útil entre a velocidade angular de um corpo rígido e a velocidade linear de qualquer ponto do corpo. Considere, por exemplo, a Terra girando com velocidade angular $\boldsymbol{\omega}$ em torno do seu centro O (que irei considerar como sendo estacionário na presente discussão). Em seguida, considere qualquer ponto P fixo sobre (ou dentro) a Terra, por exemplo, o topo do monte Everest, com posição **r** relativa a O. Podemos especificar **r** por suas coordenadas esféricas polares (r, θ, ϕ) com eixo z apontando em direção ao Polo Norte, de modo que θ é a **colatitude** – a latitude medida para baixo a partir do Polo Norte (em vez de para cima a partir do equador, como é mais usual para os geógrafos). Como a Terra gira em torno de seu eixo, o ponto P é arrastado na direção leste em torno

---

[4] Você pode ver uma demonstração em *Classical Mechanics*, de Herbert Goldstein, Charles Poodle and John Safko (3ª. ed., Addison-Wesley, 2002), Seção 4-6.

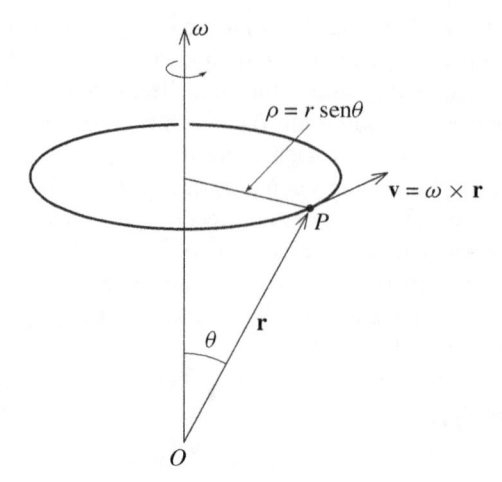

Figura 9.7 A rotação da Terra arrasta o ponto P sobre a superfície em torno de um círculo de latitude (raio $\rho = r\,\text{sen}\theta$) com velocidade $v = \omega\rho = \omega r\,\text{sen}\theta$ e, portanto, velocidade $\mathbf{v} = \boldsymbol{\omega} \times \mathbf{r}$.

de um círculo de latitude, com raio $\rho = r\,\text{sen}\theta$, como ilustrado na Figura 9.7. Isso significa que P se move com velocidade $v = \omega r\,\text{sen}\theta$ e, se você verificar a direção na Figura 9.7, verá que o vetor velocidade é $\boldsymbol{\omega} \times \mathbf{r}$. Você poderá ver facilmente que esse resultado é independente da natureza do corpo em rotação, isto é, para qualquer corpo rígido girando com velocidade angular $\boldsymbol{\omega}$ em torno de um eixo que passa pela origem O, a velocidade de qualquer ponto P (posição $\mathbf{r}$) fixo sobre o corpo é

$$\mathbf{v} = \boldsymbol{\omega} \times \mathbf{r}. \qquad (9.22)$$

Essa útil relação é, naturalmente, uma generalização da relação familiar $v = \omega r$, que você aprendeu na física introdutória sobre a velocidade de um ponto que está no perímetro de uma roda de raio r. Talvez, seja relevante enfatizar que há uma relação correspondente para *qualquer* vetor fixo em um corpo em rotação. Por exemplo, se $\mathbf{e}$ for um vetor unitário fixo sobre o corpo, então sua taxa de variação, conforme vista de um referencial sem rotação, é

$$\frac{d\mathbf{e}}{dt} = \boldsymbol{\omega} \times \mathbf{e}, \qquad (9.23)$$

resultado que utilizaremos em breve.

Soma de velocidades angulares

Uma última propriedade básica das velocidades angulares, que é importante mencionar, é que velocidades angulares relativas são somadas da mesma forma que velocidades transversais relativas. Sabemos (dentro dos conceitos da mecância clássica) que, se dois referenciais, digamos 2 e 1, têm velocidades relativas $\mathbf{v}_{21}$ e, se um corpo 3 tem velocidade $\mathbf{v}_{32}$ relativo ao referencial 2, então a velocidade de 3 relativa ao referencial 1 é a soma

$$\mathbf{v}_{31} = \mathbf{v}_{32} + \mathbf{v}_{21}. \qquad (9.24)$$

Suponha, em vez disso, que o referencial 2 esteja girando com velocidade angular ω_{21} relativa ao referencial 1 (ambos os referenciais com a mesma origem O) e que o corpo 3 esteja girando (em torno de O) com velocidades angulares ω_{31} e ω_{32} relativas aos referenciais 1 e 2, respectivamente. Agora, considere um ponto qualquer **r** fixo sobre o corpo 3. Sua velocidade translacional relativa aos referenciais 1 e 2 deve satisfazer (9.24). De acordo com (9.22), isso significa que

$$\omega_{31} \times \mathbf{r} = (\omega_{32} \times \mathbf{r}) + (\omega_{21} \times \mathbf{r}) = (\omega_{32} + \omega_{21}) \times \mathbf{r}$$

e, como isso deve ser verdadeiro para qualquer **r**, segue que

$$\omega_{31} = \omega_{32} + \omega_{21}. \tag{9.25}$$

Isto é, velocidades angulares são somadas da mesma forma que velocidades transversais.

Notações para velocidades angulares

Ao denotar velocidades angulares, normalmente observarei a seguinte convenção: usarei letras minúsculas ω para a velocidade angular de um corpo (como um pião) cujo movimento é o nosso principal objeto de interesse. Usarei letras maiúsculas Ω para velocidade angular de um referencial rotacional não inercial relativo ao qual estamos calculando o movimento de um ou mais objetos. Essa distinção é consistente com as duas primeiras seções, onde usei letras maiúsculas **A** e **V** para a aceleração e velocidade, respectivamente, de um referencial não inercial (relativo a um referencial inercial). Na prática, ω em geral denota uma incógnita, enquanto Ω costuma ser uma velocidade angular conhecida, como a velocidade angular da Terra ao girar uma vez por dia. No restante deste capítulo, iremos nos ater ao movimento de objetos conforme visto em um referencial em rotação, e, de acordo com essa convenção, denotarei a velocidade angular desse referencial por Ω.

9.4 DERIVADAS TEMPORAIS EM UM REFERENCIAL EM ROTAÇÃO

Estamos agora preparados para considerar as equações de movimento para um objeto que está sendo visto a partir de um referencial $\mathcal{S}$, que está girando com velocidade angular Ω relativo a um referencial inercial $\mathcal{S}_0$. Enquanto as nossas conclusões se aplicam para qualquer referencial em rotação, de longe o exemplo mais importante é um referencial preso à Terra e esse é um exemplo que você deve manter em mente. Sendo esse o caso, vamos pausar para calcular a velocidade angular da Terra, que gira sobre seu eixo a cada 24 horas.[5] Portanto, para um referencial preso à Terra,

$$\Omega = \frac{2\pi \text{ rad}}{24 \times 3600 \text{ s}} \approx 7{,}3 \times 10^{-5} \text{ rad/s}. \tag{9.26}$$

---

[5] Rigorosamente falando, o período de rotação em torno do eixo da Terra é um dia *sideral*, o tempo para girar uma única vez em relação a uma estrela distante. Ele é menor do que o dia solar por um fator de 365/366, mas a diferença é bastante pequena para nos preocuparmos.

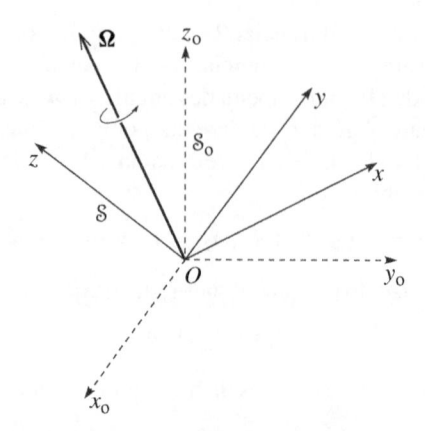

Figura 9.8 O referencial S_o definido pelos três eixos tracejados é inercial. O referencial S definido pelos três eixos sólidos compartilha a mesma origem O, mas está girando com velocidade angular Ω relativa a S_o.

Como a velocidade angular é tão pequena, frequentemente podemos ignorá-la por completo. Entretanto, veremos que a rotação da Terra tem efeitos mensuráveis sobre o movimento de projéteis, pêndulos e outros sistemas. Há outros efeitos não inerciais (notadamente as marés), associados com o movimento orbital da Terra e da Lua, mas são todos muito menos importantes para os problemas que consideraremos aqui e, assim, os ignorarei por enquanto.

Assumirei que dois referenciais S_o e S compartilham uma origem comum O, como ilustrado na Figura 9.8, de modo que o único movimento de Ω relativo a S_o é uma rotação com velocidade angular Ω. Por exemplo, a origem comum O poderia ser o centro da Terra, S poderia ser um conjunto de eixos fixos na Terra e S_o um conjunto de eixos com a mesma origem, porém com direções fixas relativas a estrelas distantes. O referencial S é conveniente para usarmos, mas é não inercial; o referencial S_o é relativamente inconveniente, mas é inercial.

Vamos agora considerar um vetor $\mathbf{Q}$ arbitrário. Este pode ser a velocidade ou posição de uma bola, a força resultante sobre um objeto ou qualquer outro vetor de interesse. Nossa primeira tarefa é relacionar a taxa de variação temporal de $\mathbf{Q}$ conforme medida no referencial S. Para distinguir essas duas taxas de variação, usarei, temporariamente, a seguinte notação:

$$\left(\frac{d\mathbf{Q}}{dt}\right)_{S_o} = \text{(taxa de variação do vetor } \mathbf{Q} \text{ relativa ao referencial inercial } S_o\text{)}$$

e

$$\left(\frac{d\mathbf{Q}}{dt}\right)_{S} = \text{(taxa de variação do mesmo vetor } \mathbf{Q} \text{ relativa ao referencial inercial } S\text{)}$$

Para comparar essas duas taxas de variação, expandirei o vetor $\mathbf{Q}$ em termos de três vetores unitários ortogonais $\mathbf{e}_1$, $\mathbf{e}_2$ e $\mathbf{e}_3$ que estão fixos no referencial em rotação S. (Por exemplo, estes três vetores unitários podem apontar ao longo dos três eixos sólidos apresentados na Figura 9.8.) Logo,[6]

$$\mathbf{Q} = Q_1\mathbf{e}_1 + Q_2\mathbf{e}_2 + Q_3\mathbf{e}_3 = \sum_{i=1}^{3} Q_i\,\mathbf{e}_i\,. \qquad (9.27)$$

Essa expansão é escolhida pela conveniência dos observadores no referencial $\mathcal{S}$, posto que os vetores unitários estão fixos naquele referencial. Entretanto, você deve reconhecer que a expansão é igualmente válida em ambos os referenciais. [Qualquer referencial que utilizarmos, (9.27) nada mais é do que um expansão do vetor $\mathbf{Q}$ em termos de três vetores ortogonais $\mathbf{e}_1$, $\mathbf{e}_2$ e $\mathbf{e}_3$.] A única diferença é que, para observadores em $\mathcal{S}$, os vetores $\mathbf{e}_1$, $\mathbf{e}_2$ e $\mathbf{e}_3$ estão fixos, mas, quando vistos pelos observadores em $\mathcal{S}_0$ os vetores $\mathbf{e}_1$, $\mathbf{e}_2$ e $\mathbf{e}_3$ estão girando.

Vamos agora derivar a expansão (9.27) com respeito ao tempo. Primeiro, quando visto no referencial $\mathcal{S}$, os vetores $\mathbf{e}_i$ são constantes e obtemos simplesmente

$$\left(\frac{d\mathbf{Q}}{dt}\right)_\mathcal{S} = \sum_i \frac{dQ_i}{dt}\mathbf{e}_i\,. \qquad (9.28)$$

[Como os coeficientes de expansão Q_i em (9.27) são os mesmos que em qualquer um dos referenciais, não precisamos especificar a derivada à direita com um subscrito $\mathcal{S}$ ou $\mathcal{S}_0$.]

Quando visto no referencial $\mathcal{S}_0$, os vetores $\mathbf{e}_i$ variam com o tempo. Logo, derivando (9.27) no referencial $\mathcal{S}_0$, temos

$$\left(\frac{d\mathbf{Q}}{dt}\right)_{\mathcal{S}_0} = \sum_i \frac{dQ_i}{dt}\mathbf{e}_i + \sum_i Q_i \left(\frac{d\mathbf{e}_i}{dt}\right)_{\mathcal{S}_0}\,. \qquad (9.29)$$

A derivada no segundo termo à direita é facilmente calculada com o auxílio da "relação útil" (9.23). O vetor $\mathbf{e}_i$ está fixo no referencial $\mathcal{S}$, que está girando com velocidade angular $\mathbf{\Omega}$ relativo a $\mathcal{S}_0$. Portanto, a taxa da variação de $\mathbf{e}_i$, vista por $\mathcal{S}_0$, é dada por (9.23) como

$$\left(\frac{d\mathbf{e}_i}{dt}\right)_{\mathcal{S}_0} = \mathbf{\Omega} \times \mathbf{e}_i\,.$$

Logo, podemos reescrever o segundo somatório em (9.29) como

$$\sum_i Q_i \left(\frac{d\mathbf{e}_i}{dt}\right)_{\mathcal{S}_0} = \sum_i Q_i\,(\mathbf{\Omega} \times \mathbf{e}_i) = \mathbf{\Omega} \times \sum_i Q_i\,\mathbf{e}_i = \mathbf{\Omega} \times \mathbf{Q}.$$

---

[6] Este é um daqueles momentos quando, como antecipado no Capítulo 1, a notação $\mathbf{e}_i$ com $i = 1, 2, 3$ é mais conveniente para os nossos três vetores unitários $\hat{\mathbf{x}}$, $\hat{\mathbf{y}}$ e $\hat{\mathbf{z}}$. Por enquanto, isso é apenas porque permite que usemos o símbolo de somatório, $\sum$, em somas como (9.27). No Capítulo 10, determinaremos que a notação mais conveniente dos eixos de rotação é usar os *eixos principais* do corpo em rotação e a notação $\mathbf{e}_i$ funciona muito naturalmente para eles. Portanto, usarei na maioria das vezes essa notação para os vetores unitários fixos em um corpo em rotação, e continuarei a usar $\hat{\mathbf{x}}$, $\hat{\mathbf{y}}$ e $\hat{\mathbf{z}}$ para referenciais sem rotação.

Inserindo esse resultado em (9.29) e usando (9.28) para substituir o primeiro somatório, encontramos

$$\left(\frac{d\mathbf{Q}}{dt}\right)_{S_o} = \left(\frac{d\mathbf{Q}}{dt}\right)_{S} + \mathbf{\Omega} \times \mathbf{Q}. \tag{9.30}$$

Esta importante identidade relaciona a derivada de qualquer vetor $\mathbf{Q}$ quando medido em um referencial inercial S_o à derivada correspondente no referencial S em rotação. Na próxima seção, usarei esse resultado para formalizar a segunda lei de Newton em um referencial S em rotação.

9.5 SEGUNDA LEI DE NEWTON EM UM REFERENCIAL EM ROTAÇÃO

Estamos agora prontos para determinar a segunda lei de Newton em um referencial em rotação S. Para simplificar as coisas, assumirei que a velocidade angular $\mathbf{\Omega}$ de S relativa a S_o é constante, como é o caso (dentro de uma certa aproximação) dos eixos fixos à Terra. Um aspecto bastante surpreendente da afirmação que $\mathbf{\Omega}$ é constante é que, se isso for verdadeiro em um referencial, então ela é automaticamente verdade no outro referencial. Isso segue imediatamente de (9.30): como $\mathbf{\Omega} \times \mathbf{\Omega} = 0$, as duas derivadas de $\mathbf{\Omega}$ são sempre as mesmas; em particular, se uma é zero, a outra também o será.

Considere uma nova partícula de massa m e posição $\mathbf{r}$. No referencial inercial S_o, a partícula obedece à segunda lei de Newton na sua forma normal,

$$m\left(\frac{d^2\mathbf{r}}{dt^2}\right)_{S_o} = \mathbf{F} \tag{9.31}$$

onde, como sempre, $\mathbf{F}$ denota a força resultante sobre a partícula, o vetor soma de todas as forças identificadas no referencial inercial. A derivada à esquerda é, naturalmente, a derivada calculada pelos observadores no referencial inercial S_o. No entanto, podemos agora usar a Equação (9.30) para expressar essa derivada em termos das derivadas calculadas no referencial em rotação S. Primeiro, de acordo com (9.30)

$$\left(\frac{d\mathbf{r}}{dt}\right)_{S_o} = \left(\frac{d\mathbf{r}}{dt}\right)_{S} + \mathbf{\Omega} \times \mathbf{r}.$$

Derivando uma segunda vez, obtemos

$$\left(\frac{d^2\mathbf{r}}{dt^2}\right)_{S_o} = \left(\frac{d}{dt}\right)_{S_o}\left(\frac{d\mathbf{r}}{dt}\right)_{S_o}$$
$$= \left(\frac{d}{dt}\right)_{S_o}\left[\left(\frac{d\mathbf{r}}{dt}\right)_{S} + \mathbf{\Omega} \times \mathbf{r}\right].$$

Capítulo 9 Mecânica em Referenciais Não Inerciais

Aplicando (9.30) à derivada que está fora dos colchetes no termo à direita, obtemos

$$\left(\frac{d^2\mathbf{r}}{dt^2}\right)_{\mathcal{S}_0} = \left(\frac{d}{dt}\right)_{\mathcal{S}}\left[\left(\frac{d\mathbf{r}}{dt}\right)_{\mathcal{S}} + \boldsymbol{\Omega}\times\mathbf{r}\right] + \boldsymbol{\Omega}\times\left[\left(\frac{d\mathbf{r}}{dt}\right)_{\mathcal{S}} + \boldsymbol{\Omega}\times\mathbf{r}\right]. \quad (9.32)$$

Esse resultado um tanto confuso pode ser melhorado. Primeiramente, como a nossa principal preocupação é chegar à derivada calculada no referencial em rotação $\mathcal{S}$, revitalizaremos a notação "ponto" para essas derivadas. Isto é, usarei $\dot{\mathbf{Q}}$ para denotar

$$\dot{\mathbf{Q}} \equiv \left(\frac{d\mathbf{Q}}{dt}\right)_{\mathcal{S}},$$

a derivada de qualquer vetor $\mathbf{Q}$ no referencial em rotação $\mathcal{S}$. Se você notar em seguida que, como $\boldsymbol{\Omega}$ é constante, sua derivada é zero, e agrupar os dois termos comuns, é possível reescrever (9.32) como

$$\left(\frac{d^2\mathbf{r}}{dt^2}\right)_{\mathcal{S}_0} = \ddot{\mathbf{r}} + 2\boldsymbol{\Omega}\times\dot{\mathbf{r}} + \boldsymbol{\Omega}\times(\boldsymbol{\Omega}\times\mathbf{r}), \quad (9.33)$$

onde os pontos à direita indicam derivadas calculadas com respeito ao referencial em rotação $\mathcal{S}$.

Se subsituirmos agora o resultado (9.33) na segunda lei de Newton (9.31) no referencial inercial $\mathcal{S}_0$ e movermos dois termos para a direita, obtemos a forma da segunda lei de Newton no referencial em rotação $\mathcal{S}$ como sendo

$$m\ddot{\mathbf{r}} = \mathbf{F} + 2m\dot{\mathbf{r}}\times\boldsymbol{\Omega} + m(\boldsymbol{\Omega}\times\mathbf{r})\times\boldsymbol{\Omega}, \quad (9.34)$$

onde, como de praxe, $\mathbf{F}$ denota a soma de todas as forças que são identificadas em qualquer referencial inercial. Do mesmo modo que no referencial acelerado da Seção 9.1, vemos que a equação de movimento em um referencial em rotação se *assemelha* à segunda lei de Newton, exceto pelo fato de que, neste caso, há dois termos extra na equação no lado da força. O primeiro desses termos extra é chamado de **força de Coriolis** (em homenagem ao físico francês G. G. de Coriolis, 1792-1843, que foi o primeiro a explicá-la),

$$\mathbf{F}_{\text{cor}} = 2m\dot{\mathbf{r}}\times\boldsymbol{\Omega}. \quad (9.35)$$

O segundo termo é chamado de **força centrífuga**:

$$\mathbf{F}_{\text{cf}} = m(\boldsymbol{\Omega}\times\mathbf{r})\times\boldsymbol{\Omega}. \quad (9.36)$$

Discutirei sobre esses termos nas próximas seções. Por enquanto, o ponto importante é que podemos ir em frente e usar a segunda lei de Newton em referenciais rotacionais (e, portanto, não inerciais), desde que lembremos sempre de incluir essas duas forças inerciais "fictícias" à força resultante, calculada para um referencial inercial. Ou seja, em um referencial rotacional,[7]

$$m\ddot{\mathbf{r}} = \mathbf{F} + \mathbf{F}_{\text{cor}} + \mathbf{F}_{\text{cf}}. \qquad (9.37)$$

9.6 A FORÇA CENTRÍFUGA

Acabamos de ver que, para usar a segunda lei de Newton em um referencial em rotação (como um referencial fixo sobre a Terra), devemos introduzir duas forças inerciais, a força centrífuga e a força de Coriolis. Até certo ponto, podemos examinar as duas forças separadamente. Em particular, a força de Coriolis sobre um objeto é proporcional à velocidade do objeto $\mathbf{v} = \dot{\mathbf{r}}$ relativa ao referencial em rotação. Portanto, a força de Coriolis é zero para qualquer objeto que está em repouso no referencial em rotação e é desprezível para objetos que estão se movendo suficientemente lentos. Como ambas as forças envolvem produtos vetoriais, elas dependem das direções dos vários vetores, mas, para uma estimativa com uma ordem de magnitude, podemos considerar

$$F_{\text{cor}} \sim mv\Omega \quad \text{e} \quad F_{\text{cf}} \sim mr\Omega^2,$$

onde v é a velocidade do objeto relativa ao referencial em rotação da Terra, isto é, a velocidade quando observada por nós sobre a superfície da Terra. Portanto,

$$\frac{F_{\text{cor}}}{F_{\text{cf}}} \sim \frac{v}{R\Omega} \sim \frac{v}{V}. \qquad (9.38)$$

Aqui, na expressão do meio, cancelei o termo comum $m\Omega$ e substituí r pelo raio da Terra R. (Lembre-se de que a origem está no centro da Terra, assim, para objetos próximos da superfície da Terra, $r \approx R$.) Na última expressão, substituí $R\Omega$ por V, a velocidade de um ponto sobre o equador quando a Terra gira com momento angular Ω. Como V é aproximadamente 1000 mi/h, (9.38) mostra que projéteis com $v \ll$ 1000 mi/h é uma boa aproximação inicial para se ignorar a força de Coriolis e é isto o que farei nesta seção.[8]

A força centrífuga é dada por (9.36) como

$$\mathbf{F}_{\text{cf}} = m(\mathbf{\Omega} \times \mathbf{r}) \times \mathbf{\Omega}. \qquad (9.39)$$

Podemos ver a que isso se assemelha com o auxílio da Figura 9.9, que ilustra um objeto sobre ou próximo da superfície da Terra com colatitude θ. A rotação da Terra transporta

---

[7] A dedução deste importante resultado dependeu crucialmente da relação (9.30) entre derivadas temporais de um dado vetor em referenciais rotacionais ou não rotacionais. Se você achar essa relação confusa, pode preferir a dedução alternativa baseada no formalismo Lagrangiano, delineada no Problema 9.11.

[8] Como veremos mais adiante, mesmo quando $v \ll$ 1000 mi/h, a força de Coriolis pode ter efeitos significativos (por exemplo, com o pêndulo de Foucault). Entretanto, é certamente verdade que F_{cor} é pequena se comparada a F_{cf} e faz sentido ignorá-la em uma primeira aproximação.

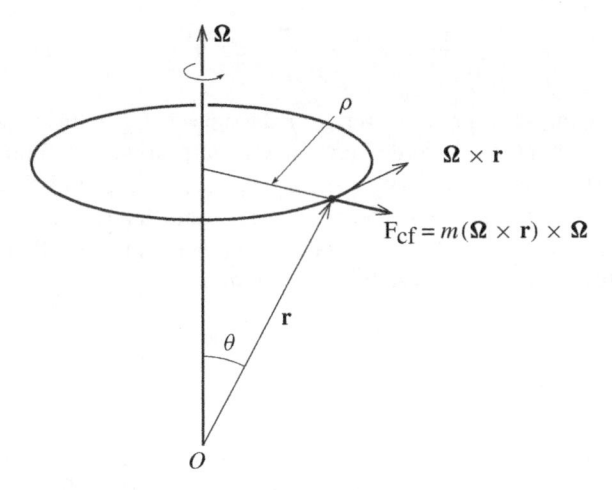

Figura 9.9 O vetor $\Omega \times r$ é a velocidade de um objeto quando este está sendo arrastado para leste, com velocidade $\Omega\rho$ devido à rotação da Terra. Portanto, a força centrífuga, $m(\Omega \times r) \times \Omega$, aponta radialmente para fora a partir do eixo e tem magnitude $m\,\Omega^2\rho$.

o objeto ao redor de um círculo de latitude e o vetor $\Omega \times r$ (que é justamente a velocidade desse movimento circular quando visto a partir de um referencial sem rotação) é tangente a esse círculo. Então, $(\Omega \times r) \times \Omega$ aponta radialmente para fora a partir do eixo de rotação na direção de $\hat{\rho}$, o vetor unitário na direção ρ da coordenada cilíndrica polar. A magnitude de $(\Omega \times r) \times \Omega$ é facilmente vista como sendo $\Omega^2 r \operatorname{sen} \theta = \Omega^2 \rho$. Portanto,

$$\mathbf{F}_{cf} = m\Omega^2 \rho\, \hat{\rho}. \tag{9.40}$$

Resumindo, do ponto de vista de observadores girando com a Terra, há uma força centrífuga que é radialmente para fora a partir do eixo da Terra e tem magnitude $m\Omega^2\rho$. Se momentaneamente deixarmos $\mathbf{v} = \Omega \times r$ denotar a velocidade associada à rotação da Terra (observada de um referencial sem rotação), então a magnitude é $v = \Omega\rho$ e a força centrífuga assume a forma familiar mv^2/ρ.

Aceleração em queda livre

A aceleração em queda livre que chamamos $\mathbf{g}$ é a aceleração inicial, relativa à Terra, de um objeto que é largado a partir do repouso no vácuo e próximo da superfície da Terra. Podemos agora ver que isso é uma noção surpreendentemente complicada. A equação de movimento (relativa à Terra) é[9]

$$m\ddot{\mathbf{r}} = \mathbf{F}_{grav} + \mathbf{F}_{cf}, \tag{9.41}$$

onde $\mathbf{F}_{cf}$ está dada por (9.40) e $\mathbf{F}_{grav}$ é a força gravitacional

---

[9] Havia definido $\mathbf{g}$ como a aceleração *inicial* de um corpo, largado do repouso, para assegurar que a força de Coriolis era zero. Quando o objeto aumenta a velocidade, veremos que a força de Coriolis eventualmente se torna importante e a aceleração se altera (embora o efeito seja geralmente muito pequeno).

$$\mathbf{F}_{\text{grav}} = -\frac{GMm}{R^2}\hat{\mathbf{r}} = m\mathbf{g}_o. \tag{9.42}$$

Aqui, M e R são a massa e o raio da Terra e $\hat{\mathbf{r}}$ denota o vetor unitário que aponta radicalmente para fora de O, o centro da Terra.[10] A aceleração $\mathbf{g}_o$ é definida pela segunda igualdade e poderia ser chamada a "verdadeira" aceleração da gravidade, além disso, ela é a aceleração que observaríamos se não houvesse o efeito centrífugo.

Vemos de (9.41) que a aceleração inicial de um objeto em queda livre é determinada por uma força efetiva que é igual à soma de dois termos,

$$\mathbf{F}_{\text{ef}} = \mathbf{F}_{\text{grav}} + \mathbf{F}_{\text{cf}} = m\mathbf{g}_o + m\Omega^2 R \operatorname{sen}\theta \, \hat{\boldsymbol{\rho}} \tag{9.43}$$

onde a última expressão para $\mathbf{F}_{\text{cf}}$ vem de (9.40) com ρ substituido por $R \operatorname{sen} \theta$. As duas forças que formam a força efetiva estão ilustradas na Figura 9.10, de onde fica claro que a aceleração de queda livre não é, em geral, igual à verdadeira aceleração gravitacional, nem em magnitude nem em direção. Especificamente, dividindo (9.43) por m, obtemos para a aceleração de queda livre $\mathbf{g}$,

$$\mathbf{g} = \mathbf{g}_o + \Omega^2 R \operatorname{sen}\theta \, \hat{\boldsymbol{\rho}}. \tag{9.44}$$

A componente de $\mathbf{g}$ na direção radial para dentro (a direção de $-\mathbf{r}$)[11] é

$$g_{\text{rad}} = g_o - \Omega^2 R \operatorname{sen}^2 \theta. \tag{9.45}$$

O segundo, o termo centrífugo, é zero nos polos ($\theta = 0$ ou π) e é o máximo no equador, onde sua magnitude é facilmente determinada [usando o valor de Ω a partir de (9.26)] como sendo

$$\Omega^2 R = (7{,}3 \times 10^{-5} \text{ s}^{-1})^2 \times (6{,}4 \times 10^6 \text{ m}) \approx 0{,}034 \text{ m/s}^2. \tag{9.46}$$

Como g_o é cerca de 9,8 m/s², vemos que, devido à força centrífuga, o valor de g no equador é aproximadamente 0,3% menor do que nos polos.[12] Embora essa diferença seja certamente pequena, ela é facilmente mensurável com os gravímetros modernos que podem medir g com cerca de 1 parte em 10^9.

---

[10] Ao afirmar que a força gravitacional é $-(GMm/r^2)\,\hat{\mathbf{r}}$, estou assumindo que a Terra tem uma simetria esférica perfeita, o que, embora seja uma aproximação muito boa, não é exatamente verdade. Felizmente, tudo que importa é que $\mathbf{F}_{\text{grav}}$ é proporcional a m, logo, ela pode sempre ser escrita como $m\mathbf{g}_o$. Para quase todos os propósitos, podemos dizer que $\mathbf{g}_o$ está na direção de $-\hat{\mathbf{r}}$, o que é extremamente próximo disso.

[11] Estritamente falando, esta é a componente de $\mathbf{g}$ na direção de $\mathbf{g}_o$ e não de $-\mathbf{r}$. Por isso, o fator sen² θ deve na verdade deve ser sen θ sen θ', onde θ' é o ângulo entre a reta de $\mathbf{g}_o$ e o norte (ao contrário de θ, o ângulo entre $\mathbf{r}$ e o norte). Entretanto, a diferença (que é apenas devido ao fato de a Terra não ter uma simetria esférica perfeita) é, para a maior parte dos propósitos práticos, completamente negligenciável.

[12] A verdadeira diferença é mais perto de 0,5%, os 0,2% adicionais é o resultado da maior protuberância da Terra no equador.

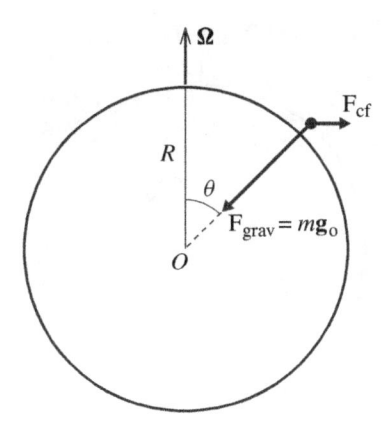

Figura 9.10 A aceleração de queda livre (relativa à Terra) de um objeto largado do repouso próximo à superfície da Terra é resultado de uma força de dois termos, a verdadeira força gravitacional $m\mathbf{g}_o$ e a força inercial centrífuga $\mathbf{F}_{cf}$, que aponta para fora a partir do eixo de rotação. (A magnitude do termo centrífugo está muito exagerada nesta figura.)

Você pode ver de (9.44) e da Figura 9.10 que a componente tangencial de **g** (a componente normal a verdadeira força gravitacional) provém inteiramente da força centrífuga e é

$$g_{\tan} = \Omega^2 R \, \text{sen}\,\theta \cos\theta. \tag{9.47}$$

Essa componente tangencial de **g** é zero no polos e no equador e máxima na latitude 45°. A característica mais marcante de um valor não nulo para $g_{\tan}$ é que ele significa que a aceleração de queda livre não está exatamente na direção da verdadeira força gravitacional. Como você pode ver na Figura 9.11, o ângulo entre **g** e a direção radial é $\alpha \approx g_{\tan}/g_{\text{rad}}$ e seu valor máximo (em $\theta = 45°$) é

$$\alpha_{\text{máx}} = \frac{\Omega^2 R}{2g_o} \approx \frac{0{,}034}{2 \times 9{,}8} \approx 0{,}0017 \text{ rad} \approx 0{,}1°. \tag{9.48}$$

Esse ângulo α é o ângulo entre a aceleração de queda livre observada **g** e a verdadeira aceleração da gravidade $\mathbf{g}_o$ – que somos tentados a chamar "vertical". O valor de α é de fato bastante difícil de ser medido. A direção do **g** observado é fácil (pelo menos, em princípio). Para determinar a direção de $\mathbf{g}_o$, você pode pensar em usar um fio de prumo, mas um momento de reflexão deve ser suficiente para convencê-lo de que o fio de prumo está também sujeito à força centrífuga e ficará pendurado na direção de **g**, não naquela de $\mathbf{g}_o$. De fato, qualquer tentativa de determinar a direção de $\mathbf{g}_o$ de forma simples e direta termina encontrando a direção de **g**. Por essa razão, a seguir *definirei* "vertical" como sendo a direção de um fio de prumo. Portanto, nestas raras ocasiões em que essas pequeníssimas distinções forem importantes, "vertical" significará "na direção de ±**g**". Justamente por isso, "horizontal" significará "perpendicular a **g**".

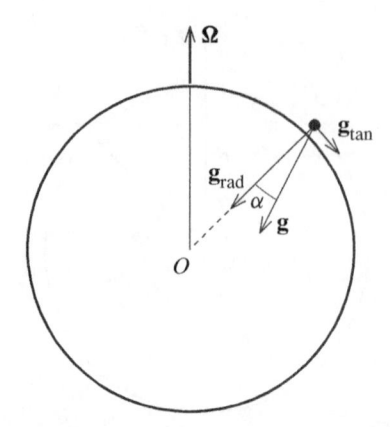

Figura 9.11 Devido à força centrífuga, a aceleração de queda livre **g** tem uma componente tangencial não nula (fortemente exagerada aqui) e **g** se desvia da direção radial pelo pequeno ângulo α.

9.7 A FORÇA DE CORIOLIS

Quando um objeto está se movendo, há uma segunda força inercial que você deve incluir quando desejar usar a segunda lei de Newton em um referencial em rotação. Esta é a força de Coriolis (9.35)

$$\mathbf{F}_{cor} = 2m\dot{\mathbf{r}} \times \mathbf{\Omega} = 2m\mathbf{v} \times \mathbf{\Omega}, \tag{9.49}$$

onde $\mathbf{v} = \dot{\mathbf{r}}$ é a velocidade do objeto relativa ao referencial em rotação. Há um notável paralelo entre a força de Coriolis e a força bem conhecida $q\mathbf{v} \times \mathbf{B}$ sobre uma carga q em um campo magnético **B**. Na realidade, se substituirmos $2m$ por q e $\mathbf{\Omega}$ por **B**, a primeira torna-se exatamente a segunda. Embora este paralelo não tenha um significado profundo, ele pode frequentemente ser útil na visualização de como a força de Coriolis afetará o movimento de uma partícula.

A magnitude da força de Coriolis depende da magnitude de **v** e $\mathbf{\Omega}$ tanto quanto de suas orientações relativas. Para o caso em que o referencial em rotação é a Terra, podemos ver de (9.26) que $\Omega \approx 7{,}3 \times 10^{-5}$ s^{-1}. Para um objeto com $v \approx 50$ m/s (por exemplo, uma bola de beisebol rápida), a máxima aceleração que a força de Coriolis pode produzir (atuando apenas ela mesma e com **v** perpendicular a $\mathbf{\Omega}$) seria

$$a_{máx} = 2v\Omega \approx 2 \times (50 \text{ m/s}) \times (7{,}3 \times 10^{-5} \text{ s}^{-1}) \approx 0{,}007 \text{ m/s}^2.$$

Comparada à aceleração de queda livre $g = 9{,}8$ m/s^2, isso é muito pequeno, embora certamente detectável se quisermos encarar o problema. Alguns projéteis, como foguetes e tiros de longo alcance, viajam muito mais rápidos do que 50 m/s e, para eles, a força de Coriolis é particularmente muito importante. Além disso, veremos que há sistemas, como o pêndulo de Foucault, em que a força de Coriolis, mesmo que muito pequena, pode atuar por um longo tempo e assim produzir um grande efeito.

Direção da força de Coriolis

Da mesma forma que a força magnética, $q\mathbf{v} \times \mathbf{B}$, a força de Coriolis, $2m\mathbf{v} \times \mathbf{\Omega}$, é sempre perpendicular à velocidade do objeto que se move, com sua direção dada pela regra da mão direita. A Figura 9.12 é uma vista de cima de uma mesa giratória horizontal que está girando no sentido anti-horário relativa ao solo. A velocidade angular $\mathbf{\Omega}$ aponta verticalmente para cima (para fora da página na figura). Se considerarmos um objeto deslizando ou rolando ao longo da mesa giratória, é fácil ver que, qualquer que seja a posição e velocidade, a força de Coriolis tende a defletir a velocidade para a direita. Similarmente, se a mesa giratória estivesse girando no sentido horário, a deflexão de Coriolis seria sempre para a esquerda. (Quer o objeto *seja* de fato defletido nas direções especificadas, isso depende sobre quais outras forças estão agindo e quão fortes elas são.)

Poderíamos imaginar a Figura 9.12 como sendo o Hemisfério Norte visto de cima do Polo Norte. (Como a Terra gira para o leste, a velocidade angular está direcionada como ilustrado.) Logo, chegamos à conclusão de que o efeito de Coriolis devido à rotação da Terra tende a defletir o movimento de um corpo para a direita no Hemisfério Norte (e, naturalmente, para a esquerda no Hemisfério Sul).[13] Esse efeito é importante para armas de longo alcance, que devem apontar para a esquerda de seus alvos no Hemisfério Norte e para a direita no Sul. (Veja o Problema 9.28.) Um exemplo importante da meteorologia é o fenômeno dos ciclones. Estes ocorrem quando o ar em torno

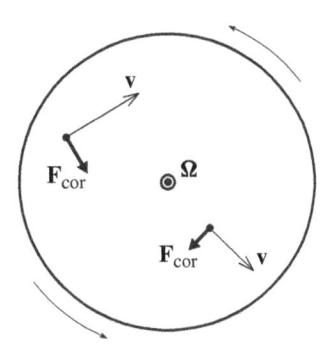

Figura 9.12 Vista de cima de uma mesa giratória que está girando no sentido anti-horário relativa a um referencial inercial. A velocidade angular $\mathbf{\Omega}$ da mesa giratória aponta para cima da figura. Visto por observadores sobre a mesa giratória, os dois objetos deslizando sobre a mesa estão sujeitos a forças de Coriolis $\mathbf{F}_{cor} = 2m\mathbf{v} \times \mathbf{\Omega}$. Independentemente das posições e velocidades dos corpos, a força de Coriolis sempre tende a defletir a velocidade para a direita. (Se a direção de rotação for horária, então $\mathbf{\Omega}$ será entrando na página e a força de Coriolis tenderá a defletir o movimento de objetos para a esquerda.)

---

[13] Como a Terra é tridimensional (em contraste à mesa giratória, que é bidimensional) o efeito de Coriolis é de fato um pouco mais complicado do que o simples argumento sugerido. Entretanto, o argumento acima é correto para objetos movendo-se paralelamente à superfície da Terra e para projéteis com trajetórias à baixa altitude.

Figura 9.13 Um ciclone é o resultado do ar se movendo para uma região de baixa pressão e sendo defletido para a direita (no Hemisfério Norte) devido ao efeito de Coriolis. Isso causa um fluxo anti-horário com uma pressão para dentro contrabalançada pela força de Coriolis para fora (e a diferença favorecendo a aceleração centrípeta para o interior).

de uma região de baixa pressão se move rapidamente para cima. Devido ao efeito de Coriolis, o ar é defletido para a direita, como ilustra a Figura 9.13, e, portanto, inicia uma circulação anti-horária (no Hemisfério Norte – e horária no Sul). Quando isso acontece de modo suficientemente violento, o resultado é uma tempestade, conhecida como ciclones, furacões ou tufões.

É importante ter em mente que ambas as forças, a de Coriolis e a centrífuga, são na raiz efeitos cinemáticos, resultado da insistência em usarmos um referencial em rotação. Em alguns poucos casos simples, é mais fácil (tanto quanto instrutivo) analisar o movimento em um referencial inercial e então transformar os resultados para um referencial em rotação, como os exemplos a seguir ilustram. Entretanto, a transformação entre os dois referenciais é em geral tão complicada que é mais fácil trabalhar todas sempre no referencial em rotação e conviver com as forças "fictícias" de Coriolis e centrífuga.

Exemplo 9.2 Movimento simples sobre uma mesa giratória

Três observadores, A, B e C, estão em pé sobre uma mesa giratória com A no centro, C na borda e B na metade entre eles, como ilustrado na Figura 9.14(a). A mesa giratória está girando no sentido anti-horário (visto de cima) com velocidade angular Ω. No instante $t = 0$, A impulsiona um disco, sem atrito, exatamente na direção de B e C, mas para sua surpresa, o disco não atinge ambos B e C, este último por uma margem ainda maior do que o anterior. Explique esses eventos do ponto de vista de ambos os observadores, um sobre a mesa giratória e o outro no solo.

A força resultante sobre o disco (identificada em qualquer referencial inercial) é zero. Assim, em um referencial em rotação, as duas únicas forças são a centrífuga e a de Coriolis. A primeira é sempre na direção radial apontando para fora e não tem qualquer influência na deflexão da trajetória do disco. A última deflete a velocidade do disco constantemente para a direita, da mesma forma que o campo magnético para cima agindo sobre uma partícula carregada. Isso faz com que o disco siga a trajetória curva ilustrada na Figura 9.14(a). No instante t_1, quando ele alcança o raio

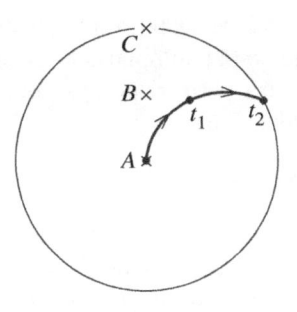

(a) Conforme visto em um referencial em rotação

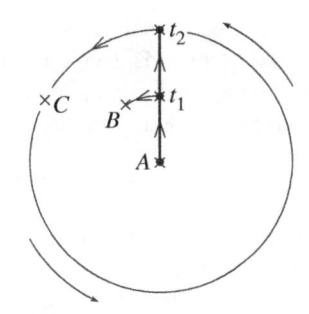

(b) Conforme visto em um referencial sem rotação

Figura 9.14 (a) Três observadores, A, B e C, estão sobre uma reta em uma mesa giratória, com A no centro e C no perímetro. O observador A impulsiona um disco em direção a B e C, mas, em virtude da força de Coriolis, o disco dá uma guinada para a direita e não atinge B nem C. (b) O mesmo experimento visto agora por um observador no solo. Nesse referencial, o disco percorre uma linha reta, mas, no instante t_1, quando ele alcança o raio de B, o observador B havia se movido para a esquerda. No instante t_2, quando o disco alcança o perímetro, C havia se movido ainda mais para a esquerda.

de B, ele está a uma pequena distância à direita de B, e no instante t_2 quando ele chega à borda da mesa giratória, está ainda mais afastado (cerca de quatro vezes, na verdade) para a direita de C. Essa explicação é correta e clara, mas depende de nosso entendimento da força de Coriolis. Analisando o mesmo experimento no referencial com base no solo, podemos obter um entendimento adicional de por que ocorre a deflexão.

No referencial inercial de um observador no solo, a força resultante sobre o disco é zero e o disco segue uma trajetória reta, como ilustrado na Figura 9.14(b). Entretanto, no instante t_1, quando ele deveria atingir B, o observador B moveu-se à esquerda devido à rotação da mesa. No instante t_2, quando ele deveria atingir C, o observador C moveu-se ainda mais à esquerda. Visto pelo disco, B e C se movem para a esquerda. Portanto, visto por B e C, a trajetória do disco curvou-se para a direita, conforme ilustrado na Figura 9.14(a).

Esta explicação alternativa simples do efeito de Coriolis é mera ilusão. Em geral, os efeitos das forças de Coriolis e centrífuga são surpreendentemente complicados e nem de longe fáceis de explicar com menção a referenciais sem rotação. (Veja os Problemas 9.20 e 9.24.)

9.8 QUEDA LIVRE E A FORÇA DE CORIOLIS

A seguir, vamos considerar os efeitos da força de Coriolis sobre um objeto em queda livre, isto é, um objeto caindo no vácuo, próximo a um ponto **R** sobre a superfície da Terra. Para esta análise, devemos incluir a força centrífuga, assim, a equação de movimento é

$$m\ddot{\mathbf{r}} = m\mathbf{g}_\mathrm{o} + \mathbf{F}_\mathrm{cf} + \mathbf{F}_\mathrm{cor} \tag{9.50}$$

onde, como antes, $m\mathbf{g}_0$ denota a força real da gravidade da Terra sobre o objeto. A força centrífuga é $m(\mathbf{\Omega} \times \mathbf{r}) \times \mathbf{\Omega}$, (onde $\mathbf{r}$ é a posição do objeto relativa ao centro da Terra), mas com uma boa aproximação podemos substituir $\mathbf{r}$ por $\mathbf{R}$ (a posição sobre a superfície da Terra onde o experimento está sendo conduzido). Logo,

$$\mathbf{F}_{cf} = m(\mathbf{\Omega} \times \mathbf{R}) \times \mathbf{\Omega}.$$

Retornando à equação de movimento (9.50), você reconhecerá que a soma dos dois primeiros termos à direita é justamente $m\mathbf{g}$, onde $\mathbf{g}$ é a aceleração de queda livre observada para um objeto largado do repouso na posição $\mathbf{R}$, como introduzido em (9.44). Em outras palavras, você pode omitir o termo $\mathbf{F}_{cf}$ de (9.50), se substituirmos $\mathbf{g}_0$ pelo $\mathbf{g}$ observado no local do experimento. Se substituirmos $2m\mathbf{v} \times \mathbf{\Omega}$ por $\mathbf{F}_{cor}$, a equação de movimento torna-se (depois do cancelamento de um fator de m)

$$\ddot{\mathbf{r}} = \mathbf{g} + 2\dot{\mathbf{r}} \times \mathbf{\Omega}. \tag{9.51}$$

Uma propriedade simplificadora da Equação (9.51) é que ela não envolve a posição $\mathbf{r}$ de forma alguma (apenas as suas derivadas $\dot{\mathbf{r}}$ e $\ddot{\mathbf{r}}$). Isso significa que a equação não irá mudar se fizermos uma mudança na origem (posto que uma mudança na origem acarreta a adição de uma constante a $\mathbf{r}$). Dessa forma, escolherei agora a origem sobre a superfície da Terra na posição $\mathbf{R}$, como ilustrado na Figura 9.15. Como essa escolha de eixos, podemos expressar a equação de movimento em suas três componentes. As componentes de $\dot{\mathbf{r}}$ e $\mathbf{\Omega}$ são

$$\dot{\mathbf{r}} = (\dot{x}, \dot{y}, \dot{z})$$

e

$$\mathbf{\Omega} = (0, \Omega \operatorname{sen}\theta, \Omega \cos\theta).$$

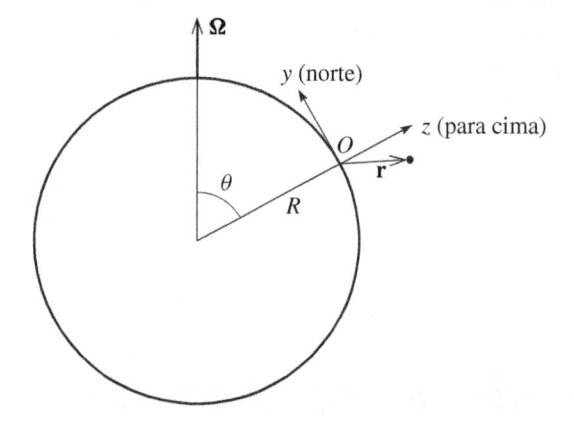

Figura 9.15 Escolha dos eixos para o experimento da queda livre. A origem O está na superfície da Terra no local do experimento (posição $\mathbf{R}$ relativa ao centro da Terra). O eixo z aponta verticalmente para cima (mais precisamente, na direção de $-\mathbf{g}$, onde $\mathbf{g}$ é a aceleração de queda livre observada), os eixos x e y são horizontais (isto é, perpendiculares a $\mathbf{g}$), com y apontando para o norte e x para leste. A posição do objeto em queda relativa a O é $\mathbf{r}$.

Logo, aquelas de $\dot{\mathbf{r}} \times \mathbf{\Omega}$ são

$$\dot{\mathbf{r}} \times \mathbf{\Omega} = (\dot{y}\Omega\cos\theta - \dot{z}\Omega\,\text{sen}\,\theta,\ -\dot{x}\Omega\cos\theta,\ \dot{x}\Omega\,\text{sen}\,\theta) \quad (9.52)$$

e a equação de movimento (9.51) transforma-se nas três equações a seguir:

$$\ddot{x} = 2\Omega(\dot{y}\cos\theta - \dot{z}\,\text{sen}\,\theta)$$
$$\ddot{y} = -2\Omega\dot{x}\cos\theta \quad (9.53)$$
$$\ddot{z} = -g + 2\Omega\dot{x}\,\text{sen}\,\theta.$$

Podemos resolver essas três equações fazendo uma sucessão de aproximações que depende do quão pequeno é Ω. Primeiro, como Ω é muito pequeno, obtemos uma aproximação inicial razoável se ignorarmos Ω completamente. Nessa aproximação, as equações reduzem-se a

$$\ddot{x} = 0, \quad \ddot{y} = 0 \quad \text{e} \quad \ddot{z} = -g, \quad (9.54)$$

que são as equações de queda livre resolvidas em qualquer curso introdutório de física. Se o objeto for largado do repouso em $x = y = 0$ e $z = h$, então as duas primeiras equações implicam $\dot{x}$, $\dot{y}$, x e todos y permanecem nulos, enquanto a última equação implica $\dot{z} = -gt$ e $z = h - \frac{1}{2}gt^2$. Logo, a solução aproximada é

$$x = 0, \quad y = 0 \quad \text{e} \quad z = h - \tfrac{1}{2}gt^2, \quad (9.55)$$

ou seja, o objeto cai verticalmente para baixo com aceleração constante g. Essa aproximação é alguma vezes chamada de aproximação de *ordem zero* porque ela envolve apenas a potência de ordem zero de Ω (isto é, é independente de Ω). É bem conhecida por ser uma boa aproximação, mas ela não mostra os efeitos da força de Coriolis.

Para obter a aproximação seguinte, raciocinamos da seguinte forma: os termos em (9.53) que envolvem Ω são todos pequenos. Logo, será seguro calcular estes termos usando a aproximação de ordem zero para x, y e z. Substituindo (9.55) no lado direito de (9.53), obtemos

$$\ddot{x} = 2\Omega gt\,\text{sen}\,\theta, \quad \ddot{y} = 0 \quad \text{e} \quad \ddot{z} = -g. \quad (9.56)$$

As duas últimas dessas equações são exatamente as mesmas que as de ordem zero, mas a equação para x é nova e é facilmente integrada duas vezes, resultando em

$$x = \tfrac{1}{3}\Omega gt^3\,\text{sen}\,\theta, \quad (9.57)$$

com os mesmos y e z da aproximação de ordem zero (9.55). Esse resultado é naturalmente chamado de aproximação de *primeira ordem* (sendo boa até a primeira potência de Ω). Podemos repetir esse processo novamente para obter a aproximação de segunda ordem e assim por diante, mas a de primeira ordem é bastante boa para nossos propósitos.

Algo impressionante sobre a Solução (9.57) é que um objeto em queda livre não cai reto para baixo. Em vez disso, a força de Coriolis causa um leve encurvamento para o leste (direção positiva x). Para obter uma ideia da magnitude do efeito, consideremos um objeto deixado cair em uma mina de 100 metros de profundidade sobre o equador e vamos determinar a deflexão total no instante que ela atinge o fundo. O tempo para alcançar o fundo é determinado pela última das Equações (9.55), quando $t = \sqrt{2h/g}$, e (9.57) fornece a deflexão para leste (pondo $\theta = 90°$ e $g \approx 10$ m/s²)

$$x = \frac{1}{3}\Omega g \left(\frac{2h}{g}\right)^{3/2}$$

$$\approx \frac{1}{3} \times (7{,}3 \times 10^{-5} \text{ s}^{-1}) \times (10 \text{ m/s}^2) \times (20 \text{ s}^2)^{3/2} \approx 2{,}2 \text{ cm}$$

uma pequena deflexão, mas certamente detectável. Uma pequena deflexão para leste desse tipo foi na verdade prevista por Newton e verificada por seu rival Robert Hooke (da famosa lei de Hooke, 1635-1703), embora não tenha sido apropriadamente explicada antes de o efeito de Coriolis ser entendido.

9.9 PÊNDULO DE FOUCAULT

Como uma aplicação final e surpreendente do efeito de Coriolis, vamos considerar o pêndulo de Foucault, que pode ser visto em muitos museus de ciência em todo mundo e é conhecido pelo nome de seu inventor, o físico francês Jean Foucault (1819-1868). Este é um pêndulo feito com uma massa muito pesada m presa por um fio leve, a um teto muito alto. Este arranjo permite que o pêndulo balance livremente por um período muito longo e se mova nas direções leste-oeste e norte-sul. Visto em um referencial inercial, há apenas duas forças sobre o lóbulo, a tração $\mathbf{T}$ no fio e o peso $m\mathbf{g}_o$. No referencial em rotação da Terra, há também as forças de Coriolis e centrífuga, e assim a equação de movimento no referencial da Terra é

$$m\ddot{\mathbf{r}} = \mathbf{T} + m\mathbf{g}_o + m(\mathbf{\Omega} \times \mathbf{r}) \times \mathbf{\Omega} + 2m\dot{\mathbf{r}} \times \mathbf{\Omega}.$$

Exatamente como na seção anterior, o segundo e o terceiro termos à direita se combinam para fornecer $m\mathbf{g}$, onde $\mathbf{g}$ é a aceleração de queda livre observada, e a equação de movimento torna-se

$$m\ddot{\mathbf{r}} = \mathbf{T} + m\mathbf{g} + 2m\dot{\mathbf{r}} \times \mathbf{\Omega}. \tag{9.58}$$

Podemos agora escolher os eixos como na seção anterior, de modo que x aponte para leste, y aponte para norte e z aponte verticalmente para cima (direção de $-\mathbf{g}$), e o pêndulo conforme ilustrado na Figura 9.16.

Restringirei a discussão para o caso de pequenas oscilações de modo que o ângulo β entre o pêndulo e a vertical é sempre pequeno. Isso permite duas aproximações simplificadoras: primeira, a componente z da tração é aproximada muito bem pela sua magnitude, isto é, $T_z = T \cos \beta \approx T$. Segunda, não é difícil ver que, para pequenas oscilações, $T_z \approx mg$.[14] Colocando estas duas aproximações juntas, podemos escrever

$$T \approx mg. \tag{9.59}$$

---

[14] Observe a componente z de (9.58). No limite de pequenas oscilações, o termo da esquerda e o último termo da direita tendem a zero, e ficamos com $T_z - mg = 0$.

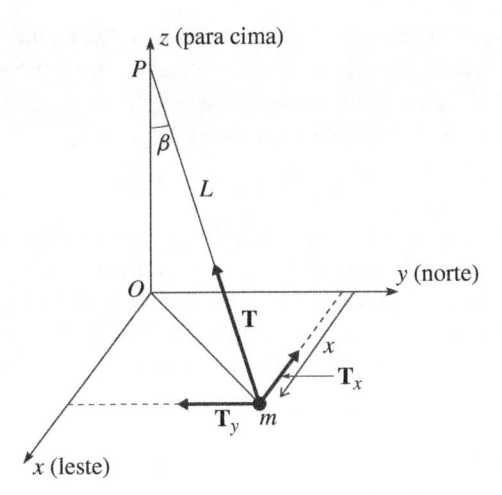

Figura 9.16 Um pêndulo de Foucault consiste em lóbulo de massa m, preso por um fio leve de comprimento L, a partir de um ponto P de um teto alto. A força de tração no lóbulo é ilustrada como **T**, e as suas componentes x e y são T_x e T_y. Para pequenas oscilações, o ângulo β é muito pequeno.

Precisamos agora examinar as componentes x e y da equação de movimento (9.58). Isso requer que identifiquemos as componentes x e y de **T**. Se olhar para a Figura 9.16, você verá que, por similaridade de triângulos, $T_x/T = -x/L$ e analogamente para T_y. Combinando isso com (9.59), obtemos

$$T_x = -mgx/L \quad \text{e} \quad T_y = -mgy/L. \tag{9.60}$$

As componentes x e y de **g** são, claro, zero e as componentes de $\dot{\mathbf{r}} \times \mathbf{\Omega}$ estão dadas em (9.52). Pondo tudo isso em (9.58), obtemos (após o cancelamento de um termo m e desprezando um termo envolvendo $\dot{z}$, que é neglicenciável quando comparado a $\dot{x}$ ou $\dot{y}$ para pequenas oscilações)

$$\left.\begin{array}{rcl}\ddot{x} &=& -gx/L + 2\dot{y}\Omega\cos\theta \\ \ddot{y} &=& -gy/L - 2\dot{x}\Omega\cos\theta.\end{array}\right\} \tag{9.61}$$

onde, como é comum, θ denota a colatitude da localização do experimento. O termo g/L é justamente ω_o^2, onde ω_o é a frequência natural de oscilação do pêndulo e $\Omega\cos\theta$ é Ω_z, a componente z da velocidade angular da Terra. Logo, as duas equações de movimento podem ser reescritas como

$$\left.\begin{array}{rcl}\ddot{x} - 2\Omega_z\dot{y} + \omega_o^2 x &=& 0 \\ \ddot{y} + 2\Omega_z\dot{x} + \omega_o^2 y &=& 0.\end{array}\right\} \tag{9.62}$$

Podemos resolver as equações acopladas (9.62) usando o artifício introduzido no Capítulo 2, de definirmos um número complexo

$$\eta = x + iy.$$

Lembre-se de que esse número complexo não apenas contém a mesma informação como a posição no plano xy, mas um gráfico de η no plano complexo é na verdade uma visão da projeção da posição (x, y). Se multiplicarmos a segunda equação de (9.62) por i e somarmos à primeira, obtemos uma única equação diferencial

$$\ddot{\eta} + 2i\Omega_z\dot{\eta} + \omega_o^2\eta = 0. \tag{9.63}$$

Essa é uma equação diferencial homogênea, linear, de segunda ordem e assim possui exatamente duas soluções independentes. Logo, se pudermos encontrar duas soluções independentes, sabemos que a solução mais geral será uma combinação linear dessas duas soluções. Como frequentemente acontece, podemos determinar duas soluções por meio de um trabalho de inspiração: supomos que haja uma solução da forma

$$\eta(t) = e^{-i\alpha t} \tag{9.64}$$

para alguma constante α. Substituindo essa sugestão em (9.63), vemos imediatamente que ela é uma solução se e somente se α satisfizer

$$\alpha^2 - 2\Omega_z\alpha - \omega_o^2 = 0$$

ou

$$\alpha = \Omega_z \pm \sqrt{\Omega_z^2 + \omega_o^2}$$

$$\approx \Omega_z \pm \omega_o \tag{9.65}$$

onde a última linha é uma aproximação extremamente boa visto que a velocidade angular da Terra é muito menor do que a ω_o do pêndulo. Isso nos dá as duas soluções independentes necessárias e a solução geral para a equação de movimento (9.63) é

$$\eta = e^{-i\Omega_z t}\left(C_1 e^{i\omega_o t} + C_2 e^{-i\omega_o t}\right). \tag{9.66}$$

Para ver o que essa solução representa, precisamos obter as duas constantes C_1 e C_2 especificando as condições iniciais. Vamos supor que, no instante $t = 0$, o pêndulo é afastado de lado na direção x (leste) até a posição $x = A$ e $y = 0$, e é largado do repouso ($v_{xo} = v_{yo} = 0$). Com estas condições iniciais, você pode facilmente verificar que[15] $C_1 = C_2 = A/2$, e a solução torna-se

$$\eta(t) \equiv x(t) + iy(t) = Ae^{-i\Omega_z t}\cos\omega_o t. \tag{9.67}$$

Para $t = 0$, a exponencial complexa é igual a um, e $x = A$, enquanto $y = 0$. Como $\Omega_z \ll \omega_o$, o termo cosseno em (9.67) faz muitas oscilações antes de a exponencial mudar apreciavelmente do valor um. Isso implica que, inicialmente, $x(t)$ oscila com frequência angular ω_o entre $\pm A$, enquanto y permanece próximo de zero. Ou seja, inicialmente, o pêndulo oscila com um movimento harmônico simples ao longo do eixo x, como indicado na Figura 9.17(a).

---

[15] Na realidade, há uma pequena sutileza: estes valores simples dependem da (verdadeira) suposição de que $\Omega_z \ll \omega_o$, como você verá quando checá-los.

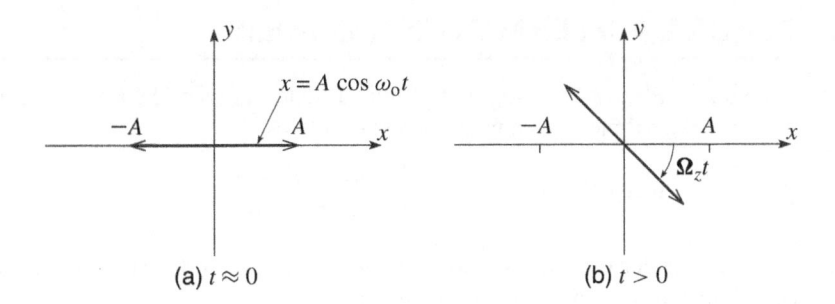

Figura 9.17 Movimento de um pêndulo de Foucault conforme visto de cima. (a) Algum tempo depois de ter sido largado, o pêndulo oscila para frente e para trás ao longo do eixo x, com amplitude A e frequência ω_0. (b) Com o passar do tempo, o plano de oscilações lentamente gira com velocidade angular igual a Ω_z, a componente da velocidade angular da Terra.

Entretanto, eventualmente a exponencial complexa $e^{-i\Omega t}$ começa a mudar, fazendo o número complexo $\eta = x + iy$ girar por um ângulo $\Omega_z t$. No Hemisfério Norte, onde Ω_z é positivo, isso significa que o número $x + iy$ continua a oscilação senoidal (devido ao termo $\cos \omega_0 t$), mas em uma direção que gira no sentido horário. Isto é, o plano no qual o pêndulo está oscilando gira lentamente no sentido horário, com velocidade angular Ω_z, como indicado na Figura 9.17(b). No Hemisfério Sul, onde Ω_z é negativo, a rotação correspondente é no sentido anti-horário.

Se o pêndulo de Foucault está localizado a uma colatitude θ (latitude $90° - \theta$), então a taxa com a qual o plano de oscilações gira é

$$\Omega_z = \Omega \cos \theta. \tag{9.68}$$

No Polo Norte ($\theta = 0$), $\Omega_z = \Omega$ e a taxa de rotação do pêndulo é a mesma que a velocidade angular da Terra. Esse resultado é fácil de entender: visto em um referencial inercial (referencial sem rotação), um pêndulo de Foucault no Polo Norte obviamente oscilaria em um plano fixo; entretanto, visto no mesmo referencial inercial, a Terra está girando no sentido anti-horário (conforme visto de cima) com velocidade angular Ω. Claramente, então, visto da Terra, o plano de oscilação do pêndulo deve estar girando no sentido horário com velocidade angular Ω.

Para qualquer outra latitude, do ponto de vista inercial, o resultado é muito mais complicado, mas a taxa de rotação do pêndulo de Foucault é facilmente calculada a partir de (9.68). No equador ($\theta = 90°$), $\Omega_z = 0$ e o pêndulo não gira. Em uma latitude de cerca de 42° (aproximadamente a latitude de Boston, Chicago ou Roma),

$$\Omega_z = \Omega \cos 48° \approx \tfrac{2}{3}\Omega.$$

Como Ω é igual a 360°/dia, $\tfrac{2}{3}\Omega = 240°$/dia, e vemos que no curso de 6 horas (um tempo para o qual um longo e bem construído pêndulo irá certamente continuar oscilando sem um amortecimento significativo), o plano de movimento do pêndulo irá girar até 60° – um efeito facilmente observável.

9.10 FORÇA E ACELERAÇÃO DE CORIOLIS

Lembre-se de que, na Equação (1.48) do Capítulo 1, determinamos a forma da segunda lei de Newton em duas dimensões em coordenadas polares,

$$\mathbf{F} = m\ddot{\mathbf{r}} \quad \Longleftrightarrow \quad \begin{cases} F_r = m(\ddot{r} - r\dot{\phi}^2) \\ F_\phi = m(r\ddot{\phi} + 2\dot{r}\dot{\phi}). \end{cases} \quad (9.69)$$

Podemos agora entender o último termo bastante feio à direita de cada uma das duas equações em termos das forças centrífuga e de Coriolis.

Considere uma partícula que está sujeita a uma força resultante **F** e move-se em duas dimensões. (Exatamente a mesma análise funciona em três dimensões usando coordenadas cilíndricas polares, mas por simplicidade trabalharei em duas dimensões.) Relativo a qualquer referencial inercial $\mathcal{S}$ com origem O, a partícula deve satisfazer (9.69). Agora, considere um referencial não inercial $\mathcal{S}'$ que compartilha a mesma origem O e está girando a uma velocidade angular constante Ω, escolhida de modo que $\Omega = \dot{\phi}$ para uma escolha de tempo $t = t_0$. Ou seja, para uma escolha t_0, o referencial $\mathcal{S}'$ e a partícula estão com a mesma velocidade. (Por esta razão, o referencial $\mathcal{S}'$ é algumas vezes chamado de *referencial corrotacional*.) Se a partícula tem coordenadas polares (r', ϕ') relativas a $\mathcal{S}'$, então para todos os instantes

$$r' = r$$

(posto que $\mathcal{S}$ e $\mathcal{S}'$ compartilham a mesma origem) e no instante t_0

$$\dot{\phi}' = 0$$

já que o referencial $\mathcal{S}'$ e a partícula estão girando com a mesma taxa quando $t = t_0$. A segunda lei de Newton pode ser aplicada no referencial $\mathcal{S}'$, desde que sejam incluídas as forças centrífuga e de Coriolis. Logo,

$$\mathbf{F} + \mathbf{F}_{cf} + \mathbf{F}_{cor} = m\ddot{\mathbf{r}}'. \quad (9.70)$$

Vamos escrever esta equação em coordenadas polares: a força centrífuga $\mathbf{F}_{cf}$ é puramente radial, com componente radial $mr\,\Omega^2$. (Lembre-se que $r' = r$, assim não faz diferença se escrevemos r ou r'.) A força de Coriolis $\mathbf{F}_{cor}$ é $2m\mathbf{v}' \times \mathbf{\Omega}$, e, como $\mathbf{v}'$ é puramente radial no referencial corrotacional, $\mathbf{F}_{cor}$ está na direção ϕ' com a componente de ϕ' como sendo $-2m\dot{r}\Omega$. Finalmente o termo $m\ddot{\mathbf{r}}'$ à direita de (9.70) pode ser substituído pelo análogo de (9.69), exceto pelo fato de que no referencial corrotacional $\dot{\phi} = 0$ (no instante de tempo escolhido t_0), de modo que os termos contendo $\dot{\phi}$ estarão ausentes. Colocando tudo isso junto, obtemos a equação de movimento da partícula no referencial corrotacional,

$$\mathbf{F} + \mathbf{F}_{cf} + \mathbf{F}_{cor} = m\ddot{\mathbf{r}}' \quad \Longleftrightarrow \quad \begin{cases} F_r + mr\Omega^2 = m\ddot{r} \\ F_\phi - 2m\dot{r}\Omega = mr\ddot{\phi}. \end{cases} \quad (9.71)$$

(Como o referencial $\mathcal{S}'$ está girando a uma taxa constante, poderíamos substituir $\ddot{\phi}'$ por $\ddot{\phi}$ visto que são iguais.)

Vamos agora comparar a equação de movimento (9.69) para o referencial inercial com (9.71) para o referencial corrotacional. A coisa mais importante a ser reconhecida é que, como $\Omega = \dot{\phi}$, elas são exatamente as mesmas equações para r e ϕ, embora certos termos estejam distribuídos de forma diferente entre os dois lados. Em (9.69) para um referencial sem rotação, os únicos termos de força à esquerda são da força resultante real, com componentes F_r e F_ϕ. À direita de (9.69), a aceleração contém a componente radial da aceleração centrípeta $-r\dot\phi^2$ e a componente $2\dot r\dot\phi$ da aceleração de Coriolis. Em (9.71) para o referencial corrotacional, nenhum desses termos extra de aceleração estão presentes (uma vez que organizamos para que $\dot\phi'$ fosse zero), mas, em vez disso, eles reaparecem nas equações no lado da força (com sinais opostos, claro) como a força centrífuga $m\Omega^2 r$ na equação radial e a força de Coriolis $-2m\,\dot r\,\Omega$ na equação ϕ.

Como as duas versões das equações são as mesmas, é claro que elas são igualmente corretas. No referencial inercial, as forças são mais simples (nenhuma força "fictícia"), mas as acelerações são mais complicadas; no referencial em rotação, é ao contrário. Qual referencial devemos escolher para usar, isso é ditado pela conveniência. Em particular, quando o observador está preso a um referencial em rotação (como nós terráqueos estamos), em geral, é mais conveniente trabalhar no referencial em rotação e aprender a conviver com as forças "fictícias" centrífuga e de Coriolis.

PRINCIPAIS DEFINIÇÕES E EQUAÇÕES

Força inercial em um referencial acelerando, mas sem rotação

O movimento de um corpo, visto em um referencial que tem aceleração A relativa a um referencial inercial, pode ser obtido usando a segunda lei de Newton na forma $m\,\ddot{\mathbf r} = \mathbf F + \mathbf F_{\text{inercial}}$, onde $\mathbf F$ é a força resultante sobre o corpo (medida em qualquer referencial inercial) e $\mathbf F_{\text{inercial}}$ é uma **força inercial** adicional

$$\mathbf F_{\text{inercial}} = -m\mathbf A. \qquad\qquad [\text{Eq. (9.5)}]$$

Vetor velocidade angular

Se um corpo está girando em torno de um eixo especificado por um vetor unitário $\mathbf u$ (direção dada pela regra da mão direita) a uma taxa ω (normalmente medida em radianos por segundo), seu **vetor velocidade angular** é definido como

$$\boldsymbol\omega = \omega\mathbf u. \qquad\qquad [\text{Eq.(9.21)}]$$

A "relação útil"

A velocidade de um ponto $\mathbf r$ fixo em um corpo rígido que está girando com velocidade angular $\boldsymbol\omega$ é

$$\mathbf v = \boldsymbol\omega \times \mathbf r. \qquad\qquad [\text{Eq.(9.22)}]$$

Derivadas temporais em um referencial em rotação

Se um referencial $\mathcal S$ tem velocidade angular $\boldsymbol\Omega$ relativa ao referencial $\mathcal S_0$, então as derivadas temporais de um vetor $\mathbf Q$ vistas nos dois referenciais estão relacionadas da forma

$$\left(\frac{d\mathbf Q}{dt}\right)_{\mathcal S_0} = \left(\frac{d\mathbf Q}{dt}\right)_{\mathcal S} + \boldsymbol\Omega \times \mathbf Q. \qquad\qquad [\text{Eq.(9.30)}]$$

Segunda lei de Newton em um referencial em rotação

Se o referencial S tem velocidade angular Ω relativa a um referencial inercial S_0, então a segunda lei de Newton no referencial em rotação assume a forma

$$m\ddot{\mathbf{r}} = \mathbf{F} + \mathbf{F}_{\text{cor}} + \mathbf{F}_{\text{cf}}, \qquad [\text{Eq.}(9.37)]$$

onde $\mathbf{F}$ é a força resultante sobre o corpo (medida em qualquer referencial inercial) e as forças inerciais $\mathbf{F}_{\text{cor}}$ e $\mathbf{F}_{\text{cf}}$ são as **forças de Coriolis** e **centrífuga**,

$$\mathbf{F}_{\text{cor}} = 2m\dot{\mathbf{r}} \times \Omega \quad \text{e} \quad \mathbf{F}_{\text{cf}} = m(\Omega \times \mathbf{r}) \times \Omega. \qquad [\text{Eqs. (9.35) e 99.36)}]$$

Aceleração de queda livre

A aceleração de queda livre $\mathbf{g}$ (definida como a aceleração inicial, relativa à Terra, a partir do repouso) inclui a aceleração gravitacional "verdadeira" $\mathbf{g}_o$ e o efeito da força centrífuga

$$\mathbf{g} = \mathbf{g}_o + (\Omega \times \mathbf{R}) \times \Omega. \qquad [\text{Eq.}(9.44)]$$

"Vertical" é definida como a direção de $\mathbf{g}$ e "horizontal" como perpendicular a $\mathbf{g}$.

PROBLEMAS

Estrelas indicam o nível de dificuldade, do mais fácil (★) ao mais difícil (★★★).

SEÇÃO 9.1 Aceleração sem rotação

9.1★ Certifique-se de que entendeu bem por que um pêndulo em equilíbrio, pendurado em um carro que está acelerando para frente, se inclina para trás e, em seguida, considere o seguinte: um balão de hélio está preso, por um fio de massa desprezível, ao teto de um carro que está acelerando para frente com aceleração A. Explique por que o balão tende a inclinar-se *para frente* e determine seu ângulo de inclinação no equilíbrio. [*Sugestão*: balões de hélio flutuam devido à força de empuxo de Arquimedes que resulta do gradiente de pressão do ar. Qual é a relação entre as direções do campo gravitacional e a força de empuxo?]

9.2★ Uma estação espacial no formato rosquinha (raio externo R) é projetada para gravidade artificial por meio da sua rotação em torno do eixo da rosquinha, com velocidade angular ω. Esboce as forças sobre um astronauta e a aceleração do astronauta que esteja em pé na estação **(a)** vista a partir de um referencial inercial fora da estação e **(b)** visto no referencial em repouso do astronauta (que tem uma aceleração centrípeta $A = \omega^2 R$ conforme visto do referencial inercial). Que velocidade angular é necessária se $R = 40$ metros e se a gravidade aparente for igual ao valor usual de aproximadamente 10 m/s²? **(c)** Qual é a diferença percentual entre o valor de g sentido por um astronauta com seis pés de altura, entre seus pés ($R = 40$ m) e a sua cabeça ($R = 38$ m)?

SEÇÃO 9.2 As marés

9.3★★ (a) Considere a força da maré (9.12) sobre uma massa m na posição P da Figura 9.4. Escreva d como $(d_o - R_t) = d_o(1 - R_t/d_o)$ e use a aproximação binomial $(1 - \epsilon)^{-2} \approx 1 + 2\epsilon$ para mostrar que $F_{\text{maré}} \approx -(2GM_m m R_t/d_o^3)\,\hat{\mathbf{x}}$. Confirme a direção da força ilustrada no

Figura 9.4 e faça uma comparação numérica da força da maré com a força gravitacional $m\mathbf{g}$ da Terra. **(b)** Faça os cálculos correspondentes para a força no ponto R. Compare essa força com a do item (a) (magnitude e direção).

9.4★★ Faça os mesmos cálculos do Problema 9.3(a), mas para a força da maré no ponto Q na Figura 9.4. [Neste caso, escreva $\hat{\mathbf{d}}/d^2 = \mathbf{d}/d^3$ e use a aproximação binomial na forma $(1 + \epsilon)^{-3/2} \approx 1 - 3\epsilon/2$.]

9.5★★ Reveja a dedução da energia potencial da maré (9.16) de uma gota de água no ponto Q na Figura 9.5 e em seguida obtenha em detalhes a dedução de (9.17) para a EP da maré no ponto P.

9.6★★★ Seja $h(\theta)$, denotando a altura do oceano, em um ponto qualquer T sobre a superfície, onde $h(\theta)$ é medido para cima a partir do nível no ponto Q da Figura 9.5 e θ é o ângulo polar TOR de T. Dado que a superfície do oceano é equipotencial, mostre que $h(\theta) = h_o \cos^2\theta$, onde $h_o = 3M_m R_t^4/(2M_t d_o^3)$. Esboce e descreva a forma da superfície do oceano, tendo em mente que $h_o \ll R_t$. [*Sugestão*: você necessitará calcular $U_{maré}(T)$ conforme dado em (9.13), com d igual a distância MT. Para fazer isso, você precisa determinar d pelas leis dos cossenos e depois aproximar d^{-1} usando a aproximação binomial, tendo muito cuidado para manter *todos* os termos até a ordem $(R_t/d_o)^2$. Despreze quaisquer efeitos do Sol.]

SEÇÃO 9.4 Derivadas temporais em um referencial em rotação

9.7★ **(a)** Explique a relação (9.30) entre as derivadas de um vetor $\mathbf{Q}$ em dois referenciais $\mathcal{S}_0$ e $\mathcal{S}$ para o caso especial em que $\mathbf{Q}$ está fixo no referencial $\mathcal{S}$. **(b)** Faça o mesmo para o vetor $\mathbf{Q}$ que está fixo no referencial $\mathcal{S}_0$ e compare com a sua resposta para o item (a).

SEÇÃO 9.5 Segunda lei de Newton em um referencial em rotação

9.8★ Quais são as direções das forças centrífuga e de Coriolis sobre uma pessoa movendo-se **(a)** para o sul próximo do Polo Norte, **(b)** para leste sobre o equador e **(c)** para o sul cruzando o equador?

9.9★ Um projétil de massa m é lançado com uma velocidade v_o horizontalmente e na direção norte a partir de uma posição de colatitude θ. Determine a direção e a magnitude da força de Coriolis em termos de m, v_o, θ e da velocidade angular da Terra Ω. Como a força de Coriolis se compara ao peso do projétil se $v_o = 1000$ m/s e $\theta = 40°$?

9.10★★ A dedução da equação de movimento (9.34) para um referencial em rotação assumiu que a velocidade angular $\mathbf{\Omega}$ era constante. Mostre que, se $\dot{\mathbf{\Omega}} \neq 0$, então há uma terceira "força fictícia", algumas vezes chamada de *força azimutal*, no lado direito de (9.34) igual a $m\mathbf{r} \times \dot{\mathbf{\Omega}}$.

9.11★★★ Neste problema, você irá demonstrar a equação de movimento (9.34) para um referencial em rotação usando o formalismo Lagrangiano. Como sempre, o método Lagrangiano é, em muitos aspectos, mais fácil do que o Newtoniano (exceto pelo fato de que ele apela para alguma ginástica vetorial levemente ardilosa), mas é talvez pouco iluminador. Seja $\mathcal{S}$ um referencial não inercial girando com velocidade angular constante $\mathbf{\Omega}$ relativa ao referencial inercial $\mathcal{S}_0$. Considere ambos os referenciais tendo a mesma origem, $O = O'$. **(a)** Determine a Lagrangiana $\mathcal{L} = T - U$ em termos das coordenadas $\mathbf{r}$ e $\dot{\mathbf{r}}$ de $\mathcal{S}$. [Lembre-se de que você deve primeiramente determinar T no referencial inercial. Neste contexto, lembre que $\mathbf{v}_o = \mathbf{v} + \mathbf{\Omega} \times \mathbf{r}$.] **(b)** Mostre que as três equações Lagrangianas reproduzem exatamente (9.34).

SEÇÃO 9.6 A força centrífuga

9.12★ (a) Mostre que, para desenvolver uma estrutura estática em um referencial em rotação (tal como uma estação espacial), podemos usar as regras simples da estática, exceto pelo fato de que devemos incluir a força centrífuga "fictícia" extra. (b) Desejo por um disco sobre uma mesa horizontal girando (velocidade angular Ω) e mantê-lo em repouso sobre ela, preso devido à força estática de atrito (coeficiente μ). Qual é a distância máxima a partir do eixo de rotação na qual podemos fazer isso? (Argumente sobre o ponto de vista de um observador no referencial em rotação.)

9.13★ Mostre que o ângulo α entre uma linha de prumo e a direção do centro da Terra tem uma boa aproximação dada por sen $\alpha = (R_t \Omega^2 \text{sen} 2\theta)/(2g)$, onde g é a aceleração de queda livre observada e assumimos que a Terra tem uma simétrica perfeitamente esférica. Estime os valores máximos e mínimos da magnitude de α.

9.14★★ Estou girando um balde com água em torno do seu eixo vertical com velocidade angular Ω. Mostre que, tão logo a água tenha alcançado o equilíbrio (relativo ao balde), a sua superfície será uma parábola. (Use coordenadas cilíndricas polares e lembre-se que a superfície é equipotencial sob os efeitos combinados da força gravitacional e centrífuga.)

9.15★★ Em um certo planeta, que tem uma simetria perfeitamente esférica, a aceleração de queda livre tem magnitude $g = g_0$ no Polo Norte e $g = \lambda g_0$ no equador (com $0 \leq \lambda \leq 1$). Determine $g(\theta)$, a aceleração de queda livre na colatitude θ como função de θ.

SEÇÃO 9.7 A força de Coriolis

9.16★ O centro de uma haste longa e sem atrito está preso na origem e a haste é forçada a girar a uma velocidade angular constante Ω. Obtenha a equação de movimento para uma conta que está presa na haste, usando as coordenadas x e y de um referencial que gira com a haste (com x ao longo da haste e y perpendicular a ela). Resolva para $x(t)$. Qual é o papel da força centrífuga? Qual é o papel da força de Coriolis?

9.17★ Considere a conta que está presa na argola circular do Exemplo 7.6, funcionando em um referencial que gira com a argola. Determine a equação de movimento da conta e verifique que o seu resultado está de acordo com a Equação (7.69). Usando um diagrama de corpo livre, explique o resultado (7.71) para as posições de equilíbrio.

9.18★★ Uma partícula de massa m está confinada a mover-se, sem atrito, em um plano vertical, com eixo x horizontal e y verticalmente para cima. O plano é forçado a girar com velocidade angular constante Ω em torno do eixo y. Determine as equações de movimento para x e y, resolva-as e descreva os possíveis movimentos.

9.19★★ Estou em pé (usando grampos) sobre um carrossel plano e perfeitamente sem atrito, que está girando no sentido anti-horário com velocidade angular Ω em torno do eixo vertical. (a) Estou segurando um disco em repouso um pouco acima do chão (do carrossel) e largo-o. Descreva a trajetória do disco visto de cima por um observador que está olhando para baixo a partir de uma torre na vizinhança (presa ao solo) e também visto por mim sobre o carrossel. Para o segundo caso, explique o que vejo em termos das forças centrífugas e de Coriolis. (b) Responda às mesmas questões sobre o disco quando largado do repouso por um espectador com um longo braço que está em pé, no solo, pendendo sobre o carrossel.

9.20★★ Considere um disco, sem atrito, sobre uma mesa horizontal que está girando no sentido anti-horário com velocidade angular Ω. (a) Obtenha a segunda lei de Newton para as coordendas x e y do disco visto por mim em pé sobre a mesa giratória. (Certifique-se de incluir as forças centrífuga e de Coriolis, mas ignore a rotação da Terra.) **(b)** Resolva as duas equações usando o truque de escrever $\eta = x + iy$ e sugerindo uma solução da forma $\eta = e^{-i\alpha t}$. [Neste caso – como no caso do movimento harmônico simples criticamente amortecido, discutido na Seção 5.4 – você obtém apenas uma solução por este caminho. A outra solução tem a mesma forma de (5.43) que determinamos para a segunda solução do movimento harmônico simples.] Obtenha a solução geral. **(c)** No instante $t = 0$, impulsiono o disco da posição $\mathbf{r}_0 = (x_0, 0)$ com velocidade $\mathbf{v}_0 = (v_{xo}, v_{yo})$ (todas medidas por mim sobre a mesa giratória). Mostre que

$$\left. \begin{array}{l} x(t) = (x_0 + v_{xo}t)\cos\Omega t + (v_{yo} + \Omega x_0)t\,\text{sen}\,\Omega t \\ y(t) = -(x_0 + v_{xo}t)\,\text{sen}\,\Omega t + (v_{yo} + \Omega x_0)t\cos\Omega t \end{array} \right\}. \tag{9.72}$$

(d) Descreva e esboce o comportamento do disco para grandes valores de t. [*Sugestão*: quando t é grande, os termos proporcionais a ele dominam (exceto no caso em que ambos os seus coeficientes são zero). Com t grande, escreva (9.72) na forma $x(t) = t\,(B_1\cos\Omega t + B_2\,\text{sen}\,\Omega t)$, com uma expressão similar para $y(t)$, e use o truque (5.11) para combinar o seno e cosseno em um único cosseno – ou seno, no caso de $y(t)$. Então, agora você pode lembrar que a trajetória é o mesmo tipo de espiral, qualquer que seja a condição inicial (com a exceção mencionada).]

9.21★★ Quando um disco desliza sobre uma mesa girando, como nos Problemas 9.20 e 9.24, ele pode atingir instantaneamente o repouso. Esboce a forma da trajetória quando isso acontece e explique. Se você resolveu o Problema 9.24, comente sobre a relevância desse resultado para o item (d) daquele problema.

9.22★★ Se uma carga negativa $-q$ (por exemplo, um elétron), em uma órbita elíptica em torno de uma carga positiva Q fixa, está sujeita a um campo magnético $\mathbf{B}$ uniforme, o efeito de $\mathbf{B}$ é fazer com que haja uma leve precessão – um efeito conhecido como **precessão de Larmor**. Para demonstrar isso, obtenha a equação de movimento da carga negativa no campo de Q e $\mathbf{B}$. Em seguida, escreva esta equação para um referencial em rotação com velocidade angular $\mathbf{\Omega}$. [Lembre-se que esta altera ambos $d^2\mathbf{r}/dt^2$ e $d\mathbf{r}/dt$.] Mostre que por uma escolha apropriada de $\mathbf{\Omega}$ você pode fazer com que os termos envolvendo $\dot{\mathbf{r}}$ se cancelem, mas que permanece com um termo envolvendo $\mathbf{B} \times (\mathbf{B} \times \mathbf{r})$. Se $\mathbf{B}$ for suficientemente fraco, este termo pode certamente ser desprezado. Mostre que neste caso a órbita no referencial em rotação é uma elipse (ou hipérbole). Descreva a aparência desta elipse conforme vista pelo referencial original sem rotação.

9.23★★ Aqui está uma maneira simples para resolver o oscilador isotrópico bidimensional – o movimento de uma partícula sujeita a uma força $-k\mathbf{r}$. Mostre que, com a escolha adequada de um referencial em rotação, você pode fazer com que a força centrífuga cancele exatamente a força $-k\mathbf{r}$. Lembrando da analogia entre as forças de Coriolis e magnética, você será capaz de obter a solução geral para o movimento visto no referencial em rotação. Se você escrever sua solução na forma complexa da Seção 2.7, então poderá transformá-la de volta a um referencial sem rotação multiplicando-a por um número complexo adequado em rotação. Mostre que a solução geral é uma elipse. [Veja o Problema 8.11 para algumas orientações para este último item.]

9.24★★★ [Computador] Use um programa gráfico apropriado (como ParametricPlot do Mathematica) para desenhar o gráfico das órbitas (9.72) do disco do Problema 9.20 sobre uma mesa em rotação com $x_0 = \Omega = 1$ e com as seguintes velocidades iniciais $\mathbf{v}_0$: **(a)** $(0, 1)$, **(b)** $(0, 0)$, **(c)** $(0, -1)$, **(d)** $(-0{,}5; -0{,}5)$, **(e)** $(-0{,}7; -0{,}7)$, **(f)** $(0; -0{,}1)$. Comente sobre qualquer propriedade interessante observada.

SEÇÃO 9.8 Queda livre e a força de Coriolis

9.25★ Um trem de alta velocidade está viajando a uma velocidade constante de 150 m/s (cerca de 300 mph) em linha reta, sobre um trilho horizontal cruzando o Polo Sul. Determine o ângulo entre um fio de prumo suspenso a partir do teto de um vagão do trem e outro preso dentro de uma cabana que está no solo. Em que direção está o fio de prumo defletido dentro do trem?

9.26★★ Na Seção 9.8, usamos o método das aproximações sucessivas, correto até primeira ordem na velocidade angular Ω da Terra, para determinar a órbita de um objeto que é deixado cair a partir do repouso. Mostre que, da mesma forma, se um objeto é lançado com velocidade inicial $\mathbf{v}_o$ a partir de um ponto O sobre a superfície da Terra na colatitude θ, então até primeira ordem em Ω, a sua órbita é

$$\left.\begin{array}{l} x = v_{xo}t + \Omega(v_{yo}\cos\theta - v_{zo}\operatorname{sen}\theta)t^2 + \frac{1}{3}\Omega g t^3 \operatorname{sen}\theta \\ y = v_{yo}t - \Omega(v_{xo}\cos\theta)t^2 \\ z = v_{zo}t - \frac{1}{2}gt^2 + \Omega(v_{xo}\operatorname{sen}\theta)t^2. \end{array}\right\} \quad (9.73)$$

[Primeiro, resolva as equações de movimento (9.53) para ordem zero, isto é, ignorando Ω completamente. Substitua sua solução de ordem zero para $\dot{x}$, $\dot{y}$ e $\dot{z}$ no lado direito das Equações (9.53) e integre para obter a aproximação seguinte. Assuma que v_o é suficientemente pequena de forma que a resistência do ar seja desprezível e que $\mathbf{g}$ seja constante durante todo o percurso.]

9.27★★ Na Seção 9.8, discutimos a trajetória de um objeto que é largado de uma escada muito alta e que está no equador. **(a)** Esboce essa trajetória vista a partir de uma torre que está ao norte do objeto em queda e presa à Terra. Explique por que o objeto pousa a leste do seu ponto de largada. **(b)** Esboce o mesmo experimento visto por um observador inercial flutuando no espaço ao norte do objeto em queda. Explique claramente (deste ponto de visão) por que o objeto pousa a leste do seu ponto de largada. [*Sugestão*: o momento angular do objeto em torno do centro da Terra é conservado. Isso significa que a velocidade angular do objeto $\dot{\phi}$ varia à medida que ele cai.]

9.28★★ Use o resultado (9.73) do Problema 9.26 para fazer o seguinte: um canhão naval lança um projétil no ponto de colatitude θ na direção α acima da horizontal e apontando para leste, com velocidade de lançamento v_o. **(a)** Ignorando a rotação da Terra (e a resistência do ar), determine quanto tempo (t) o projétil estará no ar e que distância (R) ele irá alcançar. Se $v_o = 500$ m/s e $\alpha = 20°$, quais são os valores de t e R? **(b)** Um fuzileiro naval observa um navio inimigo na direção leste a uma distância R como dada no item (a) e, esquecendo-se do efeito de Coriolis, aponta seu canhão exatamente como no item (a). Determine quão distante para norte ou para sul, e em que direção, o projétil irá se afastar do alvo, em termos de Ω, v_o, α, θ e g. (Ele irá também se desviar na direção leste ou oeste, mas isso é talvez menos crítico.) Se o incidente ocorrer a uma latitude 50° norte ($\theta = 40°$), qual será a distância? O que acontecerá se a latitude for 50° para sul? Este problema é algo sério em artilharia de longo alcance: em uma batalha próxima da Ilhas Malvinas, durante a primeira guerra mundial, a Marinha Britânica consistentemente errou os navios alemães por algumas dezenas de metros porque ela aparentemente esqueceu que o efeito de Coriolis no Hemisfério Sul é na direção oposta ao do Hemisfério Norte.

9.29★★ **(a)** Uma bola de beisebol é lançada verticalmente para cima com velocidade inicial v_o a partir de um ponto do solo a uma colatitude θ. Use a Solução (9.73) para mostrar que a bola retornará ao solo a uma distância $(4\,\Omega v_0^3 \text{sen}\,\theta)/(3g^2)$ a oeste do ponto de lançamento. **(b)** Estime o valor desse efeito sobre o equador se $v_0 = 40$ m/s. **(c)** Esboce a órbita da bola vista do norte (por um observador fixo à Terra). Compare com a órbita da bola caindo de um ponto sobre o equador e explique por que o efeito de Coriolis move a bola que cai, em direção a leste, mas a bola que é lançada, em direção a oeste.

9.30★★★ A força de Coriolis pode produzir um torque sobre um objeto em rotação. Para ilustrar isso, considere uma argola horizontal de massa m e raio r, girando com velocidade angular ω em torno de seu eixo vertical, no ponto de colatitude θ. Mostre que a força de Coriolis devido à rotação da Terra produz um torque de magnitude $m\omega\Omega r^2 \,\text{sen}\,\theta$ dirigido para oeste, onde Ω é a velocidade angular da Terra. Este torque é a base do giroscópio.

9.31★★★ O **gerador Compton** é uma bela demonstração da força de Coriolis devido à rotação da Terra e foi inventado pelo físico americano A. H. Compton (1892-1962, mais conhecido como o autor do efeito Compton) quando ainda estava no curso de graduação. Um tubo de vidro estreito no formato de um toro ou anel (raio R do anel $\gg$ raio do tubo) é preenchido com água, mais um pouco de partículas de poeira para permitir ver qualquer movimento da água. O anel e a água estão inicialmente estacionários e na horizontal, mas o anel é então girado até 180° em torno de seu diâmetro leste-oeste. Explique por que isso deve causar o movimento da água em torno do tubo. Mostre que a velocidade da água logo após o giro de 180° deve ser $2\Omega R \cos\theta$, onde Ω é a velocidade angular da Terra e θ é a colatitude do experimento. Qual seria a velocidade se $R \approx 1$ m e $\theta = 40°$? Compton mediu essa velocidade com um microscópio e obteve um resultado com uma concordândia menor do que 3%.

9.32★★★ Resolva todos os itens do Problema 9.28, mas determine a distância pela qual o projétil de afasta do alvo em ambas as direções norte-sul e leste-oeste. [*Sugestão*: neste caso, você deve lembrar-se de que o tempo de voo é afetado pelo efeito de Coriolis.]

SEÇÃO 9.9 Pêndulo de Foucault

9.33★★ A solução geral para o movimento de pequena amplitude do pêndulo de Foucault é dada por (9.66). Se, para $t = 0$, o pêndulo estiver em repouso com $x = A$ e $y = 0$, determine os dois coeficientes C_1 e C_2 e mostre que, como $\Omega \ll \omega_0$, eles podem ser bem aproximados pelos valores $C_1 = C_2 = A/2$, segundo a Solução (9.67).

9.34★★★ Uma plataforma perfeitamente plana e sem atrito é construida em um ponto P sobre a superfície da Terra. A plataforma é exatamente horizontal – isto é, perpendicular à aceleração de queda livre local $\mathbf{g}_P$. Determine a equação de movimento para um disco deslizando sobre a plataforma e mostre que ela tem a mesma forma que (9.61) para o pêndulo de Foucault, exceto pelo fato de que o comprimento L do pêndulo é substituído pelo raio da Terra R. Qual é a frequência das oscilações do disco e o que corresponde à precessão de Foucault? [*Sugestões*: obtenha o vetor posição do disco relativa ao centro da Terra O como $\mathbf{R} + \mathbf{r}$, onde $\mathbf{R}$ é a posição do ponto P e $\mathbf{r} = (x, y, 0)$ é a posição do disco relativa a P. A contribuição para a força centrífuga envolvendo $\mathbf{R}$ pode ser absorvida em $\mathbf{g}_P$ e a contribuição envolvendo $\mathbf{r}$ é desprezível. A força de restauração é proveniente da variação de $\mathbf{g}$ à medida que o disco se move.] Para verificar a validade de suas aproximações, compare a magnitude aproximada da força gravitacional restauradora, a força de Coriolis e o termo que foi desprezado $m(\mathbf{\Omega} \times \mathbf{r}) \times \mathbf{\Omega}$ na força centrífuga.

10

Movimento de Rotação de Corpos Rígidos

Um corpo rígido é uma coleção de N partículas com a propriedade de que sua forma não pode ser alterada – a distância entre duas partículas constituintes é fixa. Um corpo perfeitamente rígido é uma idealização, mas extremamente útil, a partir da qual muitos problemas reais podem ser muito bem representados. Em muitos sentidos, um corpo rígido, composto de N partículas, é mais simples do que um sistema arbitrário de N partículas: o sistema arbitrário requer $3N$ coordenadas para especificar sua configuração, três coordenadas para cada uma das N partículas. O corpo rígido requer apenas seis coordenadas, três para especificar a posição do centro de massa e três para especificar a orientação do corpo. Além disso, veremos que o movimento de um corpo rígido pode ser decomposto em dois problemas mais simples: o movimento translacional do centro de massa e o rotacional do corpo em torno do CM.

Iniciarei o capítulo com alguns resultados gerais, a maioria deles relacionada ao CM do corpo. Esses resultados generalizam os resultados obtidos no início do Capítulo 8 para duas partículas e, em sua maioria, aplicam-se a *qualquer* sistema de N partículas. Entretanto, abordarei rapidamente o movimento de um corpo rígido. O aspecto mais interessante do corpo rígido é o movimento de rotação, e isso é o que ocupará a maior parte do capítulo.

10.1 PROPRIEDADES DO CENTRO DE MASSA

Considere um sistema de N partículas $\alpha = 1, \cdots, N$ com massas m_α e posições $\mathbf{r}_\alpha$ medidos com relação a uma origem escolhida O. O centro de massa do sistema foi definido no Capítulo 3, Equação (3.9), como sendo a posição (relativa à mesma origem O)

$$\mathbf{R} = \frac{1}{M} \sum_{\alpha=1}^{N} m_\alpha \mathbf{r}_\alpha \quad \text{ou} \quad \frac{1}{M} \int \mathbf{r}\, dm, \tag{10.1}$$

onde M denota a massa total de todas as partículas e a forma integral é usada quando o sistema pode ser considerado uma distribuição contínua de massa.

O momento total e o CM

Vários parâmetros importantes do movimento do sistema podem ser claramente expressos em termos do CM. Como vimos no Capítulo 3, Equação (3.11), o momento total é

$$\mathbf{P} = \sum_\alpha \mathbf{p}_\alpha = \sum_\alpha m_\alpha \dot{\mathbf{r}}_\alpha = M\dot{\mathbf{R}}. \tag{10.2}$$

Isto é, o momento total do sistema é exatamente o mesmo daquele de uma única partícula de massa igual à massa total M e velocidade igual a do CM. Se derivarmos esse resultado, vemos que $\dot{\mathbf{P}} = M\ddot{\mathbf{R}}$ ou, como $\dot{\mathbf{P}}$ é igual à resultante das forças externas $\mathbf{F}^{ext}$ sobre o sistema [como visto na Equação (1.29)],

$$\mathbf{F}^{ext} = M\ddot{\mathbf{R}}. \tag{10.3}$$

Ou seja, o CM se move exatamente como se fosse uma única partícula de massa M sujeita à resultante externa da força sobre o sistema. Esse resultado é a mais importante justificativa para tratarmos objetos extensos, como bolas de basquete e cometas, como se fossem partículas pontuais. Assumindo que esses objetos não pontuais podem ser representados por seus CM, eles se movem justamente como partículas pontuais.

O momento angular total

O papel do movimento do CM para o momento angular total de um sistema é mais complicado, mas igualmente crucial. O argumento a seguir não depende de o sistema ser um corpo rígido, mas, para sermos precisos, vamos considerar um corpo rígido formado por N partes com massas m_α, conforme esboçado na Figura 10.1, onde o corpo é ilustrado como um elipsoide. A posição de m_α relativa à origem O é ilustrada como $\mathbf{r}_\alpha$ e a do CM relativa a O por $\mathbf{R}$. Também está ilustrada a posição $\mathbf{r}'_\alpha$ de m_α relativa ao CM, que satisfaz

$$\mathbf{r}_\alpha = \mathbf{R} + \mathbf{r}'_\alpha. \tag{10.4}$$

O momento angular $\boldsymbol{\ell}_\alpha$ de m_α em torno da origem O é

$$\boldsymbol{\ell}_\alpha = \mathbf{r}_\alpha \times \mathbf{p}_\alpha = \mathbf{r}_\alpha \times m_\alpha \dot{\mathbf{r}}_\alpha. \tag{10.5}$$

Logo, o momento angular total relativo a O é

$$\mathbf{L} = \sum_\alpha \boldsymbol{\ell}_\alpha = \sum_\alpha \mathbf{r}_\alpha \times m_\alpha \dot{\mathbf{r}}_\alpha.$$

Se usarmos (10.4) para reexpressar $\mathbf{r}_\alpha$ e $\dot{\mathbf{r}}_\alpha$, obtemos que $\mathbf{L}$ é a soma de quatro termos:

$$\mathbf{L} = \sum \mathbf{R} \times m_\alpha \dot{\mathbf{R}} + \sum \mathbf{R} \times m_\alpha \dot{\mathbf{r}}'_\alpha + \sum \mathbf{r}'_\alpha \times m_\alpha \dot{\mathbf{R}} + \sum \mathbf{r}'_\alpha \times m_\alpha \dot{\mathbf{r}}'_\alpha.$$

Se evidenciarmos os termos que não dependem de α de cada um desses quatro termos, obtemos (lembre-se de que $\sum m_\alpha = M$)

$$\mathbf{L} = \mathbf{R} \times M\dot{\mathbf{R}} + \mathbf{R} \times \sum m_\alpha \dot{\mathbf{r}}'_\alpha + \left(\sum m_\alpha \mathbf{r}'_\alpha\right) \times \dot{\mathbf{R}} + \sum \mathbf{r}'_\alpha \times m_\alpha \dot{\mathbf{r}}'_\alpha. \tag{10.6}$$

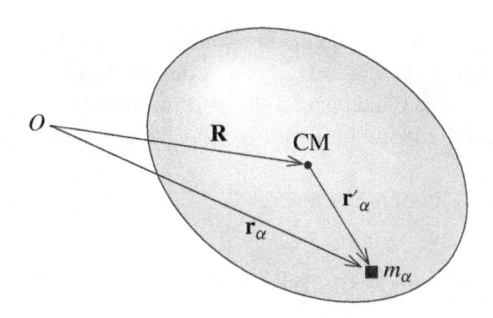

Figura 10.1 Um corpo rígido (ilustado aqui como um elipsoide) é formado por muitos pedaços pequenos, $\alpha = 1, \cdots, N$. A massa de um pedaço pequeno típico é m_α e sua posição relativa à origem O é $\mathbf{r}_\alpha$. A posição do CM relativa a O é $\mathbf{R}$, e $\mathbf{r}'_\alpha$ denota a posição de m_α relativa ao CM, de forma que $\mathbf{r}_\alpha = \mathbf{R} + \mathbf{r}'_\alpha$.

Essa expressão pode agora ser consideravelmente simplificada. Observe primeiro que o somatório entre parênteses, no terceiro termo à direita, é a posição do CM *relativa a CM* (vezes M). Isso é, claramente, zero (Problema 10.1):

$$\sum m_\alpha \mathbf{r}'_\alpha = 0. \tag{10.7}$$

Portanto, o terceiro termo em (10.6) é zero. Derivando essa relação, vemos que o somatório no segundo termo de (10.6) é também zero. Logo, tudo o que resta de (10.6) é

$$\mathbf{L} = \mathbf{R} \times \mathbf{P} + \sum \mathbf{r}'_\alpha \times m_\alpha \dot{\mathbf{r}}'_\alpha. \tag{10.8}$$

O primeiro termo é o momento angular (relativo a O) do movimento do CM. O segundo termo é o momento angular do movimento relativo ao CM. Logo, podemos reexpressar (10.8) como

$$\mathbf{L} = \mathbf{L}(\text{movimento do CM}) + \mathbf{L}(\text{movimento relativo ao CM}). \tag{10.9}$$

Para ilustrar esse resultado bastante útil, considere o movimento de um planeta em torno do Sol (que podemos seguramente tratar como fixo, visto que é muito maciço). Nesse caso, (10.9) assegura que o momento angular total do planeta é o momento angular do movimento orbital do CM em torno do Sol mais o momento angular de seu movimento de rotação em torno de seu CM,

$$\mathbf{L} = \mathbf{L}_{\text{orb}} + \mathbf{L}_{\text{rot}}. \tag{10.10}$$

Essa decomposição do momento angular total em sua parte orbital e em sua parte rotacional é especialmente útil porque em geral é verdade (pelo menos com uma boa aproximação) que as duas partes são conservadas isoladamente. Para verificarmos isso, observe primeiro que, como $\mathbf{L}_{\text{orb}} = \mathbf{R} \times \mathbf{P}$,

$$\dot{\mathbf{L}}_{\text{orb}} = \dot{\mathbf{R}} \times \mathbf{P} + \mathbf{R} \times \dot{\mathbf{P}} = \mathbf{R} \times \mathbf{F}^{\text{ext}} \tag{10.11}$$

(uma vez que o primeiro produto vetorial é zero e $\dot{\mathbf{P}} = \mathbf{F}^{\text{ext}}$). Ou seja, $\mathbf{L}_{\text{orb}}$ evolui exatamente como se o planeta fosse uma partícula pontual, com toda sua massa concentrada em seu CM. Em particular, se a força do Sol sobre o planeta fosse perfeitamente central ($\mathbf{F}^{\text{ext}}$ exatamente colinear a $\mathbf{R}$), então $\mathbf{L}_{\text{orb}}$ seria constante. Na prática, a força não é exatamente central (visto que os planetas não são perfeitamente esféricos e o campo gravitacional do Sol não é perfeitamente uniforme), mas é verdade dentro de um excelente grau de aproximação.

Para determinar $\dot{\mathbf{L}}_{\text{rot}}$, podemos escrever $\mathbf{L}_{\text{rot}} = \mathbf{L} - \mathbf{L}_{\text{orb}}$. Já sabemos que $\dot{\mathbf{L}} = \boldsymbol{\Gamma}^{\text{ext}}$, assim,

$$\dot{\mathbf{L}} = \sum \mathbf{r}_\alpha \times \mathbf{F}_\alpha^{\text{ext}} = \sum (\mathbf{r}'_\alpha + \mathbf{R}) \times \mathbf{F}_\alpha^{\text{ext}} = \sum \mathbf{r}'_\alpha \times \mathbf{F}_\alpha^{\text{ext}} + \mathbf{R} \times \mathbf{F}^{\text{ext}}. \quad (10.12)$$

Subtraindo (10.11) de (10.12), obtemos $\dot{\mathbf{L}}_{\text{rot}}$,

$$\dot{\mathbf{L}}_{\text{rot}} = \dot{\mathbf{L}} - \dot{\mathbf{L}}_{\text{orb}} = \sum \mathbf{r}'_\alpha \times \mathbf{F}_\alpha^{\text{ext}} = \boldsymbol{\Gamma}^{\text{ext}} (\text{em torno de CM}),$$

isto é, a taxa de variação de $\mathbf{L}_{\text{rot}}$, o momento angular em torno do CM, é exatamente a resultante do torque externo, *medido relativamente ao CM*. [Esse resultado de aparência natural foi mencionado sem demonstração na Equação (3.28). O que o torna um pouco surpreendente é que um referencial preso ao CM, em geral, *não* é um referencial inercial. Surpreendente ou não, o resultado é verdadeiro e muito útil.] Como o torque do Sol em torno do CM de qualquer planeta é muito pequeno, $\mathbf{L}_{\text{rot}}$ é muito próximo de um valor constante. Entretanto, essa benéfica conclusão, embora seja uma excelente aproximação, não é exata. Por exemplo, devido ao abaulamento da Terra no equador, há um pequeno torque sobre a Terra em virtude do Sol (e da Lua), e $\mathbf{L}_{\text{rot}}$ não é completamente constante. A lenta variação de $\mathbf{L}_{\text{rot}}$ é responsável pelo efeito conhecido como a *precessão dos equinócios*, a rotação do eixo da Terra relativa às estrelas por algo em torno de 50 arcos de segundo por ano.

Na mecânica quântica, há uma decomposição correspondente (embora não exatamente análoga) do momento angular em suas partes orbital e rotacional. Por exemplo, o momento angular do elétron, orbitando em torno do próton no átomo de hidrogênio, é composto de dois termos como em (10.10) e, pela mesma razão, cada tipo de momento angular separadamente é quase perfeitamente conservado. Aqui também esse proveitoso resultado é apenas aproximadamente verdadeiro: neste caso, há um fraco torque magnético sobre o elétron e nem o momento angular de rotação nem o orbital são exatamente conservados (embora o momento angular total o seja).

Energia cinética

A energia cinética total de N partículas é

$$T = \sum_{\alpha=1}^{N} \tfrac{1}{2} m_\alpha \dot{\mathbf{r}}_\alpha^{\,2}. \quad (10.13)$$

Como antes, podemos usar (10.4) para substituir $\mathbf{r}_\alpha$ por $\mathbf{R} + \mathbf{r}'_\alpha$, que resulta em

$$\dot{\mathbf{r}}_\alpha^{\,2} = (\dot{\mathbf{R}} + \dot{\mathbf{r}}'_\alpha)^2 = \dot{\mathbf{R}}^2 + \dot{\mathbf{r}}'^{\,2}_\alpha + 2\dot{\mathbf{R}} \cdot \dot{\mathbf{r}}'_\alpha$$

e, portanto,

$$T = \tfrac{1}{2} \sum m_\alpha \dot{\mathbf{R}}^2 + \tfrac{1}{2} \sum m_\alpha \dot{\mathbf{r}}'^{\,2}_\alpha + \dot{\mathbf{R}} \cdot \sum m_\alpha \dot{\mathbf{r}}'_\alpha. \quad (10.14)$$

Os somatórios nos dois últimos termos à direita são zero por (10.7) e obtemos que

$$T = \tfrac{1}{2}M\dot{\mathbf{R}}^2 + \tfrac{1}{2}\sum m_\alpha \dot{\mathbf{r}}'^{\,2}_\alpha \qquad (10.15)$$

ou

$$T = T(\text{movimento do CM}) + T(\text{movimento relativo ao CM}). \qquad (10.16)$$

Para um corpo rígido, o único movimento possível relativo ao CM é rotação. Portanto, podemos reexpressar este resultado como

$$T = T(\text{movimento do CM}) + T(\text{rotação em torno do CM}). \qquad (10.17)$$

Esse útil resultado diz, por exemplo, que a energia cinética de uma roda girando em uma estrada é a energia translacional do CM mais a energia de rotação em torno do eixo.

De (10.14), podemos deduzir uma expressão alternativa e algumas vezes útil para a energia cinética total. A dedução de (10.14) não depende de $\mathbf{R}$ como sendo a posição do CM e (10.14) é de fato válida para qualquer ponto $\mathbf{R}$ fixo ao corpo. Em particular, suponha que escolhamos $\mathbf{R}$ como sendo um ponto do corpo que esteja em repouso (mesmo que seja um repouso instantâneo). Nesse caso, o primeiro e terceiro termos à direita de (10.14) são ambos zero e obtemos que

$$T = \tfrac{1}{2}\sum m_\alpha \dot{\mathbf{r}}'^{\,2}_\alpha. \qquad (10.18)$$

Isso quer dizer que a energia cinética total de um corpo rígido é a energia rotacional do corpo relativa a qualquer ponto do corpo que esteja instantaneamente em repouso. Por exemplo, a energia cinética de uma roda girando pode ser calculada como a energia cinética de rotação sobre o ponto de contato com a estrada, visto que esse ponto está instantaneamente em repouso.

Energia potencial de um corpo rígido

Se todas as forças externas e internas a um corpo rígido, formado por N partículas, são conservativas, então, como vimos na Seção 4.10, a energia potencial total pode ser escrita como

$$U = U^{\text{ext}} + U^{\text{int}}, \qquad (10.19)$$

onde U^{ext} é a soma de todas as energias potenciais devido a todas as forças externas. (Por exemplo, se o corpo de interesse for uma bola de beisebol, U^{ext} pode ser a energia gravitacional de todas as partículas que compõem a bola no campo "externo" da Terra.) A energia potencial U^{int} é a soma das energias potenciais de todos os pares de partículas,

$$U^{\text{int}} = \sum_{\alpha<\beta} U_{\alpha\beta}(r_{\alpha\beta}), \qquad (10.20)$$

onde $r_{\alpha\beta}$ é a distância[1] entre as partículas α e β. Entretanto, em um corpo rígido, todas as distâncias entre as partículas $r_{\alpha\beta}$ são fixas. Portanto, a energia potencial total é uma constante e pode muito bem ser ignorada. Em outras palavras, quando discutimos o movimento de um corpo rígido, temos que considerar apenas as forças *externas* e suas respectivas energias potenciais.

10.2 ROTAÇÃO EM TORNO DE UM EIXO FIXO

Os resultados da seção anterior mostram a importância do movimento de rotação. Por exemplo, a energia cinética de qualquer corpo extenso voando no ar (você pode pensar em um bastão girando no ar) é a soma de dois termos: a energia translacional do CM e a energia rotacional do giro em torno do CM. Quanto à primeira, entendemo-la com clareza, mas a segunda precisamos estudar melhor. A maior parte do restante deste capítulo será dedicada ao movimento de rotação.

Nesta seção, iniciarei com o caso especial de um corpo que está em rotação em torno de um eixo fixo, como o pedaço de madeira ilustrado na Figura 10.2, girando sobre uma haste fixa, e calcularemos em primeiro lugar o momento angular.

Como o eixo de rotação está fixo, podemos assumir que este é o eixo z, com a origem O em algum lugar sobre o eixo de rotação. Imagine o corpo composto de muitas partículas pequenas com massas m_α ($\alpha = 1, \cdots, N$) e o momento angular é dado pela fórmula conhecida

$$\mathbf{L} = \sum \boldsymbol{\ell}_\alpha = \sum \mathbf{r}_\alpha \times m_\alpha \mathbf{v}_\alpha, \tag{10.21}$$

onde as velocidades $\mathbf{v}_\alpha$ são as velocidades com as quais os pedaços do corpo estão sendo transportados em círculos devido à rotação do corpo com velocidade de rotação ω. Vimos

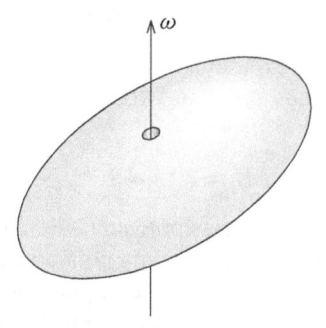

Figura 10.2 Bloco de madeira em forma de disco com um orifício através do qual está preso à haste, que está fixa sobre o eixo z. O bloco está girando com velocidade angular ω.

---

[1] Neste capítulo, assumirei que todas as forças internas são centrais. Isso garante que $U_{\alpha\beta}$ depende apenas da magnitude de $r_{\alpha\beta}$, não de sua direção. Isso também assegura que as forças internas nunca contribuem para mudanças no momento angular total.

de (9.22) que estas velocidades são $\mathbf{v}_\alpha = \boldsymbol{\omega} \times \mathbf{r}_\alpha$. Com o eixo z ao longo de $\boldsymbol{\omega}$, as componentes de $\boldsymbol{\omega}$ são

$$\boldsymbol{\omega} = (0, 0, \omega)$$

e

$$\mathbf{r}_\alpha = (x_\alpha, y_\alpha, z_\alpha).$$

Logo, $\mathbf{v}_\alpha = \boldsymbol{\omega} \times \mathbf{r}_\alpha$ tem componentes

$$\mathbf{v}_\alpha = \boldsymbol{\omega} \times \mathbf{r}_\alpha = (-\omega y_\alpha, \omega x_\alpha, 0)$$

e, finalmente,

$$\boldsymbol{\ell}_\alpha = m_\alpha \mathbf{r}_\alpha \times \mathbf{v}_\alpha = m_\alpha \omega (-z_\alpha x_\alpha, -z_\alpha y_\alpha, x_\alpha^2 + y_\alpha^2). \tag{10.22}$$

Por fim, estamos prontos para calcular o momento angular total do sólido em rotação, e começarei com a componente z. Se colocarmos a componente z de (10.22) em (10.21), obtemos

$$L_z = \sum m_\alpha (x_\alpha^2 + y_\alpha^2) \omega. \tag{10.23}$$

Agora, a quantidade $(x_\alpha^2 + y_\alpha^2)$ é o mesmo que ρ_α^2, onde, como de costume, $\rho = \sqrt{x^2 + y^2}$ denota a distância de qualquer ponto (x, y, z) até o eixo z. Portanto,

$$L_z = \sum m_\alpha \rho_\alpha^2 \omega = I_z \omega, \tag{10.24}$$

onde

$$I_z = \sum m_\alpha \rho_\alpha^2 \tag{10.25}$$

é o familiar **momento de inércia em torno do eixo** z, como definido em todos os livros introdutórios de física – o somatório de todas as massas constituintes, cada uma multiplicada pelo quadrado da sua distância a partir do eixo[2] z. Logo, demonstramos o resultado familiar

(momento angular) = (momento de inércia) × (velocidade angular).

No entanto, observe que o momento angular à esquerda de (10.24) é de fato L_z e o momento de inércia é, naturalmente, aquele da rotação em torno do eixo z.

Para reforçar este resultado gratificante, vamos calcular a energia cinética do corpo em rotação. Isto é,

$$T = \tfrac{1}{2} \sum m_\alpha v_\alpha^2,$$

ou, já que a velocidade de m_α, quando ela é transportada no círculo em torno do eixo z com velocidade angular ω, é $v_\alpha = \rho_\alpha \omega$,

$$T = \tfrac{1}{2} \sum m_\alpha \rho_\alpha^2 \omega^2 = \tfrac{1}{2} I_z \omega^2, \tag{10.26}$$

---

[2] Você pode lembrar que, quando calculamos de fato o momento de inércia, frequentemente substituímos o somatório em (10.25) pela integral. Entretanto, por enquanto continuarei escrevendo os momentos de inércia como somatórios.

outro resultado familiar da física introdutória.

Até o momento, não encontramos qualquer surpresa, mas, quando calculamos as componentes x e y de **L**, encontramos algo inesperado: substituindo as componentes x e y de (10.22) em (10.21), encontramos as componentes x e y de **L**:

$$L_x = -\sum m_\alpha x_\alpha z_\alpha \omega \quad \text{e} \quad L_y = -\sum m_\alpha y_\alpha z_\alpha \omega. \tag{10.27}$$

Como veremos em seguida, os somatórios aqui são, em geral, *diferentes* de zero, e obtemos a seguinte conclusão surpreendente: a velocidade angular ω aponta na direção z (o corpo gira em torno do eixo z), mas, como L_x e L_y não podem ser diferentes de zero, o momento angular **L** pode ser em uma direção *diferente*. Ou seja, o momento angular pode não ser na mesma direção da velocidade angular e a relação $\mathbf{L} = I\boldsymbol{\omega}$ que você deve ter aprendido na física introdutória, em geral, não é verdade!

Para compreender melhor essa conclusão um tanto inesperada, considere um corpo rígido que consiste em uma única massa m no final de uma haste, a qual está presa na direção z, com um ângulo fixo α, conforme ilustra a Figura 10.3. À medida que esse corpo gira em torno do eixo z, é fácil ver que a massa m tem velocidade **v** para dentro da página (sentido negativo de x) e, portanto, que $\mathbf{L} = \mathbf{r} \times m\mathbf{v}$ está na direção ilustrada, com um ângulo $(90° - \alpha)$ com o eixo z. Claramente L_y não é igual a zero, e, mesmo que o corpo esteja girando em torno do eixo z, o momento angular não está naquela direção. Em outras palavras, **L** não é paralelo a $\boldsymbol{\omega}$.

É importante continuarmos um pouco mais neste exemplo. Está claro, pela figura, que, à medida que o corpo gira constantemente em torno do eixo z, a direção de **L** varia. (Especificamente, **L** faz uma varredura em torno do eixo z.) Portanto, $\dot{\mathbf{L}} \neq 0$, e o torque é necessário para manter o corpo girando constantemente. Essa conclusão, no primeiro momento um tanto surpreendente, é, de fato, fácil de se compreender: o torque necessário está na direção de $\dot{\mathbf{L}}$, o que é para fora da página (sentido positivo de x) na Figura 10.3; isto é, o torque deve ser no sentido anti-horário. O caminho mais fácil de entender isso é você se colocar em um referencial que esteja em rotação com o corpo. Nesse referencial, a massa m experimenta uma força centrífuga para fora do eixo z (para a direita da figura). Portanto, um torque no sentido anti-horário é necessário para previnir a haste, que prende m, de curvar-se ou romper-se de seu ponto de ancoragem sobre o eixo.

Quando um corpo, como a roda de seu carro, gira ao longo de uma estrada, está girando de forma constante em torno de uma direção fixa, e não desejamos exercer qualquer torque sobre ele. Isso significa que o corpo deve ser projetado de forma que seu momento angular seja paralelo a sua velocidade angular. No caso do carro, isso é garantido pelo processo de balanceamento dinâmico das rodas. Se as rodas não estiverem apropriadamente balanceadas, você rapidamente será alertado sobre esse fato por uma vibração desagradável do carro. Mais geral ainda, a questão se ou não **L** e $\boldsymbol{\omega}$ são paralelos é um ponto importante em todo o estudo de corpos em rotação e conduz ao conceito fundamental de *eixos principais*, como discutiremos na Seção 10.4.

Os produtos de inércia

Precisamos por juntos os resultados do momento angular de um corpo em rotação, em torno do eixo z, e organizar a notação. De (10.27), está claro que L_x e L_y são proporcio-

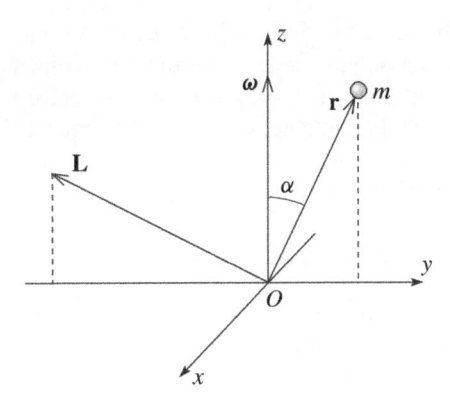

Figura 10.3 Corpo rígido girando, formado por uma única massa m, preso ao eixo z por uma haste de massa desprezível com um ângulo fixo α, ilustrado no momento em que m está sobre o plano yz. À medida que o corpo gira em torno do eixo z, m tem velocidade e, portanto, momento para dentro da página (no sentido negativo de x) no instante apresentado. Portanto, o momento angular $\mathbf{L} = \mathbf{r} \times \mathbf{p}$ está direcionado conforme e ilustrado e certamente não está paralelo à velocidade angular $\boldsymbol{\omega}$.

nais a ω e as constantes de proporcionalidade são, geralmente, denotadas por I_{xz} e I_{yz}. Assim, escreverei (10.27) como

$$L_x = I_{xz}\omega \quad \text{e} \quad L_y = I_{yz}\omega, \qquad (10.28)$$

onde

$$I_{xz} = -\sum m_\alpha x_\alpha z_\alpha \quad \text{e} \quad I_{yz} = -\sum m_\alpha y_\alpha z_\alpha. \qquad (10.29)$$

Os coeficientes I_{xz} e I_{yz} são chamados de **produtos de inércia** do corpo. A razão para essa nova notação é que I_{xz} nos informa a componente x de $\mathbf{L}$ quando $\boldsymbol{\omega}$ está na direção z (e da mesma forma para I_{yz}). Para ficar em conformidade com essa notação, vamos renomear I_z, o antigo momento de inércia em torno do eixo z, para I_{zz},

$$I_{zz} = \sum m_\alpha \rho_\alpha^2 = \sum m_\alpha (x_\alpha^2 + y_\alpha^2). \qquad (10.30)$$

Com essa notação, podemos dizer que, para um corpo girando em torno do eixo z, o momento angular é

$$\mathbf{L} = (I_{xz}\omega,\ I_{yz}\omega,\ I_{zz}\omega). \qquad (10.31)$$

É importante termos condição de calcular os coeficientes I_{xz}, I_{yz} e I_{zz} para corpos com diferentes formatos. Faremos alguns exemplos no restante deste capítulo e há muito mais nos problemas. Aqui estão três exemplos simples para começarmos.

Exemplo 10.1 Calculando alguns momentos simples e produtos de inércia

Calcule o momento e os produtos de inércia para a rotação em torno do eixo z, nos seguintes casos de corpos rígidos: **(a)** Uma única massa m localizada na posição (0,

y_o, z_o), conforme ilustrado na Figura 10.3. **(b)** Faça o mesmo que no item (a), mas com uma segunda massa igual a da primeira sendo colocada simetricamente abaixo do plano xy, como na Figura 10.4(a). **(c)** Um anel uniforme de massa M e raio ρ_o, com centro no eixo z e paralelo ao plano xy, conforme a Figura 10.4(b).

(a) Para uma única massa da Figura 10.3, os somatórios em (10.29) e (10.30) reduzem-se cada qual um único termo e obtemos

$$I_{xz} = 0, \qquad I_{yz} = -my_o z_o \qquad \text{e} \qquad I_{zz} = my_o^2.$$

Esse I_{yz} diferente de zero confirma que **L** tem a componente y diferente de zero e, portanto, que o momento angular **L** não está na mesma direção que a do eixo de rotação. Os itens restantes (b) e (c) ilustram como, quando um corpo rígido tem uma certa simetria, os produtos de inércia podem se tornar zero.

(b) Para as duas massas da Figura 10.4(a), cada um dos somatórios em (10.29) e (10.30) contém dois termos e obtemos

$$I_{xz} = -\sum m_\alpha x_\alpha z_\alpha = 0 \tag{10.32}$$

porque as duas massas têm $x_\alpha = 0$,

$$I_{yz} = -\sum m_\alpha y_\alpha z_\alpha = -m[y_o z_o + y_o(-z_o)] = 0 \tag{10.33}$$

e

$$I_{zz} = \sum m_\alpha (x_\alpha^2 + y_\alpha^2) = m(0 + y_o^2 + 0 + y_o^2) = 2my_o^2.$$

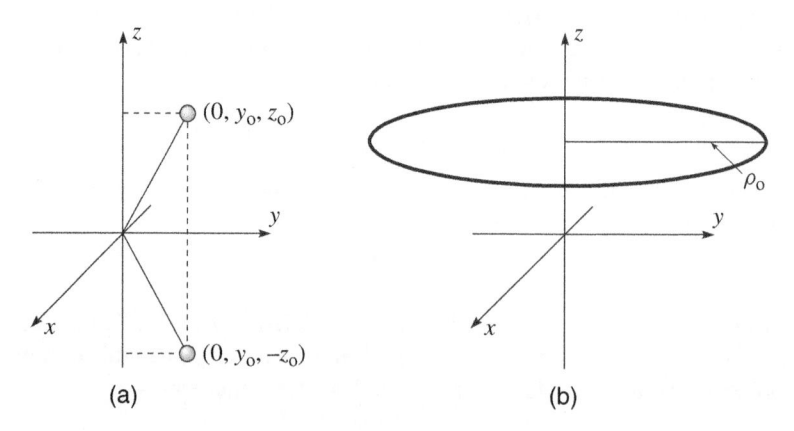

Figura 10.4 **(a)** Um corpo rígido formado por duas massas iguais m, presas a distâncias iguais acima e abaixo do plano xy e girando em torno do eixo z (ilustradas em um instante quando as duas massas se encontram no plano yz). **(b)** Um anel uniforme contínuo de massa total M e raio ρ_o, com centro sobre o eixo z e paralelo ao plano xy. (Exemplo 10.1.)

O caso interessante aqui é o produto de inércia I_{yz}, que é zero porque a contribuição da primeira massa é exatamente cancelada por aquela da segunda massa, que está no ponto "imagem do espelho" com sinal oposto de z_α. Isso acontecerá para qualquer corpo que tenha reflexão simétrica no plano $z = 0$[3]; ambos os produtos de inércia I_{xz} e I_{yz} serão zero, visto que cada termo em cada um dos somatórios de (10.32) e (10.33) será cancelado por outro termo com sinal oposto a z_α. Com $I_{xz} = I_{yz} = 0$, vemos de (10.31) que, quando o corpo gira em torno do eixo z, o momento angular **L** está também ao longo do eixo z.

(c) Como o corpo na Figura 10.4(b) é uma massa distribuída continuamente, em geral devemos calcular os produtos e o momento de inércia como integrais, mas, neste caso, podemos ver as respostas sem de fato resolvermos nenhuma integral. Considere, primeiro, o produto de inércia I_{xz} dado pelo somatório em (10.32). Com referência à Figura 10.4(b), é fácil ver que o somatório é zero: cada contribuição de uma pequena massa m_α em $(x_\alpha, y_\alpha, z_\alpha)$ para o somatório pode ser pareada com a contribuição de uma massa igual diametralmente através do círculo em $(-x_\alpha, -y_\alpha, z_\alpha)$. Essa segunda contribuição, com o mesmo valor de z, mas com valor oposto de x, cancela exatamente o primeiro e concluímos que o somatório completo I_{xz} é zero. Seguindo o mesmo argumento, $I_{yz} = 0$. O momento I_{zz} é mais facilmente calculado na forma do primeiro somatório em (10.30). Como todos os termos no somatório possuem o mesmo valor de ρ_α, (a saber, ρ_0), podemos evidenciar ρ_α^2 e ficamos com

$$I_{zz} = \left(\sum m_\alpha\right) \rho_0^2 = M\rho_0^2.$$

Neste exemplo, os dois produtos de inércia foram zero porque o corpo possuía uma simetria axial com relação ao seu eixo de rotação,[4] e é fácil de ver que o mesmo resultado é válido em geral: se um corpo rígido for axialmente simétrico em torno de um certo eixo (como uma roda bem balanceada em torno do seu eixo ou um cone circular em torno de seu eixo central), então os dois produtos de inércia para rotação em torno do eixo serão automaticamente zero, uma vez que os termos do somatório em (10.32) e (10.33) se cancelam. Em particular, se um corpo tem simetria axial em torno de um certo eixo e está girando em torno desse eixo de simetria, seu momento angular está na mesma direção.

---

[3] Dizemos que um corpo tem simetria por reflexão no plano $z = 0$ se a densidade de massa em qualquer ponto (x, y, z) é a mesma no ponto $(x, y, -z)$, a reflexão de (x, y, z) em um espelho localizado no plano $z = 0$.

[4] Dizemos que um corpo tem uma simetria axial ou rotacional em torno de um eixo se a densidade de massa é a mesma em todos os pontos sobre um círculo centrado sobre o eixo e perpendicular a ele. Em termos de coordenadas cilíndricas polares (ρ, ϕ, z) centradas sobre o eixo em questão, a densidade de massa é independente de ϕ. Alternativamente, a distribuição de massa é invariante por qualquer rotação em torno do eixo de simetria.

10.3 ROTAÇÃO EM TORNO DE QUALQUER EIXO: O TENSOR DE INÉRCIA

Até aqui, consideramos apenas um corpo que está em rotação em torno do eixo z. Em certo sentido, isso é bastante geral: qualquer que seja o eixo em que um corpo esteja girando, podemos escolhê-lo como sendo o eixo z. Infelizmente, embora essa afirmação seja verdadeira, ela não nos conta a história por completo. Em primeiro lugar, estamos frequentemente interessados em corpos que estão livres para girar em torno de qualquer eixo – um giroscópio pode girar em torno de qualquer eixo e um projétil (como uma bola de beisebol ou um bastão lançado ao ar) possui a mesma liberdade. Quando esse é o caso, o eixo em torno do qual o objeto gira pode *variar com o tempo*. Se isso acontece, então podemos certamente escolher o eixo z como o eixo de rotação em um instante, mas um instante depois o eixo z escolhido é quase certo que *não* será mais o eixo de rotação. Por essa razão, devemos examinar a forma do momento angular quando um corpo está girando em torno de um eixo arbitrário.

A segunda razão que devemos levar em consideração com respeito a um corpo girando em torno de um eixo arbitrário é sutil, e retornarei a ela mais adiante, mas a mencionarei aqui rapidamente. Vimos que, em geral, a direção do momento angular de um corpo girando não é a mesma que a do eixo de rotação. Por outro lado, algumas vezes ocorre que essas duas direções *são* as mesmas. (Por exemplo, vimos que esse é o caso de um corpo com simetria axial girando em torno de seu eixo de simetria.) Quando isso é verdade, dizemos que o eixo em questão é um *eixo principal*. É possível encontrar para qualquer corpo, girando em torno de qualquer ponto dado, três eixos principais mutuamente perpendiculares. Como muito da discussão sobre rotação é mais fácil quando em relação a esses eixos principais, em geral desejamos escolher os eixos principais como os eixos coordenados. Se assumirmos isso, não estaremos mais livres para escolher o eixo z coincidindo com um eixo arbitrário de rotação. Novamente, devemos permitir que *qualquer* eixo seja um eixo de rotação e a nossa primeira regra do processo é calcular o momento angular correspondente a tal rotação.

Momento angular para uma velocidade angular arbitrária

Vamos, então, considerar um corpo rígido girando em torno de um eixo arbitrário com velocidade angular

$$\omega = (\omega_x, \omega_y, \omega_z).$$

Antes de nos atirarmos nos cálculos do momento angular, vamos parar para considerar o tipo de situação na qual os cálculos se aplicarão. Há, na verdade, dois casos importantes que devemos ter em mente: primeiro, acontece algumas vezes que um corpo rígido tem um ponto fixo, de modo que seu único movimento de rotação possível é em torno desse ponto. Por exemplo, o pêndulo de Foucault está fixo ao seu ponto de suporte no teto e o seu único movimento é girar em torno deste ponto fixo. Novamente, um pião girando sobre uma mesa pode ter a sua ponta presa em um pequeno orifício sobre a mesa e, daí em diante, ele pode apenas girar em torno da posição fixa de sua ponta. Em qualquer um dos casos, a magnitude e a direção da velocidade angular ω pode variar, mas a rotação será sempre em torno do ponto fixo, que, naturalmente, podemos considerar como sendo a origem.

O segundo caso que devemos ter em mente é o de um objeto que é lançado ao ar. Nesse caso, certamente não há qualquer ponto fixo, mas vimos que podemos analisar o movimento em termos do movimento do CM e do movimento de rotação relativo ao CM. Neste caso, o movimento que estamos analisando é o movimento relativo ao CM, que devemos escolher como sendo a origem.

Com esses exemplos em mente, vamos calcular o momento angular do corpo,

$$\mathbf{L} = \sum m_\alpha \mathbf{r}_\alpha \times \mathbf{v}_\alpha$$
$$= \sum m_\alpha \mathbf{r}_\alpha \times (\boldsymbol{\omega} \times \mathbf{r}_\alpha). \qquad (10.34)$$

Podemos calculá-lo quase exatamente, como fizemos na seção anterior, para o caso em que $\boldsymbol{\omega}$ estava ao longo do eixo z: para qualquer posição $\mathbf{r}$, podemos expressar as componentes de $\boldsymbol{\omega} \times \mathbf{r}$ e então de $\mathbf{r} \times (\boldsymbol{\omega} \times \mathbf{r})$, por meio de uma expressão um tanto esquisita (há várias formas de se fazer isso, uma das quais é a chamada de regra $BAC - CAB$ — veja o Problema 10.19)

$$\mathbf{r} \times (\boldsymbol{\omega} \times \mathbf{r}) = \big((y^2 + z^2)\omega_x - xy\omega_y - xz\omega_z,$$
$$- yx\omega_x + (z^2 + x^2)\omega_y - yz\omega_z,$$
$$- zx\omega_x - zy\omega_y + (x^2 + y^2)\omega_z\big). \qquad (10.35)$$

Substituindo (10.35) em (10.34), obtemos as três componentes de $\mathbf{L}$ a seguir:

$$\left.\begin{array}{l} L_x = I_{xx}\omega_x + I_{xy}\omega_y + I_{xz}\omega_z \\ L_y = I_{yx}\omega_x + I_{yy}\omega_y + I_{yz}\omega_z \\ L_z = I_{zx}\omega_x + I_{zy}\omega_y + I_{zz}\omega_z \end{array}\right\}, \qquad (10.36)$$

onde os três momentos de inércia, I_{xx}, I_{yy}, I_{zz} e os seis produtos de inércia, $I_{xy}, \cdots$, são definidos fazendo um paralelo exatamente com as definições (10.29) e (10.30) da seção anterior. Por exemplo,

$$I_{xx} = \sum m_\alpha(y_\alpha^2 + z_\alpha^2) \qquad (10.37)$$

e similarmente para I_{yy} e I_{zz}, e

$$I_{xy} = -\sum m_\alpha x_\alpha y_\alpha \qquad (10.38)$$

e assim por diante.

O resultado um tanto desajeitado (10.36) pode ser melhorado de algumas formas: se você não se importar em substituir os subscritos x, y e z por $i = 1, 2, 3$, então (10.36) assume a forma compacta

$$L_i = \sum_{j=1}^{3} I_{ij}\omega_j. \qquad (10.39)$$

Isso sugere uma outra forma de pensar (10.36), uma vez que, como você pode reconhecer, (10.39) é a regra da multiplicação de matrizes. Logo, (10.36) pode ser reexpressa sob a forma matricial. Primeiro, introduzimos a matriz 3 × 3

$$\mathbf{I} = \begin{bmatrix} I_{xx} & I_{xy} & I_{xz} \\ I_{yx} & I_{yy} & I_{yz} \\ I_{zx} & I_{zy} & I_{zz} \end{bmatrix} \tag{10.40}$$

que é chamada de **tensor momento de inércia**[5] ou apenas de **tensor de inércia**. Além disso, vamos assumir temporariamente que um vetor tridimensional é representado por uma matriz coluna 3 × 1 formada pelas componentes do vetor, isto é, escrevemos

$$\mathbf{L} = \begin{bmatrix} L_x \\ L_y \\ L_z \end{bmatrix} \quad e \quad \boldsymbol{\omega} = \begin{bmatrix} \omega_x \\ \omega_y \\ \omega_z \end{bmatrix}. \tag{10.41}$$

(Observe que estou agora usando negrito para dois tipos de matrizes – matrizes quadradas 3 × 3 tipo **I** e matrizes colunas 3 × 1 tipo **L** e **ω**, que são de fato vetores. Você rapidamente aprenderá a distinguir os dois tipos de matrizes a partir do contexto.) Com essas notações, a Equação (10.36) assume uma forma matricial muito compacta

$$\mathbf{L} = \mathbf{I}\boldsymbol{\omega} \tag{10.42}$$

onde o produto da direita é o produto natural de duas matrizes, a primeira uma matriz quadrada 3 × 3 e a segunda uma matriz coluna 3 × 1.

Esse belo resultado é o primeiro exemplo da grande utilidade da álgebra matricial em mecânica. Em muitas áreas da física – talvez mais especificamente na mecânica quântica, mas certamente também na mecânica clássica –, a formulação de muitos problemas na notação matricial é tão mais simples do que de outra froma, por isso, é absolutamente essencial que você se torne familiarizado com a álgebra matricial básica[6].

Uma importante propriedade do tensor momento de inércia (10.40) é que ele é uma matriz *simétrica*, ou seja, seus elementos satisfazem

$$I_{ij} = I_{ji}. \tag{10.43}$$

Outra forma de dizer isso é que a matriz (10.40) é inalterada se a refletirmos em relação à *diagonal principal* – a diagonal partindo do topo à esquerda até a base à direita. Cada elemento acima da diagonal (por exemplo, I_{xy}) é igual à sua imagem espelhada (I_{yx}) abaixo da diagonal. Para demonstrar essa propriedade, você deve apenas olhar a definição

---

[5] A definição completa de tensor envolve as propriedades de transformação de seus elementos quando rotacionamos os eixos coordenados (veja a Seção 15.17), mas, para os nossos atuais propósitos, é suficiente dizer que um tensor tridimensional é um conjunto de nove números organizados como uma matriz 3 × 3, como em (10.40).

[6] Você já conhece as operações matriciais que assumirei – adição e multiplicação de matrizes, transposta, determinante e algumas outras. Elas podem ser encontradas no Capítulo 3 do livro de Mary Boas, *Mathematical Methods in the Physical Sciences* (Wiley, 1983). Algumas das ideias que desenvolverei neste e no próximo capítulo são discutidas em mais detalhes no Capítulo 10 do mesmo livro.

(10.38) para verificar que I_{xy} é o mesmo que I_{yx} e analogamente com todos os elementos I_{ij} fora da diagonal (os elementos com $i \neq j$). Ainda, outra forma de expressar essa propriedade é definindo a *transposta* de uma matriz qualquer **A** como sendo a matriz **Ã** obtida pela reflexão de **A** com respeito à sua diagonal principal – o elemento ij de **Ã** é o elemento ji de **A**. Logo, o resultado (10.43) significa que a matriz **I** é igual à sua própria transposta,

$$\mathbf{I} = \tilde{\mathbf{I}}. \tag{10.44}$$

Essa propriedade – a de que a matriz **I** é simétrica – desempenha um papel importante na teoria matemática do tensor momento de inércia.

Exemplo 10.2 Tensor de inércia de um cubo sólido

Determine o tensor momento de inércia para **(a)** um cubo sólido uniforme, de massa M e lado a, girando em torno de um vértice (Figura 10.5) e **(b)** o mesmo cubo girando em torno de seu centro. Use eixos paralelos às arestas do cubo. Para ambos os casos, determine o momento angular quando o eixo de rotação for paralelo a $\hat{\mathbf{x}}$ [isto é, $\boldsymbol{\omega} = (\omega, 0, 0)$] e também quando $\boldsymbol{\omega}$ estiver ao longo da diagonal do corpo na direção (1, 1, 1).

(a) Como a massa está distribuida continuamente, é preciso substituir os somatórios nas definições (10.37) e (10.38) por integrais. Assim, (10.37) torna-se

$$I_{xx} = \int_0^a dx \int_0^a dy \int_0^a dz\, \varrho\, (y^2 + z^2), \tag{10.45}$$

onde $\varrho = M/a^3$ denota a densidade de massa do cubo. Essa equação é a soma de duas integrais triplas, cada uma delas pode ser fatorada em três integrais simples. Por exemplo,

$$\int_0^a dx \int_0^a dy \int_0^a dz\, \varrho\, y^2 = \varrho \left(\int_0^a dx\right)\left(\int_0^a y^2\, dy\right)\left(\int_0^a dz\right)$$
$$= \tfrac{1}{3}\varrho a^5 = \tfrac{1}{3}Ma^2. \tag{10.46}$$

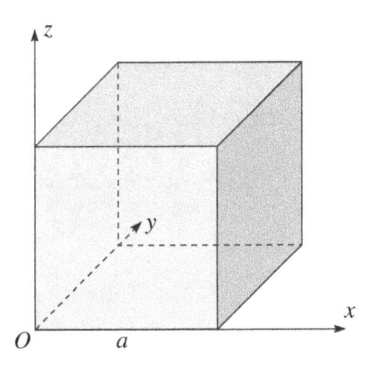

Figura 10.5 Cubo sólido uniforme de lado a que está livre para girar em torno do vértice O.

O segundo termo em (10.45) tem o mesmo valor, e concluímos que

$$I_{xx} = \tfrac{2}{3} M a^2 \qquad (10.47)$$

com (por simetria) os mesmos valores para I_{yy} e I_{zz}.

A forma da integral de (10.38) para os elementos de **I** fora da diagonal é

$$\begin{aligned} I_{xy} &= -\int_0^a dx \int_0^a dy \int_0^a dz\, \varrho xy \\ &= -\varrho \left(\int_0^a x\, dx\right)\left(\int_0^a y\, dy\right)\left(\int_0^a dz\right) \\ &= -\tfrac{1}{4}\varrho a^5 = -\tfrac{1}{4} M a^2, \end{aligned} \qquad (10.48)$$

com (novamente por simetria) a mesma resposta para todos os outros elementos fora da diagonal.

Colocando todos esses resultados juntos, obtemos para o tensor momento de inércia de um cubo, girando em torno de seu vértice,

$$\mathbf{I} = \begin{bmatrix} \tfrac{2}{3} M a^2 & -\tfrac{1}{4} M a^2 & -\tfrac{1}{4} M a^2 \\ -\tfrac{1}{4} M a^2 & \tfrac{2}{3} M a^2 & -\tfrac{1}{4} M a^2 \\ -\tfrac{1}{4} M a^2 & -\tfrac{1}{4} M a^2 & \tfrac{2}{3} M a^2 \end{bmatrix} = \frac{M a^2}{12} \begin{bmatrix} 8 & -3 & -3 \\ -3 & 8 & -3 \\ -3 & -3 & 8 \end{bmatrix},$$

[em torno do vértice] (10.49)

onde a segunda forma, mais compacta, segue dos resultados da multiplicação de uma matriz por um número. (Observe que, como esperado, **I** é uma matriz simétrica.)

De acordo com (10.42), o momento angular **L** correspondente a uma velocidade angular $\boldsymbol{\omega}$ é dado pela matriz produto $\mathbf{L} = \mathbf{I}\,\boldsymbol{\omega}$, onde os vetores **L** e $\boldsymbol{\omega}$ são entendidos como matrizes colunas 3×1 formados pelas três componentes do vetor em questão. Portanto, se o cubo está girando em torno do eixo x,

$$\mathbf{L} = \mathbf{I}\boldsymbol{\omega} = \frac{M a^2}{12}\begin{bmatrix} 8 & -3 & -3 \\ -3 & 8 & -3 \\ -3 & -3 & 8 \end{bmatrix}\begin{bmatrix} \omega \\ 0 \\ 0 \end{bmatrix} = \frac{M a^2}{12}\begin{bmatrix} 8\omega \\ -3\omega \\ -3\omega \end{bmatrix} \qquad (10.50)$$

ou, convertendo para uma notação vetorial mais comum,

$$\mathbf{L} = M a^2 \omega \left(\tfrac{2}{3}, -\tfrac{1}{4}, -\tfrac{1}{4}\right). \qquad (10.51)$$

Como você deve ter reconhecido, vemos que **L** não está na mesma direção que a velocidade angular $\boldsymbol{\omega} = (\omega, 0, 0)$.

Se o cubo está girando em torno de sua diagonal principal, então o vetor unitário na direção da rotação é $\mathbf{u} = (1/\sqrt{3})(1, 1, 1)$ e o vetor velocidade angular é $\boldsymbol{\omega} = \omega\mathbf{u} = (\omega/\sqrt{3})(1, 1, 1)$. Logo, de acordo com (10.42), o momento angular é

$$\mathbf{L} = \mathbf{I}\boldsymbol{\omega} = \frac{Ma^2}{12} \frac{\omega}{\sqrt{3}} \begin{bmatrix} 8 & -3 & -3 \\ -3 & 8 & -3 \\ -3 & -3 & 8 \end{bmatrix} \begin{bmatrix} 1 \\ 1 \\ 1 \end{bmatrix}$$

$$= \frac{Ma^2}{12} \frac{\omega}{\sqrt{3}} \begin{bmatrix} 2 \\ 2 \\ 2 \end{bmatrix} = \frac{Ma^2}{6} \boldsymbol{\omega}. \qquad (10.52)$$

Neste caso da rotação em torno de diagonal principal do cubo, vemos que o momento angular está na mesma direção que a velocidade angular.

(b) Se o cubo está girando em torno de seu centro, então, na Figura 10.5, devemos mover a origem O para o vértice do cubo. Isso significa que todas as integrais em (10.45) e (10.48) vão de $-a/2$ a $a/2$, em vez de 0 a a. Calculando (10.45) para I_{xx} [como em (10.46)], obtemos

$$I_{xx} = \tfrac{1}{6} Ma^2, \qquad (10.53)$$

e da mesma forma para I_{yy} e I_{zz}. Quando os limites em (10.48) são substituídos por $-a/2$ e $a/2$, as duas primeiras integrais são zero e concluímos que

$$I_{xy} = 0.$$

Como você pode facilmente verificar, todos os elementos fora da diagonal de $\mathbf{I}$ funcionam da mesma forma e são zero. Poderíamos, na verdade, ter antecipado essa anulação dos elementos fora da diagonal de $\mathbf{I}$ baseados no Exemplo 10.1. Vimos, naquela ocasião, que, se o plano $z = 0$ é um plano de simetria por reflexão, então I_{xz} e I_{yz} são automaticamente zero. (Cada contribuição acima do plano $z = 0$ foi cancelada pela contribuição correspondente do ponto abaixo do plano.) Portanto, se dois dos três planos coordenados $x = 0$, $y = 0$ e $z = 0$ são planos com simetria de reflexão, isso garante que *todos* os produtos de inércia são zero. Para o cubo (com O em seu centro), os três planos coordenados são planos de simetria por reflexão, assim foi inevitável que os elementos fora da diaginal principal de $\mathbf{I}$ se anulassem.

Coletanto os resultados, concluímos que, para um cubo em rotação em torno do seu centro, o tensor momento de inércia é

$$\mathbf{I} = \tfrac{1}{6} Ma^2 \begin{bmatrix} 1 & 0 & 0 \\ 0 & 1 & 0 \\ 0 & 0 & 1 \end{bmatrix} = \tfrac{1}{6} Ma^2 \mathbf{1} \qquad \text{[em torno de CM]}, \qquad (10.54)$$

onde **1** denota a **matriz unitária** 3 × 3,

$$\mathbf{1} = \begin{bmatrix} 1 & 0 & 0 \\ 0 & 1 & 0 \\ 0 & 0 & 1 \end{bmatrix}. \tag{10.55}$$

Veremos que, como o tensor momento de inércia para a rotação em torno do centro do cubo é um múltiplo da matriz unitária, rotações em torno do centro de um cubo são especialmente fáceis de analisar. Em particular, o momento angular do cubo (girando em torno do seu centro) é

$$\mathbf{L} = \mathbf{I}\boldsymbol{\omega} = \tfrac{1}{6}Ma^2\mathbf{1}\boldsymbol{\omega} = \tfrac{1}{6}Ma^2\boldsymbol{\omega}, \tag{10.56}$$

o que implica que o momento angular **L** está na mesma direção que a velocidade angular **ω**, *qualquer que seja a direção de* **ω**. Esse resultado simples é uma consequência do alto grau de simetria do cubo relativa ao seu centro.

Você irá observar que (10.56), para a rotação em torno de qualquer eixo através do centro do cubo, está de acordo com (10.52) para uma rotação em torno da diagonal principal através do vértice do cubo. Isso não é acidental: a diagonal principal através do centro do cubo é exatamente a mesma que a diagonal principal através do vértice. Portanto, o momento angular para rotações em torno desses eixos *tem* que estar em concordância.

Esse exemplo ilustrou muitas características de um cálculo típico do tensor momento de inércia **I** e você deve tentar resolver alguns dos problemas no final deste capítulo para obter familiaridade na execução de tais cálculos. Entretanto, eis mais um exemplo para ilustrar a característica especial de um corpo com simetria axial.

Exemplo 10.3 Tensor de inércia para um cone sólido

Determine o tensor momento de inércia **I** para um pião, que é um cone sólido uniforme (massa M, altura h e raio da base R) girando sobre o seu vértice. Escolha o eixo z ao longo do eixo de simetria do cone, como ilustrado na Figura 10.6. Para uma velocidade angular arbitrária **ω**, qual é o momento angular **L** do pião?

O momento de inércia em torno do eixo z, I_{zz}, é dado pela integral

$$I_{zz} = \int_V dV \varrho (x^2 + y^2), \tag{10.57}$$

onde o subscrito V na integral significa que a integral é calculada sobre o volume do corpo, dV é o elemento de volume e ϱ é a densidade de massa constante $\varrho = M/V = 3M/(\pi R^2 h)$. Essa integral é facilmente calculada para as coordenadas

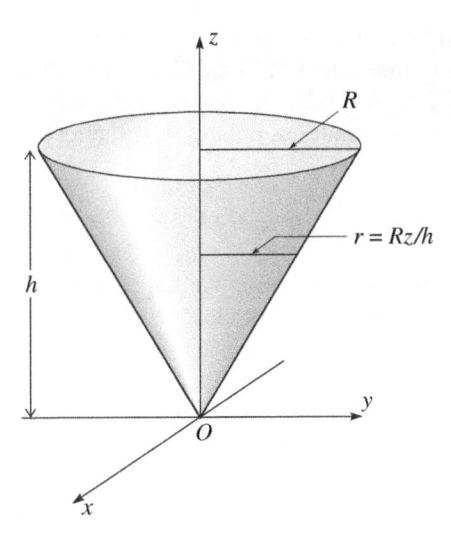

Figura 10.6 Um pião formado por um cone sólido uniforme, de massa M, altura h e raio da base R, gira sobre seu vértice. O raio do cone a uma altura z é $r = Rz/h$. (O pião não está necessariamente na vertical, mas qualquer que seja sua orientação, escolhemos o eixo z ao longo do eixo de simetria.)

cilíndricas polares (ρ, ϕ, z), uma vez que $x^2 + y^2 = \rho^2$. Logo, a integral pode ser escrita como[7]

$$I_{zz} = \varrho \int_V dV \, \rho^2 = \varrho \int_0^h dz \int_0^{2\pi} d\phi \int_0^r \rho \, d\rho \, \rho^2, \qquad (10.58)$$

onde o limite superior r da integral em ρ é o raio do cone na altura z, como ilustrado na Figura 10.6. Essas integrais são facilmente resolvidas e obtemos (Problema 10.26)

$$I_{zz} = \tfrac{3}{10} M R^2. \qquad (10.59)$$

Devido à simetria rotacional do pião em torno do eixo z, os outros dois momentos de inércia, I_{xx} e I_{yy}, são iguais. (Uma rotação de 90° em torno do eixo z deixa o corpo inalterado, mas permuta I_{xx} e I_{yy}. Portanto, $(I_{xx} = I_{yy}$.) Para calcular I_{xx}, escrevemos

$$I_{xx} = \int_V dV \varrho (y^2 + z^2) = \int_V dV \varrho y^2 + \int_V dV \varrho z^2. \qquad (10.60)$$

---

[7] Este é um daqueles horríveis casos em que o uso tradicional da letra grega "rho" para a densidade coincide com seu uso para a coordenada cilíndrica da distância a partir do eixo z. Observe que estou usando duas versões diferentes da letra, ϱ para a densidade e ρ para a coordenada. Felizmente, esta coincidência desafortunada acontece apenas muito ocasionalmente. Se você precisar refrescar sua memória sobre integrais de volume em coordenadas cilíndricas, veja o Problema 10.26.

A primeira integral aqui é a mesma que o segundo termo em (10.57) e, pela simetria rotacional, os dois termos em (10.57) são iguais. Portanto, o primeiro termo de (10.60) é justamente $I_{zz}/2$ ou $\frac{3}{20}MR^2$. A segunda integral em (10.60) pode ser calculada usando coordenadas cilíndricas polares, como em (10.58), e obtemos $\frac{3}{5}Mh^2$. Portanto,

$$I_{xx} = I_{yy} = \frac{3}{20}M(R^2 + 4h^2). \tag{10.61}$$

Isso deixa os produtos de inércia fora da diagonal, $I_{xy}, \cdots$, para serem calculados, mas podemos facilmente ver que todos eles são zero. O ponto é que, devido à simetria rotacional, em torno de z, ambos os planos $x = 0$ e $y = 0$ são planos de simetria reflexiva. (Veja o Problema 10.6.) Pelo argumento dado no Exemplo 10.1, simetria em torno do plano $x = 0$ implica que $I_{xy} = I_{xz} = 0$. Analogamente, simetria em torno de $y = 0$ implica que $I_{yz} = I_{yx} = 0$. Logo, simetria em torno de quaisquer dois planos coordenados garante que *todos* os produtos de inércia são nulos.

Coletando os resultados, encontramos que o tensor momento de inércia para um cone uniforme (relativo à seu vértice) é

$$\mathbf{I} = \tfrac{3}{20}M \begin{bmatrix} R^2 + 4h^2 & 0 & 0 \\ 0 & R^2 + 4h^2 & 0 \\ 0 & 0 & 2R^2 \end{bmatrix} = \begin{bmatrix} \lambda_1 & 0 & 0 \\ 0 & \lambda_2 & 0 \\ 0 & 0 & \lambda_3 \end{bmatrix}, \tag{10.62}$$

onde a última forma é apenas por conveniência (e, no presente caso, acontece que $\lambda_1 = \lambda_2$). A coisa mais surpreendente sobre essa matriz é que seus elementos fora da diagonal são todos zero. Uma matriz com esta propriedade é chamada de **matriz diagonal**. [O tensor de inércia (10.54) para um cubo em torno de seu centro era também diagonal, mas como todos os seus elementos eram iguais, ela era na verdade um múltiplo da matriz unitária **1**, tornando-a ainda um caso mais especial.] A consequência importante de **I** sendo diagonal emerge quando calculamos o momento angular **L** para uma velocidade angular arbitrária $\boldsymbol{\omega} = (\omega_x, \omega_y, \omega_z)$:

$$\mathbf{L} = \mathbf{I}\boldsymbol{\omega} = (\lambda_1 \omega_x, \lambda_2 \omega_y, \lambda_3 \omega_z). \tag{10.63}$$

Embora isso não pareça surpreendente, observe que, se a velocidade angular $\boldsymbol{\omega}$ apontar ao longo de um dos eixos coordenados, então o mesmo é verdade do momento angular **L**. Por exemplo, se $\boldsymbol{\omega}$ aponta ao longo do eixo x, então $\omega_y = \omega_z = 0$ e (10.63) implica

$$\mathbf{L} = \mathbf{I}\boldsymbol{\omega} = (\lambda_1 \omega_x, 0, 0) \tag{10.64}$$

e **L** também aponta ao longo do eixo x. As mesmas coisas acontecem se $\boldsymbol{\omega}$ apontar ao longo dos eixos y ou z, e vemos que é completamente geral, que se o tensor de inércia **I** é diagonal, então **L** será paralelo a $\boldsymbol{\omega}$ sempre que $\boldsymbol{\omega}$ aponte ao longo de um dos três eixos coordenados.

10.4 EIXOS PRINCIPAIS DE INÉRCIA

Vimos que, em geral, o momento angular de um corpo girando em torno de um ponto O não está na mesma direção que o eixo de rotação, ou seja, **L** não é paralelo a $\boldsymbol{\omega}$. Vimos também que, pelo menos para certos corpos, podem existir eixos para os quais **L** e $\boldsymbol{\omega}$ *são* paralelos. Quando isso acontece, dizemos que o eixo em questão é um **eixo principal**. Para expressar essa definição matematicamente, observe que dois vetores não nulos **a** e **b** são paralelos se e somente se $\mathbf{a} = \lambda \mathbf{b}$, para algum número real λ. Logo, podemos definir um eixo principal de um corpo (em torno da origem O) como qualquer eixo através de O com a propriedade de que, se $\boldsymbol{\omega}$ aponta ao longo do eixo, então

$$\mathbf{L} = \lambda \boldsymbol{\omega} \tag{10.65}$$

para algum número real λ. Para ver o significado do número λ nesta equação, podemos temporariamente escolher a direção de $\boldsymbol{\omega}$ como sendo a direção z, em cujo caso **L** é dado por (10.31) como $\mathbf{L} = (I_{xz}\,\omega, I_{yz}\,\omega, I_{zz}\,\omega)$. Como **L** é paralelo a $\boldsymbol{\omega}$, as duas primeiras componentes são zero e concluímos que $\mathbf{L} = (0, 0, I_{zz}\,\omega) = I_{zz}\,\boldsymbol{\omega}$. Comparando com (10.65), vemos que o número λ em (10.65) é o momento de inércia do corpo em torno do eixo em questão. Para resumir, se a velocidade angular $\boldsymbol{\omega}$ aponta ao longo de um eixo principal, então $\mathbf{L} = \lambda \boldsymbol{\omega}$, onde λ é o momento de inércia em torno do eixo em questão.

Vamos revisar o que já conhecemos sobre a existência de eixos principais. Vimos no final da última seção que, se o tensor de inércia **I**, com respeito a um conjunto de eixos escolhidos, for diagonal,

$$\mathbf{I} = \begin{bmatrix} \lambda_1 & 0 & 0 \\ 0 & \lambda_2 & 0 \\ 0 & 0 & \lambda_3 \end{bmatrix}, \tag{10.66}$$

então os eixos x, y, z são eixos principais. No sentido inverso, se os eixos x, y e z são eixos principais, então é fácil ver (Problema 10.29) que **I** deve ser diagonal, como em (10.66). Os três números que denotei por λ_1, λ_2 e λ_3 são os momentos de inércia em torno dos três eixos principais e são chamados de **momentos principais**.

Se um corpo tem um eixo de simetria passando por O (como o pião do Exemplo 10.3), então este eixo é um eixo principal. Além disso, quaisquer dois eixos perpendiculares ao eixo de simetria (como os eixos x e y no Exemplo 10.3) são também eixos principais, visto que o tensor de inércia com respeito a estes eixos é diagonal. Novamente, se um corpo tem dois planos perpendiculares com simetria de reflexão através de O (como o cubo girando em torno do seu centro,[8] no Exemplo 10.2), então os três eixos perpendiculares definidos por esses dois planos e O são eixos principais.

---

[8] O cubo tem *três* planos com simetria de reflexão, mas dois são suficientes para garantir o argumento posto aqui. Por exemplo, se o cone da Figura 10.6 fosse um cone elíptico, o eixo z não seria mais um eixo de simetria rotacional, mas os planos $x = 0$ e $y = 0$ ainda proveriam dois planos com simetria de reflexão e os três eixos coordenados ainda seriam eixos principais.

Até o momento, todos os exemplos de eixos principais envolveram corpos com simetrias especiais e você pode estar pensando que a existência de eixos principais está de alguma forma atrelada a um corpo tendo alguma simetria. Entretanto, de fato, isso não é exatamente assim. Embora simetrias de um corpo tornem muito mais fácil encontrar os eixos principais, acontece que *qualquer corpo rígido girando em torno de qualquer ponto possui três eixos principais*:

> **Existência de eixos principais**
>
> Para qualquer corpo rígido e qualquer ponto O, há três eixos principais perpendiculares através de O. Isto é, há três eixos perpendiculares através de O, com respeito aos quais o tensor de inércia **I** é diagonal e, portanto, quando a velocidade angular $\boldsymbol{\omega}$ aponta ao longo de qualquer um desses eixos, o mesmo é verdade para o momento angular **L**.

Esse resultado surpreendente é consequência de um importante teorema matemático que afirma que, se **I** é qualquer matriz real simétrica (como o tensor de inércia de algum corpo com respeito a qualquer escolha de um conjunto de eixos ortogonais), então existe outro conjunto de eixos ortogonais (com a mesma origem) tal que a matriz correspondente (chame-a de **I′**), calculada com respeito aos novos eixos, tem a forma diagonal (10.66). Esse resultado, que está demonstrado no apêndice, é extremamente útil, visto que a discussão do movimento rotacional é mais simples se ele for referenciado a um conjunto de eixos principais e o resultado garante que isso sempre pode ser feito. (É importante mencionar agora, no entanto, que os eixos principais de um corpo rígido estão, naturalmente, fixos ao corpo. Portanto, quando escolhemos os eixos principais como os eixos coordenados, estamos nos comprometendo a usar um conjunto de eixos em rotação.)

Embora não seja essencial verificar a demonstração da existência dos eixos principais, certamente precisamos conhecer como *obtê-los*, e isso é o que farei na próxima seção.

Energia cinética de um corpo em rotação

É importante sermos capazes de obter a energia cinética de um corpo em rotação. Deixarei um exercício desafiador (Problema 10.33) mostrar que

$$T = \tfrac{1}{2}\boldsymbol{\omega} \cdot \mathbf{L}. \tag{10.67}$$

Em particular, se usarmos o conjunto de eixos principais como o sistema de coordenadas, então $\mathbf{L} = (\lambda_1 \omega_1, \lambda_2 \omega_2, \lambda_3 \omega_3)$ e

$$T = \tfrac{1}{2}(\lambda_1 \omega_1^2 + \lambda_2 \omega_2^2 + \lambda_3 \omega_3^2). \tag{10.68}$$

Esse importante resultado é uma generalização natural da Equação (10.26), $T = \tfrac{1}{2}I_{zz}\omega^2$, para rotação em torno do eixo z fixo. Na Seção 10.9, usaremos esse resultado para escrever a Lagrangiana para um corpo em rotação.

10.5 DETERMINANDO OS EIXOS PRINCIPAIS: EQUAÇÕES DE AUTOVALOR

Suponha que desejemos determinar os eixos principais de um corpo rígido girando em torno de um ponto O. Suponha ainda que, usando algum conjunto de eixos dados, tenhamos calculado o tensor de inércia **I** para o corpo. Se **I** for diagonal, então os eixos já são os eixos principais do corpo e não há nada mais a ser feito. Suponha, entretanto, que **I** *não* seja diagonal. Como poderemos determinar os eixos principais? A sugestão fundamental é a Equação (10.65): se $\boldsymbol{\omega}$ aponta na direção de um eixo principal, então **L** dever ser igual a $\lambda\boldsymbol{\omega}$ (para algum número λ). Como $\mathbf{L} = \mathbf{I}\boldsymbol{\omega}$, segue que $\boldsymbol{\omega}$ deve satisfazer a equação

$$\mathbf{I}\boldsymbol{\omega} = \lambda\boldsymbol{\omega} \qquad (10.69)$$

para algum (ainda desconhecido) número λ. A Equação (10.69) tem a forma

$$(\text{matriz}) \times (\text{vetor}) = (\text{número}) \times (\text{mesmo vetor})$$

e é chamada de **equação de autovalor**. Equações de autovalor estão entre as mais importantes equações da física moderna e surgem em muitas áreas diferentes. Elas sempre expressam a mesma ideia, de que alguma operação matemática realizada sobre um vetor ($\boldsymbol{\omega}$ neste caso) produz um segundo vetor ($\mathbf{I}\boldsymbol{\omega}$ aqui) que tem a mesma direção do primeiro. Um vetor $\boldsymbol{\omega}$ que satisfaz (10.69) é chamado de **autovetor** e o número correspondente λ é o correspondente **autovalor**.

Na verdade, há duas partes para a resolução do problema do autovalor (10.69). Geralmente, desejamos conhecer as direções de $\boldsymbol{\omega}$ para as quais (10.69) é satisfeita (a saber, as direções dos eixos principais) e, na maioria dos casos, também desejamos conhecer os autovalores correspondentes (a saber, os momentos de inércia em torno dos eixos principais). Na prática, em geral, resolvemos essas duas partes do problema na ordem reversa – primeiro, determinamos os possíveis autovalores λ e, em seguida, determinamos as direções correspondentes de $\boldsymbol{\omega}$.

O primeiro passo na resolução da equação matricial (10.69) é reescrevê-la. Como $\boldsymbol{\omega} = \mathbf{1}\boldsymbol{\omega}$ (onde **1** é a matriz unitária 3×3), a Equação (10.69) é a mesma que $\mathbf{I}\boldsymbol{\omega} = \lambda\mathbf{1}\boldsymbol{\omega}$, ou, movendo o lado direito para o lado esquerdo, temos

$$(\mathbf{I} - \lambda\mathbf{1})\boldsymbol{\omega} = 0. \qquad (10.70)$$

Essa é uma equação matricial da forma $\mathbf{A}\boldsymbol{\omega} = 0$, onde **A** é uma matriz 3×3 e $\boldsymbol{\omega}$ é um vetor, isto é, uma matriz coluna 3×1, com elementos ω_x, ω_y e ω_z, e uma propriedade bastante conhecida dessa equação diz que ela possui uma solução não nula se e somente se o determinante de **A**, det(**A**), for zero.[9] Portanto, a equação de autovalor (10.70) possui uma solução não nula se e somente se

$$\det(\mathbf{I} - \lambda\mathbf{1}) = 0. \qquad (10.71)$$

---

[9] Veja, por exemplo, Mary Boas, *Mathematical Methods in the Physical Sciences* (Wiley, 1983), página 133.

Essa equação é chamada de **equação característica** (ou *equação secular*) para a matrix **I**. O determinante envolvido é um polinômio cúbico para o número λ. Portanto, a equação é uma equação cúbica para os autovalores λ e terá, em geral, três soluções, λ_1, λ_2 e λ_3, os três momentos principais. Para cada um desses valores de λ, a Equação (10.70) pode ser resolvida para obter o vetor correspondente $\boldsymbol{\omega}$, cuja direção é a direção de um dos três eixos principais do corpo rígido em consideração.

Se você nunca viu este procedimento para determinar os eixos principais (ou, mais geral, para resolução do problema do autovalor), certamente desejará ver um exemplo e resolver alguns deles. Aqui está um inicial.

Exemplo 10.4 Eixos principais de um cubo em torno de um vértice

Determine os eixos principais e os momentos correspondentes para o cubo do Exemplo 10.2, girando em torno do seu centro. Qual é a forma do tensor de inércia calculado com respeito aos eixos principais?

Usando eixos paralelos às arestas do cubo, determinamos o tensor de inércia como [Equação (10.49)]

$$\mathbf{I} = \mu \begin{bmatrix} 8 & -3 & -3 \\ -3 & 8 & -3 \\ -3 & -3 & 8 \end{bmatrix} \tag{10.72}$$

onde escrevi $\mu = Ma^2/12$, que tem a dimensão de momento de inércia. Como **I** não é diagonal, está claro que a escolha original de eixos (paralelos às arestas do cubo) não são os eixos principais. Para determinar os eixos principais, devemos encontrar as direções de $\boldsymbol{\omega}$ que satisfazem a equação de autovalor $\mathbf{I}\boldsymbol{\omega} = \lambda\boldsymbol{\omega}$.

O primeiro passo é determinar os valores de λ (os autovalores) que satisfazem a equação característica $\det(\mathbf{I} - \lambda\mathbf{1}) = 0$. Substituindo **I** por (10.72), obtemos

$$\mathbf{I} - \lambda\mathbf{1} = \begin{bmatrix} 8\mu & -3\mu & -3\mu \\ -3\mu & 8\mu & -3\mu \\ -3\mu & -3\mu & 8\mu \end{bmatrix} - \begin{bmatrix} \lambda & 0 & 0 \\ 0 & \lambda & 0 \\ 0 & 0 & \lambda \end{bmatrix}$$

$$= \begin{bmatrix} 8\mu - \lambda & -3\mu & -3\mu \\ -3\mu & 8\mu - \lambda & -3\mu \\ -3\mu & -3\mu & 8\mu - \lambda \end{bmatrix}.$$

O determinante dessa matriz é facil de calcular e resulta em

$$\det(\mathbf{I} - \lambda\mathbf{1}) = (2\mu - \lambda)(11\mu - \lambda)^2. \tag{10.73}$$

Logo, as três raízes da equação $\det(\mathbf{I} - \lambda\mathbf{1}) = 0$ (os autovalores) são

$$\lambda_1 = 2\mu \quad \text{e} \quad \lambda_2 = \lambda_3 = 11\mu. \tag{10.74}$$

Observe que, neste caso, duas das três raízes da equação cúbica (10.73) são iguais.

Munido dos autovalores, podemos agora determinar os autovetores, isto é, as direções dos três eixos principais do cubo girando em torno do seu vértice. Estas são determinadas pela Equação (10.70), que devemos examinar para cada um dos três autovalores λ_1, λ_2 e λ_3, respectivamente (embora neste caso os dois últimos sejam iguais). Iniciemos com λ_1.

Com $\lambda = \lambda_1 = 2\mu$, a Equação (10.70) torna-se

$$(\mathbf{I} - \lambda \mathbf{1})\boldsymbol{\omega} = \mu \begin{bmatrix} 6 & -3 & -3 \\ -3 & 6 & -3 \\ -3 & -3 & 6 \end{bmatrix} \begin{bmatrix} \omega_x \\ \omega_y \\ \omega_z \end{bmatrix} = 0. \quad (10.75)$$

Esta gera três equações para as componentes de $\boldsymbol{\omega}$,

$$\begin{aligned} 2\omega_x - \omega_y - \omega_z &= 0 \\ -\omega_x + 2\omega_y - \omega_z &= 0 \\ -\omega_x - \omega_y + 2\omega_z &= 0. \end{aligned} \quad (10.76)$$

Subtraindo a segunda equação da primeira, vemos que $\omega_x = \omega_y$, e a primeira nos diz que $\omega_x = \omega_z$. Portanto, $\omega_x = \omega_y = \omega_z$, e concluímos que o primeiro eixo principal está na direção (1, 1, 1) ao longo da diagonal principal do cubo. Se definirmos o vetor unitário $\mathbf{e}_1$ nessa direção,

$$\mathbf{e}_1 = \tfrac{1}{\sqrt{3}}(1, 1, 1), \quad (10.77)$$

então $\mathbf{e}_1$ especifica a direção do primeiro eixo principal. Se $\boldsymbol{\omega}$ aponta ao longo de $\mathbf{e}_1$, então $\mathbf{L} = \mathbf{I}\boldsymbol{\omega} = \lambda_1 \boldsymbol{\omega}$. Isso significa simplesmente que o momento de inércia em torno desse eixo principal é $\lambda_1 = 2\mu = \tfrac{1}{6}Ma^2$. Logo, a análise do primeiro autovalor leva à conclusão: um dos eixos principais do cubo, girando em torno de seu vértice O, é a diagonal principal através de O (direção $\mathbf{e}_1$) e o momento de inércia para este eixo é o autovalor correspondente $\tfrac{1}{6}Ma^2$.

Os dois outros autovalores são iguais ($\lambda_2 = \lambda_3 = 11\mu$), assim há apenas mais um caso a considerar. Com $\lambda = 11\mu$, a equação de autovalor (10.70) fica

$$(\mathbf{I} - \lambda \mathbf{1})\boldsymbol{\omega} = \mu \begin{bmatrix} -3 & -3 & -3 \\ -3 & -3 & -3 \\ -3 & -3 & -3 \end{bmatrix} \begin{bmatrix} \omega_x \\ \omega_y \\ \omega_z \end{bmatrix} = 0.$$

Essa produz três equações para as componentes de $\boldsymbol{\omega}$, mas todas as equações são, na verdade, a mesma equação:

$$\omega_x + \omega_y + \omega_z = 0. \quad (10.78)$$

Essa equação não determina unicamente a direção de $\boldsymbol{\omega}$. Para ver o que ela implica, observe que $\omega_x + \omega_y + \omega_z$ pode ser visto com um produto escalar de $\boldsymbol{\omega}$ com o vetor (1, 1, 1). Logo, a Equação (10.78) simplesmente diz que $\boldsymbol{\omega} \cdot \mathbf{e}_1 = 0$, isto é, $\boldsymbol{\omega}$ precisa apenas ser ortogonal ao eixo principal $\mathbf{e}_1$. Em outras palavras, quaisquer duas direções ortogonais $\mathbf{e}_2$ e $\mathbf{e}_3$ que sejam perpendiculares a $\mathbf{e}_1$ servirão como os outros dois eixos principais, ambos com momentos de inércia $\lambda_2 = \lambda_3 = 11\mu = \frac{11}{12}Ma^2$. Esse grau de liberdade na escolha dos dois últimos eixos principais está diretamente relacionado à circunstância de que os dois últimos autovalores λ_2 e λ_3 são iguais; quando os três autovalores são distintos, cada um leva a uma única direção para o eixo principal correspondente.

Finalmente, se tivéssemos que recalcular o tensor de inércia com respeito a novos eixos nas direções $\mathbf{e}_1$, $\mathbf{e}_2$ e $\mathbf{e}_3$, então a nova matriz $\mathbf{I}'$ seria diagonal, com os momentos principais na diagonal,

$$\mathbf{I}' = \begin{bmatrix} \lambda_1 & 0 & 0 \\ 0 & \lambda_2 & 0 \\ 0 & 0 & \lambda_3 \end{bmatrix} = \frac{1}{12}Ma^2 \begin{bmatrix} 2 & 0 & 0 \\ 0 & 11 & 0 \\ 0 & 0 & 11 \end{bmatrix}.$$

Por essa razão, o processo de determinação dos eixos principais de um corpo é descrito como **diagonalização do tensor de inércia**.

O último parágrafo deste exemplo ilustrou um aspecto interessante: no momento em que determinamos os eixos principais do corpo com os respectivos momentos principais, não há necessidade de recalcular o tensor de inércia com respeito a novos eixos. *Sabemos* que, com respeito aos eixos principais, ele está compelido a ser diagonal,

$$\mathbf{I}' = \begin{bmatrix} \lambda_1 & 0 & 0 \\ 0 & \lambda_2 & 0 \\ 0 & 0 & \lambda_3 \end{bmatrix}, \qquad (10.79)$$

com os momentos principais λ_1, λ_2 e λ_3 ao longo da diagonal. Em geral, os três momentos principais são todos distintos, em cujo caso as direções dos três eixos principais são individualmente determinadas e são automaticamente ortogonais (veja o Problema 10.38). Como vimos no Exemplo 10.4, pode acontecer que dois eixos principais assumam qualquer direção que seja ortogonal ao terceiro eixo. (Isso é o que aconteceu no Exemplo 10.4 e também o que acontece com qualquer corpo que tenha simetria rotacional em torno de um eixo através de O.) Se os três momentos principais são os mesmos (como com o cubo ou esfera em torno de seu centro), então, na verdade, *qualquer* eixo é um eixo principal. Para demonstrações dessas afirmações sobre a unicidade ou não dos eixos principais, veja o Problema 10.38.

10.6 PRECESSÃO DE UM PIÃO DEVIDO A UM TORQUE FRACO

Sabemos bastante sobre o momento angular de um corpo rígido para iniciarmos resolvendo alguns problemas interessantes. Iniciaremos com o fenômeno de precessão de um pião sujeito a um torque fraco.

Considere um pião simétrico, conforme ilustrado na Figura 10.7. Os eixos denominados x, y e z estão fixos no solo, com o eixo z vertical para cima. O pião está livre para

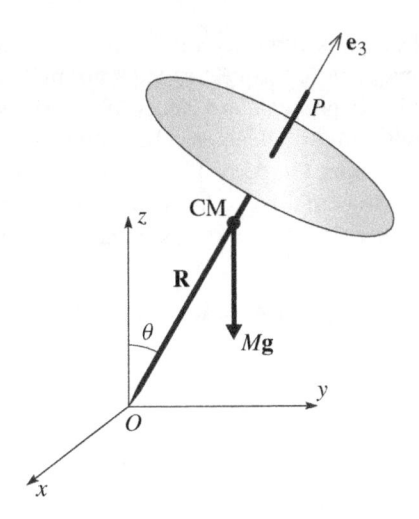

Figura 10.7 Um pião é feito por uma haste OP, normalmente presa através do centro de um disco circular uniforme, e livre para mover-se sobre sua ponta em O. Sua massa total é M e **R** denota a posição do CM relativa a O. Os eixos principais do pião estão nas direções do vetor unitário $\mathbf{e}_3$, ao longo do eixo de simetria do pião e de quaisquer dois vetores $\mathbf{e}_1$ e $\mathbf{e}_2$ ortogonais entre si e perpendiculares a $\mathbf{e}_3$. O peso do pião $M\mathbf{g}$ produz um torque que causa variação no momento angular **L**.

mover-se sobre sua ponta como sendo a origem O e forma um ângulo θ com a vertical. Como o pião possui uma simetria axial, o seu tensor de inércia é diagonal, com a forma

$$\mathbf{I} = \begin{bmatrix} \lambda_1 & 0 & 0 \\ 0 & \lambda_1 & 0 \\ 0 & 0 & \lambda_3 \end{bmatrix}, \tag{10.80}$$

relativa aos eixos principais do pião (a saber, um eixo ao longo de $\mathbf{e}_3$, o eixo de simetria e quaisquer dois eixos ortogonais entre si e perpendiculares a $\mathbf{e}_3$).

Vamos supor primeiro que a gravidade tenha sido desligada e que o pião esteja girando em torno de seu eixo de simetria, com velocidade angular $\boldsymbol{\omega} = \omega \mathbf{e}_3$ e momento angular

$$\mathbf{L} = \lambda_3 \boldsymbol{\omega} = \lambda_3 \omega \mathbf{e}_3. \tag{10.81}$$

Como não há um torque resultante sobre o pião, **L** é constante. Portanto, o pião irá continuar girando indefinidamente em torno do mesmo eixo com a mesma velocidade angular.[10]

Vamos agora ligar a gravidade de volta, causando um torque $\boldsymbol{\Gamma} = \mathbf{R} \times M\mathbf{g}$, com magnitude $RMg \, \text{sen}\theta$ e uma direção que é perpendicular a ambos os eixos vertical z e o eixo do pião. Vamos assumir, além disso, que esse torque seja pequeno. (Podemos assegurar isso considerando que alguns ou todos os parâmetros R, M ou g sejam pequenos se comparados com os outros parâmetros relevantes do sistema.) A existência de um torque implica que o momento angular começa a variar, pois $\boldsymbol{\Gamma} = \dot{\mathbf{L}}$.

---

[10] O fato de a velocidade angular permanecer constante não é tão óbvio assim. Entretanto, mostraremos isso mais adiante; assim; por favor, aceite por enquanto este fato como uma conjectura razoável.

A variação de **L** implica que **ω** começa a variar e que as componentes ω_1 e ω_2 deixam de ser zero. Entretanto, enquanto o torque for pequeno, podemos esperar que ω_1 e ω_2 permaneçam pequenos.[11] Isso significa que a Equação (10.81) permanece uma boa aproximação. (Ou seja, a principal contribuição para **L** continua sendo a rotação em torno de e_3.) Nessa aproximação, o torque **Γ** é perpendicular a **L** (visto que **Γ** é perpendicular a e_3), o que significa que **L** varia em direção, mas não em magnitude. De (10.81), vemos que e_3 começa a variar em direção, enquanto ω permanece constante. Especificamente, a equação $\dot{\mathbf{L}} = \mathbf{\Gamma}$ torna-se

$$\lambda_3 \omega \dot{\mathbf{e}}_3 = \mathbf{R} \times M\mathbf{g}$$

ou, substituindo $\mathbf{R} = R\mathbf{e}_3$ e $\mathbf{g} = -g\hat{\mathbf{z}}$ (onde $\hat{\mathbf{z}}$ é o vetor unitário que aponta verticalmente para cima),

$$\dot{\mathbf{e}}_3 = \frac{MgR}{\lambda_3 \omega} \hat{\mathbf{z}} \times \mathbf{e}_3 = \mathbf{\Omega} \times \mathbf{e}_3, \qquad (10.82)$$

onde

$$\mathbf{\Omega} = \frac{MgR}{\lambda_3 \omega} \hat{\mathbf{z}}. \qquad (10.83)$$

Você reconhecerá (10.82) como informando que o eixo do pião, $\mathbf{e}_3$, gira com velocidade angular **Ω** em torno da direção vertical $\hat{\mathbf{z}}$.

A conclusão é que o torque exercido pela gravidade causa a *precessão* do eixo do pião, isto é, faz com que ele se mova lentamente ao redor de um cone vertical, com ângulo θ fixo e com frequência angular $\Omega = RMg/\lambda_3 \omega$[12]. Essa precessão, embora seja uma surpresa em um primeiro momento, poderá ser entendida em termos elementares: na visão da Figura 10.7, o torque gravitacional é no sentido horário e o vetor torque **Γ** está entrando na página. Como $\dot{\mathbf{L}} = \mathbf{\Gamma}$, isso requer que a variação em **L** seja entrando na página, que é exatamente a direção prevista para a precessão.

Essa precessão do eixo de um corpo em rotação é um efeito que você já deve, certamente, ter observado quando era criança e brincava com um pião. O mesmo efeito surge em outras situações. Por exemplo, a Terra gira sobre o seu próprio eixo, muito semelhante ao pião, e o eixo de rotação está inclinado com um ângulo $\theta = 23°$ a partir do normal à órbita da Terra enquanto gira em torno do Sol. Devido ao abaulamento da Terra no equador, o Sol e a Lua exercem pequenos torques sobre ela e esses torques causam lentamente a precessão do eixo da Terra (um ciclo completo em 26.000 anos), seguindo um cone de abertura 23° em torno do normal ao plano orbital – um fenômeno conhecido como **precessão dos equinócios**. Isso significa que, depois de 13.000 anos, a estrela polar estará cerca de 46° afastada do norte verdadeiro.

---

[11] Novamente, esta declaração plausível deve ser (e será) demonstrada, mas vamos aceitá-la por enquanto.

[12] Talvez deva enfatizar novamente que a discussão aqui é uma aproximação; o critério de sua validade é que $\Omega \ll \omega$. Uma análise exata mostra que, se lançado como descrito aqui, o pião sofrerá pequenas oscilações, chamadas de mutações, na direção θ, embora, na prática, elas sejam rapidamente amortecidas devido ao atrito.

10.7 EQUAÇÕES DE EULER

Agora estamos prontos para estabelecer as equações de movimento (ou pelo menos uma forma das equações de movimento) para a rotação de um corpo rígido. As duas situações para as quais as nossas discussões serão principalmente aplicadas são estas: (1) um corpo que está pivotado em torno de um ponto fixo, como o pião da Seção 10.6 e (2) um corpo sem qualquer ponto fixo, como o bastão flutuando no ar, cujo movimento rotacional em torno do CM foi escolhido para estudo. As equações que deduzirei são chamdas equações de Euler (em homenagem ao mesmo matemático das equações de Euler-Lagrange do Capítulo 6) e podem ser consideradas como a versão rotacional da segunda lei de Newton na forma $m\mathbf{a} = \mathbf{F}$. Como você pode observar, há alguns problemas que podem ser facilmente resolvidos usando as equações de Euler. Entretanto, muitos problemas são mais facilmente resolvidos usando a formulação Lagrangiana, a qual será considerada na Seção 10.10.

Antes de nos lançarmos na dedução das equações de Euler, há uma complicação que devemos enfrentar. Para tirar vantagem do nosso conhecimento sobre o tensor de inércia e, particularmente dos eixos principais, desejamos, naturalmente, usar os eixos principais do corpo como os eixos coordenados. No entanto, como os eixos principais estão fixados ao corpo em rotação, isso inevitavelmente nos leva a usar eixos que giram. Portanto, precisamos usar a ferramenta do Capítulo 9 para lidar com referenciais em rotação. A notação que usarei está ilustrada na Figura 10.8. Para um referencial inercial, no qual as leis de Newton são válidas na sua forma mais simples, usaremos os eixos denominados x, y e z. Esse referencial é tradicionalmente chamado de **referencial do espaço**, presumidamente porque ele está fixado no espaço – isto é, inercial. O referencial em rotação é definido por três vetores unitários, $\mathbf{e}_1$, $\mathbf{e}_2$ e $\mathbf{e}_3$, fixos no corpo e apontando ao longo os eixos principais do corpo. Este referencial, fixo no corpo, é chamado de **referencial do corpo**.

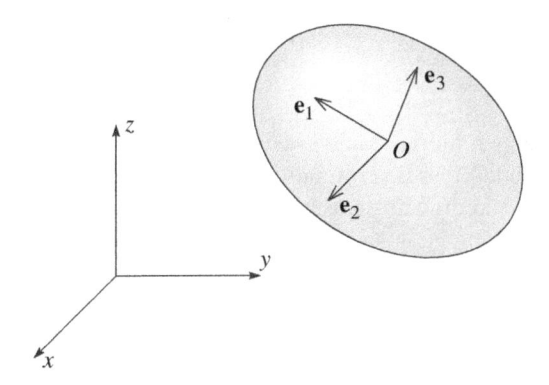

Figura 10.8 Eixos usados para deduzir as equações de Euler para um corpo rígido em rotação. Os eixos rotulados x, y e z definem um referencial inercial, frequentemente chamado de *referencial do espaço*. Os vetores unitários, $\mathbf{e}_1$, $\mathbf{e}_2$ e $\mathbf{e}_3$ apontam ao longo dos eixos principais do corpo e definem o *referencial do corpo* não inercial em rotação. Se o corpo não tem ponto fixo (como um ovo lançado ao ar), então O é normalmente escolhido como sendo o CM do corpo. Se o corpo tem um ponto de pivotamento fixo, então O é o ponto fixo e geralmente o escolhemos como sendo a origem de ambos os referenciais.

Se a velocidade angular do corpo é $\boldsymbol{\omega}$ e os momentos principais do corpo são λ_1, λ_2 e λ_3, então o momento angular, medido no referencial do corpo, é

$$\mathbf{L} = (\lambda_1\omega_1, \lambda_2\omega_2, \lambda_3\omega_3), \qquad \text{[no referencial do corpo].} \qquad (10.84)$$

Agora, se $\boldsymbol{\Gamma}$ é o torque agindo sobre o corpo, sabemos que, *conforme visto no referencial do espaço*,

$$\left(\frac{d\mathbf{L}}{dt}\right)_{\text{espaço}} = \boldsymbol{\Gamma}. \qquad (10.85)$$

Vimos, no Capítulo 9, que as taxas de variação de qualquer vetor visto em dois referenciais estão relacionadas por (9.30)

$$\left(\frac{d\mathbf{L}}{dt}\right)_{\text{espaço}} = \left(\frac{d\mathbf{L}}{dt}\right)_{\text{corpo}} + \boldsymbol{\omega} \times \mathbf{L}$$

$$= \dot{\mathbf{L}} + \boldsymbol{\omega} \times \mathbf{L} \qquad (10.86)$$

onde, na segunda linha, reintroduzi a convenção de que um ponto representa a derivada com respeito ao tempo calculada no referencial do corpo em rotação (cuja velocidade angular é $\boldsymbol{\omega}$, a velocidade angular do próprio corpo). Substituindo (10.86) em (10.85), chegamos à equação de movimento no referencial do corpo em rotação:

$$\dot{\mathbf{L}} + \boldsymbol{\omega} \times \mathbf{L} = \boldsymbol{\Gamma}. \qquad (10.87)$$

Essa equação é chamada de **equação de Euler**. Usando (10.84), podemos decompor a equação de Euler em suas três componentes:

$$\left.\begin{array}{l} \lambda_1\dot{\omega}_1 - (\lambda_2 - \lambda_3)\omega_2\omega_3 = \Gamma_1 \\ \lambda_2\dot{\omega}_2 - (\lambda_3 - \lambda_1)\omega_3\omega_1 = \Gamma_2 \\ \lambda_3\dot{\omega}_3 - (\lambda_1 - \lambda_2)\omega_1\omega_2 = \Gamma_3 \end{array}\right\} \qquad \text{[equações de Euler]} \qquad (10.88)$$

que são frequentemente referidas como as equações de Euler.

As três equações de Euler determinam a evolução de $\boldsymbol{\omega}$ vista no referencial fixo no corpo. Em geral, elas são difíceis de usar porque as componentes Γ_1, Γ_2 e Γ_3 do torque aplicado, vistas no referencial do corpo em rotação, são funções complicadas (e desconhecidas) do tempo. Na verdade, o principal uso das equações de Euler é no caso em que o torque aplicado é zero, como discutirei na próxima seção. Entretanto, há algumas poucas ocasiões em que o torque é simples o suficiente de modo que podemos obter informações úteis a partir das equações de Euler. Por exemplo, considere novamente o pião da Seção 10.6. Como vimos naquela ocasião, o torque gravitacional sobre o pião é sempre perpendicular ao eixo $\mathbf{e}_3$, assim, Γ_3 é sempre zero. Além disso, como o pião é axialmente simétrico, os dois momentos de inércia λ_1 e λ_2 são iguais. Portanto, a terceira das equações de Euler (10.88) reduz-se a

$$\lambda_3\dot{\omega}_3 = 0.$$

Ou seja, a componente de $\boldsymbol{\omega}$ ao longo do eixo de simetria é constante, um resultado que defini como razoável, mas não demonstrei, na discussão da Seção 10.6.[13]

10.8 EQUAÇÕES DE EULER COM TORQUE ZERO

Vamos agora considerar um corpo girando sujeito a um torque nulo. Nesse caso, as equações de Euler (10.88) assumem a forma simples

$$\left. \begin{array}{l} \lambda_1 \dot{\omega}_1 = (\lambda_2 - \lambda_3)\omega_2\omega_3 \\ \lambda_2 \dot{\omega}_2 = (\lambda_3 - \lambda_1)\omega_3\omega_1 \\ \lambda_3 \dot{\omega}_3 = (\lambda_1 - \lambda_2)\omega_1\omega_2 \end{array} \right\}. \tag{10.89}$$

Discutirei essas equações, primeiro para o caso em que os três momentos principais λ_1, λ_2 e λ_3 são todos distintos e, em seguida, para o caso em que $\lambda_1 = \lambda_2 \neq \lambda_3$ (como no caso do pião).

Um corpo com três momentos principais distintos

Vamos supor primeiramente que os momentos principais do corpo em consideração sejam todos distintos. Se, no instante $t = 0$, o corpo está girando em torno de um dos seus eixos principais (digamos $\mathbf{e}_3$), então $\omega_1 = \omega_2 = 0$ em $t = 0$. Agora, com $\omega_1 = \omega_2 = 0$, os lados direitos das três equações de Euler (10.89) são zero. Isso mostra que, desde que ω_1 e ω_2 sejam zero, as três componentes de $\boldsymbol{\omega}$ permanecem constantes. Isto é, ω_1 e ω_2 permanecem zero e ω_3 é constante. Em outras palavras, se o corpo começa a rotação em torno de um dos seus eixos principais, ele permanecerá assim, com velocidade angular constante $\boldsymbol{\omega}$. Essa assertiva aplica-se, em primeiro lugar, à velocidade angular conforme medida no referencial do corpo em rotação. Entretanto, com $\boldsymbol{\omega}$ ao longo de $\mathbf{e}_3$, o momento angular é $\mathbf{L} = \lambda_3 \boldsymbol{\omega}$, e sabemos que $\mathbf{L}$ é constante visto de qualquer referencial inercial. Logo, o resultado se aplica igualmente em qualquer referencial inercial: se um corpo, que não está sujeito a um torque, estiver, a princípio, girando em torno de qualquer um dos seus eixos principais, ele continuará assim indefinidamente com velocidade angular constante.

A inversa deste resultado também é verdadeira. Se no instante $t = 0$, a velocidade angular *não* estiver ao longo de um eixo principal, então $\boldsymbol{\omega}$ não é constante. Para ver isso, observe primeiro que, se $\boldsymbol{\omega}$ não estiver ao longo de um eixo principal, então pelo menos duas de suas componentes não são nulas. Se você olhar para as equações de Euler (10.89), verá que, com duas componentes de $\boldsymbol{\omega}$ não nulas, pelo menos uma componente de $\dot{\boldsymbol{\omega}}$ deve ser não nula. (Por exemplo, se ω_1 e ω_2 são não nulas, então $\dot{\omega}_3 \neq 0$.) Portanto, com duas de suas componentes não nulas, $\boldsymbol{\omega}$ não pode ser constante.

---

[13] A outra declaração relevante naquela discussão – de que as componentes ω_1 e ω_2 permanecem pequenas durante todo o tempo – também pode ser entendida usando as equações de Euler. As componentes Γ_1 e Γ_2 do torque são não nulas, que é o que impele ω_1 e ω_2. Entretanto, são pequenas e *oscilam rapidamente* à medida que o pião gira. É razoavelmente simples de ver que, sob tais condições, a primeira das duas equações de Euler em (10.88) requer que ω_1 e ω_2 também oscilem rapidamente e com *pequena amplitude*. Esse é o resultado exigido.

Concluímos que a única forma como um corpo com três momentos principais distintos pode girar livremente com velocidade angular constante é girando em torno de um dos seus eixos principais. É interessante saber se esse tipo de rotação é estável, isto é, se um corpo está girando em torno de um dos eixos principais e é dado a ele um pequeno impulso, continuará girando próximo do eixo de rotação original, ou se seu movimento mudará completamente? Vamos supor que o corpo esteja girando em torno do eixo $\mathbf{e}_3$, com $\omega_1 = \omega_2 = 0$. Se agora dermos um pequeno impulso, então ω_1 e ω_2 irão assumir valores não nulos que são, pelo menos inicialmente, pequenos. A questão é se os valores de ω_1 e ω_2 irão permanecer pequenos ou começar a crescer demasiadamente. Para responder a essa questão, observamos da terceira equação de Euler (10.89) que, desde que ω_1 e ω_2 sejam pequenas, ω_3 permanecerá muito pequena ("pequeno × pequeno"). Assim, inicialmente, é pelo menos uma boa aproximação considerarmos ω_3 como sendo constante. Nesse caso, as duas equações de Euler tornam-se

$$\left. \begin{array}{l} \lambda_1 \dot{\omega}_1 = [(\lambda_2 - \lambda_3)\omega_3]\omega_2 \\ \lambda_2 \dot{\omega}_2 = [(\lambda_3 - \lambda_1)\omega_3]\omega_1 \end{array} \right\} \quad (10.90)$$

onde os coeficientes nos colchetes são (aproximadamente) constantes. Essas equações acopladas de primeira ordem para ω_1 e ω_2 são facilmente resolvidas. Talvez, o método mais simples seja derivar a primeira equação uma vez e em seguida substituir a segunda, para obter

$$\ddot{\omega}_1 = -\left[\frac{(\lambda_3 - \lambda_2)(\lambda_3 - \lambda_1)}{\lambda_1 \lambda_2} \omega_3^2 \right] \omega_1. \quad (10.91)$$

Se o coeficiente no colchete for positivo, a solução para ω_1 será um seno ou um cosseno no tempo, e ω_1 iniciará uma pequena oscilação, retornando repetidamente ao zero. De acordo com a primeira equação de (10.90), ω_2 é proporcional a $\dot{\omega}_1$, assim, sob as mesmas condições, ω_2 sofre analogamente pequenas oscilações. Para ver o que tais condições implicam, observe que o coeficiente em (10.91) será positivo se λ_3 for maior do que λ_1 e λ_2 ou menor que λ_1 e λ_2. Portanto, mostramos que, se o corpo está girando em torno do eixo principal com o maior momento ou com o menor momento, o movimento é estável com respeito a pequenas perturbações.

Por outro lado, se λ_3 está entre λ_1 e λ_2, o coeficiente no colchete em (10.91) é negativo e a solução para ω_1 é uma exponencial real, que se move rapidamente para longe de zero[14]. Como $\omega_2 \propto \dot{\omega}_1$, o mesmo é verdade para ω_2, e chegamos à seguinte conclusão: para um corpo girando livremente, a rotação em torno do eixo principal com o momento intermediário (λ_3 menor do que λ_1, mas maior do que λ_2 ou vice-versa) é instável. Você pode testar esta interessante afirmação com um livro, amarrando-o fechado com uma liga elástica. Se você atirar o livro para cima dando a ele um giro em torno do eixo máximo ou mínimo, ele continuará girando estavelmente em torno do eixo. Se você der

---

[14] Há uma pequena sutileza que pode ser importante mencionar: a solução para ω_1 é uma combinação de duas exponenciais, $e^{\pm \alpha t}$, e você pode pensar que o caso especial de um decaimento puro exponencial, $e^{-\alpha t}$, era uma exceção do meu argumento. Entretanto, essa solução é excluída devido às condições iniciais: se for dado ao corpo um pequeno impulso a partir de $\omega_1 = 0$, então ω_1 e $\dot{\omega}_1$ devem ter os mesmos sinais, enquanto para um decaimento puro exponencial eles têm sinais opostos.

a ele um giro em torno do eixo intermediário, ele cairá desordenadamente (e será muito mais difícil de agarrá-lo).

Movimento de um corpo com dois momentos iguais: precessão livre

É possível obter a solução completa das equações de Euler (10.89) para um corpo girando livremente com três momentos principais diferentes, mas ela é complicada e pouco esclarecedora. Se dois dos três momentos principais forem iguais (como no caso do pião), o problema correspondente será muito mais simples e bastante interessante. Portanto, vamos considerar esse caso e supor que os dois primeiros sejam iguais, $\lambda_1 = \lambda_2$. A simplificação crucial para esse caso é que a terceira das equações de Euler (10.89) torna-se

$$\dot{\omega}_3 = 0.$$

Isto é, ω_3, a terceira componente da velocidade angular (conforme medida no referencial do corpo), é constante,

$$\omega_3 = \text{const}.$$

Sabendo que ω_3 é constante, podemos agora reescrever as duas primeiras equações de Euler da forma

$$\left.\begin{aligned}\dot{\omega}_1 &= \frac{(\lambda_1 - \lambda_3)\omega_3}{\lambda_1}\omega_2 = \Omega_b \omega_2 \\ \dot{\omega}_2 &= -\frac{(\lambda_1 - \lambda_3)\omega_3}{\lambda_1}\omega_1 = -\Omega_b \omega_1\end{aligned}\right\}, \qquad (10.92)$$

onde defini a frequência constante

$$\Omega_b = \frac{\lambda_1 - \lambda_3}{\lambda_1}\omega_3. \qquad (10.93)$$

(O subscrito "b" serve para indicar corpo (*body*), por razões que você verá em seguida.) As equações acopladas (10.92) para ω_1 e ω_2 são facilmente resolvidas pelo truque familiar de por $\omega_1 + i\,\omega_2 = \eta$, que reduz (10.92) a

$$\dot{\eta} = -i\Omega_b \eta,$$

e então

$$\eta = \eta_0 e^{-i\Omega_b t}.$$

Se escolhermos os eixos de modo que $\omega_1 = \omega_o$ e $\omega_2 = 0$ em $t = 0$, então $\eta_o = \omega_o$ e, tomando as partes reais e imaginárias de η, obtemos a solução completa

$$\boldsymbol{\omega} = (\omega_o \cos \Omega_b t, \, -\omega_o \operatorname{sen} \Omega_b t, \, \omega_3) \qquad (10.94)$$

com ω_o e ω_3 constantes. As duas componentes ω_1 e ω_2 giram com velocidade angular Ω_b, enquanto ω_3 permanece constante. Como ω_o e ω_3 são constantes, da mesma forma é o ângulo α entre $\boldsymbol{\omega}$ e $\mathbf{e}_3$. Portanto, visto no referencial do corpo, $\boldsymbol{\omega}$ se move uniformemente ao redor de um cone, chamado de **cone do corpo**, com frequência Ω_b dada por (10.93), conforme indicado na Figura 10.9(a).

(a) Referencial do corpo   (b) Referencial do espaço

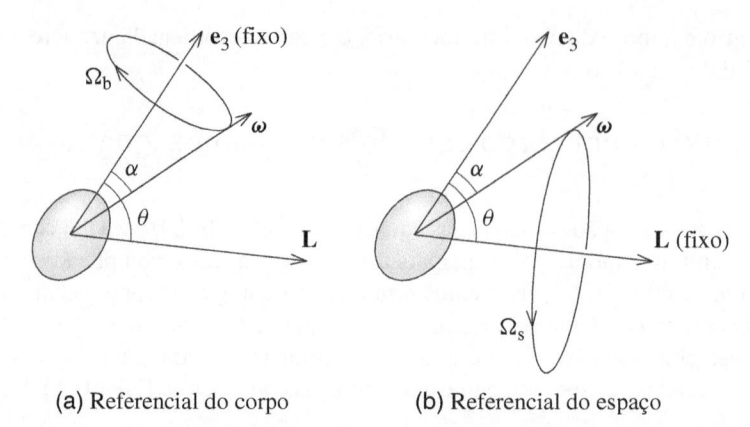

Figura 10.9 Um corpo axialmente simétrico (ilustrado aqui com um esferoide prolato ou sólido com "formato de ovo") está girando com velocidade angular ω, em uma direção distinta de qualquer eixo principal. (a) Visto no referencial do corpo, ω e **L** fazem uma precessão em torno do eixo de simetria, e_3, com frequência angular Ω_b dada por (10.93). (b) Visto no referencial do espaço, **L** está fixo e ω e e_3 fazem uma precessão em torno de **L** com frequência Ω_s dada por (10.96).

O momento angular **L** é dado por

$$\mathbf{L} = (\lambda_1 \omega_1, \lambda_1 \omega_2, \lambda_3 \omega_3)$$
$$= (\lambda_1 \omega_0 \cos \Omega_b t, -\lambda_1 \omega_0 \operatorname{sen} \Omega_b t, \lambda_3 \omega_3). \quad (10.95)$$

Uma comparação entre (10.94) e (10.95) deverá convencê-lo de que os três vetores, ω, **L** e e_3, estão sobre um mesmo plano, com os ângulos entre quaisquer dois deles sendo constantes no tempo. (Mostramos isso para o referencial do corpo, porém isso significa que é verdade em qualquer referencial.) Logo, visto no referencial do corpo, ω e **L** fazem uma precessão ao redor de e_3 com a mesma taxa Ω_b.

Para determinar o que acontece visto no referencial do espaço, observe que em qualquer referencial inercial o vetor **L** é constante. Portanto, visto no referencial do espaço, o plano contendo ω, **L** e e_3 deve girar em torno de **L**, e os dois vetores ω e e_3 fazem uma precessão em torno de **L**, como ilustrado na Figura 10.9(b). Em particular, no referencial do espaço, ω delineia um cone, chamado de **espaço do cone**, em torno do qual o corpo do cone circula. Deixo como um exercício muito difícil (Problema 10.46) mostrar que a taxa de precessão de ω em torno do espaço do cone pode ser expressa de várias maneiras, das quais a mais simples é esta:

$$\Omega_s = \frac{L}{\lambda_1}. \quad (10.96)$$

Observe bem que a **precessão livre** deduzida aqui não tem nada a ver com qualquer torque externo sobre um corpo em rotação. Pelo contrário, deduzimos isso para um corpo que *não* estava sujeito a torque externo. Um exemplo interessante dessa precessão é oferecido pela Terra. Já mencionei que o Sol e a Lua produzem um pequeno torque sobre o abaulamento equatorial da Terra e que esse torque causa a precessão dos equinócios, a precessão do eixo polar com período de 16.000 anos. Mas o abaulamento equatorial também significa que o momento de inércia da Terra em torno do eixo polar é maior do que os outros dois momentos principais, por cerca de 1 parte em 300. De acordo com (10.93), isso deve implicar uma precessão (a menos que a rotação da Terra fosse *perfeitamente* alinhada com o eixo principal) com frequência $\Omega_b = \omega_3/300$. Como ω_3 representa uma revolução por dia, Ω_b deve corresponder a uma revolução a cada 300 dias. Uma bamboleio mínimo do eixo polar (por menos de um arco de segundo) foi descoberto pelo astrônomo amador americano Seth Chandler (1846-1913). Este **bamboleio de Chandler** parece ser devido à precessão livre discutida aqui, embora seu período esteja mais para 400 dias, supostamente porque a Terra não é um corpo perfeitamente rígido.

10.9 ÂNGULOS DE EULER*

*Seções marcadas com um asterisco tratam de conteúdos que normalmente são um pouco mais avançados, então podem ser omitidas em uma primeira leitura.

O problema das equações de Euler (10.88) é que elas se referem a eixos fixos sobre o corpo e, exceto em problemas muito simples, tais eixos são demasiadamente desconfortáveis de se trabalhar. Devemos conseguir equações de movimento relativas a um referencial do espaço sem rotação e, antes de podermos fazer isso, precisamos estabelecer um conjunto de coordenadas que especifiquem a orientação do corpo relativa a tal referencial. Há várias formas de fazê-lo, todas surpreendentemente desajeitadas, mas de longe a mais popular e útil se deve a Euler (outra vez!) e especifica a orientação de um corpo rígido por três *ângulos de Euler*. Em muitas aplicações, o corpo de interesse gira em torno de um ponto fixo, e neste caso (o único caso que iremos considerar em detalhes), naturalmente escolhemos o ponto fixo como sendo a origem O de ambos os eixos do corpo e do espaço. Como antes, os vetores da base do referencial do espaço serão chamados de $\hat{\mathbf{x}}$, $\hat{\mathbf{y}}$ e $\hat{\mathbf{z}}$. Para o referencial do corpo, usaremos os eixos principais do corpo, com direções $\mathbf{e}_1$, $\mathbf{e}_2$ e $\mathbf{e}_3$. Se dois dos momentos principais forem iguais, iremos considerá-los como sendo os números 1 e 2, de modo que $\lambda_1 = \lambda_2$, e nos referiremos à terceira direção $\mathbf{e}_3$ como o eixo de simetria. Vamos imaginar o corpo orientado inicialmente com os seus três eixos posto ao longo dos eixos do espaço correspondentes ($\mathbf{e}_1$ ao longo de $\hat{\mathbf{x}}$ e assim por diante). Veremos que uma sequência de três rotações, por meio dos ângulos θ, ϕ e ψ em torno

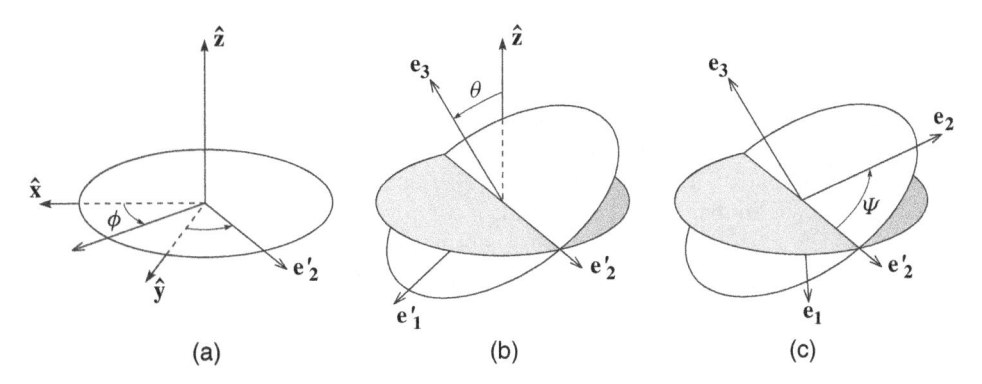

Figura 10.10 Definição dos ângulos de Euler θ, ϕ e ψ. Começando com os eixos do corpo $\mathbf{e}_1$, $\mathbf{e}_2$ e $\mathbf{e}_3$, e com os ângulos do espaço $\hat{\mathbf{x}}$, $\hat{\mathbf{y}}$ e $\hat{\mathbf{z}}$ alinhados, as três rotações sucessivas levam os eixos do corpo para qualquer orientação prescrita.

de três eixos diferentes, pode levar o corpo a ter qualquer orientação desejada e que os ângulos (θ, ϕ, ψ) especificam uma orientação única do corpo. Em particular, os ângulos θ e ϕ serão exatamente os ângulos polares do eixo $\mathbf{e}_3$ relativo ao referencial do espaço.

Passo (a). Começando com os eixos do corpo alinhados com os eixos do espaço, primeiro giramos o corpo por um ângulo ϕ em torno do eixo $\hat{\mathbf{z}}$, como ilustrado no primeiro referencial da Figura 10.10. Isso rotaciona o primeiro e segundo eixos do corpo no plano xy. Em particular, o segundo eixo do corpo agora aponta na direção denotada por $\mathbf{e}'_2$.

Passo (b). Em seguida, gire o corpo por um ângulo θ em torno do novo eixo $\mathbf{e}'_2$. Isso move o eixo do corpo $\mathbf{e}_3$ para a direção cujos ângulos polares são θ e ϕ. Eventualmente, os dois primeiros passos podem levar o eixo $\mathbf{e}_3$ do corpo para qualquer direção desejada e, com $\mathbf{e}_3$ nesta posição, o único grau de liberdade que permanece é uma rotação em torno de $\mathbf{e}_3$.

Passo (c). Finalmente, giraremos o corpo em torno de $\mathbf{e}_3$ por qualquer que seja o ângulo ψ necessário para levar os eixos $\mathbf{e}_2$ e $\mathbf{e}_1$ do corpo nas suas direções especificadas, como ilustrado no terceiro referencial da Figura 10.10.

Os três ângulos (θ, ϕ, ψ) são os **ângulos de Euler**[15] que especificam a orientação do corpo. Antes de poder usá-los, devemos calcular alguns parâmetros em termos deles, iniciando com a velocidade angular $\boldsymbol{\omega}$. Para determinar $\boldsymbol{\omega}$, observe que podemos considerar os passos da Figura 10.10 como definindo uma sequência de quatro referenciais, começando com os eixos do espaço definidos por $\hat{\mathbf{x}}$, $\hat{\mathbf{y}}$ e $\hat{\mathbf{z}}$, e movendo via dois referenciais intermediários para finalizar com os eixos do corpo definidos por $\mathbf{e}_1$, $\mathbf{e}_2$ e $\mathbf{e}_3$. Para determinar a velocidade angular dos eixos do corpo relativa aos eixos do espaço, temos apenas que determinar a velocidade de cada um desses referenciais relativa ao seu predecessor e formar sua soma vetorial. [Lembre-se de que velocidades angulares relativas são somadas conforme observado em (9.25).] À medida que ϕ varia, o referencial definido pelo passo (a) gira com velocidade angular $\boldsymbol{\omega}_a = \dot{\phi}\hat{\mathbf{z}}$ relativa aos eixos espaciais. Analogamente, a velocidade angular do referencial definido no passo (b) relativo a seu predecessor é $\boldsymbol{\omega}_b = \dot{\theta}\mathbf{e}'_2$, e aquele do referencial do corpo no passo (c) é $\boldsymbol{\omega}_c = \dot{\psi}\mathbf{e}_3$. Portanto, a velocidade angular necessária do referencial do corpo relativa ao referencial do espaço é

$$\boldsymbol{\omega} = \boldsymbol{\omega}_a + \boldsymbol{\omega}_b + \boldsymbol{\omega}_c = \dot{\phi}\hat{\mathbf{z}} + \dot{\theta}\mathbf{e}'_2 + \dot{\psi}\mathbf{e}_3. \qquad (10.97)$$

Essa equação expressa $\boldsymbol{\omega}$ em termos de uma combinação um tanto confusa de vetores unitários, mas é uma simples questão de reescrevê-los em termos de vetores unitários de qualquer um dos referenciais (Problema 10.48).

Para determinar o momento angular ou energia cinética, precisamos, em geral, determinar as componentes de $\boldsymbol{\omega}$ relativa aos eixos principais $\mathbf{e}_1$, $\mathbf{e}_2$ e $\mathbf{e}_3$. Entretanto, se você está disposto a considerar apenas o caso simétrico com $\lambda_1 = \lambda_2$, não temos que fazer nem mesmo isso. O ponto é que com $\lambda_1 = \lambda_2$ qualquer um dos dois eixos perpendiculares no plano de $\mathbf{e}_1$ e $\mathbf{e}_2$ é também eixo principal. Logo, em vez de $\mathbf{e}_1$, $\mathbf{e}_2$ e $\mathbf{e}_3$, podemos usar os eixos $\mathbf{e}'_1$, $\mathbf{e}'_2$ e $\mathbf{e}'_3$, onde $\mathbf{e}'_1$ e $\mathbf{e}'_2$ estão ilustrados no segundo referencial da Figura 10.10. Essa escolha tem a vantagem de que os dois últimos termos em (10.97) não precisam de conversão e, como (você deve verificar),

---

[15] Tenha cuidado com as várias convenções usadas na definição dos ângulos de Euler. A convenção adotada aqui é mais popular na mecânica quântica, porém um pouco menos entre os autores da mecânica clássica. Ela tem a grande vantagem de que θ e ϕ são exatamente os ângulos polares do eixo do corpo $\mathbf{e}_3$.

$$\hat{\mathbf{z}} = (\cos\theta)\mathbf{e}_3 - (\text{sen}\,\theta)\mathbf{e}'_1, \qquad (10.98)$$

obtemos

$$\boldsymbol{\omega} = (-\dot\phi\,\text{sen}\,\theta)\mathbf{e}'_1 + \dot\theta\mathbf{e}'_2 + (\dot\psi + \dot\phi\cos\theta)\mathbf{e}_3. \qquad (10.99)$$

Conhecendo a velocidade angular $\boldsymbol{\omega}$ com respeito a um conjunto de eixos principais, podemos deduzir o momento angular $\mathbf{L}$ e a energia cinética T. O momento angular é $\mathbf{L} = (\lambda_1\omega_1, \lambda_2\omega_2, \lambda_3\omega_3)$ (relativo a qualquer conjunto de eixos principais). Portanto, neste caso,

$$\mathbf{L} = (-\lambda_1\dot\phi\,\text{sen}\,\theta)\mathbf{e}'_1 + \lambda_1\dot\theta\mathbf{e}'_2 + \lambda_3(\dot\psi + \dot\phi\cos\theta)\mathbf{e}_3. \qquad (10.100)$$

Para alusão futura, observe que a componente de $\mathbf{L}$ ao longo do eixo $\mathbf{e}_3$ do corpo é

$$L_3 = \lambda_3\omega_3 = \lambda_3(\dot\psi + \dot\phi\cos\theta). \qquad (10.101)$$

Também, como você pode verificar (Problema 10.49), a componente ao longo do eixo $\hat{\mathbf{z}}$ do espaço é

$$L_z = \lambda_1\dot\phi\,\text{sen}^2\theta + \lambda_3(\dot\psi + \dot\phi\cos\theta)\cos\theta \qquad (10.102)$$

$$= \lambda_1\dot\phi\,\text{sen}^2\theta + L_3\cos\theta, \qquad (10.103)$$

onde na segunda linha usei (10.101). Da mesma forma, para alusão futura, observe que podemos resolver (10.103) para $\dot\phi$ em termos de θ, L_z e L_3:

$$\dot\phi = \frac{L_z - L_3\cos\theta}{\lambda_1\,\text{sen}^2\theta}. \qquad (10.104)$$

Vimos em (10.68) que a energia cinética é $T = \frac{1}{2}(\lambda_1\omega_1^2 + \lambda_2\omega_2^2 + \lambda_3\omega_3^2)$. Logo, para um corpo cujos primeiros dois momentos principais são iguais, (10.99) resulta em

$$T = \tfrac{1}{2}\lambda_1(\dot\phi^2\,\text{sen}^2\theta + \dot\theta^2) + \tfrac{1}{2}\lambda_3(\dot\psi + \dot\phi\cos\theta)^2. \qquad (10.105)$$

Deveremos usar esse resultado em seguida para obtermos a Lagrangiana de um pião.

10.10 MOVIMENTO DE UM PIÃO*

Equações de Lagrange

Para ilustrar o uso dos ângulos de Euler, vamos retornar à discussão do pião simétrico da Seção 10.6, ilustrado na Figura 10.7. O movimento desse sistema é mais facilmente resolvido usando o formalismo Lagrangiano, assim começaremos deduzindo a Lagrangiana $\mathcal{L} = T - U$. A energia cinética é dada por (10.105), enquanto a energia potencial é $U = MgR\cos\theta$. Portanto, a Lagrangiana do pião é

$$\mathcal{L} = \tfrac{1}{2}\lambda_1(\dot\phi^2\,\text{sen}^2\,\theta + \dot\theta^2) + \tfrac{1}{2}\lambda_3(\dot\psi + \dot\phi\cos\theta)^2 - MgR\cos\theta. \quad (10.106)$$

Com três coordenadas generalizadas, há três equações de Lagrange. A equação θ é

$$\lambda_1\ddot\theta = \lambda_1\dot\phi^2\,\text{sen}\,\theta\cos\theta - \lambda_3(\dot\psi + \dot\phi\cos\theta)\dot\phi\,\text{sen}\,\theta + MgR\,\text{sen}\,\theta \quad \text{[equação }\theta\text{]}.$$
$$(10.107)$$

As equações ϕ e ψ são mais simples porque nem ϕ nem ψ aparecem em $\mathcal{L}$, de forma que ϕ e ψ são coordenadas cíclicas e os momentos generalizados são constantes. Para p_ϕ, temos

$$p_\phi = \frac{\partial\mathcal{L}}{\partial\dot\phi} = \lambda_1\dot\phi\,\text{sen}^2\,\theta + \lambda_3(\dot\psi + \dot\phi\cos\theta)\cos\theta = \text{const} \quad \text{[equação }\phi\text{]}. \quad (10.108)$$

Comparando com (10.102), vemos que o momento generalizado p_ϕ é justamente a componente L_z do momento angular e o fato de p_ϕ ser constante é justamente a afirmação de que L_z é conservada – um resultado que poderíamos ter antecipado, visto que não há torque sobre o eixo z. Analogamente, para p_ψ, obtemos

$$p_\psi = \frac{\partial\mathcal{L}}{\partial\dot\psi} = \lambda_3(\dot\psi + \dot\phi\cos\theta) = \text{const} \quad \text{[equação }\psi\text{]}. \quad (10.109)$$

Comparando esta com (10.101), vemos que p_ψ é a componente de **L** na direção $\mathbf{e}_3$ do eixo de simetria do corpo e a constância de p_ψ nos diz que L_3 é conservada. Uma consequência importante é que, como $L_3 = \lambda_3\omega_3$, a componente ω_3 da velocidade angular é também constante (um resultado que demonstramos anteriormente na Seção 10.7 usando as equações de Euler).

Precessão constante

Como uma primeira aplicação das equações de Lagrange, vamos investigar se o pião pode exibir uma precessão na qual o eixo do pião se move em torno do eixo z, delineando um cone com um ângulo constante θ. De (10.104), vemos que, se $\dot\phi$ for constante, então θ também o será. Ou seja, se o eixo do pião tiver que se mover em torno de um cone com um ângulo fixo θ, ele terá que fazer isso a uma velocidade angular constante, digamos $\dot\phi = \Omega$. Observando em seguida para a equação ψ, (10.109), vemos que, com $\dot\phi$ e θ fixos, $\dot\psi$ deve também ser constante.

A razão Ω de precessão do pião é determinada pela equação θ, dada em (10.107). Se θ for constante, o lado esquerdo será zero, e, substituindo $\dot\phi$ por Ω e $(\dot\psi + \dot\phi\cos\theta)$ por ω_3, obtemos que Ω deve satisfazer

$$\lambda_1\Omega^2\cos\theta - \lambda_3\omega_3\Omega + MgR = 0. \quad (10.110)$$

Essa é uma equação quadrática para Ω. Logo, desde que as raízes sejam reais, para uma dada inclinação θ e dada taxa de rotação ω_3, haverá duas taxas distintas para Ω nas quais o pião poderá ter precessão. Podemos deduzir esses dois valores de Ω para quaisquer valores dos demais parâmetros, mas o caso mais interessante é quando o pião está girando rapidamente e ω_3 é grande. Nesse caso, é fácil ver que as duas raízes *são* reais e que uma raiz é muito menor do que a outra. A raiz menor é (Problema 10.53)

$$\Omega \approx \frac{MgR}{\lambda_3 \omega_3}. \qquad (10.111)$$

Essa lenta precessão corresponde ao movimento previsto na Seção 10.6, com Ω dado por (10.83)[16].

A segunda, a raiz maior de (10.110) (novamente assumindo que ω_3 é muito grande), é

$$\Omega \approx \frac{\lambda_3 \omega_3}{\lambda_1 \cos \theta}. \qquad (10.112)$$

(Veja o Problema 10.53.) Observe que essa rápida precessão não depende de g, assim podemos esperar que seja possível observá-la mesmo na ausência de gravidade. Na verdade, essa precessão é justamente a precessão livre que previmos na Seção 10.8 para o movimento de um corpo simétrico na ausência de torques. Como você pode verificar, o valor de Ω previsto aqui é o mesmo daquele que foi chamado de Ω_s em (10.96). (Veja o Problema 10.52.)

Nutação

Em geral, como um pião tem uma precessão em torno do eixo vertical (ϕ variando), o ângulo θ também varia. Logo, à medida que o eixo gira em torno da vertical, ele também oscila para cima e para baixo em um movimento chamado de **nutação**, de uma palavra do latim que significa oscilar rapidamente. Podemos investigar a variação de θ usando a equação θ (10.107). O primeiro passo é usar as equações ϕ e ψ para eliminar as variáveis $\dot{\phi}$ e $\dot{\psi}$ em favor das constantes $p_\phi = L_z$ e $p_\psi = L_3$. Isso leva a uma equação diferencial ordinária de segunda ordem para θ, que pode, pelo menos em princípio, ser resolvida para obter dependência temporal de θ.

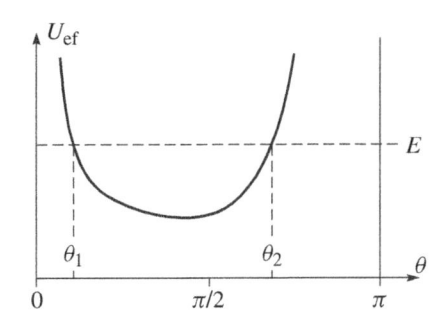

Figura 10.11 Energia potencial efetiva (10.114) que determina a dependência temporal de θ para um pião simétrico. Como E não pode ser menor que $U_{ef}(\theta)$, o movimento está confinado ao intervalo $\theta_1 \leq \theta \leq \theta_2$.

---

[16] Aqui, o denominador tem um fator ω_3 enquanto (10.83) tem ω, mas essa diferença é irrelevante visto que ambas as discussões assumem que ω_3 é muito grande, de forma que $\omega_3 \approx \omega$.

Para se obter uma visão qualitativa do movimento, um procedimento simples é olhar para a energia total, $E = T + U$, com T dado por (10.105) e $U = MgR \cos \theta$. Em T, podemos substituir as variáveis $\dot{\phi}$ e $\dot{\psi}$ em favor das constantes L_z e L_3 e obtemos (Problema 10.51)

$$E = \tfrac{1}{2}\lambda_1 \dot{\theta}^2 + U_{\text{ef}}(\theta), \tag{10.113}$$

onde a energia potencial efetiva $U_{\text{ef}}(\theta)$ é

$$U_{\text{ef}}(\theta) = \frac{(L_z - L_3 \cos \theta)^2}{2\lambda_1 \text{sen}^2 \theta} + \frac{L_3^2}{2\lambda_3} + MgR \cos \theta. \tag{10.114}$$

A Equação (10.113) serve para enfatizar que o problema foi reduzido a um problema unidimensional envolvendo apenas a coordenada θ. Podemos prever o comportamento qualitativo de θ olhando para o gráfico de $U_{\text{ef}}(\theta)$. A coordenada θ varia de 0 a π e, como o termo de sen$^2 \theta$ no denominador do primeiro termo, $U_{\text{ef}}(\theta)$ se aproxima de $+\infty$ nos dois extremos, $\theta = 0$ e π. Não é difícil de você se convencer de que o gráfico de $U_{\text{ef}}(\theta)$ tem o formato de "U" ilustrado na Figura 10.11. De (10.113), está claro que $E \geq U_{\text{ef}}(\theta)$, logo θ está confinado entre os dois pontos de retorno, θ_1 e θ_2, onde $E = U_{\text{ef}}(\theta)$, como ilustrado na figura. θ oscila periodicamente, ou "nuticiona" entre θ_1 e θ_2, ao mesmo tempo em que o pião está em precessão em torno da vertical.

Os detalhes do movimento dependem apenas de como ϕ varia. De acordo com (10.104),

$$\dot{\phi} = \frac{L_z - L_3 \cos \theta}{\lambda_1 \text{sen}^2 \theta}, \tag{10.115}$$

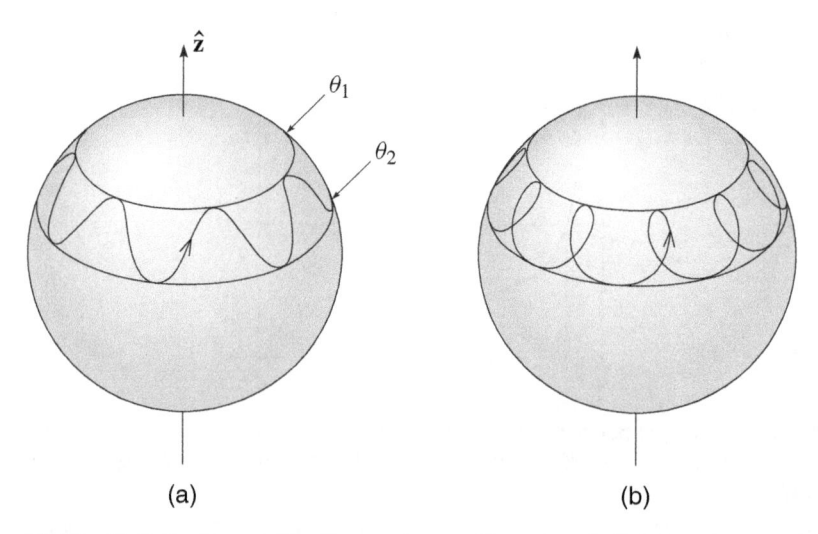

Figura 10.12 Nutação de um pião. O topo de um pião que está girando se move sobre uma esfera com centro preso na extremidade inferior. (a) Aqui, $\dot{\phi}$ nunca se anula e ϕ sempre se move uniformemente em uma direção, enquanto θ oscila entre θ_1 e θ_2. (b) Se $\dot{\phi}$ muda o sinal, então θ se move primeiro para frente e em seguida para trás, enquanto θ oscila.

que mostra que há duas possibilidades principais: se L_z for maior que L_3 (em magnitude), então $\dot\phi$ não pode se anular. Logo, embora $\dot\phi$ possa variar, ela nunca pode mudar de sinal, assim $\dot\phi$ varia na mesma direção durante todo o tempo (sempre crescendo ou sempre decrescendo). Portanto, o pião tem precessão em uma única direção, enquanto o seu ângulo de inclinação θ oscila entre θ_1 e θ_2, produzindo o movimento esboçado em 10.12(a). Se L_z for menor do que L_3, então $\dot\phi$ se anularia no ângulo θ_0, tal que $L_z - L_3 \cos\theta_0 = 0$. Se esse ângulo estiver fora do intervalo entre θ_1 e θ_2, no qual o movimento está confinado, então $\dot\phi$ mudará o sinal duas vezes em cada oscilação de θ. Nesse caso, a precessão se move primeiro em uma direção, em seguida na outra, e o movimento completo está esboçado na Figura 10.12(b).

PRINCIPAIS DEFINIÇÕES E EQUAÇÕES

CM e movimentos relativos

$$\mathbf{L} = \mathbf{L}(\text{movimento do CM}) + \mathbf{L}(\text{movimento relativo ao CM}). \quad [\text{Eq. (10.9)}]$$

e

$$T = T(\text{movimento do CM}) + T(\text{movimento relativo ao CM}). \quad [\text{Eq. (10.16)}]$$

O tensor momento de inércia

O momento angular $\mathbf{L}$ e a velocidade angular $\boldsymbol{\omega}$ de um corpo rígido estão relacionados por

$$\mathbf{L} = \mathbf{I}\boldsymbol{\omega}, \quad [\text{Eq. (10.42)}]$$

onde $\mathbf{L}$ e $\boldsymbol{\omega}$ devem ser vistos com uma matriz coluna 3×1 e $\mathbf{I}$ é o tensor momento de inércia 3×3, cujos elementos da diagonal principal e fora da diagonal são definidos por

$$I_{xx} = \sum_{\alpha} m_\alpha(y_\alpha^2 + z_\alpha^2), \text{ etc.} \quad \text{e} \quad I_{xy} = -\sum_{\alpha} m_\alpha x_\alpha y_\alpha, \text{ etc.}$$
$$[\text{Eqs. (10.37) e (10.38)}]$$

Eixos principais

Um **eixo principal** de um corpo (em torno de um ponto O) é qualquer eixo através de O com a propriedade de que, se $\boldsymbol{\omega}$ aponta ao longo do eixo, então $\mathbf{L}$ é paralelo a $\boldsymbol{\omega}$; ou seja,

$$\mathbf{L} = \lambda\boldsymbol{\omega} \quad [\text{Eq. (10.65)}]$$

para algum número real λ. Para qualquer corpo e qualquer ponto O, há três eixos principais através de O. [Seção 10.4 e Apêndice]

Calculado com respeito aos seus eixos principais, o tensor de inércia tem a **forma diagonal**

$$\mathbf{I}' = \begin{bmatrix} \lambda_1 & 0 & 0 \\ 0 & \lambda_2 & 0 \\ 0 & 0 & \lambda_3 \end{bmatrix}. \quad [\text{Eq. (10.79)}]$$

Equações de Euler

Se $\dot{\mathbf{L}}$ denota a taxa de variação do momento angular de um corpo, visto em um referencial fixo no corpo (referencial do corpo), então ela satisfaz as **equações de Euler**

$$\dot{\mathbf{L}} + \boldsymbol{\omega} \times \mathbf{L} = \boldsymbol{\Gamma}. \qquad \text{[Eqs. (10.87) e (10.88)]}$$

Ângulos de Euler

A orientação de um corpo rígido pode ser especificada por três **ângulos de Euler** θ, ϕ, ψ, definidos na Figura 10.10. [Seções 10.9 e 10.10]

A Lagrangiana de um corpo rígido, girando em torno de um pivo fixo, é

$$\mathcal{L} = \tfrac{1}{2}\lambda_1(\dot{\phi}^2 \operatorname{sen}^2 \theta + \dot{\theta}^2) + \tfrac{1}{2}\lambda_3(\dot{\psi} + \dot{\phi}\cos\theta)^2 - MgR\cos\theta. \qquad \text{[Eq. (10.106)]}$$

PROBLEMAS

Estrelas indicam o nível de dificuldade, do mais fácil (★) ao mais difícil (★★★).

SEÇÃO 10.1 Propriedades do centro de massa

10.1★ O resultado (10.7), em que $\sum m_\alpha \mathbf{r}'_\alpha = 0$, pode ser reexpresso para dizer que o vetor posição do CM relativo ao CM é zero, e, nessa forma, ele é quase óbvio. Entretanto, para ter certeza de que você entendeu o resultado, demonstre-o resolvendo (10.4) para $\mathbf{r}'_\alpha$ e substituindo no somatório correspondente.

10.2★ Para ilustrar o resultado (10.8), em que a EC total de um corpo é a EC rotacional relativa a um ponto qualquer que está instantaneamente em repouso, faça o seguinte: obtenha a EC de uma roda uniforme (massa M, raio R) girando com uma velocidade v ao longo de uma estrada plana, como a soma das energias do movimento do CM e da rotação em torno do CM. Agora, escreva esta com a energia da rotação em torno do ponto de contato instantâneo com a estrada e mostre que você obtém a mesma resposta. (A energia de rotação é $\tfrac{1}{2} I \omega^2$. O momento de inércia de uma roda uniforme com relação ao seu centro é $I = \tfrac{1}{2}MR^2$. Aquele com realção ao ponto de contato é $I' = \tfrac{3}{2}MR^2$.)

10.3★ Cinco massas pontuais iguais estão dispostas uma em cada vértice de uma pirâmide quadrada cuja base está centrada sobre a origem no plano xy, com lado L, e cujo ápice está sobre o eixo z a uma altura H acima da origem. Determine o CM do sistema de cinco massas.

10.4★★ Os cálculo dos centros de massa e dos momentos de inércia frequentemente envolvem a resolução de integrais, em geral uma integral de volume, e tais integrais são quase sempre melhor resolvidas em coordenadas esféricas polares (definidas na Figura 4.16). Mostre que

$$\int dV f(\mathbf{r}) = \int r^2 dr \int \operatorname{sen}\theta\, d\theta \int d\phi\, f(r,\theta,\phi).$$

[Pense sobre o pequeno volume dV como o volume entre r e $r + dr$, θ e $\theta + d\theta$ e ϕ e $\phi + d\phi$.] Se a integral de volume à esquerda é sobre todo o espaço, quais são os limites das três integrais da direita?

10.5★★ Um hemisfério sólido e uniforme de raio R tem a sua base plana no plano xy, com seu centro na origem. Use o resultado do Problema 10.4 para determinar o centro de massa. [Comente: este e os dois próximos problemas são planejados para reativar suas habilidades em determinar centros de massa por integração. Em todos os casos, você precisará usar a forma da integral definida em (10.1) para o CM. Se a massa estiver distribuída em um volume (como aqui), a integral será uma integral de volume com $dm = \varrho dV$.]

10.6★★ **(a)** Determine o CM de uma casca hemisférica de raio interno a e raio externo b e massa M, posicionada como no Problema 10.5. [Veja o comentário para o Problema 10.5 e use o resultado do Problema 10.4.] **(b)** O que se torna sua resposta quando $a = 0$? **(c)** E se $b \to a$?

10.7★★ Um "cone redondo" é construído cortando-se uma esfera uniforme de raio R e volume com $\theta \le \theta_0$, onde θ é o ângulo medido a partir do eixo polar e θ_0 é uma constante entre 0 e π. **(a)** Descreva esse cone e use o resultado do Problema 10.4 para determinar seu volume. **(b)** Determine seu CM e comente seus resultados para os casos em que $\theta_0 = \pi$ e $\theta_0 \to 0$.

10.8★★ Um fio fino e uniforme está ao longo do eixo y entre $y = \pm L/2$. Ele é então arqueado em direção à esquerda formando um arco de um círculo de raio R, deixando o ponto médio na origem e tangente ao eixo y. Determine o CM. [Veja o comentário para o Problema 10.5. Neste caso, a integral é uma integral em uma dimensão.] Comente sua resposta para os casos em que $R \to \infty$ e em que $2\pi R = L$.

SEÇÃO 10.2 Rotação em torno de um eixo fixo

10.9★ O momento de inércia de uma distribuição contínua de massa com densidade ϱ é obtido convertendo o somatório de (10.25) na integral de volume $\int \rho^2 \, dm = \int \rho^2 \varrho dV$. (Observe as duas formas da letra grega "rho": $\rho = $ distância a partir do eixo z, $\varrho = $ densidade de massa.) Determine o momento de inércia de um cilindro circular de raio R e massa M em rotação em torno de seu eixo. Explique por que os produtos de inércia são zero.

10.10★ **(a)** Uma haste fina uniforme de massa M e comprimento L está sobre o eixo x com uma extremidade na origem. Determine o momento de inércia da haste em rotação em torno do eixo z. [Aqui, o somatório em (10.25) deve ser substituído por uma integral da forma $\int x^2 \mu dx$, onde μ é a densidade linear de massa, massa/comprimento.] **(b)** O que acontecerá se o centro da haste estiver na origem?

10.11★★ **(a)** Use o resultado do Problema 10.4 para determinar o momento de inércia de uma esfera sólida uniforme (mass M, raio R) em rotação em torno de um diâmetro. **(b)** Faça o mesmo para uma esfera oca uniforme cujo raio interno é a e externo é b. [Uma forma engenhosa de se fazer isso é pensar sobre a cavidade da esfera com uma esfera sólida de raio b a partir da qual você removeu uma esfera de mesma densidade, porém de raio a.]

10.12★★ Um prisma triangular (como a embalagem do chocolate Toblerone) de massa M, cujas extremidades são triângulos equiláteros paralelos ao plano xy, com lados $2a$, está com centro sobre a origem e com seu eixo ao longo do eixo z. Determine o momento de inércia dele quando em rotação em torno do eixo z. Sem resolver qualquer integral, obtenha e explique os dois produtos de inércia para a rotação em torno do eixo z.

10.13★★ Uma haste fina (de largura zero, mas não necessariamente uniforme) está pivotada livremente em uma extremidade em torno do eixo horizontal z e livre para oscilar no plano xy (x horizontal e y vertical para baixo). Sua massa é m, seu CM está a uma distância a a partir do ponto de pivotamento e seu momento de inércia (em torno do eixo z) é I. **(a)**

Obtenha a equação de movimento $\dot{L}_z = \Gamma_z$ e, assumindo que o movimento está restrito a pequenos ângulos (medidos a partir da vertical para baixo), determine o período deste pêndulo composto. ("Pêndulo composto" é tradicionalmente usado para significar qualquer pêndulo cuja massa está distribuída – em contraste com um "pêndulo simples", cuja massa está concentrada em um único ponto em uma haste de massa desprezível.) **(b)** Qual é o comprimento do pêndulo simples "equivalente", isto é, o pêndulo simples com o mesmo período?

10.14★★ Uma estação espacial estacionária pode ser aproximada como uma casca esférica oca de massa 6 toneladas (6.000 kg) e raio interno 5 m e externo 6 m. Para mudar sua orientação, um volante uniforme (raio 10 cm, massa 10 kg) no centro é girado rapidamente a partir do repouso a 1.000 rpm. **(a)** Quanto tempo a estação levará para girar por 10°? **(b)** Que energia é necessária para toda a operação? [Para determinar o momento de inércia necessário, você pode resolver o Problema 10.11.]

10.15★★ (a) Obtenha a integral (como no Problema 10.9) para o momento de inércia de um cubo uniforme de lado a e massa M, girando em torno de um vértice, e mostre que ele é igual a $\frac{2}{3}Ma^2$. **(b)** Se disponho o cubo sobre um vértice em um equilíbrio estável sobre uma mesa áspera, ele irá eventualmente tombar e girar bater na mesa. Considerando a energia do cubo, determine sua velocidade angular imediatamente antes de ele bater na mesa. (Assuma que o vértice não desliza sobre a mesa.)

10.16★★ Determine o momento de inércia de um cubo uniforme de massa M e aresta a como no Problema 10.15 e então faça o seguinte: o cubo está deslizando com velocidade **v**, através de uma mesa plana horiontal e sem atrito, quando ele atinge um degrau muito baixo e perpendicular a **v** e o vértice inferior chega abruptamente ao repouso. **(a)** Considerando as quantidades que são conservadas antes, durante e depois de uma pequena colisão, determine a velocidade angular do cubo logo após a colisão. **(b)** Determine a velocidade mínima v para a qual o cubo rola depois de bater no degrau.

10.17★★ Obtenha a integral para o momento de inércia de um elipsoide uniforme (massa M) com superfície $(x/a)^2 + (y/b)^2 + (z/c)^2 = 1$ em rotação em torno do eixo z. Uma forma simples de resolver essa integral é fazendo uma mudança de variáveis para $\xi = x/a$, $\eta = y/b$ e $\zeta = z/c$. Cada uma das duas integrais resultantes pode ser relacionada às integrais correspondentes sobre a esfera (como no Problema 10.11). Faça isso. Verifique sua resposta para o caso $a = b = c$.

10.18★★★ Considere a haste do Problema 10.13. A haste é impulsionada fortemente por uma força horizontal F, a qual transmite um impulso $F \Delta t = \xi$ a uma distância b abaixo do pivô. **(a)** Determine o momento angular da haste em torno do pivô e, em seguida, o momento logo após o impulso. **(b)** Determine o impulso η transmitido ao pivô. **(c)** Para qual valor de b (chame-o de b_0) $\eta = 0$? (A distância b_0 define o conhecido "ponto doce". Se a haste fosse uma raquete de tênis e o pivô fosse sua mão, e a bola atingisse o ponto doce, sua mão não experimentaria nenhuma vibração.)

SEÇÃO 10.3 Rotação em torno de qualquer eixo: o tensor de inércia

10.19★ Verifique quais as componentes do vetor **r** × (**ω** × **r**) são dadas corretamente pela Equação (10.35). Faça isso para ambos os casos, trabalhando com as componentes e para o caso de usando a regra $BAC - CAB$, que é **A** × (**B** × **C**) = **B**(**A** · **C**) − **C**(**A** · **B**).

10.20★ Mostre que o tensor de inércia é aditivo no seguinte sentido: suponha que um corpo A seja feito de duas partes, B e C. (Por exemplo, um martelo é feito do cabo de madeira acoplado a uma cabeça de metal.) Então, $\mathbf{I}_A = \mathbf{I}_B + \mathbf{I}_C$. Analogamente, se A pode ser pensado como o resultado da retirada da parte C de B (como uma casca esférica oca é o resultado da remoção de uma pequena esfera de dentro de uma esfera maior), então $\mathbf{I}_A = \mathbf{I}_B - \mathbf{I}_C$.

10.21★★ A definição do tensor de inércia nas Equações (10.37) e (10.38) tem uma característica um tanto desagradável de que os elementos da diagonal principal e os elementos fora dela estão definidos por meio de equações completamente diferentes. Mostre que as duas definições podem ser combinadas em uma única equação (que é um pouco menos confusa na forma integral)

$$I_{ij} = \int \varrho(r^2 \delta_{ij} - r_i r_j) dV,$$

onde δ_{ij} é o **símbolo do delta de Kronecker**

$$\delta_{ij} = \begin{cases} 1 & i = j \\ 0 & i \neq j. \end{cases} \tag{10.116}$$

10.22★★ Um corpo rígido é composto de 8 massas iguais m distribuídas nos vértices de um cubo de lado a, que são mantidos ligados por uma barra de massa desprezível. **(a)** Use as definições (10.37) e (10.38) para determinar o tensor momento de inércia $\mathbf{I}$ para a rotação em torno de um vértice O do cubo. (Use eixos ao longo das três arestas passando por O.) **(b)** Determine o tensor de inércia para o mesmo corpo, mas para a rotação em torno do centro do cubo. (Novamente, use eixos paralelos às arestas.) Explique por que neste caso certos elementos de $\mathbf{I}$ podem ser esperados como nulos.

10.23★★ Considere um corpo plano rígido ou "lâmina", tal como um pedaço de folha de metal, girando em torno de um ponto O no corpo. Se escolhermos eixos tais que a lâmina esteja no plano xy, quais elementos do tensor de inércia $\mathbf{I}$ serão automaticamente zero? Mostre que $I_{zz} = I_{xx} + I_{yy}$.

10.24★★ **(a)** Se $\mathbf{I}^{cm}$ denota o tensor momento de inércia de um corpo rígido (massa M) em torno do seu CM e $\mathbf{I}$ o tensor correspondente em torno de um ponto P deslocado do CM por $\boldsymbol{\Delta} = (\xi, \eta, \zeta)$, mostre que

$$I_{xx} = I_{xx}^{cm} + M(\eta^2 + \zeta^2) \quad \text{e} \quad I_{yz} = I_{yz}^{cm} - M\eta\zeta, \tag{10.117}$$

e assim por diante. (Esses resultados, os quais generalizam o teorema dos eixos paralelos que você provavelmente aprendeu no curso introdutório de física, significam que tão logo se obtenha o tensor de inércia para rotação em torno do CM, calculá-lo agora para qualquer outra origem é realmente fácil.) **(b)** Confirme se os resultados do Exemplo 10.2 satisfazem as identidades (10.117) [de modo que os cálculos do item (a) do exemplo sejam realmente necessários].

10.25★★ **(a)** Determine todos os nove elementos do tensor momento de inércia, com respeito ao CM, para um cuboide (a forma de um tijolo retangular) cujos lados são $2a$, $2b$ e $2c$ nas direções x, y e z, respectivamente, e cuja massa é M. Explique claramente por que você pode obter os elementos fora da diagonal sem resolver qualquer integral. **(b)** Combine os resultados do item (a) e do Problema 10.24 para determinar o tensor momento de inércia do mesmo cuboide com respeito a um vértice A em (a, b, c). **(c)** Qual é o momento angular em torno de A se o cuboide está girando com velocidade angular ω em torno da aresta que passa por A e é paralela ao eixo x?

10.26★★ (a) Mostre que, em coordenadas cilíndricas polares, uma integral de volume assume a forma

$$\int dV\, f(\mathbf{r}) = \int \rho\, d\rho \int d\phi \int dz\, f(\rho, \phi, z).$$

(b) Mostre que o momento de inércia do cone na Figura 10.6, pivotado em sua ponta e girando em torno de seu eixo, é dado pela integral (10.58), explicando claramente os limites de integração. Mostre que a integral resulta em $\frac{3}{10}MR^2$. (c) Mostre também que $I_{xx} = \frac{3}{20}M(R^2 + 4h^2)$ como na Equação (10.61).

10.27★★★ Determine o tensor de inércia para um cone oco fino e uniforme, como um cone de sorvete, de massa M, altura h e base de raio R, girando em torno do seu vértice.

10.28★★★ Determine o tensor momento de inércia $\mathbf{I}$ para o prisma triangular do Problema 10.12, com altura h. (Se você resolveu o Problema 10.12, já fez metade do trabalho.) Seu resultado deve mostrar que $\mathbf{I}$ tem a forma que encontramos para um corpo com simetria axial. Isso sugere, o que é verdade, que uma simetria tripla em torno de um eixo (simetria sob rotação de 120 graus) é suficiente para garantir essa forma.

SEÇÃO 10.4   Eixos principais de inércia

10.29★ Mostre que, se os eixos Ox, Oy e Oz forem eixos principais de um certo corpo rígido, então o tensor de inércia (com respeito a esses eixos) será diagonal, com momentos principais ao longo da diagonal, conforme (10.66).

10.30★ Considere uma lâmina, como um pedaço de folha de metal, girando em torno de um ponto O no corpo. Mostre que o eixo, através de O e perpendicular ao plano, é um eixo principal. [*Sugestão*: veja o Problema 10.23.]

10.31★★ Considere um corpo rígido arbitrário com um eixo de simetria rotacional, que iremos denotar por $\hat{\mathbf{z}}$. (a) Mostre que o eixo de simetria é um eixo principal. (b) Mostre que quaisquer duas direções $\hat{\mathbf{x}}$ e $\hat{\mathbf{y}}$ perpendiculares a $\hat{\mathbf{z}}$ e entre elas são também eixos principais. (c) Mostre que os momentos principais correspondentes a esses dois eixos são iguais: $\lambda_1 = \lambda_2$.

10.32★★ (a) Mostre que os momentos principais de qualquer corpo rígido satifazem $\lambda_3 \leq \lambda_1 + \lambda_2$. [*Sugestão*: veja as integrais que definem estes momentos.] Em particular, se $\lambda_1 = \lambda_2$, então $\lambda_3 \leq 2\,\lambda_1$. (b) Para qual formato do corpo temos $\lambda_3 = \lambda_1 + \lambda_2$?

10.33★★★ Aqui, está um bom exercício de identidades vetoriais e matriciais, conduzindo a alguns resultados importantes: (a) Para um corpo rígido composto de partículas de massa m_α, girando em torno de um eixo através da origem com velocidade angular ω, mostre que sua energia total pode ser escrita como

$$T = \tfrac{1}{2} \sum m_\alpha [(\omega r_\alpha)^2 - (\boldsymbol{\omega} \cdot \mathbf{r}_\alpha)^2].$$

Lembre-se de que $\mathbf{v}_\alpha = \boldsymbol{\omega} \times \mathbf{r}_\alpha$. Você pode achar que a seguinte indentidade vetorial é útil: para quaisquer dois vetores $\mathbf{a}$ e $\mathbf{b}$,

$$(\mathbf{a} \times \mathbf{b})^2 = a^2 b^2 - (\mathbf{a} \cdot \mathbf{b})^2.$$

(Se você usou essa identidade, por favor, demonstre-a.) (b) Mostre que o momento angular $\mathbf{L}$ do corpo pode ser escrito como

$$\mathbf{L} = \sum m_\alpha [\omega r_\alpha^2 - \mathbf{r}_\alpha (\boldsymbol{\omega} \cdot \mathbf{r}_\alpha)].$$

Para isso, você necessitará da regra conhecida como $BAC - CAB$, que significa $\mathbf{A} \times (\mathbf{B} \times \mathbf{C}) = \mathbf{B}(\mathbf{A} \cdot \mathbf{C}) - \mathbf{C}(\mathbf{A} \cdot \mathbf{B})$. **(c)** Combine os resultados dos itens (a) e (b) para mostrar que

$$T = \tfrac{1}{2}\boldsymbol{\omega} \cdot \mathbf{L} = \tfrac{1}{2}\tilde{\boldsymbol{\omega}}\mathbf{I}\boldsymbol{\omega}.$$

Mostre ambas as igualdades. A última expressão é um produto matricial; $\boldsymbol{\omega}$ denota uma matriz coluna 3 × 1 de números ω_x, ω_y e ω_z, o til sobre $\tilde{\boldsymbol{\omega}}$ denota a matriz transposta (neste caso, uma linha) e $\mathbf{I}$ é o tensor momento de inércia. Este resultado é de fato muito importante, pois ele corresponde ao resultado muito mais óbvio de que para uma partícula, $T = \tfrac{1}{2}\mathbf{v} \cdot \mathbf{p}$. **(d)** Mostre que, com respeito aos eixos principais, $T = \tfrac{1}{2}(\lambda_1 \omega_1^2 + \lambda_2 \omega_2^2 + \lambda_3 \omega_3^2)$, como na Equação (10.68).

SEÇÃO 10.5 Determinando os eixos principais: equações de autovalor

10.34★ O tensor de inércia $\mathbf{I}$ para um cubo sólido é dado por (10.72). Verifique se $\det(\mathbf{I} - \lambda \mathbf{1})$ é dado como em (10.73).

10.35★★ Um corpo rígido consiste em três massas presas nos pontos: m em $(a, 0, 0)$, $2m$ em $(0, a, a)$ e $3m$ em $(0, a, -a)$. **(a)** Determine o tensor de inércia $\mathbf{I}$. **(b)** Determine os momentos principais e um conjunto de eixos principais ortogonais.

10.36★★ Um corpo rígido consiste de três massas (m) presas nos pontos $(a, 0, 0)$, $(0, a, 2a)$ e $(0, 2a, a)$. **(a)** Determine o tensor de inércia $\mathbf{I}$. **(b)** Determine os momentos principais e um conjunto de eixos principais ortogonais.

10.37★★★ Um triângulo metálico plano, fino e uniforme está no plano xy com vértices em $(1, 0, 0)$, $(0, 1, 0)$ e na origem. A densidade superficial (massa/área) do triângulo é $\sigma = 24$. (Distâncias e massas são medidas em uma unidade não especificada, e o número 24 foi escolhido para tornar a resposta mais atraente.) **(a)** Determine o tensor de inércia $\mathbf{I}$ do triângulo. **(b)** Quais são os momentos principais e os eixos correspondentes?

10.38★★★ Suponha que você tenha encontrado três eixos principais independentes (direções $\mathbf{e}_1$, $\mathbf{e}_2$, $\mathbf{e}_3$) e os correspondentes eixos principais λ_1, λ_2, λ_3 de um corpo rígido, cujo tensor momento de inércia (não diagonal) você também calculou. (Você pode assumir, o que é bem fácil de ser demonstrado, que todas as grandezas são reais.) **(a)** Mostre que, se $\lambda_i \neq \lambda_j$, então é automático que $\mathbf{e}_i \cdot \mathbf{e}_j = 0$. (Pode auxiliar a introdução de uma notação que faça distinção entre vetores e matrizes. Por exemplo, você poderia usar uma barra inferior para indicar uma matriz, tal que $\underline{\mathbf{a}}$ seja uma matriz 3 × 1 que represente o vetor $\mathbf{a}$, e o produto vetorial escalar $\mathbf{a} \cdot \mathbf{b}$ seja o mesmo que o produto matricial $\tilde{\underline{a}}\,\underline{b}$ ou $\tilde{\underline{b}}\,\underline{a}$. Então, considere o número $\tilde{\underline{e}}_i \, \mathbf{I} \, \underline{e}_j$, que pode ser calculado de duas maneiras usando o fato de que $\mathbf{e}_i$ e $\mathbf{e}_j$ são autovetores de $\mathbf{I}$.) **(b)** Use o resultado do item (a) para mostrar que, se os três momentos principais são todos distintos, então as direções dos três eixos principais são determinadas univocamente. **(c)** Mostre que, se dois dos momentos principais são iguais, digamos $\lambda_1 = \lambda_2$, então qualquer direção no plano de $\mathbf{e}_1$ e $\mathbf{e}_2$ é também um eixo principal como o mesmo momento principal. Em outras palavras, quando $\lambda_1 = \lambda_2$, os eixos principais correspondentes não são determinados de forma unívoca. **(d)** Mostre que, se os três momentos principais forem iguais, então *qualquer* eixo é um eixo principal com o mesmo momento principal.

SEÇÃO 10.6 Precessão de um pião devido a um torque fraco

10.39★ Considere um pião consistindo em um cone uniforme girando livremente sobre sua ponta com 1800 rpm. Se sua altura é 10 cm e sua base tem raio 2,5 cm, com qual velocidade angular ele entra em precessão?

SEÇÃO 10.7 Equações de Euler

10.40★★ (a) Um corpo rígido está girando livremente sujeito a um torque nulo. Use as equações de Euler (10.88) para mostrar que a magnitude do momento angular **L** é constante. (Multiplique a i-ésima equação por $L_i = \lambda_i \, \omega_i$ e some as três equações.) (b) Da mesma forma, mostre que a energia cinética da rotação $T_{\text{rot}} = \frac{1}{2}(\lambda_1 \, \omega_1^2 + \lambda_2 \, \omega_2^2 + \lambda_3 \, \omega_3^2)$, conforme (10.68), é constante.

10.41★★ Considere uma lâmina girando livremente (sem torques) em torno de um ponto O da lâmina. Use as equações de Euler para mostrar que a componente de ω no plano da lâmina tem magnitude constante. [*Sugestão*: use os resultados dos Problemas 10.23 e 10.30. De acordo com o Problema 10.30, se você escolher a direção $\mathbf{e}_3$ como normal ao plano da lâmina, $\mathbf{e}_3$ apontará ao longo de um eixo principal. Logo, o que você terá de demonstrar é que a derivada temporal de $\omega_1^2 + \omega_2^2$ é zero.]

SEÇÃO 10.8 Equações de Euler com torque zero

10.42★ Considere um livro medindo 30 cm × 20 cm × 3 cm e mantenha-o fechado com uma liga elástica; em seguida, arremesse-o no ar com 180 rpm girando em torno de um eixo que está próximo do menor eixo de simetria do livro. Qual é a frequência angular das pequenas oscilações de seu eixo de rotação? O que acontecerá se girarmos o livro em torno de um eixo próximo do maior eixo de simetria?

10.43★★ Lanço um disco circular fino e uniforme (pense em um *frisbee*) no ar de modo que ele gira com velocidade angular ω em torno de um eixo que forma um ângulo α com o eixo do disco. (a) Mostre que a magnitude de ω é constante. [Veja a Equação (10.94).] (b) Mostre que visto por mim, o eixo do disco entra em precessão em torno da direção fixa do momento angular com uma velocidade angular $\Omega_s = \omega \sqrt{4 - 3\,\text{sen}^2 \alpha}$. (Os resultados dos Problemas 10.23 e 10.46 serão úteis.)

10.44★★ Uma estação espacial, com simetria axial (eixo principal $\mathbf{e}_3$ e $\lambda_1 = \lambda_2$), está flutuando livremente no espaço. Ela possui propulsores montados simetricamente em cada lado, os quais são acionados e exercem um torque constante Γ em torno do eixo de simetria. Resolva as equações de Euler de forma exata para $\boldsymbol{\omega}$ (relativa ao eixo do corpo) e descreva o movimento. No instante $t = 0$, assuma que $\boldsymbol{\omega} = (\omega_{10}, 0, \omega_{30})$.

10.45★★ Devido ao abaulamento da Terra no equador, seu momento em torno do eixo polar é levemente maior do que os outros dois momentos, $\lambda_3 = 1{,}00327\lambda_1$ (com $\lambda_1 = \lambda_2$). (a) Mostre que a precessão livre descrita na Seção 10.8 deve ter um período de 305 dias. (Como descrito no texto, o período deste "bamboleio de Chandler" está, de fato, mais próximo de 400 dias.) (b) O ângulo entre o eixo polar e $\boldsymbol{\omega}$ é de cerca de 0,2 arcos de segundo. Use a Equação (10.118) do Problema 10.46 para mostrar que, conforme visto no referencial do espaço, o período desse bamboleio deve ser de aproximadamente um dia.

10.46★★★ Vimos na Seção 10.8 que, na precessão livre de um corpo com simetria axial, os três vetores $\mathbf{e}_3$ (o eixo do corpo), $\boldsymbol{\omega}$ e **L** estão em um mesmo plano. Visto no referencial do corpo, $\mathbf{e}_3$ está fixo e $\boldsymbol{\omega}$ e **L** estão em precessão em torno de $\mathbf{e}_3$, com velocidade angular $\Omega_b = \omega_3(\lambda_1 - \lambda_3)/\lambda_1$. Visto no referencial do espaço, **L** está fixo e $\boldsymbol{\omega}$ e $\mathbf{e}_3$ estão em precessão em torno **L**, com velocidade angular Ω_s. (a) Mostre que $\boldsymbol{\Omega}_s = \boldsymbol{\Omega}_b + \boldsymbol{\omega}$. [Lembre-se que velocidades angulares relativas são somadas como vetores.] (b) Tendo em mente que $\boldsymbol{\Omega}_b$ é paralela a e_3, mostre que $\Omega_s = \omega \operatorname{sen}\alpha/\operatorname{sen}\theta$, onde α é o ângulo entre e_3 e ω e θ é ângulo entre e_3 e L (veja a Figura 10.9). **(c)** Portanto, mostre que

$$\Omega_s = \omega \frac{\operatorname{sen}\alpha}{\operatorname{sen}\theta} = \frac{L}{\lambda_1} = \omega \frac{\sqrt{\lambda_3^2 + (\lambda_1^2 - \lambda_3^2)\operatorname{sen}^2\alpha}}{\lambda_1}. \tag{10.118}$$

10.47★★★ Imagine que a Terra seja perfeitamente rígida, uniforme e esférica, e esteja girando em torno de seu eixo usual com sua taxa normal. Uma enorme montanha de massa 10^{-8} da massa da Terra é agora introduzida a uma colatitude de $60°$, forçando a Terra a iniciar uma precessão livre, conforme descrita na Seção 10.8. Quanto tempo o Polo Norte (definido como a extremidade norte do diâmetro ao longo de ω) irá levar para mover-se 100 milhas a partir da posição atual? [Considere o raio da Terra como sendo 4.000 milhas.]

SEÇÃO 10.9 Ângulos de Euler*

10.48★★ A Equação (10.97) fornece a velocidade angular de um corpo em termos de uma terrível mistura de vetores unitários. **(a)** Determine ω em termos de $\hat{x}$, $\hat{y}$ e $\hat{z}$. **(b)** Faça o mesmo em termos de e_1, e_2 e e_3.

10.49★★ Iniciando com a Equação (10.100) para L, verifique se L_z está corretamente dado pelas Equações (10.102) e (10.103).

10.50★★ A Equação (10.105) fornece a energia cinética em termos dos ângulos de Euler para um corpo com $\lambda_1 = \lambda_2$. Determine a expressão correspondente para um corpo cujos três momentos principais são todos distintos.

SEÇÃO 10.10 Movimento de um pião*

10.51★ Verifique se a energia de um pião simétrico pode ser escrita como $E = \tfrac{1}{2}\lambda_1 \dot{\theta}^2 + U_{ef}(\theta)$, onde a energia potencial efetiva é dada conforme (10.114).

10.52★★ Considere a precessão rápida e constante de um pião simétrico conforme prevista em conexão com (10.112). **(a)** Mostre que neste movimento o momento angular L deve ser muito próximo à vertical. [*Sugestão*: use (10.100) para obter a componente horizontal L_{hor} de L. Mostre que, se $\dot{\phi}$ é dado pelo lado direito de (10.112), L_{hor} é exatamente zero.] **(b)** Use esse resultado para mostrar que a taxa de precessão Ω dada em (10.112) está de acordo com a taxa de precessão livre Ω_s encontrada em (10.96).

10.53★★ Na discussão da precessão constante de um pião na Seção 10.10, as taxas Ω nas quais a precessão constante pode ocorrer foram determinadas por meio da equação quadrática (10.110). Em particular, examinamos essa equação para o caso em que ω_3 era muito grande. Nesse caso, você pode escrever a equação como $a\Omega^2 + b\Omega + c = 0$, com b muito grande. **(a)** Verifique que quando b é muito grande, as duas soluções dessa equação são aproximadamente $-c/b$ (que é pequeno) e $-b/a$ (que é grande). O que exatamente a condição "b é muito grande" significa? **(b)** Verifique se elas fornecem as duas soluções alegadas em (10.111) e (10.112).

10.54★★★ [Computador] A nutação de um pião é controlada pela energia potencial efetiva (10.114). Faça um gráfico de $U_{ef}(\theta)$ como segue: **(a)** Primeiro, como o segundo termo de $U_{ef}(\theta)$ é uma constante, podemos ignorá-lo. Em seguida, com uma escolha de unidades, você pode fazer $MgR = 1 = \lambda_1$. Os parâmetros restantes L_z e L_3 são genuinamente parâmetros independentes. Para ser específico, considere $L_z = 10$ e $L_3 = 8$ e desenhe $U_{ef}(\theta)$ como uma função de θ. **(b)** Explique claramente como você poderia usar seu gráfico para determinar o ângulo θ_o, para o qual o pião poderia estar em precessão constante com $\theta =$ constante. Determine θ_o com três algarismos significativos. **(c)** Determine a taxa dessa precessão constante, $\Omega = \dot\phi$, conforme dada em (10.115). Compare com o valor aproximado de Ω dado em (10.112).

10.55★★★ Na Seção 10.8, a análise da precessão livre de um corpo simétrico foi baseada nas equações de Euler. Obtenha os mesmos resultados usando os ângulos de Euler como segue: como **L** é constante, você pode muito bem escolher o eixo espacial $\hat{\mathbf{z}}$ de modo que $\mathbf{L} = L\,\hat{\mathbf{z}}$. **(a)** Use a Equação (10.98) para $\hat{\mathbf{z}}$ para obter **L** em termos dos vetores unitários $\mathbf{e}'_1$, $\mathbf{e}'_2$ e $\mathbf{e}_3$. **(b)** Comparando esta expressão com (10.100), obtenha três equações para $\dot\theta$, $\dot\phi$ e $\dot\psi$. **(c)** Portanto, mostre que θ e $\dot\phi$ são constantes e que a taxa de precessão do eixo do corpo em torno do eixo espacial $\hat{\mathbf{z}}$ é $\Omega_s = L/\lambda_1$, como em (10.96). **(d)** Usando (10.99), mostre que o ângulo entre $\boldsymbol{\omega}$ e $\mathbf{e}_3$ é constante e que os três vetores **L**, $\boldsymbol{\omega}$ e $\mathbf{e}_3$ são sempre coplanares.

10.56★★★ Um caso especial importante do movimento de um pião simétrico ocorre quando ele gira em torno de um eixo vertical. Analise esse movimento da seguinte forma: **(a)** Inspecionando a EP efetiva (10.114), mostre que, se para qualquer instante de tempo $\theta = 0$, então L_3 e L_z devem ser iguais. **(b)** Considere $L_z = L_3 = \lambda_3\,\omega_3$ e então faça uma expansão de Taylor para $U_{ef}(\theta)$ em torno de $\theta = 0$, até o termo de segunda ordem θ^2. **(c)** Mostre que, se $\omega_3 > \omega_{mín} = 2\sqrt{MgR\lambda_1/\lambda_3^2}$, então a posição $\theta = 0$ é estável, mas se $\omega_3 < \omega_{mín}$, ela é instável. (Na prática, o atrito diminui a velocidade angular do pião. Assim, com ω_3 suficientemente rápido, o pião vertical é estável, mas à medida que ele vai parando, ele eventualmente abandonará a vertical quando ω_3 alcançar $\omega_{mín}$.)

10.57★★★ (a) Determine a Lagrangiana para o pião simétrico cuja ponta está livre para deslizar sobre uma mesa horizontal sem atrito. Como coordenadas generalizadas, use os ângulos de Euler (θ, ϕ, ψ) mais X e Y, onde (X, Y, Z) é a posição do CM relativa a um ponto fixo sobre a mesa. (Observe que a posição vertical Z não é uma coordenada independente visto que $Z = R\cos\theta$.) **(b)** Mostre que o movimento (X, Y) do CM se separa completamente do movimento rotacional. **(c)** Considere as duas possíveis taxas de precessão constante (10.111) e (10.112) (dados θ e ω_3). No presente caso, como eles diferem de seus valores correspondentes quando a ponta do pião é mantida fixa em um ponto?

11

Osciladores Acoplados e Modos Normais

No Capítulo 5, discutimos as oscilações de um único corpo, como uma massa presa a uma das extremidades de uma mola fixa. Agora, veremos as oscilações de vários corpos, como os átomos que compõem uma molécula tipo CO_2, que podemos imaginar como um sistema de massas conectadas umas às outras por molas. Se cada massa estiver presa a uma mola fixa isolada, sem conexão entre as massas, então cada uma oscilará independentemente, como descrito no Capítulo 5, e não haverá mais nada a dizer. Portanto, nosso interesse é em um sistema de massas que possam oscilar e que estejam conectadas umas às outras de alguma forma – um sistema de **osciladores acoplados**. Um único oscilador possui uma única frequência de oscilação natural, com a qual (na ausência de amortecimento ou de forças motrizes) ele permanecerá oscilando indefinidamente. Veremos que dois ou mais osciladores acoplados possuem várias frequências naturais (ou "normais") e que o movimento geral é uma combinação das vibrações de todas as diferentes frequências naturais.

Do mesmo modo que a teoria dos corpos em rotação do Capítulo 10, a teoria dos osciladores acoplados faz uso substancial de matrizes, e muitas das ideias que você aprendeu no Capítulo 10 desempenharão um importante papel aqui. As aplicações mais óbvias das ideias deste capítulo são o estudo de moléculas, mas há muitas outras, incluindo a acústica, as vibrações de estruturas como pontes e prédios, e os circuitos elétricos acoplados.

Ao longo deste capítulo, assumirei que todas as forças nas quais estaremos interessados obedecem à lei de Hooke e que, portanto, as equações de movimento são todas lineares. Embora trate-se de um caso especial, é um caso muito importante, com muitas aplicações na mecânica e na física. Entretanto, você deve ter bastante claro que os sistemas discutidos aqui são casos especiais; veremos no Capítulo 12 como o movimento de osciladores não lineares pode ser surpreendentemente mais complicado.

11.1 DUAS MASSAS E TRÊS MOLAS

Como um simples exemplo de osciladores acoplados, considere os dois carrinhos ilustrados na Figura 11.1. Os carrinhos se movem sem atrito sobre um trilho horizontal entre duas paredes fixas. Cada um deles está ligado por uma mola (constantes das forças k_1 e k_3) à sua parede adjacente e os carrinhos estão presos entre si por uma mola com constan-

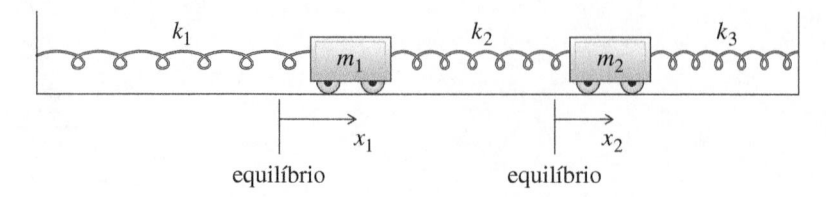

Figura 11.1 Dois carrinhos presos a paredes fixas por molas, denotadas por k_1 e k_3, e entre eles por k_2. As posições x_1 e x_2 dos carrinhos são medidas a partir de suas posições de equilíbrio.

te de força k_2. Na ausência da mola 2, os dois carrinhos iriam oscilar independentemente um do outro. Logo, é a mola 2 que "acopla" os dois osciladores. Na verdade, a mola 2 torna impossível que qualquer um dos carrinhos se mova sem que o outro também faça: por exemplo, se o carrinho 1 está parado e o carrinho 2 o faça, o comprimento da mola 2 irá variar, o que produzirá uma força provocando uma variação sobre o carrinho 1, fazendo com que ele se mova também.[1]

É fácil determinar as equações de movimento para os dois carrinhos usando a segunda lei de Newton ou as equações de Lagrange. Em geral, as equações de Lagrange são mais fáceis de serem obtidas, mas no presente caso simples, a lei de Newton pode ser um pouco mais instrutiva. Suponha que os dois carrinhos tenham se movido por distâncias x_1 e x_2 (medidas para a direita) a partir de suas posições de equilíbrio. A mola 1 está agora distendida por uma quantidade x_1 e assim exerce uma força $k_1 x_1$ para a esquerda sobre o carrinho 1. A mola 2 é mais complicada visto que ela afeta as posições de ambos os carrinhos, mas você pode facilmente se convencer de que ela está distendida por uma quantidade $x_2 - x_1$ e exerce uma força $k_2(x_2 - x_1)$ para a direita sobre o carrinho 1. Logo, a força resultante sobre o carrinho 1 é

$$(\text{força resultante sobre o carrinho 1}) = -k_1 x_1 + k_2(x_2 - x_1)$$
$$= -(k_1 + k_2)x_1 + k_2 x_2, \quad (11.1)$$

onde a segunda linha é apenas para mostrar mais claramente a dependência sobre as duas variáveis, x_1 e x_2. Você pode determinar a força resultante sobre o carrinho 2 da mesma forma, e as duas equações de movimento são

$$\left. \begin{array}{l} m_1 \ddot{x}_1 = -(k_1 + k_2)x_1 + k_2 x_2 \\ m_2 \ddot{x}_2 = k_2 x_1 - (k_2 + k_3)x_2. \end{array} \right\} \quad (11.2)$$

Antes de tentarmos resolver essas duas equações acopladas, observe que elas podem ser escritas muito elegantemente na forma compacta matricial

$$\mathbf{M\ddot{x}} = -\mathbf{Kx}. \quad (11.3)$$

---

[1] Na discussão a seguir, é mais simples assumir que, quando os dois carrinhos estão em suas posições de equilíbrio, as três molas não estão nem distendidas nem comprimidas. (Seus comprimentos são iguais aos seus comprimentos naturais, quando não distendidos.) Entretanto, dependendo da distância entre as duas paredes, poder ser que as três molas estejam comprimidas ou distendidas. Felizmente, como você pode verificar (Problema 11.1), nenhum dos resultados das três seções a seguir é afetado por essas possibilidades.

Aqui, introduzi a matriz coluna (2 × 1) (ou "vetor coluna")

$$\mathbf{x} = \begin{bmatrix} x_1 \\ x_2 \end{bmatrix} \qquad (11.4)$$

que denota a configuração do sistema. (Ela tem dois elementos porque o sistema possui 2 graus de liberdade; para um sistema com n graus de liberdade, ela teria n elementos.) Também defini as duas matrizes quadradas,

$$\mathbf{M} = \begin{bmatrix} m_1 & 0 \\ 0 & m_2 \end{bmatrix} \quad \text{e} \quad \mathbf{K} = \begin{bmatrix} k_1 + k_2 & -k_2 \\ -k_2 & k_2 + k_3 \end{bmatrix}. \qquad (11.5)$$

A "matriz das massas" $\mathbf{M}$ é (pelo menos, neste caso simples) uma matriz diagonal, com as massas m_1 e m_2 sobre a diagonal. A "matriz das constantes da mola" $\mathbf{K}$ tem elementos não nulos fora da diagonal, refletindo que os lados direitos das duas equações (11.2) acoplam x_1 e x_2. Observe que a equação matricial (11.3) é uma generalização muito natural da equação de movimento de um único carrinho com uma única mola: com apenas um grau de liberdade, as três matrizes $\mathbf{x}$, $\mathbf{M}$, e $\mathbf{K}$ são apenas matrizes (1 × 1), isto é, números ordinários. A configuração $\mathbf{x}$ é a posição do carrinho x, a matriz das massas é a massa m do carrinho e $\mathbf{K}$ é a constante da mola k. A equação de movimento (11.3) é a equação familiar $m\ddot{x} = -kx$. Observe também que ambas as matrizes $\mathbf{M}$ e $\mathbf{K}$ são simétricas, como será verdade para todas as matrizes correspondentes neste capítulo. Embora a simetria de $\mathbf{M}$ e $\mathbf{K}$ não desempenhe um papel muito importante nas discussões aqui, ela é, na verdade, uma propriedade chave da matemática subjacente, como será visto no apêndice.

Para resolver a equação de movimento (11.3), podemos razoavelmente sugerir que poderia haver soluções nas quais ambos os carrinhos oscilassem senoidalmente com a mesma frequência angular ω, ou seja,

$$x_1(t) = \alpha_1 \cos(\omega t - \delta_1) \qquad (11.6)$$

e

$$x_2(t) = \alpha_2 \cos(\omega t - \delta_2). \qquad (11.7)$$

De qualquer forma, não há nada que nos impeça de *tentar* encontrar soluções desse tipo. (E, de fato, teremos sucesso!) Se há uma solução desse tipo, então haverá, certamente, também uma solução da mesma forma, mas com os cossenos substituídos por senos:

$$y_1(t) = \alpha_1 \operatorname{sen}(\omega t - \delta_1)$$

e

$$y_2(t) = \alpha_2 \operatorname{sen}(\omega t - \delta_2)$$

e não há nada de impossibilite a combinação dessas duas soluções em uma solução única complexa

$$z_1(t) = x_1(t) + i y_1(t) = \alpha_1 e^{i(\omega t - \delta_1)} = \alpha_1 e^{-i\delta_1} e^{i\omega t} = a_1 e^{i\omega t}, \qquad (11.8)$$

onde $a_1 = \alpha_1 e^{-i\delta}$ e, da mesma maneira,

$$z_2(t) = x_2(t) + i y_2(t) = \alpha_2 e^{i(\omega t - \delta_2)} = \alpha_2 e^{-i\delta_2} e^{i\omega t} = a_2 e^{i\omega t}. \qquad (11.9)$$

Esta artimanha de introduzir uma solução complexa "fictícia" para a equação de movimento é a mesma introduzida na Seção 5.5. Claramente, não estou assegurando que estes números complexos representem o movimento real dos dois carrinhos. O movimento real é dado pelos dois números reais (11.6) e (11.7). Entretanto, para as escolhas apropriadas de a_1, a_2 e ω, os dois números complexos (11.8) e (11.9) são (como veremos) soluções da equação de movimento e suas partes reais descrevem o movimento real do sistema. A grande vantagem dos números complexos é que, como você pode ver a partir do lado direito de (11.8) e de (11.9), eles têm a mesma dependência temporal, dada pelo termo comum $e^{i\omega t}$. Isso permite que combinemos as duas soluções complexas em uma única solução matricial (2×1) da forma

$$\mathbf{z}(t) = \begin{bmatrix} z_1(t) \\ z_2(t) \end{bmatrix} = \begin{bmatrix} a_1 \\ a_2 \end{bmatrix} e^{i\omega t} = \mathbf{a} e^{i\omega t}, \qquad (11.10)$$

onde a coluna $\mathbf{a}$ é uma constante, composta por dois números complexos,

$$\mathbf{a} = \begin{bmatrix} a_1 \\ a_2 \end{bmatrix} = \begin{bmatrix} \alpha_1 e^{-i\delta_1} \\ \alpha_2 e^{-i\delta_2} \end{bmatrix}.$$

Pesquisando soluções da equação de movimento (11.3), podemos também tentar soluções da forma complexa $\mathbf{z}(t)$ como (11.10), tendo em mente que, quando encontrarmos tais soluções, o movimento real $\mathbf{x}(t)$ é igual à parte real de $\mathbf{z}(t)$,

$$\mathbf{x}(t) = \operatorname{Re} \mathbf{z}(t).$$

Quando substituímos a forma (11.10) na Equação (11.3), $\mathbf{M\ddot{x}} = -\mathbf{Kx}$, obtemos a equação

$$-\omega^2 \mathbf{M} \mathbf{a}\, e^{i\omega t} = -\mathbf{K} \mathbf{a}\, e^{i\omega t}$$

ou, cancelando o termo exponencial comum e reorganizando,

$$(\mathbf{K} - \omega^2 \mathbf{M})\mathbf{a} = 0. \qquad (11.11)$$

Essa equação é uma generalização da equação de autovalor estudada na Seção 10.5. (Na equação usual de autovalor, o que estamos chamando de ω^2 é o autovalor, e, onde temos a matriz $\mathbf{M}$, a equação ordinária de autovalor tem a matriz unitária $\mathbf{1}$.) Ela pode ser resolvida quase que exatamente da mesma maneira. Se a matriz $(\mathbf{K} - \omega^2 \mathbf{M})$ possui determinante diferente de zero, então a única solução de (11.11) é a solução trivial $\mathbf{a} = 0$, que corresponde à ausência de qualquer movimento. Por outro lado, se

$$\det(\mathbf{K} - \omega^2 \mathbf{M}) = 0, \qquad (11.12)$$

então certamente haverá uma solução não trivial para (11.11) e, portanto, haverá solução da equação de movimento com a forma senoidal assumida (11.10). No caso atual, as matrizes $\mathbf{K}$ e $\mathbf{M}$ são matrizes (2×2), assim a Equação (11.12) é uma equação quadrática para ω^2 e tem (em geral) duas soluções para ω^2. Isso significa que há duas frequências

ω nas quais os carrinhos podem oscilar com movimentos puramente senoidais, com em (11.10) [ou, de outra forma, (11.6) e (11.7) para o movimento real.][2]

As duas frequências para as quais o sistema pode oscilar senoidalmente (as chamadas **frequências normais**) são determinadas pela equação quadrática (11.12) para ω^2. Os detalhes dessa equação dependem dos valores das três constantes da mola e das duas massas. Enquanto o caso geral é perfeitamente simples, ele não é especialmente iluminador, e por isso discutirei dois casos especiais em que podemos entender mais facilmente o que está ocorrendo. Começarei com o caso em que as três molas e as duas massas são idênticas.

11.2 MOLAS IDÊNTICAS E MASSAS IGUAIS

Vamos continuar examinando os dois carrinhos da Figura 11.1, mas suponha agora que as duas massas sejam iguais, $m_1 = m_2 = m$, e, analogamente, as três constantes da mola, $k_1 = k_2 = k_3 = k$. Neste caso, as matrizes **M** e **K** definidas em (11.5) reduzem para

$$\mathbf{M} = \begin{bmatrix} m & 0 \\ 0 & m \end{bmatrix} \quad \text{e} \quad \mathbf{K} = \begin{bmatrix} 2k & -k \\ -k & 2k \end{bmatrix}. \quad (11.13)$$

A matriz $(\mathbf{K} - \omega^2 \mathbf{M})$ da equação generalizada[3] do autovalor (11.11) torna-se

$$(\mathbf{K} - \omega^2 \mathbf{M}) = \begin{bmatrix} 2k - m\omega^2 & -k \\ -k & 2k - m\omega^2 \end{bmatrix} \quad (11.14)$$

e seu determinante é

$$\det(\mathbf{K} - \omega^2 \mathbf{M}) = (2k - m\omega^2)^2 - k^2 = (k - m\omega^2)(3k - m\omega^2).$$

As duas frequências normais são determinadas pela condição de que este determinante seja zero e são, portanto,

$$\omega = \sqrt{\frac{k}{m}} = \omega_1 \quad \text{e} \quad \omega = \sqrt{\frac{3k}{m}} = \omega_2. \quad (11.15)$$

Essas duas frequências normais são as frequências para as quais os dois carrinhos podem oscilar com movimentos puramente senoidais. Observe que a primeira, ω_1, é precisamente a frequência de uma única massa m com uma única mola k. Veremos a razão para essa aparente coincidência em breve.

A Equação (11.15) fornece as duas possíveis frequências do sistema, mas ainda não descrevemos os movimentos correspondentes. Lembre-se de que o movimento real é dado pela coluna de números reais $\mathbf{x}(t) = \operatorname{Re} \mathbf{z}(t)$, onde a coluna complexa $\mathbf{z}(t) = \mathbf{a}e^{i\omega t}$ e **a** é formada por dois números fixos,

$$\mathbf{a} = \begin{bmatrix} a_1 \\ a_2 \end{bmatrix},$$

---

[2] Como há duas soluções para ω^2, você pode pensar que isso daria quatro soluções para $\omega = \pm \sqrt{\omega^2}$. No entanto, uma olhada na Equação (11.6) e (11.7) irá convencê-lo de que $+\omega$ e $-\omega$ constituem a *mesma* frequência para o movimento real.

[3] De agora em diante, irei me referir a (11.11) como a equação de autovalor, omitindo a "generalizada".

que devem satisfazer a equação de autovalor

$$(\mathbf{K} - \omega^2 \mathbf{M})\mathbf{a} = 0. \tag{11.16}$$

Agora que conhecemos as possíveis frequências normais, devemos resolver essa equação para o vetor **a** para cada frequência normal. O movimento senoidal com qualquer uma das frequências normais é chamado de **modo normal** e começarei com o primeiro modo normal.

O primeiro modo normal

Se escolhermos ω igual à primeira frequência normal, $\omega_1 = \sqrt{k/m}$, então, a matriz $(\mathbf{K} - \omega^2 \mathbf{M})$ de (11.14) torna-se

$$(\mathbf{K} - \omega_1^2 \mathbf{M}) = \begin{bmatrix} k & -k \\ -k & k \end{bmatrix}. \tag{11.17}$$

(Observe que essa matriz tem determinante 0, como deveria.) Portanto, para este caso, a equação de autovalor (11.16) é

$$\begin{bmatrix} 1 & -1 \\ -1 & 1 \end{bmatrix} \begin{bmatrix} a_1 \\ a_2 \end{bmatrix} = 0$$

que é equivalente às duas equações

$$a_1 - a_2 = 0$$
$$-a_1 + a_2 = 0.$$

Observe que essas duas equações são, na verdade, a mesma e qualquer uma delas implica que, digamos, $a_1 = a_2 = Ae^{-i\delta}$. A coluna complexa $z(t)$ é, portanto,

$$\mathbf{z}(t) = \begin{bmatrix} a_1 \\ a_2 \end{bmatrix} e^{i\omega_1 t} = \begin{bmatrix} A \\ A \end{bmatrix} e^{i(\omega_1 t - \delta)}$$

e o movimento real correspondente é dado pela coluna real $\mathbf{x}(t) = \operatorname{Re} \mathbf{z}(t)$ ou

$$\mathbf{x}(t) = \begin{bmatrix} x_1(t) \\ x_2(t) \end{bmatrix} = \begin{bmatrix} A \\ A \end{bmatrix} \cos(\omega_1 t - \delta).$$

Ou seja,

$$\left.\begin{array}{rcl} x_1(t) & = & A\cos(\omega_1 t - \delta) \\ x_2(t) & = & A\cos(\omega_1 t - \delta) \end{array}\right\} \quad \text{[primeiro modo normal]}. \tag{11.18}$$

Vemos que no primeiro modo normal os dois carrinhos oscilam em fase e com a mesma amplitude A, como ilustrado na Figura 11.2.

Uma característica surpreendente da Figura 11.2 é que, como $x_1(t) = x_2(t)$, a mola do centro nem distende nem comprime durante as oscilações. Isso significa que, para o primeiro modo normal, a mola do centro é na verdade irrelevante e cada carrinho oscila exatamente como se ele estivesse preso a uma única mola. Isso explica por que a primeira frequência normal $\omega_1 = \sqrt{k/m}$ é a mesma que no caso de um único carrinho preso a uma única mola.

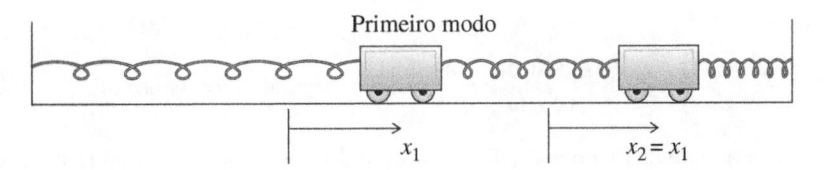

Capítulo 11 Osciladores Acoplados e Modos Normais

Figura 11.2 O primeiro modo normal para dois carrinhos de massas iguais com três molas idênticas. Os dois carrinhos oscilam para frente e para trás com amplitudes iguais e exatamente em fase, de modo que $x_1(t) = x_2(t)$, e a mola do meio permanece em seu comprimento de equilíbrio durante todo o tempo.

Outra forma de ilustrar o movimento no primeiro modo normal é desenhando as duas posições x_1 e x_2 como funções de t. Isso é ilustrado na Figura 11.3.

O segundo modo normal

A segunda frequência normal, com a qual o sistema pode oscilar senoidalmente, é dada em (11.15) como $\omega_2 = \sqrt{3k/m}$, que, quando substituída em (11.14), resulta em

$$(\mathbf{K} - \omega_2^2 \mathbf{M}) = \begin{bmatrix} -k & -k \\ -k & -k \end{bmatrix}. \tag{11.19}$$

Logo, para esse modo normal, a equação de autovalor $(\mathbf{K} - \omega_2^2 \mathbf{M})\mathbf{a} = 0$ implica

$$\begin{bmatrix} 1 & 1 \\ 1 & 1 \end{bmatrix} \begin{bmatrix} a_1 \\ a_2 \end{bmatrix} = 0,$$

que implica $a_1 + a_2 = 0$ ou $a_1 = -a_2 = Ae^{-i\delta}$. O vetor coluna complexo $\mathbf{z}(t)$ é, portanto,

$$\mathbf{z}(t) = \begin{bmatrix} a_1 \\ a_2 \end{bmatrix} e^{i\omega_2 t} = \begin{bmatrix} A \\ -A \end{bmatrix} e^{i(\omega_2 t - \delta)}$$

e o verdadeiro movimento correspondente é obtido pela matriz coluna real $\mathbf{x}(t) = \mathrm{Re}\, \mathbf{z}(t)$ ou

$$\mathbf{x}(t) = \begin{bmatrix} x_1(t) \\ x_2(t) \end{bmatrix} = \begin{bmatrix} A \\ -A \end{bmatrix} \cos(\omega_2 t - \delta).$$

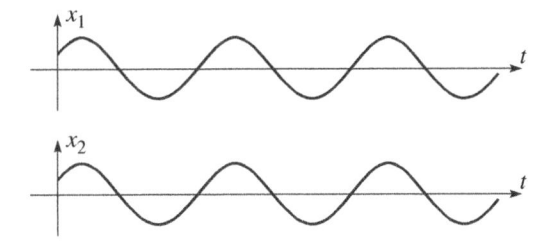

Figura 11.3 No primeiro modo, as duas posições oscilam senoidalmente, com amplitudes iguais e em fase.

Isto é,

$$\begin{aligned} x_1(t) &= A\cos(\omega_2 t - \delta) \\ x_2(t) &= -A\cos(\omega_2 t - \delta) \end{aligned} \biggr\} \quad \text{[segundo modo normal]}. \quad (11.20)$$

Vemos que, no segundo modo normal, os dois carrinhos oscilam com a mesma amplitude A, mas exatamente fora de fase, como ilustrado na Figura 11.4 e nos gráficos da Figura 11.5.

Observe que, no segundo modo normal, quando o carrinho 1 é deslocado para a direita, o carrinho 2 é deslocado por igual distância para a esquerda e vice-versa. Isso significa que, quando as molas externas são distendidas (conforme a Figura 11.4), a mola central é comprimida por duas vezes o mesmo valor do deslocamento. Logo, por exemplo, quando a mola da esquerda está puxando o carrinho 1 para a esquerda, a mola central está empurrando o carrinho 1, também para a esquerda, com uma força que é duas vezes mais forte. Isso significa que o carrinho se move como se estivesse preso a uma única mola com uma constante da força equivalente a $3k$. Em particular, a segunda frequência normal é $\omega_2 = \sqrt{3k/m}$.

A solução geral

Determinamos duas soluções do modo normal, as quais podem ser reescritas como

$$\mathbf{x}(t) = A_1 \begin{bmatrix} 1 \\ 1 \end{bmatrix} \cos(\omega_1 t - \delta_1) \quad \text{e} \quad \mathbf{x}(t) = A_2 \begin{bmatrix} 1 \\ -1 \end{bmatrix} \cos(\omega_2 t - \delta_2),$$

onde ω_1 e ω_2 são as frequências normais (11.15). Ambas as soluções satisfazem a equação de movimento $\mathbf{M\ddot{x}} = -\mathbf{Kx}$ para quaisquer valores das quatro constantes reais A_1, δ_1, A_2 e δ_2. Como a equação de movimento é linear e homogênea, a soma dessas duas soluções é também uma solução:

$$\mathbf{x}(t) = A_1 \begin{bmatrix} 1 \\ 1 \end{bmatrix} \cos(\omega_1 t - \delta_1) + A_2 \begin{bmatrix} 1 \\ -1 \end{bmatrix} \cos(\omega_2 t - \delta_2). \quad (11.21)$$

Em virtude de a equação de movimento ser formada por duas equações diferenciais ordinárias de segunda ordem para as variáveis $x_1(t)$ e $x_2(t)$, sua solução geral possui quatro constantes de integração. Portanto, a Solução (11.21), com suas quatro constantes arbitrárias, é, de fato, a Solução geral. *Qualquer* solução pode ser escrita na forma (11.21), com as constantes A_1, A_2, δ_1 e δ_2 determinadas a partir das condições iniciais.

A solução geral (11.21) é difícil de visualizar e descrever. O movimento de cada carrinho é uma mistura de duas frequências, ω_1 e ω_2. Como $\omega_2 = \sqrt{3}\omega_1$, o movimento nunca se

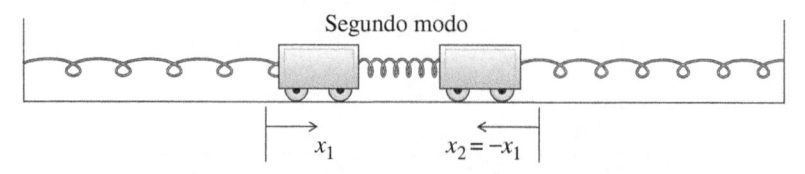

Figura 11.4 Segundo modo normal para dois carrinhos de massas iguais com três molas idênticas. Os dois carrinhos oscilam para frente e para trás com amplitudes iguais, mas exatamente fora de fase, de modo que $x_2(t) = -x_1(t)$ durante todo o tempo.

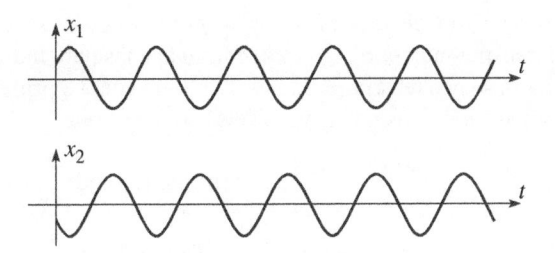

Figura 11.5 No segundo modo, as duas posições oscilam senoidalmente, com amplitudes iguais, mas exatamente fora de fase.

repete, exceto no caso especial em que uma das constantes A_1 ou A_2 seja zero (que conduz de volta a um dos modos normais). A Figura 11.6 ilustra os gráficos das duas posições em um modo não normal típico (com $A_1 = 1$; $A_2 = 0,7$; $\delta_1 = 0$ e $\delta_2 = \pi/2$). A única coisa simples que podemos dizer sobre esses gráficos é que eles certamente não são simples!

Coordenadas normais

Vimos, que para qualquer movimento possível do sistema de dois carros, ambas as coordenadas $x_1(t)$ e $x_2(t)$ variam com o tempo. Nos modos normais, as dependências temporais são simples (senoidais), mas é ainda verdade que ambos variam, indicando que os dois carrinhos estão acoplados e que um carrinho não pode se mover sem o outro. É possível introduzir as chamadas **coordenadas normais** que, embora fisicamente menos transparentes, tenham a conveniente propriedade de que cada uma pode variar independentemente da outra. Essa declaração é verdadeira para quaisquer sistemas de osciladores acoplados, mas é fácil de ver no caso atual de duas massas iguais ligadas por três molas idênticas.

No lugar das coordenadas x_1 e x_2, podemos caracterizar as posições dos dois carrinhos por meio das duas *coordenadas normais*

$$\xi_1 = \tfrac{1}{2}(x_1 + x_2) \tag{11.22}$$

e

$$\xi_2 = \tfrac{1}{2}(x_1 - x_2). \tag{11.23}$$

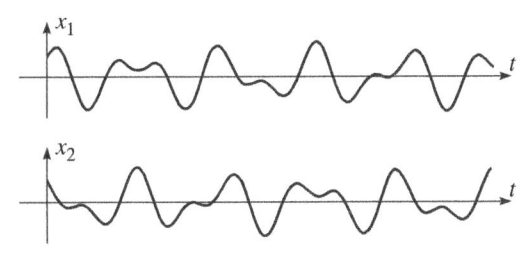

Figura 11.6 Na solução geral, $x_1(t)$ e $x_2(t)$ oscilam com *as duas* frequências normais, produzindo um movimento não periódico bastante complicado.

O significado físico das variáveis originais x_1 e x_2 (como as posições dos dois carrinhos) é obviamente mais transparente, porém ξ_1 e ξ_2 servem apenas para indicar a configuração do sistema. Além disso, se nos referirmos de volta a (11.18) para o primeiro modo normal, veremos que no primeiro modo as novas variáveis são dadas por

$$\left. \begin{array}{rcl} \xi_1(t) & = & A\cos(\omega_1 t - \delta) \\ \xi_2(t) & = & 0 \end{array} \right\} \quad \text{[primeiro modo normal],} \quad (11.24)$$

enquanto no segundo modo normal, vemos de (11.20) que

$$\left. \begin{array}{rcl} \xi_1(t) & = & 0 \\ \xi_2(t) & = & A\cos(\omega_2 t - \delta) \end{array} \right\} \quad \text{[segundo modo normal].} \quad (11.25)$$

No primeiro modo normal, a nova variável ξ_1 oscila, mas ξ_2 permanece zero. No segundo modo, é ao contrário. Nesse sentido, as novas coordenadas são independentes – uma pode oscilar sem a outra. O movimento geral do sistema é a superposição de ambos os modos e, neste caso, ξ_1 e ξ_2 oscilam, mas ξ_1 oscila apenas com uma frequência ω_1 e ξ_2 oscila apenas com a frequência ω_2. Em alguns problemas mais complicados, essas novas coordenadas representam uma considerável simplificação. (Veja os Problemas 11.9, 11.10 e 11.11 como exemplos e a Seção 11.7 para discussões adicionais.)

11.3 DOIS OSCILADORES FRACAMENTE ACOPLADOS

Na última seção, discutimos as oscilações de duas massas iguais ligadas por três molas idênticas. Para esse sistema, os dois modos normais foram facilmente entendidos e visualizados, mas as oscilações não normais foram bem menos. Um sistema onde algumas das oscilações não normais são prontamente visualizadas é um par de osciladores que possuem a mesma frequência natural e que estão *fracamente acoplados*. Como um exemplo de tal sistema, considere os dois carrinhos idênticos, ilustrados na Figura 11.7, os quais estão ligados às paredes adjacentes por molas idênticas (constantes da força k) e entre si por uma mola muito mais fraca (constante da força $k_2 \ll k$).

Podemos rapidamente resolver para os modos normais desse sistema. A matriz $\mathbf{M}$ é a mesma que antes. A matriz das molas $\mathbf{K}$ e a combinação crucial $(\mathbf{K} - \omega^2 \mathbf{M})$ que determina o problema do autovalor são facilmente obtidas [iniciando com (11.5) para $\mathbf{K}$]:

$$\mathbf{K} = \begin{bmatrix} k + k_2 & -k_2 \\ -k_2 & k + k_2 \end{bmatrix}$$

e

$$(\mathbf{K} - \omega^2 \mathbf{M}) = \begin{bmatrix} k + k_2 - m\omega^2 & -k_2 \\ -k_2 & k + k_2 - m\omega^2 \end{bmatrix}. \quad (11.26)$$

O determinante de $(\mathbf{K} - \omega^2 \mathbf{M})$ é $(k - m\omega^2)(k + 2k_2 - m\omega^2)$ e concluímos que as duas frequências normais são

$$\omega_1 = \sqrt{\frac{k}{m}} \quad \text{e} \quad \omega_2 = \sqrt{\frac{k + 2k_2}{m}}. \quad (11.27)$$

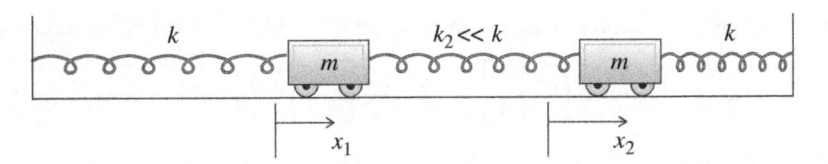

Figura 11.7 Dois carrinhos fracamente acoplados. A mola do centro, que acopla os dois carrinhos, é muito mais fraca do que as duas molas dos extremos.

A primeira frequência é exatamente a mesma que a do exemplo anterior e podemos ver o porquê. O movimento nesse primeiro modo é, como você pode verificar, o mesmo que o ilustrado na Figura 11.2 para o primeiro modo do caso de molas iguais. O ponto importante é que nesse modo os dois carrinhos se movem juntos de tal forma que a mola do centro não é perturbada e, por isso, é irrelevante. Naturalmente, obtemos a mesma frequência para este modo qualquer que seja a força da mola que está no centro.

No segundo modo, também, o movimento é o mesmo que para o modo correspondente ao exemplo das molas iguais – a saber, os dois carrinhos oscilam exatamente fora de fase, ambos movendo para dentro ou para fora em todos os instantes, conforme ilustrado na Figura 11.4. Porém, nesse modo, a força da mola do centro é, claramente, relevante, e a segunda frequência normal ω_2, dada por (11.27), depende de k_2. No presente caso, ω_2 está muito próxima de ω_1, visto que $k_2 \ll k$. Para tirar vantagem dessa proximidade, é conveniente definir ω_o como sendo a média das duas frequências normais

$$\omega_o = \frac{\omega_1 + \omega_2}{2}.$$

Como ω_1 e ω_2 estão muito próximas uma da outra, ω_o está muito próxima de uma delas e para muitos propósitos podemos pensar ω_o como essencialmente a mesma que $\omega_1 = \sqrt{k/m}$. Para mostrar a pequena diferença entre ω_1 e ω_2, escreverei

$$\omega_1 = \omega_o - \epsilon \quad \text{e} \quad \omega_2 = \omega_o + \epsilon.$$

Ou seja, o número pequeno ϵ é metade da diferença entre as duas frequências normais.

Os dois modos normais dos carrinhos fracamente acoplados podem ser agora escritos como

$$\mathbf{z}(t) = C_1 \begin{bmatrix} 1 \\ 1 \end{bmatrix} e^{i(\omega_o - \epsilon)t} \quad \text{e} \quad \mathbf{z}(t) = C_2 \begin{bmatrix} 1 \\ -1 \end{bmatrix} e^{i(\omega_o + \epsilon)t}.$$

Ambos satisfazem a equação de movimento para quaisquer valores dos dois números complexos C_1 e C_2. (É conveniente continuar a trabalhar com as soluções complexas "fictícias" por mais tempo.) A soma dessas duas soluções é também uma solução,

$$\mathbf{z}(t) = C_1 \begin{bmatrix} 1 \\ 1 \end{bmatrix} e^{i(\omega_o - \epsilon)t} + C_2 \begin{bmatrix} 1 \\ -1 \end{bmatrix} e^{i(\omega_o + \epsilon)t}, \qquad (11.28)$$

e, desde que ela contém quatro constantes arbitrárias reais (as duas constantes complexas C_1 e C_2 são equivalentes a quatro constantes reais), ela é a solução geral. As constantes C_1 e C_2 em (11.28) são determinadas pelas condições iniciais – as posições e velocidades dos dois carrinhos em $t = 0$.

Para ver algumas características gerais da solução (11.28), é útil fatorá-la como

$$\mathbf{z}(t) = \left\{ C_1 \begin{bmatrix} 1 \\ 1 \end{bmatrix} e^{-i\epsilon t} + C_2 \begin{bmatrix} 1 \\ -1 \end{bmatrix} e^{i\epsilon t} \right\} e^{i\omega_0 t}. \quad (11.29)$$

Isso expressa a solução como um produto de dois termos. O termo entre chaves, $\{\cdots\}$, é uma matriz coluna (2 × 1) que depende de t. Mas como ϵ é muito pequeno, essa coluna varia muito lentamente se comparada ao segundo termo $e^{i\omega_0 t}$. Dentro de qualquer intervalo razoavelmente pequeno de tempo, o primeiro termo é essencialmente constante e a solução comporta-se como $\mathbf{z}(t) = \mathbf{a}e^{i\omega_0 t}$, com $\mathbf{a}$ constante. Ou seja, dentro de um pequeno intervalo de tempo qualquer, os dois carrinhos oscilarão senoidalmente com frequência angular ω_0. Mas se esperarmos um tempo suficientemente longo, a "constante" $\mathbf{a}$ variará muito lentamente e os detalhes dos movimentos dos dois carrinhos irão variar. Ilustrarei esse comportamento com detalhes em breve.

Vamos agora examinar o comportamento de (11.29) para alguns valores simples das constantes C_1 e C_2. Primeiro, se C_1 ou C_2 for zero, a solução (11.29) retrocederá para um dos modos normais. (Por exemplo, se $C_1 = 0$, a solução é o segundo modo normal.) Um caso mais interessante é quando C_1 e C_2 são iguais em magnitude, e, para simplificar a discussão, suporei que C_1 e C_2 sejam iguais e reais, digamos,

$$C_1 = C_2 = A/2.$$

(O 2 é apenas por conveniência futura.) Neste caso, (11.29) torna-se

$$\mathbf{z}(t) = \frac{A}{2} \begin{bmatrix} e^{-i\epsilon t} + e^{i\epsilon t} \\ e^{-i\epsilon t} - e^{i\epsilon t} \end{bmatrix} e^{i\omega_0 t} = A \begin{bmatrix} \cos \epsilon t \\ -i \operatorname{sen} \epsilon t \end{bmatrix} e^{i\omega_0 t}. \quad (11.30)$$

Para determinar o movimento real dos dois carrinhos, devemos considerar a parte real dessa matriz, $\mathbf{x}(t) = \operatorname{Re} \mathbf{z}(t)$, cujos dois elementos são as duas posições,

$$\left. \begin{array}{rcl} x_1(t) &=& A \cos \epsilon t \cos \omega_0 t \\ x_2(t) &=& A \operatorname{sen} \epsilon t \operatorname{sen} \omega_0 t. \end{array} \right\} \quad (11.31)$$

A solução (11.31) tem uma interpretação simples e elegante. Observe primeiro que no instante zero, $x_1 = A$, enquanto $\dot{x}_1 = x_2 = \dot{x}_2 = 0$. Isto é, a solução descreve o movimento quando o carrinho 1 é puxado uma distância A à direita e solto em $t = 0$, com o carrinho 2 estacionário em sua posição de equilíbrio. Como ϵ é muito pequeno, há um intervalo apreciável (a saber, $0 \leq t \ll 1/\epsilon$) durante o qual as funções em (11.31), que envolvem ϵt, permanecem essencialmente inalteradas, ou seja, $\cos \epsilon t \approx 1$ e $\operatorname{sen} \epsilon t \approx 0$. Durante esse intervalo inicial, as duas posições, dadas por (11.31), são então

$$\left. \begin{array}{l} x_1(t) \approx A \cos \omega_0 t \\ x_2(t) \approx 0 \end{array} \right\} \quad [t \approx 0]. \quad (11.32)$$

Inicalmente, o carrinho 1 oscila com amplitude A e frequência ω_0, enquanto o carrinho 2 permanece estacionário.

Essa situação simples não pode durar para sempre. Quando o carrinho 1 começar a se mover, começará a flexionar a mola fraca do centro, que irá, assim, empurrar e puxar o carrinho 2. Embora a força exercida pela mola do centro seja fraca, ela eventualmente começa a fazer com que o carrinho oscile. Isso pode ser visto em (11.31), onde o fator sen ϵt eventualmente se torna apreciável e o carrinho 2 começa a oscilar, também com a frequência ω_0. Observe que, como o fator sen ϵt em $x_2(t)$ cresce na direção de 1, o fator cos ϵt em $x_1(t)$ diminui em direção a zero, como ele deve fazer para manter a energia total constante dos dois carrinhos oscilantes. Eventualmente, quando $t = \pi/2\epsilon$, o fator sen ϵt alcança 1 (e cos ϵt alcança zero) e há um intervalo quando[4]

$$\left. \begin{array}{l} x_1(t) \approx 0 \\ x_2(t) \approx A \operatorname{sen} \omega_0 t \end{array} \right\} \quad [t \approx \pi/2\epsilon]. \quad (11.33)$$

Agora que o carrinho 2 está oscilando com a amplitude máxima e o carrinho 1 não, o carrinho 2 começa a mover o carrinho 1. O carrinho 1 começa a oscilar com amplitude crescente e a amplitude da oscilação do carrinho 2 começa novamente a diminuir. Esse processo, no qual os dois carrinhos transferem energia de um para o outro, continua indefinidamente (ou até que forças dissipativas – que estamos ignorando – tenham retirado toda a energia). Isso está ilustrado na Figura 11.8, que mostra $x_1(t)$ e $x_2(t)$, conforme dadas por (11.31), como funções de t para um conjunto de ciclos de transferência de energia do carrinho 1 para o carrinho 2 e de volta para 1 novamente.

Se você estudou o fenômeno do batimento, provavelmente observou a similaridade de qualquer um dos gráficos na Figura 11.8 com o gráfico do batimento. Batimentos são resultados da superposição de duas ondas – ondas sonoras, por exemplo – com frequências aproximadamente iguais. Devido à pequena diferença nas frequências, as duas ondas se movem regularmente entrando e saindo de fase (em qualquer localidade). Isso significa que a interferência resultante das ondas é alternadamente construtiva e destrutiva, e um gráfico do sinal resultante se parece com um dos gráficos na Figura 11.8. Para compreender o que é batimento no caso dos dois carrinhos, precisamos considerar novamente as duas coordenadas normais das Equações (11.22) e (11.23). $\xi_1 = \frac{1}{2}(x_1 + x_2)$

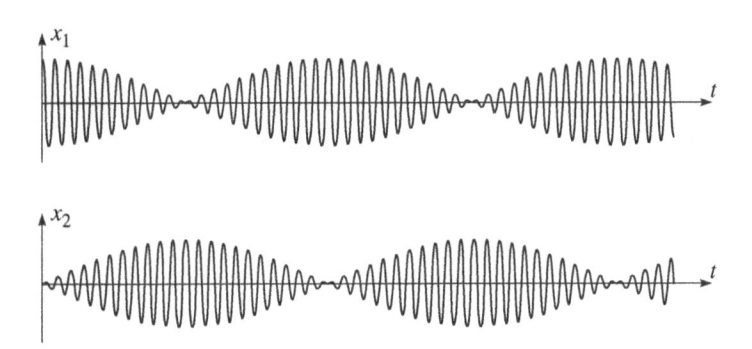

Figura 11.8 As posições $x_1(t)$ e $x_2(t)$ para dois carrinhos oscilando fracamente acoplados, quando o carrinho 1 é largado do repouso em $x_1 = A$ e o carrinho 2 em $x_2 = 0$.

---

[4] Observe que podemos interpretar o que aconteceu em termos da discussão da Seção 5.6 sobre ressonância. A mola fraca força o carrinho 2 com a frequência de ressonância ω_0, então o carrinho 2 deve ter respondido oscilando $\pi/2$ atrás do carrinho 1. Isso é exatamente o que vemos a partir de (11.32) e (11.33), visto que sen$\omega_0 t$ está de fato atrasada por $\pi/2$ de cos$\omega_0 t$.

e $\xi_2 = \frac{1}{2}(x_1 - x_2)$. Para a presente solução (11.31), essas são [lembre-se da identidade trigonométrica $\cos \theta \cos \phi + \text{sen } \theta \text{ sen } \phi = \cos(\theta - \phi)$]

$$\left.\begin{array}{rcl}\xi_1(t) &=& \frac{1}{2}A\cos(\omega_0 - \epsilon)t = \frac{1}{2}A\cos\omega_1 t \\ \xi_2(t) &=& \frac{1}{2}A\cos(\omega_0 + \epsilon)t = \frac{1}{2}A\cos\omega_2 t.\end{array}\right\} \quad (11.34)$$

Ou seja, as duas coordenadas normais oscilam com amplitudes iguais, a primeira com a frequência ω_1 e a segunda com uma frequência próxima ω_2. Como $x_1(t) = \xi_1(t) + \xi_2(t)$, vemos que $x_1(t)$ é a superposição de $\xi_1(t)$ e $\xi_2(t)$, e o vaivém de $x_1(t)$ é o resultado de batimentos entre esses dois sinais de frequências quase iguais. O mesmo se aplica a $x_2(t)$, exceto pelo fato de que, como $x_2(t) = \xi_1(t) - \xi_2(t)$, os momentos de interferências *construtivas* para $x_1(t)$ são momentos de interferências *destrutivas* para $x_2(t)$ e vice-versa, como é claramente visto na Figura 11.8.

11.4 ABORDAGEM LAGRANGIANA: O PÊNDULO DUPLO

Na seção anterior, a análise da oscilação dos dois carrinhos foi baseada na segunda lei de Newton. Poderíamos igualmente ter deduzido as equações de movimento usando o formalismo Lagrangiano, embora não haja qualquer vantagem em fazê-lo. Entretanto, veremos que, à medida que estudarmos sistemas com crescente complexidade, as vantagens do formalismo Lagrangiano rapidamente se tornarão superiores. Iniciarei esta seção deduzindo novamente as equações para os dois carrinhos a partir de suas Lagrangianas. Farei o mesmo para outro sistema simples com dois graus de liberdade, o pêndulo duplo. Esses dois exemplos pavimentarão o caminho para a discussão geral na seção seguinte.

Formalismo Lagrangiano para dois carrinhos com três molas

Vamos considerar uma vez mais os dois carrinhos da Figura 11.1. Poderíamos ter obtido as equações de movimento (11.2) a partir da segunda lei de Newton tão logo tivéssemos identificado as forças que agem sobre cada um dos carrinhos. Para fazer a mesma coisa com as equações Lagrangianas, temos primeiro que obter a energia cinética e a potencial, T e U, e em seguida a Lagrangiana $\mathcal{L} = T - U$. A energia cinética é

$$T = \tfrac{1}{2}m_1\dot{x}_1^2 + \tfrac{1}{2}m_2\dot{x}_2^2. \quad (11.35)$$

Para obter a energia potencial, devemos identificar as distensões das três molas como $x_1, x_2 - x_1$ e $-x_2$, das quais segue imediatamente que a energia potencial é

$$\begin{aligned}U &= \tfrac{1}{2}k_1x_1^2 + \tfrac{1}{2}k_2(x_1 - x_2)^2 + \tfrac{1}{2}k_3x_2^2 \\ &= \tfrac{1}{2}(k_1 + k_2)x_1^2 - k_2x_1x_2 + \tfrac{1}{2}(k_2 + k_3)x_2^2.\end{aligned} \quad (11.36)$$

Esses resultados fornecem a Lagrangiana $\mathcal{L} = T - U$ e, portanto, as duas equações de movimento de Lagrange:

$$\frac{d}{dt}\frac{\partial \mathcal{L}}{\partial \dot{x}_1} = \frac{\partial \mathcal{L}}{\partial x_1} \quad \text{ou} \quad m_1\ddot{x}_1 = -(k_1 + k_2)x_1 + k_2x_2$$

e

$$\frac{d}{dt}\frac{\partial \mathcal{L}}{\partial \dot{x}_2} = \frac{\partial \mathcal{L}}{\partial x_2} \quad \text{ou} \quad m_2\ddot{x}_2 = k_2 x_1 - (k_2 + k_3)x_2.$$

Essas são exatamente as duas equações de movimento (11.2), que reescrevemos na forma compacta matricial como $\mathbf{M\ddot{x}} = -\mathbf{Kx}$. Essa dedução alternativa das mesmas equações não traz qualquer vantagem para esse sistema. A seguir, temos um segundo sistema, que ainda é muito simples, mas para o qual o formalismo Lagrangiano já se apresenta especialmente mais direto do que o Newtoniano.

Pêndulo duplo

Considere um pêndulo duplo, formado por uma massa m_1, suspensa por uma haste de massa desprezível e comprimento L_1, preso a partir de um pivô, e a segunda massa m_2 suspensa por uma haste de massa desprezível de comprimento L_2 a partir de m_1, conforme ilustrado na Figura 11.9. É algo extremamente simples obter a Lagrangiana $\mathcal{L}$ como uma função das duas coordenadas generalizadas ϕ_1 e ϕ_2 apresentadas. Quando o ângulo ϕ_1 cresce a partir de 0, a massa m_1 sobe por $L(1 - \cos \phi_1)$ e ganha uma energia potencial

$$U_1 = m_1 g L_1(1 - \cos \phi_1).$$

Analogamente, quando ϕ_2 cresce a partir de 0, a segunda massa sobe por $L_2(1 - \cos \phi_2)$ mas, em adição, o seu ponto de suporte (m_1) sobe por $L_1(1 - \cos \phi_1)$. Logo,

$$U_2 = m_2 g [L_1(1 - \cos \phi_1) + L_2(1 - \cos \phi_2)].$$

A energia potencial é, portanto,

$$U(\phi_1, \phi_2) = (m_1 + m_2) g L_1(1 - \cos \phi_1) + m_2 g L_2(1 - \cos \phi_2). \qquad (11.37)$$

A velocidade de m_1 é justamente $L_1 \dot{\phi}_1$ na direção tangencial, como ilustrado na Figura 11.9, assim, a sua energia cinética é

$$T_1 = \tfrac{1}{2} m_1 L_1^2 \dot{\phi}_1^2.$$

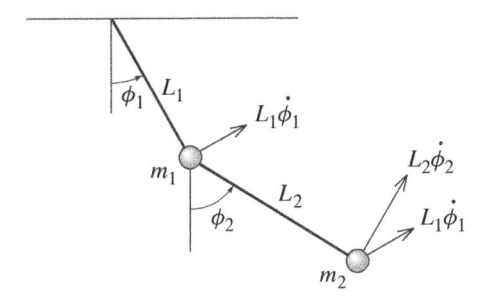

Figura 11.9 Pêndulo duplo. A velocidade de m_2 é o vetor soma das duas velocidades ilustradas separadas por um ângulo $\phi_2 - \phi_1$.

A velocidade de m_2 é o vetor soma de duas velocidades, como indiquei na Figura 11.9 – a velocidade $L_2\dot{\phi}_2$ de m_2 relativa ao seu suporte m_1 mais a velocidade $L_1\dot{\phi}_1$ de seu suporte. O ângulo entre essas duas velocidades é $(\phi_2 - \phi_1)$, de forma que a energia cinética de m_2 é

$$T_2 = \tfrac{1}{2}m_2[L_1^2\dot{\phi}_1^2 + 2L_1L_2\dot{\phi}_1\dot{\phi}_2\cos(\phi_1 - \phi_2) + L_2^2\dot{\phi}_2^2]$$

e a energia cinética total é

$$T = \tfrac{1}{2}(m_1 + m_2)L_1^2\dot{\phi}_1^2 + m_2L_1L_2\dot{\phi}_1\dot{\phi}_2\cos(\phi_1 - \phi_2) + \tfrac{1}{2}m_2L_2^2\dot{\phi}_2^2. \quad (11.38)$$

De (11.38) e (11.37), podemos obter a Lagrangiana $\mathcal{L} = T - U$ e em seguida as duas equações de Lagrange para ϕ_1 e ϕ_2, respectivamente. Entretanto, as equações resultantes são muito complicadas para serem inspiradoras e com certeza não podem ser resolvidas analiticamente. Esta situação é remanescente do pêndulo simples, forçando-nos a resolvê-la numericamente ou a fazer uma aproximação adequada. Nesse caso, e na presente situação, a aproximação mais simples e útil é a aproximação de pequeno ângulo, que reduz a equação do pêndulo simples à equação solúvel $L\ddot{\phi} = -g\phi$. Iremos ver que, para quase todos os sistemas de osciladores acoplados, as equações exatas não são resolvíveis analiticamente, mas que, se confinarmos a atenção a *pequenas oscilações* (um importante caso especial), as equações serão reduzidas a uma forma padrão que *é* solúvel.

Retornando às equações do pêndulo duplo, vamos assumir que ambos os ângulos ϕ_1 e ϕ_2 e as respectivas velocidades $\dot{\phi}_1$ e $\dot{\phi}_2$ permanecem pequenas durante todo o tempo. Isso permite simplificar as expressões para T e U por expansão em série de Taylor e descartar todos os termos que são de ordem três ou superior nas quatro pequenas variáveis. Em (11.38) para a energia cinética, o único termo que precisa de atenção é o termo do meio. Como o termo $\cos(\phi_1 - \phi_2)$ já está multiplicado pelo pequeno produto duplo $\dot{\phi}_1\dot{\phi}_2$, podemos aproximar o cosseno por 1 para obter

$$T = \tfrac{1}{2}(m_1 + m_2)L_1^2\dot{\phi}_1^2 + m_2L_1L_2\dot{\phi}_1\dot{\phi}_2 + \tfrac{1}{2}m_2L_2^2\dot{\phi}_2^2. \quad (11.39)$$

Em (11.37) para a energia potencial, devemos manipular os cossenos com mais cuidado (visto que eles ainda não estão multiplicados por quaisquer quantidades pequenas). A série de Taylor para $\cos\phi$ fornece a aproximação $\cos\phi \approx 1 - \phi^2/2$, que reduz (11.37) a

$$U = \tfrac{1}{2}(m_1 + m_2)gL_1\phi_1^2 + \tfrac{1}{2}m_2gL_2\phi_2^2. \quad (11.40)$$

Antes de usarmos essas simplificações para T e U para obtermos as equações de movimento, vamos examinar o que a nossa suposição de pequenas oscilações encontrou. A expressão exata (11.38) para T era uma função transcendental das coordenadas ϕ_1, ϕ_2 e das velocidades $\dot{\phi}_1$, $\dot{\phi}_2$; a aproximação de pequeno ângulo reduziu esta função a uma função homogênea quadrática[5] apenas nas duas velocidades. A expressão exata (11.37) para U era uma função transcendental em ϕ_1 e ϕ_2; a aproximação de pequeno ângulo reduziu-a para uma função homogênea quadrática em ϕ_1 e ϕ_2. Veremos que as mesmas simplificações ocorrem para uma ampla classe de sistemas oscilatórios: a suposição de que todas as oscilações são pequenas reduz T a uma função homogênea quadrática nas

---

[5] Uma função homogênea quadrática contém apenas potências quadradas de seus argumentos – nenhuma potência de primeira ordem ou termos constantes e nenhuma potência maior do que dois.

velocidades e U a uma função homogênea quadrática nas coordenadas.[6] A característica simplificadora dessas formas quadráticas homogêneas para T e U é que, quando as derivamos para obter as equações de Lagrange, elas simplificam para funções homogêneas lineares, levando a equações de movimento que podem sempre ser facilmente resolvidas.

Podemos agora substituir as expressões aproximadas (11.39) e (11.40) para T e U na Lagrangiana $\mathcal{L} = T - U$ e obter as duas equações de movimento de Lagrange para ϕ_1 e ϕ_2:

$$\frac{d}{dt}\frac{\partial \mathcal{L}}{\partial \dot{\phi}_1} = \frac{\partial \mathcal{L}}{\partial \phi_1} \quad \text{ou} \quad (m_1 + m_2)L_1^2\ddot{\phi}_1 + m_2 L_1 L_2 \ddot{\phi}_2 = -(m_1 + m_2)gL_1\phi_1 \quad (11.41)$$

e

$$\frac{d}{dt}\frac{\partial \mathcal{L}}{\partial \dot{\phi}_2} = \frac{\partial \mathcal{L}}{\partial \phi_2} \quad \text{ou} \quad m_2 L_1 L_2 \ddot{\phi}_1 + m_2 L_2^2 \ddot{\phi}_2 = -m_2 g L_2 \phi_2. \quad (11.42)$$

Essas duas equações para ϕ_1 e ϕ_2 podem ser reescritas como uma única equação matricial

$$\mathbf{M}\ddot{\boldsymbol{\phi}} = -\mathbf{K}\boldsymbol{\phi} \quad (11.43)$$

se introduzirmos a matriz coluna (2 × 1) das coordenadas

$$\boldsymbol{\phi} = \begin{bmatrix} \phi_1 \\ \phi_2 \end{bmatrix}$$

e as duas matrizes (2 × 2)

$$\mathbf{M} = \begin{bmatrix} (m_1 + m_2)L_1^2 & m_2 L_1 L_2 \\ m_2 L_1 L_2 & m_2 L_2^2 \end{bmatrix} \quad \text{e} \quad \mathbf{K} = \begin{bmatrix} (m_1 + m_2)gL_1 & 0 \\ 0 & m_2 g L_2 \end{bmatrix}. \quad (11.44)$$

A equação matricial (11.43) é exatamente análoga a (11.3) para os dois carrinhos com as molas. No presente caso, a matriz das "massas" $\mathbf{M}$ na realidade não é formada pelas massas, mas ela ainda desempenha o mesmo papel de inércia na equação de movimento (11.43). (Isto é, ela multiplica as derivadas segundas das coordenadas.) Analogamente, a matriz das "constantes das molas" $\mathbf{K}$ não é na realidade formada pelas constantes das molas, mas ela desempenha um papel semelhante na equação de movimento.

O procedimento para resolver as equações de movimento (11.43) é exatamente o mesmo que para os dois carrinhos da Seção 11.1. Primeiro, tentaremos encontrar soluções – modos normais – nas quais as duas coordendas ϕ_1 e ϕ_2 variem senoidalmente com a mesma frequência angular ω. Exatamente como antes, qualquer solução $\boldsymbol{\phi}(t)$ pode ser escrita como a parte real de uma solução complexa $\mathbf{z}(t)$, cuja dependência temporal é justamente $e^{i\omega t}$, ou seja,

$$\boldsymbol{\phi}(t) = \operatorname{Re} \mathbf{z}(t) \quad \text{onde} \quad \mathbf{z}(t) = \mathbf{a}e^{i\omega t} = \begin{bmatrix} a_1 \\ a_2 \end{bmatrix} e^{i\omega t},$$

---

[6] É quase uma característica comum dos sistemas de massas conectadas por molas que obedecem à lei de Hooke que as expressões exatas para T e U [como em (11.35) e (11.36)] estejam nessas formas simples, sem termos que fazer aproximações.

e as duas compenentes a_1, a_2 de **a** são constantes. Do mesmo modo que antes, uma função dessa forma satisfaz a equação de movimento (11.43) se e somente se a frequência ω e a coluna **a** satisfazem a equação de autovalor $(\mathbf{K} - \omega^2 \mathbf{M})\mathbf{a} = 0$. Esta equação para **a** tem uma solução se e somente se $\det(\mathbf{K} - \omega^2 \mathbf{M}) = 0$, uma equação quadrática para ω^2, que determina as duas frequências normais do pêndulo duplo. Conhecendo essas duas frequências, podemos retornar e determinar as matrizes colunas **a** correspondentes e então conheceremos os dois modos normais. Finalmente, o movimento geral do sistema é uma superposição arbitrária desses dois modos normais.

Massas e comprimentos iguais

Para simplificar a discussão, vamos agora restringir nossa atenção para o caso em que o pêndulo duplo tem duas massas iguais, $m_1 = m_2 = m$ e comprimentos iguais, $L_1 = L_2 = L$. As equações simplificam consideravelmente se reconhecermos que $\sqrt{g/L}$ é a frequência de um pêndulo simples com mesmo comprimento L. Se chamarmos essa frequência de ω_o, então podemos substituir g em todos os lugares por $L\omega_o^2$ e as duas matrizes **M** e **K** de (11.44) tornam-se (como você pode verificar)

$$\mathbf{M} = mL^2 \begin{bmatrix} 2 & 1 \\ 1 & 1 \end{bmatrix} \quad \text{e} \quad \mathbf{K} = mL^2 \begin{bmatrix} 2\omega_o^2 & 0 \\ 0 & \omega_o^2 \end{bmatrix}. \tag{11.45}$$

A matriz $(\mathbf{K} - \omega^2 \mathbf{M})$ da equação do autovalor é, portanto,

$$(\mathbf{K} - \omega^2 \mathbf{M}) = mL^2 \begin{bmatrix} 2(\omega_o^2 - \omega^2) & -\omega^2 \\ -\omega^2 & (\omega_o^2 - \omega^2) \end{bmatrix}. \tag{11.46}$$

As frequências normais são determinadas pela condição $\det(\mathbf{K} - \omega^2 \mathbf{M}) = 0$, que fornece

$$2(\omega_o^2 - \omega^2)^2 - \omega^4 = \omega^4 - 4\omega_o^2 \omega^2 + 2\omega_o^4 = 0$$

com as duas soluções $\omega^2 = (2 \pm \sqrt{2})\omega_o$. Ou seja, as duas frequências normais são dadas por

$$\omega_1^2 = (2 - \sqrt{2})\omega_o^2 \quad \text{e} \quad \omega_2^2 = (2 + \sqrt{2})\omega_o^2 \tag{11.47}$$

(ou $\omega_1 \approx 0{,}77\omega_o$ e $\omega_2 \approx 1{,}85\omega_o$) onde $\omega_o = \sqrt{g/L}$ é a frequência de um pêndulo simples de comprimento L.

Conhecendo as duas frequências normais, podemos agora determinar o movimento do pêndulo duplo nos modos normais correspondentes, resolvendo a equação $(\mathbf{K} - \omega^2 \mathbf{M})\mathbf{a} = 0$, com $\omega = \omega_1$ e ω_2 por sua vez. Se substituirmos $\omega = \omega_1$, dada em (11.47), em (11.46), obtemos

$$(\mathbf{K} - \omega_1^2 \mathbf{M}) = mL^2\omega_o^2(\sqrt{2} - 1)\begin{bmatrix} 2 & -\sqrt{2} \\ -\sqrt{2} & 1 \end{bmatrix}.$$

Portanto, a equação $(\mathbf{K} - \omega_1^2\mathbf{M})\mathbf{a} = 0$ implica $a_2 = \sqrt{2}a_1$ e, se escrevermos $a_1 = A_1 e^{-i\delta_1}$, as duas coordenadas são

$$\boldsymbol{\phi}(t) = \begin{bmatrix} \phi_1(t) \\ \phi_2(t) \end{bmatrix} = \operatorname{Re} \mathbf{a} e^{i\omega_1 t} = A_1 \begin{bmatrix} 1 \\ \sqrt{2} \end{bmatrix} \cos(\omega_1 t - \delta_1) \quad \text{[primeiro modo]}. \tag{11.48}$$

Vemos que no primeiro modo normal os dois pêndulos oscilam exatamente em fase, com a amplitude do pêndulo inferior $\sqrt{2}$ vezes o pêndulo superior, como ilustrado na Figura 11.10.

Voltando para o segundo modo, determinamos de (11.46) e (11.47) que

$$(\mathbf{K} - \omega_2^2 \mathbf{M}) = -mL^2\omega_0^2(\sqrt{2} + 1)\begin{bmatrix} 2 & \sqrt{2} \\ \sqrt{2} & 1 \end{bmatrix}.$$

A equação $(\mathbf{K} - \omega_2^2\mathbf{M})\mathbf{a} = 0$ implica $a_2 = -\sqrt{2}\, a_1$ e, se escrevermos $a_1 = A_2 e^{-i\delta}$, as duas coordenadas são

$$\boldsymbol{\phi}(t) = \begin{bmatrix} \phi_1(t) \\ \phi_2(t) \end{bmatrix} = \text{Re}\,\mathbf{a}e^{i\omega_2 t} = A_2 \begin{bmatrix} 1 \\ -\sqrt{2} \end{bmatrix} \cos(\omega_2 t - \delta_2) \qquad \text{[segundo modo]}. \quad (11.49)$$

No segundo modo, $\phi_2(t)$ oscila exatamente fora de fase com $\phi_1(t)$, novamente com uma amplitude que é $\sqrt{2}$ vezes maior do que a de $\phi_1(t)$, conforme ilustrado na Figura 11.11. A solução geral é uma combinação linear arbitrária dos dois modos normais (11.48) e (11.49).

11.5 O CASO GERAL

Estudamos em grande detalhe os modos normais de dois sistemas – dois carrinhos presos a três molas e o pêndulo duplo – e estamos prontos para discutir o caso geral de um sistema, com n graus de liberdade, que está oscilando em torno de um ponto de equilíbrio estável. Como o sistema tem n graus de liberdade, sua configuração pode ser especificada por n coordenadas generalizadas[7], $q_1, \cdots, q_n$. Para evitar um adensamento de notações, irei agora abreviar o conjunto das coordenadas por um único $\mathbf{q}$ em negrito,

$$\mathbf{q} = (q_1, \cdots, q_n).$$

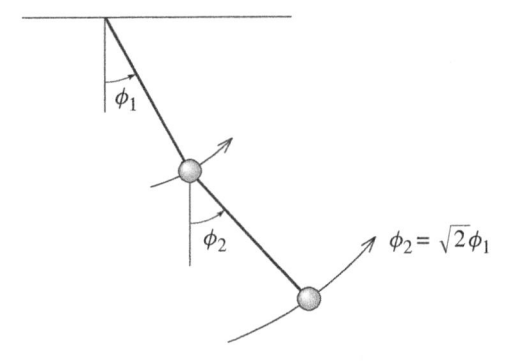

Figura 11.10 Primeiro modo normal para um pêndulo duplo com massas iguais e comprimentos iguais. Os dois ângulos ϕ_1 e ϕ_2 oscilam em fase, com a amplitude para ϕ_2 maior por um fator $\sqrt{2}$.

---

[7] Assumirei que o sistema é holonômico, de modo que o número de graus de liberdade é igual ao número de coordenadas generalizadas, como discutido na Seção 7.3.

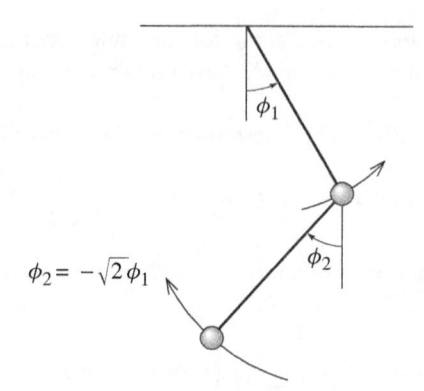

Figura 11.11 Segundo modo normal para o pêndulo duplo com massas iguais e comprimentos iguais. Os dois ângulos ϕ_1 e ϕ_2 oscilam exatamente fora de fase, com a amplitude para ϕ_2 maior por um fator $\sqrt{2}$.

[Logo, para os dois carrinhos da Seção 11.1, **q** denota os dois deslocamentos $\mathbf{q} = (x_1, x_2)$, e para o pêndulo duplo, $\mathbf{q} = (\phi_1, \phi_2)$.] (Observe bem que **q** não é, em geral, um vetor tridimensional; ele é um vetor no espaço n-dimensinal das coordenadas generalizadas $q_1, \cdots, q_n$.)

Assumirei que o sistema é conservativo, de forma que ele tem uma energia potencial

$$U(q_1, \cdots, q_n) = U(\mathbf{q})$$

e Lagrangiano $\mathcal{L} = T - U$. A energia cinética é, naturalmente, $T = \sum_\alpha \frac{1}{2} m_\alpha \dot{\mathbf{r}}_\alpha^2$, onde o somatório varia sobre todas as partículas, $\alpha = 1, \cdots, N$, que compõem o sistema. Isso deve ser escrito em termos das coordenadas generalizadas $\mathbf{q} = (q_1, \cdots, q_n)$ usando a relação entre as coordenadas Cartesianas $\mathbf{r}_\alpha$ e as coordenadas generalizadas

$$\mathbf{r}_\alpha = \mathbf{r}_\alpha(q_1, \cdots, q_n), \tag{11.50}$$

onde assumirei também que essa relação não envolve o tempo t explicitamente. [Lembre-se que, na terminologia da Seção 7.3, coordenadas generalizadas para (11.50) que não envolvem o tempo são chamadas de "naturais".] Vimos em detalhes na Seção 7.8 que, se derivarmos (11.50) com respeito a t e substituirmos na energia cinética, obtemos [compare com a Equação (7.94)]

$$T = T(\mathbf{q}, \dot{\mathbf{q}}) = \tfrac{1}{2} \sum_{j,k} A_{jk}(\mathbf{q}) \dot{q}_j \dot{q}_k, \tag{11.51}$$

onde os coeficientes $A_{jk}(\mathbf{q})$ podem depender das coordenadas **q**. [Compare (11.38) para o caso do pêndulo duplo.] Com as suposições atuais, a Lagrangiana tem a forma geral $\mathcal{L}(\mathbf{q}, \dot{\mathbf{q}}) = T(\mathbf{q}, \dot{\mathbf{q}}) - U(\mathbf{q})$, onde $T(\mathbf{q}, \dot{\mathbf{q}})$ é dado por (11.51) e $U(\mathbf{q})$ é ainda uma função não especificada das coodenadas **q**.

Nossa suposição final sobre o sistema é que ele está realizando pequenas oscilações em torno de uma configuração com equilíbrio estável. Redefinindo as coordenadas se necessário, podemos fazer com que a posição de equilíbrio seja $\mathbf{q} = 0$ (isto é, $q_1 = \cdots = q_n = 0$). Logo, como estamos interessados apenas em pequenas oscilações, temos que nos preocupar somente com pequenos valores das coordenadas **q** e podemos usar expansões em série de Taylor para U e T em torno do ponto de equilíbrio $\mathbf{q} = 0$. Para U, isso resulta em

$$U(\mathbf{q}) = U(0) + \sum_j \frac{\partial U}{\partial q_j} q_j + \frac{1}{2} \sum_{j,k} \frac{\partial^2 U}{\partial q_j \partial q_k} q_j q_k + \cdots, \quad (11.52)$$

onde todas as derivadas são calculadas em $\mathbf{q} = 0$. Isso pode ser mais simplificado. Primeiro, posto que $U(0)$ é uma constante, podemos simplesmente desprezá-lo, redefinindo o zero da energia potencial. Segundo, como $\mathbf{q} = 0$ é um ponto de equilíbrio, todas as derivadas primeiras $\partial U / \partial q_j$ são zero. Renomearei as derivadas segundas como $\partial^2 U / \partial q_j \partial q_k = K_{jk}$ (que satisfaz $K_{jk} = K_{kj}$ já que não faz diferença em que ordem calculamos as derivadas segundas). Finalmente, como as oscilações são pequenas, desprezaremos todos os termos superiores à ordem dois nas quantidades pequenas $\mathbf{q}$ ou $\dot{\mathbf{q}}$. Isso reduz U a

$$U = U(\mathbf{q}) = \tfrac{1}{2} \sum_{j,k} K_{jk} q_j q_k. \quad (11.53)$$

A energia cinética é ainda mais simples. Cada termo em (11.51) contém um fator $\dot{q}_j \dot{q}_k$ que já é de segunda ordem nas pequenas quantidades. Portanto, podemos ignorar tudo menos o termo constante na expansão de $A_{jk}(\mathbf{q})$. Se chamarmos esse termo constante $A_{jk}(0) = M_{jk}$, isso reduz a energia cinética para

$$T = T(\dot{\mathbf{q}}) = \tfrac{1}{2} \sum_{j,k} M_{jk} \dot{q}_j \dot{q}_k \quad (11.54)$$

e a Lagrangiana para

$$\mathcal{L}(\mathbf{q}, \dot{\mathbf{q}}) = T(\dot{\mathbf{q}}) - U(\mathbf{q}), \quad (11.55)$$

com $T(\dot{\mathbf{q}})$ dado por (11.54) e $U(\mathbf{q})$ por (11.53). Observe que as formas aproximadas (11.54) e (11.53) correspondem às aproximações (11.39) e (11.40) para o pêndulo duplo. Da mesma forma que as últimas aproximações, elas reduzem a energia cinética a uma função quadrática homogênea para as velocidades $\dot{\mathbf{q}}$ e a energia potencial para uma função quadrática homogênea para as coordenadas $\mathbf{q}$. Também como para o pêndulo duplo, isso garantirá que as equações de movimento sejam equações lineares resolúveis, mas antes de considerarmos essas equações, veremos mais um exemplo simples da dramática simplificação de T e U que resulta da suposição das pequenas oscilações.

Exemplo 11.1 Uma conta em um fio

Uma conta de massa m está presa a um fio, sem atrito, o qual está no plano xy (y verticalmente para cima), que é curvo em um formato dado por $y = f(x)$ com um mínimo na origem, conforme ilustra a Figura 11.12. Obtenha a energia potencial e a energia cinética e suas formas simplificadas apropriadas para pequenas oscilações em torno de O.

Esse sistema tem apenas um grau de liberdade e a escolha natural de coordenada generalizada é x. Com essa escolha, a energia potencial é simplesmente, $U = mgy =$

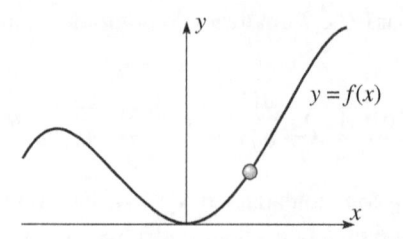

Figura 11.12 Uma conta presa a um fio, sem atrito, com um formato dado por $y = f(x)$.

$mgf(x)$. Quando nos restringimos a pequenas oscilações, podemos expandir $f(x)$ em série de Taylor. Como $f(0) = f'(0) = 0$, obtemos

$$U(x) = mgf(x) \approx \tfrac{1}{2}mgf''(0)x^2.$$

A energia cinética é $T = \tfrac{1}{2}m(\dot{x}^2 + \dot{y}^2)$, onde, pela regra da cadeia, $\dot{y} = f'(x)\,\dot{x}$. Portanto, $T = \tfrac{1}{2}m[1 + f'(x)^2]\dot{x}^2$. Observe que a expressão exata para T depende de x tanto quanto de $\dot{x}$. Entretanto, como T já contém um fator $\dot{x}^2$, quando fazemos a aproximação de pequenas oscilações, podemos simplesmente substituir o termo $f'(x)$ por seu valor em $x = 0$ (a saber, zero) e obter

$$T(x, \dot{x}) = \tfrac{1}{2}m[1 + f'(x)^2]\dot{x}^2 \approx \tfrac{1}{2}m\dot{x}^2.$$

Como era esperado, a aproximação de pequena oscilação reduziu U e T a funções quadráticas homogêneas em x (para U) ou $\dot{x}$ (para T).

A equação de movimento

Retornando a Lagrangiana aproximada (11.55) para o sistema geral, podemos facilmente obter a equação de movimento. Como há n coordenadas generalizadas q_i, ($i = 1, \cdots, n$), há n equações correspondentes

$$\frac{d}{dt}\frac{\partial \mathcal{L}}{\partial \dot{q}_i} = \frac{\partial \mathcal{L}}{\partial q_i} \qquad [i = 1, \cdots, n]. \tag{11.56}$$

Para escrever essas equações explicitamente, devemos derivar as Expressões (11.54) e (11.53) para T e U. Se você nunca tentou derivar somatórios como esses, pode ser útil escrevê-los primeiro explicitamente. Por exemplo, para um sistema com apenas dois graus de liberdade ($n = 2$), a Equação (11.53) para U fica

$$U = \tfrac{1}{2}\sum_{j,k=1}^{2} K_{jk}q_j q_k = \tfrac{1}{2}(K_{11}q_1^2 + K_{12}q_1q_2 + K_{21}q_2q_1 + K_{22}q_2^2)$$

$$= \tfrac{1}{2}(K_{11}q_1^2 + 2K_{12}q_1q_2 + K_{22}q_2^2), \tag{11.57}$$

onde a segunda linha segue porque $K_{12} = K_{21}$. Nessa forma, podemos derivar facilmente com respeito a q_1 ou q_2. Por exemplo,

$$\frac{\partial U}{\partial q_1} = K_{11}q_1 + K_{12}q_2$$

com uma expressão correspondente para $\partial U/\partial q_2$ e completamente geral (com muitos graus de liberdade)

$$\frac{\partial U}{\partial q_i} = \sum_j K_{ij}q_j \qquad [i = 1, \cdots, n]. \tag{11.58}$$

Como derivar a energia cinética (11.54) funciona exatamente da mesma forma, podemos obter as n equações de Lagrange (11.56):

$$\sum_j M_{ij}\ddot{q}_j = -\sum_j K_{ij}q_j \qquad [i = 1, \cdots, n]. \tag{11.59}$$

Essas n equações podem ser imediatamente agrupadas em uma única equação matricial

$$\mathbf{M\ddot{q}} = -\mathbf{Kq}, \tag{11.60}$$

onde $\mathbf{q}$ é uma matriz coluna ($n \times 1$),

$$\mathbf{q} = \begin{bmatrix} q_1 \\ \vdots \\ q_n \end{bmatrix},$$

e $\mathbf{M}$ e $\mathbf{K}$ são as matrizes ($n \times n$) das "massas" e das "constantes das molas", formadas pelos elementos M_{ij} e K_{ij}, respectivamente.[8]

A equação matricial (11.60) é, naturalmente, a n-dimensional equivalente das equações bidimensionais (11.3) para o par de carrinhos e (11.43) para o pêndulo duplo e é resolvida da mesma forma. Primeiro, procuramos modos normais com a agora forma familiar

$$\mathbf{q}(t) = \operatorname{Re} \mathbf{z}(t), \quad \text{onde} \quad \mathbf{z}(t) = \mathbf{a}e^{i\omega t} \tag{11.61}$$

e $\mathbf{a}$ é uma matriz coluna ($n \times 1$). Essas levam a equação do autovalor

$$(\mathbf{K} - \omega^2 \mathbf{M})\mathbf{a} = 0, \tag{11.62}$$

---

[8] A partir deste ponto no cálculo, tudo do que necessitamos são as duas matrizes $\mathbf{M}$ e $\mathbf{K}$. Logo, na prática, não há de fato necessidade de se obter a Lagrangiana nem as equações de Lagrange, visto que as matrizes $\mathbf{M}$ e $\mathbf{K}$ podem ser escritas diretamente a partir das expressões aproximadas (11.54) e (11.53) para T e U.

que possui soluções se e somente se ω satisfaz a **equação característica** ou **secular**

$$\det(\mathbf{K} - \omega^2 \mathbf{M}) = 0. \qquad (11.63)$$

Esse determinante é um polinômio de grau n em ω^2, assim a Equação (11.63) possui n soluções, o que fornece as n frequências normais do sistema.[9] Por sua vez, com ω posto igual a cada uma das frequências normais, a Equação (11.62) determina o movimento do sistema no modo normal correspondente. Finalmente, o movimento geral do sistema é dado por um somatóro arbitrário de soluções do modo normal (11.61).

O procedimento geral delineado no último parágrafo é o que já discutimos em detalhes nos exemplos dos dois carrinhos e do pêndulo duplo. Na próxima seção, daremos mais um exemplo, esse com três graus de liberdade, e você deve certamente resolver alguns dos exemplos dados nos problemas ao final deste capítulo.

11.6 TRÊS PÊNDULOS ACOPLADOS

Considere três pêndulos idênticos acoplados por duas molas, como ilustrado na Figura 11.13. Como coordenadas generalizadas, é natural usarmos os três ângulos vistos como ϕ_1, ϕ_2 e ϕ_3, com as posições de equilíbrio em $\phi_1 = \phi_2 = \phi_3 = 0$. Nossa primeira tarefa é obter a Lagrangiana do sistema, pelo menos para pequenas oscilações. O procedimento sistemático, e talvez o mais seguro, é obter as expressões exatas para T e U e, em seguida, fazer a aproximação para pequenos ângulos. Na prática, determinar as expressões exatas pode ser bastante tedioso. (No presente caso, a energia potencial das molas depende de suas distensões e as expressões exatas para elas, boas para quaisquer ângulos, são muito complicadas. Veja o Problema 11.22.) Acontece, frequentemente, que com cuidado é possível obter as aproximações de pequenos ângulos para T e U diretamente e evitar muitos problemas, e isso é o que farei aqui.

A energia cinética dos três pêndulos é facilmente vista como

$$T = \tfrac{1}{2} m L^2 (\dot{\phi}_1^2 + \dot{\phi}_2^2 + \dot{\phi}_3^2) \qquad (11.64)$$

que não requer qualquer aproximação. A energia potencial gravitacional de cada pêndulo tem a forma $mgL(1 - \cos \phi) \approx \tfrac{1}{2} mgL\, \phi^2$, onde a última expressão é a aproximação de pequeno ângulo bastante conhecida. Logo, a energia potencial gravitacional total é

$$U_{\text{grav}} = \tfrac{1}{2} mgL (\phi_1^2 + \phi_2^2 + \phi_3^2). \qquad (11.65)$$

Para determinar a energia potencial de duas molas, temos que determinar o quanto cada uma é distendida. Para valores arbitrários de ϕ, isso é algo muito confuso, mas para pequenos ângulos, a única distensão apreciável ocorre devido aos deslocamentos

---

[9] Dois detalhes: primeiro, algumas das raízes de (11.63) podem ser iguais; isso significa que alguns dos modos normais possuem frequências iguais e não apresentam sérios problemas. Segundo – e mais profundo –, precisamos que as n soluções de (11.63) para ω^2 sejam reais e positivas, a fim de que as frequências normais sejam reais. Na verdade, isso acontece como uma consequência das propriedades das matrizes $\mathbf{M}$ e $\mathbf{K}$, sobre as quais discutirei no apêndice.

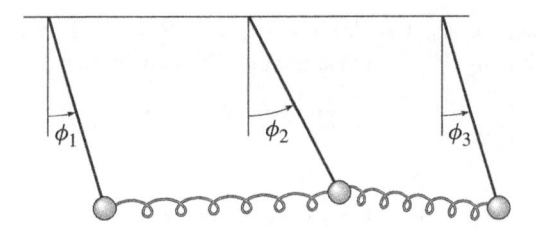

Figura 11.13 Três pêndulos idênticos, de comprimentos L e massas m, estão acoplados por meio de duas molas com constantes das molas k. As coordenadas generalizadas são os três ângulos ϕ_1, ϕ_2 e ϕ_3. Os comprimentos naturais das molas são iguais à separação entre os suportes dos pêndulos; assim as posições de equilíbrio são $\phi_1 = \phi_2 = \phi_3 = 0$, com os três pêndulos pendurados verticalmente.

horizontais dos lóbulos dos pêndulos, cada um dos quais se move a uma distância de aproximadamente $L\phi$ à direita. Logo, por exemplo, a mola da esquerda é distendida por cerca de $L(\phi_2 - \phi_1)$ e a energia potencial total da mola é

$$U_{\text{mola}} = \tfrac{1}{2}kL^2 \left[(\phi_2 - \phi_1)^2 + (\phi_3 - \phi_2)^2 \right]$$

$$= \tfrac{1}{2}kL^2(\phi_1^2 + 2\phi_2^2 + \phi_3^2 - 2\phi_1\phi_2 - 2\phi_2\phi_3). \quad (11.66)$$

Antes de combinarmos as expressões para T e U para obtermos a Lagrangiana e as equações de movimento, há um dispositivo útil que gostaria de introduzir. As equações que deduziremos envolvem vários parâmetros fixos, (m, L, g, k), alguns deles não são de interesse especial. Escrever repetidamente esses parâmetros é, em última análise, uma tarefa irritante, que pode facilmente levar a erros por falta de atenção. Por isso, é útil encontrar um caminho para se livrar dos parâmetros desinteressantes antes de fazer qualquer novo cálculo. Uma forma radical para fazê-lo muito popular entre os físicos teóricos é escolher um sistema de unidades tal que os parâmetros desinteressantes tenham valor 1 – um processo algumas vezes descrito como escolha de **unidades naturais**. No caso atual, por exemplo, podemos escolher m como sendo a unidade de massa e L a unidade de comprimento. Com a escolha de m e L, naturalmente temos o valor 1, e eles desaparecem em todo trabalho subsequente. Esta jogada simplifica os detalhes triviais dos cálculos, reduz o perigo de erros e nos auxilia a ver as características verdadeiramente de interesse.

A única desvantagem séria do uso de unidades naturais é esta: uma vez que o cálculo esteja completo, algumas vezes desejamos saber como a nossa resposta depende dos valores dos parâmetros que foram suprimidos. (Qual é a frequência de um certo modo normal se $L = 1,5$ m?) Para responder a esse tipo de questão, temos que pôr os parâmetros banidos de volta nas soluções. Embora este processo (de restaurar os parâmetros banidos) pareça desanimador em princípio, ele é geralmente bastante fácil. Por exemplo, com $m = L = 1$, iremos encontrar que uma das frequências normais é dada por $\omega^2 = g$. Isso implica que (no nosso sistema de unidades) a grandeza g/ω^2 tenha o valor 1. Mas você irá reconhecer que g/ω^2 tem dimensão de comprimento e dizer que um comprimento tem um valor 1 em nossas unidades é o mesmo que dizer que ele tem o valor L em qualquer sistema de unidades. Portanto, $g/\omega^2 = L$ em geral, e a nossa resposta é que $\omega^2 = g/L$ qualquer que seja a unidade escolhida. Isso põe "L" de volta na resposta e permite-nos determinar ω para qualquer valor de L.

Vamos então escolher as unidades de modo que $m = L = 1$, então as energias cinética e potencial obtidas em (11.64), (11.65) e (11.66) tornam-se

$$T = \tfrac{1}{2}(\dot\phi_1^2 + \dot\phi_2^2 + \dot\phi_3^2) \tag{11.67}$$

e

$$U = \tfrac{1}{2}g(\phi_1^2 + \phi_2^2 + \phi_3^2) + \tfrac{1}{2}k(\phi_1^2 + 2\phi_2^2 + \phi_3^2 - 2\phi_1\phi_2 - 2\phi_2\phi_3). \tag{11.68}$$

Poderíamos agora obter a Lagrangiana e em seguida as equações de movimento, mas na verdade não necessitamos fazer isso. Já sabemos que o resultado será, a já conhecida, equação matricial

$$\mathbf{M}\ddot{\boldsymbol{\phi}} = -\mathbf{K}\boldsymbol{\phi}, \tag{11.69}$$

onde, neste caso, $\boldsymbol{\phi}$ é a matriz coluna (3 × 1) formada pelos três ângulos ϕ_1, ϕ_2 e ϕ_3. Os elementos das matrizes (3 × 3) $\mathbf{M}$ e $\mathbf{K}$ podem ser obtidos diretamente de (11.67) e (11.68) resultando[10] em

$$\mathbf{M} = \begin{bmatrix} 1 & 0 & 0 \\ 0 & 1 & 0 \\ 0 & 0 & 1 \end{bmatrix} \quad \text{e} \quad \mathbf{K} = \begin{bmatrix} g+k & -k & 0 \\ -k & g+2k & -k \\ 0 & -k & g+k \end{bmatrix}. \tag{11.70}$$

Os modos normais do sistema possuem a forma familiar $\boldsymbol{\phi}(t) = \operatorname{Re} \mathbf{z}(t) = \operatorname{Re} \mathbf{a}e^{i\omega t}$, onde $\mathbf{a}$ e ω são determinados pela equação de autovalor

$$(\mathbf{K} - \omega^2\mathbf{M})\mathbf{a} = 0. \tag{11.71}$$

Nosso primeiro passo é determinar as possíveis frequências normais a partir da equação característica $\det(\mathbf{K} - \omega^2\mathbf{M}) = 0$, para a qual, temos que obter a matriz $(\mathbf{K} - \omega^2\mathbf{M})$,

$$(\mathbf{K} - \omega^2\mathbf{M}) = \begin{bmatrix} g+k-\omega^2 & -k & 0 \\ -k & g+2k-\omega^2 & -k \\ 0 & -k & g+k-\omega^2 \end{bmatrix}. \tag{11.72}$$

O determinante é facilmente calculado, resultando em

$$\det(\mathbf{K} - \omega^2\mathbf{M}) = (g-\omega^2)(g+k-\omega^2)(g+3k-\omega^2),$$

de modo que as três frequências normais são dadas por

$$\omega_1^2 = g, \quad \omega_2^2 = g+k \quad \text{e} \quad \omega_3^2 = g+3k. \tag{11.73}$$

---

[10] Temos que pensar um pouco quando obtemos os elementos fora da diagonal dessas matrizes. A regra é esta: se você ignorar o fator $\tfrac{1}{2}$ na frente de (11.68), por exemplo, então o elemento da diagonal K_{ii} será justamente o coeficiente de ϕ_i^2, enquanto o elemento fora da diagonal K_{ij} será *metade* do coeficiente $\phi_i\phi_j$. Para compreender isso, veja (11.57).

Capítulo 11 Osciladores Acoplados e Modos Normais

Conhecendo as três frequências normais, podemos agora determinar os três modos normais correspondentes. A primeira frequência normal tem $\omega_1 = \sqrt{g}$. (Isso está em nossas unidades, onde $L = 1$. Como já mencionei, em unidades arbitrárias, ela é $\omega_1 = \sqrt{g/L}$, que é a frequência para um pêndulo simples de comprimento L. Em breve, veremos a razão para esta coincidência.) Se substituirmos ω_1 na Equação (11.72) para $(\mathbf{K} - \omega^2 \mathbf{M})$, então a equação de autovalor (11.71) implica (você deve verificar)

$$a_1 = a_2 = a_3 = Ae^{-i\delta}, \qquad \text{[primeiro modo]}$$

ou seja, no primeiro modo,

$$\phi_1(t) = \phi_2(t) = \phi_3(t) = A\cos(\omega_1 t - \delta)$$

e os três pêndulos oscilam em uníssono (amplitudes e fases iguais), como ilustrado na Figura 11.14(a). Neste modo, as molas não estão nem distendidas nem comprimidas e suas presenças são irrelevantes. Portanto, cada pêndulo oscila exatamente como um pêndulo simples, com frequência $\omega_1 = \sqrt{g/L}$ (ou $\sqrt{g}$ em nossas unidades).

Se substituirmos $\omega = \omega_2$, a equação de autovalor (11.71) implica

$$a_1 = -a_3 = Ae^{-i\delta}, \qquad \text{mas} \qquad a_2 = 0 \qquad \text{[segundo modo]}.$$

Portanto, os dois pêndulos externos oscilam exatamente em fase, enquanto o do meio permanece em repouso, com ilustrado na Figura 11.14(b). Finalmente, substituir $\omega = \omega_3$ na equação de autovalor (11.71), leva-nos, digamos, ao resultado

$$a_1 = -\tfrac{1}{2}a_2 = a_3 = Ae^{-i\delta}, \qquad \text{[terceiro modo]}$$

Logo, no terceiro modo, os dois pêndulos externos oscilam em uníssono, mas o do meio oscila com uma amplitude que é duas vezes superior e exatamente fora de fase, como ilustrado na Figura 11.14(c). A solução geral é uma combinação linear arbitrária desses três modos normais.

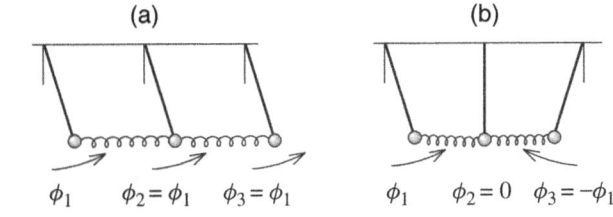

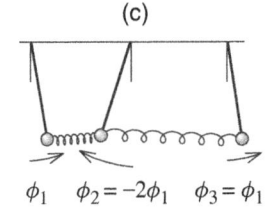

Figura 11.14 Três modos normais para três pêndulos acoplados. (a) No primeiro modo, os três pêndulos oscilam em uníssono. Como a mola não está distendida nem comprimida, a frequência é exatamente a de um pêndulo simples de mesmo comprimento. (b) No segundo modo, os dois pêndulos externos oscilam exatamente fora de fase, enquanto o pêndulo do meio não se move. (c) No terceiro modo, os dois pêndulos externos oscilam em uníssono, mas o pêndulo do meio está exatamente fora de fase e tem uma amplitude duas vezes maior.

11.7 COORDENADAS NORMAIS*

Esta seção pode ser omitida em uma primeira leitura.

Na Seção 11.2, determinamos os modos normais para duas massas iguais ligadas por três molas idênticas. No final dela, mencionei que podemos substituir as duas coordenadas x_1 e x_2 por duas "coordenadas normais",

$$\xi_1 = \tfrac{1}{2}(x_1 + x_2) \quad \text{e} \quad \xi_2 = \tfrac{1}{2}(x_1 - x_2). \tag{11.74}$$

Essas novas coordenadas têm a propriedade de que cada uma sempre oscila com uma das duas frequências normais –ξ_1 com a frequência ξ_1 e ξ_2 com a frequência ω_2. Nesta seção, mostrarei que podemos fazer qualquer coisa para qualquer sistema oscilando em torno de um ponto de equilíbrio. Se o sistema tem n graus de liberdade, então ele é descrito por n coordenadas generalizadas $q_1, \cdots, q_n$ e tem n modos normais com frequências $\omega_1, \cdots, \omega_n$. O que demonstrarei é que podemos introduzir n coordenadas normais novas, $\xi_1, \cdots, \xi_n$, tais que cada coordenada normal ξ_i oscile exatamente com uma frequência, a saber, a frequência normal ω_i. Antes de demonstrar isso, preciso revisar e estender a discussão da Seção 11.2 dos dois carrinhos.

Coordenadas normais para dois carrinhos com molas

As equações de movimento para as posições x_1 e x_2 dos dois carrinhos foram dadas por (11.2), que reescrevo aqui como (para o caso de massas e constantes das molas iguais)

$$\left. \begin{array}{l} m\ddot{x}_1 = -2kx_1 + kx_2 \\ m\ddot{x}_2 = kx_1 - 2kx_2 \end{array} \right\} \tag{11.75}$$

Uma inspeção deve convencê-lo de que se somarmos estas duas equações, obtemos uma equação apenas para $\xi_1 = \tfrac{1}{2}(x_1 + x_2)$, e se as subtraírmos, obtemos uma equação apenas para $\xi_1 = \tfrac{1}{2}(x_1 - x_2)$:

$$\left. \begin{array}{l} m\ddot{\xi}_1 = -k\xi_1 \\ m\ddot{\xi}_2 = -3k\xi_2 \end{array} \right\} \tag{11.76}$$

Essas duas equações estão *desacopladas* e mostram que cada coordenada normal oscila, como alegado, com uma única frequência – ξ_1 com frequência $\omega_1 = \sqrt{k/m}$ e ξ_2 com $\omega_2 = \sqrt{3k/m}$. Em outras palavras, as coordenadas normais se comportam como as coordenadas de dois osciladores *desacoplados* – substituindo as coordenadas normais, "desacoplamos" as oscilações.

Como as Equações (11.75) para x_1 e x_2 podem ser reescritas como uma única equação matricial $\mathbf{M\ddot{x}} = -\mathbf{Kx}$, as duas Equações (11.76) para ξ_1 e ξ_2 podem ser escritas como $\mathbf{M'\ddot{\xi}} = -\mathbf{K'\xi}$, com a diferença importante de que as duas matrizes $\mathbf{M'}$ e $\mathbf{K'}$ são ambas diagonais:

$$\mathbf{M'} = \begin{bmatrix} m & 0 \\ 0 & m \end{bmatrix} \quad \text{e} \quad \mathbf{K'} = \begin{bmatrix} k & 0 \\ 0 & 3k \end{bmatrix}. \tag{11.77}$$

A transição das coordenadas originais (x_1, x_2) para as coordenadas normais (ξ_1, ξ_2) chama-se *diagonalizar* as matrizes $\mathbf{M}$ e $\mathbf{K}$. O fato de as novas matrizes serem diagonais é precisamente equivalente à afirmação de que as Equações (11.76) para ξ_1 e ξ_2 estão desacopladas e que ξ_1 e ξ_2 oscilam independentemente uma da outra.

Podemos definir as duas coordenadas normais ξ_1 e ξ_2 diferentemente e, mais geral, em termos dos autovetores **a** que descrevem o movimento dos modos normais e são determinados por meio da equação de autovalor $(\mathbf{K} - \omega^2 \mathbf{M})\mathbf{a} = 0$. Vimos na Seção 11.2 que essas duas matrizes colunas (2×1) são (para os dois carrinhos)

$$\mathbf{a}_{(1)} = \begin{bmatrix} 1 \\ 1 \end{bmatrix} \quad \text{e} \quad \mathbf{a}_{(2)} = \begin{bmatrix} 1 \\ -1 \end{bmatrix}. \tag{11.78}$$

[Dois pontos importantes: cada um desses vetores contém um multiplicador arbitrário A, mas agora desejo fixar este multiplicador e a escolha mais simples aqui é fazer $A = 1$; outra escolha, e algumas vezes a melhor, é normalizar os vetores pondo o fator $1/\sqrt{2}$. Segundo, cada matriz coluna **a** é formada por dois números, que temos chamado a_1 e a_2. Mas agora estou discutindo duas *matrizes colunas diferentes*, $\mathbf{a}_{(1)}$ e $\mathbf{a}_{(2)}$, uma para cada modo normal e estou usando parênteses no subscrito para enfatizar essa distinção.] Agora, é fácil de ver que *qualquer* vetor coluna (2×1) pode ser escrito como uma combinação dos dois vetores $\mathbf{a}_{(1)}$ e $\mathbf{a}_{(2)}$. (Veja o Problema 11.33.) Em particular, posso expandir a coluna **x** dessa forma como

$$\mathbf{x} = \xi_1 \mathbf{a}_{(1)} + \xi_2 \mathbf{a}_{(2)} = \begin{bmatrix} \xi_1 + \xi_2 \\ \xi_1 - \xi_2 \end{bmatrix}. \tag{11.79}$$

A primeira igualdade define ξ_1 e ξ_2 como os coeficientes na expansão de **x** em termos de autovetores $\mathbf{a}_{(1)}$ e $\mathbf{a}_{(2)}$, mas a inspeção da última expressão em (11.79) deve convencê-lo de que ela define ξ_1 e ξ_2 como sendo exatamente as coordenadas de (11.74). Ou seja, as coordenadas normais, com a propriedade de que cada uma oscila independentemente com uma das frequências normais, podem ser definidas com os coeficientes na expansão de **x** em termos dos autovetores $\mathbf{a}_{(1)}$ e $\mathbf{a}_{(2)}$. Veremos que esta definição se transporta naturalmente para o caso geral de oscilações de qualquer sistema com n graus de liberdade.

O caso geral

Podemos agora introduzir coordenadas normais para um sistema oscilatório arbitrário com n coordenadas generalizadas $q_1, \cdots, q_n$. Sabemos que tal sistema tem n modos normais. No modo i, o vetor coluna **q** oscila senoidalmente,

$$\mathbf{q}(t) = \mathbf{a}_{(i)} \cos(\omega_i t - \delta_i)$$

onde a coluna fixa $\mathbf{a}_{(i)}$ satisfaz a equação de autovalor

$$\mathbf{K}\mathbf{a}_{(i)} = \omega_i^2 \mathbf{M}\mathbf{a}_{(i)}. \tag{11.80}$$

As colunas $\mathbf{a}_{(1)}, \cdots, \mathbf{a}_{(n)}$ são colunas ($n \times 1$) reais[11] e independentes, e *qualquer* coluna ($n \times 1$) pode ser expandida em termos delas, isto é, os vetores $\mathbf{a}_{(1)}, \cdots, \mathbf{a}_{(n)}$ são uma **base** ou um **conjunto completo** para o espaço de todos os vetores ($n \times 1$). (Para uma demons-

---

[11] Não é muito óbvio que os vetores $\mathbf{a}_{(i)}$ são reais. No caso dos dois carrinhos, você pode verificar a partir de (11.78) que eles o são. No caso geral, eles são determinados pela equação real de autovalores (11.80) e é muito fácil mostrar que ou eles são reais ou podem ser redefinidos de modo que se tornem reais. Veja o apêndice.

tração dessas propriedades, veja o apêndice.) Logo, qualquer solução das equações de movimento $\mathbf{q}(t)$ pode ser expandida como

$$\mathbf{q}(t) = \sum_{i=1}^{n} \xi_i(t)\,\mathbf{a}_{(i)}. \tag{11.81}$$

Essa definição de coordenadas normais ξ_i segue exatamente paralela à nova definição (11.79) para o sistema de dois carrinhos com molas e pode ser agora demonstrado que ela tem a propriedade desejada de que os diferentes $\xi_i(t)$ oscilam independentemente, como segue:

As colunas $\mathbf{q}(t)$ satisfazem a equação de movimento

$$\mathbf{M}\ddot{\mathbf{q}} = -\mathbf{K}\mathbf{q}.$$

Se substituirmos $\mathbf{q}$ por sua expansão (11.81), a equação torna-se

$$\sum_{i=1}^{n} \ddot{\xi}_i(t)\,\mathbf{M}\mathbf{a}_{(i)} = -\sum_{i=1}^{n} \xi_i(t)\,\mathbf{K}\mathbf{a}_{(i)} = -\sum_{i=1}^{n} \xi_i(t)\,\omega_i^2 \mathbf{M}\mathbf{a}_{(i)}, \tag{11.82}$$

onde a última igualdade segue da equação de autovalor (11.80). Agora, os n vetores colunas $\mathbf{a}_{(1)}, \cdots, \mathbf{a}_{(n)}$ são independentes e esta propriedade é inalterada quando eles são multiplicados por uma matriz $\mathbf{M}$. Portanto, os n vetores $\mathbf{M}\mathbf{a}_{(1)}, \cdots, \mathbf{M}\mathbf{a}_{(n)}$ são também independentes e a igualdade (11.82) pode ser verdadeira apenas se todos os coeficientes correspondentes em cada lado forem iguais[12]. Ou seja,

$$\ddot{\xi}_i(t) = -\omega_i^2\,\xi_i(t).$$

Esta estabelece que as coordenadas normais ξ_i definidas em (11.81) de fato oscilam independentemente das frequências informadas.

PRINCIPAIS DEFINIÇÕES E EQUAÇÕES

As equações de movimento na forma matricial

A configuração de um sistema com n graus de liberdade pode ser especificada por uma matriz coluna ($n \times 1$) $\mathbf{q}$, formada por n coordenadas generalizadas $q_1, \cdots$ e q_n. A equação de movimento para pequenas oscilações em torno de um equilíbrio estável (com as coordenadas escolhidas de modo que $\mathbf{q} = 0$ em equilíbrio) tem a forma matricial

$$\mathbf{M}\ddot{\mathbf{q}} = -\mathbf{K}\mathbf{q}, \qquad [\text{Eq. (11.60)}]$$

onde $\mathbf{M}$ e $\mathbf{K}$ são as **matrizes das "massas"** e das **"constantes das molas"**. Uma maneira de determinar essas matrizes é escrevendo a EC e a EP do sistema nas formas

$$T = \tfrac{1}{2}\sum_{j,k} M_{jk}\dot{q}_j\dot{q}_k \quad \text{e} \quad U = \tfrac{1}{2}\sum_{j,k} K_{jk} q_j q_k. \qquad [\text{Eqs. (11.54) e (11.53)}]$$

---

[12] O resultado que estou usando é análogo ao resultado familiar no espaço tridimensional em que a igualdade $\sum_1^3 \lambda_i \mathbf{e}_i = \sum_1^3 \mu_i \mathbf{e}_i$ é apenas possível se $\lambda_i = \mu_i$ para todo i. Para uma demonstração da independência dos vetores $\mathbf{a}_{(1)}, \cdots, \mathbf{a}_{(n)}$, veja o apêndice.

Modos normais

Um **modo normal** é qualquer movimento no qual todas as n coordenadas oscilam senoidalmente com a mesma frequência ω (a **frequência normal**) e pode ser escrito como

$$\mathbf{q}(t) = \operatorname{Re}(\mathbf{a}\, e^{i\omega t}), \qquad \text{[Eq. (11.61)]}$$

onde a matriz coluna constante ($n \times 1$) **a** deve satisfazer a equação generalizada de autovalor

$$(\mathbf{K} - \omega^2 \mathbf{M})\mathbf{a} = 0. \qquad \text{(Eq. (11.62)]}$$

Para qualquer sistema com n graus de liberdade e com equilíbrio estável em $\mathbf{q} = 0$, há n frequências normais $\omega_1, \cdots, \omega_n$ (algumas delas podem ser iguais) e n autovetores independentes $\mathbf{a}_{(1)}, \cdots, \mathbf{a}_{(n)}$. Qualquer matriz coluna $n \times 1$ pode ser expandida em termos destes autovetores e qualquer solução das equações de movimento pode ser expandida em termos de modos normais.

Coordenadas normais

Quando qualquer solução está expandida em termos de modos normais, os coeficientes de expansão $\xi_i(t)$ são chamados de **coordenadas normais** e cada um deles oscila com a frequência correspondente ω_i. [Seção 11.7]

PROBLEMAS

Estrelas indicam o nível de dificuldade, do mais fácil (★) ao mais difícil (★★★).

SEÇÃO 11.1 Duas massas e três molas

11.1★ Na discussão dos dois carrinhos da Figura 11.1, mencionei que é mais simples assumir que quando os dois carrinhos estão em equilíbrio, os comprimentos L_1, L_2 e L_3 das molas são todos iguais aos comprimentos naturais sem distensões l_1, l_2 e l_3. Entretanto, essa suposição não é necessária e as três molas podem todas estar sob tração (ou compressão) na posição de equilíbrio. **(a)** Determine as relações entre esses seis comprimentos (e as três constantes das molas, k_1, k_2 e k_3) de forma que os dois carrinhos estejam em equilíbrio. **(b)** Mostre que a força resultante sobre qualquer um dos carrinhos é exatamente à dada na Equação (11.2), independentemente de como L_1, L_2 e L_3 estão comparadas com l_1, l_2 e l_3, desde que x_1 e x_2 sejam medidos com relação às posições de equilíbrio dos carrinhos.

11.2★★ Uma mola de massa desprezível (constante da mola k_1) está presa ao teto, com a massa m_1 pendurada na outra extremidade. Uma segunda mola de massa desprezível (constante da mola k_2) está presa a partir de m_1 e uma segunda massa m_2 está presa a outra extremidade da segunda mola. Assumindo que as massas se movem apenas na direção vertical e usando as coordenadas y_1 e y_2 medidas a partir das posições de equilíbrio das massas, mostre que as equações de movimento podem ser escritas na forma matricial $\mathbf{M\ddot{y}} = -\mathbf{Ky}$, onde $\mathbf{y}$ é a matriz coluna 2×1 formada por y_1 e y_2. Determine as matrizes 2×2 **M** e **K**.

SEÇÃO 11.2   Molas idênticas e massas iguais

11.3★ Determine as frequências normais para o sistema dos dois carrinhos e três molas ilustrado na Figuira 11.1, para valores arbitrários de m_1 e m_2 e k_1, k_2 e k_3. Verifique que sua resposta está correta para o caso $m_1 = m_2$ e $k_1 = k_2 = k_3$.

11.4★★ (a) Determine as frequências normais para o sistema dos dois carrinhos e três molas ilustrado na Figura 11.1, para o caso em que $m_1 = m_2$ e $k_1 = k_3$, (mas k_2 pode ser diferente). Verifique que sua resposta está também correta para o caso em que $k_1 = k_2$. (b) Determine e descreva o movimento em cada um dos modos normais. Compare com o movimento determinado para o caso em que $k_1 = k_2$ na Seção 11.2. Explique as similaridades.

11.5★★ (a) Determine as frequências normais ω_1 e ω_2 para os dois carrinhos ilustrados na Figura 11.15, assumindo que $m_1 = m_2$ e $k_1 = k_2$. (b) Determine e descreva o movimento para cada um dos modos normais.

11.6★★ Responda às mesmas questões do Problema 11.5, mas para o caso em que $m_1 = m_2$ e $k_1 = 3k_2/2$. (Escreva $k_1 = 3k$ e $k_2 = 2k$.) Explique o movimento nos dois modos normais.

11.7★★ [Computador] O movimento mais geral dos dois carrinhos da Seção 11.2 é dado por (11.21) com as constantes A_1, A_2, δ_1 e δ_2 determinadas pelas condições iniciais. (a) Mostre que (11.21) pode ser reescrita como

$$\mathbf{x}(t) = (B_1 \cos\omega_1 t + C_1 \operatorname{sen}\omega_1 t)\begin{bmatrix}1\\1\end{bmatrix} + (B_2\cos\omega_2 t + C_2\operatorname{sen}\omega_2 t)\begin{bmatrix}1\\-1\end{bmatrix}.$$

Essa fórmula é geralmente um pouco mais conveniente para se obter as constantes a partir de condições iniciais dadas. (b) Se os carrinhos são largados a partir do repouso nas posições $x_1(0) = x_2(0) = A$, determine os coeficientes B_1, B_2, C_1 e C_2 e desenhe $x_1(t)$ e $x_2(t)$. Considere $A = \omega_1 = 1$ e $0 \le t \le 30$ para seu gráfico. (c) Faça o mesmo que no item (b), exceto pelo fato de que $x_1(0) = A$, mas $x_2(0) = 0$.

11.8★★ [Computador] Faça o mesmo que no Problema 11.7, mas no item (b) os carrinhos estão em suas posições de equilíbrio para $t = 0$ e são impulsionados separando-os um do outro, cada um com velocidade v_o. No item (c), os carrinhos iniciam fora de suas posições de equilíbrio e o carrinho 2 tem velocidade v_o para a direita, mas o carrinho 1 tem velocidade inicial 0. Considere $v_o = \omega_1 = 1$ e $0 \le t \le 30$ para seus gráficos.

11.9★★ (a) Otenha as equações de movimento (11.2) para os carrinhos com massas iguais da Seção 11.2 com três molas idênticas. Mostre que a mudança de variáveis para as coordenadas normais $\xi_1 = \frac{1}{2}(x_1 + x_2)$ e $\xi_2 = \frac{1}{2}(x_1 - x_2)$ leva a equações desacopladas para ξ_1 e ξ_2. (b) Resolva para ξ_1 e ξ_2 e, em seguida, obtenha a solução geral para x_1 e x_2. (Observe como é simples este procedimento, uma vez que você tenha imaginado o que são as coordenadas normais. Para um sistema simples simétrico como este, você pode, algumas vezes, imaginar a forma de

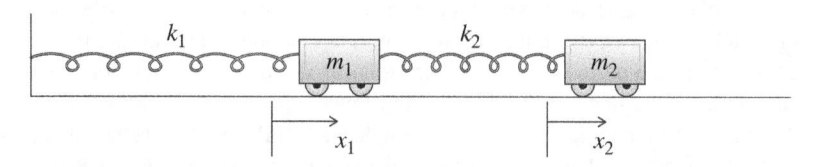

Figura 11.15   Problemas 11.5 e 11.6.

ξ_1 e ξ_2 considerando a simetria – desde que você tenha alguma experiência em trabalhar com os modos normais.)

11.10★★★ [Computador] Em geral, a análise de osciladores acoplados com forças dissipativas é muito mais complicada do que o caso conservativo considerado neste capítulo. Entretanto, há alguns casos em que os mesmos métodos ainda funcionam, como o seguinte problema ilustra: **(a)** Obtenha as equações de movimento correspondentes a (11.2) para os carrinhos de massas iguais da Seção 11.2, com três molas idênticas, mas com cada carrinho sujeito a uma força resistiva linear $-bv$ (o mesmo coeficiente b para ambos os carrinhos). **(b)** Mostre que, se você mudar as variáveis para as coordenadas normais $\xi_1 = \frac{1}{2}(x_1 + x_2)$ e $\xi_2 = \frac{1}{2}(x_1 - x_2)$, as equações do movimento para ξ_1 e ξ_2 são desacopladas. **(c)** Obtenha as soluções gerais para as coordenadas normais e em seguida para x_1 e x_2. (Assuma que b é pequeno, de modo que as oscilações são subamortecidas.) **(d)** Determine $x_1(t)$ e $x_2(t)$ para as condições iniciais $x_1(0) = A$ e $x_2(0) = v_1(0) = v_2(0) = 0$ e desenhe-as para $0 \leq t \leq 10\pi$, usando os valores $A = k = m = 1$ e $b = 0{,}1$.

11.11★★★ (a) Obtenha as equações de movimento correspondente a (11.2) para os carrinhos de massas iguais da Seção 11.2 com três molas idênticas, mas com cada carrinho sujeito a uma força resistiva linear $-bv$ (mesmo coeficiente b para ambos os carrinhos) e com a força motriz $F(t) = F_0 \cos \omega t$ aplicada ao carrinho 1. **(b)** Mostre que, se você mudar as variáveis para as coordenadas normais $\xi_1 = \frac{1}{2}(x_1 + x_2)$ e $\xi_2 = \frac{1}{2}(x_1 - x_2)$, as equações de movimento para ξ_1 e ξ_2 são desacopladas. **(c)** Usando os métodos da Seção 5.5, obtenha as soluções gerais. **(d)** Assumindo que $\beta = b/2m \ll \omega_0$, mostre que ξ_1 entra em ressonância quando $\omega \approx \omega_0 = \sqrt{k/m}$ e da mesma forma ξ_2 quando $\omega \approx \sqrt{3}\omega_0$. **(e)** Mostre, por outro lado, que se ambos os carrinhos estiverem forçados em fase com a mesma força $F_0 \cos\omega t$, apenas ξ_1 exibe ressonância. Explique.

11.12★★★ Aqui temos uma forma diferente de acoplarmos dois osciladores. Os dois carrinhos da Figura 11.16 têm massas iguais m (embora de diferentes formatos). Eles estão ligados a paredes distintas por molas separadas e idênticas (constante da força k). O carrinho 2 está montado sobre o carrinho 1, como ilustrado, e o carrinho 1 está cheio com melaço, cujo arrasto viscoso provê o acoplamento entre os carrinhos.

(a) Assumindo que a força de arrasto tem magnitude $\beta m v$, onde $\mathbf{v}$ é a velocidade relativa dos dois carrinhos, obtenha as equações de movimento dos dois carrinhos usando as coordenadas x_1 e x_2, os deslocamentos dos carrinhos a partir de suas posições de equilíbrio. Mostre que elas podem ser escritas em termos matriciais da forma $\ddot{\mathbf{x}} + \beta \mathbf{D}\dot{\mathbf{x}} + \omega_0^2 \mathbf{x} = 0$, onde $\mathbf{x}$ é a matriz coluna 2×1 formada por x_1 e x_2, $\omega_0 = \sqrt{k/m}$, e $\mathbf{D}$ é uma certa matriz quadrada 2×2. **(b)** Não há nada que evite você de procurar uma solução da forma $\mathbf{x}(t) = \text{Re } \mathbf{z}(t)$, com $\mathbf{z}(t) = \mathbf{a}e^{rt}$. Mostre que você, de fato, obtém duas soluções dessa forma com $r = i\omega_0$ ou $r = -\beta + i\omega_1$, onde $\omega_1 = \sqrt{\omega_0^2 - \beta^2}$. (Assuma que a força da viscosidade é fraca, de modo que $\beta < \omega_0$.) **(c)** Descreva os movimentos correspondentes. Explique por que um desses modos é amortecido, mas o outro não.

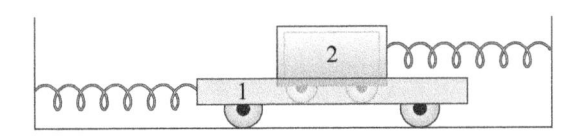

Figura 11.16 Problema 11.12.

SEÇÃO 11.3 Dois osciladores fracamente acoplados

11.13★★★ [Computador] Considere os dois carrinhos da Seção 11.3, acoplados por uma mola fraca e sujeitos a uma força resistiva $-b\mathbf{v}$ (a mesma força para ambos os carrinhos). **(a)** Obtenha as equações de movimento para x_1 e x_2 na forma (11.2) e mostre que, se você mudar para as coordenadas normais $\xi_1 = \frac{1}{2}(x_1 + x_2)$ e $\xi_1 = \frac{1}{2}(x_1 - x_2)$, as equações de movimento para ξ_1 e ξ_2 estão desacopladas. **(b)** Resolva para $\xi_1(t)$ e $\xi_2(t)$ assumindo que o coeficiente dissipativo b é pequeno ("movimento subamortecido", como na Seção 5.4), e então obtenha a solução geral para $x_1(t)$ e $x_2(t)$. **(c)** Suponha que o carrinho 1 esteja parado em $x_1 = A$ e o carrinho 2 em $x_2 = 0$, e que sejam largados a partir do repouso no instante $t = 0$. Determine e desenhe as duas posições como funções de $0 \leq t \leq 80$, usando os valores $A = k = m = 1$, $k_2 = 0{,}2$ e $b = 0{,}04$. (Considerando as condições iniciais, tire vantagem do fato de que $b \ll 1$ e use um programa computacional apropriado para desenhar os gráficos.) Comente seus gráficos.

SEÇÃO 11.4 Abordagem Lagrangiana: o pêndulo duplo

11.14★★ Considere dois pêndulos planares idênticos (cada um com comprimento L e massa m) ligados por uma mola, de massa desprezível (constante da força k), conforme ilustrado na Figura 11.17. As posições dos pêndulos são especificadas pelos ângulos ϕ_1 e ϕ_2 ilustrados. O comprimento natural da mola é igual à distância entre os dois suportes, de modo que a posição de equilíbrio está em $\phi_1 = \phi_2 = 0$, com os dois pêndulos verticais. **(a)** Obtenha a energia cinética total e as energias gravitacional e potencial da mola. [Assuma que ambos os ângulos permanecem pequenos durante todo o tempo. Isso significa que a distensão da mola tem uma boa aproximação por $L(\phi_2 - \phi_1)$.] Obtenha as equações de movimeno de Lagrange. **(b)** Determine e descreva os modos normais para esses dois pêndulos acoplados.

11.15★★ Obtenha a Lagrangiana exata (boa para todos os ângulos) para o pêndulo duplo da Figura 11.9 e determine as equações de movimento correspondentes. Mostre que elas se reduzem às Equações (11.41) e (11.42) se ambos os ângulos forem pequenos.

11.16★★ **(a)** Determine as frequências normais para pequenas oscilações do pêndulo duplo da Figura 11.9 para valores arbitrários das massas e comprimentos. **(b)** Verifique se suas respostas estão corretas para o caso especial de $m_1 = m_2$ e $L_1 = L_2$. **(c)** Discuta o limite quando $m_2 \to 0$.

11.17★★ **(a)** Determine as frequências e os modos normais do pêndulo duplo da Figura 11.9, dado que $m_1 = 8m$, $m_2 = m$ e $L_1 = L_2 = L$. **(b)** Determine o movimento real $[\phi_1(t), \phi_2(t)]$ se o pêndulo for largado a partir do repouso com $\phi_1 = 0$ e $\phi_2 = \alpha$. Este é movimento periódico?

11.18★★ Duas massas iguais m estão constritas a moverem-se sem atrito, uma sobre o eixo x positivo e a outra sobre o eixo y positivo. Elas estão ligadas por duas molas idênticas (cons-

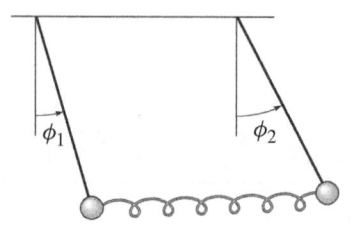

Figura 11.17 Problema 11.14.

tante da força k), cujas outras extremidades estão presas à origem. Além disso, as duas massas estão conectadas entre si por uma terceira mola de constante k'. As molas são escolhidas de modo que o sistema está em equilíbrio com todas elas relaxadas (comprimentos iguais quando não distendidas). Quais são as frequências normais? Determine e descreva os modos normais. Considere apenas pequenos deslocamentos a partir do equilíbrio.

11.19★★★ Um pêndulo simples (massa M e comprimento L) está suspenso a partir de um carrinho (massa m) que pode oscilar na extremidade de uma mola de constante k, conforme ilustrado na Figura 11.19. **(a)** Assumindo que o ângulo ϕ permanece pequeno, obtenha a Lagrangiana do sistema e as equações do movimento para x e ϕ. **(b)** Assumindo que $m = M = L = g = 1$ e $k = 2$ (todos em unidades apropriadas), determine as frequências normais e, para cada frequência normal, determine e descreva o movimento do modo normal correspondente.

11.20★★★ Uma haste fina e uniforme de comprimento $2b$ está suspensa por dois fios verticais leves, ambos de comprimentos fixos l, presos ao teto. Assumindo apenas pequenos deslocamentos a partir do equilíbrio, determine a Lagrangiana do sistema e as frequências normais. Determine e descreva os modos normais. [*Sugestão*: uma possível escolha de coordenadas generalizadas pode ser x, o deslocamento longitudinal da haste, e y_1 e y_2, os deslocamentos laterais dos dois extremos da haste. Você necessitará determinar o quão alto as duas extremidades estão acima das suas alturas de equilíbrio e qual o ângulo que a haste girou.]

SEÇÕES 11.5 e 11.6 O caso geral e três pêndulos acoplados

11.21★ Verifique se $U = \frac{1}{2}\sum_j \sum_k K_{jk} q_j q_k$, onde os coeficientes K_{jk} são todos constantes e satisfazem $K_{ij} = K_{ji}$, então $\partial U / \partial q_i = \sum_j K_{ij} q_j$, como declarado na Equação (11.58).

11.22★ Obtenha a energia potencial exata dos três pêndulos da Figura 11.13, boa para todos os ângulos, pequenos ou grandes, e mostre que sua resposta reduz-se a (11.68) se todos os ângulos forem pequenos.

11.23★★ A Equação (11.73) fornece as três frequências normais dos três pêndulos acoplados em unidades naturais com $L = m = 1$. Já vimos que o valor ω_1^2 em unidades arbitrárias é g/L. Determine os valores de ω_2^2 e ω_3^2 em unidades arbitrárias. [*Sugestão*: comece considerando a quantidade $\omega_2^2 - \omega_1^2$.]

11.24★★ Duas massas iguais m se movem sobre uma mesa horizontal sem atrito. Elas estão presas por três molas idênticas esticadas (cada uma de comprimento L, tensão T), como ilustrado na Figura 11.19, de forma que as suas posições de eqülíbrio estão em uma reta entre os pontos de ancoragem A e B. Essas duas massas se movem na direção transversal (y), mas não na direção longitudinal (x). Obtenha a Lagrangiana para pequenos deslocamentos e determine

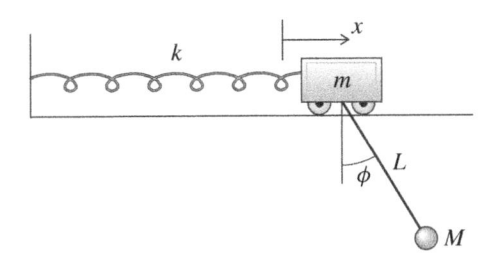

Figura 11.18   Problema 11.19.

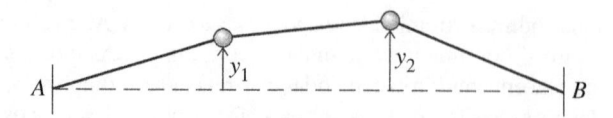

Figura 11.19 Problema 11.24.

e descreva o movimento dos correspondentes modos normais. [*Sugestão*: "pequenos" deslocamentos possuem y_1 e y_2 muito menores do que L, o que significa que você pode tratar as tensões como constantes. Portanto, a EP de cada mola é apenas Td, onde d é o valor pelo qual o seu comprimento aumentou com respeito à posição de equilíbrio.]

11.25 ★★ Considere um sistema de carrinhos e molas como ao da Figura 11.1, exceto pelo fato de que há três carrinhos de massas iguais e *quatro* molas idênticas. Resolva para as três frequências normais, determine e descreva o movimento para os modos normais correspondentes.

11.26 ★★ Uma conta de massa m está presa em uma argola circular, sem atrito, de raio R e massa m (mesma massa). A argola está suspensa pelo ponto A e está livre para balançar sobre o seu próprio plano vertical, como ilustrado na Figura 11.20. Usando os ângulos ϕ_1 e ϕ_2 como coordenadas generalizadas, resolva para as frequências normais de pequenas oscilações, determine e descreva o movimento para os modos normais correspondentes. [*Sugestão*: a EC da argola é $\frac{1}{2} I \dot{\phi}_1^2$, onde I é seu momento de inércia em torno de A e pode ser determinado usando o teorema dos eixos paralelos.]

11.27 ★★ Considere dois carrinhos, de massas iguais m, sobre um trilho horizontal sem atrito. Os carrinhos estão conectados um ao outro por uma única mola com constante da força k, mas por outro lado está livre para mover-se livremente ao longo do trilho. **(a)** Obtenha a Lagrangiana e determine as frequências normais do sistema. Mostre que uma das frequências normais é zero. **(b)** Determine e descreva o movimento no modo normal cuja frequência é diferente de zero. **(c)** Faça o mesmo para o modo com frequência zero. [*Sugestão*: isso requer algumas reflexões. Não é exatamente claro o que as oscilações de frequência zero são. Observe que neste caso a equação de autovalor $(\mathbf{K} - \omega^2 \mathbf{M})\mathbf{a} = 0$ reduz a $\mathbf{Ka} = 0$. Considere a solução $\mathbf{x}(t) = \mathbf{a} f(t)$, onde $f(t)$ é uma função indeterminada de t e use a equação de movimento, $\mathbf{M\ddot{x}} = -\mathbf{Kx}$, para mostrar que esta solução representa o movimento do sistema completo com velocidade constante. Explique por que esse tipo de movimento é possível aqui, mas não nos exemplos anteriores.]

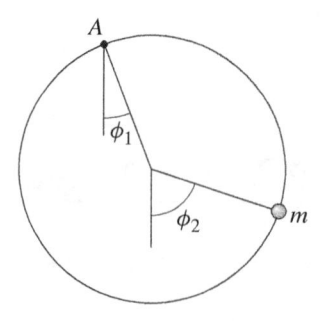

Figura 11.20 Problema 11.26.

11.28★★ Um pêndulo simples (massa M e comprimento L) está suspenso a partir de um carrinho de massa m que se move livremente ao longo de um trilho horizontal. (Veja a Figura 11.18, mas imagine que a mola tenha sido removida.). **(a)** Quais são as frequências normais? **(b)** Determine e descreva os modos normais correspondentes. [Veja a sugestão para o Problema 11.27].

11.29★★★ Uma haste fina, de comprimento $2b$ e massa m, está suspensa por seus dois extremos por duas molas verticais idênticas (constante das forças k) que estão presas ao teto horizontal. Assumindo que o sistema com um todo está compelido a mover-se apenas no plano vertical, determine as frequências normais e os modos normais de pequenas oscilações. Descreva e explique os modos normais. [*Sugestão*: é crucial fazer uma sábia escolha das coordenadas generalizadas. Uma possibilidade seria r, ϕ e α, onde r e ϕ especificam a posição do CM da haste relativo à origem na metade entre as molas no teto e α é o ângulo de inclinação da haste. Tenha cuidado quando obtiver a energia potencial.]

11.30★★★ [Computador] Considere um sistema de carrinhos e molas como o da Figura 11.1, exceto pelo fato de que nela há *quatro* carrinhos de massas iguais e *cinco* molas idênticas. Resolva para as quatro frequências normais, determine e descreva o movimento nos modos normais correspondentes. [Isso pode ser resolvido sem ajuda de um computador, mas será favorável provavelmente para você aprender como calcular determinantes e resolver a equação característica usando um software apropriado.]

11.31★★★ Considere uma argola rígida, horizontal e sem atrito, de raio R. Nessa argola, prendo três contas de massas $2m$, m e m, e, entre as contas, três molas idênticas, cada uma com constante da força k. Resolva as três frequências normais, determine e descreva os três modos normais.

11.32★★★ Como um modelo de uma mólecula triatômica linear (como CO_2), considere o sistema apresentado na Figura 11.21, com dois átomos idênticos de massas m e conectados por duas molas idênticas a um único átomo de massa M. Para simplificar as coisas, assuma que o sistema está compelido a mover-se em uma dimensão. **(a)** Obtenha a Lagrangiana e determine as frequências normais do sistema. Mostre que uma das frequências normais é zero. **(b)** Determine e descreva o movimento nos modos normais cujas frequências não são nulas. **(c)** Faça o mesmo para o modo com frequência nula. [*Sugestão*: veja os comentários no final do Problema 11.27.]

SEÇÃO 11.7 Coordenadas normais*

11.33★ Os autovetores $\mathbf{a}_{(1)}$ e $\mathbf{a}_{(2)}$, que descrevem o movimento nos dois modos normais dos dois carrinhos da Seção 11.2, estão dados em (11.78). Mostre que *qualquer* matriz coluna (2×1) $\mathbf{x}$ pode ser escrita como uma combinação linear desses dois autovetores, ou seja, $\mathbf{a}_{(1)}$ e $\mathbf{a}_{(2)}$ formam uma *base* do espaço das matrizes colunas (2×1).

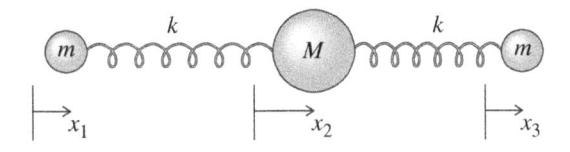

Figura 11.21 Problema 11.32.

11.34★★ É uma propriedade crucial dos autovetores, $\mathbf{a}_{(1)}, \cdots, \mathbf{a}_{(n)}$, que descrevem o movimento nos modos normais de uma sistema oscilatório, que *qualquer* matriz coluna ($n \times 1$) $\mathbf{x}$ pode ser escrita como uma combinação linear de n autovetores, isto é, os autovetores formam uma *base* do espaço das matrizes colunas de ordem ($n \times 1$). Isso está demonstrado no apêndice, mas para ilustrá-lo, faça o seguinte: **(a)** Obtenha os três auvetores $\mathbf{a}_{(1)}$, $\mathbf{a}_{(2)}$ e $\mathbf{a}_{(3)}$ para o pêndulo acoplado da Seção 11.6. (Cada um deles contém um fator abritrário geral, que você pode escolher conforme sua conveniência.) Mostre que eles possuem a propriedade de que qualquer matriz coluna (3×1) $\mathbf{x}$ pode ser expandida em termos deles. **(b)** Nessa expansão, os coeficientes da expansão são as coordenadas normais ξ_1, ξ_2, ξ_3. Determine as coordenadas normais para os três pêndulos acoplados e explique em que sentido eles descrevem os três modos normais da Figura 11.14.

11.35★★ Considere os dois pêndulos acoplados do Problema 11.14. **(a)** Qual seria a escolha natural para as coordenadas normais ξ_1 e ξ_2? **(b)** Mostre que, mesmo se ambos os pêndulos estiverem sujeitos a uma força resistiva de magnitude bv (com b pequeno), as equações de movimento para ξ_1 e ξ_2 ainda estão acopladas. **(c)** Determine e descreva o movimento dos dois pêndulos para os dois modos.

Parte II

Tópicos Adicionais

Capítulo 12	Mecânica Não Linear e Caos
Capítulo 13	Mecânica Hamiltoniana
Capítulo 14	Teoria das Colisões
Capítulo 15	Relatividade Especial
Capítulo 16	Mecânica do Contínuo

A Parte I deste livro trata de tópicos que, em certo sentido, são essenciais. A Parte II contém, em sua maioria, tópicos mais avançados, que podem ser considerados opcionais – embora todos sejam de grande importância na física moderna. Enquanto os capítulos da Parte I foram organizados para serem lidos basicamente em sequência, tentei fazer com que os cinco capítulos da Parte II fossem mutuamente independentes, de modo que você pudesse lê-los de acordo com seu interesse e disponibilidade. Se você aprendeu a maioria do material da Parte I, está apto para enfrentar qualquer um dos capítulos da Parte II. Isso não significa que você tenha que ter estudado todos da Parte I antes de ler algum da Parte II. Por exemplo, você pode ler o Capítulo 12, sobre caos, logo após concluir o estudo do Capítulo 5, sobre oscilações. Analogamente, você poder ler o Capítulo 13, sobre mecânica Hamiltoniana, imediatamente após o Capítulo 7, sobre mecânica Lagrangiana, e, do mesmo modo, o Capítulo 14, sobre a teoria de colisões, imediatamente após o Capítulo 8, sobre o movimento de dois corpos.

12

Mecânica Não Linear e Caos

Uma das mais fascinantes e excitantes descobertas das duas últimas décadas foi o reconhecimento de que a maioria dos sistemas cujas equações de movimento são não lineares pode exibir *caos*. Esse fenômeno surpreendente, que se apresenta em muitas áreas diferentes – sistemas mecânicos oscilatórios, reações químicas, escoamento de fluidos, laser, crescimento populacional, difusão de doenças e muitas outras –, significa que, embora um sistema obedeça a equações de movimento determinísticas (como as leis de Newton), seu comportamento futuro detalhado é imprevisível.

O comportamento de um sistema mecânico caótico pode ser muito complicado e a necessidade de descrevê-lo gerou um conjunto completo de novos caminhos para visualizar o movimento de tais sistemas – órbitas no espaço de estados, seções de Poincaré, diagramas de bifurcação. Felizmente, há sistemas que são bastante complicados para exibirem caos, mas ainda simples o bastante para não precisarem de todas essas novas ferramentas para suas descrições. Em particular, um pêndulo amortecido forçado, cuja equação de movimento é não linear, pode exibir caos, mas pode ser descrito em termos razoavelmente elementares. Por essa razão, focarei aqui, na maioria, tais sistemas. Após uma breve revisão da diferença entre equações lineares e não lineares e das propriedades de um oscilador *linear* amortecido, descreverei detalhadamente o movimento de um pêndulo amortecido forçado, usando apenas gráficos simples de sua posição ϕ *versus* tempo. Uma vez que você esteja familiarizado com os fenômenos básicos, farei uma introdução a algumas das ferramentas mais sofisticadas de que você precisará se desejar explorar a literatura que está rapidamente se expandindo sobre caos. Para concluir este capítulo, descreverei outro sistema que pode exibir caos – o chamado mapa logístico. Embora não seja estritamente parte da mecânica, mostra muitos paralelos fortes com os sistemas mecânicos e tem a grande vantagem da simplicidade que permite um entendimento de vários aspectos de seu comportamento. Ele também serve para ilustrar algumas das extraordinárias universalidades do caos.

Ao planejar este capítulo, percebi que seria importante aprofundar alguns tópicos, em vez de oferecer uma visão superficial completa da área. Em particular, a teoria do caos está dividida em duas grandes áreas – sistemas dissipativos, como o pêndulo amortecido, e sistemas não dissipativos, ou sistemas "Hamiltonianos" – e decidi restringir-me inteiramente ao primeiro caso. Sei que alguns leitores questionarão essa decisão.

Muitas aplicações importantes da teoria do caos (em astronomia e mecânica estatística, por exemplo) dizem respeito a sistemas não dissipativos, como foi o trabalho pioneiro de Poincaré. Entretanto, acredito que os tópicos mais acessíveis para os iniciantes dizem respeito a sistemas dissipativos, então decidi tratar apenas deles. Por favor, veja este capítulo como uma amostra das coisas boas da teoria do caos; certamente, ele não tem intenção de apresentar todo o conteúdo.

Este capítulo é muito diferente de todos os demais. A teoria do caos é nova e nem um pouco elementar. (E partes da teoria precisam ainda ser descobertas!) Ela requer um entendimento muito mais profundo sobre equações diferenciais do que assumi neste livro, e a própria exposição da teoria do caos requer um livro completo em vez de apenas um capítulo.[1] Portanto, me restringirei aqui a simplesmente *descrever* as propriedades mais fascinantes do movimento caótico, sem muita tentativa de demonstrar que o movimento é como alego. Essa é, na verdade, uma situação bastante satisfatória. Antes de você tentar ler qualquer um dos livros mais avançados, certamente é bom ter alguma ideia sobre o que o caos envolve e alguma familiaridade com as ferramentas usadas para descrevê-lo, e pretendo fornecê-las.

12.1 LINEARIDADE E NÃO LINEARIDADE

Para um sistema exibir caos, suas equações de movimento devem ser *não lineares*. Já observamos exemplos de equações lineares e não lineares ao longo deste livro, mas vamos revisar agora os dois conceitos. Uma equação diferencial é linear se ela envolve a variável, ou variáveis dependentes e suas derivadas, apenas linearmente. A equação de movimento do carrinho (massa m) com a mola (constante da força k),

$$m\ddot{x} = -kx, \tag{12.1}$$

é uma equação diferencial linear para a posição x do carrinho. Analogamente, as equações de movimento para os dois carrinhos, discutidas no Capítulo 11 [por exemplo, Equações (11.2)], são equações não lineares para as duas posições x_1 e x_2 dos dois carrinhos. Se aplicarmos uma força motriz $F(t)$ ao carrinho da Equação (12.1), a equação resultante,

$$m\ddot{x} = -kx + F(t), \tag{12.2}$$

é ainda linear [embora não mais homogênea, visto que o termo "inomogêneo" $F(t)$ não envolve a variável dependente x de forma alguma]. Ao contrário, a equação de movimento de um pêndulo simples (massa m, comprimento L) é $I\ddot{\phi} = \Gamma$ ou

$$mL^2\ddot{\phi} = -mgL\,\text{sen}\,\phi, \tag{12.3}$$

que é uma equação *não linear* para ϕ, visto que sen ϕ não é linear em ϕ. (Se as oscilações são pequenas, então sen $\phi \approx \phi$ e a equação é muito bem aproximada por uma equação linear; no entanto, em geral, a equação para o pêndulo simples é definitiva-

---

[1] Podemos citar vários livros. Dentre eles, meu favorito é *Nonlinear Dynamics and Chaos*, de Steven H. Strogatz, Addison-Wesley, Reading, MA (1994), mas, atenção: ele tem oito capítulos de preliminares matemáticos para chegar à teoria do caos.

mente não linear.) Outro exemplo é a equação de movimento de um único planeta no campo do Sol,

$$m\ddot{\mathbf{r}} = -GmM\hat{\mathbf{r}}/r^2, \tag{12.4}$$

que é uma equação não linear para as variáveis $\mathbf{r} = (x, y, z)$ porque o termo da força é não linear em x, y, e z. Esses dois exemplos mostram que equações não lineares não são tão raras. Pelo contrário, muitos sistemas do nosso dia a dia possuem equações de movimento que são não lineares.

Neste livro, até agora, a diferença principal entre equações lineares e não lineares tem sido que as lineares foram resolvidas facilmente de forma analítica, enquanto a maioria das não lineares foi *impossível* de ser resolvida analiticamente. De fato, nossa experiência neste sentido reflete o verdadeiro estado de coisas: quase todas as equações lineares da mecânica *são* resolvidas analiticamente e quase nenhuma das não lineares o são.[2] Essa circunstância tem sido responsável pelo insucesso dos cientistas em reconhecer que o caos é importante e um fenômeno largamente difundido. Como equações não lineares são intratáveis, os livros-textos sempre focam em problemas lineares. Quando problemas não lineares *tiveram* que ser tratados, foram frequentemente resolvidos usando aproximações que os reduziram a problemas lineares. Nesse sentido, a rica variedade de complicações surpreendentes que ocorrem em sistemas não lineares foi quase completamente irreconhecida. A primeira pessoa a observar alguns dos sintomas do caos foi o matemático francês Poincaré (1854-1912) em seus estudos do problema gravitacional de três corpos – o movimento de três corpos (como o Sol, a Terra e a Lua) interagindo via força gravitacional. A equação de movimento para esse sistema é não linear, como a sua contraparte de dois corpos (12.4), e Poincaré observou que exibe o fenômeno atualmente conhecido como *sensibilidade às condições iniciais*, que é uma das características do movimento caótico, como veremos.

Provavelmente devido a vários fatores, as observações de Poincaré sobre caos ficaram praticamente desconhecidas pelos físicos até os anos 1970. As descobertas da relatividade (1905) e em seguida da mecânica quântica (em torno de 1925) desviaram a atenção da maioria dos físicos em relação à mecânica clássica. E a dificuldade de resolução de equações não lineares sem o auxílio dos computadores certamente desencorajou a investigação de problemas não lineares. De qualquer forma, foi apenas em 1970 que soluções computacionais de vários problemas[3] não lineares chamaram a atenção de um significativo número de cientistas (físicos e muitos outros) para o fenômeno que agora chamamos de caos.

A não linearidade é essencial para o caos – se as equações de movimento de um sistema forem lineares, ele não pode exibir caos. Mas a não linearidade não garante caos. Por exemplo, a Equação (12.3) para um pêndulo simples é não linear, mas, mesmo quando a amplitude é grande (e a aproximação linear definitivamente não é boa), o pêndulo simples

---

[2] Um dos casos raros de uma equação não linear solúvel é (12.4) para um planeta, cuja órbita determinamos no Capítulo 8. Mas observe que fizemos isso por meio de uma habilidosa mudança de variável que reduziu a equação não linear (8.37) para r à equação linear (8.45) para u.

[3] O primeiro desses cálculos, a convecção atmosférica, foi realizado pelo metereologista Edward Lorenz no MIT em 1963, mas esse trabalho não atraiu muita atenção por mais uma década. Para leitura exaustiva e bastante agradável da história da teoria do caos, veja *Chaos, Making a New Science*, de James Gleick, Viking-Penguin, New York (1987).

nunca exibe caos. Por outro lado, se introduzirmos uma força de amortecimento $-bv = -bL\dot\phi$ e uma força motriz $F(t)$, (12.3) torna-se a equação do *pêndulo amortecido forçado*:

$$mL^2\ddot\phi = -mgL\,\text{sen}\,\phi - bL^2\dot\phi + LF(t),\qquad(12.5)$$

e essa equação *conduz* ao caos para alguns valores dos parâmetros. Falando grosseiramente, o requisito para o caos é que as equações de movimento sejam não lineares e *relativamente complicadas*. A Equação (12.3) para o pêndulo simples não é suficientemente complicada, mas a Equação (12.5) para o pêndulo amortecido forçado é. Infelizmente, uma discussão precisa sobre o que é "suficientemente complicado" para produzir caos está muito além do escopo deste livro.[4]

Outro exemplo relativamente simples de um sistema não linear que exibe caos é o pêndulo duplo da Seção 11.4. Na aproximação de pequeno ângulo, as equações de movimento para o pêndulo duplo são lineares para os dois ângulos ϕ_1 e ϕ_2 [veja (11.41) e (11.42)], mas em geral elas são não lineares (veja o Problema 11.15) e suficientemente complicadas para produzirem caos. O pêndulo amortecido forçado e o pêndulo duplo são dois dos mais simples sistemas mecânicos que exibem caos. O pêndulo amortecido forçado tem apenas um grau de liberdade (uma coordenada, ϕ, necessária para especificar a configuração), enquanto o pêndulo duplo tem dois graus de liberdade (duas coordenadas, ϕ_1 e ϕ_2, necessárias). Por essa razão, o pêndulo amortecido forçado é o mais simples a ser analisado e será o foco principal da nossa discussão.

O que há de especial na não linearidade?

Dentre o enorme conjunto de equações diferenciais, as equações lineares formam um conjunto minúsculo, com muitas propriedades simples que não são compartilhadas pelas equações não lineares usuais. Logo, são realmente as equações lineares que são "especiais". Entretanto, pelas razões já mencionadas, diversos físicos estão muito mais acostumados com o caso linear e eles são, algumas vezes, tentados a assumir que as propriedades conhecidas das equações lineares são transportadas às equações não lineares. Essa suposição perigosa é frequentemente errônea. Em particular, a principal mensagem deste capítulo é que caos, que nunca aparece em sistemas lineares, ocorre comumente em sistemas não lineares. Infelizmente, a teoria por trás dessa diferença particular está além do escopo deste livro e devemos ficar contentes em vermos alguns exemplos simples do movimento caótico, sem uma compreensão detalhada do *porquê* esse fenômeno ocorre. Gostaria de mencionar apenas uma grande diferença entre equações lineares e não lineares que evidencia a importância de não deixarmos o preconceito, que muitos de nós compartilhamos, obscurecer nosso estudo de equações não lineares.

---

[4] Para registrar, o critério é este: como veremos no Capítulo 13, um conjunto de equações diferenciais de segunda ordem (como a segunda lei de Newton) para n variáveis pode, em geral, ser reescrito como um conjunto de equações diferenciais de primeira ordem para N variáveis, $\xi_1, \cdots, \xi_N$, onde $N > n$, com a forma geral $\dot\xi_i = f_i(\xi_1, \cdots, \xi_N)$, para $i = 1, \cdots, N$. Por exemplo, se escrevermos $\dot\phi = \omega$, a Equação (12.3) para o ângulo ϕ do pêndulo simples torna-se duas equações de primeira ordem, uma para ϕ e a outra para ω, a saber $\dot\phi = \omega$ e $\dot\omega = -(g/L)\,\text{sen}\,\phi$. Quando os lados direitos dessas equações são independentes de t (como são aqui), as equações são ditas *autônomas*. Para um sistema dissipativo exibir caos, suas equações de movimento, quando postas nesta forma padrão autônoma, devem ser não lineares e ter N variáveis, com $N \geq 3$. Sistemas não dissipativos precisam de não linearidade e $N \geq 4$.

Equações não lineares não obedecem ao princípio da superposição

Vimos, no Capítulo 5, que equações homogêneas lineares satisfazem o princípio da superposição – de que qualquer combinação de soluções gera uma nova solução. Usamos esse resultado várias vezes, particularmente nos Capítulos 5 e 11, mas deixe-me refrescar sua memória com o exemplo da equação de segunda ordem da forma

$$p(t)\ddot{x}(t) + q(t)\dot{x}(t) + r(t)x(t) = 0, \tag{12.6}$$

onde $x(t)$ é a incógnita e $p(t)$, $q(t)$ e $r(t)$ são funções fixas conhecidas. [Um exemplo de tais equações está em (12.1) para o carrinho com a mola.] Observe primeiro que, como cada termo nesta equação é linear em $x(t)$ (ou em suas derivadas), podemos multiplicá-la por qualquer constante a e ver de pronto que, se $x(t)$ for uma solução, então também o será $ax(t)$. Segundo, se $x_1(t)$ e $x_2(t)$ forem ambas soluções, então podemos somar as duas equações correspondentes, uma para $x_1(t)$ e uma para $x_2(t)$, e concluírmos que $x_1(t) + x_2(t)$ é também uma solução. Logo, qualquer combinação linear

$$x(t) = a_1 x_1(t) + a_2 x_2(t)$$

é também uma solução de (12.6) – o resultado é chamado de princípio da superposição. Por outro lado, é fácil ver que nenhum dos argumentos recém dados funcionará se a equação for não linear. [Certifique-se de ver isso. Suponha, por exemplo, que o último termo em (12.6) seja $r(t)\sqrt{x(t)}$; veja o Problema 12.3.] Portanto, o princípio da superposição não se aplica a equações não lineares.

Uma consequência importante do princípio da superposição que usamos repetidamente é este: para determinar todas as soluções de (12.6), temos apenas que encontrar duas soluções independentes $x_1(t)$ e $x_2(t)$; então, *qualquer* solução pode ser expressa como uma combinação linear de $x_1(t)$ e $x_2(t)$. No caso geral, para determinar todas as n soluções de uma equação diferencial linear homogênea, tem-se apenas que encontrar n soluções independentes e em seguida qualquer solução poderá ser expressa como uma combinação linear dessas n soluções. Como o princípio da superposição não se aplica a equações não lineares, essa dramática simplificação não se aplica às equações não lineares.

Há uma situação correspondente para equações não homogêneas, tais como (12.2) e (12.5), como vimos também no Capítulo 5. Se $x_p(t)$ for qualquer solução particular de uma equação *linear* não homogênea de ordem n, então *qualquer* solução poderá ser escrita como $x_p(t)$ mais uma combinação linear de n soluções independentes da respectiva equação homogênea. Para equações não lineares, não há um resultado correspondente (Problema 12.4). Logo, toda solução de qualquer equação linear de ordem n (homogênea ou não) pode ser expressa simplesmente em termos de n funções independentes, mas, para equações não lineares, não há tal expressão simples.

Com essas observações gerais sobre equações não lineares, vamos considerar a equação não linear que discutiremos em detalhe, a Equação (12.5) para um pêndulo amortecido forçado. Primeiramente, descreverei algumas propriedades que seriam esperadas (ou pelo menos não seriam totalmente inesperadas) de seu movimento e, em seguida, considerarei as propriedades surpreendentes associadas ao movimento caótico do pêndulo.

12.2 O PÊNDULO AMORTECIDO FORÇADO (PAF)

A equação de movimento do **pêndulo amortecido forçado** (ou **PAF**) foi dada em (12.5). Como essa equação vai nos ocupar por várias seções, gostaria de ter certeza de que está claro de onde ela surgiu e como tratá-la. O pêndulo está esboçado na Figura 12.1. A equação de movimento é $I\ddot{\phi} = \Gamma$, onde I é o momento de inércia e Γ é o torque resultante sobre o pivô. Nesse caso, $I = mL^2$, e o torque surge das três forças ilustradas na Figura 12.1. A força resistiva tem magnitude bv e, portanto, exerce um torque $-Lbv = -bL^2\dot{\phi}$. O torque do peso é $-mgL$ sen ϕ e o da força motriz é $LF(t)$. Logo, a equação de movimento $I\ddot{\phi} = \Gamma$ é

$$mL^2\ddot{\phi} = -bL^2\dot{\phi} - mgL \operatorname{sen}\phi + LF(t), \tag{12.7}$$

exatamente como em (12.5).

Ao longo deste capítulo, assumirei que a força motriz $F(t)$ é senoidal, especificamente que

$$F(t) = F_o \cos(\omega t), \tag{12.8}$$

onde F_o é a *amplitude motriz* (a amplitude da força motriz) e ω a **frequência motriz**. Como argumentei no Capítulo 5, várias forças motrizes reais e interessantes são aproximadas por esta forma senoidal muito satisfatoriamente, e foi mostrado que é possível reproduzir tais forças senoidais com precisão surpreendente em experimentos sobre caos. Substituindo em (12.7) e reorganizando um pouco, encontramos

$$\ddot{\phi} + \frac{b}{m}\dot{\phi} + \frac{g}{L}\operatorname{sen}\phi = \frac{F_o}{mL}\cos\omega t. \tag{12.9}$$

Nessa equação, você reconhecerá o coeficiente b/m como a constante que havíamos renomeado como 2β no Capítulo 5,

$$\frac{b}{m} = 2\beta,$$

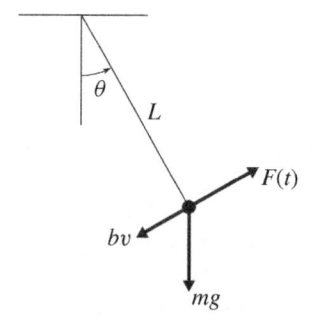

Figura 12.1 As três forças importantes em um pêndulo amortecido forçado são a força resistiva com magnitude bv, o peso mg e a força motriz $F(t)$. (Há também uma força de reação do pivô no topo, mas ela não contribui para o torque.)

onde β foi chamado de **constante de amortecimento**. Analogamente, o coeficiente g/L é ω_0^2,

$$\frac{g}{L} = \omega_0^2,$$

onde ω_0 é a **frequência natural** do pêndulo. Finalmente, o coeficiente F_o/mL deve ter dimensão de (tempo)$^{-2}$; isto é, F_o/mL tem as mesmas unidades que ω_0^2. É conveniente escrever esse coeficiente com $F_o/mL = \gamma \omega_0^2$. Ou seja, introduzimos um parâmetro adimensional

$$\gamma = \frac{F_o}{mL\omega_0^2} = \frac{F_o}{mg}, \qquad (12.10)$$

que chamarei de **intensidade motriz** e é a razão da amplitude motriz F_o pelo peso mg. Este parâmetro γ é uma medida adimensional da intensidade da força motriz. Quando $\gamma < 1$, a força motriz é menor que o peso e podemos esperar que ela produza um movimento relativamente menor. (Por exemplo, a força motriz é insuficiente para levar o pêndulo além de $\phi = 90°$.) Por outro lado, se $\gamma \geq 1$, a força motriz excede o peso do pêndulo e podemos antecipar que ela irá produzir movimento de larga escala (por exemplo, movimento no qual o pêndulo é empurrado por sobre o topo em $\phi = \pi$).

Fazendo todas essas substituições, obtemos a forma final da equação de movimento (12.9) para o pêndulo amortecido forçado

$$\ddot{\phi} + 2\beta\dot{\phi} + \omega_0^2 \operatorname{sen} \phi = \gamma \omega_0^2 \cos \omega t. \qquad (12.11)$$

Essa é a equação cujas soluções estudaremos nas próximas seções.

12.3 ALGUMAS CARACTERÍSTICAS ESPERADAS DO PAF

Propriedades do oscilador linear

Para apreciar a extraordinária riqueza do movimento caótico do pêndulo amortecido forçado, devemos, primeiro, revisar que tipo de comportamento podemos *esperar*, baseados em nossas experiências com osciladores lineares. Especificamente, se largarmos o pêndulo próximo da posição de equilíbrio $\phi = 0$, com uma pequena velocidade inicial, e se a intensidade motriz for pequena, $\gamma \ll 1$, esperamos que ϕ permaneça pequeno durante todo o tempo. Logo, podemos aproximar o termo sen ϕ em (12.11) por ϕ e a equação de movimento torna-se a equação linear

$$\ddot{\phi} + 2\beta\dot{\phi} + \omega_0^2 \phi = \gamma \omega_0^2 \cos \omega t, \qquad (12.12)$$

que tem exatamente a forma de (5.57) para o oscilador linear do Capítulo 5. Portanto, o comportamento "esperado" do pêndulo amortecido forçado, pelo menos para uma força motriz bastante fraca, é justamente o comportamento descrito na Seção 5.5. Esse comportamento pode ser resumido da seguinte forma: o comportamento inicial do pêndulo depende das condições iniciais, mas quaisquer diferenças (ou "transientes") devido às condições iniciais desaparecem rapidamente e o movimento se aproxima de um único "atrator", no qual o pêndulo oscila senoidalmente com exatamente a frequência da força motriz:

$$\phi(t) = A \cos(\omega t - \delta). \tag{12.13}$$

Essas previsões estão maravilhosamente ilustradas na Figura 12.2, que mostra o movimento real do pêndulo amortecido forçado para uma intensidade motriz consideravelmente fraca com $\gamma = 0{,}2$. [Como a equação de movimento exata (12.11) não pode ser resolvida analiticamente, este e todos os gráficos subsequentes do PAF foram obtidos a partir de soluções numéricas de (12.11).[5]] A frequência motriz foi escolhida como sendo $\omega = 2\pi$, de modo que o período é $\tau = 2\pi/\omega = 1$. Isso significa que o eixo horizontal ilustra o tempo em unidades do período motriz. A frequência natural foi escolhida como sendo $\omega_0 = 1{,}5\omega$, de modo que o sistema estivesse muito próximo da ressonância, visto que neste ponto é onde o movimento caótico é comumente mais fácil de ser encontrado[6]. A característica mais surpreendente desse gráfico é que, após cerca de dois ciclos, o movimento estabiliza em um movimento puramente senoidal com exatamente o período da força motriz, $\tau = 1$. As condições iniciais escolhidas para o gráfico foram $\phi = \dot{\phi} = 0$ em $t = 0$. É um fato (embora não o seja de modo que nosso gráfico possa ilustrar) que, quaisquer que fossem as escolhas das condições iniciais, o movimento de um oscilador linear iria sempre se aproximar do mesmo, e único, atrator à medida que os transientes se extinguissem.

Resumindo, para um oscilador amortecido, com uma força motriz senoidal: **(1)** Há um único atrator para o qual o movimento se aproxima independentemente da escolha das condições iniciais. **(2)** O movimento desse atrator é senoidal, com frequência exatamente igual à frequência motriz.

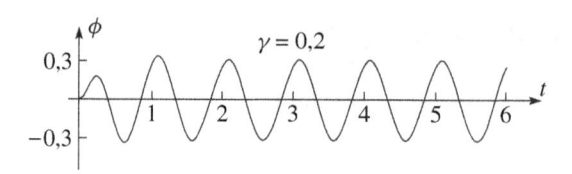

Figura 12.2 Movimento de um PAF com uma intensidade motriz relativamente fraca com $\gamma = 0{,}2$. O período motriz foi escolhido como sendo $\tau = 1$, de forma que o eixo horizontal mostra o tempo em unidades do período motriz. Você pode ver que, depois de cerca de dois ciclos, o movimento se estabilizou em um movimento perfeitamente senoidal com período igual ao período motriz.

---

[5] Todos estes gráficos foram elaborados usando o operador numérico NDSolve do Mathematica. Para muitos gráficos, a precisão padrão (*default*) de 15 dígitos foi mais do que suficiente, mas onde houve qualquer razão para dúvidas, a precisão foi aumentada com passos inteiros até que dois cálculos sucessivos fossem indistinguíveis.

[6] Os outros parâmetros usados foram os seguintes: constante de amortecimento $\beta = \omega_0/4$ e as condições iniciais $\phi = \dot{\phi} = 0$ em $t = 0$.

Oscilações quase lineares do PAF

Vamos agora aumentar a intensidade motriz de modo que a amplitude da oscilação cresça até um valor onde a aproximação

$$\text{sen}\,\phi \approx \phi$$

não seja mais satisfatória. Desde que a amplitude não seja muito grande, esperamos obter uma aproximação satisfatória incluindo apenas um termo a mais na série de Taylor para sen ϕ e escrevendo

$$\text{sen}\,\phi \approx \phi - \tfrac{1}{6}\phi^3.$$

Se usarmos essa aproximação na equação de movimento exata (12.11), obtemos a equação aproximada

$$\ddot{\phi} + 2\beta\dot{\phi} + \omega_o^2\left(\phi - \tfrac{1}{6}\phi^3\right) = \gamma\omega_o^2 \cos\omega t. \tag{12.14}$$

Até o ponto em que o novo termo não linear involvendo ϕ^3 seja pequeno, podemos antecipar que a solução dessa equação será aproximada razoavelmente (tão logo os transientes tenham desaparecido) pela expressão da mesma forma que antes,

$$\phi(t) \approx A\cos(\omega t - \delta).$$

Quando isso é posto em (12.14), o termo pequeno envolvendo ϕ^3 contribui com um termo proporcional a $\cos^3(\omega t - \delta)$. Como

$$\cos^3 x = \tfrac{1}{4}(\cos 3x + 3\cos x) \tag{12.15}$$

(veja o Problema 12.5), há agora um termo pequeno no lado esquerdo de (12.14) proporcional a $\cos 3(\omega t - \delta)$. Como o lado direito não contém termos com essa dependência temporal, segue que pelo menos um dos termos à esquerda (ϕ, $\dot{\phi}$ ou $\ddot{\phi}$, e de fato os três) deve contê-lo. Isto é, uma expressão mais acurada para $\phi(t)$ dever ter a forma

$$\phi(t) = A\cos(\omega t - \delta) + B\cos 3(\omega t - \delta), \tag{12.16}$$

com B muito menor que A. Portanto, devemos antecipar que, quando aumentamos a força motriz e a amplitude cresce, a solução vai buscar um termo pequeno que oscila com frequência 3ω.

Podemos repetir esse argumento: se substituirmos a solução melhorada (12.16) de volta em (12.14), então o termo ϕ^3 fornecerá termos menores da forma $\cos n(\omega t - \delta)$, com n um inteiro maior do que 3. Portanto, devemos esperar correções menores para (12.16) com frequências $n\omega$, com n igual para vários inteiros. Qualquer termo oscilando com frequência igual a um inteiro múltiplo de ω é chamado de **harmônico** da frequência motriz. Logo, nossa conclusão é que, à medida que a intensidade motriz aumenta e a não linearidade se torna mais importante, o movimento do pêndulo assimila vários harmônicos da frequência motriz ω, o mais importante sendo o harmônico $n = 3$ já incluído em (12.16).

O n-ésimo harmônico, com frequência $n\omega$, é periódico com período $\tau_n = 2\pi/n\omega = \tau/n$, onde $\tau = 2\pi/\omega$ é o período motriz. Logo, em um período motriz, o n-ésimo harmônico se repete n vezes. Em particular, em um período motriz, cada harmônico terá dado uma volta ao seu valor original e um movimento que é constituído de vários harmônicos será ainda periódico com o mesmo período que a força motriz.

A principal diferença entre o movimento implicado por (12.16) (possivelmente com outros harmônicos incluídos) e o movimento (12.13) do oscilador linear é que, com seu termo extra (ou termos), (12.16) não é mais dada por uma simples função cosseno. Devemos ser capazes de ver isso através do gráfico de $\phi(t)$ *versus* t, que deve desviar ligeiramente da forma de uma senoidal pura. Entretanto, no regime que estamos considerando, o coeficiente B em (12.16) e os coeficientes de qualquer harmônico mais alto são todos muito menores do que A e a diferença entre o movimento real e um cosseno puro é bastante difícil de ver. A Figura 12.3(a) ilustra o movimento de um pêndulo amortecido forçado com uma intensidade motriz $\gamma = 0,9$ (um pouco abaixo do limite em $\gamma = 1$ entre fracas e fortes intensidades motrizes). Do mesmo modo que na Figura 12.2, o movimento rapidamente se acomodou em uma oscilação uniforme com exatamente o período da força motriz. Em uma primeira vista, a curva (após cerca de $t = 2$) parece ser um cosseno puro, mas, em um exame mais cuidadoso, você é capaz de se convencer de que ela é um tanto plana nas cristas e nas depressões. A Figura 12.3(b) é uma ampliação de um ciclo do movimento (curva sólida), com um cosseno puro sobreposto com o mesmo período e fase (curva tracejada). Essa comparação mostra claramente que o movimento real não é mais um simples cosseno[7] puro.

O comportamento do PAF nos regimes linear e quase linear pode ser facilmente resumido: à medida que os transientes desaparecem, o movimento se aproxima de um único atrator, no qual o pêndulo oscila com o período motriz. No regime linear (intensidade motriz $\gamma \ll 1$), esse movimento limite é dado por uma função cosseno simples com frequência igual à frequência motriz ω. No regime não bem linear (γ um pouco maior, mas definitivamente não maior do que 1), o movimento limite é ainda periódico, com o mesmo período, mas ele carrega alguns harmônicos e é a soma de cossenos com frequên-

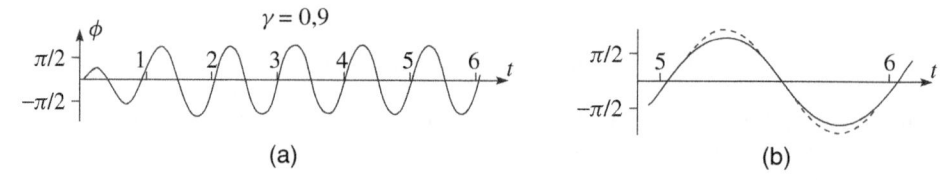

Figura 12.3 (a) O movimento de um PAF com intensidade motriz $\gamma = 0,9$ (e todos os outros parâmetros iguais, como na Figura 12.2). Depois de dois ou três ciclos motrizes, o movimento se estabiliza em uma oscilação regular, que tem período igual ao período motriz e parece, pelo menos aproximadamente, senoidal. (b) A curva sólida é um aumento de um único ciclo do item (a), de $t = 5$ a 6. A curva tracejada, que é um cosseno puro com a mesma frequência, fase, e inclinação onde ela cruza o eixo, mostra que o movimento real não é mais perfeitamente senoidal; ele é visivelmente mais plano nas extremidades.

---

[7] A forma plana nos extremos é perfeitamente consistente com (12.16): desde que B e A tenham sinais opostos, o segundo termo de (12.16) reduz $\phi(t)$ nas cristas e depressões e aumenta próximo de onde ela cruza o eixo. Esse comportamento é também fácil de ser entendido fisicamente: nos extremos, o torque restaurados da gravidade (mgL senϕ) é mais fraco do que a aproximação linear ($mgL\,\phi$) e, por isso, o movimento real tem a curva menos aguda.

cias $n\omega$, como em (12.16). Como veremos na próxima seção, temos apenas que aumentar a intensidade motriz um pouco acima de $\gamma = 1$ para encontramos alguns comportamentos dramaticamente diferentes.

12.4 PAF: ABORDAGEM PARA CAOS

Vamos agora continuar aumentando a intensidade motriz do PAF. A Figura 12.4 ilustra o movimento (ϕ versus t) para todos com os mesmos parâmetros e condições iniciais, conforme as duas últimas figuras, exceto pelo fato de que aumentei a intensidade motriz para $\gamma = 1,06$, um pouco acima do limite aproximado em $\gamma = 1$, entre fracas e fortes intensidades motrizes. O mais surpreendente acerca deste gráfico é a dramática oscilação do movimento transiente inicial. Nos três primeiros ciclos motrizes, o pêndulo oscila de $\phi = 0$ até aproximadamente 5π, isto é, ele faz quase duas rotações e meia no sentido anti-horário. Nos dois ciclos seguintes, ele oscila de volta quase até $\phi = \pi$ e eventualmente se estabiliza com oscilações aproximadamente senoidais em torno de $\phi \approx 2\pi$. (A posição $\phi = 2\pi$ é, naturalmente, a mesma que $\phi = 0$, mas a afirmação que ϕ eventualmente fica centrado em 2π é, entretanto, significativa, indicando que o pêndulo completou uma rotação pura anti-horária a partir de $t = 0$.)

É impossível termos total certeza, baseados em um gráfico tal como o da Figura 12.4, de que o movimento final é de fato exatamente periódico. Uma maneira para examinar essa questão mais criteriosamente é desenhando as posições $\phi(t)$ para intervalos sucessivos de um ciclo, $t = t_0, t_0 + 1, t_0 + 2, t_0 + 3, \cdots$. Quanto maior escolhermos t_0, mais próximas essas posições devem estar umas das outras (se o movimento final for de fato periódico). Por exemplo, inicando com $t = 34$, as posições $\phi(t)$ (conforme dadas pela mesma solução numérica na qual a Figura 12.4 foi baseada) são

t	$\phi(t)$
34	6,0366
35	6,0367
36	6,0366
37	6,0366
38	6,0366
39	6,0366

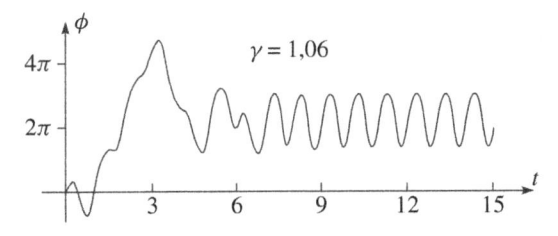

Figura 12.4 Movimento de um PAF com intensidade motriz $\gamma = 1,06$. Os transientes iniciais, bastante fortes, desaparecem após cerca de 9 ciclos motrizes e o movimento se estabiliza em um atrator com o mesmo período motriz.

com todos os valores subsequentes iguais a 6,0366. Evidentemente, para cinco dígitos significativos, o movimento se estabilizou como sendo perfeitamente periódico após 25 ciclos[8] motrizes. É *possível* que o movimento faça algo não periódico entre os intervalos inteiros de tempo apresentados e, certamente, ninguém aceitaria nossos dados como prova matemática. Entretanto, a evidência predominante é que, para $\gamma = 1,06$ (e com as condições iniciais utilizadas), $\phi(t)$ se aproxima de um atrator que é periódico com o mesmo período que o período motriz. Nesse sentido, o movimento apresentado para $\gamma = 1,06$ não é muito diferente daquele para $\gamma = 0,9$, ilustrado na Figura 12.3. Entretanto, as oscilações iniciais drásticas na Figura 12.4 são precursoras de interessantes desdobramentos que virão.

Período dois

A Figura 12.5(a) correponde exatamente à figura anterior, exceto pelo fato de que agora aumentei a intensidade motriz para $\gamma = 1,073$. Novamente, a característica mais óbvia é a forte oscilação inical, que agora dura por quase 20 ciclos motrizes antes de o movimento se estabilizar com oscilações uniformes que são, pelo menos aproximadamente, senoidais. Entretanto, se você olhar detalhadamente para essas oscilações, você notará que as cristas e as depressões (especialmente as depressões) não são todas da mesma altura. A Figura 12.5(b) é uma ampliação das mesmas depressões entre $t = 20$ e 30 e você pode ver claramente que as depressões se alternam entre duas alturas distintas. Você pode questionar se essa alteração é um transiente que irá desaparecer após muitos ciclos, mas isso não é de fato assim. Um gráfico das oscilações para $990 \leq t \leq 1000$ parece exatamente o mesmo que para $20 \leq t \leq 30$. Outra forma de mostrar isso é obter valores numéricos de $\phi(t)$ a cada intervalo de um ciclo. Começando em $t = 30$, isso resulta em

t	$\phi(t)$
30	−6,6438
31	−6,4090
32	−6,6438
33	−6,4090
34	−6,6438
35	−6,4090

um padrão que se repete para sempre. Evidentemente, em $t = 30$, o movimento estabilizou-se de modo que $\phi(t)$ tem o valor −6,6438 (com 5 algarismos significativos) para todos os valores pares de t e tem um valor distinto −6,4090 para todos os valores ímpares de t.

Esse comportamento significa que o movimento não mais se repete com a frequência motriz. Pelo contrário, o movimento é periódico com período igual a *duas vezes o período motriz*, e dizemos que o movimento tem **período dois**. (Em nossas unidades, esta última declaração é verdade; em geral, significa que o período do movimento é duas

---

[8] Naturalmente, o movimento leva mais tempo para estabilizar em uma constante se insistirmos com mais algarismos significativos. Por exemplo, não antes que 46 ciclos tenham se passado para que $\phi(t)$ comece a repetir o sexto algarismo significativo, após o qual $\phi(t) = 6,03662$ para $t = 46, 47, 48, \cdots$.

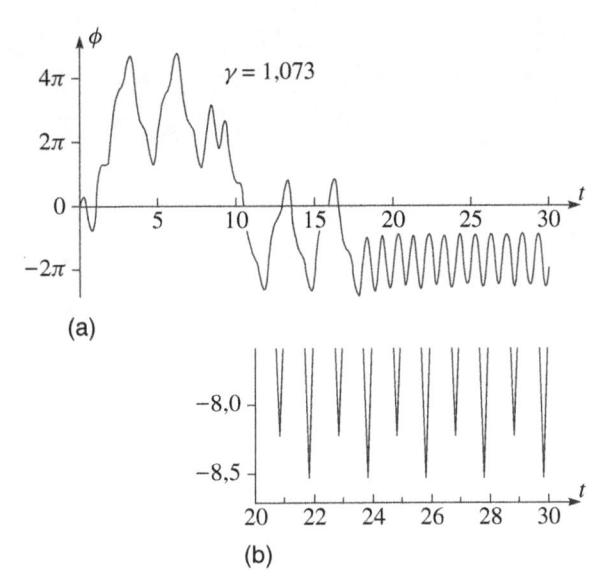

Figura 12.5 (a) Os 30 primeiros ciclos de um PAF com intensidade motriz $\gamma = 1,073$. As fortes oscilações iniciais persistem por quase 20 ciclos motrizes, depois o movimento se estabiliza em um atrator que é aproximadamente senoidal. Entretanto, uma inspeção mais detalhada mostra que as cristas e depressões desse atrator não são todas da mesma altura. (b) Uma ampliação do atrator para $20 \leq t \leq 30$ mostrando apenas as depressões do item (a). As depressões se alternam em altura, repetindo-se uma vez a cada *dois* ciclos motrizes.

vezes o período motriz.) É importante reconhecer que esse desenvolvimento é completamente diferente do surgimento dos harmônicos que observamos no caso do movimento quase linear. Um harmônico tem frequência $n\omega$, um múltiplo inteiro da frequência motriz e, portanto, período igual a um inteiro *submúltiplo* do período motriz. O que encontramos agora tem um período igual a um *múltiplo* inteiro do período motriz e, portanto, frequência ω/n, que pode ser descrita como um **subarmônico** da frequência motriz. Olhando a Figura 12.5(a), você pode ver que o movimento é ainda muito próximo do senoidal com o período motriz (período 1). Logo, o termo dominante em $\phi(t)$ ainda é da forma $A\cos(\omega t - \delta)$; no entanto, $\phi(t)$ definitivamente contém um pequeno termo subarmônico com período 2.

Período três

Embora o atrator ilustrado na Figura 12.5 tenha período dois, o comportamento dominante ainda é, claramente, o do período um, isto é, o novo subarmônico $n = 2$ contribui apenas com uma pequena quantidade para a solução. Se aumentarmos a intensidade motriz um pouco mais, encontraremos um atrator no qual o subarmônico é o termo dominante. A Figura 12.6 ilustra os 15 primeiros ciclos do movimento do PAF, com a intensidade motriz aumentada para $\gamma = 1,077$ (e todos os demais parâmetros os mesmos que antes). Nesse caso, é óbvio apenas com uma olhadela que o movimento se estabiliza em um atrator que se repete a cada *três* ciclos motrizes e, portanto, tem período três. Em vista

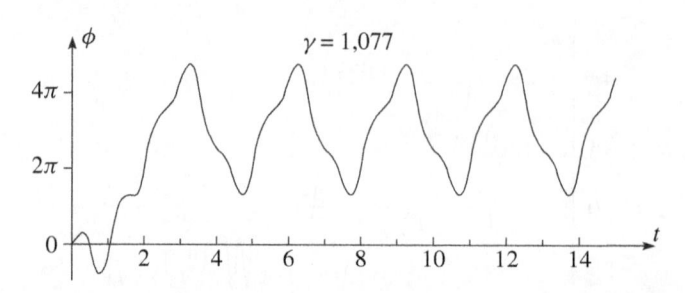

Figura 12.6 Movimento de um PAF com instensidade motriz $\gamma = 1{,}077$. Depois de um pouco mais de dois ciclos motrizes, o movimento se estabiliza em atrator periódico que se repete a cada três ciclos motrizes (por exemplo, as depressões surgem um pouco antes de $t = 5, 8, 11, 14$, e assim por diante); portanto, o atrator tem período três.

do quanto seria difícil argumentar que esse gráfico tem período três, podemos reforçar a conclusão olhando para valores de $\phi(t)$ a intervalos de um ciclo. Iniciando a partir de $t = 30$, são como segue:

t	$\phi(t)$
30	13,81225
31	7,75854
32	6,87265
33	13,81225
34	7,75854
35	6,87265
36	13,81225
37	7,75854
38	6,87265

com exatamente o mesmo padrão, repetindo uma vez a cada três ciclos motrizes, continuando indefinidamente. A solução pegou um termo de período três e esse termo domina a solução.

Mais de um atrator

Para oscilações lineares com um dado conjunto de parâmetros, demonstramos na Seção 5.5 que há um único atrator; ou seja, quaisquer que sejam os valores iniciais de ϕ e $\dot\phi$, o movimento final será sempre o mesmo, uma vez que os transientes tenham desaparecido. Para um oslicador não linear, isso não é o caso, e o PAF com intensidade motriz $\gamma = 1{,}077$ da Figura 12.6 oferece um exemplo claro. Na Figura 12.7, ilustrei o movimento de um PAF com os mesmos parâmetros que na Figura 12.6 (incluindo a mesma intensidade motriz), mas com dois conjuntos distintos de condições iniciais. A curva tracejada é a mesma solução que a da Figura 12.6, com as mesmas condições iniciais que usamos para cada gráfico até agora, $\phi(0) = \dot\phi(0) = 0$. A curva sólida ilustra o movimento do mesmo PAF, também com $\dot\phi(0) = 0$, mas com $\phi(0) = -\pi/2$, isto é, para a curva sólida, o pêndulo foi largado à esquerda com 90°. Como você pode ver claramente, os dois atratores

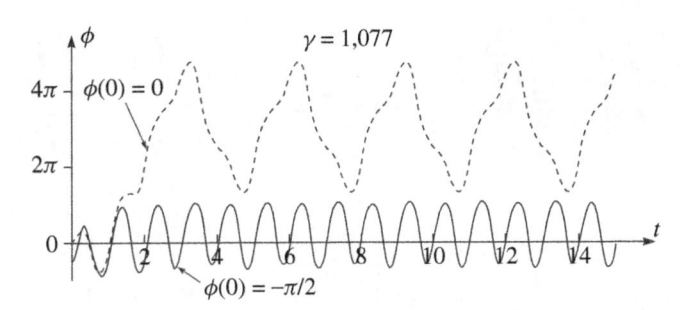

Figura 12.7 Duas soluções para o mesmo PAF, com as mesmas intensidades motrizes, mas condições iniciais diferentes [$\phi(0) = \dot{\phi}(0) = 0$ para as curvas tracejadas, porém $\phi(0) = -\pi/2$ e $\dot{\phi}(0) = 0$ para a curva sólida]. Mesmo depois de transientes terem desaparecido, os dois movimentos são totalmente diferentes.

(as curvas para as quais o movimento real converge à medida que os transientes desaparecem) são totalmente diferentes. Para a curva tracejada, o atrator tem período três, para a curva sólida o período final é (como você pode ver se observar detalhadamente), na verdade dois, com depressões alternantes (e cristas alternantes) tendo alturas levemente diferentes. Evidentemente, para um oscilador não linear, condições iniciais diferentes podem levar a atratores totalmente distintos.

Uma cascata de duplicação de período

Tendo reconhecido que diferentes condições iniciais podem levar a diferentes atratores, devemos informar que a evolução das oscilações quando variamos γ podem depender das condições iniciais que escolhemos. Na sequência das Figuras 12.2 a 12.6, usei as condições iniciais $\phi(0) = 0$ e $\dot{\phi}(0) = 0$ para as cinco figuras. Resulta que as novas condições iniciais $\phi(0) = -\pi/2$ e $\dot{\phi}(0) = 0$, introduzidas na Figura 12.7, levam a uma evolução completamente diferente e interessante. Na Figura 12.8, ilustro o movimento do PAF para quatro valores grandes sucessivos de γ, todos com essas novas condições iniciais. As figuras do lado esquerdo ilustram $\phi(t)$ como função de t para os dez primeiros ciclos motrizes. O primeiro gráfico é para $\gamma = 1,06$, o mesmo valor usado na Figura 12.4, e, como na Figura 12.4, o movimento estabiliza em uma oscilação uniforme com período igual ao período motriz, ou seja, o atrator tem período um. Para confirmar essa conclusão, a figura do lado direito ilustra o mesmo movimento, mas para $28 < t < 40$ (em cujo intervalo de tempo qualquer transiente inicial desapareceu completamente na escala apresentada) com a escala vertical ampliada para mostrar claramente que as oscilações sucessivas são todas de mesma amplitude.

Para o segundo par de gráficos, a intensidade motriz foi aumentada para $\gamma = 1,078$. Em um primeiro olhar, o movimento parece muito semelhante àquele para $\gamma = 1,06$, mas, em uma inspeção mais detalhada, você pode ver que os máximos e os mínimos não estão todos com a mesma altura. Isso é bem visível na ampliação à direita, onde você pode ver facilmente que os mínimos se alternam entre duas alturas fixas distintas de modo que o atrator então tem período dois.

Com $\gamma = 1,081$, como no terceiro par, o gráfico à esquerda novamente se parece muito com seus predecessores e é difícil ter certeza do que está acontecendo. Uma das

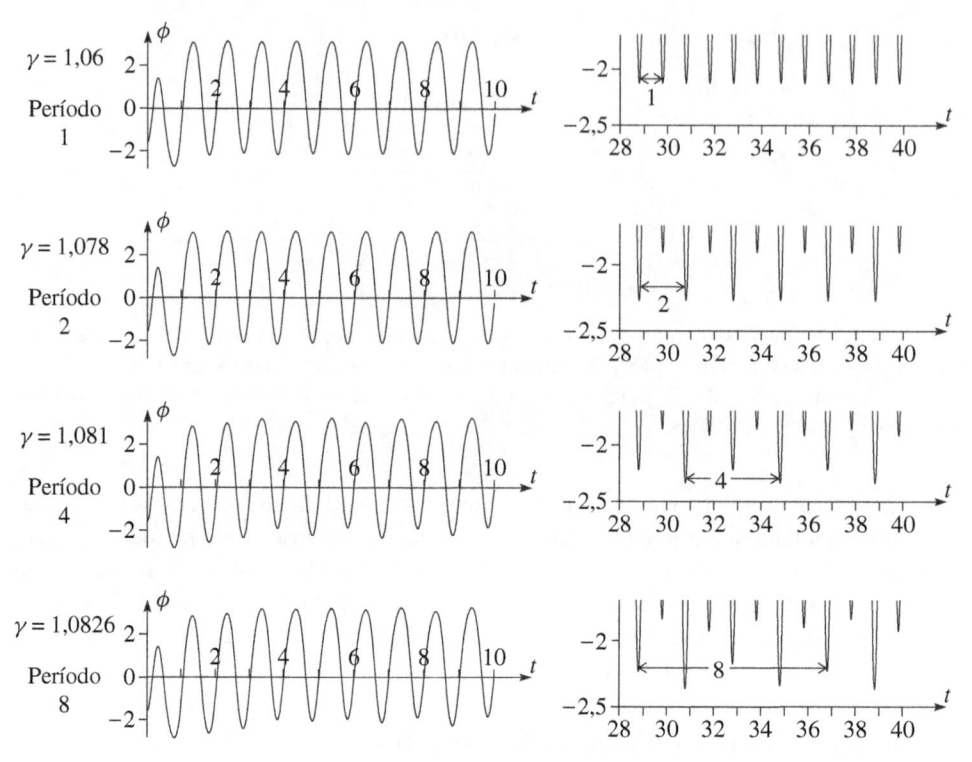

Figura 12.8 Cascata de duplicação de período. As figuras da esquerda ilustram os dez primeiros ciclos motrizes de um PAF com intensidades motrizes sucessivamente maiores, conforme indicado à esquerda. Todos os outros parâmetros, incluindo as condições iniciais $\phi(0) = -\pi/2$ e $\dot{\phi}(0) = 0$, são as mesmas para todas as figuras. Em cada figura à direita, ampliei a parte inferior do movimento correspondente que está à esquerda, para ilustrar mais claramente as diferenças na extensão das sucessivas oscilações; essas ampliações apresentam 12 ciclos motrizes, começando por $t = 28$, tempo em que o movimento se estabilizou em um atrator perfeitamente periódico (pelo menos na escala apresentada). Cada seta com cabeça dupla ilustra um ciclo completo do movimento correspondente; os períodos dos quatro atratores são claramente visto como sendo 1, 2, 4 e 8, como indicado.

razões é que não podemos ter certeza de que dez ciclos motrizes (o número apresentado à esquerda) são o bastante para que todos os transientes tenham desaparecido, mas com a ampliação à direita fica completamente claro que os mínimos estão alternando entre quatro valores diferentes. Isto é, o período duplicou novamente para um período quatro.

No último par de figuras, com $\gamma = 1,0826$, é ainda mais difícil de ter certeza do que está acontecendo na figura da esquerda, mas a ampliação à direita torna claro que o movimento finalmente se repete uma vez a cada oito ciclos motrizes. Ou seja, o atrator tem período oito. A **cascata de duplicação de períodos** vista nesses quatro pares de figuras continua. Se aumentarmos a intensidade motriz ainda mais, encontraremos movimentos com período 16, em seguida 32 e assim por diante, até infinito.

A cascata de duplicação de períodos da Figura 12.8 é um fenômeno muito surpreendente, mas as diferenças quantitativas entre os quatro gráficos ampliados sucessivos são bastante pequenas. Você pode imaginar que, para construir um pêndulo amortecido forçado suficientemente preciso para se observar estas diferenças sutis, seria muito complicado, e isso de fato é verdade. Entretanto, tais pêndulos têm sido construídos e todos os efeitos descritos neste capítulo têm sido observados com uma fantástica concordância entre a teoria e o experimento.[9] Talvez ainda mais surpreendente seja o fato de que o fenômeno da duplicação do período é também encontrado em muitos sistemas não lineares completamente diferentes – circuitos elétricos, reações químicas, bolas saltando sobre superfícies oscilando e muito mais. Em cada um desses sistemas, há um "parâmetro de controle" que pode ser variado (a intensidade motriz do PAF, a voltagem em um circuito elétrico, a taxa de fluxo em uma reação química). O comportamento do sistema é monitorado enquanto este parâmetro é variado e é encontrado que o comportamento exibe uma cascata de duplicação de período. A Figura 12.9 ilustra uma cascata

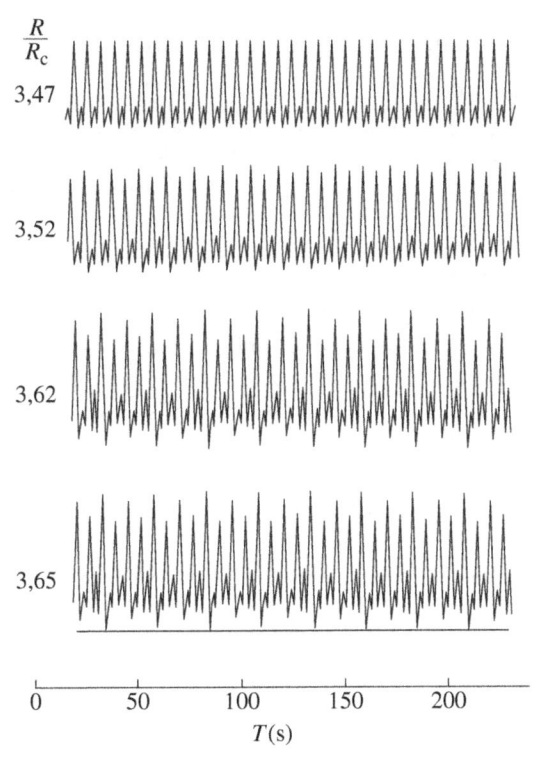

Figura 12.9 Cascata de duplicação de períodos na convecção de mercúrio em uma pequena célula de convecção. Os gráficos ilustram a temperatura em um ponto fixo na célula como uma função do tempo, para quatro gradientes grandes e sucessivos de temperatura, conforme dados pelo parâmetro R/R_c.

---

[9] Para uma descrição de três "pêndulos caóticos" disponíveis comercialmente veja J. A. Blackburn e G. L. Baker, "A Comparison of Commercial Chaotic Pendulums", *American Journal of Physics*, Vol. 66, p. 821, (1998). O pêndulo Daedalon descrito nesse livro foi usado para obter os dados ilustrados na Figura 12.32.

observada por Libchaber et al.[10] na convecção de mercúrio em uma pequena caixa cuja base é mantida a uma temperatura ligeiramente maior do que a do topo. Essa diferença de temperatura é o parâmetro de controle e é medida por um número R, conhecido por número de Rayleigh. Quando R é muito pequeno, o calor é conduzido para cima sem convecção. Então, para uma diferença crítica de temperatura, R_c, surge uma convecção uniforme, e, à medida que R cresce ainda mais, a convecção torna-se oscilatória. Essas oscilações podem ser observadas medindo a temperatura em qualquer ponto fixo da célula; a Figura 12.9 ilustra quatro gráficos da temperatura observada (em um ponto fixo) *versus* o tempo, para quatro valores sucessivos do parâmetro de controle R. A duplicação de período de 1 para 2, de 2 para 4 e de 4 para 8 está maravilhosamente clara.

Em muitos sistemas, não apenas as cascatas de duplicação de períodos são observadas. Em certo sentido, que descreverei diretamente, as cascatas ocorrem *da mesma maneira*, uma circunstância referida como "universalidade".

Número de Feigenbaum e universalidade

Retornando à duplicação de período do PAF, você pode ver, a partir dos valores da intensidade motriz γ, ilustrada na Figura 12.8, que as duplicações ocorrem cada vez mais rápidas à medida que aumentamos γ. Para tornar essa ideia quantitativa, precisamos examinar os **valores limiares** de γ nos quais o período de fato duplica. Por exemplo, olhando para os números na Figura 12.8, parece claro que em algum ponto entre $\gamma = 1{,}06$ e $1{,}078$ deve haver um valor γ_1 onde o período muda de 1 para 2. Determinar onde este limiar (ou "**ponto de bifurcação**") de fato ocorre é surpreendentemente difícil, mas resulta que (para 5 dígitos significativos) $\gamma_1 = 1{,}0663$. Analogamente, em $\gamma_2 = 1{,}0793$, o período muda de 2 para 4. Se denotarmos por γ_n, o limiar no qual o período muda de 2^{n-1} para 2^n, então os primeiros limiares γ_n estão ilustrados na Tabela 12.1. Na última coluna da tabela, mostrei as distâncias $\gamma_n - \gamma_{n-1}$ entre limiares sucessivos, que, como você pode ver, diminuem geometricamente[11], cada intervalo sendo cerca de um quinto de seu predecessor.

No final dos anos 1970, o físico Mitchell Feigenbaum (nascido em 1944) mostrou que não apenas muitos sistemas não lineares diferentes sofrem um processo semelhante de cascata de duplicação de período, mas que todas as cascatas apresentam a mesma aceleração geométrica; especificamente, os intervalos entre os limiares para o parâmetro de controle (a intensidade motriz, em nosso caso) satisfazem

$$(\gamma_{n+1} - \gamma_n) \approx \frac{1}{\delta}(\gamma_n - \gamma_{n-1}) \qquad (12.17)$$

---

[10] Reproduzido com permissão de A. Libchaber, C. Laroche e S. Fauve, *Journal de Physique-Lettres*, vol. 43, p. 211 (1982).

[11] Uma sequência de números, $a_1, a_2, \cdots$, é geométrica se $a_{n+1} = k a_n$ para algum número fixo k. Se $k < 1$, a sequência geométrica tende a zero quando $n \to \infty$.

Tabela 2.1 Os primeiros quatro limiares γ_n nos quais o período do PAF [com as condições iniciais $\phi(0) = -\pi/2$ e $\dot{\phi}(0) = 0$] duplica de 1 para 2, de 2 para 4, de 4 para 8 e de 8 para 16. A última coluna apresenta as larguras dos intervalos entre limiares sucessivos

n	Período	γ_n	Intervalo
1	1 → 2	1,0663	
			0,0130
2	2 → 4	1,0793	
			0,0028
3	4 → 8	1,0821	
			0,0006
4	8 → 16	1,0827	

onde a constante δ tem o mesmo valor,

$$\delta = 4,6692016, \qquad (12.18)$$

para todos os sistemas e é chamada de **número de Feigenbaum**.[12] É a ampla ocorrência da duplicação de período e o fato de que δ tem o mesmo valor para muitos sistemas diferentes, que levou o fenômeno da duplicação de períodos a ser caracterizado como **universal**. Escrevi a relação de Feigenbaum (12.17) com um "sinal de aproximação" porque, estritamente falando, a relação é válida apenas no limite quando $n \to \infty$. No entanto, para muitos sistemas, a relação corresponde a uma aproximação muito boa para *todos* os valores de *n*. (Veja os Problemas 12.11 e 12.29.)

A relação de Feigenbaum (12.17) implica que os intervalos entre limiares sucessivos tendem a zero rapidamente e, portanto, que os próprios limiares tendem a um limite finito γ_c,

$$\gamma_n \to \gamma_c \qquad (\text{quando } n \to \infty). \qquad (12.19)$$

Portanto, a sequência de limiares γ_n satisfaz

$$\gamma_1 < \gamma_2 < \cdots < \gamma_n < \cdots < \gamma_c$$

com infinitos limiares imprensados no rápido e estreito intervalo entre γ_n e γ_c. Para nosso PAF, o limite γ_c é encontrado como

$$\gamma_c = 1,0829. \qquad (12.20)$$

Veremos que, depois do valor crítico γ_c, o caos surge, por isso a cascata de duplicação de período é chamada de **rota para o caos**. Entretanto, devo enfatizar que há sistemas que exibem caos sem primeiro entrar em uma cascata de duplicação de períodos, isto é, a cascata de duplicação de períodos é apenas uma das várias possibilidades de rotas para o caos.

---

[12] Na verdade, há dois números de Feigenbaum, e este é frequentemente chamado de delta de Feigenbaum.

12.5 CAOS E SENSIBILIDADE ÀS CONDIÇÕES INICIAIS

Se aumentarmos a intensidade motriz γ além do valor crítico $\gamma_c = 1{,}0829$, então o PAF começará a exibir o comportamento que veio a ser chamado de "caos". A Figura 12.10 ilustra os primeiros trinta ciclos motrizes do PAF com $\gamma = 1{,}105$. O pêndulo está obviamente "tentando" oscilar com o período motriz. Entretanto, as oscilações reais vagueiam erraticamente e nunca se repetem exatamente. Podemos pensar que não demos às oscilações tempo suficiente para se estabilizar; talvez, em um instante posterior, elas convirjam para um movimento periódico. Entretanto, de fato, um gráfico de qualquer intervalo de tempo é também errático, mas nunca uma repetição exata de qualquer outro intervalo. Mesmo que a força motriz seja perfeitamente periódica e mesmo depois que todos os transientes tenham desaparecido, o movimento de longo prazo é definitivamente não periódico. Esse comportamento de longo prazo errático e não periódico é uma das características que definem o caos. A outra característica que define é o fenômeno chamado sensibilidade às condições iniciais.

Sensibilidade às condições iniciais

A discussão da sensibilidade às condições iniciais surge em conexão com a seguinte questão: imagine dois PAF idênticos, com todos os parâmetros iguais, mas partindo de $t = 0$ com condições iniciais ligeiramente diferentes. [Talvez os ângulos iniciais $\phi(0)$ difiram por uma fração de um grau.] À medida que o tempo passa, os movimentos dos dois pêndulos permanecem quase iguais? Aproximam-se, talvez, um do outro? Ou eles divergem e tornam-se mais e mais diferentes?

Para tornar essas questões mais precisas, vamos denotar as posições dos dois pêndulos por $\phi_1(t)$ e $\phi_2(t)$, respectivamente. Essas duas funções satisfazem exatamente a mesma equação de movimento, mas possuem condições iniciais ligeiramente diferentes. Se agora $\Delta\phi(t)$ denota a diferença entre as duas soluções,

$$\Delta\phi(t) = \phi_2(t) - \phi_1(t), \qquad (12.21)$$

a discussão é a dependência temporal de $\Delta\phi(t)$. Permanece $\Delta\phi(t)$ mais ou menos constante? Ela decresce ou cresce com passar do tempo?

Para o oscilador linear do Capítulo 5, a resposta é que $\Delta\phi(t)$ vai para zero, visto que demonstramos que todas as soluções da equação de movimento tendem ao mesmo

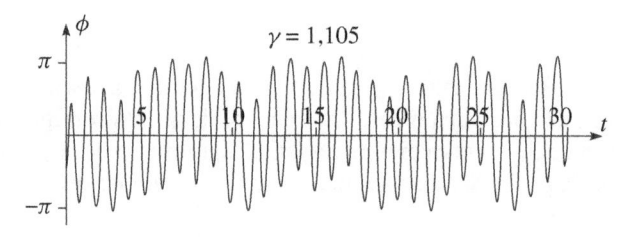

Figura 12.10 Caos. Os primeiros 30 ciclos motrizes de um PAF com $\gamma = 1{,}105$ são erráticos e não mostram qualquer sinal de periodicidade. Na verdade, as oscilações nunca se estabilizam em um movimento periódico regular e este movimento errático, não periódico de longo prazo, é uma das características que definem o caos.

atrator, quando $t \to \infty$. Portanto, a *diferença* entre quaisquer duas soluções deve tender a zero. Além disso, a diferença deve tender a zero *exponencialmente*. Para ver isso, lembre-se de que, da Equação (5.67), qualquer solução tem a forma

$$\phi(t) = A\cos(\omega t - \delta) + C_1 e^{r_1 t} + C_2 e^{r_2 t}, \qquad (12.22)$$

onde o termo cosseno é o mesmo para todas as soluções, enquanto os dois termos de decaimento exponencial têm coeficientes C_1 e C_2 que dependem das condições iniciais. Isso implica que, quando fazemos a diferença das duas soluções, o termo do cosseno desaparece e ficamos com

$$\Delta\phi(t) = B_1 e^{r_1 t} + B_2 e^{r_2 t}, \qquad (12.23)$$

onde as constantes B_1 e B_2 dependem dos dois conjuntos de condições iniciais. O comportamento preciso dessa diferença depende dos tamanhos relativos da constante de amortecimento β e da frequência natural ω_0. Em todos os exemplos até agora neste capítulo, escolhi $\beta = 0{,}25\omega_0$, de modo que $\beta < \omega_0$ (a situação chamada de subamortecimento). Nesse caso, vimos na Seção 5.4 que os coeficientes r_1 e r_2 têm a forma $-\beta \pm i\omega_1$. Uma simples manipulação algébrica põe (12.23) na forma [compare com a Equação (5.38)]

$$\Delta\phi(t) = De^{-\beta t}\cos(\omega_1 t - \delta). \qquad (12.24)$$

Isto é, $\Delta\phi(t)$ é a exponencial $e^{-\beta t}$ vezes um cosseno oscilatório.

Há um problema em tentar exibir a dependência temporal de uma função como (12.24). O termo exponencial decai tão rapidamente que não podemos mostrar seu intervalo de valores em um gráfico convencional. Por exemplo, com os valores que vinha usando, $\beta = 0{,}25\omega_0 = 0{,}75\pi = 2{,}356$; depois de apenas um ciclo motriz ($t = 1$), o fator exponencial é $e^{-\beta t} = e^{-2{,}356} \approx 0{,}09$ e $\Delta\phi(t)$ diminuiu por uma ordem de magnitude. Se você desejou desenhar $\Delta\phi(t)$ *versus t* sobre 10 ciclos, digamos, então $\Delta\phi(t)$ iria encolher por cerca de dez ordens de magnitude – um intervalo que possivelmente não pode ser ilustrado em um simples gráfico linear de $\Delta\phi(t)$ *versus t*.

A solução desse problema é fazer um gráfico logarítmico, isto é, desenhamos o *log* de $\Delta\phi(t)$ *versus t*. Na verdade, visto que $\Delta\phi(t)$ pode ser negativo, devemos desenhar $\ln|\Delta\phi(t)|$ *versus t*. De acordo com (12.24), isso deve obedecer

$$\ln|\Delta\phi(t)| = \ln D - \beta t + \ln|\cos(\omega_1 t - \delta)|. \qquad (12.25)$$

O primeiro termo da direita é uma constante e o segundo é linear em t com inclinação $-\beta$. O terceiro é um pouco complicado: como $|\cos(\omega_1 t - \delta)|$ oscila entre 1 e 0, seu logaritmo natural oscila entre 0 e $-\infty$. Logo, um gráfico do $\ln|\Delta\phi(t)|$ *versus t* salta para cima e para baixo (indo a $-\infty$ sempre que o termo cosseno se anula), abaixo de um envelope que decresce linearmente com inclinação $-\beta$. Isso está claramente visível na Figura 12.11, que mostra um gráfico de $\log|\Delta\phi(t)|$ *versus t*, para a intensidade motriz relativamente fraca $\gamma = 0{,}1$, para a qual a aproximação linear é certamente boa. [Desenhei o gráfico de log na base 10 em vez do logaritmo natural, porque o primeiro é mais fácil de interpretar em um gráfico. Como $\log(x)$ é a constante $\log(e)$ vezes $\ln(x)$, isso não muda nenhuma de nossas previsões qualitativas.] Para desenhar esse gráfico, forneci ao primeiro pêndulo as mesmas condições iniciais que nas Figuras 12.8 e 12.10; o segundo pêndulo foi largado com sua posição inicial 0,1 radianos abaixo, de modo que a diferença inicial foi $\Delta\phi(0) = 0{,}1$ rad, ou cerca de 6°. A mais importante característica do gráfico é

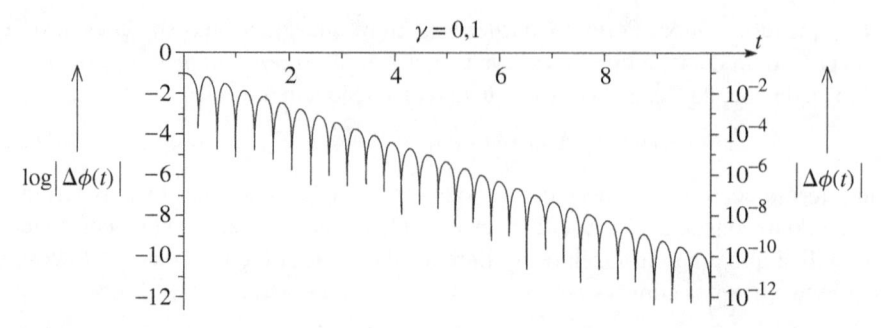

Figura 12.11 Gráfico logarítmico de $\Delta\phi(t)$, a separação de dois PAFs idênticos, com uma intensidade motriz fraca $\gamma = 0,1$, que foram largados com posições iniciais que diferiram por 0,1 radianos (ou cerca de 6°). O eixo vertical à esquerda mostra $\log|\Delta\phi(t)|$, enquanto o da direita mostra o próprio $|\Delta\phi(t)|$. A figura ilustra que os máximos de $\log|\Delta\phi(t)|$ decrescem e que, portanto, $\Delta\phi(t)$ decai exponencialmente.

que os máximos sucessivos de $\log|\Delta\phi(t)|$ decrescem perfeitamente lineares, confirmando que $\Delta\phi(t)$ decai exponencialmente, perdendo cerca de 10 ordens de magnitude nos dez primeiros ciclos motrizes (como você pode facilmente verificar no gráfico).[13]

Até aqui, mostramos que, no regime linear, a separação $\Delta\phi(t)$ de dois PAF idênticos decresce exponencialmente quando lançados com condições iniciais distintas. Isso tem uma importante consequência prática: na prática, não podemos conhecer as condições iniciais *exatas* de qualquer sistema. Portanto, quando tentamos prever o comportamento futuro do PAF, devemos reconhecer que as condições iniciais que usaremos podem diferir um pouco das verdadeiras condições iniciais. Isso significa que o movimento previsto para $t > 0$ pode diferir do verdadeiro movimento. Mas como $\Delta\phi(t)$ tente a zero exponencialmente, podemos ficar seguros de que o erro nunca será pior do que o erro inicial e estará, de fato, rapidamente se aproximando de zero. Podemos dizer que o oscilador linear é *insensível às suas condições iniciais*. Para obter uma acurácia prescrita nas previsões, temos apenas que ajustar a condição inicial a ela.

O que acontece quando aumentamos a intensidade motriz γ além do regime linear? Naturalmente, não podemos mais depender das nossas demonstrações para o oscilador linear. Entretanto, podemos esperar que a diferença $\Delta\phi(t)$ continuará a decair exponencialmente por, pelo menos, um certo intervalo de intensidades motrizes. A questão é "qual é a largura desse intervalo?", e a resposta surpreende: desde que a diferença nas condições iniciais seja suficientemente pequena, a diferença $\Delta\phi(t)$ continua a decair exponencialmente para todos os valores de γ até o valor crítico, γ_c, no qual o caos surge. Por exemplo, se $\gamma = 1,07$, sabemos da Tabela 12.1 que o movimento tem período 2 (ao menos para as condições iniciais daquela tabela) e o movimento é não linear; entretanto, a diferença $\Delta\phi(t)$ ainda decai exponencialmente, como está claro na Figura 12.12, que

---

[13] Uma segunda característica notável é que os pontos onde $|\Delta\phi(t)|$ se anula (e, portanto, $\log|\Delta\phi(t)|$ vai para $-\infty$) se apresentam como picos para baixo no gráfico logarítmico. Isso acontece porque o programa gráfico pode apenas amostrar um número finito de pontos e naturalmente deixa de fora os pontos onde $\log|\Delta\phi(t)| = -\infty$. Em vez disso, ele pode apenas detectar que há pontos onde $\log|\Delta\phi(t)|$ tem um mínimo precipitado, e isso é o que o gráfico ilustra.

ilustra a diferença $\Delta\phi(t)$ para duas soluções com as mesmas condições iniciais, como na Figura 12.11. Nesse caso, $\Delta\phi(t)$ permanece com a amplitude perfeitamente constante para os primeiros 15 ou 20 ciclos motrizes, mas em seguida as cristas de $\log|\Delta\phi(t)|$ caem de forma linear, indicando que $\Delta\phi(t)$ decai exponencialmente quando $t \to \infty$. Entretanto, observe que o decaimento exponencial é muito mais lento que no caso linear: aqui, a amplitude cai por cerca de 4 ordens de magnitude durante pelo menos 25 ciclos; no caso linear da Figura 12.11, ela cai por 10 ordens de magnitude em apenas 10 ciclos. No entanto, o ponto principal é que $\Delta\phi(t)$ vai a zero exponencialmente e, como no regime linear, podemos prever o comportamento futuro do PAF confiantes de que quaisquer incertezas nas previsões não serão muito maiores (em geral bem menores) do que as incertezas nas condições iniciais.

Se aumentarmos a intensidade motriz além de $\gamma_c = 1{,}0829$ dentro do regime caótico, o gráfico modificará completamente. A Figura 12.13 ilustra $\Delta\phi(t)$ para o mesmo PAF que nas Figuras 12.11 e 12.12, exceto pelo fato de que a intensidade motriz é agora $\gamma = 1{,}105$, o mesmo valor usado no primeiro gráfico do movimento caótico na Figura 12.10. A característica mais óbvia desse gráfico é que $\Delta\phi(t)$ *cresce* claramente com o tempo. Na verdade, você irá notar que, para evidenciar este crescimento de $\Delta\phi(t)$, escolhi a diferença inicial como sendo apenas $\Delta\phi(0) = 0{,}0001$ radianos. Começando a partir desse pequeno valor, $|\Delta\phi|$ cresceu em 16 ciclos motrizes, mais do que 4 ordens de magnitude, para cerca de $|\Delta\phi| \approx 3{,}5$.

De $t = 1$ até $t = 16$ (onde o gráfico está uniforme), os máximos na Figura 12.13 crescem linearmente, quase que com perfeição, implicando que $\Delta\phi(t)$ cresce exponencialmente.[14] Esse crescimento exponencial levaria ao disastre qualquer tentativa de pre-

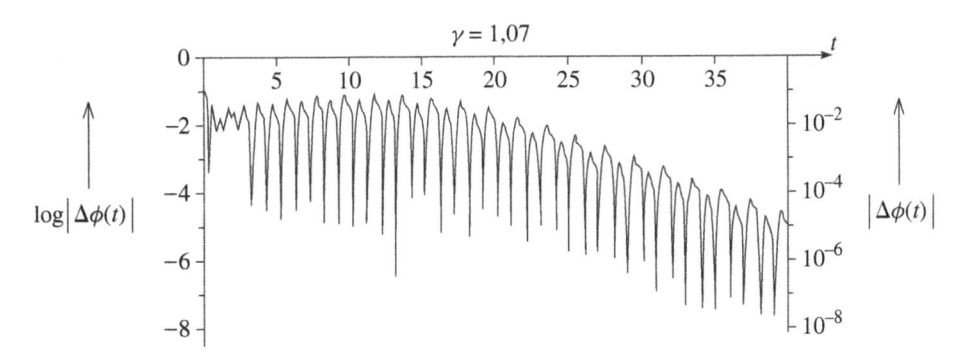

Figura 12.12 Gráfico do logaritmo de $\Delta\phi(t)$, a separação de dois PAFs idênticos, com intensidade motriz $\gamma = 1{,}07$ e que foram largados com posições iniciais que diferem por 0,1 radianos (ou cerca de 6°). Para os primeiros 15 ou pouco mais ciclos motrizes, $\Delta\phi(t)$ mantém uma amplitude razoavelmente constante, mas em seguida os máximos de $\log|\Delta\phi(t)|$ decrescem linearmente, implicando a queda exponencial de $\Delta\phi(t)$.

---

[14] A uniformidade final da curva é facilmente compreendida. Você pode ver, pela Figura 12.10, que o ângulo $\phi(t)$ [na realidade, $\phi_1(t)$, mas o mesmo se aplica para $\phi_2(t)$] oscila entre $\pm\pi$. Isto é, $\phi_1(t)$ e $\phi_2(t)$ jamais excedem a magnitude π. Portanto, suas diferenças $\Delta\phi(t)$ nunca podem exceder 2π. Logo, a curva *tem* que nivelar antes de $\Delta\phi(t)$ alcançar 2π.

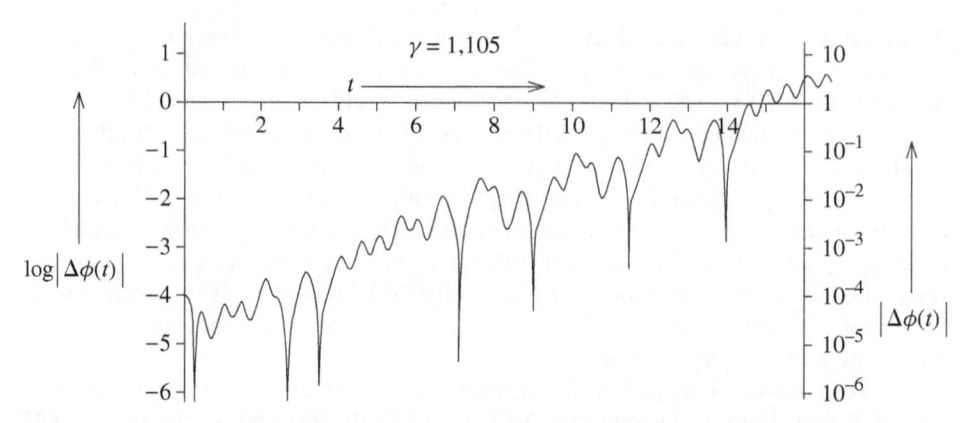

Figura 12.13 A separação $\Delta\phi(t)$ de dois pêndulos idênticos, ambos com intensidade motriz $\gamma = 1{,}105$ e com uma separação inicial $\Delta\phi(0) = 10^{-4}$ rad. Após uma pequena queda, as cristas do $\log|\Delta\phi(t)|$ *crescem linearmente*, mostrando que o próprio $\Delta\phi(t)$ *cresce exponencialmente*.

visão acurada do movimento de longo prazo dos PAFs. No presente caso, um erro tão pequeno quanto 10^{-4} radianos nas condições iniciais teria crescido em 16 ciclos para um erro de cerca de 3,5 ou mais de π radianos. Logo, uma incerteza de $\pm 10^{-4}$ radianos nas condições iniciais cresce para uma incerteza de $\pm \pi$, e uma incerteza de $\Delta\phi$ no ângulo do pêndulo significa que *não temos nenhuma ideia* de onde o pêndulo está! Escolhi esse exemplo porque ele é especialmente dramático. Mesmo se esse crescimento se torne uniforme antes de $\Delta\phi(t)$ alcançar π, o crescimento exponencial significa que uma pequenina incerteza nas condições iniciais cresce rapidamente para uma grande incerteza na previsão do movimento. É, neste sentido, que dizemos que o caos exibe **extrema sensibilidade às condições iniciais**, e esta sensibilidade é o que pode tornar praticamente impossível uma previsão confiável de um movimento caótico.

O expoente de Lyapunov

O que vimos nos três exemplos anteriores pode ser reformulado para dizer que a diferença $\Delta\phi(t)$ entre dois PAFs idênticos, largados com uma ligeira diferença nas condições iniciais, comporta-se exponencialmente:

$$|\Delta\phi(t)| \sim K e^{\lambda t} \qquad (12.26)$$

(onde o símbolo "$\sim$" significa que $\Delta\phi(t)$ pode oscilar abaixo de um envelope com o comportamento anunciado e K é uma constante positiva). O coeficiente λ no expoente é chamado de **expoente de Lyapunov**.[15] Se o movimento de longo prazo não for caótico (estabiliza com oscilações periódicas), o expoente de Lyapunov será negativo; se o movimento de longo prazo for caótico (errático e não periódico) o expoente de Lyapunov será positivo.

---

[15] Rigorosamente falando, há vários expoentes de Lyapunov, dos quais o discutido aqui é o maior.

Valores mais elevados de γ

Até aqui, vimos que, ao aumentarmos a intensidade motriz γ, o movimento do PAF torna-se cada vez mais complicado – a partir do regime linear, com sua resposta puramente sonoidal, para um regime quase linear, com a introdução de harmônicos, para o surgimento de subarmônicos e (para certas condições iniciais, pelo menos) uma cascata de duplicação de períodos e, finalmente, para o caos. Você pode antecipar que, se tivéssemos que aumentar γ ainda mais, o caos iria continuar e se intensificar, mas, como é comum, o sistema não linear desafia previsões. À medida que γ cresce, o PAF, na verdade, alterna entre intervalos de caos separados por intervalos de movimentos periódicos não caóticos. Ilustrarei isso com apenas dois exemplos.

Vimos que, com $\gamma = 1,105$, o PAF exibe um comportamento caótico (Figura 12.10) e uma divergência exponencial entre soluções vizinhas (Figura 12.13). Temos apenas que aumentar a intensidade motriz para $\gamma = 1,13$ para surgir uma estreita "janela" *não caótica* de oscilação de período 3 com *convergência* exponencial de soluções vizinhas, conforme ilustrado na Figura 12.14. Na parte (a), você pode ver que dentro de três ciclos motrizes o movimento se estabiliza com oscilações regulares de período 3. A parte (b) ilustra a separação $\Delta\phi(t)$ de dois pêndulos largados com uma diferença inicial $\Delta\phi(0)$ de 0,001 radianos; nos oito primeiros ciclos motrizes, $\Delta\phi(t)$ realmente cresce, mas a partir de então ela decresce exponencialmente para zero, perdendo seis ordens de magnitude nos doze ciclos seguintes.

A Figura 12.15 ilustra os dois gráficos correspondentes à intensidade motriz $\gamma = 1,503$, onde o movimento retornou a ser caótico.[16] Na parte (a), vemos um novo tipo de movimento caótico. A força motriz é agora forte o suficiente para manter o pêndulo rolando por sobre o topo, e nos primeiros 18 ciclos motrizes o pêndulo faz 13 rotações completas no sentido horário [$\phi(t)$ decresce por 26π]. O movimento aqui pode ser visto

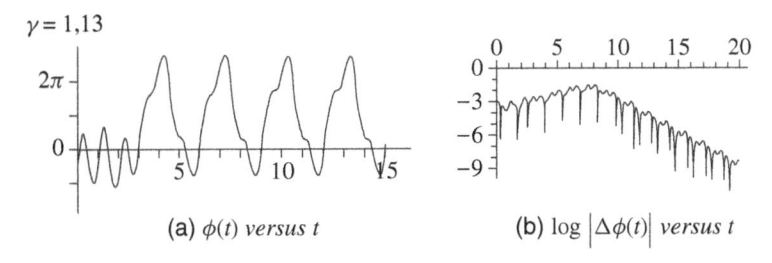

(a) $\phi(t)$ versus t

(b) $\log |\Delta\phi(t)|$ versus t

Figura 12.14 Movimento de um PAF com $\gamma = 1,13$. (a) O gráfico de $\phi(t)$ rapidamente se estabiliza com oscilações de período 3 (mesmas condições iniciais que nas Figuras 12.8 e 12.10). (b) Gráfico logarítmico da separação de dois pêndulos idênticos, o primeiro com as mesmas condições iniciais que na parte (a), o segundo com o ângulo inicial inferior por 0,001 radianos. Depois de um modesto crescimento inicial, $\Delta\phi(t)$ vai para zero exponencialmente.

---

[16] Como veremos, entre os valores $\gamma = 1,13$ e $1,503$, ilustrados nas Figuras 12.14 e 12.15, o PAF passou por vários intervalos de movimentos caóticos e não caóticos, mas omiti os detalhes por enquanto.

$\gamma = 1{,}503$

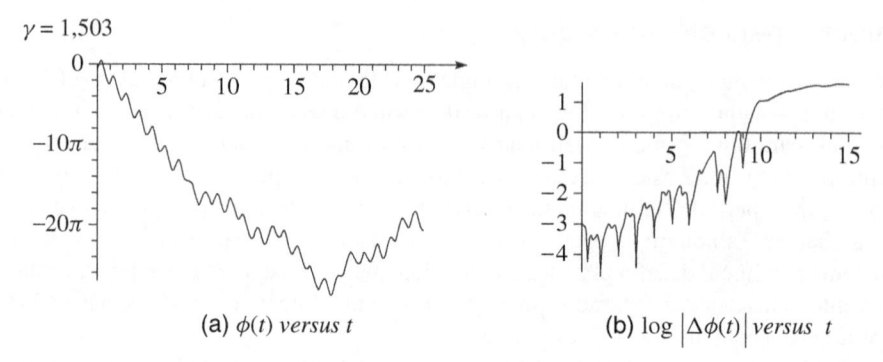

(a) $\phi(t)$ versus t

(b) $\log |\Delta\phi(t)|$ versus t

Figura 12.15 Movimento de um PAF com $\gamma = 1{,}503$. (Mesmas condições iniciais que na Figura 12.14.) **(a)** O gráfico de $\phi(t)$ versus t oscila erraticamente. Nos 18 primeiros ciclos motrizes, ele mergulha cerca de -26π, isto é, faz cerca de 13 rotações completas no sentido horário. Ele, então, inicia a subida de volta, mas nunca de fato se repete. **(b)** Gráfico logarítmico da distância entre dois pêndulos idênticos com separação inicial de 0,001 radianos. Para os nove ou dez primeiros ciclos, $\Delta\phi(t)$ cresce exponencialmente e, em seguida, uniformiza.

com uma rotação uniforme de cerca de uma revolução por ciclo motriz, com uma oscilação errática sobreposta.[17] Em $t = 18$, o movimento troca para uma rotação mais ou menos uniforme no sentido anti-horário, com oscilações erráticas sobrepostas e, como a figura sugere, o movimento nunca se estabiliza tornando-se periódico.

O gráfico logarítmico da Figura 12.15(b) ilustra a divergência dos dois pêndulos com a mesma intensidade motriz $\gamma = 1{,}503$, mas com uma separação inicial de 0,001 radianos. A separação dos dois pêndulos cresce expoencialmente para os primeiros 9 ou 10 ciclos motrizes e uniformiza em torno de $t = 15$. Uma característica dramática dessa divergência é que ela é grande o suficiente para ser vista no gráfico convencional linear da Figura 12.16, que exibe as posições reais $\phi_1(t)$ e $\phi_2(t)$ dos dois pêndulos. À primeira vista, é talvez surpreendente que, para os primeiros 8,5 ciclos, as duas curvas são completamente indistinguíveis, mas quanto à diferença essa é fartamente visível. Entretanto, você pode entender este comportamento estranho se reportando à Figura 12.15(b), onde você pode ver que até $t \approx 8{,}5$ a separação $\Delta\phi(t)$, embora crescendo rapidamente, é sempre menor do que cerca de 1/3 radianos – bastante pequeno para ser notado na escala da Figura 12.16. Ao alcançar $t \approx 9{,}5$, $\Delta\phi(t)$ alcançou em torno de 3 – o que é facilmente notado no gráfico linear – e ainda está crescendo rapidamente. Logo, a partir de $t \approx 9{,}5$, as duas curvas são completamente distintas.

Os resultados principais a serem extraídos desses dois últimos exemplos são estes: **(1)** Uma vez que a intensidade motriz γ do PAF tenha passado o valor crítico $\gamma_c = 1{,}0829$, há intervalos onde o movimento é caótico e outros onde ele não o é. Esses intervalos são frequentemente bastante estreitos, de modo que o movimento caótico vai e volta com

---

[17] Se você observar detalhadamente, verá que, para os 7 primeiros ciclos, o movimento está muito próximo de ser uma rotação uniforme de -2π por ciclo, com uma oscilação de período 1 sobreposta. Esse tipo de movimento é realmente periódico, visto que uma variação de -2π leva o pêndulo de volta à mesma posição. Para alguns valores da intensidade motriz, o movimento de longo prazo se estabiliza exatamente dessa forma, um fenômeno chamado de bloqueio de fase. (Veja o Problema 12.17.)

$\gamma = 1{,}503$

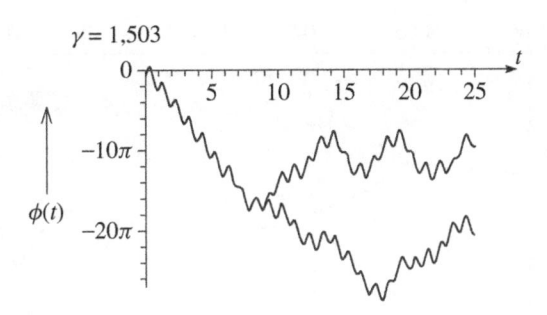

Figura 12:16 Gráfico linear das posições dos mesmos dois PAFs idênticos, cuja separação $\Delta\phi(t)$ foi ilustrada na Figura 12.15(b) [$\Delta\phi(0) = 0{,}001$ rad]. Para os primeiros oito e meio ciclos motrizes, as duas curvas são indistinguíveis; depois disso, a diferença fica bastante evidente.

espantosa rapidez. **(2)** O caos pode assumir várias formas diferentes, tais como o movimento de "ondulação" errático da Figura 12.15(a). **(3)** O movimento errático do caos sempre está acompanhado da sensibilidade às condições iniciais associadas à divergência exponencial de soluções vizinhas da equação de movimento.

12.6 DIAGRAMAS DE BIFURCAÇÃO

Até agora, cada uma de nossas figuras do movimento do pêndulo amortecido forçado ilustrou o movimento para um valor particular da intensidade motriz γ. Para observar a evolução do movimento à medida que γ varia, tivemos que desenhar vários gráficos diferentes, um para cada valor de γ. Gostaríamos de construir um único gráfico que, de algum modo, exibisse todo o conteúdo, com as mudanças dos períodos e as alterações de suas periodicidades e caos, à medida que γ varie. Esse é o propósito do diagrama de bifurcação.

Um **diagrama de bifurcação** é um gráfico astuciosamente construído para $\phi(t)$ versus γ, como na Figura 12.17. Talvez o melhor caminho para explicar o que esse gráfico apresenta seja descrever em detalhes como ele foi construído. Tendo decidido sobre um intervalo de valores de γ para exibir (desde $\gamma = 1{,}06$ a $1{,}087$ na Figura 12.17), devemos primeiro escolher um grande número de valores de γ, igualmente espaçados ao longo do intervalo escolhido. Para a Figura 12.17, escolhi 271 valores de γ, espaçados com intervalos de $0{,}0001$,

$$\gamma = 1{,}0600,\ 1{,}0601,\ 1{,}0602,\ \cdots,\ 1{,}0869,\ 1{,}0870.$$

Para cada valor escolhido de γ, o próximo passo é resolver numericamente a equação de movimento (12.11) de $t = 0$ até um $t_{máx}$, escolhido de modo que todos os transientes tenham desde então desaparecido. Para desenhar a Figura 12.17, escolhi as mesmas condições iniciais que aquelas nas últimas figuras, a saber $\phi(0) = -\pi/2$ e $\dot{\phi}(0) = 0$.[18]

---

[18] Alguns autores gostam de sobrepor os gráficos para várias condições iniciais diferentes. Isso dá uma visão mais completa dos vários movimentos possíveis, mas torna o gráfico mais difícil de interpretar. Por simplicidade, escolhi usar apenas um conjunto de condições iniciais.

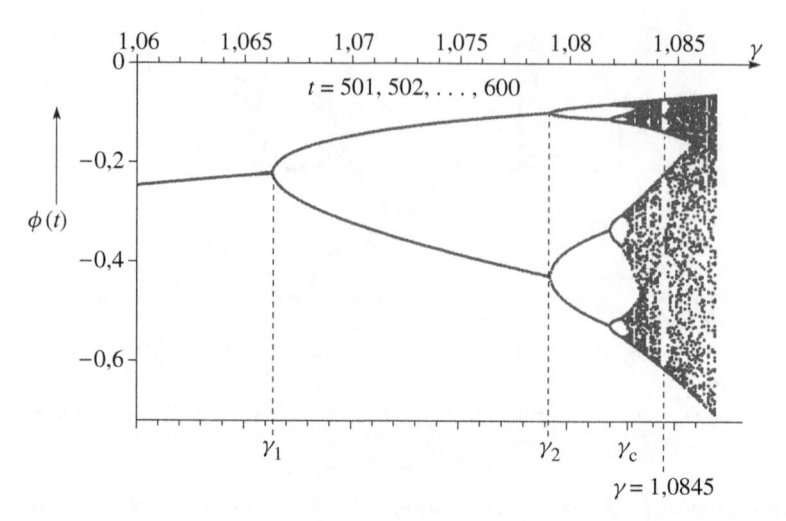

Figura 12.17 Diagrama de bifurcação para o pêndulo amortecido forçado para intensidades motrizes $1{,}060 \leq \gamma \leq 1{,}087$. A cascata de duplicação de períodos está claramente visível: Para $\gamma_1 = 1{,}0663$, o período varia de 1 para 2, e para $\gamma_2 = 1{,}0793$ de 2 para 4. A próxima bifurcação, do período 4 para 8 é facilmente vista para $\gamma_3 = 1{,}0821$, e de 8 para 16 é apenas discernível para $\gamma_4 = 1{,}0829$; o movimento é na maioria caótico, embora para $\gamma = 1{,}0845$ você possa observar um pequeno intervalo de movimento com período 6.

Para entender o próximo movimento, lembre-se de que uma boa maneira para verificar a periodicidade (ou não periodicidade) é examinar os valores

$$\phi(t_o),\ \phi(t_o + 1),\ \phi(t_o + 2),\ \cdots$$

de $\phi(t)$ para um grande número de tempos com intervalos de um ciclo. Se o movimento é periódico com período n, estes irão se repetir após n ciclos, caso contrário não. Portanto, nosso próximo passo é usar a solução para $\phi(t)$ para determinar os valores de $\phi(t)$ sobre um intervalo de tempo, com intervalos inteiros, a partir de um certo $t_{mín}$ a um $t_{máx}$ (com $t_{mín}$ grande o bastante para que todos os transientes tenham desaparecido). Para a Figura 12.17, encontrei $\phi(t)$ para 100 tempos,

$$t = 501,\ 502,\ \cdots,\ 600.$$

(Como isso teve que ser feito para 271 valores diferentes de γ, houve um total de 271 × 100, ou quase 30.000 cálculos para serem realizados, e o processo completo levou várias horas.) Finalmente, para cada valor de γ, esses 100 valores de ϕ foram desenhados como pontos no gráfico de ϕ versus γ. Para ver o que isso resulta, considere primeiro um valor de γ como $\gamma = 1{,}065$, onde sabemos que o movimento tem período 1. Com o período igual a 1, os 100 valores sucessivos de $\phi(t)$ são todos os mesmos e os 100 pontos todos aportam no mesmo lugar no gráfico de ϕ versus γ. Logo, o que vemos em qualquer γ para o qual o período é 1 é um *único* ponto. De $\gamma = 1{,}06$ até o valor limiar $\gamma_1 = 1{,}0663$, onde o período duplica, o gráfico é, portanto, uma única curva.

No limiar $\gamma_1 = 1{,}0663$, o período varia para 2 e as posições

$$\phi(501),\ \phi(502),\ \phi(503),\ \cdots,\ \phi(600)$$

Capítulo 12 Mecânica Não Linear e Caos

agora se alternam entre *dois* valores *diferentes*. Portanto, esses 100 pontos na realidade criam exatamente dois pontos distintos sobre o gráfico e a curva simples *bifurca* em γ_1 em *duas* curvas. Em $\gamma_2 = 1,0793$, o período duplica de novo, para período 4, e cada uma das duas curvas bifurcam, gerando quatro curvas ao todo. A próxima duplicação, para período 8, é facilmente vista (embora eu não tenha de fato indicado isso na figura) e, se você olhar mais detalhadamente, pode despontar alguma das bifurcações para período 16. Depois disso, o gráfico torna-se quase que uma desordem sólida de pontos e é impossível dizer (pelo menos, a partir do gráfico) o valor exato de γ_c onde começa caos, embora seja claramente em algum lugar um pouco abaixo de $\gamma = 1,083$. Além desse ponto, até o resto da Figura 12.27, o movimento é a maior parte caótico, posto que você pode ver uma pequena janela em $\gamma = 1,0845$, indicado por uma linha tracejada vertical. (A janela é especialmente perceptível na seção superior do gráfico, onde os pontos são, por outro lado, mais densos. Se segurar uma régua sobre esta linha vertical, você verá que nesse valor particular de γ há apenas seis pontos distintos. Isto é, em $\gamma = 1,0845$, o movimento retornou a ser periódico brevemente, dessa vez, com período 6.

Uma visão ampliada

A Figura 12.17 ilustra um intervalo bastante pequeno de intensidades motrizes ($1,06 \leq \gamma \leq 1,087$) em grande detalhe. Antes de examinarmos um intervalo mais amplo de intensidades motrizes, devemos lidar com uma pequena complicação. Enquanto γ cresce, vimos que o pêndulo pode começar um movimento de "ondulação" no qual ele faz muitas revoluções completas. Em alguns casos, ele pode continuar "ondulando" indefinidamente, de forma que $\phi(t)$ se aproxima de $\pm \infty$. Mesmo que esse movimento ondulatório seja perfeitamente periódico, os valores sucessivos

$$\phi(t_o), \; \phi(t_o + 1), \; \phi(t_o + 2), \; \cdots$$

nunca se repetem, visto que eles crescem por um múltiplo de 2π em cada ciclo. Isso se traduz em um gráfico de bifurcação supérfluo, desenhado exatamente como na Figura 12.17. O caminho mais óbvio para se evitar essa dificuldade é redefinindo ϕ de modo que ele esteja sempre no intervalo

$$-\pi < \phi \leq \pi.$$

Cada vez que ϕ aumenta além de π, subtraímos 2π, e cada vez que ele diminui abaixo de $-\pi$, somamos 2π. Com essa modificação, podemos agora desenhar um diagrama de bifurcação como antes. Entretanto, mantendo ϕ entre $\pm \pi$ desta maneira, há a desvantagem de que ele introduz um salto de descontinuidade sem sentido em $\phi(t)$ cada vez que ele passa por $\pm \pi$.

Uma segunda maneira, algumas vezes mais simples, de se contornar o problema da ambiguidade 2π em ϕ é desenhando os valores da *velocidade angular*

$$\dot{\phi}(t_o), \; \dot{\phi}(t_o + 1), \; \dot{\phi}(t_o + 2), \; \cdots, \tag{12.27}$$

em vez da posição angular $\phi(t_o), \cdots$. A velocidade angular $\dot{\phi}$ está imune à ambiguidade 2π de ϕ (visto que $\dot{\phi}$ não é afetada pela adição de qualquer múltiplo de 2π a ϕ). Logo, se o movimento é periódico com período n, então os valores (12.27) se repetirão após n ciclos e, caso contrário, não. Portanto, um diagrama de bifurcação desenhado usando os valores de $\dot{\phi}$ em vez de ϕ, irá funcionar da mesma forma que na Figura 12.17, mesmo se o pêndulo enfrentar um movimento de ondulação.

A Figura 12.18 é um diagrama de bifurcação desenhado usando valores de $\dot{\phi}$ sobre um intervalo começando um pouco acima de $\gamma = 1,0$ até um pouco acima de $\gamma = 1,5$. A primeira parte da figura, denotada por (a) no topo, é o intervalo que foi ilustrado em grande detalhe na Figura 12.17, com uma cascata de duplicação de períodos que começa com período 1 e finaliza com caos. A seção (b) é na maioria caos, embora já saibamos que ela contém algumas janelas estreitas de periodicidade (a maioria delas está completamente escondida devido à escala utilizada aqui). A seção (c) de período 3 é muito clara e inclui o valor $\gamma = 1,13$, que foi ilustrado na Figura 12.14. A seção (d) é na maioria caos, enquanto (e) começa com um longo trecho de período 1, seguido por outra cascata de duplicação de períodos. Finalmente, a seção (f) é na maioria caos, embora você possa fisgar algumas janelas de periodicidade.

Uma característica da Figura 12.18 é o longo intervalo de movimento com período 1, desde um pouco abaixo de $\gamma = 1,3$ até um pouco acima de $\gamma = 1,4$. Esse movimento de período 1 é de fato um movimento de ondulação, como você pode ver na Figura 12.19, que ilustra o movimento para $\gamma = 1,4$. Na parte (a), que ilustra $\phi(t)$ como uma função de t, você pode ver que o pêndulo está ondulando no sentido horário a uma taxa de uma revolução completa por ciclo motriz (ϕ decresce por 20π em 10 ciclos). Na parte (b), que ilustra $\dot{\phi}(t)$ como uma função de t, está ainda mais evidente que o movimento é periódico. Depois de cerca de dois ciclos motrizes, $\dot{\phi}(t)$ é claramente periódico com período 1.

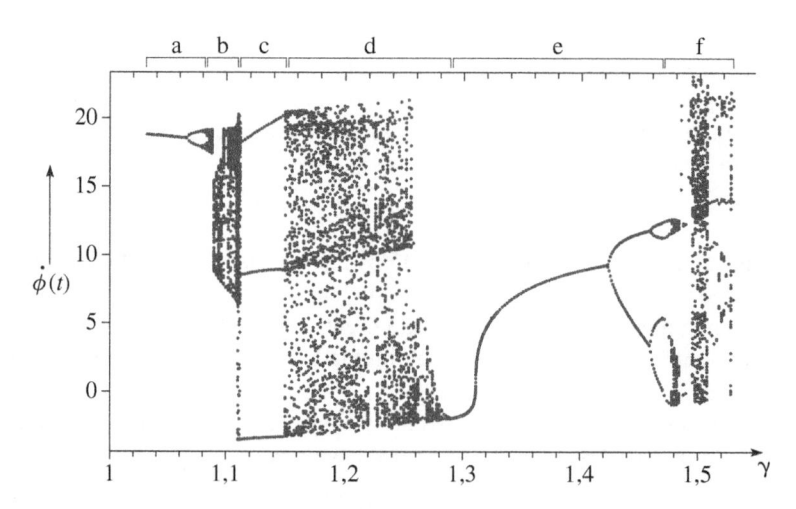

Figura 12.18 Diagrama de bifurcação ilustrando valores de $\dot{\phi}$ para o PAF com intensidades motrizes $1,03 \leq \gamma \leq 1,53$. Os intervalos denotados por $a, b, \cdots, f$ ao longo do topo são os seguintes: **(a)** Este intervalo é o mesmo que o ilustrado em grande detalhe na Figura 12.17. Ele começa com período 1, seguido por uma cascata de duplicação de períodos, levando ao caos. **(b)** A maioria é caos. **(c)** Período 3. **(d)** A maioria é caos. **(e)** Período 1, seguido por outra cascata de duplicação de períodos. **(f)** A maioria é caos.

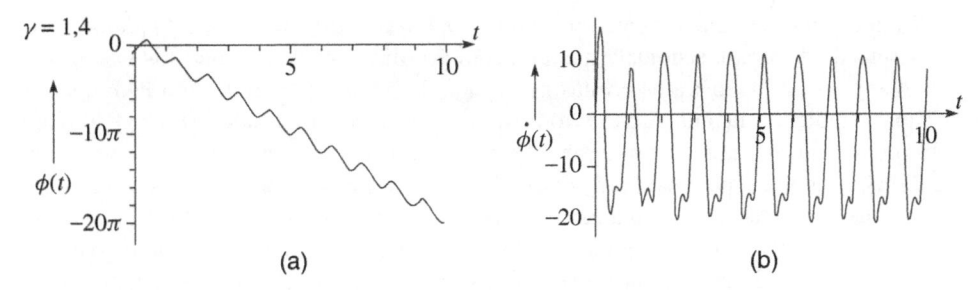

Figura 12.19 Movimento do PAF com intensidade motriz $\gamma = 1{,}4$. **(a)** O gráfico de $\phi(t)$ *versus* t ilustra um movimento de ondulação periódica no qual ϕ decresce por 2π a cada ciclo motriz. **(b)** O gráfico da velocidade angular $\dot{\phi}(t)$ *versus* t ilustra, ainda mais claramente, que, após cerca de dois ciclos motrizes, o movimento torna-se periódico, com $\dot{\phi}(t)$ retornando ao mesmo valor a cada ciclo.

12.7 ÓRBITAS NO ESPAÇO DE ESTADOS

Nas duas seções a seguir, farei uma pequena introdução à *seção de Poincaré*, que é um caminho alternativo importante para a visualização do movimento de sistemas caóticos (e não caóticos). A seção de Poincaré é uma simplificação da chamada *órbita no espaço de estados*. Essa simplificação é especialmente útil para sistemas multidimensionais complicados, mas pode ser introduzida no contexto do pêndulo amortecido forçado unidimensional. Assim, iniciarei esta seção descrevendo as órbitas no espaço de estados para o PAF.

Na nossa discussão sobre o PAF, enfocamos quase que exclusivamente a posição $\phi(t)$ como uma função de t. Entretanto, algumas vezes é mais vantajoso considerar *ambos*, a posição $\phi(t)$ e a velocidade angular $\dot{\phi}(t)$, à medida que o tempo passa. Em princípio, se conhecermos $\phi(t)$ para todo t, então podemos calcular $\dot{\phi}(t)$ por derivação direta. Logo, considerar $\dot{\phi}(t)$ tanto quanto $\phi(t)$ é, nesse sentido, redundante. Entretanto, considerar ambas as variáveis pode levar a melhores ideias sobre o movimento e isso é o que discutiremos agora.

Há um problema imediato quando desenhamos os gráficos das duas variáveis $\phi(t)$ e $\dot{\phi}(t)$ como função da terceira variável, t, visto que isso requer um gráfico tridimensional – algo que é difícil de fazer e não tão ilustrativo quando realizado. O procedimento comum é desenhar o par de valores $[\phi(t), \dot{\phi}(t)]$ como um ponto em um plano bidimensional onde o eixo horizontal representa ϕ e o eixo vertical representa $\dot{\phi}$. (Por razões que discutirei em breve, este plano com coordenadas ϕ e $\dot{\phi}$ é chamado de *espaço de estados*.) À medida que o tempo passa, o ponto $[\phi(t), \dot{\phi}(t)]$ se move neste espaço bidimensional e desenha uma curva, que é dita uma **órbita no espaço de estados** (ou trajetória no espaço de fase). Uma vez que você se familiarize com a interpretação dessas órbitas no espaço de estados, verá que elas dão uma visão bastante clara do movimento do sistema.

Como um primeiro exemplo, vamos considerar um PAF com $\gamma = 0{,}6$ (uma intensidade motriz para a qual a aproximação linear seja ainda razoavelmente boa) e com as condições iniciais favoritas $\phi(0) = -\pi/2$ e $\dot{\phi}(0) = 0$. A Figura 12.20 ilustra um gráfico convencional de $\phi(t)$ *versus* t para este caso. Para interpretar o gráfico, temos que saber (como você certamente sabe) que a posição $\phi(t)$ está ilustrada nos deslocamentos verticais do gráfico, enquanto o tempo t avança da esquerda para a direita. Com isso conhecido, você pode claramente ver o movimento iniciando em $t = 0$ com $\phi(0) = -\pi/2$ e rapidamente se aproximando do atrator senoidal esperado, com $\phi(t)$ da forma $\phi(t) = A\cos(\omega t - \delta)$.

A Figura 12.21 ilustra as órbitas no espaço de estados para o mesmo PAF com as mesmas condições iniciais. A parte (a) ilustra os vinte primeiros ciclos, $0 \leq t \leq 20$. Para interpretar esta figura, temos que saber que, à medida que t avança, a curva é formada, na direção das setas, pelo par $[\phi(t), \dot{\phi}(t)]$. Com isso compreendido, você pode ver claramente que as órbitas começam a partir de $\phi(0) = -\pi/2$ e $\dot{\phi}(0) = 0$. Como a aceleração inicial $\ddot{\phi}$ é positiva[19], $\dot{\phi}(t)$ cresce a partir do início e $\phi(t)$ começa a crescer tão logo $\dot{\phi}$ seja diferente de zero. Logo, o ponto $[\phi(t), \dot{\phi}(t)]$ se move inicialmente para cima, curvando para a direita. A oscilação de $\dot{\phi}(t)$ está evidenciada pelo movimento de vai e vem, para esquerda e direita da órbita; a oscilação de $\phi(t)$ pelo movimento vertical para cima e para

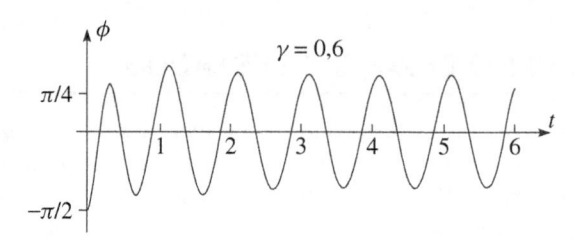

Figura 12.20 Gráfico convencional de $\phi(t)$ *versus* t para um PAF com intensidade motriz $\gamma = 0,6$. O movimento rapidamente se estabiliza, quase perfeitamente, em uma oscilação senoidal.

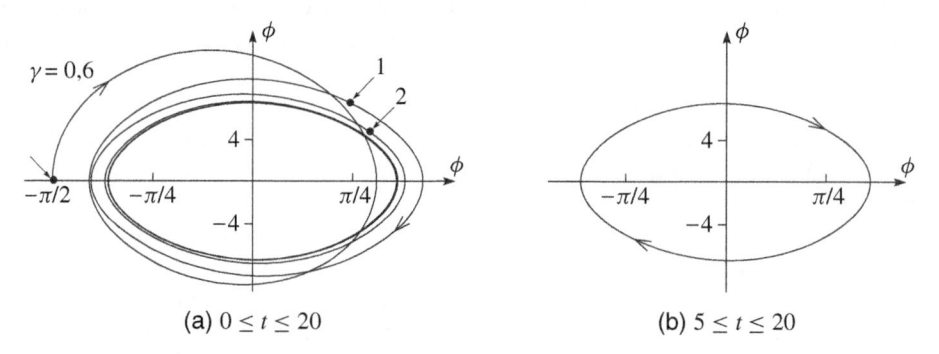

(a) $0 \leq t \leq 20$ (b) $5 \leq t \leq 20$

Figura 12.21 Órbita no espaço de estados para um PAF com intensidade motriz $\gamma = 0,6$. O espaço de estados é o plano bidimensional com coordenadas ϕ e $\dot{\phi}$; a órbita no espaço de estados é justamente o caminho formado pelos pontos $[\phi(t), \dot{\phi}(t)]$ à medida que o tempo passa. **(a)** Os primeiros 20 ciclos iniciam com os valores iniciais $\phi(0) = -\pi/2$ e $\dot{\phi}(t) = 0$. Os três pontos denotados por 0, 1 e 2 ilustram as posições de $[\phi(t), \dot{\phi}(t)]$ para $t = 0$, 1 e 2. As órbitas geram espirais para dentro e rapidamente se aproximam do atrator de período um, que aparece como uma elipse no espaço de estados. **(b)** O mesmo que (a), mas com os primeiros 5 ciclos omitidos, de modo que apenas o atrator elíptico é visto. No intervalo de tempo $5 \leq t \leq 20$, o ponto $[\phi(t), \dot{\phi}(t)]$ se move 15 vezes em torno do mesmo caminho elíptico.

---

[19] Como você pode verificar, com as condições iniciais dadas, as forças da gravidade e motriz dão ao pêndulo uma aceleração positiva no início.

baixo. Finalmente, quando os transientes desaparecem, o movimento se aproxima de seu atrator de longo prazo, para o qual (na aproximação linear) sabemos que $\phi(t)$ tem a forma

$$\phi(t) = A\cos(\omega t - \delta). \tag{12.28}$$

Isso implica que a velocidade angular $\dot{\phi}(t)$ tende à forma

$$\dot{\phi}(t) = -\omega A\,\text{sen}(\omega t - \delta). \tag{12.29}$$

As duas Equações (12.28) e (12.29) são as equações paramétricas para uma elipse desenhada no sentido horário no plano de $(\phi, \dot{\phi})$, com semieixos maior e menor A e ωA, respectivamente. Logo, uma vez os transientes tenham desaparecido, o ponto $[\phi(t), \dot{\phi}(t)]$ se move em torno desta elipse com uma frequência angular igual à frequência motriz ω, isto é, a órbita no espaço de estado completa uma revolução por ciclo motriz. Na Figura 12.21(a), a órbita no espaço de estado espirala para dentro na direção dessa elipse, fundindo-se com ela após cerca de três ciclos. [Isso já apresenta uma pequena vantagem da órbita no espaço de estados perante o gráfico convencional de $\phi(t)$ versus t: na Figura 12.20 convencional, o movimento real tornou-se indistinguível do movimento senoidal limite após um pouco mais do que 1 ciclo; no gráfico do espaço de estados da Figura 12.21(a), a órbita real e a órbita limite podem ser consideradas afastadas por cerca de três ciclos. Logo, a órbita no espaço de estados fornece um gráfico com maior sensibilidade com relação à aproximação do atrator.] A Figura 12.21(b) é o mesmo que a parte (a), exceto pelo fato de que omiti os primeiros 5 ciclos, ou seja, na parte (b), $5 \leq t \leq 20$, e apenas o atrator elíptico aparece. Como nosso maior interesse em geral é o movimento limite, gráficos no espaço de estados são frequentemente desenhados com na parte (b), com vários ciclos iniciais omitidos de modo que apenas o movimento limite esteja visível.

A Figura 12.22 ilustra a órbita no espaço de estados para exatamente o mesmo PAF que o da Figura 12.21, mas com condições iniciais $\phi(0) = \dot{\phi}(0) = 0$. Na parte (a), você pode ver facilmente que a órbita começa com as condições iniciais dadas e espirala para fora, completando 2,5 ciclos antes de se fundir com o atrator elíptico. A parte (b) ilustra os 15 ciclos, iniciando a partir de $t = 5$, em cujo tempo a órbita é indistinguível do seu atrator de longo prazo. Em particular, a Figura 12.22(b) é exatamente a mesma que a Figura 12.21(b), pois, para $\gamma = 0,6$, todas as condições iniciais levam ao mesmo atrator.

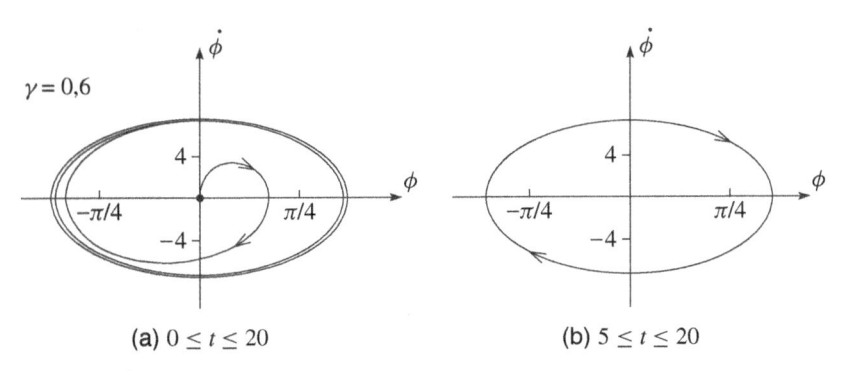

Figura 12.22 Órbita no espaço de estados para um PAF com intensidade motriz $\gamma = 0,6$ e condições iniciais $\phi(0) = \dot{\phi}(0) = 0$. (a) Os primeiros 20 ciclos, iniciando a partir da origem e espiralando para fora em direção ao atrator elíptico. (b) Nos 15 ciclos, $5 \leq t \leq 20$, a órbita se move 15 vezes em torno do atrator elíptico para gerar exatamente a mesma figura que a dada na Figura 12.21(b).

Espaço de estados

Farei uma discussão detalhada sobre o espaço de estados no Capítulo 13, mas aqui está uma breve explanação sobre a terminologia. Para o nosso pêndulo, **espaço de estados** (também conhecido como *espaço de fase*) é um plano bidimensional definido por duas variáveis ϕ, a posição angular, e $\dot{\phi}$, a velocidade angular. Isso é para ser contrastado com o **espaço das configurações** unidimensional, definido por uma variável ϕ que fornece a posição, ou *configuração* do sistema. Generalizando, o espaço das configurações de um sistema mecânico n-dimensional é o espaço n-dimensional das n coordenadas de posição $q_1, \cdots, q_n$, enquanto o espaço de estados é o espaço $2n$-dimensional das coordenadas q_1, $\cdots, q_n$ e velocidades $\dot{q}_1, \cdots, \dot{q}_n$. Discutirei várias propriedades e usos do espaço de estados no Capítulo 13. Aqui, mencionarei apenas uma importante característica: o **"estado"** (ou "estado de movimento" por completo) de um sistema mecânico é frequentemente usado como forma de especificar o movimento (para qualquer escolha de tempo t_o) que é suficientemente completo para determinar univocamente o movimento para qualquer instante de tempo posterior. Ou seja, o estado de um sistema define as *condições iniciais* necessárias para especificar uma única solução da equação de movimento. Para o pêndulo, a especificação da posição ϕ no instante t_o não é suficiente para determinar uma única solução, mas as especificações de ϕ e $\dot{\phi}$ o são. Isto é, as duas variáveis ϕ e $\dot{\phi}$ definem o estado do pêndulo e o espaço de todos os pares $(\phi, \dot{\phi})$ é naturalmente o *espaço de estados*.

Uma **órbita no espaço de estados** é simplesmente um caminho formado no espaço de estados por todos os pares $[\phi(t), \dot{\phi}(t)]$ à medida que o tempo evolui. Natural como este nome é, você deve reconhecer que uma órbita no espaço de estados é muito diferente da órbita, digamos, de um planeta no espaço ordinário com coordenadas $\mathbf{r} = (x, y, z)$. Por exemplo, um planeta pode ter muitas órbitas diferentes passando por um simples ponto $\mathbf{r}$ para um dado tempo t_o. Por outro lado, pelo que acabamos de dizer sobre condições iniciais, decorre que, para qualquer "ponto" $(\phi, \dot{\phi})$ no espaço de estados, o pêndulo tem exatamente uma órbita no espaço de estado passando por $(\phi, \dot{\phi})$ para um dado t_o. Outra característica curiosa das órbitas no espaço de estados diz respeito às suas direções de fluxo: como o eixo vertical representa a velocidade $\dot{\phi}$, o movimento em qualquer ponto acima do eixo horizontal ($\dot{\phi} > 0$) é sempre para a direita (ϕ crescendo), como visto na Figura 12.22. Analogamente, o movimento de qualquer ponto abaixo do eixo horizontal tem que ser para a esquerda. Se uma órbita cruza o eixo horizontal, então, como $\dot{\phi} = 0$, a órbita deve estar se movendo exatamente na vertical (ϕ sem variar). Todas essas propriedades estão ilustradas na Figura 12.22. Elas implicam que qualquer órbita fechada no espaço de estados, tais com o atrator elíptico da Figura 12.22(b), é sempre formada no sentido horário.

Mais órbitas no espaço de estados

À medida que a intensidade motriz γ cresce, sabemos que o movimento do PAF passa por várias mudanças drásticas, algumas das quais se apresentam muito graciosamente nos gráficos das órbitas no espaço de estados. Por exemplo, a Figura 12.23 ilustra as órbitas no espaço de estados para $\gamma = 1,078$ e $\gamma = 1,081$, ambas no meio da cascata de duplicação de períodos ilustrada pela primeira vez na Figura 12.8. Ambos os gráficos ilustram 40 ciclos, começando a partir de $t = 20$, quando todos os transientes completamente desapareceram. Isto é, ambos os gráficos ilustram o movimento de longo prazo

$\gamma = 1{,}078$

(a) Período 2

$\gamma = 1{,}081$

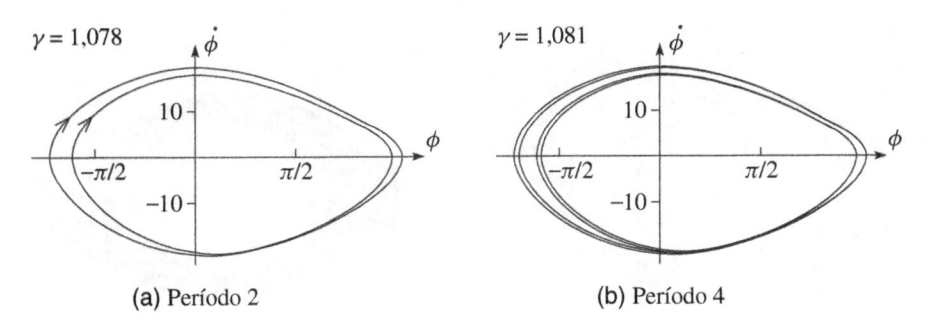

(b) Período 4

Figura 12.23 Órbitas no espaço de estados ilustrando os atratores períodicos para **(a)** $\gamma = 1{,}078$ com período 2 e **(b)** $\gamma = 1{,}081$ com período 4. Ambos os gráficos ilustram os quarenta ciclos desde $t = 20$ até 60. Na parte (a), a órbita delineia apenas dois ciclos distintos com 20 valores de tempo cada; na parte (b), ela delineia quatro ciclos de dez valores de tempo cada. Compare com a Figura 12.8 (as duas linhas do centro).

limite e podem ser comparados com a Figura 12.22(b). Como naquela figura, essas novas órbitas se movem em torno da origem em ciclos mais ou menos elípticos, mas em ambos os casos as órbitas fazem mais do que um ciclo antes de se fecharem sobre si mesmas. Na parte (a), há dois ciclos distintos, cada um deles dura um ciclo motriz, de modo que o movimento se repete uma vez a cada dois ciclos – isto é, ele tem período dois. Na parte (b), há quatro ciclos distintos, indicando muito claramente que o período duplicou novamente para um período quatro. É importante compreender que não faz diferença quantos ciclos desenhamos nestas duas figuras [desde que comecemos depois que os transientes tenham desaparecido e que desenhe pelo menos dois ciclos na parte (a) e quatro na parte (b)]. Poderia ter desenhado de $t = 20$ até 100 ou de 20 até 1000, e a parte (a) ainda teria mostrado os mesmos dois ciclos e a parte (b) os mesmos quatro ciclos.

Caos

Se aumentarmos um pouco mais a intensidade motriz γ, entramos na região do caos. A Figura 12.24 ilustra a órbita no espaço de estado para a intensidade motriz $\gamma = 1{,}105$, cujo caráter caótico foi ilustrado nas Figuras 12.10 e 12.13. A parte (a) ilustra sete ciclos a partir de $t = 14$ até $t = 21$ e você pode ver claramente que, em sete ciclos, a órbita falha na repetição ou em se fechar sobre si mesma. Logo, se o movimento for periódico, seu período deve ser maior do que 7. Para determinar se ele é periódico, precisamos desenhar mais ciclos. Na parte (b), desenhei desde $t = 14$ até 200 e o gráfico tornou-se quase uma faixa sólida preta, mas mesmo assim não se repetiu sobre si mesmo. [A evidência para esta alegação é que em um gráfico para $t = 400$ (não ilustrado), a curva se move para dentro de várias das faixas remanescentes da parte (b); logo, ele certamente não começou a se repetir até $t = 200$.] Portanto, a Figura 12.24 adiciona um forte suporte à nossa conclusão de que o movimento nunca se repete sobre si mesmo e é, de fato, caótico.

A faixa preta da Figura 12.24(b) é muito surpreendente, porém, é muito cheia de informação para ter algum uso. Precisamos de um caminho para extrair, a partir dessa figura, uma quantidade menor de informações que possa nos dizer algo mais. A técnica para fazer isso é a chamada seção de Poincaré, mas antes de irmos em frente, desejo dar mais dois exemplos sobre órbitas no espaço de estados.

$\gamma = 1{,}105$

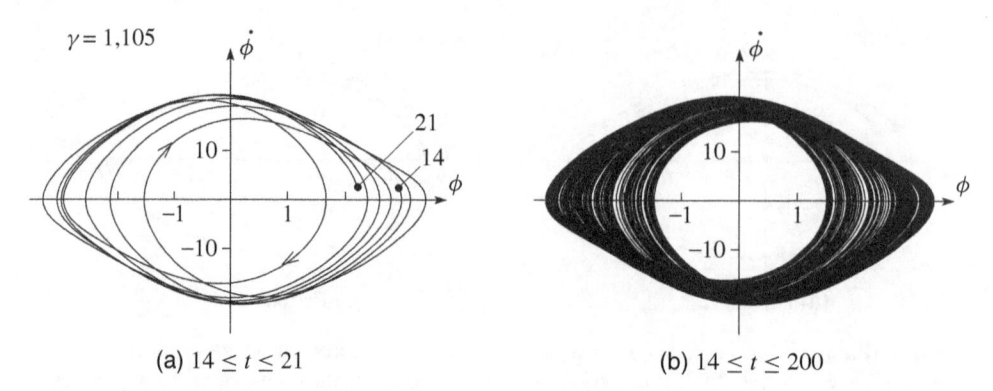

(a) $14 \leq t \leq 21$

(b) $14 \leq t \leq 200$

Figura 12.24 Órbitas no espaço de estados para um PAF com $\gamma = 1{,}105$, ilustrando o atrator caótico. (a) Nos sete ciclos, partindo de $t = 14$ até 21, a órbita não se fecha sobre si mesma. (b) O mesmo é verdade nos 186 ciclos de $t = 14$ até 200, e agora está muito claro que o movimento nunca vai se repetir e é, de fato, caótico.

Órbitas no espaço de estados para movimento de ondulação

Já vimos que, para $\gamma = 1{,}4$, o PAF executa um "movimento ondulatório", fazendo uma rotação completa no sentido horário uma vez a cada ciclo motriz (Figura 12.19). A órbita no espaço de estados para este movimento está ilustrada na Figura 12.25. Nesse gráfico, você pode ver claramente como, após alguns ciclos, o pêndulo se estabiliza com um movimento periódico no qual ϕ decresce por 2π e o pêndulo faz uma rotação completa horária uma vez por ciclo.

O gráfico da Figura 12.25 é uma maneira muito satisfatória de mostrar a órbita no espaço de estados para um número pequeno de ciclos. Algumas vezes, entretanto, (se o movimento é caótico, por exemplo) gostaríamos de mostrar a órbita para um longo intervalo de tempo – algumas centenas de ciclos, talvez – e, neste caso, ϕ pode variar sobre muitas centenas de revoluções completas. Para ilustrar isso, no formato da Figura 12.25, seremos forçados a comprimir a escala sobre o eixo ϕ até o ponto onde o movimento seja completamente indecifrável. A maneira usual de se evitar essa dificuldade é redefinindo ϕ de modo que ele esteja sempre entre $-\pi$ e π: cada vez que ϕ decresce abaixo de $-\pi$, adicionamos 2π e cada vez que ele cresce acima de π, subtraímos 2π. (Isso é aceitável,

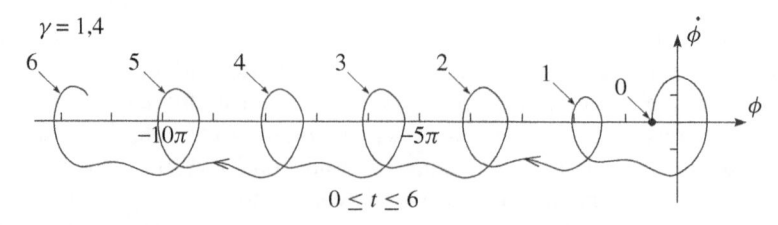

$\gamma = 1{,}4$

$0 \leq t \leq 6$

Figura 12.25 Seis primeiros ciclos da órbita no espaço de estados de um PAF com $\gamma = 1{,}4$, ilustrando o movimento periódico com ondulações, no qual ϕ decresce por 2π a cada ciclo. Os números $0, 1, \cdots, 6$ indicam as "posições" $(\phi, \dot{\phi})$ no espaço de estados para os tempos $t = 0, 1, \cdots, 6$.

visto que quaisquer dois valores de ϕ que difiram por um múltiplo de 2π representam a mesma posição do pêndulo.) Com ϕ redefinido dessa forma, a órbita no espaço de estado da Figura 12.25 se parece com a ilustrada na Figura 12.26(a). Esse novo gráfico não é uma melhoria óbvia da Figura 12.25 (embora veremos que ele tem as mesmas vantagens), mas você deve estudá-lo cuidadosamente para compreender a relação entre os dois tipos de figuras. Você pode pensar sobre a nova figura como sendo obtida a partir da Figura 12.25 retirando os intervalos $-3\pi < \phi < -\pi$ e $-5\pi < \phi < -3\pi$, e assim por diante, pondo todos eles de volta sobre o intervalo $-\pi < \phi < \pi$. Na figura resultante, ϕ tem um salto de descontinuidade a cada vez que ele alcança $\phi = \pm\pi$. Por exemplo, em cerca de $t = 0,7$; ϕ decresce para $-\pi$ no ponto A e salta para o ponto B.

Uma vantagem da Figura 12.26(a) com relação à Figura 12.25 é que a nova figura fornece um teste mais incisivo da periodicidade da órbita. Na nova figura, você pode ver que a órbita está se aproximando de um atrator periódico, e está também claro que no intervalo $0 \leq t \leq 6$ a órbita definitivamente ainda não *alcançou* o atrator periódico. (Na verdade, você já consegue ver que há 6 ciclos distintos.) Por outro lado, ao chegar em $t = 10$ os ciclos sucessivos são indistinguíveis dentro da escala destas figuras. Os vinte ciclos ilustrados na Figura 12.26(b) todos desaparecem à esquerda no mesmo ponto C, reaparecendo em D, e seguindo exatamente o mesmo caminho de volta à C, percorrendo vintes vezes novamente.

Uma desvantagem de cada um dos gráficos na Figura 12.26 é a descontinuidade espúria cada vez que ϕ salta de $-\pi$ para π, como nos pontos A e B, por exemplo. Podemos nos livrar dessa descontinuidade (pelo menos em nossas cabeças) se imaginarmos o gráfico sendo cortado e enrolado, formando um cilindro com as linhas verticais $\phi = \pm\pi$ coladas juntas. Dessa forma, o ponto A se torna o mesmo que o ponto B e a órbita no espaço de estado se move continuamente em torno do cilindro vertical.

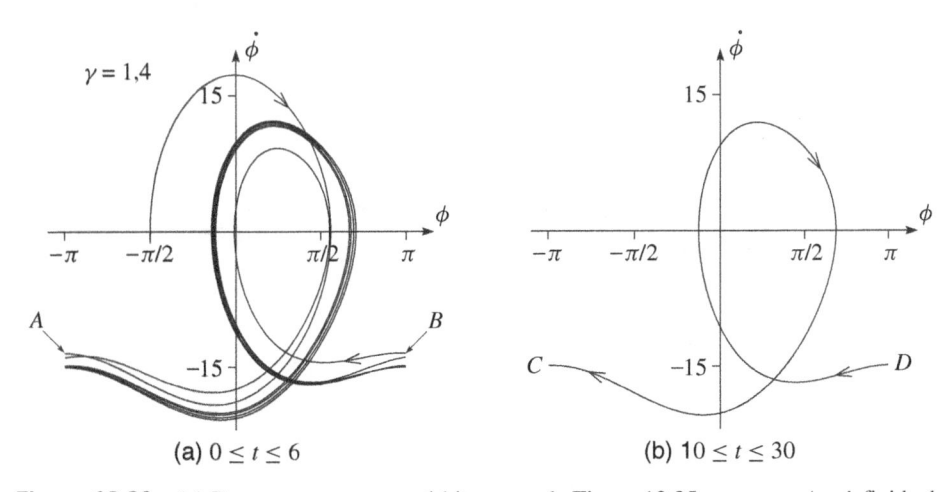

Figura 12.26 (a) Exatamente a mesma órbita que a da Figura 12.25, mas com ϕ redefinida de modo que ele permaneça entre $-\pi$ e π. Cada vez que ϕ decresce para $-\pi$ (em A, por exemplo), a órbita desaparece e reaparece em $+\pi$ (em B, por exemplo). (b) Quando $t = 10$, a órbita se estabiliza em um movimento perfeitamente periódico, com cada ciclo sucessivo estando exatamente (para essa escala) sobre seu predecessor.

Mais caos

Como um exemplo final de uma órbita no espaço de estados, apresento, na Figura 12.27, a órbita para um PAF com $\gamma = 1{,}5$. Já sabemos que o movimento é caótico para esse valor de γ, embora para esta figura tenha escolhido uma constante de amortecimento menor, $\beta = \omega_0/8$, em vez do valor $\beta = \omega_0/4$ que usei para todos os gráficos neste capítulo. Como resultado, o menor amortecimento faz o movimento caótico mais frenético e produz uma seção de Poincaré que é ainda mais interessante e elegante (como descreverei na próxima seção). Com esses parâmetros, o pêndulo passa por um movimento ondulatório errático, fazendo muitas revoluções completas, primeiro em uma direção e depois na outra. Logo, somos forçados a desenhar um gráfico com ϕ confinado entre $-\pi$ e π, como na Figura 12.26 – mas com resultados dramaticamente diferentes. O movimento não se repete sobre si mesmo nos 190 ciclos apresentados, com $10 \leq t \leq 200$. (A evidência dessa alegação é que em um gráfico para $10 \leq t \leq 250$ – não apresentado – a órbita se move em direção a algumas regiões não visitadas da Figura 12.27. Se ela tivesse começado a se repetir antes de $t = 200$, ela não poderia visitar novos lugares após $t = 200$.)

O denso entrelaçamento de filamentos na Figura 12.27 dá um grande suporte à alegação de que a figura dá alguma luz sobre a natureza do movimento caótico. Ela está muito densamente empacotada com informações para que seja útil em transmitir alguma mensagem. Na próxima seção, descrevo a seção de Poincaré, que é uma técnica para separar das figuras, como Figura 12.27, bastante informação de modo a permitir que um padrão interessante emerja.

12.8 SEÇÕES DE POINCARÉ

Para o movimento periódico do PAF, uma órbita no espaço de estados é uma maneira descritiva de se ver a história do pêndulo. Para o movimento caótico, uma órbita no

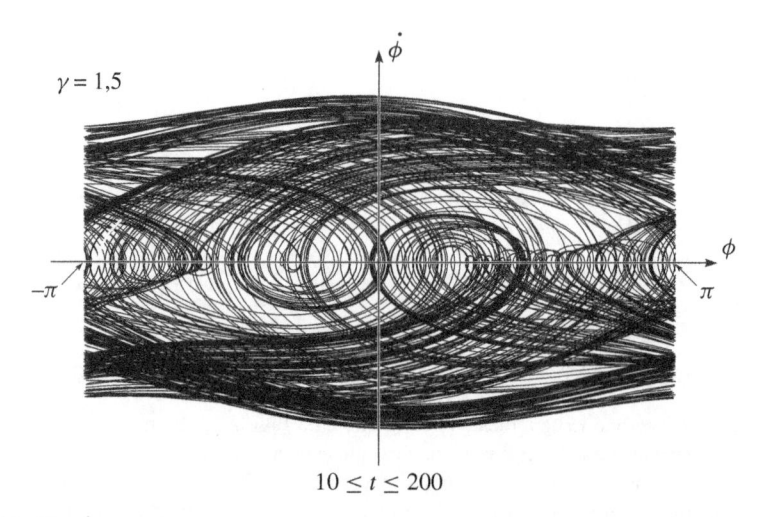

Figura 12.27 Órbita caótica no espaço de estado para o PAF com $\gamma = 1{,}5$ e $\beta = \omega_0/8$. Nos 190 ciclos apresentados, o movimento não se repete sobre si mesmo e, de fato, ele nunca o faz.

espaço de estados transmite o sentido da natureza dramática do caos, mas é muito cheia de informação para que seja de grande e séria utilidade. Uma forma de contornar essa dificuldade é um artifício que já utilizamos anteriormente e foi sugerido por Poincaré: em vez de seguirmos o movimento com uma função da variável contínua t, olhamos para a posição apenas uma vez por ciclo nos instantes $t = t_o, t_o + 1, t_o + 2, \cdots$. A **seção de Poincaré** para um PAF nada mais é do que um gráfico mostrando a "posição" do pêndulo $[\phi(t), \dot\phi(t)]$ no espaço de estados em intervalos de ciclo um

$$t = t_o, t_o + 1, t_o + 2, \cdots, \qquad (12.30)$$

com t_o normalmente escolhido de modo que os transientes iniciais tenham desaparecido.[20] Para ilustrar isso, considere a órbita no espaço de estados, ilustrada na Figura 12.28(a), para um PAF com $\gamma = 1,078$ (e a constante de amortecimento restaurada para o valor usual $\beta = \omega_o/4$). Os dois ciclos dessa órbita indicam que (como nós já sabemos) o movimento de longo prazo tem período dois. Para enfatizar isso, desenhei pontos ilustrando a posição $[\phi(t), \dot\phi(t)]$ a intervalos de dois ciclos, $t = 20, 21, 22, \cdots$. Como o movimento tem dois períodos, estes se alternam entre apenas duas posições distintas e se mostram como dois pontos. Em uma seção de Poincaré, dispensamos a órbita e desenhamos apenas os pontos a intervalos de ciclo um, como na Figura 12.28(b). Quando o movimento é periódico, não há uma vantagem particular na seção de Poincaré com relação à órbita completa no espaço de estados da Figura 12.28(a), embora a seção de Poincaré mostre o período muito claramente. (Uma seção de Poincaré, com quatro pontos mostraria o movimento de período quatro, e assim por diante.) Por outro lado, quando o movimento é caótico, nenhum dois dos ciclos do movimento é o mesmo e a órbita no espaço de estados pode ser uma verdadeira confusão, como vimos na Figura 12.27. Nesse caso, a seção de Poincaré revela algumas estruturas totalmente inesperadas.

(a) Órbita no Espaço de Estados

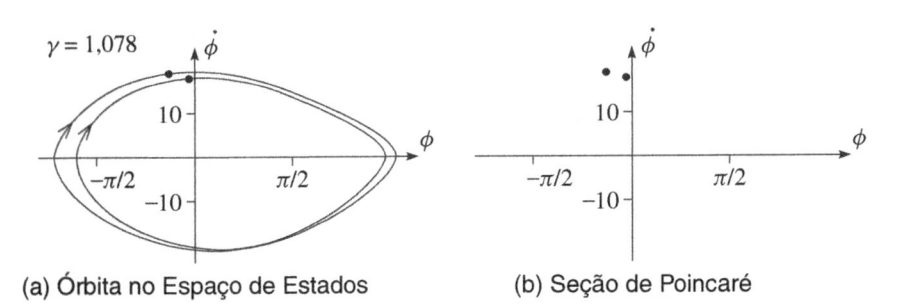

(b) Seção de Poincaré

Figura 12.28 (a) Órbita no espaço de estados de uma PAF com $\gamma = 1,078$ para $20 \leq t \leq 60$. Os pontos ilustram as posições em $t = 20, 21, 22, \cdots$, mas, como o movimento tem período dois, estas se alternam entre apenas dois pontos fixos. O ponto à direita ilustra as posições para $t = 20, 22, \cdots$; o da esquerda, para $t = 21, 23, \cdots$. (b) Na seção de Poincaré correspondente, omitimos a órbita e desenhamos apenas os pontos mostrando as posições em $t = 20, 21, 22, \cdots$. A presença de apenas dois pontos é uma indicação clara do movimento de período dois.

---

[20] Para sistemas multidimensionais, a seção de Poincaré envolve considerarmos fatias bidimensionais ou *seções*, através do espaço de estado multidimensional. Por isso a palavra "seção".

Para ilustrar uma seção de Poincaré para o movimento caótico, escolhi o pêndulo cuja órbita caótica no espaço de estado foi ilustrada na Figura 12.27. É claro que, como este movimento nunca se repete sobre si mesmo, a seção de Poincaré conterá infinitos pontos e eles irão compor um subconjunto dos pontos da órbita toda. É provavelmente razoável dizer que ninguém poderia jamais *adivinhar* com o que este subconjunto se assemelharia, mas, com o auxílio de um computador de alta velocidade, podemos determinar. O resultado está ilustrado na Figura 12.29. Embora, certamente, não seja óbvio exatamente o que essa figura elegante significa, *é* certamente óbvio que isso significa alguma coisa. Selecionando da Figura 12.27 apenas aqueles pontos a intervalos de ciclo um, reduzimos o denso e quase sólido emaranhamento da Figura 12.27 à elegante curva da Figura 12.29. Na realidade, enquanto a Figura 12.29 *parece* uma curva relativamente simples, ela não é de forma nenhuma uma curva, mas, pelo contrário, um **fractal**. Um fractal pode ser definido de várias formas, mas o aspecto característico dos fractais é que, quando se amplia a escala e se expande uma porção de uma figura, se descobrem novas estruturas que são, de alguma forma, similares à figura original (algo como uma fotografia de uma pessoa segurando uma fotografia de uma pessoa segurando uma fotografia e assim por diante). Para ilustrar essa propriedade da seção de Poincaré, expandi a região indicada pela caixa retangular na parte inferior da Figura 12.29. Observe que (na escala da Figura 12.29) essa região compõe uma proeminente "língua" apontando para a esquerda próxima da esquerda da caixa, com uma segunda língua dentro da primeira próxima da direita da caixa. A Figura 12.30 é uma ampliação, por quatro vezes, dessa caixa. Essa expansão torna claro que, aparentemente, a única língua à direita da caixa de 12.29 é na verdade composta de quatro línguas, enquanto na da esquerda há na verdade pelo menos cinco.

Esse processo de ampliação sucessiva de pequenas regiões da seção de Poincaré pode, pelo menos em princípio, ser continuado indefinidamente. A Figura 12.31 é uma ampliação, por 4 vezes mais, da região mostrada pelo retângulo cinza à esquerda da

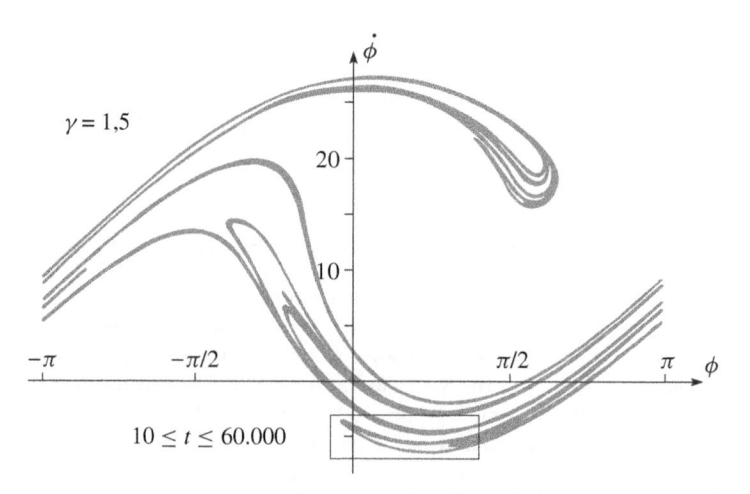

Figura 12.29 Seção de Poincaré para um pêndulo com $\gamma = 1,5$ e constante de amortecimento $\beta = \omega_o/8$, para o intervalo de tempo $10 \leq t \leq 60.000$. Essa figura é composta por quase 60.000 pontos, ilustrando a "posição" $[\phi(t), \dot\phi(t)]$ a intervalos de um ciclo, $t = 10, 11, \cdots, 60.000$. A caixa retangular indica a região que está ampliada na Figura 12.30.

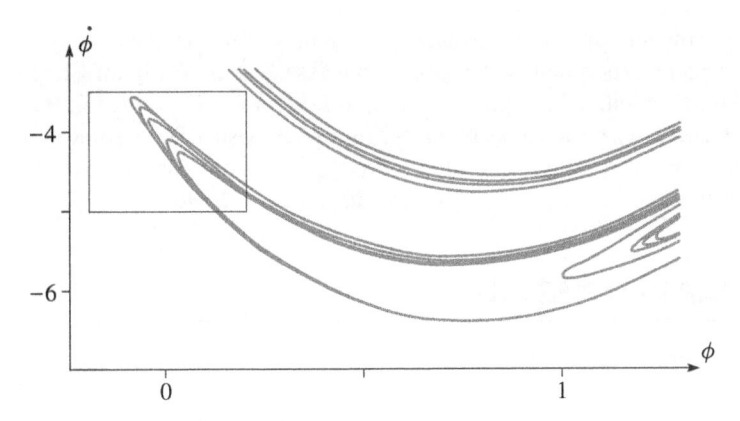

Figura 12.30 Ampliação de uma pequena caixa na base da seção de Poincaré da Figura 12.29. Cada uma das duas línguas na caixa da Figura 12.29 é vista como sendo composta por várias línguas. A caixa à esquerda corresponde à região que está ampliada na Figura 12.31.

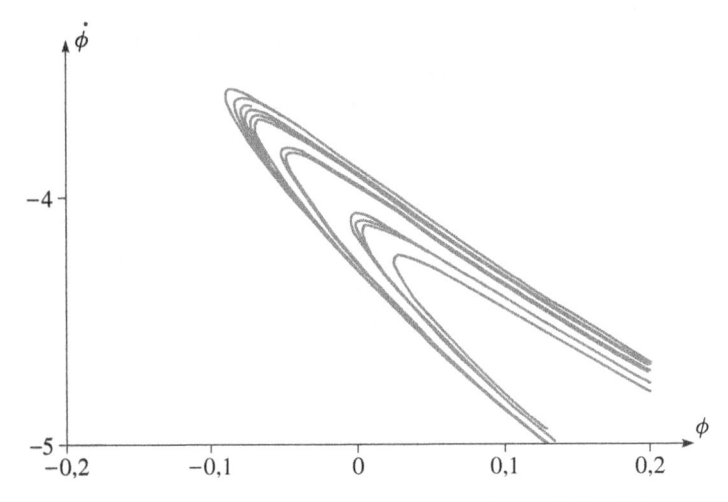

Figura 12.31 Uma nova ampliação da caixa à esquerda da Figura 12.30. Cada uma das cinco línguas na caixa da Figura 12.30 (exceto talvez a mais interna) é vista como composta de várias línguas.

Figura 12.30. Nessa amplicação, vemos que cada uma das cinco línguas à esquerda da Figura 12.30 (exceto talvez a quinta) na verdade consiste em várias línguas separadas. Essa chamada **autossimilaridade** da figura é um dos aspectos característicos de um fractal.

Quando a seção de Poincaré do movimento de um sistema caótico é um fractal, o movimento de longo prazo é dito ser um **atrator estranho**. Infelizmente, está muito além do escopo deste livro explicar o que significa uma seção de Poincaré de um atrator caótico ser fractal e, de fato, há ainda muito sobre esse fenômeno que não é conhecido. Entretanto, é inegavelmente fascinante que a estranha estrutura geométrica do fractal apareça em nosso estudo do comportamento de longo prazo de sistemas caóticos. Essa descoberta tem estimulado muitos pesquisadores sobre a física de sistemas caóticos e a matemática dos fractais.

Observar um atrator estranho usando um pêndulo real seria, obviamente, um desafio, mas, outra vez, os experimentalistas assumiram esse desafio. A Figura 12.32 ilustra uma seção de Poincaré feita com o pêndulo caótico Daedalon. A parte (a) ilustra os resultados experimentais e a parte (b) as previsões numéricas (isto é, uma solução numérica da equação de movimento usando os valores experimentais dos parâmetros). Considerando a grande sutileza desses gráficos, sua concordância é excelente.[21]

12.9 MAPA LOGÍSTICO

Como venho enfatizando, o fenômeno do caos aparece em muitas situações diferentes. Em particular, há certos sistemas que podem exibir caos, mas cujas equações de movimento – chamadas de *mapas* – são mais simples do que equações de qualquer sistema mecânico. Embora esses sistemas não sejam estritamente parte da mecânica clássica, é importante que sejam mencionados aqui: como suas equações de movimento são simples, vários aspectos de seus movimentos podem ser compreendidos usando métodos bastante elementares. Qualquer entendimento sobre o caos que obtemos a partir do estudo desses sistemas simples pode lançar uma luz sobre o comportamento correspondente do sistema mecânico. Em particular, há uma relação íntima entre esses "mapas" e as seções de Poincaré de sistemas mecânicos. Finalmente, uma discussão do caos nesse novo contexto destaca a diversidade de sistemas que exibem tais fenômenos.

Tempo discreto e mapas

Em quase todos os problemas de mecânica, estamos interessados na evolução de um sistema à medida que o tempo avança continuamente. Entretanto, há sistemas para os quais o tempo é uma variável discreta. A história de qualquer evento que ocorre apenas uma

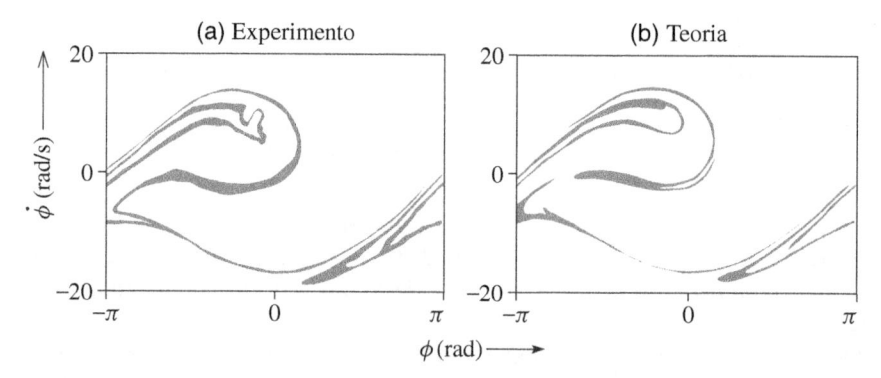

Figura 12.32 Seção de Poincaré para um PAF. **(a)** Resultados experimentais usando o Pêndulo Caótico Daedalon. **(b)** Predição teórica usando os mesmo parâmetros do item (a). Cortesia dos professores H.J.T Smith e James Blackburn, e da Daedalon Corporation.

---

[21] Há, no entanto, diferenças. Uma possível causa é a dificuldade de construir um motor com propulsão que seja perfeitamente senoidal.

vez por ano, como o *Super Bowl*, é um exemplo. O escore dos jogos do *Super Bowl* é definido apenas para uma sequência de tempos discretos, começando em 1967, e espaçados a intervalos de um ano:

$$t = 1967, 1968, 1969, \cdots. \tag{12.31}$$

O número de participantes do nosso grupo de almoço semanal é definido apenas para intervalos discretos de tempo espaçados semanalmente. O total de chuvas nas monções anuais na Índia é definido apenas para instantes de tempo discretos com espaçamento anual.

Mesmo quando a variável está definida com uma função contínua no tempo, podemos achar que precisamos de seus valores apenas em certos instantes discretos do tempo. Por exemplo, etimologistas estudando a população de um particular besouro podem não ter interesse na evolução diária da população; pelo contrário, eles podem precisar registrar a população do besouro apenas uma vez por ano, imediatamente após o surgimento da nova ninhada. Outro exemplo de tal situação é a seção de Poincaré de um sistema mecânico, como descrito na Seção 12.8. Nosso interesse último é saber o estado do sistema para todos (contínuo) os instantes de tempo, mas vimos que algumas vezes é útil registrar apenas o estado a intervalos discretos de um ciclo. Tanto quanto estejamos preparados para aceitar esta quantidade menor de informação, a seção de Poincaré reduz o problema do pêndulo (ou qualquer que seja) a um problema discreto no tempo e o que quer que possamos aprender sobre sistemas discretos no tempo poderá esclarecer sobre os possíveis comportamentos das seções de Poincaré.

No caso do pêndulo amortecido forçado, sabemos que o estado do sistema, conforme dado pelo par $[\phi(t), \dot{\phi}(t)]$, a qualquer instante de tempo t, determina univocamente o estado para qualquer instante posterior. Em particular, determina o estado $[\phi(t+1), \dot{\phi}(t+1)]$ um ciclo à frente. Isso significa que existe uma função f (que desconhecemos, mas que certamente existe) que, agindo sobre qualquer par $[\phi(t), \dot{\phi}(t)]$, gera o par correspondente $[\phi(t+1), \dot{\phi}(t+1)]$. Ou seja,

$$[\phi(t+1), \dot{\phi}(t+1)] = f\left([\phi(t), \dot{\phi}(t)]\right). \tag{12.32}$$

Da mesma forma, poderíamos imaginar uma espécie de besouro com a propriedade de que a população n_{t+1} no ano $t+1$ é unicamente determinada[22] pela população n_t do ano anterior t. Novamente, isso implicará a existência de uma função f que transporte n_t para o seu correspondente n_{t+1}:

$$n_{t+1} = f(n_t). \tag{12.33}$$

Podemos chamar uma equação dessa forma de **equação de crescimento** para a população considerada.

---

[22] Este é um modelo simplificado. No mundo real, a população n_{t+1} certamente depende de n_t, mas também de muitos outros fatores, como a quantidade de chuva no ano t, o suprimento de alimentos para os besouros e a população de pássaros que gostam de comê-los. Entretanto, podemos imaginar uma ilha temperada, com suprimento constante de alimentos para o besouro e sem predadores, onde n_{t+1} é unicamente determinada por n_t.

> **Exemplo 12.1** População com crescimento exponencial
>
> O exemplo mais simples de um crescimento do tipo (12.33) é o caso em que n_{t+1} é proporcional a n_t:
>
> $$n_{t+1} = f(n_t) = rn_t. \qquad (12.34)$$
>
> Isto é, a função $f(n)$ que fornece a população no ano seguinte em termos da população deste ano, é justamente
>
> $$f(n) = rn, \qquad (12.35)$$
>
> onde a constante positiva r poderia ser chamada de **taxa de crescimento** ou **parâmetro de crescimento** da população. [Por exemplo, se cada besouro que sobrevive à primavera morre antes da primavera seguinte, mas deixa dois sobreviventes como descendentes, então a população irá satisfazer (12.34) com $r = 2$.] Resolva a equação (12.34) para n_t em termos de n_0 e discuta o comportamento de longo prazo de n_t.
>
> A solução para (12.34) é facilmente obtida por inspeção. Observe que
>
> $$n_1 = f(n_0) = rn_0$$
>
> e
>
> $$n_2 = f(n_1) = f(f(n_0)) = r^2 n_0,$$
>
> da qual fica claro que
>
> $$n_t = f(n_{t-1}) = \overbrace{f(f(\cdots f(n_0)\cdots))}^{t\text{ termos}} = r^t n_0. \qquad (12.36)$$
>
> Vemos que, se $r > 1$, a população n_t cresce exponencialmente, tendendo a infinito quando $t \to \infty$. Se $r = 1$, a população permanece constante e, se $r < 1$, ela decresce exponencialmente a zero.

Antes de discutirmos sobre uma equação de crescimento mais interessante, preciso introduzir alguns termos. Em matemática, as palavras "função" e "mapa" são usadas quase como sinônimas. Logo, podemos dizer que a Equação (12.33) define n_{t+1} com uma *função* de n_t, ou podemos dizer que (12.33) é um **mapa** no qual f transporta n_t sobre a correspondente[23] n_{t+1}, uma relação que podemos representar como:

$$n_t \xrightarrow{f} n_{t+1} = f(n_t). \qquad (12.37)$$

---

[23] A origem desse uso bem estranho parece ter sido na cartografia. Um mapa cartográfico dos Estados Unidos, por exemplo, estabelece uma correspondência entre cada ponto real do país e o correspondente ponto sobre um pedaço de papel, de certa maneira semelhante à função $y = f(x)$, que estabelece uma correspondência entre cada valor de x e o correspondente valor de $y = f(x)$.

A sequência completa de números, $n_0, n_1, n_2, \cdots$ pode ser escrita similarmente como

$$n_0 \xrightarrow{f} n_1 \xrightarrow{f} n_2 \xrightarrow{f} n_3 \xrightarrow{f} \cdots \qquad (12.38)$$

e é descrita com um **mapa iterativo**, ou apenas **mapa**. Por alguma razão, a palavra "mapa" (em oposição a "função") é usada quase que universalmente para descrever relações do tipo (12.37) entre valores sucessivos de qualquer variável discreta no tempo. O mapa (12.37) é um *mapa unidimensional*, visto que transporta um único número n_t em um único número n_{t+1}. A relação correspondente (12.32) para a seção de Poincaré de um PAF define um *mapa bidimensional*, uma vez que ele transporta um par de números $[\phi(t), \dot{\phi}(t)]$ em um par $[\phi(t+1), \dot{\phi}(t+1)]$.

Mapa logístico

O mapa exponencial do Exemplo 12.1, com $r > 1$, é um modelo razoavelmente realístico para o crescimento inicial de uma população, mas nenhuma população real pode crescer exponencialmente para sempre. Alguma coisa – superpopulação ou desabastecimento de alimentos, por exemplo – eventualmente diminui o crescimento. Há muitas maneiras de modificar o mapa (12.34) para gerar um modelo mais realístico do crescimento populacional. Um dos mais simples é substituir a função $f(n) = rn$ de (12.34) por

$$f(n) = rn(1 - n/N), \qquad (12.39)$$

onde N é uma constante positiva grande, cujo significado veremos rapidamente. Ou seja, substituímos o mapa exponencial (12.34) pelo chamado **mapa logístico**

$$n_{t+1} = f(n_t) = rn_t(1 - n_t/N). \qquad (12.40)$$

Desde que a população permaneça pequena comparada a N, o termo n_t/N em (12.40) não será importante e o novo mapa produzirá a mesma evolução exponencial que o mapa exponencial. Mas, se n_t crescer tendendo a N, o termo n_t/N torna-se importante e o parênteses $(1 - n_t/N)$ começa a diminuir e "extermina" o excesso de crescimento. Logo, esse "fator de mortalidade" $(1 - n/N)$ em (12.39) produz exatamente a lenta diminuição no crescimento esperado da população quando n se torna grande e a superpopulação ou a fome tornam-se importantes. Em particular, se n_t atingisse o valor N, o parênteses $(1 - n_t/N)$ em (12.40) se anularia e a população do ano seguinte n_{t+1} seria zero. Se n_t fosse maior do que N, então n_{t+1} seria negativo – o que é impossível. Em outras palavras, a população governada pelo mapa logístico (12.40) nunca pode exceder o valor N, o máximo ou **capacidade de transferência** do modelo. Observe que, devido ao termo envolvendo n no fator de mortalidade, o mapa logístico (12.39) (ao contrário do mapa exponencial) é *não linear*. É esta não linearidade que torna possível o comportamento caótico do mapa logístico.

A Figura 12.33 compara o crescimento exponencial e o logístico para um parâmetro de crescimento $r = 2$ e uma população inicial $n_0 = 4$. A curva superior (pontos cinzas) ilustra a infindável duplicação do caso exponencial; a curva inferior (pontos pretos) ilustra o crescimento previsto pelo mapa logístico (12.40), com o mesmo parâmetro de crescimento $r = 2$ e com a capacidade de transferência $N = 1000$. Desde que n permaneça pequeno (muito menor do que 1000), o crescimento logístico é indistinguível do crescimento puramente exponencial, mas, uma vez que n atinja 100 ou mais, o fator

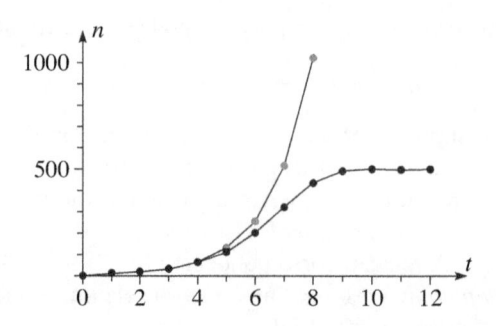

Figura 12.33 Crescimento exponencial e logístico, ambos com parâmetro de crescimento $r = 2$. Os pontos cinza ilustram o crescimento exponencial, crescendo sem limite; os pontos pretos ilustram o crescimento logístico, que eventualmente diminui e se aproxima de um equilíbrio em $n = 500$. A linha ligando os pontos é apenas para servir de guia para visualização.

mortalidade diminui bastante o crescimento logístico, que se equilibra aproximadamente quando $n = 500$.

Antes de discutirmos o mapa logístico em detalhes, é conveniente simplificá-lo fazendo uma mudança de variáveis da população n para a *população relativa*,

$$x = n/N, \qquad (12.41)$$

a razão da população real n pelo seu máximo valor possível N. Dividindo ambos os lados de (12.40) por N, vemos que x_t obedece à equação de crescimento

$$x_{t+1} = f(x_t) = rx_t(1 - x_t), \qquad (12.42)$$

onde defini o mapa f como uma função de x da forma

$$f(x) = rx(1 - x). \qquad (12.43)$$

Uma vez que a população n está confinada no intervalo $0 \leq n \leq N$, a população relativa $x = n/N$ está restrita a

$$0 \leq x \leq 1. \qquad (12.44)$$

Dentro desse intervalo, a função $x(1 - x)$ tem um máximo de $1/4$ (em $x = 1/2$). Logo, para garantir que x_{t+1}, conforme dado em (12.42), nunca exceda 1, devemos limitar o fator de crescimento a $0 \leq r \leq 4$. Portanto, estaremos estudando o mapa (12.42) nos intervalos $0 \leq x \leq 1$ e $0 \leq r \leq 4$.

Antes de olharmos alguns aspectos exóticos do mapa logístico, vamos primeiramente observar alguns casos em que ele se comporta exatamente como é esperado. A Figura 12.34(a) ilustra a população logística para o parâmetro de crescimento $r = 0{,}8$ e para duas condições iniciais diferentes, $x_0 = 0{,}1$ e $x_0 = 0{,}5$. Você pode observar que em nenhum dos casos $x_t \to 0$ quando $t \to \infty$. Na verdade, é fácil verificar que, desde

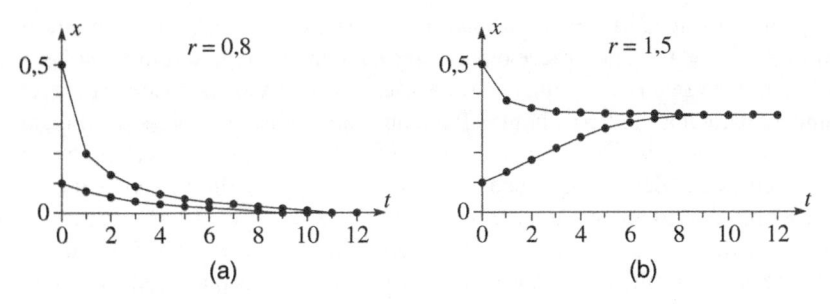

Figura 12.34 A população relativa $x_t = n/N$ para o mapa logístico (12.42), com duas condições iniciais distintas para cada uma das diferentes taxas de crescimento. **(a)** Com parâmetro de crescimento $r = 0,8$, a população se aproxima rapidamente de zero se $x_0 = 0,1$ ou $x_0 = 0,5$. **(b)** Com $r = 1,5$ e as mesmas duas condições iniciais, a população se aproxima do valor fixo 0,33.

que $r < 1$, a população eventualmente vai a zero qualquer que seja seu valor inicial: de (12.42), vemos que $x_t \leq rx_{t-1}$ e, então, que $x_t \leq r^t x_0$; portanto, se $r < 1$, concluímos que $x_t \to 0$ quando $t \to \infty$.

A Figura 12.34(b) ilustra a população logística para o parâmetro de crescimento $r = 1,5$ e para as mesmas duas condições iniciais. Para $x_0 = 0,1$, o fator de mortalidade primeiramente cresce. Por outro lado, para um valor inicial maior $x_0 = 0,5$, o fator de mortalidade causa primeiramente uma *diminuição* da população. Em qualquer um dos casos, ela eventualmente se estabiliza em $x = 0,33$.

Pontos fixos

Em ambos os casos ilustrados na Figura 12.34, podemos dizer que o mapa logístico tem um **atrator** constante, em cuja direção a população finalmente se move, a saber, $x = 0$ para $r < 1$ e $x = 0,33$ para $r = 1,5$. Se acontecer de a população iniciar igual a tal atrator constante, $x_0 = x^*$, digamos, então ela simplesmente permanecerá fixa ali durante todo o tempo, isto é, $x_t = x^*$ para todo t. Isso, obviamente, acontece se e somente se

$$f(x^*) = x^*. \qquad (12.45)$$

Qualquer valor x^* que satisfaz essa equação é chamado de um **ponto fixo** do mapa. Esses pontos fixos são análogos aos pontos de equilíbrio de um sistema mecânico, no sentido de que um sistema que começa em um ponto fixo permanece nele para sempre.

Para um dado mapa, podemos resolver a Equação (12.45) para determinar os pontos fixos do mapa. Por exemplo, os pontos fixos do mapa logístico devem satisfazer

$$rx^*(1 - x^*) = x^*, \qquad (12.46)$$

que é facilmente resolvida, obtendo-se

$$x^* = 0 \quad \text{ou} \quad x^* = \frac{r-1}{r}. \qquad (12.47)$$

A primeira solução é o ponto fixo $x^* = 0$ que já observamos. A segunda solução depende do valor de r. Para $r < 1$, ela é negativa e, por isso, irrelevante. Para $r = 1$, ela coincide com a primeira solução $x^* = 0$, mas para $r > 1$ ela é distinta, o segundo ponto fixo. Por exemplo, para $r = 1,5$, ela fornece o ponto fixo que já observamos em $x^* = 1/3$.

É uma feliz circunstância que possamos na verdade resolver a Equação (12.45) analiticamente para determinar os pontos fixos do mapa logístico; porém, é também instrutivo examinar a equação graficamente, visto que considerações gráficas permitem novos discernimentos e podem ser aplicadas para muitos mapas distintos, alguns dos quais não podem ser resolvidos analiticamente. Para resolver a Equação (12.45) graficamente, desenhamos as duas funções x e $f(x)$ *versus* x como na Figura 12.35 e obtemos os pontos fixos como aqueles valores x^* onde os dois gráficos se interceptam. Quando r é pequeno, a curva de $f(x)$ está abaixo da reta de 45° de x *versus* x e a única intersecção é em $x = 0$, isto é, o único ponto fixo é $x^* = 0$. Quando r é maior, a curva de $f(x)$ arqueia acima da reta de 45° e há dois pontos fixos. O limite entre os dois casos é facilmente encontrado observando que a inclinação de $f(x)$ em $x = 0$ é r. Logo, quando aumentamos r, a curva se move cruzando a reta de 45° (cuja inclinação é 1) quando $r = 1$. Assim, para $r < 1$, há apenas um ponto fixo em $x^* = 0$, mas, quando $r > 1$, há dois pontos fixos, um em $x^* = 0$ e outro em $x^* > 0$. A vantagem da argumentação gráfica é que ela funciona igualmente bem para qualquer função $f(x)$ similar, desde que ela seja um único arco com concavidade para baixo. [Por exemplo, $f(x)$ poderia ser a função $f(x) = r \operatorname{sen}(\pi x)$ do Problema 12.23.]

Teste de estabilidade

O fato de x^* ser um ponto fixo (isto é, um valor de equilíbrio) para o mapa logístico garante que, quando a população iniciar em x^*, ela permanecerá ali. Apenas isso não é o bastante para assegurar que o valor x^* seja um atrator para o mapa. Precisamos verificar, além disso, que x^* é um **ponto fixo estável**, isto é, que, se a população iniciar *próximo* de x^*, ela evoluirá na direção de x^* não se afastando dele. (Essa argumentação tem um aná-

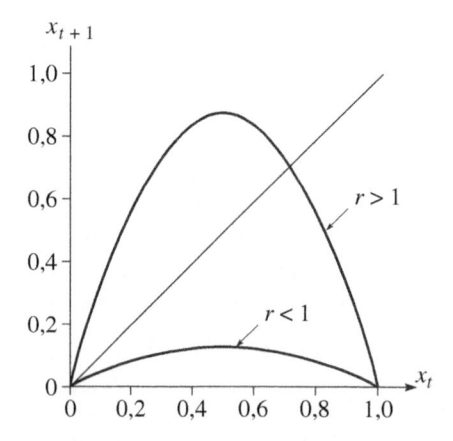

Figura 12.35 Gráfico de x *versus* x (a reta 45°) e a função logística $f(x) = rx(1 - x)$ (as duas curvas) para duas escolhas de r, uma menor do que 1 e a outra maior do que 1. Os pontos fixos do mapa logístico estão na intersecção da reta com a curva. Quando $r < 1$, há apenas uma intersecção, em $x^* = 0$; quando $r > 1$, há duas intersecções, uma ainda em $x^* = 0$ e a outra em $x^* > 0$.

logo perfeito no estudo de pontos de equilíbrio de um sistema mecânico: se um sistema começa exatamente em um ponto de equilíbrio, então ele irá – em princípio – permanecer ali indefinidamente. Mas, apenas se o equilíbrio for estável, o sistema retornará ao equilíbrio se for perturbado um pouco de sua posição.)

Há um teste simples para estabilidade, que pode ser deduzido como segue: se x_t está próximo de um ponto fixo x^*, escrevemos

$$x_t = x^* + \epsilon_t. \tag{12.48}$$

Ou seja, definimos ϵ_t como a diferença entre x_t e o ponto fixo x^*. Se ϵ_t for pequeno, isso permite calcular x_{t+1} como

$$x_{t+1} = f(x_t) = f(x^* + \epsilon_t)$$

$$\approx f(x^*) + f'(x^*)\epsilon_t = x^* + \lambda\epsilon_t, \tag{12.49}$$

onde, na última expressão, usei o fato de que x^* é um ponto fixo [de modo que $f(x^*) = x^*$] e introduzi a notação λ para a derivada de $f(x)$ em x^*,

$$\lambda = f'(x^*). \tag{12.50}$$

Agora, de acordo com (12.48), $x_{t+1} = x^* + \epsilon_{t+1}$. Comparando-a com a última expressão de (12.49), vemos que

$$\epsilon_{t+1} \approx \lambda\epsilon_t. \tag{12.51}$$

Devido a essa relação, o número $\lambda = f'(x^*)$ é chamado de **multiplicador** ou **autovalor** do ponto fixo. Vemos que, se $|\lambda| < 1$, então, uma vez que x_t esteja próximo de x^*, valores sucessivos se aproximam mais e mais de x^*. Por outro lado, se $|\lambda| > 1$, então, quando x_t está próximo de x^*, os valores sucessivos se *afastam* de x^*. Este é o teste necessário para estabilidade:

Estabilidade de pontos fixos

Seja x^* um ponto fixo do mapa $x_{t+1} = f(x_t)$, isto é, $f(x^*) = x^*$. Se $|f'(x^*)| < 1$, então x^* é estável e age como um atrator. Se $|f'(x^*)| > 1$, então x^* é instável e age como um repulsor.

Podemos imediatamente aplicar esse teste aos dois pontos fixos do mapa logístico: como $f(x) = r\,x(1 - x)$, sua derivada é

$$f'(x) = r(1 - 2x).$$

No ponto fixo $x^* = 0$, isso significa que a derivada crucial é

$$f'(x^*) = r;$$

portanto, o ponto fixo $x^* = 0$ é estável para $r < 1$, mas instável para $r > 1$. No ponto fixo $x^* = (r-1)/r$, a derivada é

$$f'(x^*) = 2 - r,$$

de modo que esse ponto fixo é estável para $1 < r < 3$, mas instável para $r > 3$. Esses resultados estão resumidos na Figura 12.36, que ilustra os valores dos pontos fixos x^* como funções dos parâmetros de crescimento r, com os pontos fixos estáveis ilustrados pelas curvas sólidas e os instáveis pelas curvas tracejadas.

Os argumentos recém-dados mostram exatamente quando cada um dos dois pontos fixos se torna instável e que o segundo aparece exatamente quando o primeiro se torna instável. Por outro lado, seria razoável termos um argumento que tornasse mais claro *por que* os pontos fixos se comportam da forma como fazem e mostrasse de forma mais clara (o que é verdade) que as mesmas conclusões qualitativas se aplicam para qualquer outro mapa unidimensional com as mesmas características gerais. Tal argumento pode ser encontrado examinando o gráfico da Figura 12.35. Nessa figura, vimos que os pontos fixos do mapa correspondem a intersecções da curva $f(x)$ *versus* x com a reta de 45° (x *versus* x). Quando r é pequeno, está claro que há apenas uma dessas intersecções em $x^* = 0$. À medida que r cresce, a curva arqueia para cima ainda mais e finalmente cruza a reta de 45° produzindo uma segunda intersecção e, portanto, um segundo ponto fixo, não nulo. Vimos que esta segunda intersecção aparece quando a inclinação $f'(0)$ da curva em $x = 0$ é exatamente 1 (isto é, quando ela é tangente à reta de 45°). À luz do nosso teste para estabilidade, isso significa que o segundo ponto fixo deve aparecer exatamente no momento em que o primeiro ponto em $x^* = 0$ muda de estável para instável.

A primeira duplicação do período

A Figura 12.36 fornece tudo sobre os pontos fixos do mapa logístico. As curvas sólidas ilustram os pontos fixos estáveis, que são os atratores constantes. Vemos que, para $r < 1$, a população logística tende a 0 quando $t \to \infty$; para $1 < r < 3$, ela se aproxima do outro ponto fixo $x^* = (r-1)/r$ quando $t \to \infty$. Mas o que acontece – e esta é a questão mais interessante – quando $r > 3$? Na era do computador, isso é facilmente respondido. A Figura 12.37 ilustra os primeiros 30 ciclos da população logística com parâmetro de crescimento $r = 3,2$. A característica surpreendente desse gráfico é que ele não mais

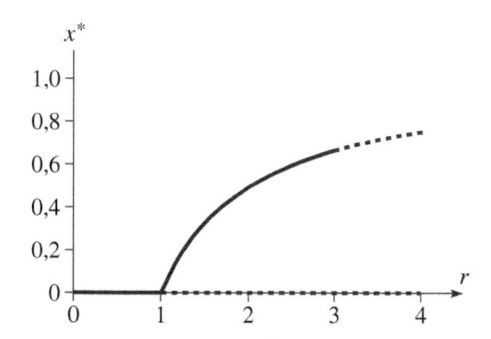

Figura 12.36 Pontos fixos x^* do mapa logístico com função de parâmetro de crescimento r. As curvas sólidas ilustram os pontos fixos estáveis, e as curvas tracejadas, os instáveis. Observe como o ponto fixo $x^* = 0$ torna-se instável precisamente na posição ($r = 1$), onde o ponto fixo não nulo aparece pela primeira vez.

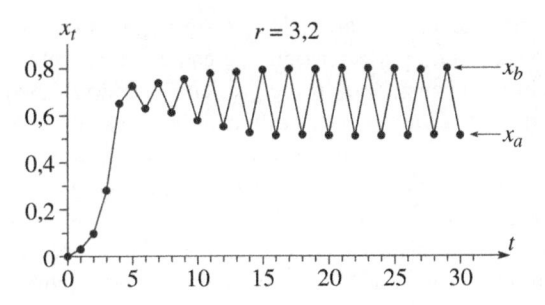

Figura 12.37 Uma população logística com parâmetro de crescimento $r = 3,2$ e valor inicial $x_o = 0,01$. A população nunca se estabiliza em um valor constante; ao contrário, ela oscila entre dois valores, repetindo-se uma vez a cada *dois* ciclos. Em outras palavras, ela duplica o seu período para período dois.

se estabiliza em um único valor constante. Ao contrário, ele salta em um vaivém entre os dois pontos fixos ilustrados como x_a e x_b, repetindo a si mesmo uma vez a cada dois ciclos. Na linguagem desenvolvida para o pêndulo amortecido forçado, podemos dizer que o período duplicou para o período dois e este movimento limite de período dois é chamado de **dois-ciclo**.

Podemos compreender a duplicação do período do mapa logístico com os métodos gráficos já desenvolvidos, embora o argumento seja um pouco mais complicado. As observações essenciais são estas: primeira, nenhum dos dois valores limites, x_a e x_b, é um ponto fixo do mapa $f(x)$. Ao contrário,

$$f(x_a) = x_b \quad \text{e} \quad f(x_b) = x_a. \quad (12.52)$$

Entretanto, vamos considerar o **mapa duplo** (ou **segundo mapa iterativo**)

$$g(x) = f(f(x)), \quad (12.53)$$

que transfere a população x_t para a população daqui a dois anos,

$$x_{t+2} = g(x_t). \quad (12.54)$$

Está claro, pela Figura 12.37 ou pelas Equações (12.52), que x_a e x_b são pontos fixos do mapa duplo $g(x)$,[24]

$$g(x_a) = x_a \quad \text{e} \quad g(x_b) = x_b. \quad (12.55)$$

Logo, para estudar o dois-ciclo do mapa $f(x)$, temos apenas que examinar os pontos fixos do mapa duplo $g(x) = f(f(x))$, e para isso podemos usar nossa compreensão sobre pontos fixos. Antes de fazer isso, é importante observar que qualquer ponto fixo de $f(x)$ é automaticamente também um ponto fixo de $g(x)$. (Se $x_{t+1} = x_t$ para todo t, então certamente $x_{t+2} = x_t$.) Portanto, o dois-ciclo de $f(x)$ corresponde àqueles pontos fixos de $g(x)$ que não são pontos fixos de $f(x)$.

---

[24] Esses pontos também são chamados de pontos fixos de segunda ordem.

Como $f(x)$ é uma função quadrática de x, resulta que $g(x) = f(f(x))$ é uma função quártica, cuja forma explícita pode ser obtida e estudada. Entretanto, podemos ganhar um melhor conhecimento considerando seu gráfico. Quando r é pequeno, sabemos que $f(x)$ é um simples arco para baixo (como esboçado na Figura 12.35) e você pode facilmente se convencer de que $g(x)$ é ainda um arco mais baixo, conforme esboçado na Figura 12.38(a), que ilustra ambas as funções para o parâmetro de crescimento $r = 0,8$. À medida que r cresce, ambos os arcos sobem, e quando $r = 2,6$, a função $g(x)$ desenvolveu dois máximos, como visto na Figura 12.38(b). (Você pode explorar a razão para este desenvolvimento no Problema 12.26.) Também, ambas as curvas agora interceptam a reta de 45° duas vezes, uma vez na origem e outra no ponto fixo $x^* = (r-1)/r$. O fato de ambas as curvas interceptarem a reta de 45° nos mesmos pontos mostra duas coisas: primeiro, como já sabemos, cada ponto fixo de $f(x)$ é também um ponto fixo de $g(x)$ e, segundo, (para os parâmetros de crescimento ilustrados nesta figura) cada ponto fixo de $g(x)$ é também um ponto fixo de $f(x)$, isto é, não há dois-ciclos ainda.

Quando aumentamos o parâmetro de crescimento ainda mais, as duas cristas do mapa duplo $g(x)$ continuam subindo, enquanto o vale entre elas torna-se mais baixo. (Novamente, por este motivo, veja o Problema 12.26.) A Figura 12.39 ilustra as curvas de $f(x)$ e $g(x)$ para os parâmetros de crescimento $r = 2,8$; 3,0 e 3,4. Com $r = 2,8$ [parte (a)], o mapa duplo $g(x)$ ainda tem os mesmos dois pontos fixos como $f(x)$, em $x = 0$ e no ponto indicado por x^*. Quando $r = 3,4$ [parte(c)], o mapa duplo desenvolveu dois pontos fixos adicionais, ilustrados por x_a e x_b; isto é, o mapa logístico agora tem dois-ciclo. O valor limiar no qual o dois-ciclo surge é claramente o valor para o qual a curva $g(x)$ é *tangente* à reta de 45° – a saber, $r = 3$ para o mapa logístico, como na parte (b) da figura. Se $r < 3$, a curva $g(x)$ cruza a reta de 45° apenas uma vez, em x^*; se $r > 3$, ela cruza três vezes, uma em x^* e mais duas vezes, em x_a e x_b (uma acima e outra abaixo de x^*).

Já sabemos que $r = 3$ é o limiar no qual o ponto fixo x^* torna-se instável. Logo, a Figura 12.39 ilustra que o dois-ciclo aparece no momento em que o "um-ciclo" (isto é,

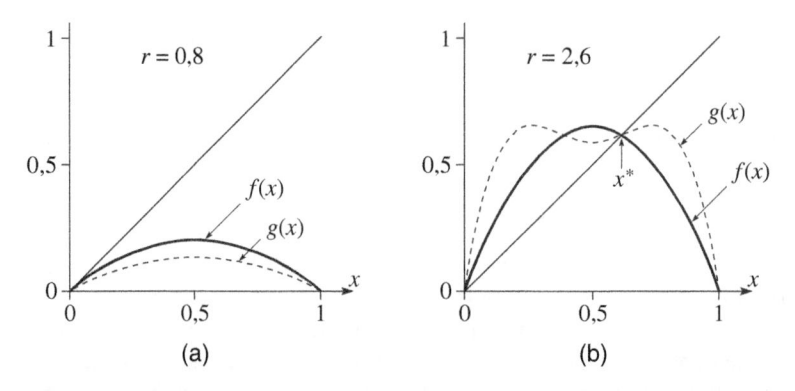

Figura 12.38 O mapa logístico $f(x)$ e sua segunda iteração $g(x) = f(f(x))$. (a) Para o parâmetro de crescimento $r = 0,8$, cada função é um único arco que intercepta a reta de 45° apenas uma vez na origem. (b) Quando $r = 2,6$; $f(x)$ é mais alta do que antes, mas ainda um único arco; $g(x)$ desenvolveu dois máximos com um vale entre eles. Ambas as funções alcançaram uma segunda intersecção com a reta de 45°, no mesmo ponto marcado por x^*.

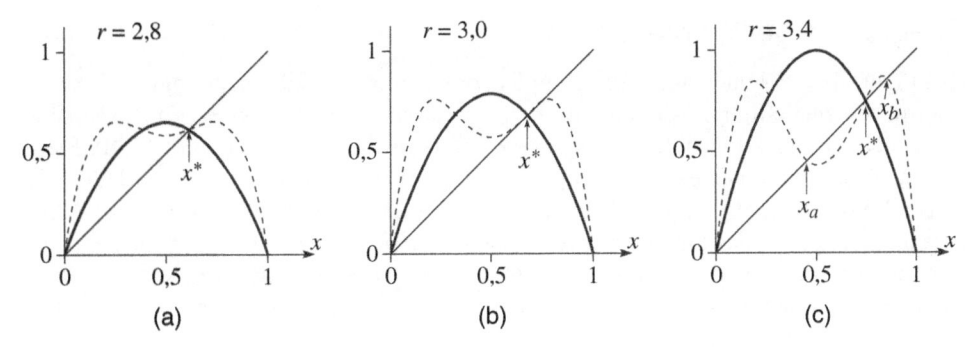

Figura 12.39 O mapa logístico $f(x)$ (curvas sólidas) e sua segunda iteração $g(x) = f(f(x))$ (tracejado) para $r = 2{,}8$, $3{,}0$ e $3{,}4$. **(a)** Com $r = 2{,}8$, o mapa $g(x)$ tem os mesmos pontos fixos que $f(x)$: $x = 0$ e $x = x^*$, como ilustrado. **(b)** Quando r atinge $3{,}0$, a curva $g(x)$ é tangente à reta de $45°$ e, para qualquer valor maior de r, como em **(c)**, o mapa $g(x)$ tem dois pontos fixos extra denotados x_a e x_b.

o ponto fixo) torna-se instável. Felizmente, estamos aptos a ver *por que* isso deve ser assim. Já observamos que o dois-ciclo aparece quando a curva $g(x)$ é tangente à reta de $45°$ no ponto x^*, isto é, quando

$$g'(x^*) = 1. \qquad (12.56)$$

Para ver o que isso implica, vamos calcular a derivada $g'(x)$ do mapa duplo $g(x)$ em qualquer dos pontos fixos de dois-ciclo, x_a, digamos,

$$g'(x_a) = \left.\frac{d}{dx}g(x)\right|_{x_a} = \left.\frac{d}{dx}f(f(x))\right|_{x_a} = \left.f'(f(x)) \cdot f'(x)\right|_{x_a}$$
$$= f'(x_b)f'(x_a). \qquad (12.57)$$

Aqui, na última expressão da primeira linha, usei a regra da cadeia e na segunda linha usei o fato de que $f(x_a) = x_b$. Vamos aplicar este resultado para o nascimento do dois-ciclo na Figura 12.39(b). No momento do nascimento, $x^* = x_a = x_b$, e podemos combinar (12.56) com (12.57) para obter

$$[f'(x^*)]^2 = 1.$$

Isso significa que $|f'(x^*)| = 1$ e, pelo teste de estabilidade, vemos que o momento em que o dois-ciclo nasce é precisamente o momento em que o ponto fixo x^* torna-se instável.

Podemos usar essas mesmas técnicas para explorar o que acontece quando aumentamos r ainda mais. Por exemplo, podemos mostrar (Problema 12.28) que o dois-ciclo que acabamos de ver nascer em $r = 3$ torna-se instável em $r = 1 + \sqrt{6} = 3{,}449$ e é sucedido por um quatro-ciclo estável. Entretanto, para evitar que este longo capítulo cresça totalmente sem limites, esboçarei apenas brevemente alguns dos pontos principais que podem ser encontrados explorando numericamente o mapa logístico.

Diagramas de bifurcação

Na Figura 12.36, vimos a história completa dos pontos fixos do mapa logístico. Se incluirmos naquela figura os pontos fixos x_a e x_b do mapa duplo $g(x) = f(f(x))$ (isto é, o dois-ciclo do mapa logístico), obteremos os gráficos ilustrados na Figura 12.40. Essas curvas são remanescentes das origens do diagrama de bifurcação, Figura 12.27, para o pêndulo amortecido forçado. Na verdade, podemos agora redesenhar a Figura 12.40 usando o mesmo procedimento que foi usado para a Figura 12.17: primeiramente, pegamos um grande número de valores igualmente espaçados do parâmetro de crescimento no intervalo de interesse. (Escolhi o intervalo $2,8 \leq r \leq 4$, visto que este é onde se tem maior instigação e escolhi 1200 valores igualmente espaçados neste intervalo.) Logo, para cada valor de r, podemos calcular as populações $x_0, x_1, x_2, \cdots, x_{t\,\text{máx}}$, onde $t_{\text{máx}}$ é algum valor de tempo muito grande. (Escolhi $t_{\text{máx}} = 1000$.) Em seguida, escolhemos um $t_{\text{mín}}$ grande o suficiente para fazer desaparecer todos os transientes. (Escolhi $t_{\text{mín}} = 900$.) Finalmente, em um gráfico de x versus r, mostramos os valores de x_t para $t_{\text{mín}} \leq t \leq t_{\text{máx}}$ como pontos sobre o valor correspondente de r. O diagrama de bifurcação resultante para o mapa logístico está ilustrado na Figura 12.41.

A semelhança do diagrama de bifurcação da Figura 12.41, para o mapa logístico, com a Figura 12.17, para o pêndulo forçado, é realmente surpreendente. A interpretação das duas figuras também é similar. À esquerda da Figura 12.41, vemos o atrator de período um para $r \leq 3$, seguido da primeira duplicação de período em $r = 3$. Isso é seguido pela segunda duplicação em $r = 3,449$ e uma cascata completa de duplicações que terminam em caos próximo de $r = 3,570$. Com o auxílio desse diagrama, podemos prever o comportamento de longo prazo da população logística para qualquer escolha particular de r (embora haja claramente detalhes mais finos que não podem ser distinguidos na escala da Figura 12.41). Por exemplo, em $r = 3,5$, está claro que a população deve ter período quatro, uma alegação que nasceu na Figura 12.42(a), que ilustra os vinte ciclos de $t = 100$ a 120 para este valor de r. Analogamente, em torno de $r = 3,84$, imprensado entre largos intervalos de caos, você pode ver uma estreita janela que parece ter período três, uma observação que nasceu a partir da Figura 12.42(b). Como um exemplo de caos, a Figura 12.43 ilustra a evolução de uma população com $r = 3,7$; nos oitenta ciclos apresentados, não há evidência de qualquer repetição.

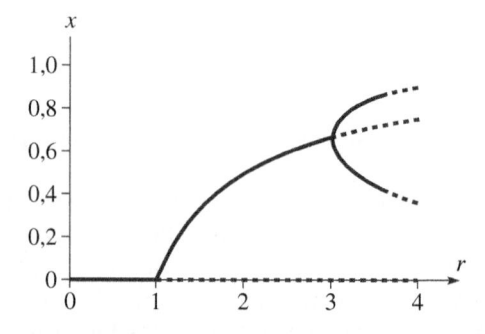

Figura 12.40 Os pontos fixos e o dois-ciclo do mapa logístico como função do parâmetro de crescimento r. As curvas sólidas são estáveis e as tracejadas são instáveis.

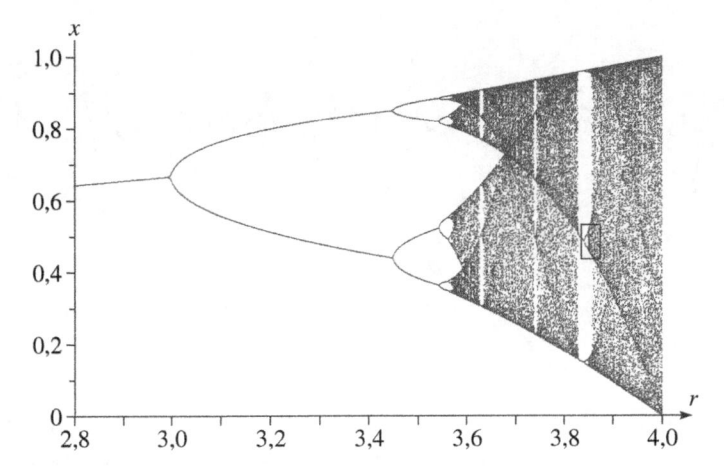

Figura 12.41 Diagrama de bifurcação para o mapa logístico. Uma cascata de duplicação de períodos está claramente visível iniciando em $r_1 = 3$, com a segunda duplicação em $r_2 = 3,449$, e finalizando no caos em $r_c = 3,570$. Várias janelas de periodicidade se apresentam dentre o caos, especialmente a janela de período três próxima de $r = 3,84$. O pequeno retângulo próximo de $r = 3,84$ é a região que está ampliada na Figura 12.44.

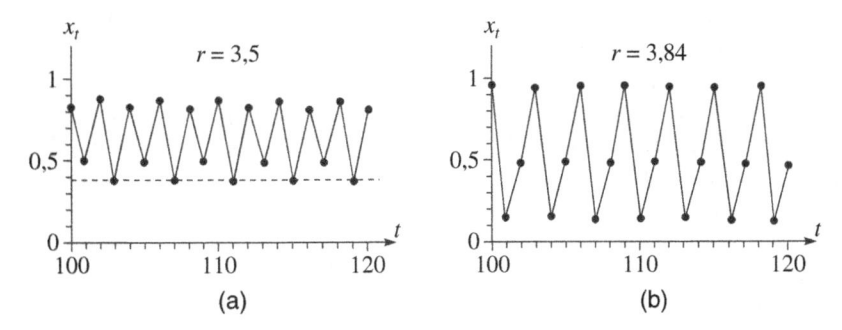

Figura 12.42 Evolução de longo prazo de populações logísticas com parâmetro de crescimento $r = 3,5$ e $3,84$. **(a)** Período quatro. Com $r = 3,5$, os vinte ciclos $100 \leq t \leq 120$ assumem um dentre quatro valores distintos em intervalos de quatro ciclos. (A linha horizontal tracejada é apenas para evidenciar a constância a cada quarto ponto.) **(b)** Período três. Com $r = 3,84$, a população se repete a cada três ciclos.

Da Figura 12.41 (e cuidadosas ampliações), podemos obter os valores limiares de r para os quais a duplicação do período ocorre. Se denotarmos por r_n o limiar no qual o período 2^n surge, estes são encontrados como

$$r_1 = 3, \quad r_2 = 3,4495, \quad r_3 = 3,5441, \quad r_4 = 3,5644,$$
$$r_5 = 3,5688, \quad r_6 = 3,5697, \quad r_7 = 3,5699. \quad (12.58)$$

Como você pode verificar, a separação entre limiares sucessivos se contrai geometricamente, da mesma forma que os intervalos correspondentes para a duplicação do pe-

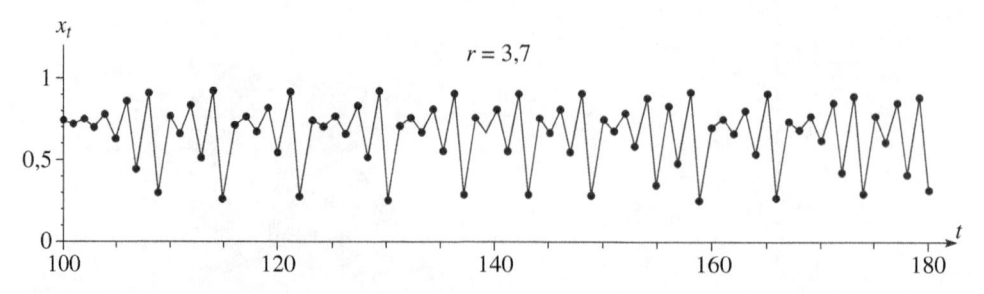

Figura 12.43 Caos. Com $r = 3,7$, os 80 ciclos, $100 \leq t \leq 180$, do mapa logístico não mostram qualquer tendência de se repetir.

ríodo de um pêndulo forçado. Na verdade (veja o Problema 12.29), os números (12.58) dão um ajuste formidável à relação de Feigenbaum (12.17), que encontramos pela primeira vez em conexão com o PAF, com a mesma constante de Feigenbaum (12.18). Outro paralelismo surpreendente com o pêndulo forçado é este (Problema 12.30): para aqueles valores de r para os quais a evolução não é caótica, se duas populações começarem suficientemente próximas uma da outra, a diferença entre elas irá convergir exponencialmente para zero quando $t \to \infty$. Para aqueles r nos quais a evolução é caótica, a mesma diferença *diverge* exponencialmente quando $t \to \infty$. Ou seja, a evolução caótica do mapa logístico mostra a mesma dependência na sensibilidade às condições iniciais que encontramos para o pêndulo forçado.

Talvez, a característica mais surpreendente do diagrama de bifurcação logístico seja a de que, quando se amplia certas partes do diagrama, uma perfeita autossimilaridade emerge. O pequeno retângulo próximo de $r = 3,84$, na Figura 12.41, foi ampliado muitas vezes e exibido na Figura 12.44. Independentemente do fato de que essa nova figura esteja de cabeça para baixo e sua escala seja muito diferente, ela é uma cópia perfeita do diagrama original como um todo, do qual ela é uma parte. Esse é um exemplo surpreendente da *autossimilaridade* que aparece em muitos lugares no estudo do caos e que encontramos em conexão com a seção de Poincaré do PAF, ilustrado nas Figuras 12.29, 12.30 e 12.31.

Há muitas outras características do mapa logístico e muitos paralelos com o PAF, todos merecem ser explorados e alguns serão tratados nos problemas ao final deste capítulo. Entretanto, aqui, deixo o mapa logístico e encerro este capítulo com a esperança de que você se sinta em casa com relação a algumas das principais características do caos e com as ferramentas usadas para explorá-las. Espero, também, que seu apetite tenha sido aguçado para explorar ainda mais[25] essa fascinante matéria.

---

[25] Para uma história abrangente, com muito pouca matemática, veja *Chaos, Making a New Science*, de James Gleick, Viking-Penguin, New York (1987). Para uma abordagem bem matemática, mas altamente legível, sobre o caos em muitas áreas distintas, veja *Nonlinear Dynamics and Chaos*, de Steven H. Strogatz, Addison-Wesley, Reading, MA (1994). Dois livros que focam o caos em sistemas físicos são *Chaotic Dynamics: An Introduction*, de G.L. Bakeer e J.P Gollub, Cambridge University Press, Cambridge (1996) e *Chaos and Nolinear Dynamics*, de Robert. C. Hilborn, Oxford University Press, New York (2000).

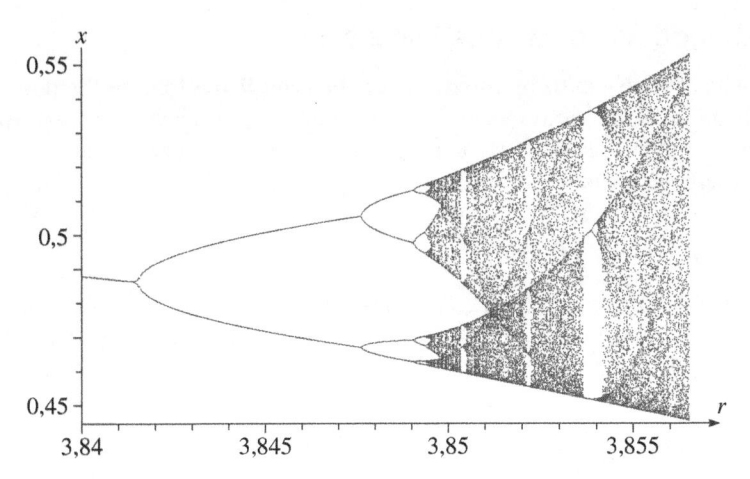

Figura 12.44 Uma ampliação, por um grande número de vezes, para o pequeno retângulo no diagrama de bifurcação logístico da Figura 12.41. Esta pequena seção do diagrama é uma cópia perfeita, de cabeça para baixo, do original com um todo. Observe que esta seção é apenas um dos três filamentos no original; logo, embora este diagrama comece *parecendo* com o de período 1 duplicando para período 2, ele é, na verdade, período 3 duplicando para período 6 e assim por diante.

PRINCIPAIS DEFINIÇÕES E EQUAÇÕES

O pêndulo amortecido forçado

Um pêndulo amortecido que é forçado por uma força senoidal $F(t) = F_0 \cos(\omega t)$ satisfaz a equação não linear

$$\ddot{\phi} + 2\beta\dot{\phi} + \omega_0^2 \operatorname{sen}\phi = \gamma\omega_0^2 \cos\omega t, \qquad [\text{Eq.}(12.11)]$$

onde $\gamma = F_0/mg$ é chamado de **intensidade motriz** e é a razão da amplitude motriz pelo peso.

Duplicação do período

Para pequenas intensidade motrizes, ($\gamma \lesssim 1$) a resposta de longo prazo, ou **atrator**, de um pêndulo tem o mesmo período da força motriz. Mas, se γ for aumentado acima de $\gamma_1 = 1{,}0663$, para certas condições iniciais e frequências motrizes, o atrator sofre uma **cascata de duplicação de períodos**, na qual o período duplica repetidamente, tendendo a infinito quando $\gamma \to \gamma_c = 1{,}0829$. [Seção 12.4]

Caos

Se a intensidade motriz é aumentada além de γ_c, pelo menos para certas escolhas da frequência motriz e condições iniciais, o movimento de longo prazo torna-se não periódico, e dizemos que surge o **caos**. À medida que γ é aumentado ainda mais, o movimento de longo prazo varia, sendo algumas vezes caótico e algumas vezes periódico.
[Seções 12.5 e 12.6]

Sensibilidade às condições iniciais

O movimento caótico é **extremamente sensível às condições iniciais**. Se dois pêndulos caóticos idênticos, com forças motrizes iguais, forem lançados com uma ligeira diferença nas condições iniciais, a separação entre eles crescerá exponencialmente com o tempo, embora a diferença inicial seja pequena. [Seção 12.5]

Diagramas de bifurcação

Um **diagrama de bifurcação** é um gráfico da posição do sistema para tempos discretos t_o, $t_o + 1, t_o + 2, \cdots$ (generalizando, $t_o, t_o + \tau, t_o + 2\tau, \cdots$) como uma função da intensidade motriz (generalizando, do parâmetro de controle apropriado). [Figuras 12.17 e 12.18]

Órbitas no espaço de estados e seções de Poincaré

O **espaço de estados** para um sistema com n graus de liberdade é o espaço $2n$-dimensional formado pelas n coordenadas generalizadas e as n velocidades generalizadas. Para o PAF, os pontos no espaço de estados têm a forma $(\phi, \dot{\phi})$. Uma **órbita no espaço de estados** é a trajetória formada no espaço de estados por um sistema quando t evolui. Uma **seção de Poincaré** é uma órbita no espaço de estados restrita a valores discretos no tempo $t_o, t_o + 1, t_o + 2, \cdots$ (e, quando $n \geq 2$, um subespaço com poucas dimensões).

Mapa logístico

O **mapa logístico** é uma função (ou "mapa") que fornece um número x_t a intervalos discretos regulares (por exemplo, a população relativa de um certo besouro uma vez por ano) como

$$x_{t+1} = r x_t (1 - x_t). \qquad \text{[Eq. (12.42)]}$$

Embora esse não seja um sistema mecânico, ele exibe muita das características (duplicação de período, caos, sensibilidade às condições iniciais) de um sistema mecânico não linear.
 [Seção 12.9]

PROBLEMAS

Estrelas indicam o nível de dificuldade, do mais fácil (★) ao mais difícil (★★★).
Atenção: mesmo quando o movimento é não caótico, ele pode ser muito sensível a pequenos erros. Em muitos dos problemas para computador, você precisará aumentar a precisão do sistema para obter soluções satisfatórias.

SEÇÃO 12.1 Linearidade e não linearidade

12.1★ Considere a equação não linear de primeira ordem $\dot{x} = 2\sqrt{x-1}$. **(a)** Por separação de variáveis, determine uma solução $x_1(t)$. **(b)** Sua solução deve conter uma constante de integração k, assim você pode muito bem pensar que ela é a solução geral. Mostre, no entanto, que há outra solução, $x_2(t) = 1$, que não é da forma de $x(t)$, qualquer que seja o valor de k. **(c)** Mostre que, embora $x_1(t)$ e $x_2(t)$ sejam soluções, nem $Ax_1(t)$, nem $Bx_2(t)$, nem $x_1(t) + x_2(t)$ são soluções. (Isto é, o princípio da superposição não se aplica a esta equação.)

12.2★ Aqui, temos um exemplo diferente de coisas desagradáveis que podem acontecer com equações não lineares. Considere a equação não linear $\dot{x} = 2\sqrt{x}$. Como esta é de primeira ordem, poderíamos esperar que a especificação de $x(0)$ pudesse determinar uma única solução. Mostre que para esta equação há duas soluções diferentes, ambas satisfazendo a condição inicial $x(0) = 0$. [*Sugestão*: determine uma solução $x_1(t)$ por separação de variáveis, mas observe que $x_2(t) = 0$ é outra solução. Felizmente, nenhuma das equações encontradas na mecânica clássica sofre dessa desagradável ambiguidade.]

12.3★ Considere uma equação de segunda ordem linear e homogênea da forma (12.6). **(a)** Obtenha uma demonstração detalhada do princípio da superposição, tal que se $x_1(t)$ e $x_2(t)$ forem soluções dessa equação, então também o será qualquer combinação linear $a_1 x_1(t) + a_2 x_2(t)$, onde a_1 e a_2 são duas constantes quaisquer. **(b)** Considere agora a equação não linear na qual o terceiro termo de (12.6) seja substituído por $r(t)\sqrt{x(t)}$. Explique claramente por que o princípio da superposição não é válido para essa equação.

12.4★ Considere uma equação de segunda ordem linear e *inomogênea* da forma

$$p(t)\ddot{x}(t) + q(t)\dot{x}(t) + r(t)x(t) = f(t). \tag{12.59}$$

Seja $x_p(t)$ uma solução (uma solução "particular") desta equação; mostre que *qualquer* solução $x(t)$ pode ser escrita como

$$x(t) = x_p(t) + a_1 x_1(t) + a_2 x_2(t), \tag{12.60}$$

onde $x_1(t)$ e $x_2(t)$ são duas soluções independentes da equação homogênea correspondente – isto é, (12.59) sem $f(t)$. [*Sugestão*: obtenha as equações para $x(t)$ e $x_p(t)$ e subtraia.] Este resultado mostra que, para determinar *todas* as soluções de (12.59), temos apenas que determinar uma solução particular e duas soluções independentes da equação homogênea correspondente. **(b)** Explique claramente por que o resultado demonstrado no item (a) não é, em geral, verdadeiro para equações não lineares, como

$$p(t)\ddot{x}(t) + q(t)\dot{x}(t) + r(t)\sqrt{x(t)} = f(t).$$

SEÇÃO 12.3 Algumas características esperadas do PAF

12.5★ Use a relação de Euler e a expressão correspondente para $\cos \phi$ (ao final do livro) para mostrar a identidade (12.15).

12.6★★ [Computador] **(a)** Use um software apropriado para resolver a Equação (12.11) numericamente, para um PAF com os seguintes parâmetros: intensidade motriz $\gamma = 0,9$; frequência motriz $\omega = 2\pi$, frequência natural $\omega_0 = 1,5\omega$, constante de amortecimento $\beta = \omega_0/4$ e condições iniciais $\phi(0) = \dot{\phi}(0) = 0$. Resolva a equação, desenhe o gráfico da solução para seis ciclos, $0 \le t \le 6$ e verifique se você obtém o resultado ilustrado na Figura 12.3. **(b)** e **(c)** Resolva a mesma equação mais duas vezes com duas condições iniciais diferentes $\phi(0) = \pm \pi/2$ – ambas com $\dot{\phi}(0) = 0$ – e desenhe o gráfico das três soluções sobre a mesma figura. Seus resultados levam à alegação de que, para esta intensidade motriz, todas as soluções (quaisquer que sejam as condições iniciais) tendem ao mesmo atrator periódico?

SEÇÃO 12.4 PAF: abordagem para caos

12.7★★ [Computador] Faça todos os cálculos como no Problema 12.6, mas com a intensidade motriz $\gamma = 1,06$ e para $0 \le t \le 10$. Na parte (a), verifique se seus resultados concordam com a Figura 12.4. Eles sugerem que há ainda um único atrator para o qual todas as soluções (quaisquer que sejam as condições iniciais) convergem? (À primeira vista, a resposta pode parecer "não", mas lembre-se de que os valores de ϕ que diferem por 2π devem ser considerados como sendo o mesmo.)

12.8★★ [Computador] Use um computador para determinar uma solução numérica da equação de movimento (12.11) para um PAF com os seguintes parâmetros: intensidade motriz $\gamma = 1{,}073$, frequência motriz $\omega = 2\pi$, frequência natural $\omega_0 = 1{,}5\omega$, constante de amortecimento $\beta = \omega_0/4$ e condições iniciais $\phi(0) = \pi/2$ e $\dot\phi(0) = 0$. **(a)** Resolva para $0 \leq t \leq 50$ e, em seguida, desenhe os dez primeiros ciclos, $0 \leq t \leq 10$. **(b)** Para assegurar-se de que os transientes iniciais desapareceram, desenhe os dez ciclos $40 \leq t \leq 50$. Qual é o período de longo prazo do movimento (o atrator)?

12.9★★ [Computador] Faça os cálculos do Problema 12.8 com todos os parâmetros iguais, exceto que $\phi(0) = 0$. Desenhe os primeiros 30 ciclos $0 \leq t \leq 30$ e verifique se você concorda com a Figura 12.5. Desenhe os dez ciclos $40 \leq t \leq 50$ e determine o período de longo prazo do movimento.

12.10★★ [Computador] Explore o comportamento do PAF com os mesmos parâmetros do Problema 12.8, mas com várias condições iniciais diferentes. Por exemplo, você pode manter $\dot\phi(0) = 0$, mas tente vários valores diferentes para $\phi(0)$ entre $-\pi$ e π. Você irá encontrar que o comportamento inicial varia bastante de acordo com as condições iniciais, mas o movimento de longo prazo é o mesmo em todos os casos (desde que se lembre que os valores de ϕ, que diferem por múltiplos de 2π, representam a mesma posição).

12.11★★ Teste quão bem os valores dos limiares γ_n, dados na Tabela 12.1, se ajustam à relação de Feigenbaum (12.17) como segue: **(a)** Assumindo que a relação de Feigenbaum é exatamente verdade, use-a para mostrar que $(\gamma_{n+1} - \gamma_n) = (1/\delta)^{n-1}(\gamma_2 - \gamma_1)$ e, portanto, que um gráfico de $\ln(\gamma_{n+1} - \gamma_n)$ versus n deve ser uma reta com inclinação $-\ln\delta$. **(b)** Faça este gráfico para as três diferenças da Tabela 2.1. Quão bem os seus pontos parecem conduzir à nossa previsão? Ajuste uma reta ao seu gráfico (graficamente ou usando um ajuste por mínimos quadrados), determine a inclinação e, em seguida, o número de Feigenbaum δ. [Você não esperaria obter uma concordância muito boa com os valores conhecidos (12.18) por duas razões: você tem apenas três pontos para desenhar o gráfico e a relação de Feigenbaum (12.17) é apenas uma aproximação, exceto no limite para n grande. Sob essas circunstâncias, você irá encontrar que a concordância é notável.]

12.12★★ Aqui, está outra forma de apreciar a relação de Feigenbaum (12.17): **(a)** assumindo que (12.17) é exatamente verdade, mostre que os limiares γ_n tendem a um limite finito γ_c e, em seguida, mostre que $\gamma_n = \gamma_c - K/\delta^n$, onde K é uma constante. Isso significa que um gráfico de γ_n versus δ^{-n} deve ser uma reta. **(b)** Desenhe este gráfico, usando o valor conhecido (12.18) de δ e os quatro valores de γ_n na Tabela 12.1. Isso parece se ajustar à nossa previsão? O intercepto vertical do seu gráfico deve ser γ_c. Qual é o seu valor e quão bem ele está de acordo com (12.20)?

SEÇÃO 12.5 Caos e sensibilidade às condições iniciais

12.13★ Você pode ver na Figura 12.13 que, para $\gamma = 1{,}105$, a separação de dois pêndulos idênticos, com ligeira diferença nas condições iniciais, cresce exponencialmente. Especialmente, $\Delta\phi$ começa a partir de 10^{-4} e quando $t = 14{,}5$ ela atingiu cerca de 1. Use isso para estimar o expoente de Lyapunov λ como definido em (12.26), $\Delta\phi(t) \sim Ke^{\lambda t}$. Sua resposta deve confirmar que $\lambda > 0$ para o movimento caótico.

12.14★★ [Computador] Resolva numericamente a equação de movimento (12.11) para um PAF com intensidade motriz $\gamma = 1{,}084$ e os demais parâmetros a seguir: frequência motriz $\omega = 2\pi$, frequência natural $\omega_0 = 1{,}5\omega$, constante de amortecimento $\beta = \omega_0/4$ e condições iniciais $\phi(0) = \dot{\phi}(0) = 0$. Resolva para os sete primeiros ciclos motrizes ($0 \leq t \leq 7$) e chame a sua solução $\phi_1(t)$. Resolva outra vez para os mesmos parâmetros, exceto que $\phi(0) = 0{,}00001$ e chame esta solução $\phi_2(t)$. Seja $\Delta\phi(t) = \phi_2(t) - \phi_1(t)$ e desenhe um gráfico de $\log|\Delta\phi(t)|$ versus t. Com essa intensidade motriz, o movimento é caótico. Seu gráfico confirma isso? Em que sentido?

12.15★★ [Computador] Resolva numericamente a equação de movimento (12.11) para um PAF com os seguintes parâmetros: intensidade motriz $\gamma = 0{,}3$; frequência motriz $\omega = 2\pi$, frequência natural $\omega_0 = 1{,}5\omega$, constante de amortecimento $\beta = \omega_0/4$ e condições iniciais $\phi(0) = \dot{\phi}(0) = 0$. Resolva para os primeiros cinco ciclos motrizes ($0 \leq t \leq 5$) e chame sua solução $\phi_1(t)$. Resolva outra vez para os mesmos parâmetros, exceto que $\phi(0) = 1$ (isto é, o ângulo inicial é um radiano) e chame esta solução $\phi_2(t)$. Seja $\Delta\phi(t) = \phi_2(t) - \phi_1(t)$ e desenhe um gráfico de $\log|\Delta\phi(t)|$ versus t. Seu gráfico confirma que $\Delta\phi(t)$ vai para zero exponencialmente? Nota: o decaimento exponencial continua indefinidamente, mas $\Delta\phi(t)$ finalmente torna-se tão pequeno que ele é menor do que os erros de arredondamento e, por isso, o decaimento exponencial não pode ser visto. Se desejar seguir adiante, você provavelmente precisa aumentar sua precisão.

12.16★★ Considere o movimento caótico de um PAF para o qual o expoente de Lyapunov é $\lambda = 1$, com o tempo medido em unidade do período motriz, como usualmente. (Isso é muito grosseiramente o valor encontrado no Problema 12.13.) **(a)** Suponha que você precise prever $\phi(t)$ com uma acurácia de $1/100$ rad e que você conheça o valor inicial $\phi(0)$ com uma acurácia de 10^{-6} radianos. Qual é o tempo máximo $t_{máx}$ para o qual você pode prever $\phi(t)$ dentro da acurácia exigida? Este $t_{máx}$ é, algumas vezes, chamado de **horizonte de tempo** para previsão dentro de uma acurácia especificada. **(b)** Suponha que, com um grande gasto de dinheiro e trabalho, você consiga melhorar a acurácia de seu valor inicial para 10^{-9} radianos (uma melhoria de mil vezes). Qual é o horizonte de tempo agora (para a mesma exigência de previsão de acurácia)? Por qual fator $t_{máx}$ foi melhorado? Seus resultados ilustram a dificuldade de gerar previsões acuradas de longo prazo para o movimento caótico.

12.17★★ [Computador] Na Figura 12.15, você pode ver que, para $\gamma = 1{,}503$, o PAF "tenta" executar um movimento ondulatório uniforme variando por 2π a cada ciclo, mas há sobresposto um bamboleio errático e a direção da ondulação se reveza de tempos em tempos. Para outros valores de γ, o pêndulo de fato se aproxima de um período de ondulação uniforme. **(a)** Resolva a equação de movimento (12.11) para uma intensidade motriz $\gamma = 1{,}3$ e todos os outros parâmetros em conformidade com o primeiro item do Problema 12.14, para $0 \leq t \leq 8$. Chame a sua solução de $\phi_1(t)$ e desenhe seu gráfico como função de t. Descreva o movimento. **(b)** É difícil termos certeza de que o movimento é periódico baseados no gráfico, uma vez que a ondulação uniforme passa por -2π a cada ciclo. Como forma de verificar melhor, desenhe $\phi_1(t) + 2\pi t$ versus t. Descreva o que isso mostra. Esse tipo de movimento ondulatório periódico é algumas vezes descrito como **captura de fase**.

12.18★★ [Computador] Como o movimento ondulatório do Problema 12.17 é periódico (e, portanto, não caótico) esperaríamos que a diferença $\Delta\phi(t)$ entre soluções vizinhas (soluções da mesma equação, mas com ligeira diferença nas condições iniciais) decrescesse exponencialmente. Para ilustrar isso, resolva o item (a) do Problema 12.17 e, em seguida, determine a solução do mesmo problema, exceto que $\phi(0) = 1$. Chame esta segunda solução de $\phi_2(t)$ e faça $\Delta\phi(t) = \phi_2(t) - \phi_1(t)$. Desenhe um gráfico de $\log|\Delta\phi(t)|$ versus t e comente.

SEÇÃO 12.7 Órbitas no espaço de estados

12.19★ Considere um oscilador harmônico simples não amortecido e não forçado – uma massa m presa a uma extremidade de uma mola, cuja constante da força é k. **(a)** Obtenha a solução geral $x(t)$ para a posição como uma função do tempo t. Use esta para desenhar a órbita no espaço de estados, mostrando o movimento do ponto $[x(t), \dot{x}(t)]$ no espaço de estados bidimensionais com coordenadas $(x, \dot{x})$. Explique a direção na qual a órbita é formada à medida que o tempo avança. **(b)** Obtenha a energia total do sistema e use a conservação da energia para mostrar que a órbita no espaço de estados é uma elipse.

12.20★ Considere um oscilador não forçado e fracamente amortecido, como descrito pela Equação (5.28). O movimento geral é dado por (5.38). **(a)** Use essa equação para esboçar a órbita no espacço de estados, mostrando o movimento de $(x, \dot{x})$ para $0 \leq t \leq 10$, com os parâmetros $\delta = 0$, $\omega_1 = 2\pi$ e $\beta = 0{,}5$. **(b)** Este sistema tem um único atrator estacionário. O que é ele? Explique-o, em relação ao seu esboço e em termos de energia.

SEÇÃO 12.9 Mapa logístico

12.21★★ Temos aqui um mapa iterativo que é facilmente estudado com a ajuda de uma calculadora: Seja $x_{t+1} = f(x_t)$, onde $f(x) = \cos(x)$. Se você escolher qualquer valor para x_0, você pode determinar $x_1, x_2, x_3, \cdots$ simplesmente pressionando o botão cosseno na sua calculadora repetidamente. (Certifique-se de que a calculadora está no modo radianos.) **(a)** Tente isso para vários valores diferentes de x_0, determinando os primeiros 30 valores de x_t. Descreva o que acontece. **(b)** Você deve ter observado que parece haver um único atrator fixo. O que é ele? Explique-o, examinando (por exemplo, graficamente) a equação para um ponto fixo $f(x^*) = x^*$ e aplique o teste da estabilidade [a saber, que um ponto fixo x^* é estável se $|f'(x^*)| < 1$.]

12.22★★ Considere o mapa iterativo $x_{t+1} = f(x_t)$, onde $f(x) = x^2$. **(a)** Mostre que ela tem exatamente dois pontos fixos dos quais apenas um é estável. Quais são eles? **(b)** Mostre que x_t tende a um ponto fixo estável se e somente se $-1 < x_0 < 1$. O intervalo $-1 < x_0 < 1$ é chamado de **base do atrator**, visto que todas as sequências $x_0, x_1, \cdots$ que se iniciam na "base" estão atreladas ao mesmo atrator. **(c)** Mostre que $x_t \to \infty$ se e somente se $|x_0| > 1$. (Logo, poderíamos dizer que o mapa tem um segundo ponto fixo estável em $x = \infty$ e que a base de atração para este ponto fixo é o conjunto $|x_0| > 1$.) Para um sistema caótico, a base de atração pode ser muito mais complicada do que estes exemplos e são frequentemente fractais.

12.23★★ [Computador] Considere o **mapa seno** $x_{t+1} = f(x_t)$, onde $f(x) = r\,\text{sen}(\pi x)$. O comportamento interessante deste mapa é para $0 \leq x \leq 1$ e $0 \leq r \leq 1$, por isso, restrinja sua atenção para estes intervalos. **(a)** Usando um gráfico análogo ao da Figura 12.35, discuta os pontos fixos desse mapa. Mostre que o mapa tem um ou dois pontos fixos, dependendo do valor de r. Mostre que, quando r é pequeno, há apenas um ponto fixo, que é estável. **(b)** Para que valor de r (chame-o r_0) surge o segundo ponto fixo? Mostre que r_0 é também o valor de r no qual o primeiro ponto fixo torna-se instável. **(c)** Quando r cresce, o segundo ponto fixo eventualmente se torna instável. Determine numericamente o valor r_1 no qual isso ocorre.

12.24★★ [Computador] Considere o mapa seno do Problema 12.23. Usando uma calculadora programável (ou computador), você pode facilmente determinar os 10 ou 20 primeiros valores de x_t para uma escolha qualquer do valor inicial x_0. Tomando $x_0 = 0{,}3$, calcule os 10 primeiros valores de x_t para cada um dos seguintes valores do parâmetro r: **(a)** $r = 0{,}1$; **(b)** $r = 0{,}5$ e **(c)** $r = 0{,}78$. Em cada caso, desenhe o gráfico de seus resultados (x_t versus t) e descreva o atrator de longo prazo. Se você resolveu o Problema 12.23, seus resultados estão consistentes com o que você mostrou lá?

12.25★★ [Computador] O mapa seno do Problema 12.23 apresenta cascata de duplicação de períodos da mesma forma que o mapa logístico. Para ilustrar este fato, considere $x_o = 0,8$ e determine os 20 primeiros valores x_t para cada um dos seguintes valores do parâmetro r: **(a)** $r = 0,60$; **(b)** $r = 0,79$; **(c)** $r = 0,85$ e **(d)** $r = 0,865$. Desenhe os gráficos de seus resultados (em quatro gráficos separados) e comente-os.

12.26★★ O surgimento de um dois-ciclo no mapa logístico exatamente quando o um-ciclo se torna instável é uma consequência direta do comportamento dos gráficos de $f(x)$ e $g(x) = f(f(x))$, como ilustrado nas Figuras 12.38 e 12.39. O ponto crucial é que a função $f(x)$ é um arco simples que se torna uniformemente mais alto à medida que crescemos o parâmetro de controle r a partir do 0; ao mesmo tempo, $f(f(x))$ surge como um arco simples que está abaixo de $f(x)$, mas desenvolve dois máximos [mais altos do que $f(x)$] com um mínimo [mais baixo do que $f(x)$] entre eles. Explique, claramente, em palavras por que este comportamento de $f(f(x))$ decorre inevitavelmente a partir daquele de $f(x)$. [*Sugestão*: como $f(x)$ é simétrica em relação a $x = 0,5$, você precisa apenas considerar o seu comportamento quando x vai de 0 a 0,5. A vantagem desse argumento é que ele se aplica a muitos mapas da forma $f(x) = r\phi(x)$, onde $\phi(x)$ tem um único arco simétrico (tal como o mapa seno do Problema 12.23).]

12.27★★ Os dois-ciclos do mapa $f(x)$ correspondem a pontos fixos da segunda iteração $g(x) = f(f(x))$. Logo, os dois valores ilustrados como x_a e x_b na Figura 12.37 são raízes da equação $f(f(x)) = x$. No caso do mapa logístico, esta é uma equação quártica, que não é tão difícil de ser resolvida: **(a)** Verifique que, para a função logística $f(x)$

$$x - f(f(x)) = rx\left(x - \frac{r-1}{r}\right)\left[r^2 x^2 - r(r+1)x + r + 1\right]. \quad (12.61)$$

Logo, a equação de ponto fixo $x - f(f(x)) = 0$ tem quatro raízes. A duas primeiras são $x = 0$ e $x = (r-1)/r$. Explique estas raízes e mostre que as outras duas são

$$x_a, x_b = \frac{r + 1 \pm \sqrt{(r+1)(r-3)}}{2r}. \quad (12.62)$$

Explique como você sabe que esses são os dois pontos de um dois-ciclo. **(b)** Mostre que, para $r < 3$, estas raízes são complexas e, portanto, que não há dois-ciclo real. **(c)** Para $r \geq 3$, estas duas raízes são reais e há um dois-ciclo real. Determine os valores x_a e x_b para o caso $r = 3,2$ e verifique os valores apresentados na Figura 12.37.

12.28★★ A Equação (12.62) no Problema 12.27 fornece os dois pontos fixos do dois-ciclo do mapa logístico. Podemos observar este dois-ciclo somente se ele for estável, o que irá acontecer se $|g'(x)| < 1$, onde $g(x)$ é o mapa duplo $g(x) = f(f(x))$ e x é um dos valores x_a ou x_b. **(a)** Combine (12.62) com a Equação (12.57) para determinar $g'(x_a)$. [Observe que, em virtude de (12.57) ser simétrica em x_a e x_b, você irá obter o mesmo resultado se usar x_a ou x_b, isto é, os dois pontos necessariamente se tornam estáveis ou instáveis ao mesmo tempo.] **(b)** Mostre que o dois-ciclo é estável para $3 < r < 1 + \sqrt{6}$. Isso estabelece que o limiar no qual o período 2 é substituído pelo período 4 é $r_2 = 1 + \sqrt{6} = 3,449$.

12.29★★ [Computador] Os limiares r_n para duplicação de períodos do mapa logístico são dados pela Equação (12.58). Estes devem satisfazer a relação de Feigenbaum (12.17), pelo menos no limite quando $n \to \infty$ (com γ substituído por r, naturalmente). Teste essa alegação da seguinte forma: **(a)** Se você não resolveu o Problema 12.11, mostre que a relação de Feigenbaum (se exatamente verdadeira) implica $(r_{n+1} - r_n) = K/\delta^n$. **(b)** Desenhe o gráfico de $\ln(r_{n+1} - r_n)$ versus n. Determine a reta de melhor ajuste para os dados e de sua inclinação, preveja a constante de Feigenbaum. Como a sua resposta se compara ao valor aceito $\delta = 4,67$?

12.30★★ [Computador] A evolução caótica do mapa logístico mostra a mesma sensibilidade às condições iniciais que aquela encontrada no PAF. Para ilustrar isso, faça o seguinte: **(a)** Usando uma taxa de crescimento $r = 2,6$, calcule x_t para $1 \leq t \leq 40$ iniciando em $x_0 = 0,4$. Repita, mas com a condição inicial $x'_0 = 0,5$ (a plica é apenas para distinguir esta segunda solução da primeira – ela não denota derivação) e então desenhe o gráfico de $\log|x'_t - x_t|$ versus t. Descreva o comportamento da diferença $x'_t - x_t$. **(b)** Repita o item (a), mas com $r = 3,3$. Neste caso, a evolução de longo prazo tem período 2. Descreva novamente o comportamento da diferença $x'_t - x_t$. **(c)** Repita os itens (a) e (b), mas com $r = 3,6$. Neste caso, a evolução é caótica e esperamos que a diferença *cresça* exponencialmente; portanto, é mais interessante tomar os dois valores iniciais bem mais próximos. Para ser preciso, considere $x_0 = 0,4$ e $x'_0 = 0,400001$. Como a diferença se comporta?

12.31★★★ [Computador] Quando a evolução do mapa logístico não é caótica, duas soluções, com o mesmo r, que surgem suficientemente próximas, irão convergir exponencialmente. (Isso foi ilustrado no Problema 12.30.) Isso não significa que *qualquer* duas soluções com o mesmo r irão convergir. **(a)** Repita o Problema 12.30(a) com os mesmos parâmetros, exceto $r = 3,5$ (um valor para o qual sabemos que o movimento de longo prazo tem período 4). A Diferença $x'_t - x_t$ tende a zero? **(b)** Agora, faça o mesmo exercício, mas com as condições iniciais $x_0 = 0,45$ e $x'_0 = 0,5$. Comente-o. Você pode explicar por quê, se o período for maior do que 1, é impossível que a diferença $x'_t - x_t$ vá a zero para todas as escolhas de condições iniciais?

12.32★★★ [Computador] Crie um diagrama de bifurcação para o mapa logístico, ao estilo da Figura 12.41, mas para o intervalo $0 \leq r \leq 3,55$. Considere $x_0 = 0,1$. Comente as principais características. [*Sugestão*: comece usando um número pequeno de pontos, talvez r indo de 0 a 3,5 em passos de 0,5 e t indo de 51 a 54. Isso lhe permitirá calcular para cada um dos valores de r, individualmente, e obtenha o sentido de como as coisas funcionam. Para gerar um bom diagrama, você precisará aumentar o número de pontos (talvez r indo de 0 a 3,55 em passos de 0,025, e t indo de 51 a 60) e irá certamente precisar automatizar o cálculo devido ao grande número de pontos.]

12.33★★★ [Computador] Reproduza o diagrama de bifurcação logística, da Figura 12.41, para o intervalo $2,8 \leq r \leq 4$. Considere $x_0 = 0,1$. [*Sugestão*: para fazer a Figura 12.41, usei cerca de 50.000 pontos, mas você certamente não necessitará usar tanto assim. Em muitos casos, comece usando um pequeno número de pontos, talvez apenas r variando de 2,8 a 3,4 com passos de 0,2 e t variando de 51 a 54. Isso lhe permitirá calcular cada um dos valores de r, individualmente, e ter a sensação de como as coisas funcionam. Para gerar um bom diagrama, você irá então precisar aumentar o número de pontos (talvez r variando de 2,8 a 4 com passos de 0,025 e t de 500 a 600) e certamente precisará automatizar o cálculo devido ao grande número de pontos.]

12.34★★★ [Computador] Crie um diagrama de bifurcação para o mapa seno dos Problemas 12.23 e 12.25. Isso deve se assemelhar à Figura 12.41, mas para o intervalo $0,6 \leq r \leq 1$. Considere $x_0 = 0,1$. Comente as suas principais características. [*Sugestão*: comece usando um número muito pequeno de pontos, talvez apenas r variando de 0,6 a 0,8 com passos de 0,05 e t variando de 51 a 54. Isso lhe permitirá calcular para cada um dos valores de r, individualmente, e ter a sensação de como as coisas funcionam. Para gerar um bom diagrama, você precisará, então, aumentar o número de pontos (talvez r variando de 0,6 a 1, com passos de 0,005 e t de 400 a 500) e certamente precisará automatizar o cálculo devido ao grande número de pontos.]

13

Mecânica Hamiltoniana

Nos seis primeiros capítulos deste livro, trabalhamos com o formalismo Newtoniano da mecânica, que descreve o mundo em termos de forças e acelerações (relacionadas pela segunda lei) e é principalmente adequado para o uso com coordenadas Cartesianas. No Capítulo 7, estudamos o formalismo Lagrangiano. Este segundo formalismo é inteiramente equivalente ao Newtoniano, no sentido de que qualquer um deles pode ser obtido do outro, mas o formalismo Lagrangiano é consideravelmente mais flexível em relação à escolha de coordenadas. As n coordenadas Cartesianas que descrevem um sistema em termos Newtonianos são subsitituídas por um conjunto de n coordenadas generalizadas $q_1, q_2, \cdots, q_n$, e as equações de Lagrange são igualmente válidas para qualquer escolha de $q_1, q_2, \cdots, q_n$. Como vimos em muitas ocasiões, essa versatilidade permite resolver muitos problemas de modo muito mais fácil usando o formalismo Lagrangiano. A abordagem Lagrangiana também tem a vantagem de eliminar as forças de vínculo. Por outro lado, o método Lagrangiano está em desvantagem quando aplicado a sistemas dissipativos (por exemplo, sistemas com atrito). Por enquanto, espero que você se sinta confortável com ambos os formalismos e esteja familiarizado com as vantagens e desvantagens de cada um deles.

O mecanismo Newtoniano foi primeiramente explorado por Newton em seu *Principia Mathematica*, publicado em 1687. Lagrange publicou seu formalismo no livro *Méchanique Analytique*, em 1788. No início do século XIX, vários físicos, incluindo Lagrange, desenvolveram ainda um terceiro formalismo para a mecânica, que foi colocado em sua forma completa em 1834, pelo matemático irlandês William Hamilton (1805-1865), e que veio a ser chamado de mecânica Hamiltoniana. O terceiro formalismo da mecânica é o assunto deste capítulo.

Da mesma forma que a versão Lagrangiana, a mecânica Hamiltoniana é equivalente à Newtoniana, mas é consideravelmente mais flexível em suas escolhas de coordenadas. Na verdade, nesse sentido, ela é ainda mais flexível que a abordagem Lagrangiana. O formalismo Lagrangiano está baseado na função Lagrangiana $\mathcal{L}$, enquanto o formalismo Hamiltoniano está baseado na Função Hamiltoniana $\mathcal{H}$ (com o qual nos deparamos no Capítulo 7). Para a maioria dos sistemas que encontraremos, $\mathcal{H}$ é justamente a energia total. Logo, uma vantagem do formalismo Hamiltoniano é que ele é baseado em uma função, $\mathcal{H}$, que (ao contrário da Lagrangiana $\mathcal{L}$) tem um significado físico claro e é, frequentemente, conservado. A abordagem Hamiltoniana é também especialmente apropriada para lidar com outras grandezas conservadas e para implementação de vários esquemas de aproximação. Ela foi generalizada para vários ramos distintos da física; em particular, a mecânica Hamiltoniana passa muito naturalmente da mecânica clássica para a mecânica quântica. Por todas essas razões, o formalismo Hamiltoniano desempenha um papel importante em muitos ramos da física moderna, incluindo astrofísica, física de plasma e desenvolvimento de aceleradores de partículas. Infelizmente, devido ao nível deste livro, é difícil demonstrar aqui muitas das vantagens da versão Hamiltoniana sobre a Lagrangiana. Neste capítulo, peço que você se contente em aprender a Hamiltoniana apenas como uma alternativa à Lagrangiana – uma alternativa cujas várias de suas vantagens poderei mencionar, mas não explorar em profundidade. Se você for mais a fundo no estudo da mecânica clássica ou estudar mecânica quântica, certamente encontrará, muitas das ideias trabalhadas neste capítulo.

13.1 VARIÁVEIS BÁSICAS

Como a versão Hamiltoniana da mecânica é mais próxima da versão Lagrangiana do que da Newtoniana e surge, naturalmente, a partir da Lagrangiana, vamos começar revisando as principais características desta, que está baseada na Função Lagrangiana $\mathcal{L}$. Para a maioria dos sistemas de interesse, $\mathcal{L}$ é a diferença das energias cinética e potencial, $\mathcal{L} = T - U$, e, neste capítulo, restringiremos nossa atenção a sistemas para os quais este é o caso. A Lagrangiana $\mathcal{L}$ é uma função das n coordenadas generalizadas $q_1, \cdots, q_n$, das suas n derivadas temporais (ou velocidades generalizadas) $\dot{q}_1, \cdots, \dot{q}_n$, e, talvez, do tempo:

$$\mathcal{L} = \mathcal{L}(q_1, \cdots, q_n, \dot{q}_1, \cdots, \dot{q}_n, t) = T - U. \tag{13.1}$$

As n coordenadas $(q_1, \cdots, q_n)$ especificam a posição, ou "configuração" do sistema, e podem ser pensadas como definindo um ponto em um **espaço das configurações** n--dimensional. As $2n$ coordenadas $(q_1, \cdots, q_n, \dot{q}_1, \cdots, \dot{q}_n)$ definem um ponto em um **espaço de estados** e especificam um conjunto de condições iniciais (em qualquer instante de tempo escolhido t_o) que determina uma única solução das n equações de movimento diferenciais de segunda ordem, equações de Lagrange,

$$\frac{\partial \mathcal{L}}{\partial q_i} = \frac{d}{dt} \frac{\partial \mathcal{L}}{\partial \dot{q}_i} \qquad [i = 1, \cdots, n]. \tag{13.2}$$

Para cada conjunto de condições iniciais, essas equações de movimento determinam um único caminho ou "órbita" no espaço de estados.

Você pode também lembrar que definimos um **momento generalizado**, dado por

$$p_i = \frac{\partial \mathcal{L}}{\partial \dot{q}_i}. \tag{13.3}$$

Se as coordenadas $(q_1, \cdots, q_n)$ são, de fato, coordenadas Cartesianas, os momentos generalizados p_i são as componentes correspondentes do momento usual; em geral, p_i não é de fato um momento, mas, como veremos, desempenha um papel análogo. O momento generalizado p_i é também chamado de **momento canônico** ou **momento conjugado a** q_i.

No formalismo Hamiltoniano, o papel central da Lagrangiana $\mathcal{L}$ é sobreposto pela **função Hamiltoniana**, ou simplesmente **Hamiltoniana**, $\mathcal{H}$, definida como

$$\mathcal{H} = \sum_{i=1}^{n} p_i \dot{q}_i - \mathcal{L}. \tag{13.4}$$

As equações de movimento, que deduziremos nas duas próximas seções, envolvem derivadas de $\mathcal{H}$ em vez de $\mathcal{L}$, como nas equações de Lagrange. Encontramo-nos, muito brevemente, pela primeira vez, com a função Hamiltoniana na Seção 7.8, onde demonstramos que, desde que as coordenadas generalizadas $(q_1, \cdots, q_n)$ sejam "naturais" (isto é, as relações entre os q's e as coordenadas Cartesianas subjacentes são independentes do tempo), $\mathcal{H}$ é justamente a energia total do sistema e é, portanto, familiar e fácil de visualizar.

Há uma segunda diferença importante entre os formalismos Hamiltoniano e Lagrangiano. No formalismo Lagrangiano, denotamos o estado do sistema por $2n$ coordenadas

$$(q_1, \cdots, q_n, \dot{q}_1, \cdots, \dot{q}_n), \quad \text{[Lagrange]} \tag{13.5}$$

enquanto no Hamiltoniano usaremos as coordenadas

$$(q_1, \cdots, q_n, p_1, \cdots, p_n), \quad \text{[Hamilton]} \tag{13.6}$$

consistindo das n posições generalizadas e dos n *momentos* generalizados (em lugar das velocidades generalizadas). Essa escolha de coordenadas tem várias vantagens, e irei esboçar algumas delas.

Da mesma forma que podemos considerar as $2n$ coordenadas (13.5) do formalismo Lagrangiano como um ponto em um espaço de estados dimensional $2n$, podemos considerar as $2n$ coordenadas (13.6), do formalismo Hamiltoniano, como definindo um ponto em um espaço dimensional $2n$, que em geral é chamado de **espaço de fase**[1]. Exatamente como as equações de movimento de Lagrange (13.2) determinam um único caminho no espaço de estados, começando a partir de um ponto inicial (13.5), as equações de Hamilton determinam (como veremos) um único caminho no espaço de fase, começando a partir de qualquer ponto inicial (13.6). Uma maneira resumida de dizer algumas das vantagens do formalismo Hamiltoniano é que o espaço de fase tem certas propriedades geométricas que o torna mais conveniente que o espaço de estados.

Do mesmo modo que no formalismo Lagrangiano, o Hamiltoniano é mais adequado para sistemas que não estão sujeitos a forças de atrito. Consequentemente, assumirei, em todo o capítulo, que todas as forças de interesse são conservativas ou podem, pelo menos, ser deduzidas a partir de uma função energia potencial. Embora essa restrição exclua muitos sistemas mecânicos de interesse, ela ainda inclui um grande número de problemas importantes, especialmente em astrofísica e no nível microscópico – atômico e molecular.

---

[1] Muitos autores usam os nomes "espaço de estados" e "espaço de fase" alternativamente, mas é conveniente ter diferentes nomes para os diferentes espaços. Reservarei "espaço de estados" para o espaço das posições e velocidades generalizadas, e "espaço de fase" para o das posições e momentos generalizados.

13.2 EQUAÇÕES DE HAMILTON PARA SISTEMAS UNIDIMENSIONAIS

Para minimizar complicações com notação, deduzirei primeiro as equações de movimento de Hamilton para um sistema unidimensional conservativo com uma única coordenada generalizada "natural" q. Por exemplo, você poderia pensar em um simples pêndulo plano, para o qual q poderia ser o ângulo ϕ usual, ou uma conta em um fio estacionário, em que q poderia ser a distância horizontal ao longo do fio. Para qualquer um desses sistemas, a Lagrangiana é uma função de q e $\dot{q}$, ou seja,

$$\mathcal{L} = \mathcal{L}(q, \dot{q}) = T(q, \dot{q}) - U(q). \tag{13.7}$$

Lembre-se de que, em geral, a energia cinética pode depender de q tanto quanto de $\dot{q}$, enquanto, para sistemas conservativos, a energia potencial depende apenas de q. Por exemplo, para o pêndulo simples (massa m e comprimento L),

$$\mathcal{L} = \mathcal{L}(\phi, \dot{\phi}) = \tfrac{1}{2}mL^2\dot{\phi}^2 - mgL(1 - \cos\phi), \tag{13.8}$$

onde, neste caso, a energia cinética envolve apenas $\dot{\phi}$ e não ϕ. Para a conta deslizando sobre o fio sem atrito, com altura variando de acordo com $y = f(x)$, vimos no Exemplo 11.1 que

$$\mathcal{L} = \mathcal{L}(x, \dot{x}) = T - U = \tfrac{1}{2}m[1 + f'(x)^2]\dot{x}^2 - mgf(x). \tag{13.9}$$

Aqui, a dependência em x na energia cinética surge quando reescrevemos v, em $\tfrac{1}{2}mv^2$, em termos da distância horizontal x. Os dois exemplos (13.8) e (13.9) ilustram um resultado geral demonstrado na Seção 7.8, em que a Lagrangiana para um sistema conservativo com coordenadas "naturais" (e aqui em uma dimensão) tem a forma geral

$$\mathcal{L} = \mathcal{L}(q, \dot{q}) = T - U = \tfrac{1}{2}A(q)\dot{q}^2 - U(q). \tag{13.10}$$

Observe que, enquanto a energia cinética pode depender de q de uma maneira complicada, por meio de uma função $A(q)$, sua dependência em $\dot{q}$ ocorre apenas através de um fator quadrático $\dot{q}^2$. Como você poderá verificar, a equação de Lagrange para essa Lagrangiana é automaticamente uma equação diferencial de segunda ordem para q.

A Hamiltoniana está definida em (13.4), e em uma dimensão reduz-se a

$$\mathcal{H} = p\dot{q} - \mathcal{L}. \tag{13.11}$$

Na discussão da Seção 7.8, apresentei algumas razões por que devemos, talvez, esperar que uma função definida dessa forma seja uma função interessante de ser estudada. Por ora, vamos apenas aceitar a definição como uma sugestão inspirada por Hamilton – sugestão cujo mérito aparecerá à medida que prosseguirmos.[2] Dada a forma (13.10) de $\mathcal{L}$, podemos calcular o momento generalizado p por

$$p = \frac{\partial \mathcal{L}}{\partial \dot{q}} = A(q)\dot{q}, \tag{13.12}$$

---

[2] Na verdade, a mudança de $\mathcal{L}$ para $\mathcal{H}$, como objeto de interesse principal, é um exemplo de uma manobra matemática chamada de *tranformação de Legendre*, que desempenha um papel importante em vários campos, mais notadamente na termodinâmica. Por exemplo, a mudança da energia termodinâmica interna U em entalpia H é uma transformação de Legendre, uma analogia muito próxima à mudança Hamiltoniana de $\mathcal{L}$ para $\mathcal{H}$.

de foma que $p\dot{q} = A(q)\dot{q}^2 = 2T$. Substituindo em (13.11), encontramos

$$\mathcal{H} = p\dot{q} - \mathcal{L} = 2T - (T - U) = T + U.$$

Isto é, a Hamiltoniana $\mathcal{H}$ para o sistema "natural" considerado aqui é precisamente a energia total – o mesmo resultado que demonstramos na Seção 7.8 para qualquer sistema "natural" com qualquer número de dimensões.

O próximo passo no estabelecimento do formalismo Hamiltoniano é, talvez, o mais sutil. No formalismo Lagrangiano, pensamos em $\mathcal{L}$ com uma função de q e $\dot{q}$, como indicado em (13.10). Analogamente, (13.12) fornece o momento generalizado p em termos de q e $\dot{q}$. No entanto, podemos resolver (13.12) para $\dot{q}$ em termos de q e p, digamos da forma

$$\dot{q} = p/A(q) = \dot{q}(q, p). \tag{13.13}$$

Com $\dot{q}$ expressa como uma função de q e p, vamos agora olhar a Hamiltoniana. Em qualquer lugar onde $\dot{q}$ aparecer em $\mathcal{H}$, podemos subistituí-lo por $\dot{q}(q, p)$, e $\mathcal{H}$ se torna uma função de q e p. Em todos os seus horríveis detalhes, (13.11) se torna

$$\mathcal{H}(q, p) = p\dot{q}(q, p) - \mathcal{L}(q, \dot{q}(q, p)). \tag{13.14}$$

O passo final é obter as equações de movimento de Hamilton. Para isso, precisamos calcular as derivadas de $\mathcal{H}(q, p)$ em relação a q e p. Primeiro, usando a regra da cadeia, derivamos (13.14) com respeito a q:

$$\frac{\partial \mathcal{H}}{\partial q} = p\frac{\partial \dot{q}}{\partial q} - \left[\frac{\partial \mathcal{L}}{\partial q} + \frac{\partial \mathcal{L}}{\partial \dot{q}}\frac{\partial \dot{q}}{\partial q}\right].$$

Agora, no terceiro termo à direita, você reconhecerá que $\partial \mathcal{L}/\partial \dot{q} = p$. Logo, o primeiro e o terceiro termos à direita se cancelam, deixando apenas

$$\frac{\partial \mathcal{H}}{\partial q} = -\frac{\partial \mathcal{L}}{\partial q} = -\frac{d}{dt}\frac{\partial \mathcal{L}}{\partial \dot{q}} = -\frac{d}{dt}p = -\dot{p}, \tag{13.15}$$

onde a segunda igualdade segue da equação de Lagrange (13.2). Essa equação fornece a derivada temporal de p (isto é, $\dot{p}$) em termos da Hamiltoniana $\mathcal{H}$ e é a primeira das duas equações de movimento de Hamilton. Antes de a discutirmos, vamos deduzir a segunda.

Derivando (13.14) com respeito a p e usando a regra da cadeia, obtemos

$$\frac{\partial \mathcal{H}}{\partial p} = \left[\dot{q} + p\frac{\partial \dot{q}}{\partial p}\right] - \frac{\partial \mathcal{L}}{\partial \dot{q}}\frac{\partial \dot{q}}{\partial p} = \dot{q}, \tag{13.16}$$

visto que o segundo e terceiro termos no meio da expressão se cancelam exatamente. Essa é a segunda das equações de movimento de Hamilton e fornece $\dot{q}$ em termos da Hamiltoniana $\mathcal{H}$. Colocando os termos juntos (e reorganizando um pouco), temos as **equações de Hamilton** para um sistema unidimensional:

$$\dot{q} = \frac{\partial \mathcal{H}}{\partial p} \quad \text{e} \quad \dot{p} = -\frac{\partial \mathcal{H}}{\partial q}. \tag{13.17}$$

No formalismo Lagrangiano, a equação de movimento para um sistema unidimensional é uma *única equação diferencial de segunda ordem* para q. No formalismo Hamiltoniano, temos *duas equações de primeira ordem*, uma para q e outra para p. Antes de estendermos esse resultado para sistemas mais gerais ou discutirmos qualquer vantagem que o novo formalismo possa ter, vejamos alguns exemplos simples.

Exemplo 13.1 Uma conta em um fio reto

Considere uma conta deslizando em um fio rígido reto e sem atrito, o qual está sobre o eixo x, conforme ilustra a Figura 13.1. A conta tem massa m e está sujeita a uma força conservativa, com a correspondente energia potencial $U(x)$. Obtenha a Lagrangiana e a equação de Lagrange para o movimento. Determine a Hamiltoniana e as equações de Hamilton e compare os dois métodos.

Naturalmente, consideramos como a coordenada generalizada q a coordenada x. A Lagrangiana é, então,

$$\mathcal{L}(x, \dot{x}) = T - U = \tfrac{1}{2}m\dot{x}^2 - U(x).$$

A equação de Lagrange correspondente é

$$\frac{\partial \mathcal{L}}{\partial x} = \frac{d}{dt}\frac{\partial \mathcal{L}}{\partial \dot{x}} \quad \text{ou} \quad -\frac{dU}{dx} = m\ddot{x}, \tag{13.18}$$

que é justamente a equação de Newton, $F = ma$, como esperávamos.

Para estabelecer o formalismo Hamiltoniano, devemos primeiramente encontrar o momento generalizado,

$$p = \frac{\partial \mathcal{L}}{\partial \dot{x}} = m\dot{x}.$$

Como esperado, esse é o momento convencional mv. Essa equação pode ser resolvida, resultando em $\dot{x} = p/m$, que pode ser substituída na Hamiltoniana, levando a

$$\mathcal{H} = p\dot{x} - \mathcal{L} = \frac{p^2}{m} - \left[\frac{p^2}{2m} - U(x)\right] = \frac{p^2}{2m} + U(x),$$

que você reconhecerá como sendo a energia total, com o termo cinético $\tfrac{1}{2}m\dot{x}^2$ reescrito em termos do momento como sendo $p^2/(2m)$. Finalmente, as duas equações de Hamilton (13.17) são

$$\dot{x} = \frac{\partial \mathcal{H}}{\partial p} = \frac{p}{m} \quad \text{e} \quad \dot{p} = -\frac{\partial \mathcal{H}}{\partial x} = -\frac{dU}{dx}.$$

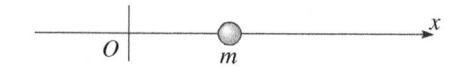

Figura 13.1 Uma conta de massa m deslizando em um fio reto e sem atrito.

A primeira dessas é, do ponto de vista Newtoniano, justamente a definição tradicional do momento e, quando substituímos essa definição na segunda equação, ela nos leva, outra vez, a $m\ddot{x} = -dU/dx$. Como tinha que ser o caso, Newton, Lagrange e Hamilton conduzem à mesma equação familiar. Neste exemplo muito simples, nem Lagrange nem Hamilton tem qualquer vantagem visível sobre Newton.

Exemplo 13.2 Máquina de Atwood

Obtenha o formalismo Hamiltoniano para a máquina de Atwood, apresentada pela primeira vez na Figura 4.14 e, novamente aqui, na Figura 13.2. Use a altura x de m_1, medida para baixo, como a coordenada generalizada.

A Lagrangiana é $\mathcal{L} = T - U$, onde, como vimos no Exemplo 7.3,

$$T = \tfrac{1}{2}(m_1 + m_2)\dot{x}^2 \quad \text{e} \quad U = -(m_1 - m_2)gx. \tag{13.19}$$

Podemos calcular a Hamiltoniana $\mathcal{H}$ como $\mathcal{H} = p\dot{x} - \mathcal{L}$ ou, o que é geralmente mais rápido (desde que isso seja verdade[3]), como $\mathcal{H} = T + U$. Para qualquer que seja a situação, devemos primeiramente determinar o momento generalizado $p = \partial\mathcal{L}/\partial\dot{x}$ ou, como U não envolve $\dot{x}$,

$$p = \frac{\partial T}{\partial \dot{x}} = (m_1 + m_2)\dot{x}.$$

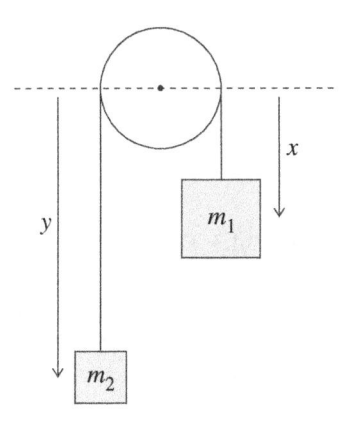

Figura 13.2 Máquina de Atwood formada por duas massas, m_1 e m_2, suspensas por um fio de massa desprezível que passa por uma roldana de massa desprezível e sem atrito. Como o comprimento do fio é fixo, a posição do sistema como um todo é especificada pela distância x de m_1 medida abaixo de qualquer nível fixo conveniente.

---

[3] Lembre-se de que esta segunda expressão é verdadeira desde que a coordenada generalizada seja "natural", isto é, desde que a relação entre a coordenada generalizada e a coordenada Cartesiana subjacente seja independente do tempo – uma condição que certamente é encontrada aqui (Problema 13.4).

Resolvemos essa equação para obter $\dot{x}$ em termos de p como $\dot{x} = p/(m_1 + m_2)$, que substituímos em $\mathcal{H}$ para obter $\mathcal{H}$ como uma função de x e p:

$$\mathcal{H} = T + U = \frac{p^2}{2(m_1 + m_2)} - (m_1 - m_2)gx. \qquad (13.20)$$

Podemos, agora, obter as duas equações de movimento de Hamilton (13.17) como

$$\dot{x} = \frac{\partial \mathcal{H}}{\partial p} = \frac{p}{m_1 + m_2} \quad \text{e} \quad \dot{p} = -\frac{\partial \mathcal{H}}{\partial x} = (m_1 - m_2)g.$$

Novamente, a primeira dessas equações é uma reformulação da definição do momento generalizado e, quando combinada com a segunda equação, obtemos o resultado bem conhecido para a aceleração da máquina de Atwood,

$$\ddot{x} = \frac{m_1 - m_2}{m_1 + m_2} g.$$

Esses dois exemplos ilustram várias características gerais da abordagem Hamiltoniana: nossa primeira tarefa é sempre a de obter a Hamiltoniana $\mathcal{H}$ (exatamente como na abordagem Lagrangiana: a primeira tarefa é obter $\mathcal{L}$). Na abordagem Hamiltoniana, há, em geral, um conjunto de passos extras, que são para obtenção do momento generalizado, para resolução da equação da velocidade generalizada e para expressar $\mathcal{H}$ como uma função da posição e momento. Uma vez que isso tenha sido feito, podemos avançar e obter as equações de Hamilton. Em geral, não há garantia de que as equações resultantes serão de fácil resolução, mas uma propriedade maravilhosa da abordagem Hamiltoniana (como a Lagrangiana) é que ela proporciona meios quase infalíveis para determinar as equações de movimento.

13.3 EQUAÇÕES DE HAMILTON EM VÁRIAS DIMENSÕES

Nossa dedução das equações de Hamilton para um sistema unidimensional pode ser facilmente estendida para sistemas multidimensionais. O único problema real é que as equações podem se tornar muito densas com índices. Assim, para minimizar esse adensamento, usarei a abreviação introduzida na Seção 11.5: a configuração de um sistema n-dimensional é dada por n coordenadas generalizadas $q_1, \cdots, q_n$, que irei representar por uma única letra em negrito $\mathbf{q}$:

$$\mathbf{q} = (q_1, \cdots, q_n).$$

Analogamente, as velocidades generalizadas tornam-se $\dot{\mathbf{q}} = (\dot{q}_1, \cdots, \dot{q}_n)$, e os momentos generalizados são

$$\mathbf{p} = (p_1, \cdots, p_n).$$

É importante lembrar-se de que, no momento, um negrito **q** ou **p** não corresponde necessariamente a um vetor tridimensional. Pelo contrário, **q** e **p** são vetores n-dimensionais no espaço das posições generalizadas e dos momentos generalizados.

As equações de Hamilton seguem diretamente das equações de Lagrange na sua forma padrão. Logo, para demonstrar a Hamiltoniana, temos apenas que assumir a veracidade da Lagrangiana. Entretanto, especificamente, farei as mesmas suposições que usamos no Capítulo 7: assumirei que todos os vínculos são holonômicos, isto é, o número de graus de liberdade é igual ao número de coordenadas generalizadas. Assumirei também que as forças que não são de vínculo podem ser deduzidas a partir de uma função energia potencial, embora não seja essencial que elas sejam conservativas (isto é, a energia potencial pode depender de t). As equações que relacionam as N coordenadas Cartesianas subjacentes $\mathbf{r}_1, \cdots, \mathbf{r}_N$ às n coordenadas generalizadas $q_1, \cdots, q_n$ *podem* depender do tempo, ou seja, não é essencial que as coordenadas generalizadas sejam "naturais". Tais suposições são suficientes para garantir que o formalismo Lagrangiano se aplique e nos permita deduzir, a partir dele, o formalismo Hamiltoniano. Portanto, nosso ponto de partida é que há uma Lagrangiana

$$\mathcal{L} = \mathcal{L}(\mathbf{q}, \dot{\mathbf{q}}, t) = T - U$$

e que a evolução do sistema é governado pelas n equações de Lagrange,

$$\frac{\partial \mathcal{L}}{\partial q_i} = \frac{d}{dt}\frac{\partial \mathcal{L}}{\partial \dot{q}_i} \qquad [i = 1, \cdots, n]. \tag{13.21}$$

Assumiremos a definição da função Hamiltoniana de acordo com (13.4),

$$\mathcal{H} = \sum_{i=1}^{n} p_i \dot{q}_i - \mathcal{L}, \tag{13.22}$$

onde os momentos generalizados são definidos por

$$p_i = \frac{\partial \mathcal{L}(\mathbf{q}, \dot{\mathbf{q}}, t)}{\partial \dot{q}_i} \qquad [i = 1, \cdots, n], \tag{13.23}$$

como em (13.3). Da mesma forma que no caso unidimensional, nosso próximo passo é expressar a Hamiltoniana como uma função das $2n$ variáveis **q** e **p**. Com essa finalidade, observe que podemos ver as Equações (13.23) com n equações simultâneas para as n velocidades generalizadas $\dot{\mathbf{q}}$. Podemos, em princípio, resolver tais equações para obter as velocidades generalizadas em termos das variáveis **p**, **q** e t:

$$\dot{q}_i = \dot{q}_i(q_1, \cdots, q_n, p_1, \cdots, p_n, t) \qquad [i = 1, \cdots, n]$$

ou, mais suscintamente,

$$\dot{\mathbf{q}} = \dot{\mathbf{q}}(\mathbf{q}, \mathbf{p}, t).$$

Podemos agora eliminar as velocidades generalizadas da definição da Hamiltoniana, obtendo (novamente com bastante detalhe)

$$\mathcal{H} = \mathcal{H}(\mathbf{q}, \mathbf{p}, t) = \sum_{i=1}^{n} p_i \dot{q}_i(\mathbf{q}, \mathbf{p}, t) - \mathcal{L}(\mathbf{q}, \dot{\mathbf{q}}(\mathbf{q}, \mathbf{p}, t), t). \tag{13.24}$$

A dedução das equações de Hamilton agora segue muito próxima ao que foi feito no caso unidimensional, e deixarei para o leitor o encargo de suprir os detalhes (Problema 13.15). Seguindo os mesmos passos que conduziram de (13.14) a (13.17), derivamos $\mathcal{H}$ com respeito a q_i e, em seguida, p_i, e isso nos leva às **equações de Hamilton**:

$$\dot{q}_i = \frac{\partial \mathcal{H}}{\partial p_i} \quad \text{e} \quad \dot{p}_i = -\frac{\partial \mathcal{H}}{\partial q_i} \quad [i = 1, \cdots, n]. \quad (13.25)$$

Observe que, para um sistema com n graus de liberdade, a abordagem Hamiltoniana fornece $2n$ equações diferenciais de primeira ordem, em vez das n equações de segunda ordem de Lagrange.

Antes de discutirmos um exemplo das equações de Hamilton, há mais uma derivada de $\mathcal{H}$ a ser considerada, sua derivada com respeito ao tempo. Isto é, na verdade, bastante sutil. A função $\mathcal{H}(\mathbf{q}, \mathbf{p}, t)$ pode variar com o tempo por duas razões: Primeira, à medida que o movimento prossegue, as $2n$ coordenadas $(\mathbf{q}, \mathbf{p})$ variam e isso pode causar variação em $\mathcal{H}(\mathbf{q}, \mathbf{p}, t)$; além disso, $\mathcal{H}(\mathbf{q}, \mathbf{p}, t)$ pode também ter uma dependência explícita do tempo, como indicado pelo último argumento t, e isso também faz $\mathcal{H}$ variar com o tempo. Matematicamente, isso significa que $d\mathcal{H}/dt$ contém $2n + 1$ termos, como segue:

$$\frac{d\mathcal{H}}{dt} = \sum_{i=1}^{n} \left[\frac{\partial \mathcal{H}}{\partial q_i} \dot{q}_i + \frac{\partial \mathcal{H}}{\partial p_i} \dot{p}_i \right] + \frac{\partial \mathcal{H}}{\partial t}. \quad (13.26)$$

É importante entender a diferença entre as duas derivadas de $\mathcal{H}$ na equação. A derivada à esquerda, $d\mathcal{H}/dt$ (algumas vezes, chamada de derivada total), é a verdadeira taxa de variação de $\mathcal{H}$ à medida que o movimento prossegue, com todas as coordenadas $q_1, \cdots, q_n, p_1, \cdots, p_n$, variando à medida que t avança. Aquela à direita, $\partial \mathcal{H}/\partial t$, é a derivada parcial, que é a taxa de variação de $\mathcal{H}$ se variarmos seu último argumento t, mantendo os demais argumentos fixos. Em particular, se $\mathcal{H}$ não depender explicitamente de t, esta derivada parcial será zero. Agora, é fácil ver que, devido às equações de Hamilton (13.25), cada par de termos no somatório (13.26) é exatamente zero, de modo que temos o resultado simples

$$\frac{d\mathcal{H}}{dt} = \frac{\partial \mathcal{H}}{\partial t}.$$

Ou seja, $\mathcal{H}$ varia com o tempo apenas quando ela depende explicitamente de t. Em particular, se $\mathcal{H}$ não depende explicitamente de t (como é o caso, em geral), então $\mathcal{H}$ é uma constante no tempo, isto é, a quantidade $\mathcal{H}$ é conservada. Esse é o mesmo resultado que deduzimos na Seção 7.8.[4]

Na Seção 7.8, demonstramos um segundo resultado com respeito à dependência temporal: se a relação das coordenadas generalizadas $q_1, \cdots, q_n$ com as subjacentes coordenadas retangulares for independente de t (isto é, as coordenadas generalizadas são "naturais"), então a Hamiltoniana $\mathcal{H}$ é exatamente a energia total, $\mathcal{H} = T + U$. No

---

[4] Demonstramos, nas Equações (7.89) e (7.90), que $\mathcal{H}$ é conservada se e somente se $\mathcal{L}$ não depende explicitamente do tempo. Essas duas condições ($\mathcal{H}$ não depende explicitamente do tempo, tanto quanto $\mathcal{L}$) são equivalentes, pois, como podemos ver, $\partial \mathcal{H}/\partial t = -\partial \mathcal{L}/\partial t$. Veja o Problema 13.16.

restante deste capítulo, considerarei apenas o caso em que as coordenadas generalizadas são "naturais" *e* que $\mathcal{H}$ *não* depende explicitamente do tempo. Portanto, será verdade, de agora em diante, que $\mathcal{H}$ é a energia total do sistema e que a energia total é conservada.

Vamos, agora, trabalhar um exemplo do formalismo Hamiltoniano para um sistema em duas dimensões espaciais. Infelizmente, como todos os exemplos simples, este não exibirá nenhuma vantagem significativa do formalismo Hamiltoniano sobre o Lagrangiano, ou melhor, neste exemplo, a abordagem Hamiltoniana é apenas uma rota alternativa para a mesma equação de movimento.

Exemplo 13.3 Equações de Hamilton para uma partícula sob um campo de força central

Obtenha as equações de Hamilton para uma partícula de massa m sujeita a um campo de força central, com energia potencial $U(r)$, usando como coordenadas generalizadas as coordenadas usuais r e ϕ.

Pela conservação do momento angular, sabemos que o movimento está confinado a um plano fixo, no qual podemos definir as coordenadas polares r e ϕ. A energia cinética é dada em termos dessas coordenadas generalizadas através da expressão familiar

$$T = \tfrac{1}{2}m(\dot{r}^2 + r^2\dot{\phi}^2). \tag{13.27}$$

Como as equações relacionando (r, ϕ) a (x, y) são independentes do tempo, sabemos que $\mathcal{H} = T + U$, que devemos expressar em termos de r e ϕ e dos respectivos momentos generalizados p_r e p_ϕ. Estes últimos são definidos pela relação[5] $p_i = \partial \mathcal{L}/\partial \dot{q}_i = \partial T/\partial \dot{q}_i$, que resulta em

$$p_r = \partial T/\partial \dot{r} = m\dot{r} \qquad \text{e} \qquad p_\phi = \partial T/\partial \dot{\phi} = mr^2\dot{\phi}. \tag{13.28}$$

O momento p_r conjugado a r é a componente parcial do momento ordinário $m\mathbf{v}$, mas, como vimos pela primeira vez na Seção 7.1 [Equação (7.26)], o momento p_ϕ conjugado a ϕ é o momento *angular*. Devemos, a seguir, resolver as duas equações (13.28) para obter as velocidades $\dot{r}$ e $\dot{\phi}$ em termos dos momentos p_r e p_ϕ:

$$\dot{r} = \frac{p_r}{m} \qquad \text{e} \qquad \dot{\phi} = \frac{p_\phi}{mr^2}.$$

Podemos agora substituí-los em (13.27) e obter a Hamiltoniana, expressa como uma função de suas próprias variáveis,

$$\mathcal{H} = T + U = \frac{1}{2m}\left(p_r^2 + \frac{p_\phi^2}{r^2}\right) + U(r). \tag{13.29}$$

---

[5] Em qualquer problema em que a energia potencial $U = U(\mathbf{q})$ é independente das velocidades $\dot{\mathbf{q}}$ (o que estamos assumindo aqui), há uma pequena simplificação que podemos fazer: substituir $\mathcal{L}$ por T na definição de p_i.

Podemos, então, obter as quatro equações de Hamilton (13.25). As duas equações radiais são

$$\dot{r} = \frac{\partial \mathcal{H}}{\partial p_r} = \frac{p_r}{m} \quad \text{e} \quad \dot{p}_r = -\frac{\partial \mathcal{H}}{\partial r} = \frac{p_\phi^2}{mr^3} - \frac{dU}{dr}. \quad (13.30)$$

A primeira delas reproduz a definição do momento radial. Se substituirmos a primeira na segunda, obtemos o resultado familiar de que $m\ddot{r}$ é a soma da força radial real $(-dU/dr)$ mais a força centrífuga p^2_ϕ/mr^3. [Veja as Equações (8.24) e (8.26).] As duas equações para ϕ são

$$\dot{\phi} = \frac{\partial \mathcal{H}}{\partial p_\phi} = \frac{p_\phi}{mr^2} \quad \text{e} \quad \dot{p}_\phi = -\frac{\partial \mathcal{H}}{\partial \phi} = 0. \quad (13.31)$$

A primeira reproduz a definição de p_ϕ. A segunda nos diz o que já sabíamos: o momento angular é conservado. Como nos dois primeiros exemplos, vemos que o formalismo Hamiltoniano fornece um caminho alternativo para a obtenção das mesmas equações de movimento que obteríamos usando o formalismo Newtoniano ou o formalismo Lagrangiano.

Este exemplo ilustra o procedimento geral a ser seguido na obtenção das equações de Hamilton para um dado sistema:

1. Escolha coordenadas generalizadas adequadas, $q_1, \cdots, q_n$.
2. Obtenha a energia cinética e a potencial, T e U, em termos dos q's e $\dot{q}'$s.
3. Determine os momentos generalizados $p_1, \cdots, p_n$. (Estamos agora assumindo que o sistema é conservativo, logo, U é independente de $\dot{q}_i$ e podemos usar $p_i = \partial T/\partial \dot{q}_i$. Em geral, devemos usar $p_i = \partial \mathcal{L}/\partial \dot{q}_i$.)
4. Resolva para os $\dot{q}'$s em termos dos p's e q's.
5. Obtenha a Hamiltoniana com uma função dos p's e q's. [Desde que as coordenadas sejam "naturais" (a relação entre coordenadas generalizadas e as coordenadas Cartesianas subjacentes é independente do tempo), $\mathcal{H}$ é a energia total $\mathcal{H} = T + U$, mas, caso haja dúvida, use $\mathcal{H} = \sum p_i \dot{q}_i - \mathcal{L}$. Veja os Problemas 13.11 e 13.12.]
6. Obtenha as equações de Hamilton (13.25).

Se você olhar o último exemplo dado, verá que a solução seguiu os seis passos e o mesmo será verdade para todos os exemplos e problemas a seguir. Antes de apresentarmos outro exemplo, vamos comparar estes seis passos com os correspondentes passos na abordagem Lagrangiana. Para obter as equações de Lagrange, seguimos os mesmos primeiros dois passos (escolha de coordenadas generalizadas e obtenção de T e U). Os passos (3) e (4) são desnecessários, visto que não necessitamos conhecer os momentos generalizados, nem eliminar os q's em favor de p's. Finalmente, devemos seguir os análogos dos passos (5) e (6), a saber, obter a Lagrangiana e as equações de Lagrange. Evidentemente, estabelecer o formalismo Hamiltoniano envolve dois pequenos passos extra

[Passos (3) e (4) acima] quando comparado à Lagrangiana. Embora ambos os passos em geral sejam bastante simples, essa é inegavelmente uma pequena desvantagem do formalismo Hamiltoniano. Eis outro exemplo.

Exemplo 13.4 Equações de Hamilton para uma massa sobre um cone

Considere uma massa m compelida a mover-se sobre a superfície, sem atrito, de um cone vertical $\rho = cz$ (em coordenadas cilíndricas polares ρ, ϕ, z, com $z > 0$) em um campo gravitacional g, atuando verticalmente para baixo (Figura 13.3). Obtenha as equações de Hamilton usando z e ϕ como coordenadas generalizadas. Mostre que, para qualquer solução dada, há uma altura máxima e uma mínima, $z_{máx}$ e $z_{mín}$, respectivamente, entre as quais o movimento está confinado. Use esse resultado para descrever o movimento da massa sobre o cone. Mostre que, para qualquer valor $z > 0$ dado, há uma solução na qual a massa se move em uma trajetória circular com uma altura z fixa.

As coordenadas generalizadas são z e ϕ, com ρ determinado pelo vínculo que força a massa a permanecer sobre o cone, $\rho = cz$. A energia cinética é, portanto,

$$T = \tfrac{1}{2}m\left[\dot{\rho}^2 + (\rho\dot{\phi})^2 + \dot{z}^2\right] = \tfrac{1}{2}m\left[(c^2+1)\dot{z}^2 + (cz\dot{\phi})^2\right].$$

A energia potencial é, naturalmente, $U = mgz$. Os momentos generalizados são

$$p_z = \frac{\partial T}{\partial \dot{z}} = m(c^2+1)\dot{z} \quad \text{e} \quad p_\phi = \frac{\partial T}{\partial \dot{\phi}} = mc^2 z^2 \dot{\phi}. \quad (13.32)$$

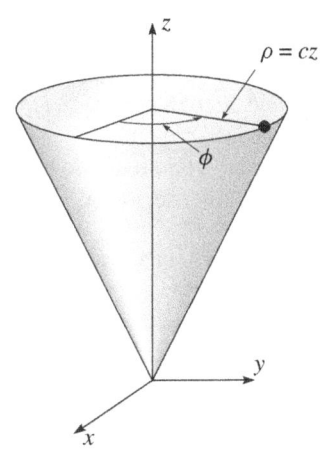

Figura 13.3 Uma massa m está compelida a mover-se sobre a superfície de um cone, conforme ilustrado. Por uma questão de clareza, o cone está ilustrado truncado a uma altura onde se encontra a massa, embora ela realmente continue subindo indefinidamente.

Esses são trivialmente resolvidos para $\dot{z}$ e $\dot{\phi}$, e podemos obter a Hamiltoniana,

$$\mathcal{H} = T + U = \frac{1}{2m}\left[\frac{p_z^2}{(c^2+1)} + \frac{p_\phi^2}{c^2 z^2}\right] + mgz. \tag{13.33}$$

As equações de Hamilton são, agora, facilmente obtidas: as duas equações z são

$$\dot{z} = \frac{\partial \mathcal{H}}{\partial p_z} = \frac{p_z}{m(c^2+1)} \quad \text{e} \quad \dot{p}_z = -\frac{\partial \mathcal{H}}{\partial z} = \frac{p_\phi^2}{mc^2 z^3} - mg. \tag{13.34}$$

As duas equações ϕ são

$$\dot{\phi} = \frac{\partial \mathcal{H}}{\partial p_\phi} = \frac{p_\phi}{mc^2 z^2} \quad \text{e} \quad \dot{p}_\phi = -\frac{\partial \mathcal{H}}{\partial \phi} = 0. \tag{13.35}$$

A última dessas equações nos diz, o que poderíamos já ter suspeitado, que a componente z do momento angular, p_ϕ, é constante.

A maneira mais fácil de ver que, para uma dada solução, z está confinado entre dois limites, $z_{\text{mín}}$ e $z_{\text{máx}}$, é lembrar-se de que a função Hamiltoniana (13.33) é igual à energia total, que é conservada. Logo, para qualquer solução dada, (13.33) é igual a uma constante fixa E. Agora, a função $\mathcal{H}$ em (13.33) é a soma de três termos positivos, e, quando $z \to \infty$, o último termo tende a infinito. Como $\mathcal{H}$ deve ser igual à constante E, deve haver um $z_{\text{máx}}$ que z não pode exceder. Da mesma maneira, o segundo termo em (13.33) tende a infinito quando $z \to 0$; assim, deve haver um $z_{\text{mín}} > 0$ abaixo do qual z não pode ir. Em particular, isso significa que a massa nunca pode descer todo o caminho até a base do cone em $z = 0$.[6] O movimento da massa sobre o cone é, agora, fácil de ser descrito. Ela se move em torno do eixo z com momento angular constante $p_\phi = mc^2 z^2 \dot{\phi}$. Como p_ϕ é constante, a velocidade angular $\dot{\phi}$ varia – crescendo quando z diminui e decrescendo quando z aumenta. Ao mesmo tempo, a altura z da massa oscila para cima e para baixo entre $z_{\text{mín}}$ e $z_{\text{máx}}$. (Veja os Problemas 13.14 e 13.17 para mais detalhes.)

Para investigar a possibilidade de uma solução na qual a massa permaneça parada a uma altura fixa z, observe que isso requer que $\dot{z} = 0$, durante todo o tempo. Isso, por sua vez, requer que $p_z = 0$ durante todo o tempo e, portanto, $\dot{p}_z = 0$. Da segunda das Equações (13.34), vemos que $\dot{p}_z = 0$ se, e somente se,

$$p_\phi = \pm\sqrt{m^2 c^2 g z^3}. \tag{13.36}$$

Se, para alguma escolha da altura inicial z, lançarmos a massa com $p_z = 0$ e p_ϕ igual a um desses dois valores (indo no sentido horário ou anti-horário), então, como

---

[6] Dois comentários: é fácil ver que o segundo termo em (13.33) está relacionado à força centrífuga; logo, podemos dizer que a massa é mantida longe da base do cone por essa força. Segundo, a única exceção a esta declaração é se o momento angular $p_\phi = 0$; neste caso, a massa se move para cima e para baixo do cone em uma direção radial (ϕ constante) e *irá*, eventualmente, descer à base.

$\dot{p}_z = 0$, p_z e, portanto, $\dot{z}$, ambos permanecem zero e a massa continua a mover-se com sua altura inicial em torno de um círculo horizontal.

13.4 COORDENADAS IGNORÁVEIS

Até o momento, estabelecemos o formalismo Hamiltoniano e vimos que ele é válido sempre que o Lagrangiano também o é. O Hamiltoniano goza de quase todas as vantagens e desvantagens do Lagrangiano, quando qualquer um deles é comparado com o formalismo Newtoniano. Mas não está claro ainda se há alguma vantagem significativa no uso do Hamiltoniano no lugar do Lagrangiano ou vice-versa. Como já mencionei em estudos teóricos mais avançados a abordagem Hamiltoniana possui algumas vantagens específicas, e tentarei apresentar alguma impressão dessas vantagens nas próximas quatro seções.

No Capítulo 7, vimos que, se a Lagrangiana $\mathcal{L}$ é independente de uma coordenada q_i, então o momento generalizado correspondente p_i é constante. [Isso resultou do fato que a equação de Lagrange $\partial \mathcal{L}/\partial q_i = (d/dt)\partial \mathcal{L}/\partial \dot{q}_i$, que pode ser reescrita como $\partial \mathcal{L}/\partial q_i = \dot{p}_i$. Portanto, se $\partial \mathcal{L}/\partial q_i = 0$, segue imediatamente que $\dot{p}_i = 0$.] Quando isso acontece, dizemos que a coordenada q_i é **ignorável**.

Da mesma maneira, se a Hamiltoniana $\mathcal{H}$ é independente de q_i, segue da equação de Hamilton $\dot{p}_i = -\partial \mathcal{H}/\partial q_i$ que o seu momento conjugado p_i é uma constante. Vimos isso na Equação (13.35), no último exemplo, onde $\mathcal{H}$ era independente de ϕ e o momento conjugado p_ϕ (na verdade, o momento angular) era constante. Os resultados deste e do último parágrafo são, na verdade, o *mesmo* resultado, posto que é facilmente demonstrado que $\partial \mathcal{L}/\partial q_i = -\partial \mathcal{H}/\partial q_i$ (Problema 13.22). Logo, $\mathcal{L}$ é independente de q_i se e somente se $\mathcal{H}$ é independente de q_i. Se uma coordenada q_i é ignorável na Lagrangiana, então ela também o é na Hamiltoniana e vice-versa.

Entretanto, é verdade que o formalismo Hamiltoniano é mais conveniente para lidar com coordenadas ignoráveis. Para ver isso, vamos considerar um sistema com apenas dois graus de liberdade e supor que a Hamiltoniana seja independente de q_2. Isso significa que a Hamiltoniana depende apenas de três variáveis,

$$\mathcal{H} = \mathcal{H}(q_1, p_1, p_2). \quad (13.37)$$

Por exemplo, a Hamiltoniana (13.29) para o problema da força central possui esta propriedade, sendo independente da coordenada ϕ. Isso significa que $p_2 = k$, uma constante que é determinada pelas condições iniciais. A substituição dessa constante na Hamiltoniana deixa

$$\mathcal{H} = \mathcal{H}(q_1, p_1, k),$$

que é uma função de apenas duas variáveis, q_1 e p_1, e a solução do movimento é reduzida a um problema unidimensional com esta Hamiltoniana unidimensional efetiva. Generalizando, se um sistema com n graus de liberdade tem uma coordenada ignorável q_i, então a solução do movimento na abordagem Hamiltoniana é exatamente equivalente a um problema com $(n-1)$ graus de liberdade, no qual q_i e p_i podem ser completamente ignoradas. Se houver várias coordenadas ignoráveis, o problema correspondente será simplificado ainda mais.

No formalismo Lagrangiano, é verdade que, se q_i é ignorável, p_i é constante, mas isso não leva à mesma e elegante simplificação. Supondo, novamente, que o sistema tenha dois graus de liberdade e que q_2 seja ignorável, então, de acordo com (13.37), teremos

$$\mathcal{L} = \mathcal{L}(q_1, \dot{q}_1, \dot{q}_2).$$

Agora, embora q_2 seja ignorável e p_2 constante, não é necessariamente verdade que $\dot{q}_2$ é constante. Logo, a Lagrangiana não se reduz habitualmente a uma função unidimensional que dependa apenas de q_1 e $\dot{q}_1$. [Por exemplo, no problema de força central, a Lagrangiana tem a forma $\mathcal{L}(r, \dot{r}, \phi)$, mas, apesar de ϕ ser ignorável, $\dot{\phi}$ continua variando enquanto o movimento prossegue e o problema não se reduz automaticamente a um problema com um grau de liberdade.[7]]

13.5 EQUAÇÕES DE LAGRANGE *VERSUS* EQUAÇÕES DE HAMILTON

Para um sistema com n graus de liberdade, o formalismo Lagrangiano se apresenta com n equações diferenciais de segunda ordem para as n variáveis $q_1, \cdots, q_n$. Para o mesmo sistema, o formalismo Hamiltoniano apresenta $2n$ equações diferenciais de *primeira ordem* para as $2n$ variáveis $q_1, \cdots, q_n, p_1, \cdots, p_n$. Não é uma surpresa que o formalismo Hamiltoniano transforme n equações de segunda ordem em $2n$ equações de primeira ordem. Na verdade, é fácil ver que *qualquer* conjunto de n equações de segunda ordem pode ser transformado desta forma: por simplicidade, vamos considerar o caso em que há apenas um grau de liberdade, de modo que a abordagem Lagrangiana forneça apenas uma equação de segunda ordem para uma coordenada q. Esta equação pode ser escrita como

$$f(\ddot{q}, \dot{q}, q) = 0, \tag{13.38}$$

onde f é alguma função dos três argumentos. Vamos agora definir uma segunda variável

$$s = \dot{q}. \tag{13.39}$$

Em termos da segunda variável, $\ddot{q} = \dot{s}$ e a equação diferencial original (13.38) torna-se

$$f(\dot{s}, s, q) = 0. \tag{13.40}$$

Vemos, então, que substituímos a equação de segunda ordem (13.38) para q por duas equações de primeira ordem (13.39) e (13.40) para q e s.

Evidentemente, o fato de que as equações de Hamilton sejam de primeira ordem, enquanto as de Lagrange são de segunda ordem, não é, particularmente, uma melhoria. Entretanto, a forma específica das equações de Hamilton é de fato uma grande evolução.

---

[7] Nesse caso particular, a dificuldade é facilmente contornada. Na discussão da Seção 8.4, escrevemos a equação radial de Lagrange (8.24) em termos da variável $\dot{\phi}$ e, em seguida, a reescrevemos eliminando $\dot{\phi}$ em lugar de $p_\phi = \ell$, que é constante.

Para vermos isso, vamos reescrever as equações de Hamilton em uma forma mais eficiente. Primeiro, podemos reescrever as n primeiras Equações (13.25) como

$$\dot{q}_i = \frac{\partial \mathcal{H}}{\partial p_i} = f_i(\mathbf{q}, \mathbf{p}) \qquad [i = 1, \cdots, n], \qquad (13.41)$$

onde cada f_i é alguma função de $\mathbf{q}$ e $\mathbf{p}$ e podemos combinar essas n equações em uma única equação n-dimensional

$$\dot{\mathbf{q}} = \mathbf{f}(\mathbf{q}, \mathbf{p}), \qquad (13.42)$$

onde o $\mathbf{f}$ em negrito significa o vetor formado pelas n funções $f_i = \partial \mathcal{H}/\partial p_i$. Do mesmo modo, podemos reescrever as n equações para os $\dot{p}_i$ de forma análoga:

$$\dot{\mathbf{p}} = \mathbf{g}(\mathbf{q}, \mathbf{p}), \qquad (13.43)$$

onde o $\mathbf{g}$ em negrito significa o vetor formado pelas n funções $g_i = -\partial \mathcal{H}/\partial q_i$. Finalmente, podemos introduzir um vetor $2n$-dimensional

$$\mathbf{z} = (\mathbf{q}, \mathbf{p}) = (q_1, \cdots, q_n, p_1, \cdots, p_n). \qquad (13.44)$$

Esse **vetor no espaço de fase** ou **ponto de fase z** forma todas as coordenadas generalizadas *e* todos os seus momentos conjugados. Cada valor de $\mathbf{z}$ denota um único ponto no espaço de fase e identifica um único conjunto de condições iniciais para o sistema. Com essa nova notação, podemos combinar as duas equações (13.42) e (13.43) em uma única equação de movimento com $2n$-componentes

$$\dot{\mathbf{z}} = \mathbf{h}(\mathbf{z}), \qquad (13.45)$$

onde a função $\mathbf{h}$ é um vetor formado pelas $2n$ funções $f_1, \cdots, f_n$ e $g_1, \cdots, g_n$ das Equações (13.42) e (13.43).

A Equação (13.45) expressa as equações de Hamilton como uma equação diferencial de primeira ordem para o vetor $\mathbf{z}$ no espaço de fase. Além disso, ela é uma equação de primeira ordem com a forma[8] especialmente simples:

(primeira derivada de $\mathbf{z}$) = (função de $\mathbf{z}$).

Uma grande parte da literatura matemática sobre equações diferenciais é dedicada às equações com essa forma padrão e é uma vantagem aparente do formalismo Hamiltoniano que as equações de Hamilton – ao contrário das de Lagrange – são automaticamente dessa forma.

A combinação das n coordenadas de posição $\mathbf{q}$ com os n momentos $\mathbf{p}$ para formar um único vetor $\mathbf{z} = (\mathbf{q}, \mathbf{p})$ no espaço de fase sugere uma certa igualdade entre as coordenadas posição e momento no espaço de fase e essa sugestão se mostra correta. Temos agora conhecimento, desde o Capítulo 7, de que uma das capacidades do formalismo Lagrangiano é a sua grande flexibilidade com respeito às coordenadas: qualquer conjunto de coordenadas generalizadas $\mathbf{q} = (q_1, \cdots, q_n)$ pode ser substituído por um

---

[8] Se a Hamiltoniana fosse explicitamente dependente do tempo, então (13.45) assumiria (ainda muito simples) a forma $\dot{\mathbf{z}} = \mathbf{h}(\mathbf{z}, t)$. A forma (13.45) sem qualquer dependência no tempo é dita *autônoma*.

segundo conjunto $\mathbf{Q} = (Q_1, \cdots, Q_n)$, onde cada uma das novas Q_i é uma função das originais $(q_1, \cdots, q_n)$,

$$\mathbf{Q} = \mathbf{Q}(\mathbf{q}), \tag{13.46}$$

e as equações de Lagrange serão tão válidas com respeito às novas coordenadas $\mathbf{Q}$ quanto o eram com respeito às antigas $\mathbf{q}$.[9] Podemos reexpressar isso dizendo que as equações de Lagrange são inalteradas (ou invariantes) sob quaisquer mudanças de coordenadas no espaço das configurações n-dimensional, definido por $\mathbf{q} = (q_1, \cdots, q_n)$. O formalismo Hamiltoniano compartilha essa mesma flexibilidade – as equações de Hamilton são invariantes sob qualquer mudança de coordenadas (13.46) no espaço das configurações. Entretanto, o formalismo Hamiltonaino, na verdade, tem uma flexibilidade muito maior e permite certas mudanças de coordenadas no espaço de fase $2n$-dimensional. Vamos considerar mudanças de coordenadas da forma

$$\mathbf{Q} = \mathbf{Q}(\mathbf{q}, \mathbf{p}) \quad \text{e} \quad \mathbf{P} = \mathbf{P}(\mathbf{q}, \mathbf{p}), \tag{13.47}$$

isto é, mudança de coordenadas nas quais os $q's$ e os $p's$ são permutáveis. Se as equações (13.47) satisfazem certas condições, esta mudança de coordenadas é chamada de **tranformação canônica** e resulta que as equações de Hamilton são invariantes sob tais transformações canônicas. Qualquer discussão adicional sobre as transformações canônicas nos levará além do escopo deste livro, mas você deve ficar atento e saber que são uma das propriedades que tornam a abordagem Hamiltoniana uma ferramenta[10] tão poderosa. Os Problemas 13.24 e 13.25 oferecem dois exemplos de trasnsformações canônicas.

13.6 ÓRBITAS NO ESPAÇO DE FASE

Podemos ver vetor $\mathbf{z} = (\mathbf{q}, \mathbf{p})$ no espaço de fase em (13.44) como definindo a "posição" do sistema no espaço de fase. Qualquer ponto $\mathbf{z}_o$ define uma condição inicial possível (em qualquer instante de tempo t_o), e as equações de Hamilton (13.45) definem uma única **órbita no espaço de fase** ou **trajetória** que inicia em $\mathbf{z}_o$ no instante t_o e que o sistema segue com o passar do tempo. Como o espaço de fase tem $2n$ dimensões, a visualização de tais órbitas apresenta alguns desafios, a menos que $n = 1$. Por exemplo, para uma única partícula sem vínculos em três dimensões, $n = 3$, e o espaço de fase é seis-dimensional – algo que não podemos visualizar facilmente. Há várias técnicas, tais como seções de Poincaré, descritas na Seção 12.8, para a visualização das órbitas no espaço de fase em um subespaço de dimensão menor do que o espaço de fase completo, mas aqui apresentarei apenas dois exemplos de sistemas para os quais $n = 1$ e o espaço de fase é, portanto, bidimensional.

Antes de examinarmos esses exemplos, há uma importante propriedade das órbitas no espaço de fase que merece ser mencionada: é fácil ver que duas órbitas diferentes

---

[9] Esta afirmação deve ser esclarecida: as coordenadas $\mathbf{Q}$ devem ser "razoáveis" no sentido de que o conjunto $\mathbf{Q}$ determina um único conjunto $\mathbf{q}$ e vice-versa, e a função $\mathbf{Q}(\mathbf{q})$ deve ser apropriadamente diferenciável.

[10] Devo enfatizar que não há uma transformação correspondente no mecanismo Lagrangiano que opere no espaço de estados, definido pelo vetor $(\mathbf{q}, \dot{\mathbf{q}})$ $2n$-dimensional. Como $\dot{\mathbf{q}}$ é definido como a derivada temporal de $\mathbf{q}$, não há um análogo a (13.47) onde os $q's$ e $\dot{q}'s$ possam ser permutáveis.

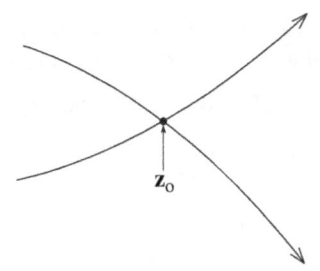

Figura 13.4 Podemos imaginar duas órbitas passando pelo mesmo ponto z_o no espaço de fase. Entretanto, as equações de Hamilton garantem que, para qualquer ponto z_o dado, há uma única órbita passando por z_o, então as duas órbitas devem de fato ser a mesma.

no espaço de fase nunca podem passar pelo mesmo ponto do espaço de fase, isto é, elas nunca podem ser cruzar. Suponha que duas órbitas passem pelo mesmo ponto z_o, como na Figura 13.4.

Agora, das equações de Hamilton (13.45), segue que por qualquer ponto z_o pode passar apenas uma única órbita. Portanto, as duas órbitas passando por z_o devem ser a mesma. Observe que este resultado exclui órbitas distintas de passarem pelo mesmo ponto *mesmo em diferentes instantes de tempo*: se uma órbita passa por z_o hoje, então nenhuma órbita diferente pode ter passado por z_o ontem ou passar hoje ou amanhã.[11] Este resultado – de que não há duas órbitas no espaço de fase que se cruzem – põe severas restrições na forma como essas órbitas são traçadas no espaço de fase. Ela tem consequências importantes, por exemplo, na análise do movimento caótico de sistemas Hamiltonianos.

Exemplo 13.5 Oscilador harmônico unidimensional

Construa as equações de Hamilton para o oscilador harmônico simples unidimensional, com massa m e constante da força k, e descreva as possíveis órbitas no espaço de fase definido pelas coordenadas (x, p).

A energia cinética é $T = \frac{1}{2}m\dot{x}^2$ e a energia potencial é $U = \frac{1}{2}kx^2 = \frac{1}{2}m\omega^2 x^2$ se introduzirmos a frequência natural $\omega = \sqrt{k/m}$. O momento generalizado é $p = \partial T/\partial \dot{x} = m\dot{x}$, e a Hamiltoniana (escrita como uma função de x e p) é

$$\mathcal{H} = T + U = \frac{p^2}{2m} + \frac{1}{2}m\omega^2 x^2. \quad (13.48)$$

Logo, as equações de Hamilton são

$$\dot{x} = \frac{\partial \mathcal{H}}{\partial p} = \frac{p}{m} \quad \text{e} \quad \dot{p} = -\frac{\partial \mathcal{H}}{\partial x} = -m\omega^2 x.$$

---

[11] Isso ocorre porque a Hamiltoniana é independente do tempo. Se $\mathcal{H}$ for explicitamente dependente do tempo, então podemos assegurar apenas que não há duas óbitas passando por um ponto ao mesmo tempo.

A maneira mais simples de resolver essas duas equações é eliminar *p* e obter a equação de segunda ordem familiar $\ddot{x} = -\omega^2 x$, com a solução familiar

$$x = A\cos(\omega t - \delta) \quad \text{e, portanto,} \quad p = m\dot{x} = -m\omega A \operatorname{sen}(\omega t - \delta). \quad (13.49)$$

O espaço de fase para o oscilador unidimensional é o espaço bidimensional com coordenadas (*x*, *p*). Nesse espaço, a solução (13.49) é a forma paramétrica da elipse, traçada no sentido horário, conforme a Figura 13.5, que ilustra duas órbitas no espaço de fase para os casos em que o oscilador iniciou a partir do repouso em $x = A$ (curva sólida) e $x = A/2$ (curva tracejada). Segue da conservação da energia que as órbitas *devem* ser elipses: a energia total é dada pela Hamiltoniana (13.48), cujo valor inicial (para a curva sólida com $x = A$ e $p = 0$) é $\tfrac{1}{2}m\omega^2 A^2$. Logo, a conservação da energia implica

$$\frac{p^2}{2m} + \frac{1}{2}m\omega^2 x^2 = \frac{1}{2}m\omega^2 A^2$$

ou

$$\frac{x^2}{A^2} + \frac{p^2}{(m\omega A)^2} = 1. \quad (13.50)$$

Essa é a equação de uma elipse com semieixo maior e semieixo menor *A* e *mωA*, respectivamente, em concordância com (13.49).

Talvez, seja interessante seguir uma das órbitas no espaço de fase da Figura 13.5 em detalhes. Para a curva sólida, o movimento começa a partir do repouso com *x* no seu máximo, no ponto $x = A$, $p = 0$, ilustrado como um ponto na figura. A força de restauração faz *m* acelerar de volta na direção $x = 0$, de modo que *x* se torna menor enquanto *p* se torna mais e mais negativo. Quando *x* atinge 0, *p* alcançou seu maior ponto negativamente p $= -m\omega A$. O oscilador, agora, ultrapassa o ponto de equilíbrio, assim *x* se torna cada vez mais negativo, enquanto *p* é ainda negativo, mas

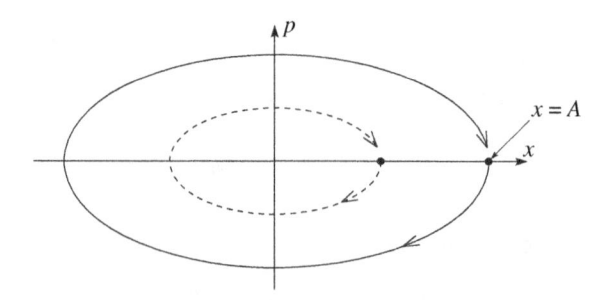

Figura 13.5 O espaço de fase para um oscilador harmônico unidimensional é um plano, com eixos denotados por *x* (as posições) e *p* (os momentos), no qual o ponto representando o estado do movimento gera uma elipse em sentido horário. Há uma única órbita através de cada ponto de fase (*x*, *p*). A órbita mais externa (curva sólida) teve início a partir do repouso com $x = A$ e $p = 0$; a mais interna teve início a partir de $x = A/2$ e $p = 0$.

diminuindo o seu valor absoluto. Quando x atinge $-A$, p é zero outra vez e assim por diante, até que o oscilador volte ao seu ponto inicial $x = A$, $p = 0$ e o ciclo comece tudo novamente. Observe que, em concordância com o argumento geral, as duas órbitas ilustradas na Figura 13.5 não se cruzam. Na verdade, é fácil ver que não há duas órbitas com a forma (13.50) que tenham qualquer ponto em comum, a menos que elas tenham o mesmo valor de A (caso em que elas serão a *mesma* elipse).

Nesse simples caso unidimensional, o gráfico no espaço de fase não diz nada que não pudéssemos ter aprendido a partir da solução simples $x = A \cos(\omega t - \delta)$, mas espero que você concorde que ela apresenta alguns detalhes do movimento um pouco mais claros.

Se você leu o Capítulo 12, reconhecerá que a órbita no espaço de fase está intimamente relacionada às órbitas no espaço de estados, descrito na Seção 12.7. A única diferença é que a primeira gera a evolução do sistema no plano (x, p), enquanto a última usa o plano $(x, \dot{x})$. No presente caso, quase não há diferença, visto que para o movimento unidimensional ao longo do eixo x, p é proporcional a $\dot{x}$ (especificamente, $p = m\dot{x}$). Logo, os dois tipos de gráficos são idênticos exceto pelo fato de que o primeiro é esticado por um fator m na direção vertical. Entretanto, no caso geral $2n$-dimensional, os espaços definidos por $(\mathbf{q}, \mathbf{p})$ e por $(\mathbf{q}, \dot{\mathbf{q}})$ podem ser bastante diferentes. Como veremos na próxima seção, o gráfico no espaço de fase tem algumas propriedades elegantes não compartilhadas pelo espaço de estados.

Frequentemente, necessitamos seguir não apenas uma, mas várias órbitas distintas através do espaço de fase. Por exemplo, no estudo do caos, vimos que é de grande interesse seguir a evolução de dois sistemas idênticos que são lançados com ligeira diferença nas condições iniciais. Se o movimento não é caótico, os dois sistemas permanecem bastante próximos no espaço de estados, mas, se o movimento é caótico, eles se afastam tão rapidamente que os detalhes de seus movimentos são imprevisíveis. No próximo exemplo, olharemos para quatro órbitas vizinhas no espaço de fase de uma partícula caindo sob a influência da gravidade.

Exemplo 13.6 Um corpo caindo

Estabeleça o formalismo Hamiltoniano para uma massa m compelida a se mover em uma reta vertical, sujeita apenas à força da gravidade. Use a coordenada x, medida para baixo a partir de uma origem conveniente e seu momento conjugado. Descreva as órbitas no espaço de fase e, em particular, esboce as órbitas a partir do instante $t = 0$ até um instante posterior t para as quatro seguintes condições iniciais em $t = 0$:

(a) $x_0 = p_0 = 0$ (isto é, a massa é largada a partir do repouso em $x = 0$);
(b) $x_0 = X$, mas $p_0 = 0$ (a massa é largada a partir do repouso em $x = X$);
(c) $x_0 = X$ e $p_0 = P$ (a massa é lançada a partir de $x = X$ com momento inicial $p = P$);
(d) $x_0 = 0$ e $p_0 = P$ (a massa é lançada a partir de $x = 0$ com momento inicial $p = P$).

A energia cinética é $T = \frac{1}{2}m\dot{x}^2$ e a energia potencial é $U = -mgx$. (Lembre que x é medido para baixo.) O momento conjugado é, naturalmente, $p = m\dot{x}$ e a Hamiltoniana é

$$\mathcal{H} = T + U = \frac{p^2}{2m} - mgx. \tag{13.51}$$

Para determinar a forma das órbitas no espaço de fase, não precisamos resolver as equações de movimento, visto que a conservação de energia requer que elas satisfaçam $\mathcal{H} = $ const. Para a Hamiltoniana (13.51), isso define uma parábola com a forma $x = kp^2 + $ const, com seu eixo de simetria sobre o eixo x.

Para desenhar as quatro órbitas da questão, é útil resolver a equação de movimento

$$\dot{x} = \frac{\partial \mathcal{H}}{\partial p} = \frac{p}{m} \quad \text{e} \quad \dot{p} = -\frac{\partial \mathcal{H}}{\partial x} = mg.$$

A segunda dessas equações resulta em

$$p = p_0 + mgt$$

e a primeira, então, resulta em

$$x = x_0 + \frac{p_0}{m}t + \frac{1}{2}gt^2$$

– ambos os resultados são muito familiares com a mecânica elementar. Pondo nestas as condições iniciais, obtemos as quatro curvas apresentadas na Figura 13.6. Como esperado, as quatro órbitas $A_0A, \cdots, D_0D$ são parábolas, e nenhuma delas se cruza com outra. Você pode ver que o retângulo inicial $A_0B_0C_0D_0$ evoluiu para o paralelogramo $ABCD$. Entretanto, é fácil mostrar que a área do paralelogramo é a mesma que

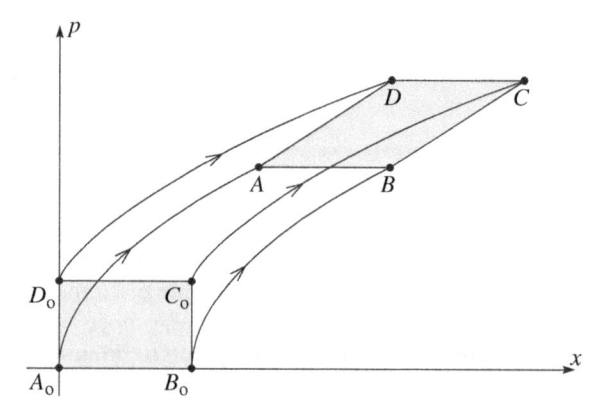

Figura 13.6 Quatro órbitas diferentes no espaço de fase para um corpo se movendo verticalmente sob a influência da gravidade, com posição x (medida verticalmente para baixo) e momento p. Os quatro estados iniciais diferentes em $t = 0$ estão ilustrados pelos pontos denotados A_0, B_0, C_0 e D_0, com os estados finais correspondentes em um instante posterior t denotados por A, B, C e D.

a do retângulo original. (Mesma base, $A_oB_o = AB$, e mesma altura. Veja o Problema 13.27.) Veremos, na próxima seção, que essas duas propriedades (alteração da forma preservando a área) são propriedades gerais de todas as órbitas no espaço de fase. Em particular, a não modificação da área é um exemplo do importante resultado conhecido como teorema de Liouville.

13.7 TEOREMA DE LIOUVILLE*

Esta seção contém material que é mais avançado do que a maioria dos outros materiais deste livro, como o operador divergente e o teorema da divergência do cálculo vetorial. Se você não estudou essas noções antes, pode omitir esta seção.

No Exemplo 13.6, vimos que podemos usar um gráfico do espaço de fase para traçar o movimento de vários sistemas idênticos evoluindo a partir de várias condições iniciais. Em muitos problemas, especialmente os da mecânica estatística, há ocasiões em que temos que traçar o movimento de um enorme número de sistemas idênticos. O estado de cada sistema pode ser indicado por um ponto no espaço de fase e, se o número desses pontos for bastante grande, podemos ver o resultado do aglomerado de pontos como uma espécie de fluido, com densidade ρ medida em pontos por unidade de volume do espaço de fase. Por exemplo, na mecânica estatística de um gás ideal, desejamos seguir o movimento de cerca de 10^{23} moléculas idênticas, quando elas se movem dentro de um recipiente. Cada molécula é governada por alguma Hamiltoniana e se move no mesmo espaço de fase seis-dimensional, com coordenadas (x, y, z, p_x, p_y, p_z). Logo, o estado do sistema para um instante de tempo t pode ser especificado dando-se as posições dos 10^{23} pontos neste espaço; tais pontos formam um aglomerado cujo movimento pode (para muitos propósitos) ser tratado como o de um fluido. Para a maioria desta seção, você deve manter esse exemplo em mente, embora em casos específicos, frequentemente, restrinja a um sistema com apenas uma dimensão espacial e, portanto, duas dimensões no espaço de fase.

O acompanhamento do movimento de muitos sistemas idênticos, por meio de uma nuvem de pontos nos seus espaços de fase, está ilustrado na Figura 13.7. Essa figura poderia ser interpretada como uma representação esquemática de um espaço de fase multidimensional, mas vamos, por simplicidade, pensar nela como o espaço de fase bidimensional com as coordenadas $\mathbf{z} = (q, p)$ de um sistema com um grau de liberdade. Cada ponto na nuvem mais baixa representa o estado inicial de um sistema (por exemplo, uma molécula em um gás), dando a sua posição $\mathbf{z} = (q, p)$ no espaço de fase no instante t_o. As equações de Hamilton determinam a "velocidade" com a qual cada ponto se move através do espaço de fase:

$$(\text{velocidade no espaço de fase}) = \dot{\mathbf{z}} = (\dot{q}, \dot{p}) = \left(\frac{\partial \mathcal{H}}{\partial p}, -\frac{\partial \mathcal{H}}{\partial q}\right). \quad (13.52)$$

Para cada ponto $\mathbf{z}$ na nuvem inicial, há uma única velocidade $\dot{\mathbf{z}}$ e cada ponto se move para longe com a sua própria velocidade. Em geral, pontos diferentes terão diferentes velocidades, e a nuvem pode mudar a sua forma e orientação, como ilustrado. Por outro lado,

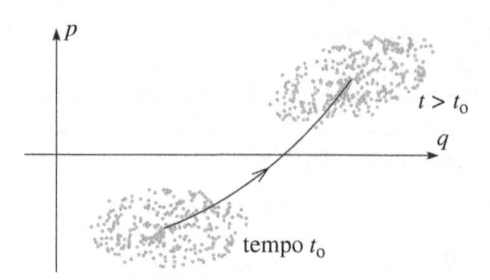

Figura 13.7 Os pontos na nuvem mais baixa especificam o estado de cerca de 300 sistemas idênticos no instante t_0. À medida que o tempo evolui, cada ponto se move através do espaço de fase de acordo com as equações de Hamilton, e a nuvem, como um todo, se move para a posição superior.

como demonstraremos em breve, o volume ocupado pela nuvem não pode mudar – um resultado chamado de teorema de Liouville.

Para tornar essa ideia mais precisa, necessitamos considerar uma superfíce fechada no espaço de fase, tal como a ilustrada na parte inferior à esquerda da Figura 13.8. Cada ponto sobre essa superfície fechada define um único conjunto de condições iniciais e se move ao longo da órbita correspondente no espaço de fase à medida que o tempo avança. Logo, toda a superfície se move através do espaço de fase. É fácil ver que qualquer ponto que esteja inicialmente no *interior* da superfície deve permanecer no interior durante todo o tempo: para isso, suponha que tal ponto pudesse se mover do lado de fora. Então, em um certo momento, ele teria que cruzar a superfície que se move. Nesse momento, teríamos duas órbitas distintas cruzando uma a outra, o que sabemos ser impossível. Com o mesmo argumento, qualquer ponto que esteja inicialmente do lado de fora da superfície, permanecerá do lado de fora durante todo o tempo. Logo, o número de pontos (representando moléculas, por exemplo) do lado de dentro da superfície é constante no tempo. O principal resultado desta seção – o teorema de Liouville – é que o volume da superfície fechada que se move na Figura 13.8 é constante no tempo. Para demonstrar isso, precisamos conhecer a relação entre a taxa de variação desse tipo de volume e o chamado *divergente* do vetor velocidade.

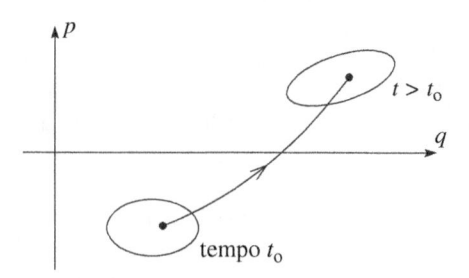

Figura 13.8 À medida que o tempo evolui, a superfície fechada que está abaixo e à esquerda se move através do espaço de fase. Qualquer ponto que esteja inicialmente no lado de dentro da superfície permanecerá no interior durante todo o tempo.

Mudança de volumes

Os dois resultados matemáticos de que precisamos são válidos em espaços com qualquer número de dimensão. Necessitamos aplicá-los no espaço de fase $2n$-dimensional. Entretanto, vamos considerá-los primeiramente no contexto familiar do nosso espaço tridimensional. Imagine um espaço tridimensional cheio de um fluido se movendo. Em cada ponto $\mathbf{r}$ o fluido está se movendo com velocidade $\mathbf{v}$. Para cada posição $\mathbf{r}$, há uma única velocidade $\mathbf{v}$, mas $\mathbf{v}$ pode, naturalmente, ter valores diferentes em pontos diferentes $\mathbf{r}$; logo, podemos escrever $\mathbf{v} = \mathbf{v}(\mathbf{r})$. Isso é exatamente análogo à situação no espaço de fase, onde cada ponto $\mathbf{z}$ no espaço está se movendo com uma velocidade que é univocamente determinada pela sua posição no espaço de fase, $\dot{\mathbf{z}} = \dot{\mathbf{z}}(\mathbf{z})$.

Vamos agora considerar uma superfície fechada S no fluido em um certo instante de tempo t. Podemos imaginar que marcamos a superfície com uma tinta, de modo que possamos seguir seu movimento à medida que ela se move com o fluido. A pergunta que temos que fazer é esta: se V denota o volume contido pela superfície S, quão rapidamente V se modifica à medida que o fluido se move? A Figura 13.9(a) ilustra duas posições sucessivas da superfície S para dois momentos sucessivos que estão separados por um pequeno intervalo de tempo δt. A variação de V, durante o intervalo δt, é o volume entre essas duas superfícies. Para calcular isso, considere primeiramente a contribuição do pequeno volume sombreado na Figura 13.9(a), que está ampliado na Figura 13.9(b). Esse pequeno volume é um cilindro cuja base tem uma área dA. O lado do cilindro é dado pelo deslocamento $\mathbf{v}\delta t$, assim, a altura do cilindro é a componente de $\mathbf{v}\delta t$ normal à superfície. Se introduzirmos um vetor unitário $\mathbf{n}$ apontando na direção para fora da superfície e normal a S, então a altura do cilindro é $\mathbf{n} \cdot \mathbf{v}\delta t$ e seu volume é dado por $\mathbf{n} \cdot \mathbf{v}\delta t\, dA$. A variação total no volume contido pela superfície S é determinada somando todas essas pequenas contribuições para dar

$$\delta V = \int_S \mathbf{n} \cdot \mathbf{v}\, \delta t\, dA, \tag{13.53}$$

onde a integral é uma integral de superfície sobre toda a superfície fechada S. Dividindo ambos os lados por δt e tomando $\delta t \to 0$, obtemos o primeiro dos dois resultados chaves:

$$\frac{dV}{dt} = \int_S \mathbf{n} \cdot \mathbf{v}\, dA. \tag{13.54}$$

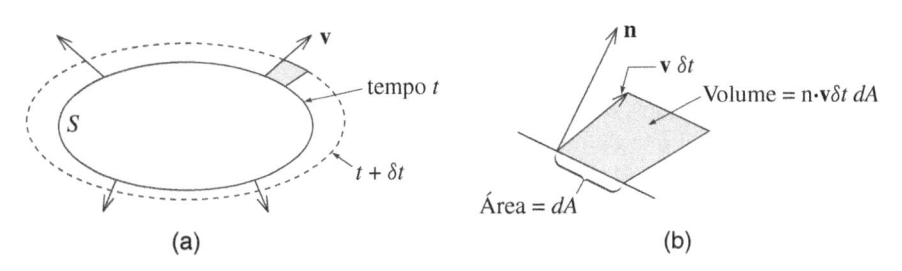

Figura 13.9 (a) A superfície S se move com o fluido a partir de sua posição inicial (curva sólida) no instante t até sua nova posição (curva tracejada) no instante $t + \delta t$. A variação em V é o volume entre as duas superfícies. (b) Visão ampliada do volume sombreado do item (a). O vetor $\mathbf{n}$ é um vetor unitário normal à superfície S, apontando para o lado de fora dela.

A Figura 13.9(a) ilustrou o fluxo de um fluido com velocidade **v**, que possui em todos os lugares o sentido para fora, como seria o caso do ar se expandindo em um balão, cuja temperatura está aumentando. Com **v** apontando para fora, o produto escalar **n** · **v** é positivo (visto que **n** foi definido como normal apontando para fora) e a integral (13.54) é positiva, implicando que V está crescendo, como deveria. Se **v** estivesse, em todos os pontos, para dentro (ar no balão quando a temperatura diminui), então **n** · **v** seria negativo e V estaria decrescendo. Em geral, **n** · **v** pode ser positivo em certas partes da superfície S e negativo em outras. Em particular, se o fluido é incompressível, de modo que V não possa variar, então as contribuições dos valores positivos e negativos de **n** · **v** devem se cancelar exatamente de forma que dV/dt pode ser zero.

Deduzimos o resultado (13.54) para uma superfície S e um volume V em três dimensões, mas ele é igualmente válido em qualquer número de dimensão. Em um espaço m-dimensional, ambos os vetores **n** e **v** possuem m componentes e o produto escalar deles é **n** · **v** $= n_1 v_1 + \cdots + n_m v_m$. Com essa definição, o resultado (13.45) é válido para qualquer que seja o valor de m.

O teorema da divergência

O segundo resultado matemático de que precisamos é chamado de **teorema da divergência** ou **teorema de Gauss**. Esse é um dos resultados fundamentais do cálculo vetorial (análogo ao teorema de Stokes que usamos no Capítulo 4) e você poderá encontrar a sua demonstração em muitos textos sobre cálculo vetorial,[12] embora sua demonstração seja bastante direta e instrutiva em vários casos simples. (Veja o Problema 13.37.) O teorema envolve o operador vetorial chamado de divergente. Para um vetor **v**, o **divergente** de **v** é definido como

$$\nabla \cdot \mathbf{v} = \frac{\partial v_x}{\partial x} + \frac{\partial v_y}{\partial y} + \frac{\partial v_z}{\partial z} ; \qquad (13.55)$$

aqui, **v** é um vetor qualquer (uma força ou um campo elétrico, por exemplo), mas, para nós, ele será sempre uma velocidade. Se você ainda não estudou esse operador anteriormente, pode gostar de resolver alguns dos Problemas 13.31, 13.32 ou 13.34.

O teorema da divergência afirma que a integral de superfície em (13.54) pode ser expressa em termos de $\nabla \cdot \mathbf{v}$:

$$\int_S \mathbf{n} \cdot \mathbf{v} \, dA = \int_V \nabla \cdot \mathbf{v} \, dV. \qquad (13.56)$$

Aqui, a integral à direita é uma integral de volume sobre o volume V contido pela superfície S. Esse teorema é uma ferramenta altamente poderosa. Ele desempenha um papel crucial na aplicação das leis de Gauss da eletrostática. Ele, frequentemente, possibilita a resolução da integral que de outra forma seria bastante difícil de ser calculada. Em particular, há muitos fluxos de fluidos com a propriedade $\nabla \cdot \mathbf{v} = 0$; para tais fluxos, a integral à esquerda pode ser muito complicada de calcular diretamente, mas, graças ao teorema da divergência, podemos ver imediatamente que a integral é de fato zero. Como esta é a forma que utilizaremos o teorema da divergência, vamos resolver um exemplo de tais fluxos imediatamente.

---

[12] Veja, por exemplo, Mary Boas, *Mathematical Methods in the Physical Sciences* (Wiley, 1983), p. 271.

Exemplo 13.7 Um fluxo de cisalhamento

A velocidade do fluxo de um certo fluido é

$$\mathbf{v} = ky\hat{\mathbf{x}}, \qquad (13.57)$$

onde k é uma constante, isto é, $v_x = ky$ e $v_y = v_z = 0$. Descreva esse fluxo e esboce o movimento de uma superfície fechada que começa com a forma de uma esfera. Calcule o divergente $\nabla \cdot \mathbf{v}$ e mostre que o volume formado por qualquer superfície fechada S, movendo com o fluido, não pode variar, ou seja, o fluxo do fluido é incompressível.

A velocidade $\mathbf{v}$ é em todos os lugares na direção x e depende apenas de y. Logo, todos os pontos em qualquer plano $y = $ constante se movem como uma placa rígida deslizando – um padrão chamado de escoamento (fluxo) laminar[13]. A velocidade cresce com y, então cada plano se move um pouco mais rápido do que os planos abaixo dele, em um *movimento de cisalhamento*, como indicado pelas três setas na Figura 13.10. Se considerarmos uma superfície fechada movendo-se com o fluxo e inicialmente esférica, então a sua parte superior será arrastada um pouco mais velozmente do que a parte inferior e isso irá esticá-la para um formato elipsoidal com excentricidade cada vez maior, conforme ilustrado.

Podemos facilmente calcular $\nabla \cdot \mathbf{v}$ usando a definição (13.55)

$$\nabla \cdot \mathbf{v} = \frac{\partial v_x}{\partial x} + \frac{\partial v_y}{\partial y} + \frac{\partial v_z}{\partial z} = \frac{\partial ky}{\partial x} + 0 + 0 = 0. \qquad (13.58)$$

Agora, combinando os dois resultados (13.54) e (13.56), vemos que a taxa de variação do volume dentro de qualquer superfície fechada é

$$\frac{dV}{dt} = \int_V \nabla \cdot \mathbf{v}\, dV. \qquad (13.59)$$

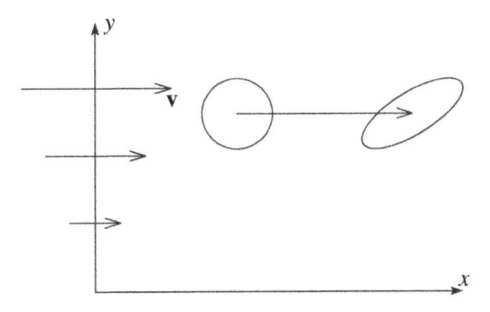

Figura 13.10 O fluxo de fluido descrito por (13.57) é um fluxo laminar de cisalhamento. Os planos paralelos ao plano $y = 0$ se movem rigidamente na direção x, com velocidade proporcional a y. Esse movimento de cisalhamento estica a esfera, transformando-a em um elipsoide.

---

[13] Do latim *lamina*, que significa uma camada fina ou placa.

> Como mostramos que $\nabla \cdot \mathbf{v} = 0$ em qualquer lugar, segue que $dV/dt = 0$ e o volume dentro de qualquer superfície fechada movendo-se com o fluido é constante para o fluxo de (13.57).

Caso nunca tenha estudado o teorema da divergência, poderá tentar resolver os Problemas 13.33 e 13.37. Direi aqui apenas mais uma coisa sobre o significado $\nabla \cdot \mathbf{v}$. Se aplicarmos (13.59) a um volume V suficientemente pequeno, então $\nabla \cdot \mathbf{v}$ será aproximadamente constante, através da região de integração, e o lado direito de (13.59) torna-se $(\nabla \cdot \mathbf{v})V$ e a própria (13.59) implica

$$\nabla \cdot \mathbf{v} = \frac{1}{V} \frac{dV}{dt}$$

para qualquer pequeno volume V. Como dV/dt pode ser chamado de fluxo de saída de $\mathbf{v}$, podemos dizer que $\nabla \cdot \mathbf{v}$ é o *fluxo de saída por volume*. Se $\nabla \cdot \mathbf{v}$ for positivo em um ponto $\mathbf{r}$, então há um fluxo de saída em torno de $\mathbf{r}$ e qualquer pequeno volume em torno de $\mathbf{r}$ está expandindo (como o gás em um balão que está sendo esquentado); se $\nabla \cdot \mathbf{v}$ for negativo, então haverá um fluxo de entrada e qualquer pequeno volume em torno de $\mathbf{r}$ estará contraindo (como o gás em um balão que está sendo resfriado). Neste exemplo, $\nabla \cdot \mathbf{v}$ foi zero e qualquer volume que se mova com o fluido permanecerá inalterado.

O divergente é facilmente generalizado para um número qualquer de dimensões. Em um espaço m-dimensional com coordenadas $(x_1, \cdots, x_m)$ o divergente de um vetor $\mathbf{v} = (v_1, \cdots, v_m)$ é definido como

$$\nabla \cdot \mathbf{v} = \frac{\partial v_1}{\partial x_1} + \cdots + \frac{\partial v_m}{\partial x_m}$$

e, com essas definições, o resultado crucial (13.59) assume exatamente a mesma forma, exceto pelo fato de que a integral é uma integral sobre uma região m-dimensional com elemento de volume $dV = dx_1 dx_2 \cdots dx_m$.

Teorema de Liouville

Finalmente, estamos preparados para demonstrar o principal objetivo desta seção – o teorema de Liouville. Este é um teorema sobre o movimento no espaço de fase, o espaço $2n$-dimensional com coordenadas $\mathbf{z} = (\mathbf{q}, \mathbf{p}) = (q_1, \cdots, q_n, p_1, \cdots, p_n)$. Para simplificar a notação, considerarei apenas um sistema com um grau de liberdade, de modo que $n = 1$ e o espaço de fase é o espaço bidimensional com pontos de fase $\mathbf{z} = (q, p)$. O caso geral segue quase que exatamente da mesma foma, como você pode verificar resolvendo o Problema 13.36.

Cada ponto de fase $\mathbf{z} = (q, p)$ se move através do espaço de fase bidimensional de acordo com as equações de Hamilton, com velocidade

$$\mathbf{v} = \dot{\mathbf{z}} = (\dot{q}, \dot{p}) = \left(\frac{\partial \mathcal{H}}{\partial p}, -\frac{\partial \mathcal{H}}{\partial q}\right). \tag{13.60}$$

Consideraremos uma superfície fechada arbitrária S movendo-se através do espaço de fase, com os pontos de fase conforme ilustrado na Figura 13.8. A taxa com a qual o volume interno a S varia é dada por (13.59), em que agora o volume é um volume bidimensional (de fato uma área) e

$$\nabla \cdot \mathbf{v} = \frac{\partial \dot{q}}{\partial q} + \frac{\partial \dot{p}}{\partial p} = \frac{\partial}{\partial q}\left(\frac{\partial \mathcal{H}}{\partial p}\right) + \frac{\partial}{\partial p}\left(-\frac{\partial \mathcal{H}}{\partial q}\right) = 0, \quad (13.61)$$

que é zero porque a ordem das duas derivadas nas derivações duplas é irrelevante. Como $\nabla \cdot \mathbf{v} = 0$, segue que $dV/dt = 0$, e então demonstramos que o volume V, contido por qualquer superfíce fechada, é constante à medida que a superfície se move ao longo do espaço de fase. Esse é o **teorema de Liouville**.

Há outra maneira de se estabelecer o teorema de Liouville: vimos que o número de pontos N representando sistemas idênticos, contido em um dado volume V não pode variar. (Nenhum ponto pode cruzar a fronteira S de dentro para fora ou vice-versa.) Vimos agora que o volume V não pode variar. Portanto, a densidade de pontos, $\rho = N/V$ também não pode variar. Essa afirmação é algumas vezes reexpressa para dizer que a nuvem de pontos se move através do espaço de fase como um fluido incompressível. Entretanto, é importante estar atento ao que tal afirmação significa. A densidade ρ pode, naturalmente, ser diferente em diferentes pontos de fase $\mathbf{z} = (q, p)$; tudo o que estamos reivindicando é que, à medida que seguimos um ponto de fase ao longo de sua órbita, a densidade nesse ponto não varia.

Infelizmente, não podemos explorar aqui as consequências do teorema de Liouville, apenas mencionar um exemplo: vimos, no Capítulo 12, que, quando o movimento é caótico, dois sistemas idênticos que iniciam com condições iniciais quase idênticas se movem rapidamente afastando-se um do outro no espaço de fase. Logo, se considerarmos um pequeno volume inicial no espaço de fase, assim como ilustrado na Figura 13.8, e se o movimento for caótico, pelo menos alguns pontos no interior do volume devem se afastar rapidamente. No entanto, sabemos agora que o volume total V não pode variar. Portanto, à medida que o volume cresce em uma direção, deve contrair em outra, tornando-se algo semelhante a um charuto. Frequentemente, a região na qual os pontos de fase podem se mover é limitada. (Por exemplo, a conservação de energia tem esse efeito para o oscilador harmônico da Figura 13.5.) Nesse caso, como o volume V se torna maior e mais fino, ele se dobra sobre si mesmo de uma forma complicada, introduzindo outra complicação ao já fascinante comportamento do movimento caótico.

Finalmente, algumas observações sobre o teorema de Liouville: primeiro, em todos os exemplos deste capítulo, assumimos que a Hamiltoniana não é dependente do tempo, $\partial \mathcal{H}/\partial t = 0$ e que as forças são conservativas e as coordenadas são "naturais", de modo que $\mathcal{H} = T + U$. Entretanto, nenhuma dessas suposições é necessária para a veracidade do teorema de Liouville. A demonstração dada nesta seção depende apenas da validade das equações de Hamilton e qualquer sistema que obedece às equações de Hamilton também obedece ao teorema de Liouville. Por exemplo, uma partícula carregada em um campo eletromagnético obedece às equações de Hamilton (Problema 13.18) e, portanto, também ao teorema de Liouville, embora $\partial \mathcal{H}/\partial t$ possa ser diferente de zero e $\mathcal{H}$ certamente diferente de $T + U$. Segundo, o teorema de Liouville se aplica à Hamiltoniana no espaço de fase com coordenadas $(\mathbf{q}, \mathbf{p})$ e não há um teorema correspondente para a Lagrangiana no espaço de estados com coordenadas $(\mathbf{q}, \dot{\mathbf{q}})$. Essa é uma das mais importantes vantagens do formalismo Hamiltoniano frente ao Lagrangiano.

PRINCIPAIS DEFINIÇÕES E EQUAÇÕES

Hamiltoniana

Se um sistema tem coordenadas generalizadas $\mathbf{q} = (q_1, \cdots, q_n)$, Lagrangiana $\mathcal{L}$ e momentos generalizados $p_i = \partial \mathcal{L}/\partial \dot{q}_i$, a **Hamiltoniana** é definida como

$$\mathcal{H} = \sum_{i=1}^{n} p_i \dot{q}_i - \mathcal{L}, \qquad \text{[Eq. (13.22)]}$$

sempre considerada como uma função das variáveis $\mathbf{q}$ e $\mathbf{p}$ (e possivelmente t).

Equações de Hamilton

A evolução temporal de um sistema dado pelas equações de Hamilton

$$\dot{q}_i = \frac{\partial \mathcal{H}}{\partial p_i} \quad \text{e} \quad \dot{p}_i = -\frac{\partial \mathcal{H}}{\partial q_i} \quad [i = 1, \cdots, n]. \qquad \text{[Eq.(13.25)]}$$

Espaço de fase e óbitas no espaço de fase

O **espaço de fase** de um sistema é o espaço $2n$-dimensional com pontos $(\mathbf{q}, \mathbf{p})$ definido pelas n coordenadas generalizadas q_i e pelos n momentos generalizados p_i. Uma **órbita no espaço de fase** é a trajetória traçada no espaço de fase por um sistema à medida que o tempo evolui. [Seções 13.5 e 13.6]

Teorema de Liouville

Se imaginarmos um grande número de sistemas idênticos lançados ao mesmo tempo com condições iniciais ligeiramente diferentes, os pontos no espaço de fase que representam os sistemas podem ser vistos como formando um fluido. O teorema de Liouville estabelece que a densidade do fluido permanece constante no tempo (ou, equivalentemente, que o volume ocupado por qualquer grupo de pontos é constante.) [Seção 13.7]

PROBLEMAS

Estrelas indicam o nível de dificuldade, do mais fácil (★) ao mais difícil (★★★).

SEÇÃO 13.2   Equações de Hamilton para sistemas unidimensionais

13.1★ Determine a Lagrangiana, o momento generalizado e a Hamiltoniana para uma partícula livre (nenhuma força agindo sobre ela) compelida a mover-se ao longo do eixo x. (Use x como a coordenada generalizada.) Determine e resolva as equações de Hamilton.

13.2★ Considere uma massa m compelida a mover-se em uma reta vertical sobre a influência da gravidade. Usando a coordenada x medida verticalmente para baixo a partir de uma origem O conveniente, obtenha a Lagrangiana $\mathcal{L}$ e determine o momento generalizado $p = \partial \mathcal{L}/\partial \dot{x}$. Determine a Hamiltoniana $\mathcal{H}$ como uma função de x e p, e obtenha as equações de movimento de

Hamilton. (Não espero que com um sistema simples você aprenda alguma coisa nova usando o formalismo Hamiltoniano, mas assegure-se de que as equações de movimento façam sentido.)

13.3★ Considere a máquina de Atwood da Figura 13.2, mas suponha que a roldana seja um disco uniforme de massa M e raio R. Usando x como a coordenada generalizada, obtenha a Lagrangiana, o momento generalizado p e a Hamiltoniana $\mathcal{H} = p\dot{x} - \mathcal{L}$ (em uma dimensão). Determine as equações de Hamilton e use-as para determinar a aceleração $\ddot{x}$.

13.4★ A Hamiltoniana $\mathcal{H}$ é sempre dada por $\mathcal{H} = p\,\dot{q} - \mathcal{L}$ (em uma dimensão) e esta é a forma que você deve usar sempre que estiver em dúvida. Entretanto, se a coordenada generalizada q é "natural" (relação entre q e as coordenadas Cartesianas subjacentes é independente do tempo) então $\mathcal{H} = T + U$ e esta forma é quase sempre mais fácil de obter. Portanto, resolvendo qualquer problema, você deve rapidamente verificar se a coordenada generalizada é "natural" e, caso o seja, você pode usar a forma mais simples $\mathcal{H} = T + U$. Para a máquina de Atwood do Exemplo 13.2, verifique se a coordenada generalizada era "natural". [*Sugestão*: há uma coordenada generalizada x e duas coordenadas Cartesianas subjacentes x e y. Você precisa apenas escrever equações para as duas Cartesianas em termos da coordenada generalizada e verificar se elas não envolvem o tempo, dessa forma, é mais seguro usar $\mathcal{H} = T + U$. Isso é absurdamente fácil!]

13.5★★ Uma conta de massa m está presa a um fio, sem atrito, que está curvado em forma de espiral com coordenadas polares (ρ, ϕ, z), satisfazendo $z = c\phi$ e $\rho = R$, com c e R constantes. O eixo z aponta verticalmente para cima e a gravidade verticalmente para baixo. Usando ϕ como a coordenada generalizada, obtenha a energia cinética e a potencial e, em seguida, a Hamiltoniana como uma função de ϕ e o seu momento conjugado p. Obtenha as equações de Hamilton, resolva para $\ddot{\phi}$ e, em seguida, para $\ddot{z}$. Explique seu resultado em termos da mecânica Newtoniana e discuta o caso especial em que $R = 0$.

13.6★★ Na discussão da oscilação do carrinho preso a uma extremidade de uma mola, quase sempre ignoramos a massa da mola. Obtenha a Hamiltoniana $\mathcal{H}$ para o carrinho de massa m preso a uma mola (constante da força k) cuja massa M não é desprezível, usando a distensão x da mola como a coordenada generalizada. Resolva as equações de Hamilton e mostre que a massa oscila com frequência angular $\omega = \sqrt{k/(m + M/3)}$. Isto é, o efeito da massa da mola é adicionar $M/3$ a m. (Assuma que a massa da mola está distribuída uniformemente e que a mola é distendida de maneira uniforme.)

13.7★★★ O vagão de uma montanha-russa, com massa m, se move ao longo dos trilhos que estão sobre o plano xy (x horizontal e y verticalmente para cima). A altura do trilho acima do solo é dada por $y = h(x)$. **(a)** Usando x como a coordenada generalizada, obtenha a Lagrangiana, o momento generalizado e a Hamiltoniana $\mathcal{H} = p\dot{x} - \mathcal{L}$ (como uma função de x e p). **(b)** Determine as equações de Hamilton e mostre que elas concordam com o que você obteria usando o formalismo Newtoniano. [*Sugestão*: você sabe, da Seção 4.7, que a segunda lei de Newton assume a forma $F_{\tan} = m\ddot{s}$, onde s é a distância medida ao longo do trilho. Reescreva essa equação como uma equação para $\ddot{x}$ e mostre que você obtém o mesmo resultado a partir das equações de Hamilton.]

SEÇÃO 13.3 Equações de Hamilton em várias dimensões

13.8★ Determine a Lagrangiana, os momentos generalizados e a Hamiltoniana para uma partícula livre (sem forças atuando sobre ela) movendo-se em três dimensões. (Use x, y, z como as coordenadas generalizadas.) Determine e resolva as equações de Hamilton.

13.9★ Estabeleça a Hamiltoniana e as equações de Hamilton para um projétil de massa m, movendo-se em um plano vertical e sujeito a gravidade, mas sem considerar a resistência do ar. Use as coordenadas generalizadas x, medindo horizontalmente, e y, medindo verticalmente para cima. Comente cada uma das quatro equações de movimento.

13.10★ Considere uma partícula de massa m movendo-se em duas dimensões, sujeita à força $\mathbf{F} = -kx\,\hat{\mathbf{x}} + K\hat{\mathbf{y}}$, onde k e K são constantes positivas. Obtenha a Hamiltoniana e as equações de Hamilton, usando x e y como coordenadas generalizadas. Resolva as equações e descreva o movimento.

13.11★ A forma simples $\mathcal{H} = T + U$ será verdadeira apenas se as coordenadas generalizadas forem "naturais" (a relação entre as coordenadas generalizadas e as Cartesianas subjacentes for independente do tempo). Se as coordenadas generalizadas forem "naturais", você deve usar a definição $\mathcal{H} = \sum p_i \dot{q}_i - \mathcal{L}$. Para ilustrar este ponto, considere o seguinte: duas crianças estão brincando de agarrar uma bola dentro de um vagão de trem que está se movendo com velocidade variável V ao longo de um trilho reto horizontal. Para coordenadas generalizadas, você pode usar a posição (x, y, z) da bola relativa a um ponto fixo no vagão, mas elaborando a Hamiltoniana para a bola, você deve usar coordenadas em um referencial inercial – um referencial fixo ao solo. Determine a Hamiltoniana para a bola e mostre que ela não é igual a $T + U$ (nem quando medida no vagão, nem quando medida no referencial com base no solo).

13.12★ Faça o mesmo que o Problema 13.11, mas use o seguinte sistema: uma conta de massa m presa a uma haste reta e sem atrito, que está em um plano horizontal e é forçada a girar com velocidade angular constante ω em torno de um eixo fixo vertical no meio da haste. Determine a Hamiltoniana para a conta e mostre que ela não é igual a $T + U$.

13.13★★ Considere uma partícula de massa m compelida a mover-se sobre um cilindro de raio R, sem atrito, dado pela equação $\rho = R$ em coordenadas cilíndricas polares (ρ, ϕ, z). A massa está sujeita a apenas uma força externa, $\mathbf{F} = -kr\,\hat{\mathbf{r}}$, onde k é uma constante positiva, r é a sua distância a partir da origem e $\hat{\mathbf{r}}$ é o vetor unitário apontando na direção para fora da origem, como de costume. Usando z e ϕ como coordenadas generalizadas, determine a Hamiltoniana $\mathcal{H}$. Obtenha e resolva as equações de Hamilton, e descreva o movimento.

13.14★★ Considere a massa compelida à superfície de um cone, descrita no Exemplo 13.4. Vimos que devem haver alturas máxima e mínima, $z_{\text{máx}}$ e $z_{\text{mín}}$, respectivamente, além das quais a massa não pode ultrapassar. Quando z for um máximo ou um mínimo, deve acontecer que $\dot{z} = 0$. Mostre que isso acontece se e somente se o momento conjugado $p_z = 0$ e use a equação $\mathcal{H} = E$, onde $\mathcal{H}$ é a função Hamiltoniana (13.33), para mostrar que, para uma dada energia E, isso ocorre para exatamente dois valores de z. [*Sugestão*: obtenha a função $\mathcal{H}$ para o caso em que $p_z = 0$ e esboce o seu comportamento como uma função de z quando $0 < z < \infty$. Quantas vezes essa função pode igualar-se a um dado valor de E?] Use o seu esboço para descrever o movimento da massa.

13.15★★ Complete os detalhes da dedução das $2n$ equações de Hamilton (13.25) para um sistema com n graus de liberdade, começando pela Equação (13.24). Você pode seguir em paralelo a argumentação que levou de (13.14) a (13.15) e (13.16), mas você tem $2n$ derivadas distintas a considerar e vários somatórios de $i = 1$ a n para lidar.

13.16★★ Iniciando a partir da expressão (13.24) para a Hamiltoniana, mostre que $\partial \mathcal{H}/\partial t = -\partial \mathcal{L}/\partial t$. [*Sugestão*: considere primeiro um sistema com um grau de liberdade, para o qual (13.24) simplifica para $\mathcal{H}(q, p, t) = p\,\dot{q}(q, p, t) - \mathcal{L}(q, \dot{q}(q, p, t), t)$.]

13.17★★★ Considere a massa compelida à superfíce de um cone, descrita no Exemplo 13.4. Vimos que há soluções para as quais a massa permanece a uma altura fixa $z = z_0$, com velocidade angular $\dot{\phi}_0$, digamos. **(a)** Para qualquer valor de p_ϕ escolhido, use (13.34) para obter uma equação que forneça o valor correspondente da altura z_0. **(b)** Use as equações de movimento para mostrar que este movimento é estável, isto é, mostre que, se a órbita tem $z = z_0 + \epsilon$, com

ϵ pequeno, então ϵ irá oscilar em torno de zero. **(c)** Mostre que a frequência angular dessas oscilações é $\omega = \sqrt{3}\,\dot\phi_0$ senα, onde α é a metade do ângulo de abertura do cone (tan $\alpha = c$, onde c é a constante em $\rho = cz$). **(d)** Determine o ângulo α para o qual a frequência de oscilação ω é igual à velocidade angular orbital $\dot\phi_0$ e descreva o movimento para este caso.

13.18★★★ Todos os exemplos deste capítulo e todos os problemas (exceto este) tratam com forças que derivam de uma energia potencial $U(\mathbf{r})$ [ou ocasionalmente $U(\mathbf{r}, t)$]. Entretanto, a demonstração das equações de Hamilton dada na Seção 13.3 se aplica para qualquer sistema para o qual as equações de Lagrange são válidas e isso pode incluir forças que não são obtidas de uma energia potencial. Um exemplo importante de tais forças é a força magnética sobre uma partícula carregada. **(a)** Use a Lagrangiana (7.103) para mostrar que a Hamiltoniana para uma carga q em um campo eletromagnético é

$$\mathcal{H} = (\mathbf{p} - q\mathbf{A})^2/(2m) + qV.$$

(Essa Hamiltoniana desempenha um papel importante na mecânica quântica de partículas carregadas.) **(b)** Mostre que as equações de Hamilton são equivalentes à equação familiar da força de Lorentz $m\ddot{\mathbf{r}} = q(\mathbf{E} + \mathbf{v} \times \mathbf{B})$.

SEÇÃO 13.4 Coordenadas ignoráveis

13.19★ No Exemplo 13.3, vimos que, se escrevermos a Hamiltoniana para o problema de uma força central em duas dimensões, em termos das coordendas polares r e ϕ, então a coordenada ϕ será ignorável. Obtenha a Hamiltoniana para o mesmo problema, mas usando coordenadas retangulares x, y. Mostre que, com essa escolha, nenhuma das coordenadas é ignorável. [A moral é que a escolha de coordenadas generalizadas requer alguma atenção. Em particular, você deve procurar as simetrias do sistema e tentar escolher coordenadas generalizadas que tirem vantagem delas.]

13.20★ Considere uma massa m movendo-se em duas dimensões, sujeita a uma única força que independente de $\mathbf{r}$ e de t. **(a)** Determine a energia potencial $U(\mathbf{r})$ e a Hamiltoniana $\mathcal{H}$. **(b)** Mostre que, se você usar coordenadas retangulares x, y com qualquer um dos eixos na direção de $\mathbf{F}$, então nenhuma das coordenadas será ignorável (Moral: escolha as coordenadas generalizadas cuidadosamente!)

13.21★★ Duas massas m_1 e m_2 estão presas por uma mola de massa desprezível (constante da força k e comprimento natural l_o) e estão confinadas ao movimento em um plano horizontal sem atrito, com CM e posições relativas $\mathbf{R}$ e $\mathbf{r}$ como definidas na Seção 8.2. **(a)** Obtenha a Hamiltoniana $\mathcal{H}$ usando como coordenadas generalizadas X, Y, r, ϕ, onde (X, Y) são as componentes retangulares de $\mathbf{R}$ e (r, ϕ) são as coordenadas polares de $\mathbf{r}$. Quais coordenadas são ignoráveis e quais não são? Explique. **(b)** Obtenha as oito equações de movimento de Hamilton. **(c)** Resolva as equações r para o caso especial em que $p_\phi = 0$ e descreva o movimento. **(d)** Descreva o movimento para o caso em que $p_\phi \neq 0$ e explique fisicamente por que a equação r é mais difícil de ser resolvida neste caso.

13.22★★ No formalismo Lagrangiano, a coordenada q_i é ignorável se $\partial \mathcal{L}/\partial q_i = 0$, isto é, se $\mathcal{L}$ é independente de q_i. Isso garante que o momento p_i é constante. No formalismo Hamiltoniano, dizemos que q_i é ignorável se $\mathcal{H}$ é independente de q_i, e isso também garante que p_i é constante. Essas duas condições devem ser a mesma, visto que o resultado "$p_i = $ const" é o mesmo em qualquer caso. Mostre diretamente que isso é assim, considerando: **(a)** Para um sistema com um grau de liberdade, mostre que $\partial \mathcal{H}/\partial q = -\partial \mathcal{L}/\partial q$, iniciando a partir da Expressão (13.14) para a Hamiltoniana. Isso estabelece que $\partial \mathcal{H}/\partial q_i = 0$ se e somente se $\partial \mathcal{L}/\partial q_i = 0$. **(b)** Para um sistema com n graus de liberdade, mostre que $\partial \mathcal{H}/\partial q_i = -\partial \mathcal{L}/\partial q_i$ iniciando a partir da Expressão (13.24).

13.23★★★ Considere a máquina de Atwood modificada, ilustrada na Figura 13.11. Os dois pesos à esquerda têm massas iguais a m e estão conectados por uma mola de massa desprezível, com constante da força k. O peso à direita tem massa $M = 2m$ e a roldana tem massa desprezível e é sem atrito. A coordenada x é a distensão da mola a partir do comprimento de equilíbrio, ou seja, o comprimento da mola é $l_e + x$, onde l_e é o comprimento de equilíbrio (com todos os pesos na posição e M mantida estacionária). **(a)** Mostre que a energia potencial total (mola mais gravitacional) é $U = \frac{1}{2}kx^2$ (mais uma constante que podemos considerar como sendo zero). **(b)** Determine os dois momentos conjugados a x e a y, respectivamente. Resolva para $\dot{x}$ e $\dot{y}$ e obtenha a Hamiltoniana. Mostre que a coordenada y é ignorável. **(c)** Obtenha as quatro equações de Hamilton e resolva-as para as seguintes condições iniciais: você mantém a massa M fixa com o sistema completo em equilíbrio e $y = y_0$. Ainda mantendo M fixa, você puxa a massa m que está mais embaixo por uma distância x_0 e, em $t = 0$, você libera as duas massas. [*Sugestão*: obtenha os valores iniciais de x, y e seus momentos. Você pode resolver as equações x combinando-as em uma equação de segunda ordem para x. Tão logo conheça $x(t)$, você pode rapidamente obter as outras três variáveis.] Descreva o movimento. Em particular, determine a frequência com que x oscila.

SEÇÃO 13.5 Equações de Lagrange *versus* equações de Hamilton

13.24★ Aqui está um exemplo simples de uma transformação canônica que ilustra como o formalismo Hamiltoniano permite misturar q's e p's. Considere um sistema com um grau de liberdade e a Hamiltoniana $\mathcal{H} = \mathcal{H}(q, p)$. As equações de movimento são, naturalmente, as equações usuais de Hamilton $\dot{q} = \partial\mathcal{H}/\partial p$ e $\dot{p} = -\partial\mathcal{H}/\partial q$. Agora, considere novas coordenadas no espaço de fase definidas como $Q = p$ e $P = -q$. Mostre que as equações de movimento para as novas coordenadas Q e P são $\dot{Q} = \partial\mathcal{H}/\partial P$ e $\dot{P} = -\partial\mathcal{H}/\partial Q$, isto é, o formalismo Hamiltoniano se aplica igualmente às novas escolhas de coordenadas, onde fizemos uma permutação dos papéis da posição com o momento.

13.25★★★ Aqui temos outro exemplo da transformação canônica, que ainda é muito simples para ter qualquer utilidade real, mas, ilustra o poder dessas mudanças de coordenadas. **(a)** Considere um sistema com um grau de liberdade e Hamiltoniana $\mathcal{H} = \mathcal{H}(q, p)$ e um novo par de coordenadas Q e P definidos de forma que

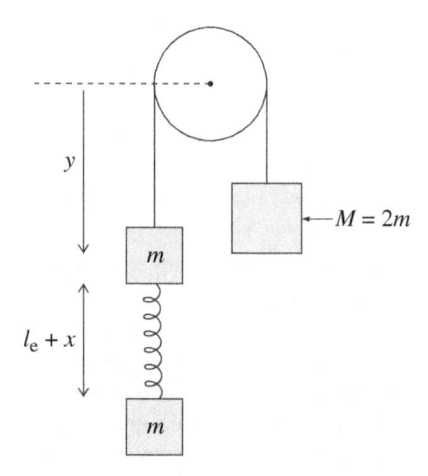

$$q = \sqrt{2P}\,\text{sen}\,Q \quad \text{e} \quad p = \sqrt{2P}\cos Q. \tag{13.62}$$

Figura 13.11 Problema 13.23.

Mostre que, se $\partial \mathcal{H}/\partial q = -\dot{p}$ e $\partial \mathcal{H}/\partial p = \dot{q}$, segue automaticamente que $\partial \mathcal{H}/\partial Q = -\dot{P}$ e $\partial \mathcal{H}/\partial P = \dot{Q}$. Em outras palavras, o formalismo Hamiltoniano aplica-se tão bem às novas coordenadas quanto às antigas. **(b)** Mostre que a Hamiltoniana do oscilador harmônico unidimensional com massa $m = 1$ e constante da força $k = 1$ é $\mathcal{H} = \frac{1}{2}(q^2 + p^2)$. **(c)** Mostre que, se você reescrever a Hamiltoniana em termos das coordenadas Q e P definidas em (13.62), então Q será ignorável. [A mudança de coordenadas em (13.62) foi habilidosamente escolhida para produzir este elegante resultado.] O que é P? **(d)** Resolva a equação de Hamilton para $Q(t)$ e verifique se, quando reescrito para q, a sua solução fornece o comportamento esperado.

SEÇÃO 13.6 Órbitas no espaço de fase

13.26★ Determine a Hamiltonina $\mathcal{H}$ para uma massa m compelida ao eixo x e sujeita a uma Força $F_x = -kx^3$, onde $k > 0$. Esboce e descreva as óbitas no espaço de fase.

13.27★★ A Figura 13.6 ilustra algumas órbitas no espaço de fase para uma massa em queda livre. Os pontos A_0, B_0, C_0, D_0 representam quatro possíveis condições iniciais distintas no instante $t = 0$, e A, B, C, D são os correspondentes estados em um instante posterior. Obtenha a posição $x(t)$ e o momento $p(t)$ como funções de t e use estes para mostrar que $ABCD$ é um paralelograma com área igual a do retângulo $A_0B_0C_0D_0$. [Este é um exemplo do teorema de Liouville.]

13.28★★ Considere uma massa m restrita ao eixo x e sujeita a uma força $F_x = kx$, onde $k > 0$. **(a)** Obtenha e esboce a energia potencial $U(x)$ e descreva os possíveis movimentos da massa. (Distinga entre os casos $E > 0$ e $E < 0$.) **(b)** Obtenha a Hamiltoniana $\mathcal{H}(x, p)$ e descreva as possíveis órbitas no espaço de fase para os dois casos $E > 0$ e $E < 0$. (Lembre-se de que a função $\mathcal{H}(x, p)$ deve igualar-se à constante da energia E.) Explique suas respostas para o item (b) em termos das do item (a).

SEÇÃO 13.7 Teorema de Liouville*

13.29★ A Figura 13.10 ilustra um volume esférico inicial sendo deformado em uma elipsoide devido ao fluxo de cisalhamento (13.57). Faça um esboço similar para o volume que é inicialmente esférico e com centro na origem.

13.30★ A Figura 13.9 ilustra o fluxo de um fluido onde o fluxo é de saída em qualquer posição (pelo menos para todos os pontos sobre a superfíce S apresentada). Isso significa que todas as contribuições para a variação δV no volume são positivas e V está definitivamente crescendo. Esboce a figura correspondente para o caso em que o fluxo é de saída sobre a parte superior de S e de entrada na parte enferior. Explique claramente por que a contribuição $\mathbf{n} \cdot \mathbf{v} \, \delta t \, dA$ para a variação de V, a partir da parte inferior de S, é *negativa* e, portanto, que δV pode ter qualquer sinal, dependendo de se as contribuições positivas forem superiores às negativas ou vice-versa.

13.31★ Calcule o divergente tridimensional $\nabla \cdot \mathbf{v}$ para cada um dos seguintes vetores: **(a)** $\mathbf{v} = k\mathbf{r}$, **(b)** $\mathbf{v} = k(z, x, y)$, **(c)** $\mathbf{v} = k(z, y, x)$, **(d)** $\mathbf{v} = k(x, y, -2z)$, onde $\mathbf{r} = (x, y, z)$ é o vetor posição usual e k é uma constante.

13.32★★ Calcule o divergente tridimensional $\nabla \cdot \mathbf{v}$ para cada um dos seguintes vetores: **(a)** $\mathbf{v} = k\hat{\mathbf{x}}$, **(b)** $\mathbf{v} = kx\hat{\mathbf{x}}$, **(c)** $\mathbf{v} = ky\hat{\mathbf{x}}$. Sabemos que $\nabla \cdot \mathbf{v}$ representa a resultante do fluxo de saída associado a $\mathbf{v}$. Nos casos em que você encontrou $\nabla \cdot \mathbf{v} = 0$, faça um esboço simples para ilustrar que o fluxo de saída é zero; nos casos em que você encontrou $\nabla \cdot \mathbf{v} \neq 0$, faça um esboço para ilustrar se e por que o fluxo de saída é positivo ou negativo.

13.33★★ O teorema da divergência é um resultado surpreendente, relacionando a integral de *superfície*, que fornece o fluxo de $\mathbf{v}$ para fora de uma superfície fechada S à integral de *volume* de $\nabla \cdot \mathbf{v}$. Ocasionalmente, é fácil calcular ambas as integrais e podemos verificar a validade do teorema. Com mais frequência, uma das integrais é mais fácil de resolver do que a outra, pois o teorema da divergência fornece um caminho alternativo para a resolução da integral que é a mais complicada. Os exercícios a seguir ilustram ambas as situações. **(a)** Seja $\mathbf{v} = k\mathbf{r}$, onde k é uma constante e seja S uma esfera de raio R, com centro na origem. Calcule o lado esquerdo do teorema da divergência (13.56) (a integral de superfície). Em seguida, calcule $\nabla \cdot \mathbf{v}$ e use isso para calcular o lado direito de (13.56) (a integral de volume). Mostre que as duas estão em concordância. **(b)** Agora, use a mesma velocidade $\mathbf{v}$, mas seja S uma esfera que *não* esteja com centro na origem. Explique por que a integral de superfície é agora difícil de ser calculada diretamente, porém não a calcule de fato. Em vez disso, determine o seu valor resolvendo a integral de volume. (Esta segunda alternativa não deve ser mais difícil do que antes.)

13.34★★ **(a)** Calcule $\nabla \cdot \mathbf{v}$ para $\mathbf{v} = k\hat{\mathbf{r}}/r^2$ usando coordenadas retangulares. (Observe que $\hat{\mathbf{r}}/r^2 = \mathbf{r}/r^3$.) **(b)** Ao final do livro, você encontrará expressões para vários operadores vetoriais (divergente, gradiente, etc.) em coordenadas polares. Use a expressão do divergente, em coordenadas esféricas polares, para confirmar a resposta do item (a). (Considere $r \neq 0$.)

13.35★★ Um feixe de partículas está se movendo ao longo de em um tubo acelerador na direção z. As partículas estão uniformemente distribuídas em um volume cilíndrico de comprimento L_0 (na direção z) e raio R_0. As partículas têm momentos uniformemente distribuídos com p_z em um intervalo $p_0 \pm \Delta p_z$ e o momento transversal $p_\perp$ dentro do círculo de raio $\Delta p_\perp$. Para aumentar a densidade espacial das partículas, o feixe é comprimido por campos elétricos e magnéticos de modo que o raio diminua para um valor menor R. O que o teorema de Liouville nos diz sobre o espalhamento do momento transverso $p_\perp$ e o subsequente comportamento do raio R? (Assuma que a compressão do feixe não afeta L_0 ou Δp_z.)

13.36★★ Demonstre o teorema de Liouville no espaço de fase $2n$-dimensional de um sistema com n graus de liberdade. Você pode seguir muito de perto os argumentos com respeito às Equações (13.60) e (13.61). A única diferença é que agora a velocidade de fase $\mathbf{v} = \dot{\mathbf{z}}$ é um vetor $2n$-dimensional e $\nabla \cdot \mathbf{v}$ é um divergente $2n$-dimensional.

13.37★★★ A demonstração geral do teorema da divergência

$$\int_S \mathbf{n} \cdot \mathbf{v}\, dA = \int_V \nabla \cdot \mathbf{v}\, dV \tag{13.63}$$

é bem complicada e não exatamente esclarecedora. Entretanto, há alguns poucos casos especiais em que ele é razoavelmente simples e bastante instrutivo. Aqui está um: considere uma região retangular limitada por seis planos $x = X$ e $X + A$, $y = Y$ e $Y + B$ e $z = Z$ e $Z + C$, com volume total $V = ABC$. A superfície S dessa região é feita de seis retângulos que chamamos de S_1 (no plano $x = X$), S_2 (no plano $x = X + A$) e assim por diante. A integral de superfície à esquerda de (13.63) é então a soma de seis integrais, uma sobre cada um dos retângulos S_1, S_2, etc. **(a)** Considere as duas primeiras destas integrais e mostre que

$$\int_{S_1} \mathbf{n} \cdot \mathbf{v}\, dA + \int_{S_2} \mathbf{n} \cdot \mathbf{v}\, dA = \int_Y^{Y+B} dy \int_Z^{Z+C} dz\, [v_x(X+A, y, z) - v_x(X, y, z)].$$

(b) Mostre que o integrando à direita pode ser reescrito com uma integral de $\partial v_x/\partial x$ sobre x, variando de $x = X$ a $x = X + A$. **(c)** Substitua o resultado do item (b) no item (a) e obtenha os resultados correspondentes para os outros dois pares de faces. Some esses resultados e mostre o teorema da divergência (13.63).

14

Teoria das Colisões

O *experimento da colisão*, ou *experimento do espalhamento*, é, sem dúvida, a ferramenta mais poderosa para investigação de estruturas atômicas e de objetos subatômicos. Nesse tipo de experimento, lança-se um feixe de projéteis, como elétrons ou prótons, em direção a um objeto-alvo – um atómo ou núcleo atômico, por exemplo – e, pela observação da distribuição do "espalhamento" dos projéteis ao emergirem da colisão, é possível obter informações sobre o alvo e sobre suas integrações com o projétil. Talvez o mais famoso experimento de colisão tenha sido o descoberto por Ernest Rutherford (1871-1937), sobre a estrutura do átomo: Rutherford e seus assistentes lançaram feixes de partículas α (o núcleo de átomos de hélio carregados positivamente) contra uma camada fina de átomos de ouro em uma folha fina de ouro; pela medição da distribuição do espalhamento das partículas α, eles foram capazes de deduzir que a maior parte da massa de um átomo está concentrada em um minúsculo "núcleo" positivamente carregado, no centro do átomo. Desde aquela ocasião, a maioria das descobertas na física atômica e subatômica (as descobertas do nêutron, da fissão e fusão nuclear, dos quarks e muitas outras) foi realizada com auxílio de experimentos de colisões, nos quais um feixe de projéteis foi dirigido a um alvo apropriado, e as partículas que dispersaram após a colisão foram cuidadosamente monitoradas.

Você poderia imaginar a realização de um experimento de espalhamento com objetos grandes – espalhamento de uma bola de bilhar afastando-se de outra, ou mesmo um cometa afastando-se do Sol –, mas, nesses casos, normalmente há caminhos mais fáceis para se conhecer o alvo. Logo, a principal aplicação da teoria das colisões é no nível atômico ou inferior. Como a mecânica correta para sistemas atômicos e subatômicos é a mecânica quântica, isso significa que a forma mais usada da teoria das colisões é a *teoria quântica das colisões*. Entretanto, muitas das ideias centrais da teoria quântica das colisões – seções de choque diferencial e total de espalhamento, referenciais do laboratório (lab) e do CM – já apareceram na teoria clássica, que fornece uma excelente introdução a essas ideias sem a complicação da teoria quântica. Este, então, é o principal propósito deste capítulo: fornecer uma introdução aos principais conceitos da teoria das colisões no contexto da mecânica clássica.

A razão fundamental por que a teoria das colisões é uma estrutura tão complicada é que, na escala atômica e subatômica, não é possível seguir os detalhes da órbita de um projétil quando ele interage com o alvo. Como veremos, isso significa que podemos aprender muito pouco com a observação de um único projétil. Por outro lado, se enviarmos muitos projéteis, poderemos observar o número deles que é espalhado em diferentes direções e poderemos aprender muito a partir disso. Para lidar com a distribuição estatística dos inúmeros projéteis espalhados, nas várias direções possíveis, temos que introduzir a ideia da *seção de choque de colisão*, que é o conceito central da teoria das colisões, em ambas as formulações, a clássica e a quântica[1], e é o principal assunto deste capítulo.

14.1 ÂNGULO DE ESPALHAMENTO E PARÂMETRO DE IMPACTO

Antes de introduzirmos o conceito central da seção de choque de espalhamento, é útil introduzirmos dois outros parâmetros importantes, o *ângulo de espalhamento* e o *parâmetro de impacto*. Antes de fazermos isso, é bom termos em mente alguns experimentos simples de colisão. Todos os experimentos de colisão iniciam com um projétil se aproximando de um alvo a partir de uma grande distância de modo que ele se mova essencialmente livre e sua energia é puramente cinética. Na Figura 14.1, um alvo fixo exerce uma força sobre um projétil e, à medida que o projétil se aproxima do alvo, as órbitas se curvam de modo que o projétil é "espalhado" afastando-se em diferentes direções. Um exemplo desse tipo de colisão é o famoso experimento de Rutherford, no qual o projétil e o alvo eram partículas carregadas positivamente e a força que causa o espalhamento é a repulsão de Coulomb entre eles. Na Figura 14.2, o alvo é uma esfera compacta, que exerce uma força sobre o projétil apenas quando eles entram em contato (uma *força de contato*); logo, o projétil viaja em uma linha reta até que ele atinja o alvo (se atingir) e, em seguida, repica e se move para longe em uma direção diferente. Um exemplo familiar desse tipo de evento é a colisão de duas bolas de bilhar (embora, neste caso, o projétil e o alvo sejam do mesmo tamanho).

Com esses dois exemplos em mente, podemos agora definir os dois primeiros parâmetros da teoria das colisões. O **ângulo de espalhamento** θ é definido como sendo o ângulo entre a velocidade de entrada e a de saída do projétil, conforme indicado nas Figuras 14.1 e 14.2. Na ausência de algum alvo, o ângulo de espalhamento é, naturalmente, zero. Logo, $\theta = 0$ corresponde à *não existência de espalhamento*; por exemplo, na Figura 14.2, o projétil poderia não atingir o alvo e, então, θ seria zero. O valor máximo possível é $\theta = \pi$; na Figura 14.2, uma colisão frontal, na qual o projétil vem ao longo do eixo do alvo e repica imediatamente de volta, resulta em $\theta = \pi$.

O **parâmetro de impacto** b é definido como a distância perpendicular a partir da reta de incidência do projétil até um eixo paralelo passando através do centro do alvo, conforme ilustrado à esquerda em ambas as figuras. Uma segunda maneira de pensar sobre o parâmetro de impacto está ilustrada em direção à direita na Figura 14.1: você pode pensar em b como a distância que *seria* a distância de maior aproximação se não

---

[1] A mecânica quântica é intrinsecamente uma teoria estatística, lidando com *probabilidades* em vez de com resultados previsíveis. Logo, na mecânica quântica, a necessidade de discutir a distribuição do espalhamento em diferentes direções está presente na sua concepção – ao contrário da situação na mecânica clássica, em que a mesma necessidade surge da impossibilidade prática de se observar os detalhes na órbita de um projétil. Entretanto, o mecanismo para lidar com o problema – notadamente, a ideia da seção de choque de espalhamento – é muito similar nas duas teorias.

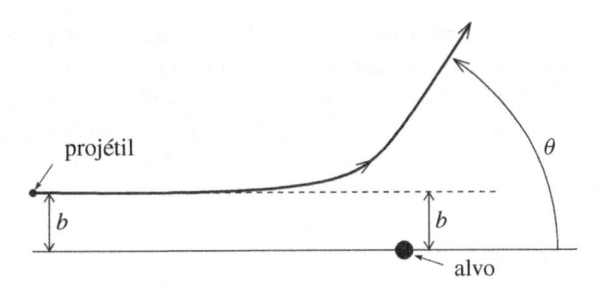

Figura 14.1 Neste experimento de colisão, o projétil se aproxima da esquerda movendo-se como uma partícula livre. Quando ele começa a sentir o campo de força do alvo, sua órbita se curva e ele se distancia rumo a uma direção diferente. O ângulo de espalhamento θ é o ângulo entre a velocidade inicial e a velocidade final. O parâmetro de impacto b é a distância perpendicular a partir da reta da órbita incidente até um eixo que passa paralelo ao centro do alvo.

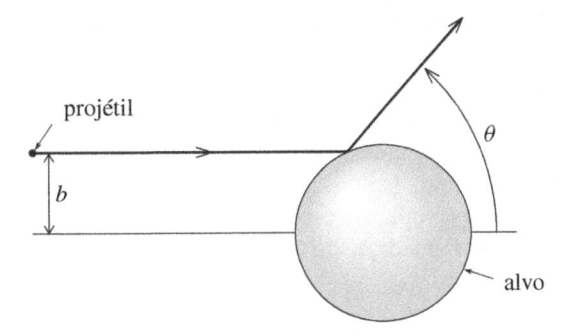

Figura 14.2 Um experimento de espalhamento no qual o projétil e o alvo interagem apenas através de uma força de contato, de modo que o projétil é defletido apenas quando ele atinge de fato o alvo e repica de volta dele. Uma colisão ocorre apenas se o parâmetro de impacto b for menor do que o raio do alvo.

houvesse forças sobre o projétil, de modo que a órbita era justamente uma linha reta. Em outras palavras, o parâmetro de impacto diz quão próximo o projétil estava *objetivando* alcançar o alvo. Se o parâmetro de impacto for muito grande, então o projétil irá sentir fortemente o alvo e θ será pequeno. Na verdade, na Figura 14.2, θ seria exatamente zero para qualquer valor de b maior do que o raio do alvo. No outro extremo, o valor $b = 0$ implica uma colisão frontal e frequentemente[2] corresponde a $\theta = \pi$. Está razoavelmente claro das Figuras 14.1 e 14.2 que, para um dado valor de b, haverá um único valor correspondente a θ e, veremos que, na verdade, a principal tarefa teórica na teoria clássica das colisões é a de determinar a relação funcional $\theta = \theta(b)$ entre essas duas variáveis.

Na física atômica e subatômica (onde a teoria das colisões tem a sua maior aplicação), o status *experimental* do ângulo de espalhamento é totalmente diferente daquele do parâme-

---

[2] Em ambos os exemplos (o experimento de Rutherford e o espalhamento devido a uma esfera compacta), $b = 0$ certamente implica $\theta = \pi$. Por outro lado, se a força entre o projétil e o alvo for atrativa, então um projétil com $b = 0$ irá colidir com o alvo e – dependendo da natureza do alvo – pode nunca retornar ou pode penetrar reto através dele e emergir com $\theta = 0$.

tro de impacto: o ângulo de espalhamento θ é facilmente medido, enquanto o parâmetro de impacto nunca pode ser medido diretamente. Vamos discutir cada um desses dois pontos. Há várias formas de medir o ângulo de espalhamento, uma das mais transparentes está ilustrada na Figura 14.3. Isso pode representar uma fotografia feita em uma câmara de nuvens da colisão de um próton com um núcleo de nitrogênio. Essas partículas são, naturalmente, bastante pequenas para serem fotografadas diretamente, mas a câmara de nuvens é um dos vários dispositivos que permite gravar o *rastro* (*trilha*) de uma partícula carregada se movendo – mesmo quando a partícula é bastante pequena para ser vista. Na câmara de nuvens, uma partícula carregada se movendo através de uma nuvem de vapor d'água supersaturada ioniza alguns átomos que passam, e esses átomos ionizados causam a condensação de algumas partículas de vapor d'água, criando um rastro visível, parecido com a trilha de vapor deixada no céu por alguns aviões. Na Figura 14.3, você pode ver claramente os rastros dos prótons incidentes. O núcleo que o próton eventualmente atingirá está, a princípio, invisível, visto que não está se movendo. Entretanto, quando o próton atinge o núcleo, o rastro do próton faz uma mudança abrupta de direção e o núcleo recua deixando o seu próprio rastro. Em figuras como essa, o ângulo de espalhamento é facilmente medido.

Por outro lado, o parâmetro de impacto nunca pode ser medido diretamente. O problema é que os parâmetros de impacto de interesse são de tamanhos atômicos ou subatômicos – em torno de 0,1 nanômetros ou menores. Uma trilha na câmara de nuvens, como as da Figura 14.3, tem uma largura da ordem de 1 milímetro, algo 10 milhões de vezes maior do que o maior parâmetro de impacto de interesse. Obviamente, medições diretas e significativas do parâmetro de impacto estão fora de questão. Como veremos na próxima seção, é a impossibilidade de medição do parâmatro de impacto que nos conduz à noção da seção de choque de colisão.

14.2 SEÇÃO DE CHOQUE DE COLISÃO

Primeiramente, vamos imaginar que estávamos observando uma única colisão, como a ilustrada na Figura 14.3. Se conhecêssemos o parâmetro de impacto, poderíamos deduzir algo sobre o tamanho do alvo ou a intensidade e o alcance da força que ele exerce sobre o projétil. Mas, dado que *não* conhecemos o parâmetro de impacto, há uma pequeníssima

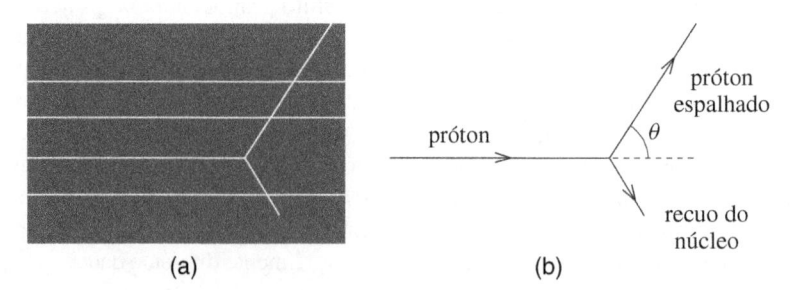

Figura 14.3 (a) Em uma câmara de nuvens, qualquer partícula carregada em movimento deixa um rastro visível que pode ser fotografado para exame posterior. Aqui, quatro prótons entraram na câmara pela esquerda e três deles passaram reto sem defletir. O quarto foi defletido quando atingiu o núcleo de nitrogênio e deixou a câmara próximo ao topo à direita. O recuo do núcleo pode ser visto como se movendo para baixo e para direita. (b) Traçado dos rastros envolvidos na colisão.

chance de que possamos obter informações a partir de um único evento como esse; na verdade, a única coisa que podemos concluir a partir desse evento é que *há* algum tipo de obstáculo no caminho do projétil. Por outro lado, se pudermos observar muitas colisões diferentes de projéteis e alvos distintos, poderemos começar a investigar a natureza do projétil e do alvo e suas interações. Para explorar esse importante raciocínio, considerarei vários exemplos simples.

Considere primeiro um experimento como o apresentado na Figura 14.2, onde um projétil de tamanho desprezível colide com uma esfera compacta de raio R, com a qual ele interage apenas por contato. Se o projétil atinge o alvo, ele repica e emerge em uma direção diferente; se o projétil não o atinge, ele irá passar reto sem sofrer deflexão. Quando observado experimentalmente, a colisão ilustrada na Figura 14.2 irá se *apresentar* como algo da forma ilustrada na Figura 14.3, e a observação de um desses eventos nos informa apenas que o alvo está lá.

Entretanto, suponha que possamos repetir o mesmo experimento muitas vezes. Na prática, isso é alcançado de duas formas: em vez de termos apenas um alvo, podemos ter muitos alvos em uma única montagem de alvos – por exemplo, muitos núcleos de ouro em uma lâmina de ouro ou muitos átomos de hélio em um tanque com gás hélio. Para começar, vamos considerar um único projétil passando por um conjunto de esferas compactas como alvo. Como "visto" pelo projétil que se aproxima, o conjunto alvo se parece com o que está ilustrado na Figura 14.4. Como não conhecemos com precisão a reta de aproximação do projétil, não podemos dizer se ele atingirá ou não um dos alvos. Entretanto, podemos calcular a *probalilidade* de que ele o atingirá da seguinte maneira: se os alvos estiverem posicionados aleatoriamente e forem suficientemente numerosos,[3] podemos falar da **densidade do alvo**, n_{alvo}, como sendo o número de alvos por área, conforme é visto a partir da direção de incidência. Se A é a área total do conjunto de alvos, então o número total de alvos é $n_{alvo}A$. A seguir, denotaremos por $\sigma = \pi R^2$ a área da seção de choque, ou apenas **seção de choque** de cada alvo (conforme visto de frente), de modo que a área total de todos os alvos é $n_{alvo}A\sigma$. Portanto, a probabilidade de que um projétil, em um caminho aleatório, atinja o alvo quando ele passa através do conjunto é a razão

$$(\text{probabilidade de uma colisão}) = \frac{\text{área ocupada pelos alvos}}{\text{área total}} = \frac{n_{alvo}A\sigma}{A} = n_{alvo}\sigma. \quad (14.1)$$

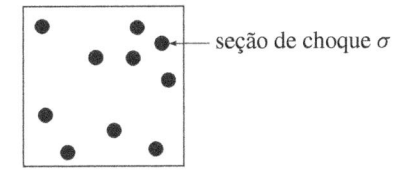

Figura 14.4 Conjunto de alvos, com vários alvos de esfera compacta, conforme visto pelo projétil de incidência frontal. A seção de choque σ é a área de qualquer um dos alvos, perpendicular à direção de incidência. A densidade dos alvos n_{alvo} é a densidade (número/área) de alvos conforme é vista da direção de incidência, como aqui.

---

[3] É importante ter um grande número de alvos para ser possível a aplicação de considerações estatísticas. Por outro lado, o número de alvos não deve ser *demasiadamente* grande, pois alguns alvos podem ser atingidos na "sombra" de outros e o projétil pode realizar várias colisões. Foi para evitar múltiplas colisões que Rutherford usou uma lâmina *fina* em seu famoso experimento.

Se agora enviarmos um feixe contendo um grande número (denote-o por N_{inc}) de projéteis incidentes, então o número real de projéteis que se espalham (N_{esp}) deverá ser o produto da probabilidade (14.1) e N_{inc}:

$$N_{esp} = N_{inc}\, n_{alvo}\, \sigma. \tag{14.2}$$

Essa é a relação básica da teoria das colisões. Visto que podemos medir os números N_{esp} e N_{inc} e a densidade do alvo n_{alvo}, a Equação (14.2) permite determinarmos o tamanho (ou a seção de choque) σ do alvo. A seguir, veremos que a noção de seção de choque se torna consideravelmente geral e pode se tornar bastante complicada, mas a ideia essencial é sempre a mesma: pela contagem do número de espalhamentos (ou reações, ou absorções, ou outros processos) que resulta do espalhamento de um grande número de colisões semelhantes, é possível usar analogamente (14.2) para determinar o parâmetro σ, que é sempre a *área efetiva do alvo para interação com o projétil*.

Exemplo 14.1 Atirando em corvos em um carvalho

Um caçador observa 50 corvos pousando aleatoriamente em um carvalho, onde ele não mais consegue visualizá-los. Cada corvo tem uma área de seção de choque $\sigma \approx \frac{1}{2}\mathrm{ft}^2$, e o carvalho tem uma área total (conforme vista a partir da posição do caçador) de 150 pés quadrados. Se o caçador atira 60 projéteis aleatoriamente em direção a árvore, aproximadamente quantos corvos ele espera atingir?

Essa situação é análoga ao experimento de espalhamento simples. A densidade do alvo é n_{alvo} = (número de corvos)/(área da árvore) = $50/150 = 1/3$ ft^{-2}. O número de projéteis incidentes é $N_{inc} = 60$; assim, por analogia a (14.2), o número esperado de colisões é

$$N_{col} = N_{inc}\, n_{alvo}\, \sigma = 60 \times \left(\tfrac{1}{3}\,\mathrm{ft}^{-2}\right) \times \left(\tfrac{1}{2}\,\mathrm{ft}^2\right) = 10.$$

Na prática, frequentemente usamos um feixe uniforme de projéteis e pode ser mais conveniente dividir o *número* de incidência N_{inc} pelo tempo Δt para obter a *taxa* de incidência $R_{inc} = N_{inc}/\Delta t$. Analogamente, a taxa de espalhamento é $R_{esp} = N_{esp}/\Delta t$. Dividindo ambos os lados de (14.2) por Δt, obtemos a relação completamente equivalente

$$R_{esp} = R_{inc}\, n_{alvo}\, \sigma$$

para essas taxas.

Como a seção de choque σ é uma área, a unidade no Sistema Métrico para a seção de choque é, naturalmente, o metro quadrado. Seções de choques atômicas e subatômicas são inconvenientemente pequenas quando medidas em metros quadrados. Em particular, dimensões nucleares típicas são da ordem de 10^{-14} m, por isso, seções de choque nucleares são convenientemente medidas em unidades de 10^{-28} m². Essa área passou a ser chamada de um **barn**,

$$1 \text{ barn} = 10^{-28} \text{ m}^2.$$

Exemplo 14.2 Espalhamento de nêutrons em uma lâmina de alumínio

Se 10.000 nêutrons são bombardeados através de uma lâmina de alumínio de 0,1 mm de espessura e a seção de choque do núcleo do alumínio é de cerca de 1,5 barns,[4] quantos nêutrons são espalhados? (Gravidade específica do alumínio = 2,7.)

O número de espalhamentos é dado por (14.2), e já sabemos que $N_{\text{inc}} = 10^4$ e $\sigma = 1,5 \times 10^{-28}$ m². Logo, tudo do que precisamos para determinar é a densidade do alvo, n_{alvo}, que é o número de núcleos de alumínio por área da lâmina. (Claramente, a lâmina contém um grande número de elétrons atômicos também, mas esses não contribuem significativamente para o espalhamento dos nêutrons.) A densidade do alumínio (massa/volume) é $\varrho = 2,7 \times 10^3$ kg/m³. Se multiplicarmos isso pela espessura da lâmina ($t = 10^{-4}$ m), obteremos a massa por área da lâmina, e dividindo pela massa de um núcleo de alumínio ($m = 27$ unidades de massa atômica), teremos n_{alvo}:

$$n_{\text{alvo}} = \frac{\varrho t}{m} = \frac{(2,7 \times 10^3 \text{ kg/m}^3) \times (10^{-4} \text{ m})}{27 \times 1,66 \times 10^{-27} \text{ kg}} = 6,0 \times 10^{24} \text{ m}^{-2}. \quad (14.3)$$

Substituindo em (14.2), obtemos o número de espalhamentos

$$N_{\text{esp}} = N_{\text{inc}} n_{\text{alvo}} \sigma = (10^4) \times (6,0 \times 10^{24} \text{ m}^{-2}) \times (1,5 \times 10^{-28} \text{ m}^2) = 9.$$

Aqui, usamos a seção de choque dada σ para predizer o número N_{esp} de espalhamentos que devemos observar. Alternativamente, poderíamos ter usado o número obervado N_{esp} para *determinar* a seção de choque σ.

14.3 GENERALIZAÇÕES DA SEÇÃO DE CHOQUE

A relação (14.2), com suas muitas generalizações, é a relação fundamental da teoria das colisões. Teóricos calculam a seção de choque σ usando modelos conhecidos do alvo, e experimentalistas usam (14.2) para medir σ e comparar com os valores previstos. Entretanto, o projétil, o alvo e suas interações são geralmente muito mais complicados do que o projétil pontual e o alvo de esfera compacta que utilizamos na última seção. Nesta seção, iremos investigar alguns casos bem mais interessantes.

---

[4] Como veremos em breve, a seção de choque de um alvo pode ser diferente para projéteis distintos. Logo, devo dizer que a seção de choque do alumínio *para espalhamento de nêutrons* é em torno de 1,5 barns. Além disso, a seção de choque pode depender da energia dos projéteis; o número dado aqui é válido para energias de cerca de 0,1 eV até cerca de 1000 eV.

Espalhamento de duas esferas compactas

Vamos imaginar um alvo que é uma esfera compacta de raio R_2 e um projétil que é outra esfera compacta de raio R_1, conforme ilustrado na Figura 14.5. As duas esferas estão em contato se e somente se o parâmetro de impacto b for menor que ou igual à *soma* dos dois raios, $b \leq R_1 + R_2$, isto é, o centro do projétil deve estar dentro de um círculo com centro no alvo com raio $R_1 + R_2$ e área $\sigma = \pi(R_1 + R_2)^2$. Podemos seguir agora os mesmos argumentos que aqueles da seção anterior, obtendo a probabilidade de espalhamento de um projétil e, em seguida, o número total de projéteis espalhados. A única diferença é que a área do alvo $\sigma = \pi R^2$ deve, agora, ser substituída por $\sigma = \pi(R_1 + R_2)^2$. Logo, chegamos à mesma conclusão

$$N_{\text{esp}} = N_{\text{inc}} n_{\text{alvo}} \sigma, \quad (14.4)$$

exceto pelo fato de que agora

$$\sigma = \pi(R_1 + R_2)^2. \quad (14.5)$$

A principal conclusão desse exemplo é que podemos continuar a usar a relação costumeira (14.4), mas você não pode mais ver σ como a seção de choque do alvo. Pelo contrário, σ é uma propriedade do alvo *e* do projétil, e deve ser pensado como a *área efetiva do alvo para espalhamento do projétil*. Em particular, a seção de choque de um alvo particular para espalhamento de um tipo de projétil pode ser muito diferente daquela para o mesmo alvo com um projétil diferente.

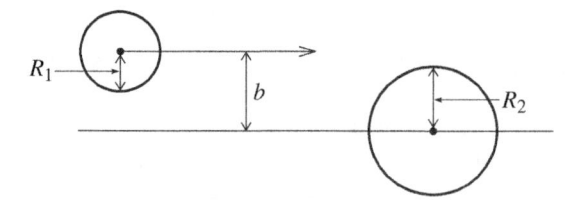

Figura 14.5 Um projétil de esfera compacta de raio R_1 se aproximando de um alvo de esfera compacta de raio R_2, com parâmetro de impacto b. Ocorre uma colisão somente se $b \leq R_1 + R_2$.

Exemplo 14.3 Caminho livre médio de uma molécula de ar

As moléculas de N_2 e O_2 no ar ao nosso redor se comportam muito semelhantemente a esferas compactas de raios $R \approx 0{,}15$ nm. Use isso para estimar o caminho livre médio de uma molécula de ar em condições normais de temperatura e pressão (CNTP).

O caminho livre médio λ de uma molécula em um gás é um parâmetro importante para determinar várias propriedades do gás – a condutividade, a viscosidade e as taxas de difusão, por exemplo. Ele é definido como a distância média que uma molécula percorre entre as colisões com outras moléculas. Para estimar essa quantidade, vamos seguir uma molécula escolhida à medida que ela se move através do gás, iniciando imediatamente depois de uma colisão. Para simplificar nossa discussão, assumirei que todas as outras moléculas são estacionárias. (Essa aproximação modifica um pouco a resposta, mas ainda assim obtemos uma estimativa razoável.)

Capítulo 14 Teoria das Colisões

Podemos pensar na molécula escolhida como um projétil movendo-se através de um conjunto de alvos composto por todas as outras moléculas estacionárias e o nosso problema é determinar a distância média x que ele irá caminhar antes de realizar nova colisão. A seção de choque para as colisões é dada por (14.5) como sendo $\sigma = \pi(2R)^2 = 4\pi R^2$. Se imaginarmos primeiro uma pequena fatia do gás com espessura dx (na direção da velocidade do projétil), então a densidade do "alvo" dessa fatia será

$$n_{\text{alvo}} = \frac{N}{V} dx,$$

onde N é o número total de moléculas e V seu volume total, de modo que N/V é a densidade numérica (número/volume). Logo, a probabilidade de que a molécula realize uma colisão em qualquer fatia fina de espessura dx é dada por (14.1) como sendo

$$\text{prob(colisão em } dx) = \frac{N\sigma}{V} dx. \tag{14.6}$$

Vamos denotar por prob(x) a probabilidade de que um projétil percorra uma distância x sem realizar qualquer colisão. A probabilidade de que ela percorra a distância x sem colisão e, então, *colida* no próximo dx é o produto de prob(x) por (14.6):

$$\text{prob(primeira colisão entre } x \text{ e } x + dx) = \text{prob}(x) \cdot \frac{N\sigma}{V} dx. \tag{14.7}$$

Por outro lado, essa mesma probabilidade é

$$\text{prob(primeira colisão entre } x \text{ e } x + dx) = \text{prob}(x) - \text{prob}(x + dx)$$

$$= -\frac{d}{dx}\text{prob}(x)\, dx. \tag{14.8}$$

Comparando (14.7) com (14.8), obtemos a equação diferencial para prob(x):

$$\frac{d}{dx}\text{prob}(x) = -\frac{N\sigma}{V} \text{prob}(x),$$

da qual vemos que prob(x) decresce exponencialmente com x,

$$\text{prob}(x) = e^{-(N\sigma/V)x}. \tag{14.9}$$

[Usei a condição inicial de que prob(0) é, obviamente, 1.] O caminho livre médio é o valor médio de x (isto é, $\lambda = \langle x \rangle$) e, para determinar essa média, devemos multiplicar x pela probabilidade (14.8) e integrar sobre todos os possíveis valores de x:

$$\lambda = \langle x \rangle = \int_0^\infty x \left[\frac{N\sigma}{V} e^{-(N\sigma/V)x} \right] dx = \frac{V}{N\sigma}. \tag{14.10}$$

Em CNTP, sabemos que 22,4 litros de ar contêm o número de Avogadro de moléculas (um mol). Portanto,

$$\lambda = \frac{V}{N_A(4\pi R^2)} = \frac{22{,}4 \times 10^{-3}\,\text{m}^3}{(6{,}02 \times 10^{23}) \times 4\pi(0{,}15 \times 10^{-9}\,\text{m})^2}$$

$$= 1{,}3 \times 10^{-7}\,\text{m} = 130\,\text{nm}.$$

Vemos que o caminho livre médio de uma molécula de ar é consideravelmente maior que o espaço intermolecular (em torno de 3 nm) e que o tamanho da molécula (em torno de 0,3 nm).

Diferentes processos e alvos

Até o momento, consideramos colisões nas quais o máximo que pode acontecer é que o projétil seja defletido pelo alvo e siga uma direção diferente. Há várias outras possibilidades: considere uma colisão entre um projétil pontual e um alvo formado por uma bola de massa de calafetar. Se a massa for suficientemente absorvente, então qualquer projétil que colida com a massa irá se infiltrar e não mais emergirá. Ou seja, o alvo irá *capturar* ou *absorver* o projétil. O argumento anterior fornece exatamente o número de projéteis capturados como sendo $N_{cap} = N_{inc}\, n_{alvo}\, \sigma$. Podemos facilmente tornar as coisas mais complicadas. Por exemplo, parte da superfície do alvo pode ser absorvente e parte compacta. Projéteis que colidam com a superfície absorvente serão capturados e os que colidirem com a parte compacta serão espalhados (isto é, ressurgirão viajando em uma direção diferente). Nesse caso, teríamos duas relações distintas separadas análogas a (14.4), uma para fornecer o número de capturas e outra para o número de espalhamentos:

$$N_{cap} = N_{inc}\, n_{alvo}\, \sigma_{cap} \quad \text{[captura]} \tag{14.11}$$

e

$$N_{esp} = N_{inc}\, n_{alvo}\, \sigma_{esp} \quad \text{[espalhamento]}. \tag{14.12}$$

Aqui, σ_{cap} é a área da parte do alvo que absorve o projétil e σ_{esp} a área da parte que espalha os projéteis. A seção de choque total do alvo é, naturalmente,

$$\sigma_{tot} = \sigma_{cap} + \sigma_{esp}.$$

Um exemplo de uma colisão real na qual ambos, captura e espalhamento, são possíveis é a colisão de um elétron e um átomo, como cloro, que pode capturar um elétron extra. Nesse caso, não podemos mais identificar uma área particular do alvo que irá capturar o projétil, mas ainda será verdade que o número de projéteis capturados é proporcional a N_{inc}, o número de projéteis incidentes, e a n_{alvo}, a densidade do alvo. Logo, podemos usar exatamente a mesma Equação (14.11) para definir a **seção de choque de captura** σ_{cap} como a constante de proporcionalidade relevante. Com essa definição, você pode (e deve) ver σ_{cap} como a *área efetiva do alvo para captura de projéteis*. Dessa mesma maneira, podemos usar (14.12) para definir a **seção de choque de espalhamento** σ_{esp} e assim ver σ_{esp} como a área efetiva do alvo para espalhamento de projéteis.

Nas colisões entre elétrons e átomos, há outras possibilidades além do espalhamento e da captura. Por exemplo, se o elétron incidente tem bastante energia, ele pode ser capaz de *ionizar* o átomo, tornando livre um ou mais elétrons do átomo. O número de ionizações pode ser escrita da forma

$$N_{\text{íon}} = N_{\text{inc}}\, n_{\text{alvo}}\, \sigma_{\text{íon}} \qquad [\text{ionização}] \qquad (14.13)$$

e isso define a **seção de choque de ionização** $\sigma_{\text{íon}}$ como a área efetiva do alvo atômico para ionização pelo elétron incidente. Novamente, quando um neutron colide com um núcleo de ^{235}U, ele pode causar a *fissão* do núcleo, separando-o em dois núcleos bem menores e liberando algo como 200 MeV de energia cinética; podemos definir a **seção de choque de fissão** σ_{fis} como a área efetiva do núcleo de ^{235}U para fissão devido ao bombardeamento por nêutrons, satisfazendo a equação $N_{\text{fis}} = N_{\text{inc}}\, n_{\text{alvo}}\, \sigma_{\text{fis}}$.

Há outra classificação que merece menção. A palavra "espalhamento" é geralmente reservada para um processo no qual o projétil é defletido e se move para longe do alvo, deixando para trás o *mesmo* alvo – o mesmo átomo, o mesmo núcleo, ou qualquer coisa. Esse uso exclui processos como captura, na qual o projétil não emerge de forma alguma após a colisão. Ela também exclui processos como ionização, na qual um elétron é liberado do átomo alvo, ou como fissão, na qual o núcleo alvo é quebrado em partes. Se os movimentos internos do alvo são preservados, o espalhamento é dito **elástico**; se os movimentos internos do alvo não são preservados durante a colisão, então o espalhamento é dito **inelástico**. Considere, por exemplo, o espalhamento de um elétron devido a um átomo estacionário. Para simplificar nossa discussão, vamos supor que o átomo esteja fixo (uma excelente aproximação, visto que um átomo é muito mais pesado que um elétron) e que os elétrons do átomo estejam inicialmente nos seus **estados fundamentais** – níveis[5] de mais baixa energia possíveis. Quando o elétron incidente se espalha para longe do átomo, há duas possibilidades: ele pode se espalhar elasticamente, surgindo com sua energia cinética preservada e deixando o alvo em seu estado original de movimento interno. Ou ele pode se espalhar inelasticamente, transferindo alguma de sua energia cinética ao átomo, aumentando o movimento interno do átomo para um nível mais alto de energia.[6] Este último processo de **excitação atômica** foi observado pela primeira vez pelo físico alemão James Franck (1882-1964) e Gustav Hertz (1887-1975) e forneceu evidências incontestáveis da existência dos níveis de energia do átomo (eles ganharam o Prêmio Nobel em 1925.)

Quando um projétil se espalha do alvo, podemos, se desejarmos, distinguir entre os dois tipos de processos, elástico e inelástico. O número total de espalhamentos N_{esp} em um dado experimento é a soma dos espalhamentos elásticos e inelásticos, $N_{\text{esp}} = N_{\text{el}} + N_{\text{inel}}$, e podemos definir as seções de choque correspondentes satisfazendo $\sigma_{\text{esp}} = \sigma_{\text{el}} + \sigma_{\text{inel}}$.

Para um dado alvo e um dado projétil, podemos enumerar todos os possíveis resultados de uma colisão – espalhamento, captura, ionização, fissão, e assim por diante – e, para cada resultado, podemos definir uma seção de choque correspondente. A soma de todas essas seções de choque parciais é chamada de **seção de choque total** σ_{tot}. Por exemplo,

---

[5] Lembre-se de que átomos podem existir apenas em certos "níveis discretos de energia". Como um átomo isolado eventualmente encontra seu caminho para o nível de mais baixa energia (estado fundamental), o átomo alvo em uma colisão está com frequência em seu estado fundamental.

[6] Em geral, ambos, o projétil e o alvo, podem se mover e ter estrutura interna e, portanto, energia do movimento interno – como em uma colisão de duas moléculas em um gás. Nesse caso, um espalhamento elástico é definido como um no qual os movimentos internos do projétil e do alvo são preservados. Isso significa que as energias cinéticas totais $T_{\text{proj}} + T_{\text{alvo}}$ são as mesmas antes e depois do encontro.

para elétrons colidindo com um átomo, pode acontecer de ter apenas três possíveis resultados, espalhamento, captura e ionização; neste caso, a seção de choque total será

$$\sigma_{tot} = \sigma_{esp} + \sigma_{cap} + \sigma_{íon}.$$

Somando-se as três equações (14.12), (14.11) e (14.13), podemos ver que a seção de choque total fornece o número total de projéteis retirados do feixe incidente pelos três processos possíveis:

$$N_{tot} = N_{inc}\, n_{alvo}\, \sigma_{tot} \quad \text{[total]}.$$

Ou seja, σ_{tot} é a área efetiva do alvo para interação com o projétil em qualquer um dos possíveis casos.

Na maioria dos casos, as várias seções de choque que definimos são obtidas em função da variação da energia do projétil incidente. Como um exemplo que é facilmente compreendido, considere a seção de choque de ionização para um elétron colidindo com um átomo. Para ionizar o átomo, o elétron incidente deve ter a energia mínima necessária para tornar livre um dos elétrons do átomo. Se a energia do elétron incidente for menor que a **energia ionizante**, então a ionização é impossível; portanto, $N_{íon} = 0$ e a seção de choque de ionização $\sigma_{íon}$, definida em (14.13) é exatamente zero. Acima da energia de ionização, é possível a ionização, e $N_{íon}$ e $\sigma_{íon}$ em geral são não nulos. Obviamente, $\sigma_{íon}$ varia com a energia. Embora não seja sempre óbvio, na prática, encontramos que quase todas as seções de choque são igualmente dependentes da energia.

14.4 SEÇÃO DE CHOQUE DIFERENCIAL DO ESPALHAMENTO

Quando definimos a seção de choque σ_{esp} em (14.12), contamos o número total de projéteis que foram espalhados, independentemente da direção específica na qual eles seguiram. Podemos obter mais informação se optarmos por monitorar essas direções e isso leva à noção da *seção de choque diferencial*, como discutiremos agora.

Para simplificar as coisas, vamos considerar a colisão em que a única interação possível é um espalhamento elástico. Por exemplo, você pode considerar o espalhamento de um projétil pontual devido a uma esfera compacta (Figura 14.2) ou o espalhamento de Rutherford de uma partícula alfa positivamente carregada devido a um núcleo pesado positivo (Figura 14.1). Em qualquer dos casos, há apenas duas possibilidades: o projétil erra o alvo inteiramente e segue sem espalhamento, ou se espalha elasticamente.[7]

---

[7] Se a partícula alfa do experimento de Rutherford tivesse bastante energia, ela poderia também elevar o núcleo para um nível de energia mais elevado ou quebrá-lo em partes. Entretanto, em virtude das baixas energias disponíveis para Rutherford, isso não era uma possibilidade, e podemos limitar nossa atenção, por enquanto, às baixas energias. Há outra sutileza no espalhamento de Rutherford que é relevante mencionar: a força de Coulomb $F = kqQ/r^2$, de um núcleo realmente isolado, estende-se até infinito e todas as partículas alfa, embora com grande parâmetro de impacto, seriam defletidas um pouquinho; em outras palavras, *todas* as partículas alfa incidentes seriam espalhadas. Entretanto, na prática, a força de Coulomb do núcleo é sempre observada à grande distância pelos elétrons do átomo e as alfa que passam por fora do átomo como um todo não são espalhadas.

Se estivermos monitorando como muitas partículas seguem em uma dada direção, devemos estar de acordo sobre como medir direções. É comum considerar a direção do feixe incidente como sendo o eixo z e, então, especificar a direção de qualquer um dos projéteis espalhados informando os seus ângulos θ e ϕ. Como esses ângulos formam um contínuo infinito, não se pode falar do número de partículas espalhadas na direção *exata* (θ, ϕ). Ao contrário, podemos contar o número de partículas que emergem em algum cone estreito em torno de (θ, ϕ). Para caracterizar o tamanho desse cone estreito, usaremos a noção do *ângulo sólido*, que é definida da seguinte forma.

Ângulo sólido

Para entendermos a definição de ângulo sólido de um cone, auxilia lembrarmos a definição de um ângulo ordinário entre duas retas em um plano. Isso está ilustrado na Figura 14.6(a): se duas retas se encontram em O, desenhamos um círculo com qualquer raio conveniente r com centro em O. As duas retas definem um arco de comprimento s sobre o círculo e definimos o ângulo $\Delta\theta$ (em radianos) como $\Delta\theta = s/r$. (Como s é proporcional a r, essa definição é independente da escolha de r.) De forma análoga, se um cone tridimensional tem seu vértice em O, desenhamos uma esfera de raio r com centro em O, como na Figura 14.6(b). O cone intercepta a esfera em uma superfície esférica de área A (proporcional a r^2) e definimos o **ângulo sólido** do cone como

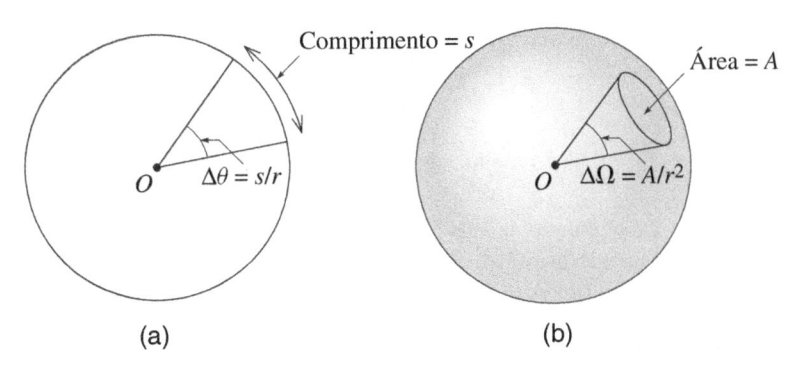

Figura 14.6 (a) O ângulo ordinário bidimensional $\Delta\theta$ subentendido pelo comprimento de arco s de um círculo é definido como $\Delta\theta = s/r$, onde r é o raio do círculo e $\Delta\theta$ é em radianos. (b) O ângulo sólido $\Delta\Omega$ de um cone subentendido por uma área A sobre uma esfera é definido como $\Delta\Omega = A/r^2$. Aqui, r é o raio da esfera e $\Delta\Omega$ é em esferorradianos.

$$\Delta\Omega = A/r^2. \quad (14.14)$$

A unidade de ângulo sólido definida dessa forma é chamada de **esferorradiano**, abreviado **sr**. Se o cone inclui todas as possíveis direções, então como a área da esfera completa é $4\pi r^2$, o ângulo sólido é 4π. Isto é, o ângulo sólido correspondente a todas as direções possíveis em três dimensões é 4π esferorradianos, da mesma maneira que o ângulo ordinário correspondente a todas as direções em duas dimensões é 2π radianos. O cone apresentado na Figura 14.6(b) era um cone circular, mas a definição $\Delta\Omega = A/r^2$ é igualmente válida para qualquer forma de cone. Por exemplo, precisamos considerar um cone estreito com ângulos polares nos intervalos de θ até $\theta + d\theta$ e de ϕ até $\phi + d\phi$; esse cone intercepta a esfera em uma superfície "retangular" de área $r^2 \text{sen}\,\theta\, d\theta\, d\phi$, e assim tem o ângulo sólido

$$d\Omega = \text{sen}\,\theta\, d\theta\, d\phi. \tag{14.15}$$

Seção de choque diferencial

Munidos da notação de ângulo sólido, estamos prontos para definir a seção de choque diferencial de espalhamento. Imaginemos o experimento usual, no qual um grande número de projéteis N_{inc} está direcionado para o conjunto de alvos com densidade n_{alvo}. Para qualquer escolha de cone do ângulo sólido $d\Omega$ em qualquer direção (θ, ϕ), monitoramos o número de projéteis espalhado dentro deste $d\Omega$, como esboçado na Figura 14.7. Denotamos este número por N_{esp} (dentro de $d\Omega$) e, pelo argumento familiar, ele deve ser proporcional a N_{inc} e a n_{alvo}, de modo que podemos escrever

$$N_{\text{esp}}(\text{dentro de } d\Omega) = N_{\text{inc}}\, n_{\text{alvo}}\, d\sigma(\text{dentro de } d\Omega), \tag{14.16}$$

onde $d\sigma$ (dentro de $d\Omega$) é a área efetiva da seção de choque do alvo para espalhamento dentro do ângulo sólido $d\Omega$. Como este é proporcional a $d\Omega$, é tradicional escrevê-lo como sendo

$$d\sigma(\text{dentro de } d\Omega) = \frac{d\sigma}{d\Omega} d\Omega,$$

onde o termo $d\sigma/d\Omega$ é chamado de **seção de choque diferencial de espalhamento**. Em termos dele, podemos reescrever (14.16) da forma

$$N_{\text{esp}}(\text{dentro de } d\Omega) = N_{\text{inc}}\, n_{\text{alvo}} \frac{d\sigma}{d\Omega}(\theta, \phi)\, d\Omega, \tag{14.17}$$

onde introduzi o argumento (θ, ϕ) para enfatizar que a seção de choque diferencial dependerá (em geral) da direção de observação. A Equação (14.17) pode ser considerada como a definição da seção de choque diferencial $d\sigma/d\Omega$. É trabalho do experimentalista a medição de $d\sigma/d\Omega$ usando (14.17) e é trabalho do teórico prever $d\sigma/d\Omega$ baseado em algum modelo assumido para as interações entre o projétil e o alvo.

Se somarmos os números N_{esp} (dentro de $d\Omega$) para todos os possíveis ângulos sólidos $d\Omega$, recuperaremos o número total de espalhamentos, N_{esp}. Ou seja, a integração de (14.17) sobre todos os ângulos sólidos resultará em N_{esp}. Como $N_{\text{esp}} = N_{\text{inc}} n_{\text{alvo}} \sigma$, onde σ é a seção de choque total de espalhamento, concluímos que

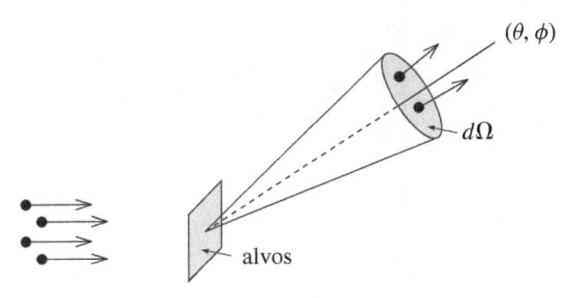

Figura 14.7 Projéteis estão incidindo da esquerda sobre um conjunto alvo retangular, e monitoramos o número N_{esp} (dentro de $d\Omega$) emergindo dentro de um cone de ângulo sólido $d\Omega$ na direção (θ, ϕ).

$$\sigma = \int \frac{d\sigma}{d\Omega}(\theta, \phi)\, d\Omega = \int_0^\pi \operatorname{sen}\theta\, d\theta \int_0^{2\pi} d\phi\, \frac{d\sigma}{d\Omega}(\theta, \phi), \qquad (14.18)$$

onde a segunda expressão segue de (14.15). Isto é, a seção de choque total[8] é a integral sobre todos os ângulos sólidos da seção de choque diferencial.

Exemplo 14.4 Distribuição angular de nêutrons espalhados

Com uma energia incidente de vários MeV (milhões de elétron-volts), a seção de choque diferencial para o espalhamento de nêutrons de um núcleo pesado deve ter a forma

$$\frac{d\sigma}{d\Omega}(\theta, \phi) = \sigma_0(1 + 3\cos\theta + 3\cos^2\theta), \qquad (14.19)$$

onde σ_0 é uma constante que pode ser da ordem de 30 milibarns por esferorradianos (mb/sr). Descreva a distribuição angular dos nêutrons espalhados e determine a seção de choque total de espalhamento.

A característica mais proeminente de (14.19) é que ela é independente de ϕ. (Como veremos na próxima seção, esse é um caso muito comum.) Isso significa que a distribuição de nêutrons espalhados é *axialmente simétrica*, o que torna a visualização da distribuição angular muito mais simples, visto que temos apenas que nos preocupar com a sua dependência em θ. A Figura 14.8 ilustra $d\sigma/d\Omega$ como uma função de θ desde $\theta = 0$ até π. Vemos que $d\sigma/d\Omega$ é máximo em $\theta = 0$. Isto é, pelo menos neste exemplo, uma partícula que é espalhada tem maior probabilidade de ser espalhada na vizinhança da "direção de incidência" $\theta = 0$. (No espalhamento quântico, especialmente com altas energias, este é frequentemente o caso.) Neste exemplo, há também um máximo bem menor na direção de retorno com $\theta = \pi$ e a probabilidade de espalhamento diretamente de volta com $\theta = \pi$ é maior que para qualquer outra direção no hemisfério posicionado para trás com $\pi/2 < \theta < \pi$.

---

[8] Em geral, devemos dizer que seção de choque total de *espalhamento*, σ_{esp}; aqui, estamos assumindo que o espalhamento é a única possibilidade de interação; assim, elas são a mesma.

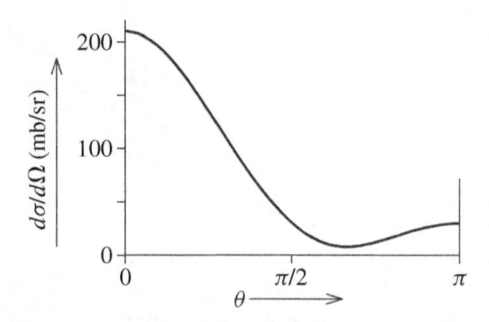

Figura 14.8 Seção de choque diferencial (14.19) para o espalhamento de nêutrons em relação a um núcleo, desenhada como uma função do ângulo de espalhamento θ. O eixo vertical ilustra $d\sigma/d\Omega$ em unidades de milibarns por esferorradianos.

A seção de choque total de espalhamento é determinada integrando a seção de choque diferencial, de acordo com (14.18). Como o integrando é independente de ϕ, a integração sobre ϕ é trivial e resulta em 2π, logo,

$$\sigma = \int \frac{d\sigma}{d\Omega}(\theta, \phi)\, d\Omega = 2\pi \sigma_o \int_0^\pi \operatorname{sen}\theta\, d\theta(1 + 3\cos\theta + 3\cos^2\theta)$$

$$= 8\pi \sigma_o = 754 \text{ mb}. \tag{14.20}$$

14.5 CÁLCULO DA SEÇÃO DE CHOQUE DIFERENCIAL

Para simplificar o cálculo da seção de choque diferencial, assumirei que o espalhamento possui simetria axial. Isso será certamente o caso se o alvo possuir simetria esférica (como a esfera compacta da Figura 14.2 ou qualquer alvo que exerça um campo de força com simetria esférica), visto que a simetria esférica implica simetria axial. Isso significa que a seção de choque diferencial é independente de ϕ, permitindo incluir ao mesmo tempo todos os diferentes valores de ϕ na discussão. Imaginemos um projétil incidente sobre um alvo com parâmetro de impacto b. Calculando a trajetória do projétil, podemos, pelo menos em princípio, determinar o ângulo de espalhamento correspondente $\theta = \theta(b)$ como uma função de b. Alternativamente, resolvendo para b, podemos expressar b como uma função de θ, isto é, $b = b(\theta)$.

Vamos considerar a seguir todos os projéteis que se aproximam do alvo com parâmetro de impacto entre b e $b + db$. Estes são incidentes sobre o anel (a forma sombreada em forma de anel) ilustrado à esquerda na Figura 14.9. Este anel tem área de seção de choque

$$d\sigma = 2\pi b\, db. \tag{14.21}$$

Essas mesmas partículas emergem entre os ângulos θ e $\theta + d\theta$ em um ângulo sólido

$$d\Omega = 2\pi \operatorname{sen}\theta\, d\theta, \tag{14.22}$$

Capítulo 14 Teoria das Colisões 573

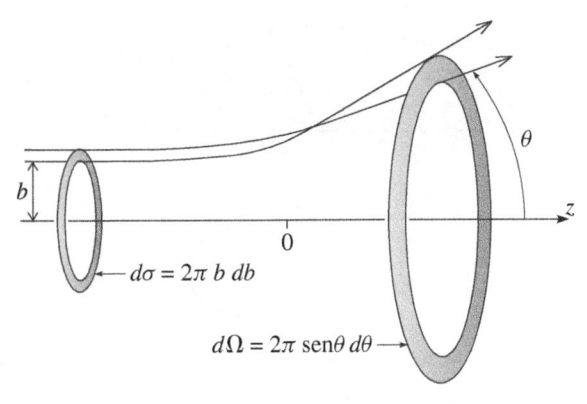

Figura 14.9 Todos os projéteis incidentes entre b e $b + db$ são espalhados entre ângulos θ e $\theta + d\theta$. A área sobre a qual estas partículas colidem é $d\sigma = 2\pi \operatorname{sen}\theta \, d\theta$.

como indicado na Figura 14.9. A seção de choque diferencial $d\sigma/d\Omega$ é agora determinada simplesmente dividindo (14.21) por (14.22), obtendo

$$\frac{d\sigma}{d\Omega} = \frac{b}{\operatorname{sen}\theta} \left| \frac{db}{d\theta} \right|, \qquad (14.23)$$

onde inseri o símbolo de valor absoluto para garantir que $d\sigma/d\Omega$ seja positivo. (Uma vez que θ frequentemente decresce quando b cresce, $db/d\theta$ pode ser negativo.)

Em resumo: para calcular a seção de choque diferencial para o espalhamento de um projétil em relação a um dado alvo, devemos primeiro calcular a trajetória do projétil, para determinar o ângulo de espalhamento θ como uma função do parâmetro de impacto b (ou vice-versa). Em seguida, $d\sigma/d\Omega$ é determinado simplesmente derivando b com respeito a θ, como em (14.23).

Exemplo 14.5 Espalhamento da esfera compacta

Com um primeiro exemplo do uso de (14.23), determine a seção de choque diferencial para o espalhamento de um projétil pontual afastando-se de uma esfera compacta de raio R. Integre seu resultado sobre todos os ângulos sólidos para determinar a seção de choque total.

Nossa primeira tarefa é determinar a trajetória de um projétil espalhado, conforme ilustrado na Figura 14.10. A observação crucial é que, quando o projétil repica na esfera compacta, os seus ângulos de incidência e reflexão (ambos apresentados como α na figura) são iguais. (Esta "lei da reflexão" é uma consequência da conservação de energia e do momento angular – veja o Problema 14.13.) Uma inspeção da figura mostra que o parâmetro de impacto é $b = R \operatorname{sen}\alpha$ e o ângulo de espalhamento é $\theta = \pi - 2\alpha$. Combinando essas duas equações, obtemos

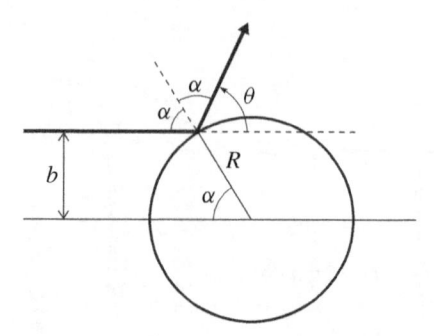

Figura 14.10 Um projétil pontual repicando ao colidir com uma esfera compacta obedece à lei de reflexão, em que os dois ângulos adjacentes denotados por α são iguais. O parâmetro de impacto é $b = R\,\text{sen}\,\alpha$ e o ângulo de espalhamento é $\theta = \pi - 2\alpha$.

$$b = R\,\text{sen}\,\frac{\pi - \theta}{2} = R\cos(\theta/2), \tag{14.24}$$

e de (14.23), determinamos a seção de choque diferencial

$$\frac{d\sigma}{d\Omega} = \frac{b}{\text{sen}\,\theta}\left|\frac{db}{d\theta}\right| = \frac{R\cos(\theta/2)}{\text{sen}\,\theta}\frac{R\,\text{sen}(\theta/2)}{2} = \frac{R^2}{4}. \tag{14.25}$$

A coisa mais surpreendente sobre esse resultado é que a seção de choque diferencial é isotrópica, isto é, o número de partículas espalhadas em um ângulo sólido $d\Omega$ é o mesmo em todas as direções. Para determinar a seção de choque total, temos apenas que integrar esse resultado em todos os ângulos sólidos:

$$\sigma = \int \frac{d\sigma}{d\Omega} d\Omega = \int \frac{R^2}{4} d\Omega = \pi R^2,$$

que é, naturalmente, a área da seção de choque do alvo esférico.

14.6 O ESPALHAMENTO DE RUTHERFORD

Talvez o experimento de colisão mais famoso de todos os tempos tenha sido o experimento de Rutherford, no qual ele e seus assistentes observaram o espalhamento de partículas alfa com relação aos núcleos de ouro em uma lâmina fina e usaram a distribuição observada para argumentar sobre o modelo nuclear do átomo. De acordo com esse modelo, a força de um núcleo (carga Q) sobre uma partícula alfa (carga q) é

$$F = \frac{kqQ}{r^2} = \frac{\gamma}{r^2}. \tag{14.26}$$

As partículas alfa são especialmente espalhadas apenas quando se aproximam muito perto do núcleo, bem no interior da órbita dos elétrons atômicos. Portanto, podemos ignorar a força dos elétrons do núcleo e (14.26) é a única força sobre as alfas. Portanto, como vimos no Capítulo 8, a órbita de uma partícula alfa é uma hipérbole, com o núcleo (que trataremos como fixo no momento) em um dos focos, como ilustrado na Figura 14.11. Se **u** denota o vetor unitário apontando do alvo até o ponto de maior proximidade da partícula alfa, a órbita é simétrica em relação à direção **u** e é conveniente denotar a posição da partícula alfa pelo ângulo polar ψ, medido a partir de **u** (veja a Figura 14.11). Vamos denotar por ψ_0 o limite de ψ quando a partícula alfa espalhada está se movendo bastante afastada, de modo que o ângulo total subentendido pela órbita de alfa é $2\psi_0$ e o ângulo de espalhamento é

$$\theta = \pi - 2\psi_0. \tag{14.27}$$

Nosso trabalho agora é relacionar o ângulo de espalhamento ao parâmetro de impacto b. Podemos fazer isso calculando de duas formas a variação do momento do projétil,

$$\Delta \mathbf{p} = \mathbf{p}' - \mathbf{p}, \tag{14.28}$$

onde **p** e **p**′ são os momentos bem antes e bem depois da colisão. Primeiro, pela conservação de energia, **p** e **p**′ têm magnitudes iguais, de modo que o triângulo ilustrado na Figura 14.12 é isósceles e

$$|\Delta \mathbf{p}| = 2p\,\text{sen}(\theta/2). \tag{14.29}$$

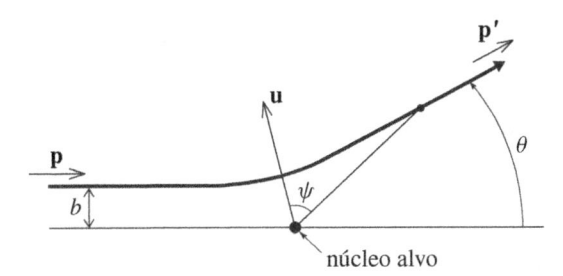

Figura 14.11 Espalhamento de Rutherford de uma partícula alfa devido a um núcleo atômico fixo. A órbita é uma hipérbole, que é simétrica em torno da reta representada pelo vetor unitário fixo **u**. A posição da partícula pode ser representada pelo seu ângulo ψ medido a partir de **u**. À medida que a partícula se move para longe ($t \to \infty$), $\psi \to \psi_0$, e quando $t \to -\infty$, $\psi \to -\psi_0$. Portanto, o ângulo de espalhamento é $\theta = \pi - 2\psi_0$.

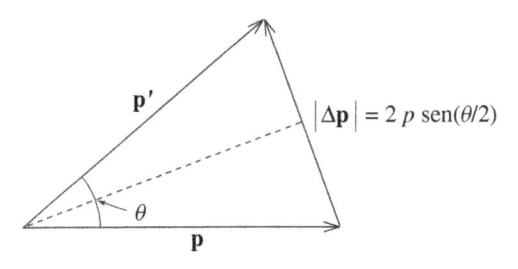

Figura 14.12 A variação no momento do projétil é $\Delta \mathbf{p} = \mathbf{p}' - \mathbf{p}$. Como, $|\mathbf{p}| = |\mathbf{p}'|$, é facilmente visto que $|\Delta \mathbf{p}| = 2p\,\text{sen}(\theta/2)$.

Por outro lado, da segunda lei de Newton, $\Delta \mathbf{p} = \int \mathbf{F} dt$. Comparando as Figuras 14.12 e 14.11, você pode ver que $\Delta \mathbf{p}$ está na mesma direção do vetor unitário $\mathbf{u}$. Logo, a magnitude de $\Delta \mathbf{p}$ é dada pela mesma integral, com $\mathbf{F}$ substituído por sua componente F_u na direção de $\mathbf{u}$,

$$|\Delta \mathbf{p}| = \int_{-\infty}^{\infty} F_u\, dt.$$

Da Figura 14.11, você pode ver que $F_u = (\gamma/r^2)\cos \psi$. Usando agora o truque familiar, podemos escrever $dt = d\psi/\dot\psi$, onde, como $mr^2\dot\psi = \ell = bp$ (veja a Figura 14.11 novamente), podemos substituir $\dot\psi$ por bp/mr^2. Colocando tudo isso junto, obtemos

$$|\Delta \mathbf{p}| = \int_{-\psi_o}^{\psi_o} \frac{\gamma \cos \psi}{r^2} \frac{d\psi}{bp/mr^2} = \frac{\gamma m}{bp} 2 \operatorname{sen}\psi_o = \frac{2\gamma m}{bp} \cos(\theta/2). \qquad (14.30)$$

[Para entender os limites de integração, lembre-se de que, quando $t \to \pm \infty$, então $\psi \to \pm \psi_o$. No último passo, usei (14.27) para substituir ψ_o por $(\pi - \theta)/2$ e, portanto, $\operatorname{sen}\psi_o$ por $\cos(\theta/2)$.] Igualando as duas Expressões (14.29) e (14.30) para $|\Delta \mathbf{p}|$, podemos resolver para b, obtendo

$$b = \frac{\gamma m}{p^2} \frac{\cos(\theta/2)}{\operatorname{sen}(\theta/2)} = \frac{\gamma}{mv^2} \cot(\theta/2), \qquad (14.31)$$

onde na última equação substituí p por mv, e v é a velocidade do projétil incidente.

Tendo encontrado o parâmetro de impacto b como uma função do ângulo de espalhamento θ, podemos agora usar o resultado (14.23) para obter a seção de choque diferencial

$$\frac{d\sigma}{d\Omega} = \frac{1}{\operatorname{sen}\theta} \cdot b \cdot \left|\frac{db}{d\theta}\right| = \frac{1}{2\operatorname{sen}(\theta/2)\cos(\theta/2)} \cdot \frac{\gamma}{mv^2} \cot(\theta/2) \cdot \frac{\gamma}{mv^2} \frac{1}{2\operatorname{sen}^2(\theta/2)}$$

ou, substituindo γ por kqQ,

$$\frac{d\sigma}{d\Omega} = \left(\frac{kqQ}{4E \operatorname{sen}^2(\theta/2)}\right)^2, \qquad (14.32)$$

onde E é a energia dos projéteis incidentes, $E = \frac{1}{2}mv^2$. Essa é a célebre **fórmula do espalhamento de Rutherford**. Ela fornece a seção de choque diferencial para o espalhamento de uma carga q, com energia E, em relação a um alvo fixo com carga Q. Ainda hoje, mais de um século depois da dedução por Rutherford, é um resultado extremamente usado, e a sua grande importância histórica é que ele foi utilizado para demonstrar a existência do núcleo atômico, que discutiremos brevemente[9] a partir de agora.

---

[9] Como o átomo é um sistema microscópico, para o qual a mecânica quântica, e não a clássica, deve ser usada, você pode se surpreender ao saber que a fórmula clássica de Rutherford funcionou tão bem para Rutherford e seus assistentes. É um dos mais impressionantes acidentes na história da física que a fórmula quântica para o espalhamento de duas partículas carregadas esteja exatamente de acordo com a fórmula clássica de Rutherford. (Isso é falso para outros tipos de forças.)

O experimento de Geiger e Marsden

O mais conhecido e mais importante experimento de espalhamento de Rutherford foi desenvolvido por seus assistentes, Hans Geiger, inventor do contador Geiger, (1882-1945) e Ernest Marsden (1990-1970) e publicado em 1913. Seu objetivo era testar o modelo "planetário" de Rutherford para o átomo. De acordo com esse modelo a maioria da massa atômica estava concentrada em um núcleo[10] minúsculo e positivamente carregado. Como já vimos, esse modelo conduz à seção de choque (14.32) para espalhamento de partículas alfa, com várias previsões muito específicas: a probabilidade de espalhamento deve ser inversamente proporcional a sen$^4\theta/2$, inversamente proporcional ao quadrado da energia, E^2, e proporcional ao quadrado da carga, Q^2. Geiger e Marsden foram capazes de verificar todas essas previsões com uma precisão extraordinária e, portanto, contribuíram para a rápida aceitação do modelo do núcleo atômico de Rutherford. Eles usaram partículas alfa provenientes do gás radônio ("emanação do rádio", como foi chamado), com energia em torno de 6,5 MeV. (1 MeV = 10^6 elétron-volts e 1 eV = $1,6 \times 10^{-19}$ joules.) Eles direcionaram um "lápis" estreito dessas partículas para uma fina folha de metal e contaram as partículas espalhadas usando um pequeno anteparo de sulfato de zinco. Qualquer partícula alfa colidindo com este anteparo causava um minúsculo lampejo ou "cintilação", que podia ser observado por meio de um microscópio. Dessa forma, foi possível contar até cerca de 90 partículas por minuto (um trabalho que requeria muita paciência e concentração). Para observar a dependência angular do espalhamento, eles podiam mover o anteparo e o microscópio com ângulos variando no intervalo $5° \leq \theta \leq 150°$. Para testar a dependência na energia incidente, passaram as partículas incidentes através de folhas finas de mica, para diminuir as velocidades delas e, portanto, variar as suas energias. Para testar a dependência sobre a carga nuclear, utilizaram várias lâminas alvo diferentes (ouro, platina, estanho, prata, cobre e alumínio).

Exemplo 14.6 Dependência angular

Para isolar sua dependência angular, escreva a seção de choque de Rutherford (14.32) como

$$\frac{d\sigma}{d\Omega}(\theta) = \frac{\sigma_o(E)}{\text{sen}^4 \theta/2} \tag{14.33}$$

e determine $\sigma_o(E)$ para o espalhamento de partículas alfa de 6,5 MeV devido ao ouro. Determine a seção de choque diferencial para 150° e 5° (ângulo máximo e mínimo de Geiger e Marsden). Determine o número de partículas alfa que eles teriam que contar em um minuto assumindo os seguintes valores: número de alfas incidentes em um minuto, $N_{\text{inc}} = 6 \times 10^8$; espessura da lâmina de ouro, $t = 1$ μm; área do anteparo de sulfato de zinco = 1 mm^2; distância do anteparo até o alvo = 1 cm. Faça um gráfico apropriado da seção de choque diferencial em função do ângulo de espalhamento θ.

---

[10] Inicialmente, o sinal da carga nuclear (positiva ou negativa) não estava claro, mas foi muito brevemente descoberto que era positivo, com uma carga negativa igual transportada pelos elétrons orbitando.

A carga da partícula alfa é $q = 2e$ e a do núcleo de ouro é $Q = 79e$; assim,

$$\sigma_o(E) = \left(\frac{2 \times 79 \times ke^2}{4E}\right)^2.$$

Isso é facilmente calculado no sistema internacional de unidades (SI), embora seja uma maneira engenhosa de se usar a útil combinação $ke^2 = 1{,}44$ MeV · fm (onde fm significa femtômetro ou 10^{-15} m). Por qualquer caminho, obtemos

$$\sigma_o = 76{,}6 \times 10^{-30} \text{ m}^2/\text{sr} = 0{,}766 \text{ barns/sr}.$$

Substituindo em (14.33), obtemos

$$\frac{d\sigma}{d\Omega}(150°) = 0{,}88 \text{ barns/sr} \quad \text{e} \quad \frac{d\sigma}{d\Omega}(5°) = 2{,}1 \times 10^5 \text{ barns/sr}. \qquad (14.34)$$

A enorme diferença entre estes – mais do que 5 ordens de magnitude – apresenta uma considerável dificuldade prática, como veremos. Antes de podermos substituir em (14.17) para obter a contagem real dos números, precisamos calcular n_{alvo} e $d\Omega$. Como de costume, podemos determinar n_{alvo} em termos da densidade do ouro (gravidade específica 19.3) e massa atômica (197):

$$n_{\text{alvo}} = \frac{\varrho t}{m} = \frac{(19{,}3 \times 10^3 \text{ kg/m}^3) \times (10^{-6} \text{ m})}{197 \times 1{,}66 \times 10^{-27} \text{ kg}} = 5{,}90 \times 10^{22} \text{ m}^{-2}.$$

O anteparo de Geiger e Marsden tinha uma área $A = 1$ mm^2 e estava a uma distância $r = 10$ mm do alvo. Portanto, ele subentende um ângulo sólido

$$d\Omega = \frac{A}{r^2} = 0{,}01 \text{ sr}.$$

Colocando tudo isso junto, encontramos o número de partículas alfa que estão colidindo com o anteparo a 150°, no intervalo de um minuto

$$N_{\text{esp}}(\text{para } 150°) = N_{\text{inc}} \, n_{\text{alvo}} \frac{d\sigma}{d\Omega}(150°) \, d\Omega$$

$$= (6 \times 10^8) \times (5{,}90 \times 10^{22} \text{ m}^{-2}) \times (0{,}88 \times 10^{-28} \text{ m}^2/\text{sr}) \times (0{,}01 \text{ sr})$$

$$= 31,$$

um número que podiam fácil e acuradamente contar. Por outro lado, o mesmo cálculo fornece

$$N_{\text{esp}}(\text{para } 5°) = 7{,}5 \times 10^6,$$

um número que eles possivelmente não podiam contar ou mesmo estimar. Medir a seção de choque para pequenos ângulos requereu deles o uso de uma fonte muito mais fraca do que para grandes ângulos.

Em virtude da imensa variação da seção de choque à medida que o ângulo de espalhamento varia, um gráfico simples linear de $d\sigma/d\Omega$ não é especialmente útil. Se

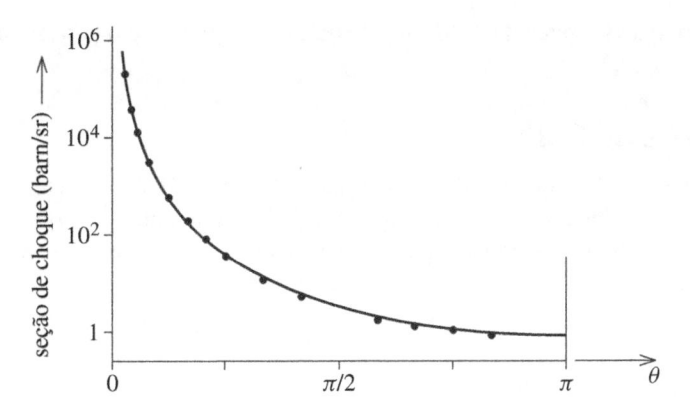

Figura 14.13 Gráfico semilog da seção de choque diferencial de Rutherford em função do ângulo θ. Os pontos correspondem às medidas de Geiger e Marsden.

escolhermos uma escala para mostrar os pequenos ângulos, a seção de choque para grandes ângulos parecerá zero; se organizarmos para mostrar os grandes ângulos, a seção de choque para pequenos ângulos desaparecerá da escala. A solução para isso é fazer um gráfico semilog, isto é, desenhar o logaritmo da seção de choque *versus* θ. Este fornece a curva ilustrada na Figura 14.13, onde você pode ver a variação por mais de 5 ordens de magnitude entre 15° e 180°. Os pontos nessa figura são os dados originais de Geiger e Marsden e mostram claramente por que o modelo do átomo de Rutherford obteve uma aceitação tão rápida.

14.7 SEÇÕES DE CHOQUE EM VÁRIOS SISTEMAS DE REFERÊNCIA*

Como sempre, seções marcadas com um asterisco podem ser omitidas em uma primeira leitura.

Em sua maioria, discutimos até aqui colisões nas quais a partícula alvo está *fixa*. Embora isso seja uma excelente aproximação quando o alvo é muito pesado, comparado ao projétil (como no espalhamento de elétrons devido a um átomo, por exemplo), devemos reconhecer que não há nada como uma verdadeira partícula fixa e devemos aprender a lidar com colisões de duas partículas, onde ambas podem estar se movendo. Felizmente, já sabemos como fazer isso: se observarmos o movimento no referencial do CM (o referencial onde o centro de massa está em repouso), então o movimento da coordenada relativa $\mathbf{r} = \mathbf{r}_1 - \mathbf{r}_2$ é precisamente o mesmo que o de uma única partícula com massa igual à massa reduzida $\mu = m_1 m_2 / M$. Logo, se você observar a colisão no referencial do CM, então o problema será reduzido de volta ao movimento de uma única "partícula equivalente" em um campo de força fixo. A única dificuldade que permanece é esta: o referencial do CM não é, comumente, o referencial no qual realizamos experimentos. Logo, devemos aprender como relacionar seções de choque calculadas no referencial do CM aos valores correspondentes no **referencial do lab**, o referencial do laboratório no qual o experimento será realizado. Em particular, desejamos procurar uma relação entre a seção de choque diferencial $(d\sigma/d\Omega)_{cm}$ do referencial do CM e o correspondente $(d\sigma/d\Omega)_{lab}$ medido no lab.

As variáveis do CM

Antes de tratarmos do problema da transformação entre referenciais, preciso mencionar mais duas características do referencial do CM. Primeira: lembre-se de que a Lagrangiana para duas partículas, quando escrita em termos do CM e coordenadas relativas, tem a forma (8.13)

$$\mathcal{L} = \tfrac{1}{2}M\dot{\mathbf{R}}^2 + \tfrac{1}{2}\mu\dot{\mathbf{r}}^2 - U(r). \tag{14.35}$$

Derivando $\mathcal{L}$ com respeito às três componentes de $\dot{\mathbf{r}}$, encontramos que o momento generalizado correspondente a $\mathbf{r}$ é

$$\mathbf{p} = \mu\dot{\mathbf{r}}. \tag{14.36}$$

Isto é (como você possivelmente imaginou), o momento para o movimento relativo é justamente aquele de uma única partícula de massa μ e velocidade $\dot{\mathbf{r}}$.

A segunda propriedade diz respeito aos momentos das duas partículas, medidos no referencial do CM. Lembre-se de (8.9) que

$$\mathbf{r}_1 = \mathbf{R} + \frac{m_2}{M}\mathbf{r} \quad \text{e} \quad \mathbf{r}_2 = \mathbf{R} - \frac{m_1}{M}\mathbf{r}. \tag{14.37}$$

Podemos derivar essas equações para obter as duas velocidades. Em particular, no referencial do CM, $\dot{\mathbf{R}} = 0$, então, obtemos $\dot{\mathbf{r}}_1 = (m_2/M)\,\dot{\mathbf{r}}$. Multiplicando por m_1, encontramos para o momento do projétil $\mathbf{p}_1 = \mu\dot{\mathbf{r}} = \mathbf{p}$. Ou seja, no referencial do CM, o momento $\mathbf{p}_1$ do projétil é o mesmo que o momento $\mathbf{p}$ do movimento relativo. Da mesma maneira, podemos mostrar que $\mathbf{p}_2 = -\mathbf{p}$, de foma que

$$\mathbf{p}_1 = -\mathbf{p}_2 = \mathbf{p} = \mu\dot{\mathbf{r}} \quad \text{(no referencial do CM).} \tag{14.38}$$

Aqui, a primeira igualdade confirma que o momento total no referencial do CM é zero. O segundo é útil no cálculo das seções de choque: quando medindo a seção de choque diferencial, contamos o número de vezes que o projétil emerge com seu momento $\mathbf{p}_1$ dentro de um certo ângulo sólido $d\Omega$. Como $\mathbf{p}_1 = \mathbf{p}$ (no referencial do CM), isso é a mesma coisa que o número de vezes que o momento relativo $\mathbf{p}$ emerge em $d\Omega$. Portanto, podemos determinar a seção de choque diferencial no referencial do CM como se uma única partícula de massa μ fosse espalhada devido a um alvo fixo. Logo, por exemplo, a fórmula de Rutherford (13.32) para o espalhamento de uma partícula devido a um alvo fixo também fornece a seção de choque diferencial para o espalhamento de duas partículas carregadas em seus referenciais do CM, desde que substituamos m por μ.

Relação geral entre seções de choque em diferentes referenciais

No referencial do CM, o projétil e alvo se aproximam um do outro com momentos iguais e opostos. No referencial do lab, onde os experimentos de colisões tradicionalmente são realizados (como o experimento de Rutherford), o alvo a princípio está em repouso. Em muitos experimentos modernos realizados em colisor de feixes, o projétil e o alvo estão se movendo em direções opostas. Em todos esses casos, os momentos iniciais são colineares e, para simplificar, restringirei a discussão a esse caso.[11]

Para ver como a seção de choque se transforma entre dois referenciais diferentes, temos apenas que olhar para a sua definição. Vamos começar com a seção de choque total, que foi definida em (14.2), de modo que

$$N_{esp} = N_{inc} n_{alvo} \sigma.$$

(Continuaremos assumindo que o único resultado possível de uma colisão é espalhamento elástico, assim não precisamos preocupar-nos com outros processos como absorção ou ionização.) Podemos usar esta mesma definição em qualquer um dos referenciais. Logo, defininos a seção de choque total do CM σ_{cm} por

$$N_{esp}^{cm} = N_{inc}^{cm} n_{alvo}^{cm} \sigma_{cm}, \qquad (14.39)$$

onde as quatro quantidades são medidas no referencial do CM. Exatamente da mesma forma, definimos σ_{lab} por

$$N_{esp}^{lab} = N_{inc}^{lab} n_{alvo}^{lab} \sigma_{lab}, \qquad (14.40)$$

onde as quatro quantidades são medidas no referencial do lab. Embora qualquer evento particular de espalhamento pareça muito diferente quando visto a partir de dois referenciais diferentes, o número total de eventos deve ser o mesmo em qualquer referencial. Portanto,

$$N_{esp}^{cm} = N_{esp}^{lab}.$$

Da mesma maneira, o número de partículas incidentes é o mesmo, quando visto em qualquer um dos referenciais, de forma que $N_{inc}^{cm} = N_{inc}^{lab}$. A densidade do alvo n_{alvo} é a densidade de partículas alvo (número/área) visto a partir da direção de incidência, como ilustrado na Figura 14.4. Como isso não é afetado por qualquer movimento em direção ao (ou se afastando do) alvo, $n_{alvo}^{cm} = n_{alvo}^{lab}$. Comparando agora (14.39) com (14.40), vemos que cada um dos três primeiros termos de (14.39) é igual ao termo correspondente em (14.40). Portanto, os termos finais devem também ser iguais e obtemos o resultado simples e elegante de que a seção de choque total de espalhamento no referencial do CM e no do lab são iguais,

$$\sigma_{cm} = \sigma_{lab} \qquad \text{[seção de choque total de espalhamento]}. \qquad (14.41)$$

Se outros resultados forem possíveis, como absorção ou ionização, então exatamente o mesmo argumento conduziria, respectivamente, aos mesmos resultados; por exemplo, a seção de choque de absorção é a mesma nos referenciais do CM e do lab.

---

[11] Alguns colisores de feixe não são perfeitamente colineares. Alguns experimentos na física atômica usam feixes que se interceptam com ângulos grandes e, nas colisões de moléculas de gás, as duas partículas podem se aproximar uma da outra com qualquer ângulo. Embora tais colisões oblíquas não sejam especialmente difíceis de controlar, considerarei aqui apenas colisores colineares.

A seção de choque diferencial é um pouco mais complicada. O ângulo de espalhamento, medido como θ_{cm} no referencial de CM, em geral terá um valor diferente θ_{lab} no referencial do lab, e um dado ângulo sólido medido como $d\Omega_{cm}$ no referencial do CM será medido como $d\Omega_{lab}$ no outro referencial. À exceção dessas complicações, podemos usar o mesmo argumento de antes. A definição da seção de choque diferencial (14.17),

$$N_{esp}(\text{dentro de } d\Omega) = N_{inc}\, n_{alvo}\, \frac{d\sigma}{d\Omega}\, d\Omega, \tag{14.42}$$

pode ser usada em qualquer um dos referenciais. Da mesma forma que antes, os números N_{inc} e n_{alvo} têm os mesmos valores em qualquer um dos referenciais. Além disso, o número de espalhamentos em qualquer ângulo sólido escolhido, chamado de $d\Omega_{cm}$, no referencial do CM, é o mesmo que o número na direção ao ângulo sólido correspondente, chamado $d\Omega_{lab}$, no referencial do lab. Logo, como anteriormente, os três primeiros termos em (14.42) têm os mesmos valores em ambos os referenciais e o mesmo deve ser, portanto, verdade do produto final, isto é,

$$\left(\frac{d\sigma}{d\Omega}\right)_{cm} d\Omega_{cm} = \left(\frac{d\sigma}{d\Omega}\right)_{lab} d\Omega_{lab} \tag{14.43}$$

ou

$$\left(\frac{d\sigma}{d\Omega}\right)_{lab} = \left(\frac{d\sigma}{d\Omega}\right)_{cm} \frac{d\Omega_{cm}}{d\Omega_{lab}}. \tag{14.44}$$

Vimos que seções de choque diferenciais não são as mesmas nos dois referenciais, mas apenas porque um dado ângulo sólido tem diferentes valores ($d\Omega_{cm}$ e $d\Omega_{lab}$) de acordo com o referencial usado.

Como $d\Omega = \text{sen}\,\theta\, d\theta\, d\phi = -d(\cos\theta)\, d\phi$, e como o ângulo azimutal ϕ do momento de saída é o mesmo em ambos os referenciais, podemos reescrever (14.44) em uma forma mais útil, embora talvez menos transparente

$$\left(\frac{d\sigma}{d\Omega}\right)_{lab} = \left(\frac{d\sigma}{d\Omega}\right)_{cm} \left|\frac{d(\cos\theta_{cm})}{d(\cos\theta_{lab})}\right|. \tag{14.45}$$

(O valor absoluto é necessário visto que ambas as seções de choque são, por definição, positivas, enquanto as derivadas à direita podem ser algumas vezes negativas.) O problema de transformação da seção de choque diferencial do CM para o referencial do lab está agora reduzido ao problema cinemático de determinar θ_{cm} em termos de θ_{lab}, ou vice-versa, e então fazer a derivada indicada.

14.8 RELAÇÃO DOS ÂNGULOS DE ESPALHAMENTOS NO CM E NO LAB*

Como sempre, seções marcadas com asterisco podem ser omitidas em uma primeira leitura.

Para relacionar os ângulos do espalhamento do CM e do lab, precisamos olhar os momentos das partículas em ambos os referenciais. Vamos introduzir subscritos "cm" e "lab" para estes e usar uma plica para indicar os valores de saída (e "sem plica" para os valores de entrada). Os momentos do CM são dados por (14.38) como

$$\mathbf{p}_{cm1} = -\mathbf{p}_{cm2} = \mathbf{p} \quad \text{(inicial)} \tag{14.46}$$

e

$$\mathbf{p}'_{cm1} = -\mathbf{p}'_{cm2} = \mathbf{p}' \quad \text{(final)}, \tag{14.47}$$

onde, como sempre, $\mathbf{p}$ e $\mathbf{p}'$ denotam os momentos relativos ($\mathbf{p} = \mu \dot{\mathbf{r}}$). Esses valores estão ilustrados na Figura 14.14(a). Observe que, pela conservação de energia, os quatro momentos possuem magnitudes iguais no referencial do CM.

Para ser preciso, limitarei a discussão para o caso em que o "referencial do lab" é o referencial do lab tradicional, no qual a partícula 2 (o alvo) está inicialmente em repouso. Os vários momentos, quando vistos nesse referencial, estão ilustrados na Figura 14.14(b). Para determiná-los, podemos retornar às duas Equações (14.37):

$$\mathbf{r}_1 = \mathbf{R} + \frac{m_2}{M}\mathbf{r} \quad e \quad \mathbf{r}_2 = \mathbf{R} - \frac{m_1}{M}\mathbf{r}. \tag{14.48}$$

Como a partícula 2 está inicialmente em repouso, a segunda dessas equações implica

$$\dot{\mathbf{R}} = \frac{m_1}{M}\dot{\mathbf{r}} = \frac{\mu}{m_2}\dot{\mathbf{r}} = \frac{\mathbf{p}}{m_2}. \tag{14.49}$$

Essa é a velocidade do centro de massa, conforme vista no referencial do lab, que permite relacionar quaisquer momentos no lab aos seus correspondentes valores no CM. Em particular, derivando a primeira das Equações (14.48), obtemos

$$\mathbf{p}_{lab1} = m_1\dot{\mathbf{r}}_1 = m_1\dot{\mathbf{R}} + \mu\dot{\mathbf{r}} = \frac{m_1}{m_2}\mathbf{p} + \mathbf{p}$$

ou

$$\mathbf{p}_{lab1} = \lambda\mathbf{p} + \mathbf{p}, \tag{14.50}$$

onde introduzi a importante **razão das massas**

$$\lambda = \frac{m_1}{m_2}. \tag{14.51}$$

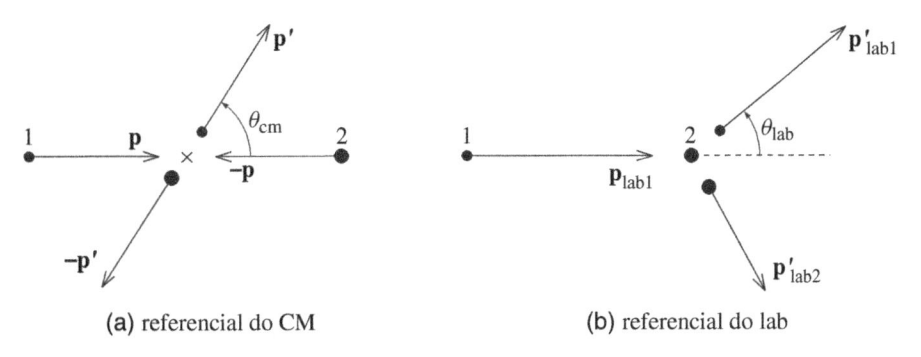

Figura 14.14 (a) Uma colisão elástica vista no referencial do CM. As duas partículas se aproximam do CM (ilustrado por um ×) com momentos iguais e opostos. (b) A mesma colisão vista no referencial do lab, onde a partícula 2 está inicialmente em repouso.

Exatamente da mesma forma, o momento final $\mathbf{p}'_{lab1}$ é

$$\mathbf{p}'_{lab1} = \lambda \mathbf{p} + \mathbf{p}'. \tag{14.52}$$

Os dois resultados (14.50) e (14.52) estão ilustrados na Figura 14.15, onde as retas *BC* e *BD* representam os momentos inicias e finais da partícula 1 no referencial do CM, enquanto *AC* e *AD* são os correspondentes valores no lab. Traçando uma reta perpendicular do ponto *D* até a reta *AC*, você pode verificar (Problema 14.25) que

$$\tan \theta_{lab} = \frac{\operatorname{sen} \theta_{cm}}{\lambda + \cos \theta_{cm}}, \tag{14.53}$$

que fornece θ_{lab} em termos de θ_{cm}. Antes de usarmos esse resultado para obtermos a seção de choque do lab em termos dos valores correspondentes do CM, vamos usar a Figura 14.15 para estabelecer alguns novos resultados.

Como $|\mathbf{p}| = |\mathbf{p}'|$, o ponto *D* está sobre um círculo com centro em *B* e raio *p*, conforme indicado. É fácil ver que, a menos que $\theta_{cm} = 0$ ou π, θ_{lab} é sempre menor do que θ_{cm}, como você já devia esperar. Os detalhes da Figura 14.15 dependem dos tamanhos relativos das duas massas: suponha primeiro que $\lambda < 1$ (isto é, o projétil é mais leve que o alvo, $m_1 < m_2$). Nesse caso, o ponto *A* está dentro do círculo, como ilustrado na Figura 14.15. (A figura foi desenhada usando a razão das massas $\lambda = 0{,}5$.) Se $\theta_{cm} = 0$, então o ponto *D* coincide com *C* e θ_{lab} também é zero. Se imaginarmos θ_{cm} crescendo continuamente de 0 até π, o ponto *D* se move continuamente em torno do semicírculo de *C* até *E*, com θ_{lab} sempre menor do que θ_{cm}, até $\theta_{cm} = \pi$, em cujo ponto θ_{lab} é também igual a π. (Isto é, se o projétil colide e retorna reto no referencial do CM, o mesmo é verdade no referencial do lab – pelo menos se $\lambda < 1$.) Esse comportamento está ilustrado na Figura 14.16, que é um gráfico de θ_{lab} *versus* θ_{cm} para uma razão das massas $\lambda = 0{,}5$.

Se $\lambda = 1$ (isto é, o projétil e o alvo possuem massas iguais), o comportamento de θ_{lab}, como uma função de θ_{cm}, é surpreendentemente diferente. Nesse caso, (14.53) reduz-se a

$$\theta_{lab} = \tfrac{1}{2}\theta_{cm} \tag{14.54}$$

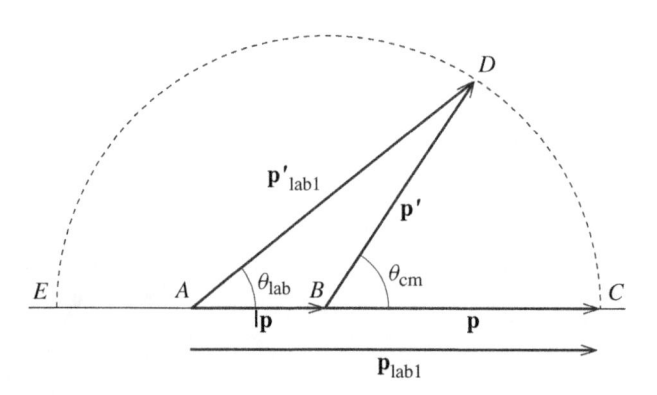

Figura 14.15 Relação dos momentos iniciais e finais nos referenciais do CM e do lab. O número λ é a razão das massas m_1/m_2 e foi escolhido como sendo 0,5 para esta figura. Os momentos ilustrados como $\mathbf{p}$ e $\mathbf{p}'$ são os momentos relativos inicial e final, que são os mesmos que $\mathbf{p}_{cm1}$ e $\mathbf{p}'_{cm1}$.

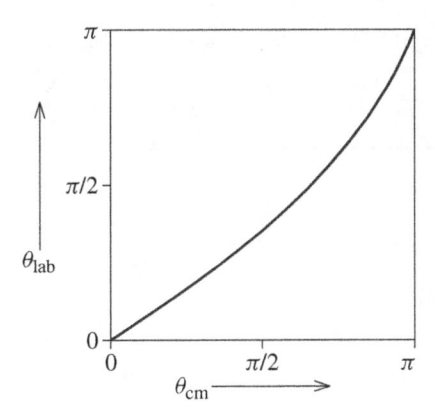

Figura 14.16 O ângulo de espalhamento no lab, θ_{lab}, como uma função do ângulo θ_{cm} (14.53) para uma razão das massas de 0,5 (isto é, $m_1 = 0{,}5m_2$). Os dois ângulos são iguais em 0 e em π, mas $\theta_{lab} < \theta_{cm}$ para qualquer outro valor.

(veja o Problema 14.27). Logo, como θ_{cm} varia de 0 a π, θ_{lab} varia de 0 a $\pi/2$; em particular, uma colisão com massas iguais no referencial do lab, o ângulo de espalhamento nunca pode exceder 90°. Se $\lambda > 1$, a situação é outra vez diferente, como você pode explorar no Problema 14.31.

Para determinar a seção de choque no referencial do lab, precisamos calcular a derivada $d(\cos\theta_{cm})/d(\cos\theta_{lab})$ em (14.45). Usando (14.53), será um exercício razoavelmente simples (Problema 14.26) mostrar que

$$\frac{d(\cos\theta_{lab})}{d(\cos\theta_{cm})} = \frac{1 + \lambda\cos\theta_{cm}}{(1 + 2\lambda\cos\theta_{cm} + \lambda^2)^{3/2}}. \tag{14.55}$$

Substituindo em (14.45), obtemos

$$\left(\frac{d\sigma}{d\Omega}\right)_{lab} = \left(\frac{d\sigma}{d\Omega}\right)_{cm} \frac{(1 + 2\lambda\cos\theta_{cm} + \lambda^2)^{3/2}}{|1 + \lambda\cos\theta_{cm}|}. \tag{14.56}$$

Exemplo 14.7 Espalhamento devido a esfera compacta novamente

Determine a seção de choque diferencial de espalhamento do CM e do lab para um projétil de massa m_1 devido a uma esfera compacta de raio R e massa $m_2 = 2m_1$, e desenhe o gráfico de cada uma como função do respectivo ângulo de espalhamento.

A seção de choque do CM é a mesma que a de uma partícula com massa igual à massa reduzida μ, espalhando-se a partir de um alvo fixo. No Exemplo 14.5, encontramos essa seção como $R^2/4$. Portanto,

$$\left(\frac{d\sigma}{d\Omega}\right)_{cm} = \frac{R^2}{4}$$

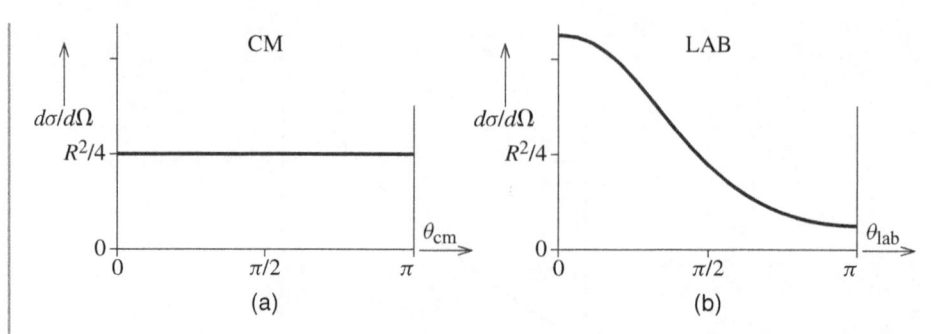

Figura 14.17 (a) No referencial do CM, a seção de choque diferencial de espalhamento, devido a uma esfera compacta, é isotrópica. (b) No referencial do lab, ela é pontiaguda na direção de avanço.

e a seção de choque do lab pode ser obtida imediatamente usando (14.56) (com $\lambda = 0,5$). As duas seções de choque estão desenhadas como funções de seus respectivos ângulos na Figura 14.17.[12] Como já sabemos, a seção de choque do CM é isotrópica. A seção de choque do lab é acentuadamente inclinada na direção de avanço.

PRINCIPAIS DEFINIÇÕES E EQUAÇÕES

Ângulo de espalhamento e parâmetro de impacto

O **ângulo de espalhamento** é o ângulo θ pelo qual um projétil é defletido em seu encontro como um alvo. O **parâmetro de impacto** é a distância b na qual o projétil deixa de acertar o centro do alvo em virtude de ter sido defletido. [Seção 14.1]

Seção choque de colisão

A **seção de choque** σ_{res} de um resultado "res" particular (espalhamento elástico, absorção, reação, fissão) é definida por

$$N_{res} = N_{inc} n_{alvo} \sigma_{res},$$ [Seções 14.2 e 14.3]

onde N_{res} é o número de resultados do tipo em consideração, N_{inc} é o número de projéteis incidentes e n_{alvo} é a densidade (número/área) dos alvos.

---

[12] A Equação (14.56) fornece a seção de choque do lab como uma função do ângulo θ_{cm} do CM. Para expressá-la como uma função explícita de θ_{lab}, temos que resolver (14.53) para θ_{cm} em termos de θ_{lab}. Para desenhar o gráfico da Figura 14.17(b), um procedimento mais simples é tratar θ_{lab} e $(d\sigma/d\Omega)_{lab}$ como funções do parâmetros θ_{cm} e desenhar um gráfico paramétrico com θ_{cm} variando de 0 a π.

Seção de choque diferencial

A **seção de choque diferencial** $\frac{d\sigma}{d\Omega}(\theta, \phi)$ para espalhamento em uma direção (θ, ϕ) é definida por

$$N_{esp}(\text{dentro de } d\Omega) = N_{inc}\, n_{alvo}\, \frac{d\sigma}{d\Omega}(\theta, \phi)\, d\Omega. \qquad [\text{Eq. (14.17)}]$$

Cálculo da seção de choque diferencial

Se você puder determinar o ângulo de espalhamento θ como uma função do parâmetro de impacto b (ou vice-versa), então

$$\frac{d\sigma}{d\Omega} = \frac{b}{\operatorname{sen}\theta}\left|\frac{db}{d\theta}\right|. \qquad [\text{Eq. (14.23)}]$$

A fórmula de Rutherford

A seção de choque diferencial para espalhamento de uma carga q devido a uma carga fixa Q é dada pela **fórmula de Rutherford**

$$\frac{d\sigma}{d\Omega} = \left(\frac{kqQ}{4E\operatorname{sen}^2(\theta/2)}\right)^2. \qquad [\text{Eq. (14.32)}]$$

As seções de choque do CM e do Lab

O **referencial do lab** é geralmente entendido como sendo o referencial no qual o alvo está em repouso; o **referencial do CM** é aquele no qual o CM está em repouso. As seções de choque diferenciais nos dois referenciais satisfazem

$$\left(\frac{d\sigma}{d\Omega}\right)_{lab} = \left(\frac{d\sigma}{d\Omega}\right)_{cm} \left|\frac{d(\cos\theta_{cm})}{d(\cos\theta_{lab})}\right|. \qquad [\text{Eq. (14.45)}]$$

PROBLEMAS

Estrelas indicam o nível de dificuldade, do mais fácil (*) ao mais difícil (***).

SEÇÃO 14.2 Seção de choque de colisão

14.1* Uma panqueca de amora tem diâmetro de 15 cm e contém 6 grandes amoras, cada uma com diâmetro de 1 cm. Determine a seção de choque σ de uma amora e a densidade do "alvo" n_{alvo} (número/área) de amoras na panqueca, conforme visto de cima. Qual é a probabilidade de um espeto, atirado aleatoriamente em direção à panqueca, atingir uma amora (em termos de σ e n_{alvo}, e então numericamente)?

14.2* **(a)** Um certo núcleo tem raio 5 fm. (1 fm = 10^{-15} m.) Determine sua seção de choque σ em barns. (1 barn = 10^{-28} m^2.) **(b)** Faça o mesmo para um átomo de raio 0,1 nm. (1 nm = 10^{-9} m.)

14.3★ Um feixe de partículas está dirigido a um tanque de hidrogêneo líquido. Se o tanque tem comprimento 50 cm e a densidade do líquido for 0,07 g/cm^3, qual é a densidade do alvo (número/área) de átomos de hidrogênio visto pelas partículas incidentes?

14.4★★ A seção de choque para espalhamento de uma certa partícula nuclear, por um núcleo de cobre, é 2,0 barns. Se 10^9 dessas partículas são lançadas através de uma lâmina de cobre de espessura 10 μm, quantas partículas são espalhadas? (A densidade do cobre é 8,9 g/cm^3 e sua massa atômica é 63,5. O espalhamento causado por qualquer elétron do atômo é totalmente desprezível.)

14.5★★ A seção de choque para espalhamento de uma certa partícula nuclear por um núcleo de nitrogênio é 0,5 barns. Se 10^{11} dessas partículas são lançadas através de uma câmara de nuvens de comprimento 10 cm, contendo nitrogêneo a CNTP, quantas partículas são espalhadas? (Use a lei dos gases ideais e lembre-se de que cada molécula de nitrogênio possui dois átomos. O espalhamento causado por qualquer elétron do átomo é totalmente desprezível.)

14.6★★ Nossa definição da seção de choque de espalhamento, $N_{esp} = N_{inc}\, n_{alvo}\, \sigma$, se aplica a um experimento usando um feixe estreito de projéteis, todos passando através de um grande conjunto de alvos. Em algumas ocasiões, experimentalistas utilizam um feixe largo incidente, que engole completamente um conjunto pequeno de alvos (por exemplo, o feixe de fótons de um farol de carro, dirigido para um pedaço pequeno de plástico). Mostre que neste caso $N_{esp} = n_{inc}\, N_{alvo}\, \sigma$, onde n_{inc} é a densidade (número/área) do feixe incidente, visto frontalmente, e N_{alvo} é o número total de alvos no conjunto de alvos.

SEÇÃO 14.4 Seção de choque diferencial do espalhamento

14.7★ Calcule os ângulos sólidos subentendidos pela Lua e pelo Sol, ambos vistos a partir da Terra. Comente suas respostas. (Os raios da Lua e do Sol são $R_l = 1,74 \times 10^6$ m e $R_s = 6,96 \times 10^8$ m. Suas distâncias até a Terra são $d_l = 3,84 \times 10^8$ m e $d_s = 1,50 \times 10^{11}$ m.)

14.8★ No seu famoso experimento, os assistentes de Rutherford, Geiger e Marsden, detectaram as partículas alfa espalhadas usando um anteparo de sulfato de zinco, que produzia um minúsculo lampejo quando atingido por uma partícula alfa. Se o anteparo tivesse uma área de 1 mm^2 e estivesse a 1 cm do alvo, por qual ângulo sólido ele estaria subentendido?

14.9★ Integrando o elemento de ângulo sólido (14.15), $d\Omega = $ sen $\theta\, d\theta\, d\phi$, sobre todas as direções, verifique se o ângulo sólido correspondente à todas as direções é 4π esferorradianos.

14.10★ Calculando as integrais necessárias, verifique o resultado (14.20) para a seção de choque total do Exemplo 14.4. (Isso é muito fácil se você fizer a mudança de variáveis $u = \cos \theta$.)

14.11★★ A seção de choque diferencial para espalhamento de partículas alfa com 6,5 MeV a 120° devido a um núcleo de prata e cerca de 0,5 barns/sr. Se um total de 10^{10} partículas alfa colidem com uma lâmina de prata de espessura 1 μm e se detectarmos as partículas espalhadas usando um contador com área 0,1 mm^2 a 120° e a 1 cm do alvo, cerca de quantas partículas alfa espalhadas devemos esperar contar? (A prata tem uma gravidade específica de 10,5 e uma massa atômica de 108.)

14.12★★★ [Computador] Na teoria de espalhamento quântico, a seção de choque diferencial é igual ao quadrado do valor absoluto de um número complexo $f(\theta)$, chamado de amplitude do espalhamento:

$$\frac{d\sigma}{d\Omega} = |f(\theta)|^2. \tag{14.57}$$

Capítulo 14 Teoria das Colisões

A amplitude do espalhamento pode, por sua vez, ser escrita como uma série infinita

$$f(\theta) = \frac{\hbar}{p} \sum_{\ell=0}^{\infty} (2\ell + 1) e^{i\delta_\ell} \operatorname{sen} \delta_\ell \, P_\ell(\cos\theta). \qquad (14.58)$$

Aqui, $\hbar = 1,05 \times 10^{-34}$ J · s é chamado de "h cortado" e é a constante de Planck dividida por 2π, e p é o momento do projétil incidente. Os números reais δ_ℓ são chamados de **deslocamentos de fase** e dependem da natureza do projétil e do alvo e da energia incidente. $P_\ell(\cos \theta)$ é o chamado polinômio de Legendre. ($P_0 = 1$, $P_1 = \cos\theta$, etc.)

A **série de ondas parciais** (14.58) é especialmente útil para baixas energias, onde apenas alguns dos deslocamentos de fase são diferentes de zero. **(a)** Obtenha esta série para o caso de nêutron de 10 MeV (massa $m = 1,675 \times 10^{-27}$ kg) espalhando devido a um certo núcleo pesado para o qual $\delta_0 = -30°$, $\delta_1 = 150°$ e todos os demais desvios de fase são desprezíveis. **(b)** Determine uma expressão para a seção de choque diferencial (em termos de $\hbar$, m, da energia incidente E e dos dois deslocamentos de fase não nulos) e desenhe um gráfico para elas com $0 \leq \theta \leq 180°$. **(c)** Determine a seção de choque total de espalhamento.

SEÇÃO 14.5 Cálculo da seção de choque diferencial

14.13★★ Na dedução da seção de choque para espalhamento por uma esfera compacta, usamos a "lei da reflexão", que diz que os ângulos de incidência e reflexão de uma partícula ao retornar de uma colisão com uma esfera compacta são iguais, conforme a Figura 14.10. Use a conservação de energia e de momento angular para demonstrar esta lei. (A definição de "espalhamento por esfera compacta" é que um projétil retorna após a colisão com a sua energia cinética preservada. A força esfericamente simétrica implica, como de costume, que o momento angular em torno do centro da esfera é conservado.)

14.14★★ Podemos estabelecer uma teoria de espalhamento bidimensional, a qual poderia ser aplicada a projéteis em forma de disco deslizando sobre uma pista de gelo e colidindo com vários obstáculos como alvo. A seção de choque σ seria a largura efetiva de um alvo e a seção de choque diferencial $d\sigma/d\theta$ daria o número de projéteis espalhados dentro de um ângulo $d\theta$. **(a)** Mostre que o análogo bidimensional de (14.23) é $d\sigma/d\theta = |db/d\theta|$. (Observe que no espalhamento bidimensional é conveniente permitir que θ varie no intervalo de $-\pi$ até π.) **(b)** Agora, considere o espalhamento de um pequeno projétil devido a uma "esfera" compacta (na verdade um disco compacto) de raio R presa ao gelo. Determine a seção de choque diferencial. (Observe que, em duas dimensões, o espalhamento de "esfera" compacta não é isotrópico.) **(c)** Integrando a sua resposta para o item (b), mostre que a seção de choque total é $2R$, como era esperado.

14.15★★★ [Computador] Considere um projétil pontual movendo-se em um campo de força esférico e fixo, cuja energia potencial é

$$U(r) = \begin{cases} -U_o & (0 \leq r \leq R) \\ 0 & (R < r) \end{cases} \qquad (14.59)$$

onde U_o é uma constante positiva. Este, chamado de poço esférico, representa um projétil que se move livremente em alguma das regiões $r < R$ e $R < r$, mas, quando ele cruza a fronteira $r = R$, recebe um impulso para dentro radialmente que modifica sua energia cinética por $\pm U_o$ ($+U_o$, para dentro, $-U_o$, para fora). **(a)** Esboce a órbita de um projétil que se aproxima do poço com momento p_o e parâmetro de impacto $b < R$. **(b)** Use a conservação de energia para determinar o momento p do projétil dentro do poço ($r < R$). Seja ζ denotando a razão do momento $\zeta = p_o/p$ e seja d denotando a distância do projétil quando está mais próximo da origem. Use a conservação do momento angular para mostrar que $d = \zeta b$. **(c)** Use seu esboço para demonstrar que o ângulo de espalhamento θ é

$$\theta = 2\left(\arcsen \frac{b}{R} - \arcsen \frac{\zeta b}{R}\right). \tag{14.60}$$

Essa equação fornece θ como uma função de b, que é o que você precisa para obter a seção de choque. A relação depende da razão do momento ζ, que, por sua vez, depende do momento inicial p_o e da profundidade do poço U_o. Desenhe o gráfico de θ como função de b para o caso em que $\zeta = 0,5$. **(d)** Derivando θ com respeito a b, determine uma expressão para a seção de choque diferencial como função de b e desenhe o gráfico de $d\sigma/d\Omega$ versus θ em termos de θ; em vez disso, você pode fazer um gráfico paramétrico do ponto $(\theta, d\sigma/d\Omega)$ como uma função do parâmetro b variando de 0 a R.] **(e)** Integrando $d\sigma/d\Omega$ sobre todas as direções, determine a seção de choque total.

SEÇÃO 14.6   O espalhamento de Rutherford

14.16★ Uma das previsões específicas do modelo de Rutherford para o átomo era que a seção de choque deveria ser inversamente proporcinal a E^2 ou, equivalentemente, a v^4. Para testar isso, Geiger e Marsden variaram a velocidade v fazendo passar as partículas alfa através de folhas finas de mica para diminuir as suas velocidades. De acordo com a previsão de Rutherford, o produto de N_{esp} e v^4 deve ser o mesmo qualquer que seja a velocidade incidente (desde que todas as outras variáveis sejam mantidas constantes). Introduza uma linha mostrando $N_{esp}v^4$ a esta tabela com os dados deles e veja quão bem a previsão de Rutherford foi confirmada.

Número de folhas de mica	0	1	2	3	4	5	6
Contagem, N_{esp} (por min)	24,7	29	33,4	44	81	101	255
Velocidade, v (unidades arbitrárias)	1	0,95	0,90	0,85	0,77	0,69	0,57

14.17★ Outra previsão específica do modelo de Rutherford para o átomo foi que a seção de choque deveria ser proporcional ao quadrado da carga nuclear, isto é, a Z^2, onde Z é o número atômico, o número de prótons no núcleo. Para testar isso, Geiger e Marsden contaram o número de espalhamentos devido a vários alvos diferentes (mantendo as demais variáveis fixas), obtendo os seguintes resultados:

Alvo	Ouro	Platina	Estanho	Prata	Cobre	Alumínio
N_{esp}	1319	1217	467	420	152	26
Z	79	78	50	47	29	13

Introduza uma linha a esta tabela para mostrar a razão N_{esp}/Z^2 e veja quão bem a previsão de Rutherford foi confirmada. (Naquela ocasião, o número atômico não era conhecido com precisão, nem era bem entendido. Rutherford conjecturou, de forma correta, que a carga do núcleo era grosseiramente igual à metade da massa atômica e isso foi o que eles usaram no lugar de Z.) A concordância relativamente pobre para o caso do alumínio é, provavelmente, devido ao fato de desprezarmos o recuo do alvo, que é mais importante para os alvos leves.

14.18★★ Uma das primeiras observações que levou Rutherford a propor o seu modelo do átomo foi que as partículas alfa eram espalhadas por lâminas de metal, retornando em um hemisfério com $\pi/2 \leq \theta \leq \pi$ – uma observação que era impossível de explicar com base em outros modelos atômicos rivais, mas que surgiu naturalmente a partir do modelo nuclear. Em um experimento anterior, Geiger e Marsden mediram a fração de partículas alfa incidentes que eram espalhadas para trás em um hemisfério devido a uma lâmina de platina. Pela integração da seção de choque de Rutherford (14.33) sobre este hemisfério, mostrou-se que a seção de choque para espalhamento com $\theta \geq 90°$ deve ser $4\pi\sigma_0(E)$. Usando os seguintes números, preveja a razão $N_{esp}(\theta \geq 90°)/N_{inc}$: espessura da lâmina de platina $\approx 3\ \mu$m, densidade $= 21,4$ g/cm^3, peso atômico $= 195$, número atômico $= 78$, energia das partículas alfa incidentes $= 7,8$ MeV. Compare a sua resposta com a estimativa deles de que "das partículas α incidentes cerca de 1 em 8000 eram refletidas" (isto é, espalhadas de volta no hemisfério). Embora fosse pequena, essa fração era ainda bem maior do que qualquer modelo atômico rival poderia explicar.

14.19★★ Uma simplificação importante na dedução da seção de choque de Rutherford foi que a órbita do projétil era simétrica em torno da direção **u** de maior aproximação. (Veja a Figura 14.11.) Mostre que isso é verdade para quase todas as forças conservativas centrais, da seguinte forma: **(a)** Assuma que o potencial efetivo (real mais centrífugo) se comporta como na Figura 8.4, ou seja, ele tende a zero quando $r \to \infty$ e tende a $+\infty$ quando $r \to 0$.[13] Use isso para mostrar que qualquer projétil que incida desde infinito deve alcançar um valor mínimo $r_{mín}$ e, em seguida, se move de volta para o infinito. **(b)** Isso implica que um projétil deve visitar qualquer valor entre r e $r_{mín}$ e o infinito exatamente duas vezes, uma no caminho de ida e de novo no caminho de volta. Mostre que os valores de $\dot{r}$ nesses dois pontos são iguais e opostos e que os valores de $\dot{\psi}$ são iguais (onde ψ é o ângulo polar definido na Figura 14.11). **(c)** Use esses resultados para mostrar que a órbita é simétrica sob reflexão em torno da direção **u**.

14.20★★ A dedução da seção de choque de Rutherford foi simplificada devido ao cancelamento acidental dos termos de r na integral (14.30). Aqui está um método para determinar a seção de choque que funciona, em princípio, para qualquer campo de força central: a aparência geral da órbita de espalhamento é aquela ilustrada na Figura 14.11. Ela é simétrica em torno da direção de máxima aproximação **u**. (Veja o Problema 14.19.) Se ψ é o ângulo polar do projétil, medido a partir da direção **u**, então $\psi \to \pm \psi_0$ quando $t \to \pm \infty$ e o ângulo de espalhamento é $\theta = \pi - 2\psi_0$. (Veja a Figura 14.11 novamente.) O ângulo ψ_0 é igual a $\int (\dot{\psi}/\dot{r}) dr$. A seguir, reescreva $\dot{\psi}$ em termos do momento angular ℓ e r, e reescreva $\dot{r}$ em termos da energia E e do potencial efetivo U_{ef} definido na Equação (8.35). Tendo feito tudo isso, você deve ser capaz de mostrar que

$$\theta = \pi - 2\int_{r_{mín}}^{\infty} \frac{(b/r^2)\,dr}{\sqrt{1-(b/r)^2-U(r)/E}}. \tag{14.61}$$

Desde que essa integral possa ser calculada, ela fornece θ em termos de b e, portanto, a seção de choque (14.23). Para exemplos de seu uso, veja os Problemas 14.21, 14.22 e 14.23.

---

[13] Embora este comportamento seja definitivamente a norma, há alguns campos de força para os quais não é verdade. Se a energia potencial real for fortemente atrativa na vizinhança de $r = 0$ (por exemplo, $U(r) = -1/r^3$), então ela domina o potencial centrífugo na vizinhança de $r = 0$ e o potencial efetivo não tende a $+\infty$ quando $r \to 0$. O argumento também deixa de valer para o caso especial em que $b = 0$, em cujo caso o projétil pode colidir diretamente com o alvo.

14.21★★ Use a relação geral (14.61) do Problema 14.20 para deduzir de novo a relação (14.24) para o espalhamento devido a uma esfera compacta.

14.22★★★ Use a relação geral (14.61) do Problema 14.20 para deduzir de novo a relação (14.31) para o espalhamento de Rutherford.

14.23★★★ Considere o espalhamento de uma partícula com energia E devido a um campo de força repulsivo fixo dado por $1/r^3$, com energia potencial $U = \gamma/r^2$. Use a relação (14.61), do Problema 14.20, para determinar θ em termos de b e, em seguida, mostrar que a seção de choque diferencial é

$$\frac{d\sigma}{d\Omega} = \frac{\gamma}{E} \frac{\pi^2(\pi - \theta)}{\theta^2(2\pi - \theta)^2 \operatorname{sen}\theta}. \tag{14.62}$$

Para refrescar sua memória de como obter $r_{\text{mín}}$, você deve olhar a Figura 8.5 (o caso $E > 0$). Você deve ser capaz de resolver sua equação para θ em termos de b para obter b em termos de θ e, então, a seção de choque.

SEÇÃO 14.8 Relação dos ângulos de espalhamentos no CM e no lab*

14.24★★ Considere o espalhamento de duas partículas de massas iguais (por exemplo, o espalhamento de prótons devido a prótons). Nesse caso, $\theta_{\text{lab}} = \frac{1}{2}\theta_{\text{cm}}$. (Veja o Problema 14.27.) **(a)** Use este resultado em (14.45) para mostrar que, quando o projétil e o alvo possuem massas iguais,

$$\left(\frac{d\sigma}{d\Omega}\right)_{\text{lab}} = 4\cos\theta_{\text{lab}} \left(\frac{d\sigma}{d\Omega}\right)_{\text{cm}}. \tag{14.63}$$

(b) Obtenha a seção de choque do lab para o espalhamento de duas esferas compactas com massas iguais. (Sabemos que no referencial do CM a seção de choque diferencial é $R^2/4$, onde $R = R_1 + R_2$.) Integrando sobre todas as direções, verifique que a seção de choque total, no referencial do lab, é πR^2, como deveria ser.

14.25★★ Usando a Figura 14.15, mostre a Equação (14.53), em que

$$\tan\theta_{\text{lab}} = \frac{\operatorname{sen}\theta_{\text{cm}}}{\lambda + \cos\theta_{\text{cm}}}. \tag{14.64}$$

14.26★★ Usando uma identidade trigonométrica apropriada, reescreva (14.64) para obter $\cos\theta_{\text{lab}}$ como uma função de $\cos\theta_{\text{cm}}$ e verifique a derivada (14.55) que foi essencial para determinar a relação entre as seções de choque do CM e do lab.

14.27★★ **(a)** Considerando a razão das massas $\lambda = 1$ na Equação (14.64) do Problema 14.25, mostre que no espalhamento de massas iguais, $\theta_{\text{lab}} = \frac{1}{2}\theta_{\text{cm}}$. **(b)** Redesenhe a Figura 14.15 para o caso em que $\lambda = 1$ ($m_1 = m_2$) e explique por que o valor máximo de θ_{lab} é $\pi/2$.

14.28★★ É frequentemente interessante ter conhecimento acerca do momento do recuo da partícula alvo no referencial do lab. Vamos denotar por ξ_{lab} o ângulo de recuo, definido como sendo o ângulo entre o momento de recuo p'_{lab2} e a direção de incidência (o ângulo entre a linha tracejada na Figura 14.14). **(a)** Mostre que na Figura 14.15 o momento de recuo é representado pelo vetor DC. Deduza que $\xi_{\text{lab}} = (\pi - \theta_{\text{cm}})/2$. **(b)** Mostre que, no caso especial de massas iguais ($m_1 = m_2$), $\xi_{\text{lab}} + \theta_{\text{lab}} = \pi/2$, ou seja, o ângulo entre as duas partículas de massas iguais que emanam de uma colisão elástica é $90°$. **(c)** Mostre que este último resultado é uma consequência direta do uso apenas da conservação do momento e de energia (em uma colisão elástica).

14.29★★ Uma colisão elástica é definida como sendo aquela em que a energia cinética total das duas partículas é a mesma antes e depois da colisão. **(a)** Mostre que, no referencial do CM, as energias cinéticas individuais das duas partículas são, isoladamente, conservadas em uma colisão elástica. **(b)** Explique claramente por que o mesmo resultado *não* é, obviamente, verdadeiro no referencial do lab. (Pense na energia da partícula alvo.) **(c)** Vamos denotar por ΔE a energia adquirida pela partícula alvo em uma colisão (e, portanto, a energia perdida pelo projétil). Usando a Figura 14.15, mostre que a energia fracional perdida pelo projétil (no referencial do lab) é

$$\frac{\Delta E}{E} = \frac{4\lambda}{(1+\lambda)^2}\operatorname{sen}^2(\theta_{cm}/2),$$

onde, como sempre, λ é a razão das massas m_1/m_2. (Observe que na Figura 14.15 a reta DC representa o momento de recuo do alvo.) **(d)** Para uma dada razão das massas λ, que tipo de colisão gera a maior perda de energia fracional? Qual valor de λ maximiza a perda de energia? (Sua resposta é importante em situações onde se deseja que uma partícula perca energia tão rápido quanto possível – como em um reator nuclear, por exemplo.)

14.30★★★ Se você ainda não resolveu o Problema 14.24, resolva-o agora. **(a)** Considere agora o espalhamento de duas esferas compactas de massas iguais, A e B, com B inicialmente estacionária. Obtenha a expressão padrão (14.42) para o número de projéteis A espalhados no interior de um ângulo sólido $d\Omega$ para um ângulo Θ escolhido. Chame este número N (A em $d\Omega$ para Θ). Agora, suponha que monitoremos o número de partículas alvo B recuando dentro do mesmo ângulo sólido $d\Omega$ com o *mesmo* ângulo Θ. Determine N (B em $d\Omega$ para Θ), o número de Bs que serão observadas. Como isso se compara ao número de As?

14.31★★★ [Computador] Considere o espalhamento elástico de um projétil que é mais pesado do que o núcleo, isto é, $m_1 > m_2$ ou $\lambda > 1$. **(a)** Desenhe o gráfico análogo à Figura 14.15 para este caso. Mostre claramente que há dois valores distintos do ângulo θ_{cm} do CM correspondendo a cada valor de θ_{lab}. **(b)** Quais são os dois ângulos do CM que correspondem a $\theta_{lab} = 0$? Em termos deste exemplo, explique por que há esta dupla ambiguidade em θ_{cm} quando $m_1 > m_2$. **(c)** Desenhe o gráfico de θ_{lab} como uma função de θ_{cm} para o caso em que $\lambda = 2$. **(d)** Use o seu gráfico do item (a) para determinar uma expressão para o máximo valor possível de θ_{lab} para um dado valor de λ. Verifique se a sua resposta está correta para o caso em que $\lambda = 1$.

15

Relatividade Especial

Desde sua publicação, em 1687, até 1905, a mecânica Newtoniana reinou absoluta. Foi aplicada a cada vez mais sistemas, quase sempre com sucesso completo. Nas raras ocasiões em que as ideias Newtonianas pareciam falhar, descobria-se que alguma complicação tinha sido negligenciada e, quando essa complicação era considerada, Newton poderia novamente dar conta de todas as observações.[1] A formulação de Newton foi complementada com novas ideias (como a noção de energia) e reformulação de alguns aspectos (por Lagrange e Hamilton), mas os fundamentos pareciam inabaláveis. Então, ao final do século XIX, uma nova observação foi realizada e parecia inconsistente com as ideias Newtonianas clássicas. Esforços heroicos foram feitos para trazer essas observações para dentro da linha da física clássica, mas em 1905, Albert Einstein (1879-1955) publicou seu primeiro artigo sobre a teoria, agora chamada de relatividade, no qual ele mostrou que partículas com velocidades próximas à velocidade da luz requerem uma forma de mecânica completamente nova, como descreverei neste capítulo. Mesmo para baixas velocidades, a mecânica Newtoniana é apenas uma aproximação da nova "mecânica relativística", mas a diferença é geralmente tão pequena que a torna indetectável. Em particular, para as velocidades comumente encontradas na Terra, a mecânica Newtoniana é plenamente satisfatória, o que explica por que ainda é uma parte da física crucial e interessante (e justifica os outros 15 capítulos deste livro).[2]

---

[1] Talvez o maior triunfo para Newton tenha sido a predição e descoberta do planeta Netuno: cálculos da órbita de Urano (levando em consideração os demais planetas conhecidos e baseados, naturalmente, na mecânica Newtoniana) discordavam da posição observada por cerca de 1,5 minutos de arco. Em 1846, foi demonstrado independentemente pelo astrônomo inglês John Couch Adams (1819-1892) e pelo francês Urbain Le Verrier (1811-1877) que essa discrepância poderia ser explicada pela presença, até então não observada, de um planeta fora da órbia de Urano. Dentro de poucos meses, o novo planeta, agora conhecido como Netuno, foi descoberto pelo alemão Johann Galle (1812-1910) na posição exatamente prevista.

[2] Ao escrever este capítulo sobre relatividade (particularmente nas seções iniciais e nos problemas), foi, em algumas ocasiões, difícil resistir a tomar emprestado ideias dos capítulos sobre relatividade do livro *Modern Physics*, de Chris Zafiratos, Michael Dubson e eu mesmo (segunda edição, Prentice Hall, 2003). Sou grato à Prentice Hall por me autorizar a fazer isso.

15.1 RELATIVIDADE

Vamos primeiro considerar o significado do nome "relatividade". Um pequeno momento de reflexão deve ser suficiente para convencê-lo de que a maioria das medições físicas é realizada em *relação* a um sistema referencial escolhido. A posição $\mathbf{r} = (x, y, z)$ de uma partícula significa que seu vetor posição tem componentes (x, y, z) *relativas* a uma origem escolhida e a um conjunto de eixos escolhidos. Que um evento ocorre no instante de tempo $t = 5$ s significa que t está 5 segundos *relativo* a uma escolha de origem do tempo, $t = 0$. Se medirmos a energia cinética T de um carro, faz uma grande diferença se T for medido relativamente a um referencial fixo sobre a estrada ou sobre um que esteja fixo no carro. Quase todas as medições requerem a especificação de um sistema de referência (relativamente as medições serão realizadas a ele) e podemos nos referir a esse fato como a *relatividade das medições*.

A teoria da relatividade é o estudo das consequências da relatividade das medições. Como um primeiro pensamento, isso pareceria impossível de ser um tópico muito interessante, mas Einstein mostrou que um estudo cuidadoso de como medições dependem da escolha do sistema de coordenadas pode revolucionar completamente nosso conceito de espaço e tempo, e requer um completo repensar sobre a mecânica Newtoniana.

A relatividade de Einstein é realmente composta por duas teorias. A primeira, chamada de relatividade especial, é "especial" no sentido de que trata especificamente de referenciais não acelerados. A segunda, chamada de relatividade geral, é "geral" no sentido de que inclui referenciais acelerados. Einstein encontrou que o estudo de referenciais acelerados leva naturalmente a uma teoria de gravitação, e a relatividade geral passou a ser a teoria de gravitação relativística. Na prática, a relatividade geral é necessária apenas em situações onde suas previsões diferem significativamente das da gravitação Newtoniana, como o estudo da intensa gravidade dos buracos negros, do universo em larga escala e do efeito da gravidade da Terra sobre as medidas extremamente acuradas do tempo necessárias para o sistema de posicionamento global. Na física nuclear e de partículas, em que consideramos partículas que se movem próximas da velocidade da luz, mas onde a gravidade costuma ser completamente desprezível, a relatividade especial é em geral tudo do que se precisa. Neste capítulo, tratarei apenas da teoria da relatividade especial.[3]

15.2 RELATIVIDADE GALILEANA

Muitas das ideias da relatividade estão presentes na física clássica e vimos, de fato, várias nos capítulos anteriores. Vamos revisar essas ideias e reformular algumas delas de uma maneira mais satisfatória para a discussão da relatividade de Einstein.

Como discutido no Capítulo 1, as leis de Newton são válidas em muitos referenciais distintos: os referenciais chamados inerciais, onde qualquer um deles se move com velocidade constante relativamente a outro referencial. Podemos reexpressar isso para dizer que, na física clássica, as leis de Newton são **invariantes** (isto é, inalteradas) quando

---

[3] Para estudar a relatividade geral será necessário outro livro. Algumas boas referências são: R. Geroch, *General Relativity from A to B*, University of Chicago Press, 1978; I. R. Kenyon, *General Relativity*, Oxford University Press, 1990; B. F. A. Schutz, *A First Course in General Relativity*, Cambridge University Press, 1985 e James B. Hartle, *Gravity: An Introduction to Einstein's General Relativity*, Addison-Wesley, 2003.

transferimos nossa atenção de um referencial para outro. A transformação clássica de um referencial para outro, movendo-se com velocidade constante relativamente ao primeiro, é chamada de **transformação Galileana**; assim, uma maneira resumida de dizer o mesmo resultado é que as leis de Newton são invariantes sob a transformação Galileana. Vamos revisar essa alegação.

A transformação Galileana

Por simplicidade, considere primeiro dois referenciais S e S' que estão orientados da mesma maneira, isto é, o eixo x' é paralelo ao eixo x, y' é paralelo a y e z' é paralelo a z. Suponha, além disso, que a velocidade $\mathbf{V}$ de S' relativa a S esteja na direção do eixo x. A suposição de que há um único tempo universal t foi fundamental da mecânica Newtoniana. Logo, se os observadores S e S' concordarem em sincronizar seus relógios (e em usar as mesmas unidades de tempo), então $t' = t$. Finalmente, podemos escolher as origens O e O' de modo que elas coincidam no instante de tempo $t = t' = 0$. Essa configuração está ilustrada na Figura 15.1, onde S é um referencial fixo no solo. (Assumiremos que um referencial fixo na Terra é inercial – ou seja, vamos ignorar o lento movimento de rotação da Terra.) O referencial S' está fixo em um trem que está viajando com velocidade $\mathbf{V}$ ao longo do eixo x.

Considere agora algum evento, como a explosão de um pequeno fogo de artifício. Conforme medido pelo observador em S, isso ocorre na posição $\mathbf{r} = (x, y, z)$ no instante t; conforme medido em S', ele ocorre em $\mathbf{r}' = (x', y', z')$ no instante t'. A primeira (e muito simples) tarefa é estabelecer a relação matemática entre as coordenadas (x, y, z, t) e (x', y', z', t'). Observando, por um momento, a Figura 15.1, você pode se convencer de que $x' = x - Vt$ e de que $y' = y$ e $z' = z$. Pela suposição clássica com respeito ao tempo, $t' = t$, assim, as relações procuradas são

$$\left.\begin{array}{l} x' = x - Vt \\ y' = y \\ z' = z \\ t' = t. \end{array}\right\} \quad (15.1)$$

Essas quatro equações são chamadas de **transformações Galileanas** (ou **de Galileu**). Elas fornecem as coordenadas (x', y', z', t') de qualquer evento medido em S' em termos das coordenadas correspondentes (x, y, z, t), para o mesmo evento, mas medido em relação a S. Elas são as expressões matemáticas das ideias clássicas sobre espaço e tempo.

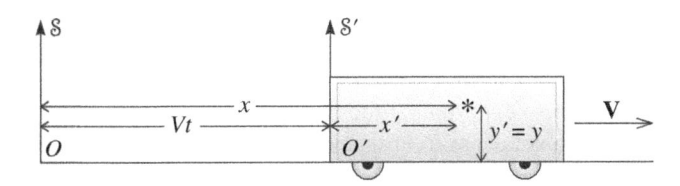

Figura 15.1 O referencial S está fixo no solo, enquanto S' está fixo no vagão do trem que está viajando com velocidade constante $\mathbf{V}$ na direção x. As duas origens coincidem, $O = O'$, no instante $t = t' = 0$. A estrela indica um evento, como a explosão de um fogo de artifício.

A transformação Galileana (15.1) relaciona as coordenadas medidas em dois referenciais organizados de modo que os seus eixos estejam paralelos e com velocidade relativa ao longo do eixo x, conforme ilustrado na Figura 15.1 – uma organização que podemos chamar de **configuração padrão**, que não é, naturalmente, a configuração mais geral. Por exemplo, se a velocidade relativa **V** está em uma direção arbitrária, é fácil ver que (15.1) pode ser reescrita de forma compacta como

$$\mathbf{r}' = \mathbf{r} - \mathbf{V}t \quad \text{e} \quad t' = t. \tag{15.2}$$

Essa ainda não é a forma mais geral da transformação Galileana, visto que poderíamos girar os eixos de modo que os correspondentes não estivessem mais paralelos e poderíamos deslocar as origens O e O' e as origens dos tempos. Entretanto, (15.2) é bastante geral para os propósitos neste momento.

Usando a transformação Galileana (15.2), podemos imediatamente relacionar as velocidades de um objeto, quando medidas em dois referenciais. Se $\mathbf{v}(t) = \dot{\mathbf{r}}(t)$ é a velocidade do objeto no referencial $\mathcal{S}$ e $\mathbf{v}'(t)$ é a velocidade em $\mathcal{S}'$, então, derivando (15.2), obtemos imediatamente (lembre-se de que **V** é constante)

$$\mathbf{v}' = \mathbf{v} - \mathbf{V}. \tag{15.3}$$

Essa é a **fórmula clássica da adição de velocidades**, que garante que, de acordo com as ideias da física clássica, velocidades relativas se somam (ou subtraem) de acordo com as regras normais da aritmética vetorial.

Invariância Galileana das leis de Newton

Para mostrar a invariância das leis de Newton perante a transformação Galileana, suponha que a segunda lei seja válida no referencial $\mathcal{S}$, ou seja, que $\mathbf{F} = m\mathbf{a}$ com todas as variáveis medidas em $\mathcal{S}$. Agora, é um fato experimental (pelo menos, no domínio da mecânica clássica) que medições da massa de qualquer objeto fornecem o mesmo resultado em todos os referenciais inerciais. Logo, a massa m', medida em $\mathcal{S}'$, é a mesma que a medida em $\mathcal{S}$ e $m = m'$. A demonstração de que o mesmo é verdade para a força resultante depende, em certo sentido, da nossa definição de força. Se considerarmos o ponto de vista de que forças são definidas por meio da leitura em balanças de mola, então é claro que a força $\mathbf{F}'$ medida em $\mathcal{S}'$ é a mesma que a medida em $\mathcal{S}$ e $\mathbf{F}' = \mathbf{F}$. Finalmente, derivando (15.3) com respeito ao tempo (e lembrando que **V** é constante, por suposição) vemos que $\mathbf{a}' = \mathbf{a}$. Demonstramos agora que cada uma das variáveis $\mathbf{F}'$, m' e $\mathbf{a}'$ no referencial $\mathcal{S}'$ é igual à variável correspondente $\mathbf{F}$, m e $\mathbf{a}$ no referencial $\mathcal{S}$. Portanto, se for verdade que $\mathbf{F} = m\mathbf{a}$, também o é que $\mathbf{F}' = m'\mathbf{a}'$. Isto é, a segunda lei de Newton é invariante sob a transformação Galileana. Deixo como exercício (Problema 15.1) mostrar que o mesmo é verdade para a primeira e terceira leis. A invariância das leis da mecânica sob transformação Galileana era conhecida por Galileu, que as utilizou para argumentar que nenhum experimento poderia dizer se a Terra estava "realmente" em movimento ou em repouso e, portanto, que o ponto de vista de Copérnico de que o Sol era o centro do sistema solar era tão razoável quanto o ponto de vista tradicional da Terra como o centro.

Relatividade Galileana e a velocidade da luz

Enquanto as leis de Newton são invariantes sob a transformação Galileana, o mesmo não é verdade para as leis do eletromagnetismo. Quer elas sejam escritas em sua forma compacta como as quatro equações de Maxwell, quer em sua forma original (como lei de Coulomb, lei de Faraday e assim por diante), elas podem ser verdadeiras em um referencial inercial, mas, se o forem, e *se a tranformação Galileana for a relação correta entre diferentes referenciais inerciais*, então não poderiam deixar de ser verdadeiras em qualquer outro referencial inercial. De longe, o caminho mais rápido para se verificar essa argumentação é lembrar-se de que as equações de Maxwell implicam que a luz (e, ainda mais geral, qualquer onda eletromagnética) se propaga através do vácuo em qualquer direção com velocidade

$$c = \frac{1}{\sqrt{\epsilon_0 \mu_0}} = 3{,}00 \times 10^8 \text{ m/s}, \tag{15.4}$$

onde ϵ_0 e μ_0 são a permissividade e a permeabilidade do vácuo. Logo, se as equações de Maxwell são válidas no referencial $\mathcal{S}$, então a luz deve viajar com a mesma velocidade c em qualquer direção, quando medida em $\mathcal{S}$. Mas, agora, considere um segundo referencial $\mathcal{S}'$, deslocando-se com velocidade V ao longo do eixo x de $\mathcal{S}$, e imagine um feixe de luz viajando na mesma direção. Em $\mathcal{S}$, a velocidade da luz é $v = c$. Portanto, em $\mathcal{S}'$, a sua velocidade é dada pela fórmula clássica de adição de velocidades (15.3) como

$$v' = c - V,$$

conforme ilustrado à esquerda na Figura 15.2. Similarmente, um feixe de luz viajando para a esquerda terá velocidade v' (medida em $\mathcal{S}'$) que varia no intervalo de $c - V$ e $c + V$. Portanto, as equações de Maxwell podem não valer no referencial $\mathcal{S}'$.

Se a transformação Galileana fosse a transformação correta entre referenciais inerciais, então, embora as leis de Newton sejam válidas para todos os sistemas inerciais, poderia haver apenas um referencial no qual as equações de Maxwell seriam válidas. Este referencial supostamente único, no qual a luz se deslocaria com a mesma velocidade em todas as direções, é algumas vezes chamado de referencial do éter[4].

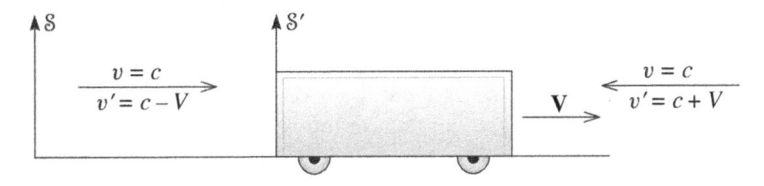

Figura 15.2 Dois referenciais $\mathcal{S}$ e $\mathcal{S}'$ nas configurações padrão com velocidade relativa **V**. Dois feixes de luz se aproximam do vagão com direções opostas. Se, medida em $\mathcal{S}$, a luz tem velocidade c em qualquer direção, então a fórmula clássica de adição de velocidades implica que, medida em $\mathcal{S}'$, ela tem velocidade $c - V$ deslocando-se para a direita e $c + V$ deslocando-se para a esquerda.

---

[4] A origem do nome é esta: assumiu-se que a luz deve se propagar através de um meio, da mesma forma que o som desloca-se através do ar. Como ninguém jamais detectou esse meio e como a luz poderia se deslocar através de um espaço aparentemente vazio, o meio teve muitas propriedades incomuns e foi chamado de "éter", que vem do grego, material dos céus. O "referencial do éter" era o referencial no qual o suposto éter estava em repouso.

O experimento de Michelson-Morley

A situação recém-descrita, com as leis da mecânica válidas em todos os referenciais, mas as leis do eletromagnetismo válidas em um único referencial, foi bem compreendida apenas no final do século XIX. Ela foi considerada por alguns (em especial, Einstein) como desagradável. Einstein acabou monstrando que estava errada. Entretanto, era logicamente consistente, então a maioria dos físicos tomou como certo que poderia haver apenas um referencial no qual a velocidade da luz tinha o mesmo valor c em todas as direções. Como a Terra desloca-se com uma velocidade considerável em uma direção variando continuamente em torno do Sol, parecia óbvio que ela deveria gastar a maioria de seu tempo movendo-se relativamente a outro referencial e, portanto, que a velocidade da luz, quando medida da Terra, deveria ser diferente em diferentes direções. Esperava-se que o efeito fosse muito pequeno. (A velocidade da Terra em sua órbita é $V \approx 3 \times 10^4$ m/s, grande para padrões terrestres, mas muito pequena se comparada a $c = 3 \times 10^8$ m/s. Logo, esperava-se que a variação fracional, entre $c - V$ e $c + V$, fosse bastante pequena.) Entretanto, em 1880, o físico americano Albert Michelson (1852-1931), mais tarde assistido pelo químico Edward Morley (1838-1923), projetou um interferômetro que deveria detectar facilmente as diferenças esperadas na velocidade da luz. Para sua surpresa e desalento, eles não encontraram qualquer variação.

Seu experimento, e muitos experimentos diferentes com o mesmo objetivo, foi repetido, mas nunca encontraram qualquer evidência de variações na velocidade da luz relativa à Terra. Refletindo, é fácil chegar à conclusão correta: contrário a todas as expectativas, a velocidade da luz é a mesma em todas as direções relativa a um referencial na Terra, mesmo que a Terra tenha diferentes velocidades em diferentes períodos do ano. Em outras palavras, não é verdade que há apenas um único referencial em que a luz tem a mesma velocidade em todas as direções.

Essa conclusão é tão surpreendente que não foi levada a sério por 20 anos. Em vez disso, várias teorias ingênuas foram desenvolvidas para explicar o resultado de Michelson-Morley, preservando a ideia de um único referencial etéreo. Por exemplo, a chamada teoria de arrasto do éter afirmava que o éter – o meio através do qual a luz supostamente se propagava – era arrastado com a Terra, de forma semelhante ao que é o arrasto da atmosfera. Isso implicaria que observadores presos à Terra estivessem em repouso relativo ao éter e deveriam medir a mesma velocidade da luz em todas as direções. No entanto, a teoria de arrasto do éter era incompatível com o fenômeno aberração estelar[5]. Nenhuma das teorias alternativas foi capaz de explicar todos os fatos observados (pelo menos, não de forma razoável e econômica), e hoje quase todos os físicos aceitam que não há um referencial particular do éter e que a velocidade da luz é uma constante universal, com o mesmo valor em todas as direções e em todos os referenciais inerciais. A primeira pessoa a aceitar essa surpreendente ideia foi Einstein, como discutiremos agora. Em particular, veremos que a universalidade da velocidade da luz requer que rejeitemos a transformação Galileana e a imagem clássica de espaço e tempo em que ela estava baseada. Isso, por sua vez, requer que modifiquemos muito a mecânica Newtoniana.

---

[5] A teoria do arrasto do éter requeria que a luz entrando no envelope do éter da Terra fosse encurvada. Isso contradizia a aberração estelar, em que a posição aparente de qualquer estrela se move em torno de um pequeno círculo à medida que a Terra se move em torno de sua órbita circular – de certa forma, isso torna claro que a luz proveniente de uma estrela desloca-se em um linha reta ao se aproximar da Terra.

15.3 OS POSTULADOS DA RELATIVIDADE ESPECIAL

A teoria da relatividade especial é baseada na aceitação da universalidade da velocidade da luz, conforme sugerido pelo experimento[6] de Michelson-Morley. Einstein propôs dois postulados, ou axiomas, expressando sua convicção de que *todas* as leis da física devem ser válidas em todos os referenciais inerciais e, a partir deles, desenvolveu a teoria da relatividade especial.

Antes de discutirmos os postulados da relatividade, precisamos definir referencial inercial.

> **Definição de um referencial inercial**
>
> Um referencial inercial é qualquer sistema de referência (isto é, um sistema de coordenadas x, y, z e tempo t) no qual todas as leis da física são válidas em suas formas usuais.

Observe que ainda não especificamos o que são "todas as leis da física". Segundo Einstein, devemos usar os postulados da relatividade para nos auxiliar a decidir o que leis da física podem ser. (Como sempre, o teste final será se elas estão de acordo com experimentos.) Resultará que uma das leis clássicas que é levada à relatividade é a lei da inércia, a primeira lei de Newton. Logo, os recém-definidos referenciais inerciais são, de fato, os familiares referenciais "não acelerados", onde um objeto, sem estar sujeito a qualquer força, desloca-se com velocidade constante. Como antes, um referencial fixo na Terra é (com uma boa paroximação) inercial; um referencial fixo em um foguete acelerando ou uma plataforma giratória não é inercial. A grande diferença entre os referenciais inerciais da relatividade e aqueles da mecânica clássica é a relação matemática entre eles. Na relatividade, encontraremos que a transformação clássica Galileana deve ser substituída pela chamada transformação de Lorentz.

Observe também que especifiquei que um referencial inercial é aquele em que as leis da física se aplicam "em suas formas usuais". Como vimos no Capítulo 9, podemos, algumas vezes, modificar leis da física de modo que elas se apliquem a referenciais não inerciais também. (Por exemplo, com a introdução da força de Coriolis, foi possível usarmos a segunda lei de Newton em um referencial em rotação.) Foi para excluir tais modificações que introduzi o termo qualificador "em suas formas usuais".

O primeiro postulado da relatividade afirma a existência de muitos referenciais inerciais distintos, deslocando-se com velocidade constante relativo a outro:

> **Primeiro postulado da relatividade**
>
> Se $\mathcal{S}$ é um referencial inercial e um segundo referencial $\mathcal{S}'$ se desloca com velocidade constante relativa a $\mathcal{S}$, então $\mathcal{S}'$ é também um referencial inercial.

---

[6] Não está claro que Einstein sabia de fato sobre o resultado de Michelson-Morley quando estava formulando sua teoria. Há algumas evidências de que ele sabia, mas parece claro que sua principal motivação era a convicção de que as equações da Maxwell deveriam ser válidas em todos os referenciais inerciais. Se ele sabia ou não, não afeta em nada a conclusão esplêndida de Einstein nem a importância do resultado de Michelson-Morley como uma evidência clara em favor das suposições de Einstein.

Outra forma de dizer isso é que as leis da física são invariantes quando transferimos nossa atenção de um referencial para um segundo, que se move com velocidade constante, relativamente ao primeiro. Isso é o que demonstramos para as leis da mecânica, mas que estamos agora declarando que são para *todas* as leis da física.

Outra declaração popular do primeiro postulado é que "não há nada como movimento absoluto". Para compreender isso, considere dois referenciais, S preso à Terra e S' preso a um foguete navegando com velocidade constante relativa à Terra. Uma questão natural é saber se faz algum sentido dizer que S está realmente em repouso e S' está realmente se movendo (ou vice-versa). Se a resposta for "sim", então poderíamos dizer que S está absolutamente em repouso e que qualquer coisa movendo-se relativo a S está em movimento absoluto. Entretanto, isso contradiria o primeiro postulado da relatividade: todas as leis da física observadas por cientistas em S são igualmente observadas pelos cientistas em S'; qualquer experimento que puder ser realizado em S poderá igualmente ser realizado em S'. Portanto, nenhum experimento pode mostrar qual referencial está *realmente* em movimento. Relativo à Terra, o foguete está se movendo; relativo ao foguete, a Terra está se movendo, e isso é tudo o que podemos dizer.

Ainda outra declaração do primeiro postulado é que, dentre todos os referenciais inerciais, não há um *referencial preferido*. As leis da física não têm predileção por qualquer referencial.

O segundo postulado especifica uma das leis que é válida em todos os referenciais inerciais:

Segundo postulado da relatividade

A velocidade da luz (no vácuo) tem o mesmo valor c em qualquer direção em todos os referenciais inerciais.

Esse é, naturalmente, o resultado de Michelson-Morley.

Embora o segundo postulado escape à nossa experiência diária, ele é hoje um fato estabelecido experimentalmente. Ao explorarmos as consequências dos postulados de Einstein, estamos indo ao encontro de várias previsões surpreendentes que parecem contradizer nossa experiência (por exemplo, o fenômeno chamado de dilatação temporal, descrito na próxima seção). Se você tem dificuldade em aceitar essas previsões, eis dois pontos para ter em mente: primeiro, eles são todos consequências lógicas do segundo postulado. Logo, uma vez que tenhamos aceitado o último (surpreendente, mas indiscutivelmente verdadeiro), você *tem* que aceitar todas suas consequências lógicas, embora elas pareçam contradizer nossa intuição. Segundo, todos esses fenômenos surpreendentes (incluindo o próprio segundo postulado) têm uma propriedade sutil: tornam-se importantes apenas quando objetos viajam com velocidades comparáveis à velocidade da luz. No cotidiano, quando todas as velocidades são muito menores que a velocidade c, esses fenômenos simplesmente não aparecem. Nesse sentido, nenhuma das consequências surpreendentes dos postulados de Einstein entra realmente em conflito com nossa experiência diária.

15.4 A RELATIVIDADE DO TEMPO: DILATAÇÃO DO TEMPO

Medição do tempo em um único referencial

Verificaremos que o segundo postulado nos força a abandonar a noção clássica de um único tempo universal. Em vez disso, encontraremos que o tempo de qualquer evento, quando medido em dois referenciais inerciais diferentes, é, em geral, diferente. Sendo esse o caso, precisamos primeiro ter muita clareza sobre o significado de tempo, medido em um único referencial.

Assumirei como dado que temos à nossa disposição muitas fitas métricas e relógios confiáveis. Os relógios não precisam ser idênticos, mas devem, quando postos juntos em um mesmo ponto, em repouso no mesmo referencial, estar de acordo entre si. Vamos agora considerar um único referencial inercial S, com origem O. Podemos posicionar uma observadora principal em O com um dos nossos relógios e ela pode facilmente cronometrar o tempo de qualquer evento que está em sua volta, como uma pequena explosão, posto que ela verá o evento instantaneamente. Medir o tempo de um evento bem afastado da origem é difícil, visto que a luz proveniente do evento tem que se deslocar até alcançar O antes que ela possa detectá-lo. Se soubesse qual é a distância em que o evento ocorreu, então ela poderia calcular quanto tempo o sinal levou para alcançá-la (ela sabe que a luz viaja com velocidade c) e subtraí-lo do tempo de chegada para obter o tempo do evento. Uma maneira mais simples de proceder (em princípio, pelo menos) é empregar um grande número de auxiliares postos em intervalos regulares ao longo da região de interesse e cada um com seu próprio relógio. Os auxiliares podem medir suas respectivas distâncias até O, e podemos verificar que seus relógios estão sincronizados com o relógio em O fazendo o observador principal transmitir um sinal luminoso em um momento estabelecido (em seu relógio). Cada auxiliar pode calcular o tempo sofrido pelo sinal até alcançá-lo e (permitindo esse tempo de trânsito) verificar que seu relógio está de acordo com relógio em O.

Com muitos auxiliares postos bastante próximos uns dos outros, haverá um auxiliar bem próximo a qualquer evento de modo que poderá observar o evento quase instantaneamente. Uma vez que registre o instante do evento, ele pode, quando quiser, informar a cada um dos outros auxiliares o resultado por qualquer meio conveniente (como por telefone). Dessa forma, a qualquer evento pode ser atribuído um único e bem definido tempo t medido no referencial S. A seguir, assumirei que qualquer referencial inercial S possui um conjunto de eixos retangulares $Oxyz$ e que um time de auxiliares está espalhado e em repouso em S e equipado com relógios sincronizados. Isso permite atribuir uma posição (x, y, z) e um tempo t para qualquer evento, conforme observado no referencial S.

Dilatação temporal

Vamos agora comparar medições de tempo realizadas por observadores em dois referenciais inerciais diferentes. Considere os dois referenciais familiares, S preso ao solo e S' deslocando-se com um trem na direção x com velocidade V relativa a S. Examinaremos agora um **experimento imaginário** (ou *Gedanken Experiment*, em alemão), em que um observador sobre o trem dispara um flash no chão do trem. A luz navega até o teto, onde é refletida, e retorna ao seu ponto inicial, onde dispara uma fotocélula e causa um bipe audível. Desejamos comparar os termos Δt e $\Delta t'$, conforme medido nos dois referenciais, entre o flash à medida que a luz deixa o chão e o bipe quando ela retorna.

Visto do referencial S', o experimento está ilustrado na Figura 15.3(a). Se a altura do trem é h, visto em S', a luz percorre uma distância total $2h$ a uma velocidade c (segundo postulado) e assim leva um tempo

$$\Delta t' = \frac{2h}{c}. \tag{15.5}$$

Esse é o intervalo de tempo entre o flash e o bipe, quando medido por um observador em S' (desde que, naturalmente, seu relógio seja confiável).

Como visto de S, o experimento está ilustrado na Figura 15.3(b). Em particular, o mesmo feixe de luz é visto navegando ao longo dos dois lados AB e BC de um triângulo. Se Δt é o tempo entre a partida do flash e o bipe (medido em S), o lado AC tem comprimento $V\Delta t$. Logo, o triângulo ABD tem lados[7] h, $V\Delta t/2$ e $c\Delta t/2$. (Observe que é aqui onde usamos o segundo postulado, que a velocidade da luz é c em qualquer um dos referenciais.) Portanto,

$$(c\,\Delta t/2)^2 = h^2 + (V\Delta t/2)^2,$$

que pode ser resolvido para obter

$$\Delta t = \frac{2h}{\sqrt{c^2 - V^2}} = \frac{2h}{c}\frac{1}{\sqrt{1-\beta^2}}, \tag{15.6}$$

onde introduzi a útil abreviação

$$\beta = \frac{V}{c}, \tag{15.7}$$

que nada mais é do que a velocidade V medida em unidades de c.

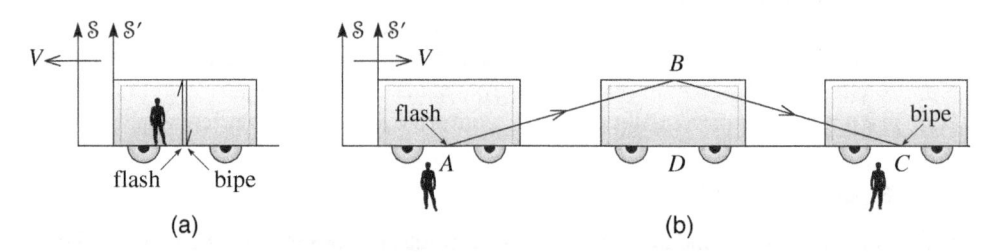

Figura 15.3 (a) O experimento imaginário visto pelo referencial S'. A luz percorre reto para cima e para baixo, e o flash e o bipe ocorrem na mesma posição. (b) Visto de S, o flash e o bipe estão separados por uma distância $V\Delta t$. Observe que, em S, dois observadores são necessários para cronometrar os dois eventos, visto que eles ocorrem em posições diferentes.

---

[7] Pressuponho que a altura do trem é a mesma em ambos os referenciais. Demonstraremos isso em breve.

O surpreendente sobre os dois resultados (15.5) e (15.6) é que eles não são iguais. O tempo entre os dois eventos (o flash e o bipe) tem valores diferentes quando medidos em dois referenciais inerciais diferentes. Especificamente,

$$\Delta t = \frac{\Delta t'}{\sqrt{1-\beta^2}}. \tag{15.8}$$

Deduzimos esse resultado para um experimento imaginário com um flash de luz refletindo em um espelho no teto do vagão e retornando à sua fonte, mas a conclusão se aplica a *quaisquer* dois eventos que ocorram na mesma posição no trem. Suponha, por exemplo, um observador em repouso em S' onde se grita "Bom" e um momento depois "Ruim". Em princípio, poderíamos disparar o flash no momento do "Bom" e planejar um espelho que refletisse a luz de volta de modo a chegar no momento do "Ruim". Portanto, a relação (15.8) deve se aplicar a esses dois eventos, o "Bom" e o "Ruim". Como a cronometragem dos dois eventos não pode depender do fato de termos realmente realizado o experimento com a luz e uma buzina, podemos concluir que a relação (15.8) deve se aplicar a *quaisquer* dois eventos que ocorram no mesmo local no referencial S'.

Você deve evitar pensar que os relógios em um dos referenciais estão de algum modo funcionando incorretamente – muito pelo contrário, foi essencial para a nossa argumentação que todos os relógios, em ambos os referenciais, estivessem funcionando corretamente. Além disso, não faz diferença qual tipo particular de relógio foi utilizado; assim, a conclusão (15.8) se aplica para todos os relógios (com acurácia). Isto é, *o próprio tempo*, conforme medido em dois referenciais, é diferente de acordo com (15.8). Como discutiremos em breve, essa fascinante conclusão tem sido verificada repetidamente.

Se o referencial S' está de fato em repouso (relativo ao S), então $V = 0$ e, assim, $\beta = 0$, e (15.8) reduz-se a $\Delta t' = \Delta t$. Isto é, não há diferença nos tempos a menos que S' esteja na verdade se movendo em relação a S. Além disso, para velocidades terrestes normais, $V \ll c$, então $\beta \ll 1$ e o denominador em (15.8) é muito próximo de um. Ou seja, para as velocidades observadas do nosso dia a dia, os dois tempos são praticamente iguais – tão próximos que seria quase impossível detectar qualquer diferença, como o exemplo a seguir ilustra.

Exemplo 15.1 Diferenças temporais para um avião a jato

Suponha que um piloto de um avião a jato, que está viajando a uma velocidade constante $V = 300$ m/s, planeje acionar um flash a intervalos de exatamente uma hora (medido em seu sistema de referência). Se planejarmos dois observadores no solo para verificar esse evento, o que eles mediriam para o intervalo de tempo Δt entre dois lampejos sucessivos? (Considere o referencial no solo como inercial, isto é, ignore o movimento de rotação da Terra.)

O intervalo procurado é dado por (15.8) com $\Delta t' = 1$ hora e $\beta = V/c = 10^{-6}$. Logo,

$$\Delta t = \frac{\Delta t'}{\sqrt{1-\beta^2}} = \frac{1\,\text{h}}{\sqrt{1-10^{-12}}}$$

$$\approx 1\,\text{h} \times (1 + \tfrac{1}{2} \times 10^{-12}) = 1\,\text{h} + 1{,}8 \times 10^{-9}\,\text{s}$$

onde, na passagem para a segunda linha, usei a aproximação binomial.[8] Nesse experimento, a diferença temporal é menor que 2 nanossegundos (1 ns = 10^{-9} s). Não é difícil ver por que a física clássica falhou em detectar tal diferença!

À medida que aumentamos a velocidade V, a diferença entre os tempos em (15.8) se torna maior, e, se considerarmos V tendendo a c, podemos tornar a diferença tão grande quanto se queira. Por exemplo, se $V = 0{,}99c$, então $\beta = 0{,}99$ e (15.8) resulta em $\Delta t \approx 7\,\Delta t'$. Velocidades tão altas são rotineiras em aceleradores nos laboratórios de física de partículas e a diferença de tempo prevista é precisamente confirmada.

Se tomarmos $V = c$ (isto é, $\beta = 1$) em (15.8), obteremos o resultado absurdo $\Delta t = \Delta t'/0$ e, se considerarmos $V > c$ (isto é, $\beta > 1$), obteremos um valor imaginário para Δt. Esses resultados sugerem que V deve sempre ser menor do c,

$$V < c,$$

uma sugestão que tem se mostrado correta e é um dos resultados mais profundos da relatividade: a velocidade relativa de dois referenciais inerciais nunca pode se igualar ou exceder c. Ou seja, a velocidade da luz, além de ser a mesma em todos os referenciais inerciais, é também o limite de velocidade universal para o movimento relativo de quaisquer dois referenciais inerciais.

O termo $1/\sqrt{1-\beta^2}$ ocorre tão com tanta frequência em relatividade que é comumente dado a ele seu próprio nome, γ,

$$\gamma = \frac{1}{\sqrt{1-\beta^2}}. \qquad (15.9)$$

É útil lembrar que esse termo satisfaz sempre $\gamma \geq 1$, e, quando $\beta \to 1$ (isto é, $V \to c$), $\gamma \to \infty$.

Em termos do parâmetro γ, o resultado (15.8) pode ser escrito um pouco mais resumidamente como

$$\Delta t = \gamma\,\Delta t' \geq \Delta t'. \qquad (15.10)$$

A assimetria desse resultado (em que $\Delta t'$ nunca é maior que Δt) parece, em um primeiro olhar, violar os postulados da relatividade, posto que sugere um papel especial ao referencial S' – especificamente, que S' é o referencial especial no qual o intervalo de tempo é mínimo. Entretanto, isso é apenas como deve ser, visto que, no experimento imaginário, S' é especial, porque ele é o referencial onde os dois eventos em questão (o flash e o bipe) ocorrem no mesmo local. (Essa assimetria estava implícita na Figura 15.3, que ilustrou um observador medindo $\Delta t'$, mas dois medindo Δt.) Para enfatizar essa simetria, o tempo $\Delta t'$ é frequentemente renomeado Δt_0 e (15.10) é reescrito como

---

[8] Este é um bom exemplo de um cálculo em que quase sempre *temos* que usar a aproximação binomial, visto que a maioria dos cálculos não pode informar a diferença entre 1 e $1 - 10^{-12}$.

$$\Delta t = \gamma \, \Delta t_0 \geq \Delta t_0. \qquad (15.11)$$

O subscrito em Δt_0 é para enfatizar que Δt_0 é o tempo decorrido no relógio em repouso no referencial especial onde os dois eventos em questão ocorreram no mesmo local. Esse tempo é geralmente chamado de **tempo próprio** entre os dois eventos. Em (15.11), Δt é o tempo correspondente medido em *qualquer* referencial e é sempre maior que ou igual ao próprio tempo Δt_0. Por essa razão, o efeito causado por (15.11) é chamado de **dilatação temporal** e pode ser interpretado como afirmando que *um relógio em movimento funciona mais lentamente*. Conforme medido por observadores no solo, um relógio no trem em movimento é visto funcionando mais lentamente.

Finalmente, devo enfatizar a simetria fundamental entre quaisquer dois referenciais inerciais. Escolhemos realizar o experimento imaginário de forma que demos a $\mathcal{S}'$ um caracter especial. (Ele era o referencial no qual o flash e o bipe ocorrem no mesmo local.) Mas poderíamos ter realizado o experimento ao contrário, com o flash, o espelho e a buzina em repouso no solo e, neste caso, teríamos encontrado o efeito oposto, $\Delta t' = \gamma \, \Delta t$. A vantagem de escrever a fórmula da dilatação temporal na forma (15.11) é que ela evita o problema de lembrarmos qual é o referencial $\mathcal{S}$ e qual é $\mathcal{S}'$; o subscrito em Δt_0 sempre indica o tempo próprio – o tempo medido no referencial no qual os dois eventos estavam na mesma posição.

Evidência da dilatação temporal

A dilatação temporal foi prevista em 1905, mas foi observada experimentalmente apenas em 1941, por B. Rossi e D. B. Hall.[9] O problema era, naturalmente, obter um relógio viajando suficientemente rápido para exibir uma dilatação mensurável. Rossi e Hall exploraram os relógios naturais que vêm com partículas subatômicas instáveis, as quais decaem (em média) depois de um tempo definido, característico da partícula. O tempo de vida de uma partícula instável pode ser especificado por sua **meia-vida**, $t_{1/2}$, o tempo no qual metade de um grande número de partículas irá decair. A partícula múon é uma partícula instável que é criada na camada superior da atmosfera terrestre quando partículas de raios cósmicos (a maioria prótons e partículas alfa) provenientes do espaço colidem com os átomos atmosféricos. Muitos desses múons possuem velocidades bastante próximas da velocidade da luz e eles sobrevivem tempo suficiente para determinar o seu caminho até a superfície da Terra. O múon foi descoberto em 1935 por Carl Anderson em seus estudos sobre raios cósmicos. Em 1941, a sua meia-vida era conhecida como sendo cerca de $t_{1/2} = 1{,}5 \, \mu$s, significando que metade de um conjunto amostral de múons *em repouso* iria decair neste intervalo de tempo. Se a dilatação temporal estivesse correta, a meia-vida para um múon em movimento (medido por um observador na Terra) deveria ser maior por um fator γ de acordo com (15.11). Por exemplo, se o múon tivesse velocidade $0{,}8c$, então $\gamma = 1{,}67$ e a meia-vida do múon deveria ser

$$t_{1/2}(\text{com velocidade } 0{,}8c) = 1{,}67 \times t_{1/2}(\text{em repouso}) = 2{,}5 \, \mu\text{s}.$$

---

[9] B. Rossi e D. B. Hall, *Physical Review*, vol. 59, p. 223 (1941).

Rossi e Hall foram capazes de separar os múons dos raios cósmicos de acordo com as suas velocidades e eles conseguiram determinar as meias-vidas medindo quantas delas sobreviveram à jornada através da atmosfera. Embora suas medidas apresentassem erros experimentais bastante grandes, elas foram, de qualquer forma, boas o suficiente para verificar a previsão de Einstein (15.11) e para excluir a suposição clássica de um único tempo universal.

Um teste da dilatação temporal usando relógios confeccionados pelos homens teve que esperar o desenvolvimento dos relógios atômicos. Em 1971, quatro relógios atômicos portáteis foram sincronizados com um relógio referência no Observatório Naval dos Estados Unidos em Washington DC e, então, voaram em torno da Terra em um avião a jato e retornaram ao Observatório Naval. A discrepância observada entre o relógio referência e os relógios portáteis foi (273 ± 7) ns (média entre os quatro relógios) com uma excelente concordância com o valor previsto (275 ± 21) ns.[10]

Testes da dilatação temporal – usando ambos os relógios naturais das partículas instáveis e os relógios atômicos manufaturados – foram repetidos com precisões cada vez maiores e não há agora qualquer dúvida da veracidade da relatividade do tempo, como descrita em (15.11). Outro teste importante que é conduzido milhares de vezes por dia é o Sistema de Posicionamento Global (GPS). Esse sistema, usado pelos aviões, navios, carros e alpinistas para determinar as suas posições, com uma margem de poucos metros, mede o tempo de chegada dos sinais de 24 satélites GPS posicionados acima do receptor observador e calcula a posição do receptor a partir da posição dos satélites. Determinar a posição com margem de alguns poucos metros requer uma acurácia de poucos nanossegundos, o que obriga que considerações sejam feitas para as diferenças relativísticas entre os tempos dos referenciais do satélite e do observador na Terra. O sucesso do GPS é um tributo diário à exatidão da relatividade.[11]

15.5 CONTRAÇÃO DO COMPRIMENTO

Os postulados da relatividade nos forçaram a concluir que o tempo é relativo – o tempo entre dois eventos é diferente quando medido em diferentes referenciais inerciais – e, ainda mais importante, essa conclusão adveio de um experimento. Isso, por sua vez, implica que o comprimento de um objeto é, da mesma forma, dependente do referencial no qual ele é medido. Para vermos isso, vamos conduzir um segundo experimento imaginário com o trem da Figura 15.3, dessa vez medindo seu comprimento. Para um observador (vamos chamá-lo de Q) no solo (referencial O), o mais simples procedimento é prova-

---

[10] Veja J. C. Hafele e R. E. Keating, *Science*, vol. 177, p. 166 (1972). Duas viagens foram realizadas, uma indo para oeste e outra indo para leste, ambas com resultados satisfatórios. Os números apresentados aqui são para a viagem mais decisiva pelo oeste. Este experimento foi na verdade um teste tanto para a relatividade especial quanto geral, visto que a discrepância prevista tem uma contribuição significativa de efeitos gravitacionais.

[11] Para mais detalhes sobre o importante papel da relatividade para o GPS, veja N. Ashby, *Physics Today*, maio de 2002, p. 41. Como descrito aqui, há importantes contribuições tanto da relatividade geral quanto da especial. Logo, o sucesso do GPS é um teste de ambas as teorias.

velmente medir o tempo Δt para a passagem do trem por ele e calcular o comprimento como[12]

$$l = V\Delta t. \qquad (15.12)$$

Para o comprimento l' do trem medido no referencial de repouso do trem, um observador sobre o trem poderia simplesmente usar uma fita métrica grande para medir. No entanto, para comparação com (15.12), é conveniente usar um método diferente. Podemos posicionar dois observadores sobre o trem, um na frente e outro atrás, e fazer com que eles registrem os tempos nos quais eles passam perante o observador Q no solo. A diferença $\Delta t'$ entre esses dois tempos é o tempo (medido no referencial S') para o trem passar pelo observador Q, então o comprimento do trem (novamente medido em S') é

$$l' = V\Delta t'. \qquad (15.13)$$

Observe que estamos fazendo aqui uma importante suposição, a velocidade do referencial S relativa a S' é a mesma que a velocidade V de S' relativa a S. (As velocidades relativas estão em direções opostas, mas as suas magnitudes são as mesmas.) Isso é verdade na mecânica clássica, e é também verdade na relatividade, onde é uma consequência dos dois postulados. Os detalhes dos argumentos necessários requerem alguns cuidados, mas a essência é esta: considere a transformação do referencial S para S'. Iremos denotar isto temporariamente por ($S \to S'$). Suponha que, antes de fazer essa transformação, tivéssemos rotacionado nossos eixos em $180°$ em torno do eixo y (ou z) e, em seguida, feito a transformação, rotacionando de volta outra vez logo depois. O efeito das rotações é o de reverter a direção do eixo x (e finalmente rotacioná-lo de volta outra vez). O resultado efetivo das três operações é precisamente a transformação ($S \to S'$). Como as rotações certamente não mudam qualquer velocidade, demonstramos que a velocidade de S' relativa a S é a mesma que a de S relativa a S'.

Comparando (15.12) com (15.13), vemos que, desde que os tempos Δt e $\Delta t'$ são desiguais, o mesmo deve ser verdadeiro para os comprimentos l e l'. Para quantificar essa diferença, devemos ter cuidado em obter a relação entre Δt e $\Delta t'$ da forma correta. Esses dois tempos são os tempos (medidos em S e S') entre dois eventos: "frente do trem até o observador Q" e "final do trem até observador Q". Esses dois eventos ocorrem na mesma posição no referencial S, então Δt é o tempo próprio e $\Delta t' = \gamma \Delta t$. Inserindo esta em (15.13) e comparando com (15.12), vemos que $l' = \gamma l$ ou

$$l = \frac{l'}{\gamma} \leq l'. \qquad (15.14)$$

O comprimento do trem medido em S é menor que o medido em S' (a menos que $V = 0$).

Da mesma forma que a dilatação temporal, o efeito (15.14) é assimétrico, refletindo a assimetria do experimento. O referencial S' é especial, visto que ele é o único referencial onde o objeto que está sendo medido (o trem) está em repouso. [Poderíamos, claramente, ter realizado o experimento de modo contrário. Se tivéssemos medido o compri-

---

[12] Com muitas da ideias clássicas sendo questionadas, você está autorizado a perguntar se é legítimo usar a fórmula clássica (15.12). Entretanto, essa é a definição de velocidade (velocidade = distância/tempo) e é válida em qualquer sistema de referência (desde que todas as grandezas sejam medidas no mesmo referencial).

mento de um edifício que está em repouso no solo, então os papéis de l e l' teriam sido revertidos.] Para evitar confusão com relação a que referencial é o que, é comum escrever (15.14) como

$$l = \frac{l_o}{\gamma} \leq l_o, \qquad (15.15)$$

onde l_o denota o comprimento de um objeto medido no **referencial de repouso** do objeto (o referencial no qual o objeto está parado), enquanto l é o comprimento em *qualquer* referencial. O comprimento l_o é chamado de **comprimento próprio** do objeto. Como $l < l_o$ (se $V \neq 0$), essa diferença nos comprimentos é chamada de **contração do comprimento** (ou contração de Lorentz, ou contração de Lorentz-Fitzgerald, em homenagem aos dois físicos – o holandês Hendrik Lorentz, 1853-1928 e ao irlandês George Fitzgerald, 1851-1901 – que primeiro sugeriram que deveria haver tal efeito). O resultado pode ser coloquialmente expresso como dizendo que *para um corpo em movimento, se observa uma contração*.

Da mesma forma que a dilatação temporal, a contração do comprimento é um efeito real bem estabelecido por experimentos. Como os dois efeitos estão intimamente conectados, qualquer evidência de um pode ser considerada uma evidência para o outro. Em particular, o decaimento de uma partícula instável a grande velocidade, quando vista no referencial de repouso da partícula, pode ser interpretado como uma clara evidência da contração do comprimento. (Veja o Problema 15.12.)

Comprimentos perpendiculares à velocidade relativa

A contração do comprimento recém deduzida se aplica a comprimentos na direção da velocidade relativa, como o comprimento do trem na direção do movimento. É fácil ver que pode haver uma contração análoga ou expansão do comprimento perpendicular ao movimento, tal como a altura do trem. Suponha, por exemplo, que houve uma contração e imagine dois observadores, Q em repouso em $\mathcal{S}$ e Q' em $\mathcal{S}'$. Além disso, suponha que Q e Q' possuam a mesma altura (quando em repouso) e que Q' esteja segurando uma faca exatamente nivelada com o topo de sua cabeça. Se há uma contração, então, conforme medido por Q, o observador Q' será diminuído ao passar rápido e Q será escalpelado, ou mesmo pior, quando a faca passar. Mas, de forma diferente dos experimentos imaginários anteriores, este experimento é completamente simétrico entre os dois referenciais: há apenas um observador em cada referencial e a única diferença é a direção das velocidades relativas. Portanto, deve também sê-lo que, visto por Q', é Q que está contraindo; assim, a faca não atingirá Q e ele não será escalpelado. A suposição da contração conduziu-nos a uma contradição e isso não pode haver. Um argumento similar exclui a possibilidade de expansão, e, de fato, a faca simplesmente corta ao passar Q visto em qualquer um dos referenciais. Concluímos que comprimentos perpendiculares ao movimento relativo são inalterados. A fórmula da contração do comprimento (15.15) se aplica apenas a comprimentos paralelos à velocidade relativa.

15.6 A TRANSFORMAÇÃO DE LORENTZ

De acordo com as noções clássicas de espaço e tempo, vimos que a relação matemática entre coordenadas em dois referenciais inerciais $\mathcal{S}$ e $\mathcal{S}'$ é a transformação Galileana (15.1). Em relatividade, esta não pode ser a transformação correta. (Por exemplo, a dilatação temporal contradiz a equação $t = t'$.) Entretanto, podemos deduzir a relação correta usando um argumento semelhante àquele que usamos com relação à Figura 15.1 para deduzir o resultado Galileano. Imagine dois referenciais, $\mathcal{S}$ preso ao solo e $\mathcal{S}'$ preso a um trem movendo-se com velocidade V relativa a $\mathcal{S}$. Imagine, além disso, a explosão de um fogo de artifício, que deixa uma marca de queimado sobre a parede do vagão em um ponto P'. As coordenadas dessa explosão são (x, y, z, t) conforme medido por observadores em $\mathcal{S}$ e (x', y', z', t') em $\mathcal{S}'$. Nosso objetivo é determinar fórmulas para x', y', z' e t' em termos de x, y, z e t. O experimento imaginário está ilustrado na Figura 15.4, que é parecida com a Figura 15.1, exceto pelo fato de que agora sabemos que devemos ser muito cuidadosos ao identificar os referenciais ($\mathcal{S}$ e $\mathcal{S}'$) relativos aos quais as várias distâncias são medidas.

Como comprimentos perpendiculares à velocidade relativa são os mesmos em ambos os referenciais, podemos imediatamente escrever

$$y' = y \quad \text{e} \quad z' = z \tag{15.16}$$

exatamente como na transformação Galileana. A coordenada x' é a distância horizontal entre a origem O' e a marca do queimado em P', medido em $\mathcal{S}'$. A mesma distância medida em $\mathcal{S}$ é $x - Vt$, como x e Vt são as distâncias de O a P' e de O a O' no instante t da explosão (medida em $\mathcal{S}$). Portanto, pela fórmula da contração do comprimento (15.15) (aqui x' é o comprimento próprio),

$$x - Vt = x'/\gamma$$

ou

$$x' = \gamma(x - Vt). \tag{15.17}$$

Essa é a terceira de quatro equações de que precisamos. Observe que, se $V \ll c$, então $\gamma \approx 1$ e (15.17) reduz-se à relação de Galileu $x' = x - Vt$.

Finalmente, para obter uma equação para t' podemos usar um truque simples. Podemos repetir a argumentação anterior com os papéis de $\mathcal{S}$ e $\mathcal{S}'$ trocados. Isto é, podemos

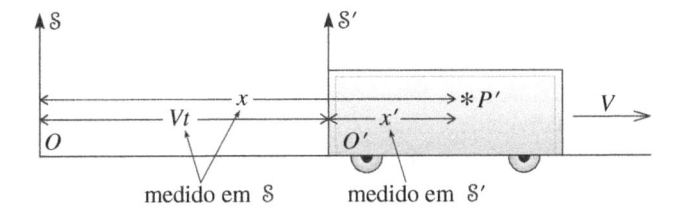

Figura 15.4 A coordenada x' é a distância horizontal, medida em $\mathcal{S}'$, entre a origem O' e a marca de queimado em P'. As distâncias x e Vt são ambas medidas em $\mathcal{S}$ no instante t (medido em $\mathcal{S}$) da explosão.

deixar a explosão fazer uma marca de queimado no ponto P sobre uma parede fixa em S. Seguindo o mesmo raciocínio que antes, podemos obter o resultado

$$x = \gamma(x' + Vt'). \qquad (15.18)$$

[Observe que poderíamos obter esse resultado diretamente de (15.17), permutando as variáveis com a plica por aquelas sem a plica e substituindo V por $-V$.] Substituindo (15.17) em (15.18), podemos eliminar x' e resolver t' para obter (como você pode verificar)

$$t' = \gamma(t - Vx/c^2). \qquad (15.19)$$

Essa é a equação necessária para t'. Quando $V \ll c$, podemos desprezar o segundo termo e $\gamma \approx 1$, assim (15.19) reduz-se à relação Galileana $t' = t$.

Pondo juntos os resultados (15.16), (15.17) e (15.19), obtemos as quatro equações necessárias:

$$\left.\begin{array}{l} \text{Transformação de Lorentz} \\ x' = \gamma(x - Vt) \\ y' = y \\ z' = z \\ t' = \gamma(t - Vx/c^2). \end{array}\right\} \qquad (15.20)$$

As quatro equações são chamadas de **transformação de Lorentz** ou **transformação de Lorentz-Einstein**, em homenagem a Lorentz, que foi o primeiro a propô-las, e a Einstein, que foi o primeiro a interpretá-las corretamente. A transforação de Lorentz fornece as coordenadas (x', y', z', t') de um evento, medidas em S', em termos das coordenadas (x, y, z, t) medidas em S. Ela é a versão correta relativística da transformação Galileana clássica (15.1).

Se desejarmos conhecer as coordenadas (x, y, z, t) em termos de (x', y', z', t'), podemos resolver as quatro Equações (15.20), mas uma maneira mais simples é apenas permutar as variáveis com plicas pelas sem plicas e substituir V por $-V$. Por qualquer caminho, o resultado é o **inverso da transformação de Lorentz**

$$\left.\begin{array}{l} x = \gamma(x' + Vt') \\ y = y' \\ z = z' \\ t = \gamma(t' + Vx'/c^2). \end{array}\right\} \qquad (15.21)$$

A transformação de Lorentz expressa todas as propriedades do espaço e tempo a partir dos postulados da relatividade. Usando-a, podemos calcular todas as relações cinemáticas entre medições realizadas em diferentes referenciais inerciais. Há vários exemplos de seu uso em problemas no final deste capítulo e aqui temos mais alguns.

Exemplo 15.2 Nova dedução da contração do comprimento

Use a transformação de Lorentz para deduzir de novo a fórmula da contração do comprimento (15.15). (Observe que isso não fornecerá uma dedução alternativa da contração do comprimento, visto que a contração do comprimento foi utilizada na dedução da transformação de Lorentz. Pelo contrário, forneceremos, apenas, uma comprovação de consistência.)

Considere os dois referenciais usuais, S fixo no solo e S' fixo no trem viajando ao longo do eixo x com velocidade V relativa a S. Desejamos comparar os comprimentos do trem medido em S e em S'. A medição em S' é fácil, visto que o trem está em repouso nesse referencial. Um observador pode medir as coordenadas x'_1 e x'_2 do fim e do início do trem, e seu comprimento é a diferença $l' = x'_2 - x'_1$. Esse comprimento é o comprimento próprio do trem, então

$$l_o = l' = x'_2 - x'_1. \tag{15.22}$$

A medição em S é mais difícil, já que o trem está se movendo. Poderíamos, com muito cuidado, posicionar os dois observadores Q_1 e Q_2 ao lado do trilho de modo que a parte final do trem passasse Q_1 exatamente no mesmo instante ($t_1 = t_2$) que a parte inicial passa Q_2. O comprimento medido em S é então

$$l = x_2 - x_1.$$

Agora, aplicando a transformação de Lorentz (15.20) ao evento "início do trem passa Q_2", obtemos

$$x'_2 = \gamma(x_2 - Vt_2)$$

e, para o evento "final do trem passa Q_1",

$$x'_1 = \gamma(x_1 - Vt_1).$$

Subtraindo e lembrando que $t_2 = t_1$, obtemos

$$l_o = x'_2 - x'_1 = \gamma(x_2 - x_1) = \gamma l$$

ou $l = l_o/\gamma$, que é a contração do comprimento (15.15).

Nosso próximo exemplo é aparentemente um de muitos paradoxos da relatividade.

Exemplo 15.3 Uma cobra relativística

Uma cobra relativística, de comprimento próprio 100 cm, está se deslocando ao longo de uma mesa com $V = 0,6c$. Para provocar a cobra, um estudante de física segura dois cutelos separados por 100 cm um do outro e planeja bater os dois sobre a mesa de modo que o da esquerda caia imediatamente atrás da cauda da cobra. O estudante raciocina da seguinte forma: "a cobra está se movendo com $\beta = 0,6$ então, seu comprimento é contraído por um fator $\gamma = 5/4$ (certifique-se disso), assim seu comprimento medido em meu referencial é 80 cm. Portanto, o cutelo na minha mão direita baterá bem distante da cobra, e não a ferirá". Esse cenário está ilustrado na Figura

15.5. Enquanto isso, a cobra raciocina: "Os cutelos estão se aproximando de mim com $\beta = 0{,}6$, logo, a distância entre eles é contraída para 80 cm, e eu certamente serei cortada em pedaços quando eles cairem". Use a transformação de Lorentz para resolver esse paradoxo.

Vamos escolher os referenciais $\mathcal{S}$ e $\mathcal{S}'$ da forma usual. O estudante está em repouso em $\mathcal{S}$, com os cutelos em $x_E = 0$ e $x_D = 100$ cm. A cobra está em repouso em $\mathcal{S}'$, com a sua cauda em $x' = 0$ e sua cabeça em $x' = 100$. Para resolver essa disputa, devemos determinar onde e quando os dois cutelos cairão, quando observados em $\mathcal{S}$ e em $\mathcal{S}'$.

Em $\mathcal{S}$, os cutelos caem simultaneamente em $t = 0$. Nesse instante, a cauda da cobra está em $x = 0$. Como seu comprimento é 80 cm, sua cabeça deve estar em $x = 80$ cm. [Você pode verificar isso, se desejar, usando a equação de transformação $x' = \gamma(x - Vt)$; com $x = 80$ cm e $t = 0$, isso fornece o valor correto $x' = 100$ cm.] Observado de $\mathcal{S}$, o experimento está ilustrado na Figura 15.5. O cutelo da direita cai confortavelmente além da cabeça da cobra: o estudante está certo e a cobra não é machucada.

O que há de errado com o raciocínio da cobra? Para responder isso, devemos examinar as coordenadas e tempos nos quais os dois cutelos batem, observado em $\mathcal{S}'$. O cutelo da esquerda cai em $t_E = 0$ e $x_E = 0$. De acordo com a transformação de Lorentz (15.20), as coordenadas desse evento, vistas em $\mathcal{S}'$, são

$$t'_E = \gamma(t_E - Vx_E/c^2) = 0$$

e

$$x'_E = \gamma(x_E - Vt_E) = 0.$$

Como esperado, o cutelo da esquerda cai imediatamente atrás da cauda da cobra no instante $t'_E = 0$, como ilustrado na Figura 15.6(a).

Até aqui, não houve surpresas. Entretanto, o cutelo da direita cai no instante $t_D = 0$ e $x_D = 100$ cm. Portanto, como visto em $\mathcal{S}'$, ele cai no instante de tempo dado pela transformação de Lorentz

$$t'_D = \gamma(t_D - Vx_D/c^2) = -2{,}5 \text{ ns}.$$

(Verifique os números.) O ponto crucial é que, visto em $\mathcal{S}'$, *os dois cutelos não caem ao mesmo tempo*. Como o cutelo da direita cai *antes* do da esquerda, ele não necessariamente atinge a cobra, muito embora eles estejam separados por apenas 80 cm

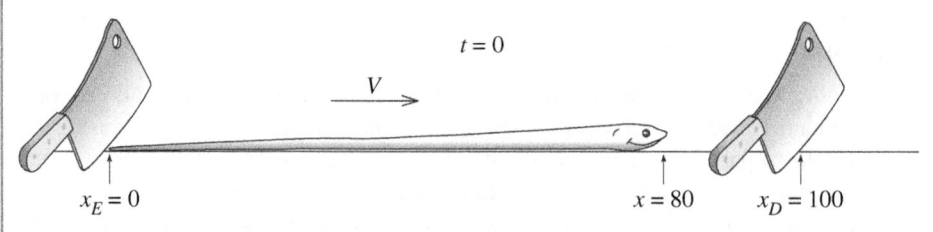

Figura 15.5 O paradoxo da cobra, visto no referencial do estudante. Os cutelos caem simultaneamente no instante $t = 0$.

$t'_E = 0$ $\qquad\qquad t'_D = -2{,}5$

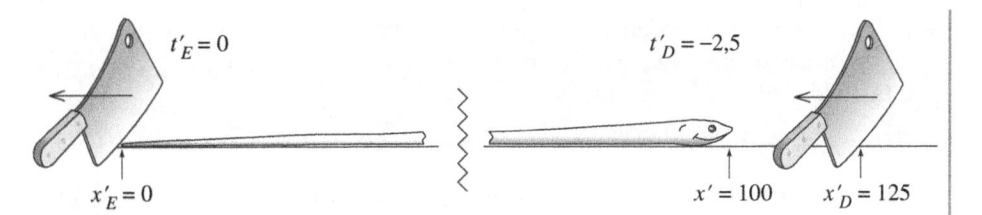

$x'_E = 0$ $\qquad\qquad x' = 100 \quad x'_D = 125$

Figura 15.6 O paradoxo da cobra, quando medido no referencial da cobra S'. Os cutelos se movem para a esquerda com velocidade V, e o da direita cai 2,5 ns *antes* do da esquerda. Muito embora os cutelos estejam separados por apenas 80 cm, isso permite que eles caiam separados por 125 cm.

(neste referencial). Na verdade, a posição na qual o cutelo da direita cai é dada pela transformação de Lorentz

$$x'_D = \gamma(x_D - Vt_D) = 125 \text{ cm}.$$

O cutelo da direita de fato não acerta a cobra!

A resolução deste paradoxo, e de muitos paradoxos semelhantes, é que dois eventos que são simultâneos em um referencial não são necessariamente simultâneos em um referencial diferente – um efeito algumas vezes chamado de **relatividade da simultaneidade**. Tão logo reconheçamos que os dois cutelos caem com tempos diferentes no referencial da cobra, não há mais qualquer problema em entender como eles podem dar um jeito de não atingir a cobra.

15.7 FÓRMULA DA ADIÇÃO DE VELOCIDADES RELATIVÍSTICAS

Como nossa próxima e muito importante aplicação da transformação de Lorentz, vamos usá-la para deduzir a fórmula de adição de velocidades relativísticas. Essa fórmula é a resposta à seguinte questão: se um objeto – um elétron, uma bola de beisebol, um planeta – está se movendo com velocidade **v** relativa a um referencial inercial S, como podemos calcular a velocidade **v**' relativa a um outro referencial S'? Na física clássica, a resposta a essa questão é a fórmula clássica de adição de velocidades: se **V** denota a velocidade de S' relativa a S, então $\mathbf{v}' = \mathbf{v} - \mathbf{V}$. (Presumidamente, quem quer que tenha dado o nome dessa fórmula escreveu-a como $\mathbf{v} = \mathbf{v}' + \mathbf{V}$.) Para o caso especial de que os eixos de S e S' são paralelos e **V** está na direção x (nossa configuração "padrão"), esta torna-se

$$v'_x = v_x - V, \qquad v'_y = v_y \qquad \text{e} \qquad v'_z = v_z. \tag{15.23}$$

Nossa tarefa agora é determinar o resultado relativístico correspondente.

Considere uma partícula se movendo com posição $\mathbf{r}(t)$ ou $\mathbf{r}'(t)$, visto em S e S', respectivamente. A definição de velocidade **v** é a derivada

$$\mathbf{v} = \frac{d\mathbf{r}}{dt}, \tag{15.24}$$

onde $d\mathbf{r} = \mathbf{r}_2 - \mathbf{r}_1$ é o deslocamento infinitesimal entre as posições nos instantes t_1 e $t_2 = t_1 + dt$. Agora podemos obter a transformação de Lorentz para (x_2, y_2, z_2, t_2) e (x_1, y_1, z_1, t_1), e fazendo a diferença, encontramos

$$dx' = \gamma(dx - V\,dt), \quad dy' = dy, \quad dz' = dz, \quad dt' = \gamma(dt - V\,dx/c^2). \quad (15.25)$$

(Observe que $d\mathbf{r}$ e dt satisfazem exatamente as mesmas equações de transformação que $\mathbf{r}$ e t. Isso decorre do fato de a transformação de Lorentz ter se mostrado linear.) Usando a definição (15.24), podemos escrever as componentes de $\mathbf{v}'$ e substituindo em (15.25) encontramos v'_x

$$v'_x = \frac{dx'}{dt'} = \frac{\gamma(dx - V\,dt)}{\gamma(dt - V\,dx/c^2)}$$

ou, cancelando os termos de γ e dividindo o numerador e o denominador por dt,

$$v'_x = \frac{v_x - V}{1 - v_x V/c^2}. \quad (15.26)$$

Analogamente,

$$v'_y = \frac{dy'}{dt'} = \frac{dy}{\gamma(dt - V\,dx/c^2)}.$$

Dividindo em cima e em baixo por dt, encontramos para v'_y (e analogamente para v'_z)

$$v'_y = \frac{v_y}{\gamma(1 - v_x V/c^2)} \quad \text{e} \quad v'_z = \frac{v_z}{\gamma(1 - v_x V/c^2)}. \quad (15.27)$$

Observe que $v'_y \neq v_y$, muito embora $dy' = dy$. Isso acontece porque $dt' \neq dt$. Observe também que γ é o termo pertinente à velocidade V de $\mathcal{S}'$ relativa a $\mathcal{S}$, ou seja, $\gamma = 1/\sqrt{1 - V^2/c^2}$.

As três equações em (15.26) e (15.27) são as **fórmulas da adição de velocidades relativísticas** ou transformação de velocidade relativística. Se todas as velocidades são muito menores que c, então $\gamma \approx 1$ e podemos desprezar o segundo termo nos denominadores e reobtemos os resultados clássicos (15.23). Entretanto, quando as velocidades em questão tendem a c, a transformação de velocidade relativística pode ter alguns resultados surpreendentes, como o caso a seguir ilustra.

Exemplo 15.4 Adicionando duas velocidades próximas a c

Um foguete viajando a uma velocidade de $0{,}8c$ relativa à Terra lança para frente projéteis com velocidades $0{,}6c$ (relativa ao foguete). Qual é a velocidade dos projéteis relativa à Terra?

Se escolhermos referenciais da forma usual, com $\mathcal{S}$ fixo à Terra e $\mathcal{S}'$ fixo ao foguete, então $V = 0{,}8c$ e $v' = 0{,}6c$. Nossa tarefa é determinar v. A resposta clássica é, naturalmente, $v = v' + V = 1{,}4c$. A resposta relativística é dada pela inversa de (15.26), que podemos determinar com o truque usual da permutação das variáveis com plicas pelas sem plicas e trocando o sinal de V. O resultado (para o qual omito os subscritos x visto que todas as velocidades estão na direção x) é

$$v = \frac{v' + V}{1 + v'V/c^2} \tag{15.28}$$

$$= \frac{0{,}6c + 0{,}8c}{1 + 0{,}8 \times 0{,}6} = \frac{1{,}4}{1{,}48}c \approx 0{,}95c.$$

O surpreendente disso é que, quando "adicionamos" $0{,}8c$ a $0{,}6c$, obtemos uma resposta que é menor do que c. Na verdade, é muito fácil demonstrar que, para qualquer velocidade com $v' < c$, o v correspondente é também menor do que c. (Veja o Problema 15.43.) Isto é, qualquer coisa que viaje com velocidade menor do que c em um referencial tem velocidade menor do que c em todos os referenciais.

Exemplo 15.5 Adicionando duas velocidades com uma delas igual a c

O foguete do Exemplo 15.4 lança para a frente um sinal (um pulso de luz, por exemplo) com velocidade c relativa ao foguete. Qual é a velocidade do sinal relativa à Terra?

Aqui, $v' = c$, logo, (15.28) torna-se

$$v = \frac{v' + V}{1 + v'V/c^2} = \frac{c + V}{1 + V/c} = c. \tag{15.29}$$

Ou seja, o sinal viajando na direção x com velocidade c relativa a $\mathcal{S}'$ também tem velocidade c relativa a $\mathcal{S}$. Esse resultado é verdadeiro qualquer que seja a direção de navegação, como você pode verificar no Problema 15.43. Ele assegura que a velocidade da luz é invariante perante a transformação de Lorentz, em obediência ao segundo postulado da relatividade (que nos conduziu à transformação de Lorentz em primeiro lugar).

15.8 ESPAÇO-TEMPO QUADRIMENSIONAL: QUADRIVETORES

A transformação de Lorentz (15.20) mistura espaço e tempo no sentido de que cada uma das equações para x' e t' envolve ambos, x e t. O matemático russo-germânico Hermann Minkowski (1864-1909) sugeriu que a mistura de espaço e tempo implica que o tempo deve ser combinado com as três coordenadas espaciais para formar um *espaço-tempo* quadrimensional, no qual as transformações de Lorentz atuam como um tipo de rotação. Antes de examinarmos essa sugestão, vamos revisar alguns fatos sobre as rotações ordinárias do espaço tridimensional usual.

Rotações ordinárias do espaço tridimensional

Quando discutimos sobre vetores no espaço tridimensional ordinário, é conveniente mudar um pouco a notação: para qualquer escolha de eixos ortogonais, usarei a notação mencionada no Capítulo 1, com os três vetores unitários denotados $\mathbf{e}_1$, $\mathbf{e}_2$, $\mathbf{e}_3$. As componentes de um vetor geral $\mathbf{q}$ serão denotadas q_1, q_2, q_3, de modo que

$$\mathbf{q} = q_1\mathbf{e}_1 + q_2\mathbf{e}_2 + q_3\mathbf{e}_3 = \sum_{i=1}^{3} q_i\mathbf{e}_i, \quad (15.30)$$

onde, como de costume,

$$q_i = \mathbf{e}_i \cdot \mathbf{q}. \quad (15.31)$$

Para se adaptar a essa notação, de agora em diante, renomearei o vetor posição $\mathbf{r} = (x, y, z)$ por $\mathbf{x} = (x_1, x_2, x_3,)$.

Agora, considere uma rotação que transforme os eixos definidos por $\mathbf{e}_1$, $\mathbf{e}_2$, $\mathbf{e}_3$ em um segundo conjunto de vetores unitários $\mathbf{e}'_1$, $\mathbf{e}'_2$, $\mathbf{e}'_3$. As componentes q'_i do mesmo vetor com respeito aos novos eixos são facilmente obtidas:

$$q'_i = \mathbf{e}'_i \cdot \mathbf{q} = \mathbf{e}'_i \cdot \sum_{j=1}^{3} q_j\mathbf{e}_j = \sum_{j=1}^{3}(\mathbf{e}'_i \cdot \mathbf{e}_j)q_j. \quad (15.32)$$

Essa equação expressa cada uma das coordenadas q'_i no novo sistema de coordenadas como uma soma sobre as coordenadas q_j do antigo sistema. (Isto é, ela faz para rotações o que a transformação de Lorentz faz quando mudamos entre referenciais com movimento relativo.) Os coeficientes nesse somatório são os produtos escalares $\mathbf{e}'_i \cdot \mathbf{e}_j$ dos vetores unitários do novo e do antigo sistema.[13]

Podemos expressar (15.32) mais resumidamente se adotarmos a notação matricial do Capítulo 10: seja $\mathbf{R}$ denotando a matriz quadrada 3×3 com elementos

$$R_{ij} = \mathbf{e}'_i \cdot \mathbf{e}_j \quad (15.33)$$

e sejam $\mathbf{q}$ e $\mathbf{q}'$ denotando as colunas 3×1 formadas pelas coordenadas

$$\mathbf{q} = \begin{bmatrix} q_1 \\ q_2 \\ q_3 \end{bmatrix} \quad \text{e} \quad \mathbf{q}' = \begin{bmatrix} q'_1 \\ q'_2 \\ q'_3 \end{bmatrix}. \quad (15.34)$$

[Como no Capítulo 10, é bom ficar um pouco relaxado com essa notação. Quando houver qualquer perigo de confusão, assumiremos que $\mathbf{q}$ é uma *matriz coluna* como em (15.34), mas quando não houver tal perigo, continuaremos chamando $\mathbf{q}$ de um "vetor" e mesmo escrevendo-o como uma linha (q_1, q_2, q_3).] Com essas notações, a rotação (15.32) assume a forma compacta

$$\mathbf{q}' = \mathbf{R}\mathbf{q}. \quad (15.35)$$

O efeito da rotação do eixo é multiplicar a coluna $\mathbf{q}$ de coordenadas q_i por uma certa **matriz de rotação R**, 3×3.

---

[13] Os números $\mathbf{e}'_i \cdot \mathbf{e}_j$ são frequentemente chamados de **cossenos diretores** dos novos eixos com respeito ao antigo, já que $\mathbf{e}'_i \cdot \mathbf{e}_j = \cos\theta_{ij}$ é o ângulo entre $\mathbf{e}'_i$ e $\mathbf{e}_j$.

Exemplo 15.6 Rotação simples em torno de um eixo

Considere um conjunto de eixos retangulares com plano $x_1 x_2$ escolhido como horizontal e o eixo x_3 verticalmente para cima, e suponha que rotacionemos esses eixos em torno do eixo x_2 por um ângulo θ para obter um novo conjunto de eixos, conforme ilustrado na Figura 15.7. Determine a matriz de rotação **R** para essa rotação.

A matriz necessária **R** é facilmente obtida usando (15.33). Inspecionando a Figura 15.7, podemos calcular os produtos escalares necessários, obtendo

$$\mathbf{R} = \begin{bmatrix} \cos\theta & 0 & \sen\theta \\ 0 & 1 & 0 \\ -\sen\theta & 0 & \cos\theta \end{bmatrix}. \tag{15.36}$$

O efeito da rotação **R** sobre as coordendas de qualquer ponto é $\mathbf{x}' = \mathbf{Rx}$ ou

$$\left. \begin{array}{l} x_1' = (\cos\theta)x_1 + (\sen\theta)x_3 \\ x_2' = x_2 \\ x_3' = (-\sen\theta)x_1 + (\cos\theta)x_3. \end{array} \right\} \tag{15.37}$$

Um dos melhores argumentos para se considerar os três números x_1, x_2, x_3 como coordenadas em um espaço tridimensional é que rotações podem misturá-los como em (15.37). Podemos imaginar pessoas considerando o ponto de vista de que distâncias verticais (x_3) eram, de algum modo, fundamentalmente diferentes das horizontais (x_1 ou x_2).[14] Mas, seguramente, tais pessoas são dissuadidas desse ponto de vista quando elas observam que (15.37) mistura x_1 e x_3 juntas (e, para $\theta = \pi/2$, simplesmente permuta seus papéis). Argumentaremos agora, analogamente, que as transformações de Lorentz são um tipo de rotação que mistura as coordenadas espaciais e a temporal em um espaço-tempo quadridimensional.

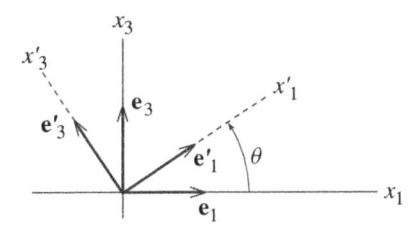

Figura 15.7 Os eixos com plica são obtidos a partir dos eixos sem plicas por meio de uma rotação anti-horária, em torno do eixo x_2 (entrando na página), por um ângulo θ. A direção x_2 não é afetada por esta rotação e os vetores unitários $\mathbf{e}_2$ e $\mathbf{e}_2'$ apontam para dentro da página.

---

[14] Embora possa parecer bizarro, este ponto de vista parece estar endossado por algumas práticas comuns. Por exemplo, pessoas no negócio de armazenamento de água em açudes medem o volume da água armazenada em acres-pés, com áreas horizontais medidas em acres, mas profundidades verticais em pés.

Transformações de Lorentz como "rotações" do espaço-tempo

Uma visada na transformação de Lorentz (15.20) deve convencê-lo de que ela mistura x e t de forma semelhante ao modo como a rotação (15.37) mistura x_1 e x_3. Podemos tornar este surpreendente paralelismo muito mais próximo através do refinamento da nossa notação. Primeiro, renomearei as coordenadas espaciais x_1, x_2, x_3 como acima e introduzirei uma quarta coordenada

$$x_4 = ct, \qquad (15.38)$$

onde o fator c garante que x_4 tenha a mesma dimensão que x_1, x_2 e x_3. Relembrando da definição $\beta = V/c$, podemos escrever a transformação de Lorentz (15.20) como

$$\left.\begin{array}{l} x'_1 = \gamma x_1 - \gamma\beta x_4 \\ x'_2 = x_2 \\ x'_3 = x_3 \\ x'_4 = -\gamma\beta x_1 + \gamma x_4. \end{array}\right\} \qquad (15.39)$$

Podemos melhorar ainda mais este paralelismo com a rotação (15.37) se observarmos que, já que $\gamma \geq 1$, podemos definir um "ângulo" ϕ tal que $\gamma = \cosh\phi$. Com alguma álgebra simples (Problema 15.30) você se convencerá de que isso faz $\gamma\beta = \text{senh}\,\phi$ e (15.39) torna-se

$$\left.\begin{array}{l} x'_1 = (\cosh\phi)x_1 - (\text{senh}\,\phi)x_4 \\ x'_2 = x_2 \\ x'_3 = x_3 \\ x'_4 = (-\text{senh}\,\phi)x_1 + (\cosh\phi)x_4 \end{array}\right\} \qquad (15.40)$$

e o paralelismo está tão próximo quanto possível. Ele é importante para compreender que ninguém afirmaria que a transformação de Lorentz (15.40) mistura x_1 e x_4 *exatamente* da mesma forma que a rotação (15.37) mistura x_1 e x_3 – as funções trigonométricas em (15.37) se tornaram funções hiperbólicas em (15.40) (e um sinal foi modificado). Entretanto, o paralelismo é próximo e é um poderoso argumento para considerar $x_4 = ct$ como a quarta coordenada em um **espaço-tempo quadrimensional**, ou apenas **quadriespaço**.

Quadrivetores

Os quatro números x_1, x_2, x_3 e $x_4 = ct$ constituem um vetor no espaço-tempo quadrimensional. Tais vetores são chamados de **quadrivetores** para distingui-los dos vetores tridimensionais, como o trivetor posição $\mathbf{x} = (x_1, x_2, x_3)$. Infelizmente, várias notações diferentes são usadas para quadrivetores. Usarei letras itálicas ordinárias para quadrivetores, por exemplo,

$$x = (x_1, x_2, x_3, x_4) = (\mathbf{x}, ct)$$

para o vetor posição-tempo recém-discutido. Encontraremos vários outros quadrivetores (por exemplo, o quadrimomento p, a ser definido em breve). Minha notação para um quadrivetor arbitrário será

$$q = (q_1, q_2, q_3, q_4) = (\mathbf{q}, q_4),$$

onde o **q** negrito, composto pelas três primeiras coordenadas de q, é chamado de componente *espacial* de q e a quarta componente q_4 é chamada de *componente temporal*.[15]

Da mesma forma que com trivetores, para melhor entendimento, é frequentemente conveniente usar quadrivetores como sendo *matrizes colunas* 4×1,

$$x = \begin{bmatrix} x_1 \\ x_2 \\ x_3 \\ x_4 \end{bmatrix} \quad \text{e} \quad q = \begin{bmatrix} q_1 \\ q_2 \\ q_3 \\ q_4 \end{bmatrix}. \tag{15.41}$$

Com essa notação, a transformação de Lorentz (15.39) pode ser escrita na forma matricial como

$$x' = \Lambda x \tag{15.42}$$

onde Λ é a matriz 4×4

$$\Lambda = \begin{bmatrix} \gamma & 0 & 0 & -\gamma\beta \\ 0 & 1 & 0 & 0 \\ 0 & 0 & 1 & 0 \\ -\gamma\beta & 0 & 0 & \gamma \end{bmatrix} \quad \text{[boost padrão]}. \tag{15.43}$$

Essa não é a transformação de Lorentz mais geral. Ela é a transformação entre dois referenciais nos quais nos referimos à configuração padrão, com os eixos correspondentes paralelos e com velocidade de $\mathcal{S}'$ relativa a $\mathcal{S}$ na direção do eixo x. Para muitos propósitos, esta **transformação padrão** é a única que precisamos considerar, mas devemos tomar um tempinho para discutirmos transformações mais gerais.

Qualquer transformação de Lorentz que deixa os eixos correspondentes paralelos é chamada de **boost puro** ou apenas de **boost**, uma vez que o que ela faz é nos "impulsionar" ("boost") de um referencial para outro que está se deslocando com velocidade constante relativa ao primeiro, sem qualquer rotação. A transformação geral envolve também rotações. Se a transformação é uma rotação *pura* (sem movimento relativo, apenas uma mudança de orientação) então, naturalmente, $t' = t$ e apenas as três coordenadas espaciais sofrem alterações. Logo, podemos escrever uma rotação pura na forma (15.42), onde a matriz 4×4 Λ tem a forma de bloco

$$\Lambda = \Lambda_R = \left[\begin{array}{ccc|c} & & & 0 \\ & \mathbf{R} & & 0 \\ & & & 0 \\ \hline 0 & 0 & 0 & 1 \end{array} \right] \quad \text{[rotação pura]}, \tag{15.44}$$

onde **R** é a matriz 3×3 da respectiva rotação. (Se você nunca estudou esse tipo de matriz de bloco, obtenha a equação $x' = \Lambda_R x$ com todos os seus detalhes e observe como

---

[15] Esta notação tem duas desvantagens que você deve conhecer: (1) Como ainda utilizaremos símbolos itálicos para vários escalares (por exemplo, m para massa), você precisará interpretar o contexto para saber se um símbolo em itálico é um quadrivetor ou um escalar. (2) Não poderemos mais utilizar a convenção de que q é a magnitude do trivetor **q**. Em vez disso, usaremos apenas $|\mathbf{q}|$ (apesar de que continuarei usando r para a magnitude do vetor posição, $r = |\mathbf{x}|$.)

ela rotaciona as três coordenadas espaciais, mas deixa a quarta componente inalterada, logo, $t' = t$.)

Se desejarmos obter um boost puro Λ_B em uma direção arbitrária **u**, podemos construí-lo a partir de um conjunto de rotações mais um boost padrão: primeiro, rotacionamos de modo que o novo eixo x_1 aponte ao longo da direção exigida **u**; em seguida, fazemos um boost padrão (15.43); e então rotacionamos de volta para a orientação original. Finalmente, qualquer transformação de Lorentz Λ pode ser expressa como o produto de um boost seguido por uma rotação apropriada, $\Lambda = \Lambda_R \Lambda_B$.[16] Para obter alguma prática com a manipulação de diferentes transformações de Lorentz, veja os Problemas de 15.32 a 15.34.

Um quadrivetor é definido como alguma coisa que se transforma da mesma forma que o vetor espaço-tempo $x = (\mathbf{x}, ct)$ perante todas as transformações de Lorentz (15.42). A definição formal é esta:

Definição de um quadrivetor

Em cada referencial inercial $\mathcal{S}$, um quadrivetor é especificado por um conjunto de quatro números $q = (q_1, q_2, q_3, q_4)$ tal que os valores nos dois referenciais $\mathcal{S}$ e $\mathcal{S}'$ estão relacionados pela equação $q' = \Lambda q$, onde Λ é a transformação de Lorentz conectando $\mathcal{S}$ e $\mathcal{S}'$.

Obviamente, o vetor espaço-tempo $x = (\mathbf{x}, ct)$ satisfaz essa definição e encontraremos muito mais exemplos em algumas seções a seguir (incluindo o quadrimomento p mencionado anteriormente.)

O grande mérito da noção de quadrivetores é que ela frequentemente permite verificar com quase nenhum esforço se uma lei física proposta é relativisticamente invariante. Suponha, por exemplo, que acreditemos que deve existir uma lei da forma

$$q = p, \tag{15.45}$$

onde sabemos que q e p são quadrivetores. (A lei da conservação do momento tem esta forma, $p_{\text{fin}} = p_{\text{in}}$, como veremos.) Suponha, além do mais, que a lei seja verdadeira em um referencial $\mathcal{S}$. Como os valores correspondentes em qualquer outro referencial $\mathcal{S}'$ são $q' = \Lambda q$ e $p' = \Lambda p$, temos apenas que multiplicar ambos os lados de (15.45) por Λ e vemos que $q' = p'$. Isto é, a veracidade da lei proposta do quadrivetor (15.45) em um referencial $\mathcal{S}$ assegura a sua veracidade em qualquer outro referencial $\mathcal{S}'$. (Claramente, isso não garante que a lei *é* verdadeira – apenas experimentos podem testá-la –, mas garante que a lei seria consistente com os postulados da relatividade.)

Qualquer grandeza simples que é invariante sob rotações é chamada um **escalar rotacional** ou **triescalar**; por exemplo, a massa m de um objeto é um triescalar, e da mesma forma o tempo t. Da mesma forma, qualquer grandeza simples que é invariante sob transformações de Lorentz é chamada de **escalar de Lorentz** ou **quadriescalar**. Por exemplo, veremos que a massa m (se adequadamente definida) é um quadriescalar, isto é, a massa de qualquer objeto tem o mesmo valor em todos os referenciais. Por outro lado, o tempo t não é um quadriescalar, pelo contrário, como já vimos, ele é a quarta componente de um quadrivetor.

---

[16] Na verdade, ainda não temos a transformação *mais* geral, visto que as origens espaciais dos dois referenciais ainda coincidem quando $t = t' = 0$. Isso pode ser causado pelo deslocamento das origens, mas essa possibilidade adicional não precisa nos preocupar aqui.

15.9 PRODUTO ESCALAR INVARIANTE

Um conjunto de transformações – como o conjunto de todas as rotações no triespaço, ou todas as transformações de Lorentz no quadriespaço – pode frequentemente ser caracterizado por quantidades que as deixam invariantes. O nosso principal interesse aqui é, naturalmente, as transformações de Lorentz, mas, para uma pequena ilustração do que podemos esperar, vamos primeiro olhar as rotações.

O produto escalar invariante no triespaço

Uma das propriedades mais óbvias das rotações no triespaço é que elas não alteram o comprimento de qualquer vetor. Se definirmos

$$s = \mathbf{x} \cdot \mathbf{x} = x_1^2 + x_2^2 + x_3^2, \tag{15.46}$$

como o quadrado do comprimento de qualquer vetor $\mathbf{x}$, então o valor de $s = \mathbf{x} \cdot \mathbf{x}$ em um sistema de coordenadas é o mesmo que o seu valor $s' = \mathbf{x}' \cdot \mathbf{x}'$ em qualquer outro sistema obtido a partir do primeiro por rotação. (Na terminologia recém introduzida, s é um escalar rotacional.) Como isso é verdade para qualquer $\mathbf{x}$, podemos substituir $\mathbf{x}$ por $\mathbf{x} = \mathbf{a} + \mathbf{b}$ (onde $\mathbf{a}$ e $\mathbf{b}$ são quaisquer dois outros vetores) e a invariância de $(\mathbf{a} + \mathbf{b})^2$ implica

$$\mathbf{a} \cdot \mathbf{a} + 2\mathbf{a} \cdot \mathbf{b} + \mathbf{b} \cdot \mathbf{b} = \mathbf{a}' \cdot \mathbf{a}' + 2\mathbf{a}' \cdot \mathbf{b}' + \mathbf{b}' \cdot \mathbf{b}'. \tag{15.47}$$

Cancelando os termos que já sabemos que são iguais, obtemos

$$\mathbf{a} \cdot \mathbf{b} = \mathbf{a}' \cdot \mathbf{b}'. \tag{15.48}$$

Em outras palavras, a invariância do comprimento de qualquer trivetor sob rotação implica que o produto escalar de quaisquer dois trivetores é invariante. Empregaremos em seguida um argumento semelhante para o produto escalar de quadrivetores.

Produto escalar invariante no quadriespaço

Podemos construir um produto escalar no quadriespaço com várias das propriedades do seu análogo no triespaço. Para qualquer quadrivetor $x = (x_1, x_2, x_3, x_4) = (\mathbf{x}, ct)$, vamos definir

$$s = x_1^2 + x_2^2 + x_3^2 - x_4^2 = r^2 - c^2 t^2. \tag{15.49}$$

Esse s é obviamente uma generalização do quadrado do comprimento tridimensional, mas observe bem que há um sinal negativo no quarto termo. (É por causa desse sinal negativo que as transformações de Lorentz do espaço-tempo não são exatamente análogas às rotações do espaço ordinário.) A grandeza s é invariante perante as transformações de Lorentz, como podemos facilmente demonstrar: considere primeiro o boost padrão (15.39). Diante dessa transformação, a grandeza s torna-se

$$\begin{aligned} s' &= x_1'^2 + x_2'^2 + x_3'^2 - x_4'^2 \\ &= \gamma^2(x_1 - \beta x_4)^2 + x_2^2 + x_3^2 - \gamma^2(-\beta x_1 + x_4)^2 \\ &= \gamma^2(1 - \beta^2)x_1^2 + x_2^2 + x_3^2 - \gamma^2(1 - \beta^2)x_4^2 \\ &= s, \end{aligned}$$

onde a última igualdade segue devido a $\gamma^2(1 - \beta^2) = 1$. Portanto, a grandeza s é invariante perante o boost padrão. Mas vimos que qualquer transformação de Lorentz pode ser construída a partir do boost padrão e rotações, e s é, certamente, inalterado por uma rotação (visto que r^2 e t são separadamente invariantes sob rotação). Portanto, s é invariante sob qualquer transformação de Lorentz.

Antes de discutirmos o significado da nova grandeza invariante s, podemos usá-la para definir o **produto escalar invariante** no quadriespaço. Para quaisquer dois quadrivetores $x = (x_1, x_2, x_3, x_4)$ e $y = (y_1, y_2, y_3, y_4)$, definimos[17]

$$x \cdot y = x_1 y_1 + x_2 y_2 + x_3 y_3 - x_4 y_4. \tag{15.50}$$

(Novamente, observe bem o sinal negativo na quarta componente – este "produto escalar" é um pouco diferente do produto escalar usual definido no espaço ordinário.) Obviamente, o invariante s de (15.49) é justamente $s = x \cdot x$ e, como com as rotações, o argumento conduzindo de (15.47) a (15.48) implica que, devido a $x \cdot x$ ser invariante para qualquer quadrivetor x, o produto escalar $x \cdot y$ é invariante para quaisquer dois quadrivetores x e y. Veremos que o produto escalar $x \cdot y$ desempenha um grande papel na relatividade da mesma forma que o produto ordinário $\mathbf{a} \cdot \mathbf{b}$ desempenha na física clássica. O produto escalar de qualquer quadrivetor x por ele mesmo é geralmente escrito como $x \cdot x = x^2$ e pode ser chamado "invariante quadrático do comprimento" de x, mas você não deve confundir essa terminologia pensando que x^2 é positivo. Pelo contrário, x^2 pode, obviamente, ser positivo, negativo ou zero.

Para alusão futura, podemos reescrever o invariante de $x \cdot y$ como uma propriedade das matrizes de Lorentz Λ: sabemos que $x \cdot y = x' \cdot y'$, quaisquer que sejam os valores de x e y, desde que $x' = \Lambda x$ e $y' = \Lambda y$, onde Λ é qualquer transformação de Lorentz. Portanto, podemos dizer que, para qualquer transformação de Lorentz Λ,

$$x \cdot y = (\Lambda x) \cdot (\Lambda y) \tag{15.51}$$

para quaisquer duas colunas de números x e y.

Para compreender onde o produto escalar surgiu, considere um experimento no qual um flash na origem $\mathbf{x} = 0$ é disparado no instante $t = 0$ no referencial $\mathcal{S}$. A luz do flash se propagará com velocidade c, de modo que, para qualquer instante t posterior, ela ocupará a esfera $r^2 = c^2 t^2$. Usando a nova notação, podemos dizer que a frente de onda da propagação é localizada pela condição $x \cdot x = r^2 - c^2 t^2 = 0$. Agora, a invariância de $x \cdot x$ implica que $x \cdot x = 0$ se e somente se $x' \cdot x' = 0$ em qualquer outro referencial $\mathcal{S}'$. Portanto, uma onda esférica se propagando com velocidade c vista em $\mathcal{S}$ será uma onda esférica se propagando com velocidade c em $\mathcal{S}'$ e vice-versa. Vemos que a invariância do produto escalar $x \cdot x$ é um reflexo do segundo postulado, em que a velocidade da luz é a mesma em todos os referenciais inerciais.

---

[17] Fique atento! Os físicos estão bem divididos entre aqueles que usam a definição (15.50) e aqueles que põem o sinal negativo na frente de toda a expressão. Ambas as convenções têm suas vantagens e desvantagens.

15.10 O CONE DE LUZ

O produto escalar $x \cdot x$ permite-nos dividir o espaço-tempo em cinco regiões fisicamente distintas. Para auxiliar a visualização, é conveniente ignorar uma das dimensões espaciais (digamos, x_3), de modo que possamos desenhar o gráfico das duas dimensões espaciais restantes horizontalmente e $x_4 = ct$ verticalmente para cima, como na Figura 15.8. (Matematicamente, isso serve para confirnar a nossa atenção no "plano" $x_3 = 0$.) Considere novamente a luz de um flash disparado na origem O do espaço-tempo (isto é, disparado em $\mathbf{x} = 0$ quando $t = 0$). À medida que o tempo passa, a luz se propaga para frente no plano $x_1 x_2$ formando um círculo em expansão com $r^2 = c^2 t^2$ e isso varre a metade do cone superior ilustrado na Figura 15.8. Este cone, chamado de **cone de luz futuro**, é, portanto, o conjunto de todos os pontos no espaço-tempo que serão visitados pela luz liberada a partir da origem O. Matematicamente, ele é o conjunto de pontos no espaço-tempo $x = (\mathbf{x}, ct)$ satisfazendo $x \cdot x = r^2 - c^2 t^2 = 0$ e $t > 0$.

A metade inferior do cone, ilustrada na Figura 15.8, é chamada **cone de luz passado** e é o conjunto de todos os pontos do espaço-tempo $x = (\mathbf{x}, ct)$ com a propriedade de que a luz liberada a partir de x poderá passar subsequentemente pela origem O. O cone de luz completo (futuro e passado) é formado pelas retas representando o caminho de qualquer raio de luz que passe pela origem. Como a luz viaja com velocidade c, e x_4 foi astutamente escolhido como sendo $x_4 = ct$, essas retas têm inclinação 1, então a superfície do cone de luz (se desenhado em escala) forma um ângulo de 45° com o eixo do tempo. Como o cone de luz é definido pela condição $x \cdot x = 0$ e, desde que $x \cdot x$ é invariante (tem o mesmo valor em todos os referenciais), segue que o cone de luz é conceitualmente invariante.

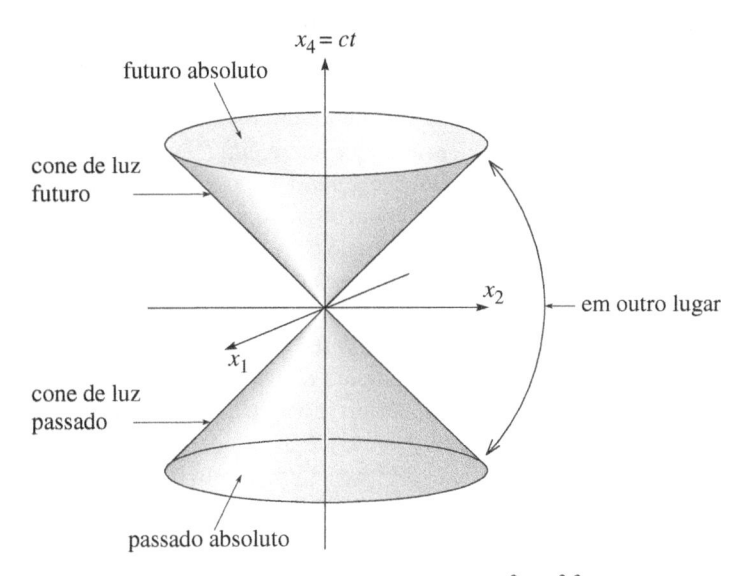

Figura 15.8 O cone de luz é definido pela condição $x \cdot x = r^2 - c^2 t^2 = 0$ e divide o espaço-tempo em cinco partes distintas: os cones de luz futuro e passado, com $t > 0$ e $t < 0$, respectivamente; os interiores do cone de luz futuro e do cone de luz passado, chamados de futuro absoluto e passado absoluto; e o lado de fora do cone, chamado de "em outro lugar".

Isto é, observadores em qualquer dois referenciais sempre concordarão sobre quais pontos estão sobre o cone de luz.

Interior do cone de luz: futuro e passado

Considere a seguir um ponto P no espaço-tempo, com coordenadas $x = (\mathbf{x}, ct)$, que está no *interior* do cone de luz futuro. Isso, obviamente, tem $t > 0$ e $r^2 < c^2t^2$, ou

$$\left.\begin{array}{l} x_4 > 0 \text{ e} \\ x_1^2 + x_2^2 + x_3^2 < x_4^2 \quad (\text{ou } x \cdot x < 0). \end{array}\right\} \quad (15.52)$$

Essas duas condições têm uma consequência surpreendente: observe primeiro que, como $t > 0$, podemos assegurar que qualquer evento que ocorre em P é posterior a qualquer evento em O, pelo menos quando observado no referencial $\mathcal{S}$, no qual as coordenadas x são medidas. Mas, o que dizer sobre algum outro referencial $\mathcal{S}'$? Para responder a esta pergunta, observe que a segunda condição (15.52) é exatamente $x' \cdot x' < 0$ e sabemos que $x \cdot x$ é invariante perante transformações de Lorentz. Portanto, $x' \cdot x'$ é também negativo e a segunda condição é satisfeita, da mesma forma, em $\mathcal{S}$. Para ver que essa condição é também satisfeita em $\mathcal{S}'$, suponha, primeiro, que $\mathcal{S}'$ esteja relacionado a $\mathcal{S}$ pelo boost padrão de Lorentz (15.39), sob o qual

$$x_4' = \gamma(x_4 - \beta x_1). \quad (15.53)$$

Agora, sabemos que $|\beta| < 1$ e a segunda condição em (15.52) garante que $|x_1| < x_4$. Portanto, $x_4' > 0$ e a primeira condição é também satisfeita em $\mathcal{S}'$. Como qualquer transformação de Lorentz pode ser formada por um boost padrão e rotações (e rotações não alteram de forma alguma x_4), concluímos que ambas as condições (15.52) serão válidas em todos os referenciais se elas forem verdadeiras em um referencial. Em outras palavras, a declaração de que P está no interior do cone de luz futuro é uma declaração invariante de Lorentz. Em particular, se P está no interior do cone de luz futuro, então todos os observadores concordarão que um evento que ocorre em P é posterior a um em O. Por essa razão, o interior do cone de luz futuro é geralmente chamado de **futuro absoluto** – "absoluto" porque todos os observadores concordam que P está no futuro relativo a O. De uma maneira análoga, se P está no interior do cone de luz passado, então P é *anterior* a O conforme medido por todos os observadores inerciais, e esta região é chamada de **passado absoluto**. (Veja o Problema 15.39.)

Até aqui, consideramos o cone de luz com seu vértice na origem do espaço-tempo O. Isso é definido pelos raios de luz que passam através de O. Se, em vez disso, considerarmos a luz passando através de algum outro ponto Q no espaço-tempo, isso definirá um cone de luz com o seu vértice em Q – o cone de luz de Q. Este cone de luz irá se apresentar da mesma forma, ilustrada na Figura 15.8, exceto pelo fato de que o vértice seria em um ponto arbitrário Q em vez estar na origem O, como ilustrado na Figura 15.9. Qualquer ponto P sobre esse cone deve satisfazer $(\mathbf{x}_P - \mathbf{x}_Q)^2 = c^2(t_P - t_Q)^2$, de modo que

$$(x_P - x_Q)^2 = 0 \qquad (P \text{ no cone de luz de } Q). \quad (15.54)$$

O interior do cone de luz futuro de Q é o futuro absoluto de Q, todos esses pontos são posteriores a Q quando vistos por todos os observadores inerciais. Isto é, para qualquer ponto P no interior do cone de luz futuro de Q, todos os observadores concordam que $t_P > t_Q$.

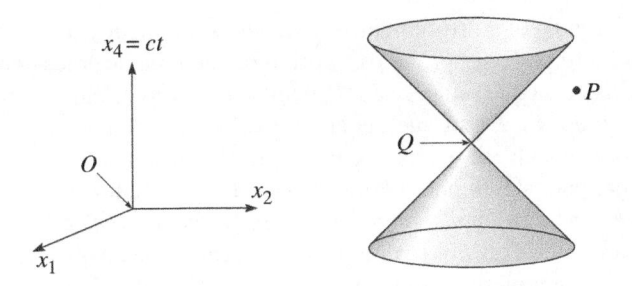

Figura 15.9 O cone de luz em um ponto Q arbitrário no espaço-tempo, com coordenadas $x_Q = (\mathbf{x}_Q, ct_Q)$, é formado por todos os raios de luz que passam através de Q. O ponto ilustrado como P está fora do cone de luz de Q.

Exterior do cone de luz: vetores tipo-espaço

A situação é inteiramente diferente para um ponto P que esteja no *exterior* do cone de luz, como na Figura 15.9. Primeiro, a condição para P estar no exterior é que

$$(\mathbf{x}_P - \mathbf{x}_Q)^2 > c^2(t_P - t_Q)^2, \tag{15.55}$$

ou, equivalentemente,

$$(x_P - x_Q)^2 > 0 \qquad (P \text{ no exterior do cone de luz de } Q). \tag{15.56}$$

Essa condição é simétrica entre P e Q. Logo, se P está fora do cone de luz de Q, então Q está fora do cone de luz de P e vice-versa. Está claro, pela Figura 15.9, que há pontos P no exterior do cone de luz de Q, com P posterior a Q (isto é, $t_P > t_Q$), e outros para os quais P e Q são simultâneos ($t_P = t_Q$), e ainda outros com P anterior a Q ($t_P < t_Q$). Não há nada surpreendente com relação a essa argumentação; ela é uma consequência direta da geometria da Figura 15.9. O que *é* surpreendente é a seguinte proposição:

Proposição
Seja P qualquer ponto no espaço-tempo no exterior do cone de luz de um segundo ponto Q dado. Então,
 (1) existem referenciais S nos quais $t_P > t_Q$,
mas
 (2) também existem referenciais S' nos quais $t'_P = t'_Q$
e
 (3) também existem referenciais S'' nos quais $t''_P < t''_Q$.

A surpreendente proposição implica que a ordenação do tempo para quaisquer dois eventos dados, cada um fora do cone de luz do outro, pode ser diferente em referenciais distintos: onde um observador diz que o evento A ocorreu antes do evento B, um segundo observador pode encontrá-los ao contrário (e um terceiro pode encontrá-los como sendo simultâneos). Isso tem implicações profundas relacionadas à noção de **causalidade**: se um evento A (uma explosão, por exemplo) é a causa de outro evento B (o colapso de um edifício distante), então A deve obviamente ocorrer primeiro no tempo, uma vez que causas sempre precedem os seus efeitos. De acordo com a proposição, se o ponto P no espaço-tempo está no exterior do cone de luz de Q, então nem Q e nem P é inequivocadamente primeiro no tempo. (Em alguns referenciais, um pode ser primeiro, em outros referenciais, o outro pode ser primeiro.) Portanto, nada que acontece em Q pode ser a causa de qualquer coisa que acontece em P, nem de modo contrário. Agora, qualquer tipo de sinal viajando de Q a P terá que viajar com velocidade maior que c. [Isso segue de (15.55).] Reciprocamente, se um sinal emitido de Q tem velocidade maior que c, então ele poderia viajar para algum ponto P no exterior do cone de luz de Q. Concluímos que *nenhuma influência causal pode viajar mais rápido que a velocidade da luz.*[18] Como a região externa ao cone de luz de Q é completamente imune a qualquer coisa que aconteça em Q, esta região é algumas vezes chamada de **"em outro lugar"** de Q.

Para simplificar a demonstração das proposições, vamos por o ponto Q na origem O e resumir as coordenadas de P para $x = (\mathbf{x}, ct)$. (O caso geral não é mais difícil, apenas é um pouco mais confuso em termos de notação.) Fazendo uma rotação, se necessário, podemos por $\mathbf{x}$ sobre o eixo x_1 positivo, de modo que

$$x = (x_1, 0, 0, x_4). \tag{15.57}$$

Agora, vamos assumir que a declaração (1) acima é verdadeira (de forma que $x_4 > 0$) e demonstrar as declarações (2) e (3). [Obviamente, uma das declarações deve ser verdadeira e podemos verificar que os argumentos funcionam igualmente bem iniciando de (2) ou de (3).] Vamos agora fazer um boost padrão (15.39) para um novo referencial S' no qual

$$x'_4 = \gamma(x_4 - \beta x_1). \tag{15.58}$$

Como P está no exterior do cone de luz de O, $\mathbf{x}^2 > c^2 t^2$, que para o vetor (15.57) significa que $x_1 > x_4$. Portanto, podemos escolher $\beta = x_4/x_1 < 1$ e, de acordo com (15.58), $x'_4 = 0$. Isto é, $t' = 0$, e demonstramos a declaração (2) acima para o caso em que $Q = 0$. Se P estivesse fora do cone de luz de um ponto Q arbitrário, o boost correspondente seria um vetor $x'_P - x'_Q$ com a sua quarta componente igual a zero, e, portanto, $t'_P = t'_Q$, como exigido novamente.

Um quadrivetor cuja quarta componente é zero pode ser descrito como um vetor puramente espacial, e um que pode ser levado a esta forma por meio de uma transformação de Lorentz é chamado de **tipo-espaço**. Isto é, um quadrivetor é tipo-espaço se há um referencial no qual ele é um vetor puramente espacial, com a quarta componente nula. Com essa terminologia, podemos dizer que a região externa de um cone de luz é formada por todos os vetores tipo-espaço. Analogamente, podemos reexpressar o resultado sobre relações causais dizendo que, se a separação $x_P - x_Q$ de dois pontos P e Q é tipo-espaço, então nada que aconteça em P pode influenciar o que acontece em Q, nem vice-versa.

Para demonstrar a declaração (3) [partindo de que a declaração (1) é verdadeira], temos apenas que olhar a transformação (15.58) novamente. Desde que $x_1 > x_4$, podemos escolher β um pouco maior do que x_4/x_1, mas ainda menor do que 1 e, com esta escolha, obtemos um referencial (digamos, S'') no qual $t'' < 0$ (ou, em geral, $t''_P < t''_Q$) como desejado.

---

[18] Se o sinal causal pudesse ter velocidade maior que c, então ele poderia viajar de Q até algum P fora do cone de luz de Q, mas acabamos de ver que isso é impossível.

Vetores tipo-tempo

Um argumento semelhante ao dado aos vetores tipo-espaço (Problema 15.44) mostra que, se um quadrivetor q estiver no interior do cone de luz (isto é, $q \cdot q < 0$), então existe um referencial S' no qual ele possui uma forma temporal pura $q' = (0, 0, 0, q'_4)$. Naturalmente, portanto, descrevemos vetores no interior do cone de luz como sendo **tipo-tempo**. Estes podem ser subdivididos em vetores tipo-tempo futuro (com $q_4 > 0$) e tipo-tempo passado (com $q_4 < 0$).

Um exemplo importante de um vetor tipo-tempo futuro é o quadrivetor deslocamento dx de qualquer partícula material em um intervalo dt. Como discutiremos em breve, uma partícula material pode ser definida como qualquer partícula com massa positiva ($m > 0$). Equivalentemente (como veremos) é qualquer partícula para a qual, em qualquer instante de tempo dado, existe um referencial de repouso, ou seja, um referencial no qual a partícula está em repouso, com $v = 0$. É uma questão de experiência que todos os constituintes normais da matéria – elétrons, prótons, nêutrons – possuem esta propriedade, e da mesma forma todos os compostos, tais como átomos, moléculas, bolas de basquete e estrelas[19]. Suponha agora que, entre t e $t + dt$, uma partícula material se mova de **x** para **x** + d**x**, e considere o quadrivetor deslocamento

$$dx = (d\mathbf{x}, c\,dt) = (\mathbf{v}, c)\,dt.$$

No referencial de repouso da partícula, $d\mathbf{x} = 0$ e dx tem uma forma puramente temporal $dx = (0, 0, 0, cdt)$. Portanto, dx é tipo-tempo em todos os referenciais e $dx^2 < 0$. Como

$$dx^2 = (\mathbf{v}^2 - c^2)\,dt^2 < 0,$$

concluímos que $\mathbf{v}^2 < c^2$ em todos os referenciais, isto é, partículas materiais não podem viajar com velocidades maiores que ou igual à velocidade da luz. Observe que este corresponde aos três sentidos em que demonstramos que a velocidade da luz atua como uma velocidade limite universal: (1) A velocidade relativa de dois referenciais inerciais quaisquer é sempre menor do que c. (2) Em qualquer referencial inercial, a velocidade de qualquer sinal causal é sempre menor que ou igual a c; (3), em qualquer referencial inercial, a velocidade de qualquer partícula material é menor que c.

15.11 A REGRA DO QUOCIENTE E O EFEITO DOPPLER

Como uma bela aplicação das propriedades dos quadrivetores, vamos a seguir discutir o efeito Doppler – a mudança na frequência de uma onda devido ao movimento da fonte da onda ou do observador. Antes, precisamos deduzir mais uma importante propriedade dos quadrivetores, a regra do quociente.

---

[19] Como discutiremos na Seção 15.16, a única partícula comum que não possui esta propriedade é o fóton, a partícula da luz. Como ele viaja com velocidade c em todos os referenciais, não tem um referencial de repouso. Naturalmente, não podemos considerar um fóton como uma partícula material.

Regra do quociente

Suponha que determinemos uma grandeza k que é especificada por quatro números $k = (k_1, k_2, k_3, k_4)$ em todos os referenciais inerciais S. É tentador pensar que k é um quadrivetor, mas esse não é necessariamente o caso. Por exemplo, na discussão do movimento de um objeto de massa m, carga q, volume V e temperatura T, poderíamos definir

$$k = (m, q, V, T),$$

e esse conjunto de quatro números seria definido em todos os referenciais, mas é bastante óbvio que não é um quadrivetor, isto é, seu valor em um referencial S não está relacionado ao valor em outro referencial S' através de uma transformação de Lorentz $k' = \Lambda k$. Embora esse exemplo pareça um pouco artificial, ele mostra que nem toda grandeza k com quatro componentes é necessariamente um quadrivetor. Por outro lado, k é um quadrivetor se ele satisfaz às condições do seguinte teorema:

> **A regra do quociente**
>
> Suponha que x seja conhecido como sendo um quadrivetor e que, em todo referencial inercial, $k = (k_1, k_2, k_3, k_4)$ é um conjunto de quatro números, e suponha, além disso, que, para todo valor de x, a grandeza $\phi = k \cdot x = k_1 x_1 + k_2 x_2 + k_3 x_3 - k_4 x_4$ tenha o mesmo valor em todos os referenciais (isto é, $\phi = k \cdot x$ é um quadriescalar); então k é um quadrivetor.

A demonstração dessa regra é surpreendentemente simples: primeiro, como ϕ é um quadriescalar,

$$k \cdot x = k' \cdot x'. \tag{15.59}$$

Mas, por (15.51), sabemos que, para qualquer transformação de Lorentz Λ,

$$k \cdot x = (\Lambda k) \cdot (\Lambda x).$$

Agora, por suposição, x é um quadrivetor, então podemos substituir Λx por x' para obter

$$k \cdot x = \Lambda k \cdot x'. \tag{15.60}$$

Comparando (15.59) com (15.60), vemos que

$$k' \cdot x' = (\Lambda k) \cdot x'.$$

Essa equação é verdadeira para qualquer escolha de x'. Se escolhermos $x' = (1, 0, 0, 0)$, então ela nos informa que a primeira componente de k' é igual à primeira componente de Λk, e continuando dessa forma podemos mostrar que as quatro componentes são iguais, de forma que

$$k' = \Lambda k,$$

que mostra que k (o "quociente" do escalar e do vetor) é de fato um quadrivetor. Munido da regra do quociente, vamos retornar ao efeito Doppler.

Efeito Doppler

Quando pensa sobre o efeito Doppler, você provavelmente pensa no desvio Doppler do som. O som de uma sirene da polícia correndo em nossa direção tem uma altura maior, e então – quando ela passa por nós e vai embora – uma altura menor do que quando a sirene está estacionada; quando um trem passa correndo por um sino em um cruzamento, os passageiros escutam primeiro um som mais alto à medida que o trem se aproxima do sino, e em seguida, um som mais fraco quando o trem se afasta. Há um efeito correspondente com a luz e todas as demais formas de ondas eletromagnéticas. O famoso "desvio para o vermelho" da luz proveniente das estrelas é usado rotineiramente pelos astrônomos para determinar qual é a velocidade de afastamento da estrela com relação a nós (e, indiretamente, o quão distante ela está); no "resfriamento Doppler" dos átomos, o desvio Doppler da luz do laser "vista" por um átomo em movimento é usado para diminuir seletivamente a velocidade de átomos rápidos e assim trazer grupos de átomos para temperaturas muito baixas; em uma autoestrada, o desvio Dopller do sinal do radar ao bater e retornar na frente de seu carro é usado pela polícia para medir a sua velocidade. Para deduzir a fórmula do desvio Doppler da luz, devemos trabalhar relativisticamente. (A luz viaja com a velocidade da luz!) Munidos do conhecimento sobre quadrivetores, veremos que a dedução é extremamente simples.

Qualquer onda plana senoidal tem a forma

$$\phi = A\cos(\mathbf{k} \cdot \mathbf{x} - \omega t - \delta). \tag{15.61}$$

Aqui, a natureza da função ϕ depende da onda sob consideração; para uma onda sonora, ela pode ser considerada a variação de pressão produzida pelo som; para a luz, ela pode ser qualquer componente do campo eletromagnético. O vetor $\mathbf{k}$ é chamado de **vetor de onda**; sua direção é a direção de propagação da onda e a sua magnitude é $|\mathbf{k}| = 2\pi/\lambda$, onde λ é o comprimento de onda; ω é a frequência angular, $\omega = 2\pi \nu$, onde ν é a frequência ordinária; δ é uma constante de fase (usualmente não muito interessante). A velocidade da onda é $v = \omega/|\mathbf{k}|$; para a luz no vácuo, esta é, claro, c, então, $\omega = c|\mathbf{k}|$.

Nossa maior preocupação com a onda plana (15.61) é a fase $\mathbf{k} \cdot \mathbf{x} - \omega t$. É impossível resistir em escrever esta equação como o produto escalar quadrimensional

$$\mathbf{k} \cdot \mathbf{x} - \omega t = k \cdot x, \tag{15.62}$$

onde, como sempre, $x = (\mathbf{x}, ct)$ e k denota o **quadrivetor onda**,

$$k = (\mathbf{k}, \omega/c). \tag{15.63}$$

Para demonstrar que k definido dessa forma é realmente um quadrivetor, observamos que a fase $k \cdot x$ em qualquer ponto x determina a posição sobre a onda relativa às depressões ou às cristas da onda. Como este deve ser o mesmo em qualquer referencial, segue que $k \cdot x$ é um quadriescalar e, como x é certamente um quadrivetor, a regra do quociente garante que k é um quadrivetor conforme seu nome indica. Como a quarta componente de k é ω/c e como já sabemos como k se transforma, estamos prontos para determinar a frequência de um sinal de luz quando medido em um referencial relativo ao qual a fonte está se movendo.

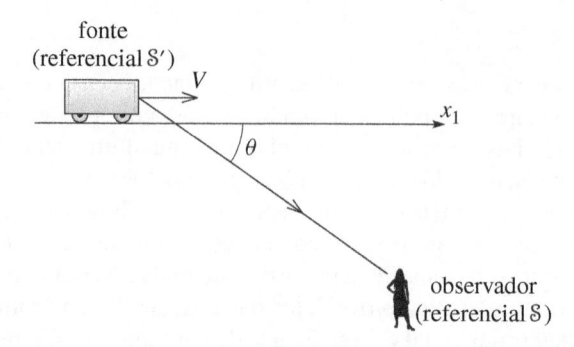

Figura 15.10 O experimento Doppler. Uma fonte de luz está se movendo ao longo do eixo x_1 com velocidade V relativa ao referencial S. O observador no referencial S vê a luz da fonte viajando com um ângulo θ em relação a eixo x_1. A frequência da luz é ω medida em S e $\omega' = \omega_0$ medida no referencial de repouso da fonte S'.

O experimento que temos em mente está ilustrado na Figura 15.10. Um observador em repouso no referencial S observa um vagão de trem se movendo com uma velocidade V ao longo do eixo x_1. O carro está emitindo uma luz de frequência angular $\omega' = \omega_0$, como medido no referencial em repouso do carro, S'. Se a luz atingindo o observador viaja em um ângulo θ com relação ao eixo x_1, desejamos conhecer sua frequência ω, quando medida pelo observador.

O quadrivetor onda k da luz atingindo o observador tem a forma $k = (\mathbf{k}, k_4)$, onde $k_4 = \omega/c = |\mathbf{k}|$. De acordo com o boost padrão,

$$k'_4 = \gamma(k_4 - \beta k_1).$$

Fazendo $k'_4 = \omega'/c$, $k_4 = \omega/c$ e $k_1 = |\mathbf{k}|\cos\theta = (\omega/c)\cos\theta$, obtemos

$$\omega' = \gamma\omega(1 - \beta\cos\theta).$$

Resolvendo para ω e substituindo ω' por ω_0, obtemos a **fórmula do Doppler relativístico para a luz**

$$\omega = \frac{\omega_0}{\gamma(1 - \beta\cos\theta)}, \quad (15.64)$$

onde ω_0 é a frequência da luz no referencial de repouso da fonte, ω é a frequência observada em um referencial onde a fonte tem velocidade $\mathbf{V}$, e θ é o ângulo entre $\mathbf{V}$ e a luz observada.

15.12 MASSA, QUADRIVELOCIDADE E QUADRIMOMENTO

Você pode estar ficando impaciente, pois até agora discutimos apenas a cinemática relativística. De fato, isso reflete uma verdade sobre a relatividade – que muitas de suas características mais interessantes, como a dilatação do tempo e a impossibilidade de que sinais causais viajem com velocidades superiores à da luz, são puramente cinemáticas. Entretanto, já é hora de passarmos para a dinâmica relativística, e isso é o que faremos agora.

Nesta seção, introduzirei as definições relativísticas de massa e momento de um objeto. É importante reconhecer que não há nada como a definição "correta" de um conceito como massa ou momento quando nos movemos no terreno desconhecido de uma nova área como a relatividade. Segundo Humpty Dumpty, estamos, em princípio, habilitados a definir palavras como desejarmos.[20] Entretanto, há certos requisitos de razoabilidade que podemos impor: qualquer definição de momento deve coincidir tão bem quanto possível com a definição não relativística no domínio onde este último se mostrou muito útil – a saber, quando a velocidade do objeto é muito menor que c. Gostaríamos que as novas definições compartilhassem com as suas contrapartes relativísticas quaisquer propriedades que pareçam essenciais ao conceito em questão. Por exemplo, procuraremos uma definição de momento relativístico com a propriedade de que o momento total de um sistema isolado é conservado.

Massa na relatividade

Há, de fato, duas definições diferentes de massa na relatividade, e ambas satisfazem os requerimentos de razoabilidade e têm seus seguidores. A definição que usarei pode ser descrita como a *massa invariante*, com a qual maioria dos divulgadores da relatividade simpatiza, uma vez que ela faz com que algumas ideias pareçam mais simples, em princípio. Descreverei a variável massa resumidamente mais adiante, mas, ao longo deste capítulo, usarei a massa invariante, que é definida com segue: dado qualquer objeto em repouso (ou se movendo com velocidade muito, muito menor do que c), sabemos que a definição não relativística de massa produz uma grandeza bem definida e útil. Para enfatizar essa definição, essa massa é frequentemente chamada de **massa de repouso**. Para definir massa do mesmo objeto viajando com alta velocidade, devemos adotar a seguinte definição, muito simples:

> **Definição de massa invariante**
>
> A massa, m, de um objeto, qualquer que seja sua velocidade, é definida como sua massa de repouso.

Se observadores em um referencial inercial S veem um objeto navegando com a metade da velocidade da luz e desejam saber a sua massa, eles devem de algum modo levar o objeto ao repouso (ou movê-los para o referencial em movimento com o objeto) e então medir a sua massa usando qualquer técnica conveniente da mecânica não relativística. A equivalência de todos os referenciais inerciais garante que este procedimento produzirá a mesma resposta em todos os referenciais, então a massa resultante pode ser chamada de massa invariante. Entretanto, como esta é a única definição que utilizaremos, chamaremos esta, geralmente, apenas de massa. Como a massa definida dessa forma tem o mesmo valor em todos os referenciais, ela é um escalar de Lorentz.

---

[20] "Quando *eu* uso a palavra", Humpty Dumpty disse em um tom de desdém, "significa apenas o que a escolhi para significar – nada mais ou menos". Lewis Carrol, *Alice no País das Maravilhas*.

O tempo próprio de um corpo

Antes prosseguirmos com a definição de momento relativístico, é conveniente introduzirmos duas importantes grandezas cinemáticas. A posição tridimensional $\mathbf{x}(t)$ de um corpo no instante t define um ponto $x = (\mathbf{x}(t), ct)$ no espaço-tempo, e, com a evolução do tempo, esse ponto gera um caminho, chamado de **linha mundo** do corpo. Vimos que a separação dx entre pontos vizinhos x e $x + dx$ sobre a linha mundo de um corpo material é um vetor tipo-tempo. Isso significa que há um referencial (a saber, o referencial do corpo em repouso) em que a separação é puramente tipo-tempo, com a forma $dx_o = (0, 0, 0, c\, dt_o)$. (O subscrito "o" indica o referencial de repouso.) Como as duas posições no triespaço são iguais ($\mathbf{x}_o = \mathbf{x}_o + d\mathbf{x}_o$), o tempo dt_o é o tempo próprio entre os dois pontos sobre a linha mundo do corpo. Para determinar esse tempo próprio, temos que passar para o referencial em repouso. Em qualquer outro referencial, a separação tem a forma

$$dx = (\mathbf{v}\, dt, c\, dt)$$

e, como $dx_o^2 = dx^2$, segue que $-c^2 dt_o^2 = (v^2 - c^2) dt^2$, que pode ser resolvido para dt_o, resultando

$$dt_o = dt\sqrt{1 - v^2/c^2} = \frac{dt}{\gamma(v)}, \qquad (15.65)$$

onde $\gamma(v)$ é o fator familiar $1/\sqrt{1 - v^2/c^2}$, calculado para a velocidade v do corpo. [Você reconhecerá (15.65) como a fórmula da dilatação do tempo (15.11), então não precisamos passar por todo esse cálculo.] Podemos aplicar (15.65) a qualquer referencial $\mathcal{S}$ e iremos, naturalmente, obter o mesmo valor para dt_o. Isto é, o tempo próprio dt_o é um escalar de Lorentz que o torna uma grandeza conveniente para se trabalhar, como veremos.

A quadrivelocidade

Vimos que a velocidade tridimensional $\mathbf{v}$ de um corpo se transforma de uma maneira bem complicada perante as fórmulas de adição de velocidades (15.26) e (15.27). A razão para essa complicação é fácil de ver: a trivelocidade $\mathbf{v} = d\mathbf{x}/dt$ é o quociente de um trivetor $d\mathbf{x}$ e a quarta componente dt de uma quadrivetor. Por isso, pouco surpreende que ela se transforme complicadamente. Tendo reconhecido o problema, podemos facilmente construir um vetor relacionado que se transforme de maneira mais simples. Se considerarmos $\mathbf{u} = d\mathbf{x}/dt_o$ em vez de $d\mathbf{x}/dt$, então pelo menos o denominador seria um escalar. Na verdade, como estamos quase lá, podemos também considerar o quadrivetor

$$u = \frac{dx}{dt_o} = \left(\frac{d\mathbf{x}}{dt_o}, c\frac{dt}{dt_o}\right). \qquad (15.66)$$

Como essa **quadrivelocidade** é o quociente de um quadrivetor por um quadriescalar, ela claramente é um quadrivetor. Se usarmos (15.65) para substituir dt_o por dt/γ, obtemos

$$u = \gamma\left(\frac{d\mathbf{x}}{dt}, c\frac{dt}{dt}\right) = \gamma(\mathbf{v}, c). \qquad (15.67)$$

A característica mais proeminente desse resultado é que a trivelocidade **v** *não* é a parte espacial da quadrivelocidade *u* (por isso, chamo este último de *u* em vez de *v*). Entretanto, se o corpo está se movendo muito mais lentamente do que *c*, então $\gamma \approx 1$ e a parte espacial da quadrivelocidade é indistinguível da trivelocidade ordinária **v**. Como veremos, o fato de *u* ser um quadrivetor o torna muito útil em nosso esforço para construir uma mecânica relativística.

Momento relativístico

Estamos agora aptos para tratar da próxima definição na mecânica relativística – a definição do momento **p** de um corpo com massa *m* e velocidade **v**. Obviamente, desejamos que a definição esteja de acordo com a definição clássica (**p** = *m***v**), pelo menos para velocidades não relativísticas, $|\mathbf{v}| \ll c$. O que mais demandarmos da definição dependerá de qual propriedade clássica do momento assumiremos como tão importante de modo que deve ser transportada para a relatividade. Seria difícil identificar apenas uma propriedade importante do momento da mecânica clássica, mas a conservação do momento é certamente uma forte candidata e devemos olhar para a definição de **p** com a propriedade de que o momento total $\mathbf{P} = \sum \mathbf{p}$ de um sistema de corpos isolados é conservada. Para ser consistente com os postulados da relatividade, essa lei, se verdadeira, deve sê-lo em todos os referenciais inerciais.

A possibilidade mais simples seria que podemos continuar a usar a definição clássica **p** = *m***v**, mas podemos descartar essa possibilidade muito facilmente. Com um pouco de simplicidade, podemos construir um experimento imaginário no qual o momento clássico total $\sum m\mathbf{v}$ é conservado em um referencial $\mathcal{S}$, mas não em um segundo referencial $\mathcal{S}'$. Um exemplo, ilustrado na Figura 15.11, é uma colisão elástica de duas partículas *a* e *b* de massas iguais. Visto no referencial $\mathcal{S}$, as duas partículas se aproximam da origem com velocidades iguais, porém opostas, no plano x_1x_2, e emergem com as componentes x_2 de suas velocidades invertidas. Obviamente, o momento total clássico, medido em $\mathcal{S}$, é zero ($\sum m\mathbf{v} = 0$) antes e depois da colisão, e o momento clássico é conservado. A Figura 15.11(b) ilustra o mesmo experimento, visto no referencial $\mathcal{S}'$, que viaja ao longo de x_1 de $\mathcal{S}$ com velocidade *V* igual à componente v_1 da partícula *a*, de modo que a partícula *a* viaja verticalmente para cima e em seguida para baixo no eixo x'_2, como visto em $\mathcal{S}'$. Usando as transformações de velocidade relativísticas (15.26) e (15.27), podemos determinar as quatro velocidades medidas em $\mathcal{S}'$. Estes cálculos, embora razoavelmente diretos, são bastante desordenados, e deixarei-os como exercícios para o leitor (Problema 15.54), mas a conclusão importante é facilmente posta: quando substituímos as velocidades de $\mathcal{S}'$, obtemos que o momento total clássico *não* é conservado no referencial[21] $\mathcal{S}'$, isto é, $\sum m\mathbf{v}'_{\text{in}} \neq \sum m\mathbf{v}'_{\text{fin}}$. Evidentemente, se fôssemos adotar a definição clássica do momento, a lei da conservação do momento seria inconsistente com os postulados da relatividade.

O problema da definição clássica do momento, **p** = *m***v**, provém da transformação confusa da trivelocidade **v**, e isso sugere uma abordagem mais promissora para o proble-

---

[21] A razão é de fato bem fácil de ser vista. A transformação (15.27) da componente *y* da velocidade depende da componente *x*. Como as partículas *a* e *b* possuem diferentes componentes *x* da velocidade em $\mathcal{S}$, suas componentes *y* terminam com diferentes magnitudes em $\mathcal{S}'$. Logo, $\sum mv'_y$ é não nulo e de fato muda o sinal quando as velocidades se invertem na colisão.

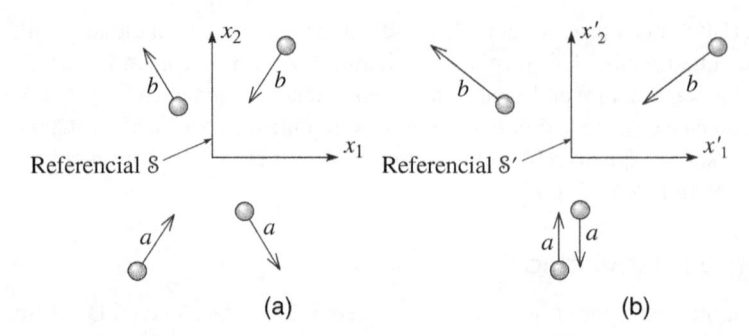

Figura 15.11 Colisão elástica entre duas partículas a e b de massas iguais. **(a)** No referencial S, as partículas incidentes se aproximam com velocidades iguais, porém opostas, e emergem com suas componentes x_2 invertidas. O momento total clássico $\sum m\mathbf{v}$ é zero antes e depois da colisão. **(b)** O referencial S' tem velocidade igual à componente x_1 da velocidade inicial de a em S. Usando a fórmula da adição de velocidades relativísticas, é fácil mostrar que o momento total clássico $\sum m\mathbf{v}'$ não é conservado nesse referencial.

ma. No lugar do uso da trivelocidade $\mathbf{v}$, suponha que seja usada a quadrivelocidade u para definir o **quadrimomento** de qualquer objeto de massa m como

$$p = mu = (\gamma m\mathbf{v}, \gamma mc) \quad \text{[definição do quadrimomento]}. \quad (15.68)$$

[A última expressão segue de (15.67).] Como m é uma quadriescalar e u é um quadrivetor, isso define p como um quadrivetor. Se, da maneira usual, escrevermos

$$p = (\mathbf{p}, p_4) \quad (15.69)$$

então isso definirá o **trimomento**, $\mathbf{p}$, como a parte espacial do quadrivetor p ou, comparando com (15.68),

$$\mathbf{p} = m\mathbf{u} = \gamma m\mathbf{v} \quad \text{[definição do trimomento]}. \quad (15.70)$$

Se nosso objeto está viajando lentamente ($|\mathbf{v}| \ll c$), então $\gamma \approx 1$, e a nova definição de $\mathbf{p}$ concorda com a clássica, $\mathbf{p} = m\mathbf{v}$. Entretanto, em geral, as duas definições diferem por um fator γ, e foi a nova definição (15.70) que se mostrou útil.

O que dizer sobre a conservação do momento? Como estamos agora munidos de um vetor momento quadridimensional, parece claro que a conservação do momento, se é que ela é verdadeira, deve ser uma lei quadridimensional, que poderíamos escrever como

$$\sum p_{\text{fin}} = \sum p_{\text{in}}, \quad (15.71)$$

que, na verdade, são quatro equações. A três primeiras são a lei de conservação do recém-definido trimomento e a quarta é a lei de conservação de alguma outra coisa, a saber, a quarta componente $\sum p_4$. Precisamos determinar rapidamente o que a quarta componente é, mas darei a essa importante pergunta uma seção própria. Resumidamente, encontraremos que a quarta componente do novo quadrimomento é a energia (na verdade E/c), de modo que a lei (15.71) é uma maravilhosa combinação compacta das leis antigas do momento e da conservação de energia.

Aqui, o que desejo enfatizar é isto: como o quadrimomento p é um quadrivetor, o mesmo é verdade para ambos os lados de (15.71). Portanto, se (15.71) é verdade em um referencial S, é automaticamente verdade em todos os referenciais, ou seja, a lei de conservação proposta do quadrimomento é compatível com os postulados da relatividade. Se a lei é ou não verdadeira, deve, naturalmente, ser decidido por um experimento. Como você deve ter imaginado, o veredito é claro: inúmeros experimentos mostraram que o quadrimomento total de um sistema isolado é constante.

Massa variável

Alguns físicos gostam de reescrever a definição (15.70) do trimomento relativístico introduzindo uma **massa variável**

$$m_{\text{var}} = \gamma(v)m. \tag{15.72}$$

Com essa definição, o trimomento torna-se

$$\mathbf{p} = m_{\text{var}}\mathbf{v}. \tag{15.73}$$

Isso tem a vantagem de fazer o momento relativístico *parecer-se* com sua contraparte não relativística, $\mathbf{p} = m\mathbf{v}$. Entretanto, ele tem importantes desvantagens, o que levou a maioria dos físicos a evitar o uso da massa variável. Em primeiro lugar, não é necessariamente uma boa ideia fazer uma nova definição se parecer com a sua velha contraparte quando há, na verdade, significativas diferenças. Em segundo lugar, a introdução da massa variável falha em encontrar um paralelismo completo com a mecânica clássica. Por exemplo, não é verdade que a energia cinética (que iremos definir na próxima seção) é igual a $\frac{1}{2}m_{\text{var}}v^2$, nem é verdade que (em geral) $\mathbf{F} = m_{\text{var}}\mathbf{a}$. (Veja os Problemas 15.59 e 15.79.) Terceiro, diferentemente da massa invariante, a massa variável não é um escalar de Lorentz. Por todas essas razões, não usarei a massa variável aqui.

15.13 ENERGIA: A QUARTA COMPONENTE DO MOMENTO

A conservação do quadrimomento significa que, para qualquer sistema isolado, há quatro quantidades conservadas. As três primeiras formam o recém-definido trimomento **p**. Mas o que dizer sobre a quarta componente? Vamos verificar que, para qualquer objeto se movendo livremente, a quarta componente definida por (15.68) é a energia dividida por c. Esse é um resultado tão importante que irei declará-lo com uma definição formal e então discutir suas justificativa e consequências. Especificamente, definimos

> **Definição de energia relativística**
>
> A energia E de um objeto movendo-se livremente com quadrimomento $p = (\mathbf{p}, p_4)$ é
>
> $$E = p_4 c = \gamma mc^2, \tag{15.74}$$

onde a segunda expressão segue de (15.68), que implica $p_4 = \gamma mc$. Com essa definição, podemos reescrever o quadrimomento p como

$$p = (\mathbf{p}, E/c), \tag{15.75}$$

que explica por que o quadrimomento p é também chamado de **quadrivetor de energia--momento**.

Para uma justificativa parcial da definição (15.74), observe primeiro que (15.74) tem pelo menos a dimensão de energia, ou seja, [massa × velocidade²]. A seguir, vamos procurar E para um objeto não relativístico para ver se ela se parece com a energia não relativística. Com $v \ll c$, podemos expandir γ usando a série binomial

$$\gamma = [1 - (v/c)^2]^{-1/2} = 1 + \tfrac{1}{2}(v/c)^2 + \cdots, \tag{15.76}$$

de modo que (15.74) torna-se

$$E \approx mc^2 + \tfrac{1}{2}mv^2 \tag{15.77}$$

desde que $v \ll c$. Na mecânica não relativística, a massa era vista como sendo absolutamente conservada, assim o termo mc^2 teria que ser considerado constante. Como o zero da energia era arbitrário, um físico clássico teria interpretado (15.77) dizendo que a nova definição de E é apenas a energia cinética clássica mais uma constante irrelevante.

Para ilustrar o resultado (15.77), considere, por enquanto, uma colisão elástica. Suponha, por exemplo, que dois átomos a e b, com massas m_a^{in} e m_b^{in} e velocidades não relativísticas v_a^{in} e v_b^{in} colidem e emergem com massas m_a^{fin} e m_b^{fin} e velocidades v_a^{fin} e v_b^{fin}. (Claramente, na mecânica clássica, as massas iniciais e finais seriam as mesmas, mas usaremos diferentes rotulações para evitar prejulgar essa questão.) Em qualquer colisão de dois corpos, a conservação da energia relativística recém-definida (15.74) implica

$$E_a^{\text{in}} + E_b^{\text{in}} = E_a^{\text{fin}} + E_b^{\text{fin}}$$

ou, se a colisão é não relativística,

$$\left[m_a^{\text{in}} c^2 + \tfrac{1}{2} m_a^{\text{in}}(v_a^{\text{in}})^2 \right] + \left[m_b^{\text{in}} c^2 + \tfrac{1}{2} m_b^{\text{in}}(v_b^{\text{in}})^2 \right]$$
$$= \left[m_a^{\text{fin}} c^2 + \tfrac{1}{2} m_a^{\text{fin}}(v_a^{\text{fin}})^2 \right] + \left[m_b^{\text{fin}} c^2 + \tfrac{1}{2} m_b^{\text{fin}}(v_b^{\text{fin}})^2 \right].$$

Reagrupando os termos, podemos escrever isso da forma

$$M^{\text{in}} c^2 + T^{\text{in}} = M^{\text{fin}} c^2 + T^{\text{fin}}, \tag{15.78}$$

onde M^{in} denota a massa total inicial, T^{in} a energia cinética total inicial e assim por diante.[22] Agora, de acordo com as ideias clássicas, a massa é conservada, então $M^{\text{in}} = M^{\text{fin}}$. Portanto, os termos de massa em (15.78) se cancelam, deixando apenas

$$T^{\text{in}} = T^{\text{fin}}.$$

---

[22] Por "energia cinética" me refiro à energia cinética $\tfrac{1}{2}mv^2$ do movimento translacional de qualquer um dos átomos como um todo. Um átomo também pode ter energia cinética de seus elétrons, visto que estes orbitam o núcleo, mas incluiremos isso como parte da energia interna do átomo.

Isto é, a energia cinética total seria conservada – o que é precisamente o que sabemos ser verdade no caso de uma colisão elástica. Logo, no contexto das colisões elásticas não relativísitcas, a conservação da energia relativística definida em (15.74) coincide com a familiar conservação clássica da energia. Esse é talvez o mais simples e mais poderoso argumento isolado para considerar a definição (15.74) como uma generalização apropriada da noção clássica de energia (junto, naturalmente, com o fato experimental de que a energia definida dessa forma *é* conservada.)

O argumento do último parágrafo nos dá um resultado familiar tranquilizador no caso de colisões elásticas. Entretanto, ele nós levará à primeira grande surpresa da mecânica relativística. Sabemos que, mesmo no contexto da mecânica não relativística, há processos *inelásticos*, nos quais a energia cinética total *não* é conservada. Por exemplo, no caso dos dois átomos, a colisão poderia perturbar o movimento interno dos elétrons atômicos, mudando a energia interna de um (ou ambos) os átomos. Nesse caso, sabemos que os átomos emergiriam com energia cinética total alterada, de modo que $T^{fin} \neq T^{in}$. (Que esse processo pode ocorrer é um fato bem estabelecido; o experimento de Franck--Hertz, no qual elétrons colidem inelasticamente com átomos de mercúrio, foi um exemplo famoso.) Agora, o argumento culminando em (15.78) deve ser aplicado para qualquer colisão não relativística possível. Em particular, em uma colisão inelástica com $T^{fin} \neq T^{in}$, (15.78) implica que a massa total dos dois átomos tem que variar, $M^{fin} \neq M^{in}$. Se imaginarmos uma colisão inelástica na qual um dos átomos tem sua energia interna alterada enquanto o outro é completamente inalterado, então, para o primeiro átomo, podemos dizer o seguinte: se o átomo ganha energia interna (é "excitado"), então $T^{fin} < T^{in}$ e, portanto, de (15.78), $M^{fin} > M^{in}$; isto é, quando um átomo ganha energia interna, ele tem que ganhar massa. Reciprocamente, se um átomo perde energia interna, ele tem que perder massa.

Se a energia relativística é conservada (como deve ser), então a massa não pode ser conservada. A primeira questão que deve ser tratada é por que esta não conservação de massa não foi descoberta muito mais cedo. Para responder isso, observe que (15.78) pode ser escrita como

$$\Delta M c^2 = -\Delta T. \qquad (15.79)$$

A resposta resumida para essa questão é: para padrões diários, c^2 é uma quantidade extremamente grande, de modo que, mesmo se ΔT for razoavelmente grande, $\Delta M = \Delta T/c^2$ é ainda muito pequeno – na maioria dos casos, não observável – como o exemplo a seguir ilustra.

Exemplo 15.7 Variação da massa no experimento de Franck-Hertz

No famoso experimento de 1914, James Franck e Gustav Hertz lançaram elétrons através de um recipiente com vapor de mercúrio. O átomo de mercúrio tem um estado cuja energia interna é 4,9 eV (1 eV = $1,6 \times 10^{-19}$ J), mais alta do que o "estado fundamental" normal do átomo. Em algumas colisões entre os elétrons e os átomos de mercúrio, um átomo de mercúrio foi excitado para esse estado, com o resultado de que a energia cinética final das partículas espalhadas foi 4,9 eV menor do que a inicial, isto é, $\Delta T = -4,9$ eV. Por quanto a massa do átomo de mercúrio aumentou devido à colisão?

De acordo com (15.79), o aumento da massa foi de

$$\Delta M = -\frac{\Delta T}{c^2} = \frac{4,9 \text{ eV}}{c^2} = 8,7 \times 10^{-36} \text{ kg}.$$

(Verifique a conversão e a aritmética.) O elétron emerge com sua massa inalterada (ele ainda é apenas um elétron), então todo esse crescimento da massa vai para o átomo de mercúrio (que é agora um átomo de mercúrio excitado). O aumento é fantasticamente pequeno para os padrões do dia a dia, mas a questão é esta: qual é o acréscimo da massa comparado à massa original do átomo de mercúrio, que é 200,6 unidades de massa atômica, ou $3,3 \times 10^{-25}$ kg? Essa variação fracional na massa do átomo é

$$\frac{\Delta m}{m} = \frac{8,7 \times 10^{-36}}{3,3 \times 10^{-25}} = 2,6 \times 10^{-11}.$$

Essa variação fracional é bastante pequena para ser detectada por qualquer medição direta das massas.

A energia liberada em uma reação química típica é também da ordem de alguns poucos eV por átomo. Por exemplo, a queima do hidrogênio em oxigênio pode ser pensada como uma colisão inelástica

$$H_2 + H_2 + O_2 \rightarrow H_2O + H_2O, \qquad (15.80)$$

na qual a energia cinética total das duas moléculas finais é cerca de 5 eV mais do que das três originais.[23] A conservação da energia relativística requer que o resultado de moléculas de água tenha uma massa total menor do que os hidrogênios e oxigênio iniciais, mas, novamente, a diferença está muito longe de ser detectada por medição direta da massa.

Em reações nucleares, a energia cinética liberada pode ser muito maior. Por exemplo, na fissão induzida de nêutrons

$$n + {}^{235}U \rightarrow {}^{90}Kr + {}^{143}Ba + n + n + n,$$

a energia cinética cresce por cerca de 200 MeV, e a perda fracional de massa é cerca de 1 parte em 1000 – ainda não muito grande, mas grande o suficiente para ser medido diretamente para muitas reações nucleares. Como veremos mais adiante, há processos nos quais a variação da massa é ainda maior, mas a evidência proveniente da física nuclear já é suficiente para confirmar a previsão relativística (15.79) sem sombra de dúvida.

---

[23] Não é coincidência que a energia liberada (ou ganha) em reações químicas é em torno da mesma que aquela do experimento de Franck-Hertz do Exemplo 15.7. Em ambos os casos, a variação tem origem em diferenças nos níveis de energia dos elétrons nos átomos ou moléculas, e essas diferenças são quase sempre da ordem de alguns eV.

Energia de massa

Vimos que o termo mc^2 no resultado (15.77), $E \approx mc^2 + \frac{1}{2}mv^2$, certamente não é uma "constante irrelevante" que um físico clássico pudesse considerar. Na verdade, na relatividade, ao contrário da mecânica clássica, a energia não contém uma constante arbitrária. Isso acontece porque desejamos que o quadrimomento $p = (\mathbf{p}, E/c)$ seja um quadrivetor, e a adição de uma constante a E destruiria essa propriedade desejada. (Veja o Problema 15.66.) Pensando nisso, vamos olhar novamente para a definição relativística da energia de um objeto, $E = \gamma mc^2$. Mesmo se o objeto estiver em repouso, com $\gamma = 1$, ainda terá alguma energia, dada por $E = mc^2$ (talvez a mais famosa equação de toda a física). Essa energia é, naturalmente, chamada de **energia de repouso** do objeto ou, como está associada à massa, de **energia da massa**.

O conceito de energia da massa permite-nos interpretar o processo inelástico discutido acima como um processo no qual alguma energia da massa é convertida em energia cinética ou vice-versa. Nos processos da física atômica ou nuclear, essa conversão normalmente envolve apenas uma fração minúscula da energia total da massa, mas há processos em que há 100% de conversão. Por exemplo, em uma colisão entre um elétron (e^-) e a sua "antipartícula", o positron e^+, ambas as partículas podem ser aniquiladas,

$$e^- + e^+ \rightarrow \text{radiação}$$

com 100% de suas energias das massas tornando-se a energia da radiação eletromagnética.

Quando um objeto está se movendo, $\gamma > 1$ e sua energia $E = \gamma mc^2$ é maior do que sua energia de repouso mc^2. Isso sugere que podemos definir uma grandeza T pela equação

$$E = mc^2 + T. \qquad (15.81)$$

Esse T é a energia adicional que um objeto tem em virtude de seu movimento e é, naturalmente, chamada de **energia cinética**,

$$T = E - mc^2 = (\gamma - 1)mc^2. \qquad (15.82)$$

Quando o objeto está se movendo lentamente, vimos que $T \approx \frac{1}{2}mv^2$ [isso segue de (15.77)], mas, em geral, o resultado não relativístico está incorreto e devemos usar a definição relativística (15.82).

Três relações úteis

Existem três relações úteis com os parâmetros m, $\mathbf{v}$, $\mathbf{p}$ e E, que caracterizam o movimento de um objeto. Primeira: como $p = \gamma m(\mathbf{v}, c)$ e $p = (\mathbf{p}, E/c)$, vemos imediatamente que

$$\boldsymbol{\beta} \equiv \frac{\mathbf{v}}{c} = \frac{\mathbf{p}c}{E}. \qquad (15.83)$$

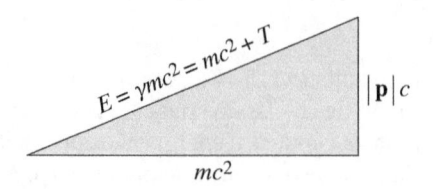

Figura 15.12 Os três parâmetros E, mc^2 e $|\mathbf{p}|c$ estão relacionados como lados de um triângulo retângulo com E como hipotenusa.

Essa relação permite-nos determinar a velocidade de um objeto se conhecemos seu trimomento $\mathbf{p}$ e a energia E.

Considere, a seguir, o "comprimento quadrático" invariante $p^2 = p \cdot p$. No referencial de repouso do objeto, p tem a forma $p = (0, 0, 0, mc)$, de modo que $p \cdot p = -(mc^2)$. Como ambos os lados dessa equação são invariantes, segue imediatamente que a mesma relação é válida em qualquer referencial: para qualquer objeto com quadrimomento p e massa m,

$$p \cdot p = -(mc)^2 \qquad (15.84)$$

em qualquer referencial inercial. Essa relação é bem importante e deve ser memorizada, pois pode simplificar muito os cálculos, como veremos.

Finalmente, é, algumas vezes, útil escrever o resultado (15.84) em termos do trimomento e da energia. Como $p = (\mathbf{p}, E/c)$, (15.84) torna-se $\mathbf{p}^2 - (E/c)^2 = -(mc)^2$ ou

$$E^2 = (mc^2)^2 + (\mathbf{p}c)^2. \qquad (15.85)$$

Isso mostra que as três grandezas E, mc^2 e $|\mathbf{p}|c$ estão relacionadas como lados de um triângulo retângulo, com E como a hipotenusa, conforme indicado na Figura 15.12. Neste estágio, não há um significado profundo dessa declaração, mas ela fornece uma maneira simples de lembrar e visualizar a relação (15.85). Se a velocidade é muito menor do que c, então $\gamma \approx 1$, logo $E \ll mc^2$; neste caso, a hipotenusa e a base do triângulo são iguais e, então, $T \ll mc^2$ e o triângulo é muito baixo (altura $\ll$ base). Por outro lado, se v for muito próximo de c, então $\gamma \gg 1$, logo $E \gg mc^2$; neste caso, $T \gg mc^2$, e então a energia é em sua maioria cinética e o triângulo é muito alto (altura $\gg$ base) com $E \approx |\mathbf{p}|c$.

Exemplo 15.8 Energia e momento de um elétron

A energia de repouso de um elétron é cerca de 0,5 MeV (na verdade 0,511, mas, para muitos propósitos, 0,5 é bastante bom). Qual é a massa do elétron no SI de unidades (o quilograma) e em MeV/c^2? Se sua energia cinética é $T = 0,8$ MeV, qual é a sua energia E total e qual é a magnitude do seu trimomento $|\mathbf{p}|$ em MeV/c? Qual é a sua velocidade?

A energia de repouso dada nos diz que

$$mc^2 = 0,5 \text{ MeV}. \tag{15.86}$$

Resolvendo para m, convertendo eV para joules e pondo o valor de c, obtemos (como você pode verificar) $m \approx 9 \times 10^{-31}$ kg (mais precisamente, $9,11 \times 10^{-31}$). Esse cálculo, mesmo sendo muito simples como o é em quilogramas, é ainda mais fácil, e frequentemente muito mais conveniente, em MeV/c^2. Dividimos ambos os lados de (15.86) por c^2 e obtemos a resposta:

$$m = 0,5 \text{ MeV}/c^2.$$

A massa em MeV/c^2 é numericamente a mesma que mc^2 em MeV. Isso é tão simples que necessitamos de muito pouco para nos habituarmos a ela. Se você nunca usou a unidade MeV/c^2 antes, tente lembrar sempre que a sentença $m = 0,5$ MeV/c^2 é precisamente equivalente à sentença $mc^2 = 0,5$ MeV. A razão por que esse é um caminho conveniente para especificar massa é que a nossa real preocupação geralmente *não* é com a massa própriamente dita, mas com a energia correspondente mc^2, e a unidade mais conveniente para esta última é MeV.

Se $T = 0,8$ MeV, então, claramente, $E = T + mc^2 = 1,3$ MeV e, pela "relação usual" (15.85),

$$|\mathbf{p}|c = \sqrt{E^2 - (mc^2)^2} = \sqrt{1,3^2 - 0,5^2} \text{ MeV} = 1,2 \text{ MeV}.$$

Mais uma vez, poderíamos ter obtido uma resposta no SI de unidades fazendo as conversões necessárias, mas uma forma mais simples e em geral mais conveniente é dividir ambos os lados por c para obter

$$|\mathbf{p}| = 1,2 \text{ MeV}/c.$$

Finalmente, de acordo com a relação (15.83), a velocidade adimensional do elétron, $\beta = v/c$ é

$$\beta = \frac{|\mathbf{p}|c}{E} = \frac{1,2 \text{ MeV}}{1,3 \text{ MeV}} = 0,92,$$

isto é, $v = 0,92c$.

Observe que os termos em c se cancelam se medimos massas em MeV/c^2 e momentos em MeV/c, quando usando as relações (15.83) e (15.85). Isso ocorre porque m e $\mathbf{p}$ entram nessas relações apenas através de combinações de mc^2 e $\mathbf{p}c$. Para adquirir prática no uso dessas equações e das novas unidades, veja os Problemas 15.61 e 15.63.

15.14 COLISÕES

As leis da conservação de energia e de momento desempenham um papel fundamental na análise de colisões. Nesta seção, ilustrarei essa afirmação com um conjunto de exemplos.

Exemplo 15.9 Colisão de duas bolas de massa de calafetar

Uma bola de massa de calafetar relativística, com massa m_a, energia E_a e velocidade $\mathbf{v}_a$, colide com uma bola estacionária de massa m_b, como ilustrado na Figura 15.13. Se as duas bolas se fundem para formar uma única bola, qual é a massa m da bola e com que velocidade $\mathbf{v}$ ela se moverá?

Par determinar a massa final, temos apenas que lembrar que o invariante "comprimento quadrático" do quadrimomento de qualquer objeto é $-m^2c^2$. Se denotarmos o quadrimomento final por p_{fin}, então

$$(p_{\text{fin}})^2 = -m^2c^2. \tag{15.87}$$

Pela conservação do momento-energia, $p_{\text{fin}} = p_{\text{in}}$, onde p_{in} é o momento inicial total, isto é, $p_{\text{in}} = p_a + p_b$, de onde obtemos

$$(p_{\text{in}})^2 = (p_a + p_b)^2 = p_a^2 + p_b^2 + 2p_a \cdot p_b$$
$$= -m_a^2 c^2 - m_b^2 c^2 - 2E_a m_b, \tag{15.88}$$

onde o último termo surge porque $p_b = (0, 0, 0, m_b c)$. Comparando (15.87) com (15.88), obtemos a massa da bola final

$$m = \sqrt{m_a^2 + m_b^2 + 2E_a m_b/c^2}.$$

Observe que, se o movimento original fosse não relativístico, então $E_a \approx m_a c^2$, e recuperaríamos o resultado não relativístico $m = m_a + m_b$, mas, em geral, $m > m_a + m_b$.

De acordo com a relação útil (15.83), a velocidade final é $\mathbf{v} = \mathbf{p}_{\text{fin}} c^2 / E_{\text{fin}}$. Pela conservação do quadrimomento, podemos substituir as componentes de p_{fin} por aquelas de p_{in}, obtendo

$$\mathbf{v} = \frac{\mathbf{p}_a c^2}{E_a + m_b c^2} = \frac{\gamma_a m_a \mathbf{v}_a}{\gamma_a m_a + m_b}, \tag{15.89}$$

onde γ_a denota o fator γ para a bola de incidência a. Observe que, se $v_a \ll c$, esta se reduz ao resultado familiar não relativístico $\mathbf{v} = m_a \mathbf{v}_a/(m_a + m_b)$.

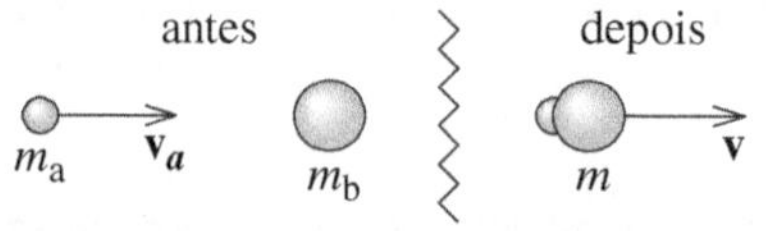

Figura 15.13 Duas bolas de massa de calafetar colidem e formam uma única bola.

O referencial CM

Na mecânica não relativística, vimos que o conceito de CM e referencial do centro de massa são muito úteis – o referencial no qual o centro de massa de um sistema está em repouso. Alternativamente, esse referencial pode ser caracterizado como o referencial no qual o momento total é zero, $\mathbf{P} = \sum \mathbf{p} = 0$. (Então, você pode pensar o "CM" como significando o "centro do momento" se assim desejar.) Essa definição alternativa se transfere para a mecânica relativística.[24] Vimos que o quadrimomento p de qualquer partícula material é tipo-tempo futuro (está no interior do cone de luz futuro).[25] Agora, é um simples exercício demonstrar (Problema 15.69) que a soma de quaisquer números de vetores tipo-tempo futuro é também um vetor tipo-tempo futuro. Portanto, o momento total $P = \sum p$ de qualquer coleção de partículas é também tipo-tempo e isso garante que existe um referencial no qual P tem a forma $P = (0, 0, 0, P_4)$. Naturalmente, definimos esse referencial, no qual o trimomento total $\mathbf{P} = 0$, como o referencial do CM do sistema.

Muito frequentementre acontece de um problema de colisão ser muito simples de se resolver no referencial do CM. Portanto, se precisarmos resolver o mesmo problema em algum outro referencial $\mathcal{S}$, o precedimento mais simples é, geralmente, transformar do referencial $\mathcal{S}$ para o do CM, resolver o problema e depois transformar de volta para $\mathcal{S}$, como o exemplo a seguir ilustra.

Exemplo 15.10 Colisão elástica frontal

Considere uma colisão elástica frontal entre um projétil, com massa m_a e velocidade $\mathbf{v}_a$, e um alvo estacionário de massa m_b, como ilustrado na Figura 15.14(a). (A colisão frontal significa que as duas partículas emergem da colisão, ambas se movendo ao longo da linha da velocidade $\mathbf{v}_a$ de incidência, conforme ilustrado.) Qual é a velocidade final $\mathbf{v}_b$ da partícula alvo b?

Vamos denotar por $\mathcal{S}$ o referencial do lab, no qual o experimento de fato acontece (com b inicialmente em repouso) e considerar a direção da velocidade incidente como sendo o eixo x. Para resolver o problema diretamente no referencial $\mathcal{S}$, precisamos obter as equações da conservação de energia e momento e obter a velocidade final desejada. Infelizmente, as equações são muito confusas; um caminho mais simples é transformar para o referencial do CM $\mathcal{S}'$. No referencial do CM, os dois trimomentos incidentes são iguais e opostos, e é fácil ver (Problema 15.68) que a colisão simplesmente inverte ambos. Logo, nosso procedimento será este: (1) Transforme p_b para o CM do referencial $\mathcal{S}'$. (2) Inverta sua parte espacial $\mathbf{p}_b$. (3) Transforme de volta para $\mathcal{S}$ e calcule a velocidade. Antes de fazermos isso,

---

[24] Bastante estranha, a noção de centro de massa não é transportada satisfatoriamente para a relatividade. Logo, é melhor pensar o referencial do CM como o referencial do centro de momento.

[25] Até este momento, estamos considerando apenas partículas materiais, ou seja, partículas com massa $m > 0$. Discutiremos em breve o caso de partículas sem massa, para as quais p está *sobre* o cone de luz. Felizmente (com uma pequena exceção), os mesmos resultados se aplicam mesmo quando algumas partículas são sem massa. Veja os Problemas 15.88 e 15.89.

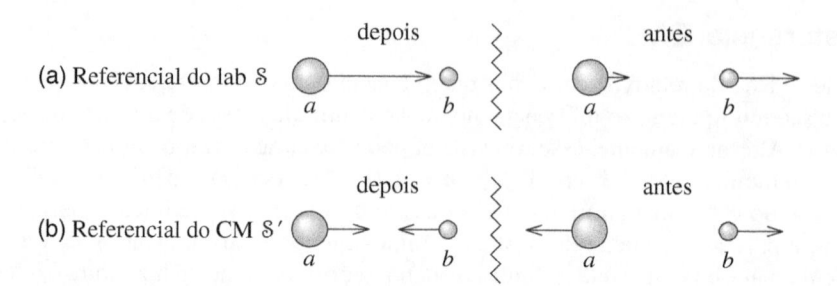

Figura 15.14 (a) Uma colisão elástica frontal vista no referencial do lab $\mathcal{S}$, onde o alvo b está inicialmente em repouso. (b) No referencial do CM $\mathcal{S}'$, todos os trimomentos possuem a mesma magnitude. O único efeito da colisão é inverter o trimomento de cada partícula. (As setas representam momentos.)

precisamos determinar a velocidade do CM do referencial $\mathcal{S}'$ relativa a $\mathcal{S}$. Como o quadrimomento total é

$$P = \left(\mathbf{p}_a, \frac{E_a + m_b c^2}{c}\right),$$

a velocidade (adimensional) procurada $\boldsymbol{\beta}$ a ser transforma para o referencial do CM é

$$\boldsymbol{\beta} = \frac{\mathbf{p}_a c}{E_a + m_b c^2}. \tag{15.90}$$

(No limite não relativístico, com $\mathbf{p}_a \approx m_a \mathbf{v}_a$ e $E_a \approx m_a c^2$, isso corresponde a uma velocidade $\mathbf{v} = m_a \mathbf{v}_a/(m_a + m_b)$, que é a velocidade do centro de massa, conforme esperado.)

Podemos agora seguir os três passos para resolver o problema. No referencial do lab, o quadrimomento inicial do alvo b é

$$p_b^{\text{in}} = (0, 0, 0, m_b c) \qquad \text{[referencial do lab, inicial]}. \tag{15.91}$$

Aplicando o boost padrão de Lorentz, com velocidade (15.90), obtemos o momento correspondente no CM

$$p_b'^{\text{in}} = \gamma m_b c(-\beta, 0, 0, 1) \qquad \text{[referencial do CM, inicial]}. \tag{15.92}$$

No referencial do CM, a colisão simplesmente inverte as componentes espaciais desse momento. Logo, o momento final correspondente é

$$p_b'^{\text{fin}} = \gamma m_b c(\beta, 0, 0, 1) \qquad \text{[referencial do CM, final]}. \tag{15.93}$$

Finalmente, transformando de volta ao referencial do lab, obtemos

$$p_b^{\text{fin}} = \gamma^2 m_b c \left(2\beta, 0, 0, (1 + \beta^2)\right) \qquad \text{[referencial do lab, final]}. \tag{15.94}$$

A velocidade adimensional correspondente é a razão $2\beta/(1 + \beta^2)$, e então a velocidade final real do alvo é

$$v_b = \frac{2\beta}{1 + \beta^2}c, \qquad (15.95)$$

com β dado por (15.90).

A resposta (15.95), embora facilmente encontrada, não é inspiradora, em geral. No caso especial de que as duas massas são iguais, é fácil mostrar (Problema 15.73) que (15.95) reduz-se a $v_b = v_a$, ou seja, o alvo emerge com a velocidade do projétil incidente a, e o projétil, portanto, para abruptamente. Esse comportamento é bem conhecido pelos estudantes de mecânica não relativística (e por jogadores de bilhar) e mostra que, no caso em que $m_a = m_b$, o resultado relativístico (15.95) concorda exatamente com o resultado familiar não relativístico.

Quer as duas massas sejam ou não iguais, é fácil mostrar que, no limite $v_a \ll c$, o resultado relativístico (15.95) tende ao resultado não relativístico. (Veja o Problema 15.73.)

Limiar de energias

A maioria das partículas elementares que foram descobertas nos últimos setenta anos ou mais foi encontrada quando elas foram produzidas nas colisões de outras partículas. Por exemplo, o píon negativo, π^-, pode ser criado em uma colisão de um próton e um nêutron,

$$p + n \to p + p + \pi^-.$$

Analogamente, o primeiro antipróton a ser observado foi produzido por uma colisão próton-próton na reação

$$p + p \to p + p + p + \bar{p}. \qquad (15.96)$$

(O antipróton $\bar{p}$ carregado negativamente é a "antipartícula" do próton, com a mesma massa, porém carga oposta.) Uma grandeza de grande preocupação em qualquer experimento com esperança de observar esse tipo de reação é o **limiar de energia**, que é definido como a energia mínima das partículas iniciais para as quais a reação pode ocorrer.

Vamos considerar a reação da forma

$$a + b \to d + \cdots + g.$$

Nos experimentos de colisão tradicionais, uma das partículas originais (digamos b) estava normalmente em repouso – definindo o que temos chamado de referencial do lab. Logo, a preocupação era conhecer o limiar de energia para uma reação desse tipo no referencial do lab. Em um primeiro olhar, isso parecia uma questão simples de ser calculada. A energia mínima possível das partículas finais é justamente suas energias de repouso $\sum m_{\text{fin}} c^2$, a energia que elas tinham no repouso. Com certeza, então, o limiar de energia para a reação é $\sum m_{\text{fin}} c^2$. Infelizmente, esse argumento plausível se mostrou errôneo. O problema é que, no referencial do lab, o trimomento total inicial é diferente de zero. (A partícula b está em repouso, então a tem que estar se movendo para transportar a energia necessária.) A conversão do trimomento requer que o trimomento final seja diferente de zero, e assim as partículas finais não podem estar em repouso. Portanto, o limiar de energia é maior do que apenas $\sum m_{\text{fin}} c^2$. Mas qual é o limiar então?

A maneira mais fácil de responder a essa questão é observar que, no referencial do CM, onde o trimomento total é zero, todas as partículas finais podem estar em repouso. Logo,

$$E_{\text{cm}} \geq \sum m_{\text{fin}} c^2 \tag{15.97}$$

e a igualdade aqui é possível, com todas as partículas finais em repouso. Podemos agora determinar o limiar de energia no lab comparando os quadrimomentos totais nos dois referenciais. No referencial do CM, o quadrimomento total tem a forma $P_{\text{cm}} = (0, 0, 0, E_{\text{cm}}/c)$. No referencial do lab, ele é $P_{\text{lab}} = p_a + p_b$, onde $p_a = (\mathbf{p}_a, E_a/c)$ e $p_b = (0, 0, 0, m_b c)$ são os momentos das duas partículas originais. Agora, pela invariância do produto escalar, $P^2_{\text{cm}} = P^2_{\text{lab}}$, então

$$-E^2_{\text{cm}}/c^2 = (p_a + p_b)^2 = p_a^2 + p_b^2 + 2 p_a \cdot p_b = -m_a^2 c^2 - m_b^2 c^2 - 2 E_a m_b$$

ou, resolvendo para E_a,

$$E_a = \frac{E^2_{\text{cm}} - m_a^2 c^4 - m_b^2 c^4}{2 m_b c^2}.$$

Inserindo o valor mínimo de E_{cm} de (15.97), obtemos a mínima energia do projétil a no referencial do lab

$$E_a^{\text{mín}} = \frac{(\sum m_{\text{fin}})^2 - m_a^2 - m_b^2}{2 m_b} c^2. \tag{15.98}$$

Um exemplo famoso do uso dessa equação foi o planejamento do experimento para verificar a existência do antipróton usando a reação (15.96). Nessa reação $\sum m_{\text{fin}} = 4 m_{\text{p}}$, enquanto $m_a = m_b = m_{\text{p}}$; logo, a energia mínima (15.98) é $7\, m_{\text{p}} c^2$, ou seja, a energia cinética mínima para os prótons produzirem antiprótons por meio da reação (15.96) era $6\, m_{\text{p}} c^2 \approx 5600$ MeV. A reação em questão foi primeiramente observada em Berkeley, usando prótons acelerados até essa energia por uma máquina chamada de Bevatron, que foi especialmente planejada para acelerar prótons até cerca de 6000 MeV, um pouco além do limiar para se ter certeza na realização do experimento.

Outra importante característica de (15.98) é que o termo principal é proporcional a $(\sum m_{\text{fin}})^2$. Logo, se a partícula que esperamos produzir for muito pesada, $E_a^{\text{mín}}$ pode ser proibitivamente grande. Por exemplo, a partícula chamada de ψ (ou J/ψ) tem massa em torno de 3100 MeV/c^2 e foi descoberta na reação

$$e^+ + e^- \to \psi,$$

onde o positron e o elétron têm massas em torno de 0,5 MeV/c^2 cada. Pondo esses valores em (15.98), vemos que, se essa reação tivesse que ser produzida pelo bombardeamento de positrons em elétrons estacionários (ou vice-versa), a energia incidente mínima deveria ser o valor fantástico $E^{\text{mín}} \approx 10^7$ MeV – muito além do alcance de qualquer acelerador de elétron ou positron existente atualmente. O caminho para contornar esse obstáculo desanimador foi usar colisão de feixes, com elétrons e positrons em direção uns aos outros com momentos aproximadamente iguais e opostos. Ou seja, o experimento foi realizado no referencial do CM. Em (15.97), você pode ver que, nesse caso, o limiar é apenas $E_{cm} \approx 3100$ MeV. Nesse experimento, a vantagem desse menor limiar de energia supera em muito a desvantagem de ter que trabalhar com dois feixes de partículas com altas energias.

15.15 FORÇA NA RELATIVIDADE

Ainda não introduzimos o conceito de força na mecânica relativística. Uma das razões para isso é que a força desempenha um papel muito menor na relatividade do que na mecânica não relativística. A complicação mais óbvia é que (como vários outros parâmetros, como massa e velocidade) a força pode ser definida de formas bastante diferentes. Uma segunda complicação surge da possibilidade de que a massa de repouso de um objeto possa variar. Como já vimos, uma colisão inelástica de um elétron com um átomo pode fornecer ao átomo uma energia interna adicional e aumentar a sua massa de repouso. Para um exemplo macroscópico do mesmo efeito, imagine-se segurando uma chama sobre um objeto metálico; o calor absorvido aumenta a energia interna do objeto e sua massa de repouso. Como na maioria dos textos introdutórios, evitarei a complicação de tais "forças tipo calor", dirigindo a atenção a forças que *não alterem as massas de repouso dos objetos sobre os quais elas agem*.[26] Felizmente, estas incluem muitas forças importantes na relatividade especial, incluindo a força de Lorentz

$$\mathbf{F} = q(\mathbf{E} + \mathbf{v} \times \mathbf{B}) \quad (15.99)$$

sobre uma carga q em campos elétricos e magnéticos $\mathbf{E}$ e $\mathbf{B}$.

Das várias definições possíveis de força na relatividade, a mais simples e útil é provavelmente a **triforça**, definida como

$$\mathbf{F} = \frac{d\mathbf{p}}{dt}, \quad (15.100)$$

onde $\mathbf{p}$ denota o trimomento relativístico $\mathbf{p} = \gamma m \mathbf{v}$. Claro que isso não é o mesmo que a força não relativística, visto que $\mathbf{p}$ não é o momento não relativístico, mas tem essencialmente o mérito de que concorda com a definição não relativística quando $v \ll c$ (e $\gamma \approx 1$). Uma segunda propriedade que recomenda a definição (15.100) é que experimentos mostram que, com essa definição, a força sobre a carga q em um campo eletromagnético é dada pela equação de Lorentz (15.99). Terceiro, com a definição (15.100), podemos demonstrar uma analogia com o teorema trabalho-EC, como segue: lembre-se da importante relação (15.85), em que $E^2 = (\mathbf{p}c)^2 + (mc^2)^2$. Derivando ambos os lados

---

[26] Para uma clara e cuidadosa discussão sobre forças do "tipo calor", veja o excelente livro de Wolfgang Rindler, *Introduction to Special Relativity*, Oxford University Press, segunda edição, 1991, mas esteja atento ao fato de que Rindler tende a usar m para denotar a massa variável (o que chamamos de γm).

com relação ao tempo, vemos que (lembre-se de que estamos assumindo que a massa de repouso m não varia, então não há o termo dm/dt, mas veja o Problema 15.85)

$$E\frac{dE}{dt} = \mathbf{p}c^2 \cdot \frac{d\mathbf{p}}{dt} = \mathbf{p}c^2 \cdot \mathbf{F}$$

ou, dividindo ambos os lados por E e lembrando que $\mathbf{p}c^2/E = \mathbf{v}$,

$$\frac{dE}{dt} = \mathbf{v} \cdot \mathbf{F}. \tag{15.101}$$

Multiplicando ambos os lados por dt, obtemos

$$dE = \mathbf{F} \cdot d\mathbf{x}, \tag{15.102}$$

onde $d\mathbf{x}$ denota o deslocamento $d\mathbf{x} = \mathbf{v}dt$. Finalmente, como $E = mc^2 + T$ e estamos assumindo que a massa m não varia, temos

$$dT = \mathbf{F} \cdot d\mathbf{x}, \tag{15.103}$$

que é precisamente o teorema trabalho-EC, generalizado para incluir energias e forças relativísticas.

Exemplo 15.11   Movimento com uma força constante

Um objeto com massa de repouso fixa m está sob a ação de uma força constante uniforme $\mathbf{F}$ (por exemplo, a força sobre uma carga em um campo eletrostático uniforme) e é largado do repouso na origem em $t = 0$. Determine o trimomento $\mathbf{p}$ do objeto, a sua trivelocidade $\mathbf{v}$ e a sua posição $\mathbf{x}$, todos como funções do tempo.

Integrando (15.100) (com $\mathbf{F}$ constante), obtemos imediatamente

$$\mathbf{p} = \mathbf{F}t. \tag{15.104}$$

De (15.85), é fácil ver que $\gamma^2 = 1 + \mathbf{p}^2/(mc)^2$, logo,

$$\gamma = \sqrt{1 + (Ft/mc)^2}$$

e

$$\mathbf{v} = \frac{\mathbf{p}}{m\gamma} = \frac{\mathbf{F}t}{m\sqrt{1 + (Ft/mc)^2}}. \tag{15.105}$$

Quando t é pequeno, podemos desprezar o segundo termo dentro da raiz quadrada e recuperamos a resposta não relativística $\mathbf{v} = \mathbf{F}t/m$, mas, quando t se torna grande, o segundo termo na raiz quadrada domina e obtemos que v tende a c, sem nunca de fato alcançá-la. Isso é consistente com o nosso conhecimento de que nenhuma partícula material pode ter uma velocidade maior que ou igual à velocidade da luz.

Para determinar a posição $\mathbf{x}$ do objeto, temos apenas que integrar (15.105) para obter

$$\mathbf{x} = \frac{\mathbf{F}}{m}\left(\frac{mc}{F}\right)^2\left(\sqrt{1 + \left(\frac{Ft}{mc}\right)^2} - 1\right). \tag{15.106}$$

Como você pode facilmente verificar, quando t é pequeno, esta reduz-se ao resultado familiar não relativístico $\mathbf{x} = \frac{1}{2}\mathbf{F}t^2/m$ (isto é, $\frac{1}{2}\mathbf{a}t^2$); quando $t \to \infty$, ela é assintótica a $(ct + \text{const})$, na direção de $\mathbf{F}$, à medida que a velocidade tende à velocidade da luz (Problema 15.82).

Energia potencial

Pode acontecer que, pelo menos em um referencial $\mathcal{S}$, a força $\mathbf{F}$ sobre um objeto seja o gradiente de uma função $U(\mathbf{x})$, isto é, $\mathbf{F} = -\nabla U(\mathbf{x})$ e a força seja conservativa. Esse é o caso, por exemplo, de uma carga q movendo-se em um campo eletrostático. Quando isso acontece, o trabalho realizado sobre o objeto, enquanto ele se move por um deslocamento $d\mathbf{x}$, é $\mathbf{F} \cdot d\mathbf{x} = -\nabla U \cdot d\mathbf{x} = -dU$. Combinando esta com o teorema do trabalho-EC (15.103), encontramos $dT = -dU$ ou $d(T + U) = 0$, ou seja, da mesma forma que na mecânica não relativística, se a força de um objeto for conservativa, $T + U$ é conservado.

A quadriforça

A triforça $\mathbf{F} = d\mathbf{p}/dt$ não é a parte espacial de um quadrivetor. (O problema é esse, embora $d\mathbf{p}$ *seja* a parte espacial de um quadrivetor, dt não é um escalar.) Nesse sentido, a triforça é como a trivelocidade $\mathbf{v} = d\mathbf{x}/dt$, e a transformação de $\mathbf{F}$ de um referencial para outro é de certa forma semelhante à de $\mathbf{v}$ (Problema 15.83). Da mesma forma como a velocidade, é fácil ver como definir uma quadriforça que esteja intimamente relacionada à triforça. Podemos definir a **quadriforça** sobre um objeto como a derivada de p com respeito ao tempo próprio t_o medido ao longo da linha mundo do objeto:

$$K = \frac{dp}{dt_o}. \qquad (15.107)$$

(Não há uma notação amplamente aceita para a quadriforça, mas K é uma dentre várias notações empregadas.) Como dp é uma quadriforça e dt_o é um quadriescalar, K é automaticamente um quadrivetor. Como $dt_o = dt/\gamma$, podemos escrever K como

$$K = (\mathbf{K}, K_4) = \gamma \left(\frac{d\mathbf{p}}{dt}, \frac{1}{c}\frac{dE}{dt} \right) = \gamma(\mathbf{F}, \mathbf{v} \cdot \mathbf{F}/c), \qquad (15.108)$$

onde a última igualdade seguiu de (15.101). Vemos que a parte espacial da quadriforça é γ vezes a triforça $\mathbf{F}$, do mesmo modo que a parte espacial da quadrivelocidade u é γ vezes a trivelocidade $\mathbf{v}$ usual, como em (15.67).

As vantagens da quadriforça se originam do fato de ser um quadrivetor. Isso significa que sua transformação de um referencial para outro é justamente a transformação familiar de Lorentz. Também significa que a invariância de Lorentz para qualquer lei física formulada em termos da quadriforça é fácil de ser verificada. A principal *desvantagem* da quadriforça é que ela fornece a derivada temporal do momento com respeito ao próprio tempo, enquanto a triforça fornece a derivada em relação ao tempo para qualquer referencial inercial. Como o nosso principal interesse está, em geral, no movimento de um objeto em termos do tempo em um referencial particular (ao contrário do tempo próprio do objeto em movimento), a triforça é, nesse sentido, mais útil.

15.16 PARTÍCULAS SEM MASSA: O FÓTON

Uma consequência surpreendente da relatividade é a possibilidade de partículas com massa nula, $m = 0$. Na mecânica não relativística, a noção de partícula com massa nula não faz sentido de forma alguma. As definições $\mathbf{p} = m\mathbf{v}$ e $T = \frac{1}{2}mv^2$ mostram que a partícula com $m = 0$ não teria momento nem energia cinética e, portanto, presumidamente não seria coisa alguma. Em um primeiro olhar, o mesmo argumento pode parecer aplicável à relatividade; se tomarmos $m \to 0$ nas definições relativísticas

$$\mathbf{p} = \gamma m \mathbf{v} \quad \text{e} \quad E = \gamma m c^2, \tag{15.109}$$

parece que obteríamos a mesma conclusão – a de que uma partícula sem massa não teria momento nem energia e, por isso, não existiria. Vamos pôr de lado essa dificuldade por um instante e olhar as duas relações (15.85) e (15.83)

$$E^2 = (mc^2)^2 + (\mathbf{p}c)^2 \quad \text{e} \quad \frac{\mathbf{v}}{c} = \frac{\mathbf{p}c}{E}. \tag{15.110}$$

Se existisse uma partícula com $m = 0$ (e se esses resultados ainda se aplicassem), então a primeira relação se tornaria

$$E = |\mathbf{p}|c \quad [\text{se } m = 0] \tag{15.111}$$

e isso, combinado com a segunda relação, implicaria que a velocidade da partícula deveria que ser c,

$$v = c \quad [\text{se } m = 0]. \tag{15.112}$$

Em outras palavras, se tivesse que existir uma partícula de massa nula, então as relações usuais da mecânica relativística requeririam que ela sempre viajasse com a velocidade da luz c. Se retornarmos agora às definições originais (15.109) de $\mathbf{p}$ e E, veremos que, quando $m \to 0$, então $v \to c$ e $\gamma \to \infty$. Logo, para uma partícula sem massa, as duas definições assumiriam a forma $\infty \times 0$, que é indefinido e, por isso, na verdade, não descarta a existência de partículas com $m = 0$.

Evidentemente, a mecânica relativística tem espaço para partículas sem massa, sempre viajando com velocidade c. Se tais partículas existem é, de fato, uma questão experimental, e os experimentos dizem enfaticamente que elas existem. O fóton é a partícula que transporta energia e momento de ondas eletromagnéticas; experimentos mostram que, para o fóton, E e $\mathbf{p}$ satisfazem (15.111) e que os fótons sempre viajam (nenhuma surpresa!) com a velocidade da luz.[27]

---

[27] Era comum se pensar que o neutrino era outro exemplo de partícula de massa zero, mas evidências atuais mostram que sua massa, embora pequena, é definitivamente diferente de zero, talvez cerca de 10^{-6} vezes a massa do elétron. (Para comparação, o limite experimental sobre a possível massa do fóton é da ordem de 10^{-20} vezes a massa do elétron.) Com base na teoria, é geralmente assumido que deve haver uma partícula de massa zero chamada de graviton, que faz pela gravidade o que o fóton faz pelo eletromagnetismo, mas não há evidência direta disso.

Observe que, com $m = 0$, o quadrimomento de um fóton satisfaz

$$p^2 = 0;\qquad(15.113)$$

o quadrado do seu comprimento invariante é zero. Já vimos que o quadrimomento de uma partícula material (isto é, uma partícula com $m > 0$) é sempre tipo-tempo futuro. Por outro lado, aquele de qualquer partícula de massa zero está sobre o cone de luz futuro e é **tipo-luz futuro**.

Como as definições (15.109) não são mais sem sentido, a questão que surge naturalmente é como a energia e o momento de uma partícula sem massa são definidos. Em princípio, pelo menos, elas podem ser definidas usando as leis de conservação. Considere, por exemplo, a emissão de um fóton por um átomo X:

$$X^* \to X + \gamma,\qquad(15.114)$$

onde X^* denota um estado excitado do átomo, X é o seu estado fundamental e γ é o símbolo padrão para o fóton. Como já sabemos como definir e medir a energia e o momento de qualquer estado de um átomo, podemos determinar os valores correspondentes para o fóton a partir da conservação da energia e do momento. Essa definição deve, naturalmente, ter a sua consistência verificada. Daria um outro processo os mesmos resultados para o mesmo fóton? Por exemplo, suponha que permitamos o fóton de (15.114) colidir com um segundo átomo Y e ejetar um elétron (o efeito fotoelétrico):

$$\gamma + Y \to Y^+ + e,\qquad(15.115)$$

onde Y^+ denota o íon positivo de Y com um elétron removido. Usando esse processo, poderíamos medir a energia e o momento do fóton e esta segunda medida deveria resultar na mesma resposta que a primeira. Experimentos mostram repetidamente que a energia e o momento do fóton estão definidos consistentemente por esse processo.

Na verdade, há uma segunda maneira de obter a energia e o momento de um fóton. Uma das primeiras descobertas (devido a Max Planck e Einstein) no desvendar da mecânica quântica foi que a energia de um fóton está relacionada à frequência de sua onda eletromagnética associada, por meio da famosa relação

$$E = \hbar\omega,\qquad(15.116)$$

onde $\hbar$ é a constante de Planck (na verdade, a constante de Planck original h dividida por 2π, $\hbar = h/2\pi = 1{,}05 \times 10^{-34}$ J · s) e ômega é a frequência angular da onda. Analogamente, o momento de um fóton é dado por

$$\mathbf{p} = \hbar\mathbf{k},\qquad(15.117)$$

onde $\mathbf{k}$ é o vetor de onda da respectiva onda. Logo, E e $\mathbf{p}$ podem ser determinados medindo-se a frequência e o vetor de onda da onde correspondente. É um fato alentador que as duas relações (15.116) e (15.117) podem ser combinadas em uma única relação quadrivetorial. Como $p = (\mathbf{p}, E/c)$ e o quadrivetor de onda $k = (\mathbf{k}, \omega/c)$, as duas relações implicam

$$p = \hbar k.\qquad(15.118)$$

Visto que ambos os lados dessa equação são quadrivetores, essa relação é relativisticamente invariante, isto é, as duas relações (15.116) e (15.117) são consistentes com os princípios da relatividade.

A relação (15.117) é comumente escrita em termos do comprimento de onda λ. Como $|\mathbf{k}| = 2\pi/\lambda$,

$$|\mathbf{p}| = \hbar|\mathbf{k}| = \frac{2\pi\hbar}{\lambda} = \frac{h}{\lambda}. \qquad (15.119)$$

Nessa forma, a relação é geralmente conhecida como a **relação de Broglie**, em homenagem ao físico francês Louis de Broglie (1892-1987), que foi o primeiro a propor que essa relação deveria se aplicar à onda quântica associada a *qualquer* partícula – não apenas aos fótons. Para alusão futura, reescreverei o quadrimomento de um fóton da seguinte forma:

$$p = \hbar k = \hbar\left(\mathbf{k}, \frac{\omega}{c}\right) = \frac{\hbar\omega}{c}(\hat{\mathbf{k}}, 1), \qquad (15.120)$$

onde a última igualdade é válida já que $|\mathbf{k}| = \omega/c$, e então $\mathbf{k} = (\omega/c)\,\hat{\mathbf{k}}$.

O efeito Compton

Historicamente, a evidência mais persuasiva e influente para a existência de fóton de massa nula, obedecendo às relações dos últimos parágrafos, foi o experimento do físico americano Arthur Compton (1892-1962) em 1923. Compton bombardeou fótons de raio X em elétrons[28] estacionários e mediu o acréscimo no comprimento de onda dos fótons espalhados. A teoria clássica exigia que o comprimento de onda da radiação espalhada fosse exatamente o mesmo que os das ondas incidentes, mas um acréscimo no comprimento de onda é facilmente explicado se a radiação é transportada por partículas tipo fótons. Quando um fóton colide com um elétron, o elétron recua, absorvendo alguma energia do fóton original. Logo, os fótons espalhados devem ter uma energia menor e, portanto, menor momento que aqueles do feixe incidente. De acordo com (15.119), um momento menor significa comprimento de onda mais longo, e o aumento do comprimento de onda está explicado. Usando as relações dos dois últimos parágrafos, Compton foi capaz de calcular o desvio no comprimento e seu experimento confirmou com sucesso os seus cálculos.

O experimento de Compton está ilustrado esquematicamente na Figura 15.15. O fóton incide da esquerda com quadrimomento $p_{\gamma 0}$ e emerge com ângulo θ com quadrimomento p_γ, onde, de acordo com (15.120),

$$p_{\gamma 0} = \frac{\hbar\omega_0}{c}(\hat{\mathbf{k}}_0, 1) \qquad \text{e} \qquad p_\gamma = \frac{\hbar\omega}{c}(\hat{\mathbf{k}}, 1). \qquad (15.121)$$

O quadrimomento inicial do elétron é

$$p_0 = (0, 0, 0, mc) \qquad (15.122)$$

---

[28] Os elétrons alvo eram, na verdade, os elétrons da camada de valência nos átomos de carbono de um pedaço de grafite. Logo, os elétrons não estavam, certamente, estacionários, mas as suas energias cinéticas (alguns poucos eV) eram desprezíveis quando comparadas à energia dos fótons do raio X (muitos milhares de eV). Pela mesma razão, a ligação dos elétrons (energia de ligação $\approx$ alguns poucos eV) não era importante com tão alta energia dos fótons.

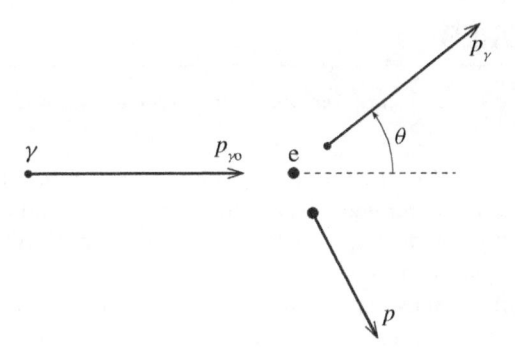

Figura 15.15 Um fóton, denotado por γ, com quadrimomento $p_{\gamma o}$ colide com um elétron estacionário. O fóton emerge com um ângulo θ e quadrimomento p_γ, e o elétron recua com quadrimomento p.

e ele recua com quadrimomento p. Agora, pela conservação do quadrimomento $p_o + p_{\gamma o} = p + p_\gamma$, ou

$$p_o + (p_{\gamma o} - p_\gamma) = p.$$

Elevando ao quadrado ambos os lados, obtemos

$$p_o^2 + 2p_o \cdot (p_{\gamma o} - p_\gamma) + \left(p_{\gamma o}^2 - 2p_{\gamma o} \cdot p_\gamma + p_\gamma^2\right) = p^2.$$

Como $p_o{}^2 = p^2 = -m^2c^2$, estes dois termos se cancelam e, como $p_{\gamma o}^2 = p_\gamma^2 = 0$, estes dois termos desaparecem e ficamos com

$$p_o \cdot (p_{\gamma o} - p_\gamma) = p_{\gamma o} \cdot p_\gamma. \tag{15.123}$$

Com a substituição de (15.122) e de (15.121), seguido de um pouco de álgebra, resulta (como você pode verificar)

$$\omega_o - \omega = \frac{\hbar}{mc^2}(1 - \cos\theta)\omega_o\omega$$

ou

$$\frac{1}{\omega} - \frac{1}{\omega_o} = \frac{\hbar}{mc^2}(1 - \cos\theta).$$

Finalmente, substituindo ω por $2\pi c/\lambda$, obtemos o desvio desejado no comprimento de onda,

$$\Delta\lambda = \lambda - \lambda_o = \frac{h}{mc}(1 - \cos\theta), \tag{15.124}$$

onde substituí $2\pi\hbar$ pela constante original de Planck h. Essa é a celebrada fórmula de Compton para o desvio do comprimento de onda da radiação espalhada. O fato de os dados de Compton concordarem com essa previsão para vários ângulos deu um forte suporte à ideia de que energia e momento da radiação são transportados por fótons obedecendo às leis da mecânica relativística, mas com $m = 0$.

15.17 TENSORES*

*Como sempre, as seções marcadas com um asterisco podem ser omitidas em uma primeira leitura.

Na próxima seção e na seção final deste capítulo, farei uma breve introdução à forma relativística da teoria do eletromagnetismo. Infelizmente, mesmo esta breve introdução requer algum conhecimento de propriedades de tensores no espaço-tempo quadrimensional, e estes tensores quadritensores são o assunto principal desta seção. Um tratamento completo sobre quadritensores requer uma formação muito bem elaborada sobre vetores "covariantes" e "contravariantes", mas, para os nossos própositos, podemos omitir esse formalismo. Entretanto, você deve ficar atento ao fato de que, se deseja levar o estudo da relatividade adiante, precisará dominar este formalismo mais elaborado.[29] Aqui, iniciarei meu tratamento examinando as propriedades de transformação de vetores e tensores tridimensionais.

Vetores e tensores em três dimensões

Um trivetor **a** é caracterizado por suas três componetes (em cada referencial) e por suas propriedades de transformação sob rotações, como em (15.35),

$$\mathbf{a}' = \mathbf{R}\mathbf{a}, \qquad (15.125)$$

onde **a** e **a**′ denotam as colunas formadas pelas três componentes em cada um dos dois referenciais, e **R** é a matriz (3 × 3) de rotação conectando-os. Em detalhes, essa equação matricial é

$$a'_i = \sum_j R_{ij} a_j, \qquad (15.126)$$

onde o somatório vai de $j = 1$ a 3.

Para alusão futura, precisamos estabelecer uma importante propriedade das matrizes de rotação **R**. Sabemos, naturalmente, que qualquer rotação deixa o produto escalar, **a** · **b** de quaisquer dois vetores invariante, isto é, **a** · **b** = **a**′ · **b**′, com **a**′ dado por (15.125) e, da mesma forma, **b**′. Agora, na notação matricial, o produto escalar é

$$\mathbf{a} \cdot \mathbf{b} = \tilde{\mathbf{a}}\mathbf{b}, \qquad (15.127)$$

onde devemos insistir que **b** denota a *coluna* de números b_1, b_2, b_3 e **ã** a *linha* de números a_1, a_2, a_3. Logo, na notação matricial, a equação **a** · **b** = **a**′ · **b**′ torna-se

$$\tilde{\mathbf{a}}\mathbf{b} = (\mathbf{R}\mathbf{a})\tilde{}(\mathbf{R}\mathbf{b}) = \tilde{\mathbf{a}}(\tilde{\mathbf{R}}\mathbf{R})\mathbf{b}. \qquad (15.128)$$

[Aqui, usei o resultado $(\mathbf{Ra})\tilde{} = \tilde{\mathbf{a}}\tilde{\mathbf{R}}$ – veja o Problema 15.94.] Como isso deve valer para quaisquer escolhas de **a** e **b**, é fácil mostrar (Problema 15.95) que

$$\tilde{\mathbf{R}}\mathbf{R} = \mathbf{1}, \qquad (15.129)$$

---

[29] Para um tratamento claro e razoavelmente simples, veja David J. Griffiths, *Introduction to Electrodynamics*, terceira edição (Prentice Hall, 1999), pp. 501 e 535.

onde, como antes, **1** denota a matriz identidade 3 × 3. Qualquer matriz satisfazendo essa condição é dita ser uma **matriz ortogonal**, assim, demonstramos que as rotações são dadas por matrizes ortogonais 3 × 3.

Um tensor tridimensional **T** é formado por nove elementos T_{ij} (em cada sistema de coordenadas Cartesianas tridimensional), onde i e j assumem valores de 1 até 3. (Estritamente falando, um tensor com nove componentes T_{ij} é um tensor de *segunda ordem*. Generalizando, um tensor de ordem n tem 3^n elementos, mas apenas trataremos do caso de $n = 2$.) Para determinar as propriedades de transformação de um tensor, vamos considerar o exemplo simples de um tensor com elementos

$$T_{ij} = a_i b_j, \tag{15.130}$$

onde a_i e b_j são as componentes de quaisquer dois vetores. (Por exemplo, **a** poderia ser a posição de uma partícula e **b** a sua velocidade.) Isso obviamente tem o requisito de nove elementos e é, em certo sentido, um tensor prototípico.

A transformação de um tensor (15.130) segue imediatamente daquela dos dois vetores, dos quais construímos

$$T'_{ij} = a'_i b'_j = \left(\sum_k R_{ik} a_k \right) \left(\sum_l R_{jl} b_l \right)$$

$$= \sum_{k,l} R_{ik} R_{jl} T_{kl}. \tag{15.131}$$

Essa transformação é a definição característica de um tensor. Ela segue um paralelo muito próximo à transformação (15.126) para um vetor, exceto pelo fato de que o tensor, com seus índices, possui duas matrizes de rotação, uma para cada índice.

Podemos escrever a transformação (15.131) na forma matricial se observarmos que $(\mathbf{R})_{jl} = (\tilde{\mathbf{R}})_{lj}$, onde $\tilde{\mathbf{R}}$ denota a transposta de **R**, de modo que (15.131) pode ser escrita como

$$\mathbf{T}' = \mathbf{R}\mathbf{T}\tilde{\mathbf{R}}. \tag{15.132}$$

Qualquer tensor tridimensional (segunda ordem) se transforma de acordo com essa equação e qualquer conjunto de nove elementos que se transforma dessa maneira é um tensor.

Uma das mais importantes operações que se pode realizar com tensores é multiplicá-los por vetores. Por exemplo, o momento angular **L** de um corpo rígido é dado pelo produto, $\mathbf{L} = \mathbf{I}\boldsymbol{\omega}$, do tensor momento de inércia **I** e o vetor velocidade angular $\boldsymbol{\omega}$. É importante que qualquer produto dessa forma seja, como devemos esperar, um vetor, e isto é fácil de mostrar: seja **T** qualquer tensor e **a** qualquer vetor, e em cada sistema de referência seja a coluna dos três números **b** definido como $\mathbf{b} = \mathbf{Ta}$. Para demonstrar isso, com esta definição, **b** é um vetor, usamos as propriedades (15.132) e (15.125) de **T** e **a**, respectivamente, da seguinte forma:

$$\mathbf{b}' = \mathbf{T}'\mathbf{a}' = (\mathbf{R}\mathbf{T}\tilde{\mathbf{R}})(\mathbf{R}\mathbf{a}) = \mathbf{R}\mathbf{T}(\tilde{\mathbf{R}}\mathbf{R})\mathbf{a} = \mathbf{R}\mathbf{T}\mathbf{a} = \mathbf{R}\mathbf{b}, \tag{15.133}$$

onde a quarta igualdade segue porque, de acordo com (15.129), $\tilde{\mathbf{R}}\mathbf{R} = \mathbf{1}$. Concluímos que **b**, que é claramente uma coluna com três números, se transforma como um vetor, isto é, $\mathbf{b} = \mathbf{Ta}$ é um vetor. Podemos reverter esse argumento e mostrar (Problema 15.99) que, se **a** e **b** são vetores e em cada referencial é tido que $\mathbf{b} = \mathbf{Ta}$, onde **T** é um arranjo de 3 × 3 números (em qualquer referencial), então **T** satisfaz (15.132) e é, portanto, um tensor.

Vetores e tensores no espaço-tempo quadridimensional

A discussão sobre vetores e tensores no espaço-tempo quadrimensional segue de perto o que foi recém-feito para três dimensões, com apenas complicações provenientes do sinal negativo no produto escalar invariante. Um quadrivetor é dado por uma coluna a de quatro números (em qualquer referencial), que se transforma sob a transformação de Lorentz $a' = \Lambda a$ quando movemos de um referencial inercial $\mathcal{S}$ para outro $\mathcal{S}'$. Essa transformação deixa invariante o produto escalar, que podemos escrever na notação matricial como

$$a \cdot b = a_1 b_1 + a_2 b_2 + a_3 b_3 - a_4 b_4 = \tilde{a} G b, \qquad (15.134)$$

onde b denota a coluna para o quadrivetor b, $\tilde{a}$ é a linha de a e G é a matriz 4×4

$$G = \begin{bmatrix} +1 & 0 & 0 & 0 \\ 0 & +1 & 0 & 0 \\ 0 & 0 & +1 & 0 \\ 0 & 0 & 0 & -1 \end{bmatrix}. \qquad (15.135)$$

A **matriz métrica**, inserida entre $\tilde{a}$ e b em (15.134), simplesmente modifica o sinal da quarta componente de b e assim insere o sinal negativo no produto escalar.

O produto escalar (15.134) é invariante quando substituímos a e b por Λa e Λb e exatamente o argumento que conduziu a (15.129) mostra (Problema 15.98) que

$$\tilde{\Lambda} G \Lambda = G \qquad (15.136)$$

– o análogo relativístico da condição $\tilde{R} R = 1$ para rotações. O conjunto de todas as 4×4 matrizes que satisfazem a condição (15.136) é chamado de **grupo de Lorentz**, visto que todas as transformações de Lorentz devem satisfazer essa condição.

Um quadritensor (estritamente falando, um quadritensor de ordem 2) é definido como um conjunto de 16 números $T_{\mu\nu}$ (definido para cada referencial inercial $\mathcal{S}$), onde os índices μ e ν percorrem de 1 a 4, que, quando colocados em uma matriz 4×4 T, satisfazem

$$T' = \Lambda T \tilde{\Lambda} \qquad (15.137)$$

– uma propriedade que segue analogamente a Equação (15.132) para trivetores. Da mesma maneira que formamos o produto escalar (15.134) de dois quadrivetores com a inserção da matriz G entre as duas matrizes apropriadas, podemos também formar o produto escalar de um tensor por um vetor da mesma maneira:

$$T \cdot a = T G a. \qquad (15.138)$$

É um exercício simples mostrar que, se T for qualquer tensor e a qualquer vetor, então $b = T \cdot a$ é um quadrivetor. [A demonstração é análoga a (15.133) para três dimensões – veja o Problema 15.96.] Da mesma forma, você pode mostrar (Problema 15.99) a "regra do quociente" que se a e b são quadrivetores e se $b = T \cdot a$ em cada referencial $\mathcal{S}$, então T (o "quociente" de b e a) é um quadritensor.

Munido dessas definições e propriedades de quadritensores, estamos prontos para a nossa breve aventura na eletrodinâmica relativística.

15.18 ELETRODINÂMICA E RELATIVIDADE

O fato de a luz viajar com velocidade c em todas as direções é uma consequência das leis do eletromagnetismo clássico, e a relatividade especial ampliou a compreensão de que a velocidade da luz c é a mesma em todos os referenciais inerciais. Essas duas observações sugerem que o eletromagnetismo clássico já poderia ser consistente com os princípios da relatividade. O caminho mais simples para *demonstrar* essa sugestão é mostrar que a lei familiar do eletromagnetismo pode ser escrita em termos de quadriescalares, quadrivetores e quadritensores, de modo que suas invariâncias sob as transformações de Lorentz sejam autoevidentes. Aqui, farei isso para apenas uma lei, a lei de importância central de força de Lorentz

$$\mathbf{F} = q(\mathbf{E} + \mathbf{v} \times \mathbf{B}). \qquad (15.139)$$

Nesse processo, determinarei as regras de transformação para campos elétricos e magnéticos $\mathbf{E}$ e $\mathbf{B}$. Antes de lidarmos com as propriedades dos campos $\mathbf{E}$ e $\mathbf{B}$, você precisa saber que é um fato experimental que a carga q de qualquer partícula tem o mesmo valor em todos os referenciais, isto é, q é um escalar de Lorentz.

Considerarei o ponto de vista de que a equação de Lorentz (15.139) é um fato observado, válido em todos os referenciais inerciais (e ela definitivamente é). Na forma (15.139), ela com certeza não *parece* invariante relativística e nossa tarefa é reescrevê-la de modo que pareça. A primeira tentativa consiste em observar que (15.139) define $\mathbf{F}$ como uma função linear de $\mathbf{v}$. O próximo, e muito natural, passo é reescrever essa relação linear em termos da quadriforça K e da quadrivelocidade u. Lembre que

$$K = \left(\gamma \mathbf{F}, \frac{\gamma \mathbf{v} \cdot \mathbf{F}}{c} \right) \quad \text{e} \quad u = (\gamma \mathbf{v}, \gamma c). \qquad (15.140)$$

Multiplicando ambos os lados de (15.139) por γ, você pode ver que K é uma função linear de u. A mais simples relação que esta pode ter é da forma $K = q\mathcal{F} \cdot u$, onde $\mathcal{F}$ seria um quadritensor ainda desconhecido (e inseri um fator separado q uma vez que K é obviamente proporcional a q). Na forma matricial, essa relação é dada por $K = q\mathcal{F}Gu$ [onde K e u devem agora serem vistos como colunas 4×1 e G é a matriz métrica (15.135)]. Os 16 elementos da matriz $\mathcal{F}G$ podem ser determinados escrevendo as componentes de K uma por vez. Por exemplo, de (15.140) e (15.139), as primeiras componente de K são

$$K_1 = \gamma q(E_1 + v_2 B_3 - v_3 B_2) = q[B_3 u_2 - B_2 u_3 + (E_1/c)u_4]. \qquad (15.141)$$

Os coeficientes de $u_1, \cdots, u_4$ são justamente a primeira linha da matriz $\mathcal{F}G$ na relação proposta $K = q\mathcal{F}Gu$. Procedendo dessa forma, determinamos a matriz completa $\mathcal{F}G$ como

$$\mathcal{F}G = \begin{bmatrix} 0 & B_3 & -B_2 & E_1/c \\ -B_3 & 0 & B_1 & E_2/c \\ B_2 & -B_1 & 0 & E_3/c \\ E_1/c & E_2/c & E_3/c & 0 \end{bmatrix}. \qquad (15.142)$$

[Compare a primeira linha dessa matriz com os coeficientes em (15.141); para mais detalhes, veja o Problema 15.104.] Finalmente, como $G^2 = 1$ (a matriz 4 × 4 identidade), podemos multiplicar por G à direita para obter o **campo tensorial eletromagnético**

$$\mathcal{F} = \begin{bmatrix} 0 & B_3 & -B_2 & -E_1/c \\ -B_3 & 0 & B_1 & -E_2/c \\ B_2 & -B_1 & 0 & -E_3/c \\ E_1/c & E_2/c & E_3/c & 0 \end{bmatrix} \quad (15.143)$$

em termos dos quais a força de Lorentz assume a simples e bela forma

$$K = q\mathcal{F} \cdot u. \quad (15.144)$$

Estamos assumindo o ponto de vista de que a lei da força de Lorentz é um fato experimental, válido em todos os referenciais inerciais. Na Equação (15.144), K e u são conhecidos como sendo quadrivetores e a carga q é um escalar. Segue da regra do quociente citada acima da Equação (15.138) que $\mathcal{F}$ é um quadrivetor que permitirá encontrar o comportamento dos campos elétricos e magnéticos sob qualquer transformação de Lorentz.[30] Para futura alusão, observe que $\mathcal{F}$ é um tensor *antissimétrico*, isto é, a matriz $\mathcal{F}$ é antissimétrica, satisfazendo $\tilde{\mathcal{F}} = -\mathcal{F}$.

Transformação de Lorentz dos campos elétrico e magnético

O campo tensorial $\mathcal{F}$ especifica os campos **E** e **B** em qualquer referencial inercial $\mathcal{S}$. Como $\mathcal{F}$ é um quadritensor, seu valor em qualquer outro referencial $\mathcal{S}'$ é dado por (15.137) como

$$\mathcal{F}' = \Lambda \mathcal{F} \tilde{\Lambda}. \quad (15.145)$$

Para uma dada transformação de Lorentz Λ, é um imediato, embora tedioso, exercício deduzir o lado direito de (15.145) e comparar o resultado à definição (15.143) de $\mathcal{F}'$, podemos obter os campos transformados. Por exemplo, para o boost padrão com velocidade v ao longo do eixo x_1, obtemos (Problema 15.105)

$$\begin{array}{lll} E_1' = E_1, & E_2' = \gamma(E_2 - \beta c B_3), & E_3' = \gamma(E_3 + \beta c B_2) \\ B_1' = B_1, & B_2' = \gamma(B_2 + \beta E_3/c), & B_3' = \gamma(B_3 - \beta E_2/c). \end{array} \quad (15.146)$$

A característica mais surpreendente das transformações (15.146) é que elas misturam os campos elétricos e magnéticos. Uma configuração cujos campos são puramente elétricos em um referencial $\mathcal{S}$ (**B** = 0 em todo lugar, como para o caso de qualquer distribuição estática de carga) terá inevitavelmente componentes não nulas do campo

---

[30] Há muitas maneiras diferentes de se chegar no campo tensorial $\mathcal{F}$, e algumas delas *definem* $\mathcal{F}$ para ser um quadritensor. Em tal abordagem, a equação da força de Lorentz (15.144) automaticamente tem a forma "quadrivetor = quadrivetor", que garante a invariância de Lorentz da equação da força de Lorentz.

magnético em outros referenciais $S'(\mathbf{B}' \neq 0)$. Logo, podemos dizer que, na relatividade, a existência de campos elétricos *requer* a existência de campos magnéticos e vice-versa.

Uma importante vantagem de se conhecer as propriedades das transformações de campos eletromagnéticos é: ao investigar os campos devido a certa distribuição de carga e corrente em um referencial S, pode ser possível determinar um referencial S' no qual os campos são determinados mais facilmente. Se isso acontece, então o caminho mais simples é obter esses campos em S' e, então, transformar de volta para o referencial original S, como no exemplo a seguir.

Exemplo 15.12 Campos de uma corrente reta longa

Determine os campos $\mathbf{E}$ e $\mathbf{B}$ de uma carga uniforme em uma reta infinitamente longa com densidade λ (medida em coulombs/metro), disposta sobre o eixo z no referencial S e viajando com velocidade v na direção $+z$.

A linha reta de carga em movimento constitui uma corrente $I = \lambda v$ ao longo do eixo z, assim o problema é determinar os campos combinados de uma carga linear e uma corrente linear. Vamos lembrar primeiro que isso pode ser feito por métodos elementares, sem deixarmos o referencial S: usando a lei de Gauss, podemos mostrar que o campo E da linha de carga é $E = 2k\lambda/\rho$ radialmente para fora do eixo z. (Aqui, $k = 1/4\pi\epsilon_0$ é a constante de Coulomb e ρ é a distância perpendicular a partir do eixo z, isto é, a primeira das coordenadas cilíndricas polares ρ, ϕ, z.) Analogamente, usando a lei de Ampère, podemos mostrar que o campo B da corrente é $B = (\mu_0/2\pi)I/\rho$ na direção dada pela regra da mão direita, onde μ_0 é chamado de permeabilidade do espaço. Podemos expressar esses dois resultados bem conhecidos de forma compacta usando os vetores unitários em coordenadas cilíndricas polares:

$$\mathbf{E} = \frac{2k\lambda}{\rho}\hat{\boldsymbol{\rho}} \quad \text{e} \quad \mathbf{B} = \frac{\mu_0}{2\pi}\frac{I}{\rho}\hat{\boldsymbol{\phi}}. \tag{15.147}$$

Ambos os campos estão esboçados na Figura 15.16(a).

Enquanto a dedução usando as Leis de Gauss e Ampère é imediata, é instrutivo deduzir novamente os mesmos resultados transformando para um referencial S' viajando com as cargas. Em S', não há corrente, assim o único campo é o campo elétrico radial, $E' = 2k\lambda'/\rho'$, como ilustrado na Figura 15.16(b). Esse campo está na direção do vetor unitário $\hat{\boldsymbol{\rho}}' = (x'/\rho', y'/\rho', 0)$, então podemos escrever

$$\mathbf{E}' = \frac{2k\lambda'}{\rho'}\hat{\boldsymbol{\rho}}' = \frac{2k\lambda'}{\rho'^2}(x', y', 0). \tag{15.148}$$

Antes de transformarmos de volta para o referencial original S, devemos lembrar que a densidade de carga λ e λ' não são as iguais: a carga total contida em qualquer segmento do eixo z deve ser a mesma em ambos os referenciais (invariância da carga), de modo que $\lambda \Delta z = \lambda' \Delta z'$, mas, devido à contração do comprimento, $\Delta z = \Delta z'/\gamma$. Portanto,

$$\lambda = \gamma \lambda'. \tag{15.149}$$

(a) Referencial S (b) Referencial S'

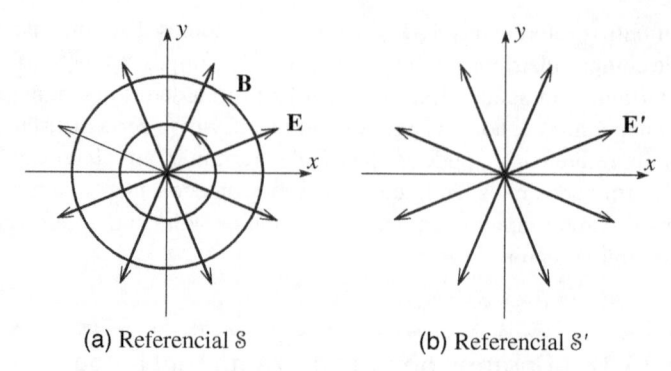

Figura 15.16 Os campos produzidos por uma linha de carga sobre o eixo z. **(a)** No referencial S, a linha de carga está se movendo para cima, para fora da página. Essa forma uma corrente, que produz um campo B circulando em torno do eixo z – além da existência do campo E, que é radial saindo do eixo z. **(b)** O referencial S' é o referencial de repouso das cargas, logo, não há corrente e, por isso, nenhum campo B – apenas o campo radial E.

Devemos agora transformar os campos $\mathbf{E}'$, dados por (15.148) e $\mathbf{B}' = 0$ de volta ao referencial S. Para fazer isso, observe primeiro que S' está viajando ao longo do eixo z de S (não o eixo x, como no boost padrão). Logo, devemos primeiro reescrever (15.146) para um boost ao longo do eixo z. Devemos, então, determinar a inversa da transformação (visto que desejamos os campos originais sem as plicas em termos dos campos com as plicas). O resultado é, como você pode facilmente verificar,

$$E_1 = \gamma(E'_1 + \beta c B'_2), \quad E_2 = \gamma(E'_2 - \beta c B'_1), \quad E_3 = E'_3$$
$$B_1 = \gamma(B'_1 - \beta E'_2/c), \quad B_2 = \gamma(B'_2 + \beta E'_1/c), \quad B_3 = B'_3. \quad (15.150)$$

Substituindo $\mathbf{B}' = 0$ e as componentes de $\mathbf{E}'$ de (15.148), obtemos

$$\mathbf{E} = \gamma \frac{2k\lambda'}{\rho^2}(x, y, 0) = \frac{2k\lambda}{\rho}\hat{\rho}. \quad (15.151)$$

Quando escrevi a primeira igualdade, usei o fato de que x e y e, portanto, $\rho = \sqrt{x^2 + y^2}$, são invariantes sob um boost na direção z; no segundo, substituí $\gamma \lambda'$ por λ. Isso está exatamente de acordo com o campo E encontrado em (15.147).

Analogamente, substituindo $\mathbf{B}' = 0$ e (15.148) na expressão para $\mathbf{B}$ em (15.150), determinamos o campo magnético

$$\mathbf{B} = \gamma\beta \frac{2k\lambda'}{c\rho^2}(-y, x, 0).$$

Se fizermos as substituições $\gamma\lambda' = \lambda$, $\beta = v/c$, $k/c^2 = 1/(4\pi\epsilon_0 c^2) = \mu_0/4\pi$ e $(-y/\rho, x/\rho, 0) = \hat{\phi}$, este torna-se

$$\mathbf{B} = \frac{\mu_0}{2\pi}\frac{\lambda v}{\rho}\hat{\phi} \quad (15.152)$$

e, como $\lambda v = I$, a corrente, isso é exatamente o mesmo que o campo $\mathbf{B}$ em (15.147). A característica surpreendente dessa dedução de $\mathbf{B}$ é que ela não fez menção à lei de

Ampère. A lei de Gauss no referencial S', combinada com a transformação de Lorentz dos campos, forneceu o resultado que normalmente vemos com uma expressão da lei de Ampère.

Com esse exemplo impressionante do comportamento do campo eletromagnético perante a transformação de Lorentz, devo concluir minha breve incursão na eletrodinâmica relativística. Você pode explorar alguns outros aspectos nos problemas ao final deste capítulo e, depois disso, pode ler os excelentes livros de Griffiths e de Jackson.[31]

PRINCIPAIS DEFINIÇÕES E EQUAÇÕES

Dilatação temporal

Se dois eventos, observados no referencial S_0, ocorrerem na mesma posição e estiverem separados por um tempo Δt_0, então o tempo entre eles medido em qualquer outro referencial S será

$$\Delta t = \gamma \, \Delta t_0, \qquad \text{[Eq. (15.11)]}$$

onde $\gamma = 1/\sqrt{1 - \beta^2}$, $\beta = V/c$ e V é a velocidade de S relativa a S_0.

Contração do comprimento

Se, conforme observado no referencial S_0, um corpo está em repouso e tem comprimento l_0, então seu comprimento medido em um referencial S viajando com velocidade $\mathbf{V}$ na direção do comprimento é

$$l = l_0/\gamma. \qquad \text{[Eq. (15.15)]}$$

Comprimentos perpendiculares a $\mathbf{V}$ não variam.

A transformação de Lorentz

As coordenadas de qualquer evento, quando medidas em dois referenciais (na configuração padrão), estão relacionadas pela **transformação de Lorentz**:

$$\left.\begin{aligned} x' &= \gamma(x - Vt) \\ y' &= y \\ z' &= z \\ t' &= \gamma(t - Vx/c^2) \end{aligned}\right\} \qquad \text{[Eq. (15.20)]}$$

A inversa da transformação de Lorentz é obtida trocando as variáveis com plica pelas sem plica e trocando o sinal de V.

---

[31] O Capítulo 12 de David J. Griffiths, *Introduction to Electrodynamics*, (Terceira edição, Prentice Hall, 1999) está aproximadamente no nível deste livro, mas, naturalmente, enfatiza a eletrodinâmica de forma mais detalhada. *Classical Eletrodynamics*, de J. D. Jackson, é um texto no nível de pós-graduação, que você pode abordar depois de ter lido o livro de Griffiths.

Fórmula da adição de velocidades

As velocidades de um único objeto, quando medidas em dois referenciais (na configuração padrão), estão relacionadas pela **fórmula da adição de velocidades**

$$v'_x = \frac{v_x - V}{1 - v_x V/c^2}, \quad v'_y = \frac{v_y}{\gamma(1 - v_x V/c^2)} \quad \text{e} \quad v'_z = \frac{v_z}{\gamma(1 - v_x V/c^2)}.$$

[Eqs. (15.26) e (15.27)]

Quadrivetores

Se reescrevermos as coordenadas (x, y, z) como (x_1, x_2, x_3) e introduzirmos $x_4 = ct$, então os quadrivetores $x = (x_1, x_2, x_3, x_4)$ representarão os pontos em um **espaço-tempo** quadrimensional. Se concordarmos em organizar as componentes de x em um coluna 4×1, então as transformações de Lorentz tornam-se "rotações" da forma $x' = \Lambda x$, onde Λ é uma matriz 4×4. Um quadrivetor é qualquer conjunto de quatro números, $q = (q_1, q_2, q_3, q_4)$ (um conjunto para cada referencial inercial) que se transforma na forma

$$q' = \Lambda q. \quad \text{[Seção 15.8]}$$

O produto escalar invariante

O **produto escalar** de dois quadrivetores x e y é definido como

$$x \cdot y = x_1 y_1 + x_2 y_2 + x_3 y_3 - x_4 y_4 \quad \text{[Eq. (15.50)]}$$

e é invariante sob transformações de Lorentz. O produto escalar de um vetor com ele mesmo é escrito como $x \cdot x = x^2$.

O cone de luz

O cone de luz de um ponto Q no espaço-tempo consiste em todos os raios de luz através de Q; equivalentemente, ele contém todos os pontos P com $(x_P - x_Q)^2 = 0$. [Seção 15.10]

O efeito Doppler relativístico

A luz de uma fonte viajando com velocidade **V** relativa a um referencial S é observada em um ângulo θ (θ = ângulo entre **V** e o raio de luz). Se a frequência da luz, medida no referencial de repouso da fonte for ω_0, a frequência observada em S é

$$\omega = \frac{\omega_0}{\gamma(1 - \beta \cos \theta)}. \quad \text{[Eq. (15.64)]}$$

Massa, quadrivelocidade, quadrimomento e energia

A **massa** (invariante) de um objeto é definida como a massa de repouso. A **quadrivelocidade** é

$$u = \frac{dx}{dt_0} = \gamma(\mathbf{v}, c). \quad \text{[Eqs. (15.66) e (15.67)]}$$

O quadrimomento é

$$p = mu = (\gamma m\mathbf{v}, \gamma mc) = (\mathbf{p}, E/c).\qquad \text{[Eqs. (15.68), (15.70) e (15.75)]}$$

Três relações úteis

$$\beta = \mathbf{p}c/E,\quad p \cdot p = -(mc)^2 \quad \text{e} \quad E^2 = (mc^2)^2 + (\mathbf{p}c)^2.\qquad \text{[Eqs. (15.83)–(15.85)]}$$

Triforças e quadriforças

A **triforça F** e a **quadriforça** K sobre uma partícula são

$$\mathbf{F} = \frac{d\mathbf{p}}{dt} \quad \text{e} \quad K = \frac{dp}{dt_o}.\qquad \text{[Eqs. (15.100) e (15.107)]}$$

Partículas sem massa

Com $m = 0$, uma partícula sem massa tem

$$E = |\mathbf{p}|c,\quad v = c \quad \text{e} \quad p^2 = 0.\qquad \text{[Eqs. (15.111)–(15.113)]}$$

Transformação dos campos eletromagnéticos

Sob o boost padrão, os campos elétricos e magnéticos se transformam como segue:

$$\begin{aligned} E'_1 &= E_1, & E'_2 &= \gamma(E_2 - \beta c B_3), & E'_3 &= \gamma(E_3 + \beta c B_2) \\ B'_1 &= B_1, & B'_2 &= \gamma(B_2 + \beta E_3/c), & B'_3 &= \gamma(B_3 - \beta E_2/c). \end{aligned} \qquad \text{[Eq. (15.146)]}$$

PROBLEMAS

Estrelas indicam o nível de dificuldade, do mais fácil (★) ao mais difícil (★★★).

SEÇÃO 15.2   Relatividade Galileana

15.1★ Usando argumentos similares aos da Seção 15.2, mostre que a primeira e terceira leis de Newton são invariantes sob a transformação Galileana.

15.2★ Considere uma colisão inélastica clássica da forma $A + B \to C + D$. (Por exemplo, poderia ser uma colisão do tipo $Na + Cl \to Na^+ + Cl^-$, na qual dois átomos do nêutron trocam um elétron e tornam-se íons carregados opostamente.) Mostre que a lei de conservação do momento clássico é invariante sob a transformação Galileana se e somente se a massa total for conservada – como é certamente verdade na mecânica clássica. (Devemos encontrar na relatividade que a definição clássica de momento deve ser modificada e a massa total *não é* conservada.)

SEÇÃO 15.4 A relatividade do tempo: dilatação do tempo

15.3★ Um satélite de baixa altitude viaja com cerca de 800 m/s. Qual é o fator γ para esta velocidade? Observado do solo, por quanto um relógio viajando a esta velocidade difere de um relógio no solo após uma hora (medida pelo relógio da Terra)? Qual é a diferença percentual?

15.4★ Qual é o fator γ para a velocidade de $0,99c$? Observado do solo, por quanto diferiria um relógio viajando com esta velocidade com relação a um relógio no solo, após uma hora (isto é, uma hora medida pelo relógio do solo)?

15.5★ Um explorador espacial A parte com uma velocidade uniforme de $0,95c$ com respeito a uma estrela distante. Depois de explorar a estrela por um pequeno intervalo de tempo, ele retorna com a mesma velocidade e chega em casa depois de uma ausência total de 80 anos (conforme medido pelos observadores da Terra). Quanto tempo o relógio de A informa que ele esteve fora, e por quanto ele envelheceu quando comparado ao seu irmão gêmeo B que permaneceu na Terra?

[*Observação*: Este é o famoso "paradoxo dos gêmeos". É muito fácil obter a resposta correta pela inserção criteriosa de um fator γ no lugar certo, mas, para entendê-lo, você precisa reconhecer que ele envolve *três* referenciais inerciais: o referencial preso à Terra S, o referencial S' do foguete de longo percurso e o referencial S'' do foguete ao retornar. Obtenha a fórmula de dilatação temporal para as duas metades da jornada e então some-as. Observe que o experimento *não* é simétrico entre os dois gêmeos: B permanece em repouso no referencial inercial S, mas A ocupa pelo menos dois referenciais diferentes. Isso é o que permite o resultado não ser simétrico.]

15.6★ Quando retorna seu foguete de aluguel a Hertz depois de uma semana viajando pela galáxia, Spock fica chocado com a conta pelas três semanas do aluguel. Assumindo que ele viajou em uma linha reta indo e voltando, sempre com a mesma velocidade, a que velocidade ele esteve viajando? (Veja a observação do Problema 15.5.)

15.7★★ Os múons criados pelos raios cósmicos na atmosfera superior caem mais ou menos uniformemente sobre a superfície da Terra, embora alguns deles decaiam em seu caminho para baixo, com uma meia-vida de cerca de 1,5 μs (medido em seus referenciais de repouso). Um detector de múons é transportado por um balão a uma altitude de 2000m e ao longo do trajeto de uma hora deteta 650 múons viajando com $0,99c$ em direção à Terra. Se um detector idêntico permanece ao nível do mar, quantos múons ele deve registrar em uma hora? Calcule a resposta levando em consideração a dilatação temporal relativística e também classicamente. (Lembre-se de que, depois de n meias-vidas, 2^{-n} das partículas originais sobrevivem.) Não precisamos afirmar que a resposta relativística está de acordo com experimentos.

15.8★★ O píon (π^+ ou π^-) é uma partícula instável que decai com uma meia-vida própria de $1,8 \times 10^{-8}$ s. (Esta é a meia-vida medida no referencial de repouso do píon.) **(a)** Qual é a meia-vida do píon medida em um referencial S onde ele está viajando com $0,8c$? **(b)** Se 32.000 píons são criados no mesmo local, todos viajando com esta velocidade, quantos irão permanecer depois de eles terem viajado em um tubo com vácuo de comprimento $d = 36$ m? Lembre-se de que, depois n meias-vidas, 2^{-n} das partículas originais sobrevivem. **(c)** Qual teria sido a resposta se você tivesse ignorado a dilatação do tempo? (Naturalmente, é a resposta (b) que está de acordo com experimentos.)

15.9★★ Uma forma de se estabelecer o sistema de relógios sincronizados em um referencial S, como descrito no início da Seção 15.4, seria o observador chefe intimar todos os seus auxiliares à origem e sincronizar os seus relógios lá, e então fazê-los viajar *muito lentamente* para as posições que lhes foram atribuídas. Mostre essa afirmação da seguinte forma: suponha que, para um certo observador, seja atribuída uma posição P a uma distância d da origem. Se ele viajar a uma velocidade constante V, quando ele alcançar P, por quanto o seu relógio irá diferir do relógio do observador chefe em O? Mostre que essa diferença tende a 0 quando $V \to 0$.

15.10★★★ A dilatação do tempo implica que, quando um relógio se move, relativo a um referencial S, medições cuidadosas realizadas por observadores em S irão notar que o relógio está funcionando mais lentamente. Isso não é de forma alguma a mesma coisa que dizer que um único observador em S irá *ver* o relógio funcionando mais lentamente, e esta última declaração nem sempre é verdadeira. Para entendermos isso, lembre que o que vemos é determinado pela luz uma vez que ela alcança nossos olhos. Considere uma observadora posicionada ao lado do eixo x quando um relógio se aproxima dela com velocidade V ao longo do eixo. À medida que o relógio se move da posição A até a B, é registrado um tempo Δt_o, mas, conforme medido pelos observadores auxiliares, o tempo entre os dois eventos ("relógio em A" e "relógio em B") é $\Delta t = \lambda \, \Delta t_o$. Entretanto, como B está mais próximo do observador do que A, a luz do relógio em B irá alcançar o observador em um tempo mais curto do que a luz proveniente de A. Portanto, o tempo Δt_{ver} entre os observadores *verem* o relógio A e *verem* o relógio B é menor do que Δt. **(a)** Mostre que

$$\Delta t_{ver} = \Delta t(1-\beta) = \Delta t_o \sqrt{\frac{1-\beta}{1+\beta}}$$

(que é menor do que Δt_o). Mostre ambas as igualdades. **(b)** Que instante de tempo a observadora verá uma vez que o relógio tenha passado por ela e esteja se movendo para longe?

A moral deste problema é que você deve cuidar como declara ou pensa sobre a dilatação temporal. É apropriado dizer que "relógios em movimento são observados, ou medidos, funcionando mais lentamente", mas é definitivamente errado dizer "relógios em movimento são vistos funcionando mais lentamente".

SEÇÃO 15.5 Contração do comprimento

15.11★ Quando uma trena se move passando por mim (com velocidade **v** paralela à trena), meço seu comprimento como sendo 80 cm. Qual é o valor de v?

15.12★★ Considere o experimento do Problema 15.8 do ponto de vista do referencial de repouso dos píons. Qual é a meia-vida dos píons neste referencial? No item (b), qual o tamanho do tubo conforme "visto" pelos píons e quanto tempo eles levam para percorrer? Quantos píons permanecem ao final desse tempo? Compare com a resposta do Problema 15.8 e descreva como os dois argumentos diferentes conduzem ao mesmo resultado.

15.13★★ **(a)** Uma trena está em repouso no referencial S_o, o qual está viajando com velocidade $V = 0{,}8c$ na configuração padrão relativa ao referencial S. **(a)** A trena está no plano $x_o y_o$ e faz um ângulo $\theta_o = 60°$ com o eixo x_o (medido em S_o). Qual é o comprimento l medido em S, e qual é o ângulo θ com o eixo x? [*Sugestão*: pode ser útil pensar na trena como sendo a hipotenusa de um triângulo 30−60−90 de madeira.] **(b)** Qual é o comprimento l se $\theta = 60°$? Qual é θ_o em qualquer caso?

15.14★★★ Da mesma forma que a dilatação do tempo, a contração do comprimento não pode ser *vista* diretamente por um único observador. Para explicar essa afirmação, imagine uma haste de comprimento próprio l_o movendo-se ao longo do eixo x do referencial S e um observador posicionado longe do eixo x e à direita de haste completa. Medições cuidadosas do comprimento da haste em qualquer instante, no referencial $\mathcal{S}$ dariam, certamente, o resultado $l = l_0/\gamma$. **(a)** Explique claramente por que a luz que atinge os olhos do observador a qualquer instante deve ter partido dos dois pontos extremos A e B da haste em *instantes direfentes*. **(b)** Mostre que o observador veria (e uma câmera gravaria) um comprimento maior do que l. [Auxilia imaginar que o eixo x está marcado com uma escala de graduação.] **(c)** Mostre que, se o observador está parado próximo ao lado da trajetória, ele verá um comprimento que é na realidade maior do que l_0, ou seja, a contração do comprimento é distorcida para uma expansão.

SEÇÃO 15.6   A transformação de Lorentz

15.15★ Resolva as equações de transformação de Lorentz (15.20) para obter x, y, z, t em termos de x', y', z', t'. Certifique-se de que você obtém a inversa da transformação de Lorentz (15.21). Observe que você poderia ter encontrado o mesmo resultado pela troca das variáveis com as plicas pelas sem as plicas e trocado V por $-V$.

15.16★ Considere dois eventos que ocorrem nas posições $\mathbf{r}_1$ e $\mathbf{r}_2$ e instantes t_1 e t_2. Sejam $\Delta \mathbf{r} = \mathbf{r}_2 - \mathbf{r}_1$ e $\Delta t = t_2 - t_1$. Deduza a transformação de Lorentz para $\mathbf{r}_1$ e t_1 e, da mesma forma, para $\mathbf{r}_2$ e t_2, e deduza a transformação $\Delta \mathbf{r}$ e Δt. Observe que as diferenças $\Delta \mathbf{r}$ e Δt se transformam exatamente da mesma forma que $\mathbf{r}$ e t. Essa importante propriedade segue da linearidade da transformação de Lorentz.

15.17★ Considere dois eventos que ocorrem simultaneamente em $t = 0$ no referencial $\mathcal{S}$, ambos sobre o eixo x em $x = 0$ e $x = a$, respectivamente. **(a)** Determine os tempos dos dois eventos conforme medido no referencial $\mathcal{S}'$ viajando na direção positiva do eixo x com velocidade V. **(b)** Faça o mesmo para um segundo referencial $\mathcal{S}''$ viajando com velocidade V, mas no sentido negativo ao longo de x. Comente a ordenação do tempo dos dois eventos quando vista nos três referenciais diferentes. Esse resultado surpreendente está discutido em mais detalhes na Seção 15.10.

15.18★★ Use a inversa da transformação de Lorentz (15.21) para deduzir novamente a fórmula da dilatação do tempo (15.8). [*Sugestão*: considere novamente o experimento imaginário da Figura 15.3 com o flash e o bipe que ocorre na mesma posição quando vistos no referencial $\mathcal{S}'$.]

15.19★★ Um viajante em um foguete de comprimento próprio $2d$ estabelece um sistema de coordenadas $\mathcal{S}'$ com a sua origem O' presa exatamente no meio do foguete e o eixo x' ao longo do comprimento do foguete. Quando $t' = 0$ ela provoca um flash em O'. **(a)** Obtenha as coordenadas x'_I, t'_I e x'_F, t'_F para a chegada da luz no início e no fim do foguete. **(b)** Agora, considere o mesmo experimento observado de um referencial $\mathcal{S}$ relativo ao qual o foguete está viajando com velocidade V (com $\mathcal{S}$ e $\mathcal{S}'$ nas configurações padrão). Use a inversa da transformação de Lorentz para determinar as coordenadas x_I, t_I e x_F, t_F para a chegada dos dois sinais. Explique claramente por que as duas chegadas são simultâneas em $\mathcal{S}'$, mas não em $\mathcal{S}$. Esse fenômeno é chamado a simultaneidade da relatividade.

SEÇÃO 15.7   Fórmula da adição de velocidades relativísticas

15.20★ A primeira lei de Newton pode ser expressa da forma: se um objeto está livre (não está sujeito a qualquer força), então ele se move com velocidade constante. Sabemos que isso é invariante sob a transformação Galileana. Mostre que ela é invariante sob a transformação de Lorentz. [Assuma que ela é verdade em um referencial inercial $\mathcal{S}$ e use a fórmula da adição de velocidades relativísticas para mostrar que ela é também verdade em qualquer outro $\mathcal{S}'$.]

15.21★ Um foguete viajando com velocidade $\frac{1}{2}c$ relativa ao referencial $\mathcal{S}$ lança um projétil para frente, viajando com velocidade $\frac{3}{4}c$ relativa ao foguete. Qual é a velocidade do projétil relativa a $\mathcal{S}$?

15.22★ Um foguete está viajando com velocidade $0,9c$ ao longo do eixo x do referencial $\mathcal{S}$. Ele lança projéteis cuja velocidade $\mathbf{v}'$ (medida no referencial de repouso de $\mathcal{S}'$) é $0,9c$ ao longo do eixo y' de $\mathcal{S}'$. Qual é a velocidade do projétil (magnitude e direção) medido em $\mathcal{S}$?

15.23★ Visto no referencial $\mathcal{S}$, dois foguetes estão se aproximando um do outro ao longo do eixo x, viajando com velocidades iguais e opostas de $0,9c$. Qual é a velocidade do foguete da direita quando medida por observadores que estão no foguete da esquerda? [Este e os dois problemas anteriores ilustram o resultado geral de que, em relatividade, a "soma" de duas velocidades que são menores que c é sempre menor do que c. Veja o Problema 15.43.]

15.24★ Um veículo de fuga de um assaltante, que pode viajar com a velocidade impressionante de $0,8c$, é perseguido por um policial, cujo veículo pode viajar com uma mera velocidade de $0,4c$. Percebendo que ele não pode pegar o assaltante, o policial tenta atirar nele com balas que viajam com $0,5c$ (relativas ao policial). A bala do policial pode atingir o assaltante?

15.25★ Um foguete está viajando com velocidade V ao longo do eixo x do referencial $\mathcal{S}$. Ele emite um sinal (por exemplo, um pulso de luz) que viaja com velocidade c ao longo do eixo y' do referencial de repouso de $\mathcal{S}'$. Qual é a velocidade do sinal medida em $\mathcal{S}$?

15.26★ Dois objetos A e B estão se aproximando um do outro, viajando em direções opostas ao longo do eixo x do referencial $\mathcal{S}$, com velocidade v_A e v_B. No instante $t = 0$, eles estão nas posições $x = 0$ e $x = d$. Obtenha as suas posições para um instante t arbitrário e mostre que eles se encontram no instante $t = d/(v_A + v_B)$. Observe que isso implica que a velocidade relativa dos dois objetos é $v_A + v_B$ medida no referencial $\mathcal{S}$, no qual eles estão se movendo. Isso pode parecer surpresa em um primeiro momento, visto que podemos claramente escolher valores de v_A e v_B para os quais esta velocidade relativa seja maior do que c[32].

15.27★★★ O referencial $\mathcal{S}'$ viaja com velocidade V_1 ao longo do eixo x do referencial $\mathcal{S}$ (na configuração padrão). O referencial $\mathcal{S}''$ viaja com velocidade V_2 ao longo do eixo x' do referencial $\mathcal{S}'$ (também na configuração padrão). Aplicando a transformação de Lorentz padrão duas vezes, determine as coordenadas x'', y'', z'', t'' de qualquer evento em termos de x, y, z, t. Mostre que essa transformação é de fato a tranformação de Lorentz padrão com velocidade V dada pela "soma" relativística de V_1 e V_2.

15.28★★★ A fórmula de adição de velocidades relativísticas é a resposta à seguinte questão: se $\mathbf{u}$ é a velocidade de um observador inercial B relativa a um observador A e $\mathbf{v}$ é a velocidade de C relativa a B, qual é a velocidade $\mathbf{w}$ de C relativa a A? Vamos denotar a resposta por $\mathbf{w} =$ "$\mathbf{u} + \mathbf{v}$". Na física clássica, isso é justamente a soma ordinária dos vetores $\mathbf{u}$ e $\mathbf{v}$; na relatividade, ela é dada pela inversa das fórmulas da adição de velocidades (15.26) e (15.27) (pelo menos, para o caso em que $\mathbf{u}$ aponta ao longo do eixo x) Considerando $\mathbf{u} = (u, 0, 0)$ e $\mathbf{v} = (0, v, 0)$, obtenha as componentes de "$\mathbf{u} + \mathbf{v}$" e também de "$\mathbf{v} + \mathbf{u}$". [Seja cuidadoso ao distinguir entre os fatores γ_u e γ_v pertinentes a u e v, respectivamente.] Mostre que "$\mathbf{u} + \mathbf{v}$" $\neq$ "$\mathbf{v} + \mathbf{u}$", mas que os dois vetores possuem magnitudes iguais e diferem apenas por uma rotação em

---

[32] Entretanto, isso não viola qualquer princípio da relatividade. Veremos que nenhum objeto pode ter velocidade maior que c relativa a qualquer referencial inercial, mas não há nada que proíba *dois* objetos de terem velocidade relativa maior que c, quando medida no referencial onde ambos estão se movendo.

torno do eixo z. Essa rotação é algumas vezes chamada de rotação de Wigner e é a causa da chamada precessão de Thomas, que tem um efeito importante sobre a estrutura fina dos níveis de energia atômica.

SEÇÃO 15.8 Espaço-tempo quadrimensional: quadrivetores

15.29★ (a) Determine a matriz 3×3 $\mathbf{R}(\theta)$ que gira o espaço tridimensional em torno do eixo x_3, de modo que $\mathbf{e}_1$ gira por um ângulo θ em direção a $\mathbf{e}_2$. (b) Mostre que $[\mathbf{R}(\theta)]^2 = \mathbf{R}(2\theta)$ e interprete o resultado.

15.30★ O "ângulo" ϕ introduzido em relação à Equação (15.40) possui várias propriedades úteis. Para qualquer velocidade $v < c$ (com fatores β e γ respectivamente) podemos definir ϕ de modo que $\gamma = \cosh \phi$. Definido dessa forma, ϕ é chamado de **rapidez** de v. Mostre que $\operatorname{senh} \phi = \beta \gamma$ e $\tanh \phi = \beta$.

15.31★ Aqui, está uma conveniente propriedade da rapidez introduzida no Problema 15.30: suponha que o observador B tenha rapidez ϕ_1 medida por A e que C tenha rapidez medida por B (com ambas as velocidades ao longo do eixo x). Isto é, a velocidade de B relativa a A tem $\beta_1 = \tanh \phi_1$ e assim por diante. Mostre que a rapidez de C medida por A é exatamente $\phi = \phi_1 + \phi_2$.

15.32★ Na Seção 15.8, declarei que a matriz 4×4 Λ_R correspondente a uma rotação pura tem a forma do bloco (15.44). Verifique esta declaração expressando as componentes separadamente da equação $x' = \Lambda_R x$ e mostrando que a parte espacial (x_1, x_2, x_3) é rotacionada, enquanto x_4 é inalterado.

15.33★★ (a) Intercambiando x_1 e x_2, obtenha a transformação de Lorentz para um boost de velocidade V ao longo do eixo x_2 e a correspondente matriz 4×4 Λ_{B2}. (b) Obtenha as matrizes 4×4 Λ_{R+} e Λ_{R-} que representam rotações do plano $x_1 x_2$ por $\pm \pi/2$, com o ângulo de rotação medido no sentido anti-horário. (c) Verifique se $\Lambda_{B2} = \Lambda_{R-} \Lambda_{B1} \Lambda_{R+}$, onde Λ_{B1} é o boost padrão ao longo do eixo x_1 e interprete o resultado.

15.34★★ Seja $\Lambda_B(\theta)$ denotando a matriz 4×4 que fornece um boost puro na direção que forma um ângulo θ com o eixo x_1 no plano $x_1 x_2$. Explique por que isso pode ser determinado por $\Lambda_B(\theta) = \Lambda_R(-\theta) \Lambda_B(0) \Lambda_R(\theta)$, onde $\Lambda_R(\theta)$ denota a matriz que gira o plano $x_1 x_2$ por um ângulo θ e $\Lambda_B(0)$ é o boost padrão ao longo do eixo x_1. Use este resultado para determinar $\Lambda_B(\theta)$ e verifique seu resultado encontrando o movimento da origem espacial do referencial $\mathcal{S}$ quando observado por $\mathcal{S}'$.

15.35★★ Mostre o proveitoso resultado a seguir, chamado de *teorema da componente zero*: seja q um quadrivetor e suponha que uma componente de q seja encontrada como sendo zero em todas os referenciais inerciais. (Por exemplo, $q_4 = 0$ em todos os referenciais.) Então, todas as quatro componentes de q são zero em todos os referenciais.

SEÇÃO 15.9 Produto escalar invariante

15.36★ Vimos que o produto escalar $x \cdot x$ para qualquer quadrivetor x com ele mesmo é invariante perante transformações de Lorentz. Use a invariância de $x \cdot x$ para mostrar que o produto escalar $x \cdot y$ de quaisquer dois quadrivetores x e y é também invariante.

15.37★ Verifique diretamente que $x' \cdot y' = x \cdot y$ para quaisquer dois vetores x e y, onde x' e y' estão relacionados a x e y pelo boost de Lorentz padrão ao longo do eixo x_1.

15.38** Quando um observador se move através do espaço com posição $\mathbf{x}(t)$, o quadrivetor $(\mathbf{x}(t), ct)$ gera um caminho através do espaço-tempo chamado de linha mundo do observador. Considere dois eventos que ocorrem em ponto P e Q no espaço-tempo. Mostre que, se os dois eventos, medidos pelo observador, ocorrem no mesmo instante de tempo t, então a reta ligando P a Q é ortogonal à linha mundo do observador no instante t, isto é, $(x_P - x_Q) \cdot dx = 0$, onde dx liga dois pontos vizinhos sobre a linha mundo nos instantes t e $t + dt$.

SEÇÃO 15.10 O cone de luz

15.39* Suponha que um ponto P no espaço-tempo, com coordenadas $x = (\mathbf{x}, x_4)$ esteja no interior do cone de luz passado visto no referencial $\mathcal{S}$. Isso significa que $x \cdot x < 0$ e $x_4 < 0$, pelo menos no referencial $\mathcal{S}$. Mostre que essas duas condições são satisfeitas em todos os referenciais. Como isso significa que todos os observadores concordam que $t < 0$, isso justifica chamar a parte interior do cone de luz passado de passado absoluto.

15.40* Mostre que a declaração de que um ponto no espaço-tempo está sobre o cone de luz futuro é um invariante de Lorentz.

15.41* Na proposição da Seção 15.10, está óbvio que pelo menos uma das três afirmações tem que ser verdadeira. Na demonstração apresentada lá, mostrei que, se a afirmação (1) for verdadeira, então também o são as afirmações (2) e (3). Para completar a demonstração, mostre que (2) implica (1) e (3). [Estritamente falando, você deve também verificar que (3) implica (1) ou (2), mas isso é tão semelhante ao argumento já dado que você não precisa se preocupar.]

15.42* Mostre que, se x é tipo-tempo e $x \cdot y = 0$, então y é tipo-espaço.

15.43* (a) Mostre que se um corpo tem velocidade $v < c$ em um referencial inercial, então $v < c$ em todos os referenciais. [*Sugestão*: considere o quadrivetor deslocamento $dx = (d\mathbf{x}, cdt)$, onde $d\mathbf{x}$ é o deslocamento tridimensional em um pequeno intervalo de tempo dt.] (b) Mostre, analogamente, que se um sinal (como um pulso de luz) tem velocidade c em um referencial, a sua velocidade é c em todos os referenciais.

15.44** (a) Mostre que se q é tipo-tempo, há um referencial $\mathcal{S}'$ no qual ele tem a forma $q' = (0, 0, 0, q'_4)$. (b) Mostre que se q é tipo-tempo futuro em um referencial $\mathcal{S}$, então ele é tipo-tempo futuro em todos os referenciais.

SEÇÃO 15.11 A regra do quociente e o efeito Doppler

15.45* A regra do quociente deduzida no início da Seção 15.11 é apenas uma de várias regras do quociente similares. Aqui está outra. Suponha que k e x sejam ambos conhecidos como quadrivetores e que em todo referencial inercial k seja um múltiplo de x. Isto é, $k = \lambda x$ no referencial $\mathcal{S}$ e $k' = \lambda' x'$ no referencial $\mathcal{S}'$, e assim por diante. Então, o fator λ (o "quociente" de k por x) é de fato um quadriescalar com o mesmo valor em todos os referenciais, $\lambda = \lambda'$. Mostre essa regra do quociente.

15.46* (a) Mostre que no caso em que a fonte está se aproximando frontalmente do observador, a fórmula de Doppler (15.64) pode ser reescrita como $\omega = \omega_0 \sqrt{(1+\beta)/(1-\beta)}$. (b) Qual é o resultado correspondente para o caso em que a fonte está se afastando frontalmente do observador?

15.47* Considere a lenda do físico que foi multado por ultrapassar um sinal vermelho e argumentou que, como ele estava se aproximando do cruzamento, a luz vermelha sofreu um efeito

Doppler e pareceu verde. A que velocidade ele deveria estar para ter ultrapassado? ($\lambda_{\text{verm}} \approx$ 650 nm e $\lambda_{\text{verde}} \approx 530$ nm.)

15.48★★ O fator γ na fórmula de Doppler (15.64), que pode ser atribuido à dilatação do tempo, significa que quando $\theta = 90°$ há um desvio Doppler. (Na física clássica, não há desvio Doppler quando $\theta = 90°$ e a fonte possui velocidade nula na direção do observador.) Este *desvio Doppler transversal* é, portanto, um teste da dilatação do tempo e tem resultado em alguns testes bastante acurados da teoria. Entretanto, exceto quando a fonte está se movendo muito próxima da velocidade da luz, o desvio transversal é bem pequeno. **(a)** Se $V = 0{,}2c$, qual é o percentual de desvio quando $\theta = 90°$? **(b)** Compare este com o desvio quando a fonte se aproxima frontalmente do observador.

SEÇÃO 15.12   Massa, quadrivelocidade e quadrimomento

15.49★ Mostre que a quadrivelocidade de qualquer objeto tem o quadrado do comprimento invariante, $u \cdot u = -c^2$.

15.50★ Para quaisquer dois objetos a e b, mostre que o produto escalar de suas quadrivelocidades é $u_a \cdot u_b = -c^2 \gamma(v_{\text{rel}})$, onde $\gamma(v)$ denota o fator usual, $\gamma(v) = 1/\sqrt{1 - v^2/c^2}$, e v_{rel} denota a velocidade de a no referencial de repouso de b ou vice-versa.

15.51★★ **(a)** Para a colisão apresentada na Figura 15.11, verifique que as quatro componentes do quadrimomento total $p_a + p_b$ [com os momentos individuais definidos relativísticamente como em (15.68)] são conservadas no referencial $\mathcal{S}$ da parte (a). **(b)** Em duas linhas ou menos, mostre que o quadrimomento total é conservado no referencial $\mathcal{S}'$ da parte (b). [Este problema, claramente, não prova que a lei de conservação do quadrimomento é em geral verdadeira, mas pelo menos, ele mostra que a lei é consistente com a colisão da Figura 15.11.]

15.52★★ **(a)** Suponha que o trimomento total $\mathbf{P} = \sum \mathbf{p}$ de um sistema isolado seja conservado em todos os referenciais inerciais. Mostre que se isso é verdade (o que é), então a quarta componente P_4 o quadrimomento total $P = (\mathbf{P}, P_4)$ *tem* que ser também conservada. **(b)** Usando o teorema da componente zero do Problema 15.35, você pode mostrar o seguinte resultado, ainda mais forte, muito rapidamente: se qualquer uma das componentes do quadrimomento total P é conservada em todos os referenciais, então *as quatro* componentes são conservadas.

15.53★★ Para quaisquer dois objetos a e b, mostre que

$$p_a \cdot p_b = m_a E_b = m_b E_a = m_a m_b c^2 \gamma(v_{\text{rel}}),$$

onde m_a é a massa de a e E_b é a energia de b no referencial de repouso de a, e vice-versa, e v_{rel} é a velocidade de a no referencial de repouso de b (ou vice-versa).

15.54★★★ **(a)** Usando as fórmulas relativísticas atuais, construa uma tabela mostrando as quatro velocidades vistas no referencial $\mathcal{S}'$ da colisão na Figura 15.11(b), em termos da velocidade inicial de a em $\mathcal{S}$. [Forneça a esta última um nome simples, tal como $\mathbf{v}_a = (\xi, \eta, 0)$.] **(b)** Introduza uma coluna mostrando o momento total clássico $m_a \mathbf{v}'_a + m_b \mathbf{v}'_b$ antes e depois da colisão, e mostre que a componente y do momento clássico *não* é conservada em $\mathcal{S}'$.

15.55★★★ Como a quadrivelocidade $u = \gamma(\mathbf{v}, c)$ é um quadrivetor, as suas propriedades de transformação são simples. Obtenha o boost padrão de Lorentz para todas as componentes de u. Use-as para deduzir a fórmula da adição de velocidades relativísticas para $\mathbf{v}$.

SEÇÃO 15.13 Energia: a quarta componente do momento

15.56★ Quando o oxigênio se combina com o hidrogênio em uma reação (15.80) cerca de 5 eV de energia é liberada (isto é, a energia cinética das duas moléculas finais é 5 eV maior do que as das três moléculas iniciais). **(a)** Quanto a massa de repouso total da molécula varia? **(b)** Qual é a variação fracional na massa total? **(c)** Se tivéssemos que formar 10 gramas de água por meio desta reação, qual seria a variação total na massa?

15.57★ Quando um núcleo radioativo de astatínio 215 decai em repouso, o átomo completo se reparte em dois pela reação

$$^{215}\text{At} \rightarrow {}^{211}\text{Bi} + {}^{4}\text{He}.$$

As massas dos três átomos são (na ordem) 214,9986; 210,9873 e 4,0026, todas em unidades de massa atômica. (1 unidade de massa atômica = $1{,}66 \times 10^{-27}$ kg = 931,5 MeV/c^2.) Qual é a energia cinética total dos dois átomos resultantes, em joules e em MeV?

15.58★ **(a)** Qual é a velocidade de uma partícula se a sua energia cinética T for igual a sua energia de repouso? **(b)** Qual será o valor se a sua energia for igual a n vezes a sua energia de repouso?

15.59★ Se definimos uma massa variável $m_{\text{var}} = \gamma m$, então o momento relativístico $\mathbf{p} = \gamma m \mathbf{v}$ torna-se $m_{\text{var}}\mathbf{v}$, que se parece bem mais com a definição clássica. Mostre, entretanto, que a energia cinética relativística *não* é igual a $\frac{1}{2}m_{\text{var}}v^2$.

15.60★ Uma partícula de massa m_a decai no repouso em duas partículas idênticas, cada uma com massa m_b. Use a conservação do momento e da energia para determinar a velocidade das partículas resultantes.

15.61★ Uma partícula de massa 3 MeV/c^2 tem momento 4 MeV/c. Quais são a sua energia (em MeV) e velocidade (em unidades de c)?

15.62★ Uma partícula de massa 12 MeV/c^2 tem energia cinética de 1 MeV. Quais são o seu momento (em MeV/c) e a sua velocidade (em unidades de c)?

15.63★ **(a)** Qual é a massa de 1 MeV/c^2 em quilogramas? **(b)** Qual é o momento de 1 MeV/c em kg·m/s?

15.64★ Medido no referencial inercial S, um próton tem quadrimomento p. Também medido em S, um observador em repouso no referencial S' tem quadrivelocidade u. Mostre que a energia do próton, medida por esse observador, é $-u \cdot p$.

15.65★★ A energia cinética relativística de uma partícula é $T = (\gamma - 1)mc^2$. Use a série binomial para expressar T como uma série de potências de $\beta = v/c$. **(a)** Verifique que o primeiro termo é a energia cinética não relativísitca e mostre que para a ordem mais baixa em β a diferença entre as energias cinéticas relativística e a não relativística é $3\beta^4 mc^2/8$. **(b)** Use esse resultado para determinar a velocidade máxima na qual o valor não relativístico está dentro de 1% do valor relativístico correto.

15.66★★ Na mecânica não relativística, a energia contém uma constante aditiva arbitrária – a física não modifica com a substituição de $E \rightarrow E +$ constante. Mostre que este não é o caso na mecânica relativística. [*Sugestão*: lembre-se de que é assumido que o quadrimomento p se transforma como um quadrivetor.]

SEÇÃO 15.14 Colisões

15.67★ Duas bolas de massas iguais (m cada) se aproximam uma da outra frontalmente, com velocidades de magnitude $0,8c$, mas em sentidos opostos. A colisão delas é perfeitamente inelástica, assim elas se juntam e formam um único corpo de massa M. Qual é a velocidade do objeto final e qual é a sua massa M?

15.68★ Considere a colisão frontal elástica do Exemplo 15.10, na qual duas partículas (massas m_a e m_b) se aproximam uma da outra viajando ao longo do eixo x, colidem e emergem viajando ao longo do mesmo eixo. No referencial do CM (por sua definição); $\mathbf{p}_a^{in} = -\mathbf{p}_b^{in}$. Use a conservação do momento e da energia para mostrar que $\mathbf{p}_a^{fin} = -\mathbf{p}_a^{in}$, isto é, o momento da partícula a (e da mesma maneira para b) apenas reverte ela mesma no referencial do CM.

15.69★ (a) Mostre que o quadrimomento de qualquer partícula material ($m > 0$) é tipo-tempo futuro. (b) Mostre que a soma de qualquer dois vetores tipo-tempo futuro é também um vetor tipo-tempo futuro e, portanto, que a soma de quaisquer vetores tipo-tempo futuro é ela própria tipo-tempo futuro.

15.70★ (a) Use os resultados do Problema 15.69 para mostrar que para qualquer número de partículas material existe um referencial do CM, isto é, um referencial no qual o trimomento total é zero. (b) Relativamente ao um referencial arbitrário $\mathcal{S}$, mostre que a velocidade do referencial do CM é dada por $\boldsymbol{\beta} = \sum \mathbf{p}c / \sum E$.

15.71★ Uma maneira de se criar partículas exóticas pesadas é planejar uma colisão entre duas partículas mais leves

$$a + b \to d + e + \cdots + g,$$

onde d é a partícula pesada de interesse e $e, \cdots, g$ são outras possíveis partículas produzidas na reação. (Um bom exemplo de tal processo é a produção da partícula ψ no processo $e^+ + e^- \to \psi$, no qual não há outras partículas $e, \cdots, g$.) (a) Assumindo que m_d é mais pesada do que qualquer outra partícula, mostre que a energia mínima (ou limiar) para produzir esta reação no referencial do CM é $E_{cm} \approx m_d c^2$. (b) Mostre que o limiar de energia para produzir a mesma reação no referencial do lab, onde a partícula b está inicialmente em repouso, é $E_{lab} \approx m_d^2 c^2 / 2m_b$. (c) Calcule estas duas energias para o processo $e^+ + e^- \to \psi$, com $m_e \approx 0,5$ MeV/c^2 e $m_\psi \approx 3100$ MeV/c^2. Suas respostas devem explicar por que os físicos de partículas têm tantos problemas e gastos para construir colisores de feixes para experimentos.

15.72★ Um físico louco declara ter observado o decaimento de uma partícula de massa M em duas partículas idênticas de massas m, com $M < 2m$. Em resposta à objeção de que isso viola a conservação de energia, ele responde que se M estivesse viajando rápido o bastante, ela poderia facilmente ter energia maior do que $2mc^2$ e, portanto, poderia decair em duas partículas de massas m. Mostre que ele está errado. [Ele esqueceu-se de que a energia e o momento são conservados. Você pode analisar este problema em termos destas duas leis de conservação, mas é bem mais simples ir para o referencial de repouso de M.]

15.73★★ Considere a colisão elástica frontal do Exemplo 15.10, na qual a velocidade final $\mathbf{v}_b$ da partícula b é dada por (15.95). (a) Mostre que, no caso especial em que as massas são iguais ($m_a = m_b$), $v_b = v_a$, a velocidade inicial da partícula a. Mostre que, neste caso, a velocidade final de a é zero. [Esse resultado para a colisão de massas iguais é bem conhecido na mecânica clássica; você mostrou agora que ele se estende à relatividade.] (b) Mostre que, no limite não relativístico, (15.95) reduz-se a $v_b = 2v_a m_a / (m_a + m_b)$. Fazendo os cálculos não relativísticos necessários, mostre que este está de acordo com a resposta não relativística para colisões elásticas frontais.

15.74★★ Uma partícula viajando ao longo do eixo x positivo do referencial $\mathcal{S}$, com velocidade de $0{,}5c$, decai em duas partículas idênticas, $a \to b + b$, e ambas continuam a viajar sobre o eixo x. **(a)** Sabendo que $m_a = 2{,}5m_b$, determine a velocidade de qualquer uma das partículas b no referencial de repouso da partícula a. **(b)** Fazendo as transformações necessárias sobre o resultado do item (a), determine as velocidades das duas partículas b no referencial original $\mathcal{S}$.

15.75★★ Uma partícula de massa desconhecida M decai em duas partículas de massas conhecidas $m_a = 0{,}5$ GeV$/c^2$ e $m_b = 1{,}0$ GeV$/c^2$, cujos momentos são medidos como sendo $\mathbf{p}_a = 2{,}0$ GeV$/c$ ao longo do eixo x_2 e $\mathbf{p}_b = 1{,}5$ GeV$/c$ ao longo do eixo x_1. (1 GeV $= 10^9$ eV.) Determine a massa desconhecida M e sua velocidade.

15.76★★ A partícula a está perseguindo a partícula b ao longo do eixo x_1 do referncial $\mathcal{S}$. As duas massas são m_a e m_b e as suas velocidades são v_a e v_b (com $v_a > v_b$). Quando a alcança b, elas colidem e coalescem para formar uma única partícula de massa m e velocidade v. Mostre que

$$m^2 = m_a^2 + m_b^2 + 2m_a m_b \gamma(v_a)\gamma(v_b)(1 - v_a v_b/c^2)$$

e determine v.

15.77★★★ Considere a colisão elástica frontal do Exemplo 15.10, na qual a partícula a colide com a partícula b estacionária. Assumindo que $m_a \neq m_b$, mostre que a energia cinética final da partícula a satisfaz $T_a^{\text{fin}} < (m_a - m_b)^2 c^2/2m_b$. [*Sugestão*: olhe para o referencial do CM onde você pode mostrar que o quadrivetor $p_a^{\text{fin}} - p_b^{\text{in}}$ é tipo-tempo, de modo que $(p_a^{\text{fin}} - p_b^{\text{in}})^2 < 0$.] **(b)** O resultado do item (a) implica que se T_a^{in} for grande, quase toda a energia incidente é transferida para b. Isso é bem diferente da situação não relativística. Mostre que na mecânica não relativística a proporção da energia cinética retida por a é fixa, independente de T_a^{in}. Especialmente, $T_a^{\text{fin}} = T_a^{\text{in}}(m_a - m_b)^2/(m_a + m_b)^2$.

15.78★★★ Considere a colisão elástica ilustrada na Figura 15.17. No referencial do lab $\mathcal{S}$, a partícula b está inicialmente em repouso; a partícula a entra com quadrimomento p_a e se espalha com um ângulo θ; a partícula b recua com um ângulo ψ. No referencial do CM $\mathcal{S}'$, as duas partículas se aproximam e emergem com momentos iguais e opostos, e a partícula a se espalha com o ângulo θ'. **(a)** Mostre que a velocidade do CM relativa ao referencial do lab é $\mathbf{V} = \mathbf{p}_a c^2/(E_a + m_b c^2)$. **(b)** Transformando o momento final de a de volta do referencial do CM para o do lab, mostre que

$$\tan\theta = \frac{\text{sen}\,\theta'}{\gamma_V(\cos\theta' + V/v_a')} \quad (15.153)$$

onde v_a' é a velocidade de a no referencial do CM. **(c)** Mostre que, no limite quando todas as velocidades são menores do que c, este resultado concorda com o resultado não relativístico (14.53) (onde $\lambda = m_a/m_b$). **(d)** Reduza agora ao caso em que $m_a = m_b$. Mostre que, nesse caso, $V/v_a' = 1$, e determine uma fórmula tipo (15.153) para $\tan\psi$. **(e)** Mostre que o ângulo entre os dois momentos resultantes é dado por $\tan(\theta + \psi) = 2/(\beta_V^2 \gamma_V \text{sen}\,\theta')$. Mostre que no limite quando $V \ll c$, você recupera o resultado não relativístico bem conhecido $\theta + \psi = 90°$.

SEÇÃO 15.15 Força na relatividade

15.79★ Considere um objeto de massa m (que você pode assumir como constante), agindo sobre ela uma força $\mathbf{F}$. Da definição (15.100), mostre que

$$\mathbf{F} = \gamma m \mathbf{a} + (\mathbf{F} \cdot \mathbf{v})\mathbf{v}/c^2,$$

referencial do lab S   referencial do CM S'

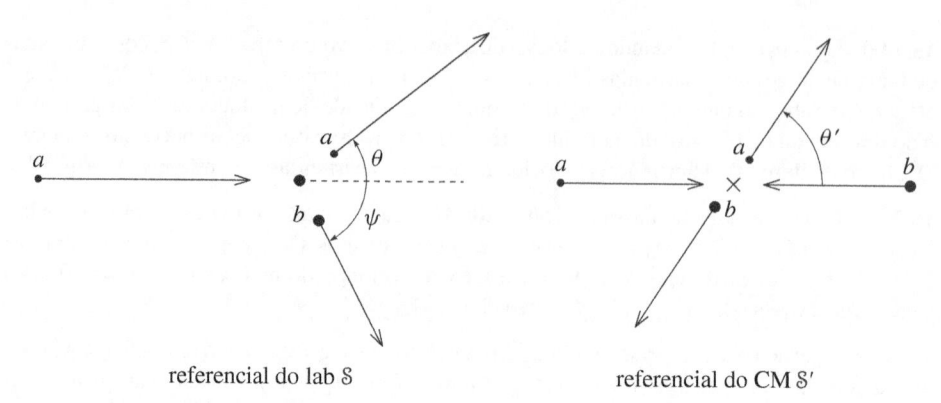

Figura 15.17 Problema 15.78.

onde $\mathbf{a} = d\mathbf{v}/dt$ é a aceleração do objeto. Observe que, certamente, não é verdade na relatividade que $\mathbf{F} = m\mathbf{a}$. Nem é verdade que $\mathbf{F} = m_{\text{var}}\mathbf{a}$, onde m_{var} é a massa variável $m_{\text{var}} = \gamma m$, exceto no caso especial em que $\mathbf{F}$ é perpendicular a $\mathbf{v}$. Em geral, $\mathbf{F}$ e $\mathbf{a}$ não estão sequer na mesma direção.

15.80★ Uma partícula de massa m e carga q se move uniformemente em um campo magnético constante $\mathbf{B}$. Mostre que, se $\mathbf{v}$ é perpendicular a $\mathbf{B}$, a partícula se move em um círculo de raio

$$r = |\mathbf{p}/qB|. \qquad (15.154)$$

[Este resultado concorda com o resultado não relativístico (2.81), exceto pelo fato de que $\mathbf{p}$ é agora o momento relativístico $\mathbf{p} = \gamma m \mathbf{v}$.]

15.81★ Um elétron (massa $0{,}5$ MeV/c^2) se move com velocidade $0{,}7c$ em uma trajetória circular em um campo magnético de $0{,}02$ teslas. Usando o resultado relativístico (15.154) do Problema 15.80, determine o raio da órbita do elétron. Qual teria sido a sua resposta se você tivesse usado a definição clássica do momento? [É desnecessário dizer que o resultado relativístico é confirmado experimentalmente, e isso forneceu uma das primeiras evidências da veracidade da mecânica relativística.][33]

15.82★ (a) Verifique o resultado (15.106) para a posição de uma partícula movendo-se em um campo elétrico uniforme, integrando a expressão (15.105). (b) Quando t é pequeno, a partícula deve estar se movendo lentamente e (15.106) deve estar de acordo com o resultado não relativístico $\mathbf{x} = \tfrac{1}{2}\mathbf{a}t^2$. Verifique se isso acontece. (c) Mostre que, quando t é grande, $\mathbf{x} \approx \hat{\mathbf{F}}$ $(ct + \text{const})$ e explique esse resultado.

15.83★ Partindo da definição (15.100) da força $\mathbf{F}$ sobre um objeto, mostre que a transformação das componentes de $\mathbf{F}$ quando nos passamos do referencial S para um segundo referencial S', viajando com velocidade V na configuração padrão relativa a S, é

$$F'_1 = \frac{F_1 - \beta \mathbf{F} \cdot \mathbf{v}/c}{1 - \beta v_1/c}, \qquad F'_2 = \frac{F_2}{\gamma(1 - \beta v_1/c)}, \qquad F'_3 = \frac{F_3}{\gamma(1 - \beta v_1/c)}, \qquad (15.155)$$

---

[33] Em um artigo na *Göttingen Nachrichten*, p. 143 (1901), Walter Kaufmann mostrou que a "massa aparente" do elétron (o que chamaríamos de massa variável) em um campo magnético parecia aumentar com a velocidade com uma concordância grosseira com a fórmula relativísica $m_{\text{var}} = \gamma(v)m$. Observe que este precedeu o primeiro artigo de Einstein sobre relatividade por quatro anos.

onde $\beta = \beta(V)$ e $\gamma = \gamma(V)$ dizem respeito à velocidade relativa dos dois referenciais e **v** é a velocidade do objeto medida em S.

15.84★★ Uma massa m é lançada da origem no instante $t = 0$, com trimomento inicial p_o na direção y. Se ela está sujeita a uma força constante F_o na direção x, determine a sua velocidade **v** como uma função de t e, integrando **v**, determine a sua trajetória. Verifique que no limite não relativístico a trajetória é a esperada parábola.

15.85★★ Vimos que há processos no quais a massa de um objeto varia com o tempo. **(a)** Partindo de (15.85), mostre que $dm/dt_o = -u \cdot K/c^2$, onde t_o é o tempo próprio do objeto, u é sua quadrivelocidade e K a quadriforça sobre o objeto. **(b)** Isso significa que a condição necessária e suficiente para que a força não varie a massa do objeto é que $u \cdot K = 0$. É um fato experimental que, se uma partícula carregada está em repouso em um campo eletromagnético (mesmo que instantaneamente), então $dE/dt = 0$. Use isso para argumentar que forças eletromagnéticas não causam variação na massa de uma partícula.

SEÇÃO 15.16   Partículas sem massa: o fóton

15.86★ O píon neutro π^0 é uma partícula instável (massa $m = 135$ MeV/c^2) que pode decair em dois fótons, $\pi^0 \to \gamma + \gamma$. **(a)** Se o píon estiver em repouso, qual será a energia de cada fóton? **(b)** Suponha que o píon esteja viajando ao longo do eixo x e que os fótons sejam observados viajando também ao longo do eixo x, um para frente e outro para trás. Se o primeiro fóton possui três vezes a energia do segundo, qual era a velocidade original do píon?

15.87★ Um píon neutro (Problema 15.86) está viajando com velocidade v quando decai em dois fótons, que são vistos emergindo com ângulos iguais θ em cada lado da velocidade original. Mostre que $v = c \cos \theta$.

15.88★ Duas partículas a e b com massas $m_a = 0$ e $m_b > 0$ se aproximam uma da outra. Mostre que elas têm um referencial do CM (isto é, um referencial no qual o trimomento total delas é zero). [*Sugestão*: como você deve explicar, isto é equivalente a mostrar que a soma de dois quadrivetores, um dos quais é tipo-luz futuro e um tipo-tempo futuro, é a soma tipo-tempo futuro.]

15.89★ Mostre que quaisquer duas partículas de massa zero têm um referencial do CM, desde que seus trimomentos não sejam paralelos. [*Sugestão*: como você deve explicar, isso é equivalente a mostrar que a soma de dois vetores tipo-luz futuro é tipo-tempo futuro, a menos que as partes espaciais sejam paralelas.]

15.90★★ O primeiro positron a ser observado foi criado em pares elétron-positron por fótons de raios cósmicos de alta energia na alta atmosfera. **(a)** Mostre que um fóton livre não pode se converter em um par elétron-positron no processo $\gamma \to e^+ + e^-$. [Mostre que esse processo inevitavelmente viola a conservação do quadrimomento.] **(b)** O que realmente ocorre é que um fóton colide com um núcleo estacionário resultando em

$$\gamma + \text{núcleo} \to e^+ + e^- + \text{núcleo}.$$

Convença-se de que a Fórmula (15.98) pode ser usada para determinar a energia mínima para um fóton induzir essa reação. [A dedução de (15.98) assume que a partícula incidente tem $m > 0$.] Mostre que, desde que a massa do núcleo seja muito maior do que a do elétron, a energia mínima do fóton para induzir esta reação é aproximadamente $2m_ec^2$. [Isso é exatamente a energia que teríamos que calcular para o processo $\gamma \to e^+ + e^-$ e mostre que o papel do núcleo é apenas como um "catalisador" que pode absorver um pouco do trimomento.]

15.91★★ Um estado excitado X* de um átomo em repouso cai para o seu estado fundamental X pela emissão de um fóton. Na física atômica, é comum assumir que a energia E_γ de um fóton é igual à diferença das energias de dois estados atômicos, $\Delta E = (M^* - M)c^2$, onde M e M^* são as massas de repouso do estado fundamental e do excitado do átomo, respectivamente. Isso não pode ser exatamente verdade, visto que o recuo do átomo X deve extrair alguma coisa da energia ΔE. Mostre que de fato $E_\gamma = \Delta E[1 - \Delta E/(2M^*c^2)]$. Dado que ΔE é da ordem de poucos eV, enquanto o átomo mais leve tem M da ordem de 1 GeV/c^2, discuta a validade da suposição de que $E_\gamma = \Delta E$.

15.92★★ Um píon positivo decai em repouso em um múon e um neutrino, $\pi^+ \to \mu^+ + \nu$. As massas envolvidas são $m_\pi = 140$ MeV/c^2, $m_\mu = 106$ MeV/c^2 e $m_\nu = 0$. (Há agora evidências convincentes de que m_ν não é exatamente zero, mas é tão pequena que você pode considerá-la como sendo zero para este problema.) Mostre que a velocidade o múon resultante tem $\beta = (m^2_\pi - m^2_\mu)/(m^2_\pi + m^2_\mu)$. Calcule isto numericamente. Faça o mesmo para um caso raro de decaimento $\pi^+ \to e^+ + \nu$, ($m_e = 0{,}5$ MeV/c^2).

15.93★★★ Considere uma colisão elástica frontal entre um elétron de alta energia (energia E_o e velocidade $\beta_o c$) e um fóton de energia $E_{\gamma o}$. Mostre que a energia final E_γ do fóton é

$$E_\gamma = E_o \frac{1 + \beta_o}{2 + (1 - \beta_o)E_o/E_{\gamma o}}.$$

[*Sugestão*: use (15.123).] Mostre que $E_\gamma < E_o$, mas se $\beta_o \to 1$, então $E_\gamma/E_o \to 1$, isto é, um elétron de grande energia perde quase toda a sua energia para o fóton em uma colisão frontal. Qual fração de sua energia original o elétron reteria se $E_o \approx 10$ TeV e o fóton estivesse na faixa do visível, $E_{\gamma o} \approx 3$ eV? (Lembre-se que a massa do elétron é cerca de 0,5 MeV/c^2; 1 TeV = 10^{12} eV.)

SEÇÃO 15.17 Tensores

15.94★ Mostre que para quaisquer duas matrizes A e B, onde A tem tantas colunas quanto B tem linhas, a transposta de AB satisfaz $(AB)\tilde{} = \tilde{B}\tilde{A}$.

15.95★ Fazendo escolhas apropriadas para os vetores n-dimensionais **a** e **b**, mostre que, se $\tilde{\mathbf{a}}\mathbf{Cb} = \tilde{\mathbf{a}}\mathbf{Db}$ para quaisquer escolhas de **a** e **b** (onde **C** e **D** são matrizes $n \times n$), então $\mathbf{C} = \mathbf{D}$.

15.96★ Mostre que se T e a são respectivamente um quadritensor e um quadrivetor, então $b = T \cdot a = TGa$ é um quadrivetor, isto é, ele se transforma de acordo com a regra $b' = \Lambda b$.

15.97★ (a) Um tensor T é dito simétrico se $T_{\mu\nu} = T_{\nu\mu}$. Mostre que se T é simétrico em um referencial inercial, então ele é simétrico em todos os referenciais inerciais. (b) T é antissimétrico se $T_{\mu\nu} = -T_{\nu\mu}$. Mostre que se T é antissimétrico em um referencial inercial, então ele é antissimétrico em todos os referenciais inerciais. (Um exemplo da última propriedade é o tensor do campo eletromagnético, que é antissimétrico em todos os referenciais.)

15.98★★ (a) Use a invariância do produto escalar $a \cdot b = \tilde{a}Gb$ para mostrar que as matrizes 4×4 de transformações de Lorentz Λ devem satisfazer a condição (15.136), $\tilde{\Lambda}G\Lambda = G$. (b) Verifique se o boost padrão de Lorentz (15.43) satisfaz esta condição.

15.99★★ Um forma útil da regra do quociente para vetores tridimensionais é esta: suponha que **a** e **b** sejam trivetores e que para cada conjunto de eixos ortogonais haja uma matriz 3×3 **T** com a propriedade de que $\mathbf{b} = \mathbf{Ta}$ para cada escolha de **a**, então **T** é um tensor. (a) Mostre isso. (b) Enuncie e mostre a regra correspondente para quadrivetores e quadritensores.

15.100★★★ (a) A declaração de que ∇ é um operador vetorial significa que se $\phi(\mathbf{x})$ é um escalar, então as três componentes de $\nabla\phi = (\partial\phi/\partial x_1, \partial\phi/\partial x_2, \partial\phi/\partial x_3)$ se transformam de acordo com a lei de transformação para trivetores (15.126). Demonstre esta declaração. [*Sugestão*: lembre-se da regra da cadeia, em que $\partial \phi / \partial x_i = \sum_j (\partial x'_j / \partial x_i) \, \partial \phi / \partial x'_j$.] **(b)** Mostre que no espaço-tempo quadrimensional, se ϕ for qualquer quadriescalar, a grandeza $\Box \phi$, definida com as componentes

$$\Box \phi = \left(\frac{\partial \phi}{\partial x_1}, \frac{\partial \phi}{\partial x_2}, \frac{\partial \phi}{\partial x_3}, -\frac{\partial \phi}{\partial x_4} \right) \qquad (15.156)$$

(observe bem o signal negativo na quarta componente) é um quadrivetor. Este resultado é crucial na obtenção das equações de Maxwell para o campo eletromagnético.

SEÇÃO 15.18 Eletrodinâmica e relatividade

15.101★ **(a)** Mostre que $\mathbf{E} \cdot \mathbf{B}$ e $E^2 - c^2 B^2$ são ambos invariantes sob qualquer transformação de Lorentz. (Use as equações de transformação [15.146] para mostrar os resultados solicitados para o boost padrão e, em seguida, explique por que, se qualquer uma das quantidades for invariante sob o boost padrão, ela é invariante sob qualquer transformação de Lorentz.) Use esses resultados para mostrar as duas propriedades a seguir: **(b)** Se $\mathbf{E}$ e $\mathbf{B}$ são perpendiculares no referencial $\mathcal{S}$, então eles são perpendiculares em qualquer outro referencial $\mathcal{S}'$ e **(c)** se $E > cB$ em um referencial $\mathcal{S}$, então não deve existir um referencial no qual $E = 0$.

15.102★ **(a)** Partindo das equações de transformação (15.146) para o boost padrão ao longo do eixo x_1, determine o boost correspondente ao longo do eixo x_3. **(b)** Obtenha a inversa da transformação e em seguida verifique os resultados (15.151) e (15.152) para os campos de uma reta de cargas em movimento.

15.103★ Usando as equações de transformação (15.146), mostre que se $\mathbf{E} = 0$ no referencial $\mathcal{S}$, então $\mathbf{E}' = \mathbf{v} \times \mathbf{B}'$em $\mathcal{S}'$. **(b)** Analogamente, mostre que se $\mathbf{B} = 0$ no referencial $\mathcal{S}$, então $\mathbf{B}' = -\mathbf{v} \times \mathbf{E}'/c^2$.

15.104★★ Definimos o tensor do campo eletromagnético pela equação $K = q\mathcal{F} \cdot u \equiv q\mathcal{F}Gu$, onde K é a quadriforça sobre uma carga q e u é a sua quadrivelocidade. **(a)** Partindo da força de Lorentz (15.139), obtenha as quatro componentes de K [como em (15.141)]. **(b)** Use-as para determinar a matriz $\mathcal{F}G$ e mostre que o tensor $\mathcal{F}$ tem a forma declarada em (15.143).

15.105★★ Como $\mathcal{F}$ é um quadritensor, ele deve se transformar de acordo com a regra (15.145), $\mathcal{F}' = \Lambda \mathcal{F} \tilde{\Lambda}$. Usando a forma (15.143) para $\mathcal{F}$ e o boost padrão de Lorentz para Λ, determine a matriz $\mathcal{F}'$ e verifique as equações de transformação (15.146) para os campos eletromagnéticos.

15.106★★ Deduza a lei da força de Lorentz a partir da lei de Coulomb, da seguinte forma: **(a)** Se uma carga q está em repouso no referencial $\mathcal{S}'$, então a lei de Coulomb diz que a força sobre q é $\mathbf{F}' = q\mathbf{E}'$. Use a inversa da transformação da força (15.155) no Problema 15.83 para obter a força $\mathbf{F}$ vista em $\mathcal{S}$. (Responda em termos de $\mathbf{E}'$ por enquanto.) **(b)** Agora, use a transformação do campo (15.146) para reescrever a sua resposta em termos de $\mathbf{E}$ e $\mathbf{B}$ e mostrar que $\mathbf{F} = q(\mathbf{E} + \mathbf{v} \times \mathbf{B})$.

15.107★★ É um resultado bem conhecido no eletromagnetismo clássico que podemos introduzir um potencial triescalar ϕ e um potencial trivetor $\mathbf{A}$ tal que os campos $\mathbf{E}$ e $\mathbf{B}$ podem ser escritos como

$$\mathbf{E} = -\nabla \phi - \frac{\partial \mathbf{A}}{\partial t} \qquad \text{e} \qquad \mathbf{B} = \nabla \times \mathbf{A}. \qquad (15.157)$$

Na relatividade, esses potenciais são combinados para formar um único quadripotencial $A = (\mathbf{A}, \phi/c)$. Mostre que

$$\mathcal{F}_{\mu\nu} = \Box_\mu A_\nu - \Box_\nu A_\mu$$

onde $\Box$ é o operador gradiente quadrimensional definido em (15.156) no Problema 15.100. (Se aceitarmos que A é realmente um quadrivetor, este fornecerá uma demonstração alternativa de que $\mathcal{F}$ é um quadritensor.)

15.108★★ Considere uma distribuição de carga elétrica, com densidade de carga ϱ, movendo-se com velocidade $\mathbf{v}$ relativa ao referencial $\mathcal{S}$. **(a)** Mostre que $\varrho = \gamma \varrho_o$, onde ϱ_o é a densidade de carga no referencial de repouso. (Observe que $\mathbf{v}$ pode variar com a posição, assim diferentes partes da distribuição terão diferentes referenciais de repouso, mas isso não tem problema.) **(b)** A densidade da tricorrente é definida como $\mathbf{J} = \varrho\mathbf{v}$. Mostre que a densidade da quadricorrente, definida como $J = (\mathbf{J}, c\varrho)$, é um quadrivetor. **(c)** É um resultado bem conhecido no eltromagnetismo que a conservação de carga implica, na assim chamada, equação da continuidade, $\nabla \cdot \mathbf{J} + \partial \varrho/\partial t = 0$ (onde $\nabla \cdot \mathbf{J} = \sum \partial J_i/\partial x_i$ é o chamado divergente de $\mathbf{J}$). Mostre que essa condição é equivalente à condição manifesta da invariância $\Box \cdot J = 0$, onde $\Box$ é o gradiente quadrimensional definido em (15.156) no Problema 15.100.

15.109★★★ Duas cargas iguais q estão se movendo lado a lado no sentido positivo do eixo x o referencial $\mathcal{S}$. A distância entre elas é r e suas velocidades são v. Determine a força sobre uma das cargas devido à outra de duas formas: **(a)** Determine a força nos seus referenciais de repouso $\mathcal{S}'$ e transforme de volta para $\mathcal{S}$, usando a transformação da força (15.155) do Problema 15.83. Observe que a força em $\mathcal{S}$ é menor que no referencial de repouso. **(b)** Determine os campos elétricos e magnéticos em $\mathcal{S}'$ e depois em $\mathcal{S}$, usando a transformação de campo (15.146). Use esses campos (em $\mathcal{S}$) para obter a força de Lorentz sobre uma das cargas em $\mathcal{S}$. Observe que em $\mathcal{S}$ há uma força elétrica atrativa e uma força magnética repulsiva. Quando $\beta \to 1$ elas tornam-se praticamente iguais e suas resultantes tendem a zero.

15.110★★★ Uma carga q está se movendo com velocidade constante v ao longo do eixo x do referencial $\mathcal{S}$, com posição $vt\hat{\mathbf{x}}$. **(a)** Obtenha os campos elétrico e magnético no referencial de repouso da carga $\mathcal{S}'$. **(b)** Use a inversa da transformação de campo (15.146) para obter o campo elétrico no referencial original $\mathcal{S}$. [No primeiro momento, você encontrará $\mathbf{E}$ em termos de variáveis com plicas x', y', z', t', mas você pode usar a transformação de Lorentz padrão para eliminá-las em favor de x, y, z, t.] Mostre que o campo na posição $\mathbf{r}$ e no instante t é

$$\mathbf{E} = \frac{kq(1-\beta^2)}{(1-\beta^2\,\mathrm{sen}^2\,\theta)^{3/2}} \frac{\hat{\mathbf{R}}}{R^2}, \quad (15.158)$$

onde $\mathbf{R} = \mathbf{r} - vt\hat{\mathbf{x}}$ é o vetor apontando da posição da carga para o ponto de observação $\mathbf{r}$ e θ é o ângulo entre $\mathbf{R}$ e o eixo x. **(c)** Esboce o comportamento da intensidade do campo como uma função de θ para R fixo e faça um esboço das linhas do campo elétrico para um instante de tempo t fixo.

15.111★★★ Duas das equações de Maxwell são

$$\nabla \times \mathbf{B} - \frac{1}{c^2}\frac{\partial \mathbf{E}}{\partial t} = \mu_o \mathbf{J} \quad \text{e} \quad \nabla \cdot \mathbf{E} = \frac{1}{\epsilon_o}\varrho, \quad (15.159)$$

onde $\mathbf{J}$ e ϱ são a corrente e a densidade de carga, respectivamente, que dão origem ao campo. Mostre que essas duas equações podem ser escritas com uma única equação quadrivetorial $\Box \cdot \mathcal{F} = -\mu_o \tilde{J}$, onde $\Box$ é o operador gradiente quadrimensional introduzido no Problema 15.100, J é a quadricorrente $(\mathbf{J}, c\varrho)$ e o produto escalar $\Box \cdot \mathcal{F} = \tilde{\Box} G \mathcal{F}$.

16

Mecânica do Contínuo

Podemos dividir a mecânica clássica em três áreas principais, em ordem crescente de complexidade. **(1)** A **mecânica de massas pontuais**. Ocasionalmente, essas massas pontuais são partículas elementares, como o elétron, cuja massa é (tanto quanto sabemos) concentrada em um ponto, mas, comumente, elas são objetos extensos cuja massa certamente não está localizada em um ponto mas que, para os propósitos em questão, pode ser aproximada como se estivesse. Logo, no tratamento do voo de bolas de beisebol ou na determinação de órbitas dos planetas, é em geral uma excelente aproximação tratá-las como massas pontuais. Nesse caso, a configuração de qualquer sistema é dada por um conjunto finito de coordenadas, três para cada massa pontual. **(2)** A **mecânica de corpos rígidos**. Aqui, reconhecemos que a massa de interesse está estendida sobre um volume não nulo, mas assumimos que as posições relativas das várias partes de qualquer corpo são fixas, isto é, todos os corpos são rígidos. Como vimos, temos que permitir possíveis movimentos de rotação de tais corpos, mas a configuração de qualquer sistema é ainda especificada por um conjunto discreto e finito de coordenadas; por exemplo, para um único corpo rígido, precisamos apenas de seis coordenadas, três para a posição do CM e mais três para a orientação do corpo. A noção de um corpo rígido é uma idealização – todos os corpos reais podem ser deformados – mas, para muitos sistemas, é razoável e extremamente útil essa aproximação. **(3)** Finalmente, há a **mecânica do contínuo**, na qual reconhecemos que a massa em um sistema pode estar distribuída sobre uma região *e* que as posições relativas das várias partes podem variar de forma contínua, ainda que arbitrária. Claramente, o movimento de qualquer fluido – o fluxo de ar passando pela asa de um avião ou a água dentro de um cano – é um problema na mecânica do contínuo. Mas também o é o movimento de um sólido quando os movimentos independentes de suas partes são importantes, como, por exemplo, o flexionamento de uma viga submetida a uma carga pesada ou a vibração da crosta terrestre em resposta a um terremoto. Na mecânica do contínuo, um sistema é formado por um número infinito de partes contínuas e a especificação de sua configuração requer um número infinito de coordenadas.

Até este capítulo, tratamos apenas dos primeiros dois tópicos, a mecânica de massas pontuais e a de corpos rígidos – o que poderíamos chamar de mecânica discreta – com um número discreto e finito de coordenadas. Este capítulo final tem a intenção de oferecer uma brevíssima introdução à mecânica do contínuo. Uma introdução mais completa requer outro livro, mas espero poder fornecer, pelo menos, uma visão de algumas das ideias centrais. Especialmente, veremos como a passagem da mecânica discreta para a contínua altera as equações diferenciais ordinárias da primeira passando-as para *equações diferenciais parciais*. Veremos como essas equações diferenciais parciais frequentemente levam à *equação de onda*, que governa o comportamento de ondas sonoras em líquidos e gases, de ondas sísmicas na crosta da Terra e de muitas outras ondas, notadamente ondas eletromagnéticas como a luz e micro-ondas. As três primeiras seções tratam de sistemas contínuos unidimensionais e, a seguir, na Seção 16.4, movemos para o caso tridimensional. Talvez a maior complicação em três dimensões seja que as forças e os deslocamentos envolvem tensores, os *tensores de tensão* e de *deformação*. Um dos principais objetivos deste capítulo é introduzir esses dois importantes conceitos. A Seção 16.7 introduz o tensor de tensão para fluidos e sólidos, e a Seção 16.8, o tensor de deformação para sólidos. A Seção 16.9 fornece a relação entre esses dois tensores, a lei de Hooke generalizada. As Seções 16.10 e 16.11 deduzem a equação de movimento para um sólido elástico e usa-a para analisar ondas transversais e longitudinais em um sólido. As duas últimas seções são introduções bem resumidas da mecânica de fluidos inviscídos. Na Seção 16.12, deduziremos a equação de movimento e a chamada equação de continuidade e, por fim, na Seção 16.13, usaremos essas equações para analisar as possíveis ondas em um fluido.

Antes de iniciarmos, devo enfatizar que a noção de uma distribuição contínua de matéria é uma idealização. As propriedades do fluxo de ar em um túnel de vento certamente parecem ser muito contínuas e suaves de uma posição para outra. Por exemplo, estamos acostumados a assumir que o ar tem a densidade $\varrho(\mathbf{r})$, que fornece a massa $\varrho(\mathbf{r})dV$ em um pequeno volume dV, e, enquanto $\varrho(\mathbf{r})$ pode certamente variar com $\mathbf{r}$, assumimos que isso acontece de forma suave. Entretanto, sabemos que, quando visto em um super microscópio com uma resolução para frações de nanômetros, o ar é visto como formado por moléculas individuais, e a densidade $\varrho(\mathbf{r})$ variará muito entre grandes valores próximos a cada molécula e zero no amplo espaço entre elas. Felizmente, a escala dessas duas variações intensas é mínima se comparada às escalas do interesse comum. Por exemplo, mesmo que estivéssemos interessados em regiões tão pequenas quanto 1 mm^3, esse volume contém algo como 10^{16} moléculas. Logo, a densidade $\varrho(\mathbf{r})$ que iríamos de fato trabalhar é a densidade *média sobre esse grande número de moléculas*, e esta, na realidade, varia suavemente com $\mathbf{r}$. A ideia de que, na escala de milímetros ou mais, a matéria pode ser considerada como contínua, com parâmetros como a densidade sendo tomados como a média sobre muitas moléculas, é chamada de **hipótese do contínuo**. O sucesso da mecânica do contínuo é uma justificativa para essa hipótese, que adotaremos ao longo do capítulo.

16.1 MOVIMENTO TRANSVERSAL DE UMA CORDA ESTICADA

Como primeiro exemplo de um sistema contínuo, vamos considerar uma corda esticada ao longo do eixo x. Em equilíbrio, assumimos que a corda está exatamente sobre o eixo x, mas suponha que ela inicie um pequeno movimento (talvez um movimento oscilatório) na direção y. Uma maneira simples de especificar a configuração da corda a qualquer instante de tempo é informando o seu deslocamento $u(x)$ a partir do eixo x, como ilustra-

Capítulo 16 Mecânica do Contínuo

(a) (b)

Figura 16.1 (a) A posição de uma corda contínua, a qualquer instante de tempo, é especificada pela função $u(x)$, que fornece o deslocamento da corda a partir da sua posição de equilíbrio sobre o eixo x. (b) Um conjunto de massas pontuais ligadas por cordas de massas desprezíveis tem a sua configuração especificada pelo conjunto discreto de deslocamentos u_i, com $i = 1, \cdots, n$.

do na Figura 16.1(a). Especificamente, em qualquer instante, um pequeno elemento da corda, cuja posição de equilíbrio era sobre o eixo x, está agora localizado a uma distância $y = u(x)$ acima do eixo x. Esse esquema precisa de uma pequena explicação, mas é interessante contrastar com um sistema discreto relacionado, a saber, um conjunto de n massas pontuais $m_1, \cdots, m_n$ ligadas por uma corda esticada de massa desprezível, que está em equilíbrio sobre o eixo x. Se essas massas puderem se mover na direção de y como na Figura 16.1(b), suas configurações podem ser especificadas por seus deslocamentos $u_1, \cdots, u_n$ a partir do eixo. Onde o sistema discreto é especificado por essas n variáveis u_i, com $i = 1, \cdots, n$, o sistema contínuo é especificado pela *função contínua* $u(x)$. O papel do índice discreto i ligado a u_i é agora exercido pela variável contínua x em $u(x)$. Onde o índice i especifica quais das n massas estão na posição $y = u_i$, a variável x especifica quais dos infinitos pedaços da corda estão em $y = u(x)$.

Se os sistemas da Figura 16.1 estão se movendo, os delocamentos u dependem do tempo t. No caso discreto, eles se tornam $u_i(t)$ e, no caso contínuo, devemos escrever $u(x,t)$, uma função de duas variáveis. No caso discreto, a segunda lei de Newton torna-se um conjunto de equações diferenciais ordinárias para os $u_i(t)$ (por exemplo, as equações diferenciais acopladas do Capítulo 11). No caso contínuo, a lei de Newton torna-se uma *equação diferencial parcial* para $u(x, t)$, envolvendo derivadas parciais com respeito a x e a t, como mostraremos agora.

Para explorar o movimento da corda, devemos aplicar a segunda lei de Newton a um pequeno segmento AB da corda, entre x e $x + dx$, como ilustrado na Figura 16.2. Para simplificar a discussão, ignoraremos a ação da gravidade e assumiremos que o deslocamento $u(x, t)$ permanece tão pequeno para todo x e todo t, que o cordão permanece quase paralelo ao eixo x. Isso garante que o comprimento da corda seja essencialmente inalterado e, portanto, que a tensão T permaneça a mesma para todos x e todos t. A força resultante sobre o segmento AB é então $\mathbf{F}^{res} = \mathbf{F}_1 + \mathbf{F}_2$, onde $\mathbf{F}_1$ e $\mathbf{F}_2$ são as forças de tensão devido às seções adjacentes da corda, como ilustrado na Figura 16.2. Se ϕ denota o ângulo entre a corda e o eixo x, a componente x da força resultante é

$$F_x^{res} = T\cos(\phi + d\phi) - T\cos\phi,$$

mas, como ϕ e $\phi + d\phi$ são ambos pequenos, os cossenos são muito próximos de 1 e F_x^{res} é desprezível, consistente com a suposição de que o movimento é apenas na direção y. Por outro lado, a componente y certamente não é desprezível:

$$F_y^{res} = T\,\text{sen}\,(\phi + d\phi) - T\,\text{sen}\,\phi = T\cos\phi\,d\phi. \tag{16.1}$$

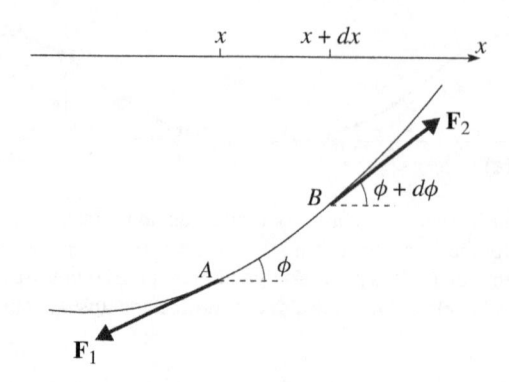

Figura 16.2 As duas forças sobre o pequeno elemento AB da corda são as forças de tensão $\mathbf{F}_1$ e $\mathbf{F}_2$ exercidas pelas seções adjacentes das cordas.

Como ϕ é pequeno, podemos substituir cos ϕ por 1 e escrever $d\phi = (\partial\phi/\partial x)dx$. [A derivada é uma derivada parcial já que $\phi = \phi(x, t)$ depende de x e t.] Novamente, como ϕ é pequeno, $\phi = \partial u/\partial x$, a inclinação da corda. Portanto,

$$F_y^{\text{res}} = T\frac{\partial \phi}{\partial x}dx = T\frac{\partial^2 u}{\partial x^2}dx. \tag{16.2}$$

Pela segunda lei de Newton, $F_y^{\text{res}} = ma_y$, onde a_y é a aceleração $a_y = \partial^2 u/\partial t^2$ e m é a massa do segmento AB, igual a μdx se usarmos μ para denotar a densidade linear de massa da corda. Portanto,

$$F_y^{\text{res}} = \mu\frac{\partial^2 u}{\partial t^2}dx. \tag{16.3}$$

Igualando (16.2) e (16.3), obtemos a equação de movimento da corda esticada:

$$\frac{\partial^2 u}{\partial t^2} = c^2\frac{\partial^2 u}{\partial x^2}. \tag{16.4}$$

Aqui, introduzi a importante constante

$$c = \sqrt{\frac{T}{\mu}}, \tag{16.5}$$

onde T é a tensão na corda e μ é a sua densidade linear de massa (massa/comprimento).

A equação de movimento (16.4) é chamada de **equação de onda unidimensional**, visto que sua solução são ondas viajando ao longo da corda, como veremos. Como antecipado, ela é uma equação diferencial parcial, envolvendo derivadas com respeito a x e t.

A constante c tem a dimensão de velocidade (como você pode verificar) e é a velocidade com a qual as ondas viajam. A equação de onda (16.4) governa o movimento de muitas ondas diferentes – ondas sobre uma corda, ondas de som ou luz ondas sísmicas e muitas outras. Portanto, dedicarei a elas uma nova seção exclusiva.

16.2 A EQUAÇÃO DE ONDA

Agora mostraremos que há apenas três tipos de solução da equação de onda (16.4): **(1)** uma perturbação $u(x, t)$ que viaja rigidamente ao longo da corda da esquerda para a direita; **(2)** uma perturbação $u(x, t)$ que viaja rigidamente ao longo da corda da direita para a esquerda; e **(3)** qualquer combinação dessas duas. A demonstração dessa afirmação é muito simples, embora dependa de uma manobra que você provavelmente não imaginaria. Mudamos as variáveis x e t para

$$\xi = x - ct \quad \text{e} \quad \eta = x + ct. \tag{16.6}$$

É um exercício simples (Problema 16.4) mostrar que

$$\frac{\partial^2 u}{\partial t^2} - c^2 \frac{\partial^2 u}{\partial x^2} = -4c^2 \frac{\partial}{\partial \xi} \frac{\partial u}{\partial \eta}, \tag{16.7}$$

então, escrita em termos das novas variáveis, a equação de onda (16.4) torna-se simplesmente

$$\frac{\partial}{\partial \xi} \frac{\partial u}{\partial \eta} = 0. \tag{16.8}$$

Para resolver essa equação, vamos temporariamente escrever $\partial u/\partial \eta = h$, de modo que (16.8) torne-se $\partial h/\partial \xi = 0$. Isso mostra que h não depende de ξ, embora ele possa, naturalmente, depender de η. Portanto, podemos escrever $h = h(\eta)$ e obtemos, então,

$$\frac{\partial u}{\partial \eta} = h(\eta).$$

Para qualquer valor de ξ dado, podemos integrar essa equação para obter $u = \int h(\eta)d\eta +$ "constante", onde "constante" pode ter valores diferentes para diferentes valores de ξ. Se chamarmos essa "constante" $f(\xi)$ e tomarmos a integral $\int h(\eta)d\eta = g(\eta)$, então demonstraremos que toda solução de (16.8) deve ter a forma

$$u = f(\xi) + g(\eta). \tag{16.9}$$

Substituindo no lado esquerdo de (16.8), vemos que uma função dessa forma é uma solução de (16.8) para qualquer escolha das duas funções $f(\xi)$ e $g(\eta)$. Logo, (16.9) é a solução geral de (16.8).

Retornando às variáveis originais x e t, mostramos que a solução geral da equação de onda (16.4) tem a forma

$$u(x, t) = f(x - ct) + g(x + ct), \tag{16.10}$$

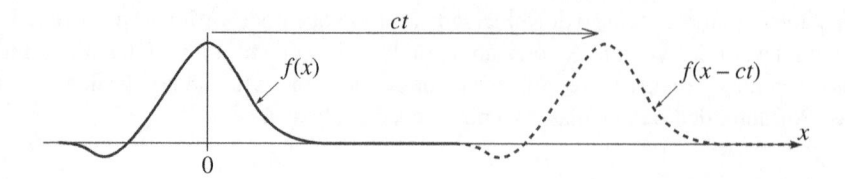

Figura 16.3 Movimento da onda (16.11). No instante $t = 0$, a perturbação é dada por $u = f(x)$. Para um tempo t posterior, ela é dada por $u = f(x - ct)$, que tem a mesma forma, mas se moveu rigidamente para a direita por uma distância ct.

onde f e g são quaisquer duas funções. Para ver o que essas soluções representam, vamos considerar primeiro o caso em que a função $g = 0$, de modo que nossa solução é apenas

$$u(x, t) = f(x - ct). \tag{16.11}$$

O que essa solução parece? Observe primeiro que, no instante $t = 0$, a solução é $u(x, 0) = f(x)$, isto é, a função $f(x)$ é apenas a perturbação no instante $t = 0$. A Figura 16.3 ilustra uma possível função como esta. A curva sólida, com um grande máximo em $x = 0$ e uma pequena depressão à esquerda, mostra a função $f(x)$, a forma da perturbação em $t = 0$. Em um instante posterior t, a perturbação é dada por $f(x - ct)$. Como $f(x)$ tem o seu máximo em $x = 0$, segue que $f(x - ct)$ tem seu máximo quando $x - ct = 0$. Portanto, o máximo que estava em $x = 0$ está agora em $x = ct$. Como uma argumentação semelhante se aplica para qualquer ponto da curva (por exemplo, o mínimo à esquerda), concluímos que a perturbação completa se moveu em conjunto para a direita por uma distância ct. Ou seja, a perturbação é uma onda viajando rigidamente para a direita com velocidade c.

Uma argumentação análoga mostra que a solução da forma $u(x, t) = g(x + ct)$ representa uma onda viajando rigidamente para a *esquerda* com velocidade c, e a solução geral (16.10) é a superposição de duas ondas, uma viajando para a direita e outra para a esquerda. As funções f e g que aparecem na solução geral (16.10) são determinadas pelas condições iniciais de qualquer problema particular. Como você pode supor, para determinar uma solução particular, precisamos especificar a posição u e a velocidade inicial $\dot{u} = \partial u/\partial t$ em um instante inicial, como no exemplo a seguir.

Exemplo 16.1 Evolução de uma onda triangular

Um pequeno segmento de uma longa corda esticada é puxado para o lado e largado a partir do repouso no instante $t = 0$, de modo que o seu deslocamento inicial é

$$u(x, 0) = u_o(x), \tag{16.12}$$

onde $u_o(x)$ é a função triangular apresentada na Figura 16.4(a). Determine a perturbação $u(x, t)$ para um tempo posterior qualquer t.

A solução deve ter a forma (16.10), onde as duas funções f e g devem ser determinadas pelas condições iniciais. O deslocamento inicial dado (16.12) implica

$$f(x) + g(x) = u_o(x). \tag{16.13}$$

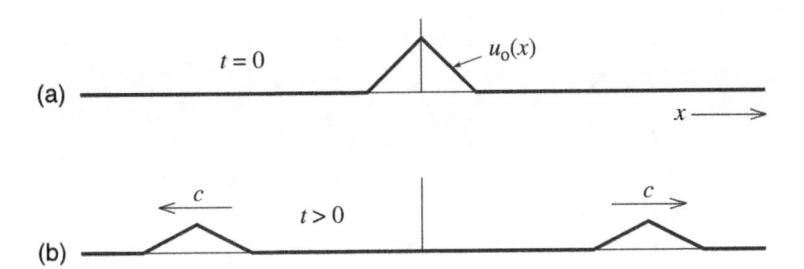

Figura 16.4 (a) O deslocamento inicial da corda em $t = 0$ é dado pela função triangular $u_0(x)$. (b) Em qualquer instante de tempo posterior, a onda consiste de dois triângulos, cada uma delas com metade da altura do original, uma viajando para a direita e o outro para a esquerda.

Isso não determina f e g separadamente, e devemos também olhar para a velocidade inicial. Derivando (16.10) com respeito a t, vemos que a velocidade inicial da corda (na direção y, naturalmente) é

$$\left[\frac{\partial u}{\partial t}\right]_{t=0} = -cf'(x) + cg'(x),$$

onde a plica denota a derivação de uma função com respeito ao seu argumento. No nosso caso, a corda é largada do repouso, assim $f'(x) - g'(x) = 0$. Integrando com respeito a x, concluímos que[1]

$$f(x) - g(x) = 0. \tag{16.14}$$

Resolvendo (16.13) e (16.14), concluímos que

$$f(x) = g(x) = \tfrac{1}{2}u_0(x)$$

e a real perturbação (16.10), em qualquer instante t, é

$$u(x,t) = f(x - ct) + g(x + ct) = \tfrac{1}{2}u_0(x - ct) + \tfrac{1}{2}u_0(x + ct). \tag{16.15}$$

O triângulo original se separou em dois triângulos, com metade da altura, viajando para fora em direções opostas com velocidades c, como ilustrado na Figura 16.4(b).

É interessante deixar a solução (16.15) evoluir no sentido inverso para instantes em que $t < 0$. Para esses instantes, ela representa dois triângulos se aproximando da origem por lados opostos. Quando t está próximo de 0, os dois triângulos se encontram e inicia a interação. Em $t = 0$, eles se sobrepõem exatamente e interagem para produzir uma onda triangular com duas vezes suas alturas individuais e, então, quando o tempo passa além do 0 para trás, elas se separam novamente e se movem desassociadas, como na Figura 16.4(b).

---

[1] Estritamente falando, deveria ter uma constante de integração em (16.14), mas, como você pode verificar, ela é eliminada de $u = f + g$, e então podemos muito bem escolhê-la como sendo zero.

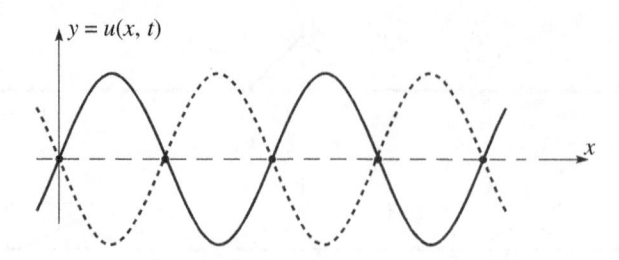

Figura 16.5 A onda estacionária (16.18) em três tempos sucessivos, $t = 0$ (curva sólida), $t = \tau/4$ (tracejado longo) e $t = \tau/2$ (tracejado curto), onde τ é o período. Os pequenos pontos sobre o eixo x são os nós, onde $kx = n\pi$ e a corda não se move de forma alguma. Na metade do caminho entre quaisquer dois nós sucessivos há um anti-nó, onde a corda oscila para cima e para baixo com a amplitude máxima $2A$.

Um caso especial importante da solução (16.10) é o caso em que as funções f e g são senoidais. Se $g = 0$, então a perturbação assume a forma

$$u(x, t) = A \,\text{sen}[k(x - ct)] = A \,\text{sen}(kx - \omega t) \tag{16.16}$$

onde A e k são constantes arbitrárias e $\omega = kc$. Isso é uma onda senoidal viajando para a direita com amplitude A, número de onda k (ou comprimento de onda $\lambda = 2\pi/k$) e frequência angular ω (ou período $\tau = 2\pi/\omega$). Se substituimos $x - ct$ por $x + ct$, obtemos uma onda senoidal semelhante

$$u(x, t) = A \,\text{sen}[k(x + ct)] = A \,\text{sen}(kx + \omega t) \tag{16.17}$$

viajando para a esquerda. A soma dessas duas soluções é também uma solução,

$$u(x, t) = A \,\text{sen}(kx - \omega t) + A \,\text{sen}(kx + \omega t) = 2A \,\text{sen}(kx) \cos(\omega t). \tag{16.18}$$

(Use as identidades trigonométricas pertinentes para verificar esse resultado.) Essa solução tem a propriedade surpreendente de que ela não está viajando de forma alguma (nem para a direita nem para a esquerda). Em vez disso, ela está simplesmente oscilando para cima e para baixo como $\cos(\omega t)$, com amplitude (em qualquer um dos pontos x) igual a $2A \,\text{sen}(kx)$. Em particular, nestes pontos (os **nós**), onde kx é um múltiplo inteiro de π ($kx = n\pi$), a corda não se move de forma alguma, como ilustrado na Figura 16.5. Vemos que, pela superposição apropriada de duas ondas viajando, podemos formar uma **onda estacionária**. Como veremos na próxima seção, essas ondas estacionárias desempenham um papel importante nas oscilações de cordas de comprimento finito e são, na verdade, o análogo contínuo dos modos normais de um sistema de osciladores acoplados.

16.3 CONDIÇÕES DE CONTORNO: ONDAS SOBRE UMA CORDA FINITA*

*Como sempre, as seções marcadas com um asterisco podem ser omitidas em uma primeira leitura.

Até agora, assumimos, de forma implícita, que a corda é infinitamente longa, ou pelo menos é tão longa que podemos ignorar quaisquer efeitos de suas extremidades. Cordas reais são finitas em seus comprimentos e possuem extremidades. O movimento propriamente dito de uma corda é governado pela mesma equação de onda (16.4), como antes, mas a existência de extremidades impõe **condições de contorno** adicionais sobre suas soluções. Essas condições de contorno variam com a natureza da extremidade das cordas; por exemplo, a corda pode estar amarrada em uma extremidade ou pode apenas balançar livremente, e as condições de contorno apropriadas para tais situações são bem diferentes. Aqui, consideraremos apenas um tipo de condição de contorno e um método para resolvê-las: consideraremos uma corda que está presa nas duas extremidades (em $x=0$ e $x=L$) e resolveremos esse problema por um método análogo à discussão dos modos normais no Capítulo 11.

Modos normais

O problema que temos que resolver é este: para $0 < x < L$, o deslocamento $u(x,t)$ da corda deve satisfazer à equação de onda (16.4)

$$\frac{\partial^2 u}{\partial t^2} = c^2 \frac{\partial^2 u}{\partial x^2}, \tag{16.19}$$

com condições iniciais que fixam a posição u e a velocidade $\dot{u}$ em $t=0$; além disso, ela deve satisfazer as condições de contorno em $x=0$ e $x=L$ que

$$u(0,t) = u(L,t) = 0 \tag{16.20}$$

para todos os instantes t. Dentre as várias formas de resolver esse problema, seguiremos a abordagem do Capítulo 11, isto é, iniciaremos procurando soluções que variem senoidalmente com o tempo, com a forma

$$u(x,t) = X(x)\cos(\omega t - \delta), \tag{16.21}$$

onde a função $X(x)$ e as constantes ω e δ estão para ser determinadas. Como sempre, não há nada que nos impeça de procurar soluções com esta forma, e, como antes, deveremos encontrar que tais soluções existem e que *qualquer* solução do problema pode ser escrita em termos delas.

A substituição da forma sssumida em (16.21) na equação de onda (16.19) reduz esta última à forma

$$-\omega^2 X(x)\cos(\omega t - \delta) = c^2 \frac{d^2 X(x)}{dx^2}\cos(\omega t - \delta)$$

ou

$$\frac{d^2 X(x)}{dx^2} = -k^2 X(x) \tag{16.22}$$

onde

$$k = \frac{\omega}{c}. \tag{16.23}$$

Vemos que a suposição da dependência temporal senoidal (16.21) reduziu a equação diferencial parcial (16.19) à equação diferencial ordinária[2] (16.22) – uma equação, além do mais, cujas soluções podemos facilmente obter.

A solução geral de (16.22) é

$$X(x) = a\cos(kx) + b\,\text{sen}(kx) \qquad (16.24)$$

e isso resulta na solução da equação de onda (16.19) para qualquer escolha das constantes a e b. Entretanto, ainda temos que satisfazer as condições de contorno (16.20), que requerem

$$X(0) = X(L) = 0. \qquad (16.25)$$

A condição $X(0) = 0$ requer simplesmente que o coeficiente a em (16.24) seja zero, e assim temos $X(x) = b\,\text{sen}(kx)$. Logo, a condição $X(L) = 0$ requer que ou $b = 0$ ou que $\text{sen}(kL) = 0$. No primeiro caso, a solução é identicamente nula e a corda não se move – uma solução, mas trivial. Se $\text{sen}(kL) = 0$, então kL deve ser um inteiro múltiplo de π, e obtemos uma solução não trivial,

$$u(x,t) = \text{sen}(kx)A\cos(\omega t - \delta), \qquad (16.26)$$

onde as condições de contorno forçaram k a ter um dos valores

$$k = k_n = n\frac{\pi}{L} \qquad [n = 1, 2, 3, \cdots]. \qquad (16.27)$$

De (16.23), $\omega = ck$, de modo que a frequência correspondente ω deve ter a forma

$$\omega = \omega_n = n\frac{\pi c}{L} \qquad [n = 1, 2, 3, \cdots]. \qquad (16.28)$$

Concluímos que há de fato soluções nas quais a corda oscila senoidalmente com uma única frequência ω, desde que ω tenha um dos valores (16.28). Esse resultado é remanescente do Capítulo 11, onde encontramos que um sistema de n osciladores acoplados poderia oscilar em qualquer um de vários *modos normais* senoidais com frequências ω_1, $\cdots$, ω_n. A diferença principal é que o sistema do Capítulo 11 tinha um número finito de graus de liberdade e um número igual de frequências. Aqui, a corda tem um número infinito de graus de liberdade e um número infinito de frequências normais como em (16.28). A Figura 16.6 ilustra os três modos normais de mais baixa frequência para a corda – o **fundamental** e os dois primeiros **harmônicos**. Se você comparar essas figuras com a Figura 16.5, verá que cada um dos modos normais da corda finita é justamente uma seção de uma onda estacionária em uma corda infinita. O fato de a corda finita possuir as extremidades fixas significa que os pontos $x = 0$ e $x = L$ devem ser nós, o que requer que o comprimento L seja igual a um número inteiro de meio comprimento de onda, $L = n\,\lambda/2$. Como $\lambda = 2\pi/k$, isso explica a condição (16.27) que $k = n\pi/L$.

As frequências permitidas (16.28) da corda são todas múltiplos inteiros da frequência mais baixa, $\omega_n = n\,\omega_1$. Elas são, dentre várias outras coisas, as frequências nas quais qualquer instrumento musical de cordas, como um piano ou violão, podem vibrar. Os modos correspondentes, incluindo o fundamental, são chamados de **harmônicos** da cor-

---

[2] O método de solução empregado aqui está intimamente relacionado ao método de *separação de variáveis*. Veja o Problema 16.9.

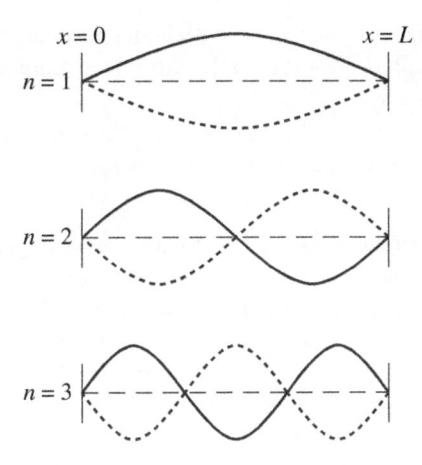

Figura 16.6 Os três modos normais de mais baixas frequências (16.26) de uma corda de comprimento L, presa em ambas as extremidades. Em cada figura, a curva sólida, a tracejada longa e a tracejada curta ilustram a corda em três tempos sucessivos, separados por um quarto de ciclo. O modo $n = 1$ é chamado de fundamental.

da, visto que eles "harmonizam" bem (isto é, tornam o som prazeroso aos nossos ouvidos) quando tocados juntos.

Solução geral

Os modos normais (16.26) determinam *todos* os possíveis movimentos da corda finita, no sentido de que qualquer movimento possível pode ser expandido em termos das soluções de modos normais. Para ver isso, precisamos usar algumas propriedades das séries de Fourier descritas na Seção 5.7. Primeiramente, vamos observar que qualquer movimento da corda é dado por uma função $u(x, t)$ que satisfaz a equação de onda (16.19) e as condições de contorno (16.20), e é determinada por sua posição inicial $u(x, 0) = u_0(x)$ e velocidade $\dot{u}(x, 0) = \dot{u}_0(x)$. Para ver que qualquer uma dessas soluções pode ser expandida em termos dos modos normais, primeiro reescrevemos a solução do modo normal (16.26) em termos de "somas de senos e cossenos" como

$$u(x, t) = \operatorname{sen} k_n x (B_n \cos \omega_n t + C_n \operatorname{sen} \omega_n t). \tag{16.29}$$

Nosso argumento é que qualquer movimento possível pode ser escrito como uma combinação linear dessas soluções do modo normal:

$$u(x, t) = \sum_{n=1}^{\infty} \operatorname{sen} k_n x (B_n \cos \omega_n t + C_n \operatorname{sen} \omega_n t). \tag{16.30}$$

Para demonstrar isso, observe primeiro que esta combinação linear certamente satisfaz a equação de onda e as condições de contorno em que u se anula em $x = 0$ e em $x = L$. No instante $t = 0$, a solução sugerida é

$$u(x, 0) = \sum_{n=1}^{\infty} B_n \operatorname{sen} k_n x. \tag{16.31}$$

Isso é uma série de Fourier de senos, e os coeficientes B_n podem ser escolhidos de modo que $u(x, 0)$ se iguale a qualquer valor inicial dado $u_0(x)$.[3] Similarmente, a velocidade da solução proposta (16.30) é

$$\dot{u}(x, 0) = \sum_{n=1}^{\infty} \omega_n C_n \operatorname{sen} k_n x \qquad (16.32)$$

e podemos escolher os coeficientes C_n de modo que este seja igual a qualquer velocidade inicial dada $\dot{u}_0(x)$. Concluímos que a solução proposta satisfaz a equação de movimento e as condições de contorno, e que a escolha dos coeficientes B_n e C_n pode satisfazer quaisquer condições iniciais dadas. Portanto, qualquer movimento possível da corda pode ser expandido em termos dos modos normais como em (16.30).

Como todas as frequências em (16.30) são múltiplos inteiros da frequência mais baixa ($\omega_n = n\,\omega_1$), cada termo em (16.30) é periódico com período $\tau = 2\pi/\omega_1$. Portanto, qualquer movimento possível da corda finita é periódico com esse período. [Naturalmente, se certos coeficientes em (16.30) forem zero, o movimento poderá ser periódico com um período menor, mas *cada* solução terá o período do modo fundamental.]

Exemplo 16.2 Onda triangular em uma corda finita

Uma corda de comprimento $L = 8$ está fixa em ambas as extremidades. É dado um pequeno deslocamento triangular, como na Figura 16.7, e largado do repouso no instante $t = 0$. Determine os coeficientes de Fourier B_n e C_n na expansão (16.30) e, usando um número razoável de termos como aproximação da série infinita, desenhe o gráfico da posição da corda em quatro instantes de tempo igualmente espaçados de $t = 0$ até $t = \tau/2$, onde τ é o período do movimento.

Como a corda está inicialmente em repouso, todos os coeficientes C_n são zero. Os coeficientes B_n são obtidos da integral

$$B_n = \frac{2}{L} \int_0^L u_0(x) \operatorname{sen} \frac{n\pi x}{L} dx. \qquad (16.33)$$

[Essa é quase a fórmula padrão (5.84); para mais detalhes, veja o Problema 16.13.] É fácil ver que isso é zero quando n é par. Quando n é ímpar, podemos escrever $n = 2m + 1$ e você pode verificar (Problema 16.10) que

$$B_{2m+1} = (-1)^m \frac{32}{(2m + 1)^2 \pi^2} \left(1 - \cos \frac{(2m + 1)\pi}{8} \right). \qquad (16.34)$$

Colocando esses coeficientes na expansão (16.30) e escolhendo um número finito razoável de termos, podemos obter uma boa aproximação para o deslocamento $u(x, t)$ para todos os instantes t. Usando apenas os primeiros cinco ou pouco mais

---

[3] Há uma pequena complicação que estou ignorando aqui. A série (16.31) não é a série usual de Fourier de senos, visto que ela está esquecendo os termos em cosseno. Entretanto, ela contém duas vezes mais termos em senos do que a série de Fourier usual, já que $k_n = n\pi/L$ (em contrapartida ao usual $2n\pi/L$), e pode-se mostrar que essa série pode ser usada para expandir qualquer função (razoável) no intervalo $0 \le x \le L$. Veja o Problema 16.13.

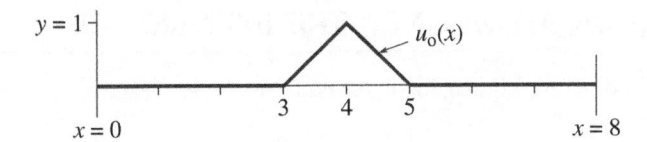

Figura 16.7 Uma corda é largada do repouso em $t = 0$ e a posição triangular é ilustrada.

termos, obtemos uma aproximação moderada, mas é um pequeno trabalho (para um computador) obter com mais termos, escolhi usar a soma dos primeiros 20 termos. Os resultados estão apresentados na Figura 16.8. Cada um desses cinco gráficos requer uma cuidadosa atenção. O primeiro mostra o deslocamento inicial da Figura 16.7, com a aproximação pelos primeiros 20 termos da sua série de Fourier. A aproximação é muito boa, embora ela falhe para reproduzir a curva acentuada no ápice. (Obviamente, nenhuma soma finita de senos ou cossenos pode de fato ter uma mudança instantânea de inclinação.) Na segunda figura, o triângulo inicial foi separado em dois triângulos, viajando em direções opostas. Esse é exatamente o comportamento que vimos no Exemplo 16.1 (Figura 16.4), porque nenhuma das ondas alcançou as bordas. Saltando, por enquanto, a figura três, você pode ver na figura quatro que cada triângulo foi refletido na parede e está agora viajando de volta em direção ao centro, embora eles estejam invertidos. Na figura três, as ondas originais e refletidas estão ambas presentes e estão interagindo destrutivamente para produzir o deslocamento resultante nulo. Finalmente, na última figura, as duas ondas refletidas coalesceram momentaneamente em um único triângulo invertido. Se tivéssemos que seguir o movimento mais adiante, veríamos as duas ondas refletidas continuando até elas atingirem as paredes opostas e refletirem novamente. (Veja o Problema 16.11.)

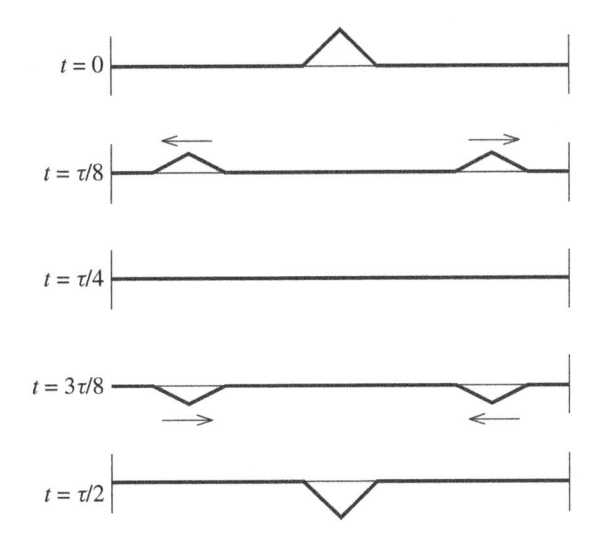

Figura 16.8 Cinco imagens sucessivas de uma corda que foi largada da posição inicial da Figura 16.7, calculada usando os primeiros 20 termos não nulos da série de Fourier (16.30). A primeira figura ilustra a posição inicial (aproximada por 20 termos de sua série de Fourier). As quatro figuras na sequência ilustram as posições a intevalos de $\tau/8$, onde τ é o período fundamental.

16.4 A EQUAÇÃO DA ONDA TRIDIMENSIONAL

Vivemos em um mundo tridimensional, e a equação de onda (16.4)

$$\frac{\partial^2 u}{\partial t^2} = c^2 \frac{\partial^2 u}{\partial x^2} \qquad (16.35)$$

precisa ser generalizada para três dimensões. Não é difícil supor qual deve ser a generalização apropriada. Se $p = p(x, y, z, t) = \mathrm{p}(\mathbf{r}, t)$ denota algum tipo de perturbação em um sistema tridimensional (por exemplo, a pressão em uma onda sonora viajando através do ar), então iríamos seguramente supor que a generalização apropriada de (16.35) deve ser

$$\frac{\partial^2 p}{\partial t^2} = c^2 \left(\frac{\partial^2 p}{\partial x^2} + \frac{\partial^2 p}{\partial y^2} + \frac{\partial^2 p}{\partial z^2} \right). \qquad (16.36)$$

Encontraremos mais adiante neste capítulo um conjunto de exemplos de perturbações que de fato satisfazem esta *equação de onda tridimensional*. Em particular, demonstrarei na Seção 16.13 que a pressão[4] em qualquer fluido invíscido (por exemplo, o ar) é um exemplo, para o qual a velocidade da onda c é dada por

$$c = \sqrt{\frac{\mathrm{MC}}{\varrho_0}}, \qquad (16.37)$$

onde MC denota o *módulo de compressibilidade* (*bulk modulus*) do fluido e ϱ_0 é a densidade de equilíbrio. (Definirei o módulo de compressibilidade em seguida. No momento, apenas veja este como um parâmetro que caracteriza a resistência de um fluido à compressão.)

É comum modernizar a notação na equação de onda (16.36): se, como sempre, considerarmos o ponto de vista de que ∇ é o "vetor" com componentes

$$\nabla = \left(\frac{\partial}{\partial x}, \frac{\partial}{\partial y}, \frac{\partial}{\partial z} \right)$$

então o produto escalar de ∇ com ele mesmo é, obviamente,

$$\nabla^2 = \nabla \cdot \nabla = \left(\frac{\partial}{\partial x} \right)^2 + \left(\frac{\partial}{\partial y} \right)^2 + \left(\frac{\partial}{\partial z} \right)^2. \qquad (16.38)$$

Você pode muito bem ter encontrado esse operador antes, talvez em seus estudos sobre eletromagnetismo. Ele desempenha um grande papel em muitas áreas – eletromagnetismo, mecânica quântica, elasticidade, termodinâmica e muito mais – e é chamado de

---

[4] Estritamente falando, a pressão p discutida ao longo desta seção é a pressão *incremental*, a diferença entre a pressão total e a pressão atomosférica de equilíbrio.

Laplaciano pela sua importância na equação de Laplace para a eletrostática. Com essa notação, podemos escrever a **equação de onda tridimensional** (16.36) como

$$\frac{\partial^2 p}{\partial t^2} = c^2 \nabla^2 p. \tag{16.39}$$

Ondas planas

A Equação (16.39) tem muitas soluções, das quais as mais simples são as chamadas ondas planas. Um exemplo simples de uma onda plana é a solução de (16.39) [ou (16.36)] que é independente de y e z,

$$p(\mathbf{r}, t) = p(x, t).$$

Obviamente, uma perturbação com essa forma tem o mesmo valor em todos os pontos sobre um plano $x =$ constante. Se substituirmos essa forma em (16.36), as derivadas com respeito a y e a z desaparecem e ficamos com a equação de onda unidimensional

$$\frac{\partial^2 p}{\partial t^2} = c^2 \frac{\partial^2 p}{\partial x^2},$$

cuja solução mais geral já sabemos: $p = f(x - ct) + g(x + ct)$. Em particular, a solução $p = f(x - ct)$ é uma perturbação plana (p constante em qualquer plano perpendicular ao eixo x) que está viajando na direção x com velocidade c (por isso o nome "onda plana").

Similarmente, uma solução da forma $p = f(y - ct)$ ou $f(z - ct)$ é uma onda plana viajando na direção y ou z. Generalizando, se $\mathbf{n}$ denota um vetor unitário arbitrário, então uma perturbação da forma

$$p = f(\mathbf{n} \cdot \mathbf{r} - ct) \tag{16.40}$$

satisfaz a equação de onda (16.39), é constante em qualquer plano perpendicular a $\mathbf{n}$ e viaja na direção $\mathbf{n}$ com velocidade c. (Veja o Problema 16.15.) Se a função f é uma função senoidal, digamos $f(\xi) = \cos k\xi$, a onda (16.40) é a onda senoidal plana

$$p = \cos[k(\mathbf{n} \cdot \mathbf{r} - ct)], \tag{16.41}$$

cujas cristas estão nos planos perpendiculares a $\mathbf{n}$ e viajam com velocidade c na direção de $\mathbf{n}$, como ilustrado na Figura 16.9. Esse tipo de onda é fácil de visualizar em duas dimensões. Você pode pensar, por exemplo, em ondas "planas" sobre a superfície de um lago.

Uma onda plana é uma idealização matemática que nunca ocorre na prática, visto que nenhuma perturbação real pode ser constante sobre um plano infinito. Entretanto, é frequentemente uma aproximação muito útil. A luz brilhando sobre nós, que é proveniente do Sol, tem uma aproximação muito boa por ondas planas, como as ondas sonoras provenientes de uma explosão distante.

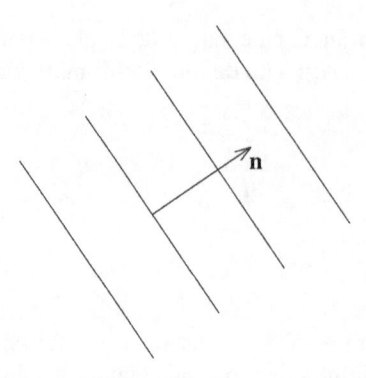

Figura 16.9 A onda plana senoidal (16.41). As cristas das ondas (ou frentes de onda) são planos perpendiculares a um vetor unitário **n** e viajam com velocidade c na direção de **n**.

Ondas esféricas

Outra solução importante da equação de onda tridimensional é a onda esférica, por exemplo, uma onda sonora viajando rapidamente para fora de uma pequena caixa de som omnidirecional. Se assumirmos que tal onda é esfericamente simétrica, ela deverá ter a forma $p = p(r, t)$. (Isto é, em coordenadas esféricas polares, p é independente de θ e ϕ.) Não é difícil de mostrar que, para uma função dessa forma,

$$\nabla^2 p = \frac{1}{r}\frac{\partial^2}{\partial r^2}(rp). \tag{16.42}$$

[A maneira óbvia de demonstrar isto é calcular o lado esquerdo usando a definição (16.38) de ∇^2; a mais simples é procurar a expressão de ∇^2 em coordenadas polares ao final do livro. Veja o Problema 16.16.] Portanto, a equação da onda torna-se

$$\frac{\partial^2 p}{\partial t^2} = c^2 \frac{1}{r}\frac{\partial^2}{\partial r^2}(rp)$$

ou, multiplicando ambos os lados por r,

$$\frac{\partial^2}{\partial t^2}(rp) = c^2 \frac{\partial^2}{\partial r^2}(rp). \tag{16.43}$$

Vemos que, para ondas esféricas, a função $rp(r, t)$ satisfaz a equação da onda unidimensional com respeito a r e a t. Portanto, a solução geral tem a forma

$$rp(r, t) = f(r - ct) + g(r + ct).$$

Em particular, se a função g for zero, a perturbação terá a forma

$$p(r, t) = \frac{1}{r} f(r - ct). \tag{16.44}$$

O termo $f(r - ct)$ representa uma perturbação viajando rigidamente para fora. Como isso é o que alguém teria suposto para uma onda se expandindo radialmente, a questão é, "por que o termo $1/r$?". Para responder, precisamos de um resultado que você pode se lembrar

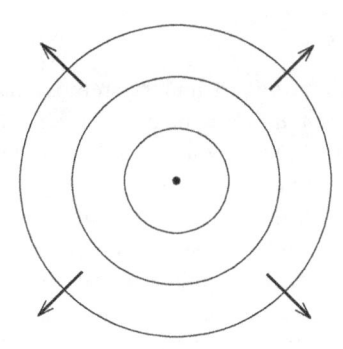

Figura 16.10 Uma onda esférica. As cristas da onda são esferas movendo-se para fora a partir da origem. Par auxiliar na visualização do que isso significa, ajuda pensar como se fosse uma onda bidimensional, como ondulações criadas em um lago por uma haste que se move para frente e para trás sobre a água, na origem.

das aulas de introdução à física. A **intensidade** de qualquer onda em três dimensões é definida como a potência liberada pela onda para uma área unitária perpendicular à direção de propagação, e a intensidade de uma onda sonora é proporcional a p^2. (Para orientar essa demonstração, veja o Problema 16.37.) Logo, o fator $1/r$ em (16.44) implica que a intensidade é proporcional a $1/r^2$, que é exatamente o que é necessário para a conservação de energia: a uma distância r de uma fonte, a energia da onda é propagada sobre uma área $4\pi r^2$. Portanto, à medida que a onda se propaga radialmente para fora, a intensidade *tem* que cair com $1/r^2$ para manter a potência total constante.

Se a função f em (16.44) for senoidal, digamos, $f(\xi) = \cos k\xi$, então (16.44) representa uma onda senoidal cujas cristas estão viajando radialmente para fora da origem com velocidade c, como ilustrado na Figura 16.10.

16.5 FORÇAS DE SUPERFÍCIE E DE VOLUME

O nosso próximo objetivo é ver como determinar a equação de movimento de um sistema contínuo tridimensional. Em geral, isso é um problema muito complicado e os detalhes dependem fortemente da exata natureza do sistema. Por exemplo, as equações do movimento de um fluido são muito diferentes daquelas de um sólido elástico. Entretanto, há alguns princípios gerais razoavelmente simples que se aplicam a muitos sistemas contínuos diferentes, e estes são o que descreverei a seguir.

Com você provavelmente supôs, determinamos a equação de movimento de um corpo contínuo aplicando a segunda lei de Newton para um elemento arbitrário pequeno dV do corpo. (Uso a palavra "corpo" aqui para significar qualquer porção de matéria, sólida, líquida ou gasosa.) Isso é exatamente análogo ao que fizemos na Seção 16.1, onde aplicamos a segunda lei de Newton para um comprimento dx de uma corda unidimensional, mas o caso tridimensional é naturalmente mais complicado. Precisamos primeiro discutir a geometria do elemento de volume dV e então a especificação das forças sobre dV e do deslocamento resultante de dV.

Elementos de volume

O formato do elemento de volume com o qual trataremos é arbitrário. Ele pode ser esférico ou retangular (no formato de um tijolo), ou com outra forma qualquer que desejarmos. Por simplicidade, você pode ter em mente um volume simples retangular, como ilustrado na Figura 16.11. O volume sobre o qual atuaremos será, normalmente, um volume infinitesimal, como a notação dV sugere. A superfície que delimita dV pode ser a fronteira real do corpo contínuo (por exemplo, as paredes de um cilindro contendo um gás), mas ela será normalmente uma superfície "imaginária", ou seja, a superfície arbitrária que encerra todo o corpo. A superfície de contorno é naturalmente uma *superfície fechada* que divide o espaço todo em exatamente duas partes, o "interior" (a saber, dV) e o "exterior" (tudo mais). Isso significa que podemos especificar a orientação de qualquer parte da superfície, como a fase S na Figura 16.11, por um vetor unitário **n**, normal à superfície e apontando para o exterior de dV[5].

Forças sobre o elemento de volume

Os dois mais importantes tipos de forças sobre um elemento de volume dV de um sistema contínuo são chamados de *forças de volume* e *forças de superfície*. Um exemplo de uma força de volume é a força da gravidade, $\mathbf{F} = \varrho \mathbf{g} dV$, onde ϱ é a densidade de massa do material e **g** é a aceleração da gravidade. Um segundo exemplo é a força eletrostática $\mathbf{F} = \varrho \mathbf{E} dV$ de um campo elétrico **E** sobre um material com uma densidade de carga ϱ. A definição de uma **força de volume** é simplesmente que ela é uma força proporcional ao volume dV. Forças de volume são, em geral, o resultado de um campo externo (tal a gravidade) e para ser preciso, assumirei usualmente que a única força de volume é a da gravidade. Em qualquer evento, as forças sobre o corpo são quase sempre conhecidas e bem compreendidas. Portanto, nossa maior preocupação é com as forças de superfície.

Um exemplo familiar de força de superfície é a força pdA ocasionada pela pressão p de um fluido sobre um pequeno elemento de superfície dA. A definição de uma **força de superfície** é uma força proporcional à área dA da superfície sobre a qual ela atua.

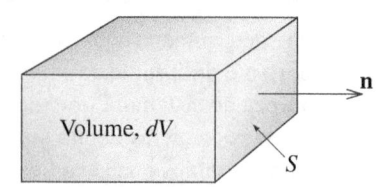

Figura 16.11 Um pequeno elemento de volume dV de um corpo contínuo pode ter qualquer formato, mas uma escolha conveniente é o formato retangular ilustrado aqui. A orientação de qualquer parte S da superfície (a lateral direita aqui) é especificada por um vetor unitário **n** que aponta para o exterior de dV.

---

[5] Quando estamos interessados em uma superfície que não é fechada, a orientação de uma pequena parte de S pode ainda ser especificada por um vetor unitário **n** que é normal a S, mas isso deixa uma ambiguidade de sinal (visto que **n** e $-\mathbf{n}$ ambos se adaptam à definição). Felizmente, neste capítulo, S será sempre uma parte de uma superfície fechada, por isso, podemos sustentar, simplesmente e sem ambiguidades, que **n** aponta para o *exterior*.

Forças de superfície são, em geral, o resultado de forças intermoleculares provocadas pelas moléculas imediatamente fora da superfície atuando sobre aquelas dentro da superfície. A Figura 16.12 ilustra três importantes casos especiais de forças de superfície, uma força de pressão, uma tensão simples e uma força de cisalhamento. Observe que a força de pressão e a força de tensão agem normais à superfície S, enquanto a força de cisalhamento age tangencialmente a S. A tendência da força de cisalhamento é produzir o movimento cisalhante ilustrado na Figura 16.13.

Quando a pressão é isotrópica?

Para concluir esta seção, demonstrarei um resultado que você provavelmente já aprendeu em disciplinas de introdução à física: que a pressão em qualquer fluido estático atua igualmente em todas as direções, ou, em suma, que a pressão é isotrópica. Na verdade, o resultado é um pouco mais geral do que isso, e o demonstrarei na sua grande generalidade. Uma propriedade característica de qualquer fluido é que ele não pode suportar forças de cisalhamento em equilíbrio, e a ausência de forças de cisalhamento é, de fato, a característica essencial que conduz à isotropia da pressão. Demonstrarei em seguida que, para qualquer substância na qual não há forças de cisalhamento, a pressão é isotrópica. Claramente, esse resultado se aplica a qualquer fluido estático, mas também se aplica a um fluido em movimento, desde que não haja forças de cisalhamento. Como a causa das for-

(a) Pressão (b) Tensão (c) Cisalhamento

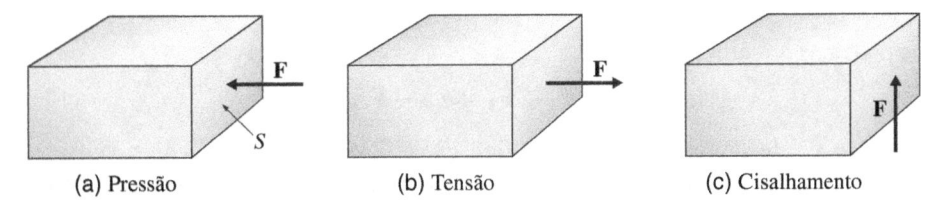

Figura 16.12 Três forças de superfície diferentes sobre a face S de um volume retangular. (a) Pressão hidrostática atua normal à superfície e para o interior, de modo que $\mathbf{F} = -p\mathbf{n}dA$, com o sinal negativo visto que $\mathbf{F}$ está no sentido do interior, enquanto $\mathbf{n}$ está para o exterior. (b) Uma tensão simples na direção normal a S. (c) Por definição, uma força de cisalhamento atua tangencialmente a S.

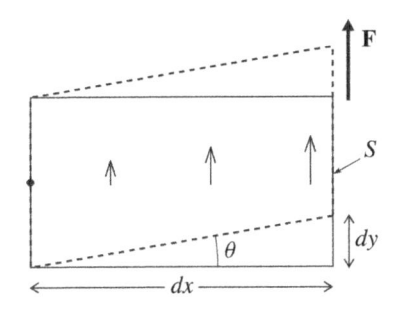

Figura 16.13 Uma força de cisalhamento $\mathbf{F}$ aplicada à face S do sólido retangular da Figura 16.12 (visto aqui frontalmente). Se a face oposta é mantida fixa, o cisalhamento produz o movimento ilustrado, no qual os planos paralelos a S se movem na direção de $\mathbf{F}$, modificando a seção transversal retangular original em um paralelogramo. As distâncias dx e dy são usadas para definir a deformação de cisalhamento na Equação (16.54).

ças de cisalhamento em fluidos é a viscosidade, podemos dizer que a pressão é isotrópica mesmo em fluidos em movimento, *desde que a viscosidade seja zero*. Naturalmente, há alguns poucos fluidos cuja viscosidade é exatamente zero, mas há muitas situações onde a viscosidade é muito pequena, podendo ser desprezível e, em tais situações, a pressão é efetivamente isotrópica. Nosso resultado é muito útil, mas, mais importante, o método de demonstração tem muitas outras aplicações, como veremos.

Vamos considerar, então, qualquer meio no qual não haja forças de cisalhamento e sejam $\mathbf{n}_1$ e $\mathbf{n}_2$ duas direções quaisquer. Em um ponto particular no meio, vamos construir duas superfícies retangulares pequenas, S_1 normal a $\mathbf{n}_1$ e S_2 normal a $\mathbf{n}_2$, de modo a formarem um pequeno prisma triangular, como ilustrado na Figura 16.14. As forças de superfície sobre as três faces apresentadas são normais às faces e podem ser escritas como $\mathbf{F}_1 = -p_1\mathbf{n}_1 dA_1$ e assim por diante, onde podemos expressar as pressões sobre as faces como sendo p_1, p_2 e p_3 para dar a possibilidade de que elas sejam diferentes. (Nosso objetivo é demonstrar que, de fato, $p_1 = p_2 = p_3$.) Essas pressões podem variar de um ponto para outro no meio, mas considerando um volume suficientemente pequeno podemos assegurar que elas variam por uma quantidade desprezível no volume. Estamos agora prontos para aplicar a segunda lei de Newton ao nosso pequeno prisma. A massa do prisma é $m = \varrho dV$. A força resultante sobre o prima é $\mathbf{F}_1 + \mathbf{F}_2 + \mathbf{F}_3 + \mathbf{F}_{vol}$, onde $\mathbf{F}_{vol}$ denota a força de volume total (por exemplo, o peso $\mathbf{F}_{vol} = \varrho \mathbf{g} dV$). Logo, a equação $\mathbf{F} = m\mathbf{a}$ torna-se[6]

$$\mathbf{F}_1 + \mathbf{F}_2 + \mathbf{F}_3 + \mathbf{F}_{vol} = m\mathbf{a}$$

que podemos reescrever como

$$\mathbf{F}_1 + \mathbf{F}_2 + \mathbf{F}_3 = m\mathbf{a} - \mathbf{F}_{vol}. \qquad (16.45)$$

Agora, vem o ato supremo de astúcia. A Equação (16.45) se aplica ao pequeno prisma da Figura 16.14, mas ela certamente se aplicaria também a um prisma ainda menor. Vamos,

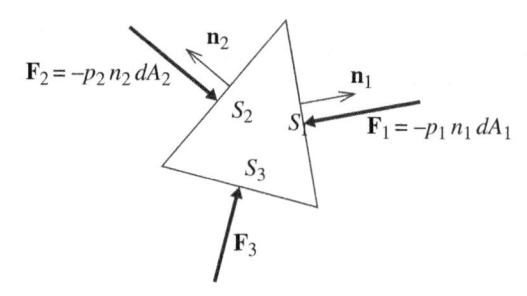

Figura 16.14 As superfícies S_1 e S_2 (vistas como as arestas) são normais aos dois vetores unitários arbitrários $\mathbf{n}_1$ e $\mathbf{n}_2$, respectivamente. Elas são retângulos idênticos e juntas com S_3 formam um prisma isósceles (visto em corte). As três forças $\mathbf{F}_1$, $\mathbf{F}_2$ e $\mathbf{F}_3$ são forças de superfície sobre as três faces e são normais às superfícies já que, por suposição, elas não são forças de cisalhamento.

---

[6] Estritamente falando, devemos incluir as duas forças de pressão sobre os pontos extremos do prisma, mas estamos interessados apenas nas componentes desta equação no plano da Figura 16.14; portanto, podemos ignorá-las.

portanto, encolher o prisma por um fator λ nas três direções. Os três termos de superfície à esquerda de (16.45) são proporcionais à área, logo eles irão decrescer por um fator λ^2. A massa e a força de volume à direita são proporcionais a dV e devem decrescer por um fator λ^3. Portanto, a contraparte de (16.45) para o prisma ainda menor é

$$\lambda^2(\mathbf{F}_1 + \mathbf{F}_2 + \mathbf{F}_3) = \lambda^3(m\mathbf{a} - \mathbf{F}_{vol})$$

ou, dividindo ambos os lados por λ^2,

$$(\mathbf{F}_1 + \mathbf{F}_2 + \mathbf{F}_3) = \lambda(m\mathbf{a} - \mathbf{F}_{vol}). \tag{16.46}$$

Essa equação é válida para qualquer valor de λ (menor que 1). Em particular, podemos fazer λ tendendo a zero e obtemos a surpreendente conclusão de que os três termos de superfície devem ter uma soma nula,

$$\mathbf{F}_1 + \mathbf{F}_2 + \mathbf{F}_3 = 0. \tag{16.47}$$

É fácil verificar que, como o triângulo na Figura 16.14 é isósceles, isso requer que $\mathbf{F}_1$ e $\mathbf{F}_2$ tenham magnitudes iguais, $F_1 = F_2$. (Considere apenas as componentes perpendiculares a $\mathbf{F}_3$ para verificar esse resultado.) Como $F_1 = p_1 dA_1$, $F_2 = p_2 dA_2$ e $dA_1 = dA_2$, concluímos que

$$p_1 = p_2. \tag{16.48}$$

Como as direções $\mathbf{n}_1$ e $\mathbf{n}_2$ eram arbitrárias, demonstramos que a pressão é independente da direção em qualquer meio onde não haja forças de cisalhamento. Em particular, a pressão é isotrópica em qualquer fluido estático e também em qualquer fluido de tem viscosidade desprezível.

16.6 TENSÃO E DEFORMAÇÃO: OS MÓDULOS DE ELASTICIDADE

Como veremos na próxima seção, as forças de superfície no interior de um corpo contínuo (sólido, líquido ou gasoso) podem ser expressas em termos de um tensor tridimensinal chamado de tensor de tensão. Na Seção 16.8, veremos que os deslocamentos resultantes de um corpo podem ser expressos em termos de um segundo tensor chamado de tensor de deformação. Finalmente, antes de obter a equação de movimento, precisamos estabelecer a relação entre os dois tensores. [Essa última declaração é o análogo contínuo ao requisito familiar que para obter a equação de movimento de uma massa presa a uma mola, precisamos conhecer a lei de Hooke ($F = kx$), que relaciona a tensão na mola (F) devido à distensão (x).] A teoria geral dos tensores de tensão e deformação é bem complicada, por isso, nesta seção, mencionarei poucos exemplos de casos especiais antes de mergulharmos no caso geral.

Tensão

Como qualquer força de superfície F é proporcional à área A da superfície sobre a qual a força atua, é natural considerar a razão F/A, e esta razão é chamada de **tensão**. Como veremos na próxima seção, em geral, precisamos discutir sobre o *tensor de tensão*, mas um simples exemplo que carece dessa complicação é a força de pressão em um fluido estático, para o qual a tensão é justamente a pressão:

$$\text{tensão} = \frac{F}{A} = \text{pressão}, p \quad [\text{em um fluido estático}]. \tag{16.49}$$

Analogamente, você pode se lembrar de que a tensão em um fio ou haste sujeito a uma tensão simples é definida como

$$\text{tensão} = \frac{\text{tração}}{\text{área}} \quad [\text{para um fio sob tração}], \tag{16.50}$$

onde a área é a área da seção transversal do fio. Para uma força de cisalhamento simples, como a da Figura 16.13, a tensão de cisalhamento é definida como

$$\text{tensão} = \frac{\text{força de cisalhamento}}{\text{área}} \quad [\text{para um cisalhamento}]. \tag{16.51}$$

Por mais que a situação seja complicada, encontraremos que a tensão (ou qualquer componente do tensor de tensão) pode ser definida como a razão de uma força de superfície (ou uma de suas componentes) pela área da superfície sobre a qual a força atua. Em particular, a tensão sempre tem dimensão de [força/área].

Deformação

O resultado de uma tensão é quase sempre uma deformação, ou mudança nas dimensões, de um corpo sobre o qual a tensão atua – uma variação no volume de um líquido, ou o comprimento de um fio, por exemplo. Quando essa variação é expressa como uma *variação fracional*, é chamada de **deformação**. Por exemplo, em um fluido estático, a deformação seria a variação fracional no volume,

$$\text{deformação} = \frac{dV}{V} \quad [\text{em um fluido estático}]. \tag{16.52}$$

Para um fio sobre tração, a deformação seria a variação fracional no comprimento,

$$\text{deformação} = \frac{dl}{l} \quad [\text{para um fio sob tração}]. \tag{16.53}$$

Para a força de cisalhamento simples da Figura 16.13, a deformação é definida como

$$\text{deformação} = \frac{dy}{dx} \quad [\text{para um cisalhamento}], \tag{16.54}$$

onde dy é o deslocamento na direção do cisalhamento e dx é a distância perpendicular através da qual o cisalhamento ocorre (veja a Figura 16.13).

Relação da tensão com a deformação: os módulos de elasticidade

Quando as tensões em um meio não são muito grandes, esperamos que a deformação resultante seja linear na tensão. No caso de um fio distendido, essa relação é escrita como

$$\text{tensão} = (\text{módulo de Young}) \times \text{deformação} \quad \text{ou} \quad \frac{dF}{A} = \text{MY} \cdot \frac{dl}{l}, \quad (16.55)$$

onde MY é o **módulo de Young** para o material do fio.[7] [Se você reescrever essa equação como $F = (A\,\text{MY}/l)dl$, irá reconhecê-la como a lei de Hooke, com a constante da força $k = (A\,\text{MY}/l)$. A vantagem de escrevê-la em termos do módulo de Young é que MY, ao contrário de k, é característico do material e independente das dimensões de A e l.] Na Equação (16.55), dl é a extensão causada pelo incremento dF na tração.

Para qualquer material sujeito apenas à pressão hidrostática, um pequeno aumento dp na pressão causará uma variação no volume, dada por

$$\text{tensão} = (\text{módulo de compressibilidade}) \times \text{deformação} \quad \text{ou} \quad dp = -\text{MC} \cdot \frac{dV}{V}, \quad (16.56)$$

onde MC é o **módulo de compressibilidade** para o material e o sinal negativo é porque um acréscimo na pressão causa um decréscimo no volume. Para uma tensão de cisalhamento,

$$\text{tensão} = (\text{módulo de cisalhamento}) \times \text{deformação} \quad \text{ou} \quad \frac{F}{A} = \text{MS} \cdot \frac{dy}{dx}, \quad (16.57)$$

onde MS é o **módulo de cisalhamento** para o material.

Para resumir esta seção, *tensão* caracteriza as forças de superfície em um meio contínuo,

$$\text{tensão} = \frac{\text{força}}{\text{área}}, \quad (16.58)$$

enquanto *deformação* caracteriza a deformação resultante,

$$\text{deformação} = \text{deformação fracional}. \quad (16.59)$$

---

[7] Há quase tantas notações para os vários módulos de elasticidade quanto livros sobre o assunto. As notações usadas aqui não são convencionais, mas espero que você seja capaz de se lembrar o que é o que.

Enquanto a tensão sempre tem unidades de pressão (força/área), a deformação é sempre adimensional.[8] Os vários módulos de elasticidade (Young, compressibilidade e cisalhamento) são as razões da tensão pela deformação correspondente,

$$\text{módulos de elasticidade} = \frac{\text{tensão}}{\text{deformação correspondente}}. \qquad (16.60)$$

16.7 O TENSOR DE TENSÃO

Nesta seção, deduzirei a expressão geral para a força de superfície sobre uma pequena área dA de uma superfície fechada S em um meio contínuo. Como de costume, usaremos **n** para denotar o vetor unitário apontando normal a S e apontando para o exterior, na posição de dA. Para melhorar a notação, definirei um vetor $d\mathbf{A}$ na direção de **n**, com a magnitude dA. Isto é,

$$d\mathbf{A} = \mathbf{n}\, dA. \qquad (16.61)$$

Esse vetor nos informa a orientação e o tamanho do pequeno pedaço da superfície em consideração. Nossa primeira tarefa é mostrar que a força de superfície $\mathbf{F}(d\mathbf{A})$ sobre o elemento de superfície especificado por $d\mathbf{A}$ é de fato uma função linear de $d\mathbf{A}$, isto é, que

$$\mathbf{F}(\lambda_1 d\mathbf{A}_1 + \lambda_2 d\mathbf{A}_2) = \lambda_1 \mathbf{F}(d\mathbf{A}_1) + \lambda_2 \mathbf{F}(d\mathbf{A}_2), \qquad (16.62)$$

onde λ_1 e λ_2 são quaisquer dois números reais e $d\mathbf{A}_1$ e $d\mathbf{A}_2$ são quaisquer dois vetores.

A força $\mathbf{F}(d\mathbf{A})$ é independente do formato preciso do elemento de superfície. Por outro lado, ele é proporcional à área dA, logo

$$\mathbf{F}(\lambda\, d\mathbf{A}) = \lambda \mathbf{F}(d\mathbf{A}) \qquad (16.63)$$

para qualquer número λ (não muito grande). Se substituíssemos $d\mathbf{A}$ por $-d\mathbf{A}$, isso iria permutar o interior pelo exterior da superfície e, pela terceira lei de Newton, isso mudaria o sinal da força de superfície, isto é, $\mathbf{F}(-d\mathbf{A}) = -\mathbf{F}(d\mathbf{A})$. Portanto, a Equação (16.63) na verdade para valores de λ tanto negativos quanto positivos.

Vamos a seguir considerar dois vetores pequenos $d\mathbf{A}_1$ e $d\mathbf{A}_2$. Em qualquer ponto no meio contínuo, considere duas superfícies retangulares pequenas se encostando ao longo de uma aresta comum, com orientações e áreas dadas por $d\mathbf{A}_1$ e $d\mathbf{A}_2$, como ilustrado na Figura 16.15. Considere agora o prisma triangular definido por esses dois retângulos e o terceito retângulo chamado de $d\mathbf{A}_3$ na figura. Este prisma tem duas propriedades surpreendentes. Primeiro, como as três arestas apresentadas formam um triângulo, o mesmo é verdade para os três vetores $d\mathbf{A}_1$, $d\mathbf{A}_2$ e $d\mathbf{A}_3$. Portanto,

$$d\mathbf{A}_1 + d\mathbf{A}_2 + d\mathbf{A}_3 = 0.$$

---

[8] Não há uma maneira muito óbvia para lembrar o que é tensão e o que é deformação. Uma possibilidade é esta: na linguagem diária, dizemos "tensão causa deformação" e, da mesma forma, "força causa deformação". Logo, "tensão" corresponde à "força" e "deformação" a "variar a forma". Alternativamente, observe que, alfabeticamente, "tensão" vem depois de "deformação", bem como "força" vem depois de "deformação".

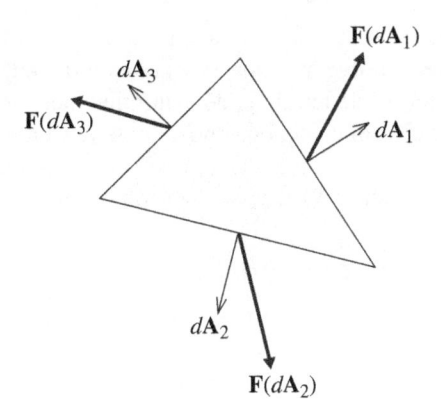

Figura 16.15 Os vetores pequenos e arbitrários dA_1 e dA_2 definem duas superfícies retangulares (vistas pelas arestas) que se encontram em uma aresta comum (inferior à direita). Esses dois retângulos definem um prisma triangular (visto uma seção) cuja terceira face retangular está denotada pelo vetor dA_3. As forças de superfície sobre as três faces retangulares estão ilustradas como $F(dA_1)$ e assim por diante.

Segundo, com o mesmo argumento que usamos para demonstrar a isotropia da pressão em um fluido invíscido [Equação (16.47)], podemos demonstrar que[9]

$$F(dA_1) + F(dA_2) + F(dA_3) = 0.$$

Explorando essas duas últimas equações, obtemos

$$F(dA_1 + dA_2) = F(-dA_3) = -F(dA_3)$$
$$= F(dA_1) + F(dA_2). \quad (16.64)$$

Finalmente, combinando (16.63) com (16.64), podemos verificar (16.62) e então demonstramos que a força $F(dA)$ é linear em dA.

É um resultado fundamental da álgebra linear que, se um vetor (F neste caso) é uma função linear de um segundo vetor (dA), então as componentes do primeiro estão relacionadas às do segundo por uma relação linear da forma[10]

$$F_i(dA) = \sum_{j=1}^{3} \sigma_{ij} dA_j \quad (16.65)$$

ou, na forma matricial,

$$F(dA) = \Sigma\, dA. \quad (16.66)$$

---

[9] Estou novamente ignorando as forças nas duas extremidades triangulares. Se denotarmos as duas extremidades por dA_4 e dA_5, então $dA_4 = -dA_5$, logo, por (16.63), $F(dA_4) = -F(dA_5)$ e essas duas forças se cancelam.

[10] A demonstração é bem fácil: suponha que u seja uma função linear de v. Como $u_i = e_i \cdot u$ e $v = \sum_j e_j v_j$, segue que $u_i(v) = e_i \cdot u(\sum_j e_j v_j) = \sum_j [e_i \cdot u(e_j)] v_j$, que tem a forma anunciada (16.65) com $\sigma_{ij} = e_i \cdot u(e_j)$.

Nessa segunda relação (16.66), Σ denota uma matriz[11] 3×3, formada por nove números σ_{ij} de (16.65). A matriz Σ define um tensor de segunda ordem, tridimensional, chamado de **tensor de tensão**. O tensor de tensão pode, naturalmente, variar de ponto a ponto no meio, mas o seu significado em cada ponto **r** é este: para cada ponto **r** no meio (e para cada instante de tempo t dado), há uma única matriz (3×3) Σ que fornece a força sobre qualquer elemento de superfície $d\mathbf{A}$ em **r** via relação (16.66).

Os elementos do tensor de tensão

O significado matemático do tensor de tensão Σ e seus elementos σ_{ij} não podem ser expressos mais suscintamente do que nas relações (16.66) e (16.65), mas, para obter uma percepção do seu significado físico, ajuda olharmos alguns casos especiais. Por exemplo, vamos considerar uma pequena área dA normal ao eixo x, para a qual $d\mathbf{A} = \mathbf{e}_1 dA$. Como apenas uma das componentes de $d\mathbf{A}$ é não nula (especificamente, a primeira componente), a soma em (16.65) reduz-se a um único termo. Por exemplo, a componente x de (16.65) é

$$F_1(\text{sobre a área } dA \text{ normal a } \mathbf{e}_1) = \sigma_{11} dA.$$

Trocando a ordem, podemos dizer que σ_{11} é a primeira componente da força por área sobre a superfície perpendicular ao primeiro eixo (x). Da mesma forma, concluímos que σ_{ii} é a i-ésima componente da força por área sobre a superfície perpendicular ao i-ésimo eixo. Colocando isso de outra forma, um elemento da diagonal σ_{ii} do tensor de tensão, Σ, fornece a componente normal da força por área sobre uma superfície perpendicular ao i-ésimo eixo.

Os elementos fora da diagonal σ_{ij} ($i \neq j$) podem ser interpretados analogamente. Considere novamente o caso de uma pequena área dA normal ao eixo x, para a qual a segunda componente de (16.65) é

$$F_2(\text{sobre a área } dA \text{ normal a } \mathbf{e}_1) = \sigma_{21} dA.$$

Evidentemente, σ_{21} é a segunda componente (y) da força por área sobre a superfície perpendicular ao primeiro eixo (x). Um argumento semelhante se aplica para σ_{31} e podemos dizer que σ_{21} e σ_{31} são as duas componentes da força tangencial ou de cisalhamento por área sobre uma superfície perpendicular ao primeiro eixo. Generalizando, os seis elementos fora da diagonal σ_{ij} ($i \neq j$) nos informam as seis forças de cisalhamento sobre os três planos coordenados através do ponto em consideração.

O tensor de tensão é simétrico

Os seis elementos σ_{ij} fora da diagonal não são de fato independentes, visto que eles são iguais aos pares. Especificamente, o tensor de tensão Σ é simétrico, de modo que $\sigma_{ij} = \sigma_{ji}$, como podemos agora demonstrar usando, outra vez, o argumento introduzido no final da Seção 16.5 para demonstrar a isotropia da pressão em fluidos invíscidos. Desta vez, consideraremos um pequeno prisma, cujo eixo é a direção z e cuja seção transversal é um

---

[11] Não confunda o "sigma" grego em negrito, Σ, em (16.66), com o símbolo de somatório em (16.65).

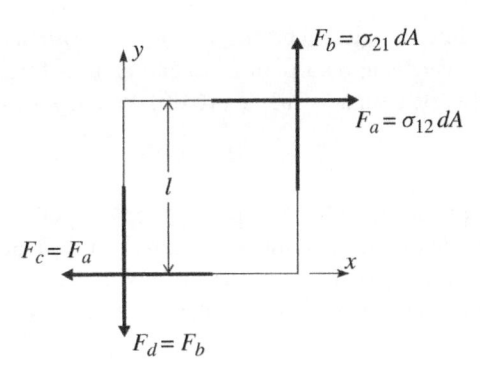

Figura 16.16 Visão transversal de um prisma quadrado com seus eixos paralelos ao eixo z. As quatro forças que contribuem para a rotação do prisma em torno de seu eixo estão ilustradas como F_a, F_b, F_c e F_d. Os lados dos quadrados nos extremos têm comprimentos l e as quatro faces têm áreas dA.

quadrado, paralelo ao plano xy, como ilustrado na Figura 16.16. O momento angular do prisma em torno de seu eixo satisfaz

$$\frac{dL_3}{dt} = \Gamma_3, \qquad (16.67)$$

onde Γ_3 é a componente z do torque sobre o prisma. As quatro forças (na verdade, componentes das forças) que contribuem para Γ_3 são as forças de cisalhamento apresentadas na figura como F_a, F_b, F_c e F_d. De (16.65), vemos que $F_a = \sigma_{12}dA$, enquanto $F_b = \sigma_{21}dA$. As forças F_c e F_d são iguais em magnitude a F_a e F_b, respectivamente, mas em sentidos opostos. Logo, o torque total Γ_3 é

$$\Gamma_3 = F_b l - F_a l = (\sigma_{21} - \sigma_{12}) l\, dA. \qquad (16.68)$$

Usando o agora familiar artifício, a seguir, reduzimos o prisma por um fator λ nas três direções. Em (16.67), esta redução multiplica Γ_3 por um fator λ^3, mas L_3 por um fator λ^4. Se dividirmos por λ^3 e fizermos $\lambda \to 0$, veremos que Γ_3 deve de fato ser zero. De acordo com (16.68), isso implica que $\sigma_{21} = \sigma_{12}$. Argumentos similares tomam conta dos outros elementos fora da diagonal e concluímos que

$$\sigma_{ij} = \sigma_{ji} \qquad (16.69)$$

para todo i e j. Ou seja, o tensor de tensão Σ é simétrico.

Exemplo 16.3 O tensor de tensão em um fluido estático

Obtenha o tensor de tensão Σ em um fluido estático no ponto onde a pressão é p.

Sabemos que, em um fluido estático, não há forças de cisalhamento e que, em qualquer ponto dado, a pressão é a mesma em todas as direções. Logo, a força de superfície sobre um pequeno elemento de superfície denotado por $d\mathbf{A}$ é

$$\mathbf{F}(d\mathbf{A}) = -p\, d\mathbf{A},$$

onde p é uma constante (em qualquer posição do fluido) independente de $d\mathbf{A}$. (O sinal negativo é porque $d\mathbf{A}$ aponta para fora, enquanto a força de pressão é para dentro.) Comparando esta com a definição (16.66) do tensor de tensão, vemos que

$$\Sigma = -p\mathbf{1}, \qquad (16.70)$$

onde $\mathbf{1}$ é a matriz identidade (3×3). Esse belo e simples resultado expressa suscintamente que em um fluido estático (e também em um fluido em movimento, desde que a viscosidade seja desprezível), a única força de superfície é a força da pressão, que é normal à superfície e independente da orientação da superfície.[12]

Exemplo 16.4 Um exemplo numérico da tensão

Em um certo ponto P, em um meio contínuo, o tensor de tensão tem o valor

$$\Sigma = \begin{bmatrix} -1 & 2 & 0 \\ 2 & -2 & 0 \\ 0 & 0 & 1 \end{bmatrix}. \qquad (16.71)$$

Um pequeno elemento de superfície em P tem a área dA e é paralelo ao plano $x + y + z = 0$. Qual é a força sobre esse elemento de superfície e qual é o ângulo entre esta força e a normal do elemento de superfície? Para ser preciso, tome P no octante positivo (x, y, z, todos positivos) e assuma que o exterior da superfície é o lado contrário ao da origem.

Observe primeiro que não especifiquei as unidades das componentes de Σ, mas elas serão, naturalmente, unidades de pressão (força/área). Se o meio fosse água na base de um rio, elas poderiam ser quilopascais; para uma rocha na crosta terrestre, elas poderiam ser megapascais.

A força sobre o elemento de superfície é dada por (16.66) com $d\mathbf{A} = \mathbf{n}dA$, onde $\mathbf{n}$ é o vetor unitário normal à superfície. Diz-se que a superfície é paralela ao plano $x + y + z = 0$, então,[13]

$$\mathbf{n} = \frac{1}{\sqrt{3}} \begin{bmatrix} 1 \\ 1 \\ 1 \end{bmatrix}. \qquad (16.72)$$

---

[12] Este exemplo sugere uma clara demonstração alternativa da isotropia da força da pressão. A ausência de quaisquer forças de cisalhamento significa que Σ deve ser diagonal (todos os elementos fora da diagonal são iguais a zero) *com respeito a qualquer escolha de eixos*. É fácil mostrar que o único tensor com essa propriedade é um múltiplo da matriz identidade.

[13] Há várias maneiras de ver isso. Uma simples é notar que o plano está dado na forma $f(x, y, z) =$ constante, e é um resultado padrão do cálculo vetorial que o vetor ∇f seja normal a uma superfície dessa forma (veja o Problema 4.18). Portanto, $\mathbf{n} = \pm \nabla f/|\nabla f|$. Como $\mathbf{n}$ deve apontar para fora da origem, o sinal positivo se aplica e é fácil verificar que isso resulta em (16.72).

Portanto, a força sobre o elemento de superfície é

$$\mathbf{F}(d\mathbf{A}) = d A\, \Sigma \mathbf{n} = \frac{dA}{\sqrt{3}} \begin{bmatrix} 1 \\ 0 \\ 1 \end{bmatrix}. \qquad (16.73)$$

O ângulo θ entre a força e a normal é dado por

$$\cos\theta = \frac{\mathbf{F}\cdot\mathbf{n}}{|\mathbf{F}|\cdot|\mathbf{n}|} = \frac{2/3}{\sqrt{2/3}\times 1} = \sqrt{\frac{2}{3}}.$$

Logo, $\theta = \arccos(\sqrt{2/3}) = 35{,}3°$. Este último ilustra o fato óbvio de que, na presença de forças de cisalhamento, a força sobre o elemento de superfície não é necessariamente normal à superfície.

16.8 O TENSOR DE DEFORMAÇÃO PARA UM SÓLIDO

Na última seção, vimos como o tensor de tensão expressa as forças de superfície dentro de um meio contínuo, sólido, líquido ou gasoso. Esta seção apresenta uma discussão similar sobre o tensor de deformação como uma descrição dos deslocamentos do meio. Infelizmente, neste caso, a análise dos sólidos é bastante diferente daquelas dos fluidos e, por simplicidade, restringirei a discussão aos sólidos.[14]

Para especificar a configuração de um sólido contínuo, devemos fornecer a posição de cada uma das inúmeras partes que o constituem. Uma maneira conveniente para se fazer isso é considerar que o pequeno volume particular dV que estava "originalmente" na posição $\mathbf{r}$ está agora na posição $\mathbf{r} + \mathbf{u}(\mathbf{r})$. A posição "original" poderia ser a sua posição de equilíbrio ou mesmo a posição para um instante de tempo t_o conveniente. Qualquer que seja, o vetor $\mathbf{u}(\mathbf{r})$ é o deslocamento necessário para mover a parte de sua posição de referência $\mathbf{r}$ para a sua posição atual.

Em um primeiro momento, você pode pensar que $\mathbf{u}(\mathbf{r})$ poderia ser uma boa medida da deformação do corpo, mas não é difícil de ver que isso não é bem assim. Considere, por exemplo, a possibilidade de $\mathbf{u}(\mathbf{r}) = \mathbf{u}_o$ ser apenas uma constante (independente de $\mathbf{r}$). Tal deslocamento simplesmente move o corpo rígido inteiro através do vetor $\mathbf{u}_o$ e não requer nenhuma tensão interna. Tensões não surgem muito frequentemente a partir de deslocamentos de sólidos como a partir de *distorções*, e distorções requerem que diferentes partes do corpo sejam deslocadas por diferentes quantidades, como ilustrado na Figura 16.17(b). A Figura 16.17(a) ilustra uma translação rígida, com o mesmo $\mathbf{u}(\mathbf{r})$ para todo $\mathbf{r}$, de modo que a separação, $d\mathbf{r}$, de dois pontos vizinhos permanece a mesma. Na parte (b),

---

[14] É fácil ver que deve haver uma grande diferença entre sólidos e fluidos. Por exemplo, uma variação no formato de um sólido certamente constitui uma deformação e em geral requer tensões apreciáveis, mas uma variação no formato de um fluido (tranferindo leite de uma caixa de papelão para um vaso redondo, por exemplo) normalmente não constitui uma deformação, visto que esta não requer tensão.

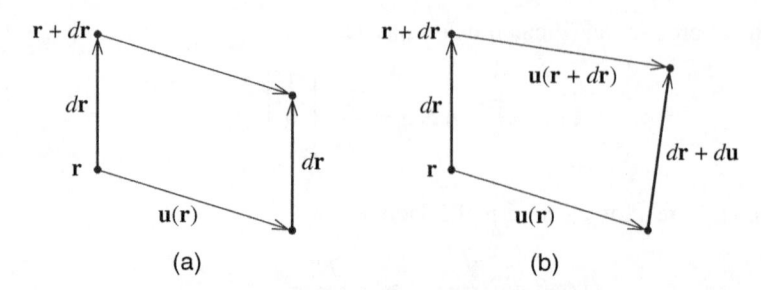

Figura 16.17 (a) Em uma translação rígida, todos os pontos do corpo são deslocados pela mesma quantidade, isto é, **u(r)** é o mesmo para todo **r**, e a separação $d\mathbf{r}$ de quaisquer dois pontos vizinhos é inalterada. (b) Qualquer distorção do corpo requer que **u(r)** varie de um ponto para outro. Aqui, os pontos **r** e **r** + $d\mathbf{r}$ se movem por diferentes quantidades e suas separações variam de $d\mathbf{r}$ para $d\mathbf{r} + d\mathbf{u}$.

u(r) e **u(r** + $d\mathbf{r}$**)** são diferentes e a separação dos dois pontos vizinhos varia de $d\mathbf{r}$ para $d\mathbf{r} + d\mathbf{u}$. A variação $d\mathbf{u}$ pode ser expressa em termos de derivadas de **u** com respeito a **r**:

$$du_i = \sum_j \frac{\partial u_i}{\partial r_j} dr_j \qquad (16.74)$$

ou, na notação matricial,

$$d\mathbf{u} = \mathbf{D}\, d\mathbf{r}, \qquad (16.75)$$

onde **D** é a **matriz de derivadas** (ou tensor de derivadas) formado pelas derivadas parciais $\partial u_i/\partial r_j$:

$$\mathbf{D} = \begin{bmatrix} \partial u_1/\partial r_1 & \partial u_1/\partial r_2 & \partial u_1/\partial r_3 \\ \partial u_2/\partial r_1 & \partial u_2/\partial r_2 & \partial u_2/\partial r_3 \\ \partial u_3/\partial r_1 & \partial u_3/\partial r_2 & \partial u_3/\partial r_3 \end{bmatrix}. \qquad (16.76)$$

Os elementos da matriz de derivadas **D** informam quão rápido o deslocamento **u(r)** varia quando move dentro do sólido e você pode razoavelmente supor que **D** seria uma boa medida da deformação. Infelizmente, há mais uma complicação a ser discutida. Já observamos que uma translação rígida do sólido não deve ser considerada como uma deformação e o mesmo é verdade para qualquer rotação rígida. Logo, devemos examinar que forma **D** teria para uma rotação rígida e então, para um deslocamento arbitrário dado por **D**, de alguma forma subtrair de **D** a parte que corresponde à rotação rígida, para deixar algo que verdadeiramente represente o que desejamos interpretar como deformação.

A seguir, devemos nos preocupar apenas com pequenas deformações (significando que todas as derivadas em **D** são muito menores do que 1). Dessa forma, vamos considerar uma pequena rotação rígida que podemos representar por um vetor $\boldsymbol{\theta} = \theta\mathbf{u}$, onde o vetor unitário **u** identifica o eixo de rotação e θ é o (pequeno) ângulo de rotação. Não é difícil calcular o deslocamento resultante para qualquer **r** a partir de princípio, mas podemos economizar um pouco de trabalho lembrando a Equação (9.22), $\mathbf{v} = \boldsymbol{\omega} \times \mathbf{r}$, para a velocidade de um ponto **r** em um corpo rígido girando com velocidade angular $\boldsymbol{\omega}$. Multiplicando ambos os lados por um tempo pequeno dt, obtemos que o deslocamento $\mathbf{u}(\mathbf{r})$ é[15]

$$\mathbf{u}(\mathbf{r}) = \mathbf{v}\,dt = \boldsymbol{\omega}\,dt \times \mathbf{r} = \boldsymbol{\theta} \times \mathbf{r}, \qquad (16.77)$$

visto que $\boldsymbol{\theta} = \boldsymbol{\omega} dt$. Se você escrever as componentes dessa equação e derivar, pode facilmente verificar que $d\mathbf{u} = \mathbf{D}\,d\mathbf{r}$ como em (16.75), onde

$$\mathbf{D} = \begin{bmatrix} 0 & \theta_3 & -\theta_2 \\ -\theta_3 & 0 & \theta_1 \\ \theta_2 & -\theta_1 & 0 \end{bmatrix} \qquad \text{[qualquer pequena rotação]}. \qquad (16.78)$$

Isto é, para qualquer pequena rotação dada pelo vetor $\boldsymbol{\theta} = (\theta_1, \theta_2, \theta_3)$, a matriz de derivadas é dada pela matriz antissimétrica (16.78). (Uma matriz **M** é antissimétrica se $\tilde{\mathbf{M}} = -\mathbf{M}$.) Reciprocamente, qualquer matriz antissimétrica tem a forma (16.78), logo, qualquer matriz antissimétrica (com todos os seus elementos pequenos) é a matriz de derivadas para uma pequena rotação. Portanto, se a matriz de derivadas (16.76) for obtida como sendo antissimétrica, ela corresponde a uma rotação e não deve ser considerada uma deformação.

Para explorar o resultado do último parágrafo, precisamos usar um teorema elementar da teoria das matrizes, que qualquer matriz quadrada **M** pode ser escrita como a soma de duas matrizes, uma delas é antissimétrica e a outra simétrica, como se pode facilmente verificar a partir da seguinte identidade:

$$\mathbf{M} = \tfrac{1}{2}(\mathbf{M} - \tilde{\mathbf{M}}) + \tfrac{1}{2}(\mathbf{M} + \tilde{\mathbf{M}}). \qquad (16.79)$$

Como a primeira dessas é claramente antissimétrica e a segunda simétrica, isso demonstra o teorema. A matriz das derivadas, **D**, de qualquer deslocamento pode ser decomposta, dessa forma, como

$$\mathbf{D} = \mathbf{A} + \mathbf{E}. \qquad (16.80)$$

Aqui, **A** é a parte antissimétrica de **D**; ela representa uma rotação rígida e não contribui para a deformação. O segundo termo **E** é chamado de **tensor de deformação**[16]; ele é a parte simétrica de **D**,

$$\mathbf{E} = \tfrac{1}{2}(\mathbf{D} + \tilde{\mathbf{D}}), \qquad (16.81)$$

---

[15] É importante que dt, e portanto θ, sejam pequenos. Caso contrário, **v** variará consideravelmente durante a rotação.

[16] A terminologia aqui é completamente não uniforme. O "tensor de deformação" tem muitas definições ligeiramente diferentes e é denotado por muitos símbolos distintos. Possivelmente, o melhor que podemos dizer do uso aqui é que pelo menos *alguns* outros autores também o usam.

onde **D** é a matriz das derivadas, definida em (16.76). O tensor de deformação definido dessa maneira é uma boa medida da deformação, como o exemplo a seguir ilustra.

Exemplo 16.5   Dilatação

O tensor de deformação **E** em um certo ponto P em um sólido é um múltiplo da matriz identidade,

$$\mathbf{E} = e\mathbf{1}, \qquad (16.82)$$

onde e é um número pequeno, positivo ou negativo. Descreva o deslocamento de pontos na vizinhança de P (que, por conveniência, podemos tomar como sendo a origem).

Como não estamos interessados em deslocamentos rígidos ou rotações, podemos muito bem assumir que o ponto P não se move e que a vizinhança imediata de P não é rotacionada. Nesse caso, a parte antissimétrica **A** de **D** em (16.80) é zero e **D** = **E**. Logo, um ponto na posição $d\mathbf{r}$ (relativa a P) é deslocado para $d\mathbf{r} + d\mathbf{u}$, como ilustrado na Figura 16.18, onde $d\mathbf{u} = \mathbf{E}\,d\mathbf{r} = e\,d\mathbf{r}$. Ou seja, o ponto $d\mathbf{r}$ é movido para $(1 + e)d\mathbf{r}$. Como essa declaração é independente da direção de $d\mathbf{r}$, concluímos que a esfera inteira, com um pequeno raio dr qualquer, é expandida ou dilatada, em todas as direções por um fator $1 + e$, e nos referimos à deformação (16.82) como uma **deformação esférica** ou uma **dilatação**. Se e é positivo, a esfera é na realidade expandida; se e é negativo, ela é contraída.

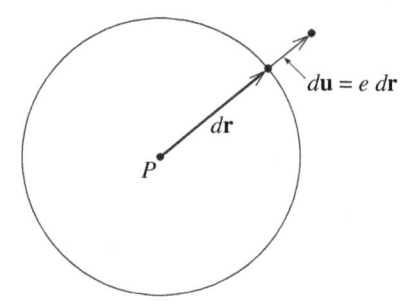

Figura 16.18   A deformação (16.82) move o ponto em $d\mathbf{r}$, radialmente para fora, por $(1 + e)d\mathbf{r}$. Logo, qualquer pequena esfera com centro em P é *dilatada* por um fator $1 + e$ em todas as direções.

Para alusão futura, observe que, como qualquer volume é esticado por um fator $(1 + e)$ nas três direções, volumes são acrescidos por um fator $(1 + e)^3 \approx 1 + 3e$. (Lembre-se que $e \ll 1$.) Em outras palavras, a dilatação $\mathbf{E} = e\mathbf{1}$ resulta em um acréscimo fracional de $3e$ em qualquer volume pequeno, isto é,

$$\frac{dV}{V} = 3e. \qquad (16.83)$$

Exemplo 16.6 Deformação cisalhante

O tensor de deformação **E** em um certo ponto P em um sólido tem a forma

$$\mathbf{E} = \begin{bmatrix} 0 & \gamma & 0 \\ \gamma & 0 & 0 \\ 0 & 0 & 0 \end{bmatrix} \tag{16.84}$$

(com $\gamma \ll 1$) ou, se denotarmos os elementos de **E** por ϵ_{ij}, então $\epsilon_{12} = \epsilon_{21} = \gamma$, enquanto todos os demais ϵ_{ij} são zero. Descreva o deslocamento dos pontos na vizinhança de P (que podemos considerar como estando na origem novamente).

Como antes, vamos assumir que não há translação ou rotação do sólido, de modo que **E** é o mesmo que a matriz de derivadas **D**, cujos únicos elementos não nulos são

$$\frac{\partial u_1}{\partial r_2} = \frac{\partial u_2}{\partial r_1} = \gamma.$$

Isso implica que, se movermos ao longo do eixo r_2, a única componente de **u** que variará é u_1. Portanto, qualquer ponto sobre o eixo r_2 é deslocado para os lados, na direção de r_1, como ilustrado na Figura 16.19. Analogamente, um ponto sobre o eixo r_1 é deslocado para cima na direção de r_2. O efeito resultante é um cisalhamento no qual os dois eixos são inclinados em direção um ao outro, conforme ilustrado na figura. (Esse será o caso se γ for positivo; se γ for negativo, eles se inclinarão na outra direção.) O ângulo através do qual ambos os eixos se inclinam é igual ao parâmetro γ, desde que γ seja pequeno.

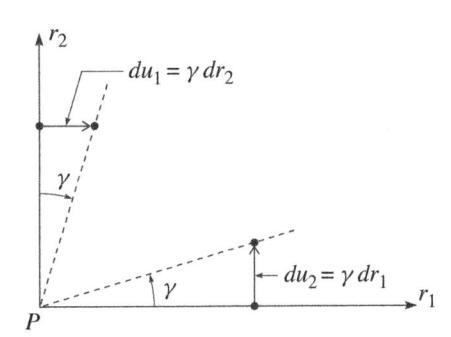

Figura 16.19 Sob deformação (16.84), pontos sobre o eixo r_2 se movem na direção r_1 e vice-versa. O resultado é um cisalhamento no qual os dois eixos se inclinam conforme ilustrado.

Vemos, neste último exemplo, que os elementos fora da diagonal ϵ_{ij} do tensor de deformação estão associados com deformações de cisalhamento. Da mesma forma, os elementos da diagonal estão associados a deformações ao longo dos eixos. Por exemplo, se ϵ_{11} for não nulo, então pontos sobre o eixo r_1 são deslocados ao longo do eixo (em adição a qualquer outro deslocamento lateral), e o eixo como um todo é estendido por um fator $1 + \epsilon_{11}$. Por essa razão, os três elementos da diagonal, ϵ_{11}, ϵ_{22} e ϵ_{33} podem ser chamados de **elementos de alongamento** de **E**.

Decomposição do tensor geral de deformação

Os dois últimos exemplos conduziram ao procedimento final com tensor de deformação. Vimos que, se **E** é diagonal e os elementos da diagonal são iguais, $\epsilon_{11} = \epsilon_{22} = \epsilon_{33} = e$, então temos que $\mathbf{E} = e\mathbf{1}$, logo, a deformação correspondente é a simples dilatação do Exemplo 16.5. Mesmo se um dado tensor de deformação **E** não satisfizer essas condições, você pode supor que poderíamos definir e como a média do alongamento, isto é, a média dos três elementos da diagonal

$$e = \tfrac{1}{3}(\epsilon_{11} + \epsilon_{22} + \epsilon_{33}) \qquad (16.85)$$

e que a simples dilatação $e\mathbf{1}$ conduz a uma relação útil do tensor original **E**. Antes de mostrar que esse é o caso, mencionarei que, na teoria das matrizes, a soma dos elementos da diagonal é um importante conceito chamado **traço** da matriz. Isto é, para uma matriz ($n \times n$) qualquer **M**, com elementos m_{ij}, definimos o seu traço, tr **M**, como a soma

$$\operatorname{tr}\mathbf{M} = \sum_{i=1}^{n} m_{ii} = m_{11} + \cdots + m_{nn}. \qquad (16.86)$$

Assim, outra maneira de expressar a definição (16.85) da média do alongamento e de qualquer tensor de deformação **E** é que ele é 1/3 do seu traço:

$$e = \tfrac{1}{3}\operatorname{tr}\mathbf{E}. \qquad (16.87)$$

A matriz $e\mathbf{1}$ é uma dilatação pura, que naturalmente modifica o volume de qualquer pequena região em torno do ponto de interesse e pode ser mostrado (Problema 16.24) que ela altera o volume pela mesma quantidade que a deformação original **E**. Portanto, se escrevemos

$$\mathbf{E} = e\mathbf{1} + \mathbf{E}' \qquad (16.88)$$

expressamos **E** como a soma de duas deformações separadas, a primeira delas é uma dilatação pura que altera volumes pela mesma quantidade que **E** e a segunda delas fornece as mesmas deformações de cisalhamento que **E**, mas não causam mudanças no volume. Chamamos o primeiro termo, $e\mathbf{1}$, a **parte esférica** de **E**. O segundo termo, $\mathbf{E}' = \mathbf{E} - e\mathbf{1}$, é muitas vezes chamado de **deformação deviatórica** ou de **parte deviatórica** de **E**, presumidamente porque ela é a quantidade pela qual **E** desvia da respectiva dilatação pura. Matematicamente, podemos caracterizar a decomposição (16.88) dizendo que o primeiro termo é um múltiplo da matriz identidade com o mesmo traço de **E** e o segundo tem traço zero. Veremos na próxima seção que essa decomposição de **E** desempenha um papel essencial na relação entre deformaçao e tensão.

Exemplo 16.7 Exemplo numérico de deformação

O tensor de deformação em um certo ponto de um sólido é dado por

$$\mathbf{E} = \begin{bmatrix} -0,01 & 0,02 & 0,05 \\ 0,02 & 0,03 & 0,04 \\ 0,05 & 0,04 & 0,04 \end{bmatrix}. \tag{16.89}$$

Decomponha essa deformação como em (16.88), em suas partes esférica e deviatórica.

A deformação média é facilmente vista com sendo $e = \frac{1}{3} \operatorname{tr} \mathbf{E} = 0,02$, e $\mathbf{E}'$ é então determinada pela subtração $\mathbf{E}' = \mathbf{E} - e\mathbf{1}$. Logo,

$$e\mathbf{1} = \begin{bmatrix} 0,02 & 0 & 0 \\ 0 & 0,02 & 0 \\ 0 & 0 & 0,02 \end{bmatrix} \quad \text{e} \quad \mathbf{E}' = \begin{bmatrix} -0,03 & 0,02 & 0,05 \\ 0,02 & 0,01 & 0,04 \\ 0,05 & 0,04 & 0,02 \end{bmatrix}. \tag{16.90}$$

É fácil verificar que o tensor de deformação original $\mathbf{E}$ é, de fato, igual a $e\mathbf{1} + \mathbf{E}'$. Observe que o traço de $e\mathbf{1}$ é o mesmo que o de $\mathbf{E}$, como deveria ser, enquanto o traço de $\mathbf{E}'$ é zero.

16.9 RELAÇÃO ENTRE TENSÃO E DEFORMAÇÃO: LEI DE HOOKE

O passo final para a obtenção da equação de movimento para um sólido contínuo é determinar a relação entre os tensores de tensão e de deformação, $\mathbf{\Sigma}$ e $\mathbf{E}$. Essa relação, conhecida pelo nome **equação constitutiva**, corresponde à lei de Hooke para o sistema massa-mola, expressando a força (ou tensão) em termos da distensão da mola (ou deformação). É razoável assumir que, pelo menos para pequenas perturbações, a relação entre tensão e deformação deve ser linear, e isto é o que assumirei aqui. Certamente, há muitos exemplos de materiais que se adequam razoavelmente bem a esta suposição – um pedaço de metal ou mesmo a rocha da crosta terrestre. Quando a relação solicitada é linear, ela é chamada de *lei de Hooke generalizada*. Para simplificar a discussão ainda mais (e isso é uma enorme simplificação), assumirei que o sólido é isotrópico, o que implica que a relação entre $\mathbf{\Sigma}$ e $\mathbf{E}$ é independente de nossa escolha de eixos, ou rotacionalmente invariante.

Desejamos expressar o tensor de tensão $\mathbf{\Sigma}$ como uma função $\mathbf{\Sigma} = f(\mathbf{E})$ do tensor de deformação. A função f deve ser linear e deve ser rotacionalmente invariante. Linearidade é uma propriedade familiar. Ser rotacionalmente invariante significa que: se R denota qualquer rotação dos eixos coordenados e $\mathbf{M}_R$ o resultado da rotação da matriz $\mathbf{M}$ pela rotação R, então deve ser verdade que

$$f(\mathbf{E}_R) = [f(\mathbf{E})]_R \tag{16.91}$$

para qualquer deformação **E** e qualquer rotação R. Isto é, a tensão correspondente à deformação rotacionada $\mathbf{E}_R$ (lado esquerdo da equação) deve ser o mesmo que o resultado de rotacionar a tensão correspondente a **E** (lado direito da equação). Agora, vimos que qualquer tensor de deformação pode ser decomposto como a soma das partes esférica e deviatórica:

$$\mathbf{E} = e\mathbf{1} + \mathbf{E}'. \tag{16.92}$$

Essa decomposição tem duas propriedades importantes. Primeira, ela é rotacionalmente invariante, isto é, quando rotacionamos os eixos, cada parte rotaciona separadamente para a parte correspondente do tensor rotacionado. (A parte esférica de **E** rotaciona para a parte esférica de $\mathbf{E}_R$, e da mesma forma a parte deviatórica.) Segunda, é impossível decompor **E** além dessa expressão e manter essa propriedade.[17]

O resultado crucial, a demonstração que infelizmente está além do escopo da matemática que estou assumindo aqui, é este: Se $\mathbf{\Sigma} = f(\mathbf{E})$, onde a função f é linear e rotacionalmente invariante, e se **E** é decomposto como em (16.92), então a forma mais geral possível da função f é:

$$\mathbf{\Sigma} = \alpha e \mathbf{1} + \beta \mathbf{E}', \tag{16.93}$$

onde α e β são duas constantes (que dependem do material do qual o sólido é feito) e $e = \frac{1}{3} \operatorname{tr} \mathbf{E}$, como de costume.[18] A relação (16.93) é chamada de **lei de Hooke generalizada**, ou simplesmente de **lei de Hooke**, e qualquer sólido que a obedeça é chamado de **sólido elástico**. É frequentemente coveniente reexpressar a lei de Hooke (16.93) em termos de **E** (em vez de $\mathbf{E}' = \mathbf{E} - e\mathbf{1}$), obtendo[19]

$$\mathbf{\Sigma} = (\alpha - \beta)e\mathbf{1} + \beta \mathbf{E}. \tag{16.94}$$

Podemos resolver esta para **E** em termos de $\mathbf{\Sigma}$ em duas etapas. Tomando o traço de (16.93), determinamos que $\operatorname{tr} \mathbf{\Sigma} = 3\alpha e$, então $e = \operatorname{tr} \mathbf{\Sigma}/3\alpha$. Substituindo esta em (16.94), encontramos

$$\mathbf{E} = \frac{1}{3\alpha\beta}[3\alpha\mathbf{\Sigma} - (\alpha - \beta)(\operatorname{tr} \mathbf{\Sigma})\mathbf{1}]. \tag{16.95}$$

---

[17] Na linguagem da teoria de grupos, as duas partes em (16.92) são irredutíveis. Para uma discussão da teoria de grupos necessária, veja o Capítulo 10 de *Mathematics for Scientists and Engineers,* de Harold Cohen, Prentice Hall (1992), ou o Capítulo 16 de *Mathematical Methods of Physics,* de Jon Mathews e R. L. Walker, W. A. Benjamin (1970).

[18] No formalismo do grupo de representações, a demonstração é surpreendentemente simples: a função linear f deve comutar com todas as rotações. A decomposição (16.92) divide o espaço de todas as matrizes simétricas em dois subespaços *irredutíveis* (de dimensões 1 e 5, respectivamente). Pelo lema de Schur, a restrição de f a qualquer um desses subespaços irredutíveis pode ser no máximo uma multiplicação por um escalar (que podemos chamar de α e β) e demonstramos (16.93).

[19] Esta equação é geralmente escrita como $\mathbf{\Sigma} = 3\lambda e \mathbf{1} + 2\mu \mathbf{E}$, em cujo caso λ e μ são chamados de **constantes de Lamé**.

Como você deve ter suposto, as constantes α e β estão relacionadas pelo módulo de elasticidade introduzido no final da Seção 16.6 [Equações (16.55) a (16.57)]. Vamos começar com o módulo de compressibilidade.

Módulo de compressibilidade

Imagine um sólido sujeito a apenas uma pressão isotrópica, p (sem tensões de cisalhamento). Nesse caso, sabemos que o tensor de tensão tem a forma simples $\mathbf{\Sigma} = -p\mathbf{1}$. Substituindo esta na lei de Hooke (16.95), obtemos

$$\mathbf{E} = \frac{1}{\alpha\beta}[-\alpha + (\alpha - \beta)]p\mathbf{1} = -\frac{p}{\alpha}\mathbf{1}. \tag{16.96}$$

Ou seja, o tensor de deformação $\mathbf{E}$ é também um múltiplo da matriz identidade, que podemos escrever como $\mathbf{E} = e\mathbf{1}$, com $e = -p/\alpha$. Mas sabemos de (16.83) que $e = \frac{1}{3}dV/V$. Comparando essas duas expressões para e, concluímos que $p = \frac{1}{3}\alpha dV/V$, e comparando esta com a definição (16.56) do módulo de compressibilidade, vemos que

$$\alpha = 3\,\text{MC}. \tag{16.97}$$

Módulo de cisalhamento

Vamos considerar a seguir a simples deformação cisalhante $\mathbf{E}$ dada em (16.84) do Exemplo 16.6 e ilustrada na Figura 16.19. Como esta tem traço nulo, $e = 0$ e a lei de Hooke (16.94) reduz-se à forma simplificada

$$\mathbf{\Sigma} = \beta\mathbf{E}.$$

Em particular, a tensão responsável por este cisalhamento é

$$\frac{F}{A} = \sigma_{12} = \beta\epsilon_{12} = \beta\gamma. \tag{16.98}$$

Precisamos comparar isso com a definição (16.57) do módulo de cisalhamento. Infelizmente, (16.57) se refere à deformação da Figura 16.13, que não é bem a mesma que a Figura 16.19. Especificamente, na Figura 16.19, ambos os eixos se inclinam para dentro por um ângulo γ, enquanto na Figura 16.13, o eixo x gira através do ângulo θ, enquanto o eixo y é inalterado. Uma pequena reflexão convencerá você de que o deslocamento da Figura 16.13 é uma combinação de uma simples deformação, como na Figura 16.19, seguida por uma rotação para trazer o eixo y de volta à sua direção original. Isso significa que o ângulo γ na Figura 16.13 é igual a duas vezes o ângulo θ da Figura 16.19, $\theta = 2\gamma$. Pondo isso na definição (16.57) do módulo de cisalhamento, obtemos

$$\frac{F}{A} = \text{MS}\frac{dy}{dx} = \text{MS}\,\theta = 2\,\text{MS}\,\gamma,$$

e, comparando com (16.98), concluímos que a constante β é duas vezes o módulo de cisalhamento

$$\beta = 2\,\text{MS}. \tag{16.99}$$

Módulo de Young

Podemos, analogamente, identificar o módulo de Young em termos das constantes α e β, mas deixarei isso como exercício (Problema 16.27). O resultado é

$$\text{MY} = \frac{3\alpha\beta}{2\alpha + \beta} = \frac{9\,\text{MC} \cdot \text{MS}}{3\,\text{MC} + \text{MS}}, \qquad (16.100)$$

onde a última expressão resulta da substituição de α por (16.97) e de β por (16.99). Uma característica interessante deste resultado é que ele mostra que apenas dois dos três módulos de elasticidade são independentes. Por exemplo, se conhecermos MC e MS, podemos calcular MY. (Veja o Problema 16.26.)

16.10 A EQUAÇÃO DE MOVIMENTO PARA UM SÓLIDO ELÁSTICO

Vamos considerar um volume infinitesimal dV do sólido elástico. Sua massa é ϱdV, onde ϱ é a sua densidade, e a sua posição é $\mathbf{r} + \mathbf{u}(\mathbf{r}, t)$, onde $\mathbf{r}$ é a sua posição de equilíbrio e $\mathbf{u}(\mathbf{r}, t)$ é o seu deslocamento do equilíbrio. [O deslocamento $\mathbf{u}(\mathbf{r}, t)$ depende de $\mathbf{r}$ e de t, mas a posição de equilíbrio $\mathbf{r}$ de qualquer parte do sólido está fixa e independente de t.] A segunda lei de Newton aplicada a este volume fica

$$\varrho\, dV \frac{\partial^2 \mathbf{u}}{\partial t^2} = \mathbf{F}_{\text{vol}} + \mathbf{F}_{\text{sup}}, \qquad (16.101)$$

onde $\mathbf{F}_{\text{vol}}$ denota a força de volume e $\mathbf{F}_{\text{sup}}$ a força de superfície resultante sobre dV. A força de volume é proporcional a dV e, para ser específico, assumirei que ela é justamente a força da gravidade, de modo que

$$\mathbf{F}_{\text{vol}} = \varrho\, \mathbf{g}\, dV. \qquad (16.102)$$

Sabemos que a força de superfície sobre qualquer elemento pequeno da superfície do volume é $\Sigma d\mathbf{A}$, onde, como de costume, Σ é o tensor de tensão 3×3 e $d\mathbf{A}$ é o vetor denotando o elemento de superfície (considerado como sendo um vetor coluna 3×1 no produto matricial). Logo, a força de superfície resultante é

$$\mathbf{F}_{\text{sup}} = \int \Sigma\, d\mathbf{A}, \qquad (16.103)$$

onde a integral está sobre a superfície fechada do volume em consideração. Para expressar essa integral em uma forma mais conveniente, precisamos usar o teorema da divergência. Esse teorema foi introduzido no Capítulo 13 da mecânica Hamiltoniana, mas, no caso de você não ter lido aquele capítulo, revisarei aqui as principais ideias. (Para mais detalhes, veja a Seção 13.7 e os Problemas 13.31 a 13.34.) O teorema da divergência afirma que qualquer integral de superfície da forma $\int \mathbf{v} \cdot d\mathbf{A}$ sobre uma superfície fechada S é igual a uma certa integral de volume, especificamente

$$\int_S \mathbf{v} \cdot d\mathbf{A} = \int_V \nabla \cdot \mathbf{v}\, dV. \qquad (16.104)$$

Aqui, **v** é qualquer vetor, V é o volume compreendido pela superfície S e $\nabla \cdot \mathbf{v}$ é o **divergente** de **v**,

$$\nabla \cdot \mathbf{v} = \frac{\partial v_x}{\partial x} + \frac{\partial v_y}{\partial y} + \frac{\partial v_z}{\partial z} = \sum_{j=1}^{3} \partial_j v_j, \qquad (16.105)$$

onde introduzi a notação resumida conveniente

$$\partial_j = \frac{\partial}{\partial r_j}.$$

Reescrevendo em termos das componentes, o teorema da divergência (16.104) é dado por

$$\int \sum_j v_j dA_j = \int \sum_j \partial_j v_j \, dV \qquad (16.106)$$

e a i-ésima componente da força de superfície (16.103) é

$$(\mathbf{F}_{\text{sup}})_i = \int \sum_j \sigma_{ij} \, dA_j. \qquad (16.107)$$

Para cada valor fixo de i (1, 2 ou 3), esta tem a forma do lado esquerdo de (16.106), e então pode ser substituída por um termo com a forma do lado direito,

$$(\mathbf{F}_{\text{sup}})_i = \int \sum_j \partial_j \sigma_{ij} \, dV. \qquad (16.108)$$

Podemos escrever essa equação em uma forma vetorial mais compacta se introduzirmos um vetor $\nabla \cdot \mathbf{\Sigma}$ definido de modo que a i-ésima componente seja[20]

$$(\nabla \cdot \mathbf{\Sigma})_i = \sum_{j=1}^{3} \partial_j \sigma_{ji}. \qquad (16.109)$$

Observe bem que, como ∇ é um operador vetorial, enquanto $\mathbf{\Sigma}$ é um tensor, $\nabla \cdot \mathbf{\Sigma}$ é um vetor. Munidos dessa notação, podemos escrever (16.108) como

$$\mathbf{F}_{\text{sup}} = \int \nabla \cdot \mathbf{\Sigma} \, dV. \qquad (16.110)$$

Esse resultado é válido para a força de superfície sobre qualquer volume, pequeno ou grande. Entretanto, nosso interesse é em um volume dV infinitesimal. Para um volume suficientemente pequeno, o integrando é constante e o resultado torna-se apenas

$$\mathbf{F}_{\text{sup}} = \nabla \cdot \mathbf{\Sigma} \, dV \qquad (16.111)$$

para qualquer pequeno volume dV.

---

[20] Para um tensor arbitrário **M**, os elementos m_{ij} e m_{ji} não são necessariamente os mesmos e devemos ter cuidado com a ordem dos índices i e j. Felizmente, $\mathbf{\Sigma}$ é simétrico, então não importa em que ordem os escrevemos.

Vamos agora retornar à equação de movimento (16.101) e substituir (16.102) por $\mathbf{F}_{vol}$ e (16.111) por $\mathbf{F}_{sup}$. Quando fazemos isso, cada termo adquire um fator dV, que podemos cancelar para obter

$$\varrho \frac{\partial^2 \mathbf{u}}{\partial t^2} = \varrho \mathbf{g} + \nabla \cdot \mathbf{\Sigma}. \tag{16.112}$$

Essa importante equação é fácil de ser entendida. O lado esquerdo representa a $m\mathbf{a}$ de $m\mathbf{a} = \mathbf{F}$. O primeiro termo da direita representa a força da gravidade (ou ainda mais geral, o peso do corpo) e o segundo, a força de superfície.

Antes de usarmos esta equação de movimento, devemos usar a lei de Hooke para substituir o tensor de tensão $\mathbf{\Sigma}$ pelo tensor de deformação $\mathbf{E}$. Na forma (16.94), a lei de Hooke é

$$\mathbf{\Sigma} = (\alpha - \beta) e \mathbf{1} + \beta \mathbf{E} \tag{16.113}$$

ou, em termos de suas componentes,

$$\sigma_{ji} = (\alpha - \beta) e \delta_{ji} + \beta \epsilon_{ji}, \tag{16.114}$$

onde δ_{ji} denota o **símbolo do delta de Kronecker**,

$$\delta_{ji} = \begin{cases} 1 & \text{se } j = i \\ 0 & \text{se } j \neq i \end{cases} \tag{16.115}$$

Como $\epsilon_{ji} = \frac{1}{2}(\partial_j u_i + \partial_i u_j)$, a média do alongamento e é

$$e = \frac{1}{3} \sum_i \epsilon_{ii} = \frac{1}{3} \sum_i \partial_i u_i = \frac{1}{3} \nabla \cdot \mathbf{u}.$$

Pondo esses resultados em (16.114), obtemos

$$\sigma_{ji} = \frac{1}{3}(\alpha - \beta)\delta_{ji} \nabla \cdot \mathbf{u} + \frac{1}{2}\beta(\partial_i u_j + \partial_j u_i).$$

Isso permite-nos calcular $\nabla \cdot \mathbf{\Sigma}$ para uso em (16.112):

$$(\nabla \cdot \mathbf{\Sigma})_i = \sum_j \partial_j \sigma_{ji} = \frac{1}{3}(\alpha - \beta) \sum_j \delta_{ji} \partial_j (\nabla \cdot \mathbf{u}) + \frac{1}{2}\beta \sum_j \partial_j \partial_i u_j + \frac{1}{2}\beta \sum_j \partial_j \partial_j u_i.$$

Cada um desses termos, nesse resultado feio, simplifica. No primeiro termo, observe que $\sum_j \delta_{ji} \partial_j = \partial_i$. No segundo termo, $\sum_j \partial_j \partial_i u_j = \partial_i \sum_j \partial_j u_j = \partial_i \nabla \cdot \mathbf{u}$, e o terceiro $\sum_j \partial_j \partial_j = \nabla^2$. Portanto,

$$\nabla \cdot \mathbf{\Sigma} = \frac{1}{3}(\alpha - \beta)\nabla(\nabla \cdot \mathbf{u}) + \frac{1}{2}\beta \nabla(\nabla \cdot \mathbf{u}) + \frac{1}{2}\beta \nabla^2 \mathbf{u}$$

$$= (\tfrac{1}{3}\alpha + \tfrac{1}{6}\beta)\nabla(\nabla \cdot \mathbf{u}) + \tfrac{1}{2}\beta \nabla^2 \mathbf{u}$$

$$= (\text{MC} + \tfrac{1}{3}\text{MS})\nabla(\nabla \cdot \mathbf{u}) + \text{MS} \nabla^2 \mathbf{u}, \tag{16.116}$$

onde na última linha usei (16.97) e (16.99) para reescrever α e β em termos dos módulos de compressibilidade e cisalhamento, MC e MS, respectivamente.

Finalmente, estamos prontos para escrever a equação de movimento de um sólido elástico em uma forma utilizável. Substituindo (16.116) em (16.112), temos

$$\varrho \frac{\partial^2 \mathbf{u}}{\partial t^2} = \varrho \mathbf{g} + \left(\mathrm{MC} + \tfrac{1}{3}\mathrm{MS}\right) \nabla(\nabla \cdot \mathbf{u}) + \mathrm{MS}\nabla^2 \mathbf{u}. \qquad (16.117)$$

Na próxima seção, usarei essa equação, comumente chamada de **equação de Navier** (em homenagem ao engenheiro francês Claude Navier, 1785-1836), para deduzir os dois principais tipos de ondas em um sólido elástico.

16.11 ONDAS LONGITUDINAIS E TRANSVERSAIS EM UM SÓLIDO

É bem conhecido que há dois tipos principais de ondas em um sólido elástico – longitudinal e transversal. Para mostrar isso, vamos examinar a equação de Navier (16.117). Assumiremos que a gravidade não é importante e colocaremos $\mathbf{g} = 0$. (Essa é comumente uma excelente aproximação, uma exceção sendo para o caso de muito lento – $\tau \gtrsim 200$ s – oscilações livres da Terra, para a qual a gravidade é importante.) Sem perda de generalidade, procuraremos uma onda plana se propagando na direção x (isto é, r_1), de modo que $\mathbf{u}$ dependa apenas de x e t.

Vamos primeiro examinar a possibilidade de uma perturbação longitudinal, para a qual o deslocamento $\mathbf{u}$ seja na direção de propagação,

$$\mathbf{u} = [u_x(x, t), 0, 0].$$

Nesse caso, $\nabla \cdot \mathbf{u} = \partial u_x / \partial x$ e a única componente não nula de $\nabla(\nabla \cdot \mathbf{u})$ é a sua componente x, que é $\partial^2 u_x / \partial x^2$. A única componente não nula de $\nabla^2 \mathbf{u}$ é, da mesma forma, a componente x, que é também igual a $\partial^2 u_x / \partial x^2$. Pondo tudo isso junto na equação de movimento (16.117), obtemos

$$\varrho \frac{\partial^2 u_x}{\partial t^2} = \left(\mathrm{MC} + \tfrac{4}{3}\mathrm{MS}\right) \frac{\partial^2 u_x}{\partial x^2}. \qquad (16.118)$$

Essa é a equação de onda, com velocidade da onda dada por

$$c_{\mathrm{long}} = \sqrt{\frac{\mathrm{MC} + \tfrac{4}{3}\mathrm{MS}}{\varrho}}. \qquad (16.119)$$

Concluímos que ondas longitudinais são, de fato, possíveis, com velocidades c_{long} dadas por (16.119).

Se, em seu lugar, olharmos para uma onda transversal (ou cisalhante) viajando na direção x, mas com o deslocamento na direção y, então $\mathbf{u}$ terá a forma

$$\mathbf{u} = [0, u_y(x, t), 0].$$

Nesse caso, $\nabla \cdot \mathbf{u} = 0$, enquanto $\nabla^2 \mathbf{u}$ tem apenas a componente y igual a $\partial^2 u_y / \partial x^2$, de forma que (16.117) torna-se

$$\varrho \frac{\partial^2 u_y}{\partial t^2} = \mathrm{MS} \frac{\partial^2 u_y}{\partial x^2}.$$

Essa é a equação de onda, com velocidade da onda dada por

$$c_{\text{tran}} = \sqrt{\frac{\mathrm{MS}}{\varrho}}, \qquad (16.120)$$

e concluímos que ondas transversais são possíveis, com velocidades c_{tran} dadas por (16.120).

Observe que $c_{\text{long}} > c_{\text{tran}}$. Portanto, se sinais longitudinais e transversais partem simultaneamente de alguma fonte, o longitudinal chegará primeiro em um detector distante. Por exemplo, é bastante conhecido em ciências da terra que as ondas longitudinais de um terremoto distante chegam antes das ondas transversais e isso fornece aos sismólogos uma maneira de medir a que distância que ocorreu o terremoto ou a explosão. Por essa razão, ondas longitudinais são também chamadas de **primárias** ou **ondas P** e as transversais **secundárias** ou **ondas S**.

Exemplo 16.8 Ondas em rochas

Os módulos de elasticidade de um material da crosta da Terra variam, mas valores representativos são $\mathrm{MC} \approx 40$ GPa e $\mathrm{MS} \approx 25$ GPa. (Esses são os valores aproximados para o granito, cuja densidade é cerca de $2{,}7 \times 10^3$ kg/m^3 e 1 GPa $= 10^9$ Pa $= 10^9$ N/m^2.) Qual será a velocidade longitudinal e transversal de ondas sísmicas em rochas com esses valores?

De acordo com (16.119), a velocidade longitudinal seria

$$c_{\text{long}} = \sqrt{\frac{(40 + \tfrac{4}{3} \times 25) \times 10^9 \text{ N/m}^2}{2{,}7 \times 10^3 \text{ kg/m}^3}} \approx 5{,}25 \text{ km/s}.$$

Analogamente, de (16.120), obtemos a velocidade transversal como

$$c_{\text{tran}} = \sqrt{\frac{25 \times 10^9 \text{ N/m}^2}{2{,}7 \times 10^3 \text{ kg/m}^3}} \approx 3{,}0 \text{ km/s}.$$

Uma característica surpreendente de (16.120) para a onda transversal é que, se o módulo de cisalhamento MS for zero – como é em fluidos – então c_{tran} é zero. Isso sugere (corretamente) que fluidos não oferecem suporte a ondas transversais.[21] Uma bela aplica-

---

[21] Este argumento não é perfeito, visto que a dedução de (16.120) assumiu um meio sólido. Entretanto, a conclusão sugerida é correta essencialmente pela seguinte razão: ondas transversais requerem uma força de restauração transversal (cisalhante), o que um fluido não pode suprir.

ção desse resultado é que ondas sísmicas transversais (diferentemente das longitudinais) não são vistas se propagando através do centro da Terra, mostrando que alguma região próxima ao centro da Terra (a saber, o núcleo externo) é líquida.

16.12 FLUIDOS: DESCRIÇÃO DO MOVIMENTO*

Como sempre, seções marcadas com um asterisco podem ser omitidas em uma primeira leitura.

Nas últimas quatro seções, focamos primeiramente os movimentos de meios contínuos sólidos. Nas duas seções finais deste capítulo, gostaria de fazer uma breve introdução ao movimento de fluidos. Infelizmente, a análise de um fluido geral – particularmente um fluido viscoso – é complicada, e, para não me estender muito, devo restringir-me em sua maioria aos fluidos **invíscidos** ou **ideais**, isto é, fluidos cuja viscosidade é desprezível. Podemos argumentar que desprezar a viscosidade é como jogar o bebê juntamente com a água da banheira, mas o fato é que há muitos problemas de movimento de fluidos onde é razoável desprezar a viscosidade, e, mais importante ainda, todas as ferramentas necessárias para tratar de fluidos invíscidos são necessárias para analisar fluidos viscosos, de modo que a discussão aqui será realmente uma preliminar essencial para qualquer estudo subsequente de fluidos viscosos. Além disso, várias ideias apresentadas aqui – a derivada convectiva e a equação de continuidade, em particular – são igualmente aplicáveis em ambos os casos.

Descrição material *versus* espacial

Até o momento, temos analisado o que está acontecendo em um meio contínuo especificando a parte do material que estava originalmente na origem $\mathbf{r}$ e agora está na posição $\mathbf{r} + \mathbf{u}(\mathbf{r}, t)$. Essa abordagem é algumas vezes chamada de **descrição material**, visto que ela tem o foco sobre uma particular parte do material. Resulta que, na discussão de fluidos, é frequentemente mais conveniente *não* seguir partes individuais do fluido, mas ao contrário, especificar o que está acontecendo em cada ponto fixo no espaço. Logo, devemos fornecer a velocidade $\mathbf{v}(\mathbf{r}, t)$, a densidade $\varrho(\mathbf{r}, t)$ e assim por diante, do fluido em cada ponto fixo $\mathbf{r}$ (e instante t). Essa abordagem é geralmente chamada de **descrição espacial**[22].

Algumas vantagens da abordagem espacial quando tratamos de um fluido são razoavelmente óbvias: com um sólido, cada parte material do sólido comumente tem uma posição de equilíbrio $\mathbf{r}$ bem definida, e isto é o que usaremos para rotular cada parte [fornecendo o deslocamento da parte $\mathbf{u}(\mathbf{r}, t)$ a partir de $\mathbf{r}$]. Em um fluido, as partes do fluido em geral não possuem uma posição de equilíbrio. Poderíamos, claramente, usar a posição inicial das partes como uma referência, mas, em um problema de fluxo de fluido, as partes usualmente perambulam inconvenientemente longe de suas posições iniciais. Logo, na discussão de um fluido, é geralmente mais conveniente simplesmente dirigir a atenção sobre o que está acontecendo em cada ponto fixo no espaço – a descrição espacial.

---

[22] As descrições material e espacial são geralmente chamadas de descrições *Lagrangianas* e *Euleriana*, respectivamente – nomes que não são historicamente precisos (ambos os métodos são devido a Euler) nem fáceis de lembrar.

A derivada material

A principal desvantagem da descrição espacial surge mais notadamente quando tentamos usar a segunda lei de Newton. A aceleração **a** em $\mathbf{F} = m\mathbf{a}$ é a aceleração de uma pequena parte do fluido. Infelizmente, se $\mathbf{v}(\mathbf{r}, t)$ é a velocidade do fluido em um ponto **r**, então **a** não é exatamente $\partial \mathbf{v}/\partial t$. A derivada parcial $\partial \mathbf{v}/\partial t$ é a taxa de variação da velocidade do fluido *em um ponto fixo* **r**, enquanto a aceleração que desejamos é a taxa de variação de **v** *de uma parte do fluido enquanto ele se move*. Essa mesma distinção se aplica para qualquer outro parâmetro e é, talvez, mais fácil para visualizar no caso de um escalar, tal como a densidade e a temperatura. Considere, por exemplo, a densidade de um elemento pequeno do fluido. Se em um instante t, o elemento está na posição **r**, então a densidade exigida é $\varrho(\mathbf{r}, t)$. Mas um pequeno instante de tempo dt posterior, o elemento terá movido para uma nova posição $\mathbf{r} + d\mathbf{r}$, onde $d\mathbf{r} = \mathbf{v}dt$, assim, a densidade é agora $\varrho(\mathbf{r} + d\mathbf{r}, t + dt)$. (Observe bem como, se desejamos seguir o elemento material, devemos calcular a nova densidade em um novo instante de tempo $t + dt$ e em uma nova posição $\mathbf{r} + d\mathbf{r}$.) Logo, a variação na densidade do elemento de volume é

$$d\varrho = \varrho(\mathbf{r} + d\mathbf{r}, t + dt) - \varrho(\mathbf{r}, t) = \frac{\partial \varrho}{\partial t}dt + d\mathbf{r} \cdot \nabla\varrho$$

$$= \frac{\partial \varrho}{\partial t}dt + (\mathbf{v}dt) \cdot \nabla\varrho.$$

Dividindo ambos os lados por dt, obtemos a derivada temporal de ϱ

$$\frac{d\varrho}{dt} = \frac{\partial \varrho}{\partial t} + \mathbf{v} \cdot \nabla\varrho. \tag{16.121}$$

Essa derivada é chamada de **derivada material**, visto que fornece a taxa de variação de ϱ quando seguimos o movimento de uma parte material do fluido.[23]

Podemos aplicar um argumento análogo para outros parâmetros do fluido. Por exemplo, dp/dt (definido exatamente da mesma forma) será a taxa de variação da pressão quando seguirmos o movimento de um elemento material do fluido. Em particular, podemos examinar cada componente da velocidade do fluido e por as três componentes juntas para obter

$$\frac{d\mathbf{v}}{dt} = \frac{\partial \mathbf{v}}{\partial t} + \mathbf{v} \cdot \nabla\mathbf{v}. \tag{16.122}$$

Essa derivada é, claro, a aceleração do elemento de volume do fluido. Munidos desse resultado, estamos prontos para obter a equação de movimento de um fluido invíscido.

---

[23] Outros nomes para a derivada material são *derivada total* ou *derivada convectiva*. Alguns autores usam o símbolo D/Dt (em vez de d/dt) para enfatizar seu caráter especial.

Equação de movimento para um fuído invíscido

Considere agora um pequeno elemento de volume dV de um fluido com massa ϱdV e aceleração dada por (16.122). A segunda lei de Newton implica

$$\varrho \, dV \frac{d\mathbf{v}}{dt} = \mathbf{F} = \mathbf{F}_{\text{vol}} + \mathbf{F}_{\text{sup}}. \tag{16.123}$$

Assumirei que a única força de volume é a gravidade, de modo que $\mathbf{F}_{\text{vol}} = \varrho dV\mathbf{g}$, onde $\mathbf{g}$ é a aceleração da gravidade. Sabemos de (16.111) que a força de superfície é $\mathbf{F}_{\text{sup}} = \nabla \cdot \mathbf{\Sigma} dV$ e de (16.70) que $\mathbf{\Sigma} = -p\mathbf{1}$. (Esta última foi deduzida para um fluido estático, mas o argumento necessário apenas considerou a viscosidade como sendo desprezível.) Para calcular $\nabla \cdot \mathbf{\Sigma}$, vamos considerar as componentes:

$$(\nabla \cdot \mathbf{\Sigma})_i = \sum_j \partial_j \sigma_{ji} = -\sum_j \partial_j (p\delta_{ji}) = -\partial_i p.$$

Portanto, $\nabla \cdot \mathbf{\Sigma} = -\nabla p$. Colocando todos esses resultados juntos em (16.123), vemos que cada termo contém um fator dV e, cancelando este fator, chegamos à equação de movimento para um fluido invíscido,

$$\varrho \frac{d\mathbf{v}}{dt} = \varrho \mathbf{g} - \nabla p. \tag{16.124}$$

Teorema de Bernoulli

Como uma primeira aplicação simples da equação de movimento (16.124), vamos deduzir um resultado familiar da maioria dos cursos introdutórios de física, o teorema de Bernoulli. Esse teorema é comumente expresso para o caso de fluxo uniforme de um fluido invíscido incompressível, e esse será o caso que considerarei aqui. O fluxo uniforme significa que os parâmetros p, $\mathbf{v}$ e ϱ em qualquer ponto fixo $\mathbf{r}$ são constantes, ou seja, as derivadas parciais $\partial p/\partial t$ e assim por diante são todas zero. O fluido incompressível significa que a densidade não varia, $d\varrho/dt = 0$. (Observe que, no caso da densidade, $\partial \varrho/\partial t$ e $d\varrho/dt$ são zero.) Considerarei o caso em que $\mathbf{g}$ é uniforme e no sentido negativo na direção z, de modo que podemos escrever $\mathbf{g} = -\nabla(gz)$[24]. Vamos fazer essa substituição em (16.124) e, então, tomar o produto escalar com $\mathbf{v}$ de toda a expressão. Isso resulta em

$$\varrho \mathbf{v} \cdot \frac{d\mathbf{v}}{dt} + \varrho \mathbf{v} \cdot \nabla(gz) + \mathbf{v} \cdot \nabla p = 0. \tag{16.125}$$

Podemos simplificar os três termos dessa equação. Para o primeiro termo, observe que $\mathbf{v} \cdot d\mathbf{v}/dt = \frac{1}{2}d(v^2)/dt$. Para o segundo e terceiro termos, veja que $\mathbf{v} \cdot \nabla f = df/dt - \partial f/\partial t$

---

[24] Mesmo se $\mathbf{g}$ não for uniforme, ela é certamente conservativa, assim podemos sempre introduzir uma função Φ (chamada de potencial gravitacional) tal que $\mathbf{g} = -\nabla \Phi$. Para evitar a introdução de símbolos não familiares, decidi tratar o caso comum de $\Phi = gz$.

para qualquer função f. Para as funções de interesse aqui, $\partial f/\partial t = 0$, logo $\mathbf{v} \cdot \nabla f = df/dt$. Com essas substituições, (16.125) torna-se

$$\frac{1}{2}\varrho\frac{dv^2}{dt} + \varrho\frac{d(gz)}{dt} + \frac{dp}{dt} = 0. \qquad (16.126)$$

Finalmente, como $d\varrho/dt = 0$, podemos por os fatores de ϱ dentro das derivadas e encontramos

$$\frac{d}{dt}\left(\tfrac{1}{2}\varrho v^2 + \varrho gz + p\right) = 0. \qquad (16.127)$$

Isso assegura que a quantidade $\Psi = \tfrac{1}{2}\varrho v^2 + \varrho gz + p$ é uma constante que se move ao longo com qualquer elemento material do fluido. Em outras palavras, Ψ é constante ao longo de qualquer direção do fluxo, que é precisamente o conteúdo do teorema de Bernoulli para um fluxo invíscido incompressível uniforme. Devido ao termo $\tfrac{1}{2}\varrho v^2$ aparecer com a pressão p no Ψ de Bernoulli e estar associado ao movimento, $\tfrac{1}{2}\varrho v^2$ é, algumas vezes, chamado de *pressão dinâmica*.

A equação da continuidade

A conservação da massa implica uma importante relação, chamada de equação da continuidade, entre a densidade a velocidade de qualquer fluido, viscoso ou invíscido. Se você fez um curso de eletromagnetismo, pode ter visto uma relação correspondente que reflete a conservação da carga. Para demonstrar a relação, considere um pequeno volume dV de fluido. À medida que esse fluido se move, sua massa ϱdV não pode variar. Portanto,

$$\frac{d}{dt}(\varrho\, dV) = dV\frac{d\varrho}{dt} + \varrho\frac{d}{dt}(dV) = 0. \qquad (16.128)$$

A taxa de variação de um volume movendo-se foi calculada na Equação (13.59) da Seção 13.7. (Se você não leu o Capítulo 13, pode ler apenas a demonstração desse resultado, começando na subseção "Mudança de Volumes".) Para qualquer volume V (pequeno ou grande), o resultado é

$$\frac{dV}{dt} = \int_V \nabla \cdot \mathbf{v}\, dV.$$

Para um volume infinitesimal dV, este reduz para

$$\frac{d}{dt}(dV) = \nabla \cdot \mathbf{v}\, dV.$$

Inserindo essa expressão em (16.128) e cancelando o fator comum dV, obtemos a **equação da continuidade**,

$$\frac{d\varrho}{dt} + \varrho\nabla \cdot \mathbf{v} = 0 \qquad (16.129)$$

ou, equivalentemente (veja o Problema 16.34),

$$\frac{\partial \varrho}{\partial t} + \nabla \cdot (\varrho \mathbf{v}) = 0. \qquad (16.130)$$

Essa relação desempenha um papel crucial na dinâmica de fluidos, como o faz a relação correspondente (com ϱ substituído pela densidade de carga) na eletrodinâmica. Usaremos esta equação na próxima seção na dedução da velocidade do som em um fluido.

16.13 ONDAS EM UM FLUIDO*

*Como sempre, as seções marcadas com um asterisco podem ser omitidas em uma primeira leitura.

Munidos das equações de movimento e da continuidade, podemos agora discutir a possibilidade de ondas em um fluido invíscido. Imagine um fluido que esteja sob uma pequena perturbação do equilíbrio, de modo que ele adquira uma pequena (presumidamente oscilatória) velocidade $\mathbf{v}$ e a sua pressão e densidade se tornem

$$p = p_o + p' \qquad (16.131)$$

e

$$\varrho = \varrho_o + \varrho'. \qquad (16.132)$$

Aqui, p_o e ϱ_o são os valores de equilíbrio, e p' e ϱ' são pequenas perturbações. Observe primeiro que, no equilíbrio, a equação de movimento (16.124) implica simplesmente

$$\varrho_o \mathbf{g} - \nabla p_o = 0. \qquad (16.133)$$

Para a situação real, inserimos (16.131) e (16.132) na equação de movimento para obter

$$(\varrho_o + \varrho')\left(\frac{\partial \mathbf{v}}{\partial t} + \mathbf{v} \cdot \nabla \mathbf{v}\right) = (\varrho_o + \varrho')\mathbf{g} - \nabla(p_o + p').$$

Essa equação pode ser simplificada. Primeiro, pela condição de equilíbrio (16.133), o primeiro e terceiro termos da direita se cancelam exatamente. Segundo, pela suposição de que a perturbação é pequena, podemos descartar quaisquer termos que sejam de segunda ordem ou superiores nas pequenas quantidades v, ϱ' ou p', ou de suas derivadas. Logo, podemos ignorar o termo $\mathbf{v} \cdot \nabla \mathbf{v}$ e, da mesma forma, os termos envolvendo ϱ' da esquerda. Isso nos deixa com

$$\varrho_o \frac{\partial \mathbf{v}}{\partial t} = \varrho' \mathbf{g} - \nabla p'. \qquad (16.134)$$

Finalmente, não é difícil de mostrar (Problema 16.38) que pondo em números realísticos, o termo $\varrho' \mathbf{g}$ à direita é desprezível quando comparado a $\nabla p'$. Logo, a equação de movimento para a pequena perturbação é

$$\varrho_0 \frac{\partial \mathbf{v}}{\partial t} = -\nabla p'. \qquad (16.135)$$

Podemos tratar a equação da continuidade (16.130) de uma maneira similar. Inserindo (16.131) e (16.132), obtemos (como você deve verificar)

$$\frac{\partial \varrho'}{\partial t} = -\varrho_0 \nabla \cdot \mathbf{v} - \mathbf{v} \cdot \nabla \varrho_0. \qquad (16.136)$$

Por essencialmente a mesma razão pela qual o primeiro termo da direita de (16.134) foi desprezado, o último termo aqui pode ser desprezado (veja o Problema 16.38 outra vez), então a equação da continuidade torna-se

$$\frac{\partial \varrho'}{\partial t} = -\varrho_0 \nabla \cdot \mathbf{v}. \qquad (16.137)$$

As equações de movimento (16.135) e da continuidade (16.137) fornecem duas equações para três variáveis $\mathbf{v}$, p' e ϱ'. Obtemos uma terceira equação olhando a definição (16.56) do módulo de compressibilidade, $p = \mathrm{MC}(-dV/V)$. Conforme declarado, esta relaciona a pressão à variação de volume correspondente, mas ela se aplica igualmente a *mudanças* na pressão, em cujo caso ela será $dp = \mathrm{MC}(-dV/V)$. (Por enquanto, chamarei o volume de interesse V, assim dV será o seu incremento.) Agora, a massa de um dado elemento de fluido não pode variar, então a quantidade ϱV deve ser uma constante. Portanto, $\varrho dV + V d\varrho = 0$ ou $dV/V = -d\varrho/\varrho$. Combinando esses dois resultados, vemos que

$$dp = \mathrm{MC} \frac{d\varrho}{\varrho}. \qquad (16.138)$$

Agora, em nosso caso, a variação da pressão dp é o que vínhamos chamando de p'. Do mesmo modo, $d\varrho$ é o que vínhamos chamando de ϱ' e a densidade original é ϱ_0. Portanto, na notação atual

$$p' = \mathrm{MC} \frac{\varrho'}{\varrho_0}. \qquad (16.139)$$

Podemos usar este último resultado para eliminar ϱ' da equação da continuidade (16.137), obtendo

$$\frac{\partial p'}{\partial t} = -\mathrm{MC} \, \nabla \cdot \mathbf{v}.$$

Se derivarmos essa equação em relação a t e usarmos a equação de movimento (16.135), obteremos

$$\frac{\partial^2 p'}{\partial t^2} = -\mathrm{MC} \, \nabla \cdot \frac{\partial \mathbf{v}}{\partial t} = \frac{\mathrm{MC}}{\varrho_0} \nabla^2 p',$$

onde, na segunda expressão, permutei a ordem das derivadas espacial e temporal e, na terceira expressão, usei a equação de movimento (16.135). Esse resultado é a equação de onda tridimensional com velocidade

$$c = \sqrt{\frac{MC}{\varrho_o}}. \tag{16.140}$$

Mostrarei em seguida que as ondas em um fluido são necessariamente longitudinais. Como ondas longitudinais em um meio contínuo são o que em geral chamamos de ondas sonoras, demonstramos que a velocidade do som em um fluido é $c = \sqrt{MC/\varrho_o}$.

Exemplo 16.9 Velocidade do som na água

Dado que o módulo de compressibilidade da água é 2,2 GPa, qual é a velocidade do som na água?

A densidade da água é, claro, 1000 kg/m³; logo, a velocidade do som dada por (16.140) é

$$c = \sqrt{\frac{MC}{\varrho_o}} = \sqrt{\frac{2,2 \times 10^9 \text{ N/m}^2}{10^3 \text{ kg/m}^3}} = 1,5 \text{ km/s}.$$

Para demonstrar que ondas em um fluido são longitudinais, vamos imaginar uma onda viajando na direção do vetor unitário **n**, de modo que

$$p' = f(\mathbf{n} \cdot \mathbf{r} - ct). \tag{16.141}$$

De acordo com a equação de movimento (16.135), isso implica

$$\frac{\partial \mathbf{v}}{\partial t} = -\frac{1}{\varrho_o} \nabla p' = -\frac{1}{\varrho_o} \nabla f(\mathbf{n} \cdot \mathbf{r} - ct) = -\frac{\mathbf{n}}{\varrho_o} f'(\mathbf{n} \cdot \mathbf{r} - ct),$$

onde f' denota a derivada de f em relação a seu argumento. Essa relação pode ser imediatamente integrada para obter a velocidade do fluido:[25]

$$\mathbf{v} = -\frac{\mathbf{n}}{\varrho_o} \int f'(\mathbf{n} \cdot \mathbf{r} - ct) \, dt = \frac{\mathbf{n}}{c\varrho_o} f(\mathbf{n} \cdot \mathbf{r} - ct) = \frac{p'\mathbf{n}}{c\varrho_o}. \tag{16.142}$$

(Se você não percebe a integração aqui, tente a mudança de variáveis $\xi = \mathbf{n} \cdot \mathbf{r} - ct$.) Esse resultado tem duas características importantes. Primeira, vemos que a velocidade do fluido é proporcional à pressão p'. Em particular, para uma onda senoidal, a velocidade

---

[25] Na terceira expressão, omiti a constante de integração. Essa "constante" poderia depender de **r** (embora, certamente, não de t) e poderia, de fato, ser não nula. Por exemplo, poderíamos imaginar uma perturbação que incluísse uma velocidade constante uniforme sobreposta ao movimento oscilatório da onda. Entretanto, tal velocidade independente do tempo não é parte do que descreveríamos como a onda, por isso, podemos considerá-la como zero em nossa discussão do movimento da onda.

oscilará em fase com p'. Segunda, a velocidade do fluido está na direção de propagação, isto é, a onda é longitudinal. Como havíamos antecipado na Seção 16.11, um fluido não pode dar suporte a ondas transversais.

PRINCIPAIS DEFINIÇÕES E EQUAÇÕES

A equação de onda unidimensional

A **equação de onda unidimensional** é

$$\frac{\partial^2 u}{\partial t^2} = c^2 \frac{\partial^2 u}{\partial x^2}. \qquad [\text{Eq. (16.4)}]$$

A solução geral é

$$u(x, t) = f(x - ct) + g(x + ct), \qquad [\text{Eq. (16.10)}]$$

o primeiro termo representa uma perturbação viajando para a direita e o segundo uma perturbação viajando para a esquerda.

A equação de onda tridimensional

$$\frac{\partial^2 p}{\partial t^2} = c^2 \nabla^2 p. \qquad [\text{Eq. (16.39)}]$$

Tensão, deformação e módulos de elasticidade

$$\text{tensão} = \frac{\text{força}}{\text{área}}, \quad \text{deformação} = \text{deformação fracional} \qquad [\text{Eqs. (16.58) e (16.59)}]$$

$$\text{módulo de elasticidade (MY, MC, MS)} = \frac{\text{tensão}}{\text{deformação correspondente}}. \qquad [\text{Eq. (16.60)}]$$

O tensor de tensão

O **tensor de tensão** é uma matriz 3×3 simétrica Σ definida de modo que a força de superfície sobre um pequeno elemento de área $d\mathbf{A}$ seja

$$\mathbf{F}(d\mathbf{A}) = \Sigma \, d\mathbf{A}. \qquad [\text{Eq. (16.66)}]$$

O tensor de deformação para um sólido

Se $\mathbf{u}(\mathbf{r})$ denota o deslocamento de um elemento de um sólido a partir de sua posição de origem $\mathbf{r}$, o **tensor de deformação** é a matriz simétrica 3×3 $\mathbf{E}$ com elementos

$$\epsilon_{ij} = \frac{1}{2}\left(\frac{\partial u_i}{\partial r_j} + \frac{\partial u_j}{\partial r_i}\right), \qquad [\text{Eq. (16.81)}]$$

que pode ser decomposta na soma de dois termos:

$$\mathbf{E} = e\mathbf{1} + \mathbf{E}', \qquad \text{[Eq. (16.88)]}$$

onde $e = \frac{1}{3}\operatorname{tr}\mathbf{E}$.

Lei de Hooke generalizada

Para um sólido isotrópico, a relação mais geral entre os tensores de tensão e deformação é

$$\mathbf{\Sigma} = \alpha e\mathbf{1} + \beta \mathbf{E}', \qquad \text{[Eq. (16.93)]}$$

onde as constantes α e β podem ser relacionadas ao três módulos de elasticidade.

[Eqs. (16.97), (16.99) e (16.100)]

Equação de movimento para um sólido elástico

A equação de movimento para um sólido elástico isotrópico é a **equação de Navier**:

$$\varrho\, \frac{\partial^2 \mathbf{u}}{\partial t^2} = \varrho \mathbf{g} + \left(\mathrm{MC} + \tfrac{1}{3}\mathrm{MS}\right) \nabla(\nabla \cdot \mathbf{u}) + \mathrm{MS}\nabla^2 \mathbf{u}. \qquad \text{[Eq. (16.117)]}$$

Ondas em um sólido

A velocidade de onda **longitudinal** (ou **primária**, ou **P**) e a velocidade de onda **transversal** (ou **cisalhante** ou **secundária** ou **S**) são

$$c_{\text{long}} = \sqrt{\frac{\mathrm{MC} + \tfrac{4}{3}\mathrm{MS}}{\varrho}} \quad \text{e} \quad c_{\text{tran}} = \sqrt{\frac{\mathrm{MS}}{\varrho}}. \qquad \text{[Eqs. (16.119) e (16.120)]}$$

A derivada material em um fluido

A taxa de variação no tempo de um parâmetro ξ (densidade, temperatura, ou velocidade) quando seguimos um elemento material de um fluido em movimento é a **derivada material**

$$\frac{d\xi}{dt} = \frac{\partial \xi}{\partial t} + \mathbf{v} \cdot \nabla \xi. \qquad \text{[Eq. (16.121)]}$$

Equação de movimento para um fluído invíscido

$$\varrho \frac{d\mathbf{v}}{dt} = \varrho \mathbf{g} - \nabla p. \qquad \text{[Eq. (16.124)]}$$

Equação da continuidade

A conservação da massa implica a **equação da continuidade**:

$$\frac{\partial \varrho}{\partial t} + \nabla \cdot (\varrho \mathbf{v}) = 0. \qquad \text{[Eq. (16.130)]}$$

Ondas em um fluido

A velocidade de ondas longitudinais em um fluido é

$$c = \sqrt{\frac{MC}{\varrho_o}},$$ [Eq. (16.140)]

mas um fluido não pode ter ondas transversais.

PROBLEMAS

Estrelas indicam o nível de dificuldade, do mais fácil (★) ao mais difícil (★★★).

SEÇÃO 16.1 Movimento transversal de uma corda esticada

16.1★ Verifique que a quantidade $c = \sqrt{T/\mu}$ que aparece na equação de onda para uma corda tem, de fato, a unidade de velocidade.

16.2★★ A equação de onda (16.4) é a equação de movimento para uma corda contínua, como ilustrado na Figura 16.1(a). Você pode tratar essa equação como o limite quando $n \to \infty$ das equações para n massas discretas da Figura 16.1(b). Você precisa ter cuidado com o processo de limite. Quando $n \to \infty$, o espaçamento b entre as massas (veja a Figura 16.20) e as massas individuais m deve tender a zero de forma que a densidade linear de massa m/b tenda a μ, a densidade da corda contínua. Você pode garantir isso considerando $m = \mu b$. Obtenha a segunda lei de Newton para a posição u_i da i-ésima massa e mostre que ela corresponde à equação de onda quando $b \to 0$.

SEÇÃO 16.2 A equação de onda

16.3★ Seja $f(\xi)$ uma função arbitrária (duas vezes derivável). Mostre pela substituição direta que $f(x - ct)$ é uma solução da equação de onda (16.4).

16.4★ Mostre que, se fizermos uma mudança de variáveis $\xi = x - ct$ e $\eta = x + ct$, então, como em (16.7),

$$\frac{\partial^2 u}{\partial t^2} - c^2 \frac{\partial^2 u}{\partial x^2} = -4c^2 \frac{\partial}{\partial \xi} \frac{\partial u}{\partial \eta}.$$

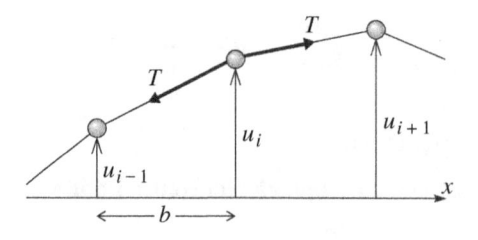

Figura 16.20 Problema 16.2.

16.5★ (a) Mostre que $u = g(x + ct)$ é uma solução da equação de onda (16.4) para qualquer função duas vezes derivável $g(\xi)$. (b) Argumente de forma clara que essa solução representa uma perturbação que viaja para a esquerda sem ser distorcida.

16.6★ Há uma pequena falha no Exemplo 16.1. Na Equação (16.14), omiti a constante de integração, assim, a equação deveria ser $f(x) - g(x) = k$. Mostre que isso resulta na mesma resposta final (16.15).

16.7★★ [Computador] Desenhe os gráficos das duas ondas triangulares do Exemplo 16.1 para vários intervalos de tempo com espaçamentos bastante próximos e em seguida faça sua animação. Descreva o movimento. Para os propósitos do gráfico, você pode considerar a velocidade c, a altura do triângulo no instante de tempo 0 e a metade da largura da base, todos iguais a 1. Faça seus gráficos para vários tempos no intervalo de $t = -4$ a 4.

16.8★★ [Computador] Desenhe gráficos similares ao da Figura 16.5 da onda estacionária (16.18) para vários intervalos de tempo igualmente espaçados de $t = 0$ até τ, o período. Considere $2A = 1$ e $k = \omega = 2\pi$. Gere uma animação de seus gráficos e descreva o movimento.

SEÇÃO 16.3 Condições de contorno: ondas sobre uma corda finita

16.9★★ O movimento de uma corda finita, fixa nas extremidades, foi determinado pela equação de onda (16.19) e condições de contorno (16.20). Resolvemos estas procurando uma solução que fosse senoidal no tempo. Uma abordagem diferente, e muito mais geral, para problemas deste tipo é chamada de **separação de variáveis**. Nessa abordagem, procuramos soluções de (16.19) com a forma *separada* de $u(x, t) = X(x)T(t)$, isto é, soluções que sejam um simples produto de uma função de x por uma segunda de t. [Como de costume, não há nada que impeça tentarmos uma solução dessa forma. Na verdade, há uma grande classe de problemas (incluindo este próprio) onde esta abordagem é conhecida por produzir soluções, e muitas soluções para propiciar a expansão de *qualquer* solução.] (a) Substitua esta forma em (16.19) e mostre que você pode escrever a equação na forma $T''(t)/T(t) = c^2 X''(x)/X(x)$. (b) Discuta que esta última equação requer que ambos os lados sejam igualmente separados pela mesma constante (chame-a de K). Pode ser mostrado que K tem que ser negativo.[26] Use isso para mostrar que a função $T(t)$ tem de ser senoidal – que estabelece (16.21) e estamos de volta à solução da Seção 16.3. O método de separação de variáveis desempenha um papel importante em muitas áreas, notadamente na mecânica quântica e no eletromagnetismo.

16.10★★ Usando a integral (16.33), mostre que os coeficientes de Fourier da onda triangular da Figura 16.7 são zero para n par e dado por (16.34) para n ímpar.

16.11★★ [Computador] Desenhe gráficos similares ao da Figura 16.8 da onda do Exemplo 16.2, mas de $t = 0$ até τ, o período, e intervalos de tempo com espaçamentos mais reduzidos.

16.12★★ Considere uma corda semi-infinita, fixa na origem $x = 0$ e se estendendo para o infinito à direita. Seja $f(\xi)$ uma função que está localizada em torno da origem, como a função da Figura 16.4(a). (a) Descreva a onda dada pela função $f(x + ct)$ para valores grandes com sinal negativo do tempo t_0. (b) Uma forma para resolver o movimento subsequente desta onda sobre uma corda semi-infinita é chamado de **método de imagens**, que é o seguinte: considere a função $u = f(x + ct) - f(-x + ct)$. (O segundo termo aqui é chamado a "imagem". Você pode

---

[26] Na realidade, isso não é difícil de ser demonstrado. Veja a equação $X''(x)/X(x) = K/c^2$. Você pode mostrar que, se $K > 0$, não há solução satisfazendo as condições de contorno $X(0) = X(L) = 0$.

explicar por quê?) Obviamente, esta satisfaz a equação de onda para todos os x e t. Mostre que ela coincide com a onda dada no item (a) no instante inicial t_0 e em todo lugar sobre a corda semi-infinita. Mostre também que ela satisfaz a equação de onda e quaisquer condições iniciais e de contorno. Portanto, a onda do item (b) é *a* solução para todos os instantes de tempo (sobre a corda semi-infinita). Descreva o movimento sobre a corda semi-infinita para todos os instantes de tempo.

16.13★★ Em relação à Equação (16.31), afirmei que *qualquer* função no intervalo $0 \leq x \leq L$ pode ser expandida em uma série de Fourier contendo apenas funções seno. Isto é, à primeira vista, é muito surpreendente que usemos isto para afirmar que a série geral de Fourier requer senos *e* cossenos. Neste problema, você irá demonstrar esta surpreendente afirmação. Seja $f(x)$ qualquer função definida para $0 \leq x \leq L$. Podemos definir uma função $f(x)$ para *todos x* pondo o seu valor igual a uma dada função no intervalo original e requerendo que

$$f(-x) = -f(x) \quad \text{e} \quad f(x+2L) = f(x). \tag{16.143}$$

para todo x. Mostre que isso define uma função que é (1) periódica com período $2L$, (2) ímpar e (3) a mesma que a original $f(x)$ no intervalo original. Obtenha a expansão ordinária de Fourier para esta nova $f(x)$ e mostre que os coeficientes dos termos em cossenos são todos nulos. Isso estabelece a possibilidade de se expandir a função original em termos de senos apenas[27]. Tendo em mente que o período da nova função é $2L$, obtenha a fórmula padrão (5.84) para os coeficientes da expansão e mostre que a sua resposta está de acordo com (16.33). A série de Fourier de senos é especialmente conveniente para o tratamento de funções que são zero nos pontos extremos $x = 0$ e L.

16.14★★★ [Computador] Uma corda esticada de comprimento $L = 1$ é largada do repouso no instante $t = 0$, com posição inicial

$$u(x, 0) = \begin{cases} 2x & [0 \leq x \leq \frac{1}{2}] \\ 2(1-x) & [\frac{1}{2} \leq x \leq 1]. \end{cases} \tag{16.144}$$

Considere a velocidade da onda sobre a corda como sendo $c = 1$. **(a)** Esboce este formato inicial e determine os coeficientes B_n em sua série de Fourier de senos (16.31). **(b)** Desenhe gráficos da soma dos vários primeiros termos para vários intervalos pequenos de espaçamentos de tempo entre $t = 0$ e τ, o período. Gere uma animação de seus gráficos e descreva o movimento.

SEÇÃO 16.4 A equação da onda tridimensional

16.15★★ Seja $f(\xi)$ qualquer função com as duas primeiras derivadas $f'(\xi)$ e $f''(\xi)$ e seja **n** um vetor unitário fixo e arbitrário. **(a)** Mostre que $\nabla f(\mathbf{n} \cdot \mathbf{r} - ct) = \mathbf{n} f'(\mathbf{n} \cdot \mathbf{r} - ct)$. **(b)** Portanto, mostre que $f(\mathbf{n} \cdot \mathbf{r} - ct)$ satisfaz a equação de onda tridimensional (16.38). **(c)** Discuta que $f(\mathbf{n} \cdot \mathbf{r} - ct)$ representa um sinal que é constante em qualquer plano perpendicular a **n** (para qualquer tempo t fixo) e se propaga rigidamente com velocidade c na direção de **n**.

---

[27] Mas observe que ela tem a forma $\sum B_n \operatorname{sen}(n\pi x/L)$. A série de Fourier usual tem senos e cossenos, mas seus argumentos são $2n\pi x/L$. Logo, a nova série de Fourier tem, em certo sentido, duas vezes mais termos para ser formada pelo fato de ter apenas senos.

16.16★★ Seja $f(\mathbf{r})$ qualquer função esfericamente simétrica, isto é, quando expressa em coordenadas esféricas (r, θ, ϕ), ela tem a forma $f(\mathbf{r}) = f(r)$, independente de θ e ϕ. **(a)** Começando da definição (16.38) de ∇^2, mostre que

$$\nabla^2 f = \frac{1}{r} \frac{\partial^2}{\partial r^2}(rf).$$

(b) Mostre o mesmo resultado usando a fórmula dada ao final do livro para ∇^2 em coordenadas esféricas polares. (Obviamente, esta segunda demonstração é muito mais simples, mas o trabalho pesado está escondido na dedução da fórmula para ∇^2.)

SEÇÃO 16.6 Tensão e deformação: os módulos de elasticidade

16.17★★ Na Seção 16.1, deduzimos a equação de onda para ondas transversais em uma corda esticada. Aqui, você examinará a possibilidade de ondas longitudinais na mesma corda. Suponha que um elemento de corda, cuja posição de equilíbrio é x, seja deslocado a uma pequena distância na direção x para a posição $x + u(x, t)$. **(a)** Considere uma pequena parte da corda de comprimento l e use a definição (16.55) do módulo de Young, MY, para mostrar que a tensão é $F = A$ MY $\partial u/\partial x$, onde A é a área da seção transversal da corda. [Se a corda já está sob tensão em sua posição de equilíbrio, F é a tensão *adicional*, isto é, $F = $ (real − equilíbrio).] **(b)** Agora, considere as forças sobre uma pequena seção dx da corda e mostre que u satisfaz a equação de onda com velocidade da onda $c = \sqrt{\text{MY}/\varrho}$, onde ϱ é a densidade (massa/volume) da corda.

SEÇÃO 16.7 O tensor de tensão

16.18★ A Figura 16.15 é uma visão de corte de um prisma triangular, cujas três faces estão denotadas pelos vetores $d\mathbf{A}_1$, etc. (A magnitude de $d\mathbf{A}_1$ é a área da superfície correspondente e a direção é normal a ela. Há mais outras duas faces paralelas ao plano do papel, mas essas não nos preocupam.) As extremidades das três faces formam um triângulo fechado. Explique claramente por que isso implica $d\mathbf{A}_1 + d\mathbf{A}_2 + d\mathbf{A}_3 = 0$.

16.19★ Sejam $\mathbf{n}_1$ e $\mathbf{n}_2$ dois vetores unitários quaisquer e P um ponto em um meio contínuo. $\mathbf{F}(\mathbf{n}_1 dA)$ é a força de superfície sobre um pequeno elemento de área dA em P com vetor normal unitário $\mathbf{n}_1$ apontando para fora, da mesma forma $\mathbf{n}_2 \cdot \mathbf{F}(\mathbf{n}_1 dA)$ é a componente da força na direção de $\mathbf{n}_2$. Mostre o *teorema recíproco de Cauchy*, em que $\mathbf{n}_2 \cdot \mathbf{F}(\mathbf{n}_1 dA) = \mathbf{n}_1 \cdot \mathbf{F}(\mathbf{n}_2 dA)$.

16.20★★ Sabe-se que o tensor de tensão em qualquer ponto (x, y, z) em um certo meio contínuo tem a forma (com uma escolha de unidades conveniente não especificada)

$$\Sigma = \begin{bmatrix} xz & z^2 & 0 \\ z^2 & 0 & -y \\ 0 & -y & 0 \end{bmatrix}. \tag{16.145}$$

Determine a força de superfície em uma pequena área dA da superfície $x^2 + y^2 + 2z^2 = 4$ no ponto $(1, 1, 1)$.

16.21★★ Em qualquer ponto dado P de um meio contínuo, as forças de superfície são dadas pelo tensor de tensão, que é uma matriz real simétrica Σ. É um teorema bem conhecido da álgebra linear (veja o apêndice) que qualquer matriz desse tipo pode ser diagonalizada por meio de uma rotação apropriada dos eixos de coordenadas Cartesianos. Use este resultado para mostrar que em qualquer ponto P há três direções ortogonais (**os eixos principais** em P) com a propriedade de que a força de superfície sobre qualquer superfície normal a uma dessas direções é exatamente normal à superfície.

16.22★★★ Mostre que se o tensor de tensão Σ é diagonal (todos os elementos fora da diagonal são zero) em relação a *qualquer* escolha de eixos ortogonais, então ele é de fato um múltiplo da matriz identidade. Isso fornece uma demonstração alternativa e elegante de que, se não há tensões de cisalhamento (em qualquer sistema de coordenada), então as forças de pressão são independentes de direção. Para resolver este problema, você precisa conhecer como os elementos de um tensor se transformam quando rotacionamos os eixos coordenados, como descrito na Seção 15.17. Assuma que, em relação a um conjunto de eixos, Σ é diagonal, mas que nem todos os elementos da diagonal são iguais. (Por exemplo, $\sigma_{11} \neq \sigma_{33}$.) Não é difícil obter uma rotação – o que a Equação (15.36) poderá fazer – tal que no sistema rotacionado $\sigma'_{13} \neq 0$.

SEÇÃO 16.8 O tensor de deformação para um sólido

16.23★ Uma importante ferramenta no desenvolvimento do tensor de deformação foi a decomposição (16.79) da matriz $\mathbf{M}$ em suas partes simétrica e antissimétrica. Mostre que esta decomposição é única. [*Sugestão*: mostre que se $\mathbf{M} = \mathbf{M}_A + \mathbf{M}_S$, onde $\mathbf{M}_A$ e $\mathbf{M}_S$ são, respectivamente, as partes antissimétrica e a simétrica, então $\mathbf{M}_A = \frac{1}{2}(\mathbf{M} - \tilde{\mathbf{M}})$ e $\mathbf{M}_S = \frac{1}{2}(\mathbf{M} + \tilde{\mathbf{M}})$.]

16.24★ Obtenha as componentes do deslocamento (16.77), $\mathbf{u}(\mathbf{r}) = \boldsymbol{\theta} \times \mathbf{r}$, para uma pequena rotação $\boldsymbol{\theta}$ e verifique que a matriz das derivadas é dada pela Equação (16.78).

16.25★★★ Em um certo ponto P (que você pode escolher como sendo a origem) em um sólido contínuo, o tensor de deformação é $\mathbf{E}$. Assuma por simplicidade que qualquer que seja o deslocamento, este tenha deixado P fixo e a sua vizinhança não rotacionada. **(a)** Mostre que o eixo x próximo a P é alongado por um fator $(1 + \epsilon_{11})$. **(b)** Em seguida, mostre que qualquer pequeno volume em torno de P variou por $dV/V = \operatorname{tr} \mathbf{E}$. Isso mostra que quaisquer duas deformações que tenham o mesmo traço dilatam volumes com a mesma quantidade. Na decomposição $\mathbf{E} = e\mathbf{1} + \mathbf{E}'$ (16.88), a parte esférica $e\mathbf{1}$ modifica o volume pela mesma quantidade que modifica o próprio $\mathbf{E}$, enquanto a parte deviatórica $\mathbf{E}'$ não muda o volume de forma alguma.

SEÇÃO 16.9 Relação entre tensão e deformação: lei de Hooke

16.26★ A tabela abaixo fornece os três módulos de elasticidade para vários materiais. De acordo com (16.100), o módulo de Young para qualquer material dado pode ser calculado se soubermos os módulos de compressibilidade e de cisalhamento. Usando os dados para MC e MS, calcule MY para cada um dos materiais e compare com os valores da terceira coluna. (As densidades serão necessárias para o Problema 16.32.)

Módulos de Elasticidade (em GPa) e densidades (em g/cm^3)

Material	MC	MS	MY	σ
Ferro	90	40	100	7,8
Aço	140	80	200	7,8
Arenito	17	6	16	1,9
Peroviskita	270	150	390	4,1
Água	2,2	0	0	1,0

16.27★★★ Considere um fio esticado ou uma haste se estendendo ao longo do eixo x. Para definir o módulo de Young, aplicamos uma tensão pura ao longo de x, isto é, uma tensão com $\sigma_{11} > 0$ e todos os demais $\sigma_{ij} = 0$. **(a)** Use a Equação (16.95) para obter o tensor de deformação correspondente **E**. **(b)** Use o argumento da definição (16.55) do módulo de Young para mostrar que $MY = \sigma_{11}/\epsilon_{11}$. **(c)** Combine esses dois resultados para verificar que a Expressão (16.100) para o MY, mostrando em particular que $MY = 9MC \cdot MS/(3MC + MS)$.

16.28★★★ Considere novamente o fio ou a haste do Problema 16.27. Em geral, quando se estica o fio longitudinalmente, ele contrai nas direções transversais. A taxa de contração fracional transversa pela dilatação fracional longitudinal é chamada de **razão de Poisson** (em homenagem ao matemático francês e estudante de Laplace e Lagrange, 1781-1840) e é denotado pela letra grega "nu", ν. **(a)** Mostre que $\nu = -\epsilon_{22}/\epsilon_{11}$. **(b)** Use o método do Problema 16.27 para mostrar que $\nu = (3\,MC - 2MS)/(6MC + 2MS)$. **(c)** Calcule a razão de Poisson para os cinco materiais listados no Problema 16.26. Comente seu valor para os materiais com $MC \gg MC$.

16.29★★★ Quando mudamos os eixos coordenados, o tensor de deformação muda de acordo com a Equação (15.132), que podemos reescrever como $\mathbf{E}_R = \mathbf{R}\mathbf{E}\tilde{\mathbf{R}}$, onde $\mathbf{R}$ é a matriz ortogonal de rotação (3 × 3). Use a propriedade (15.129) de matrizes ortogonais para mostrar que tr $\mathbf{E}_R$ = tr $\mathbf{E}$, isto é, o traço de qualquer tensor é invariante sob rotações. Use esse resultado para mostrar que a decomposição $\mathbf{E} = e\mathbf{1} + \mathbf{E}'$ é rotacionalmente invariante, no sentido descrito abaixo da Equação (16.92).

SEÇÃO 16.10 A equação de movimento para um sólido elástico

16.30★ Se δ_{ji} denota o símbolo do delta de Kronecker (16.115) e **a** é um vetor com componentes a_j ($j = 1, 2, 3$), mostre que $\sum_j \delta_{ji} a_j = a_i$. Da mesma forma, mostre que $\sum_j \delta_{ji} \partial_j = \partial_i$, um resultado que usamos na demonstração da importante identidade (16.116).

SEÇÃO 16.11 Ondas longitudinais e transversais em um sólido

16.31★ Um sismólogo registra os sinais que chegam de um terremoto distante. Se as ondas S chegam 12 minutos após as ondas P, a que distância ocorreu o terremoto? Use as velocidades encontradas no Exemplo 16.8.

16.32★ [Computador] Usando um software apropriado, calcule as velocidades longitudinais e transversais das ondas para os cinco materiais listados no Problema 16.26. Procure um software que forneça uma tabela bem organizada de valores.

SEÇÃO 16.12 Fluidos: descrição do movimento

16.33★ Obtenha a equação de onda (16.124) quando aplicada a um fluido *estático*. Assumindo que **g** é uniforme e ϱ é constante (independente de **r**), mostre o resultado bastante conhecido desde a física introdutória, de que a diferença de pressão entre dois pontos $\mathbf{r}_1$ e $\mathbf{r}_2$ é $\Delta p = \varrho g h$, onde h é a diferença vertical nas elevações de $\mathbf{r}_1$ e $\mathbf{r}_2$.

16.34★★ As Equações (16.129) e (16.130) são duas formas diferentes da equação de continuidade. Mostre que elas são equivalentes.

SEÇÃO 16.13   Ondas em um fluido

16.35★ Um passo crucial na demonstração de que ondas em um fluido são necessariamente longitudinais foi a integral em (16.142). Para qualquer função arbitrária $f(\xi)$, com derivada $f'(\xi)$, mostre que $\int f'(\mathbf{n} \cdot \mathbf{r} - ct) dt = -f(\mathbf{n} \cdot \mathbf{r} - ct)/c$.

16.36★★ Determinar a velocidade do som no ar usando o resultado (16.140) requer um pequeno cuidado. (Mesmo o grande Newton obteve isso errado!) O problema é decidir sobre o valor correto do módulo de compressibilidade do ar. Como as vibrações são muito rápidas, não há tempo para a transferência de calor e o ar expande e contrai *adiabaticamente*, de modo que $pV^\gamma = $ constante, onde γ é a chamada "razão de calor específico", $\gamma = 1,4$ para o ar. **(a)** Mostre que o módulo de compressibilidade é $MC = \gamma p$. **(b)** Use a lei dos gases ideiais, $pV = nRT$ para mostrar que a densidade é $\varrho_o = pM/RT$, onde M é massa molecular média do ar ($M \approx 29$ g/mol). **(c)** Ponha esses resultados juntos para mostrar que a velocidade do som é $c = \sqrt{\gamma RT/M}$. Determine a velocidade do som em 0°C e compare com o valor aceito de 331 m/s.

16.37★★ Mostre que a intensidade I de uma onda sonora é proporcional ao quadrado do incremento da pressão p'. Para fazer isso, considere uma pequena lâmina de fluido, normal à direção de propagação, com área dA. Obtenha a taxa na qual esta lâmina realiza trabalho no fluido em frente a ela, em seguida divida por dA para mostrar que a média temporal da intensidade é $\langle I \rangle = \langle p'^2 \rangle / c\varrho_o$.

16.38★★★ Um passo crucial na dedução da equação de onda em um fluido foi desprezar o primeiro termo à direita da Equação (16.134). **(a)** Justifique isso usando (16.139) para reescrever o lado direito de (16.125) como $\varrho' \mathbf{g} - MC \nabla \varrho'/\varrho_o$. Discuta que a razão do primeiro termo pelo segundo termo é da ordem $g \varrho_o \lambda / MC$, onde λ é uma distância típica sobre a qual ϱ' varia. (Uma boa escolha para λ seria o comprimento de onda da onda proposta – da ordem de um centímetro a, no máximo, alguns poucos metros.) Usando os valores para a água ($MC = 2$ GPa, etc.), mostre que o primeiro termo é desprezível. (Você poderia também chegar à mesma conclusão para o ar.) **(b)** Mostre com um argumento semelhante que o segundo termo da direita em (16.136) é desprezível.

Apêndice: Diagonalização de Matrizes Reais Simétricas

A.1   DIAGONALIZAÇÃO DE UMA ÚNICA MATRIZ

No Capítulo 10, deparamo-nos como o tensor de momento de inércia **I** para um corpo rígido. Em relação a um conjunto arbitrário de eixos ortogonais, **I** é uma matriz 3×3 simétrica real que fornece o momento angular **L** de um corpo em termos de sua velocidade angular ω como $\mathbf{L} = \mathbf{I}\omega$. Definimos um *eixo principal* como um eixo com a propriedade de que se ω aponta ao longo do eixo, então **L** é paralelo a ω, isto é,

$$\mathbf{L} = \mathbf{I}\omega = \lambda\omega, \tag{A.1}$$

para algum número λ. Vimos que, se um corpo tem três eixos principais ortogonais, então com respeito a estes eixos, **I** tem a *forma diagonal*

$$\mathbf{I} = \begin{bmatrix} \lambda_1 & 0 & 0 \\ 0 & \lambda_2 & 0 \\ 0 & 0 & \lambda_3 \end{bmatrix}, \tag{A.2}$$

onde λ_1, λ_2 e λ_3 são os momentos de inércia em torno dos três eixos principais. Reciprocamente, se **I** tem esta forma diagonal, então o eixo com respeito ao qual **I** foi calculado era um eixo principal. Por essa razão, o processo de determinação dos eixos principais é frequentemente referido como **diagonalização do tensor de inércia**. Afirmei na Seção 10.4 que qualquer corpo rígido, girando em torno de qualquer origem O, tem três eixos principais ortogonais. O principal objetivo deste apêndice é demonstrar essa afirmação.

O processo de diagonalização de uma matriz surge continuamente em muitos ramos diferentes da física. Por exemplo, se você leu o Capítulo 16, sabe que os tensores de tensão e deformação são dados por matrizes reais e simétricas e é frequentemente conveniente encontrar eixos em relação aos quais uma dessas matrizes seja diagonal. [Por exemplo, os eixos com respeito aos quais o tensor de tensão (em um dado ponto P) é diagonal são chamados de *eixos principais de tensão* e têm a forte propriedade de que a tensão ao longo de cada um desses eixos é um alongamento puro.] Na mecânica quântica, provavelmente a mais importante coisa para fazer com um operador que representa qualquer variável dinâmica é diagonalizá-lo.[1] Para enfatizar a generalidade do processo, denotarei a matriz que precisamos diagonalizar por **A**, e como temos frequentemente necessidade de diagonalizar uma matriz $n \times n$, onde n é um inteiro qualquer, não necessariamente 3, suporei, por enquanto, que **A** seja uma matriz real simétrica e arbitrária de ordem $n \times n$. Entretanto, o exemplo que você pode desejar ter em mente é quando $\mathbf{A} = \mathbf{I}$, o tensor momento de inércia 3×3 de um corpo rígido. No contexto da mecânica clássica, as matrizes que você deseja diagonalizar são quase sempre tensores (o momento de inércia, o tensor de tensão, o tensor de deformação, etc.) e nesta seção assumirei que **A** é a matriz representando um tensor n-dimensional.

Antes de demonstrarmos o resultado principal, vamos fazer uma pausa para considerar o efeito da mudança de eixos com respeito a qual o tensor de interesse é calculado. Em geral, se a matriz **A** $n \times n$ representa um tensor arbitrário n-dimensional (com respeito a um dado conjunto de eixos), então a matriz $\mathbf{A}'$, que representa o mesmo tensor com respeito a um conjunto de eixos diferente, é dada por uma transformação ortogonal $\mathbf{A}' = \mathbf{R}\mathbf{A}\widetilde{\mathbf{R}}$, onde **R** é a matriz de rotação ortogonal que relaciona os dois conjuntos de eixos, como discutido em relação à Equação (15.132). Felizmente, se você ainda não estudou transformações ortogonais de tensores, você pode ainda seguir a demonstração principal, caso esteja confortável em considerar apenas o caso em que a matriz **A** é o tensor momento de inércia $\mathbf{A} = \mathbf{I}$. Essa matriz foi definida pelos somatórios (10.37) e (10.38) (ou pelas integrais correspondentes, para um corpo contínuo). Se fizermos uma mudança de eixos, o conjunto de coordenadas x, y, z é substituído por um conjunto diferente x', y', z', e usar estas novas coordendas naturalmente conduzirá a uma matriz 3×3 diferente $\mathbf{I}'$, e isso é tudo que precisamos saber acerca da relação entre as duas matrizes **I** e $\mathbf{I}'$.

Estamos agora prontos para demonstrar o importante teorema a seguir:

Diagonalização de um tensor real simétrico

Se **A** é uma matriz real simétrica $n \times n$ representando um tensor n-dimensional, então existem n vetores unitários ortogonais $\mathbf{e}_1, \cdots, \mathbf{e}_n$ com as propriedades de que (**1**) cada $\mathbf{e}_i$ é um autovetor de **A**, isto é

$$\mathbf{A}\mathbf{e}_i = \lambda_i \mathbf{e}_i \tag{A.3}$$

para algum autovalor real λ_i e (**2**) com respeito aos eixos definidos por esses n vetores unitários, o tensor é representado por uma matriz diagonal

$$\mathbf{A}' = \begin{bmatrix} \lambda_1 & 0 & \cdots & 0 \\ 0 & \lambda_2 & \cdots & 0 \\ \vdots & \vdots & \ddots & \vdots \\ 0 & 0 & \cdots & \lambda_n \end{bmatrix}. \tag{A.4}$$

---

[1] Na mecânica quântica, as variáveis dinâmicas são representadas por matrizes Hermitianas complexas (no lugar de matrizes reais e simétricas). Entretanto, o problema da diagonalização é muito semelhante nos dois casos. Aqui, discutirei apenas o caso de matrizes reais simétricas.

Antes de demonstrarmos esse teorema, observe que, como os n vetores unitários $e_1, \cdots, e_n$ são mutuamente ortogonais, eles são linearmente independentes. Portanto, *qualquer* vetor no espaço n-dimensional pode ser escrito como uma combinação linear em termos destes, isto é, $e_1, \cdots, e_n$ formam uma **base ortogonal** do espaço no qual eles estão.

A demonstração desse resultado segue em vários passos:

Passo 1. A tem pelo menos um autovalor e um correspondente autovetor. Vimos repetidamente que a equação de autovalor (A.3) requer que $\det(\mathbf{A} - \lambda\mathbf{1}) = 0$. Esse determinante é uma equação polinomial de grau n em λ de modo que possui, certamente, uma raiz, $\lambda = \lambda_1$, digamos[2]. Agora, é um resultado bem conhecido da álgebra linear[3] que, se $\det(\mathbf{B}) = 0$, então existe pelo menos um vetor não nulo $\mathbf{a}$ tal que $\mathbf{Ba} = 0$. Portanto, como $\det(\mathbf{A} - \lambda\mathbf{1}) = 0$, existe pelo menos um autovetor $\mathbf{a}$ tal que

$$\mathbf{Aa} = \lambda_1 \mathbf{a}. \tag{A.5}$$

Passo 2. O autovalor λ_1 é real. Observando o que dissemos até então, há garantia de que o autovalor λ_1 e o autovetor $\mathbf{a}$ são reais. Para mostrar que λ_1 é, considere o seguinte: se multiplicarmos (A.5) à esquerda por uma matriz coluna $\tilde{\mathbf{a}}^*$ (isto é, a matriz coluna complexa conjugada transposta de $\mathbf{a}$), obtemos

$$\lambda_1 = \frac{\tilde{\mathbf{a}}^* \mathbf{A} \mathbf{a}}{\tilde{\mathbf{a}}^* \mathbf{a}}. \tag{A.6}$$

Agora, é fácil ver que ambos os termos nessa fração são reais: primeiro,

$$\tilde{\mathbf{a}}^* \mathbf{a} = \sum_i a_i^* a_i = \sum_i |a_i|^2 > 0.$$

Entretanto, o numerador é

$$\tilde{\mathbf{a}}^* \mathbf{A} \mathbf{a} = (\tilde{\mathbf{a}}^* \mathbf{A} \mathbf{a})^\sim = \tilde{\mathbf{a}} \mathbf{A} \mathbf{a}^* = (\tilde{\mathbf{a}}^* \mathbf{A} \mathbf{a})^*,$$

que mostra que $\tilde{\mathbf{a}}^*\mathbf{A}\mathbf{a}$ é real. [Para a primeira igualdade, usei o fato de que o lado esquerdo é uma matriz 1×1 e, por isso, igual a sua transposta; para a segunda, usei o resultado bem conhecido de que $(\mathbf{mnp})^\sim = \tilde{\mathbf{p}}\tilde{\mathbf{n}}\tilde{\mathbf{m}}$ e de que a matriz $\mathbf{A}$ dada é simétrica; na última, usei o fato de $\mathbf{A}$ ser real.] Como o numerador e o denominador em (A.6) são reais (e o denominador é diferente de zero), resulta que o autovalor λ_1 é real. (Observe que esse argumento se aplica a qualquer autovalor de $\mathbf{A}$; logo, *qualquer* autovalor de uma matriz real simétrica é real.)

Passo 3. O autovetor pode ser considerado real. Somos tentados a esperar que os autovetores de uma matriz real sejam necessariamente reais, mas isso é, de fato, falso, pois, se um vetor real $\mathbf{a}$ satisfaz (A.5), então $i\mathbf{a}$ também satisfaz, o que certamente não é real. Logo, um autovetor de $\mathbf{A}$ pode, em geral, ser complexo. No entanto, to-

---

[2] Em geral, uma equação polinomial de grau n possui n raízes, mas algumas (ou mesmo todas) delas podem ser iguais. Entretanto, estamos certos de que existe pelo menos uma raiz.

[3] Veja, por exemplo, *Mathematical Methods for Scientists and Engineers*, de Donald A. McQuarrie (University Science Books, 2003), página 434, ou *Mathematical Methods in Physical Sciences*, de Mary Boas (Wiley, 1983), página 133.

mando o complexo conjugado de (A.5) e lembrando que **A** e λ_1 são reais, podemos ver que, se **a** é um autovalor, da mesma forma **a*** também o é. Isso, por sua vez, significa que ambos os vetores **a** + **a*** e $i($**a** − **a**$^*)$ também o são. Como ambos os vetores são reais e pelo menos um é não nulo, demonstramos que, para qualquer autovalor, há pelo menos um autovetor *real*. Portanto, podemos, sem perda de generalidade, assumir que o autovetor **a** é real.

Passo 4. Escolha uma nova base incluindo o autovetor. O último passo é normalizar o autovetor real **a** e escolher uma nova base ortogonal com este vetor normalizado como sendo o seu primeiro vetor unitário. Isto é, definimos o vetor unitário como

$$\mathbf{e}_1 = \frac{\mathbf{a}}{|\mathbf{a}|}, \tag{A.7}$$

que também satisfaz a equação de autovalor (A.5),

$$\mathbf{A}\mathbf{e}_1 = \lambda_1 \mathbf{e}_1, \tag{A.8}$$

e, em seguida, escolhemos mais $n - 1$ vetores ortogonais a $\mathbf{e}_1$ e entre os demais para definir um novo conjunto de eixos[4] ortogonais. Com respeito a esta nova base, o vetor $\mathbf{e}_1$ é representado por uma coluna cuja primeira entrada é 1 e as demais entradas são zero. A equação de autovalor (A.8) implica que (com respeito à nova base) a primeira coluna da matriz representando **A** tem λ_1 na sua primeira entrada e zeros em todo o resto. Como a matriz é simétrica, resulta que ela tem a forma

$$(\text{nova matriz } \mathbf{A} \text{ com respeito à nova base}) = \begin{bmatrix} \lambda_1 & 0 & \cdots & 0 \\ \hline 0 & & & \\ \vdots & & \mathbf{A}_1 & \\ 0 & & & \end{bmatrix}, \tag{A.9}$$

onde $\mathbf{A}_1$ é uma matriz rela simétrica $(n - 1) \times (n - 1)$.

Passo 5. Repita os passos de 1 a 4 sobre a matriz $\mathbf{A}_1$. A matriz $\mathbf{A}_1$ pode ser vista como atuando sobre o espaço $(n - 1)$-dimensional ortogonal ao novo vetor da base $\mathbf{e}_1$. Ela tem pelo menos um autovalor real λ_2 e um autovetor correspondente, que podemos tomar como sendo real e normalizar para obter o segundo vetor unitário $\mathbf{e}_2$. Escolhemos agora uma base ortogonal fomada por $\mathbf{e}_1$, $\mathbf{e}_2$ e $n - 2$ outros vetores unitários, e, com respeito a esta nova segunda base, a matriz representando o tensor tem a forma

---

[4] Em três dimensões, é fácil ver que isso é sempre possível. Dado $\mathbf{e}_1$, apenas escolhemos quaisquer dois vetores unitários no plano perpendicular a $\mathbf{e}_1$. Em n dimensões, o argumento é essencialmente o mesmo; para tornar isso bem claro, podemos usar o *processo de ortogonalização de Gram-Schmidt*. Veja *Mathematical Methods for Scientists and Engineers*, de Donald A. McQuarrie (University Science Books, 2003), página 448.

(nova matriz **A** com respeito à nova segunda base) =

$$\begin{bmatrix} \lambda_1 & 0 & 0 & \cdots & 0 \\ 0 & \lambda_2 & 0 & \cdots & 0 \\ \hline 0 & 0 & & & \\ \vdots & \vdots & & \mathbf{A}_2 & \\ 0 & 0 & & & \end{bmatrix}, \quad (A.10)$$

onde $\mathbf{A}_2$ é uma matriz real simétrica de ordem $(n-2) \times (n-2)$.

Passo 6. Repita os passos de 1 a 4 sobre $\mathbf{A}_2$, e então para $\mathbf{A}_3$, etc. Depois de $n-3$ repetições, a matriz representando o tensor terá a forma diagonal declarada em (A.4) e isso completa a demonstração.

A.2 DIAGONALIZAÇÃO SIMULTÂNEA DE DUAS MATRIZES

No Capítulo 11, vimos que um sistema com n graus de liberdade, oscilando em torno de uma posição de equlíbrio estável, satisfaz uma equação de movimento da forma

$$\mathbf{M}\ddot{\mathbf{q}} = -\mathbf{K}\mathbf{q}, \quad (A.11)$$

onde **q** é a matriz coluna das n coordenadas generalizadas e **M** e **K** são $n \times n$ matrizes reais simétricas, chamadas de matrizes das massas e das constantes da mola, respectivamente. A seguir, é importante que ambas, **M** e **K**, sejam matrizes *positivas definidas*. Para ver o que isso significa, considere primeiro a matriz **K**: de acordo com (11.53), a energia potencial é $U = \frac{1}{2}\tilde{\mathbf{q}}\mathbf{K}\mathbf{q}$. Esta é zero na posição de equilíbrio $\mathbf{q} = 0$ e, como o equilíbrio é estável, U deve ser maior do que zero para todo $\mathbf{q} \neq 0$. Portanto, a matriz **K** deve ter a propriedade $\tilde{\mathbf{q}}\mathbf{K}\mathbf{q} > 0$ para todo **q** diferente de zero – a propriedade que define uma matriz positiva definida. Similarmente, de acordo com (11.54), a energia cinética é $T = \frac{1}{2}\tilde{\mathbf{q}}\mathbf{M}\dot{\mathbf{q}}$, e esta deve ser positiva para todo $\dot{\mathbf{q}} \neq 0$, isto é, **M** também deve ser positiva definida.

Definimos um modo normal como qualquer movimento no qual as n coordenadas oscilam senoidalmente com a mesma frequência ω, de modo que $\mathbf{q}(t) = \operatorname{Re}(\mathbf{a}e^{i\omega t})$, e vemos que um modo normal é possível se e somente se ω e **a** satisfizem

$$\mathbf{K}\mathbf{a} = \omega^2 \mathbf{M}\mathbf{a}. \quad (A.12)$$

Afirmei (e em alguns exemplos específicos, vimos explicitamente) que há n soluções independentes **a** desta equação de autovalor generalizada e, portanto, que *qualquer* movimento possível pode ser expresso como uma combinação linear de modos normais.

Para demonstrar essa afirmação, observe que, se expandirmos a solução (A.11) em termos das n soluções independentes **a** de (A.12), então as novas coordenadas generalizadas $\mathbf{q}'$ satisfazem[5]

$$\ddot{q}'_i = -\omega_i^2 q'_i. \quad (A.13)$$

---

[5] Observe que as coordenadas que estou chamando de q'_i são as coordenadas normais que introduzi na Seção 11.7 (onde chamei-as de ξ_i).

Comparando (A.13) com (A.11), vemos que demonstramos a existência de uma base do espaço das configurações n-dimensional com respeito a qual as matrizes **M** e **K** são ambas diagonais, com as formas

$$\mathbf{M}' = \mathbf{1} = \begin{bmatrix} 1 & \cdots & 0 \\ \vdots & \ddots & \vdots \\ 0 & \cdots & 1 \end{bmatrix} \quad \text{e} \quad \mathbf{K}' = \begin{bmatrix} \omega_1^2 & \cdots & 0 \\ \vdots & \ddots & \vdots \\ 0 & \cdots & \omega_n^2 \end{bmatrix}. \quad (A.14)$$

Em particular, na nova base, a matriz das massas é exatamente a matriz identidade. Demonstraremos isso, embora veremos que, em geral, a nova base não é ortogonal. A demonstração se baseia fortemente na demonstração anterior e, como ela, se processa em várias etapas.

Passo 1. Diagonalizar M. Como **M** é real e simétrica, podemos encontrar uma matriz **R** ortogonal $n \times n$ que diagonaliza para **M**. Isto é, $\mathbf{M}' = \mathbf{R}\mathbf{M}\tilde{\mathbf{R}}$ é diagonal, com a forma

$$\mathbf{M}' = \mathbf{R}\mathbf{M}\tilde{\mathbf{R}} = \begin{bmatrix} \mu_1 & \cdots & 0 \\ \vdots & \ddots & \vdots \\ 0 & \cdots & \mu_n \end{bmatrix}. \quad (A.15)$$

Se definirmos $\mathbf{q}' = \mathbf{R}\mathbf{q}$ e $\mathbf{K}' = \mathbf{R}\mathbf{K}\tilde{\mathbf{R}}$, então, com respeito às novas coordenadas, a equação de autovalor (A.12) torna-se $\mathbf{K}'\mathbf{a}' = \omega^2 \mathbf{M}'\mathbf{a}'$.

Passo 2. Reescalonar as coordenadas de modo a que $\mathbf{M}'' = \mathbf{1}$. Em termos das novas coordenadas $\mathbf{q}'$, a energia cinética é

$$T = \tfrac{1}{2}\tilde{\dot{\mathbf{q}}}'\mathbf{M}'\dot{\mathbf{q}}' = \sum \mu_i \dot{q}_i'^2. \quad (A.16)$$

Como essa deve ser prositiva para todo $\dot{\mathbf{q}}' \neq 0$, todos os números μ_i em (A.15) devem ser positivos. Portanto, podemos escalonar cada uma das coordenadas q'_i por um fator $\sqrt{\mu_i}$. Especificamente, definiremos novas coordenadas $q''_i = q'_i \sqrt{\mu_i}$. Se, além disso, definirmos uma matriz diagonal (embora não ortogonal)

$$\mathbf{S} = \begin{bmatrix} 1/\sqrt{\mu_1} & \cdots & 0 \\ \vdots & \ddots & \vdots \\ 0 & \cdots & 1/\sqrt{\mu_n} \end{bmatrix} \quad (A.17)$$

e considerarmos

$$\mathbf{M}'' = \mathbf{S}\mathbf{M}'\tilde{\mathbf{S}} = \mathbf{1} \quad \text{e} \quad \mathbf{K}'' = \mathbf{S}\mathbf{K}'\tilde{\mathbf{S}}, \quad (A.18)$$

então, com respeito a essas novas coordenadas, a matriz das massas é justamente a matriz identidade, a energia cinética tem a forma simples $T = \tfrac{1}{2}\sum \dot{q}''^2$ e, mais importante, como $\mathbf{M}'' = \mathbf{1}$, a equação de autovalor generalizada $\mathbf{K}\mathbf{a} = \omega^2 \mathbf{M}\mathbf{a}$ tornou-se a equação de autovalor *ordinária*

$$\mathbf{K}''\mathbf{a}'' = \omega^2 \mathbf{a}''. \quad (A.19)$$

Passo 3. Diagonalize K″. De acordo com a Seção A.1, existe uma matriz ortogonal **T** que diagonaliza **K″**. Isto é, se definirmos

$$\mathbf{K}''' = \mathbf{TK}''\tilde{\mathbf{T}} \quad \text{e} \quad \mathbf{M}''' = \mathbf{TM}''\tilde{\mathbf{T}} = \mathbf{1}, \tag{A.20}$$

então **K‴** e **M‴** são matrizes diagonais, com **M‴** ainda igual a **1**. Isso demonstra a existência dos n autovalores procurados com as propriedades mencionadas.[6]

---

[6] Uma pequena observação: como os autovalores são supostamente os quadrados das frequências normais, é essencial que eles sejam positivos. Isso é assegurado visto que **K** e, portanto, **K‴** são positivas definidas.

Leitura Adicional

Textos sobre mecânica clássica no nível deste livro
- Ralph Baierlein, *Newtonian Mechanics* (McGraw-Hill, 1983)
- Vernon Barger and Martin Olsson, *Classical Mechanics: A Modern Perspective* (2a. edição, McGraw-Hill, 1995)
- Grant Fowles and George Cassiday, *Analytical Mechanics* (6a. edição, Saunders, 1999)
- T. W. B. Kibble and F. H. Berkshire, *Classical Mechanics* (4a. edição, Longman, 1996)
- Keith Symon, *Mechanics* (3a. edição, Addison-Wesley, 1971)
- Stephen Thornton and Jerry Marion, *Classical Dynamics of Particles and Systems* (5a. edição, Thomson, 2004)

Textos mais avançados sobre mecânica clássica
- Louis Hand and Janet Finch, *Analytical Mechanics* (Cambridge University Press, 1998) – um texto para graduação, mas certamente mais avançado do que qualquer um dos apresentados acima.
- Herbert Goldstein, Charles Poole and John Safko, *Classical Mechanics* (3a. edição, Addison-Wesley, 2002) – um texto de graduação de grande sucesso, primeiramente publicado em 1950.

Livros sobre métodos matemáticos
- Mary Boas, *Mathematical Methods in the Physical Sciences* (2a. edição, Wiley, 1983) – um texto de graduação, muito bem escrito e compreensível; ainda é uma dos melhores obras da área.
- Donald McQuarrie, *Mathematical Methods for Scientists e Engineers* (University Science Books, 2003) – um novo texto no nível de graduação, que recebeu brilhantes revisões – legível e muito compreensível, com 1161 páginas.
- Jon Mathews and R. L. Walker, *Mathematical Methods of Physics* (2a. edição, W. A. Benjamin, 1970) – um texto de pós-graduação, mas muito acessível.

Tabelas de integrais e outras fórmulas matemáticas

- M. Abramowitz and I. Stegun, *Handbook of Mathematical Functions* (Dover, 1965).
- H. B. Dwight, *Tables of Integrals and Other Mathematical Data* (4a. edição, MacMillan, 1961)
- Alan Jeffrey, *Handbook of Mathematical Formulas and Integrals* (2a. edição, Academic Press, 2000)

Livros sobre caos

- James Gleick, *Chaos, Making a New Science* (Viking-Penguin, 1987) – história não técnica, altamente legível, sobre a teoria do caos.
- Gregory Baker and Jerry Gollub, *Chaotic Dynamics: An Introduction* (2a. edição, Cambridge University Press, 1996) – um texto de graduação pioneiro sobre caos, que naturalmente cobre muito mais tópicos do que os estudados aqui.
- Steven H. Strogatz, *Nonlinear Dynamics and Chaos* (Addison-Wesley, 1994) – um belo tratamento matemático de muitos aspectos da teoria do caos.

Livros sobre relatividade

- Albert Einstein, *Relativity* (15a. edição, Crown, 1961) – um tratamento legível da relatividade escrito pelo próprio grande homem.
- Wolfgang Rindler, *Introduction to Special Relativity* (Oxford University Press, 1991) – um tratamento muito agradável que vai um pouco além do que fizemos aqui, escrito por um dos especialistas da área.
- James Hartle, *Gravity: An Introduction to Einstein's General Relativity* (Addison-Wesley, 2003) – um excelente tratamento da teoria da relatividade geral escrito para estudantes de graduação.
- C. W. Misner, K. S. Thorne and J. A. Wheeler, *Gravitation* (Freeman, 1970) – um clássico e ainda o mais compreensível texto sobre relatividade geral.

Livros sobre mecânica do contínuo

- Gerard Middleton and Peter Wilcock, *Mechanics in the Earth and Environmental Sciences* (Cambridge University Press, 1994)
- D. S. Chandrasekharaiah and Lokenath Debnath, *Continuum Mechanics* (Academic Press, 1994)
- Lawrence E. Malvern, *Introduction to the Mechanics of a Continuous Medium* (Prentice Hall, 1969)

Respostas dos Problemas Ímpares

CAPÍTULO 1

1.1 $\mathbf{b} + \mathbf{c} = 2\hat{\mathbf{x}} + \hat{\mathbf{y}} + \hat{\mathbf{z}}$, $5\mathbf{b} + 2\mathbf{c} = 7\hat{\mathbf{x}} + 5\hat{\mathbf{y}} + 2\hat{\mathbf{z}}$, $\mathbf{b} \cdot \mathbf{c} = 1$, $\mathbf{b} \times \mathbf{c} = \hat{\mathbf{x}} - \hat{\mathbf{y}} - \hat{\mathbf{z}}$.

1.5 $\theta = \arccos\sqrt{2/3} = 0{,}615$ rad ou $35{,}3°$.

1.11 A partícula se move no sentido anti-horário em torno da elipse $(x/b)^2 + (y/c)^2 = 1$ no plano xy, fazendo uma órbita completa em um período $2\pi/\omega$.

1.23 $\mathbf{v} = (\lambda \mathbf{b} - \mathbf{b} \times \mathbf{c})/b^2$.

1.25 Qualquer solução tem a forma $f(t) = Ae^{-3t}$, que contém uma constante arbitrária.

1.27 Visto do chão, o bloco se desloca diretamente através da mesa giratória passando pelo centro O. Visto por um observador sobre a mesa giratória, o bloco segue um caminho curvo, como ilustrado.

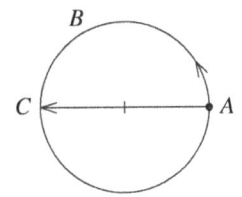

Conforme visto do chão   Conforme visto da mesa giratória

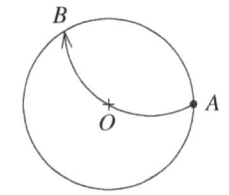

1.35 A posição é $\mathbf{r} = (v_0 t \cos\theta, 0, v_0 t \sen\theta - \frac{1}{2}gt^2)$. O tempo de retorno ao solo é $t = (2v_0 \sen\theta)/g$ e a distância percorrida é $(2v_0^2 \sen\theta \cos\theta)/g$.

1.37 (a) Se medirmos x direto sobre a inclinação, $x = v_0 t - \frac{1}{2}gt^2 \sen\theta$. (b) O tempo de retorno é $t = 2v_0/(g \sen\theta)$.

1.39 $x = v_0 t \cos\theta - \frac{1}{2}gt^2 \sen\phi$, $y = v_0 t \sen\theta - \frac{1}{2}gt^2 \cos\phi$, $z = 0$.

1.41 Tração $= m\omega^2 R$ (ou mv^2/R).

1.47 (a) $\rho = \sqrt{x^2 + y^2}$, $\phi = \arctan(y/x)$ (escolhido para ficar no primeiro quadrante) e z é o mesmo que em Cartesianos. A coordenada ρ é a distância perpendicular de P ao eixo z. Se usarmos r para a coordenada ρ, então r não é a mesma coisa que |**r**| e **r̂** não é o vetor unitário na direção de **r** [veja o item (b)].

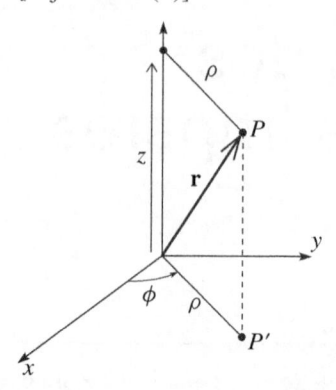

(b) O vetor unitário $\hat{\boldsymbol{\rho}}$ aponta na direção de crescimento de ρ (com φ e z fixos), isto é, diretamente para longe do eixo z; **φ** é tangente a um círculo horizontal através de P e com centro sobre o eixo z (no sentido anti-horário, visto de cima); **ẑ** é paralelo ao eixo z. **r** = ρ $\hat{\boldsymbol{\rho}}$ + z **ẑ**.
(c) $a_\rho = \ddot{\rho} - \rho\,\dot{\phi}^2$, $a_\phi = \rho\ddot{\phi} + 2\dot{\rho}\dot{\phi}$, $a_z = \ddot{z}$.

1.49 $\phi = \phi_0 + \omega t$ e $z = z_0 + v_{oz}t - \frac{1}{2}gt^2$.

1.51 Na figura, a curva sólida é uma solução numérica da equação diferencial (determinada com NDSolve do Mathematica). A curva tracejada é a aproximação de pequena oscilação (1.57) com a mesma condição inicial ($\phi_0 = \pi/2$). Considerando quão grande o ângulo inicial é, a aproximação de pequeno ângulo se saiu extraordinariamente bem. A única discrepância significativa é que a aproximação oscila de certo modo muito rapidamente, como esperaríamos. (Para grandes amplitudes, o período verdadeiro é um pouco mais longo.)

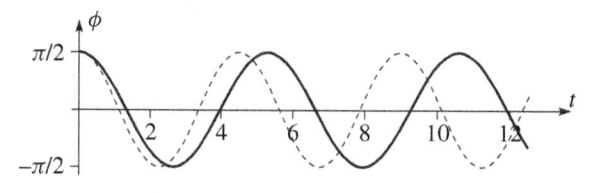

CAPÍTULO 2

2.1 As duas forças são quase iguais quando $v \approx 1$ cm/s e, se $v \gg 1$ cm/s, a força linear é desprezível. Para uma bola de beisebol, a velocidade correspondente é de cerca de 1 mm/s.

2.3 (b) $R \approx 0{,}01$ e é muito seguro desprezar o arrasto quadrático.

2.5

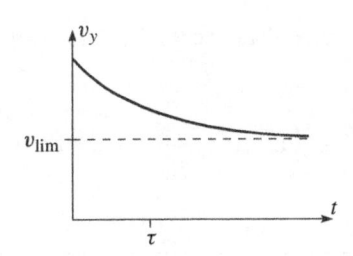

[Graph: v_y vs t, curve decreasing from initial value toward horizontal asymptote v_{lim}, with τ marked on t-axis]

2.7 Se $F = F_o$, uma constante, $v = v_o + at$, onde $a = F_o/m$.

2.11 (a) $v_y(t) = -v_{lim} + (v_o + v_{lim})e^{-t/\tau}$ e $y(t) = -v_{lim}t + (v_o + v_{lim})\tau(1 - e^{-t/\tau})$.
(b) $t_{máx} = \tau \ln(1 + v_o/v_{lim})$ e $y_{máx} = [v_o - v_{lim}\ln(1 + v_o/v_{lim})]\tau$.

2.13 $v = \pm\omega\sqrt{x_o^2 - x^2}$, onde $\omega = \sqrt{k/m}$ e $x(t) = x_o \cos \omega t$.

2.15 Tempo de voo, $t = 2v_{yo}/g$.

2.19 (a) $y = \dfrac{v_{yo}}{v_{xo}}x - \dfrac{1}{2}g\left(\dfrac{x}{v_{xo}}\right)^2$.

2.23 (a) Velocidade limite = 22 m/s (bola de aço), (b) 140 m/s (tiro), (c) 107 m/s (paraquedista em queda livre).

2.27 Velocidade, $v(t) = v_{lim} \tan\left(\arctan\dfrac{v_o}{v_{lim}} - \dfrac{cv_{lim}}{m}t\right)$; (tempo para cima) = $\dfrac{m}{cv_{lim}}\arctan\dfrac{v_o}{v_{lim}}$, onde $v_{lim} = \sqrt{mg\,\text{sen}(\theta)/c}$

2.29

tempo (s)	0	1	5	10	20	30
velocidade real (m/s)	0	9,7	37,7	48,1	50,0	50,0
velocidade no vácuo (m/s)	0	9,8	49,0	98,0	196,0	294,0

2.31 (a) Velocidade limite, $v_{lim} = 20{,}2$ m/s. (b) Tempo de descida, $t = 2{,}78$ s (2,47 no vácuo) e velocidade no solo, $v = 17{,}7$ m/s (24,2 no vácuo).

2.33 (a)

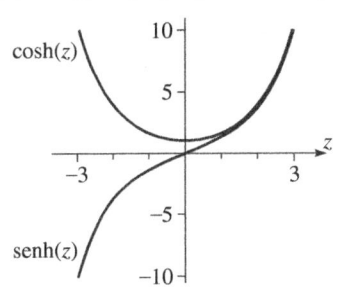

[Graph showing $\cosh(z)$ as U-shaped curve with minimum at (0,1) and $\text{senh}(z)$ as S-shaped curve through origin, on axes from -3 to 3 horizontally and -10 to 10 vertically]

(b) $\text{senh}(z) = -i\,\text{sen}(iz)$.
(c)
$$\dfrac{d\cosh(z)}{dz} = \text{senh}(z), \qquad \dfrac{d\,\text{senh}(z)}{dz} = \cosh(z),$$

$$\int \cosh(z)\,dz = \text{senh}(z), \qquad \int \text{senh}(z)\,dz = \cosh(z).$$

2.35 (b) Em $t = 2\,\tau$ e $3\,\tau$, a velocidade v é 96% e 99,5% do seu valor limite.

2.39 (a)
$$t = \frac{m}{\sqrt{f_{fr}c}}\left(\arctan\sqrt{\frac{c}{f_{fr}}}v_o - \arctan\sqrt{\frac{c}{f_{fr}}}v\right).$$

(b)

v (m/s)	15	10	5	0
t (s)	6,3	18,4	48,3	142

Os tempos correspondentes, se desprezarmos o atrito, são (do Problema 2.26) 6,7, 20,0, 60,0 e ∞. Para desprezar o atrito, comparado ao quadrado de resitência do ar, é bem favorável a altas velocidades, mas terrível a baixas.

2.41 A velocidade é $v(y) = \sqrt{(v_o^2 + v_{lim}^2)e^{-2gy/v_{lim}^2} - v_{lim}^2}$, onde $v_{lim} = \sqrt{mg/c}$; $y_{máx} = 17{,}7$ m, comparado com 20,4 no vácuo.

2.43 (a) A curva sólida é a verdadeira trajetória, a tracejada é a curva no vácuo.

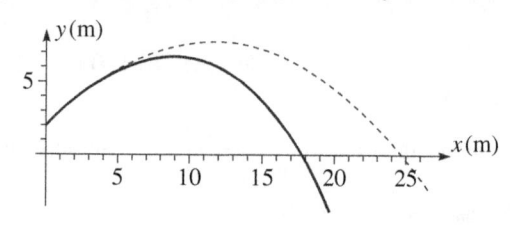

(b) O verdadeito alcance é 17,7 m e o alcance no vácuo é 24,8 m.

2.45 (b) $z = 2 + 4i = 5e^{0{,}927i}$; **(c)** $z = 2e^{-i\pi/3} = 1 - i\sqrt{3}$.

2.47 (a) $z + w = 9 + 4i$, $z - w = 3 + 12i$, $zw = 50$, $z/w = -0{,}56 + 1{,}92i$; **(b)** $z + w = (4 + 2\sqrt{3}) + (4\sqrt{3} + 2)i$, $z - w = (4 - 2\sqrt{3}) + (4\sqrt{3} - 2i)$, $zw = 32i$, $z/w = \sqrt{3} + i$.

2.49 (b) $\cos 3\theta = \cos\theta\,(\cos^2\theta - 3\,\text{sen}^2\theta)$ e $\text{sen}\,3\theta = \text{sen}\,\theta\,(3\cos^2\theta - \text{sen}^2\theta)$.

2.53 $m\dot{v}_x = qBv_y$, $m\dot{v}_y = -qBv_x$, $m\dot{v}_z = qE$.
O movimento de x e y é o mesmo que na Figura 2.15, sentido horário em torno de um círculo com velocidade angular constante $\omega = qB/m$. Entretanto, $z = z_o + v_{zo}t + \frac{1}{2}a_z t^2$, onde $a_z = qE/m$. A partícula se move em uma hélice ou espiral de raio constante em torno do eixo z, com um passo crescente à medida que o movimento acelera na direção z.

2.55 (a) $\dot{v}_x = \omega v_y$, $\dot{v}_y = -\omega(v_x - E/B)$ e $\dot{v}_z = 0$.
(b) $v_d = E/B$.
(c) $v_x = v_d + (v_{xo} - v_d)\cos\omega t$, $v_y = -(v_{xo} - v_d)\,\text{sen}\,\omega t$ e $v_z = 0$.
Esta velocidade transversal (v_x, v_y) segue uniforme em torno de um círculo de raio ($v_{xo} - v_d$), com um desvio constante sobreposto na direção x.
(d) $x = v_d t + R\,\text{sen}\,\omega t$ e $y = R(\cos\omega t - 1)$,

onde $R = (v_{xo} - v_d)/\omega$. Essa trajetória é um cicloide, cujo o surgimento precisamente depende da velocidade inicial v_{xo}, conforme ilustrado abaixo para sete diferentes valores de v_{xo}. Observe, em particular, que, se $v_{xo} = v_d$, então $R = 0$ e a carga tem um curso retilíneo através dos campos, como já sabíamos. (Os valores de v_{xo} estão apresentados como múltiplos de v_d e as distâncias como múltiplos de v_d/ω.)

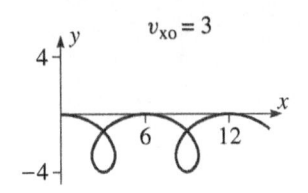

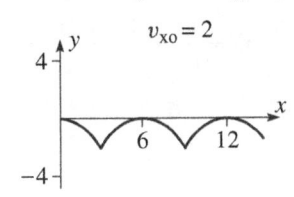

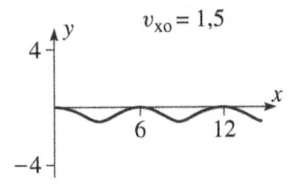

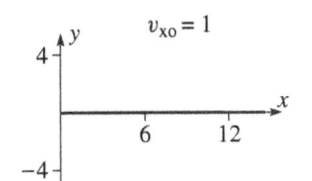

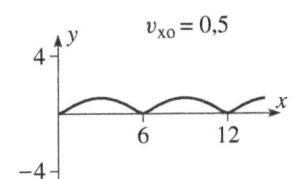

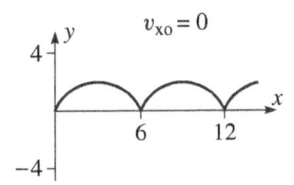

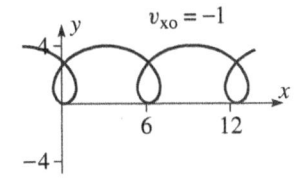

CAPÍTULO 3

3.3 Os vetores $\mathbf{v}_2$ e $\mathbf{v}_3$ possuem magnitudes iguais, $v_2 = v_3 = \sqrt{2}\, v_o$, e estão a 45° em cada lado da direção inicial.

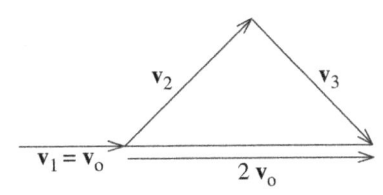

3.7 Velocidade final, $v \approx 2100$ m/s. Propulsão $\approx 2,5 \times 10^7$ N, um pouco maior do que o peso inicial $\approx 2,0 \times 10^7$ N.

3.9 Velocidade mínima de expulsão ≈ 2400 m/s.

3.11 (b) e (c) $v = v_{ex} \ln(m_o/m) - gt \approx 900$ m/s, comparado a 2100 m/s em gravidade zero.

3.13 Altura $\approx 4,0 \times 10^4$ m.

3.15 Posição do CM, $\mathbf{R} = (1/6, 0, 0)$.

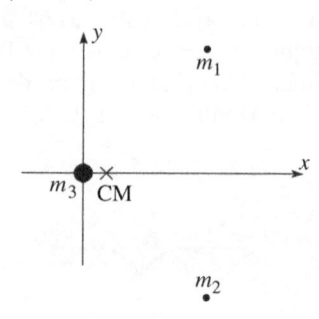

3.17 O CM está cerca de $4,6 \times 10^3$ km do centro da Terra.

3.19 (a) O CM seguirá a mesma parábola que a do projétil sem explodir. (b) O segundo pedaço atinge a arma que o lançou. (c) Não.

3.21 $X = Z = 0$ e $Y = 4R/3\pi$.

3.23 A velocidade do segundo pedaço é $\mathbf{v} - \Delta\mathbf{v}$. O CM (círculos vazios) está no ponto médio da linha que une os dois fragmentos e claramente continua sobre a mesma parábola que a granada seguia antes da explosão.

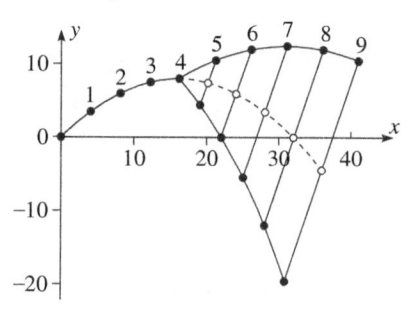

3.25 Velocidade angular final, $\omega = \omega_0 (r_0/r)^2$.

3.29 Velocidade angular final, $\omega = \omega_0 (R_0/R)^5 = \omega_0/32$.

3.31 Momento de inércia, $I = \frac{1}{2}MR^2$.

3.33 Momento de inércia, $I = \frac{2}{3}Mb^2$.

3.35 (a)

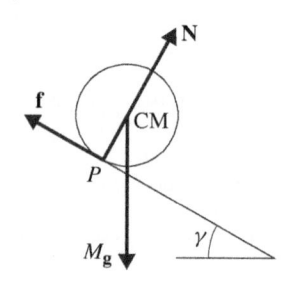

(b) e (c) Qualquer caso, $\dot{v} = \frac{2}{3}g \operatorname{sen} \gamma$.

3.37 (a)

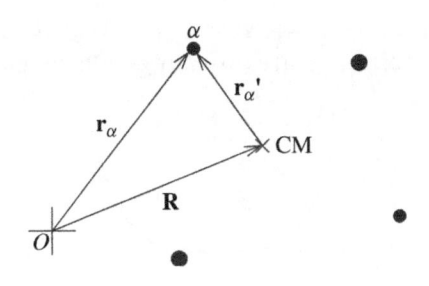

CAPÍTULO 4

4.3 (a) $W = 0$, (b) $W = 1$, (c) $W = \pi/2$.

4.7 (a) $W(\mathbf{r}_1 \to \mathbf{r}_2) = -(m\,\gamma/3)(y_2^3 - y_1^3)$; $U(\mathbf{r}) = (m\,\gamma/3)y^3$.
(b)

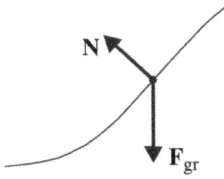

(c) $v_{\text{fin}} = \sqrt{2\gamma h^3/3}$.

4.9 (b) $x_o = mg/k$.

4.11

função	$\partial/\partial x$	$\partial/\partial y$	$\partial/\partial z$
$ay^2 + 2byz + cz^2$	0	$2ay + 2bz$	$2by + 2cz$
$\cos(axy^2z^3)$	$-ay^2z^3\,\text{sen}(axy^2z^3)$	$-2axyz^3\,\text{sen}(axy^2z^3)$	$-3axy^2z^2\,\text{sen}(axy^2z^3)$
$ar = a\sqrt{x^2 + y^2 + z^2}$	ax/r	ay/r	az/r

4.13

função f	$\partial/\partial x$	$\partial/\partial y$	$\partial/\partial z$	∇f
$\ln(r)$	x/r^2	y/r^2	z/r^2	$\hat{\mathbf{r}}/r$
r^n	nxr^{n-2}	nyr^{n-2}	nzr^{n-2}	$nr^{n-1}\hat{\mathbf{r}}$
$g(r)$	$g'(r)x/r$	$g'(r)y/r$	$g'(r)z/r$	$g'(r)\hat{\mathbf{r}}$

4.15 Usando (4.35), obtemos $\Delta f \approx 0{,}44$; comparado com o exato $\Delta f = 0{,}45$ (com dois algarismos significativos).

4.19 (a) A superfície $x^2 + 4y^2 = K$ é um cilindro elíptico, com centro sobre o eixo z, com "raio" $\sqrt{K}$ na direção x e metade deste na direção y. (b) O vetor unitário normal a superfície é $\mathbf{n} = (1, 4, 0)/\sqrt{17}$ (ou $-\mathbf{n}$). A direção de maior crescimento é $\mathbf{n}$ (e máximo decréscimo é $-\mathbf{n}$).

4.21 A energia potencial gravitacional é $U(r) = -GMm/r$.

4.23 (a) **F** é conservativa e $U = -\frac{1}{2}k(x^2 + 2y^2 + 3z^2)$. (b) **F** é conservativa e $U = -kxy$. (c) **F** não é conservativa. Em (a) e (b), U foi escolhido como sendo zero na origem.

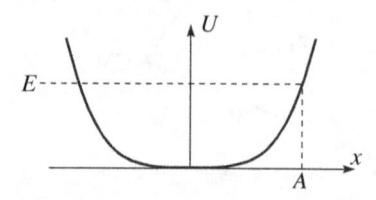

4.29 (a)

(b) O tempo para atingir A é $t(0 \to A) = \sqrt{m/2k} \int_0^A dx/\sqrt{A^4 - x^4}$. O período é $4t(0 \to A)$.
(d) $\tau = 3{,}71$.

4.31 (a) Descartando todas as constantes sem interesse, temos $E = \frac{1}{2}(m_1 + m_2)\dot{x}^2 - (m_1 - m_2)gx$.

4.33 (b)

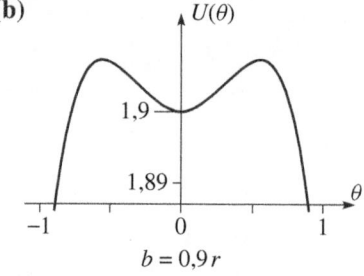

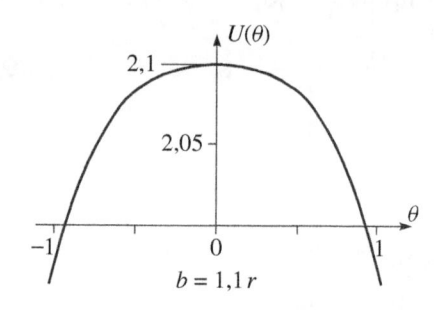

(c) Para $b < r$, pode haver dois novos pontos de equilíbrio (simetricamente dispostos em cada lado de $\theta = 0$), ambos são instáveis.

4.35 (a) $E = \frac{1}{2}(m_1 + m_2 + I/R^2)\dot{x}^2 - (m_1 - m_2)gx$ (mais uma constante que podemos muito bem descartar).
(b) A equação de movimento é $(m_1 + m_2 + I/R^2)\ddot{x} = (m_1 - m_2)g$ em qualquer caso.

4.37 (a) $U(\phi) = MgR(1 - \cos\phi) - mgR\phi$.
(b) Haverá posições de equilíbrio somente se $m \leq M$. Se $m = M$, há um equilíbrio (instável) em $\phi = 90°$. Se $m < M$, há duas posições determinadas pelas condições $m = M\,\text{sen}\phi$, que têm duas soluções simetricamente dispostas acima e abaixo de $\phi = 90°$. A posição abaixo é estável, a de cima é instável. [Veja as figuras do item (c).]
(c)

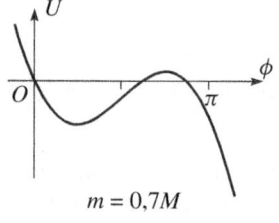

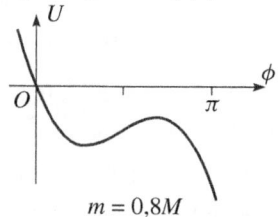

Se $m = 0{,}7M$, a roda pende até um máximo $\phi < \pi$, em seguida, pende de volta para $\phi = 0$ e oscila indefinidamente. Se $m = 0{,}8M$ a roda pende além de $\phi = \pi$ e continua a girar no sentido anti-horário até o final do fio. (d) O valor crítico de m/M é $0{,}725$.

4.39 (c) Se $\Phi = 45°$, esta aproximação fornece $\tau = 1{,}037\tau_o$, que representa uma correção de 3,7% na aproximação de pequena amplitude (τ_o) e está dentro de 0,3% da resposta exata ($1{,}040\tau_o$).

4.51 $U(\mathbf{r}_1, \mathbf{r}_2, \mathbf{r}_3, \mathbf{r}_4)$
$= [U_{12}(\mathbf{r}_1 - \mathbf{r}_2) + U_{13}(\mathbf{r}_1 - \mathbf{r}_3) + U_{14}(\mathbf{r}_1 - \mathbf{r}_4) + U_{23}(\mathbf{r}_2 - \mathbf{r}_3)$
$+ U_{24}(\mathbf{r}_2 - \mathbf{r}_4) + U_{34}(\mathbf{r}_3 - \mathbf{r}_4)]$
$+ [U_1^{ext}(\mathbf{r}_1) + U_2^{ext}(\mathbf{r}_2) + U_3^{ext}(\mathbf{r}_3) + U_4^{ext}(\mathbf{r}_4)].$

4.53 (b) $E = T_1 + T_2 + U_1 + U_2 + U_{12} = \frac{1}{2}mv_1^2 + \frac{1}{2}mv_2^2 - ke^2\left(\frac{1}{r_1} + \frac{1}{r_2} - \frac{1}{r_{12}}\right).$

(c) Muito antes: $E = T_1 + T_2 + U_1 + 0 + 0 = T_2 - \frac{ke^2}{2r}.$

Muito depois: $E' = T_1' + T_2' + 0 + U_2' + 0 = T_1' - \frac{ke^2}{2r'}.$

Pela conservação de energia, $T_1' = T_2 + \frac{1}{2}ke^2\left(\frac{1}{r'} - \frac{1}{r}\right).$

CAPÍTULO 5

5.3 $U(\phi) = mgl(1 - \cos\phi)$ e $k = mgl$.

5.5 (a) $B_1 = C_1 + C_2$ e $B_2 = i(C_1 - C_2)$.
(b) $A = \sqrt{B_1^2 + B_2^2}$ e $\delta = \arctan(B_2/B_1)$, escolhido no quadrante apropriado.
(c) $C = Ae^{-i\delta}$. (d) $C_1 = C/2$ e $C_2 = C^*/2$.

5.7 (a) $B_1 = x_0$ e $B_2 = v_0/\omega$. (b) $\omega = 10\text{ s}^{-1}$, $B_1 = 3$ m, $B_2 = 5$ m.

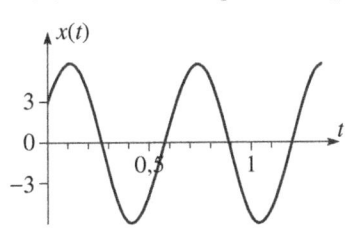

(c) A primeira vez que $x = 0$ é em $t = 0{,}26$ s; a primeira vez que $\dot{x} = 0$ é em $t = 0{,}10$ s.

5.9 Período, $\tau = 1{,}05$ s.

5.11 $A = \sqrt{\dfrac{x_2^2 v_1^2 - x_1^2 v_2^2}{v_1^2 - v_2^2}}$ e $\omega = \sqrt{\dfrac{v_1^2 - v_2^2}{x_2^2 - x_1^2}}.$

5.13 $r_o = \lambda R$ e $\omega = \sqrt{\dfrac{2U_o}{m\lambda R^2}}.$

5.17 (a) Se a fração p/q estiver reduzida, $\tau = 2\pi p/\omega_x$.

5.19 $k' = 2k(2a - l_o)/a$.

5.23 $dE/dt = \dot{x}(m\ddot{x} + kx)$.

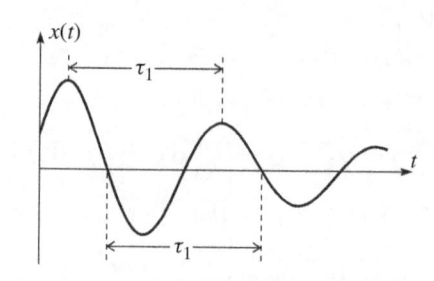

5.25 (a) e (b)

(c) Com $\beta = \omega_o/2$, a amplitude se contrai por um fator 0,027 em um período (muito mais do que na figura, para a qual β foi escolhido como sendo $\omega_o/10$ e a contração foi de 0,53).

5.29 $\tau_1 = 1,006$ s e $\beta = 0,110\omega_o$.

5.31 Cada figura ilustra $x(t)$ como uma função de t para o valor de β indicado.

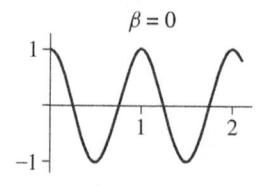

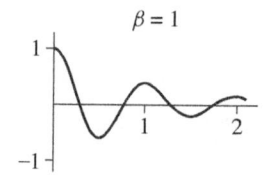

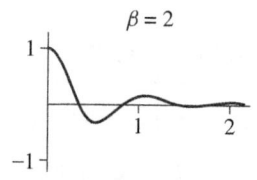

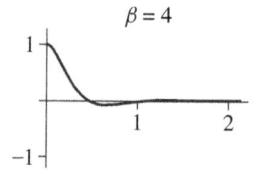

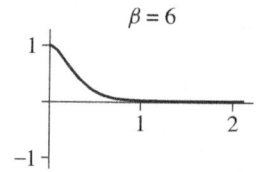

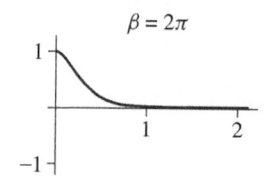

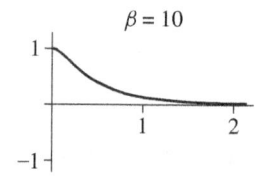

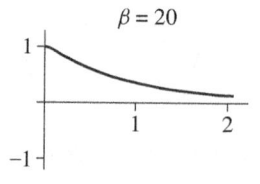

5.37 $A = 26,9$, $\delta = 3,04$ rad, $B_1 = 26,7$ e $B_2 = -6,18$.

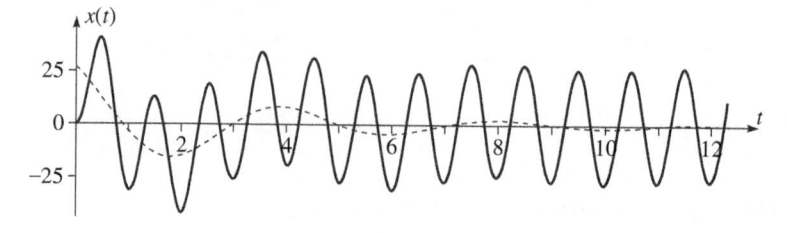

A curva sólida corresponde ao movimento real; a curva tracejada é o transiente, solução homogênea.

5.43 (a) $k \approx 4 \times 10^4$ N/m. (b) $f \approx 6$ Hz. (c) $v \approx 5$ m/s ou aproximadamente 10 mph.

5.49 $a_0 = f_{máx}/2$ e $a_n = 4f_{máx}/(n\pi)^2$, para n ímpar, mas 0 para n par (n > 0); $b_n = 0$ para todo n.

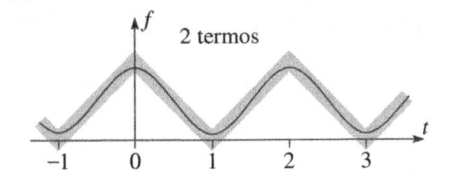

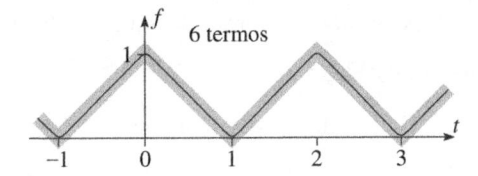

A figura da esquerda ilustra a soma dos dois primeiros termos (o termo constante mais o primeiro cosseno) e a própria "função dente de serra". A figura da direita ilustra a soma dos seis primeiros termos. Esta segue a função dente de serra tão próxima que é difícil dizer o que é o que, exceto nos vértices.

5.53 $A_0 = 1/2\omega_0^2$, $A_n = 4/n^2\pi^2 \sqrt{(\omega_0^2 - n^2\omega^2)^2 + (2\beta n\omega)^2}$ para n ímpar, mas zero para n par (> 0).

(a) Com $\tau_0 = 2$, $\omega_0 = \pi$ e os quatro primeiros coeficientes A_n ($n = 0, 1, 2, 3$) são 0,0507; 0,6450; 0 e 0,0006.

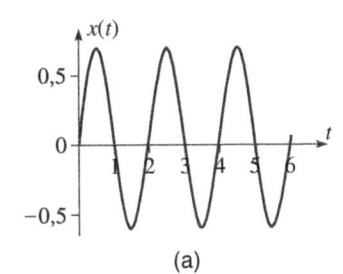

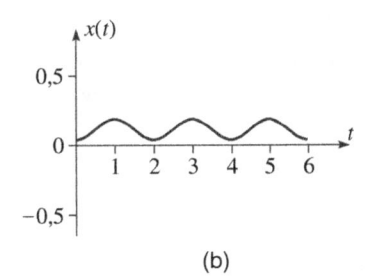

(b) Com $\tau_0 = 3$, $\omega_0 = 2\pi/3$ e os quatro primeiros coeficientes A_n ($n = 0, 1, 2, 3$) são 0,1140; 0,0734; 0 e 0,0005.

5.57

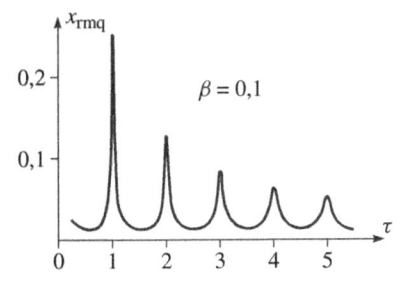

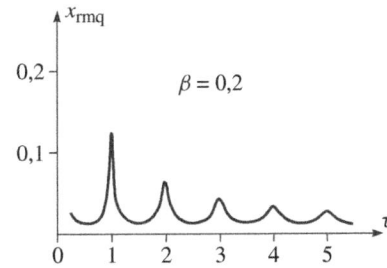

A figura da esquerda ilustra os dados para este problema; a da direita ilustra os dados da Figura 5.26 (apenas desenhado aqui com uma ligeira diferença de escala). Observe que as ressonâncias com $\beta = 0,1$ são duas vezes mais altas e metade da largura daquelas para $\beta = 0,2$.

CAPÍTULO 6

6.3 Tempo de percurso de P_1 até P_2 via Q é $\left(\sqrt{x^2 + y_1^2 + z^2} + \sqrt{(x - x_2)^2 + y_2^2 + z^2}\right)/c$.

6.5 Tempo de percurso de A até B via P é $2\sqrt{2}(R/c)\cos(\theta/2)$.

6.7 $\phi = az + b$, onde as constantes a e b são escolhidas de modo que o caminho passe através dos pontos extremos. Em geral, há muitos caminhos diferentes desta forma.

6.9 $y = \operatorname{senh}(x)/\operatorname{senh}(1)$.

6.11 O caminho é uma parábola, $x = C + (y - D)^2/4C$, com C e D constantes.

6.17 $\rho = \rho_o/\cos[(\phi - \phi_o)/\sqrt{1 + \lambda^2}]$. Com $\lambda = 0$, o cone torna-se um plano e esta equação torna-se a equação de um cone reto.

6.23 (a) $v = \sqrt{(v_o \cos\phi + Vy)^2 + (v_o \operatorname{sen}\phi)^2}$. (c) $y_{\text{máx}} = 366$ milhas; (tempo economizado) = 27 minutos.

CAPÍTULO 7

7.1 $\mathcal{L} = \frac{1}{2}m(\dot{x}^2 + \dot{y}^2 + \dot{z}^2) - mgz$. As três equações de Lagrange são $0 = m\ddot{x}$, $0 = m\ddot{y}$ e $-mg = m\ddot{z}$.

7.3 $\mathcal{L} = \frac{1}{2}m(\dot{x}^2 + \dot{y}^2) - \frac{1}{2}k(x^2 + y^2)$. As duas equações de Lagrange são $m\ddot{x} = -kx$ e $m\ddot{y} = -ky$. Este é o oscilador isotrópico da Seção 5.3.

7.5
$$(\nabla f)_r = \frac{\partial f}{\partial r} \quad \text{e} \quad (\nabla f)_\phi = \frac{1}{r}\frac{\partial f}{\partial \phi}.$$

7.7 (a) $m_\alpha \ddot{\mathbf{r}}_\alpha = -\nabla_\alpha U$, $[\alpha = 1, \cdots, N]$, (b) $\mathcal{L} = \sum_\alpha \frac{1}{2}m_\alpha \dot{\mathbf{r}}_\alpha^2 - U(\mathbf{r}_1, \cdots, \mathbf{r}_N)$.

7.9 $x = R\cos\phi$, $y = R\operatorname{sen}\phi$ e $\phi = \arctan(y/x)$, escolhidos apropriadamente no primeiro quadrante.

7.11 $x = A\cos\omega t + l\operatorname{sen}\phi$, $y = l\cos\phi$ e $\phi = \arctan[(x - A\cos\omega t)/y]$.

7.15 $\mathcal{L} = \frac{1}{2}(m_1 + m_2)\dot{x}^2 + m_2 gx$, $a = gm_2/(m_1 + m_2)$.

7.17 $\ddot{x} = g(m_1 - m_2)/(m_1 + m_2 + I/R^2)$.

7.21 $\mathcal{L} = \frac{1}{2}m(\dot{r}^2 + r^2\omega^2)$ e $r = Ae^{\omega t} + Be^{-\omega t}$.

7.23 $\mathcal{L} = \frac{1}{2}m(\dot{x} - A\omega \operatorname{sen}\omega t)^2 - \frac{1}{2}kx^2$.

7.27 (Aceleração da massa $4m$) = $g/7$ para baixo.

7.29 $\mathcal{L} = \frac{1}{2}m\left[R^2\omega^2 + l^2\dot{\phi}^2 + 2Rl\omega\dot{\phi}\operatorname{sen}(\phi - \omega t)\right] - mg(R\operatorname{sen}\omega t - l\cos\phi)$ e $l\ddot{\phi} = -g\operatorname{sen}\phi + \omega^2 R\cos(\phi - \omega t)$.

7.31 (a) $\mathcal{L} = \frac{1}{2}(m+M)\dot{x}^2 + \frac{1}{2}M\left(L^2\dot{\phi}^2 + 2\dot{x}L\dot{\phi}\cos\phi\right) - \frac{1}{2}kx^2 + MgL\cos\phi$. As equações x e ϕ são
$(m+M)\ddot{x} + ML(\ddot{\phi}\cos\phi - \dot{\phi}^2\,\text{sen}\,\phi) = -kx$ e $M(L\ddot{\phi} + \ddot{x}\cos\phi) = -Mg\,\text{sen}\,\phi$.
(b) Com x e ϕ pequenos, estas tornam-se
$(m+M)\ddot{x} + ML\ddot{\phi} = -kx$ e $M(L\ddot{\phi} + \ddot{x}) = -Mg\phi$.

7.33 $x(t) = x_0 \cosh\omega t + (g/2\omega^2)(\text{sen}\,\omega t - \text{senh}\,\omega t)$

7.35 $\mathcal{L} = \frac{1}{2}mR^2\left[\omega^2 + (\dot{\phi}+\omega)^2 + 2\omega(\dot{\phi}+\omega)\cos\phi\right]$. Para pequenas oscilações em torno de B, a frequência angular é ω.

7.37 (a) $\mathcal{L} = m\dot{r}^2 + \frac{1}{2}mr^2\dot{\phi}^2 - mgr$. (b) As equações r e ϕ são $mr\dot{\phi}^2 - mg = 2m\ddot{r}$ e $mr^2\dot{\phi} = \text{const}$. (c) $r_0 = [\ell^2/(m^2g)]^{1/3}$ (d) Frequência angular $= \sqrt{3/2}\,\ell/mr_0^2$.

7.39 (a) $\mathcal{L} = \frac{1}{2}m\left(\dot{r}^2 + r^2\dot{\theta}^2 + r^2\,\text{sen}^2\theta\,\dot{\phi}^2\right) - U(r)$.
(b) As equações r, θ e ϕ são

$$m\ddot{r} = mr\left(\dot{\theta}^2 + \text{sen}^2\theta\,\dot{\phi}^2\right) - \partial U/\partial r$$

$$\frac{d}{dt}\left(mr^2\dot{\theta}\right) = mr^2\,\text{sen}\,\theta\,\cos\theta\,\dot{\phi}^2$$

$$\frac{d}{dt}\left(mr^2\,\text{sen}^2\theta\,\dot{\phi}\right) = 0.$$

(c) O movimento permanece no plano equatorial $\theta = \pi/2$, consistente com nosso conhecimento de que o movimento está confinado a um plano.
(d) O movimento permanece no plano longitudinal $\phi = \phi_0$.

7.41 $\mathcal{L} = \frac{1}{2}m\left(\dot{\rho}^2 + \rho^2\omega^2 + 4k^2\rho^2\dot{\rho}^2\right) - mgk\rho^2$ e a equação de movimento é $(1 + 4k^2\rho^2)\ddot{\rho} + 4k^2\rho\dot{\rho}^2 = (\omega^2 - 2gk)\rho$.
A parte inferior do fio, $\rho = 0$, está em equilíbrio, que será estável se $\omega^2 < 2gk$, mas instável se $\omega^2 = 2gk$, a conta está em equilíbrio para *qualquer* ρ, mas o equilíbrio é instável (exceto em $\rho = 0$).

7.43 (a) $\mathcal{L} = \frac{1}{2}(M+m)R^2\dot{\phi}^2 - MgR(1-\cos\phi) + mgR\phi$, e a equação de movimento é $(M+m)R\ddot{\phi} = -Mg\,\text{sen}\,\phi + mg$.
(b)

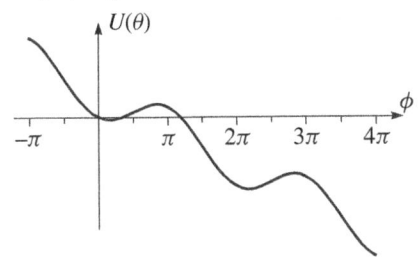

Observe que há de fato vários equilíbrios separados por um ou mais ciclos completos.

(c) [graph: $U(\theta)$ with $m=0{,}7$, axis labels $\pi/2$, π, ϕ]   [graph: $\phi(t)$ with $\pi/2$ axis; t-axis 5, 10, 15, 20]

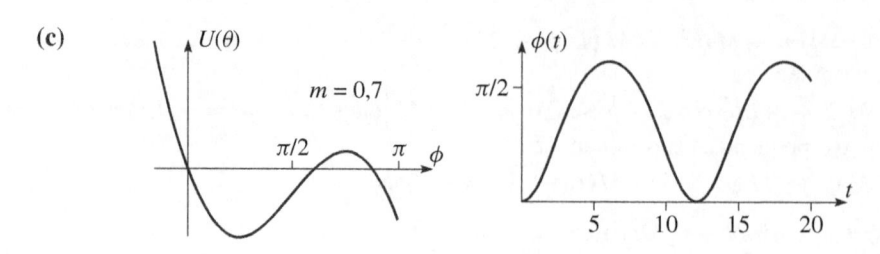

(d) [graph: $U(\theta)$ with $m=0{,}8$, axis labels $\pi/2$, π, f]   [graph: $\phi(t)$ with 15π, 10π, 5π; t-axis 5, 10, 15, 20]

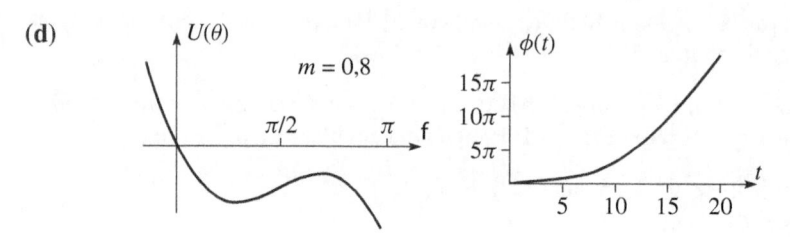

7.49 (b) $\mathcal{L} = \tfrac{1}{2}m\dot{\mathbf{r}}^2 + q\dot{\mathbf{r}}\cdot\mathbf{A} = \tfrac{1}{2}m(\dot{\rho}^2 + \rho^2\dot{\phi}^2 + \dot{z}^2) + \tfrac{1}{2}qB\rho^2\dot{\phi}$ e as três equações de Lagrange são

$$m\ddot{\rho} = m\rho\dot{\phi}^2 + qB\rho\dot{\phi}, \qquad \frac{d}{dt}\left(m\rho^2\dot{\phi} + \tfrac{1}{2}qB\rho^2\right) = 0 \quad \text{e} \quad m\ddot{z} = 0$$

7.51 $\mathcal{L}(x,y) = \tfrac{1}{2}m(\dot{x}^2 + \dot{y}^2) + mgy$. (a) As duas equações de Lagrange modificadas são

$$\lambda\frac{x}{l} = m\ddot{x} \quad \text{e} \quad mg + \lambda\frac{y}{l} = m\ddot{y}.$$

CAPÍTULO 8

8.3 $y_1 = L + \frac{m_1}{M}v_0 t - \tfrac{1}{2}gt^2 + \frac{m_2 v_0}{M\omega}\operatorname{sen}\omega t$ e $y_2 = \frac{m_1}{M}v_0 t - \tfrac{1}{2}gt^2 - \frac{m_1 v_0}{M\omega}\operatorname{sen}\omega t$.

8.7 (a) Período $\tau = 2\pi r^{3/2}/\sqrt{Gm_2}$. (b) $\tau = 2\pi r^{3/2}/\sqrt{GM}$. Essas duas respostas são as mesmas no limite quando $m_2 \to \infty$. (c) $\tau = 0{,}71$ anos.

8.9 (a) $\mathcal{L} = \tfrac{1}{2}M(\dot{X}^2 + \dot{Y}^2) + \tfrac{1}{2}\mu(\dot{r}^2 + r^2\dot{\phi}^2) - \tfrac{1}{2}k(r-L)^2$.

(b) $M\ddot{X} = 0$ e $M\ddot{Y} = 0$, com soluções, $\mathbf{R} = \mathbf{R}_o + \dot{\mathbf{R}}_o t$. (c) As equações r e ϕ são

$\mu\ddot{r} = \mu r\dot{\phi}^2 - k(r-L)$ e $\mu r^2\dot{\phi} = $ const.

Se $r = $ const, então $\dot{\phi} = $ const e $r = L + \mu r\dot{\phi}^2/k$.

Se $\phi = $ const, então $r = L + A\cos(\omega t - \delta)$, onde $\omega = \sqrt{k/\mu} = \sqrt{2k/m_1}$.

8.13 (a) [graph: EP vs r, minimum at r_o]

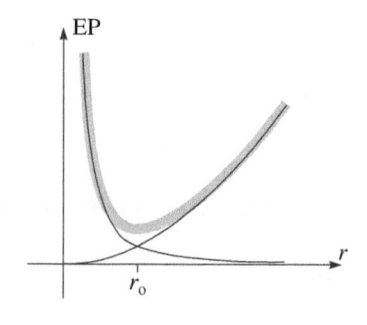

(b) $r_0 = (\ell^2/k\mu)^{1/4}$. **(c)** Frequência angular das oscilações, $\omega = \sqrt{4k/\mu}$.

8.15 Variação percentual $\approx 0,1\%$.

8.19 Excentricidade, $\epsilon = 0,17$; (altura quando sobre o eixo y) = 1424 km.

8.21 (a) Se $\ell \to 0$, então $a \to r_{máx}/2$. **(b)** $\tau_{(\ell \to 0)} = (\pi/\sqrt{2GM})(r_{máx})^{3/2}$.
(c) $t = (\pi/2\sqrt{2GM})(r_{máx})^{3/2}$. **(d)** e **(e)** $\tau_{(\ell=0)} = (2\pi/\sqrt{2GM})(r_{máx})^{3/2} = 2\tau_{(\ell \to 0)}$.

8.23 (b) $\beta = \sqrt{1 + m\lambda/\ell^2}$ e $c = \ell^2\beta^2/mk$ **(c)** A órbita será fechada se β for um número racional, $\beta = p/q$ (onde p e q são inteiros). Se $\lambda \to 0$, a órbita torna-se uma elipse de Kepler.

8.25 (a) $r_0 = 1$.

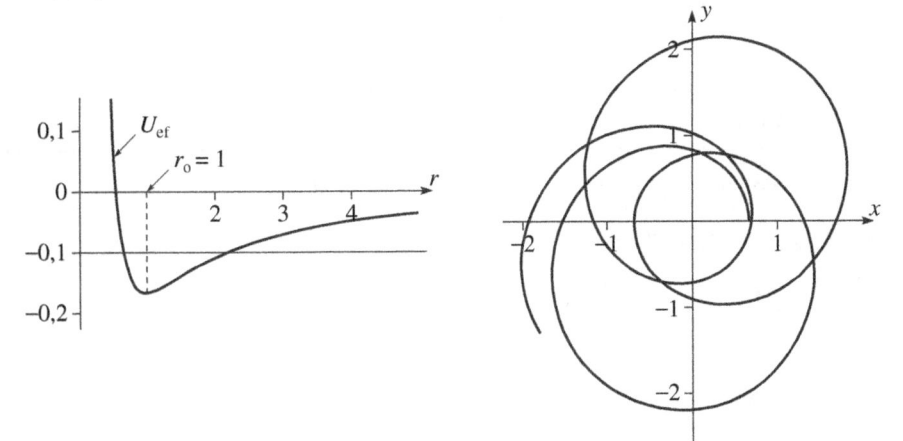

(b) Você pode ver da figura à esquerda que se $E = -0,1$, o ponto de retorno interno é $r_{mín} = 0,7$. Se usarmos isso como um valor inicial em um programa para resolução da equação (como FindRoot do Mathematica), encontramos que a raiz da equação $U_{ef}(r) = -0,1$ é de fato $r_{mín} = 0,6671$.

(c) Obviamente, a órbita apresentada à direita não se fechou depois de 3,5 revoluções e ela claramente não irá se fechar por um longo tempo. (Na verdade, ela nunca fecha, mas isso é difícil de ser demonstrado.)

8.27 $c = 8,87 \times 10^7$ km, $\quad \epsilon = 0,753, \quad \delta = 1,72$ rad.

8.29 A nova órbita é uma parábola, tangente à antiga órbita circular no ponto em que o deslocamento máximo ocorreu. A Terra não estaria mais ligada ao Sol.

8.31 O esboço ilustra o caminho da posição relativa $r = (x, y)$, isto é, a órbita da partícula 1 vista da partícula 2.

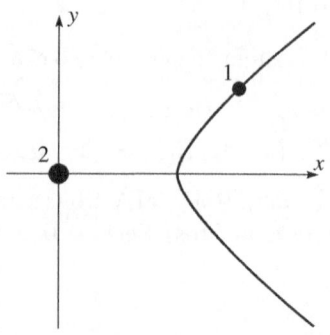

8.35 Primeiro fator de propulsão $= \sqrt{2/5}$; segundo $= \sqrt{5/8}$.

CAPÍTULO 9

9.1 (Ângulo de inclinação) $= \arctan(A/g)$ com a vertical.

9.3 (a) $F_{\text{maré}}/mg \approx 1{,}1 \times 10^{-7}$ (b) Mesma magnitude, direção oposta.

9.9 $\mathbf{F}_{\text{cor}} = 2mv_0 \Omega \cos\theta$ direção leste; $F_{\text{cor}}/mg \approx 0{,}011$

9.13 O valor máximo de α é cerca de $0{,}1°$; o mínimo é zero.

9.15 $g = g_0 \sqrt{\cos^2\theta + \lambda^2 \operatorname{sen}^2\theta}$

9.19 (a) Conforme visto do solo, o disco se move em uma reta. Visto do carrossel, sua aceleração inicial é radialmente para fora; à medida que aumenta sua velocidade, ele se curva para a direita e espirala para fora do centro. (b) Conforme visto do solo, ele permanece estacionário. Quando visto do carrossel, ele se move em um círculo no sentido horário, com centro sobre o eixo do carrossel.

9.21

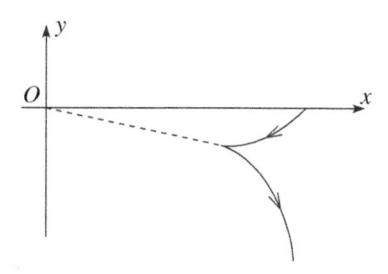

Isso é o que acontece no Problema 9.24(d).

9.25 Ângulo $= 0{,}13°$ para a esquerda.

9.27

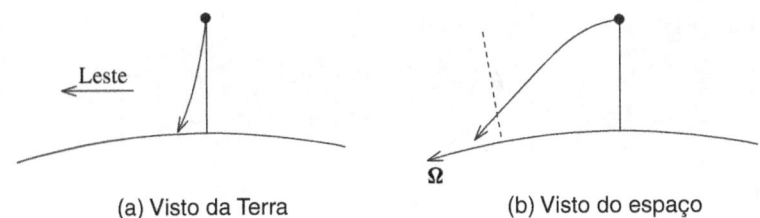

(a) Visto da Terra   (b) Visto do espaço

9.29

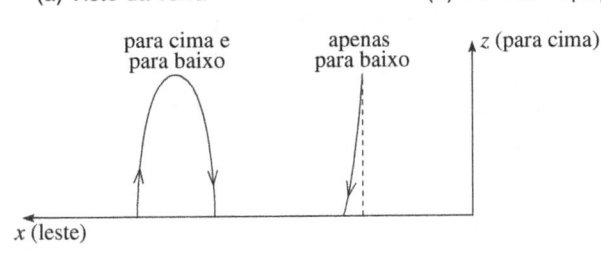

para cima e para baixo ; apenas para baixo ; z (para cima) ; x (leste)

9.31 $v = 0{,}11$ mm/s.

9.33
$$C_1 = \frac{A}{2}\left(1 + \frac{\Omega_z}{\omega_0}\right) \quad \text{e} \quad C_2 = \frac{A}{2}\left(1 - \frac{\Omega_z}{\omega_0}\right).$$

CAPÍTULO 10

10.3 $\mathbf{R} = (0, 0, H/5)$.

10.5 $\mathbf{R} = (0, 0, 3R/8)$.

10.7 (a) $V = \frac{2}{3}\pi R^3(1 - \cos\theta_0)$; (b) $\mathbf{R} = (0, 0, Z)$, onde $Z = \frac{3R}{16} \cdot \frac{1 - \cos 2\theta_0}{1 - \cos\theta_0}$.

10.9 $I = \frac{1}{2}MR^2$.

10.11 (a) $I(\text{sólido}) = \frac{2}{5}MR^2$; (b) $I(\text{oco}) = \frac{2}{5}M\frac{b^5 - a^5}{b^3 - a^3}$.

10.13 (a) $\tau = 2\pi\sqrt{I/mga}$; (b) $l = I/(ma)$.

10.15 $\omega = \sqrt{3g(\sqrt{2} - 1)/2a}$.

10.17 $I_{zz} = \frac{1}{5}M(a^2 + b^2)$.

10.23 Todos os produtos de inércia envolvendo z são automaticamente zero, $I_{xz} = I_{yz} = I_{zx} = I_{zy} = 0$.

10.25 (a) e (b) Os tensores de inércia $\mathbf{I}_{cm}$ em torno do CM e $\mathbf{I}_A$ em torno de A são

$$\mathbf{I}_{cm} = \frac{1}{3}M\begin{bmatrix} b^2 + c^2 & 0 & 0 \\ 0 & c^2 + a^2 & 0 \\ 0 & 0 & a^2 + b^2 \end{bmatrix} \quad \text{e}$$

$$\mathbf{I}_A = \frac{1}{3}M\begin{bmatrix} 4(b^2 + c^2) & -3ab & -3ac \\ -3ba & 4(c^2 + a^2) & -3bc \\ -3ca & -3cb & 4(a^2 + b^2) \end{bmatrix}.$$

(c) $\mathbf{L} = \frac{1}{3}M\omega\left(4(b^2+c^2), -3ab, -3ac\right)$.

10.27
$$\mathbf{I} = \frac{1}{4}M \begin{bmatrix} (R^2+2h^2) & 0 & 0 \\ 0 & (R^2+2h^2) & 0 \\ 0 & 0 & 2R^2 \end{bmatrix}.$$

10.35 (a)
$$\mathbf{I} = ma^2 \begin{bmatrix} 10 & 0 & 0 \\ 0 & 6 & 1 \\ 0 & 1 & 6 \end{bmatrix}.$$

(b) Os momentos principais são $\lambda_1 = 10ma^2$, $\lambda_2 = 7ma^2$ e $\lambda_3 = 5ma^2$. As direções principais correspondentes são $\mathbf{e}_1 = (1,0,0)$, $\mathbf{e}_2 = \frac{1}{\sqrt{2}}(0,1,1)$ e $\mathbf{e}_3 = \frac{1}{\sqrt{2}}(0,1,-1)$.

10.37 (a)
$$\mathbf{I} = \begin{bmatrix} 2 & -1 & 0 \\ -1 & 2 & 0 \\ 0 & 0 & 4 \end{bmatrix}.$$

(b) $\lambda_1 = 1$, $\lambda_2 = 3$ e $\lambda_3 = 4$; $\mathbf{e}_1 = \frac{1}{\sqrt{2}}(1,1,0)$, $\mathbf{e}_2 = \frac{1}{\sqrt{2}}(1,-1,0)$ e $\mathbf{e}_3 = (0,0,1)$.

10.39 $\Omega \approx 21$ rad/s ou cerca de 200 rpm.

10.47 Cerca de 1010 anos.

10.53 $b^2 \gg 4ac$.

10.57 (a) $\mathcal{L} = \frac{1}{2}M(\dot{X}^2 + \dot{Y}^2 + R^2\dot{\theta}^2 \operatorname{sen}^2\theta) + \frac{1}{2}\lambda_1^{cm}(\dot{\phi}^2\operatorname{sen}^2\theta + \dot{\theta}^2) + \frac{1}{2}\lambda_3^{cm}(\dot{\psi} + \dot{\phi}\cos\theta)^2 - MgR\cos\theta$, onde λ_1^{cm} e λ_3^{cm} são os dois momentos principais em torno do CM. (c) A maior taxa de precessão é maior em torno do CM que na ponta. De acordo com (10.111), a menor taxa é inalterada. [Mas observe que (10.111) é uma aproximação; se mantivermos o próximo termo na aproximação, obteremos que a menor taxa é ligeiramente reduzida.]

CAPÍTULO 11

11.1 $k_1(l_1 - L_1) = k_2(l_2 - L_2) = k_3(l_3 - L_3)$.

11.3 $\omega^2 = \frac{1}{2m_1m_2}\Big\{m_1(k_2+k_3) + m_2(k_1+k_2)$
$$\pm \sqrt{m_1^2(k_2+k_3)^2 + m_2^2(k_1+k_2)^2 - 2m_1m_2(k_2k_3 + k_3k_1 + k_1k_2 - k_2^2)}\Big\}.$$

11.5 (a) Seja $m_1 = m_2 = m$ e $k_1 = k_2 = k$ e $\omega_o = \sqrt{k/m}$. Então, as frequências normais são

$$\omega_1 = \omega_o\sqrt{\frac{3-\sqrt{5}}{2}} = 0{,}62\omega_o \quad \text{e} \quad \omega_2 = \omega_o\sqrt{\frac{3+\sqrt{5}}{2}} = 1{,}62\omega_o.$$

(b) No modo 1, os dois carrinhos oscilam em fase, com a amplitude de m_2 igual a 1,62 vezes a de m_1. No modo 2, eles oscilam exatamente fora de fase, com a amplitude de m_2 igual a 0,62 vezes a de m_1.

11.7 (b) $B_1 = A$ e $B_2 = C_1 = C_2 = 0$.

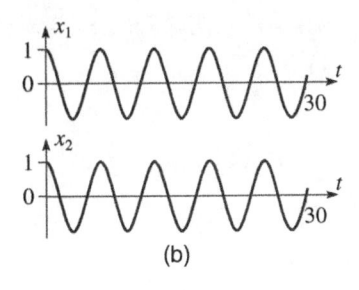

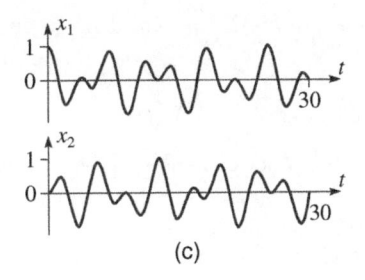

(b)   (c)

(c) $B_1 = B_2 = A/2$ e $C_1 = C_2 = 0$.

11.9 (b) $\xi_1 = A_1 \cos(\omega_1 t - \delta_1)$ e $\xi_2 = A_2 \cos(\omega_2 t - \delta_2)$, onde $\omega_1 = \sqrt{k/m}$ e $\omega_2 = \sqrt{3k/m}$, e $A_1, \delta_1, A_2, \delta_2$ são todas constantes arbitrárias. Portanto,

$$x_1 = A_1 \cos(\omega_1 t - \delta_1) + A_2 \cos(\omega_2 t - \delta_2)$$
$$x_2 = A_1 \cos(\omega_1 t - \delta_1) - A_2 \cos(\omega_2 t - \delta_2).$$

11.11 (a) $m\ddot{x}_1 = -2kx_1 + kx_2 - b\dot{x}_1 + F_o \cos \omega t$
$m\ddot{x}_2 = kx_1 - 2kx_2 - b\dot{x}_2$

(c) $\xi_1(t) = A_1 \cos(\omega t - \delta_1) + B_1 e^{-\beta t} \cos(\omega_1 t - \delta_1^{tr})$
$\xi_2(t) = A_2 \cos(\omega t - \delta_2) + B_2 e^{-\beta t} \cos(\omega_2 t - \delta_2^{tr})$,

onde as constantes $A_1, A_2, \delta_1, \delta_2$ são dadas pelas Equações (5.64) e (5.65) (exceto pelo fato de que agora $f_o = F_o/2m$ e, no caso de A_2 e δ_2, ω_o^2 é substituído por $3\omega_o^2$); as constantes $B_1, B_2, \delta_1^{tr}, \delta_2^{tr}$ nos termos transientes são arbitrárias e determinadas pelas condições iniciais e $\omega_1 = \sqrt{\omega_o^2 - \beta^2}$, enquanto $\omega_2 = \sqrt{3\omega_o^2 - \beta^2}$.

11.13 (b) Seja $\beta = b/2m$, $\omega_1 = \sqrt{k/m - \beta^2}$ e $\omega_2 = \sqrt{(k + 2k_2)/m - \beta^2}$. Então,

$$\xi_1 = e^{-\beta t}(B_1 \cos \omega_1 t + C_1 \operatorname{sen} \omega_1 t) \text{ e } \xi_2 = e^{-\beta t}(B_2 \cos \omega_2 t + C_2 \operatorname{sen} \omega_2 t)$$

onde B_1, C_1, B_2, C_2 são constantes arbitrárias.

(c) Com as condições iniciais dadas (e $\beta \ll 1$)

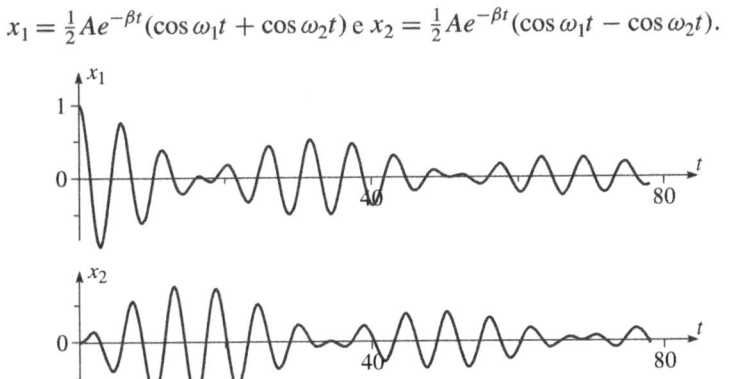

$$x_1 = \tfrac{1}{2} A e^{-\beta t}(\cos \omega_1 t + \cos \omega_2 t) \text{ e } x_2 = \tfrac{1}{2} A e^{-\beta t}(\cos \omega_1 t - \cos \omega_2 t).$$

11.15 $\mathcal{L} = T - U$, onde T e U estão dados em (11.38) e (11.37). A equação ϕ_1 é

$$(m_1 + m_2)L_1^2\ddot{\phi}_1 + m_2L_1L_2\ddot{\phi}_2\cos(\phi_1 - \phi_2) + m_2L_1L_2\dot{\phi}_2^2\operatorname{sen}(\phi_1 - \phi_2)$$
$$= -(m_1 + m_2)gL_1\operatorname{sen}\phi_1$$

e a equação ϕ_2 é

$$m_2L_1L_2\ddot{\phi}_1\cos(\phi_1 - \phi_2) + m_2L_2^2\ddot{\phi}_2 - m_2L_1L_2\dot{\phi}_1^2\operatorname{sen}(\phi_1 - \phi_2)$$
$$= -m_2gL_2\operatorname{sen}\phi_2.$$

11.17 (a) $\omega_1^2 = \frac{3}{4}\omega_0^2$ e $\omega_2^2 = \frac{3}{2}\omega_0^2$, onde $\omega_0 = \sqrt{g/L}$.

Para o primeiro modo, $\mathbf{a} = A\begin{bmatrix}1\\3\end{bmatrix}$; para o segundo, $\mathbf{a} = A\begin{bmatrix}1\\-3\end{bmatrix}$.

(b) $\begin{bmatrix}\phi_1\\\phi_2\end{bmatrix} = \frac{\alpha}{6}\left\{\begin{bmatrix}1\\3\end{bmatrix}\cos\omega_1 t - \begin{bmatrix}1\\-3\end{bmatrix}\cos\omega_2 t\right\}$, que não é periódico.

11.19 (a) $\mathcal{L} = \frac{1}{2}(m + M)\dot{x}^2 + ML\dot{x}\dot{\phi} + \frac{1}{2}ML^2\dot{\phi}^2 - \left(\frac{1}{2}kx^2 + \frac{1}{2}MgL\phi^2\right)$. As equações x e ϕ são

$$(m + M)\ddot{x} + ML\ddot{\phi} = -kx \quad \text{e} \quad ML\ddot{x} + ML^2\ddot{\phi} = -MgL\phi.$$

(b) Como os valores numéricos dados, as frequências normais são

$$\omega_1 = \sqrt{2 - \sqrt{2}} = 0{,}77 \quad \text{e} \quad \omega_2 = \sqrt{2 + \sqrt{2}} = 1{,}85.$$

No primeiro modo, o carrinho e o lóbulo do pêndulo estão em fase (ambos se movendo para a direita e em seguida ambos para a esquerda), com a amplitude do lóbulo (do movimento relativo ao carrinho) $\sqrt{2}$ vezes maior do que a do carrinho. No segundo modo, o carrinho e o lóbulo oscilam exatamente fora de fase, novamente com a amplitude do lóbulo igual a $\sqrt{2}$ vezes a do carrinho.

11.23 $\omega_2^2 = \frac{g}{L} + \frac{k}{m}$ e $\omega_3^2 = \frac{g}{L} + 3\frac{k}{m}$.

11.25 Se $\omega_0 = \sqrt{k/m}$, então as frequências normais são

$$\omega_1 = \omega_0\sqrt{2 - \sqrt{2}}, \quad \omega_2 = \omega_0\sqrt{2} \quad \text{e} \quad \omega_3 = \omega_0\sqrt{2 + \sqrt{2}}.$$

No primeiro modo, os três carrinhos oscilam em fase, com $a_1 = a_3 = a_2/\sqrt{2}$; no segundo, o carrinho do meio está estacionário, enquanto o primeiro e terceiro oscilam exatamente fora de fase, com $a_1 = -a_3$ e $a_2 = 0$; no terceiro, os carrinhos da direita e da esquerda oscilam em fase, enquanto o carrinho do meio está exatamente fora de fase, com $a_1 = a_3 = -a_2/\sqrt{2}$.

11.27 (a) $\mathcal{L} = \frac{1}{2}m(\dot{x}_1^2 + \dot{x}_2^2) - \frac{1}{2}k(x_1 - x_2)^2$. As frequências normais são $\omega_1 = 0$ e $\omega_2 = \omega_0\sqrt{2}$ (com $\omega_0 = \sqrt{k/m}$). (b) No segundo modo, os dois carrinhos oscilam com amplitudes iguais, mas exatamente fora da fase. (c) No primeiro modo, $x_1 = x_2 = x_0 + v_0 t$, isto é, eles se movem com velocidade constante com a mola com seu comprimento de equilíbrio.

11.29 $\omega_1 = \sqrt{2k/m}$, $\omega_2 = \sqrt{6k/m}$ e $\omega_3 = \sqrt{g/r_0}$, onde r_0 é o valor de equilíbrio de r.

11.31 As três frequências normais são 0, $\sqrt{2}\,\omega_0$ e $\sqrt{3}\,\omega_0$, onde $\omega_0 = \sqrt{k/m}$.

11.35 (a) $\xi_1 = \phi_1 + \phi_2$ e $\xi_2 = \phi_1 - \phi_2$ (ou qualquer múltiplo conveniente desses). (c) O primeiro modo tem $\phi_1 = \phi_2 = Ae^{-\beta t}\cos(\omega_1 t - \delta)$ e o segundo $\phi_1 = -\phi_2 = Ae^{-\beta t}\cos(\omega_2 t - \delta)$, onde

$$\omega_1 = \sqrt{\frac{g}{L} - \beta^2}, \qquad \omega_2 = \sqrt{\frac{g}{L} + \frac{2k}{m} - \beta^2} \qquad e \qquad \beta = \frac{b}{2m}.$$

CAPÍTULO 12

12.1 $x_1(t) = (t + k)^2 + 1$, para qualquer constante k.

12.7

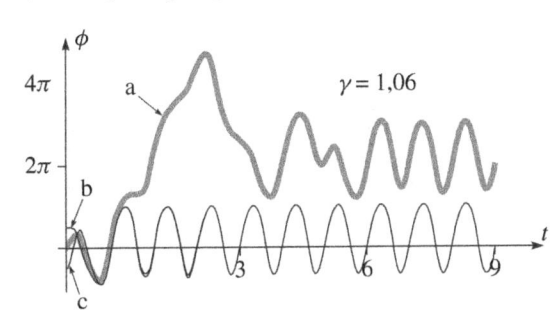

12.9

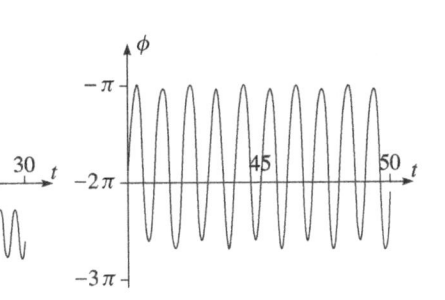

12.11 (b) A reta de melhor ajuste tem inclinação $-1,54$, resultando em $\delta = e^{1,54} = 4,66$, comparado com o valor correto 4,67.

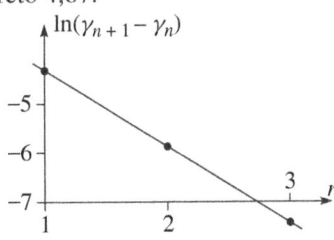

12.13 $\lambda \approx 0,64$.

12.15

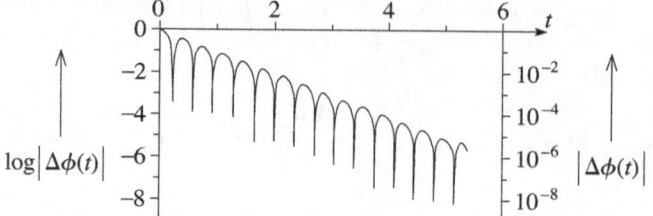

A figura confirma que $\Delta\phi(t)$ decresce exponencialmente.

12.17

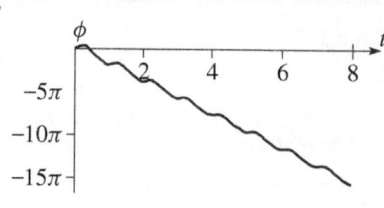

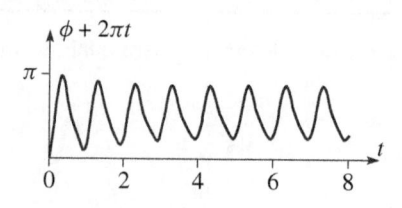

12.19 (a) $x = A\cos(\omega t - \delta)$, onde $\omega = \sqrt{k/m}$ e A e δ são constantes arbitrárias.

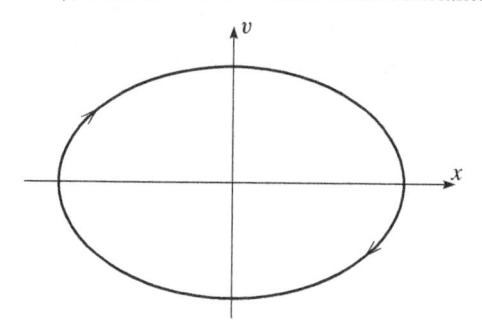

(b) $E = \frac{1}{2}kx^2 + \frac{1}{2}m\dot{x}^2 = $ const.

12.21 (a)

x_0	x_1	x_2	x_3	x_4	x_5	...	x_{28}	x_{29}	x_{30}
0	1,00	0,54	0,86	0,65	0,793	...	0,7391	0,7391	0,7391
3	−0,99	0,55	0,85	0,66	0,791	...	0,7391	0,7391	0,7391
100	0,86	0,65	0,80	0,70	0,765	...	0,7391	0,7391	0,7391

(b) Há um único e estável atrator em $x^* = 0{,}739085$.

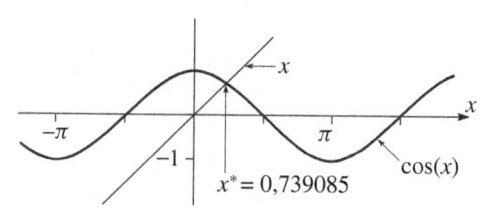

12.23 (a)

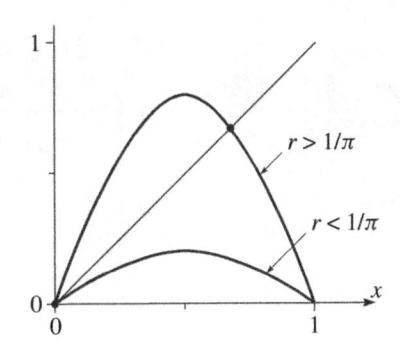

[Figure: curves for $r > 1/\pi$ and $r < 1/\pi$ on axes from 0 to 1]

(b) $r_o = 1/\pi = 0{,}318$. (c) $r_1 = 0{,}720$.

12.25

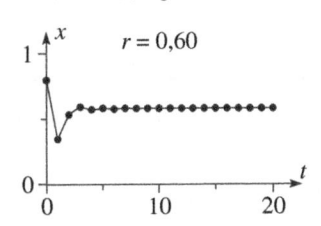

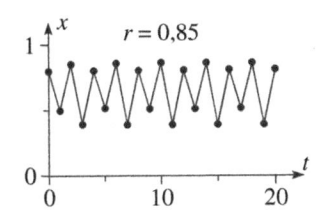

[Figure: four time series plots of x vs t for $r = 0{,}60$, $r = 0{,}79$, $r = 0{,}85$, and $r = 0{,}865$]

12.27 (c) $x_a = 0{,}5130$ e $x_b = 0{,}7995$.

12.29

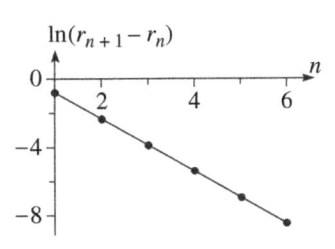

[Figure: plot of $\ln(r_{n+1} - r_n)$ vs n, showing a decreasing linear trend]

A partir da inclinação da reta de melhor ajuste, obtemos $\delta = 4{,}69$.

12.31

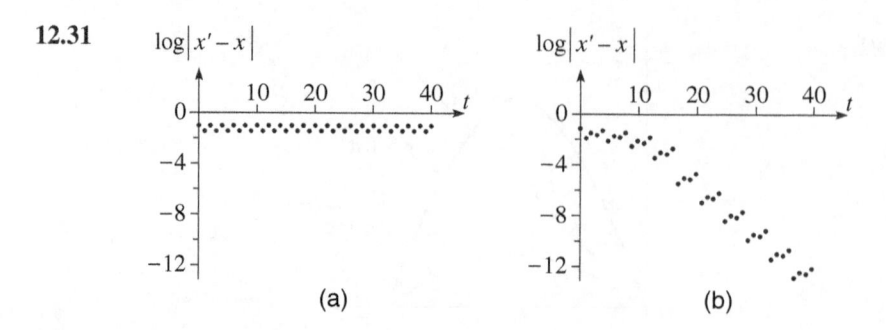

(a) graph: log|x'−x| vs t, values near 0 across t = 10, 20, 30, 40

(b) graph: log|x'−x| vs t, decreasing from 0 to about −12 over t = 10 to 40

12.33 Veja a Figura 12.41.

CAPÍTULO 13

13.1 $\mathcal{H} = p^2/2m$. As equações de Hamilton são $\dot{x} = p/m$ e $\dot{p} = 0$, com soluções $p = p_o =$ const. e $x = x_o + v_o t$, onde $v_o = p/m$.

13.3 A Hamiltoniana $\mathcal{H} = p^2/2(m_1 + m_2 + \frac{1}{2}M) - (m_1 - m_2)gx$. As equações de Hamilton são $\dot{x} = p/(m_1 + m_2 + \frac{1}{2}M)$ e $\dot{p} = (m_1 - m_2)g$ e a aceleração é $\ddot{x} = g(m_1 - m_2)/(m_1 + m_2 + \frac{1}{2}M)$.

13.5 A Hamiltoniana e as duas equações de Hamilton são

$$\mathcal{H} = \frac{p^2}{2m(c^2 + R^2)} + mgc\phi, \qquad \dot{\phi} = \frac{p}{m(c^2 + R^2)} \qquad e \qquad \dot{p} = -mgc.$$

Combinando as duas últimas, obtemos $\ddot{z} = c\ddot{\phi} = -gc^2/(c^2 + R^2)$.

13.7 (a) $\mathcal{H} = \dfrac{p^2}{2m[1 + h'(x)^2]} + mgh(x)$. (b) As equações de Hamilton são

$$\dot{x} = \frac{p}{m[1 + h'(x)^2]} \qquad e \qquad \dot{p} = \frac{p^2 h'(x) h''(x)}{m[1 + h'(x)^2]^2} - mgh'(x).$$

13.9 A Hamiltoniana é $\mathcal{H} = (p_x^2 + p_y^2)/2m + mgy$. As equações de Hamilton são $\dot{x} = p_x/m, \dot{p}_x = 0, \dot{y} = p_y/m$ e $\dot{p}_y = -mg$.

13.11 A Hamiltoniana é $\mathcal{H} = \dfrac{p_x^2 + p_y^2 + p_z^2}{2m} - p_x V + mgz$ (com x medido ao longo do trilho e z verticalmente para cima).

13.13 $\mathcal{H} = \dfrac{1}{2m}\left(p_z^2 + \dfrac{p_\phi^2}{R^2}\right) + \frac{1}{2}k(R^2 + z^2)$, $z = A\cos(\omega t - \delta)$, com $\omega = \sqrt{k/m}$ e $\dot{\phi} = $ const.

13.17 (a) $z_o = [p_\phi^2/(m^2 c^2 g)]^{1/3}$ (d) $\alpha = \arcsen(1/\sqrt{3}) = 35{,}3°$.

13.19 $\mathcal{H} = \dfrac{1}{2m}(p_x^2 + p_y^2) + U(\sqrt{x^2 + y^2})$.

13.21 (a) $\mathcal{H} = \dfrac{1}{2M}(P_x^2 + P_y^2) + \dfrac{1}{2\mu}\left(p_r^2 + \dfrac{p_\phi^2}{r^2}\right) + \tfrac{1}{2}k(r-l_0)^2$. X, Y e ϕ são ignoráveis, r não o é. (c) $r = l_0 + A\cos(\omega t - \delta)$, onde $\omega = \sqrt{k/\mu}$ e A e δ são constantes.

13.23 (b) Os dois momentos conjugados são $p_x = m(\dot{x} + \dot{y})$ e $p_y = m(\dot{x} + 4\dot{y})$. $\mathcal{H} = \dfrac{1}{2m}\left[\tfrac{1}{3}(p_x - p_y)^2 + p_x^2\right] + \tfrac{1}{2}kx^2$ (c) $x = x_0\cos\omega t$ e $y = y_0 + \tfrac{1}{4}x_0(1 - \cos\omega t)$, onde $\omega = \sqrt{4k/3m}$.

13.25 (c) $P = \mathcal{H}$. (d) $Q = t + \text{const.}$

13.29

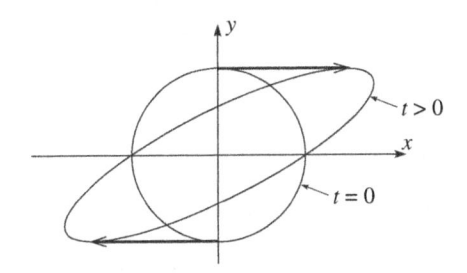

13.31 (a) $3k$, (b) 0, (c) k, (d) 0.

13.33 (a) $\text{LE} = 4\pi k R^3 = \text{LD}$. (b) É o mesmo.

CAPÍTULO 14

14.1 $\sigma = 0{,}79$ cm^2, $n_{\text{alvo}} = 0{,}034$ cm^{-2}, probabilidade $= 0{,}027$.

14.3 (Densidade do alvo) $= 2{,}1 \times 10^{28}$ átomos/m^2.

14.5 $N_{\text{esp}} = 2{,}7 \times 10^7$.

14.7 $\Delta\Omega_{\text{Lua}} = 6{,}45 \times 10^{-5}$ sr e $\Delta\Omega_{\text{Sol}} = 6{,}76 \times 10^{-5}$ sr.

14.11 $N_{\text{esp}} \approx 29$.

14.15 (a)

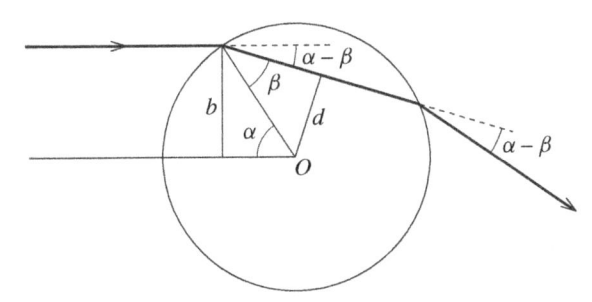

(b) $\sqrt{p_0^2 + 2mU_0}$. (c) Veja a figura da esquerda.

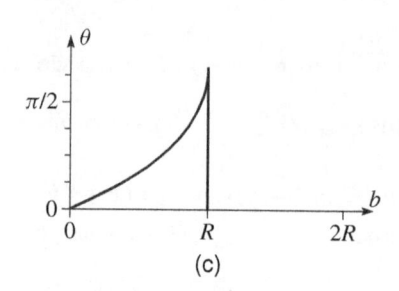

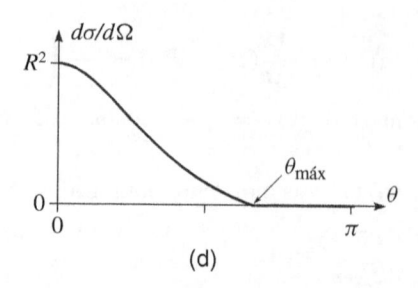

(d)

$$\frac{d\sigma}{d\Omega} = \frac{b}{(\text{sen}\theta)d\theta/db} \quad \text{onde} \quad \frac{d\theta}{db} = 2\left(\frac{1}{\sqrt{R^2 - b^2}} - \frac{\zeta}{\sqrt{R^2 - \zeta^2 b^2}}\right)$$

para $0 \leq \theta \leq \theta_{\text{máx}} = \pi - \text{arcsen}\zeta$; para $\theta > \theta_{\text{máx}}$, $d\sigma/d\Omega = 0$. **(e)** $\sigma_{\text{tot}} = \pi R^2$.

14.17 $N_{\text{esp}}/Z^2 = 0{,}21; 0{,}20$, etc.

14.31 (b) Se $\theta_{\text{lab}} = 0$, então θ_{cm} pode ser 0 ou π.

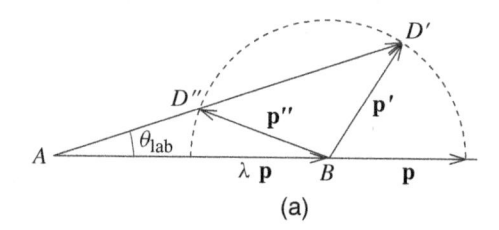

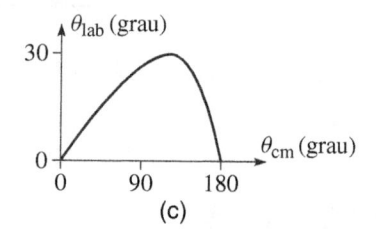

(d) $\theta_{\text{lab}}(\text{máx}) = \text{arcsen}(1/\lambda)$.

CAPÍTULO 15

15.3 $\gamma = 1 + 3{,}56 \times 10^{-10}$; diferença $= (\Delta t_o - \Delta t) = -1{,}28\,\mu s$; percentual da diferença $= -3{,}56 \times 10^{-8}\%$.

15.5 No relógio de A, A envelheceu 25 anos, comparado aos 80 anos que B envelheceu.

15.7 Número esperado, $N = 420$, levando em consideração a dilatação do tempo, mas $N = 29$, ignorando a dilatação do tempo.

15.11 $v = \frac{3}{5}c$.

15.13 (a) $l = 91{,}7$ cm e $\theta = 70{,}9°$; **(b)** $l = 83{,}2$ cm e $\theta_o = 46{,}1°$.

15.17 (a) Se chamarmos estes dois eventos de 1 e 2, então, conforme observado em S', $t'_1 = 0$ mas $t'_2 = -\gamma\beta a/c$. **(b)** Conforme visto em S'', $t'_1 = 0$ mas $t'_2 = +\gamma\beta a/c$.

15.19 (a) $x'_I = d$, $t'_I = d/c$, $x'_F = -d$, $t'_F = d/c$.
(b) $x_I = \gamma(1+\beta)d$, $t_I = \gamma(1+\beta)d/c$, $x_F = -\gamma(1-\beta)d$, $t_F = \gamma(1-\beta)d/c$.

15.21 $v = 0{,}91c$.

Respostas dos Problemas Ímpares

15.23 A velocidade do foguete da direita relativa ao da esquerda é $0{,}994c$ para a esquerda.

15.25 (Velocidade medida em $\mathcal{S}$) $= c$.

15.29 (a)
$$\mathbf{R}(\theta) = \begin{bmatrix} \cos\theta & \sen\theta & 0 \\ -\sen\theta & \cos\theta & 0 \\ 0 & 0 & 1 \end{bmatrix}.$$

15.33 (a)
$$\left.\begin{array}{l} x'_1 = x_1 \\ x'_2 = \gamma(x_2 - \beta x_4) \\ x'_3 = x_3 \\ x'_4 = \gamma(x_4 - \beta x_2) \end{array}\right\} \quad \text{por isso} \quad \Lambda_{B2} = \begin{bmatrix} 1 & 0 & 0 & 0 \\ 0 & \gamma & 0 & -\gamma\beta \\ 0 & 0 & 1 & 0 \\ 0 & -\gamma\beta & 0 & \gamma \end{bmatrix}.$$

(b)
$$\Lambda_{R+} = \begin{bmatrix} 0 & 1 & 0 & 0 \\ -1 & 0 & 0 & 0 \\ 0 & 0 & 1 & 0 \\ 0 & 0 & 0 & 1 \end{bmatrix} \quad \text{e} \quad \Lambda_{R-} = \begin{bmatrix} 0 & -1 & 0 & 0 \\ 1 & 0 & 0 & 0 \\ 0 & 0 & 1 & 0 \\ 0 & 0 & 0 & 1 \end{bmatrix}.$$

15.47 $v = 0{,}20c$.

15.55 Como u é um quadrivetor,
$$u'_1 = \gamma(V)[u_1 - \beta(V)u_4], \quad u'_2 = u_2, \quad u'_3 = u_3, \quad u'_4 = \gamma(V)[u_4 - \beta(V)u_1].$$

15.57 $T(\text{Bi}) + T(\text{He}) = 1{,}3 \times 10^{-12}$ J $= 8{,}1$ MeV.

15.61 $E = 5$ MeV; $v = 0{,}8c$.

15.63 1 MeV/c^2 = $1{,}78 \times 10^{-30}$ kg; 1 MeV/c = $5{,}34 \times 10^{-22}$ kg·m/s.

15.65 (b) $v_{\text{máx}} = 0{,}12c$.

15.67 $v_f = 0$; $M = \frac{10}{3}m$.

15.71 (c) Nas energias mínimas são $E_{\text{cm}} \approx 3100$ MeV, mas $E_{\text{lab}} \approx 9{,}6 \times 10^6$ MeV.

15.75 $M = 2{,}95$ GeV/c^2; $v = 0{,}65c$.

15.81 $r(\text{rel}) = 8{,}3$ cm; $r(\text{não rel}) = 5{,}9$ cm.

15.93 Se E denota a energia final do elétron, $E/E_o \approx 0{,}002$.

15.109 (a) Se escolhermos eixos de modo que as duas partículas estejam no plano xy, então nos seus referenciais de repouso $\mathcal{S}'$, a força de uma sobre a outra é $\mathbf{F}' = (0, kq^2/r'^2, 0)$ de acordo com (15.155) esta se transforma $\mathbf{F} = (0, kq^2/\gamma r^2, 0)$ em $\mathcal{S}$. (b) Em $\mathcal{S}'$, os campos de uma carga na posição da outra são $\mathbf{E}' = (0, kq/r'^2, 0)$ e $\mathbf{B}' = (0, 0, 0)$. Em $\mathcal{S}$, eles são $\mathbf{E} = (0, \gamma kq/r^2, 0)$ e $\mathbf{B} = (0, 0, \gamma\beta\, kq^2/cr^2)$; estes produzem uma força $\mathbf{F} = q\mathbf{v} \times \mathbf{B}$ que é facilmente vista como sendo a mesma que a do item (a).

CAPÍTULO 16

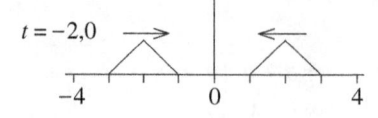

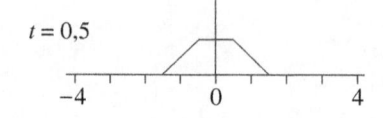

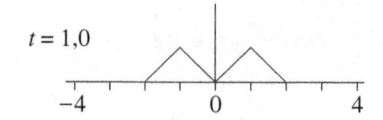

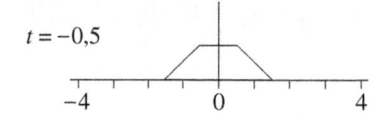

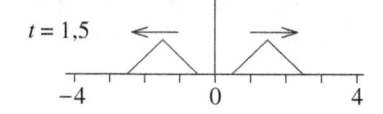

16.7

[Figures showing wave pulses at $t = -2{,}0$; $t = -1{,}5$; $t = -1{,}0$; $t = -0{,}5$; $t = 0$; $t = 0{,}5$; $t = 1{,}0$; $t = 1{,}5$ on axes from -4 to 4.]

16.11

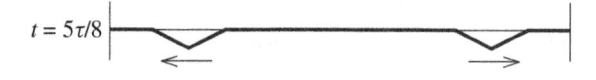

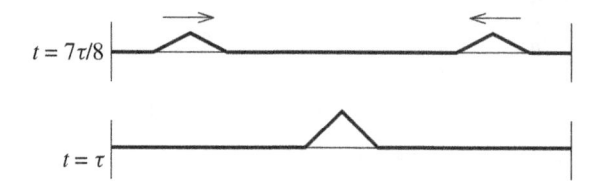

[Figures showing wave shapes at $t = \tau/2$, $t = 5\tau/8$, $t = 3\tau/4$, $t = 7\tau/8$, $t = \tau$.]

16.27

$$\mathbf{E} = \frac{\sigma_{11}}{3\alpha\beta}\begin{bmatrix} 2\alpha + \beta & 0 & 0 \\ 0 & \beta - \alpha & 0 \\ 0 & 0 & \beta - \alpha \end{bmatrix}$$

16.31 Distância $= 5040$ km.

Índice

Todas as entradas são identificadas pelos números de suas páginas. Além disso, quando uma referência é para a seção inteira ou capítulo, indiquei a seção ou capítulo em parênteses; por exemplo, (Seç.1.1) ou (Cap.1). Analogamente, quando uma referência está relacionada principalmente a uma figura, exemplo, problema ou nota de rodapé, introduzi um parênteses, como (Fig.1.2), (Ex.1.3), (Prob.1.4) ou apenas (NR).

β, constante de amortecimento, 174
∇, del, 117
   como um operador diferencial, 118
∇^2 = Laplaciano, 694-695
e_1, e_2, e_3, vetores unitários, 5
g, contribuição da força centrífuga para, 345-347
= torque, 90
$\gamma = 1/\sqrt{1-\beta^2}$, 606
γ = constante da força para o problema de Kepler, 307-308
γ = intensidade motriz do PAF, 463
g_o = aceleração da gravidade "verdadeira", 346
= momento angular, 90
λ = fator de propulsão, 317
λ = razão da massa, 584
μ = massa reduzida, 295-296
$\mathbf{n}$, vetor unitário normal à superfície, 698
$\hat{\rho}$, vetor unitário, 40 (Probs.1.47 e 1.48)
ρ = distância do eixo z, 40 (Prob.1.47)
ω_o = frequência natural, 174, 463
$\hat{\phi}$, vetor unitário,
   derivada do, 28
   em cilíndricas polares, 40 (Probs.1.47 e 1.48)
   em esféricas polares, 135-136
   em 2D, 26

$\hat{\theta}$, vetor unitário, de coordenadas esfericas polares, 135-136
τ = tempo característico,
   para arrasto linear, 48, 52
   para arrasto quadrático, 59
vdv/dx regra, 74-75 (Prob.2.12)
$v_{\lim}$, velocidade limite, 50, 60
$\hat{x}$, vetor unitário, 4
$\hat{y}$, vetor unitário, 4
$\hat{z}$, vetor unitário, 4

A

Abordagem para o caos, para PAF, 466-467 (Seç.12.4)
Aceleração,
   centrípeta, 29
   coordenadas Cartesianas, 23
   coordenadas polares em 2D, 29
   de Coriolis, 29
   de Coriolis e força de Coriolis, 358 (Seç.9.10)
   queda livre, 345-347
Adição,
   de velocidades angulares, 338
   de vetores, 6
Afélio, 308-309
Alcance,
   da bola de beisebol com arrasto quadrático, 63 (Ex.2.6)
   de um projétil com arrasto linear, 54
Amortecimento forte, 177
Amortecimento fraco, 175-177

Ângulo sólido, 569
Ângulos de Euler, 401-402 (Seç.10.9)
Apogeu, 316
Argola giratória com uma conta, 260 (Exs.7.6 7 7.7)
Arrasto. *Veja* Resistência do ar
Arrasto do éter, 600
Arrasto linear, 44, 46 (Seçs.2.2-2.4)
   comparado ao quadrático, 45
   movimento horizontal com, 48
   movimento vertical com, 49
   trajetória do projétil com, 54
Arrasto quadrático, 44, 57 (Seçs.2.4-2.5), 73-74 (Prob.2.4)
   comparado ao linear, 45
   movimento horizontal com, 58
   movimento horizontal e vertical com, 62
   movimento vertical com, 60
   trajetória da bola de beisebol com, 63 (Ex.2.6)
Atrator, 186
   estranho, 497
   PAF tem vários atratores, 469-471
   para o mapa logístico, 503
Autossimilaridade,
   do diagrama de bifurcação logística, 512
   do fractal, 497
Autovalor, 389
   de ponto fixo, 504-505
Autovetor, 389

B

Balanceamento dinâmico, das rodas do carro, 374-375
Bamboleio de Chandler, 400-401
Barn, 563
Base do atrator, 518-519 (Prob.12.22)
Bidimensional,
  coordenadas polares, 26
  oscilador, 170 (Seç.5.3)
Bifurcação, 264
  do PAF, 474
Bloco,
  deslizando sobre uma rampa, 258 (Ex.7.5)
  sobre uma declividade, 24 (Ex.1.1), 115 (Ex.4.3)
Boost, 621
Boost padrão, 621
Braquistócrona, 222 (Ex.6.2), 234-235 (Prob.6.21)
  é uma cicloide, 224, 233-234 (Prob.6.14)
  propriedade isocróna da, 234-235 (Prob.6.25)

C

Cálculo das variações, 215 (Cap.6)
  com várias variáveis, 226 (Seç.6.4)
  definição do, 218
Câmera de nuvens, 560
Caminho estacionário, 217-218
Caminho livre médio de uma molécula de ar, 564 (Ex.14.3)
Campo elétrico de carga com velocidade constante, 680 (Prob.15.110)
Campo eletromagnético
  de uma linha de carga movendo-se, 661 (Ex.15.12)
  tensor, 660
  Transformação de Lorentz do, 660
Campo magnético, carga no, 65 (Seçs.2.5-2.7)
Caos, 457 (Cap.12)
  critério para, 460 (NR)
  e sensibilidade às condições iniciais, para o mapa logístico 519-520 (Prob.12.29)
  e sensibilidade às condições iniciais, para PAF, 479-483
  para o mapa logístico, 511–512 (Fig.12.43)
  para PAF, 476
Capacidade de transferência, 501
Carga em campo magnético, 65 (Seçs.2.5-2.7)
  movimento helicoidal de, 70-71
Cascata de duplicaçao de período,
  do PAF, 471-475
  na convecção de mercúrio, 473-474 (Fig.12.9)
  para o mapa logístico, 510
Causalidade, 627-628
Centro de massa. *Veja* CM
Cicloide, 224, 233-234 (Prob.6.14)
  Veja também Braquistócrona
Ciclone, 350
Cilindro em uma declividade, 147 (Ex.4.9)
Circuito LRC, 173
  forçado, 179
Circuito RLC, 173
  forçado, 179
Clássica,
  definição de força, 11
  definição de massa, 10
  definição de momento, 14
  mecânica, 3
CM (centro de massa) 87, 294-295, 367 (Seç.10.1)
  aceleração relativa à força externa, 88
  da Terra e da Lua, 101 (Prob.3.17)
  da Terra e do Sol, 101 (Prob.3.16)
  definida como integral, 88
  do cone sólido, 89 (Ex.3.2)
  referencial. *Veja* Referencial do CM
  velocidade relativa ao momento total, 88
Cobra relativística, 613-614 (Ex.15.3)
Coeficientes de Fourier, integrais para, 195
Colatitude, θ, 134
Colisão,
  de bola de massa relativística, 643-644 (Ex.15.9)
  de uma bola de massa com mesa giratória, 96 (Ex.3.3)
Colisão elástica, 99 (Prob.3.5), 142
  energia perdida no referencial do lab, 592-593 (Prob.14.29)
  massas diferentes, 159-160 (Prob.4.46)
  massas iguais, 143 (Ex.4.8)
  relativística, 645-646 (Ex.15.10)
Colisão inelástica, 84 (Ex.3.1), 159-160 (Prob.4.48)
Cometa Halley, 310-311
Comprimento próprio, 610-611
Compton,
  efeito, 654-656
  gerador, 365 (Prob.9.31)
Condições de contorno, 689
Cone,
  CM do, 89 (Ex.3.2)
  tensor de inércia do, 384 (Ex.10.3)
Cone de luz, 624-625 (Seç.15.10)
  futuro e passado, 624-626
Cone do corpo para precessão livre, 399-400
Configuração padrão, 598
Conservação,
  de energia, 114
  de energia no mecanismo Lagrangiano, 269-272
  de energia para duas partículas, 140-142
  de energia para sistema de muitas partículas, 146
  de momento, 18, 21, 83
  do momento angular, 91, 96, 298-299
Constante da força, γ, para o problema de Kepler, 307-308
Constante de amortecimento β, 174
  do PAF, 463
Constante de Planck, 588 (Prob.14.12), 653-654
Constantes de Lamé, 716 (NR)
Conta,
  em um aro girando, 260 (Exs.7.6 & 7.7)
  em um fio, usando Hamilton, 526 (Ex.13.1)
  em uma haste em rotação, 284 (Prob.7.21)

Contração de Lorentz-Fitzgerald, 610-611
Contração do comprimento, 608 (Seç.15.5)
   fórmula, 609
   não pode ser vista, 667 (Prob.15.14)
Coordenadas cíclicas, 266
   Veja também Coordenadas ignoráveis
Coordenadas escleronomas, 249 (NR)
Coordenadas generalizadas, 240, 247-249
   forçada, 249 (NR)
   natural, 249
Coordenadas ignoráveis, 266
   na mecânica Hamiltoniana, 535 (Seç.13.4)
Coordenadas normais, 424-425, 443-444 (Seç.11.7), 453-454 (Probs.11.33–11.35)
Coordenadas polares,
   cilíndricas, 40 (Prob.1.47)
   em 2D, 26
Coordenadas polares esféricas, 134-135
   gradiente em, 136-137
Coordenadas reonômicas, 249 (NR)
Corda,
   movimento longitudinal da, 735-736 (Prob.16.17)
   movimento transversal da, 682 (Seç.16.1)
Corpo rígido, 147
   rotação do, 367 (Cap.10)
Corvos em um carvalho, 562 (Ex.14.1)
Criticamente amortecido, 177-178
   como limite do amortecimento fraco, 210-211 (Prob.5.24 e 5.32)
Cubo, em equilíbrio sobre um cilindro, 130 (Ex.4.7)
   EP próxima do equilíbrio, 162 (Ex.5.1)

D

Decomposição do tensor de deformação, 714
Deformação = fração de deformação, 702-703
Deformação esférica, 712 (Ex.16.5)
Densidade do alvo, n_{alvo}, 561
Derivação de vetores, 7
Derivada material, 724-725
Derivada parcial, 116-117, 152-153 (Probs.4.10 e 4.11)
Derivadas temporais, em referenciais em rotação, 339 (Seç.9.4)
Descrição espacial de um fluido, 723-724
Descrição Euleriana de fluido, 723-724 (NR)
Descrição Lagrangiana de fluido, 723-724 (NR)
Descrição material de fluido, 723-724
Desigualdade triangular, 36 (Prob.1.14)
Diagonalização de matrizes, 739 (Apêndice)
   de duas matrizes, 743 (Seç.A.2)
   de uma única matriz, 739 (Seç.A.1)
   do tensor de inércia, 392
Diagrama de bifurcação,
   para o mapa logístico, 510-513
   para PAF, 483-487 (Figs.12.17-12.18)
Diferença de fase,
   espalhamento, 588 (Prob.14.12)
   próximo da ressonância, 191
Dilatação, 712 (Ex.16.5)
Dilatação do tempo, 603 (Seç.15.4)
   evidência para, 607-608
   fórmula, 606
   não pode ser observada, 667 (Seç.15.10)
   para avião a jato, 605 (Ex.15.1)
Divergência, $\nabla \cdot \mathbf{v}$, 546
   como fluxo de saída/volume, 548
   em n dimensões, 548
Dois-ciclo para o mapa logístico, 506-507
Dois corpos, movimento de força central, 293 (Cap.8)
   EP efetiva para, 300-301
   equação para o movimento relativo, 296-297
   equação radial para, 298-300
   equação radial transformada, 305-306
   Lagrangiana para, 296-297
   movimento relativo recai sobre um plano fixo, 298-299
   órbitas limitadas e ilimitadas, 303-304
   problema 1D equivalente, 299-300 (Seç.8.4)

E

EC. *Veja* Energia cinética
Efeito Doppler, 630-632
   transversal, 671-672 (Prob.15.48)
Eixos principais de inércia, 387 (Seç.10.4)
   da lâmina, 412-413 (Prob.10.30)
   determinandos, 389 (Seç.10.5)
   existência dos, 388
   para o cubo no vértice, 390 (Ex.10.4)
Eixos principais de tensão, 735-736 (Prob.16.21)
Elementos de alongamento, $_{ij}$, do tensor de deformação, 713
Eletrodinâmica relativística, 659 (Seç.15.18)
Eletromagnetismo,
   momento, 22
   quadrivetor densidade de corrente, 680 (Prob.15.108)
   quadrivetor potencial, 680 (Prob.15.107)
Em outro lugar, 627-628
Energia, 105 (Cap.4)
   conservação de. *Veja* Conservação de energia
   de duas partículas, 138-142
   de sistemas de muitas partículas, 144 (Seç4.10)
   de sistemas lineares 1D, 123 (Seç.4.6)
   do cometa, relacionada à excentricidade, 312-313
   do MHS, 169
   limiar, 646-647
   massa, 640-641
   mecânica, 113
   relativística, 637-638
   de respouso, 640-641

Energia cinética, 105
  da rotação em torno de
    qualquer eixo, 388, 412-413
    (Prob.10.33)
  da rotação em torno de um eixo
    fixo, 373-374
  relativística, 640-641
  rotacional, em termos de
    ângulos de Euler, 403
  total, como orbital mais
    rotacional, 371
Energia potencial,
  da mola, 151-152 (Prob.4.9)
  da molécula diatômica, 126-127
  de duas cargas, 121
  de muitas partículas, 145, 146
  de sistemas lineares 1D, 124-126
  de uma carga em campo
    elétrico, 112 (Ex.4.2)
  definida, 111
  dependente do tempo, 121,
    154-155 (Prob.4.27)
  do pêndulo simples, 155-156
    (Prob.4.34)
  efetiva para movimento de dois
    corpos, 300-301
  em campo gravitacional
    uniforme, 151-152 (Probs.4.5
    e 4.6)
  interna, de um corpo rígido, 147
  kx^4, 154-155 (Prob.4.29)
Energia potencial de Morse, 207
  (Prob.5.2)
Energia-momento, 637-638
  Veja também Quadrimomento
EP. Veja Energia potencial
EP efetiva para força central,
  300-301
Equação auxiliar, 175
Equação caracterísitca, 389
Equação constitutiva, 715-716
Equação de autovalor, 389
  generalizada, para osciladores
    acoplados, 420
Equação de continuidade, 726
Equação de crescimento, 498-500
Equação de Euler-Lagrange, 220
  com duas variáveis
    dependentes, 227
Equação de movimento, 23
  para um fluido invíscido, 725
  para um sólido elástico, 721
  Veja também Segunda lei de
    Newton

Equação de Navier, 721
Equação de onda,
  em termos da Laplaciana, 695
  para a corda, 684
  solução por separação de
    variáveis, 733 (Prob.16.9)
  tridimensional, 694 (Seç.16.4)
  unidimensional, 685 (Seç.16.2)
Equação homogênea, 181
Equação inomogênea, 180
Equação radial,
  para o movimento de dois
    corpos, 298-300
  transformada, 305-306
Equação secular, 389
Equações autônomas, 460 (NR),
  537 (NR)
Equações de Euler, 394-395
  (Seç.10.8)
Equações de Hamilton, 521
  (Cap.13)
  comparadas com as de
    Lagrange, 536 (Seç.13.5)
  dedução das, em 1D, 525-526
  em várias dimensões, 528
    (Seç.13.3)
  para força central, 530-531
    (Ex.13.3)
  para massa sobre cone, 532-533
    (Ex.13.4)
  para oscilador 1D, 539
    (Ex.13.5)
  para queda livre, 541 (Ex.13.6)
  para sistemas 1D, 524
    (Seç.13.2)
  Veja também Hamiltoniana, $\mathcal{H}$
Equações de Lagrange, 237
  (Cap.7)
  com multiplicadores de
    Lagrange, 277
  com vínculos, 250 (Seç.7.4)
  comparadas com as de
    Hamilton, 536 (Seç.13.5)
  e leis de conservação, 268
    (Seç.7.8)
  modificadas, 277
  para forças magnéticas, 272
    (Seç.7.9)
  para movimento sem vínculo,
    238 (Seç.7.1)
  Veja também Lagrangiana, $\mathcal{L}$
Equações de Maxwell, na forma
  quadrivetorial, 680 (Prob.15.111)

Equações de vínculo, 275
Equações diferenciais, 14
  acopladas, 47
  solução geral de, 32
Equilíbrio inercial, 10
Equilíbrio de sistema 1D, quando
  $dU/dx = 0$, 125
Equilíbrio estável, quando
  $d^2U/dx^2 > 0$, 125
Equilíbrio instável, quando
  $d^2U/dx^2 < 0$, 125
Escalar,
  de Lorentz, 622
  rotacional, 622
Esferorradiano, sr, 569
Espaço das configurações, 522
Espaço de estados, 490, 522
Espaço de fase, 523
Espaço do cone para precessão
  livre, 400-401
Espaço-tempo, 617-618
  (Seç.15.8), 620
Espalhamento,
  amplitude (quântica), 588
    (Prob.14.12)
  ângulo no lab relacionado ao
    CM, 584
  ângulo, θ, 558
  de duas esferas compactas, 564
  de nêutrons do alumínio, 563
    (Ex.14.2)
  elástico e inelástico, 567
Espalhamento da esfera compacta,
  573 (Ex.14.5)
  seções transversais para lab e
    CM, 585 (Ex.14.7)
Espalhamento de Rutherford, 557,
  574 (Seç.14.6)
  dependência angular de, 577
    (Ex.14.6)
Estabilidade,
  de pontos fixos, 504-505
  de um corpo girando
    livremente, 398-399
Estado (ou estado do movimento),
  490
Estrada com costeletas, 188, 212-
  213 (Prob.5.43)
Excentricidade das órbitas de
  Kepler, 310-311
  relacionado à energia, 312-313
Experiment Gedanken
  (experimento imaginário), 603

Experimento de Michelson--Morley, 600
Expoente de Lyapunov, 480
Exponenciais complexas, 68-69

F

Fator de propulsão, λ, 317
Fator Q, 190
Fenômeno de Gibbs, 197 (NR)
Figuras de Lissajous, 172
Fluido ideal, 723-724
  (Seçs.16.12–16.13)
Fluido invíscido, 723-724
  (Seçs.16.12–16.13)
Fluxo cisalhante, 547 (ex.13.7)
Fluxo laminar, 547
Foguete Saturno V, 100 (Prob.3.6)
foguetes, 85 (Seç.3.2)
  multiestágio, 101 (Prob.3.12)
  ônibus espacial, 100 (Probs.3.7 e 3.9)
  propulsão de, 86
  Saturno V, 100 (Prob.3.6)
Foguetes multiestágios, 101
  (Prob.3.12)
Força,
  como gradiente da EP, 116-117
  deduzida da EP, 117
  definição de, 11
  fictícia, 329
  inercial, 328
  da maré, 332
  não conservativa, 114
  relativística, 648-649 (Seç.15.15)
  sobre partícula α, $\mathbf{F}_\alpha = -\nabla_\alpha U$, 146
  superfície, 698-699
  tipo calor, 648-649
  volume, 698
Força central, 18, 91, 133
  (Seç.4.8)
  conservativa implica simetria
    esférica, 137, 158-159
    (Prob.4.45)
  simetria esférica implica
    conservativa, 158-159
    (Probs.4.43 e 4.44)
Força centrífuga, 262, 343, 344
  (Seç.9.6)
  contribuição de g, 345–347
Força com simetria esférica, 134
  central implica conservativa,
    158-159 (Probs.4.43–4.44)

Força conservativa, 105-111
  central implica simetria
    esférica, 137, 158-159
    (Prob.4.45)
  definida, 111
  força de Coulomb como
    exemplo, 119 (Ex.4.5)
  segunda condição para, 118-119
Força de Coriolis, 343, 348
  (Seç.9.7)
  comparada à força magnética, 348
  e aceleração de Coriolis, 358
    (Seç.9.10)
  efeito sobre queda livre, 351
    (Seç.9.8)
Força de Coulomb é conservativa,
  119 (Ex.4.5)
Força de Lorentz, 659
Força de vínculo, 251
  eliminada no formalismo
    Lagrangiano, 237
  relacionada ao multiplicador de
    Lagrange, 278
Força generalizada, 241
  ϕ componente = torque, 244
Força invariante sob rotação, 134
Força magnética,
  entre dois círculos de corrente,
    38 (Prob.1.33)
  equações de Lagrange para,
    272 (Seç.7.9)
  viola a terceira lei de Newton,
    22
Forças elétrica e magnéticas
  intensidade relativa das, 38
    (Prob.1.32)
Fórmula da soma de velocidades,
  clássica, 328, 598
  relativística, 616-617
Fórmula de Euler, 68-69
Fórmula de Rutherford, 576
Fóton, 651-652 (Seç.15.16)
  relação entre $\mathbf{p}$ e $\mathbf{k}$, 653-654
Frações parciais, 79-80
  (Prob.2.37)
Fractal, 496
Frequência,
  forçada do PAF, 462
  forçada ω vs. natural ω_0, 182
  natural, ω_0 do PAF, 463
Frequência ciclotron, 66, 71

Frequências normais, 421
Frisbee, precessão do, 414-415
  (Prob.10.43)
Função par, 198
Função periódica, definição de, 193
Funções complementares, 181
  (NR)
Funções hiperbólicas, 61, 77-78
  (Probs.2.33-2.34)
Funções independentes, 174 (NR)
Furacão, 350
Futuro absoluto, 625-626

G

Garrafa em um balde, 168
  (Ex.5.2)
Geiger e Marsden, 577
  dados, 590-591
    (Probs.14.16–14.17)
Geodésica,
  sobre cilindro, 232 (prob.6.7)
  sobre cone, 233-234
    (Prob.6.17)
  sobre esfera, 225, 233-234
    (Prob.6.16)
GPS, importância da dilatação
  temporal para, 608
Gradiente, ∇, 117, 152-153
  (Probs.4.12–4.15 e 4.18)
  em coordenadas esféricas, 136-137
Graus de liberdade, 249
Graviton, 652-653 (NR)

H

Haltere, escorregando e girando,
  97 (Ex.3.4)
Hamiltoniana $\mathcal{H}$, 270, 251
  (Cap.13)
  como energia de um sistema
    natural, 270-272, 525
  definição da, 523, 529
  não igual a energia para
    sistemas não naturais, 552
    (Probs.13.11 e 13.12)
  para uma carga em campo
    magnético, 553 (Prob.13.18)
Harmônico, 465-466
  de uma corda finita, 691
Hipotese da continuidade, 682
Horizontal, definição de, 347

I

Integral de ação, 239
Integral de linha, 107
Integral elíptica, 157-158
  (Prob.4.38)
Intensidade motriz, γ, do PAF, 463
Invariância,
  das leis de Newton sob
    transformação Galileana, 598
  rotacional, 134
  translacional, 139
Invariante,
  massa, 632-633
  produto escalar, 623 (Seç.15.9)
  produto escalar, definição em
    4D, 624
  quadrado do comprimento,
    $x \cdot x$, 624
Ioiô, 283-284 (Prob.7.14)

L

L = momento angular total, 93-95
Lagrangiana, $\mathcal{L}$
  $\mathcal{L} = T - U$, 238
  do pião, em termos dos ângulos
    de Euler, 403
  não unicidade da, 272-273
  para carga em campo
    magnético, 272
  Veja também Equações de
    Lagrange
Lâmina, 547 (NR)
  eixos principais da, 412-413
    (Prob.10.30)
  tensor de inércia da, 411-412
    (Prob.10.23)
Laplaciana, ∇^2, 694-695
Largura completa na metade do
  máximo, 189
Largura da ressonância, 189
Latitude, 134
LCMM, 189
Lei da inércia, 13
  Veja também Primeira lei de
    Newton
Lei da reflexão no espalhamento
  da esfera compacta, 589
  (Prob.14.13)
Lei de Hooke, 161 (Seç.5.1)
  generalizada, para sólido, 716
Lei de Snell e princípio de
  Fermat, 231 (Prob.6.4)

Lei de Stokes, 72 (Prob.2.2)
Leis de conservação na mecânica
  Lagrangiana, 268 (Seç.7.8)
Leis de Newton, 3 (Cap.1)
Lema de Schur, 716 (NR)
Limiar de energia, 646-647
Linearidade e não linearidade,
  458 (Seç.12.1)
Linha mundo, 633-634, 670-671
  (Prob.15.38)
Longitude, ϕ, 134

M

Mapa, 500
  duplo, $f(f(x))$, 506-507
  iterado, 501
  segundo iterativo, $f(f(x))$, 506-507
  seno, 518-519
    (Probs.12.23-12.25)
Mapa logístico, 498 (Seç.12.9)
  caos, 511-512 (Fig.12.43)
  definido, 502
  diagrama de bifurcação do,
    510-513
  relação de Feigenbaum para,
    519-520 (Prob.12.29)
  sensibilidade às condições
    inciais, 519-520 (Prob.12.30)
Máquina de Atwood, 131-133
  dupla, 285-286 (Prob.7.27)
  energia da, 155-156 (Prob.
    4.31)
  incluindo a roldana, 156-157
    (Prob.4.35)
  pelas equações de Lagrange,
    225 (Ex.7.3)
  usando Hamilton, 527
    (Ex.13.2)
  usando multiplicadores de
    Lagrange, 279 (Ex.7.8)
Marés, 330 (Seç.9.2)
  de quadratura, 335
  de sizígia, 335
Massa,
  definição clássica da, 10
  definição relativística da, 632-633
  é proporcional ao peso, 10
  energia, 640-641
  invariante, 632-633
  matriz, 419, 439-440

mudança da, no experimento
  de Franck-Hertz, 639-640
  (Ex.15.7)
não conservação da, em
  relatividade, 638-640
razão, λ, 584
variável, 632-633, 636-637
Massa pontual, 13
Massa reduzida, μ, 295-296
Matriz,
  diagonal, 386
  multiplicação, 379-380
  ortogonal, 656-657
  para o boost padrão, 621
  positiva definida, 743
  traço da, 714
  unidade, 1, 384
Matriz das constantes da mola,
  419, 439-440
Matriz das derivadas, **D**, 710
  para pequenas rotações, 711
Matriz de rotação,
  quadrimensional, 621
  tridimensional, 618-619
Matriz identidade, **1**, 384
Matriz métrica, G, 658
MC = módulo de
  compressibilidade, 703
  em termos da constante α da lei
    de Hooke, 717
  para o ar, 737-738 (Prob.16.36)
Mecânica,
  clássica, 3
  do contínuo, 681 (Cap.16)
  Hamiltoniana. *Veja* Equações
    de Hamilton
  Lagrangiana. *Veja* Equações de
    Lagrange
  não linear, 457 (Cap.12)
  quântica, 3
Meia largura na metade do
  máximo, 190
Meia-vida, 607
Menor caminho entre dois pontos,
  221 (Ex.6.1), 228 (Ex.6.30)
  em três dimensões, 235
    (Prob.6.27)
Método das imagens, 733
  (Pro.16.12)
MeV/c^2, 642-643
MHS. *Veja* Movimento harmônico
  simples
Minirrampa e skate, 30

Minkowski, 617-618
MLMM, 190
Modo fundamental, 690
Modos normais, 417 (Cap.110)
 de uma corda finita, 689-691
 definidos, 422
Módulo de cisalhamento. *Veja* MS
Módulo de compressibilidade.
 Veja MC
Módulo de elasticidade = tensão/
 deformação, 703–704
Módulo de Young. *Veja* MY
Molécula diatômica, EP da, 126-127
Momento,
 canônico, 522
 conjugado, 522
 conservação do. *Veja*
  Conservação do momento
 definição clássica de, 14
 do fóton, relativo ao vetor de
  onda, 653-654
 eletromagnético, 22
 relativístico, 635-636
 total, em termos da velocidade
  do CM, 88
Momento angular, 90 (Seçs. 3.4-3.5)
 como órbita mais rotacional,
  369-370
 conservação do. *Veja*
  Conservação do momento
  angular
 de dois corpos no referencial do
  CM, 298-299
 de uma única partícula, ℓ, 90
 de várias partículas, 93-95
 em termos do CM e
  coordenadas relativas, 369
 em termos dos ângulos de
  Euler, 403
 em torno do CM, 97
 $L = I\omega$, 379-380
 $L_z = I_z \omega$, para rotação em torno
  do eixo z, 372-373
 não necessariamente paralela a
  ω, 373-374
 total, L, 93-95
Momento de inércia, 95
 I_z, 372-374
Momento generalizado, 241, 266
 ϕ componente = momento
  angular, 244

Momentos principais (de inércia), 387
Movimento absoluto, não
 existência de, 602
Movimento captura de fase, 517-518 (Prob.12.17)
Movimento harmônico simples,
 163 (Seç.5.2)
 como a parte real da
  exponencial complexa, 167
 definição do, 165
 energia do, 169
Movimento quasiperiódico, 172
MS = módulo de cisalhamento,
 703
 em termos da constante β da lei
  de Hooke, 717
Multiplicação de matrizes, 379-380
Multiplicador do ponto fixo, 504-505
Multiplicadores de Lagrange, 275
 (Seç.7.10)
 relacionados a forças de
  vínculo, 278
MY = módulo de Young, 703
 em termos das constantes da lei
  de Hooke α e β, 718
 relativo a MC e MS, 718

N

Não linearidade, 458 (Seç.12.1)
Neutrino, 652-653 (NR)
Núcleo (externo) da Terra é
 líquido, 722
Número de Reynolds, 46, 72
 (Prob.2.3)
Números complexos, 80-81
 (Probs.2.45-2.51)
 usados para cargas em um
  campo magnético, 67-71
Nutação do pião, 405-406

O

Onda,
 em fluido, 727 (Seç.16.13)
 em fluido é longitudinal, 729
 em rocha, 722 (Ex.16.8)
 em sólido, 721 (Seç.16.11)
 esférica, 696-697
 estacionária, 688
 na corda, 682 (Seçs.16.1-16.3)

 plana, 695
 triangular, na corda finita, 686
  (Ex.16.1)
 triangular, na corda infinita,
  692 (Ex.16.2)
Onda longitudinal,
 em sólido, 721
 na corda, 735-736 (Prob.16.17)
Onda padrão, 688
Onda transversal,
 em sólido, 721-722
 na corda, 682 (Seçs.16.1-16.30)
Ondulação do PAF, 481–482
 (Fig.12.15), 486-487
 (Fig.19.19)
Ônibus espacial, 100 (Probs.3.7
 e 3.9)
Operador diferencial, 180
Operador linear, 180
Órbita no espaço de estados, 486-487 (Seç.12.7)
 definida, 490
Órbita no espaço de fase, 538
 (Seç.13.6)
 para oscilador 1D, 539
  (Ex.13.5)
 para queda livre, 541 (Ex.13.6)
Órbitas de Kepler, 307-308
 (Seçs.8.6-8.7)
 excentricidade da, 310-313
 hiperbólicas, 314-315
 mudança de, 315 (Seç.8.8)
 parabólicas, 314
 são elípticas, 308-309
Órbitas fechadas, 303-304, 308-312
Órbitas ilimitadas, 302-303, 312-313 (Seç.8.7)
Oscilações, 161 (Cap.5)
 amortecidas, 173 (Seç.5.4)
 de uma conta em uma argola
  girando, 264 (Ex.7.7)
 em duas dimensões, 179
  (Seç.5.3)
 forçadas por pulso retangular,
  199 (Ex.5.5)
Oscilações amortecidas forçadas
 (linear), 179 (Seç.5.5-5.6)
 forma complexa de, 182
 série de Fourier para, 197
  (Seç.5.8)
Oscilações subamortecidas, 176-177

Oscilações superamortecidas, 177
Oscilador acoplado, 417 (Cap.11)
  acoplamento fraco, 426
    (Deç.11.3)
  amortecido, 448-449
    (Prob.11.40)
  amortecido e forçado, 448-449
    (Prob.11.11)
  com *n* graus de liberdade, 435-
    436 (Seç.11.5)
  equação de movimento
    matricial para, 418-419, 438-
    439
Oscilador anisotrópico, 171-172
Oscilador isotrópico, 170-171
Osciladores fracamente
  acoplados, 426 (Seç.11.3)

P

PAF, 462 (Seç.12.2)
  abordagem para o caos, 466-
    467 (Seç.12.4)
  propriedades esperadas do,
    481–482 (Fig.12.15), 486-487
    (Fig.12.19)
Paradoxo dos gêmeos, 665-666
  (Prob.15.5)
Parâmetro de decaimento, 176-178
Parâmetro de impacto, *b*, 558-560
Parte deviatórica **E**´ do tensor de
  deformação, 714
Parte esférica *e*1 do tensor de
  deformação, 714
Partícula, 13
Partículas sem massa, 651-652
  (Seç.15.16)
Passado absoluto, 625-626
Pêndulo,
  amortecido forçado. *Veja* PAF
  duplo, 429-430 (Seç.11.4)
  em um carro acelerando, 329
    (Ex.9.10)
  de Foucault, 345 (Seç.9.9)
Pêndulo esférico simples, 288-289
  (Prob.7.40)
Pêndulo simples,
  EP do, 155-156 (Prob.4.34)
  período exato do, 156-157
    (Prob.4.38)
  segunda aproximação para o
    período, 157-158 (Prob.4.39)
Pêndulos acoplados, 440-441
  (Seç.11.6)

Periélio, 308-309
Período dois,
  do mapa logístico, 506-507
  do PAF, 468
Período três, do PAF, 468-469
Peso é proporcional à massa, 10
Pessoas em um vagão, 99 (Prob.3.4)
Pião,
  movimento do, usando
    ângulos de Euler, 403
    (Seç.10.10)
  nutação do, 405-406
  precessão do, devido a um
    torque fraco, 392 (Seç.10.6)
  precessão do, usando ângulos
    de Euler, 404
Píon, decaimento de, 665-666
  (Prob.15.8)
Plutão, descoberta de, 595 (NR)
Poincaré, 459
  seção, 494-495 (Seç.12.8)
Ponto de fase, **z**, 537
Ponto de retorno, 125
  para movimento radial do
    cometa, 302-303
Ponto doce, 410-411 (Prob.10.18)
Ponto estacionário, 217
Ponto fixo, 503
  autovalor de, 504-505
  estável, 504-505
  multiplicado de, 504-505
Posição relativa, **r**, 294
Prancha de skate na minirrampa,
  30
Precessão,
  do equinócios, 394-395
  do *frisbee*, 414-415 (Prob.10.43)
  do pião, usando ângulos de
    Euler, 404
  do pião devido a um torque
    fraco, 392 (Seç.10.6)
  livre, 398-401
  livre, usando ângulos de Euler,
    415-416 (Prob.10.55)
Precessão de Larmor, 363
  (Prob.9.22)
Precessão livre de um corpo
  axialmente simétrico, 398-401
Pressão é isotrópica se não há
  força de cisalhamento, 699
Primária, P, onda, 722
Primeira integral da equação de
  Euler-Lagrange, 232 (Probs.6.10
  e 6.20)

Primeira lei de Kepler, 310-311
Primeira lei de Newton, 13
  validade da, 17
Princípio da superposição, 164
  não válido para equações não
    lineares, 461
Princípio de Fermat, 217
  e lei de reflexão, 231 (Prob.6.3)
  e lei de Snell, 231 (Prob.6.4)
Princípio de Hamilton, 239
Princípio variacional, 215, 218
Problema da bolha de sabão, 233-
  234 (Prob.6.19)
Problema de Kepler, 300-301
  Veja também Dois corpos,
    movimento de força central
Produto,
  de inércia, 374-376
  de um vetor por um escalar, 6
  escalar de dois vetores, 6, 35
    (Prob.1.7)
  vetorial de dois vetores, 7
Propulsão do foguete, 86
Pulso retangular,
  forçando um oscilador, 199
    (Ex.5.5)
  série de Fourier do, 195 (Ex.5.4)

Q

Quadriescalar, 622
Quadriespaço, 620
Quadriforça, 651-652
Quadrimomento, 635-636
Quadrivelocidade, 633-634
Quadrivetor, 620
  definição de, 622
  densidade de corrente, 680
    (Prob.15.108)
  potencial eletromagnético, 680
    (Prob.15.107)
Queda livre,
  aceleração, 345-347
  e força de Coriolis, 351 (Seç.9.8)
  usando energia, 128 (Ex.4.6)

R

r̂,
  derivada de, 27
  vetor unitário, de esféricas
    polares, 135-136
  vetor unitário de polares 2D, 26
Raiz quadrática média. *Veja* RMQ

Rampa,
    com bloco, 24 (Ex.1.1), 115 (Ex.4.3)
    e cilindro rolando, 147 (Ex.4.9)
Rapidez, 669-670 (Probs.15.30-15.31)
Referencial, 9
    acelerando, 327 (Seç.9.1)
    do corpo, 395
    do espaço, 395
Referencial de repouso, 610-611
Referencial do CM, 295-296
    para o movimento de dois corpos, 296-298
    relativístico, 644-645
Referencial em rotação, 339 (Seçs.9.4-9.10)
    derivadas temporais no, 339 (Seç.9.4)
    segunda lei de Newton no, 342 (Seç.9.5)
Referencial inercial, 9, 15, 601
Referencial não inercial, 15, 327 (Cap.9)
Referencial preferido, não existência de, 602
Regra do quociente, 629-630
Relação de Feigenbaum para PAF, 474-475
    para mapa logístico, 519-520 (Prob.12.29)
Relatividade, 596
    de simultaneidade, 615-616, 668-669 (Prob.15.19)
    do tempo. *Veja* Dilatação do tempo
    Galileana, 596 (Seç.15.2)
    geral, 596
Relatividade especial, 595 (Cap.15)
    postulados da, 601
Resistência do ar, 43-65
    comparação entre linear e quadrática, 45
    linear, 44, 46 (Seçs.2.2–2.4)
    quadrática, 44, 57 (Seçs.2.4–2.5), 73-74 (Prob.2.4)
Ressonância, 187 (Seç.5.6)
    desvio de fase próximo, 191
    em estradas com costeletas, 188, 212-213 (Prob.5.43)
    largura da, 189
RMQ, deslocamento, 203
    para o oscilador forçado, 204 (Ex.5.6)

Rotação, 367 (Cap.10)
    em torno de qualquer eixo, 377-378 (Seç.10.3)
    em torno de um eixo fixo, 371-372 (Seç.10.2)
Rotacional de um vetor, 119, 152-154 (Probs.4.22 e 4.25)

S

Seção transversal, 560 (Seçs.14.2–14.3)
    captura, 556
    definição da, 562
    elástica e inelástica, 567
    em vários referenciais, 579
    espalhamento, 566
    fissão, 567
    ionização, 567
    ionização, é zero abaixo da energia de ionização, 568
    total, 568
Seção transversal diferencial, 568 (Seç.14.4–14.5)
    cálculo da, 572 (Seç.14.5)
    definição da, 570-571
    em vários referenciais, 579
    no lab, relacionado ao CM, 582, 585
    para espalhamento de Rutherford, 576
    para espalhamento de uma esfera compacta, 573 (Ex.14.5)
Secundária, S, onda, 722
Segunda lei de Kepler, 91-93
Segunda lei de Newton, 13
    em coordenadas Cartesianas, 23 (Seç.1.6)
    em coordenadas polares 2D, 29
    em referencial rotacional, 342 (Seç.9.5)
    em referencial rotacional, usando Lagrange, 360-361 (Prob.9.11)
    forma rotacional da, 90
    validade da, 17
Sensibilidade a condições iniciais, para mapa logístico, 519-520 (Prob.12.30)
    para PAF, 480 (Fig.12.13)
Separação de variáveis,
    para equação de onda, 733 (Prob.16.9)

para equações diferenciais de primeira ordem, 58, 60 (NR), 73-74 (Prob.2.7)
Série de Fourier, 192 (Seçs.5.7–5.9)
    definição da, 194
    para oscilador forçado, 197 (Seç.5.8)
    para pulso retangular, 195 (Ex.5.4)
Série de Fourier de senos, 628-629, 734 (Prob.16.13)
Série de ondas parciais, 589 (Prob.14.12)
Série de Taylor, 75-76 (Prob.2.18)
Símbolo do delta de Kronecker, δ_{ij}, 411-412 (Prob.10.21)
Simetria,
    axial, 377-378
    do tensor de inércia, 380-381
    do tensor de tensão, 706-707
    por reflexão, 376-377
Simultaneidade, 615-616, 668-669 (Prob.15.19)
Sistema de referência. *Veja* Referencial
Sistemas com víncluo, 245, 249
Sistemas curvilíneos 1D, 129 (Seç.4.7)
Sistemas holonômicos, 249
Sistemas não holonômicos, 249-250
Sistemas unidimensionais,
    energia dos, 123 (Seçs.4.6-4.7)
    gráficos da EP para, 124-126
Solução completa do movimento 1D, usando energia, 127
Solução geral da equação diferencial de segunda ordem, 32
Solução numérica, para trajetória de uma bola de beisebol, 63 (Ex.2.6)
Solução particular, 181
Soma de vetores, 6
Subarmônico, 468-469
Subespaços irredutíveis, 716 (NR)
Sustentação, 43

T

Tempo,
    discreto, 498-499
    em relatividade, 603 (Seç.15.4)
    horizonte, 517-518 (Prob.12.16)
    próprio de um objeto, 633-634
    visão clássica do, 9

Tempo característico, τ,
  para o arrasto linear, 48, 52
  para o arrasto quadrático, 59
Tensão = força/área, 702-703
Tensor, 655-656 (Seç.15.17)
  eletromagnético, 660
  quadrimensional, 658
  tridimensional, 656-657
Tensor de deformação, **E**,
  decomposição do, 714
  definição do, 711
  elementos de alongamento, $_{ij}$, 713
  para cisalhamento, 713 (Ex.16.6)
  para dilatação, 712 (Ex.16.5)
  para um sólido, 709 (Seç.16.8)
Tensor de inércia, 377-378 (Seç.10.3)
  definição do, 379-380
  diagonalização do, 392
  para cone sólido, 384 (Ex.10.3)
  para cubo sólido, 380-381 (Ex.10.20)
  para uma lâmina, 411-412 (Prob.10.23)
  simetria do, 380-381
Tensor de tensão, **Σ**, 704 (Seç.16.7)
  definição do, 706
  é simétrico, 706-707
  em um fluido estático, 707-708 (Ex.16.3)
Tensores tensão e deformação,
  relação entre, 715-716 (Seç.16.9)
Teorema da componente zero, 670-671 (Prob.15.35)
Teorema da divergência, 546
  demonstração do, 556 (Prob.13.37)
Teorema de Bernoulli, 725-726
Teorema de Fourier, 194
Teorema de Gauss. *Veja* Teorema da divergência
Teorema de Liouville, 543 (Seç.13.7)
  demonstração do, 548-549
Teorema de Noether, 267, 272
  e momento angular, 290-291 (Prob.7.46)
Teorema de Parseval, 204
Teorema de virial, 158-159 (Prob.4.41), 323-324 (Prob.8.17)
Teorema dos eixos paralelos,
  generalizado, 411-412 (Prob.10.24)
Teorema recíproco de Cauchy,
  735-736 (Prob.16.19)

Teorema Trabalho-EC, 108
  forma infinitesimal, 106
Teoria de colisão, 557 (Cap.14)
  quântica, 557
  Veja também. Espalhamento,
  Seção transversal
Teoria quântica da colisão, 557
Terceira lei de Kepler, 310-312
Terceira lei de Newton, 17 (Sec.1.5)
  e conservação do momento, 18
  não validade na relatividade, 21
  validade da, 21
  violada por forças magnéticas, 22
Torque, Γ, 90
Trabalho,
  como variação na EP, 112
  em um deslocamento infinitesimal, 106
  realizado por uma força, 107
Traço de uma matriz, 714
Transformação canônica, 538
  exemplos de, 554 (Probs. 13.24-13.25)
Transformação de Legendre, 524 (NR)
Transformação de Lorentz, 610-611 (Seç.15.6)
  de campos eletromagnéticos, 660
  equações, 612-613
  inversa, 612-613
  padrão, 621
Transformação Galileana, 597
Transientes, 184
Transposta **Ã** da matriz **A**, 380-381, 657
Triescalar, 622
Triforça, 649-650
Trimomento, relativístico, 635-636
Tufão, 350

U

Unidades naturais, 441-442
Universalidade da duplicação de período, 475

V

Velocidade,
  de onda longitudinal em sólido, 721
  de onda longitudinal na corda, 735-736 (Prob.16.17)
  de onda transversal em sólido, 722

  de ondas transversais na corda, 647-648
  do som em um fluido, 729
  do som na água, 729 (Ex.16.9)
  do som no ar, 737-738 (Prob.16.36)
  em coordenadas polares 2D, 28
  quadrimensional, 633-634
Velocidade angular de rotação da Terra, 339
Velocidade da luz,
  como velocidade limite para influências causais, 627-628
  como velocidade limite para partículas materiais, 628-629
  como velocidade limite para referenciais inerciais, 606
  e experimento de Michelson-Morley, 600
  invariância da, 671-672 (Prob.14.43)
  não invariância sob transformação Galileana, 599
Velocidade limite,
  com arrasto linear, 50
  com arrasto quadrático, 60
  da bola de beisebol, 61 (Ex.2.5)
Vertical, definição de, 347
Vetor, 4
  derivação de, 7
  duas definições do produto escalar, 35 (Prob.1.7)
  produto escalar, 6
  produto vetorial, 7
  rotacional de, 119
  soma, 6
  vezes um escalar, 6
Vetor de velocidade angular, 336 (Seç.9.3)
  soma de, 338
Vetor espaço de fase, **z**, 537
Vetor tipo-espaço, 627-628
Vetor tipo-tempo, 628-629
Vetores covariante e contravariante, 655-656
Vetores unitários
  e_1, e_2, e_3, 5
  i, j, k, 4
  $\hat{r}$ e $\hat{\phi}$, 26
  $\hat{r}$ e $\hat{\phi}$, derivadas de, 27-28
  $\hat{r}, \hat{\theta}, \hat{\phi}$, 135-136
  $\hat{\rho}, \hat{\phi}, \hat{z}$, 40 (Probs.1.47 e 1.48)
  $\hat{x}, \hat{y}, \hat{z}$, 4
Viscosidade, η, 72 (NR)

IDENTIDADES TRIGONOMÉTRICAS

$$\text{sen}(\theta \pm \phi) = \text{sen}\,\theta \cos\phi \pm \cos\theta\,\text{sen}\,\phi \qquad \cos(\theta \pm \phi) = \cos\theta\cos\phi \mp \text{sen}\,\theta\,\text{sen}\,\phi$$

$$\cos\theta\cos\phi = \tfrac{1}{2}[\cos(\theta+\phi)+\cos(\theta-\phi)] \qquad \text{sen}\,\theta\,\text{sen}\,\phi = \tfrac{1}{2}[\cos(\theta-\phi)-\cos(\theta+\phi)]$$

$$\text{sen}\,\theta\cos\phi = \tfrac{1}{2}[\text{sen}(\theta+\phi)+\text{sen}(\theta-\phi)]$$

$$\cos^2\theta = \tfrac{1}{2}[1+\cos 2\theta] \qquad \text{sen}^2\theta = \tfrac{1}{2}[1-\cos 2\theta]$$

$$\cos\theta + \cos\phi = 2\cos\frac{\theta+\phi}{2}\cos\frac{\theta-\phi}{2} \qquad \cos\theta - \cos\phi = 2\,\text{sen}\,\frac{\theta+\phi}{2}\,\text{sen}\,\frac{\phi-\theta}{2}$$

$$\text{sen}\,\theta \pm \text{sen}\,\phi = 2\,\text{sen}\,\frac{\theta\pm\phi}{2}\cos\frac{\theta\mp\phi}{2}$$

$$\cos^2\theta + \text{sen}^2\theta = 1 \qquad \sec^2\theta - \tan^2\theta = 1$$

$$e^{i\theta} = \cos\theta + i\,\text{sen}\,\theta \qquad \text{[Relação de Euler]}$$

$$\cos\theta = \tfrac{1}{2}(e^{i\theta}+e^{-i\theta}) \qquad \text{sen}\,\theta = \tfrac{1}{2i}(e^{i\theta}-e^{-i\theta})$$

FUNÇÕES HIPERBÓLICAS

$$\cosh z = \tfrac{1}{2}(e^z + e^{-z}) = \cos(iz) \qquad \text{senh}\,z = \tfrac{1}{2}(e^z - e^{-z}) = -i\,\text{sen}(iz)$$

$$\tanh z = \frac{\text{senh}\,z}{\cosh z} \qquad \text{sech}\,z = \frac{1}{\cosh z}$$

$$\cosh^2 z - \text{senh}^2 z = 1 \qquad \text{sech}^2 z + \tanh^2 z = 1$$

EXPANSÕES EM SÉRIES

$$f(z) = f(a) + f'(a)(z-a) + \tfrac{1}{2!}f''(a)(z-a)^2 + \tfrac{1}{3!}f'''(a)(z-a)^3 + \cdots \qquad \text{[Série de Taylor]}$$

$$e^z = 1 + z + \tfrac{1}{2!}z^2 + \tfrac{1}{3!}z^3 + \cdots \qquad \ln(1+z) = z - \tfrac{1}{2}z^2 + \tfrac{1}{3}z^3 - \cdots \,[\,|z|<1\,]$$

$$\cos z = 1 - \tfrac{1}{2!}z^2 + \tfrac{1}{4!}z^4 - \cdots \qquad \text{sen}\,z = z - \tfrac{1}{3!}z^3 + \tfrac{1}{5!}z^5 - \cdots$$

$$\cosh z = 1 + \tfrac{1}{2!}z^2 + \tfrac{1}{4!}z^4 + \cdots \qquad \text{senh}\,z = z + \tfrac{1}{3!}z^3 + \tfrac{1}{5!}z^5 + \cdots$$

$$\tan z = z + \tfrac{1}{3}z^3 + \tfrac{2}{15}z^5 + \cdots \,[\,|z|<\pi/2\,] \qquad \tanh z = z - \tfrac{1}{3}z^3 + \tfrac{2}{15}z^5 - \cdots \,[\,|z|<\pi/2\,]$$

$$(1+z)^n = 1 + nz + \frac{n(n-1)}{2!}z^2 + \cdots \,[\,|z|<1\,] \qquad \text{[Série binomial]}$$

ALGUMAS DERIVADAS

$$\frac{d}{dz}\tan z = \sec^2 z \qquad \frac{d}{dz}\tanh z = \operatorname{sech}^2 z$$

$$\frac{d}{dz}\operatorname{senh} z = \cosh z \qquad \frac{d}{dz}\cosh z = \operatorname{senh} z$$

ALGUMAS INTEGRAIS

$$\int \frac{dx}{1+x^2} = \arctan x \qquad \int \frac{dx}{1-x^2} = \operatorname{arctanh} x$$

$$\int \frac{dx}{\sqrt{1-x^2}} = \operatorname{arcsen} x \qquad \int \frac{dx}{\sqrt{1+x^2}} = \operatorname{arcsenh} x$$

$$\int \tan x \, dx = -\ln \cos x \qquad \int \tanh x \, dx = \ln \cosh x$$

$$\int \frac{dx}{x+x^2} = \ln\left(\frac{x}{1+x}\right) \qquad \int \frac{x \, dx}{1+x^2} = \frac{1}{2}\ln(1+x^2)$$

$$\int \frac{dx}{\sqrt{x^2-1}} = \operatorname{arccosh} x \qquad \int \frac{x \, dx}{\sqrt{1+x^2}} = \sqrt{1+x^2}$$

$$\int \frac{dx}{x\sqrt{x^2-1}} = \arccos(1/x) \qquad \int \frac{\sqrt{x} \, dx}{\sqrt{1-x}} = \operatorname{arcsen}(\sqrt{x}) - \sqrt{x(1-x)}$$

$$\int \frac{dx}{(1+x^2)^{3/2}} = \frac{x}{(1+x^2)^{1/2}} \qquad \int \ln(x) \, dx = x\ln(x) - x$$

$$\int_0^1 \frac{dx}{\sqrt{1-x^2}\sqrt{1-mx^2}} = K(m), \quad \text{integral elíptica completa de primeiro tipo}$$

DADOS DIVERSOS (para serem usados em alguns problemas de final de capítulo)

Sistema solar
(massa da Terra) = $5{,}97 \times 10^{24}$ kg
(raio da Terra) = $6{,}38 \times 10^{6}$ m
(massa da Lua) = $7{,}35 \times 10^{22}$ kg
(raio da Lua) = $1{,}74 \times 10^{6}$ m
(massa do Sol) = $1{,}99 \times 10^{30}$ kg
(raio do Sol) = $6{,}96 \times 10^{8}$ m
(distância Terra-Lua) = $3{,}84 \times 10^{8}$ m
(distância Terra-Sol) = $1{,}50 \times 10^{11}$ m

Gases ideais
Número de Avogadro, $N_A = 6{,}02 \times 10^{23}$ partículas/mol
Constante de Boltzmann, $k = 1{,}38 \times 10^{-23}$ J/K $= 8{,}62 \times 10^{-5}$ eV/K
Constante dos gases, $R = 8{,}31$ J/(mol·K) $= 0{,}0821$ litro·atm/(mol·K)
CNTP $= 0°$C e 1 atm
(Volume de 1 mol de gás a CNTP) $= 22{,}4$ litros

Fatores de conversão
Área: 1 b $= 10^{-28}$ m^2
Energia: 1 eV $= 1{,}60 \times 10^{-19}$ J
  1 cal $= 4{,}184$ J
Comprimento: 1 polegada $= 2{,}54$ cm
  1 milha $= 1609$ m
Massa: 1 u (unidade de massa atômica) $= 1{,}66 \times 10^{-27}$ kg $= 931{,}5$ MeV/c^2
  1 libra (massa) $= 0{,}454$ kg
  1 MeV/$c^2 = 1{,}074 \times 10^{-3}$ u $= 1{,}783 \times 10^{-30}$ kg
Momento: 1 MeV/$c = 5{,}34 \times 10^{-22}$ kg·m/s

Um pouco mais de constantes
Constante de força de Coulomb, $k = 1/(4\pi\epsilon_o) = 8{,}99 \times 10^{9}$ N·m^2/C^2
Constante gravitacional, $G = 6{,}67 \times 10^{-11}$ N·m^2/kg^2
Constante de Planck, $h = 6{,}63 \times 10^{-34}$ J·s e $\hbar = 1{,}05 \times 10^{-34}$ J·s
Velocidade da luz, $c = 3{,}00 \times 10^{8}$ m/s
Permeabilidade do vácuo, $\mu_o = 4\pi \times 10^{-7}$ N/A^2
Permissividade do vácuo, $\epsilon_o = 8{,}85 \times 10^{-12}$ C^2/(N·m^2)

IDENTIDADES VETORIAIS

$$\mathbf{A} \cdot (\mathbf{B} \times \mathbf{C}) = \mathbf{B} \cdot (\mathbf{C} \times \mathbf{A}) = \mathbf{C} \cdot (\mathbf{A} \times \mathbf{B})$$

$$\mathbf{A} \times (\mathbf{B} \times \mathbf{C}) = \mathbf{B}(\mathbf{A} \cdot \mathbf{C}) - \mathbf{C}(\mathbf{A} \cdot \mathbf{B}) \qquad \text{[regra } BAC - CAB\text{]}$$

CÁLCULOS VETORIAIS

$$\nabla f = \hat{\mathbf{x}} \frac{\partial f}{\partial x} + \hat{\mathbf{y}} \frac{\partial f}{\partial y} + \hat{\mathbf{z}} \frac{\partial f}{\partial z} \qquad \text{[Cartesianas]}$$

$$= \hat{\mathbf{r}} \frac{\partial f}{\partial r} + \hat{\boldsymbol{\theta}} \frac{1}{r} \frac{\partial f}{\partial \theta} + \hat{\boldsymbol{\phi}} \frac{1}{r \operatorname{sen}\theta} \frac{\partial f}{\partial \phi} \qquad \text{[esféricas polares]}$$

$$= \hat{\boldsymbol{\rho}} \frac{\partial f}{\partial \rho} + \hat{\boldsymbol{\phi}} \frac{1}{\rho} \frac{\partial f}{\partial \phi} + \hat{\mathbf{z}} \frac{\partial f}{\partial z} \qquad \text{[cilíndricas polares]}$$

$$\nabla \times \mathbf{A} = \hat{\mathbf{x}} \left(\frac{\partial}{\partial y} A_z - \frac{\partial}{\partial z} A_y \right) + \hat{\mathbf{y}} \left(\frac{\partial}{\partial z} A_x - \frac{\partial}{\partial x} A_z \right)$$

$$+ \hat{\mathbf{z}} \left(\frac{\partial}{\partial x} A_y - \frac{\partial}{\partial y} A_x \right) \qquad \text{[Cartesianas]}$$

$$= \hat{\mathbf{r}} \frac{1}{r \operatorname{sen}\theta} \left[\frac{\partial}{\partial \theta} (\operatorname{sen}\theta A_\phi) - \frac{\partial}{\partial \phi} A_\theta \right] + \hat{\boldsymbol{\theta}} \left[\frac{1}{r \operatorname{sen}\theta} \frac{\partial}{\partial \phi} A_r - \frac{1}{r} \frac{\partial}{\partial r} (r A_\phi) \right]$$

$$+ \hat{\boldsymbol{\phi}} \frac{1}{r} \left[\frac{\partial}{\partial r} (r A_\theta) - \frac{\partial}{\partial \theta} A_r \right] \qquad \text{[esféricas polares]}$$

$$= \hat{\boldsymbol{\rho}} \left[\frac{1}{\rho} \frac{\partial}{\partial \phi} A_z - \frac{\partial}{\partial z} A_\phi \right] + \hat{\boldsymbol{\phi}} \left[\frac{\partial}{\partial z} A_\rho - \frac{\partial}{\partial \rho} A_z \right]$$

$$+ \hat{\mathbf{z}} \frac{1}{\rho} \left[\frac{\partial}{\partial \rho} (\rho A_\phi) - \frac{\partial}{\partial \phi} A_\rho \right] \qquad \text{[cilíndricas polares]}$$

$$\nabla \cdot \mathbf{A} = \frac{\partial}{\partial x} A_x + \frac{\partial}{\partial y} A_y + \frac{\partial}{\partial z} A_z \qquad \text{[Cartesianas]}$$

$$= \frac{1}{r^2} \frac{\partial}{\partial r} (r^2 A_r) + \frac{1}{r \operatorname{sen}\theta} \frac{\partial}{\partial \theta} (\operatorname{sen}\theta A_\theta) + \frac{1}{r \operatorname{sen}\theta} \frac{\partial}{\partial \phi} A_\phi \qquad \text{[esféricas polares]}$$

$$= \frac{1}{\rho} \frac{\partial}{\partial \rho} (\rho A_\rho) + \frac{1}{\rho} \frac{\partial}{\partial \phi} A_\phi + \frac{\partial}{\partial z} A_z \qquad \text{[cilíndricas polares]}$$

$$\nabla^2 f = \frac{\partial^2 f}{\partial x^2} + \frac{\partial^2 f}{\partial y^2} + \frac{\partial^2 f}{\partial z^2} \qquad \text{[Cartesianas]}$$

$$= \frac{1}{r} \frac{\partial^2}{\partial r^2} (rf) + \frac{1}{r^2 \operatorname{sen}\theta} \frac{\partial}{\partial \theta} \left(\operatorname{sen}\theta \frac{\partial f}{\partial \theta} \right) + \frac{1}{r^2 \operatorname{sen}^2 \theta} \frac{\partial^2 f}{\partial \phi^2} \qquad \text{[esféricas polares]}$$

$$= \frac{1}{\rho} \frac{\partial}{\partial \rho} \left(\rho \frac{\partial f}{\partial \rho} \right) + \frac{1}{\rho^2} \frac{\partial^2 f}{\partial \phi^2} + \frac{\partial^2 f}{\partial z^2} \qquad \text{[cilíndricas polares]}$$